U0155397

天目山动物志

（第十卷）

昆虫纲

鳞翅目

小蛾类

总　主　编　吴　鸿　王义平　杨星科　杨淑贞

本卷主编　李后魂　王淑霞　戚慕杰

本卷副主编　于海丽　张丹丹　郝淑莲

ZHEJIANG UNIVERSITY PRESS
浙江大学出版社

图书在版编目(CIP)数据

天目山动物志. 第十卷/吴鸿等总主编;李后魂,
王淑霞,戚慕杰本卷主编. —杭州:浙江大学出版社,
2020.6

ISBN 978-7-308-20319-7

Ⅰ.①天… Ⅱ.①吴… ②李… ③王… ④戚… Ⅲ.
①天目山－动物志 Ⅳ.①Q958.525.53

中国版本图书馆 CIP 数据核字(2020)第 106136 号

天目山动物志(第十卷)

总 主 编	吴 鸿 王义平 杨星科 杨淑贞
本卷主编	李后魂 王淑霞 戚慕杰

责任编辑 沈国明

责任校对 冯其华

封面设计 刘依群

出版发行 浙江大学出版社

　　　　　(杭州市天目山路 148 号　邮政编码 310007)

　　　　　(网址:http://www.zjupress.com)

排　　版 浙江时代出版服务有限公司

印　　刷 浙江印刷集团有限公司

开　　本 787mm×1092mm 1/16

印　　张 28.25

插　　页 64

字　　数 816 千

版 印 次 2020 年 6 月第 1 版　2020 年 6 月第 1 次印刷

书　　号 ISBN 978-7-308-20319-7

定　　价 200.00 元

FAUNA OF TIANMU MOUNTAIN

Volume X

Insecta

Lepidoptera

Microlepidoptera

Editor-in-Chief	Wu Hong	Wang Yiping
	Yang Xingke	Yang Shuzhen
Volume Editor	Li Houhun	Wang Shuxia
	Qi Mujie	
Volume Vice-Editor	Yu Haili	Zhang Dandan
	Hao Shulian	

ZHEJIANG UNIVERSITY PRESS
浙江大学出版社

内容简介

野生动物是生物多样性的重要组成部分。本卷记载浙江天目山小蛾类昆虫 7 总科 19 科 239 属 503 种。其中包括 1 个新种，2 个新组合种，7 个中国新纪录种和 3 个浙江省新纪录种。本卷对该地区小蛾类昆虫属和种的形态特征、生物学和地理分布等进行了详细的描述，对重要种类的寄主和生物学进行了记载，并编制了分属和分种检索表。每种均给出了其成虫、雌雄外生殖器的特征图。

本动物志不仅有助于人们全面了解天目山丰富的动物资源，而且可供农、林、牧、畜、渔、环境保护和生物多样性保护等工作者以及昆虫爱好者参考使用。

Summary

Wildlife is an important part of biodiversity. This volume comprises 503 species in 239 genera of 19 families under seven Microlepidopteran superfamilies from Tianmu Mountain of Zhejiang Province in China. Among them, one species is described as new, two species are newly combined, and seven species for China and three species for Zhejiang are newly recorded. Each involved species is described and fully illustrated, along with detailed information on its distribution as well as on hostplants and biological habits of some important species. Keys to different taxa are also provided.

This faunal work can help the public know more about animal resources in Tianmu Mountain. It can also be used as reference for insect enthusiasts and researchers engaged in agriculture, forestry, animal husbandry, environmental protection, biodiversity conservation and other related fields.

《天目山动物志》编辑委员会

参加编写单位

南开大学
黄冈师范学院
河南省农业科学院
天津自然博物馆
长治学院
山西农业大学
德州学院
西北大学
北京农学院
贵州医科大学
凯里学院
中山大学
西南大学

Participated Units

Nankai University
Huanggang Normal University
Henan Academy of Agricultural Sciences
Tianjin Natural History Museum
Changzhi University
Shanxi Agricultural University
Dezhou University
Northwest University
Beijing University of Agriculture
Guizhou Medical University
Kaili University
Sun Yat-sen University
Southwest University

本卷编著者

绪论 　　　　　　　　　　　　　　　　　　　李后魂　戚慕杰（南开大学）

谷蛾科
　　肖云丽[1]　杨琳琳[2]　郝淑莲[3]（1.黄冈师范学院；2河南省农业科学院；3天津自然博物馆）

细蛾科 　　　　　　　　　　　　　　白海艳[1]　郝淑莲[2]（1.长治学院；2.天津自然博物馆）

巢蛾科 　　　　　　　　　　　　　　　　　　王淑霞　丛培鑫（南开大学）

冠翅蛾科 　　　　　　　　　　　　　　　　　王淑霞　丛培鑫（南开大学）

银蛾科 　　　　　　　　　　　　　　　　　　王淑霞　丛培鑫（南开大学）

菜蛾科 　　　　　　　　　　　　　　　　　　王淑霞　丛培鑫（南开大学）

列蛾科 　　　　　　　　　　　　　　　　　　王淑霞　王玉琦（南开大学）

祝蛾科祝蛾亚科 　　　　　　　　　　　　　　腾开建　王淑霞（南开大学）

祝蛾科瘤祝蛾亚科 　　　　　　　　　　　　　腾开建　王淑霞（南开大学）

祝蛾科木祝蛾亚科 　　　　　　　　　　　　　王青云　王淑霞（南开大学）

织蛾科 　　　　　　　　　　　　　　　　　　王淑霞　胡雪梅（南开大学）

木蛾科 　　　　　　　　　　　　　　　　　　王青云　王淑霞（南开大学）

宽蛾科 　　　　　　　　　　　　　　　　　　王青云　王淑霞（南开大学）

草蛾科 　　　　　　　　　　　　　王晶晶　王青云　王淑霞（南开大学）

尖蛾科 　　　　　　　　　　张志伟[1]　郝淑莲[2]（1.山西农业大学；2.天津自然博物馆）

展足蛾科 　　　　　　　　　　　　　　　　　李后魂　关　玮（南开大学）

麦蛾科背麦蛾亚科 　　　　　　　　　　　　　李后魂　杨美清（南开大学）

麦蛾科喙麦蛾亚科 　　　　　　　　　　　　　李后魂　刘林杰（南开大学）

麦蛾科拟麦蛾亚科 　　　　　　　　　　　　　李后魂　刘林杰（南开大学）

麦蛾科纹麦蛾亚科 　　　　　　　　　　　　　　　　李嘉恩（南开大学）

麦蛾科棕麦蛾亚科 　　　　　　　　　　　　　李后魂　赵胜男（南开大学）

麦蛾科麦蛾亚科 　　　　　　　　　　　　　　　　　李后魂（南开大学）

卷蛾科卷蛾亚科 　　　　　孙颖慧[1]　白　霞[2]　李后魂[2]（1.德州学院；2.南开大学）

卷蛾科小卷蛾亚科小卷蛾族 　　　　于海丽[1]　白　霞[2]（1.西北大学；2.南开大学）

卷蛾科小卷蛾亚科恩小卷蛾族 　　　张爱环[1]　白　霞[2]（1.北京农学院；2.南开大学）

卷蛾科小卷蛾亚科花小卷蛾族 　　　张爱环[1]　白　霞[2]（1.北京农学院；2.南开大学）

卷蛾科小卷蛾亚科小食心虫族 　　　于海丽[1]　白　霞[2]（1.西北大学；2.南开大学）

羽蛾科 　　　　　　　　　　　　　　　　　　　郝淑莲（天津自然博物馆）

螟蛾科斑螟亚科 　　　　　刘家宇[1]　刘红霞[2]　任应党[3]　戚慕杰[4]
　　　　　　　　　（1.贵州医科大学；2.凯里学院；3.河南省农业科学院；4.南开大学）

螟蛾科丛螟亚科 　　　　　　　　　　　　　　李后魂　荣　华（南开大学）

螟蛾科螟蛾亚科 　　　　　　　　　　　　　　　　　戚慕杰（南开大学）

草螟科水螟亚科 　　　　　　　　　　　　　　　　　李后魂（南开大学）

草螟科禾螟亚科 　　　　　　　　　　　　　　　　　李后魂（南开大学）

草螟科苔螟亚科 　　　　　　　　　　　　　　　　　李后魂（南开大学）

草螟科草螟亚科 　　　　　　　　　　　　　　李后魂　戚慕杰（南开大学）

草螟科野螟亚科 　　　　　张丹丹[1]　戚慕杰[2]　齐婉丁[2]（1.中山大学；2.南开大学）

草螟科斑野螟亚科 　　　　杜喜翠[1]　戚慕杰[2]　齐婉丁[2]（1.西南大学；2.南开大学）

Authors

Overview

Li Houhun, Qi Mujie (Nankai University)

Tineidae

Xiao Yunli[1], Yang Linlin[2], Hao Shulian[3] (1. Huanggang Normal University; 2. Henan Academy of Agricultural Sciences; 3. Tianjin Natural History Museum)

Gracillariidae

Bai Haiyan[1], Hao Shulian[2] (1. Changzhi University; 2. Tianjin Natural History Museum)

Yponomeutidae

Wang Shuxia, Cong Peixin (Nankai University)

Ypsolophidae

Wang Shuxia, Cong Peixin (Nankai University)

Argyresthiidae

Wang Shuxia, Cong Peixin (Nankai University)

Plutellidae

Wang Shuxia, Cong Peixin (Nankai University)

Autostichidae

Wang Shuxia, Wang Yuqi (Nankai University)

Lecithoceridae: Lecithocerinae

Teng Kaijian, Wang Shuxia (Nankai University)

Lecithoceridae: Torodorinae

Teng Kaijian, Wang Shuxia (Nankai University)

Lecithoceridae: Oditinae

Wang Qingyun, Wang Shuxia (Nankai University)

Oecophoridae

Wang Shuxia, Hu Xuemei (Nankai University)

Xyloryctidae

Wang Qingyun, Wang Shuxia (Nankai University)

Depressariidae

Wang Qingyun, Wang Shuxia (Nankai University)

Ethmiidae

Wang Jinjin, Wang Qingyun, Wang Shuxia (Nankai University)

Cosmopterigidae

Zhang Zhiwei[1], Hao Shulian[2] (1. Shanxi Agricultural University; 2. Tianjin Natural History Museum)

Stathmopodidae

Li Houhun, Guan Wei (Nankai University)

Gelechiidae: Anacampsinae

Li Houhun, Yang Meiqing (Nankai University)

Gelechiidae: Anomologinae

Li Houhun, Liu Linjie (Nankai University)

Gelechiidae：Apatetrinae

Li Houhun，Liu Linjie (Nankai University)

Gelechiidae：Thiotrichinae

Lee Ga-Eun (Nankai University)

Gelechiidae：Dichomeridinae

Li Houhun，Zhao Shengnan (Nankai University)

Gelechiidae：Gelechiinae

Li Houhun (Nankai University)

Tortricidae：Tortricinae

Sun Yinhui[1]，Bai Xia[2]，Li Houhun[2](1. Dezhou University；2. Nankai University)

Tortricidae：Olethreutinae：Olethreutini

Yu Haili[1]，Bai Xia[2](1. Northwest University；2. Nankai University)

Tortricidae：Olethreutinae：Enarmoniini

Zhang Aihuan[1]，Bai Xia[2](1. Beijing University of Agriculture；2. Nankai University)

Tortricidae：Olethreutinae：Eucosmini

Zhang Aihuan[1]，Bai Xia[2](1. Beijing University of Agriculture；2. Nankai University)

Tortricidae：Olethreutinae：Grapholitini

Yu Haili[1]，Bai Xia[2](1. Northwest University；2. Nankai University)

Pterophoridae

Hao Shulian (Tianjin Natural History Museum)

Pyralidae：Phycitinae

Liu Jiayu[1]，Liu Hongxia[2]，Ren Yingdang[3]，Qi Mujie[4](1. Guizhou Medical University；2. Kaili University；3. Henan Academy of Agricultural Sciences；4. Nankai University)

Pyralidae：Epipaschiinae

Li Houhun，Rong Hua (Nankai University)

Pyralidae：Pyralinae

Qi Mujie (Nankai University)

Crambidae：Acentropinae

Li Houhun (Nankai University)

Crambidae：Schoenobiinae

Li Houhun (Nankai University)

Crambidae：Scopariinae

Li Houhun (Nankai University)

Crambidae：Crambinae

Li Houhun，Qi Mujie (Nankai University)

Crambidae：Pyraustinae

Zhang Dandan[1]，Qi Mujie[2]，Qi Wanding[2] (1. Sun Yat-sen University；2. Nankai University)

Crambidae：Spilomelinae

Du Xicui[1]，Qi Mujie[2]，Qi Wanding[2](1. Southwest University；2. Nankai University)

序

    动物是生态系统中最重要的组成部分,在地球生态系统的物质循环和能量流动中发挥着重要作用。野生动物也是生物进化历史产物和人类社会的宝贵财富。近年来,因气候等自然环境的变化,以及人为干扰等影响,野生动物与人类间的和谐关系遭到一定程度的破坏,人与野生动物间的矛盾越来越突出。对一个地区动物区系的研究,会极大地丰富我国生物地理的知识,对保护和利用动物资源具有重要的意义。记录一个地区的动物区系,是比较动物区系组成变化、环境变迁、气候变化的重要历史文献。

    天目山脉位于浙江省,属南岭山系,是我国著名山脉之一。山上奇峰怪石林立,深沟峡谷众多,地质地貌复杂多变,生物种类繁多,珍稀物种荟萃。天目山动物资源的研究历来受到国内外的重视,是我国著名的动物模式标本产地。新中国成立后,大批动物学分类工作者对天目山进行广泛的资源调查,积累了丰富的原始资料。自2011年起,《天目山动物志》在此基础上,依据动物种群生物习性与规律,按照不同时间,有序组织国内动物分类专家进驻天目山进行野外动物调查、标本采集和鉴定等工作,该系列卷书的出版是这些专家们多年研究的智慧结晶。

    《天目山动物志》是一项具有重要历史和现实意义的艰巨工程,先后累计有20余所科研院所的100多位专家学者参加编写,其中有两位中国科学院院士。该志书按照动物进化规律次序编排,内容涵盖无脊椎到脊椎动物的主要门类。执笔撰写的作者都是我国著名的动物学分类专家。该志书不仅有严谨的编写规格,而且体现很高的学术价值,各类群种类全面、描述规范、鉴定准确、语言精炼,附有大量物种鉴别特征插图,图文并茂,便于读者理解和参阅。

    该志书反映当地野生动物资源现状和利用情况,具有非常重要的科学意义和实际应用价值。不仅有助于人们全面了解天目山及其丰富的动物资源,还可供农、林、牧、畜、渔、生物学、环境保护和生物多样性保护等工作者参考使用。《天目山动物志》的问世必将以它丰富的科学资料和广泛的应用价值为我国的动物学文献宝库增添新的宝藏。

中国科学院院士

中国科学院动物研究所研究员、所长

2013 年 12 月 12 日于北京

前　言

　　天目山位于浙江省西北部,在杭州市临安区境内,主峰海拔 1506m,是浙江西北部主要高峰之一。有东、西两峰遥相对峙,两峰之巅各天成一池,形如天眼,故而得名。天目山属南岭山系,位于中亚热带北缘,是"江南古陆"的一部分,为我国著名山脉之一。气候具有中亚热带向北亚热带过渡的特征,并受海洋暖湿气流的影响较深,形成季风强盛、四季分明、气候温和、雨水充沛、光照适宜、复杂多变的森林生态气候类型。

　　天目山峰峦叠翠,古木葱茏,素有"天目千重秀,灵山十里深"之说。天目山物种繁多,珍稀物种荟萃,以"大树华盖"和"物种基因宝库"享誉天下。天然植被面积大,而且保存完整,森林覆盖率高,拥有区系成分非常复杂、种群十分丰富的生物资源和独特的环境资源,构成了以地理景观和森林植被为主体的稳定的自然生态系统。保护区现面积为 4284hm²,区内有高等植物 249 科 1044 属 2347 种,其中银杏、金钱松、天目铁木、独花兰等 40 种被列为国家重点保护植物,浙江省珍稀濒危植物 38 种,野生银杏为世界唯一幸存的中生代孑遗植物;天目山有兽类、鸟类、爬行类、两栖类、鱼类等脊椎动物近 400 种,其中属国家重点保护的野生动物有云豹、金钱豹、梅花鹿、黑麂、白颈长尾雉和中华虎凤蝶等 40 余种。由于生物丰富多样,天目山在 1996 年加入联合国教科文组织人与生物圈保护区网络,成为世界级保护区;在 1999 年被中宣部和科技部等单位认定为"全国科普教育基地"和"全国青少年科技教育基地"。

　　天目山动物考察活动已有 100 多年历史。外国人的采集活动主要集中于 20 世纪 40 年代之前,采集标本数量大,影响深远。我国早期动物学家留学回国后,也纷纷到天目山考察,并发表了一系列论文。所有这些,为天目山闻名世界奠定了基础。50 年代之后,天目山更成为浙、沪、苏、皖等地多所高校的理想教学实习场所。中国科学院动物研究所、中国科学院上海昆虫研究所(现为中国科学院上海生命科学研究院植物生理生态研究所)、中国农业大学、南京农业大学、复旦大学、西北农学院(现为西北农林科技大学)、杭州植物园以及北京、天津、上海和浙江等省、市的自然博物馆的许多专家曾到天目山采集动物标本,发现不少新种和新记录。当时浙江的各高校,如原浙江农业大学(现为浙江大学)、原浙江林学院(现为浙江农林大学)、原杭州大学(现为浙江大学)、原杭州师范学院(现为杭州师范大学)等学校的师生更是常年在天目山进行教学实习和考察,还有 2001 年《天目山昆虫》的出版,都为本次研究奠定了坚实基础。众多动物学家来天目山考察,并发表大量新属、新种,使天目山成为模式标本的重要产地,从而进一步确立了天目山在动物资源方面的国际地位。

　　野生动物是生物多样性的重要组成部分,开发野生动物资源,首先必须认识动物、给每种动物以正确的名称,通过详细表述并记录动物种类、自然地理分布、生物学习性、经济价值与利用等信息,规范各类动物物种的种名和学名,对特有种、珍稀种、经济种等重大物种的保护管理、研究利用等事件做客观记载,为后人进一步认识动物提供翔实的依据。本动物志引证详尽、描述细致,既有国家特色,又有全球影响,既有理论创新,又密切联系地方生产实际。因此,本动物志是一项浩大的系统工程,是反映地方乃至国家动物种类家底、动物资源,永续利用动物多样性的信息库和社会的宝贵财富；也是反映一个国家或地区生物科学基础水平的标志之一，是永载史册并造福于子孙万代的系统科学工程；还是国际上多学科、多部门一直密切关注的课题之一。

　　为系统、全面地了解天目山动物种类的组成、发生情况、分布规律，为保护区规划设计、保护管理和资源合理利用提供基本资料，在1999年7月和2011年7月，浙江天目山国家级自然保护区管理局、浙江农林大学（原浙江林学院）等单位共同承担了国家林业局"浙江天目山自然保护区昆虫资源研究"和全球环境基金项目"天目山自然保护区野生动物调查监测和数据库建设"。经过13年的工作，共采集动物标本45万余号，计有5000余种，其中有大量新种和中国新记录属种。

　　《天目山动物志》的出版不仅便于大家参阅，也为读者更全面、系统地了解天目山动物资源，了解这个以"大树王国"著称的绿色宝库，提供了丰富的资料和理论研究基础。同时，本动物志的出版还有助于推进生物多样性保护、构建人与自然和谐共生的生态环境，为自然保护区的规划设计、管理建设和开发利用提供重要的科学依据，从而真正发挥出自然保护区的作用和功能，对构建国家生态文明，以及建设"绿色浙江""山上浙江""生态浙江"和推进"五水共治"均具有重要意义。同时，对于解决人类共同面临的水源、人口、粮食、资源、环境和生态安全等全球性问题，本动物志的出版也具有十分重要的战略意义和深远影响。

　　《天目山动物志》的编撰出版得到了中国科学院上海生命科学研究院植物生理生态研究所尹文英院士、河北大学印象初院士、中国科学院动物研究所陈德牛教授、中国科学院水生生物研究所杨潼教授、浙江大学何俊华教授和南京农业大学杨莲芳教授等国内动物学家的关怀和指导，得到了国家林业局、浙江省林业厅和浙江农林大学等单位的领导和同行的关心和鼓励，得到了浙江天目山国家级自然保护区广大干部职工的大力支持；中国科学院动物研究所所长康乐院士欣然为本动物志作序。在此，谨向所有关心、鼓励、支持和指导、帮助我们完成本动物志编写的单位和个人表示热诚的感谢。

　　由于我们水平有限，错误或不足之处在所难免，殷切希望读者朋友对本书提出批评和建议。

《天目山动物志》编辑委员会

2014年2月

本卷前言

天目山之名起源于汉朝,1953 年建立天目山国营林场,1960 年成立天目山管委会,1986 年正式成为国家级自然保护区,总面积达 4284hm²。天目山地质古老,距今 3.5 亿年前为广阔海域,后来在距今 1.5 亿年前的造山运动中,形成了两峰对峙的山体。天目山是长江和钱塘江部分支流的发源地和分水岭。保护区内动植物资源丰富,区系成分复杂,是研究动植物起源、演化和区系特征的热点地区之一。因此,该地区长期以来,一直吸引着国内外众多的专家和学者前来考察和研究。

天目山动物考察活动已有上百年的历史。采集较早的外国人是法国人 O. Piel,他于 1916—1937 年间多次在天目山采集,另外还有德国 H. Höne 等人于 20 世纪 30 年代前后分别在中国东部和南方包括天目山进行了大量的采集,并由当时各类群的学者发表了大量新种,其中小蛾类主要有英国学者 E. Meyrick 和罗马尼亚昆虫学专家 A. Caradja 进行了研究。我国学者对天目山的系统考察在新中国成立后得以开展。几十年来,很多科研机构和大专院校的师生对天目山的昆虫种类和区系进行了研究,发表了大量采自天目山的新种和新记录。随着国家和地方政府对动植物资源调查的支持力度不断增加,近年来,大量的研究人员有计划地深入天目山林区,对昆虫资源进行系统、深入的调查。截至目前,天目山的昆虫研究已取得明显的进展和成果,《天目山动物志》有多卷已经出版。

鳞翅目是昆虫纲的第二个大目,小蛾类在科级水平上占鳞翅目总数的 2/3 以上。它们分布十分广泛,除少数有捕食习性的天敌昆虫和部分有访花习性的传粉昆虫外,许多类群是农林业生产的害虫,有些还是重要的检疫对象。因此,对天目山地区的小蛾类昆虫进行系统研究和记述有着十分重要的作用和意义。但是,有关天目山地区小蛾类昆虫种类的记载并不多,仅有少量零散的文献有相关报道。20 世纪 90 年代末开始,浙江省先后组织学者和专家对天目山、龙王山、百山祖、古田山、凤阳山、莫干山、乌岩岭和清凉峰等重点地区的昆虫资源种类进行了系统的考察和研究,先后出版了《龙王山昆虫》《天目山昆虫》《华东百山祖昆虫》《浙江古田山昆虫和大型真菌》《浙江乌岩岭昆虫及其森林健康评价》《浙江凤阳山昆虫》《浙江清凉峰昆虫》等专著。南开大学参与了上述科学考察和论著中相关类群的编撰工作。1999 年 8 月,南开大学鳞翅目研究室参与了当年天目山昆虫的大型考察,李后魂带领研究生杜艳丽、于海丽进行了天目山鳞翅目小蛾类标本的采集,当年的采集地点主要设在天目山仙人顶、开山老殿、后山门、禅源寺、三亩坪等地;此后历年参加浙江昆虫资源考察,涉及天目山小蛾类标本采集的人员主要有:2000 年 7 月,尤平;2007 年 7—8 月,靳青;2011 年 7—8 月,杜喜翠、杨琳琳、陈娜;2013 年 6—7 月,张志伟、王秀春、尹艾荟;2014 年 7—8 月,王青云、尹艾荟、胡雪梅、李素冉;2015 年 7 月,尹艾荟、娄康、王涛。他们对天目山的鳞翅目小蛾类昆虫进行了重点采集。2014 年,"国家林业局发布了《关于开展全国林业有害生物普查工作的通知》"(林造发〔2014〕36 号),2015 年 7 月浙江省启动了浙江昆虫资源调查与编撰《浙江昆虫志》的工作。2016 年起,在《浙江昆虫志》编委会的组织下重点对天目山以外地区进行了多次采集。

本卷绪论部分简要介绍了鳞翅目的基本特征、生物学及分总科检索表。各论部分详细介绍了天目山小蛾类昆虫 7 总科 19 科 239 属 503 种,其中包括 1 个新种:新月草蛾 *Ethmia lunaris* S. Wang, sp. nov. ;2 个新组合种:马鞭草带斑螟 *Coleothrix confusalis* (Yamanaka, 2006) comb. nov. ,钩阴翅斑螟 *Sciota hamatella* (Roesler, 1975) comb. nov. ;7 个中国新记录种:喜祝蛾 *Tegenocharis tenebrans* Gozmány, 1973,双斑异宽蛾 *Agonopterix bipunctifera* (Matsumura, 1931),弯异宽蛾 *Agonopterix l-nigrum* (Matsumura, 1931),本州条麦蛾 *Anarsia silvosa* Ueda, 1997,长柄托麦蛾 *Tornodoxa longiella* Park, 1993,柄小卷蛾 *Olethreutes perexiguana* Kuznetzov, 1988,钩阴翅斑螟 *Sciota hamatella* (Roesler, 1975);以及 3 个浙江省新记录种:毛角草蛾 *Ethmia antennipilosa* Wang et Li, 2004;咸丰锦织蛾 *Promalactis xianfengensis* Wang et Li, 2004;托异宽蛾 *Agonopterix takamukui* (Matsumura, 1931)。对所涉及的每个阶元和物种进行了记述,因中国小蛾类名录即将出版,故本书物种的文献引证按简略形式提供。研究标本均以实际标本为依据,对天目山有记录但未采集到标本的种类,部分也依据本研究室存有标本对其进行了描述,有些未能记述的种类将在后续的《浙江昆虫志》中解决。每种均给出了雌、雄外生殖器等特征图和详细的分布情况,并对相关种类的寄主进行了记载。所有研究标本均保存在南开大学昆虫标本室。

本书绪论部分由李后魂和戚慕杰编写,他们并对全书进行了统稿。各论部分以南开大学昆虫学研究所鳞翅目研究室的相关博士、硕士学位论文为基础,由王淑霞汇总形成初稿。主编和几位副主编分工对先前鉴定的种类进行了仔细核对与修改,并返回各参编者进行校对。除署名的分工外,郝淑莲整理了全部参考文献,戚慕杰制作了索引,贾岩岩承担了大部分图版的制作,郑美玲、刘晨参与了部分校对工作。另外,许多在校研究生为本卷的编写做了大量工作,他们多次赴天目山采集标本,对补充的种类进行还软、展翅和解剖,几乎全部拍摄和处理了已毕业同学所研究种类的成虫和雌雄外生殖器照片,他们的付出也为本书的顺利完成和出版做出了很大贡献。

本书的撰写受到了许多专家学者的关心与支持。特别感谢浙江林业厅吴鸿博士、天目山管理局杨淑贞女士、浙江农林大学王义平博士等,他们组织了历次的标本采集活动,并在资料的搜集、经费申请等方面给予了不懈的支持。本书的编撰和相关研究得到国家自然科学基金项目(Nos. 31872267,31672372,31750002)的部分支持。对在标本采集和研究过程中给予帮助的保护区工作人员和各单位的同行朋友们,在此一并表示衷心感谢。

李后魂

2018 年 6 月 25 日

目　　录

绪　论

鳞翅目 Lepidoptera 是昆虫纲中的第二大目,全世界已知约 20 万种,通称为蝶或蛾。个体小至大型,最小翅展仅为 3mm,最大可达 300mm。它们适应性极强,除南极洲外,所有大陆,包括干旱沙漠、潮湿沼泽、热带雨林等均有分布。

鳞翅目昆虫绝大多数为植食性,仅少数种类成虫有危害,大多以幼虫危害。因此,鳞翅目是农林害虫中种类最多的一个目,常常危害具有重要经济意义的农林作物、粮食、药材、干果、动物皮毛等。同时,许多种类对人类有益,可直接被人类利用,如蝶类和蛾类是重要的传粉昆虫,家蚕、柞蚕、天蚕是著名的产丝昆虫;冬虫夏草、茴香虫(金凤蝶幼虫)以及由化香夜蛾或米缟螟产的"虫茶"都是比较常见的药材或经济产品;多数蝶类和部分蛾类具有鲜艳的颜色和花纹,具有较高的艺术和观赏价值等。

形态特征: 头部骨化程度高,一般表面覆盖鳞片或鳞毛。复眼发达,呈卵形或圆形,通常夜间活动的种类复眼较大,白天活动的种类复眼较小,同种间,雄性复眼大于雌性复眼。单眼 1 对或无单眼,常为鳞片或毛所覆盖。触角长度和构造差异较大,有的触角很短,有的可数倍于体长,蝶类触角较细,末端膨大呈棒状或球杆状,蛾类触角多为线状、栉齿状、羽毛状,且雌雄间触角形态也常有不同,有时可用于区分雌雄性别。触角柄节在有些种类中膨大,向后折叠可盖在复眼上形成眼罩,有些种类触角柄节外侧具有成排的特殊刚毛,称为栉。口器多为虹吸式,上颚消失,下颚退化,形成具吮吸功能的喙。喙由两个高度延伸的外颚叶组成,卷曲在头部下方。在小翅蛾等低等类群中,口器为不发达的咀嚼式口器,其上颚叶发达,有咀嚼功能。下唇须通常 3 节,在凤蝶和尺蛾中常为 1 节,其长短、形状和鳞片附着情况多样。下颚须通常不发达。下唇须和下颚须的特征常作为分类的重要依据。

胸部由前、中、后胸三部分组成,前胸两侧有 1 对小侧突,称为领片,其形状差异大,有些种类具柄,有些种类缺失。中胸发达,结构复杂,以容纳足、翅及相关肌肉,中胸背板由窄带状前背片、中胸盾片和小盾片组成。前背片一般不明显,中胸盾片发达,小盾片呈菱形。中胸背板的前侧部各具 1 个特殊构造,称为翅基片。后胸相对较小,背板较退化,在有些大蛾类中,后胸盾片为后胸小盾片所覆盖。鳞翅目昆虫具两对翅,膜质,其上密被鳞片,少数种类雌成虫的翅退化或消失。前、后翅的连锁方式主要有翅轭型、翅缰型和翅抱型三种。

前足在某些种类中退化,失去行走功能,如蛱蝶科的雌雄虫和灰蝶科的部分雄虫。有些种类的前足胫节内侧有 1 特化的叶状距,称为胫突,其内表面密生细刺,具有清洁触角的功能,因此又称净角器。中、后足胫节常具有 1 对和 2 对距,中足通常具 1 对端距,后足具 1 对端距和 1 对中距。有些雄虫(如夜蛾和尺蛾科中部分种类)后足胫节有 1 可扩张的毛丛,有分泌香气的功能。跗节通常 5 节,有时节数会减少。粉蝶科中,爪分 2 叉,灰蝶科雄虫爪 1 或 2 个,有时缺失。

腹部 10 节,第 1 腹节退化或消失,雄虫第 8、9 腹节的节间膜上有时有 1 对毛刷,可挥发性信息素,称为味刷。某些鳞翅目昆虫腹部具鼓膜听器,如螟蛾总科、尺蛾总科。第 9 和 10 腹节的一部分特化形成外生殖器。

雄性外生殖器的组成部分:第9背板包围虫体末端,形成背兜,第9腹板称为基腹弧,其前端伸入体内,称为囊形突;抱器瓣1对,接于基腹弧后方;第10背板后端具有1个突起,称为爪形突,其下方有1突起,称为颚形突;阳茎末端通常有1个可翻出的囊,称为阳茎端膜,其上有各种刺状、结节状骨化构造,称为角状器。

雌性外生殖器有3种类型,在轭翅亚目、毛顶次亚目和冠顶次亚目中,常在第9或第10腹板上有1个泄殖孔,供受精、产卵和排泄。在外孔次亚目中,有两个单独的生殖孔,都在愈合的第9、10腹节,并且以1沟相连。在双孔次亚目中,有两个单独的生殖孔,分别用于受精和产卵。雌性外生殖器的主要组成部分有产卵器,前、后表皮突及交配囊,其中,交配囊由囊导管和囊体组成,囊导管后端为导管端片,囊导管上通常具有导精管的开口;囊体形状多变,有时分出另一个小囊,称为附囊。囊体内面上常着生1至多个形状各异的囊突。

幼期形态:鳞翅目的卵大体分两类,一类为卧式,卵圆形,即卵孔轴线与卵附着面平行,卵壳常有粗糙凹陷,少有纵脊。另一类为立式,纺锤形、圆球形或半球形,卵孔轴线与卵附着面垂直,此类型的卵饰纹较复杂,常有被纵脊分隔的室状构造。

幼虫称为蠋式幼虫,头发达,胸部3节,腹部10节,胸足3对,腹足5对,腹足末端有趾钩,气门9对,分别位于前胸及最初8个腹节上。侧单眼6个,位于触角基部略后方。触角3节。上颚发达,下颚由轴节和茎节组成,通常有1外颚叶,下颚须2～3节。头式为下口式或前口式,后者多见于潜叶或蛀茎危害的种类,且口器常特化。

蛹分为两种类型,在轭翅亚目和毛顶次亚目中为强颚离蛹,在其余亚目中为无颚被蛹。前者有分节的上颚,借此成虫羽化时可撕破茧或蛹室。后者上颚缺失或退化,在发育过程中附肢和翅都紧贴在蛹体上,不能活动。

生物学:鳞翅目昆虫发育属于完全变态,完成一个生活史循环通常需要1～2个月,多的可达2～3年。不同种类产卵量相差很大,少则数粒,多则上千粒。卵多产在寄主植物表面,有的产在枝条、树皮缝隙中,少数甚至可产在果实内,产卵后,雌虫常利用分泌物或鳞毛将卵覆盖住。

幼虫孵化多以颚咬破卵壳,幼虫龄期一般5龄。幼虫期是发生取食危害的主要时期,幼虫取食习性多样,大多数为植食性。其中有食叶危害的,如卷叶、缀叶、潜叶等,有取食植物的花、果实、种子、根、茎危害的,还有钻蛀树干危害的。有的类群取食枯枝落叶、仓储物及动物皮毛等,如祝蛾科、谷蛾科,以及螟蛾总科和麦蛾总科的部分种类。少数种类取食动物粪便、其他小型昆虫、真菌、蜂巢等,甚至有些种类还被报道可取食蜂巢中的塑料。

幼虫化蛹前,先寻找合适的场所,有的在土壤中化蛹,有的在树皮、树叶或枯枝落叶中化蛹。蛾类的蛹通常褐色,常有茧包被;蝶蛹颜色多样,常有瘤突和刻纹,除眼蝶和绢蝶结茧外,其他通常无茧包被。有的蝶蛹(如粉蝶、凤蝶)以腹部末端的臀棘直立在叶片或枝条上,体中央缠绕1丝质腰带用于固定,称为缢蛹(或带蛹);有的蝶蛹(如蛱蝶、灰蝶)以腹部末端的臀棘把身体倒挂起来,称为悬蛹(或垂蛹)。

蛾类成虫多在傍晚或夜间活动,多数具有趋光性,尤其对紫外光趋性最强。蝶类成虫多在白天活动,无趋光性。鳞翅目成虫一般不取食,只有部分种类需要取食成熟果实、汁液等,以补充营养。鳞翅目一些种类还有远距离迁飞的习性。

分类学:鳞翅目的分类系统很多,较早时期,人们将鳞翅目分为锤角亚目(球角亚目)Rhopalocera和异角亚目Heterocera,前者包含蝶类,后者则包括蛾类。也有人根据虫体大小和翅脉特征等将鳞翅目分为小鳞翅类(小蛾类)Microlepidoptera和大鳞翅类(大蛾类)

Macrolepidoptera,按这种分类方法,小蛾类包括轭翅亚目、无喙亚目、异蛾亚目、有喙亚目的毛顶次亚目、冠顶次亚目、新顶次亚目、外孔次亚目、异脉次亚目以及双孔次亚目中的谷蛾总科、巢蛾总科、麦蛾总科、木蠹蛾总科、卷蛾总科、透翅蛾总科、斑蛾总科、螟蛾总科等。目前小蛾类已知不是一个单系群,但这样的分法仍在使用。此后的分类学者又提出了一些系统,基本上都是以上分类系统的修订或补充。迄今为止,鳞翅目中一些类群的分类地位与亲缘关系仍不明确,不同分类学者有着不同意见。目前,采用较多的是将鳞翅目分为 4 亚目 6 次亚目的系统,其下又分为 46 个总科及 124 个科。

鳞翅目成虫分总科检索表

1. 后翅 R 脉不分支;前翅轭叶不显著突出(异脉次亚目 Heteroneura) ················ **11**

   后翅 R 脉 3 或 4 分支;前翅轭叶几乎总是明显凸出 ······························· **2**

2. 下颚外颚叶形成喙,通常呈螺旋状卷曲,有时退化或缺失;上颚常十分退化,头壳关节不发达(有喙亚目 Glossata) ·· **5**

   下颚外颚叶不发达,不形成喙;上颚大,头壳关节发达 ···························· **3**

3. M_4 脉存在;无单眼;胫距 1-4-4 式;体较大,似毛翅目成虫;前翅斑纹褐色,无金属光泽。分布于澳大利亚,西南太平洋 ································· 颚蛾总科 Agathiphagoidea

   M_4 脉缺失;有单眼;胫距 0-0-4 式;体较小(翅展最大 16mm,通常很小);前翅常有金属光泽 ····· **4**

4. 前翅 Sc 脉具叉;无翅痣,后翅轭叶不发达。世界性分布 ·········· 小翅蛾总科 Micropterigoidea

   前翅 Sc 脉简单;有翅痣,后翅轭叶发达。分布于南美温带 ······· 异蛾总科 Heterobathmioidea

5. 体中等到很大,粗壮;喙和下颚须极度退化 ·················· 蝙蝠蛾总科 Hepialoidea

   体中等到很小,翅展不超过 27mm,通常很小;喙和下颚须常很发达 ···················· **6**

6. 前翅 R_4 脉达外缘 ··· **7**

   前翅 R_4 脉达顶角或前缘 ··· **9**

7. 前翅 R_3 脉达顶角后部,较大且翅宽(翅展至少 12mm,通常大得多) ··· 蝙蝠蛾总科 Hepialoidea(部分)

   前翅 R_3 脉达顶角前部,较小且翅窄 ··· **8**

8. 下颚须很发达,5 节,在 1/2 和 3/4 处明显弯曲。分布于澳大利亚········· 冠顶蛾总科 Lophocoronoidea

   下颚须很小,最多 3 节,平伸。分布于新西兰 ··············· 扇鳞蛾总科 Mnesarchaeoidea

9. 中足胫节有成对的端距;体较大(翅展 13～27mm),翅明显宽,分布于东南亚和南美温带 ··· 蛉蛾总科 Neopseustoidea

   中足胫节有不成对的距;体小(翅展最大 16mm,通常很小)翅窄 ···················· **10**

10. 有单眼,M_1 与 Rs 脉不共柄 ···························· 毛顶蛾总科 Eriocranioidea

    缺单眼,M_1 与 Rs 脉共柄 ···················· 棘蛾总科 Acanthopteroctetoidea

11. 第 2 腹板有成对的前突;翅缺微刺;雌性生殖系统在第 8 腹节有交配孔,与产卵孔分离(双孔次亚目 Ditrysia) ··· **15**

    第 2 腹板无成对的前突;翅通常或多或少有微刺;雌性仅有单生殖孔 ·················· **12**

12. 触角柄节有眼罩,后足胫节有明显的刺 ······················ 微蛾总科 Nepticuloidea

    触角柄节无眼罩,后足胫节无刺 ··· **13**

13. 喙具鳞片;下唇须第 2 节有侧鬃;抱器瓣有明显排成栉状的钝刺;产卵器适于穿刺,无感觉中脊 ··· 穿孔蛾总科 Incurvarioidea

    喙具鳞片或无鳞片;下唇须无侧鬃;抱器瓣无明显的钝刺;产卵器非刺状,具感觉中脊 ······· **14**

14. 喙光裸;宽翅小蛾,翅展达 30mm。分布于南美南部、澳大利亚和南非 ··· 镰蛾总科 Palaephatoidea

    喙基部具鳞片;窄翅小蛾,翅展不到 12mm。分布于全北区和热带·········· 冠潜蛾总科 Tischerioidea

35.体粗壮,中等大小,翅窄,具警戒色 ……………………………… 网蛾总科 Thyridoidea(部分)
　　外表不同上述 …………………………………………………………………………………… 36
36.翅较窄,前翅宽长比为 1：4 或更小 ……………………………………………………………… 37
　　翅较宽,前翅宽长比为 1：3 或更大 ……………………………………………………………… 38
37.体小型,翅展小于 15mm;翅完整;体和足不总是很长 …………… 谢蛾总科 Schreckensteinioidea
　　体多大型;翅展常远超过 15mm(翅完整时总是这样);翅常裂开;体和足总是很长 …………
　　…………………………………………………………………………… 羽蛾总科 Pterophoroidea
38.腹部第 1 背板有大的后气门从背脊向侧面延伸;体中型,常有模糊的网纹 …………………
　　…………………………………………………………………………… 网蛾总科 Thyridoidea(部分)
　　腹部第 1 背板没有这样的延伸物 ……………………………………………………………… 39
39.所有跗分节均有强刺;体色浅。分布于马达加斯加 ……………… 瓦蛾总科 Whalleyanoidea
　　前足末端跗分节无强刺;体色多变。分布于马达加斯加和亚洲 ……… 锚纹蛾总科 Calliduloidea
40.第 2 腹板为“谷蛾型”:前侧角不凸出;表皮内突细长;通常为小而敏捷的种类;前翅无竖鳞 …… 41
　　第 2 腹板为“卷蛾型”:前侧角通常明显凸出,表皮内突基部宽,通常短,无延长的脊;体粗壮;小到大
　　型;前翅有时有竖鳞 …………………………………………………………………………… 43
41.雄性第 8 腹节有叶突;前翅 R$_4$ 脉常达外缘 ……………………… 巢蛾总科 Yponomeutoidea
　　雄性第 8 腹节无叶突;前翅 R$_4$ 脉常达前缘 …………………………………………………… 42
42.头部有粗糙鳞毛;下唇须通常平伸,第 2 节有侧鬃 ……………… 谷蛾总科 Tineoidea(部分)
　　头部光滑;下唇须通常上举,无侧鬃 …………………………………… 细蛾总科 Gracillarioidea
43.前翅表面或沿后缘有竖鳞 ………………………………………………………………………… 44
　　前翅无竖鳞 ………………………………………………………………………………………… 45
44.前翅沿后缘有竖鳞;翅窄,前、后缘几乎平行 …………………… 邻绢蛾总科 Epermenioidea
　　前翅竖鳞不限于后缘;翅相对较窄,矩形 ………………………… 粪蛾总科 Copromorphoidea(部分)
45.有毛隆;无单眼;前翅中室无 M 脉主干 ………………………………… 伊蛾总科 Immoidea
　　有或无毛隆和单眼;前翅中室常有 M 脉主干 ………………………………………………… 46
46.额下部分有竖鳞;有单眼和毛隆;产卵瓣叶状 ………………………… 卷蛾总科 Tortricoidea
　　额下部分无竖鳞;很少同时有单眼和毛隆;产卵瓣不呈叶状 ……………………………… 47
47.中室内 M 脉发达,分叉 ………………………………………………………………………… 48
　　中室无 M 脉,或在中室内为不完整的分叉脉 ………………………………………………… 49
48.无毛隆;很少有单眼 …………………………………………………… 木蠹蛾总科 Cossoidea
　　有毛隆和单眼 ……………………………………………………… 斑蛾总科 Zygaenoidea(部分)
49.领片大,明显延伸 ……………………………………………………… 透翅蛾总科 Sesioidea(部分)
　　领片小,略延伸 …………………………………………………………………………………… 50
50.有单眼 ……………………………………………………………… 斑蛾总科 Zygaenoidea(部分)
　　缺单眼 ……………………………………………………………………………………………… 51
51.前翅 CuP 脉完整且明显 ……………………………………………… 斑蛾总科 Zygaenoidea(部分)
　　前翅 CuP 脉仅在边缘或在基部明显 …………………………………………………………… 52
52.前翅有翅痣 ……………………………………………………………… 尾蛾总科 Urodoidea
　　前翅无翅痣 …………………………………………………………… 罗蛾总科 Galacticoidea

谷蛾总科 TINEOIDEA

一　谷蛾科 Tineidae

头部被长鳞毛或狭窄的叶状鳞片；喙短，外颚叶分离；下颚须多为 5 节，伸展或折叠；下唇须下垂，前伸或上举，第 2 节外侧被硬鬃；触角多为丝状，鞭节各亚节多被 1 轮狭窄的鳞片。前、后翅狭长，休息时呈屋脊状，翅脉多完整，R_5 脉常终止于前缘或顶角。后足胫节外侧被长毛。雌性产卵器能自由伸缩，具腹棒。

该科中国已知 14 亚科 52 属 184 种，本书记述 6 属 8 种。

分属检索表

斑谷蛾属 *Morophaga* Herrich-Schäffer，1853

Morophaga Herrich-Schäffer，1853. Type species：*Euplocamus morellus* Duponchel，1838.

体中至大型。触角柄节栉鬃多于 15 根；下唇须第 2 节具 8～10 根侧鬃，第 3 节中间略膨大，无 vom Rath 感受器。前翅底色斑驳，多形成苔藓状或树皮状复杂斑纹；R_3 和 R_4 脉共柄或基部十分靠近，M_2、M_3 和 CuA_1 脉分离，中室内具弱的索脉和 M 叉脉。雄性味刷有或无；雌性无尾刷。雄性外生殖器：爪形突分 2 叶，与背兜间窄膜连接。背兜完全骨化或具窄膜缝。抱器瓣完全分离，纵向深凹为背、腹两叶；内表面基部具密被刚毛的小叶，末端具腹钩或刺。囊形突长大于宽。阳茎基环完整，中间不分裂；阳茎隆突有或无，角状器有或无。雌性外生殖器：第 7 和第 8 腹板节间膜上具粗糙小袋。第 8 腹板两侧狭长，中间深凹容纳交配孔。导管端片存在，导精管出自囊导管后部。交配囊长椭圆形，无囊突。

该属中国已知 2 种，本书记述 1 种。

1.1 菌谷蛾 *Morophaga bucephala* (Snellen, 1884)(图版 1-1)

Atabyria bucephala Snellen, 1884, *Tijdschr. Entomol.*, **27**: 166.

Morophaga bucephala: Petersen, 1959, *Beitr. Entomol.*, **9**: 572.

翅展 16.0～25.0mm。头顶及颜面烟褐色。触角柄节及栉深褐色,鞭节赭褐色。下唇须深褐色至黑褐色,第 2 节内侧灰白色。前翅底色黄白色至浅黄色,闪黄褐色金属光泽,前缘基部1/6具矩形斑,自基部 1/6 至 2/3 被近等距离排列的逐渐变大的小斑,2/3 处具 1 外斜三角形斑,紧靠该斑具 1 外斜短横带,近顶角处具 1 较大的矩形斑,矩形斑与斜短横带间具 1 半圆形斑,顶角处具较大的圆三角状斑;后缘自基部 1/5 至 4/5 具 1 近半圆形大斑,臀角处具 1 半圆形小斑;外缘在翅脉间具不明显的小斑;缘毛浅黄褐色,但顶角处黑褐色。后翅及缘毛灰褐色。

雄性外生殖器(图版 30-1):具味刷。爪形突小叶宽,近矩形,末端圆。下匙形突细带状。背兜前缘半圆形内凹,后缘 M 形弯曲。囊形突长三角形,与"爪形突+背兜"近等长。阳茎基环盾形;抱器背基突倒 U 形。抱器瓣宽板状,背缘及腹缘平行,背叶末端圆,腹侧 1/3 向外粗指状凸出,末端圆,中间近背缘处具 m 形两分叶突起。阳茎细长,棒状,较直,长约为囊形突的 2.0 倍,端部 1/5 被 10 余个刺状小隆突;角状器无。

雌性外生殖器(图版 77-1):第 8 背板略长于第 8 腹板,矩形。第 8 腹板前缘略弧形内凹;后缘 m 形。交配孔开口于第 8 腹板后缘凹陷处,周围腹板被粗刚毛。导管端片长约为囊导管的 2/5 倍,后半部 V 形分叉,前端略膨大;导精管出自导管端片前缘右侧;囊导管长约为交配囊的9/10倍。交配囊后端 1/3 壁厚,具纵向弧形皱褶,前端 2/3 壁薄,无皱褶;无囊突。

分布:浙江(天目山)、辽宁、江苏、安徽、福建、河南、湖北、广东、贵州、云南;日本、朝鲜、缅甸、印度、马来西亚、俄罗斯。

似斑谷蛾属 *Morophagoides* Petersen, 1957

Morophagoides Petersen, 1957. Type species: *Scardia ussuriensis* Caradja, 1920.

体中至大型。触角柄节栉鬃多于 15 根。下颚须 5 节。下唇须第 2 节具数根侧鬃。前翅底色斑驳,形成模糊的苔藓状复杂斑纹(一些种类中斑纹在前缘、外缘及后缘集中)。雄性无味刷;雌性无尾刷。雄性外生殖器:爪形突复杂,与背兜间窄膜连接。背兜完全骨化。抱器瓣不纵裂,内表面基部无被毛小叶,末端具腹钩或刺。阳茎基环中间分裂,与抱器瓣愈合为 1 复合结构。阳茎具骨针形角状器,无隆突。雌性外生殖器:导管端片三角形至长漏斗形。交配囊长椭圆形,具 1 对口袋状囊突。

该属中国已知 1 种,本书记述该种。

1.2 乌苏里谷蛾 *Morophagoides ussuriensis* (Caradja, 1920)(图版 1-2)

Scardia ussuriensis Caradja, 1920, *Deut. Entomol. Zeit. Iris*, **34**: 167.

Morophagoides ussuriensis: Petersen, 1957, *Beitr. Entomol.*, **7**: 593.

雄性翅展 17.0mm,雌性翅展 17.0～24.0mm。头顶及颜面黄褐色。触角深褐色,鞭节雄性纤毛长约为鞭节直径的 1.5 倍,雌性的约为1/2。下唇须内侧黄白色,第 2 节外侧深褐色,第3 节外侧黄白色,基半部杂深褐色。前翅底色黄白色,闪黄褐色金属光泽,具深褐色斑:沿各缘被数个小斑;基部 1/3 具不规则的三角形大斑,其后缘过翅褶,前缘被黄白色小斑打断;中间具 1 较大的深褐色带,其后缘较前缘窄,内缘及外缘均波状弯曲;前缘自端部 1/3 至近顶角处具 1 近环形的大斑,在有些个体中环形斑断裂成 1 小斑及 1 较大的斑;基斑、中带及环形斑间散布深褐色鳞片;缘毛浅深褐色和黄白色相间。后翅黄褐色;缘毛浅灰色。

雄性外生殖器(图版 30-2):爪形突小叶宽,两小叶间以弱骨化结构相连,整体近矩形,末端圆,外侧近后缘向腹侧凸出 1 强骨化突起。下匙形突宽。背兜前缘半圆形深凹,后缘 m 形弯曲。囊形突三角形,长约为"爪形突+背兜"的 1.2 倍。阳茎基环与抱器瓣愈合,不明显;抱器背基突无。抱器瓣近方形,末端纵裂成 1 粗短的背叶和 1 较长的腹叶;近末端具 1 宽三角状和 1 窄三角状隆突。阳茎棒状,较直,长约为囊形突的 1.7 倍,近末端具 1 较大的指状隆突及 1 小隆突。

雌性外生殖器(图版 77-2):第 8 背板与第 8 腹板近等长,近后缘具 6 或 8 根粗刚毛。第 8 腹板圆锥形,后端在交配孔背缘两侧形成 1 对被稀疏长刚毛的指状小叶。交配孔大,向腹侧强烈突出。导管端片长约为囊导管的 2.0 倍,长漏斗形,强骨化,壁两层,外层光滑,内层两侧黑化,密被微刺;导管端片后缘腹面形成 1 三角形口袋状强骨化突起;导精管出自导管端片与囊导管交界处。囊导管短,长约为交配囊的 1/5,密被微刺。交配囊长椭圆形,近中部具 1 对强骨化的向囊壁内凸出的口袋状大囊突。

分布:浙江(天目山)、辽宁、吉林、黑龙江、湖南;俄罗斯等。

太宇谷蛾属 *Gerontha* Walker,1864

Gerontha Walker,1864. Type species:*Gerontha captiosella* Walker,1864.

头部被直立或前伏长鳞毛。下唇须上举,第 2 节外侧或末端被数根硬鬃;第 3 节窄,vom Rath 器不发达;触角约与前翅等长;柄节无栉;鞭节各亚节均被 1 轮狭窄鳞片。前翅具竖鳞,末端圆或尖。雄性无翅缰钩;雌性翅缰 2 根。雄性外生殖器:爪形突末端愈合或分离。颚形突短小或延长、膨大、中间愈合成板状结构。抱器瓣简单,被毛,基腹弧带状,中间膨大。雌性外生殖器:产卵管长约为腹部的 4/5。前后表皮突细长,后表皮突长约为前表皮突的 2.0 倍。交配孔倒三角形或倒梯形。交配囊椭圆形,囊突有或无。

该属中国已知 9 种,本书记述 1 种。

1.3　梯缘太宇谷蛾 *Gerontha trapezia* Li et Xiao, 2009(图版 1-3)

Gerontha trapezia Li et Xiao,2009,*Acta Zootax. Sin.*,**34**(2):227.

翅展 12.0~15.0mm。头部赭白色或赭黄色,后缘暗褐色。下唇须赭白色,第 2 节外侧暗褐色,第 3 节外侧在基部和近末端暗褐色。触角柄节赭黄色,鞭节暗赭黄色略带暗褐色。前翅灰白色或暗赭黄色,散生赭褐色斑点和竖鳞,沿前缘 1/4、1/2 和 2/3 处,中室 1/3、1/2 处和末端,臀褶基部、1/3 和 2/3 处具 9 个明显的竖鳞簇;缘毛灰白色,基半部具一不连续的暗褐色弧形带。后翅淡灰白色,基部 3/5 沿前缘具淡赭黄色鳞片,前缘在 3/5 处下折;缘毛暗灰色。

雄性外生殖器(图版 30-3):爪形突近三角形,末端钝尖。颚形突细带状,拱形弯曲。抱器瓣基半部近矩形,端半部渐宽,末端宽圆;背缘近平直;腹缘约在中间 V 形强烈内凹;内表面具一弧形带,从抱器瓣基部斜伸至抱器腹末端;抱器腹发达,末端宽而近平直。基腹弧后缘在中间呈梯形向后突出,前缘两侧略凹。囊形突长约为抱器瓣的 1.5 倍。阳茎基环后缘平直,前缘内凹,中间具一近 W 形骨化结构。阳茎长约为抱器瓣的 2.0 倍;角状器无。

分布:浙江(天目山)、贵州、广西。

白斑谷蛾属 *Monopis* Hübner，1825

Monopis Hübner，1825. Type species：*Tinea rusticella* Hübner，1796.

后头与头顶鳞毛成对轮生，无鳞缝 U 形。下唇须前伸，长约为头高的 1.5 倍；第 2 节具数根侧鬃和顶鬃，腹侧被短鳞刷；第 3 节近顶端具 vom Rath 器。下颚须 5 节。触角柄节有栉鬃 4～14 根。前翅褐色或暗褐色或赭色或散生白色鳞片，前缘、外缘和后缘有或无白色或黄色大斑；中室末端具透明斑。雌性翅缰 2 根。雄性外生殖器：爪形突长三角形，末端分叉。颚形突三角形。抱器瓣内表面被长毛和小刺；抱器柄短、指形。阳茎端膜具大量针形小角状器和鳞形、锥形或峰形小刺。雌性外生殖器：前表皮突具发达的背支，但在胎生种类中退化。第 8 节背板盾形，末端具长毛；胎生种类中，前表皮突的背支与背板的其他退化部分构成了具显著刚毛和微刺的"驼峰"。交配孔被或不被长毛和微刺，后缘常内凹呈宽 M 形。交配囊长梨形；囊突齿形或骨针形，在交配囊上呈环状或弯月形排列。

该属中国已知 16 种，本书记述 3 种。

分种检索表

1. 前翅沿后缘有一长的赭色或黄色纵带 ·········· 赭带白斑谷蛾 *M. zagulajevi*
   前翅沿后缘无此纵带 ·········· **2**
2. 前翅具一大的梯形白斑 ·········· 梯纹白斑谷蛾 *M. monachella*
   前翅无上述白斑 ·········· 镰白斑谷蛾 *M. trapezoides*

1.4 梯纹白斑谷蛾 *Monopis monachella* (Hübner，1796)（图版 1-4）

Tinea monachella Hübner，1796，*Samml. Eur. Schmett.*，**8**：65.

Monopis monachella：Hübner，1805，*Samml. Eur. Schmett.*，**8**：339.

翅展 15.0～16.0mm。头部白色。下唇须内侧赭色，外侧赭褐色。触角赭黄色或赭白色；柄节背侧白色，腹侧赭白色。前翅暗褐色，沿前缘 2/5～5/6 处有一伸至翅中央的白色梯形大斑、其侧缘和底缘呈浅 W 形，翅外缘有 3 或 4 个赭白色小点；透明斑白色，近圆形；缘毛暗褐色。后翅赭白色或灰白色；缘毛基半部灰色，端半部赭白色。

雄性外生殖器（图版 30-4）：爪形突长三角形，末端略分叉。颚形突从基部呈三角形向下延伸至背兜 1/4 处，端部渐窄，末端指形。抱器瓣末端钝尖或钝圆或斜圆或斜直，背缘和腹缘近平直或略凹或略凸；抱器背基突从基部至端部渐宽。囊形突长约为抱器瓣的 2.0 倍。阳茎基环与基腹弧愈合。阳茎长为抱器瓣的 1.6～2.0 倍；阳茎端膜密被鳞形小刺及大量针形角状器。

雌性外生殖器（图版 77-4）：后表皮突长约为前表皮突的 1.5 倍。导管端片长为宽的 1.2～4.0 倍，骨化弱、具纵向皱褶；囊导管长，基部密具横向皱褶，皱褶或长或短、弯曲或不弯曲。交配囊前端有 4～10 个小囊突，在上下囊壁上呈一排或环状排列，囊突近三角形，上缘平直。

分布：浙江（天目山）、天津、河北、黑龙江、浙江、安徽、山东、河南、湖北、湖南、广东、广西、海南、四川、贵州、云南、西藏、陕西、甘肃、新疆、台湾；日本，印度，欧洲，非洲，美洲。

1.5 镰白斑谷蛾 *Monopis trapezoides* Petersen *et* Gaedike, 1993(图版 1-5)

Monopis trapezoides Petersen *et* Gaedike, 1993, *Bonn. Zool. Beitr.*, **44**(3-4)：247.

翅展 11.0～16.0mm。头部黄白色。下唇须内侧白色，外侧赭色。触角暗赭色或暗褐色；柄节背侧暗褐色，腹侧暗赭色。前翅赭色，前缘赭色与褐色相间，近透明斑基部有一暗褐色横带，翅端部散生褐色鳞片；透明斑三角形或椭圆形，清晰可见；缘毛赭褐色。后翅暗赭色或暗灰色，缘毛暗赭色。

雄性外生殖器(图版 30-5)：爪形突细，长三角形，端部 1/6 分叉。颚形突基部呈三角形，向下延伸至近背兜基部，至近末端渐窄，末端镰刀形向外弯曲。抱器瓣从基部向端部渐宽，末端宽圆；背缘在端部略凸；腹缘在基部略凹；抱器背基突较窄。囊形突长约为抱器瓣的 1.2 倍，中间略弯曲。阳茎基环与基腹弧愈合。阳茎约与抱器瓣等长；阳茎端膜密被鳞形小刺和骨针形小角状器。

雌性外生殖器(图版 77-5)：产卵管很短，密被鳞形小刺。交配孔被稀疏长毛和大量微刺，后缘中间内凹，深至交配孔长的 1/2，密被小刺。导管端片长约为宽的 2.0 倍。交配囊上有 20～30 多个小囊突，呈弯月形排列，囊突上缘锯齿形。

分布：浙江(天目山)、浙江、安徽、河南、贵州、甘肃。

1.6 赭带白斑谷蛾 *Monopis zagulajevi* Gaedike, 2000(图版 1-6)

Monopis zagulajevi Gaedike, 2000, *Beitr. Entomol.*, **50**(2)：371.

翅展 10.0～15.0mm。头部赭色至赭白色。下唇须内侧赭色至赭白色，外侧暗褐色，第 3 节末端亮赭色。触角暗褐色或赭褐色，柄节上侧黑褐色或暗褐色，下侧暗赭色或赭色。前翅暗褐色，散生黄白色或灰白色鳞片，后缘从基部至外缘有一宽的赭黄色或亮赭色纵带，纵带基半部宽于端半部；透明斑三角形；缘毛在前缘为暗褐色，在外缘为赭黄色或赭色。后翅灰色或灰白色，缘毛灰白色。

雄性外生殖器(图版 30-6)：爪形突长三角形，中间愈合，末端尖、分叉，尖端具 1 向下弯曲的小齿。颚形突基部呈三角形，向下延伸至背兜基部，端部渐窄，末端尖。抱器瓣长为宽的 3.0～3.5 倍，末端尖、钝尖或钝圆；背缘中间突出，腹缘弯曲成弧或钝角；抱器背基突发达，从基部至端部渐宽。囊形突长约为抱器瓣的 1.3～1.6 倍，基部宽大、花托形。阳茎基环 M 形，骨化强烈。阳茎长为抱器瓣的 1.2～1.4 倍，端部 1/3～1/2 较窄；阳茎端膜具大量骨针形小角状器，末端有 2～3 个大而弯的长刺。

雌性外生殖器(图版 77-6)：前表皮突较直。交配孔被长毛及大量微刺，后缘中间极度内凹近至前缘，凹缘密被朝后弯曲的小刺。导管端片为 1 短骨化环。囊突 17 个，近长三角形，上缘锯齿形，环状排列。

分布：浙江(天目山)、河南、湖南、广西、四川、贵州、陕西；俄罗斯。

毛簇谷蛾属 *Dasyses* Durrant, 1903

Dasyses Durrant, 1903. Type species：*Cerostoma rugosella* Stainton, 1859.

头被粗糙竖鳞。触角柄节栉鬃多于 10 根。下唇须第 2 节具侧鬃，第 3 节上举，细圆柱形，近末端具 vom Rath 感受器。前翅椭圆形，具竖鳞簇；雄性具翅缰钩。后翅略窄于前翅；雄性翅缰 1 根，雌性翅缰 4 根。雄性第 8 腹节具 1 对味刷，雌性第 7 腹节具 1 对尾刷。雄性外生殖器：背兜宽大。爪形突末端分离成两小叶。颚形突臂形状差别较大，末端分离或愈合。抱器瓣长，内表面具 1 细长骨化隆脊与阳茎基环相连。雌性外生殖器：产卵管长。前表皮突基部分叉:背支与第8背板上具颗粒突起的横带相连,腹支与腹板前缘连接呈弓形。交配孔开口于腹支连接处下方。交配囊长梨形,囊突有或无。

该属中国已知1种,本书记述该种。

1.7 刺槐谷蛾 *Dasyses barbata* (Christoph, 1881)(图版1-7)

Morophaga barbata Christoph, 1881, *Bull. Soc. Imp. Nat. Moscou*, **56**(4): 432.

Dasyses barbata: Moriuti, 1982, Tineidae, In: Inoue *et al.*, *Moths of Japan*, **2**: 186.

雄性翅展12.5～18.0mm,雌性翅展16.0～26.0mm。头部茶褐色,鳞片末端雪白色。触角柄节背面深褐色,末端白色,腹面雪白色;鞭节各亚节间形成浅色深色相间的环。下唇须深褐色,鳞片末端雪白色,第2节外侧被雪白色鳞片,腹面被厚鳞簇。前翅底色斑驳,鳞片灰白色至黄褐色、末端色深,在浅色底色上形成边缘模糊的外斜斑,基部1/5、1/3、2/3处具明显的黑褐色鳞毛簇;缘毛深灰褐色。后翅灰黄褐色,缘毛黄褐色;雄性翅缰1根,细长弯曲,雌性翅缰4根。

雄性外生殖器(图版30-7):背兜宽大,前缘半圆形深凹。爪形突梯形,两侧骨化强,末端分离,形成2个角状小突起。颚形突臂细带状,端部三角形,两臂末端愈合。基腹弧窄。囊形突无。抱器瓣基部3/5背、腹缘近平行,端部2/5渐窄,末端圆;自背缘中部向阳茎基环伸出1细隆脊,近阳茎基环处具1被稀疏短刚毛的小叶;自腹缘3/5处向抱器瓣内伸出1明显的骨化痕。阳茎基环盾形,前缘平,后缘三角状凸出。阳茎基部1/3略膨大,端部2/3管状,末端尖。

雌性外生殖器(图版77-7):第8背板矩形,纵中线处自后缘至前端1/3处具1膜质窄缝。第8腹板矩形,纵中线处为1膜质缝,前缘中部略内凹。前表皮突长约为后表皮突的1/3;前表皮突2腹支在第8腹板前方中间靠近,交配孔开口于此。导管端片无。囊导管略短于交配囊,导精管出自囊导管后端1/4处背侧。交配囊长梨形,无囊突。

分布:浙江(天目山)、天津、山西、辽宁、上海、安徽、山东、河南、湖北、广东、广西、海南、贵州、云南、陕西、甘肃;日本,俄罗斯。

扁蛾属 *Opogona* Zeller, 1853

Opogona Zeller, 1853. Type species: *Opogona dimidiatella* Zeller, 1853.

头部被光滑叶状贴鳞,颜面扁平。触角长为前翅的3/5～4/5,鞭节各亚节环一轮浅色鳞片。下唇须第2节无或具1、2根侧鬃,第3节圆柱形。前翅淡赭色或亮黄色,基部、中部、端部和臀角处常被紫褐色斑纹,且在斑纹交界处具少数闪金属光泽的竖鳞。雄性翅缰1根,雌性翅缰一般3根,偶有4根或多达5～7根。腹部第1背板后缘强烈骨化;第2腹板前半部具眼罩形强骨化区,后缘中部开放处被稀疏排列的弧形短刚毛。各节鳞基窝排列成短横纹。雄性外生殖器:爪形突小叶宽分离,被粗刺,基部与背兜之间具1窄膜缝。颚形突臂发达,带状。抱器瓣端部常纵裂。基腹弧与背兜愈合为窄环。囊形突三角形或细棒状。阳茎基环游离或与两侧抱器瓣内表面愈合,有些种类中具刺;阳茎多无角状器。雌性外生殖器:产卵管细长。后表皮突与腹部近等长。第8背板倒盾形;第8腹板常膜质,中部常具1U形骨化带。导精管开口常位于导管端片前缘;囊导管细长,无管环。交配囊长椭圆形,囊突发达,常为雪橇形。

该属中国已知9种,本书记述1种。

1.8　东方扁蛾 *Opogona nipponica* Stringer, 1930(图版 1-8)

Opogona nipponica Stringer, 1930, *Ann. Mag. Nat. Hist.*, (10)**6**: 420.

翅展 12.0～15.0mm。后头黑褐色,闪暗紫色金属光泽;头顶及颜面亮黄白色。触角柄节灰褐色至深褐色,沿前缘常浅黄色或黄白色;鞭节浅黄色。下唇须内侧浅灰褐色至浅黄褐色,外侧灰褐色。胸部及翅基片金黄色。前翅基半部金黄色,端半部铜褐色;交界线垂直,略呈锯齿状,具黑色鳞片构成的模糊小暗点;缘毛铜褐色。后翅细窄,灰色至灰褐色;缘毛灰色;雄性翅缰 1 根,雌性翅缰 3 或 4 根。

雄性外生殖器(图版 30-8):背兜宽,近梯形。爪形突小叶半椭圆形,端半部具钉形粗壮短刺。下匙形突沙漏形,弱骨化。基腹弧三角形,囊形突棒状。抱器瓣基半部宽,端半部深裂为背、腹两叶:背叶勺状,末端宽圆;腹叶长约为背叶的 1/2,末端具 1 指状长突起和 1 乳突状短突起;内表面近末端靠近腹缘处具 1 膜质褶叶。阳茎基环近心形,腹面两侧与抱器瓣内表面愈合。阳茎粗壮,端部 2/5 处具 2 枚黑化的三角形小齿突,近末端具 2 枚粗刺。

雌性外生殖器(图版 77-8):第 8 背板近矩形,短小;第 8 腹板特化为背腹两片,背片呈左右 2 个椭圆形骨化片,腹片长约为背片的 1/2,近矩形。交配孔开口于第 8 腹板后缘背腹片之间,锥形。导管端片角锥状,壁厚,骨化强。囊导管长约为交配囊的 1.5 倍,导精管开口于囊导管与导管端片交界处。交配囊半椭圆形,前部 1/3 密被卵形小骨片;后部 2/3 具囊突,两片,雪橇形,由 1 细带相连。

分布:浙江(天目山)、北京、河北、辽宁、吉林、黑龙江、福建、江西、河南、湖北、广西、四川、重庆、贵州、云南、陕西、甘肃、台湾;朝鲜,日本。

细蛾总科 GRACILLARIOIDEA

二 细蛾科 Gracillariidae

体小型,无单眼;下唇须 3 节,上举、前伸或下垂,第 2 节腹面偶尔有毛簇;触角等长或稍长于前翅,少数短于前翅,柄节有或无栉。雄性外生殖器:通常对称,少数不对称;无爪形突,少数属有颚形突和尾突;基腹弧 U 形至 V 形,囊形突有或无;抱器瓣光滑或有形状不同的突起;阳茎端环通常膜质,或腹面骨化形成阳茎端基环;阳茎管状或片状,表面光滑或有突起;角状器刺状、角状或针状,或无;味刷有或无。雌性外生殖器:前表皮突有时缩短或消失;交配孔位于第 8 腹板;阴片有时骨化,形状多样;囊导管膜质或部分骨化;囊突 1～2 对,或无。

该科中国已知 6 亚科 39 属 188 种,本书记述 6 属 12 种。

分属检索表

贝细蛾属 *Eteoryctis* Kumata *et* Kuroko,1988

Eteoryctis Kumata *et* Kuroko,1988. Type species:*Acrocercops deversa* Meyrick,1922.

头部光滑。下唇须稍上举,末端尖,第 2 节与第 3 节近等长。触角与前翅等长,或稍短于前翅;柄节无栉和毛簇。前翅窄矛形;后翅宽约为前翅的 1/2,与前翅近等长。雄性外生殖器:背兜背面光滑,腹面具 1 对椭圆形骨化区,其上密被刚毛。抱器瓣贝壳状,外表面基部具 1 簇长线状香鳞。基腹弧近 V 形。阳茎管状,角状器有或无。第 8 背板具 1 前伸的表皮突,其骨化中脊后伸至背板前缘;第 8 腹板前缘具 1 对细小膜质鞘,后缘有缺刻。雌性外生殖器:前表皮突和后表皮突近等长。导管端片短环形。囊导管近基部表面粗糙,与交配囊交界处有 1 对瓣状突起。交配囊长卵圆形,端半部表面粗糙;囊突有或无。

该属中国已知 3 种,本书记述 1 种。

2.1　贝细蛾 *Eteoryctis deversa*（Meyrick，1922）(图版1-9)

Acrocercops deversa Meyrick, 1922, *Exot. Microlep.*, **2**: 563.

翅展6.5～8.5mm。头部赭白色至赭黄色,有金属光泽;颜面白色,中间棕色。下唇须白色,第2节外侧和第3节腹面褐色;第3节与第2节近等长,上举,末端尖。触角背面褐色,腹面赭黄色。胸部赭黄色,中央有1条端部稍宽的褐色纵带;翅基片褐色。前翅褐色;前缘端部1/3处有1条外斜向臀角的赭黄色细纹,不达臀角,长约为前翅宽的2/3,其内侧和外侧镶有黑褐色;翅褶上有1条赭黄色纵带,长约为前翅宽的1/2;臀角外侧有1条赭黄色近梯形宽横带,前缘稍窄,其外侧有1条黑色横带;顶角有1个白色圆点,外侧镶有黑色;后缘缘毛与翅同色;翅端缘毛赭黄色,有2条黑色线。后翅及缘毛褐色。

雄性外生殖器(图版30-9):背兜近长卵圆形,基半部稍膨大,向末端渐窄。抱器瓣约与背兜等长。囊形突末端圆。阳茎稍长于抱器瓣;有多枚小刺状角状器。

雌性外生殖器(图版77-9):产卵瓣被小刺。囊导管基部1/7被小突起,端部有1对大型角状突。交配囊卵圆形或近三角形,基半部粗糙;囊突由6～20个中央有小刺突的圆形骨片组成,于交配囊中央排成一行。

寄主:漆树科Anacardiaceae: *Rhus ambigua* Lavall., *R. javanica* Linn., *R. japonica* Linn.,木蜡树 *Toxicodendron sylvestre*（Sieb. *et* Zucc.）,毛漆树 *T. trichocarpum*（Miq.）,野漆 *T. succedaneum*（Linn.）。

分布:浙江(天目山)、福建、江西、河南、湖北、湖南、贵州、陕西、台湾;日本,朝鲜,印度,俄罗斯。

尖细蛾属 *Acrocercops* Wallengren，1881

Acrocercops Wallengren, 1881. Type species: *Tinea brongniardella* Fabricius, 1798.

头部光滑;喙裸露无鳞。下唇须上举,末端尖;第3节等长于或稍长于第2节。下颚须与下唇须第3节近等长。触角长于前翅;柄节无栉和鳞片簇。前足和中足胫节端部稍宽;后足胫节背面及第1跗节基部背面有1列鬃毛,跗节鬃毛稍短于胫节鬃毛;后足胫节基部1/4～1/3处着生1对距。雄性外生殖器:背兜端部两侧有稀疏刚毛;下匙形突骨化弱。抱器瓣内表面有1长梳状突起,内表面后缘密被细刚毛,外表面近基部有长线状香鳞,散生(易脱落)或聚集成束。有囊形突。阳茎管状,少数种近末端有1枚细突起;角状器形状多样。第8腹板缺刻深、宽;多数种第8背板前缘表皮内突末端短二分叉,其骨化中脊末端T形或Y形,止于背板前缘;第8腹板前缘有或无长膜质鞘,如果有,通常1对,其内有或无味刷。雌性外生殖器:后表皮突与前表皮突等长,或稍长。第8背板骨化,腹板膜质。导管端片骨化弱,形状多样;囊导管膜质或部分骨化,大部分区域表面粗糙。交配囊椭圆形、球形或长梨形,膜质,表面粗糙,少数种有一球形附囊;囊突通常1对,多数种囊突微小,周围被长度不等的矛形骨片包围,少数种有大量角状突排列成长穗状。

该属中国已知8种,本书记述1种。

2.2　南烛尖细蛾 *Acrocercops transecta* Meyrick，1931(图版1-10)

Acrocercops transecta Meyrick, 1931, *Eoxt. Microlep.* **5**: 169.

翅展5.5～10.5mm。头部光滑,浅赭黄色,有金属光泽。下唇须白色至浅赭黄色,第2节外侧深灰色。触角柄节浅赭黄色至深褐色;鞭节浅赭黄色,有浅褐色环纹。胸部浅赭黄色;翅基片灰褐色。前翅浅褐色至黑褐色,散生赭黄色鳞片;前缘中部有1条白色横带,其后缘外侧紧连 1 枚白斑；前缘端部 1/4 处有 1 枚外斜的白斑，其外侧有 1～2 个小白点；后缘基部 1/4 处有 1 条内斜的不达前缘的白色宽条纹，端部 1/4 有 3～4 个白点；顶角有 1 个小白点；缘毛褐色，末端缘毛灰白色。后翅及缘毛褐色。腹部背面黑褐色，腹面浅赭黄色。

雄性外生殖器(图版 31-10)：背兜长舌状，基部 3/5 两侧近平行，端部 2/5 稍窄，其两侧有刚毛。肛管腹面密被细刺突；下匙形突细长。抱器瓣长约为背兜的 1.5 倍；基部宽，向末端渐窄；端部稍内弯，末端钝圆；长梳状突起位于端半部，长约为抱器瓣的 2/5，梳齿末端圆。囊形突长约为抱器瓣梳状突的 1/2。阳茎约与抱器瓣等长；末端有一倒 Y 形突起；有多枚小刺状角状器密集排列成近长方形，另外还有 6～8 枚角形角状器，排成两列，其中近阳茎末端的一对钩状。第 8 背板表皮内突的骨化中脊末端 Y 形。

雌性外生殖器(图版 77-10)：产卵瓣密被小刺，后缘有刚毛；前表皮突和后表皮突细，近等长。导管端片发达，近 U 形，末端有 1 对瓣状侧叶。囊导管膜质，密被小突起；基部稍膨大，基半部窄，端半部宽。交配囊膜质，近球形，表面被小突起；囊突 1 对，其周围环绕长度不等的矛形骨片，形如菊花。

寄主：杜鹃花科 Ericaceae：珍珠花 *Lyonia ovalifolia* Drude；胡桃科 Juglandaceae：*Juglans ailanthifolia* Carr，胡桃 *J. regia* Linn.，*J. cinerea* Linn.，*J. cordiformis* Maxim.，*J. hindsii* Jeeps，*J. illinoensis* Koch，*J. mandschurica* Maxim.，*J. nigra* Linn.，*J. sieboldiana* Maxim.，*Carya aquatica* Nutt.，*C. myrticiformis*（Michx.），*C. ovata* Koch.。

分布：浙江(天目山)、北京、河北、浙江、安徽、河南、湖北、湖南、海南、四川、贵州、云南、陕西、台湾；日本，朝鲜，俄罗斯。

圆细蛾属 *Borboryctis* Kumata *et* Kuroko，1988

Borboryctis Kumata *et* Kuroko，1988. Type species：*Borboryctis euryae* Kumata *et* Kuroko，1988.

头部光滑。下唇须光滑，通常下垂，少数种稍上举；第 3 节稍长于第 2 节，末端尖。下颚须前伸，腹面被少量粗糙鳞片，长约为下唇须第 3 节的 1/2。触角长于前翅，柄节无栉和片状鳞毛簇。胸部光滑，无背脊。前翅有 13 条脉；后翅狭窄，近线形。足光滑，后足胫节背面有 1 列鬃毛。雄性外生殖器：背兜窄长，两侧骨化，中部膨大；下匙形突有或无。抱器瓣中部近背缘有扇形或舌状小突起，其上有细纹；内表面端半部刚毛密集，腹缘刚毛稀疏；外表面有长线状香鳞。基腹弧 V 形，侧臂细长；囊形突有或无。阳茎细长，管状，向末端渐细；无角状器。第 8 背板前缘表皮突细，杆状，其骨化中脊后伸，或表皮突宽短，端部二分叉，无骨化中脊；第 8 腹板前缘有 1 对细长膜质鞘，通常长于背板表皮突，后缘有深缺刻。雌性外生殖器：前表皮突基部较后表皮突宽。第 8 腹节背板骨化弱，腹板大部分膜质。交配孔开口于第 8 腹板近后缘。导管端片环形，长与宽近等长。囊导管膜质，表面粗糙。交配囊端部通常向内卷曲，有大量刺状小突起。

该属中国已知 2 种，本书记述 1 种。

2.3 黑点圆细蛾 *Borboryctis triplaca*（Meyrick，1908）(图版 1-11)

Acrocercops triplaca Meyrick，1908，*Journ. Bombay Nat. Hist. Soc.*，**18**：817.

翅展 8.5～11.5mm。头部白色。下唇须白色，第 2 节外侧褐色；第 3 节和第 2 节近等长，稍上举，末端尖。触角柄节白色，背面末端有赭黄色至黑褐色斑；鞭节浅赭黄色，有浅褐色环纹。胸部白色，基部褐色；翅基片基半部褐色，端半部白色；或胸部和翅基片均为深褐色。前翅棕黄色至褐色，近末端有 1 条稍内拱的白色横带；后缘基部和中部各有 1 条白色近梯形的宽横带，其前缘稍窄，第 2 条横带前缘外侧有 1 枚白色斑点(有些个体缺失)；顶角有 1 个黑点；腹缘缘毛灰棕色;翅端缘毛白色,缘毛末端黑色。后翅及缘毛深灰棕色。腹部背面黑褐色,腹面白色,有6条黑褐色横纹。

雄性外生殖器(图版31-11):背兜基部1/3处两侧向外突出,端部2/3渐窄,末端尖;基部1/3骨化强,端部2/3两侧有10～19对长刚毛。无下匙形突。抱器瓣背缘基部1/3处和腹缘基部各有1簇长鳞毛。囊形突棒状,末端圆。阳茎细长,弯曲,长约为抱器瓣的1.4倍;端部1/5有多行横向排列的弯曲突起;角状器细针状。第8背板表皮突宽短,端部分2叉,无骨化中脊;第8腹板前缘的膜质鞘与背板内突近等长。

雌性外生殖器(图版77-11):前表皮突和后表皮突近等长。囊导管细,表面有小突起,基部2/3稀疏,端部1/3密集。交配囊卵圆形,密被针状突起;囊突1个,菊花形。该种雌性为首次报道。

分布:浙江(天目山)、江西、海南、贵州;日本,印度。

细蛾属 *Gracillaria* Haworth, 1828

Gracillaria Haworth, 1828. Type species: *Gracillaria anastomosis* Haworth, 1828.

头部光滑。下唇须长,上举;第2节腹面偶尔有毛簇,第3节与第2节近等长,末端尖。触角等长于或稍长于前翅;柄节稍长。前翅通常有12条翅脉,M_2和M_3脉通常共柄。后翅宽约为前翅的1/2,窄矛状,末端尖;有8条翅脉,M_1和M_2脉通常共柄。中足胫节有扁平鳞片簇,后足胫节光滑。雄性外生殖器:下匙形突骨化较强。抱器瓣上举,结构简单;抱器背基突有突起。阳茎端基环三角形。囊形突发达,三角形。阳茎针状,末端尖;无角状器。第8腹节膜质,有1对味刷。雌性外生殖器:产卵瓣侧面观近长方形。前表皮突粗细均匀,后表皮突基半部近三角形。无前阴片,后阴片骨化较弱。导管端片窄环形。囊导管端部稍粗,缠绕成圈。交配囊膜质;囊突1枚,长角状,基部稍粗,大部分种类基部两侧有骨片,其上有齿突。

该属中国已知5种,本书记述1种。

2.4　水蜡细蛾 *Gracillaria japonica* Kumata, 1982(图版1-12)

Gracillaria japonica Kumata, 1982, Insecta Mats. (N. S.), **26**: 11.

翅展10.5～14.5mm。头部灰赭黄色,颈部杂黑褐色。下唇须黑褐色,第2节背面基部赭黄色,第3节背面有3个赭黄色斑,末端白色。触角赭黄色,柄节背面中部和末端黑色;梗赭黄色,末端黑色;鞭节有黑色环纹。胸部赭黄色,杂浅褐色鳞片;翅基片基半部黑褐色,端半部赭黄色。前翅金棕色,基部1/4黑褐色;基部中央有1枚赭黄色小斑点,基部1/8处翅褶下方有1枚白色斑点;前缘和后缘有大小不等的近等距离排列的白斑,除前缘基部1/3处的白斑外,各斑的内侧和外侧黑色;后缘基部前2枚白斑连接近U形,其中内侧白斑伸至翅褶稍上方,外侧斑伸至翅褶处;后缘缘毛灰棕色,翅端缘毛黑色。后翅及缘毛灰棕色。腹部背面灰褐色,腹面赭黄色杂褐色鳞片。

雄性外生殖器(图版31-12):背兜从基部向端部渐窄,末端钝尖。下匙形突基部近三角形。抱器瓣从基部1/3处渐宽至末端;腹侧角圆,因末端近腹缘稍内凹而使腹侧角稍突出。囊形突近末端两侧稍内凹,长约为抱器瓣的3/4,末端钝圆。阳茎与抱器瓣等长。

雌性外生殖器(图版78-12):前表皮突长约为后表皮突的4/5。后阴片宽带状,拱形,前缘和后缘不平滑。交配囊长椭圆形;囊突基部骨片长椭圆形。

寄主:木樨科 Oleaceae:水蜡树 *Ligustrum obtusifolium* Siebold et Zucc., *L. tschonoskii* Decaisne。

分布:浙江(天目山)、湖南、贵州;日本。

丽细蛾属 *Caloptilia* Hübner，1825

Caloptilia Hübner，1825. Type species：*Tinea upupaepennella* Hübner，1796.

头部光滑。下唇须上举，末端尖；第 2 节光滑，腹面粗糙，少数种有毛簇。触角等长于或稍长于前翅；柄节有栉或无。前翅有 13 条脉，少数种因 M_3 和 CuA_1 脉合生而减少为 12 条；R 脉基部分离；M_2 脉始于中室下角，与 M_3 脉或与 $M_3 + CuA_1$ 脉共短柄或基部合生；CuA_2 脉始于中室近末端；CuP 脉端部清晰；A 脉简单，弯曲。后翅窄矛形，宽约为前翅的 2/3，稍短于前翅；中室开放，位于 M_2 与 M_3 脉之间；有 8 条脉。雄性外生殖器：背兜骨化弱。无爪形突和尾突。肛管膜质，下匙形突明显。抱器瓣上举，端部稍宽，内表面端部刚毛浓密。基腹弧通常 V 形；囊形突有或无。阳茎通常管状；角状器有或无。第 7 和第 8 腹节膜质，各有 1 对味刷；第 7 腹板前缘有或无突起。雌性外生殖器：产卵瓣骨化弱，被刚毛。前阴片和后阴片结构简单或复杂。囊导管膜质或强烈骨化。交配囊膜质或弱骨化；囊突通常长角状，1 对，少数 1 个。

该属中国已知 46 种，本书记述 7 种。

分种检索表

2.5 朴丽细蛾 *Caloptilia* (*Caloptilia*) *celtidis* Kumata，1982（图版 1-13）

Caloptilia (*Caloptilia*) *celtidis* Kumata，1982，*Insecta Mats.* (*N. S.*)，**26**：76.

翅展 7.5～10.5mm。虫体有蓝紫色金属光泽。颜面亮浅黄色，头顶褐色。下唇须浅黄色，腹面散生褐色鳞片，第 3 节端部 1/3 黑色。触角柄节和栉褐色；鞭节铜黄色，有褐色环纹。胸部、翅基片和前翅赭棕色。前翅前缘基部 1/3 处至 3/4 处有 1 枚金黄色三角形斑，其前缘有近等距离排列的褐色小圆点，顶角平截，近后缘；缘毛灰棕色。后翅及缘毛灰棕色。

雄性外生殖器（图版 31-13）：背兜末端钝圆。下匙形突基部三角形。抱器瓣基半部窄，端半部突然膨大，末端钝圆；基部 1/3 处近腹缘至腹缘中央有几枚钉状突起；腹缘端半部弧形，腹侧角圆。抱器背基突完整。基腹弧末端钝尖。阳茎长约为抱器瓣的 4/5，向末端渐窄，末端钝；5～9 枚短角形角状器纵向排列于阳茎基部。前一对味刷长约为后一对的 3 倍。第 7 和第 8 腹节密被窄长鳞片。第 7 腹板前缘突起长约为第 8 背板骨化中脊长的 1/3。

雌性外生殖器（图版 78-13）：前表皮突稍短于后表皮突，末端分支后伸与近梯形后阴片相连；后表皮突基半部宽，端半部窄，末端锐尖。前阴片有 2 枚后伸的长侧突。导管端片约与前阴片的侧突等长,骨化。囊导管两端膜质,中部骨化,密被形状不规则的片状突。囊突1对,内侧锯齿状,近基部向两侧突出成十字形。

寄主:榆科 Ulmaceae:*Celtis jessoensis* Koidz.,朴树 *C. sinensis* Persoon。

分布:浙江(天目山)、安徽、江西、河南、湖北、湖南、海南、四川、贵州、陕西、甘肃,香港;日本。

2.6 指丽细蛾 *Caloptilia* (*Caloptilia*) *dactylifera* Liu et Yuan,1990(图版 1-14)

Caloptilia (*Caloptilia*) *dactylifera* Liu et Yuan, 1990, *Sinozoologia*, **7**: 186, 189, 197.

翅展 8.5~11.5mm。头部赭黄色至浅灰褐色。下唇须乳白色,第 2 节外侧和第 3 节外侧 2/3 褐色。触角柄节和柄褐色;鞭节乳白色,有褐色环纹。胸部、翅基片和前翅褐色。前翅斑纹浅黄色;基部 1/3 处有 1 条楔形横带,前缘窄;前缘端部 1/3 处有 1 枚三角形斑,端部 1/5 处有 1 枚小斑点;缘毛灰褐色。后翅及缘毛灰褐色。

雄性外生殖器(图版 31-14):背兜基部 1/3 窄,两侧平行,中部稍膨大,末端钝尖;基部两侧向内突出成三角形。抱器瓣基半部窄,端半部宽,末端平截;腹缘基部 1/3 处有 1 枚指状突。基腹弧末端钝圆。阳茎稍成 S 形,长约为抱器瓣的 3/5;无角状器。前一对味刷约与后一对味刷等长。第 7 腹节光滑无鳞,第 8 腹节被鳞片。第 7 腹板无突起。

雌性外生殖器(图版 78-14):前表皮突极其短小,三角形;后表皮突细长。后阴片前缘骨化强,半圆形。导管端片短。囊导管细长,卷曲,端部稍粗。交配囊椭圆形,膜质,光滑;囊突 1 对,对称,内侧锯齿状。该种雌性为首次报道。

分布:浙江(天目山)、福建、江西。

2.7 黑丽细蛾 *Caloptilia* (*Caloptilia*) *kurokoi* Kumata,1966(图版 1-15)

Caloptilia kurokoi Kumata, 1966, *Insecta Mats.*, **29**(1): 7.

翅展 11.5~13.5mm。头部棕黄色,颜面金黄色。下唇须背面浅黄色,腹面褐色。触角柄节背面棕色,腹面乳白色;柄棕色;鞭节铜黄色,环黑褐色。胸部、翅基片和前翅棕色,有紫色金属光泽。前翅前缘基部 1/4 处至端部 1/3 处有 1 枚金黄色三角形斑,其前缘有小黑点,顶角尖,至翅褶或穿过翅褶近后缘。后缘缘毛深灰棕色,翅端缘毛棕色,有 2 条褐色线。后翅及缘毛深灰棕色。前足和中足棕色;跗节白色,有 5 个黑色斑点。后足腿节浅金黄色,外侧端半部棕色;胫节背面灰色,腹面赭白色;跗节赭白色,外侧散生灰褐色鳞片。腹部背面黑褐色,腹面金黄色。

雄性外生殖器(图版 31-15):背兜基部 2/3 两侧平行,端部 1/3 三角形,末端钝尖。下匙形突基部 T 形。抱器瓣宽大,末端钝圆,腹侧角圆;腹缘近末端有一浅凹陷,其外侧有小齿突。基腹弧末端圆。阳茎粗壮,长约为抱器瓣的 1.7 倍;角状器 14~17 枚,角形,近末端的 1 枚特别大,钩形。前一对味刷长约为后一对的 3 倍。第 7 和第 8 腹节有长鳞片。第 7 腹板前缘的突起长为第 8 背板骨化中脊长的 2/3。

雌性外生殖器(图版 78-15):前表皮突稍短于后表皮突,末端分支后伸与后阴片相连;后表皮突基半部宽,端半部窄,末端尖。后阴片梯形,被小突起。导管端片骨化强,杯状,背侧壁向腹面突出成片状。囊导管骨化强烈,缠绕 1 圈,端部稍宽。交配囊膜质,基部 1/3 有褶皱;囊突 1 对,内侧锯齿状。

寄主:槭树科 Aceraceae:*Acer rufinerve* Sieb. et Zucc.。

分布:浙江(天目山)、江西、河南、湖南、广东、广西、四川、贵州、陕西;日本。

2.8 漆丽细蛾 *Caloptilia* (*Caloptilia*) *rhois* **Kumata, 1982**(图版 1-16)

Caloptilia (*Caloptilia*) *rhois* Kumata, 1982, *Insecta Mats.* (*N. S.*), **26**: 62.

翅展 11.5~12.5mm。虫体有金属光泽。头部亮浅黄色,后头部赭黄色。下唇须背面白色,腹面浅赭黄色,第 2 节腹面中央有 1 条黑褐色纵线,第 3 节腹面端部黑褐色。触角柄节褐色;梗赭黄色;鞭节铜黄色,有褐色环纹。胸部、翅基片和前翅赭黄色。前翅前缘有褐色小斑点;基部翅褶上方及翅褶末端上方有褐色小点;缘毛褐色,翅端缘毛末端黑色。后翅及缘毛褐色。

雄性外生殖器(图版 31-16):背兜舌状,末端钝圆。下匙形突基部近三角形。抱器瓣从基部至末端渐宽,末端钝圆;背缘端部稍内弯。抱器背基突中央骨化稍弱,突起较长。基腹弧末端钝圆。阳茎稍弯曲,长约为抱器瓣的 1.3 倍;角状器 2 枚,角状,其中 1 枚短,弯曲,另 1 枚直,长约为前者的 2 倍。前一对味刷长约为后一对的 2.5 倍;第 7 腹节有长条形鳞片,第 8 腹节光滑。第 7 腹板前缘的突起长为第 8 背板骨化中脊长的 2/5。

雌性外生殖器(图版 78-16):前表皮突末端分支后伸与后阴片相连;后表皮突长约为前表皮突的 2 倍,基部 2/3 宽,端部 1/3 窄,末端尖。后阴片近梯形。导管端片骨化强,基部稍宽;后缘两侧稍突出,前缘两侧向外突成小三角形。囊导管骨化强,端部膨大近漏斗形。交配囊近椭圆形,囊突 1 对,内侧锯齿状,基部有三角形小齿突。

寄主:漆树科 Anacardiaceae:*Rhus javanica* Linn.,野漆 *Toxicodendron succedaneum* (Linn.)。

分布:浙江(天目山)、安徽、福建、江西、河南、湖北、湖南、四川、贵州、陕西、甘肃、香港;日本,朝鲜。

2.9 茶丽细蛾 *Caloptilia* (*Caloptilia*) *theivora* (**Walsingham, 1891**)(图版 1-17)

Gracilaria (*sic*) *theivora* Walsingham, 1891, *Ind. Mus. Notes*, **2**(2): 49.

Gracilaria theaevora (*sic*): Hotta, 1918, *Insect World* (*Gifu*), **22**: 234.

翅展 9.5~11.5mm。颜面金黄色,头顶棕色。下唇须背面浅黄色,腹面赭黄色,第 3 节腹面端部褐色。触角柄节和梗褐色;鞭节背面褐色,腹面赭黄色。胸部、翅基片和前翅赭黄色,有蓝紫色金属光泽。前翅散生褐色鳞片;从前缘基部 1/4 处至中部有 1 枚金黄色三角形斑,其前缘有小黑点,顶角平截,至翅褶;缘毛深棕色。后翅及缘毛深棕色。前足和中足褐色,中足腿节腹面有 2 枚赭黄色斑;跗节白色,有 5 枚赭黄色小斑点。后足腿节金黄色,外侧、端半部褐色;胫节背面灰色,腹面浅赭黄色;跗节内侧浅赭黄色,外侧褐色,有 4 个黑色环。

雄性外生殖器(图版 31-17):背兜基部 1/3 较端部 2/3 宽,末端钝圆。下匙形突基部 T 形。抱器瓣从基部向末端渐宽。基腹弧末端尖。阳茎长约为抱器瓣的 2/3,中部稍膨大,末端钝。前一对味刷易脱落,长约为后一对的 3 倍。第 7 和第 8 腹节光滑无鳞。第 6 腹板前缘有 1 枚长三角形片状突起,基部宽,约与第 5 腹节等长。第 7 腹板前缘无突起。

雌性外生殖器(图版 78-17):前表皮突稍短于后表皮突;后表皮突基半部三角形。后阴片梯形。导管端片极短。囊导管细长,膜质,端部稍粗。交配囊长椭圆形;囊突 1 枚,内侧锯齿状。

寄主:山茶科 Theaceae:山茶 *Camellia japonica* Linn.,茶梅 *C. sasanqua* Thunb.,*C. theifera* Griff.,茶 *Thea sinensis* Linn.。

分布:浙江(天目山)、安徽、福建、江西、河南、湖北、湖南、广东、广西、海南、四川、贵州、云南、甘肃、台湾、香港;日本,朝鲜,文莱,印度,印度尼西亚,马来西亚,斯里兰卡,泰国,越南。

2.10　苹丽细蛾 *Caloptilia* (*Caloptilia*) *zachrysa* (Meyrick，1907)(图版 1-18)

Gracilaria(*sic*) *zachrysa* Meyrick，1907，*Journ. Bombay Nat. Hist. Soc.*，**17**：983.

翅展 11.5～13.5mm。头部浅金黄色，头顶棕色，有金属光泽。下唇须浅黄色，腹面杂棕色，第 3 节端部褐色。触角柄节和梗褐色；鞭节棕色，有黑褐色环纹。胸部、翅基片和前翅深棕色，有金属光泽。前翅前缘从基部 1/4 处至近末端有 1 枚金黄色近三角形长斑，其前缘有棕色小点，顶角平截，近后缘；缘毛灰棕色。后翅及缘毛灰棕色。前足和中足深棕色；跗节白色，有 4～5 个赭黄色斑点。

雄性外生殖器(图版 31-18)：背兜舌状，末端钝圆；腹面基部两侧向内突出成三角形。下匙形突基部稍宽。抱器瓣腹缘中部微内凹，腹侧角圆，末端斜截。基腹弧末端钝尖。阳茎稍短于抱器瓣，中部稍宽，末端平截；无角状器。前一对味刷由大量长鳞毛和少数长条形宽鳞片构成，长约为后一对的 3 倍；后一对味刷由长条形宽鳞片构成。第 7 腹节光滑，第 8 腹节被鳞片。第 7 腹板前缘突起长约为第 8 背板骨化中脊的 2/5。

雌性外生殖器(图版 78-18)：前表皮突稍短于后表皮突，末端分支后伸与后阴片相连；后表皮突基半部较端半部宽，末端锐尖。后阴片近梯形。囊导管基半部被稀疏小突起，端部缠绕两圈。交配囊长椭圆形，基部 1/3 被小突起；囊突 1 对，着生位置稍不对称，内侧边缘锯齿状。

寄主：杜鹃花科 Ericaceae：皋月杜鹃 *Rhododendron indicum* (Linn.)；蔷薇科 Rosaceae：苹果 *Malus pumila* Mill.，*M. sylvestris* Mill.，光叶石楠 *Photinia glabra* (Thunb.)，*Prunus persica* (Linn.)。

分布：浙江(天目山)、北京、河北、浙江、江西、河南、湖南、广东、贵州、台湾；日本，印度，朝鲜，斯里兰卡。

2.11　长翅丽细蛾 *Caloptilia* (*Phylloptilia*) *schisandrae* Kumata，1966(图版 2-19)

Caloptilia schisandrae Kumata，1966，*Insecta Mats.*，**29**(1)：18.

翅展 12.0～14.5mm。头部赭棕色。下唇须第 2 节赭棕色，腹面鳞片稍蓬松，腹面端部黑褐色；第 3 节基部和末端赭黄色，中部黑褐色，腹面鳞片稍蓬松。触角赭黄色，鞭节有褐色环纹；无梗。胸部赭棕色；翅基片外侧黑褐色，内侧赭棕色。前翅赭棕色；前缘基部 1/4 黑色，端部 3/4 有黑色斑点；后缘基部 1/4 有 1 枚黑色长斑，长约为前翅宽的 1/4，其外侧翅褶下方有 1 枚黑斑；翅褶末端有 1 枚黑色小斑点；端部 1/4 中央至末端有 1 条黑色纵纹；翅端黑色；缘毛深灰棕色。后翅及缘毛深灰棕色。腹部背面黑褐色，腹面赭黄色，散生黑褐色鳞片。

雄性外生殖器(图版 32-19)：背兜末端钝圆。下匙形突基部稍膨大。抱器瓣从基部向末端渐宽，腹侧角圆，末端钝圆。抱器背基突完整。囊形突较小，末端钝圆。阳茎长约为抱器瓣的 3/5，近基部有 1 枚小突起，端部细，末端稍斜截；无角状器。前一对味刷长约为后一对的 1.3 倍。第 7 腹节光滑无鳞，第 8 腹节被长椭圆形宽鳞片。第 7 腹板前缘无突起。

雌性外生殖器(图版 78-19)：前表皮突长约为后表皮突的 4/5，后表皮突基半部宽。后阴片近长方形。导管端片基部有 1 个骨化环。囊导管膜质。交配囊近椭圆形；囊突 1 对，内侧锯齿状，着生位置稍不对称。

分布：浙江(天目山)、浙江、江西、河南、湖北、四川、甘肃；日本，朝鲜，俄罗斯。

斑细蛾属 *Calybites* Hübner，1822

Calybites Hübner，1822. Type species：*Tinea phasianipennella* Hübner，1813.

头部光滑。触角约与前翅等长；柄节有栉。下唇须第 2 节腹面端部被少量粗糙鳞片。前翅窄，矛状，末端尖；中室端部稍宽，末端平截。后翅末端锐尖；中室开放。雄性外生殖器：背兜骨化弱；下匙形突有或无。抱器瓣斜上举，端部宽，内表面端部和腹缘刚毛密集；抱器背基突两端各有 1 个突起。阳茎管状；角状器有或无。味刷 2 对或无，通常后 1 对较退化。雌性外生殖器：前表皮突和后表皮突基半部宽。交配孔位于第 7 腹板后缘齿凹内。囊导管骨化程度不等。交配囊膜质；囊突 1 个或无。

生物学：幼虫危害大戟科 Euphorbiaceae、藜科 Chenopodiaceae、千屈菜科 Lythraceae、蓼科 Polygonaceae、报春花科 Primulaceae、金丝桃科 Hypericaceae、禾本科 Poaceae、紫草科 Boraginaceae 和鼠李科 Rhamnaceae 植物。幼龄幼虫潜叶，老龄幼虫卷叶。老龄幼虫切下一窄条叶片卷成筒状，并在筒内作茧化蛹，茧纺锤形(Kumata，1982)。

该属中国已知 3 种，本书记述 1 种。

2.12　斑细蛾 *Calybites phasianipennella* (Hübner，1813)（图版 2-20）

Tinea phasianipennella Hübner，1813，*Samml. Eur. Schmett.*，**8**：pl. 47，fig. 321.

Calybites phasianipennella：Bradley，1967，*Entomol. Gaz.*，**18**：45.

翅展 8.0～11.5mm。头部赭黄色至灰褐色，触角之间亮浅赭黄色至亮银灰色。下唇须灰褐色至深褐色，第 2 节内侧、第 3 节基部和端部灰白色至浅赭黄色。触角柄节和栉褐色；鞭节赭黄色，环深褐色。胸部赭黄色至褐色，两侧各有 1 条赭黄色至黄色斜纹。翅基片褐色。前翅灰褐色至深褐色；前缘基部 1/3 和 2/3 处各有 1 枚边缘黑色的黄色条形斑；后缘外斜；基部和中部各有 1 枚镶黑边的黄色斑，基部的斑近三角形，中部的斑近楔形或三角形；近末端有 1 条黑色模糊的细横带；缘毛与翅同色；后翅及缘毛灰褐色至黑褐色。腹部背面灰褐色至黑褐色，腹面赭黄色至灰褐色。

雄性外生殖器（图版 32-20）：背兜端部 1/3 稍窄，近三角形，末端钝尖。无下匙形突。抱器瓣基部窄，端部渐宽，背缘弧形凹入，腹缘直；末端几乎斜截，近腹缘稍内凹，腹侧角稍突出，背侧角呈三角形突出；1 条骨化脊从内表面基部近背缘处延伸至腹缘中部，沿腹缘至末端，被细长及粗短刚毛。基腹弧近 V 形；囊形突较短，基部稍宽，向末端渐窄，末端钝尖。阳茎管状，端部稍细，末端锐尖，长约为抱器瓣的 2.7 倍；角状器 4～9 枚，角形。第 7 腹节膜质，光滑；第 8 腹节较骨化，被宽鳞片。味刷 2 对，由黑色宽鳞片组成，后一对味刷稍短于前一对。

雌性外生殖器（图版 78-20）：囊导管基部和端部膜质，其余部分强烈骨化，近端部卷曲；大多数个体粗细均匀，少数个体近端部稍粗。交配囊圆形，膜质；囊突 1 个，形状不规则，其上有 1 个角突。

寄主：藜科 Chenopodiaceae：杂配藜 *Chenopodium hybridum* Linn.；千屈菜科 Lythraceae：千屈菜 *Lythrum salicaria* Linn.；蓼科 Polygonaceae：*Persicaria amphibia* (Linn.) Gray，两栖蓼 *Polygonum amphibium* Linn.，拳参 *P. bistorta* Linn.，*P. cespitosum* Blume，*P. filiforme* Thunb.，光蓼 *P. glabrum* Willd.，水蓼 *P. hydropiper* Linn.，长鬃蓼 *P. longisetum* De Bruyn，*P. mite* Schrank，红蓼 *P. orientale* Linn.，春蓼 *P. persicaria* Linn.，戟叶蓼 *P. thunbergi* Siebold et Zucc.，酸模 *Rumex acetosa* Linn.，小酸模 *R. acetosella* Linn.，水生酸模 *R. aquaticus* Linn.，*R. hydrolapathum* Huds.，羊蹄 *R. japonicus* Houtt.，钝

叶酸模 *R. obtusifolius* Linn., *R. pulcher* Linn.；报春花科 Primulaceae：毛黄连花 *Lysimachia vulgaris* Linn.；金丝桃科 Hypericaceae：金丝桃属 *Hypericum* sp.；禾本科 Poaceae：拂子茅属 *Calamagrostis* sp.；紫草科 Boraginaceae：聚合草属 *Symphytum* sp.。

分布：浙江(天目山)、北京、天津、山西、内蒙古、吉林、黑龙江、安徽、河南、湖北、湖南、广东、四川、贵州、西藏、陕西、甘肃、青海、宁夏、新疆、台湾；阿尔巴尼亚,奥地利,白俄罗斯,比利时,保加利亚,捷克,丹麦,爱沙尼亚,芬兰,法国,德国,希腊,匈牙利,伊朗,意大利,日本,哈萨克斯坦,朝鲜,拉脱维亚,立陶宛,马其顿,摩尔多瓦,荷兰,挪威,巴勒斯坦,波兰,葡萄牙,罗马尼亚,俄罗斯,塞尔维亚,斯洛伐克,西班牙,瑞典,瑞士,乌克兰,英国,印度,印度尼西亚,巴基斯坦,泰国。

巢蛾总科 YPONOMEUTOIDEA

三　巢蛾科 Yponomeutidae

头被光滑或粗糙鳞片,有时在触角间鳞片成簇。无单眼。喙发达。触角长达前翅的 2/3 或与前翅等长,线状,常具短纤毛。下唇须下垂、平伸或上举,第 2 节腹面光滑或粗糙,第 3 节长于或短于第 2 节,通常末端尖。下颚须长短不等,很短至较长,1 或 3 节。前翅具 9,11 或 12 条脉,后翅具 7 或 8 条脉。成虫腹部第 2~7 节背板具刺。雄性外生殖器:爪形突常较发达;尾突常 1 对,多毛;肛管后端有时骨化;颚形突通常具 1 对骨化的侧臂。抱器瓣一般比较简单,近椭圆形。基腹弧前端延伸成一发达的囊形突。阳茎长,直或弯,具或不具齿,多具角状器。雌性外生殖器:产卵瓣与第 8 腹节间的节间膜短、长或很长;前表皮突二分支;后阴片为一对毛状突起。导管端片通常明显;囊导管膜质,骨化或部分骨化,一些属中囊导管具齿或小瘤突;交配囊通常膜质,卵圆形或椭圆形;囊突有或无。

小白巢蛾属 *Thecobathra* Meyrick,1922

Thecobathra Meyrick,1922. Type species:*Thecobathra acropercna* Meyrick,1922.

头部白色,头顶被粗糙鳞片,颜面光滑。下唇须长,光滑,上举,第 3 节略长于第 2 节。下颚须短小,3 节。触角线状,柄节粗壮,鞭节被纤毛。胸部白色;一些种的雄性翅基片发达。前翅宽,顶角突出,外缘斜;银白色,散布褐色或黄褐色鳞片;Sc 脉与中室之间有一近透明斑。后翅与前翅等长,近卵圆形。雄性外生殖器:爪形突小。尾突宽或窄,端部尖。颚形突与肛管愈合,片状,多骨化,无明显侧臂。抱器瓣宽,抱器腹形状不一。囊形突 V 形或 Y 形。阳茎长,侧面具 1 列或 2 列明显的齿突;具角状器。雌性外生殖器:产卵瓣与第 8 腹节之间的节间膜短。后表皮突长于前表皮突,前表皮突后半部分 2 支。交配孔宽。导管端片强烈骨化,被微刺;导精管自导管端片前伸出。交配囊大型;囊突两侧多具长翼。

该属中国已知 23 种,本书记述 4 种。

分种检索表(依据雄性外生殖器,不包括伊小白巢蛾 *T. eta*)

1. 阳茎具 2 列等长锯齿,基部具 2 枚大齿 ……………………………… 庐山小白巢蛾 *T. sororiata*
   阳茎具 2 列不等长锯齿,基部无大齿 ……………………………………………………… 2
2. 抱器腹中部明显内凹,抱器瓣端部三角形 ……………………… 青冈小白巢蛾 *T. anas*
   抱器腹中部不内凹,抱器瓣端部近等宽 ……………………………… 枫香小白巢蛾 *T. lambda*

3.1　青冈小白巢蛾 *Thecobathra anas* (Stringer, 1930)(图版 2-21)

Niphonympha anas Stringer, 1930, *Ann. Mag. Nat. Hist.*, (10)**6**: 420.

Thecobathra anas: Moriuti, 1971, *Kontyû*, **39**: 232.

翅展 12.0～16.5mm。头部白色,头顶粗糙。下唇须白色,平伸或上举;第 1 节和 2 节腹面略带淡黄色。触角柄节白色,鞭节浅赭色。胸部及翅基片白色。前翅长卵圆形,顶角圆钝,翅长约为宽的 2 倍;银白色,散布褐色鳞片,端部 2/3 前端较稠密;前缘基部 1/5 黑褐色;翅褶约 2/3 处有 1 枚内斜的黄褐色短条纹;缘毛白色,基线和端部黄褐色。后翅浅灰色;缘毛白色。腹部背面白色,略带浅赭黄色,腹面白色;肛毛簇白色。

雄性外生殖器(图版 32-21):尾突稍外斜,端部约 1/5 渐窄,呈钩状微下弯,末端尖;内缘基部 1/4 处呈直角突出,外缘密被刚毛。颚形突腹板方形,密被小刺,末端中部微凹。抱器瓣基部稍窄,1/2 处明显加宽,端半部渐窄,末端圆;背缘呈拱形内凹,腹缘中部呈角状凸出;抱器腹窄,腹缘近基部呈半圆形深凹,末端呈齿状。囊形突 Y 形,端部渐窄,末端圆。阳茎长为囊形突的 1.5 倍,1/3 处略弯,端部 1/3 与 2/3 两侧分别有 1 列小齿。

雌性外生殖器(图版 78-21):前表皮突的腹支横向延伸与后阴片前端相连。后阴片长条状,后方有 1 对肾形骨化板。导管端片长为囊导管的 1/3;囊导管较窄,长约为交配囊的 1.5 倍,后半部强烈骨化,前半部膜质;导精管自导管端片和囊导管之间伸出。交配囊大,圆形;囊突左侧有 3 个突起,中间的突起短,右侧有 2 个突起,等长,中部窄。

寄主:壳斗科 Fagaceae:柯木 *Castanopsis cuspidate* (Thunberg),青冈栎 *Quercus glauca* Thunberg,枹栎 *Q. serrata* Thunberg。

分布:浙江(天目山)、安徽、福建、江西、湖北、湖南、广东、广西、云南、四川、贵州;朝鲜,日本。

3.2　伊小白巢蛾 *Thecobathra eta* (Moriuti, 1963)(图版 2-22)

Pseudocalantica eta Moriuti, 1963, *Kontyû*, **31**: 218.

Thecobathra eta: Moriuti, 1971, *Kontyû*, **39**: 231.

翅展 16.5～17.0mm。头部白色,头顶粗糙,颜面光滑。下唇须及触角白色。胸部及翅基片白色;雄性翅基片发达,雌性翅基片小。前翅窄,长近为宽的 2 倍,外缘略呈波状;银白色,散布黄褐色鳞片;翅褶约 3/5 处有 1 枚内斜的黄褐色短条纹;缘毛基部 2/3 黄白色,端部 1/3 黄褐色。后翅 M_3 与 CuA_1 脉共短柄,合并或分离;浅灰色;缘毛白色。腹部背面灰白至白色,腹面白色;肛毛簇白色。

雌性外生殖器(图版 79-22):前表皮突腹支细,端部尖。后阴片棒状,端部膨大。导管端片长约为囊导管的 1/3,较宽;囊导管明显窄于导管端片,后端强烈骨化。交配囊大,圆形,具颗粒状突起;囊突飞机状,位于交配囊基部。

分布:浙江(天目山)、福建、江西、河南、广西、甘肃;日本。

3.3　枫香小白巢蛾 *Thecobathra lambda* (Moriuti, 1963)(图版 2-23)

Pseudocalantica lambda Moriuti, 1963, *Kontyû*, **31**: 222.

Thecobathra lambda: Moriuti, 1971, *Kontyû*, **39**: 232.

翅展 12.0～17.0mm。头部白色,头顶粗糙,颜面光滑。触角白色。下唇须白色,第 2 节外侧淡黄色。胸部及翅基片白色。前翅窄,顶角尖;银白色,端半部散布少量黄褐色鳞片;前缘基部 1/5 黑褐色;少数个体臀角处有 1 枚褐色小斜斑;缘毛白色,基线浅灰色,端部 1/3 黄褐色。后翅浅灰白色;M_3 与 CuA_1 脉紧靠;缘毛银白色。足白色;后足胫节外侧有 1 枚黄褐色小点,略带黑色。腹部浅灰白色;肛毛簇白色。

雄性外生殖器(图版 32-23):尾突外弯,基部稍宽,端部渐窄,末端尖,腹面具齿突。颚形突基部与肛管愈合,呈齿状。抱器瓣基部 4/5 近等宽,端部 1/5 稍窄至末端,末端圆,背缘微凹,腹缘弧形;抱器腹短,长约为抱器瓣的 1/5,渐窄。囊形突基部 2/5 U 形,端部渐窄,末端圆。阳茎细长,微弯,端部 2/3 两侧各有 1 列小齿。

雌性外生殖器(图版 79-23):后阴片近半圆形。导管端片稍宽于囊导管;囊导管细长,基半部骨化强烈;导精管由导管端片的前端伸出。交配囊圆形;囊突十字形,纵向细且长于横向,横向为 2 枚平伸的刺。

寄主:金缕梅科 Hamamelidaceae:枫香 *Liquidambar formosana* Hance。

分布:浙江(天目山)、安徽、福建、江西、河南、湖北、湖南、四川、重庆、贵州、甘肃、台湾、香港。

3.4　庐山小白巢蛾 *Thecobathra sororiata* Moriuti, 1971(图版 2-24)

Thecobathra sororiata Moriuti, 1971, *Kontyû*, **39**: 232.

翅展 14.0～17.5mm。头部白色,头顶粗糙。触角、下唇须、胸部及翅基片白色。前翅长约为宽的 2 倍,顶角尖,外缘斜截;银白色,散布黄褐色鳞片;前缘基部 1/5 黑褐色;翅褶中部有 1 枚褐色斜斑;缘毛白色,一些个体中末端黑褐色。后翅白色至浅灰色;缘毛白色。足白色,跗节赭褐色;后足胫节末端两侧各有 1 枚赭色点。腹部背面灰近白色,腹面白色;肛毛簇白色。

雄性外生殖器(图版 32-24):尾突窄长,外斜,端部渐窄,末端尖。颚形突腹板长舌状,端部略扩大。抱器瓣基部 3/5 近等宽,端部 2/5 渐窄,末端圆;背缘 2/5 处略呈波状突出;抱器腹宽,近长方形,强烈骨化,背缘有 1 长条状交叠部分,腹缘中部略凹;末端直。囊形突略短于阳茎,后半部 U 形,端半部三角形,渐窄。阳茎直,端部 3/4 有 2 列齿突,1 列在基部 1/4 处有 2 枚大齿。

雌性外生殖器(图版 79-24):第 8 腹板具 1 对横向新月形骨片。前表皮突的腹支端部不明显。后阴片椭圆形。导管端片宽大,粗壮;囊导管宽,前端渐细,后半部骨化,前半部膜质。交配囊大,椭圆形;囊突飞机状,后置。

分布:浙江(天目山)、江苏、安徽、福建、江西、河南、湖南、广东、广西、海南、四川、贵州、陕西、甘肃。

带巢蛾属 *Cedestis* Zeller, 1839

Cedestis Zeller, 1839. Type species: *Argyresthia farinatella* Zeller, 1839.

头顶粗糙,颜面光滑。喙短。下唇须下垂或前伸,第 2 节短于第 3 节。触角长为前翅的 3/4,线状;柄节具栉。前翅披针形;中室约达前翅的 5/7 处,具 11 条脉,翅痣不发达。后翅披针形,中室基部下方无透明区。雄性外生殖器:尾突具 1 枚齿突。肛管膜质。爪形突小。颚形突腹板小,侧臂明显。抱器瓣窄长;抱器腹不明显。囊形突直,短至中等长度。阳茎具阳茎端基环;角状器由 1 或 2 枚刺或许多微刺构成。味刷有或无。雌性外生殖器:产卵瓣与第 8 腹节间的节间膜短。前表皮突腹支发达,在后阴片上成桥状。后阴片椭圆形。导精管自导管端片前伸出。交配囊具 1 枚锯齿状囊突。

该属中国已知 2 种,本书记述 1 种。

3.5　银带巢蛾 *Cedestis exiguata* Moriuti, 1977(图版 2-25)

Cedestis exiguata Moriuti, 1977, *Fauna Japonica*: 249.

翅展 14.0～15.0mm。头顶白色,粗糙;颜面白色,光滑;触角间鳞片长,末端浅褐色。下唇须下垂,背面白色,腹面及侧面褐色。触角长达前翅的 2/3;柄节褐色;鞭节白色,节间有褐色环纹。胸部黄褐色,有时基部白色;翅基片黄褐色。前翅黄褐色;1 条白色宽带自翅基部 1/4 处翅褶上方伸达前缘顶角前;缘毛灰色。部分个体前翅 $Sc+R_1$ 脉至前缘间黄褐色,臀区黄褐色,其余部分白色;缘毛浅褐色。后翅灰色,缘毛浅褐色。

雄性外生殖器(图版 32-25):爪形突后缘中部略凹入。尾突长,近等宽,末端具 1 枚棘。肛管膜质,短。颚形突腹板半圆形。抱器瓣基部稍宽,端部渐窄,末端尖,背缘中部微凸;抱器腹宽三角形,长约为抱器瓣的 1/6。囊形突短于尾突,端部膨大。阳茎长约为抱器瓣的 2 倍,近基部弯曲。

雌性外生殖器(图版 79-25):后表皮突略长于前表皮突。后阴片三角形。交配孔小;导管端片小,杯状;囊导管极长,在导精管前端有一小段具疣突。交配囊圆形;囊突矛形,被齿突。

分布:浙江(天目山)、天津、山西、河南、四川、陕西、甘肃;日本,朝鲜,欧洲。

金巢蛾属 *Lycophantis* Meyrick, 1914

Lycophantis Meyrick, 1914. Type species: *Lycophantis chalcoleuca* Meyrick, 1914.

头顶粗糙。喙发达。触角线状或末端略锯齿状;柄节具栉。下唇须略上举。后足胫节光滑;中距位于前端 1/3 处。前翅狭长,中室长约为前翅的 2/3,具 12 条脉;翅痣发达。后翅略窄于前翅,披针形;中室下方不具透明斑。雄性外生殖器:爪形突发达。尾突末端尖或具数枚长棘。颚形突与肛管愈合;颚形突腹板通常无。背兜梯形。抱器背通常窄带状;抱器背基突棘刺状,分离;抱器腹发达,具强刺束或刺丛,背面近基部通常具一簇长刚毛,有些种抱器腹端部与抱器瓣分离。基腹弧 V 形或弧形。囊形突细长。阳茎多样,无盲囊;角状器有或无。具味刷。雌性外生殖器:前、后表皮突近等长,前表皮突基部分叉。第 8 腹板后缘骨化。交配孔开口于第 8 腹板前端。导管端片骨化强;囊导管通常膜质;导精管位于导管端片前端。交配囊椭圆形或圆形,囊突有或无。

该属中国已知 6 种,本书记述 1 种。

3.6　尖突金巢蛾 *Lycophantis mucronata* Li, 2016(图版 2-26)

Lycophantis mucronata Li, 2016, *Zootaxa*, In: Cong & Li, *Zootaxa*, **4084**(1): 112.

翅展 10.0～12.0mm。头顶雪白色;颜面白色,两侧杂浅黄褐色鳞片。下唇须褐色。胸部及翅基片白色。触角长为前翅的 3/4;柄节雪白色,具赭色栉;鞭节腹面灰白色,基部 1/5 背面深灰褐色,端部 4/5 灰白色,具灰褐色环纹,端半部略呈锯齿状。前翅长约为最宽处的 5 倍;以中室下缘至 CuA_2 脉末端及外缘为界:前端灰褐色,具金属光泽,后端白色;前缘端部 3/4 具一列白点,近翅端杂黑色鳞片;沿中室下缘中部有一列黑色短横纹,间有白点,外缘前端 1/3 黑色,间布白点;缘毛灰色。后翅及缘毛灰色。腹部腹面黄白色,背面灰褐色。

雄性外生殖器(图版 32-26):爪形突后缘直,中部微凹。尾突外斜,端部 1/4 急窄至末端,密被刚毛。抱器瓣短阔,基部窄,端部渐宽;端部 1/3 有一密被细刚毛的椭圆形区域;末端钝,具稀疏长刚毛;抱器背达抱器瓣近末端;抱器腹达抱器瓣近末端,中部加宽,具一簇稠密内弯粗刺。囊形突长为尾突的 1.3 倍,近平行,末端略窄。阳茎长为抱器瓣的 2.5 倍,基部 4/5 近平行,端部 1/5 渐窄至末端,中部具数枚小刺;角状器由 2 枚大刺组成,位于阳茎中部。

雌性外生殖器(图版 79-26):前表皮突和后表皮突等长。第 8 腹板后端具一骨化窄带,其后缘被长刚毛。导管端片短阔,碗状;囊导管长约为交配囊的 1.5 倍,后端窄,渐加宽至中部,前端 1/2 膨大;导精管出自囊导管后端 1/5 处。交配囊圆形,囊颈具三角形区域,密被多枚齿突。

分布:浙江(天目山)、湖北。

褐巢蛾属 *Metanomeuta* Meyrick,1935

Metanomeuta Meyrick, 1935. Type species:*Metanomeuta fulvicrinis* Meyrick, 1935.

头顶粗糙,触角间鳞片簇状;颜面光滑。喙发达。下唇须斜上举,被平伏鳞片;第 3 节与第 2 节近等长,末端尖。触角达前翅的 4/5 处,雄性锯齿状,雌性弱锯齿状;柄节极短,具栉;鞭节雄性端部颜色渐深,雌性银白色。后足胫节光滑,中距位于前端 2/5 处。前翅较宽,披针形;中室长,达翅的 3/4 处;具 11 条脉;翅痣不发达。后翅窄,顶角略尖;中室基部 1/2 下方有一明显透明斑。雄性外生殖器:爪形突片状。尾突基部宽,端部渐尖。肛管膜质。颚形突具长臂;腹板圆形或舌状,被小颗粒状突起。抱器瓣宽,三角形;抱器腹不明显,沿腹缘有许多小棘,末端有一明显的尖棘;抱器背基突长,骨化。囊形突较长,直,两侧近平行,末端圆。阳茎长约为抱器瓣的 2 倍,基部 2/5 处或中部至端部 1/4 处有 1 列圆锥形微齿;角状器为 1 排微齿束。无味刷。雌性外生殖器:产卵瓣与第 8 腹节之间的节间膜短。后表皮突长于前表皮突,前表皮突基部具分支。后阴片圆形;前阴片为一骨化横板。交配孔大,圆形。导管端片小,杯状;囊导管膜质,导精管伸出部位与交配囊之间的部分有疣突。交配囊窄卵形或宽卵形,无囊突。

该属中国已知 3 种,本书记述 1 种。

3.7 金冠褐巢蛾 *Metanomeuta fulvicrinis* Meyrick,1935(图版 2-27)

Metanomeuta fulvicrinis Meyrick, 1935, *In*: Caradja & Meyrick, *Mater. Microlepid. Fauna Chin. Prov. Kiangsu, Chekiang und Hunan*:87.

翅展 11.0~15.0mm。头顶粗糙,白色、黄白色或灰褐色;颜面浅黄色至褐色,具金属光泽。下唇须深褐色。触角浅褐色,一些雄性个体中中部至端部 1/6 灰白色,或一些雌性个体由中部至端部 1/6 白色。胸部和翅基片深褐色,端部杂灰褐色。雄性前翅浅褐色至深褐色,翅端紫褐色,中室中部具 1 枚灰黑色斑,向下穿过翅褶;雌性前翅深褐色,中室中部及端部各有 1 枚黑色大斑,有时不清楚,二者之间有 1 灰白色斑点,一些个体中端部 1/5 处有 1 枚模糊的白斑;缘毛与翅同色。后翅颜色略浅于前翅;缘毛颜色略深。腹部腹面黄褐色,背面深褐色。

雄性外生殖器(图版 32-27):尾突基半部宽,端半部渐窄,末端钩状。颚形突圆形、不规则圆形或短舌状,具鱼鳞状突起。抱器瓣大多数基部宽,端部渐窄,少数个体腹缘基部内凹;抱器腹短,宽或窄,末端有 1 枚锥状刺,腹缘被稠密或稀疏小刺,在有些个体中形成刺状板。囊形突细长,基部宽,端部渐窄。阳茎细长,长约为抱器瓣的 1.5~2 倍,骨化弱;角状器为 1 簇微齿束,位于基部 2/5~4/5 处。

雌性外生殖器(图版 79-27):后阴片近圆形;前阴片大,宽约为第 8 腹节的 2/3。交配孔较小,圆形。囊导管细长,膜质,近基部至 1/4 处或中部密被疣突。交配囊长卵形,膜质。

分布:浙江(天目山)、山西、安徽、福建、江西、河南、湖北、湖南、广西、四川、贵州、陕西、宁夏;日本。

异巢蛾属 *Teinoptila* Sauber，1902

Teinoptila Sauber，1902. Type species：*Teinoptila interruptella* Sauber，1902.

头顶粗糙，颜面光滑。喙发达。下唇须略弯曲，上举；第 3 节与第 2 节等长，腹面略粗糙，末端尖。触角约达前翅的 3/4 处，端部略呈锯齿状。后足胫节光滑；中距位于中部前。前翅中室达翅的 3/4 处；具 12 条脉。后翅长卵圆形；中室下方基部有一透明区域。雄性外生殖器：爪形突为一窄的骨化片，后缘中部凹入。尾突宽，末端具 1~2 枚棘。肛管通常膜质。颚形突侧壁前端有时向外扩展成片状突起；腹板小或无，若有，则表面光滑。抱器瓣背缘骨化；抱器背基突为一骨化带；抱器腹发达。阳茎端环管状，膜质。基腹弧小；囊形突粗壮，末端膨大。阳茎细长，多数种类中部弯曲；角状器由 2 枚明显的短刺及其基部的微齿束组成。有些种类第 8 腹板具一窄的倒 U 形骨片。雌性外生殖器：产卵瓣与第 8 腹节之间的节间膜短。前表皮突略短于后表皮突，基部明显分支。导管端片中等大小；囊导管膜质，多数极细长且中部强烈扭曲。交配囊膜质；囊突有或无，若有，则具齿突。导精管出自导管端片与囊导管连接处。

该属中国已知 5 种，本书记述 1 种。

3.8 天则异巢蛾 *Teinoptila bolidias* (**Meyrick，1913**)（图版 2-28）

Hyponomeuta bolidias Meyrick，1913，*Exot. Microlep.*，**1**：137.

Teinoptila bolidias：Mriuti，1977，*Fauna Japonica*：205.

Choutinea shaanxiensis Huang，1982，*Entomotax.*，**6**(4)：269.

翅展 21.0~27.0mm。头顶灰色，具 2 枚黑点；颜面灰白色。下唇须前伸或上举，灰白色，第 3 节腹面深灰色。触角灰色，柄节黑褐色。胸部灰色，具 5 枚黑点，两对分别位于前端 1/3 与 2/3 处两侧，1 枚位于中胸末端；翅基片灰色，具 1 枚黑点。前翅深灰色，近前缘、翅中部和端部有不规则深色区域，个体间变化较大；翅褶中部有 1 枚深灰色圆斑；翅面有 70~75 枚黑点：亚前缘列由基部至前缘 1/3 处 5~6 枚，径脉列由翅近基部至前缘 3/4 处 10~11 枚，亚径脉列由径脉列 2/3 处至前缘近末端 6~8 枚，上中列由径脉列 1/3 处至翅外缘近顶角处 12~13 枚，亚中列由基部至臀角附近 11~12 枚，亚背列由臀脉基部至中部 11~12 枚，径脉列与亚径脉列间端部 5~6 枚，上中列与亚中列之间 3 枚，亚中列与亚背列之间 4 枚，亚背列下方 1/5 左右 4 枚；缘毛灰色，外缘上半部深灰色。后翅及缘毛深灰色。

雄性外生殖器（图版 32-28）：爪形突梯形，近达尾突中部，后缘中部微凹，两侧及后缘骨化较强。尾突粗壮，端部外弯，末端具 1 枚棘。肛管腹面骨化。颚形突腹板为 1 对长指状突起，末端尖。抱器瓣窄长；抱器腹长约为抱器瓣的 1/3，近中部深凹，两侧凸出。囊形突粗壮，长为抱器瓣的 2/3，端部略膨大，末端平截。阳茎直，长约为抱器瓣的 1.3 倍；角状器长为阳茎的 2/3。

雌性外生殖器（图版 79-28）：后阴片大型，半椭圆形。导管端片杯状；囊导管膜质，长约为交配囊的 2 倍。交配囊椭圆形，无囊突。

分布：浙江(天目山)、湖北、湖南、云南、陕西、甘肃；泰国。

长角巢蛾属 *Xyrosaris* Meyrick，1907

Xyrosaris Meyrick，1907. Type species：*Xyrosaris dryopa* Meyrick，1907.

头顶粗糙。喙发达。下唇须弯曲上举；第 2 节粗糙，具蓬松的鳞毛簇；第 3 节长于第 2 节，鳞片蓬松呈刷状。触角线状，简单；柄节短。后足胫节光滑；中距位于前端 1/3 处。前翅狭长，具竖鳞;中室长,达前翅的 3/4 处;具 12 条脉;翅痣发达。后翅披针形;中室基部下方具透明斑。雄性外生殖器:爪形突和尾突形状多变;肛管腹面有 1 条线状骨化带。背兜纵窄,前缘中部三角形凹入,腹面具一 U 形带。颚形突腹板膜质,腹面被小刺。抱器瓣具一长臂,末端密生刚毛;抱器背基突宽带状。阳茎端基环明显。阳茎细长,角状器通常由 2 排微刺组成。雌性外生殖器:产卵瓣与第 8 腹节间的节间膜短,中间有一明显的骨化片。前表皮突基部大多分支。后阴片大,后缘着生微毛。交配孔圆形。导管端片短,部分或全部骨化;囊导管长,膜质,具小疣突;导精管出自导管端片与囊导管的连接处。交配囊膜质,圆形或长卵形;囊突有或无。

该属中国已知 2 种,本书记述 1 种。

3.9　丽长角巢蛾 *Xyrosaris lichneuta* Meyrick，1918(图版 2-29)

Xyrosaris lichneuta Meyrick，1918，*Exot. Microlep.*，**2**：118.

翅展 13.0~18.0mm。头顶白色,鳞片末端浅灰色;颜面浅灰色至白色。下唇须下垂、前伸或上举;第 3 节背面的鳞片蓬松,白色或灰白色。触角灰色或浅褐色;柄节褐色,鞭节有褐色环。胸部和翅基片浅灰色至淡褐色,散布褐色小点。前翅颜色及翅面斑纹变化较大:浅灰色、灰色、浅褐色或褐色,杂稀疏或稠密的褐色至深褐色鳞片,少数个体无异色鳞片,翅褶至后缘区域颜色通常较浅;前缘端部 1/6 处有时具 1 枚白点;后缘中部通常伸出 1 条褐色或深褐色带通过翅褶延伸到中室上缘,端部 1/3 处有时具 1 枚褐色窄斑;顶角处常有 1 枚黑斑;缘毛灰色,顶角处深褐色。后翅及缘毛灰色或浅灰色。前足及中足深褐色;后足浅灰色,胫距内侧深褐色。腹部灰色。

雄性外生殖器(图版 33-29):爪形突三角状。尾突窄,末端尖,具 1 枚棘。颚形突腹板近梯形,具微刺。抱器瓣近长方形,端部略宽,末端钝;1 条长带自抱器瓣基部近达抱器瓣腹缘 3/5 处或末端,其端部有若干小齿及长毛,末端圆。囊形突短,端部渐膨大,末端圆。阳茎长约为抱器瓣的 1.3 倍,端部 1/4 表面网状。

雌性外生殖器(图版 79-29):产卵瓣与第 8 腹节之间的节间膜上的骨片长三角形。后阴片粗壮,短拇指状,相互远离。导管端片短小,喇叭状;囊导管极长,密被疣突,两端较稠密。交配囊椭圆形或卵圆形;囊突十字形,横条较宽,被颗粒状突起。

寄主:卫矛科 Celastraceae:南蛇藤 *Celastrus orbiculatus* Thunberg,卫矛 *Euonymus alatus*（Thunberg）,垂丝卫矛 *Euonymus oxyphyllus* Miquel,大翼卫矛 *Euonymus sieboldianus* Blume。

分布:浙江(天目山)、河北、辽宁、江苏、福建、江西、河南、湖北、湖南、广西、海南、贵州、云南、陕西、西藏、台湾;日本,印度。

巢蛾属 *Yponomeuta* Latreille，1896

Yponomeuta Latreille，1795 (non binom.)．Type species: *Phalaena*（*Tinea*）*evonymella* Linnaeus，1758.

头顶光滑,少数种被粗糙鳞片;颜面光滑。喙发达。下唇须弯曲或上举;第 2 节腹面略粗糙;第 3 节略长于第 2 节,或与其等长,末端尖。触角基部光滑,基部 1/4 以下略呈锯齿状,具纤毛;一些种柄节具栉。前翅宽;中室长,近达翅的 5/6 处,副室明显;具 12 条脉;翅痣发达。后翅长卵圆形;中室基部下方有 1 枚透明斑。后足胫节光滑;中距位于胫节近端 3/7 处。雄性外生殖器:爪形突方片状,尾突末端具 1~2 枚棘,肛管多具 1 骨化长带。颚形突腹板为 1 对前伸的具刺突起。抱器瓣腹面端部密被长毛,腹缘弧形;抱器腹狭长,末端尖或钝;具抱器背基突。囊形突末端膨大。阳茎端基环明显;阳茎角状器由 4 枚刺组成。具味刷。雌性外生殖器:

产卵瓣与第 8 腹节间的节间膜短或略延伸。前表皮突分支，与后表皮突等长或略短。后阴片为 1 对具毛突起。导管端片常为漏斗状；囊导管部分具小刺；导精管位于囊导管后端。交配囊卵圆形或近卵圆形，无囊突。

该属中国已知 20 种，本书记述 9 种。

分种检索表(依据外部特征)

3.10 稠李巢蛾 *Yponomeuta evonymellus* (**Linnaeus, 1758**)(图版 2-30)

Phalaena (Tinea) evonymella Linnaeus, 1758, *Syst. Nat.* (10 edn.), **1**: 534.

Yponomeuta evonymellus: Rebel, 1901, *Cat. Lep. Pal. Faun.*, **2**: 132.

翅展 21.0～28.0mm。头部、触角、下唇须白色。胸部白色，有 2 对黑点，分别位于 1/3 处与 2/3 处，呈方形；翅基片白色，有 2 枚黑点。前翅白色，前缘基部 1/5 黑灰色；翅面有 45～64 枚小黑点：亚前缘列自翅基部至 2/5 处 4～7 枚，径列自翅 1/5 处至 2/3 近前缘处 7～9 枚，亚径脉列自翅中部下方至顶角前 3～5 枚，上中列自翅 1/3 处至外缘 8～10 枚，亚中列自翅基部至臀角 9～11 枚，亚背列自翅基部至臀角前 8～11 枚，上中列至顶角 4～6 枚，上中列与亚中列间翅面外端 6～7 枚；缘毛白色，后缘处浅灰色。后翅及缘毛灰色或浅灰色。腹部浅灰色，节间、腹面白色；肛毛簇白色。

雄性外生殖器(图版 33-30)：尾突基部宽，端部渐窄，末端具 1 枚棘。颚形突腹板突起略呈指状，末端圆，相互远离。抱器瓣较窄，背缘约 1/3 处微凸；抱器腹末端稍尖，被密刺。囊形突端部略膨起。阳茎长约为抱器瓣的 2 倍。

雌性外生殖器(图版 79-30)：产卵瓣间具 1 对大的齿状骨化片；产卵瓣与后阴片间的节间膜上有一横向骨片。前、后表皮突近等长，前表皮突粗壮，末端略膨大。后阴片大，半圆形。导管端片宽短，略呈杯状；囊导管略长于交配囊，自导精管伸出部位向交配囊渐粗。交配囊较大，圆形。

寄主：蔷薇科 Rosaceae：稠李 *Prunus padus* Linn.，欧洲酸樱桃 *P. cerasus* Linn.，首里樱 *P. ssiori* Schm.，欧洲李 *P. domestica* Linn.，*P. asiatica* Kom.，苹果 *Malus pumila* Mill.，欧洲花楸 *Sorbus aucuparia* Linn.；卫矛科 Celastraceae：扶芳藤 *Euonymus fertunei* (Turcz.)。

分布：浙江（天目山）、北京、天津、河北、山西、内蒙古、辽宁、吉林、黑龙江、上海、江苏、江西、河南、湖北、湖南、四川、云南、西藏、陕西、甘肃、新疆；印度，朝鲜，欧洲，北美。

3.11　瘤枝卫矛巢蛾 *Yponomeuta kanaiellus* **Matsumura, 1931**（图版 2-31）

Hyponomeuta kanaiella Matsumura, 1931, 6000 *Illustr. Insects Japan-Empire*: 1097.

Yponomeuta kanaiellus: Inoue, 1954, *Check List Lepidop. Jap.*, **1**: 38.

翅展 14.0～19.0mm。头部与下唇须白色。触角灰白色，柄节白色。胸部白色，具 5 枚黑点，2 对分别位于 1/3 与 2/3 处，呈方形，另有 1 枚在胸部末端；翅基片基部有 1 枚黑点。前翅白色，前缘基部 2/3 黑褐色，端部 1/3 浅灰色；翅面有 19～25 枚黑点：亚前缘列自翅基部至 1/3 处 3～4 枚，径脉列自翅 1/4 至 3/4 处 4～5 枚，亚径脉列自翅中部至 4/5 处 2～3 枚，上中列自翅基部至臀角前 4～7 枚，亚中列自翅近基部至臀角前 5～7 枚，亚背列自翅近基部至臀角前 3～6 枚，上中列与亚中列间靠近外缘 3～6 枚；缘毛浅灰色。后翅灰色，基部色浅；缘毛浅灰色。腹部浅灰色或灰白色。

雄性外生殖器（图版 33-31）：爪形突末端中部略拱起。尾突中部略宽，末端具 1 枚棘。颚形突腹板突起短指状，基部紧靠。抱器瓣近半圆形，背缘中部略凸出，末端略尖；抱器腹窄，端部 2/5 密被小棘，末端尖，具 1 枚棘。囊形突粗壮，两侧平行。阳茎粗，略长于抱器瓣；角状器明显。

雌性外生殖器（图版 79-31）：产卵瓣与第 8 腹节之间的节间膜窄长。后阴片宽指状。前、后表皮突等长，前表皮突末端钝。导管端片宽，两侧近平行；囊导管与交配囊近等长。交配囊大，长椭圆形。

寄主：卫矛科 Celastraceae：卫矛 *Euonymus alatus*（Thunberg），瘤枝卫矛 *Euonymus alatus* f. *ciliatodentatus* Hiyama。

分布：浙江（天目山）、北京、天津、河北、辽宁、吉林、黑龙江、河南、陕西；日本。

3.12　多斑巢蛾 *Yponomeuta polystictus* **Butler, 1879**（图版 2-32）

Hyponomeuta polysticta Butler, 1879, *Illustr. Typ. Spec. Lepidop. Heter. Brit. Mus.*, **3**: 81.

翅展 23.5～30.0mm。头部、触角、下唇须白色；下唇须上举。胸部、翅基片及前翅白色；胸部有 5 枚黑点，2 对分别位于 1/3 与 2/3 处，中胸末端 1 枚；翅基片具 1 枚黑点。前翅前缘基部 1/5 黑褐色；翅面有 72～84 枚黑点：亚前缘列自前缘基部至 2/5 处 6～8 枚，径脉列自翅基部 1/5 处至前缘 4/5 处 8～9 枚，亚径脉列自翅基部 2/5 处至顶角前 4～6 枚，上中列自翅中部前方至顶角外缘 8～11 枚，亚中列自翅基部至臀角 12～14 枚，亚背列自翅基部至臀角前 7～9 枚，亚径脉列与上中列间近外缘 3～6 枚，上中列与亚中列间自翅基部 1/5 处至中部 6 枚，翅端部 1/3 部分 9～11 枚，亚中列与亚背列间近外缘 4～6 枚；缘毛白色。后翅及缘毛灰色。腹部浅灰白色；肛毛簇白色。

雄性外生殖器（图版 33-32）：尾突端部渐窄，末端尖锐，具 1 枚棘。肛管腹面轻微骨化。颚形突腹板突起短，三角状，端部稍尖。抱器瓣近中部宽，端部窄；背缘近末端略凹入；抱器腹末端钝，被密棘。囊形突细，端部略膨大。阳茎中部略弯曲，长为抱器瓣的 1.5 倍。

雌性外生殖器（图版 80-32）：前表皮突略短于后表皮突，前、后表皮突末端尖。后阴片弯月状，相互远离。导管端片杯状；囊导管与交配囊近等长，自导精管伸出部位向交配囊略渐粗。交配囊大，卵形。

寄主：卫矛科 Celastraceae：垂丝卫矛 *Euonymus oxyphyllus* Miquel，山卫矛 *E. sieboldianus* Blume，白杜 *E. maackii* Rupr.；蔷薇科 Rosaceae：苹果 *Malus pumila* Mill.，李

Prunus salicina Lindl.,山楂 *Crataegus pinnatofoda* Bge. 。

分布:浙江(天目山)、内蒙古、安徽、福建、江西、河南、湖南、广东、广西、四川、贵州、陕西、甘肃;日本,欧洲。

3.13 东方巢蛾 *Yponomeuta anatolicus* Stringer, 1930(图版 2-33)

Hyponomeuta anatolica Stringer, 1930, *Ann. Mag. Nat. Hist.*, (10)**6**:419.

Yponomeuta anatolicus:Friese, 1962, *Beitr. Ent.*, **12**(3-4):311.

翅展 17.5～23.0mm。头部白色,略呈灰色,有 2 枚黑点。下唇须深灰色,内侧白色。触角柄节白色,鞭节浅灰色。胸部浅灰色,有 5 枚黑点,呈梅花形,1 对较大,位于胸部前端 2/5 处,1 对位于后端 1/3 处的两侧,1 枚在中胸末端;中胸腹板具 2 枚黑点;翅基片上有 2 枚黑点。前翅灰色,前缘基部 1/5 黑褐色;翅褶基半部有 1 浅色区域,绕前缘与后缘有深色影带,端部 1/5 有 1 枚不规则浅灰色斑;一些个体前翅浅灰色;翅面有 34～40 枚小黑点:亚前缘列自翅基部至 2/5 处 4～5 枚,径脉列自翅 1/4 至 2/3 处 4～6 枚,亚径脉列自翅中部下方至 3/4 处 3～4 枚,上中列自翅中部(或 1/3)至外缘 4～6 枚,亚中列自翅基部至 3/4 处 8～9 枚,亚背列自翅基部至近臀角处 6～7 枚,亚中列在翅的 1/3 处为 1～3 枚,翅褶末端 1 枚或无;缘毛灰色,顶角前有灰白色斑点。后翅及缘毛灰色。腹部灰黑色;肛毛簇黑灰色。

雄性外生殖器(图版 33-33):爪形突后缘深凹,两侧角突出。尾突中部宽,端部渐尖,末端具 2 枚棘。肛管膜质。颚形突的腹板突起远离,短指状,末端钝圆。抱器瓣基部窄,中部宽,近基部中间有 1 新月形骨片;背缘近直;抱器腹长条状,端部被短刺。囊形突粗短。阳茎短于抱器瓣。

雌性外生殖器(图版 80-33):第 8 腹节与产卵瓣间的节间膜较长。前、后表皮突等长,末端略尖。后阴片宽大,半圆形,相互紧靠。导管端片宽大,杯状;囊导管略长于交配囊,自导管端片向交配囊渐粗。交配囊长卵形。

寄主:卫矛科 Celastraceae 卫矛属 *Euonymus* sp. 。

分布:浙江(天目山)、吉林、黑龙江、安徽、山东、河南、陕西、甘肃;日本。

3.14 双点巢蛾 *Yponomeuta bipunctellus* Matsumura, 1931(图版 2-34)

Hyponomeuta bipunctella Matsumura, 1931, 6000 *Illustr. Insects Japan-Empire*:1097.

Yponomeuta bipunctellus:Moriuti, 1969, *In*:Issiki, *Early Stages Japan. Moths in Colour*, **2**:131.

翅展 16.0～17.0mm。头部白色。下唇须灰白色,第 2 节腹面深灰色。触角柄节白色,鞭节浅灰色。胸部灰色;翅基片具 1 对黑点。前翅深灰色,前缘基部 1/6 黑褐色;翅面有不规则白斑,绕前缘与后缘有深色影带,翅褶中部有一浅色区域,近外缘有 1 不规则灰白色斑;翅面有 55～64 枚小黑点:亚前缘列自前缘基部至 2/5 处 4～5 枚,径脉列自翅 1/4 处至 3/4 处 7～8 枚,亚径脉列自翅中部下方至顶角前 5 枚,上中列自翅 1/4 处至外缘 6～7 枚,亚中列自翅基部至臀角 8～10 枚,亚背列自翅基部至近臀角处 7～9 枚,上中列至顶角 4～5 枚,亚中列在翅的基半部 4 枚,成 1 列,在翅褶端部 5～7 枚;翅褶中部和中室约 3/5 处各具 1 枚褐色斑;缘毛浅灰色,外缘灰色。后翅及缘毛灰色。

雄性外生殖器(图版 33-34):尾突基部稍宽,端部渐窄,密被长毛,末端具 2 枚棘刺。颚形突腹板突起长三角状,末端尖。抱器瓣基部窄,端部明显加宽,末端弧形,背缘斜直;抱器腹狭窄,直,端部具短刺。囊形突略短于尾突,端部稍膨大。阳茎细长,长于抱器瓣。

雌性外生殖器(图版 80-34):后阴片带状。导管端片短,两侧近平行;囊导管长为交配囊的 2 倍,等宽,两侧平行。交配囊近圆形。

分布:浙江(天目山)、辽宁、安徽、四川、陕西、甘肃;日本,俄罗斯。

3.15 灰巢蛾 *Yponomeuta cinefactus* Meyrick，1935(图版 2-35)

Hyponomeuta cinefacta Meyrick, *In*；Caradja & Meyrick, 1935, *Mater. Microlepid. Fauna Chin.*
　　Prov. Kiangsu, Chekiang und Hunan：89.

Yponomeuta cinefactus：Friese, 1962, *Beitr. Ent.*, **12**(3-4)：312.

翅展 17.0～22.0mm。头顶灰白色或浅灰色，后端有 2 枚黑点；颜面光滑。触角灰色或浅灰色，超过前翅的 2/3。下唇须灰色或灰褐色，下垂或前伸。胸部灰白色或灰色，有 5 枚黑点，以 2、2、1 的数量分别位于胸部的 1/3 处、2/3 处和末端，前方 4 枚呈方形；翅基片具 1 枚黑点。前翅浅灰色或灰色，前缘基部 1/5 黑褐色；翅面有 23～27 枚黑点：亚前缘列自前缘基部至 2/5 处 3～4 枚，径脉列自翅基部 1/4 至 2/3 处 5～6 枚，亚中列自翅基部至 3/4 处 7～8 枚，亚背列自翅基部至 3/4 处 6～8 枚，亚中列上方近外缘 1～2 枚；缘毛灰色。后翅及缘毛灰色。足灰白色；前足胫节与跗节浅灰色；或足浅灰色，前足胫节与跗节灰色。腹部灰色。

雄性外生殖器(图版 33-35)：尾突宽短，末端具 2 枚棘刺。颚形突腹板突起短拇指状，端部稍尖。抱器瓣宽大，背缘近直，腹缘弧度大；抱器腹端部三角状，末端稍尖。囊形突约与尾突等长，端部略膨大或近呈球状。阳茎等长于或稍长于抱器瓣。

雌性外生殖器(图版 80-35)：产卵瓣与第 8 腹节的节间膜中等长度。前、后表皮突等长，前表皮突腹支端部宽。后阴片较大，半圆形。导管端片长漏斗状；囊导管端部稍宽。交配囊圆形。

寄主：卫矛科 Celastraceae；卫矛属 *Euonymus* sp.。

分布：浙江(天目山)、天津、河北、山西、辽宁、吉林、黑龙江、江苏、河南、湖北、海南、四川、陕西、甘肃、宁夏；俄罗斯。

3.16 垂丝卫矛巢蛾 *Yponomeuta eurinellus* Zagulajev，1969(图版 2-36)

Yponomeuta eurinellus Zagulajev, 1969, *Ent. Obozr.*, **48**(1)：195.

翅展 18.0～26.0mm。头部白色或灰白色，头顶有 1 对小黑点。下唇须灰白色，外侧略带灰色。触角浅灰色，柄节白色。胸部浅灰色或灰白色，有 5 枚黑点，以 2、2、1 的形式分别位于胸部的 2/5 处、2/3 处及末端。前翅灰色，基部 1/6 黑褐色，基半部沿翅褶有一浅色区域，端部被稀疏白色鳞片；前缘基部有 1 枚黑点；翅褶中部有 1 枚不很明显的深色斑；翅面有 46～68 枚黑点：亚前缘列由翅基部至前缘 2/5 处 5～6 枚，径脉列由翅基部 1/5 处至 4/5 处 7～9 枚，亚径脉列由翅中部下方至顶角前 5 枚，或由翅的 2/3 处至 4/5 处 2 枚或无，上中列由翅中部至 3/4 处 2～4 枚，上中列上方由翅的 1/6 处至 3/4 处有一由 7～9 枚黑点组成的点列，亚中列由翅基部至臀角 8～11 枚，亚背列由翅基部至臀角前 9～12 枚；翅中域近外缘处 5～10 枚；缘毛浅灰色，前缘近顶角处有 1 枚白点，外缘前半部有 1 条黑线，后半部白色。后翅灰色，近基部色浅；缘毛灰色，外端色浅。腹部灰色；肛毛簇浅灰色。

雄性外生殖器(图版 33-36)：爪形突后缘侧角凸出。尾突宽，末端较钝，具 2 枚棘刺。颚形突腹板短；腹板突起短，子弹状。抱器瓣宽阔，基部窄，端部亚矩形，末端钝，背端角突出；抱器腹末端尖，被若干短刺。囊形突短于尾突，较宽，端部略膨大。阳茎短于抱器瓣，直。

雌性外生殖器(图版 80-36)：后阴片月牙形。前表皮突明显短于后表皮突，末端扁平。导管端片短小，骨化弱；囊导管极细，长为交配囊的 2 倍。交配囊小，圆形。

寄主：卫矛科 Celastraceae；垂丝卫矛 *Euonymus oxyphyllus* Miquel。

分布：浙江(天目山)、山西、河南、陕西、甘肃；日本，俄罗斯。

3.17　冬青卫矛巢蛾 *Yponomeuta griseatus* Moriuti, 1977(图版 3-37)

Yponomeuta griseatus Moriuti, 1977, *Fauna Japonica*：196.

翅展 14.0~19.0mm。头部浅灰色或灰白色,后端有 2 枚黑点;颜面光滑。下唇须浅灰色,上举。触角浅灰色,达翅的 3/4 处。胸部浅灰色,有 5 枚黑点,1 对位于前端 1/3 中央,较明显,1 对位于 2/3 处两侧,1 枚位于末端。前翅浅灰色,前缘基部 1/6 黑色;翅褶中部有 1 枚黑色圆斑;翅面有 31~48 枚小黑点:亚前缘列自前缘基部至中部 4~7 枚,径脉列自翅 1/4 至 3/4 处 5~9 枚,亚径脉列自翅 1/3 至 2/3 处 4 枚(或无),上中列自翅 3/4 至近外缘 3 枚(或无),其后方自翅 1/4 至中部有 4~5 枚黑点,亚中列自翅近基部至臀角 8~9 枚,亚背列自翅近基部至臀角前 7~10 枚,径脉列与上中列间近外缘处 4~10 枚;缘毛浅灰色,外缘前半部有 1 条黑色中线(或不明显)。后翅灰色,基部色浅;缘毛灰色。腹部浅灰色;肛毛簇浅灰色。

雄性外生殖器(图版 33-37):尾突端部渐窄,末端具 2 枚棘刺。颚形突腹臂长,腹板窄;腹板突起直,下伸,细指状,末端尖,具齿突。抱器瓣背缘基部 1/3 处略凸出;抱器腹腹缘端半部密被小刺。囊形突细,短棒状,端半部略膨大。阳茎长约为抱器瓣的 2 倍。

雌性外生殖器(图版 80-37):产卵瓣与第 8 腹节间的节间膜短。前、后表皮突近等长;前表皮突腹支窄带状。后阴片亚圆形,相互远离,相向内斜。交配孔宽;导管端片漏斗状;囊导管膜质,具颗粒状突起。交配囊小,卵圆形。

寄主:卫矛科 Celastraceae:冬青卫矛 *Euonymus aquifolium* Loes. *et* Rehd. 。

分布:浙江(天目山)、北京、天津、河北、上海、安徽、江西、山东、河南、湖南、广西、四川、贵州、陕西;日本。

3.18　二十点巢蛾 *Yponomeuta sedellus* Treitschke, 1832(图版 3-38)

Yponomeuta sedella Treitschke, 1832, *Schmett. Eur.*, **9**(1)：223.

翅展 14.0~18.0mm。头顶粗糙,灰色或灰白色,后端有 2 枚黑点;颜面光滑,灰白色。触角灰色。下唇须深灰色,上举。胸部灰色,中部前方有 2 枚大黑点,2/3 处有 2 枚小黑点;翅基片有 2 枚小黑点。前翅灰色,前缘 1/5 黑褐色;翅面共有 14~16 枚黑点:亚前缘列自前缘基部至 1/3 处 3 枚,径脉列自翅中部至 3/4 处 2~3 枚,亚中列自翅基部 1/4 至臀角 4~5 枚,亚背列自翅基部至 2/3 处 4~5 枚;缘毛灰色。后翅及缘毛灰色。足灰色,前足胫节与跗节深灰色。腹部灰色;肛毛簇灰色。

雄性外生殖器(图版 33-38):尾突基部稍宽,渐窄至末端,末端具 2 枚棘。颚形突腹板宽,前缘突起短指状,直。抱器瓣近半圆形;背缘近基部微凸,腹缘和末端弧形;抱器腹端部三角状,末端稍钝。囊形突细而直,端部不膨大。阳茎长约为抱器瓣的 1.5 倍。

雌性外生殖器(图版 80-38):产卵瓣与第 8 腹节间的节间膜短。前表皮突略短于后表皮突,末端扩展成片状。后阴片近弯月状。导管端片漏斗状;囊导管膜质,端部渐宽。交配囊卵形。

寄主:景天科 Crassulaceae:八宝 *Hylotelephium taqueti* (Pragen),景天 *Sedum erythrostictum* Miq.,玉米石 *S. album* Linn.,八宝景天 *S. spectabile* Boreau,*S. telephium maximum* Linn. 。

分布:浙江(天目山)、黑龙江、上海、安徽、山东、河南、甘肃;日本,欧洲。

四　冠翅蛾科 Ypsolophidae

冠翅蛾属 *Ypsolopha* Latreille，1796

Ypsolopha Latreille，1796. Type specie：*Tinea vittella* Linnaeus，1758.

翅展一般为 13.0～31.0mm。头顶鳞片粗糙或光滑。下唇须第 2 节腹面通常具长的鳞毛簇，第 3 节具 vom Rath 感受器。触角长为前翅的 3/4。前翅卵形或窄长，顶角钩状或平伸，具 12 条翅脉。后翅等长于或略长于前翅，长卵形，具 8 条脉。雄性外生殖器：爪形突通常较退化或消失；尾突细长，末端尖锐；肛管腹面具 1 条线状骨化带。颚形突腹板勺状，布满小齿。抱器瓣无抱器腹，抱器背基突为一窄带。阳茎角状器由 1 对长刺或微齿束组成。具长的味刷。雌性外生殖器：后表皮突极长，前表皮突基部分支。后阴片骨化程度强或弱，有刺。导管端片前端环形骨化；囊导管膜质，少数种类中有部分区域骨化，布满疣突。交配囊卵形或近卵形；囊突为 1 个长的骨化带或骨化板，有 1 个或 2 个厚的横脊。

该属中国已知 28 种，本书记述 1 种。

4.1　褐脉冠翅蛾 *Ypsolopha nemorella*（**Linnaeus，1758**）(图版 3-39)

Phalaena（*Tinea*）*nemorella* Linnaeus，1758，*Syst. Nat.*（10 edn.），**1**：536.

Ypsolopha nemorellus：Moriuti，1977，*Fauna Japonica*：96.

翅展 21.0～23.0mm。头部白色，复眼周围褐色。下唇须白色，基节背面及第 2 节外侧黄褐色；第 2 节鳞毛簇三角形，鳞片紧密，明显长于下唇须；第 3 节略短于第 2 节，上举。触角白色，鞭节具黄褐色环纹。胸部白色；翅基片黄褐色。前翅顶角略呈三角形突出；黄白色至金黄色，沿翅脉具黄褐色至赭褐色纵条纹；前缘黄褐色至赭褐色，杂黑褐色鳞片；中室 2/3 处及末端中部各有 1 枚褐斑；沿翅褶至近外缘有 1 条深灰褐色宽纵带，其后缘基半部有 1 条白色条纹止于翅褶 2/3 处；翅褶中部下方有 1 枚月牙形黑斑；后缘及臀角区域灰白色至深灰色，杂褐色鳞片；缘毛灰褐色，顶角下方基部具一白色短线。后翅灰色，端部颜色渐深至深灰褐色，缘毛黄褐色，基部有 1 条黄色线，顶角上方灰褐色。

雄性外生殖器(图版 33-39)：爪形突为一小的三角形突起。尾突细长，外斜，末端尖锐。颚形突腹板卵形，密被齿突。抱器瓣长卵形。囊形突极细长，长约为尾突的 2/3，末端略尖。阳茎端环端半部密被齿突。阳茎长为抱器瓣的 1.25 倍，中部明显弯曲；盲囊长为阳茎的 1/3；角状器由 2 排微齿束组成，长为阳茎的 3/10。

雌性外生殖器(图版 80-39)：后阴片为 2 条近平行的骨化带。导管端片两侧近平行；囊导管略长于交配囊，较细，近交配囊处略膨大。交配囊卵形；囊突长约为交配囊的 1/3，周围布满颗粒状突起，前半部菱形，菱形中间有一横脊，基半部为细长的骨化带。

分布：浙江（天目山）、安徽、湖南、贵州、陕西；日本。

五 银蛾科 Argyresthiidae

银蛾属 *Argyresthia* Hübner，[1825]

Argyresthia Hübner，[1825]. Type species：*Phalaena* (*Tinea*) *goedartella* Linnaeus，1758.

小型至中型,具金属光泽。头顶粗糙,后头鳞毛平伏或直立,颜面光滑。下唇须光滑,末端尖或钝尖。触角长为前翅的 3/4～4/5,柄节具栉,鞭节具环纹或各小节背侧具斑点。前翅后缘近翅中部通常具 1 条深色斜纹,有时为后缘上 1 斑点,或不存在。后翅披针形,灰白色至深灰色。雄性外生殖器:尾突被大量且数量不等鳞片状刚毛,后端具 1～5 枚刚毛;颚形突线状,骨化,有时端部膨大,末端被数枚粗长刚毛;抱器瓣通常近椭圆形,有时呈心形、三角形、近矩形或刀状;囊形突双生;阳茎角状器由 1 枚长刺及周围大量微刺构成;味刷有或无。雌性外生殖器:前表皮突分叉,分支通常与后阴片相连,有时分支再分叉,二次分支背支与后阴片相连,两侧腹支通常相接形成交配孔腹缘;后阴片骨化明显,形状各异;导管端片漏斗形或管形,密被微刺,以颈环接囊导管;导精管出自囊导管后端 1/3 至前端 1/3 处,被微刺;囊导管通常细长,前端略加粗,在导精管开口处前方附近通常被微刺;交配囊椭圆形或卵圆形,中部有时稍缢缩,前缘有时深凹;囊突由基板和生于其上的突起组成。

该属昆虫广布于世界各大动物区系,集中分布于全北区和东洋区北部。本书记述 3 种。

5.1 褐齿银蛾 *Argyresthia* (*Blastotere*) *anthocephala* Meyrick，1936（图版 3-40）

Argyresthia anthocephala Meyrick，1936，*Exot. Microlep.*，**4**：622.

翅展 8.5～9.5mm。头顶黄色,额白色,颜面银灰白色。下唇须背侧灰色,两侧和腹侧褐色。触角柄节浅黄色,栉褐色;鞭节灰褐色,各节背侧具黑色斑点。胸部和翅基片深褐色。前翅长宽比为 4.0;褐色至深褐色,基部略深;缘毛在前缘和顶角处与翅同色,在臀角附近灰色。后翅灰色,缘毛浅灰色。腹部背面银黑灰色,腹面浅黄褐色。

雄性外生殖器(图版 33-40):肛管近等长于抱器瓣宽。尾突被 23～27 枚鳞片状刚毛,后端被 1 枚刚毛。抱器瓣基部 2/7 处最宽,背缘弧形,腹缘基部 4/7 圆凸;抱器背基突发达,端部约 1/2 近 90°弯折。囊形突极短,末端截。阳茎略呈 S 形弯曲,长为抱器瓣宽的 3.4 倍,近末端外表面具约 10 枚微齿;角状器长约为阳茎的 1/2,端部具 4～5 枚强齿。第 2 腹板中央微毛每列 7～10 枚;第 8 腹板 Y 形。具味刷。

雌性外生殖器(图版 80-40):前表皮突长为后表皮突的 4/5,端部近 1/4 处分叉,两侧分支二次分叉,背支与后阴片相连,腹支相连或不相连。后阴片沙漏形。导管端片长漏斗形,长约为第 8 腹节的 2/3;导精管出自囊导管前端 2/5 处;囊导管自导精管开口处至交配囊密布栉状微突,其向前渐变成圆形微突或微刺。交配囊卵圆形,被稀疏微突;囊突前缘近平直。

分布:浙江(天目山)、湖北、福建、江西;日本。

5.2 黄钩银蛾 *Argyresthia* (*Argyresthia*) *subrimosa* Meyrick，1932（图版 3-41）

Argyresthia subrimosa Meyrick，1932，*Exot. Microlep.*，**4**：227.

翅展 14.0～15.5mm。头黄色,颜面黄白色。下唇须浅黄色,外侧杂灰色。触角柄节浅黄色,栉黄色;鞭节具黑白相间的环纹。胸部中部浅黄色,两侧黄色;翅基片黄色。前翅长宽比为 4.0,顶角略呈钩状;底色棕黄色,密布灰色短横纹,基部近后缘较疏;缘毛前缘处黄色,顶角处灰褐色,外缘近顶角处黄色,臀角附近灰色,基部杂黄色。后翅和缘毛深灰色。腹部背面银灰色,腹面酪白色。

雄性外生殖器(图版34-41):肛管与抱器瓣宽近等长。尾突被18～20枚鳞片状刚毛,后端具2～3枚刚毛。颚形突不明显。抱器瓣基部5/9等宽,端部4/9渐窄;中区偏背缘至端区具1列粗刚毛。囊形突基半部宽,端半部窄,近等宽。阳茎近中部弯曲,长为抱器瓣宽的5.2倍。第2腹板中央微毛每列约13枚。第8腹板V形。具味刷。

雌性外生殖器(图版80-41):产卵器长约为第8腹节的3倍。前表皮突长为后表皮突的3/5,中部分叉,分支再分叉,背支与后阴片相接,腹支近达腹中部,不相接。后阴片三角形,前缘凹。导管端片漏斗形,长为第8腹节的1/4;导精管出自囊导管中部偏前;囊导管在导精管前方附近和交配囊连接处密被微刺。交配囊椭圆形,密布微突,前端较疏;囊突基板带状,突起菱角形。

分布:浙江(天目山)、四川、贵州、湖南;日本。

5.3 狭银蛾 *Argyresthia* (*Argyresthia*) *angusta* Moriuti, 1969(图版3-42)

Argyresthia angusta Moriuti, 1969, *Bull. Univ. Osaka Pref.*, *Ser. B*, **21**: 12.

翅展9.5～11.5mm。头顶白色,额浅褐色,颜面白色带浅黄色。下唇须浅黄色,两侧杂浅黄褐色。触角柄节黄白色,梗黄褐色;鞭节背侧黑色,腹侧黄白色,各小节背侧具1枚浅黄色斑。前翅长宽比为5.0;前缘基部4/5黄色,端部3/10具数枚白色斑;前缘和翅褶之间区域锈褐色,密布黑褐色短横纹,翅褶和后缘之间区域白色,散布褐色线状纹或点斑;翅褶基部2/5处下方具1枚黑褐色斑,翅褶端部1/5处具1条黑褐色斜纹,达中室上缘近端部,其基部有时以数枚黑褐色鳞片与后缘相连,臀角附近具1枚黑褐色斑,最小;缘毛在前缘和顶角处金褐色,外缘和臀角处灰色。后翅和缘毛灰色。

雄性外生殖器(图版34-42):尾突近中部后缘具1突起,其基部具1枚鳞片状刚毛,近末端具2枚鳞片状刚毛,末端被2枚长刚毛;端半部被3～5枚鳞片状刚毛。颚形突端部纺锤形,末端被3～5枚长刚毛。抱器瓣椭圆形,自基部中央至端区具1列长刚毛。囊形突三角形,长近等于抱器瓣宽。阳茎长为抱器瓣宽的7倍,基部1/6至端部1/5近圆弧形弯曲。

雌性外生殖器(图版81-42):产卵器长为第8腹节的2.5倍。前表皮突直,长约为后表皮突的2/3,中部分叉,两侧分支再分叉,二次分支在背侧与后阴片相连,在腹侧相接形成交配孔腹缘,其中部宽,两端渐窄。后阴片三角形,其前缘有时内凹。导管端片漏斗形,长为第8腹节的2/3;导精管出自囊导管前端1/3处;囊导管自导精管开口处至交配囊被微齿;交配囊近卵形,中部稍缢缩,后端密被微突;囊突基板小,近矩形,突起夹角近180°。

分布:浙江(天目山)、福建、湖南、贵州、四川、广西;日本。

六　菜蛾科 Plutellidae

菜蛾属 *Plutella* Schrank，1802

Plutella Schrank，1802. Type species：*Phalaena*（*Tinea*）*xylostella* Linnaeus，1758.

头顶鳞片光滑或粗糙,颜面光滑;下唇须第 2 节腹面具前伸、三角形、长于本节的鳞毛簇;触角长通常为前翅的 3/4,柄节具前伸的翼突;前翅窄,各脉分离;翅痣略发达。后翅长卵形。雄性外生殖器:尾突下垂,中部相连;颚形突窄带状,常位于与其相连的尾突下方;抱器瓣阔,半椭圆形,中部通常具 1 枚大孔穴;抱器腹明显,基部通常内折;基腹弧三角形,囊形突末端略呈钩状;阳茎基环极小;阳茎无角状器,盲囊短;具长味刷。雌性外生殖器:后表皮突与前表皮突近等长;后阴片通常为 1 对近圆形毛突;导管端片指状或杯状;囊导管极细;交配囊无囊突。

该属中国已知 1 种,本书记述该种。

6.1　小菜蛾 *Plutella xylostella*（**Linnaeus，1758**）（图版 3-43）

Phalaena（*Tinea*）*xylostella* Linnaeus，1758，*Syst. Nat.*（10 edn.），**1**：538.

Plutella xylostella Schrank，1802（not Linnaeus，1758）；Lhomme，1946，*Cat. Lép. Fr. Belg.*，**2**：984.

翅展 10.0～15.0mm。头顶灰白色或黄白色;颜面白色。雄性复眼后侧及翅基片黑褐色,雌性复眼后侧及翅基片深黄褐色。下唇须基节白色,第 2 节和第 3 节背面白色,腹面黄褐色或黑褐色。触角深褐色,具白色环纹。胸部黄白色。雄性前翅前缘和中室下缘之间以及翅端部灰色、深灰褐色或褐色,杂黄褐色或白色鳞片,具数枚黑色小点,沿外缘具多枚白点;沿后缘自基部至臀角前具 1 条黄色或乳白色宽纵带,其前缘白色,基部、中部和端部或浅或深凹入,呈波浪状,与中室下缘之间深赭褐色,该带基部约占翅宽的 1/3,端部略窄;雌性中略有不同:翅面呈浅褐色或浅灰褐色,翅褶下方的白色波曲形纵线不清晰;缘毛灰白色或浅灰褐色,沿近基部、中部及近末端具 3 条黑褐色细线。雄性后翅及缘毛深灰色;雌性中颜色较浅。

雄性外生殖器(图版 34-43):尾突下垂,亚三角形,末端钝圆;被长刚毛。抱器瓣阔,被刚毛,背缘拱形,腹缘近直;中央 1/3～3/4 处具大心形孔穴,其周围除基部外密被短棘;抱器腹窄三角形,背缘近基部具 1 簇短刺。基腹弧阔,长近等于最宽处。囊形突短小,末端钝圆。阳茎细小,长约为抱器瓣的 7/10,基部膨大,端部极细,几乎呈针状;基部约 1/5 处自两侧各伸出 1 枚棘刺状突起,其末端各具 1 根刚毛。

雌性外生殖器(图版 81-43):后表皮突与前表皮突近等长。第 8 背板后端骨化成 1 对三角形骨片,自中部各自向外渐窄;后缘直,具 1 列长刚毛。后阴片为 1 对近圆形毛突。第 7 腹板具颗粒状突起,后端中部特化成三角形骨片,自后向前渐窄;导管端片细长,位于特化的三角形骨片内;第 7 腹板在特化的三角形骨片两侧呈帽状凸出,其内侧面骨化强烈,正面观呈三角形。囊导管极细,膜质。导精管自囊导管与交配囊连接处伸出。交配囊卵形,无囊突。

寄主:十字花科 Cruciferae:油菜 *Brassica* spp.,萝卜 *Raphanus sativus* Linn. 及其他十字花科植物。

分布:广布世界各地。

光菜蛾属 *Leuroperna* Clarke，1965

Leuroperna Clarke，1965. Type species：*Leuroperna leioptera* Clarke，1965.

　　头顶粗糙,颜面光滑;下唇须第 3 节短于第 2 节,弯曲上举;触角略长于前翅的 1/2,柄节具前伸的翼突,鞭节略呈锯齿状;前翅各脉分离,副室较弱;翅痣发达。雄性外生殖器:肛管膜质或略骨化;尾突中部横向平伸;抱器瓣阔,密被长刚毛;抱器腹长约为抱器瓣的 1/2,基部内折;基腹弧三角形,囊形突细长,阳茎长于抱器瓣;具味刷。雌性外生殖器:前表皮突近等长于后表皮突;第 7 腹板后端中部近 V 形深凹;导管端片漏斗状;囊导管骨化或部分骨化;副囊通常小于交配囊;交配囊无囊突。

　　该属中国已知 1 种,本书记述该种。

6.2 列光菜蛾 *Leuroperna sera*（Meyrick，1886）(图版 3-44)

Plutella sera Meyrick，1886，*Trans. Proc. Royal Soc. New Zeal.*，18：178.

Leuroperna sera（Meyrick）：Kyrki，1989，*Entomol. Scand.*，19(4)：440.

　　翅展 9.0~11.0mm。头顶白色,杂浅黄色;颜面白色,两侧杂深褐色;复眼后侧黑褐色。下唇须背面白色,腹面第 1 节白色,第 2、第 3 节黄褐色,杂深褐色。触角白色,柄节杂深褐色,鞭节近基部杂浅黄色,基部 2/5、4/5 区域及末端的 3~5 节呈黑色。胸部浅黄褐色,杂深褐色。翅基片基半部黑褐色,端半部浅黄褐色。前翅浅褐色,杂红褐色鳞片,沿外缘具密集黑色鳞片,沿前缘基半部具约 8 条黑色细横纹,近达 Sc 脉,端半部具 4 枚较大褐斑;沿中室上缘具 3~5 枚黑斑;翅褶基部 1/3 处及末端各具 1 枚黑斑,前者较大;后缘近中部具 3 枚黑色小点,约 2/3 处具 1 枚较大黑斑,臀角处具 1 枚小黑斑;缘毛黄褐色,沿中部及末端各具 1 条黑色细线。后翅灰色;缘毛灰白色。

　　雄性外生殖器(图版 34-44):肛管略骨化。尾突横向平伸,被稀疏长刚毛,末端钝圆。抱器瓣阔,背腹缘近平行,中部具 1 簇刚毛,端半部腹缘及末端密被长刚毛;抱器腹长约为抱器瓣的 1/2,基部宽,端部渐窄,背缘具稠密短刺,端部凹入。基腹弧阔,三角形;囊形突细长,长约为抱器瓣的 2/3,末端略膨大。阳茎粗壮,近直,长约为抱器瓣的 2.3 倍,端半部密被颗粒状突起,末端钝圆;角状器无。

　　雌性外生殖器(图版 81-44):后表皮突与前表皮突近等长。后阴片为 1 对圆形毛突。第 7 腹板后端中部 V 形深凹。导管端片漏斗状。囊导管骨化,略长于导管端片。副囊圆形,膜质,小于交配囊;导精管出自副囊基部 1/3 处。交配囊圆形,无囊突。

　　寄主:十字花科 Cruciferae;芥菜 *Brassica juncea* Cosson var. *integrifolia* Kitamura,欧洲油菜 *B. napus* Linn.,花椰菜 *B. oleracea* Linn. var. *botrytis* Linn.,甘蓝 *B. oleracea* Linn. var. *capitata* Linn.,白菜 *B. pekinensis* Ruprecht,芜菁 *B. rapa* Linn. var. *perviridis*,萝卜 *Raphanus sativus* Linn. var. *hortensis* Backer。

　　分布:浙江(天目山)、福建、河南、湖北、湖南、广西、海南、四川、重庆、贵州、云南、陕西、甘肃、香港、台湾;朝鲜,日本,越南,印度尼西亚,印度,斯里兰卡,澳大利亚,新西兰。

雀菜蛾属 *Anthonympha* Moriuti，1971

Anthonympha Moriuti，1971. Type species：*Calantica oxydelta* Meyrick，1913.

头顶粗糙，颜面光滑；无单眼。下唇须略弯曲，上举。触角长约为前翅的 3/4，柄节具栉。前翅长卵形或披针形，沿前缘近中部至端部 1/4 处通常具 3 或 4 条黄褐色间白色斜纹，后缘中部通常具 1 条斜带，其前端多与前缘纹相连，外缘略凹入；具 11 或 12 条脉；翅痣发达。后翅多披针形，缘毛长为翅最宽处的 1.5 倍；具 7 或 8 条脉。雄性外生殖器：爪形突退化。尾突通常狭长，角状，被长刚毛。颚形突为 1 条骨化横带，其中部常具多样化突起。肛管腹面中央自基部至中部具 1 骨化纵带。背兜多表现为宽短，前缘中部常深凹。抱器瓣端部常加宽，背缘基部具 1 枚三角形或角状突起，某些种中，沿腹缘及末端内侧具针状刺；抱器腹不明显。抱器背基突窄带状，向后稍拱；阳茎基环膜质。囊形突通常短小。阳茎长于或短于抱器瓣；盲囊略膨大；角状器有或无。雌性外生殖器：前表皮突基部分叉。后阴片与前表皮突腹支相连，后缘被长刚毛。交配孔小，开口于第 7 腹板近后缘。导管端片骨化；囊导管通常膜质；导精管发达，自囊导管基部伸出。交配囊膜质；无囊突。

该属中国已知 5 种，本书记述 2 种。

6.3　平雀菜蛾 *Anthonympha truncata* Li，2016（图版 3-45）

Anthonympha truncata Li，2016，In：Cong，Fan & Li，*Zootaxa*，**4105**(3)：291.

翅展 7.0~11.0mm。头部雪白色。触角柄节白色，具褐色栉；鞭节白色，基部 4 节背面深褐色。下唇须白色，基节及第 2 节外侧灰褐色至深褐色。胸部白色，后端 1/4 具 1 条褐色横带。翅基片白色，基部具 1 枚明显的黑褐色斑点。前翅白色，前缘基部 1/3 黑色，端半部黄褐色，向后缘延伸超出 M_2 脉，沿端部 1/4 颜色加深，自前缘中部偏外至基部 3/4 具 3 条平行的白色短横纹，外斜至翅面前端 1/5 处，间有 3 条较宽的黄褐色短横纹，沿其内侧前端杂黑色鳞片；后缘中部具 1 条外斜深褐色横带，其边缘嵌有黑色鳞片，前端渐窄，伸达前缘第 1 条黄褐色短横纹下方；缘毛白色，沿前缘灰褐色，沿外缘近中部具 1 条褐色细线。后翅灰褐色，端半部颜色较深；缘毛白色，沿后翅前缘及后缘端半部的缘毛近基部浅褐色。

雄性外生殖器（图版 34-45）：尾突狭长，长于抱器瓣，自基部至端部渐加宽，末端分两叉：背端突粗壮，近三角形，其基部具 1 枚短刺，末端略呈钩状；腹端突细长，长约为背端突的 3 倍，末端具 2 枚齿突。肛管膜质，腹面中央自基部至中部具 1 条骨化纵带。颚形突后缘中部内凹，两侧呈三角形突出。抱器瓣近长方形，腹缘稍拱，基部具 1 枚小突起，沿腹缘端部及末端散布有数枚小齿突，末端平截。囊形突短小，近方形。阳茎长为抱器瓣的 2 倍，端部 1/5 具疣突；无角状器。

雌性外生殖器（图版 81-45）：前表皮突与后表皮突等长。后阴片近椭圆形，约为第 8 背板宽的 1/3，具稠密刚毛。第 7 腹板后缘中部呈心形内凹，两侧各具 1 扇形骨化板，沿其内缘骨化强烈。导管端片不明显；囊导管长约为交配囊的 3 倍。交配囊卵形。

分布：浙江（天目山）、天津、广东、广西。

6.4　舌雀菜蛾 *Anthonympha ligulacea* Li，2016（图版 3-46）

Anthonympha ligulacea Li，2016，In：Cong，Fan & Li，*Zootaxa*，**4105**(3)：293.

翅展 5.5~10.0mm。头部雪白色。下唇须基节及第 2 节黄褐色，第 3 节白色。触角柄节白色，具浅褐色栉；鞭节灰白色，基部 2 节背面褐色。胸部白色，近后缘具 1 条褐色横带。翅基片白色，雄性基部具 1 枚褐色斑点，雌性则无。前翅白色；前缘基部 1/6 灰黑色，雄性基部及近基部 1/7 处各具 1 枚黑色斑点，自中部至基部 3/4 处具 3 条平行的金黄色短横纹，外斜至前端

1/4 处,沿其内侧在前端杂黑色鳞片,间有 3 条稍窄的白色短横纹,雌性前缘仅近基部 1/7 处具 1 枚黑色斑点,另具 4 条金黄色短横纹,间有 4 条白色短横纹;端部 1/4 黑色,自翅端向内至翅面前端 2/3 处具 1 条黑色纵带,伸达近翅端部的两条金黄色短横纹下方,其外缘中部起内弯,外缘与翅端之间黄色;近翅端处具 1 枚黑褐色卵形小斑;后缘具 1 条黄褐色斜横带,沿其前端及内侧具黑色鳞片,前端伸达前缘第 1 条金黄色短横纹下方;缘毛白色,近基部具 1 条黑褐色细线。后翅基半部灰白色,端半部浅灰色;缘毛白色,沿前缘浅灰色。

雄性外生殖器(图版 34-46):尾突狭长,基部窄,渐加宽至 1/3 处,1/3 处向外呈三角状加宽,端部 2/3 渐窄,末端尖,向腹面略呈钩状。肛管基部两侧各具 1 枚瘤突,其上具长刚毛;腹面中央自近基部至中部具 1 条骨化纵带。颚形突后缘中部具一长舌状骨化突起。抱器瓣基部窄,渐宽至 1/3 处,端部 2/3 近平行,末端钝圆,被稀疏长刚毛。囊形突三角形,末端尖。阳茎长为抱器瓣的 2.5 倍,基部 1/4 膨大,端部 3/4 均匀;角状器刺状,与阳茎近等长。

雌性外生殖器(图版 81-46):前表皮突与后表皮突等长。后阴片近矩形,后缘中部浅凹,两侧呈圆形突出,宽约为第 8 背板的 2/3,密被长刚毛。导管端片短,稍宽于囊导管;囊导管细长,长约为交配囊的 1.5 倍。交配囊椭圆形。

分布:浙江(天目山)、湖北、广西、海南、云南。

麦蛾总科 GELECHIOIDEA

七　列蛾科 Autostichidae

体小型至中型。触角短于前翅。下唇须上举,第 3 节稍短于或等于第 2 节。前翅通常灰色或褐色,R_4 和 R_5 合生或共柄,CuA_1 和 CuA_2 合生、共柄或分离。腹部有或无背刺。雄性外生殖器:颚形突大多呈钩状、三角状或匙状突出,侧臂窄带状;抱器瓣通常对称,近矩形或近椭圆形,抱器腹明显。雌性外生殖器:有 1~2 个囊突。

列蛾科昆虫幼虫主要取食腐殖质或真菌。已知 85 属 670 余种,各大动物地理区系均有分布。

列蛾属 *Autosticha* Meyrick,1886

Autosticha Meyrick,1886. Type species:*Automola pelodes* Meyrick,1883.

成虫头部鳞片紧贴。缺单眼。喙发达。下唇须上举,第 3 节稍短于第 2 节。触角短于前翅。前翅前缘稍拱,顶角钝圆;翅面通常黄褐色或灰褐色,通常有 3 个斑点,分别位于中室中部、中室末端和翅褶近中部;黑褐色缘点或亚缘点自翅前缘近末端经外缘或外缘内侧达臀角。前翅 R_4 和 R_5 脉共柄或合生,R_5 或 R_{4+5} 脉达前缘、顶角或外缘,CuA_1 和 CuA_2 脉分离或共柄;后翅 Rs 和 M_1 脉共柄或合生,M_3 和 CuA_1 脉共柄或合生。雄性外生殖器:爪形突简单;颚形突环带状,中部呈匙形、舌形、矩形或三角形突出,侧臂带状;抱器瓣形态多样,有或无骨化突起。阳茎通常具角状器,由一簇微刺组成。雌性外生殖器:后表皮突长为前表皮突的 2~3 倍;囊突大多存在,板状或粗刺状,一般有 2 枚大齿突。

该属中国已知 50 种,本书记述 16 种。

分种检索表(依据雄性外生殖器)

7.1　四角列蛾 *Autosticha tetragonopa*（Meyrick，1935）(图版 3-47)

Brachmia tetragonopa Meyrick, 1935, *In*: Caradja & Meyrick, *Mater. Microlepid. Fauna Chin. Prov. Kiangsu, Chekiang und Hunan*: 75.

Autostichatetragonopa (Meyrick, 1935): Ueda, 1997, *Jpn. Journ. Entomol.*, **65**(1).

翅展 13.0～14.0mm。头黑褐色。下唇须第 2 节灰白色杂黑褐色,外侧黑褐色;第 3 节黄白色,密被黑褐色鳞片。触角柄节背面黑褐色,腹面黄白色,鞭节浅黄色,具褐色环纹。胸部和翅基片灰褐色。前翅黄褐色,散布褐色鳞片,前缘基部、中室基部、中室基部上缘近基部具黑褐色鳞片;中室斑、中室端斑和褶斑黑褐色,圆形,中室端斑最大;黑褐色缘点自前缘端部 1/5 经外缘达臀角;缘毛深灰色。后翅及缘毛浅灰色。

雄性外生殖器(图版 34-47):爪形突基部 2/3 近等宽,端部 2/3 稍膨大,末端圆。颚形突匙形,侧臂带状。抱器瓣基部 2/5 具近方形骨板,端部与基部近等宽,末端具刺突;背缘端部 1/5 处呈 U 形深凹;腹缘稍拱,向外斜;囊形突稍短于爪形突,基部宽,渐窄至末端,末端钝。阳茎基环近方形,前缘两侧突起,后缘呈宽 V 形深凹。阳茎长约为抱器瓣的 4/5,基部 1/4 稍等粗,端部 3/4 近等粗,近末端具 1 长突起;角状器由一束齿突组成,位于阳茎中部至端部 1/5 近腹侧。

分布:浙江(天目山);日本。

7.2　粗鳞列蛾 *Autosticha squnarrosa* Wang，2004(图版 3-48)

Autosticha squnarrosa Wang, 2004, *Acta Zootax. Sin.*, **29**(1): 44.

翅展 11.0～12.0mm。头部淡黄色,杂褐色。下唇须淡黄色,第 2 节密被黑褐色鳞片,第 3 节杂褐色鳞片。触角柄节黄色杂褐色,鞭节黄色与褐色相间。胸部和翅基片黄色杂黑褐色。前翅黄色,散布黑褐色鳞片,端部 1/4 处黑褐色较稠密;前缘基部 1/8 具 1 黑褐色亚圆形斑;中室斑和中室端斑黑褐色,近圆形,中室端斑和外缘之间具 1 枚与中室端斑近等大的黑褐色斑;翅褶自近基部上方至中部具 1 黑褐色矩形斑;臀斑黑褐色,近方形,后缘基部 2/5 至臀斑处具 1 黑褐色纵带,缘毛黄色杂褐色;后翅及缘毛深灰色。

雄性外生殖器(图版 34-48)：爪形突呈三角形，基部宽，端部渐窄，末端钝。颚形突中突呈短舌状，侧臂基部稍宽。抱器瓣基部 2/5 具近椭圆形骨板，中部明显收窄，端部 2/5 亚矩形，末端圆；背缘基半部近直，中部内凹，端部斜直，沿背缘下方自中部至端部 1/5 具 1 纵褶；抱器腹窄，长约为抱器瓣的 1/3，末端具 1 枚游离的长三角形棘刺。囊形突长约为爪形突的 1.6 倍，基部宽，渐窄至 1/3 处，端部 2/3 棒状。阳茎基环呈梯形。阳茎长约为抱器瓣的 1.2 倍，基部稍粗，端部略窄；角状器由 1 簇微刺组成，位于阳茎末端。

雌性外生殖器(图版 81-48)：第 8 背板后缘弧形，腹板呈半椭圆形；第 7 腹板宽带形。前阴片宽带状，梯形。导管端片亚矩形。囊导管后端 2/3 等粗，前端 1/3 稍加粗；导精管自囊导管中部伸出。交配囊椭圆形；囊突位于交配囊与囊导管相连处，基片膨大，具 2 棘刺，相向弯。

分布：浙江(天目山)、湖北、江西、海南。

7.3　弓瓣列蛾 *Autosticha arcivalvaris* Wang, 2004(图版 3-49)

Autosticha arcivalvaris Wang, 2004, *Acta Zootax. Sin.*, 29(1)：54.

翅展 10.0～11.5mm。头部浅黄褐色。下唇须第 2 节背面灰白色，腹面基半部黑褐色，端半部白色；第 3 节黄白色。触角浅黄色和褐色相间。胸部和翅基片浅黄褐色。前翅浅黄褐色，散布黑褐色鳞片，前缘基部黑色；中室斑、中室端斑和褶斑黑褐色，中室斑较大；臀斑较小，不明显；缘点自前缘端部 1/4 经外缘达臀角；缘毛淡黄色。后翅及缘毛浅灰色。

雄性外生殖器(图版 34-49)：爪形突长细长，基部稍宽，端部渐窄，末端尖。颚形突中突小，近方形。抱器瓣基部窄，稍宽至约 2/5 处，中部略窄，端部 2/5 渐窄至末端，末端刺状，背缘呈弧形向外拱，腹缘呈弧形内凹；基部 1/4 内侧 2/5 具亚矩形骨板；内突近三角形，位于近基部 1/3 处。囊形突宽短，长约为爪形突的 1/3，基半部两侧平行，端半部稍窄，末端圆。阳茎基环呈宽 V 形，前缘中部突出。阳茎细长，长约为抱器瓣的 2/3，端部 1/5 处向腹面弯；角状器由 1 簇微刺组成，位于端部 1/3，但不达末端。

雌性外生殖器(图版 81-49)：第 8 背板后缘中部微内凹，第 8 腹板后缘呈半圆形突出。导管端片稍短于囊导管，后端稍宽，前端渐窄，后缘中部呈 U 形内凹。囊导管窄，基半部强骨化，前半部弱骨化。交配囊近圆形，约与囊导管等长；囊突基部板状，拱向腹面，中部两侧各伸出 1 刺状突起。

分布：浙江(天目山)、湖北、贵州。

7.4　台湾列蛾 *Autosticha taiwana* Park et Wu, 2003(图版 3-50)

Autosticha taiwana Park et Wu, 2003, *Ins. Koreana*, 20(2)：213.

Autosticha cipingensis Wang, 2004, *Acta Zootax. Sin.*, 29(1)：40.

翅展 17.0～18.0mm。头黄褐色。下唇须灰白色，第 2 节外侧杂黑褐色鳞片，第 3 节稍短于第 2 节。触角柄节深褐色，鞭节浅黄色。胸部和翅基片浅灰白色。前翅土黄色，杂黑褐色；前缘基部 1/3 和端部 1/3 黑褐色，中室斑、中室端斑和褶斑黑褐色，中室端斑较大；缘点自顶角经外缘达臀角；缘毛淡黄色。后翅及缘毛浅灰色。

雄性外生殖器(图版 34-50)：爪形突基半部呈矩形，端半部膨大，近椭圆形，末端尖。颚形突三角形，末端尖；侧臂宽带状。抱器瓣基部 1/3 具 1 近方形骨板，端部 2/3 呈椭圆形膨大；抱器腹长约为抱器瓣的 1/2，端半部游离，粗刺状。囊形突长约为爪形突的 1.5 倍，基部宽，渐窄至基部 2/5，基部 2/5 至端部 1/5 等宽，端部 1/5 稍加宽，末端平。阳茎基环宽 U 形，两侧末端尖。阳茎长约为抱器瓣的 4/5，基部稍粗，渐窄至近末端，末端尖细；角状器由一簇微刺和三根不等长粗刺组成，微刺位于阳茎端部 1/3 至 1/6，粗刺位于端部 1/6 处，伸出阳茎腹面。

雌性外生殖器(图版81-50):产卵瓣末端圆。第8背板后缘中部微凹,第8腹板后缘突出,中部微凹。囊导管后端稍窄,前端渐宽。交配囊近圆形,稍长于囊导管;囊突不规则圆形,密被小齿,中部纵向骨化较弱。

分布:浙江(天目山)、江西、台湾。

7.5　天目山列蛾 *Autosticha tianmushana* Wang, 2004(图版3-51)

Autosticha tianmushana Wang, 2004, *Acta Zootax. Sin.*, **29**(1): 50.

翅展14.0～16.0mm。头部深褐色。下唇须第2节内侧灰白色,外侧黑褐色,末端黄白色;第3节灰白色,基部黑褐色,近末端具黑褐色环纹。触角柄节黑褐色,鞭节黄色和褐色相间。胸部和翅基片深褐色。前翅黄褐色,前缘基部黑色;中室斑、中室端斑和褶斑黑褐色,中室端斑较大;缘点自前缘端部1/6经外缘达臀角;缘毛淡黄色。后翅及缘毛灰色。

雄性外生殖器(图版34-51):爪形突基部宽,端部渐窄,末端钝。颚形突骨化强,中突不明显。抱器瓣基部1/4近等宽,端部2/3亚矩形,稍外斜,末端宽圆;抱器腹窄带状,长约为抱器瓣的1/4。囊形突稍短于爪形突,棒状,等粗,末端略尖。阳茎基环倒三角形,前缘钝圆,后缘宽。阳茎基部稍粗,长约为抱器瓣的4/5;角状器由1簇微刺组成,位于阳茎端部。

分布:浙江(天目山)、广西、海南。

7.6　和列蛾 *Autosticha modicella* (Christoph, 1882)(图版3-52)

Ceratpphora modicella Christoph, 1882, *Bull. Soc. Imp. Nat. Moscou*, **57**(1): 28.

Autosticha modicella (Christoph, 1882): Ueda, 1997, *Jpn. Journ. Entomol.*, **65**(1): 115.

翅展11.0～13.0mm。头部深褐色。下唇须外侧灰褐色,内侧灰白色,第3节杂黑色鳞片。触角深褐色和黄色相间。胸部和翅基片深褐色。前翅深褐色;中室斑、中室端斑和褶斑黑褐色;臀斑黑褐色,近方形;缘点自前缘端部1/6经外缘达臀角;缘毛浅褐色。后翅及缘毛灰色。

雄性外生殖器(图版35-52):爪形突略呈长三角形,末端尖。颚形突中突三角形,末端稍尖。抱器瓣基部2/5具1近椭圆形骨板,2/5处明显收缩,端部3/5略呈椭圆形膨大,末端钝。抱器腹窄带状,长约为抱器瓣的1/3。囊形突短于爪形突,基部宽,渐窄至1/3,端部2/3近等宽,末端钝圆。阳茎基环细长,由1对侧叶组成,基部相连。阳茎基部1/5稍宽,向背缘弯,端部4/5均匀;角状器由1束微刺组成,长约为阳茎的2/5,位于阳茎中部至近末端。

雌性外生殖器(图版81-52):第8背板后缘平直;腹板后缘突出,中部微凹。导管端片近方形。囊导管等粗,稍长于交配囊。导精管自囊导管近交配囊处伸出。交配囊近圆形,囊突处具皱褶;囊突V形,由1对大刺突组成,基部窄。

分布:浙江(天目山)、黑龙江、内蒙古、天津、河北、山西、河南、四川、台湾;朝鲜,日本,俄罗斯。

7.7　迷列蛾 *Autosticha fallaciosa* Wang, 2004(图版3-53)

Autosticha fallaciosa Wang, 2004, *Acta Zootax. Sin.*, **29**(1): 47.

翅展12.0～13.0mm。头部浅黄褐色。下唇须第2节内侧黄白色,外侧基半部黑褐色,端半部淡黄色;第3节黄白色。触角浅黄色,杂黑褐色。胸部和翅基片褐色。前翅浅黄褐色,散布黑褐色鳞片;前缘基部1/6黑褐色;中室斑、中室端斑和褶斑黑褐色,中室端斑最大;后缘基部具1枚黑色斜斑;臀斑近方形,黑褐色;缘点自前缘端部1/5经外缘达臀角;缘毛黄白色。后翅及缘毛浅灰色。

雄性外生殖器(图版35-53):爪形突细长,棒状,末端圆。颚形突骨化较弱,中突不明显。

抱器瓣基半部等宽,端半部稍窄于基半部,末端圆;背缘中部微内凹。抱器腹基半部宽,背缘达抱器瓣背缘下方,腹缘骨化较强,具折边;端半部游离,长刺状,与抱器瓣腹缘近平行,达抱器瓣末端。囊形突短棒状,均匀,末端钝,长约为爪形突的2/5。阳茎基环弱骨化,锥状,具骨化横褶,末端几乎达颚形突。阳茎长约为抱器瓣的4/5,基部稍粗,端部2/3等粗,末端平;角状器由1簇大小不等的刺组成,位于端部1/3。

分布:浙江(天目山)、江西、广西。

7.8 四川列蛾 *Autosticha sichuanica* Park *et* Wu, 2003(图版3-54)

Autosticha sichuanica Park *et* Wu, 2003, *Ins. Koreana*, **20**(2):215.

Autosticha maculosa Wang, 2004, *Acta Zootax. Sin.*, **29**(1):42.

翅展12.0～15.0mm。头白色。下唇须灰白色,第2节基部和背面近末端具黑褐色鳞片;第3节近基部和端部黑褐色。触角柄节灰白色,鞭节褐色和黄色相间。胸部、翅基片灰白色。前翅灰白色,散布黑褐色鳞片;前缘基部、中部和端部1/4各具1黑色小点;后缘基部具1黑褐色斑点;翅褶基部具1黑褐色斑;中室斑和中室端斑和褶斑黑褐色,中室端斑最大;臀斑黑褐色;缘点自前缘端部1/5经外缘达臀角;缘毛黄白色。后翅及缘毛浅灰色。

雄性外生殖器(图版35-54):爪形突基部宽,渐窄至中部,端半部等粗,末端略尖。颚形突呈V形,侧臂带状。抱器瓣基部稍窄,端部渐宽,末端圆;背缘近中部微凹;腹缘稍拱,弧形;背缘下方自近基部至端部1/4具1纵向皱褶。囊形突基部稍宽,向端部渐窄,约与爪形突等长。阳茎基环片状,近梯形,后缘中部内凹,前缘近直。阳茎基部稍粗,渐窄至中部,端半部等粗,基半部向背面弯;角状器,由一束小刺组成,位于端部1/3至近末端。

雌性外生殖器(图版82-54):第8背板后缘平直,腹板后缘中部突出。囊导管近等粗,后端3/4骨化;导精管细,出自囊导管前端1/6处。交配囊近圆形,稍短于囊导管,囊突基部拱形骨板状,具两枚大刺突,大齿突基部各具两枚小齿突。

分布:浙江(天目山)、福建、江西、河南、湖北、湖南、广东、广西、海南、四川、重庆、贵州、云南、陕西、香港。

7.9 庐山列蛾 *Autosticha lushanensis* Park *et* Wu, 2003(图版4-55)

Autosticha lushanensis Park *et* Wu, 2003, *Ins. Koreana*, **20**(2):206.

Autosticha microphilodema Wang, 2004, *Acta Zootax. Sin.*, **29**(1):41.

翅展14.0～15.0mm。头灰褐色。下唇须灰白色,密布黑褐色鳞片。触角柄节黑褐色,鞭节黑褐色与黄褐色相间。胸部、翅基片灰褐色。前翅灰褐色;中室斑、中室端斑和褶斑深褐色,中室端斑最大;缘点自沿前缘近末端经外缘达臀角;缘毛浅褐色。后翅及缘毛灰色。

雄性外生殖器(图版35-55):爪形突近呈矩形,末端钝圆。颚形突三角形,向上弯;侧臂窄带状。抱器瓣长矩形,背缘与腹缘近平行,末端圆;抱器瓣内齿粗棘刺状,位于近腹缘基部1/3处。囊形突长约为爪形突的1.3倍,棒状,基部稍粗,渐窄至基部1/3,端部2/3均匀,末端圆。阳茎基环膜质,片状。阳茎短,长约为抱器瓣的1/2,基部稍粗,渐窄至基部1/3,端部2/3两侧平行,末端钝,腹缘近末端具1小齿突;无角状器。

雌性外生殖器(图版82-55):第8背板后缘中部微凹,腹板后缘近半圆形突出。导管端片近矩形,两侧后端骨化较强,近末端稍内凹。囊导管均匀等粗。交配囊长椭圆形,稍长于囊导管;囊突两个:一个位于交配囊前端,长骨板状,拱形,边缘具小齿突,两侧各伸出1刺突;另一个位于交配囊另一侧近中部,近圆形,密被小齿。

分布:浙江(天目山)、北京、河北、江西、河南、广东、海南、四川、重庆。

7.10　齿瓣列蛾 *Autosticha valvidentata* **Wang，2004**(图版 4-56)

Autosticha valvidentata Wang，2004，*Acta Zootax. Sin.*，**29**(1)：49.

翅展 12.0～13.0mm。头部黄白色。下唇须第 2 节内侧浅黄色，外侧黑色，末端白色；第 3 节浅黄色，杂黑褐色。触角柄节深褐色，鞭节黄色和褐色相间。胸部和翅基片黄褐色，杂黑褐色。前翅浅黄褐色；前缘基部和中室近基部上缘处各有 1 枚黑斑；中室斑、中室端斑和褶斑黑色；后缘基部具 1 枚黑色近圆形斑；臀斑模糊；缘点自前缘端部 1/5 经外缘达臀角；缘毛淡黄色。后翅及缘毛灰色。

雄性外生殖器(图版 35-56)：爪形突细长，基部稍宽，向端部渐窄，末端尖。颚形突宽带状，中突不明显。抱器瓣基部稍窄，渐宽至约 1/3 处；端部 2/3 近等宽，背缘端部 1/3 处微内凹，腹缘具大小不等的齿突。囊形突细长，末端尖，长约为爪形突的 4/5。阳茎基环近矩形。阳茎稍短于抱器瓣，基部稍粗，末端钝；角状器由 3 束微刺组成，位于端部。

雌性外生殖器(图版 82-56)：第 8 背板后缘平直，第 8 腹板后缘宽圆。后阴片后缘中部稍内凹，前缘两侧前伸，渐细。导管端片后端窄，前端渐宽。囊导管基部稍窄，端部渐宽。交配囊椭圆形，长约为囊导管的 1.5 倍；囊突位于基部，菱形，两侧自中部各伸出 1 长刺，呈弧形相向内弯。

分布：浙江(天目山)、甘肃、湖北、福建。

7.11　刺列蛾 *Autosticha oxyacantha* **Wang，2004**(图版 4-57)

Autosticha oxyacantha Wang，2004，*Acta Zootax. Sin.*，**29**(1)：55.

翅展 13.5～14.0mm。头部黄白色。下唇须黄白色，杂深褐色。触角浅黄色，柄节背面深褐色，鞭节背面间黄褐色。胸部黄白色；翅基片基部褐色，端部黄白色。前翅黄白色，散布褐色鳞片；前缘近基部和后缘基部各具 1 黑褐色斑点；中室斑、中室端斑和褶斑黑褐色，中室端斑最大；缘点自前缘中部经外缘达臀角；缘毛黄白色。后翅及缘毛灰色。

雄性外生殖器(图版 35-57)：爪形突柱状，末端圆。颚形突中突匙形。抱器瓣基部 1/3 窄，具 1 三角形骨片；端部 2/3 近等宽，背缘近直，腹缘弧形，末端圆；抱器瓣内突长粗刺状。阳茎基环近方形。囊形突短，短于爪形突长的 1/2，基部稍宽，末端圆。阳茎长粗短，短于抱器瓣的 1/3，基部稍粗，腹缘中部伸出 1 粗刺状突起，其末端几乎达阳茎末端；无角状器。

雌性外生殖器(图版 82-57)：第 8 背板后缘中部微凹，腹板后缘中部突出。前阴片近梯形，两侧后端 2/5 处收缩，两侧各伸出 1 细长刺，形成倒 V 形。导管端片近半圆形。囊导管基部 3/5 等粗，骨化较强，端部 2/5 渐宽，弱骨化。交配囊长卵形，稍短于囊导管；囊突椭圆形，中部凹陷，两端各伸出 1 长刺突。

分布：浙江(天目山)、湖北。

7.12　暗列蛾 *Autosticha opaca*（**Meyrick，1927**）(图版 4-58)

Brachmia opaca Meyrick，1927，*In*：Caradja，*Mem. Sect. Stiint. Acad. Rom.*，(3)**4**(8)：421.

Autosticha opaca（Meyrick，1927）：Ueda，1997，*Jpn. Journ. Entomol.*，**65**(1)：125.

翅展 12.0～13.0mm。头部黄褐色。下唇须黄白色。触角淡黄色。胸部和翅基片褐色。前翅淡黄色；前缘基部黑色；中室斑和中室端斑和褶斑褐色，中室斑较小，中室端斑稍大；缘点自前缘近末端经外缘达臀角；缘毛黄白色。后翅及缘毛浅灰色。

雄性外生殖器(图版 35-58)：爪形突长三角形，末端尖。颚形突中突三角形。抱器瓣亚矩形，基部约 2/5 具 1 近椭圆形骨片，背缘和腹缘中部稍内凹，末端圆钝。阳茎基环细长，由 1 对侧叶组成，其前缘相连。囊形突长约为爪形突的 3/5，基部宽，向端部渐窄，末端尖。阳茎长约为抱器瓣的 4/5,基部 1/3 稍粗,端部 2/3 等粗;角状器由 1 簇微刺组成,位于阳茎中部,长约为阳茎的 1/3。

雌性外生殖器(图版 82-58):第 8 背板后缘近直,第 8 腹板后缘具 V 型小凹口。囊导管基部和端部稍宽,中部窄,端部具颗粒状突起和皱褶。导精管出自囊导管近交配囊处。交配囊稍短于囊导管,近椭圆形;囊突由 2 枚粗刺组成,呈 V 形,交配囊在粗刺之间区域具皱褶。

分布:浙江(天目山)、江苏、湖南、四川、台湾;朝鲜,日本。

7.13　截列蛾 *Autosticha truncicola* Ueda,1997(图版 4-59)

Autosticha truncicola Ueda,1997,*Jpn. Journ. Entomol.*,**65**(1):122.

翅展 15.0～16.0mm。头部浅黄褐色。下唇须第 2 节黄褐色,外侧基半部黑褐色;第 3 节灰白色。触角黄褐色,柄节背面黑褐色。胸部和翅基片褐色。前翅黄褐色,前缘基部深褐色;中室斑、中室端斑和褶斑黑褐色,中室端斑最大;缘点自前缘端半部经外缘达臀角;缘毛黄白色。后翅及缘毛灰色。

雄性外生殖器(图版 35-59):爪形突基部 1/3 稍窄,矩形,端部 2/3 稍宽至近末端,末端窄圆。颚形突中突骨化较强,方形,后缘中部内切。抱器瓣基部 2/5 宽,具 1 近梯形骨板,端部 3/5 窄,亚矩形,背缘近直,腹缘稍拱,末端圆;骨化细带自基部 2/5 向外斜至背缘中部;抱器瓣内突三角形,其与抱器腹内缘末端相连;抱器腹乳突状,长约为抱器瓣的 1/5。囊形突长约为爪形突的 1.2 倍,基半部稍窄,末端圆。阳茎稍长于抱器瓣,基部略粗,腹缘末端具 1 小齿突;角状器由 2 排刺组成,位于阳茎端膜。

雌性外生殖器(图版 82-59):第 8 背板后缘近直,第 8 腹板后缘呈弧形突出,具长刚毛。后阴片呈矩形。导管端片宽阔,长约为囊导管的 1/3,基半部两侧骨化。囊导管弯曲,等粗;导精管出自囊导管基部。交配囊近椭圆形,长约为囊导管的 2/5;囊突位于交配囊与囊导管连接处,长板状,中部宽,向两端渐窄,中部两侧各伸出 1 长刺状突起。

分布:浙江(天目山)、北京、河北;朝鲜,日本。

7.14　仿列蛾 *Autosticha imitativa* Ueda,1997(图版 4-60)

Autosticha imitative Ueda,1997,*Jpn. Journ. Entomol.*,**65**(1):113.

翅展 13.0～15.0mm。头灰褐色。下唇须第 2 节黄褐色,末端黑褐色;第 3 节灰白色。触角黄色和褐色相间。胸部和翅基片褐色。前翅浅黄褐色;前缘基部 1/4 深褐色;中室斑、中室端斑和褶斑黑褐色,中室端斑最大;缘点自前缘端部 1/4 经外缘达臀角;缘毛淡黄色。后翅及缘毛灰褐色。

雄性外生殖器(图版 35-60):爪形突细长,末端圆。颚形突舌形;侧臂窄带状。抱器瓣基部 2/5 具 1 近方形骨板,端部 3/5 渐窄,末端尖细,形成细长刺突;背缘端部 2/5 处深凹,腹缘基部 2/5 处微内凹;背缘下方端部 2/5 具 1 纵向皱褶,与背缘近平行。阳茎基环近方形,后缘中部具一小凹口。囊形突长约为爪形突的 2/3,基部稍粗,向端部渐窄,末端略尖。阳茎长约为抱器瓣的 6/7,基部略粗,背缘近末端具 1 齿突;角状器由 1 排粗刺组成,粗刺上具小刺,位于端部 1/3。

雌性外生殖器(图版 82-60):第 8 背板后缘近直,第 8 腹板后缘中部具 U 形小凹口。囊导管宽约为交配囊的 2/3,长约与交配囊等长。导精管出自囊导管与交配囊连接处;囊突长带状,两侧后端 2/5 处各具 1 长刺突。

分布:浙江(天目山)、湖北、江西、上海,台湾;日本。

7.15　粗点列蛾 *Autosticha pachysticta*（Meyrick，1936）(图版 4-61)

Semnolocha pachysticta Meyrick, 1936, *Exot. Microlep.*, **5**：49.

Autosticha pachysticta (Meyrick, 1936)：Ueda, 1997, *Jpn. Journ. Entomol.*, **65**(1)：117.

翅展 10.0～11.0mm。头灰白色。下唇须第 2 节黑褐色,末端白色,第 3 节白色,基部和近末端黑色,约与第 2 节等长。触角柄节黑褐色,鞭节黄色和黑色相间。胸部黑褐色,翅基片灰白色,基部黑褐色。前翅灰白色,散布黑褐色鳞片;前缘基部黑褐色,中室斑、中室端斑和褶斑黑褐色,近圆形,中室端斑较大;缘点自前缘端半部经外缘至后缘端部 1/3 处;后缘基部具黑褐色鳞片;缘毛浅灰色。后翅及缘毛灰色。

雄性外生殖器(图版 35-61)：爪形突基部 2/3 等粗,端部 1/3 呈三角形,末端钝圆。颚形突三角形,向腹面弯。抱器瓣基部 1/3 具三角形骨板,矩形,末端圆;背缘和腹缘近平行;抱器瓣内突齿状,位于基部 1/3 处。阳茎基环近梯形,前缘近直,后缘中部呈弧形内凹。囊形突短,长约为爪形突的 1/2,柄状,基部窄,渐宽至端部,末端宽圆。阳茎长约为抱器瓣的 3/5,基部宽,渐窄至末端,末端略尖;无角状器。

雌性外生殖器(图版 82-61)：第 8 背板后缘平直,第 8 腹板后缘弧形突出。导管端片强烈骨化,略呈梯形,后缘中央凹,两侧向外突出,末端尖。囊导管近等粗,长约为交配囊的 2 倍。交配囊卵圆形,囊突位于交配囊后端,骨化较强,长带状,近中部两侧各伸出 1 个披针形突起。

分布：浙江(天目山)、河北、安徽、四川、海南;日本。

7.16　二瓣列蛾 *Autosticha valvifida* Wang，2004(图版 4-62)

Autosticha valvifida Wang, 2004, *Acta Zootax. Sin.*, **29**(1)：46.

翅展 15.0～17.5mm。头黄褐色。下唇须黄褐色,第 2 节末端黑褐色;第 3 节约与第 2 节等长,末端尖。触角黄褐色。胸部和翅基片黄褐色,翅基片基部黑褐色。前翅黄褐色;中室斑、中室端斑和褶斑黑褐色;缘点自前缘端部 1/5 经外缘达臀角;缘毛浅黄色。后翅及缘毛灰色。

雄性外生殖器(图版 36-62)：爪形突基部宽,渐窄至末端,末端尖。颚形突矩形;侧臂细带状。抱器瓣基部稍窄,端部渐宽,末端中央呈细缝状深凹,分裂呈两部分,腹缘部分呈椭圆形,背缘部分骨化较强,末端突出;内面中部具 1 长刺状突起,与抱器瓣平行。囊形突宽,柄状,末端圆,长约为爪形突的 2/3。阳茎直,长约为抱器瓣的 3/5,端部 1/3 骨化较弱,具角状器,由 1 根刺和 1 簇颗粒组成。

雌性外生殖器(图版 82-62)：第 8 背板后缘直,腹板后缘呈弧形突出,前缘微内凹。导管端片呈 U 形。囊导管前端 1/3 和后端 1/3 窄,中部膨大。交配囊近圆形,交配囊与囊导管右侧连接处具一簇颗粒;囊突两枚,一枚圆形,密被小齿,另一枚有两刺,基部相连。

分布：浙江(天目山)、河北、河南、陕西、云南。

八　祝蛾科 Lecithoceridae

体小至中型。头圆,光滑。无单眼。触角长于或等长于前翅,少数类群触角短于前翅。下唇须通常3节,第3节稍长于第2节,少数种类下唇须2节。前翅通常狭长,R_4与R_5脉常共柄或合并。后翅等宽或略宽于前翅,常呈梯形;Rs与M_1脉常共柄,M_2脉有或无,若有,则始终靠近M_3脉。腹部有或无背刺。雄性外生殖器:颚形突鸟喙状;抱器瓣通常简单,上举;抱器背桥延长或与抱器瓣前缘合并,有时仅见其基部。阳茎管状,通常向腹面弯曲。雌性外生殖器:导管端片多呈杯状或漏斗状;交配囊球状或长椭圆形,多有1枚具齿的囊突。

该科昆虫世界性分布,其中东洋区、古北区的南部种类最为丰富。

祝蛾亚科 Lecithocerinae

有喙。腹部背板刺列有或无。雄性外生殖器:具2个半圆形爪突垫或合为一体;具抱器背桥;抱器瓣中部具瓣间缝;基腹弧腹侧中部常加宽;阳茎基环常呈盾状;阳茎具角状器。雌性外生殖器:具囊突。

该亚科昆虫除新北区暂无分布之外,其余各区系均有分布,本书记述8属19种。

分属检索表

匙唇祝蛾属 *Spatulignatha* Gozmány, 1978

Spatulignatha Gozmány, 1978. Type species: *Lecithocera hemichrysa* Meyrick, 1910.

下唇须上举过头顶,雄性2节,第2节末端膨大或尖,呈镰刀状或匙状,长约为第1节的2倍;雌性3节,第3节细针状,稍长于第2节。触角长于前翅。前翅前缘稍拱,顶角钝,外缘斜;具中室斑和中室端斑。后翅宽于前翅,不规则梯形。腹部背板无刺列。雄性外生殖器:颚形突基部宽,末端尖;抱器背桥中部呈一定角度向外加宽;抱器瓣简单或具刺丛、刺突;阳茎基环大,尾突臂状或角状;基腹弧宽,前缘凸出,宽圆;阳茎稍弯或直,具片状或针状角状器。雌性外生殖器:囊导管相对较长,等长于或长于交配囊;导精管出自囊导管后端或近中部;囊突通常较小,形态各异。

该属中国已知 6 种,本书记述 2 种。

8.1　匙唇祝蛾 *Spatulignatha hemichrysa*（Meyrick，1910）(图版 4-63)

Lecithocera hemichrysa Meyrick，1910，*Journ. Bombay Nat. Hist. Soc.*，**20**：447.

Spatulignatha hemichrysa：Gozmány，1978，*Microlep. Pal.*,**5**：147.

翅展 18.0～20.0mm。头部黑褐色,复眼周围土黄色。触角黑褐色。雄性下唇须外侧土黄色,内侧黄白色,鳞片紧贴,第 2 节长约为第 1 节的 2 倍,端部呈匙状膨大;雌性下唇须背面黄白色;第 2 节稍加粗,腹面土黄色;第 3 节针状,腹面褐色。胸部及翅基片褐色。前翅土黄色,密被灰褐色鳞片;前缘基部 2/3 黑色,端部 1/3 橘黄色,外缘黑褐色;斑纹黑褐色:中室斑小而圆,中室端斑向下延伸与臀角纹几乎相连,臀角纹大而圆;缘毛黄白色,末端黑褐色。后翅及缘毛灰褐色。

雄性外生殖器(图版 36-63):爪突垫近梯形,后缘中部浅凹。颚形突自基部至端部1/3渐窄,端部 1/3 尖细,钩状。抱器背桥拱形,中部外缘呈三角形加宽。抱器瓣基部 1/3 稍宽,中部背、腹近平行,端部 1/3 呈铲状加宽,末端钝圆。抱器腹稍宽,长约为抱器瓣的 1/3,腹缘中部具成排粗鬃。阳茎基环大,前缘中部三角状突出,后缘中部深裂;尾突三角状。阳茎与抱器瓣近等长,中部弯曲;角状器为 1 枚不规则骨片;生殖孔背齿 1 枚。

雌性外生殖器(图版 82-63):后表皮突长约为前表皮突的 2 倍,达第 8 背板前缘 1/3 处。后阴片近月牙形。导管端片漏斗形,后端稍宽。囊导管约与交配囊等长;基半部管状,骨化强,具纵褶,端半部膨大,膜质;导精管自囊导管端部 1/4 处伸出。交配囊圆形;囊突小,近圆形,具刺突,位于交配囊中部。

分布:浙江(天目山)、江苏、安徽、江西、四川、西藏;印度。

8.2　花匙唇祝蛾 *Spatulignatha olaxana* Wu, 1994(图版 4-64)

Spatulignatha olaxana Wu，1994，*Entomotax.*，**16**(3)：197.

翅展 17.0～19.0mm。头部黑褐色,具紫色金属光泽,复眼周围土黄色。触角黑褐色,柄节腹面土黄色,鞭节端部 1/7 黄白色。雄性下唇须黄褐色,外侧具黑褐色鳞毛,鳞片紧贴,第 2 节长约为第 1 节的 2 倍,端部呈匙状膨大,内侧黄白色;雌性下唇须黄褐色;第 2 节稍加粗,内侧土黄色;第 3 节针状,腹面褐色。胸部及翅基片褐色。前翅土黄色,密被灰褐色鳞片;前缘基部 3/4 黑色,端部 1/4 橘黄色,外缘黑褐色;斑纹黑褐色:中室斑小而圆,中室端斑短棒状,向下延伸与臀角纹几乎相连,臀角纹大而圆;缘毛基半部橘黄色,端半部灰褐色。后翅及缘毛灰褐色。

雄性外生殖器(图版 36-64):爪突垫近梯形,后缘平直,具刚毛。颚形突自基部至端部 1/3 渐窄,端部 1/3 尖细,钩状。抱器背桥外缘近中部三角状加宽。抱器瓣自基部至端部1/5渐窄,腹缘端部 1/5 向外加宽,末端宽圆。抱器腹长,约为抱器瓣长的 3/4,腹缘基部 2/5 处具成排粗鬃,端半部具 1 宽叶状垫,垫上密生硬鬃。阳茎基环盾形,前缘中部三角状突出,后缘中部深裂;尾突兔耳状。基腹弧前缘宽圆。阳茎粗,稍短于抱器瓣,近中部稍窄;角状器 2 枚,1 枚三角状,1 枚长片状;生殖孔背齿 1 枚。

雌性外生殖器(图版 83-64):后表皮突长约为前表皮突的 2 倍,达第 8 背板前缘 1/3 处。前阴片骨化强,近矩形,后缘两侧向后延伸形成近直角三角形骨片。导管端片圆柱形。囊导管约与交配囊等长,基部 1/4 较窄,端部 3/4 膨大;导精管自囊导管端部 1/3 处伸出,其基半部膨大,端半部窄。交配囊圆形;囊突小,近圆形,具齿突,位于交配囊端部 1/3 处。

分布:浙江(天目山)、山西、陕西、河南、江西、湖北、湖南、福建、广东、广西、重庆、四川、贵州、云南。

槐祝蛾属 *Sarisophora* Meyrick,1904

Sarisophora Meyrick, 1904. Type species:*Sarisophora leptoglypta* Meyrick, 1904.

触角等长于或略长于前翅,细锯齿形,无纤毛。前翅 R_4 与 R_5 脉基部约 3/5 共柄,R_3 与该柄同出一点。后翅 Rs 与 M_1 脉短共柄,M_2 脉缺失,M_3 与 CuA_1 脉分离或共短柄。腹部背板无刺列。雄性外生殖器:爪突垫宽或窄;颚形突窄,末端尖细;抱器瓣上举;阳茎基环近方形;基腹弧宽;阳茎具生殖孔背齿,角状器多枚,形状各异。雌性外生殖器:导管端片杯状;交配囊椭圆形,囊突具齿。

该属中国已知 7 种,本书记述 2 种。

8.3　灰白槐祝蛾 *Sarisophora cerussata* Wu,1994(图版 4-65)

Sarisophora cerussata Wu, 1994, *Entomol. Sin.*,**1**(2):136.

翅展 12.5~13.0mm。头部黄白色,复眼周围浅黄褐色。触角黄白色,较粗。下唇须外侧黄褐色,内侧黄白色;第 2 节稍粗,鳞片紧贴;第 3 节细,略短于第 2 节。胸部和翅基片浅灰白色。前翅灰白色;肩斑深褐色;中室斑小,深褐色;中室端斑大,圆形,深褐色;缘毛黄白色。后翅及缘毛灰褐色。

雄性外生殖器(图版 36-65):爪突垫基半部近圆形,后缘两侧具粗指状突起,具短刚毛。颚形突自基部至端部 1/3 渐窄,端部 1/3 尖细,钩状。抱器背桥中部稍宽,末端尖。抱器瓣基半部宽,1/2 处骤窄,3/4 处稍加宽,自 3/4 处起渐窄,末端钝圆;端半部腹缘内侧有 1 列小锥突。抱器腹窄而长,稍短于抱器瓣长的 1/2,末端具鬃丛。阳茎基环盾形,前缘中部三角状突出,后缘中间圆形凹入;尾突粗指状。基腹弧宽。阳茎长约为抱器瓣的 3/4,基部 1/3 处弯曲;角状器 2 枚,1 枚细丝带状,短小,另 1 枚长条状,S 形弯曲;生殖孔背齿 1 枚。

分布:浙江(天目山)、安徽、江西、福建、广东。

8.4　指瓣槐祝蛾 *Sarisophora dactylisana* Wu,1994(图版 4-66)

Sarisophora dactylisana Wu,1994, *Entomol. Sin.*,**1**(2):137.

翅展 12.0~16.0mm。头部黄白色,具金色金属光泽。触角黄褐色,散布褐色鳞片。下唇须外侧黄褐色,内侧黄白色;第 2 节稍粗,鳞片紧贴;第 3 节细,稍短于第 2 节,腹面黑褐色。胸部和翅基片黄白色。前翅黄白色;肩斑深褐色;中室斑小,深褐色;中室端斑稍大于中室斑,深褐色;缘毛浅灰黄色。后翅及缘毛灰褐色。

雄性外生殖器(图版 36-66):爪突垫基半部近圆形,后缘两侧具粗指状突起,具短刚毛。颚形突基部 2/3 近三角状,端部 1/3 尖细,钩状。抱器背桥直,长约为抱器瓣的 1/3,外缘中部呈三角形加宽。抱器瓣基半部宽,1/2 处急剧缢缩,背、腹近平行至近末端,末端钝圆;端半部腹缘内侧具 2 列小锥突。抱器腹长,稍短于抱器瓣长的 1/2,末端具鬃丛。阳茎基环盾形,前缘中部三角状稍突出,后缘中部圆形凹入;尾突粗指状。基腹弧前缘直。阳茎稍短于抱器瓣,基部较粗,近基部稍弯曲,渐窄至末端;角状器 2 枚,窄带状,1 枚长,两端弯曲,另 1 枚自中部折叠弯曲;生殖孔背齿 1 枚。

雄性第 7 腹板前缘具味刷(易去除);近前缘具 2 条骨化肋,内侧一端叉状,外侧一端分别向前缘两侧延伸至第 6 腹节后端 1/3 处两侧;骨化区自前缘中部至后缘,近半圆形,后缘中部稍凹。

雌性外生殖器(图版 83-66):后表皮突长约为前表皮突的 1.5 倍。导管端片杯状。囊导管约与交配囊等长;长管状,基部稍细;导精管出自囊导管基部 1/3 处,粗长。交配囊长椭圆形;囊突小,圆形,被齿突,位于交配囊中部。

分布:浙江(天目山)、江西、湖北、广东、广西、重庆、四川、云南。

备注:本研究首次报道该种雌性个体。

黄阔祝蛾属 *Lecitholaxa* Gozmány,1978

Lecitholaxa Gozmány,1978. Type species:*Lecithocera thiodora* Meyrick,1914.

触角光滑,鞭节基部具缺刻。下唇须 3 节,雄性第 2 节具细长鳞毛,雌性正常;第 3 节细长,末端尖。腹部背板无刺列。雄性外生殖器:爪突垫近圆形;颚形突窄;抱器背桥窄,稍拱;抱器瓣端部形状各异,末端圆或钝,腹缘密被齿突;抱器腹长于抱器瓣的一半;阳茎基环前缘突出,后缘具尾突;阳茎较粗,角状器形态各异。雌性外生殖器:导管端片杯状或漏斗状;囊导管中部加宽,导精管通常出自囊导管近中部;交配囊圆形;囊突形态各异,具齿突。

该属中国分布有 2 种,本书记述 1 种。

8.5　黄阔祝蛾 *Lecitholaxa thiodora*(**Meyrick,1914**)(图版 4-67)

Lecithocera thiodora Meyrick,1914,*Suppl. Entomol.*,**3**:51.

Lecitholaxa thiodora:Gozmány,1978,*Microlep. Pal.*,**5**:124.

翅展 10.0~13.0mm。头顶黄褐色,颜面乳白色。触角雪白色。下唇须黄白色;雄性第 2 节具长鳞毛,浅褐色,第 3 节尖细,长于第 2 节,腹面褐色;雌性第 2 节正常。胸部和翅基片黄褐色。前翅黄褐色;中室斑小,深褐色;中室端斑棒状,深褐色;外缘深褐色;缘毛深褐色。后翅及缘毛黄白色。

雄性外生殖器(图版 36-67):爪突垫基部近圆形,后缘呈 V 形凹入。颚形突自基部至端部 1/4 渐窄,端部 1/4 尖细,钩状。抱器背桥窄,基部稍宽,近中部稍拱,长约为抱器瓣的 1/4。抱器瓣基部宽,渐窄至 3/5 处,端部 2/5 近椭圆形。抱器腹自基部至末端渐窄,长约为抱器瓣的 2/3。阳茎基环盾形,前缘中部三角状加宽,后缘中部宽凹;尾突指状。基腹弧前缘宽圆。阳茎约与抱器瓣等长,自基部至末端渐窄;角状器由数枚大小不等的齿突组成;生殖孔背齿 1 枚。

雌性外生殖器(图版 83-67):后表皮突长约为前表皮突的 1.5 倍。导管端片杯状。囊导管约与交配囊等长;导精管窄,自囊导管基部 1/4 处伸出,其内密被大小不等的齿突。交配囊近椭圆形;囊突 1 枚,形状稍有变异,呈片状或花生状,横置,密被齿突,位于交配囊基部 1/3 处。

分布:浙江(天目山)、宁夏、北京、天津、山西、陕西、河南、山东、江苏、安徽、江西、湖北、湖南、福建、台湾、广东、海南、广西、四川、贵州;日本。

祝蛾属 *Lecithocera* Herrich-Schäffer,1853

Lecithocera Herrich-Schäffer,1853. Type species:*Carcina luticornella* Zeller,1839.

前翅狭长,翅面斑纹简单或无,通常具中室斑和中室端斑。后翅等宽于或稍宽于前翅,近梯形。腹部背板无刺列。雄性第 7 腹板特化,通常具味刷。雄性外生殖器:爪突垫后缘中部大多凹入;抱器瓣简单,许多种类在腹缘具刺突;抱器腹近末端常具鬃丛;阳茎基环多盾形;阳茎近末端通常具齿突,角状器形状各异。雌性外生殖器:导管端片杯状或漏斗状,具颗粒状突起或微刺;囊导管简单,通常弯曲;囊突通常被齿突或具骨化脊。

该属中国已知 94 种,本书记述 9 种。

分种检索表(依据雄性外生殖器)

8.6 徽平祝蛾 *Lecithocera sigillata* Gozmány, 1978(图版 4-68)

Lecithocera (Patouissa) sigillata Gozmány, 1978, *Microlep. Pal.*, **5**: 115.

翅展 11.5~14.5mm。头部浅黄白色。触角黄白色,鞭节具浅褐色环纹,端部暗褐色。下唇须黄白色;第 2 节稍粗,外侧暗褐色;第 3 节细,短于第 2 节。胸部和翅基片黄褐色。前翅黄白色,散布褐色鳞片;肩斑深褐色;中室斑小,深褐色;中室端斑稍大,深褐色;缘毛基部 1/3 土黄色,端部 2/3 灰褐色。后翅及缘毛灰褐色。

雄性外生殖器(图版 36-68):爪突垫短,后缘浅凹。颚形突自基部至端部 1/3 渐窄,端部 1/3 尖细,钩状。抱器背桥窄,近中部稍拱。抱器瓣基部宽,渐窄至端部 1/5 处,端部 1/5 细杆状,末端钝;腹缘 2/5 处浅凹。抱器腹窄长,约为抱器瓣长的 2/5,末端具鬃丛。阳茎基环盾形,前缘中部稍突出,后缘中部三角形凹入;尾突丘状。基腹弧宽,前缘平。阳茎长约为抱器瓣的 3/4,基部 1/3 处弯曲;角状器包括基部 1/5 至 2/5 处 1 簇锥状刺突、基部 1/3 至近末端 3 枚骨片,1 枚长棒状,密被颗粒状突起,其基部向腹面弯曲,端部扩大成三角形齿突,其余 2 枚窄带状,其中 1 枚散布小齿突。

分布:浙江(天目山)、海南、广西。

8.7 掌祝蛾 *Lecithocera palmata* Wu et Liu, 1993(图版 4-69)

Lecithocera (Patouissa) palmata Wu et Liu, 1993, *Sinozoologia*, **10**: 332.

翅展 10.0~15.0mm。头部黄褐色,复眼周围黄白色。触角黄白色,柄节腹面褐色,鞭节具浅褐色环纹。下唇须黄白色;第 2 节稍粗,外侧浅褐色;第 3 节尖细,约与第 2 节等长,腹面黑褐色。胸部和翅基片黄白色。前翅黄褐色,散布褐色鳞片,端部 1/3 褐色鳞片稠密;中室斑圆形,深褐色;中室端斑稍大,近椭圆形,深褐色;缘毛灰褐色,近中部具 1 条黑褐色条带。后翅及缘毛灰褐色。

雄性外生殖器(图版 36-69):爪突垫基部稍宽,后缘两侧具指状突起。颚形突狭长,自基部至端部 1/4 渐窄,端部 1/4 尖细,钩状。抱器背桥外缘近中部三角状稍加宽。抱器瓣宽短,基半部背、腹近平行,中部具密集的鬃丛;端半部渐窄,斜上举,沿腹缘内侧具 1 列小锥突,末端宽圆。抱器腹稍长于抱器瓣的 1/2。阳茎基环盾形,前缘中部三角形突起,后缘直;尾突细指状。阳茎约与抱器瓣等长,基部 1/3 处弯曲;角状器包括近基部 1 簇针状刺突及中部 1 枚形状不规则的具背齿长骨片;生殖孔背齿 2 枚。

分布:浙江(天目山)、湖南、福建、广东、海南、广西、贵州;韩国。

8.8　针祝蛾 *Lecithocera raphidica* Gozmány, 1978(图版 4-70)

Lecithocera raphidica Gozmány, 1978, *Microlep. Pal.*, **5**: 106.

翅展 14.5~15.0mm。头部黄白色。触角黄白色。下唇须黄白色,第 2 节稍粗,第 3 节细,约与第 2 节等长,末端尖。胸部及翅基片褐色。前翅褐色,翅面无斑纹;缘毛沿外缘端半部黑褐色,其余褐色。后翅及缘毛深灰色。

雄性外生殖器(图版 36-70):爪突垫近圆形,后缘浅凹。颚形突短,自基部向中部渐窄,端半部尖细,钩状。抱器背桥窄,稍拱。抱器瓣基部 1/3 宽,中部稍窄,端部 1/3 粗指状,末端宽圆;腹缘端部 1/3 处具 1 近三角形突起,密被刚毛。抱器腹稍宽,长约为抱器瓣的 1/4,腹缘近末端具鬃丛。阳茎基环盾状,前缘中部指状突出,后缘中部呈方形突出;尾突小,三角状。基腹弧前缘宽圆。阳茎约与抱器瓣等长,自基部向端部渐窄;角状器由数枚大小不等的短粗刺突构成,自基部 1/3 伸至近末端。

雄性第 7 腹板前缘中部味刷宽圆;沿两侧具骨化肋,向前弯曲延伸至第 6 腹节后缘;后端 1/3 具三角状骨化区,其末端伸至第 8 腹节前缘两侧。

分布:浙江(天目山)、上海、安徽、海南。

8.9　陶祝蛾 *Lecithocera pelomorpha* Meyrick, 1931(图版 4-71)

Lecithocera pelomorpha Meyrick, 1931, Gelechiadae, *In*: Caradja, *Bull. Sect. Sci. Acad. Roum.*, **14**(3-5): 69.

翅展 18.5~21.5mm。头部灰褐色,复眼周围黄白色。触角黄色,鞭节具褐色环纹。下唇须黄白色;第 2 节稍粗,外侧灰褐色;第 3 节细,约与第 2 节等长,腹面黑褐色。胸部和翅基片灰褐色。前翅黄褐色;中室斑小,深褐色;中室端斑稍大,圆形,深褐色;缘毛浅灰褐色。后翅及缘毛灰褐色。

雄性外生殖器(图版 36-71):爪突垫基部稍宽,后缘两侧具粗指状突起。颚形突狭长,自基部至端部 1/4 渐窄,端部 1/4 尖细,钩状。抱器背桥基部 2/3 稍窄,直,端部 1/3 加宽,呈钝角弯曲。抱器瓣宽短,基半部背、腹近平行;端半部渐窄,斜上举,末端宽圆,沿腹缘内侧具 2 列小锥突。抱器腹窄,长约为抱器瓣的 1/2。阳茎基环盾形,前缘中部三角形突起,后缘中部有 1 近三角形垫状物突起;尾突长指状。阳茎略长于抱器瓣,基部 1/3 处弯曲;角状器包括近基部 1/3 处的 1 簇短针状刺突、中部 2 枚重叠在一起各具 1 个背齿的带状骨片;生殖孔背齿 2 枚。

雌性外生殖器(图版 83-71):后表皮突长约为前表皮突的 1.5 倍。导管端片长方形,具微颗粒。囊导管长约为交配囊的 2 倍;基部 1/4 处收缩,中部具褶皱;导精管自囊导管基部 1/3 处伸出。交配囊近椭圆形;囊突 1 枚,位于交配囊中部,近长方形,密被齿突。

分布:浙江(天目山)、甘肃、陕西、江西、湖北、湖南、台湾、广东、四川、贵州、云南。

8.10　纸平祝蛾 *Lecithocera chartaca* Wu et Liu, 1993(图版 4-72)

Lecithocera (*Patouissa*) *chartaca* Wu et Liu, 1993, *Sinozoologia*, **10**: 334.

翅展 11.5~15.0mm。头部灰黄色,复眼后侧黄白色。触角柄节灰黄色,鞭节黄白色,基半部密布褐色长鳞片,端半部具暗褐色环纹。下唇须黄白色;第 2 节稍粗,外侧灰褐色;第 3 节细,约与第 2 节等长,腹面黑褐色。胸部和翅基片灰黄色。前翅灰黄色,密布褐色鳞片;中室斑小,圆形,深褐色;中室端斑大,矩形,深褐色;臀角纹与中室端斑相连,深褐色,垂直于后缘;缘毛深褐色。后翅及缘毛灰褐色。

雄性外生殖器(图版36-72):爪突垫前端近方形,后端呈 V 形。颚形突自基部至端部 1/3 渐窄,端部 1/3 尖细,钩状。抱器背桥近等宽,稍拱。抱器瓣基部宽,基部 2/5 处骤窄,端部3/5 渐窄,斜上举,末端圆;端部 2/5 沿腹缘内侧有 1 列小锥突。抱器腹窄,长约为抱器瓣的2/5,末端具鬃丛。阳茎基环盾形,前缘中部突起,后缘弧形凹入;尾突小丘状。阳茎略长于抱器瓣,中部弯曲;角状器包括基部 1/4 处和端部 1/4 处各 1 簇针状刺突以及中部形状不规则的 2 枚骨片,密被颗粒状突起;生殖孔背齿 2 枚。

雌性外生殖器(图版83-72):导管端片杯状,具微颗粒。囊导管稍长于交配囊;基部 1/4 处收缩,中间管壁一侧骨化,具褶皱;导精管自囊导管基部 1/3 处伸出。交配囊梨形;囊突 1 枚,近圆形,具一横列齿突,位于交配囊基部 1/3 处。

分布:浙江(天目山)、安徽、江西、湖北、湖南、台湾、广东、四川、贵州。

8.11 竖祝蛾 *Lecithocera erecta* **Meyrick,1935**(图版 5-73)

Lecithocera erecta Meyrick, 1935, Gelechiadae, *In*: Caradja & Meyrick, *Mater. Microlepid. Fauna Chin. Prov. Kiangsu, Chekiang und Hunan*: 74.

翅展 7.5~14.5mm。头部黄色,沿复眼后侧黄白色。触角黄白色,具暗褐色环纹。下唇须黄白色;第 2 节稍粗,外侧灰褐色;第 3 节细,稍短于第 2 节,端半部腹面黑褐色。胸部和翅基片黄白色。前翅黄褐色,端部密布褐色鳞片;肩斑黑褐色;中室斑小,近圆形,深褐色;中室端斑大,短棒状,深褐色;臀角纹与中室端斑相连,深褐色,垂直于后缘;外缘黑褐色;缘毛浅灰黄色。后翅及缘毛灰褐色。

雄性外生殖器(图版37-73):爪突垫宽 V 形。颚形突基 2/3 近三角状,端部 1/3 尖细,钩状。抱器背桥窄,近中部略加宽,稍拱。抱器瓣基半部近等宽,自中部至 4/5 处稍宽,端部 1/5 渐窄,近三角形。抱器腹窄,长约为抱器瓣的 2/5,末端具鬃丛。阳茎基环盾形,前缘中部具三角形小突起,后缘中部圆形凹入;尾突丘状。阳茎长约为抱器瓣的 4/5,基部 1/4 处弯曲;角状器包括中部 2 枚骨片及中部至近末端 2 排锥状刺突。

雌性外生殖器(图版83-73):导管端片漏斗状。囊导管长约为交配囊的 1.5 倍,基部 1/4 稍窄,中部多皱褶;导精管自囊导管中部伸出。交配囊小,近椭圆形;囊突 1 枚,近椭圆形,中部伸出 1 近三角形骨片,位于交配囊近中部。

分布:浙江(天目山)、甘肃、陕西、河南、安徽、江西、湖北、湖南、福建、台湾、广东、广西、四川、贵州、云南。

8.12 棒祝蛾 *Lecithocera cladia* (**Wu,1997**)(图版 5-74)

Galoxestis cladia Wu, 1997, *Fauna Sinica*, *Insecta*, 7: 206.

Lecithocera cladia: Park, 2000, *Zool. Stud.*, 39(4): 360.

翅展 12.0~19.0mm。头部灰黄色,复眼周围黄白色。触角黄白色。下唇须黄白色;第 2 节稍粗,鳞片紧贴;第 3 节细,约与第 2 节等长,末端尖,腹面褐色。胸部和翅基片黄白色。前翅黄褐色,散布褐色鳞片,端部 1/3 褐色鳞片稠密;肩斑褐色;中室斑小,近圆形,褐色;中室端斑相对较大,近圆形,褐色;褶斑形状不规则,位于翅褶近中部;缘毛黄白色。后翅及缘毛灰褐色。

雄性外生殖器(图版37-74):爪突垫近梯形,前缘中部稍凸,后缘中部稍凹。颚形突自基部至端部 1/3 渐窄,端部 1/3 尖细,钩状。抱器背桥长,近基部稍拱。抱器瓣基部 1/3 宽阔,中部稍窄,端部略膨大,末端宽圆;前缘中部呈亚半圆形突出,后缘近中部呈亚三角形突出,密被长刚毛。抱器腹稍长于抱器瓣的1/2,中部弯,具1簇长刚毛。阳茎基环盾状,前缘中部圆形突出,后缘中部呈U形凹入;尾突长带状,平伸。阳茎约与抱器瓣等长,基部1/3处弯曲,末端尖;角状器包括中部1枚边缘具齿的骨片及端半部数枚长针状刺突。雄性第7腹板特化不明显,后缘轻微骨化。

分布:浙江(天目山)、湖南、福建、贵州。

8.13 灰黄平祝蛾 *Lecithocera polioflava* Gozmány, 1978(图版 5-75)

Lecithocera (*Patouissa*) *polioflava* Gozmány, 1978, *Microlep. Pal.*, **5**: 109.

翅展 12.0～16.5mm。头部暗灰褐色,复眼后侧土黄色。触角黄白色,鞭节具浅褐色环纹,基部1/5紧贴浅褐色鳞片。下唇须黄白色;第2节稍粗,外侧土黄色;第3节尖细,稍短于第2节,腹面黄褐色。胸部和翅基片黑褐色。前翅灰褐色,密布褐色鳞片;中室斑小,近圆形,深褐色;中室端斑大,短棒状,深褐色;臀角纹与中室端斑相连,垂直于后缘,褐色;缘毛灰褐色。后翅及缘毛灰褐色。

雄性外生殖器(图版 37-75):爪突垫呈阔 V 形,侧臂长指状,末端尖。颚形突自基部至端部1/3渐窄,端部1/3尖细,钩状。抱器背桥外缘近中部呈三角状加宽。抱器瓣基部1/4宽阔,中部稍窄,近等宽,端部1/4渐窄,末端圆。抱器腹长约为抱器瓣的2/5,末端具鬃丛。阳茎基环前缘中部稍凸,后缘中部圆形凹入;尾突窄带状。阳茎稍短于抱器瓣;角状器包括近基部和端部各1簇短刺以及中部1枚长条状和1枚形状不规则的骨片;生殖孔腹面着生1锚状突。

分布:浙江(天目山)、广东、四川。

8.14 镰平祝蛾 *Lecithocera iodocarpha* Gozmány, 1978(图版 5-76)

Lecithocera (*Patouissa*) *iodocarpha* Gozmány, 1978, *Microlep. Pal.*, **5**: 114.

翅展 14.5～16.0mm。头部灰褐色,颜面及复眼后侧黄白色。触角黄白色,柄节腹面褐色,鞭节具褐色环纹,基部1/4紧贴浅褐色鳞片,近端部黑褐色。下唇须黄白色;第2节稍粗,外侧土黄色;第3节稍细,稍短于第2节,外侧暗褐色。胸部和翅基片灰褐色。前翅灰褐色,密布褐色鳞片;中室斑小,深褐色;中室端斑大,窄带状,深褐色;臀角纹与中室端斑相连,垂直于后缘,深褐色;缘毛深褐色。后翅及缘毛灰褐色。

雄性外生殖器(图版 37-76):爪突垫基半部近矩形,端半部后缘 U 形凹入,侧臂粗指状。颚形突自基部至端部1/3渐窄,端部1/3尖细,钩状。抱器背桥基部1/3直,中部稍加宽,端部1/3窄。抱器瓣基部宽,渐窄至3/5处,自3/5处至端部1/5处背、腹近平行,端部1/5渐窄,末端圆。抱器腹长约为抱器瓣的2/5,末端具鬃丛。阳茎基环盾形,前缘中部呈三角形突出,后缘中部圆形凹入;尾突窄带状。阳茎长约为抱器瓣的3/4,基部1/3处弯曲;角状器包括近基部和端部各1簇针状刺突及中部2枚形状不规则的骨片,其中1枚较大,端部密被齿突;生殖孔背齿2枚。

分布:浙江(天目山)、福建、广西。

银祝蛾属 *Issikiopteryx* Moriuti，1973

Issikiopteryx Moriuti，1973．Type species：*Issikiopteryx japonica* Moriuti，1973．

触角等长于或稍长于前翅。下颚须退化。前翅狭长，底色黄色到浅黄色，有 1～2 个略带银色的斑纹；R_2 与 R_3 脉共柄或分离，M_2、M_3 和 CuA_1 脉出自中室下角，CuA_2 脉与之远离。后翅几乎与前翅等宽；M_2 脉居中，CuA_1 与 CuA_2 脉基部远离。腹部背板具刺列。雄性第 8 腹板后缘近中部具 1～2 对尾突。雄性外生殖器：爪突垫形状各异；颚形突末端尖细或呈钩状；抱器背桥中部常成一定角度弯曲；抱器瓣直，端部具齿突；阳茎常具针形角状器。雌性外生殖器：前阴片通常具骨化强的横带；囊导管具针状刺突；交配囊大小不等，形状不一；囊突通常片状，横置。

该属分布于中国、日本、印度，本书记述 1 种。

8.15　带宽银祝蛾 *Issikiopteryx zonosphaera*（Meyrick，1935）(图版 5-77)

Olbothrepta zonosphaera Meyrick，1935，Gelechiadae，In：Caradja & Meyrick，*Mater. Microlepid. Fauna Chin. Prov. Kiangsu，Chekiang und Hunan*：73．

Issikiopteryx zonosphaera：Moriuti，1973，*Trans. Lepidop. Soc. Jap.*，**23**(2)：31．

翅展 16.5～18.0mm。头部浅黄色。触角黄色。下唇须浅黄色，内侧颜色稍浅；第 3 节细，略短于第 2 节，末端尖。胸部浅黄色，翅基片褐色。前翅基部 2/3 黄色，端部 1/3 黄褐色；基部 1/3 处具褐色近矩形大斑，自前缘下方伸至近后缘；端部 1/3 近中室处具灰褐色圆形大斑；缘毛浅黄褐色。后翅浅黄色，顶角及后缘灰色；缘毛浅黄褐色。

雄性外生殖器(图版 37-77)：爪突垫近梯形，后缘中部呈宽 V 形凹入。颚形突基部稍宽，端部钩状。抱器背桥中部呈直角三角形弯曲。抱器瓣基部 1/4 宽，近矩形，自基部 1/4 处渐窄至端部约 2/5 处，端部 2/5 背、腹近平行，近末端加宽，末端略斜直，沿腹面密被子弹状刺突。抱器腹长约为抱器瓣的 2/3。阳茎基环前缘中部呈半圆形突出，后缘平直；尾突长三角状，渐窄至末端。阳茎约与抱器瓣等长，基部稍宽，端部背、腹叶末端宽圆；角状器多枚，针状。第 8 腹板尾突细长，末端尖。

雌性外生殖器(图版 83-77)：前阴片不明显。导管端片近梯形，基部稍宽。囊导管约与交配囊等长；基部 3/4 宽，其内密被大小不等的钉状刺，端部 1/4 窄，膜质；导精管窄，自囊导管基部 1/4 处伸出。交配囊呈 8 字形；囊突窄，位于交配囊基部 1/4 处，中部分别向前、后方突出，横置。

分布：浙江(天目山)、陕西、河南、安徽、江西、湖南、广东。

彩祝蛾属 *Tisis* Walker，1864

Tisis Walker，1864．Type species：*Tisis bicolorella* Walker，1864．

通常色彩鲜艳，具金属光泽和各种斑纹。雄性下唇须第 2 节鳞片紧贴，第 3 节短，弯曲，端部具直立或前伸的鳞毛。触角长于前翅，梗节长，端部 2/3 加宽，鞭节基部第 9、10 节加宽，背面具凹槽。雌性下唇须及触角正常。前翅狭长，翅顶宽圆。后翅似前翅，臀褶常有梳状鳞片。腹部背板具刺列。雄性外生殖器：爪突垫相对小且圆；颚形突较窄；抱器瓣中部缢缩；阳茎基环较长且窄，尾突长矛状；阳茎约与抱器瓣等长；角状器有或无。雌性外生殖器：导管端片较大，形态各异，骨化强；囊导管相对较短；交配囊大，囊突为横板状或星形板状，其上具齿突。

该属中国已知 1 种，本书记述该种。

8.16　中带彩祝蛾 *Tisis mesozosta* **Meyrick，1914**(图版 5-78)

Tisis mesozosta Meyrick，1914，*Suppl. Entomol.*，**3**：50.

翅展 19.0～22.0mm。头部黄白色。触角黑褐色，鞭节近末端渐变为黄褐色，具紫色金属光泽。雄性下唇须黄褐色，第 3 节黑褐色，其末端具黑褐色竖直长鳞毛；雌性下唇须第 3 节针状，黄褐色。胸部及翅基片黑褐色。前翅基部 2/5 银灰色，具 1 枚橘黄色楔形大斑，该斑基部宽阔，端部渐窄，上斜至前缘约 1/4 处下方；端部 3/5 黑褐色，其中央区域灰色，具金属光泽；近中部具 1 条波状橘黄色窄横带，自近前缘稍外斜至臀脉；缘毛沿前缘和外缘黑褐色，沿后缘黄褐色。后翅灰褐色，缘毛灰色。

雄性外生殖器(图版 37-78)：爪突垫基半部近矩形，端半部近圆形。颚形突基部 1/4 较宽，自 1/4 处向腹面弯曲，渐窄至末端，末端稍呈钩状。抱器背桥拱形，外缘近中部呈三角形稍加宽。抱器瓣基部 3/5 稍宽，中部纵向具 1 条拱形骨化脊；端部 2/5 近卵圆形，腹缘具长刺，近腹缘内面具 1 列短刺；背缘中部浅凹，腹缘中部深凹。抱器腹长约为抱器瓣的 1/3，基半部腹缘向外加宽。阳茎基环自近基部分离，每支基部外侧圆形突出，端部叉状，其内侧叶弯曲，长于外侧叶。阳茎长约为抱器瓣的 4/5，直，阳茎端膜具皱褶；无角状器。

雌性外生殖器(图版 83-78)：导管端片较宽，宽是长的 2 倍。囊导管长约为交配囊的 2 倍；导精管出自囊导管与交配囊之间，基部膨大成球状，端部极细。交配囊近圆形，前缘有 1 个圆形附囊；囊突 1 枚，位于交配囊近中部，近矩形，横置，被齿突。

分布：浙江(天目山)、安徽、江西、湖南、福建、台湾、广东、海南、广西、云南。

喜祝蛾属 *Tegenocharis* Gozmány，1973

Tegenocharis Gozmány，1973. Type species：*Tegenocharis tenebrans* Gozmány，1973.

触角略长于前翅。前翅狭长，无斑纹；后翅狭长，顶角尖。腹部背板具刺列。第 8 腹板特化，两侧分别呈三角状向中间延伸，骨化，被长鳞毛。雄性外生殖器：爪突垫狭小；颚形突短且窄；抱器背桥窄长，稍拱，阳茎基环尾突形态各异；角状器小刺状。雌性外生殖器：导管端片大多呈杯状；囊导管中部宽；囊突板状，具齿。

该属中国已知 1 种，本书记述中国 1 新记录种。

8.17　喜祝蛾 *Tegenocharis tenebrans* **Gozmány，1973** 中国新记录 (图版 5-79)

Tegenocharis tenebrans Gozmány，1973，*Khumbu Himal*，**4**(3)：430.

翅展 13.0～17.0mm。头部浅褐色，颜面及复眼周围黄白色。触角黄白色。下唇须黄白色；第 3 节约与第 2 节等长，腹面浅褐色。胸部黄白色，翅基片浅褐色。前翅披针形；浅褐色至褐色，无斑纹；缘毛灰褐色。后翅及缘毛浅灰褐色。

雄性外生殖器(图版 37-79)：爪突垫近方形，后缘中部微凹。颚形突自基部至端部 1/3 处渐窄，端部 1/3 尖细，钩状。抱器背桥窄，弧形，长约为抱器瓣的 1/3。抱器瓣基部 1/4 宽，近方形，自 1/4 处至中部渐窄，端半部近等宽，约为基部宽的 1/2，末端圆。抱器腹短宽，末端具鬃丛。阳茎基环前缘近半圆形突出，后缘中部平直；尾突角状。阳茎约与抱器瓣等长，中部稍弯；角状器包括基半部 1 枚弯带状骨片及端半部 1 束小齿突。第 8 腹板特化，两侧呈三角状，骨化，被长鳞毛。

雌性外生殖器(图版 83-79)：导管端片杯状，较短。囊导管约与交配囊等长；基部和端部稍窄于中部；导精管自囊导管中部伸出。交配囊近椭圆形；囊突 1 枚，近圆形，具齿突，位于交配囊中部。

分布:浙江(天目山)、湖北、福建、广东、广西、重庆、贵州、云南;泰国,尼泊尔。

羽祝蛾属 *Nosphistica* Meyrick,1911

Nosphistica Meyrick,1911. Type species:*Nosphistica erratica* Meyrick,1911.

雄性触角被大量纤毛,雌性正常。前翅翅面通常有各种斑纹或斑点。后翅比前翅宽,不规则梯形。腹部背板具刺列。雄性外生殖器:爪突垫相对较狭窄,约呈带状;抱器瓣端半部通常具纤毛;抱器腹狭长;阳茎等长于或稍长于抱器瓣;角状器无或长针形。雌性外生殖器:后阴片短宽或不明显;囊导管等长于或长于交配囊;交配囊圆形或椭圆形,囊突1枚或多枚,横置。

该属中国已知7种,本书记述2种。

8.18　窗羽祝蛾 *Nosphistica fenestrata* (Gozmány,1978)(图版5-80)

Philoptila fenestrata Gozmány,1978,*Microlep. Pal.*,**5**:189.

Nosphistica fenestrata:Park,2002,*Zool. Stud.*,**41**:252.

翅展14.0~18.0mm。头部黑褐色,略带白色鳞片,复眼周围乳白色。触角黑褐色,柄节腹面乳白色;鞭节基部9节具白色环纹,雄性密被白色长纤毛。下唇须黑褐色;第2节内侧颜色稍浅;第3节尖细,略长于第2节。胸部及翅基片黑褐色。前翅黑褐色,中部散布白色鳞片;前缘端部1/5处具灰白色楔形斑;中室斑大而圆,约占翅宽的1/3,黑色;中室端斑小,椭圆形,黑色;缘毛黑褐色。后翅黑褐色,臀区具一条白色纵带,自内缘至2A脉;前缘近中部具1枚白色圆斑,近顶角处具1枚三角形白斑;中室端部具一近方形白色大斑,其内侧具1枚近三角形白斑;缘毛黑褐色。

雄性外生殖器(图版37-80):爪突垫不规则椭圆形,后缘两侧具指状突起,长约为爪突垫的1/2。颚形突镰刀状,中部弯曲,末端尖细。抱器背桥宽短。抱器瓣基部2/3近矩形,端部1/3长指状,具刚毛;腹缘中部具近半圆形突起。抱器腹长约为抱器瓣的1/3,基部宽,端部渐窄。阳茎基环前缘中部明显突出,侧角向外呈半圆形突出,后缘弧形浅凹;尾突长角状。基腹弧后缘中部深凹,前缘平直。阳茎约与抱器瓣等长,稍弯;角状器1枚,长针状,约为阳茎长的1/3,位于端部。

雌性外生殖器(图版83-80):导管端片宽大,骨化弱。囊导管自基部渐宽至交配囊,与交配囊分界不明显,具颗粒;导精管自导管端片和囊导管之间伸出。交配囊圆形;囊突1枚,位于交配囊近后端,近椭圆形。

分布:浙江(天目山)、山西、陕西、河南、湖北、湖南、福建、台湾、广东、广西、四川、贵州。

8.19　灯羽祝蛾 *Nosphistica metalychna* (Meyrick,1935)(图版5-81)

Philoptila metalychna Meyrick,1935,Gelechiadae,*In*:Caradja & Meyrick,*Mater. Microlepid.*

　　Fauna Chin. Prov. Kiangsu, Chekiang und Hunan:73.

Nosphistica metalychna:Park,2002,*Zool. Stud.*,**41**:258.

翅展14.0~16.0mm。头灰白色,散布褐色鳞片。触角黄白色,鞭节具褐色环纹,雄性腹面具长纤毛。下唇须黄白色,散布暗褐色鳞片;第2节稍粗,外侧密布褐色鳞片;第3节尖细,稍短于第2节。胸部及翅基片灰褐色,散布灰白色鳞片。前翅暗褐色;前缘基部1/4下方具1条白色环纹,2/5处下方杂白色鳞片,端部1/4具4枚橘黄色近矩形斑;中室斑近圆形,黑褐色,外缘被白色鳞片;中室端斑锤状,黑褐色,被白色鳞片,下方杂白色和橘黄色鳞片;外横线黄白色,自前缘端部1/4处外斜至M_2脉,后稍呈直角向内斜伸至CuA_2脉;后缘基部1/4处具1

条白色横带,外斜伸至中室中部;外缘黑褐色;缘毛白色,顶角和臀角处黑褐色。后翅暗灰褐色;前缘基部 3/5 和 4/5 处各具 1 条白色横带,前者内斜至中室中部,后者垂直伸至 M_3 脉;端部具 1 枚近三角形橘黄色大斑;后缘近基部具 1 枚白色大斑;缘毛灰褐色,基线黄白色,后缘中部缘毛端部 3/4 黄白色。

雄性外生殖器(图版 37-81):爪突垫近五边形。颚形突基部 2/3 较宽,端部 1/3 尖细。抱器背桥基部膨大,中部凹入,端部细长。抱器瓣基部 1/3 宽,中部 1/3 背、腹近平行,端部 1/3 渐加宽,密被粗鬃,外缘平直,顶角圆。抱器腹长约为抱器瓣的 1/3,基部较宽,中部具 1 枚三角形突起。阳茎基环前缘三角形突出,后缘直;尾突指状,内弯,中部略窄。基腹弧前缘平直。阳茎约与抱器瓣等长,基部稍窄,中部加宽,后渐窄至末端;端部具数枚长针状角状器(有时无)。

分布:浙江(天目山)、江苏。

瘤祝蛾亚科 Torodorinae

有喙。腹部背板始终具刺列。雄性外生殖器:爪形突通常直立。抱器背桥与抱器瓣合为一体,无瓣间缝,有时可见抱器背桥基部。

该亚科昆虫世界性分布,主要分布于东洋区和古北区南部,本书记述 6 属 11 种。

分属检索表

三角祝蛾属 *Deltoplastis* Meyrick,1925

Deltoplastis Meyrick,1925. Type species:*Onebala ocreata* Meyrick,1910.

头圆。下唇须第 2 节加粗,鳞片紧贴;第 3 节细而尖,稍长于第 2 节。前翅斑纹通常明显;R_3 和 R_4 脉分别以其长度的 1/3 和 2/3 与 R_5 脉共柄,R_5 脉达翅顶,M_2 与 M_3 脉彼此靠近或几乎同出一点,CuA_1 与 CuA_2 脉有 2/3 长度共柄。后翅 Rs 与 M_1 脉有 2/5 长度共柄,M_2 脉缺失。雄性外生殖器:爪形突自基部至末端渐窄;颚形突喙状;抱器瓣略呈足形;阳茎基环尾突指状、棒状或不明显;基腹弧窄带状;阳茎角状器多样。雌性外生殖器:导管端片不发达或骨化弱;囊导管长于交配囊;导精管螺旋状;交配囊大,囊突具齿。

该属分布在中国、斯里兰卡、印度、尼泊尔、缅甸、日本和越南,本书记述 1 种。

8.20　叶三角祝蛾 *Deltoplastis lobigera* Gozmány, 1978(图版 5-82)

Deltoplastis lobigera Gozmány, 1978, *Microlep. Pal.*, **5**: 228.

翅展 13.5～17.0mm。头顶灰褐色,复眼周围淡黄色。触角浅黄色,鞭节背面具褐色环纹。下唇须第 2 节灰白色,外侧基部 3/4 灰褐色;第 3 节深褐色,有些个体背侧淡黄色。胸部和翅基片灰褐色。前翅土黄色,端部 1/3 黑褐色鳞片稠密;肩斑黑色,前缘 2/5 处有 1 枚近三角形黑斑;中室斑黑色,近椭圆形,自中室上缘伸至后缘;中室端斑 2 枚,近圆形,深褐色;外横线淡黄色,中部向外略弯;沿外缘有 4 枚黑褐色斑点;缘毛黄褐色杂黑褐色鳞片。后翅及缘毛灰褐色。

雄性外生殖器(图版 37-82):爪形突长,基半部稍宽,纵向呈亚椭圆形,端半部稍窄,等宽,末端钝圆。颚形突基部 2/3 宽阔,端部 1/3 尖细,钩状。抱器瓣基部宽,渐窄至 1/3 处;背缘基部 1/3 稍拱,中部呈弧形深凹,腹缘近斜直;抱器端上举,末端钝圆,外缘弧形,内侧约 1/2 具粗壮刚毛。抱器腹长约为抱器瓣的 1/3,长矩形。阳茎基环方形,前缘中部圆形稍突,后缘直;中部具 1 半圆形直立突起;尾突三角形,末端尖。基腹弧窄带状。阳茎长约为抱器瓣的 3/4;角状器包括基部 1/3 至中部 1 簇密集微刺及端部 1/3 处 1 个近圆形具齿骨片。

雌性外生殖器(图版 84-82):第 8 腹板后缘中部深凹。导管端片宽短。囊导管稍长于交配囊,端部 1/3 密集颗粒状突起;导精管自囊导管端部 1/4 处伸出,具很多微刺。交配囊球形;囊突 1 枚,位于交配囊中部,圆形,边缘具大齿。

分布:浙江(天目山)、甘肃、陕西、安徽、湖北、湖南、福建、台湾、四川、贵州、云南;越南。

俪祝蛾属 *Philharmonia* Gozmány, 1978

Philharmonia Gozmány, 1978. Type species: *Philharmonia paratona* Gozmány, 1978.

触角等长于或稍长于前翅。雄性触角细锯齿形,纤毛长,雌性无纤毛。前翅顶角突出,外缘微凹,臀角钝圆,M_2 和 M_3 脉合并,出自中室下角,且与共柄的 CuA_1 和 CuA_2 脉同出一点或共柄。后翅宽于前翅,翅顶稍圆,M_2 脉缺失。雄性外生殖器:爪形突长;颚形突喙状;抱器瓣足形或宽三角形;阳茎基环盾形或方形,尾突有或无;基腹弧窄;阳茎相对粗短,有或无角状器。雌性外生殖器:第 8 腹板发达;交配孔宽;囊导管长或短,简单或有小刺突;囊突具齿或具颗粒状突起。

该属中国已知 6 种,本书记述 1 种。

8.21　基黑俪祝蛾 *Philharmonia basinigra* Wang et Wang, 2015(图版 5-83)

Philharmonia basinigra Wang et Wang, 2015, *SHILAP Revta. Lepid.*, **43**(169): 73.

翅展 15.5～17.5mm。头部乳白色,杂褐色鳞片。触角稍长于前翅,柄节褐色,鞭节黄色。下唇须第 2 节内侧白色,外侧浅褐色,基部被褐色鳞片;第 3 节浅黄褐色。胸部褐色;翅基片乳白色,杂褐色鳞片。前翅前缘稍拱,顶角近三角形突出,外缘斜,顶角下方浅凹;基部 2/5 黑褐色,端部 3/5 淡黄色;前缘基部及近基部各有 1 枚白色斑,基部 2/5 处有 1 枚倒三角形乳白斑,其后缘超过翅中部;M_{2+3} 与 CuA_1 脉之间有 1 条乳白色纵带,自基部 3/5 处伸至外缘;后缘端部黑褐色;顶角和后缘端部缘毛灰黑色,外缘缘毛浅灰色。后翅浅灰色,CuA_2 脉腹侧灰黑色;中室端部具 1 条黑色短带;臀角处具 1 枚近三角形灰黑色大斑,渐窄至 1A＋2A 脉末端,其中部有 1 条白色短横带;缘毛浅灰色,顶角及臀角处灰黑色。

雄性外生殖器(图版 37-83):爪形突基部宽,渐窄至基部 2/5 处,端部 3/5 明显变窄,末端尖。颚形突基部宽,渐窄至中部,端半部明显变细,末端钩状。抱器瓣基部宽,渐窄至基部 2/5

处,端部 3/5 渐宽,末端钝圆;背缘中部凹入,腹缘近中部浅凹。抱器腹宽短,自基部向端部渐窄,约为抱器瓣长的 1/4。阳茎基环前缘中部稍突出,后缘中部略呈三角形突出;尾突短指状,末端钝圆。基腹弧窄带状。阳茎稍短于抱器瓣,基部宽,渐窄至末端,末端钝,基部 1/3 处弯曲;阳茎内密被微刺。

雌性外生殖器(图版 84-83):第 8 腹板后缘中部 U 形凹入。导管短片不明显。囊导管稍长于交配囊;基部窄,稍骨化,端部宽;导精管出自囊导管中部,基半部粗,端半部急剧变细。交配囊圆,具皱褶;囊突 1 枚,位于交配囊中部,椭圆形,具齿突。

分布:浙江(天目山)、江西、福建、广东、西藏。

貂祝蛾属 *Athymoris* Meyrick,1935

Athymoris Meyrick,1935. Type species:*Athymoris martialis* Meyrick,1935.

雄性触角锯齿状,有纤毛。前翅狭,R_3 和 R_4 脉与 R_5 脉共柄,R_5 脉达外缘,M_2 和 M_3 脉合并。后翅 Rs 与 M_1 脉有 1/2 长度共柄,M_3 与 CuA_1 脉共短柄,M_2 脉靠近 M_3 脉。雄性外生殖器:爪形突直立;颚形突长或短,基部宽,端部弯曲,末端细而尖;抱器瓣足形或臂状,末端宽;阳茎基环近方形或狭长,尾突长或短;阳茎与抱器瓣等长或略短,角状器有或无。雌性外生殖器:第 8 腹板后缘凹入;导管端片不明显;囊导管长,简单,有时弯曲或有刺突;交配囊椭圆形或圆形,囊突圆片状或近四边形,有时中部有一横脊。

该属中国已知 9 种,本书记述 1 种。

8.22　貂祝蛾 *Athymoris martialis* Meyrick,1935(图版 5-84)

Athymoris martialis Meyrick,1935,*Exot. Microlep.*,**4**:564.

翅展 11.0～13.5mm。头部浅黄褐色。触角黄白色。下唇须黄白色,杂褐色鳞片,第 2 节外侧深褐色。胸部和翅基片淡黄褐色,散布褐色鳞片。前翅浅黄褐色,密布黑褐色鳞片;中室斑和褶斑几乎相连,黑褐色;中室端斑近椭圆形,黑褐色;前缘斑近三角形,黄白色;外横线与前缘斑几乎相连,中部向外略弯,黄白色;缘毛沿外缘黄白色杂深褐色,沿顶角及外缘腹角至臀角处深褐色。后翅灰褐色;缘毛灰白色杂深褐色。

雄性外生殖器(图版 37-84):爪形突基部圆形扩大,端部呈棒状,末端钝。颚形突基部 2/3 近梯形,端部 1/3 急剧变窄,末端尖,钩状。抱器瓣基部宽,渐窄至基部约 2/5 处,中部骤然变窄,背、腹近平行,端部 2/5 渐加宽至末端;末端钝,背端角呈三角形突出,腹端角弧形;背缘中部深凹,腹缘近直。抱器腹基部宽,端部渐窄,长约为抱器瓣的 2/5。阳茎基环略呈圆形,前缘中部具三角形小突起;尾突近椭圆形,内弯,端半部具刚毛。阳茎约与抱器瓣等长,中部加宽;阳茎端膜具皱褶,端半部具 1 列 4～5 枚针形角状器,其基部相连。

雌性外生殖器(图版 84-84):第 8 腹板后缘中部近方形凹入。导管端片短而宽。囊导管短,长约为交配囊的 1/2;导精管自囊导管末端伸出,基部密被颗粒状刺突,呈囊状膨大,端部极细。交配囊椭圆形;囊突位于交配囊后端 1/3 处,圆形,中部有 1 条横脊。

分布:浙江(天目山)、天津、河北、河南、安徽、湖北、湖南、台湾、广东、贵州、云南;韩国,日本。

秃祝蛾属 *Halolaguna* Gozmány，1978

Halolaguna Gozmány，1978. Type species：*Halolaguna sublaxata* Gozmány，1978.

触角等长于或短于前翅，细锯齿形。前翅相对狭长，M_2 和 M_3 脉愈合。后翅与前翅几乎等宽，Rs 与 M_1 脉有 1/2 长度共柄，M_3 与 CuA_1 脉有 1/2 长度共柄，M_2 脉靠近 M_3 脉。雄性外生殖器：爪形突长；颚形突很长或短，末端钩小；抱器瓣基部宽，渐窄向末端；阳茎基环尾突长或短；基腹弧很窄；阳茎有或无角状器。雌性外生殖器：第 8 腹板后缘中部略凹入，或深凹入；囊导管长；导精管自囊导管近基部伸出；交配囊小，卵形，有囊突。

该属分布在中国、韩国、日本、泰国、马来西亚和印度尼西亚，本书记述 1 种。

8.23 秃祝蛾 *Halolaguna sublaxata* Gozmány，1978（图版 5-85）

Halolaguna sublaxata Gozmány，1978，*Microlep. Pal.*，**5**：238.

翅展 14.0～15.0mm。头部灰褐色，复眼周围黄白色。触角黄白色，柄节腹面褐色，鞭节具浅褐色环纹。下唇须褐色；第 2 节稍粗，内侧黄白色，杂浅褐色鳞片；第 3 节尖细，约与第 2 节等长。胸部和翅基片灰褐色。前翅前缘稍拱，顶角钝圆，外缘钝斜；黄褐色，散布深褐色鳞片，后缘基半部深褐色；肩斑深褐色；中室斑、中室端斑及褶斑近圆形，深褐色；前缘斑近三角形，黄白色；外横线浅黄白色，弯曲；缘毛灰褐色。后翅及缘毛浅灰色。

雄性外生殖器（图版 38-85）：爪形突基部宽，渐窄至中部，端半部两侧近平行，末端圆。颚形突细长，自基部渐窄向近末端，末端弯钩状，尖细。抱器瓣基半部宽阔，端半部至末端明显渐窄，末端钝。抱器腹宽，约为抱器瓣长的 1/3，端部 2/5 外斜达抱器瓣宽的 2/3 处，末端圆钝。阳茎基环窄矩形；尾突长指状，长于阳茎基环。阳茎稍短于抱器瓣，基部 2/3 近等宽，端部渐窄，略呈 S 形弯曲，末端具瘤状小突起，无角状器。

雌性外生殖器（图版 84-85）：囊导管长约为交配囊的 4 倍，弯曲；导精管细，自囊导管基部约 1/8 处伸出。交配囊近圆形；具 3 枚囊突：后端 2 枚近三角形，前端 1 枚近梭形。

分布：浙江（天目山）、山西、江苏。

瘤祝蛾属 *Torodora* Meyrick，1894

Torodora Meyrick，1894. Type species：*Torodora characteris* Meyrick，1894.

触角等长于或长于前翅。前翅前缘微拱，翅顶常突出，外缘稍凹入，臀角宽圆；M_1 与 M_2 脉平行，M_2 与 M_3 脉基部靠近，CuA_1 和 CuA_2 脉有 1/3 长度共柄。后翅宽于前翅，翅顶微圆，外缘稍凹入；M_2 脉远离 M_1 脉，M_3 与 CuA_1 脉同出一点或共柄。雄性外生殖器：爪形突直立，骨化强；颚形突喙状，末端尖细或很小，骨化强；抱器瓣平伸，有时端部上举；抱器腹通常可见；阳茎基环多盾形或方形，尾突长或短；基腹弧窄；阳茎多短于抱器瓣，具角状器。雌性外生殖器：第 8 腹板后缘浅凹入，有时平截或呈弧形；导管端片多呈梯形，有时不明显；囊导管通常长，多有小刺突；导精管多从囊导管基部伸出；交配囊大，有时有附囊，囊突常具齿。

该属中国已知 54 种，本书记述 6 种。

分种检索表(依据雄性外生殖器)

1. 阳茎基环尾突长带状 ··· 玫瑰瘤祝蛾 *T. roesleri*
   阳茎基环尾突短 ··· **2**
2. 爪形突末端窄于基部 ··· 八瘤祝蛾 *T. octavana*
   爪形突末端等宽于或宽于基部 ··· **3**
3. 爪形突末端中部凹入 ··· 黄褐瘤祝蛾 *T. flavescens*
   爪形突末端平截 ··· 铜翅瘤祝蛾 *T. aenoptera*

8.24　玫瑰瘤祝蛾 *Torodora roesleri* Gozmány，1978(图版 5-86)

Torodora roesleri Gozmány，1978，*Microlep. Pal.*，**5**：206.

翅展 20.0～20.5mm。头部黄褐色，复眼周围黄白色。触角黄白色。下唇须灰白色杂浅褐色鳞片；第 2 节稍粗，外侧基部 3/4 深褐色；第 3 节细，约与第 2 节等长，末端尖，内侧黑褐色。胸部和翅基片深黄褐色。前翅基部 3/4 灰褐色，端部 1/4 浅黄褐色；肩斑黑褐色；中室斑和褶斑圆形，深褐色；中室端斑 2 枚，圆形，深褐色；臀斑大，深褐色；外横线黄白色，中部向外弯曲；外缘有 4 个深褐色近半圆形小斑点；缘毛浅灰褐色。后翅及缘毛灰褐色。

雄性外生殖器(图版 38-86)：爪形突自基部渐窄至末端，末端钝。颚形突基部宽，渐窄至基部 2/3 处，端部 1/3 急剧变窄，末端尖，钩状。抱器瓣基部宽，微窄至中部；端半部窄，斜向上举，沿腹缘具稠密刚毛，并有 1 条褶线伸至抱器瓣近末端，末端圆。抱器腹窄。阳茎基环方形，前缘中部呈三角形稍突出，后缘直；尾突长带状，具稀疏刚毛。阳茎稍短于抱器瓣，粗壮，近中部稍弯，端半部密被颗粒状突起；角状器包括 3～4 枚剑形齿突和 1 块具齿骨片。

雌性外生殖器(图版 84-86)：导管端片宽杯状，具微刺。囊导管长约为交配囊的 1.5 倍，基半部散布锥状刺突；导精管出自囊导管基部。交配囊大，椭圆形；囊突 1 枚，位于交配囊近中部，椭圆形，具齿。

分布：浙江(天目山)、湖北。

8.25　八瘤祝蛾 *Torodora octavana* (Meyrick，1911)(图版 5-87)

Brachmia octavana Meyrick，1911，*Journ. Bombay Nat. Hist. Soc.*，**20**：714.
Torodora octavana：Gozmány，1978，*Microlep. Pal.*，**5**：201.

翅展 19.0～22.0mm。头部灰黄褐色，复眼周围被黄白色长鳞。触角黄白色。下唇须黄白色；第 2 节稍粗，外侧深褐色；第 3 节细，约与第 2 节等长，末端尖，内侧黑褐色。胸部和翅基片深灰褐色。前翅浅黄褐色，略有紫色金属光泽，基部 1/3 略染灰褐色；肩角深灰褐色；前缘近中部有 1 枚褐色斑点；中室斑、褶斑、中室端斑深褐色，亚圆形，中室端斑 2 枚；外横线淡黄色，波状，内侧至中室端部之间密布褐色鳞片，形成 1 条褐色宽横带；外缘具 6～7 枚黄褐色小斑点；缘毛橘黄色。后翅浅灰色，缘毛灰褐色。

雄性外生殖器(图版 38-87)：爪形突基部宽，窄至基部 1/3 处，端部 2/3 两侧近平行，末端圆。颚形突细长，端部弯钩小。抱器瓣略斜上举，中部稍宽，端半部具稠密刚毛，末端宽圆；抱器背桥基部骨化弱。抱器腹窄，达腹缘近中部。阳茎基环近五边形，前缘中部稍突出；尾突短，近三角形，内弯。阳茎稍短于抱器瓣，端半部腹面密被颗粒状突起；角状器包括近中部 1 枚新月形具齿骨片、端部 1 枚近三角形骨片以及位于两者之间的 1 束长针状刺突，其中 1 枚粗壮刺突达阳茎末端。

雌性外生殖器(图版 84-87)：产卵瓣很宽，近中部密被长刚毛。第 8 腹板窄，后缘弧形，密被刚毛。交配孔很窄。导管端片小。囊导管长约为交配囊的 1.5 倍,近基部一侧骨化,基半部散布数枚锥状刺突,在与导精管连接处密被颗粒状齿突;导精管出自囊导管基部 1/5 处,具微刺。交配囊大,椭圆形;囊突 1 枚,位于交配囊近基部,圆形,密被齿突。

分布:浙江(天目山)、甘肃、陕西、河南、安徽、湖北、湖南、福建、四川、贵州、云南;印度。

8.26 黄褐瘤祝蛾 *Torodora flavescens* Gozmány, 1978(图版 5-88)

Torodora flavescens Gozmány, 1978, *Microlep. Pal.*, **5**:221.

翅展 12.5~15.0mm。头部浅灰褐色,颜面及复眼周围黄白色。触角黄白色。下唇须黄白色,第 2 节外侧浅褐色,第 3 节腹面深褐色。胸部灰褐色,翅基片黄褐色。前翅浅褐色,前缘和翅端部密被褐色鳞片,近翅基部及中部散布黄褐色鳞片;中室斑小,深褐色;中室端斑近圆形,稍大,深褐色;外横线细,波浪状,有时有间断,黄白色;前缘斑近三角形,黄白色;缘毛黑褐色。后翅灰黄色,缘毛浅灰褐色。

雄性外生殖器(图版 38-88):爪形突基半部渐窄,自中部至末端渐宽,末端中部浅凹。颚形突自基部至基部 3/4 处渐宽,端部 1/4 急剧变窄,末端尖,钩状。抱器瓣基部宽,近中部缢缩;端半部斜上举,橘瓣状,末端钝圆。抱器腹宽,骨化强。阳茎基环宽,中部有 1 条纵脊;前缘中部呈近方形突出,后缘弧形浅凹;尾突短指状,具短刚毛。阳茎约与抱器瓣等长,基部宽,端部窄,末端圆;端半部密布长针形角状器多枚。

雌性外生殖器(图版 84-88):第 8 腹板后缘中部呈 U 形深凹。导管端片骨化弱。囊导管稍长于交配囊,端部 3/5 散布数枚锥形刺突;导精管自囊导管基部 2/5 处伸出,具颗粒状突起。交配囊大,椭圆形;囊突 2 枚:1 枚位于交配囊中部一侧,矩形,密被颗粒状突起,另 1 枚位于交配囊另一侧近基部,近椭圆形,具齿,密被颗粒状突起。

分布:浙江(天目山)、河南、安徽、江西、湖北、湖南、台湾、广西、四川、贵州、云南;泰国。

8.27 铜翅瘤祝蛾 *Torodora aenoptera* Gozmány, 1978(图版 5-89)

Torodora aenoptera Gozmány, 1978, *Microlep. Pal.*, **5**:220.

翅展 15.5~19.5mm。头部浅灰褐色,颜面和复眼周围黄白色。触角柄节背面黑褐色,腹面浅黄褐色;鞭节浅灰黄色,基部和背面具浅褐色环纹。下唇须灰白色杂褐色鳞片;第 2 节稍粗,外侧灰褐色;第 3 节细,约与第 2 节等长,腹面和端部深褐色。胸部和翅基片深灰褐色。前翅赭褐色;中室斑和中室端斑圆形,深褐色;外横线黄白色,隐约可见,在前缘形成小斑点;缘毛深褐色。后翅黄褐色,缘毛灰褐色。

雄性外生殖器(图版 38-89):爪形突自基部渐窄至基部 2/3 处,端部 1/3 加宽至末端,末端平截,两侧向外突出。颚形突基部宽,渐窄至基部 2/3 处,端部 1/3 急剧变窄,末端尖,钩状。抱器瓣平伸,基部宽大,基部 1/3 处缢缩,端部 2/3 渐宽成宽匙状,末端钝圆。阳茎基环近五边形,中部纵脊伸至前缘中部,后缘近直;尾突瘤状,具短刚毛,向外伸。阳茎约与抱器瓣等长,基部 2/3 较宽,端部 1/3 中部被颗粒状突起,末端背、腹各有 1 个圆突。

分布:浙江(天目山)、江西、福建、云南。

8.28 暗瘤祝蛾 *Torodora tenebrata* Gozmány, 1978(图版 5-90)

Torodora tenebrata Gozmány, 1978, *Microlep. Pal.*, **5**:204.

翅展 16.5~20.0mm。头顶浅灰褐色,颜面和复眼周围黄白色。触角柄节灰褐色,鞭节白色,具棕褐色环纹。下唇须灰白色;第 2 节内侧杂灰褐色鳞片,外侧暗褐色;第 3 节腹面黑褐色。胸部和翅基片灰褐色。前翅浅黄褐色;肩角灰黑色;中室斑圆形,深褐色;中室端斑 2 枚,椭圆形,深褐色;前缘斑近三角形,黄白色;外横线隐约可见;缘毛深褐色,基线浅黄褐色。后翅浅灰褐色,缘毛浅黄褐色,基线黄白色。

雌性外生殖器(图版 84-90):第 8 腹板后缘中部深凹,凹口深而窄,两侧密被刚毛。导管端片杯状。囊导管短,长约为交配囊的 1/3;基部稍窄,端半部散布锥形刺突;导精管自囊导管中部伸出,密被颗粒状突起。交配囊大,椭圆形;囊突 1 枚,位于交配囊近基部,近椭圆形,具稠密齿突,其基部 1/4 向端部翻折,折脊处具 8～10 个较大锯齿。

分布:浙江(天目山)、江西、湖北、湖南、四川、贵州。

8.29　幼盲瘤祝蛾 *Torodora virginopis* Gozmány, 1978(图版 6-91)

Torodora virginopis Gozmány, 1978, *Microlep. Pal.*, **5**：209.

翅展 18.5～21.0mm。头顶灰褐色,颜面和复眼周围黄白色。触角柄节背面褐色,腹面黄白色;鞭节草黄色,具暗褐色环纹。下唇须第 2 节内侧灰白色,散布赭褐色鳞片,外侧赭褐色;第 3 节黑褐色。胸部和翅基片赭褐色。前翅赭褐色,具红铜色的金属光泽;中室斑不明显,中室端斑黑褐色;前缘斑近三角形,黄白色;外横线近直,黄白色;缘毛黑色。后翅灰黄色,缘毛浅褐色。

雌性外生殖器(图版 84-91):第 8 腹板后缘中部呈三角形深凹,两侧密被刚毛。导管端片骨化弱。囊导管约与交配囊等长;基部窄,渐宽,中部具几枚小刺突;导精管自囊导管基部 1/4 处伸出,密被颗粒状突起。交配囊大,椭圆形;囊突 1 枚,位于交配囊基半部,近长方形,具成列齿突。

分布:浙江(天目山)、安徽、江西。

白斑祝蛾属 *Thubana* Walker，1864

Thubana Walker, 1864. Type species：*Thubana bisignatella* Walker, 1864.

触角短于前翅,雄性触角有纤毛。前翅狭长,大多种类具明显的乳白色或黄白色斑;R_4 和 R_5 脉常合并,R_3 脉与之共柄;M_2 脉出自中室下角,与共短柄的 M_3 和 CuA_1、CuA_2 脉同出一点,有时 M_2 与 M_3 脉共柄。后翅比前翅稍宽,M_2 脉十分靠近共柄的 M_3 和 CuA_1 脉。雄性外生殖器:抱器瓣弯曲,基部宽于端部,呈足状或棒状;阳茎基环板状,尾突呈角状,有时中部有突起;阳茎具各种形状的角状器。雌性外生殖器:导管端片宽杯状;囊导管很长,常有颗粒状突起;导精管自囊导管基部伸出;交配囊大;囊突大,具齿。

该属中国已知 9 种,本书记述 1 种。

8.30　楔白祝蛾 *Thubana leucosphena* Meyrick，1931(图版 6-92)

Thubana leucosphena Meyrick, 1931, Gelechiadae, *In*：Caradja, *Bull. Sect. Sci. Acad. Roum.*, **14**(3-5)：69.

翅展 16.5～19.5mm。头顶灰褐色,颜面及复眼周围黄白色。触角黄白色,末端褐色。下唇须黄白色,第 2 节外侧灰褐色,第 3 节端部 1/3 深褐色。胸部和翅基片灰褐色。前翅赭褐色,具紫色金属光泽;前缘中部有 1 枚近倒三角形斑,黄白色;中室端斑深褐色,隐约可见;缘毛灰黑色。后翅灰褐色,缘毛灰黑色。

雄性外生殖器(图版 38-92):爪形突自基部渐窄至末端。颚形突较大,基部宽,渐窄至基部 2/3 处,端部 1/3 急剧变窄,末端尖。抱器瓣基部宽,渐窄至中部,端半部略斜上举,渐窄,密被刚毛,末端钝圆。抱器腹自基部向端部渐窄,约为抱器瓣长的 1/2。阳茎基环圆形,中部近前缘有 1 枚小叶突,后缘中部有时具 1 枚小突起;尾突粗刺状。阳茎短于抱器瓣,基部宽,渐窄至末端;角状器包括近基部至近末端 1 枚长匙状具齿骨片、中部 1 束针状刺突及端半部 1 枚具齿宽骨片。

雌性外生殖器(图版 84-92):第 8 腹板后缘中部稍凹,具长刚毛。导管端片杯状,骨化弱,背侧有一圆形骨片,具颗粒状突起。囊导管长约为交配囊的 2 倍,呈螺旋状弯曲,具颗粒状突起,基部有少量针状刺突;导精管自囊导管基部伸出,具微刺状突起。交配囊近卵形,具颗粒状突起;囊突大,位于交配囊中部,卵形,横置,后缘中部稍凹,后半部具成列大齿突,前半部密生小齿突。

分布:浙江(天目山)、河南、安徽、江西、湖北、湖南、福建、广东、广西、贵州。

木祝蛾亚科 Oditinae

体中小型。触角短于前翅,丝状,柄节无栉。下唇须上举过头顶,第 3 节等长于或稍短于第 2 节。前翅近矩形,R₄ 和 R₅ 脉共柄;后翅近梯形,Rs 和 M₁ 脉共柄。雄性外生殖器:通常对称;爪形突缺失;颚形突下折呈钩状或退化消失;抱器背基突通常发达,常有一对抱器背侧叶。雌性外生殖器:产卵瓣长矩形;后表皮突长于前表皮突;交配囊膜质,囊突有或无。

绢祝蛾属 *Scythropiodes* Matsumura,1931

Scythropiodes Matsumura,1931.

Type species:*Scythropiodes seriatopunctata* Matsumura,1931＝*Protobathra leucostola* Meyrick,1921.

头部颜面鳞片紧贴,头顶鳞片突出;复眼发达,与额部几乎等宽。触角线状,一些种的雄性触角腹面具短纤毛,长约为前翅的 3/4。下唇须上举过头顶,第 3 节等长于或稍短于第 2 节,末端尖。胸部背板稍隆起。前翅近矩形,R₄ 和 R₅ 基部共柄,R₅ 脉至外缘,M₁ 和 M₂ 脉平行,M₂ 和 M₃ 脉基部临近,1A＋2A 脉的基叉占该脉长的 1/3 至 1/2。后翅近梯形;Rs 和 M₁ 脉基部共柄,M₂ 和 M₃ 脉平行,M₃ 和 CuA₁ 脉基部合生或共点。雄性外生殖器:爪形突缺;背兜近矩形;颚形突钩状;抱器瓣形状多样;抱器背基突和阳茎基环通常有侧叶。雌性外生殖器:产卵瓣长矩形;后表皮突长约为前表皮突的 2～3 倍;交配孔位于第 7 和第 8 腹板间;交配囊膜质;囊突通常存在。

该属中国已知 15 种,本书记述 6 种。

分种检索表

1.前翅白色或灰白色 ……………………………………………………………………………………… 2
　前翅黄褐色或褐色 ……………………………………………………………………………………… 5
2.阳茎无角状器;抱器瓣近方形,末端具钩状突起 ………………………… **钩瓣绢祝蛾 S. *hamatellus***
　阳茎具 2～5 枚角状器 ………………………………………………………………………………… 3
3.抱器瓣具细指状端突;阳茎具 3 枚角状器 ……………………………… **邻绢祝蛾 S. *approximans***
　抱器瓣无端突 ………………………………………………………………………………………… 4
4.阳茎具 2 枚角状器;抱器背基突侧叶近矩形,有 2 个刺 ……………… **九连绢祝蛾 S. *jiulianae***
　阳茎具 4 或 5 枚角状器;抱器背基突侧叶半卵圆形,无刺 ……………… **梅绢祝蛾 S. *issikii***
5.阳茎末端无突起,具角状器;抱器腹背缘具指状突起 …………………… **刺瓣绢祝蛾 S. *barbellatus***
　阳茎末端具叉状突起,无角状器;抱器腹背缘无突起 ……………………… **苹褐绢祝蛾 S. *malivora***

8.31 邻绢祝蛾 *Scythropiodes approximans* (Caradja, 1927)（图版 6-93）

Odites approximans Caradja, 1927, *Mem. Sect. Stiint. Acad. Rom.*, (3)**4**(8)：393.

Scythropiodes approximans：Park & Wu, 1997, *Ins. Koreana*, **14**：35.

翅展 17.5～24.0mm。头部白色,颜面光滑,头顶粗糙。触角柄节及鞭节基部背面乳白色,至端部渐变为黄褐色,雄性鞭节腹面密被短纤毛,雌性鞭节无纤毛。下唇须第 2 节乳白色,基部 3/4 外侧深褐色;第 3 节乳白色,端部黑色。胸部及翅基片乳白色。前翅前缘几乎直,顶角圆钝,外缘斜直;白色,少数个体前翅散布较多褐色鳞片;前缘中部下方具一深褐色斑点;中室斑、中室端斑及褶斑深褐色,近圆形;亚端线由数枚深褐色点组成,自前缘端部 1/3 处下方延伸至近臀角处,呈弧形外拱;沿外缘有数枚深褐色小圆点;缘毛白色,杂灰色。后翅灰黄色;缘毛灰色,杂黑色。

雄性外生殖器（图版 38-93）：颚形突锥状。抱器瓣基部 2/3 宽,端部 1/3 急剧变窄为细指状;抱器背中部半圆形隆起,被短刚毛。抱器背基突骨化弱;侧叶弯月形,被刚毛,末端圆钝。抱器腹基部 2/3 等宽,端部 1/3 渐窄。阳茎基环近方形,侧叶短指状。基腹弧半圆形。阳茎长约为抱器瓣的 1.5 倍,基半部骨化弱,基部 1/5 至 2/3 处具内阳茎;角状器 3 枚,长短不一,自基部 2/3 处向外延伸。

雌性外生殖器（图版 85-93）：第 8 腹板前端近菱形突出。导管端片近矩形,骨化弱,内表面密被小瘤突。囊导管长约为交配囊的 1/2,基半部骨化弱,端半部膜质,近基部左侧呈半圆形隆起。导精管发自囊导管和交配囊连接处,较宽,内表面密被微刺。交配囊近卵圆形,内表面密被小齿突;囊突 2 枚,齿轮状,各具 8～11 枚辐射状臂。

分布：浙江(天目山)、北京、河北、河南、湖北、江西、辽宁、山西、四川、天津;朝鲜,俄罗斯。

8.32 钩瓣绢祝蛾 *Scythropiodes hamatellus* Park et Wu, 1997（图版 6-94）

Scythropiodes hamatellus Park et Wu, 1997, *Ins. Koreana*, **14**：36.

翅展 16.5～21.5mm。颜面白色,光滑;头顶浅灰色,粗糙。触角柄节浅灰色;鞭节基部浅灰色,至端部渐变为深褐色;雄性触角腹面具短纤毛。下唇须第 2 节内侧灰白色,外侧基部 2/3 深褐色,端部 1/3 灰白色;第 3 节基部 2/3 灰白色,端部 1/3 深褐色,基部具 1 个黑环。胸部和翅基片灰褐色。前翅白色,散布大量褐色鳞片,近基部具 2 枚深褐色斑点;前缘基部 5/12 处具 1 枚深褐色斑点;中室斑、中室端斑及褶斑深褐色,近圆形;亚端线由数枚深褐色点组成,自前缘端部 1/3 偏外处下方延伸至臀角,呈弧形外弯;沿前缘端部和外缘有数枚深褐色点;缘毛白色,杂浅灰色。后翅浅灰色;缘毛浅灰色。

雄性外生殖器（图版 38-94）：颚形突自基部至末端渐窄,末端尖。抱器瓣近方形;背端突约与抱器瓣等长,几乎平伸,末端尖。抱器背基突窄带状;侧叶大型,角状,末端尖。抱器腹宽约为抱器瓣的 1/2,密被细长毛。阳茎基环亚矩形,宽大于长,前缘稍凹;侧叶长指状。囊形突半圆形。阳茎长约为抱器瓣的 1.8 倍,基部 2/9 至 5/9 处具内阳茎。

雌性外生殖器（图版 85-94）：产卵瓣长矩形,多毛。后表皮突长约为前表皮突的 3 倍。后阴片扇形,骨化强,后缘中间 V 形凹入;前阴片后缘具 2 根强骨化刺。囊导管约与交配囊等长,基半部骨化弱,褶皱状,端半部膜质。导精管发自囊导管与交配囊连接处,较宽,内表面密被小瘤突。交配囊卵圆形,内表面密被小齿突;囊突 2 枚,圆形或椭圆形,被数枚刺突。

分布：浙江(天目山)、重庆、福建、湖南、四川;朝鲜。

8.33 **九连绢祝蛾** *Scythropiodes jiulianae* **Park et Wu, 1997**(图版 6-95)

Scythropiodes jiulianae Park et Wu, 1997, *Ins. Koreana*, **14**：37.

翅展 14.0～19.0mm。颜面和头顶乳白色。触角柄节白色；鞭节基部白色，至端部渐变为深褐色，雄性触角腹面具短纤毛。下唇须第 2 节褐色，端部 1/4 外侧及端部 2/3 内侧白色；第 3 节白色，基部具 1 个黑色环。胸部及翅基片灰白色。前翅白色，散布大量褐色鳞片；前缘基部及中室上缘近基部处各具 1 枚深褐色斑纹；前缘中部下方具 1 枚深褐色斑点，近椭圆形；中室斑、中室端斑和褶斑深褐色，近圆形；亚端线由数枚深褐色圆点组成，自亚前缘脉末端延伸至翅褶末端，呈弧形外弯；沿前缘端部和外缘有数枚深褐色斑点；缘毛白色，近端部略带灰色。后翅和缘毛浅灰色。

雄性外生殖器(图版 38-95)：颚形突锥状。抱器瓣近三角状，自基部至端部渐窄，末端尖；背缘端部 1/3 处稍突出，被毛。抱器背基突侧叶骨化强，近矩形，其外缘前端具 1 枚刺状突，后端具 1 枚三角形突起，短于前端突起，被数枚微刺。阳茎基环方形，骨化弱，腹面中部近前缘处具齿状突起；前缘呈半圆形后折，两侧具乳状突。基腹弧狭长，前缘圆。阳茎长约为抱器瓣的 1.8 倍，基部 2/9 至 7/9 处具褶皱的内阳茎；端部 1/3 处伸出 1 枚长叶状突起，达阳茎末端；角状器 2 枚，强刺状，分别位于端部 2/9 处和近末端。

雌性外生殖器(图版 85-95)：后阴片骨化强，近梯形。前阴片扇形，两侧倾斜波状，前缘几乎直，后缘中部宽 V 形浅凹。导管端片近漏斗状，左侧中部稍凹，内表面密被疣突。囊导管膜质，短于交配囊；导精管发自囊导管近中部，内表面一侧密被微刺。交配囊球形；囊突 2 枚，齿轮状，各具 9～10 个辐射状臂，基板圆形。附囊近椭圆形，开口于交配囊右侧中部。

分布：浙江(天目山)、贵州、湖北、湖南、江西、四川。

8.34 **绢祝蛾** *Scythropiodes issikii* (**Takahashi, 1930**)(图版 6-96)

Depressaria issikii Takahashi, 1930, *Insect Pests of Fruit Trees*, **1**：285.

Scythropiodes issikii：Lvovsky, 1996, *Entomol. Obozr.*,**75**(3)：650.

翅展 14.0～23.0mm。颜面黄白色，头顶灰白色。触角柄节黄白色；鞭节基部黄白色，至端部渐变为褐色，雄性触角腹侧密被短纤毛。下唇须第 2 节基部 2/3 深褐色，端部 1/3 黄白色；第 3 节黄白色，基部具黑环。胸部和翅基片浅灰色。前翅灰白色，少数个体底色较浅或较深，杂褐色；中室斑和褶斑各 1 枚，黑色，近圆形，前者较后者大；中室端斑黑色，圆形，远小于中室斑；沿外缘有数枚黑色小圆斑；缘毛灰白色，杂褐色。后翅和缘毛灰白色。

雄性外生殖器(图版 38-96)：颚形突锥状。抱器瓣基部宽，渐窄至末端，末端圆钝。抱器腹近等宽，基部宽约为抱器瓣宽的 1/3，背缘基部 1/3 处稍隆起。抱器背基突膜质，宽带状；侧叶半卵圆形，被毛。阳茎基环近方形，两侧被短刚毛；侧叶角状，末端圆钝。囊形突半椭圆形。阳茎长为抱器瓣的 2/5，基部至端部渐窄，末端圆；角状器 4～5 枚，刺状，位于阳茎中部。

雌性外生殖器(图版 85-96)：第 8 节腹板前端近菱形突出。导管端片近漏斗状。囊导管细长，长约为交配囊的 3 倍，前端 1/4 内表面密被刺突。导精管发自导管端片与交配囊的连接处，基部细，渐宽至端部，端部膨大为椭圆形囊。交配囊梨形，内表面密被微刺。

寄主：忍冬科 Carifoliaceae：珊瑚树 *Viburnum odoratissimum* Ker Gawl.、海仙花 *Weigela coraeensis* Thunb.；蔷薇科 Rosaceae：苹果 *Malus pumila* Mill.、巴旦木 *Prunus persica* (Linn.)、秋子梨 *Pyrus ussuriensis* Maxim.、蔷薇 *Rosa* spp.；茜草科 Rubiaceae：栀子 *Gardenia jasminoides* J. Ellis；杨柳科 Salicaceae：黑杨 *Populusnigra* Linn.、柳树 *Salix* spp.；百合科 Liliaceae：菝葜 *Smilax china* Linn.；榆科 Ulmaceae：榔榆 *Ulmusparvifolia* Jacq.；葡

萄科 Vitaceae：葡萄 Vitis vinifera Linn.。

分布：浙江（天目山）、安徽、北京、重庆、福建、甘肃、广西、贵州、海南、河北、河南、湖北、湖南、江西、辽宁、青海、陕西、山西、山东、四川、云南；朝鲜，日本，俄罗斯。

8.35 刺瓣绢祝蛾 *Scythropiodes barbellatus* **Park et Wu, 1997**（图版 6-97）

Scythropiodes barbellatus Park *et* Wu, 1997, *Ins. Koreana*, **14**：39.

翅展 13.0～15.5mm。颜面白色，头顶褐色。触角柄节白色；鞭节基部白色，至端部渐加深为深褐色。下唇须第 2 节黄白色，基部 4/5 外侧深褐色；第 3 节与第 2 节近等长，黄白色，端部 4/5 腹侧深褐色，基部具黑环。胸部和翅基片褐色。前翅深褐色；沿前缘有 1 条橙黄色窄带；沿外缘有数枚黑斑；缘毛黄白色，顶角和臀角处深褐色。后翅和缘毛灰褐色。

雄性外生殖器（图版 38-97）：颚形突短小，末端尖；侧臂宽带状。抱器瓣亚三角状；抱器背端部具密集长刚毛，端部 3/4 处具 1 枚长指状突起。抱器背基突骨化弱，中间突出；侧叶圆，腹侧具次生侧叶。抱器腹自基部至 1/3 处渐宽，端部 2/3 渐窄，背缘基部 2/3 处具 1 枚短指状突起。阳茎基环梯形，后端 1/4 处腹侧具 1 对刺状突起。囊形突亚三角形。阳茎细，约与抱器瓣等长，内部具 2 束微刺。

雌性外生殖器（图版 85-97）：第 8 背板前端近菱形突出，骨化强。第 7 背板和腹板后端骨化弱，端半部两侧密被微刺，后缘内凹。前阴片骨化强，梯形。囊导管膜质，内表面密布小齿突，长约为交配囊的 1.2 倍。导精管发自囊导管后端 1/3 处，端部膨大。交配囊卵圆形，内表面散布小瘤突，具 2 个密被小齿突的圆形区域。

分布：浙江（天目山）、安徽、重庆、福建、广东、广西、贵州、海南、河南、湖北、江西、四川。

8.36 苹褐绢祝蛾 *Scythropiodes malivora*（**Meyrick，1930**）（图版 6-98）

Odites malivora Meyrick, 1930, *Exot. Microlep.*, **3**：555.

Scythropiodes malivora：Park &Wu, 1997, *Ins. Koreana*, **14**：32.

翅展 19.0～28.0mm。颜面黄白色，头顶浅褐色。触角柄节黄白色；鞭节基部黄白色，至端部渐变为黄褐色。下唇须第 2 节黄白色，基部 3/4 外侧黄褐色；第 3 节黄白色，基部具黑环。胸部和翅基片黄褐色。前翅浅黄褐色，有些个体色较浅或较深；中室斑、中室端斑和褶斑黑色，近圆形，呈三角形排列；近臀角处具 1 枚浅褐色斑；缘毛黄白色，杂灰色。后翅和缘毛黄白色。

雄性外生殖器（图版 38-98）：颚形突锥状，骨化强。抱器瓣宽阔；背缘极短，长约为腹缘的 1/3，末端具 1 枚强指状突起。抱器背基突膜质，短；侧叶近三角形，末端圆，粗壮。抱器腹基部宽，渐窄至末端。阳茎基环梯形，后缘中部深凹，末端具一对角状强骨化尾突；背侧近中部具一对近三角状侧叶。囊形突亚三角形。阳茎稍短于抱器瓣，基部至 1/4 处渐宽，端部 3/4 渐窄，末端具叉状突起。

雌性外生殖器（图版 85-98）：前阴片扇形，骨化强，后缘中部浅凹。导管端片倒三角形，骨化弱，后缘中部呈窄 V 形深凹，内表面密被小瘤突。囊导管短，不及交配囊一半长。导精管发自囊导管前端，端部呈半圆形膨大。交配囊长椭圆形，内表面密被小瘤突；囊突 2 枚，长椭圆形，密被齿状突起。

寄主：大戟科 Euphorbiaceae：乌桕 *Sapium sebiferum*（Linn.）；壳斗科 Fagaceae：日本栗 *Castanea crenata* Siebold et Zucc.；千屈菜科 Lythraceae：紫薇 *Lagerstroemia indica* Linn.；蔷薇科 Rosaceae：苹果 *Malus pumila* Mill.。

分布：浙江（天目山）、安徽、重庆、福建、甘肃、广东、贵州、河北、黑龙江、河南、湖南、山东、四川、天津；朝鲜，日本，俄罗斯。

九　织蛾科 Oecophoridae

体小型至中型。单眼有或无。触角短于前翅,柄节有栉或无栉。下唇须上举,第 2 节略长于或远长于第 3 节。前翅有 10～12 条脉,后翅有 7～8 条脉。腹部有或无背刺。雄性外生殖器通常对称,颚形突有或无,抱器背基突有或无。雌性外生殖器缺囊突,或有 1～3 个形状、大小各异的囊突。

该科昆虫已知 400 余属 7000 余种,各动物地理区系均有分布。

分属检索表

圆织蛾属 Eonympha Meyrick,1906

Eonympha Meyrick, 1906. Type species: *Eonympha erythrozona* Meyrick, 1906.

下唇须第 3 节与第 2 节等长。触角有栉。雄性外生殖器:爪形突阔舌状;颚形突细长,钩状;抱器腹近基部凸;阳茎基环侧叶端部呈球形膨大,密被长刺突;阳茎具微刺突。雌性外生殖器:前表皮突短于后表皮突;囊导管长,似发条;交配囊长椭圆形,囊突 2 枚。

该属分布于中国、斯里兰卡和津巴布韦,本书记述 1 种。

9.1　突圆织蛾 *Eonympha basiprojecta* **Wang et Li, 2004**(图版 6-99)

Eonympha basiprojecta Wang et Li, 2004, Acta Entomol. Sin., **47**(1):95.

翅展 14.5～15.5mm。头亮白色。下唇须第 2 节内侧黄白色,外侧灰黄色,密被褐色鳞片。触角黄白色,柄节背面杂褐色。胸部和翅基片黄褐色,后缘具橘黄色鳞片。前翅前缘拱形,翅端钝圆;赭黄色,密被褐色鳞片,具 2 条褐带:第 1 条自前缘 1/3 至后缘 2/5,第 2 条自前缘 3/5 至近臀角处,前端宽;顶角具三角形褐斑。后翅及缘毛深灰色。

雄性外生殖器(图版 39-99):爪形突基部窄,渐宽至基部 3/5 处,后渐窄至末端,末端钝圆。颚形突弯,端部尖。抱器瓣端部圆尖;抱器背基部及端部凹,中部凸;抱器腹基部 1/3 凸。基腹弧前缘近圆形。阳茎基环近三角形;阳茎侧叶大,自中部至末端具长毛。阳茎骨化弱,弯曲。

分布:浙江(天目山)、湖北。

平织蛾属 *Pedioxestis* Meyrick,1932

Pedioxestis Meyrick,1932. Type species:*Pedioxestis isomorpha* Meyrick,1932.

下唇须第 3 节与第 2 节等长。触角柄节具栉。前翅阔矛状,前缘拱形,外缘倾斜。腹部具背刺。雄性外生殖器:爪形突三角形;颚形突非常小,侧臂约为颚形突长的 3 倍;抱器瓣中部膨大,抱器背基部稍内凹,抱器腹发达;阳茎基环近针形;阳茎无角状器。雌性外生殖器:前表皮突短于后表皮突;后阴片为椭圆形骨化片;交配囊圆形,具颗粒;囊突近不规则菱形,具齿突。

该属分布于中国和日本,本文记述 1 种。

9.2 双平织蛾 *Pedioxestis bipartita* Wang,2006(图版 6-100)

Pedioxestis bipartita Wang,2006,*Zootaxa*,**1330**:57.

翅展 14.5～15.0mm。头灰白色。下唇须褐色,第 2 节被白色鳞片。触角赭黄色,柄节白色,雄性鞭节深褐色及灰白色相间,雌性鞭节褐色和白色相间。胸部及翅基片褐色,后端黄灰色。前翅深褐色,散布赭黄色鳞片,自翅褶基部至后缘鳞片黄色;缘毛灰色。后翅深褐色,缘毛灰褐色。

雄性外生殖器(图版 39-100):爪形突三角形,基部宽,渐窄至端部,外侧缘密被刚毛。颚形突非常小,末端钝圆;侧臂约为颚形突长的 3 倍。抱器瓣长,中部加宽,端部约 2/5 分为背、腹两部分:背部长指状,末端窄圆;腹部端部棘刺状,上弯。抱器腹骨化强,矩形,长约为抱器瓣的 3/5,宽约为抱器瓣的 1/2;沿背缘伸出 1 条长突起,密被小刺,其末端具 1 枚大刺。囊形突宽短,末端钝圆。阳茎基环基部宽,向端部渐窄,近针形。阳茎长约为抱器瓣的 2/3,直,基部略宽于端部,末端斜钝。

雌性外生殖器(图版 85-100):前表皮突长约为后表皮突的 2/3。交配孔圆形,密被微刺。交配囊圆形,具颗粒;囊突近不规则菱形,具齿突。

分布:浙江(天目山)、贵州。

仓织蛾属 *Martyringa* Busck,1902

Martyringa Busck,1902. Type species:*Oegoconia latipennis* Walsingham,1882.

下唇须第 2 节略长于第 3 节,腹面鳞片粗糙。触角粗壮,柄节无栉。前翅长为宽的 3 倍多,翅顶圆,后缘近直;前翅有 11 条脉,后翅有 8 条脉。雄性外生殖器:爪形突和颚形突均发达,抱器腹有或无游离端突,阳茎无角状器。雌性外生殖器:囊导管基部强烈骨化,交配囊缺囊突。

该属昆虫主要分布在北美和亚洲的一些国家和地区,幼虫多为仓储害虫。本书记述 1 种。

9.3 米仓织蛾 *Martyringa xeraula* (Meyrick, 1910)(图版 6-101)

Anchonoma xeraula Meyrick,1910,*Journ. Bombay Nat. Hist. Soc.*,**20**:144.

Santuzza kuwanii Heinrich,1920,*Proc. Ent. Soc. Wash.*,**22**:43.

Martyringa xeraula:Hodges,1974,In:Dominick *et al.*,*Moths of America North of Mexico*,**6**(2):129.

翅展 18.0～24.0mm。头黄褐色。下唇须上弯超过头顶;第 2 节淡赭黄色,基部杂深褐色鳞片;第 3 节浅褐色,纤细,末端略带黄色。触角柄节黑褐色,其余淡赭黄色。胸部黑褐色;翅基片基部褐色,端部黄褐色。前翅长椭圆形,黄褐色,杂灰色或褐色鳞片,前缘基部黑色;中室中部及端部各有 1 枚黑色大斑;近翅端有 1 淡色"W"形横纹;缘毛灰褐色。后翅及缘毛灰白色。

雄性外生殖器(图版 39-101):爪形突长条形,端部微宽,末端钝圆。颚形突宽短,阔舌状,端部具疣突,末端圆。抱器瓣端部稍窄,末端圆。抱器腹长约为抱器瓣的 1/2,基部宽阔,端部渐窄,端突小,上弯。阳茎基环基部宽,向端部渐窄。阳茎匀称,末端圆,两侧中部各有 1 细长侧叶,其末端尖。

雌性外生殖器(图版 85-101):后表皮突长约为前表皮突的 2 倍。导管端片前端伸出两条骨化带。囊导管粗壮,长约为交配囊的 4 倍。交配囊膜质,前端具小刺突;无囊突。

寄主:大米等贮藏物。

分布:全国各地;朝鲜,日本,泰国,印度,俄罗斯,美国。

潜织蛾属 *Locheutis* Meyrick,1883

Locheutis Meyrick, 1883:341. Type species:*Locheutis philochora* Meyrick, 1883.

头部具侧毛簇,松散上举。下唇须第 3 节与第 2 节等长。触角柄节无栉。前翅具 3 枚黑斑,沿前缘端部经外缘到臀角有 1 列黑点;后翅长卵形。

本书记述 1 种。

9.4　天目潜织蛾 *Locheutis tianmushana* **Wang,2002**(图版 6-102)

Locheutis tianmushana Wang, 2002, In:Wang, Liu & Li, 2002. *Acta Entomol. Sin.*, **45**(suppl.):61.

翅展 16.5～18.0mm。头部灰褐色,疏布具紫色金属光泽的鳞片。触角略带黄色,稍短于或等长于前翅;柄节背侧黑灰色,鞭节具灰色环带。下唇须第 2 节黑灰色,背侧基部杂有白色鳞片;第 3 节尖细,灰白色,略带黄色,基部密被灰色鳞片,长约为第 2 节的 1/2。胸部、翅基片及前翅黄白色,散生褐色鳞片。前翅前缘基部黑色;中室中部、末端及翅褶中部分别具 1 枚不规则黑色小斑;褐色横带自前缘 4/5 处斜至臀角前,中部外拱;自前缘端部经外缘至达臀角有 1 列褐色小点;缘毛略带黄色。后翅除前缘基部 2/3 灰白色外,其余部分灰褐色;缘毛灰褐色。

雄性外生殖器(图版 39-102):爪形突和颚形突缺。背兜宽短,拱形。基腹弧带状。抱器瓣基部 2/3 亚矩形,背缘具骨化窄带,端部 1/3 粗指状,端部钝圆,具稀疏长刚毛。抱器背基突自近抱器瓣基部伸出,拱形,被稀疏刚毛,端部渐窄,末端尖,略超过抱器瓣末端。阳茎基环发达,前缘稍直,基部 1/5 窄,中部宽阔,端部 1/5 圆锥状,具刺。阳茎长约为抱器瓣的 1.5 倍,端部稍细,具短刺和疣突。

雌性外生殖器(图版 85-102):交配孔开口在第 7 和第 8 腹节的节间膜上,呈椭圆形。囊导管长约为交配囊的 2 倍,膜质,自前端 2/5 处起膨大。交配囊膜质,近圆形;囊突 2 枚,大,椭圆形,表面具小齿。

分布:浙江(天目山)。

酪织蛾属 *Tyrolimnas* Meyrick,1934

Tyrolimnas Meyrick, 1934. Type species:*Tyrolimnas anthraconesa* Meyrick, 1934.

头部具侧毛簇,松散上举。下唇须第 3 节与第 2 节等长。触角柄节无栉。

本书记述 1 种。

9.5 黑缘酪织蛾 *Tyrolimnas anthraconesa* Meyrick，1934(图版 6-103)

Tyrolimnas anthraconesa Meyrick，1934，*Exot. Microlep.*，**4**：477．

翅展 10.0～11.0mm。头灰黑色。触角灰黑，间淡黄色。下唇须黑色，杂白色。前翅淡赭黄色，散生黑色鳞片，前缘及翅端部的鳞片较稠密；前缘微拱，翅顶钝，外缘圆斜；前缘 2/3 处有 1 个小三角形黑灰色斑；翅基部有 1 个亚三角形黑斑；中室中部上、下各有 1 个小黑点；端带黑灰色，扩大到臀角处，形成 1 枚三角形斑；缘毛灰色。后翅灰色；缘毛浅灰色。

雄性外生殖器(图版 39-103)：爪形突锥状，末端圆尖。颚形突阔舌状，端半部密具疣突。抱器瓣宽短，末端中央呈半圆形深凹，形成两个突起：背突指状，腹突大于背突，略呈三角形。抱器腹基部 2/3 宽带状，端部 1/3 细带状。囊形突弧形。阳茎基部 1/3 粗，中部两侧内收，端部具齿。

雌性外生殖器(图版 85-103)：前表皮突短于后表皮突。前阴片横带状，宽阔，两侧向前延伸，渐窄。导管端片两侧骨化强；囊导管细长，膜质。交配囊卵圆形；囊突大，叉状，强烈骨化。

分布：浙江(天目山)、河南、江西、广东、广西、湖北、四川、陕西、甘肃、新疆；朝鲜，日本，越南。

带织蛾属 *Periacma* Meyrick，1894

Periacma Meyrick，1894．Type species：*Periacma ferialis* Meyrick，1894．

头部鳞片紧贴。下唇须雄性 2 节；雌性 3 节，第 3 节短于第 2 节。触角丝状，长约为前翅的 4/5，柄节无栉。前翅多为黄色，具褐色或黑褐色斑纹；后翅长卵圆形。雄性外生殖器：爪形突发达，一些种类端部加宽；颚形突形状多样；抱器瓣基部突起具纤毛。雌性外生殖器：后表皮突长于前表皮突；后阴片发达；交配囊形状各异，囊突有或无。

该属分布于中国、印度、泰国、缅甸、尼泊尔、朝鲜和斯里兰卡，本书记述 3 种。

分种检索表

1. 颚形突端部具刺突，抱器腹近矩形 ·· **离腹带织蛾 *P. absaccula***
   颚形突端部无刺突，抱器腹基部宽，端部变窄 ··· **2**
2. 抱器背基突球形，抱器腹背缘无突起 ·· **褐带斑织蛾 *P. delegata***
   抱器瓣基部突起基半部短棒状，端半部卵圆形；抱器腹背缘具 1 枚指状突起 ··························
   ··· **泰顺带织蛾 *P. taishunensis***

9.6 离腹带织蛾 *Periacma absaccula* Wang, Li *et* Liu, 2001(图版 6-104)

Periacma absaccula Wang, Li *et* Liu, 2001, *Acta Zootax. Sin.*, **26**(3)：268．

翅展 20.0～25.0mm。头浅黄色。下唇须浅黄色，散布褐色鳞片，雌性第 3 节长约为第 2 节的 1/2。触角浅黄色，柄节背面黄褐色。胸部和翅基片浅黄色，散布褐色鳞片。前翅较宽，前缘微凹，外缘倾斜；翅面浅黄色，散布褐色鳞片；前缘基部具 1 枚褐色斑点，后缘基部具 1 枚大型褐斑；中室中部和翅褶 2/3 处各有 1 枚褐色斑点；前缘端部 1/3 处至臀角有 1 条褐色横带，其后端与褐色端带连接；缘毛黄色，臀角处灰褐色。后翅和缘毛灰褐色。

雄性外生殖器(图版 39-104)：爪形突自基部至 1/5 渐窄，1/5 至 3/5 等宽，端部 2/5 呈近菱形膨大，末端窄圆。颚形突略短于爪形突，斧状，前缘密被短刺。抱器瓣狭长，基部 1/5 窄，端部 4/5 较宽，末端钝圆，端部 4/5 密被纤毛；抱器背基突小，近指状，端部具细长刚毛。抱器腹自基部至中部渐窄，端半部等宽，末端斜截；端部和近腹缘具稀疏刚毛。囊形突三角形，末端钝圆。阳茎略长于抱器瓣的 2/3，基部 2/5 窄，指状，端部 3/5 较宽，分为 2 个骨片：腹面骨片指状；背面骨片中部具大的三角形突起，端部两侧具 2 枚齿突，其中 1 枚齿突与一亚三角形突起相连。

雌性外生殖器(图版 86-104)：产卵瓣钟罩形，末端钝圆，近边缘密被刚毛。前表皮突略长于后表皮突的 3/5。后阴片两侧窄，向中央渐宽，后缘具刚毛，中央内凹。前阴片宽 V 形，中间窄，向两侧逐渐加宽，末端钝圆。囊导管细长。交配囊约与囊导管等长，椭圆形；囊突 1 枚，近圆形，边缘具齿。

分布：浙江(天目山)、安徽、海南、四川。

9.7　褐带织蛾 *Periacma delegata* Meyrick，1914(图版 6-105)

Periacma delegata Meyrick, 1914, *Suppl. Entomol.*, **3**: 52.

翅展 12.0～14.0mm。头浅黄色。下唇须浅黄色，雌性第 2 端部散布少量黑褐色鳞片。触角黄褐色，鞭节背面具黑色条纹。胸部黄色，中央和后端散布黑色鳞片。翅基片黄色。前翅前缘微弯，外缘倾斜；翅面黄色，散布黑色鳞片，前缘基部具 1 枚小的黑色斑点，由翅褶近基部略上方的位置至后缘基部 1/2 处具 1 枚较大的长黑斑，翅褶基部 3/4 处及其上方各具 1 枚黑斑，由前缘端部 1/3 至臀角稍前位置具 1 条黑色斑带，端带延伸至臀角；缘毛外缘浅黄色，臀角及后缘灰色。后翅灰色，缘毛浅灰色。前足基节黄色，腿节和胫节背面黄色，腹面黑褐色，跗节外侧第 3～5 节黑褐色，其余部分黄色；中足基节和腿节黄色，胫节内侧黄色，外侧黑褐色，跗节和前足相同；后足黄色。

雄性外生殖器(图版 39-105)：爪形突基部宽，渐窄至 1/5 处，1/5 至 3/5 等宽，端部 2/5 呈斧状膨大，两侧具刚毛。颚形突宽，薄片状，由基部至端部渐宽，两侧端部边缘钝圆。抱器瓣狭长，基部 1/4 窄，端部 3/4 宽，末端钝圆，端部 3/4 密被纤毛；抱器瓣基部突起小，球形，具长刚毛。抱器腹长约为抱器瓣的一半，基部宽，渐窄至 3/5 处；端部 2/5 窄，等宽，末端钝，具刚毛；背缘和腹缘分别在基部 1/3 处和 2/5 处呈近直角内凹。囊形突三角形。阳茎长约为抱器瓣的 2/3，基部 1/5 指状，1/5 至 2/5 膨大，向后逐渐变窄，末端钝圆。

雌性外生殖器(图版 86-105)：产卵瓣三角形，末端钝圆，边缘具刚毛。前表皮突长为后表皮突的 1/2。后阴片两侧向前延伸，渐窄；密被颗粒状突起，后缘具刚毛。囊导管细长。交配囊略短于囊导管，长卵圆形，无囊突。

分布：浙江(天目山)、黑龙江、北京、天津、河北、陕西、河南、山东、安徽、台湾。

9.8　泰顺带织蛾 *Periacma taishunensis* Wang，2006(图版 6-106)

Periacma taishunensis Wang, 2006, *Oecophoridae of China*: 184.

翅展 12.0～15.0mm。头浅黄色。下唇须黄色，雄性外侧散布褐色鳞片；雌性第 2 节散布褐色鳞片，端部具褐色圆环，第 3 节略短于第 2 节的 1/2。触角黄色，柄节背面黑色，鞭节背面具黑色条纹。胸部和翅基片黄色，散布黑色鳞片。前翅前缘微凹，外缘倾斜；翅面黄色，散布黑色鳞片；前缘基部具 1 枚黑色斑点，中室中部和翅褶基部 3/4 处各具 1 枚黑色斑点；自前缘基部 3/5 处至臀角稍前位置具 1 条黑色斑带，其前端宽，后端较窄；缘毛黄色，掺杂少量黑色。后翅和缘毛灰色。前足基节黄色，腿节和胫节背面黄色，腹面黑褐色，跗节外侧第 3～5 节黑褐色，其余部分黄色；中足黄色，胫节外侧基部和端部具黑褐色条纹，跗节和前足相同；后足黄色，跗节各节端部黑褐色。

雄性外生殖器(图版 39-106)：爪形突由基部至 1/4 渐窄，1/4 至 3/5 等宽，端部 2/5 近扇形膨大，两侧后端边缘钝圆；基部 1/4 处两侧各具 1 根长刚毛。颚形突宽，约与爪形突等长，基部 2/5 矩形;端部 3/5 倒三角形,末端钝,近边缘具颗粒状突起。抱器瓣基部 1/4 窄,端部 3/4 略宽,末端钝圆,端部 3/4 密被纤毛;抱器瓣基部突起基半部短棒状,端半部呈卵圆形膨大,具刚毛。抱器腹发达,略短于抱器瓣,基部宽,渐窄至 3/5 处;端部 2/5 窄,末端尖,背缘端部 2/5 具齿;背缘端部 2/5 处具一指状骨化突起。囊形突三角形。阳茎形状不规则,长约为抱器瓣的 2/3,基部 1/5 窄,指状;背缘 1/5 至 1/2 处具 1 近三角形膜质突起;端部具 2 个突起:背面突起棘状;腹面突起指状,背缘具齿,腹缘具粗壮短刚毛。自腹缘基部 3/5 处至背缘突起基部具 1 粗钩状突起,其两端分别与近腹缘部分和腹面突起基部相连,具稀疏短刚毛。

雌性外生殖器(图版 86-106):产卵瓣宽短,密被刚毛。后表皮突长约为前表皮突的 2.5 倍。后阴片窄,骨化强,后缘中央凹入。囊导管粗短,由后端至前端略变窄。交配囊略短于囊导管,椭圆形;囊突 1 枚,边缘具颗粒状突起,前端具 1 枚刺突。

分布:浙江(天目山)。

斑织蛾属 *Ripeacma* Moriuti,Saito *et* Lewvanich,1985

Ripeacma Moriuti,Saito *et* Lewvanich,1985.

Type species:*Ripeacma nangae* Moriuti,Saito *et* Lewvanich,1985.

该属特征与带织蛾属相似,前翅黑色或黄色,通常具有中室中斑、中室端斑和翅褶斑,若为黑色,则在前缘近端部具 1 枚黄斑或白斑;若为黄色,则通常狭长,散布黑色鳞片。雄性外生殖器:爪形突和颚形突发达,抱器背基突发达。雌性外生殖器:后表皮突长于前表皮突,囊导管部分骨化,交配囊通常膜质。

该属已知 26 种,分布于中国、泰国、斯里兰卡,本书记述 2 种。

9.9 尖翅斑织蛾 *Ripeacma acuminiptera* Wang et Li,1999(图版 6-107)

Ripeacma acuminiptera Wang et Li,1999,*Fauna and Taxonomy of Insects in Henan*,**4**;58.

翅展 9.0～10.0mm。头部浅黄色。下唇须浅黄色,散布黑色鳞片,雌性第 3 节长约为第 2 节的 2/3,末端尖。触角浅黄色,柄节散布黑色鳞片,鞭节端部 3/4 具黑色圆环。胸部和翅基片黄色,散布少量黑色鳞片。前翅狭长,前缘微弯,末端尖;翅面黄色,散布黑色鳞片,前缘自基部至约 3/4 处依次排列 5 枚黑斑,中室中部和翅褶中部各具 1 枚黑色斑点,中室末端具 1～2 枚黑色斑点,后缘端部 1/5 具若干独立或相连的黑斑;缘毛黄色,后缘端部 1/5 黑色。后翅和缘毛灰色。前足和中足的基节和腿节黄色,腹面杂黑褐色,胫节外侧黑褐色,内侧黄色,跗节外侧各节基部黑褐色,其余部分黄色;后足黄色,胫节外侧杂黑褐色,跗节外侧各节基部黑褐色。

雄性外生殖器(图版 39-107):爪形突基部宽,向端部渐窄,末端具 2 个椭圆形突起,两侧具刚毛。颚形突基部宽,渐窄至端部,两侧臂具近三角形膜质突起,末端具 2 个棘状侧突。抱器瓣狭长,背、腹缘近平行,末端钝圆,近基部具 1 列整齐的粗壮刚毛;抱器背基突端部略膨大。抱器腹略长于抱器瓣的 1/2,基部 1/3 近矩形,端部 2/3 棘刺状。囊形突宽阔,三角形。阳茎基环两侧臂宽带状,后端从中央断开,向两侧伸出强刺状突起。阳茎略长于抱器瓣,基部 1/4 窄,指状,1/4 至 2/3 膨大,端部 1/3 针状。

雌性外生殖器(图版 86-107):产卵瓣三角形,末端钝圆,近边缘具刚毛。前表皮突长约为后表皮突的 1/2。后阴片后缘中央凹入,形成 2 个山丘状突起,具刚毛。前阴片近三角形,后端钝圆。导管端片三角形,前缘具 2 个指状突起。囊导管膜质,后端约 3/5 密被颗粒状突起。交配囊长,前端约 1/2 具均匀的颗粒状突起;囊突 1 枚,长菱形,中央具一纵向隆起。

分布:浙江(天目山)、河南、湖北、贵州。

9.10　杯形斑织蛾 *Ripeacma cotyliformis* Wang, 2004(图版 6-108)

Ripeacma cotyliformis Wang, 2004, *Acta Zootax. Sin.*, **29**(2)：325.

翅展 11.5~13.0mm。头顶褐色,颜面浅黄色。雄性下唇须黄色。触角黄褐色,柄节背面散布黑色鳞片,鞭节背面具黑色条纹。胸部和翅基片灰色,散布黑色鳞片。前翅前缘微凹,外缘倾斜;翅面深褐色,前缘端部 1/4 处具 1 枚倒三角形浅黄色斑,缘毛深褐色。后翅和缘毛黑褐色。足黄白色,跗节末端黑色。

雄性外生殖器(图版 39-108):爪形突短,三角形,末端钝圆。颚形突侧臂带状,前缘具 1 杯形膜质突起。抱器瓣基部 2/5 窄,等宽,端部 3/5 略膨大,末端钝圆;基部 1/4 至 1/2 具密集刚毛,端部 3/5 密被长纤毛。抱器背约达抱器瓣基部 3/5 处,基部具粗壮长刚毛;抱器背基突较宽,端部略膨大。抱器腹长约为抱器瓣的 1/3,基部宽,渐窄至 2/3 处;端部 1/3 窄,背缘微波状,末端窄圆;背缘 1/2 处具 1 枚小齿突,背面具稀疏纤毛。囊形突三角形,末端尖。阳茎基环近矩形,后缘具 2 枚齿突,侧臂窄带状。阳茎长约为抱器瓣的 4/5,端部 2/5 分为 3 个骨片:腹面骨片最长,由基部至端部略加宽,末端钝;中间骨片端部具一粗针状突起;背面骨片最短,由基部至端部渐窄,末端钝圆。

分布:浙江(天目山)、湖北。

伪带织蛾属 *Irepacma* Moriuti, Saito *et* Lewvanich, 1985

Irepacma Moriuti, Saito *et* Lewvanich, 1985.

Type species: *Irepacma pakiensis* Moriuti, Saito *et* Lewvanich, 1985.

该属特征与带织蛾属相似,前翅较宽阔,常为褐色或黄色。雄性外生殖器:爪形突小,一些种类形成指状突起,颚形突具短侧臂,抱器背基突有或无,若有则通常长于抱器瓣的一半,阳茎基环骨化,扁平,阳茎粗短多刺。雌性外生殖器:无前表皮突,导管端片通常发达。

本书记述 3 种。

分种检索表

1. 爪形突端部膨大,无抱器背基突 ……………………………………… 大伪带织蛾 *Irepacma grandis*
   爪形突三角形或梯形,具抱器背基突 ……………………………………………………………… **2**
2. 抱器背基突末端具多枚细刺,抱器腹基部宽,中部细长弯曲,端部宽矛状 …………………………
   ……………………………………………………………… 矛伪带织蛾 *Irepacma lanceolata*
   抱器背基突末端尖,无刺,抱器腹基部宽,端部近披针形,末端钝圆 …… 弯伪带织蛾 *Irepacma curva*

9.11　大伪带织蛾 *Irepacma grandis* Wang *et* Zheng, 1997(图版 7-109)

Irepacma grandis Wang *et* Zheng, 1997, *Entomol. Sin.*, **4**(1)：9.

翅展 23.0~26.0mm。头部浅黄色。触角黄色。下唇须黄色;雌性第 2 节端部散布褐色鳞片,第 3 节长约为第 2 节的 1/3。胸部和翅基片黄色。前翅宽,前缘微弯;翅面浅黄色,散布褐色鳞片,中室中部及末端各具 1 枚灰色小斑点,中部斑点不明显,翅褶 2/5 处具暗褐色斑;缘毛黄色。后翅褐色;缘毛灰白色。足黄色,散布褐色鳞片;中足和后足胫节被长鳞毛。

雄性外生殖器(图版 39-109):爪形突自基部至 1/5 渐窄,1/5 至 3/5 等宽,两侧具刚毛,端部 2/5 膨大,末端端圆。颚形突圆片状。抱器瓣自基部至 1/3 渐窄,向后渐窄至钝圆的末端;抱器背直,端部渐窄,未达抱器瓣末端。抱器腹基部大且宽,端部突起粗短、骨化强。囊形突三角形,端部具乳状突起。阳茎基部 1/3 渐窄,端部 2/3 分为 2 支:背面分支略短,末端尖;腹面分支中央具齿突,末端具刺状突起。

雌性外生殖器(图版86-109):产卵瓣钟罩形,近边缘具刚毛。后表皮突长。导管端片骨化强。囊导管膜质,基部宽,约与交配囊等长。交配囊长椭圆形;囊突1枚,较大,在弱骨化、近三角形的底盘上具1枚强骨化板。

分布:浙江(天目山)、陕西。

9.12　矛伪带织蛾 *Irepacma lanceolata* Wang et Li, 2005(图版7-110)

Irepacma lanceolata Wang et Li, 2005, *Acta Zool. Acad. Sci. Hung.*, 51(2):131.

翅展17.0~18.5mm。头顶黄褐色,具成簇鳞片,颜面浅黄色。下唇须黄色,雌性第2节散布褐色鳞片。触角柄节黄色,鞭节腹面黄褐色,背面黄褐色和黑色相间。胸部和翅基片灰褐色。前翅较宽,前缘微凹,后缘倾斜;翅面和缘毛灰色。后翅和缘毛黑色。足黄色,胫节和跗节外侧杂黑褐色鳞片,前足腿节腹面杂褐色。

雄性外生殖器(图版39-110):爪形突小,近梯形,被稀疏刚毛。颚形突为不规则的近圆环状,弱骨化。背兜窄长,后端梯形,前缘深凹,延伸至侧缘,远侧内弯。抱器瓣基部窄,渐宽至1/3处,向后逐渐变窄,末端钝圆,端部2/3密被纤毛;抱器背较宽,端部渐窄,达抱器瓣末端,抱器背基突约与背兜等长,骨化强,端部具刺。抱器腹骨化,基部宽,中部窄,弯曲,端部呈宽矛状。囊形突短,近三角形。阳茎基环大,椭圆形。阳茎略长于抱器瓣,基部1/3窄,端部2/3宽,近端部具一圆形突起。

雌性外生殖器(图版86-110):产卵瓣近矩形,密被短刚毛。后表皮突粗壮。1对后阴片山丘状,骨化强。导管端片漏斗状,后缘中央呈宽U形凹入,两侧后端具指状突起,骨化强。囊导管短粗。交配囊长约为囊导管的1.2倍,椭圆形;囊突1枚,骨化强,近三角形,具1枚针状突起。

分布:浙江(天目山)、湖北。

9.13　弯伪带织蛾 *Irepacma curva* Wang et Li, 2005(图版7-111)

Irepacma curva Wang et Li, 2005, *Acta Zool. Acad. Sci. Hung.*, 51(2):128.

翅展19.0~23.0mm。头部灰褐色。下唇须黄白色,除末端外,密被褐色鳞片。触角背侧褐色,腹侧暗黄褐色。胸部和翅基片暗褐色,后缘散生黄色鳞片。前翅黄褐色,臀角及近翅端密被黑褐色鳞片,散生赭黄色鳞片;前翅前缘拱形;外缘斜;端部圆;在中室中部、近末端及翅褶中部分别具1黑褐色斑;缘毛褐色杂有灰黄色。后翅及缘毛灰色。前足灰黑色,具白黄色环;中足灰色,跗节深灰色,每节末端黄白色;后足白黄色,跗节暗灰色,每节末端具黄白色环。

雄性外生殖器(图版40-111):爪形突小,近梯形。颚形突圆形,窄,具长毛。背兜宽,近梯形。抱器瓣长;前缘拱形向内弯曲,边缘光滑;抱器背基突长、骨化,向下弯曲,基部具长毛,近端部1/7处密被短刺;端部圆。抱器腹长大于抱器瓣的1/2,末端1/3近披针形,具刚毛,末端圆;腹缘骨化,远端突起,末端尖。阳茎基环大,近椭圆形。阳茎宽短,基部1/3手柄状,自端部2/3渐宽至弯曲末端。

雌性外生殖器(图版86-111):产卵瓣大,近方形,末端钝圆。后表皮突粗壮。后阴片为2片近三角形的骨化板。导管端片短,骨化强。囊导管短,部分骨化。交配囊小,椭圆形;囊突大,近三角形,边缘具齿,端部针状。

分布:浙江(天目山)、贵州。

锦织蛾属 *Promalactis* Meyrick，1908

Promalactis Meyrick，1908. Type species：*Promalactis holozona* Meyrick，1908.

头部光滑，单眼后置。下唇须后弯超过头顶，第3节与第2节几乎等长。触角长约为前翅的4/5，雄性触角被纤毛，柄节延长，无栉。雄性外生殖器：爪形突发达，末端圆、尖或呈叉状；颚形突发达，通常近舌状，少数宽短，一般被疣突；抱器腹端部一般骨化，有时具齿；阳茎基环长或呈片状；阳茎通常具角状器。雌性外生殖器：交配孔一般发达；囊导管大多骨化；交配囊常具短刺状或颗粒状突起，囊突1～3枚或缺。

该属昆虫主要分布在古北区和东洋区，中国已知160多种，本书记述18种。

9.14　浙江锦织蛾 *Promalactis zhejiangensis* Wang et Li，2004(图版7-112)

Promalactis zhejiangensis Wang et Li，2004，*Oriental Insects*，**38**：3.

翅展12.0～20.5mm。头部亮白色，后头赭黄色。下唇须第2节外侧赭色，内侧黄色；第3节赭褐色，末端尖，白色。触角柄节长，白色，鞭节黑色和白色相间。胸部、翅基片及前翅赭黄色。前翅具3条外缘黑色的白线：第1条位于翅基部，第2条自近前缘1/3处斜伸至后缘，第3条自前缘基部2/3之外内斜至臀角；缘毛黄色，有些赭色。后翅及缘毛深灰色。前足灰褐色，具白色斑点；中、后足黄白色，跗节具褐色斑点。

雄性外生殖器(图版40-112)：爪形突宽，末端钝圆。颚形突端部2/3近矩形，具颗粒，端部钝。抱器瓣近等宽，抱器端密被刚毛，近桨状，抱器端不对称：左侧钝圆，右侧突出；抱器背内凹近水平。抱器腹骨化，端部具圆形突起，密被刚毛。囊形突窄，两侧近平行，端部圆。阳茎细长，略长于抱器瓣左侧至右侧的距离，近端部具1三角形突起；角状器非常长，骨化。

雌性外生殖器(图版86-112)：后阴片小；前阴片近梯形。导管端片骨化强。囊导管长，端部2/5具2枚锯齿状骨化片；1条骨化带自基部1/5处延伸至端部。交配囊圆形，无囊突。

分布：浙江(天目山)、安徽、福建、江西、广东。

9.15　密纹锦织蛾 *Promalactis densimacularis* Wang，Li et Zheng，2000(图版7-113)

Promalactis densimacularis Wang，Li et Zheng，2000，*Acta Entomol. Sin.*，**7**(4)：292.

翅展10.0～10.5mm。头部黄白色，后头褐色。触角黄白色，鞭节黄白色与褐色相间。下唇须黄白色，第2节基部2/3外侧褐色；第3节约与第2节等长，末端尖。胸部及翅基片褐色。前翅赭黄色，密被黑褐色鳞片，形成大斑；前缘中部和端部分别具1黑斑，前者外缘具白色缘线；白色短线自前缘基部延伸至后缘基部分离，在翅中基部合并；白线自前缘基部至翅中部1/3，另1白线自后缘1/4上斜并与其合并，近V形；1白线自后缘1/2斜上至中室下角，两白线之间后缘为褐色；缘毛橘黄色。后翅及缘毛黑灰色。前足及中足腿节、胫节、跗节被白斑；后足腿节、胫节黄褐色，跗节淡褐色。

雄性外生殖器(图版40-113)：爪形突长，近三角形，基部宽，渐窄至端部。颚形突长，端部具1大突起。抱器瓣背缘及腹缘近平行；端部指状突起，末端钝圆。抱器腹发达，骨化；末端钩状弯曲，末端尖。囊形突宽，约与爪形突等长，末端钝圆。阳茎基环明显，基部窄，中部宽，形成2耳状侧叶，末端针状。阳茎长、直，弱骨化；角状器小，骨化，针状。

雌性外生殖器(图版86-113)：前表皮突约与后表皮突等长。导管端片略宽，后缘中部凹。囊导管中部窄，自中部向前渐宽，具数枚骨化齿突。交配囊小，膜质；无囊突。

分布：浙江(天目山)、江西、湖北、广西。

9.16 咸丰锦织蛾 *Promalactis xianfengensis* Wang et Li，2004(图版 7-114)

Promalactis xianfengensis Wang et Li，2004，*Oriental Insects*，**38**：7.

翅展 9.0mm。头部白色。下唇须黄白色，第 2 节外侧具深褐色鳞片，第 3 节具黑色斑点，末端尖。触角柄节黄白色，鞭节黄白色与白色相间。胸部深褐色。翅基片基半部深褐色，端半部黄白色。前翅褐色，具橘黄色鳞片；自前缘基部 2/3 向外至中室末端具 1 不规则白斑，白斑外缘具橘黄色鳞片，鳞片斜向下延伸至外缘；自近前缘基部至中室末端有 1 弯曲的白线，边缘被橘黄色鳞片；后缘基部 1/4、1/3 的模糊白线向上与白色条带结合；外缘斜下方具白色鳞片，形成模糊的斑点；翅端具 1 椭圆形白斑；缘毛橘黄色。后翅及缘毛灰褐色。前、中足外侧具白斑；后足亮褐色，跗节外侧具白色斑点。

雄性外生殖器(图版 40-114)：爪形突基部宽，端部窄，端部 1/3 弯曲。颚形突大，近舌状，端部具骨化突起。抱器瓣基部宽，端部略窄，末端钝。抱器腹骨化，端部具 1 向上弯曲的针状突起。囊形突约与抱器瓣等长，末端钝圆。阳茎基环圆锥形，末端尖。阳茎长，直，基部约 1/4 处窄；角状器长，针状，略长于阳茎长的 1/3。

雌性外生殖器(图版 87-114)：前表皮突长约为后表皮突的 2/3。后阴片近心形，弱骨化。导管端片骨化，伞状。囊导管除端部外，其余部分骨化强，基部 1/3 圆柱状，中部宽，具 2 组齿突，端部褶皱。交配囊小，膜质，无囊突。

分布：浙江(天目山)、湖北、重庆。

备注：本种是浙江新记录种。

9.17 双圆锦织蛾 *Promalactis diorbis* Kim et Park，2012(图版 7-115)

Promalactis diorbis Kim et Park，2012，*Journal of Natural History*，**46**(15-16)：904.

翅展 10.0mm。头顶及颜面深褐色杂深灰色，后头深褐色。下唇须第 1、2 节深灰褐色，第 2 节末端黑色，第 3 节黑色，基部和末端白色，略短于第 2 节。触角柄节白色，栉深褐色；鞭节背面白色和黑色相间，腹面深褐色。胸部和翅基片深赭褐色，胸部末端白色。前翅赭黄色；斑纹白色，边缘被黑色鳞片：前缘 3/5 处有 1 近三角形斑，近达中室下角，两侧弯曲，前内侧具浓密黑色鳞片，前外侧有 1 近三角形大黑斑；中室近基部、中室下缘 2/5 处及 2/3 处下方各有 1 小斑；翅褶基部有 1 小斑；后缘 1/6 处有 1 小斑，1/4 处及 1/2 处各有 1 短条纹近达翅褶；翅端有 1 椭圆形斑，外缘中部有 1 小斑；缘毛橘黄色。后翅和缘毛深灰色。前足黑色，胫节背面基部和中部各有 1 白斑，末端有 1 簇白色鳞毛，跗节背面具白斑；中足腹面灰色，背面黑色，胫节背面基部有 1 白斑，近中部和末端各有 1 簇白色鳞毛，跗节背面具白斑；后足灰色，跗节背面黑色具白斑。

雌性外生殖器(图版 87-115)：前表皮突长约为后表皮突的 1/2。第 8 背板骨化，近圆形。后阴片大，强骨化，近梯形，边缘锯齿状，两侧折叠，且距边缘 1/4 处各形成 1 长纵脊；中部有 1 楔形突起，后伸，后缘中部呈 V 形凹入，具稀疏刚毛；前侧具矩形骨化突起。导管端片两侧强骨化，前缘中部呈 V 形深凹。囊导管长约为交配囊的 2 倍，后端膨大，后端 3/5 具 2 条近楔形骨化带，左骨化带后端具 3 枚小刺，前端变窄，前端 1/4 处弯曲，有 1 骨化环；导精管出自囊导管后端 1/3 处。交配囊圆形，膜质；囊突 2 枚，圆形，表面具小刺。

分布：浙江(天目山)、福建；越南。

9.18 褐斑锦织蛾 *Promalactis fuscimaculata* Wang, 2006(图版 7-116)

Promalactis fuscimaculata Wang, 2006, *Oecophoridae of China*: 32.

翅展 10.0~11.5mm。头部棕色。下唇须橘黄色,内侧颜色淡;第 3 节被黑色鳞片。触角背侧深褐色,腹侧黄白色;鞭节银白色与深褐色相间。胸部及翅基片棕色。前翅橘黄色,前缘 2/3 及端部各具 1 棕色斑,前者大;臀角处棕色;翅褶基部 1/3、2/3 处各具 1 深褐色斑,斑点外缘白色;翅褶上方具 1 褐斑自基部延伸至翅基部 1/6 处。缘毛橘黄色。后翅及缘毛深灰色。前、中足黑色,被白色斑点;后足外侧黄褐色。内侧黄白色。跗节被黑色斑点。

雄性外生殖器(图版 40-116):爪形突圆锥形,自基部至端部渐窄。颚形突长矩形,末端钝圆,略长于爪形突。抱器瓣基部略窄,中部宽;抱器端近三角形。抱器腹狭长,端部上弯,略尖。囊形突小,长约为颚形突的 1/2。阳茎基环侧叶达颚形突端部 1/3。阳茎直,具 2 枚骨化的角状器:1 枚位于端部 1/3 处,针状,另 1 枚位于端部,W 形。

雌性外生殖器(图版 87-116):前表皮突长约为后表皮突的 1/2。导管端片发达。囊导管宽。交配囊小,椭圆形,具 2 枚向日葵花形的圆形囊突。

分布:浙江(天目山)、天津、河南、湖北。

9.19 饰带锦织蛾 *Promalactis infulata* Wang, Li *et* Zheng, 2000(图版 7-117)

Promalactis infulata Wang, Li *et* Zheng, 2000, *Acta Entomol. Sin.*, **7**(4): 289.

翅展 9.0mm。头顶黄白色,颜面及后头处褐色,有光泽。触角柄节黄白色,鞭节黄白色和褐色相间。下唇须基节黄白色,第 2 节基部 3/4 及末端黑褐色,端部 1/4 黄白色,上举与触角基部平行;第 3 节基部和末端白色,中部黑色,长约为第 2 节的 1/2,末端尖。胸部和翅基片黑褐色。前翅底色赭黄色;前缘基部 2/3 黑色,2/3 处有 1 枚黑斑下延至近翅中央,其外侧有 1 条白线外斜,下延超过翅中央;前缘中部有 1 枚大褐斑;翅顶处有 1 个小白点;1 条白色宽纵带从近前缘基部向下斜至中室中部,与从后缘近基部伸出的另 1 条不很清楚的宽带相连,形成 V 形;翅基部和端部 1/3 密布褐色鳞片,并杂白色鳞片;缘毛橘黄色。后翅及缘毛灰褐色。前足和中足腿节灰色,胫节和跗节黑色,胫节末端和跗节具白环。后足外侧灰褐色,内侧黄白色,跗节浅褐色,具白环。

雄性外生殖器(图版 40-117):爪形突基部宽,端部渐窄,末端尖,具刚毛。颚形突相对宽短,短于爪形突,端部具网状纹,末端钝圆;侧臂短。抱器瓣宽大,基部和端部几乎等宽,抱器背短,长约为抱器瓣的 1/2,抱器端分为上下两部分,上部分宽,末端下侧呈圆形突出,下部分窄,末端尖,上弯,具刚毛。抱器端发达,骨化,囊形突宽短,末端钝圆。阳茎端基环发达,极长,向前缘渐尖,后缘伸出两条粗长侧突,一定程度骨化,末端尖锐。阳茎强壮,基部略窄于端部,长于抱器瓣。角状器细长,骨化弱,约占阳茎总长的 3/4。

雌性外生殖器(图版 87-117):产卵瓣宽短。后表皮突长于前表皮突。交配孔发达,骨化,后缘钝圆,具微刺。囊导管基部 1/3 宽大,强烈骨化,中部扩大,膜质,有齿突若干枚,端部 1/3 收窄,膜质。交配囊小,卵圆形,具微刺突,无囊突。

分布:浙江(天目山)、河南、湖北、贵州、香港。

9.20 银斑锦织蛾 *Promalactis jezonica* (Matsumura, 1931)(图版 7-118)

Borkhausenia jezonica Matsumura, 1931, 6000 *Illustr. Insects Japan-Empire*: 1088.

Promalactis jezonica: Kuroko, 1959, *Trans. Lep. Soc. Jap.* **10**: 34.

Promalactis symbolopa Meyrick, 1935, *Exot. Microlep.*, **4**: 593.

翅展 10.0~12.0mm。头顶亮白色,颜面灰褐色,后头棕色。下唇须棕色,第 3 节褐色。触角腹侧褐色,鞭节背侧具白色与褐色相间的环。胸部和翅基片古铜色。前翅赭黄色;具外缘白色的褐色斑纹:基部斑纹自近前缘斜至后缘,第 2 条斑纹自近前缘基部 1/3 至后缘 2/5,呈拱形,第 3 条斑纹自前缘基部 2/3 向下延伸至翅中部,近三角形,弯曲斑纹分别位于斑点下方至臀角处和后缘 3/4 处,自斑纹外缘至臀角处密被小斑点;翅端具 1 大斑点,被黑色鳞片分为 4 小点;缘毛橘黄色,臀角缘毛灰褐色。后翅和缘毛灰褐色。前、中足黑色,胫节和跗节具白色斑点;后足灰白色,跗节具褐色斑。

雄性外生殖器(图版 40-118):爪形突基部略宽,渐窄至端部。颚形突窄,近舌状,端部表面粗锉状。抱器瓣对称;抱器背端部密被长毛,端部尖。抱器腹端部游离,被刚毛,长椭圆形,略长于抱器瓣。阳茎基环侧叶细长,长约为阳茎的 3/5。囊形突宽,约为阳茎长的 1/3,端部圆。阳茎细直,长于抱器瓣。

雌性外生殖器(图版 87-118):后表皮突长约为前表皮突的 2.5 倍。后阴片皇冠形,骨化强烈;后缘具 1 端部尖的中突及 2 个端部圆的横带。囊导管长约为交配囊的 1.5 倍;导精管出自前端部 1/3 处。交配囊大,椭圆形;囊突小,包括 2 枚大刺,基部具齿状突。

分布:浙江(天目山)、江苏、江西、湖北、湖南、广西、海南、四川、重庆、贵州、陕西、甘肃、台湾;朝鲜,日本。

9.21 卵叶锦织蛾 *Promalactis lobatifera* Wang, Kendrick *et* Sterling, 2009(图版 7-119)

Promalactis lobatifera Wang, Kendrick *et* Sterling, 2009, *Zootaxa*, **2239**: 41.

翅展 7.5~8.0mm。头顶白色,后头褐色。下唇须灰白色,第 3 节基部黑色。触角白色和黑色相间。胸部和翅基片赭褐色。前翅赭黄色,散生褐色鳞片,前缘基部褐色,自前缘基部1/4斜至后缘基部 1/3 具 1 白线,白线上散生褐色鳞片;自前缘基部 3/4 内斜至后缘基部 2/3 具 1 散生褐色鳞片的白色宽带;翅端散生褐色鳞片,具 1 近圆形的白斑。缘毛赭黄色,臀角处黑色。后翅及缘毛灰色。前足黑色,胫节、跗节具白斑;中、后足褐色,后足跗节被白色斑点。

雄性外生殖器(图版 40-119):爪形突宽短,略呈梯形,两侧呈带状内折,密具刚毛,末端中部呈宽 V 形凹入,形成 2 个细侧突。颚形突形状与爪形突相同。背兜自端部 1/3 处分叉。抱器瓣基半部近等宽,端半部窄,端部 1/3 密被刚毛,末端斜截,背角呈三角形突出,末端尖。阳茎基环近等宽,末端中部凹,形成短侧叶。囊形突三角形。阳茎细长,长于抱器瓣,无角状器。

雌性外生殖器(图版 87-119):前表皮突长约为后表皮突的 1/2。后阴片强骨化,长圆柱状。交配孔椭圆形。导管端片长,约与第 8 腹板等长。囊导管长,端部 1/3 膜质,其余部分骨化,在端部 2/5 处具骨化片,密被小齿突。交配囊小,椭圆形,膜质,无囊突。

分布:浙江(天目山)、香港。

9.22 特锦织蛾 *Promalactis peculiaris* Wang *et* Li, 2004(图版 7-120)

Promalactis peculiaris Wang *et* Li, 2004, *Oriental Insects*, **38**: 1.

翅展 9.5~11.0mm。头顶亮白色,后头深褐色。下唇须第 2 节黄褐色;第 3 节深褐色,具紫色金属光泽,稍短于第 2 节。触角柄节白色;鞭节白色和黑色相间。胸部和翅基片深褐色,具紫色金属光泽。前翅黄色,基部具 1 黑色条纹,外缘具白色鳞片;外缘被黑色鳞片的赭黄色饰带自前缘中部延伸至后缘,宽于前面斑纹;有白色条纹沿饰带内缘但未达翅前缘;饰带外侧近前缘处具1白色斑点;翅端赭褐色;缘毛黄色,臀角处灰褐色。后翅及缘毛深灰色。前足黑色;中足灰白色,胫节及跗节外侧灰黑色;后足暗灰色。

雄性外生殖器(图版40-120):爪形突基半部近正方形,中部具长刚毛,自端部1/2分叉,形成2窄带,末端钝。颚形突稍长于爪形突,基部2/3直,具颗粒,基部2/3角状,然后弯曲,端部1/3窄。抱器瓣背缘与腹缘近平行,具2突起:背侧突起长,指状,具刚毛;腹侧突起短,三角形,腹侧具细齿。抱器背为密被刚毛的突起,略长于抱器瓣端部。抱器腹骨化,具刚毛。囊形突约与爪形突等长,端部钝。阳茎细长,长于抱器瓣,中部略弯,端部具针状角状器。

雌性外生殖器(图版87-120):后表皮突长约为前表皮突的3倍。导管端片大,骨化强,后缘中部三角形凹入。囊导管窄,膜质。交配囊圆形,膜质,囊突骨化强,弯曲,具梳状齿。

分布:浙江(天目山)、福建、江西、湖北、湖南、广东、广西、贵州、台湾。

9.23 乳突锦织蛾 *Promalactis papillata* Du et Wang, 2013(图版7-121)

Promalactis papillata Du et Wang, 2013, *Zookeys*, **285**: 28.

翅展9.0~12.0mm。头顶亮白色,颜面及后头黄褐色。下唇须第1、2节外侧赭褐色,内侧淡黄色;第3节深赭褐色,约与第2节等长。触角柄节白色,前、后缘深褐色;鞭节背面白色和黑色相间,腹面深褐色。胸部和翅基片赭褐色。前翅深橘黄色,1条白色横带从前缘约2/3处内斜至臀角前,边缘被黑色鳞片,其前端1/2阔,近三角形,横带外侧至翅端橘黄色;后缘具2条白色短带,边缘被黑色鳞片:第1条从后缘基部1/5处达翅褶基部,第2条从后缘1/2处达中室上缘基部1/3处;缘毛黄色。后翅和缘毛深灰色。

雄性外生殖器(图版40-121):爪形突基部阔,略变窄至末端,末端微凹或窄圆,两侧中部具小乳突状、多刚毛突起。颚形突长约为爪形突的3/5,非常窄,表面粗锉状,末端窄圆;侧臂带状,略短于颚形突。背兜自后端1/3处分叉,前端呈三角形渐窄。抱器背基部略凹;抱器瓣末端钝;不对称:左抱器瓣几乎背、腹缘平行,略长于右抱器瓣,抱器腹基部阔,渐窄至末端,末端尖,超过抱器瓣末端,中部多刚毛,背缘端部2/5强骨化,多刚毛且具小齿,端部2/5处形成1枚大刺状突起;右抱器瓣基部阔,端部略窄,抱器腹几乎等宽,端部略变窄,中部多刚毛,背缘端部1/4强骨化,多刚毛,锯齿状,端部1/4处形成1三角形突起,末端有1枚小刺,超过抱器瓣末端。囊形突长约为爪形突的2倍,基部阔,略变窄至基部1/3处,端部2/3近指状,末端窄圆。阳茎基环骨化,矩形板状。阳茎弯曲,长约为左抱器瓣的1.6倍,端部骨化;角状器长且弯,约为阳茎长的3/5,刺状。

雌性外生殖器(图版87-121):前表皮突长约为后表皮突的1/2。后阴片大且强骨化,柱状,前端有时略窄;后端背面伸出1长梯形或矩形突起,腹面伸出1短矩形突起;背面突起后缘圆或凹成V形,形成2个小丘状侧突,腹面突起长约为背面突起的2/5,后缘略凹。导管端片近漏斗状。囊导管长且盘曲,长约为交配囊的4倍,骨化,前端及后端一小部分膜质;后端1/6处背面有1方形骨化板,其右侧具4枚弯刺,腹面有1簇短刺;导精管出自囊导管后端。交配囊圆形,膜质,密具小粒突;无囊突。

分布:浙江(天目山)、安徽。

9.24 丽线锦织蛾 *Promalactis pulchra* Wang, Zheng et Li, 1997(图版7-122)

Promalactis pulchra Wang, Zheng et Li, 1997, *SHILAP Revta. Lepid.* **25**(99): 200.

翅展13.0~13.5mm。头赭褐色,头顶白色。触角黑色,柄节背面白色,鞭节背面黑白相间。下唇须赭色,第2节内侧淡黄色,第3节末端白色。胸部赭褐色。翅基片及前翅黄色。前翅前缘基部深褐色,具3条两侧饰有黑色鳞片的白线:第1条白线从翅褶基部外斜至后缘;第2条从1/3处近前缘外斜至后缘;第3条自前缘约3/4处向内斜至后缘臀角前;缘毛赭黄色,臀角处深灰色。后翅及缘毛灰褐色。

雄性外生殖器(图版40-122):爪形突后缘波状。颚形突长于爪形突,舌状。抱器腹发达,端部有骨化的齿突和鳞毛。囊形突长约为抱器腹的1/2。阳茎端部1/4分为2支,1支末端圆,另1支近末端有1侧叶;角状器1枚,强烈骨化。

雌性外生殖器(图版87-122):后表皮突长约为前表皮突的2倍。囊导管大部分骨化,基部1/3有3根强刺和若干枚小刺。交配囊密具小刺突;无囊突。

分布:浙江(天目山)、河南、陕西、甘肃。

9.25 原州锦织蛾 *Promalactis wonjuensis* Park *et* Park,1998(图版7-123)

Promalactis wonjuensis Park *et* Park,1998,*J. Asia Pacific Ent.*,**1**(1):60.

翅展18.0~20.0mm。头部及额棕黄色,头顶白色。下唇须黄色,第2节外侧褐色,第3节深褐色。触角柄节白色,鞭节端部具黑色环。胸部和翅基片赭黄色。前翅黄褐色;具3条外缘黑色的白线:第1条自翅褶基部至后缘,第2条自近前缘基部1/4至翅端2/5,第3条自后缘基部2/3至中室下角,然后拱形弯曲至臀角;前缘基部2/3具1椭圆形白斑;翅端具数个外缘线黑色的白色斑点。后翅灰褐色,缘毛灰色。足腹侧暗黄色,背侧深褐色,胫节及跗节具白斑。

雄性外生殖器(图版40-123):爪形突基部2/3近等宽,端部1/3渐窄。颚形突近球拍形,具稠密颗粒。抱器瓣不对称:抱器瓣右侧端部2/5具1组浓密的纤毛,末端尖;抱器瓣左侧端部1/4具1组浓密的纤毛,末端尖。抱器腹端部游离,端部近长椭圆形,右侧抱器腹几乎与抱器瓣等长,左侧抱器腹远超过抱器瓣末端。囊形突粗短,约与抱器瓣等长。阳茎基环侧叶细叶状。阳茎细,直,长约为抱器瓣的1.8倍。

雌性外生殖器(图版87-123):产卵瓣小。前表皮突短于或长于后表皮突。后阴片骨化强,近心形,后缘中部内凹,内凹处具1骨化突起。囊导管几乎全部骨化,前端1/3处宽。交配囊椭圆形,具颗粒;囊突1枚,为圆形骨化片,具2枚小刺。

分布:浙江(天目山)、辽宁、福建、江西、湖北、湖南、广东、广西、四川、贵州、甘肃;朝鲜。

9.26 蛇头锦织蛾 *Promalactis serpenticapitata* Du *et* Wang,2013(图版7-124)

Promalactis serpenticapitata Du *et* Wang,2013,*Zookeys*,**285**:36.

翅展10.5~13.0mm。头部深褐色,头顶或仅其两侧白色。下唇须第1、2节外侧深褐色,第1节内侧苍白色,第2节内侧黄灰色;第3节黑色,基部和末端白色,约与第2节等长。触角柄节白色,前、后缘黑色;鞭节背面白色和黑色相间,腹面黑色。胸部和翅基片深赭褐色杂深褐色。前翅基部3/5赭褐色,端部2/5赭黄色;斑纹银白色或白色,边缘密被黑色鳞片:前缘中部有1枚半圆形或方形银白色斑,其下方有1银白色点;后缘具3条银白色短带:第1条基部短带达翅褶基部,第2条从后缘基部2/5处伸达中室基部1/3处,第3条从后缘基部3/5处外斜至中室下缘端部约1/4处;臀角前有1白点;翅顶有1枚近椭圆形白斑,边缘密生黑色和赭褐色鳞片;缘毛赭黄色,后缘端部缘毛灰色。后翅和缘毛深灰色。

雄性外生殖器(图版41-124):爪形突近三角形,基部阔,渐窄至末端,末端圆,近末端有1小齿。颚形突长约为爪形突的3/5,基部阔,渐窄至中部,端部1/2变阔,圆,腹面近末端有1蛇头状突起;侧臂带状,长约为颚形突的2/3。背兜后端窄,两侧中部外凸,自后端2/3处分叉,前端1/3两侧几乎平行,前缘圆。抱器瓣骨化,近末端中部有1近卵形膜质区;基部2/3几乎等宽,端部形成1乳头状突起;抱器背基部和端部凹入,中部略凸出。抱器腹基部阔,端部渐窄,背缘基部 1/2 至 2/3 凹入,端部 1/3 形成游离、多刚毛端突,上举,呈 L 形,其末端锯齿状,远超过背端突。基腹弧前腹面宽,有 1 条细横带连接左右两侧,横带与囊形突后缘之间形成扇形结构;囊形突短,宽阔,约为爪形突长的 3/4,近三角形,末端尖。阳茎基环长,近棍状,略弯,基部有 1 短指状突起,端部 7/10 背面有 1 束硬鬃,端部 2/3 硬鬃较长,末端密具小刺或小齿,达爪形突近中部。阳茎直,粗壮,长约为抱器瓣的 4/5;端部有 2 片浓密微刺和 1 强骨化突起,突起的基部 1/2 粗,近圆锥状,端部 1/2 刺状,弯曲;角状器 1 枚,刺状,位于阳茎中部,约为阳茎长的 3/10,基部具 3 枚短刺和 1 三角形骨片。

雌性外生殖器(图版 88-124):前表皮突长约为后表皮突的 1/2,前表皮突粗壮。第 8 腹节非常短,第 8 腹板后中部强骨化,后缘凸圆。第 7 腹节骨化。导管端片大,倒梯形,骨化,左侧前端有 1 椭圆形膜质区,腹面后缘中部略凸圆,两侧波状弯曲。囊导管膜质,略长于交配囊,后端具多枚细刺;导精管出自近导管端片处。交配囊大,近圆形,膜质;无囊突。

分布:浙江(天目山)、福建、江西。

9.27 花锦织蛾 *Promalactis similiflora* Wang, 2006(图版 7-125)

Promalactis similiflora Wang, 2006, *Oecophoridae of China*: 58.

翅展 9.0~11.0mm。头顶亮白色,额深灰色,后头古铜色。下唇须第 2 节深褐色,第 3 节黑色。触角黑色,腹侧深褐色,除鞭节端部 2/3 处具深褐色环外,背侧银白色。胸部及翅基片古铜色。前翅橘黄色,略带赭色;具 3 条外缘为黑色鳞片的白色斑纹:第 1 条斑纹自翅褶基部向外斜至后缘;第 2 条斑纹自近前缘基部 1/4 处拱形外斜至翅端 2/3 处;最外的斑纹自前缘基部 2/3 径直延至臀角,在端部 3/5 处分为 2 带,1 条带长,椭圆形,另 1 条带短,近矩形;翅端具 1 大斑点;缘毛橘黄色。后翅及缘毛深灰色。前、中足黑色,具白斑;后足外侧黄褐色,内侧黄白色,跗节具灰黑色斑点。

雄性外生殖器(图版 41-125):爪形突基部宽,渐窄至端部,末端尖。颚形突约与爪形突等长,近舌状,末端一般凹入。背兜约与抱器瓣等长。抱器瓣狭长,抱器背基部具 1 圆形弱骨化的突起,略超过抱器背中部具 1 骨化指状突起;抱器端略向上弯,末端钝。抱器腹窄。囊形突近三角形,长约为抱器瓣的 1/2。阳茎基环近矩形,中部向后凹入,前缘具 1 长突起,该突起约为阳茎基环的 1.5 倍。阳茎稍短于抱器瓣,基部略窄,端部具 1 叶状突起。

雌性外生殖器(图版 88-125):后表皮突长约为前表皮突的 2.5 倍。囊导管与交配囊界限模糊。交配囊具 1 枚囊突,囊突上具数枚小刺。

分布:浙江(天目山)、安徽、江西、湖北、湖南、四川、贵州;马来西亚。

9.28 拟饰带锦织蛾 *Promalactis similinfulata* Wang, Kendrick *et* Sterling, 2009(图版 7-126)

Promalactis similinfulata Wang, Kendrick *et* Sterling, 2009, *Zootaxa*, **2239**: 34.

翅展 7.5~8.0mm。头顶白色,后头黄褐色。触角柄节黄白色,鞭节黄白色与褐色相间。下唇须内侧黄白色,外侧褐色,第 2 节黄白色,基部 1/3 散生褐色鳞片;第 3 节基部 1/3 黄白色,端部黑色,末端尖。胸部及翅基片褐色。前翅赭黄色,密被黑褐色鳞片,形成大斑;前缘基部 1/5 斜至后缘基部 2/3 具褐色条带,该条带在前部 1/5、1/2、4/5 处分别断开,断开处具白色短线,该条带外缘具 1 条斜至中室下角的白线;前缘 1/3 至 3/5 处具 1 三角形黑斑,延伸至中室上角,外缘具黑色鳞片;翅端具 1 三角形黑斑。缘毛橘黄色,散生黑色鳞片。后翅及缘毛黑灰色;前足黑色,胫节、跗节具白斑;中、后足背侧黑色,腹侧黄褐色,跗节被白斑。

雄性外生殖器(图版 41-126):爪形突基部 2/3 宽,渐窄至端部,末端尖。颚形突长约为爪形突的 4/5,近舌状,端部 1/3 两侧略内凹。背兜自端部 1/2 处分叉。抱器瓣宽短,抱器背端部略拱,具近半圆形突起,密被纤毛;抱器腹狭长,末端具1鸟喙状突起,密被纤毛。阳茎基环侧叶自端部1/5分叉,末端达颚形突基部1/5处。囊形突长,圆柱状,末端钝。阳茎长,基部1/5略细,角状器长约为阳茎的4/5。

雌性外生殖器(图版88-126):前表皮突长约为后表皮突的1/2,前、后表皮突端部膨大。第8腹板非常小。前阴片不规则圆形,后缘中部凸出,第7腹板前端两侧骨化,并具小刺突。导管端片非常短,窄于囊导管。囊导管长,后端1/5膜质且具5枚棘状小刺,前端4/5皱褶,后端1/5至1/2骨化,前端1/2右侧骨化,盘曲;导精管出自近导管端片处。交配囊小,圆形,膜质,长约为囊导管的1/5,无囊突。

分布:浙江(天目山)、福建、江西、湖北、湖南、广西、海南、重庆、香港。

9.29　点线锦织蛾 *Promalactis suzukiella*（Matsumura, 1931)(图版8-127)

Borkhausenia suzukiella Matsumura, 1931, 6000 *Illustr. Insects Japan-Empire*: 1089.

Promalactis suzukiella (Matsumura); Park, 1981, *Korean J. Pl. Prot.*, **20**(1): 44.

翅展8.5～12.5mm。头褐色,头顶银白色。下唇须赭黄色,内侧色较浅,第3节深褐色,末端白色。触角银白色,鞭节具黑色环。胸部及翅基片深褐色。前翅赭黄色,基半部有2条平行的白色横线:第1条从前缘基部外斜至翅褶和后缘之间,第2条从前缘1/4处外斜至后缘,边缘具褐色鳞片;前缘端部1/3处有银白色圆斑;黑褐色宽带自臀角前外斜达前缘斑;缘毛黄色,前缘翅端及臀角处褐色。后翅及缘毛灰色。前足和中足白色,具黑斑。后足灰白色,胫节被长毛。

雄性外生殖器(图版41-127):爪形突基部宽,端部渐窄。颚形突短,阔舌状,端部具疣突,前缘中央微凹。抱器瓣亚矩形,基部稍窄;抱器背窄带状,端部呈指状突出;抱器腹宽,约占抱器瓣宽的1/2,端部游离,背缘具刺簇。囊形突细长。阳茎细长,长于抱器瓣;无角状器。

雌性外生殖器(图版88-127):后表皮突长于前表皮突。囊导管细,直,短于交配囊。交配囊梨形;囊突1枚,骨化较强,具齿,有1条骨化强的横脊。

分布:浙江(天目山)、北京、天津、河北、辽宁、安徽、福建、江西、山东、河南、湖北、湖南、广东、广西、海南、四川、贵州、西藏、陕西、甘肃、台湾;朝鲜,日本,俄罗斯。

9.30　三突锦织蛾 *Promalactis tricuspidata* Wang et Li, 2004(图版8-128)

Promalactis tricuspidata Wang *et* Li, 2004, *Oriental Insects*, **38**: 2.

翅展10.0～11.0mm。头部亮灰色,后头灰白色。下唇须第2节赭黄色,杂黑色鳞片;第3节白色,散生黑色鳞片,末端尖。触角柄节长,赭黄色,鞭节白色和黄褐色相间。胸部和翅基片深灰色。前翅橘黄色,散生黑色鳞片,具边缘黑色的白斑;前缘略拱,前缘中部具1亚三角形白斑;翅端具外缘黑色的白色小圆斑;白线自近前缘1/3处外斜至翅褶,中部略收缩;后缘1/5、2/5处具2条白色短线,分别延伸至翅褶处,后1条最后延伸至臀角上缘;缘毛橘黄色。后翅及缘毛深灰色。前足黑色,胫节和跗节具白斑;中、后足黄灰色,胫节和跗节具白色环和黑色斑点。

雄性外生殖器(图版41-128):爪形突基部2/3宽,基部2/3起骤然变窄,端部1/3细。颚形突宽短。抱器瓣宽短,端部具3齿状突起:背侧的突起最长,端部宽,具刚毛,末端钝;中部的突起最短,最小,具刚毛;腹侧的突起末端尖,具刚毛;中部突起和腹侧突起之间具V形骨化片。抱器背拱形,抱器腹骨化。囊形突非常长,长于抱器瓣,基部宽,端部窄,末端钝。阳茎基环为不规则U形,基部具突起。阳茎非常长,长于自爪形突端部至囊形突末端的距离,端部具大的钩状骨化片和数枚短刺;角状器长,针状。

雌性外生殖器(图版88-128):前表皮突长约为后表皮突的1/2。后阴片后缘中部内凹,两侧乳突状。导管端片长,骨化,近梯形。囊导管短,膜质,部分骨化,端部具1大骨化片,骨化片上沿外缘具1组小刺。交配囊窄,交配囊与囊导管界限不明显,无囊突。

分布:浙江(天目山)、江西、河南。

9.31　四斑锦织蛾 *Promalactis quadrimacularis* **Wang et Zheng, 1998**(图版8-129)

Promalactis quadrimacularis Wang et Zheng, 1998, *Acta Zootax. Sin.*, **23**(4):404.

翅展10.0～12.0mm。头褐色,头顶及颜面白色。下唇须第1节和第2节外侧淡黄色,内侧黄白色;第3节褐色,基部和末端白色。触角柄节白色,鞭节黑白相间。胸部及翅基片黑褐色。前翅黄色,具4枚赭褐色斑:基斑自基部约1/4翅褶上方延伸至后缘,其外侧镶1条白线;前缘斑位于前缘近2/3处,形状不规则;后缘斑位于后缘端部,其内侧镶白线;端斑散生,边界不清;缘毛灰黄色。后翅及缘毛灰色。

雄性外生殖器(图版41-129):爪形突细长,末端钩状。颚形突长,略呈舌状,端半部具疣突,末端较尖。抱器瓣宽阔,亚矩形,端部稍窄,具被毛三角形折叠区,末端圆钝;抱器瓣窄带状,端部略内凹。抱器腹带状,近端部具毛,末端具齿突。囊形突短,端部渐窄。阳茎略呈圆柱形,中部具1条带状骨化板,端部约1/5处有1个半环状鞭状细突起;角状器由1束刺构成,位于阳茎中部。

雌性外生殖器(图版88-129):后表皮突长约为前表皮突的2倍。导管端片窄于交配囊,前端渐宽。囊导管基部弱骨化,膨大,具若干长刺突;端部膜质,窄。交配囊膜质,长于囊导管;囊突2枚,呈不规则圆形或椭圆形,表面有若干强齿突。

分布:浙江(天目山)、北京、天津、河北、山西、辽宁、山东、河南、湖北、陕西;俄罗斯。

十 木蛾科 Xyloryctidae

体小型至中型,头具光滑的鳞片。通常无单眼。下颚须 4 节,有些种类退化至 2～3 节。下唇须 3 节,强烈弯曲,一般长而纤细,偶尔特短。雄性触角通常为双栉齿状,柄节无栉。喙基具鳞片。前翅 R_4 和 R_5 脉几乎总是共柄,R_5 脉伸达外缘,但偶尔到前缘或顶角。CuA_2 脉一般出自中室下角前。后翅等宽于或宽于前翅,Rs 与 M_1 脉接近、合生或自中室上角共柄。雄性外生殖器多样;雌性外生殖器产卵瓣发达,有或无囊突。

幼虫常蛀果实、种子、树皮、花,危害树木、灌木等。

该科昆虫已知 60 属 500 余种,主要分布于东洋区、澳洲区和新热带区。

分属检索表

1. 前翅前缘具角状隆起;雄性外生殖器缺颚形突 ……………………………………… 隆木蛾属 *Aeolanthes*
   前翅前缘无角状突起;雄性外生殖器有颚形突……………………………………… 叉木蛾属 *Metathrinca*

隆木蛾属 *Aeolanthes* Meyrick,1907

Aeolanthes Meyrick,1907. Type species:*Aeolanthes calidora* Meyrick,1907.

前翅宽阔,常具粉红色斑;R_4 与 R_5 脉共长柄,M_2 脉接近 M_3 脉,CuA_1 与 CuA_2 脉共柄。后翅 Rs 与 M_1 脉共柄,臀脉 3 条。雄性外生殖器:爪形突单个或 1 对;颚形突缺;抱器瓣窄;阳茎发达,具角状器。雌性外生殖器:前表皮突短于后表皮突;囊突通常 1～2 枚,有时缺。

该属从中国到印度广为分布,已知 30 余种,中国已知 10 余种,本书记述 4 种。

10.1 红隆木蛾 *Aeolanthes erythrantis* Meyrick,1935(图版 8-130)

Aeolanthes erythrantis Meyrick,1935,Xyloryctidae,In:Caradja & Meyrick,*Mater. Microlepid. Fauna Chin. Prov. Kiangsu,Chekiang und Hunan*:83.

翅展 21.0～25.0mm。头部淡黄褐色。下唇须黄色,散生黄褐色鳞片,第 3 节略短于第 2 节。触角背面黄褐色,腹面黄色。胸部和翅基片暗黄褐色。前翅前缘微拱,外缘斜;橘黄色,密布赭褐色鳞片;前缘中部偏外有 1 枚玫红色或赭褐色斑纹,其后缘达翅中部;后缘基部暗赭褐色,有 3 个大小不等的鳞毛簇;前缘处缘毛赭色,杂褐色,外缘处缘毛黄色,杂灰色。后翅褐色,缘毛黄灰色。

雄性外生殖器(图版 41-130):尾突发达,梳状。抱器瓣近圆形,腹缘密具短刺毛。囊形突强烈骨化,略呈矩形。阳茎膜质,基部圆形膨大,端部骨化,渐细,呈火箭状。

雌性外生殖器(图版 88-130):产卵瓣宽圆,密被刚毛。前表皮突长约为后表皮突的 1/2。第 8 腹节后缘中部内凹,密被刚毛。前阴片为 1 近梯形的骨化片。导管端片长约为囊导管的 1/4。囊导管细,膜质,约为交配囊的 2/3;导精管自囊导管中部伸出。交配囊卵圆形,内表面密被微刺;囊突 2 枚,各具数枚大小不等的齿突。

分布:浙江(天目山)、江苏、河南、贵州、台湾。

10.2 大光隆木蛾 *Aeolanthes megalophthalma* Meyrick,1930(图版 8-131)

Aeolanthes megalophthalma Meyrick,1930,*Exot. Microlep.*,**4**:11.

翅展 18.0～20.0mm。头顶黄白色,后头棕黄色。下唇须棕黄色,基节黄白色,第 3 节末端散生褐色鳞片。触角黄褐色,柄节腹侧黄白色,背侧黄褐色。胸部棕褐色,端部棕黄色。翅基片黄褐色。前翅近亚长方形,底色为红棕色,具丝绸光泽;前翅内缘自基部至 2/3 处有 1 条很宽的黄棕色条带;前翅端部中央具 1 圆形杏黄色斑,散生褐色鳞片;外缘具 1 条褐色缘线;前翅后缘 2/3 处具 1 近三角形的黄褐色斑。缘毛淡黄色,末端棕黄色。后翅褐色,有丝绸光泽;缘毛褐色。

雄性外生殖器(图版 41-131):爪形突阔舌状,边缘具成列微刺。背兜短,自端部 1/3 起分叉。抱器瓣长,基部 1/2 宽,端部 1/2 细,弯曲,端部指状,抱器瓣腹缘 1/2 弯曲处具一柱状突起,密具刚毛。阳茎基环 U 形,端部弱骨化。基腹弧发达,中央凹入。阳茎约与抱器瓣等长,基部1/3圆形膨大,端部 1/3 膜质,端膜具数列小齿突。

分布:浙江(天目山)、湖北、四川。

10.3　梨半红隆木蛾 *Aeolanthes semiostrina* Meyrick,1935(图版 8-132)

Aeolanthes semiostrina Meyrick, 1935, Xyloryctidae, *In*: Caradja & Meyrick, *Mater. Microlepid. Fauna Chin. Prov. Kiangsu, Chekiang und Hunan*: 82.

翅展 14.0～24.0mm。头黄褐色至赭褐色。触角褐色。下唇须上举超过头顶,头顶有毛丛。胸部和翅基片赭褐色。前翅亚长方形,前缘微拱,2/3 处略突出;从基部 1/3 斜至臀角前赭黄色,微杂有紫红色;臀区黄色;前翅 1/2 深红色;从前缘中部前到 3/4 有 1 个三角形赭白色斑伸至翅中央,近翅端散生玫红色鳞片;沿前缘端部和外缘有 1 条深褐色线;缘毛黄白色,末端略带玫瑰色。后翅深灰色,缘毛浅灰色。

雄性外生殖器(图版 41-132):爪形突基部宽,端部渐窄,端部 1/4 近等宽。抱器瓣窄,弯曲,端部呈指状,具毛和微刺。基腹弧半圆形。阳茎基环侧叶发达,短指状。阳茎基部 1/3 膨大,端部 2/3 弧形,渐窄至末端,端部 1/3 有 1 列密被微刺的角状器。

雌性外生殖器(图版 88-132):后表皮突长约为前表皮突的 1.5 倍,两者末端均膨大。第 8 腹节宽短,后缘及交配孔附近被有刚毛。导管端片碗状,骨化较强。囊导管细长,基部约 1/3 骨化,端部 2/3 膜质。导精管细长,直径约为囊导管的 1/10,发自囊导管后端 1/3 处附近。交配囊圆形;囊突 2 枚、片状,中间具骨化脊。附囊卵圆形,发自交配囊前端,与交配囊大小相同。

寄主:蔷薇科 Rosaceae:沙梨 *Pyrus Pyrifolia* (Burm. f.) Nakai,苹果 *Malus pumila* Mill.。

分布:浙江(天目山)、福建、河南、湖南、贵州、陕西;朝鲜。

10.4　德尔塔隆木蛾 *Aeolanthes deltogramma* Meyrick,1923(图版 8-133)

Aeolanthes deltogramma Meyrick, 1923, *Exotic Microl.*, **2**: 611.

翅展 25.0～32.0mm。头部白色,两侧及后头处淡黄褐色。下唇须第 2 节粗壮,黄褐色,末端白色;第 3 节腹面褐色,背面及末端白色。触角黄褐色。胸部灰褐色,基部黄褐色,两侧及末端杂白色,中部两侧和端部中央各有一黑褐色鳞毛簇。翅基片灰色,基部和外侧淡赭黄色,末端杂白色。前翅底色灰白,散生赭黄色和褐色鳞片,翅近基部赭黄色,后半部 2/3 灰褐色,除 M_1 脉外,沿各条脉赭黄色;中室末端赭黄色鳞片稠密,上下各有 1 个模糊黑斑,两斑外侧由褐色鳞片组成的弧形细带相连,两斑之间形成 3 个灰白色圆斑;翅褶末端有 1 枚模糊的大黑斑,其中央有赭黄色点;前缘基部 1/3 和端部 1/3 赭黄褐色,后缘 1/5 到 3/5 处黑褐色;缘线黑褐色,杂赭黄色;外缘微斜;缘毛前缘处淡黄色,外缘及臀角处灰白色,端部杂灰褐色。后翅和缘毛灰褐色。足灰白色,前足胫节和跗节黑褐色。

雄性外生殖器(图版 41-133):爪形突舌状,骨化强,腹侧边缘具数十枚微刺,背侧密被刚毛。背兜近矩形。抱器瓣基部 1/2 近梯形,两侧等宽;端部 1/2 细棒状,向外弯曲,端部 1/2 外侧具数枚齿突,内侧中部具1枚强齿突。抱器腹近矩形,末端具乳突,密被刚毛。阳茎基环近矩形,两侧稍凹,末端具一对密被齿突的卵形突起。基腹弧宽U形,基部与阳茎基环等宽。阳茎长约为抱器瓣1.5倍,基部1/2近椭圆形膨大,骨化强;端部1/2螺旋状,膜质,背腹两侧各具1条骨化窄带,端膜密被小齿突。

雌性外生殖器(图版88-133):产卵瓣大,骨化,刚毛稠密。后表皮突粗于和长于前表皮突。第8腹节背板后缘直,前缘微内拱;腹板后缘骨化,具长刚毛,中央凹入,前缘极突出。交配孔膜质。囊导管长,基部1/3骨化,其余部分膜质。交配囊大,圆形,具疣突。囊突2枚,略呈圆形,密具小齿突。

分布:浙江(天目山)、河南;印度。

<h2 style="text-align:center">叉木蛾属 Metathrinca Meyrick,1908</h2>

Metathrinca Meyrick,1908. Type species:Ptochoryctis ancistria Meyrick,1906.

头部被紧贴的鳞片,侧毛簇扩散。下唇须长,第2节鳞片紧贴,第3节非常短,尖。雄性触角双栉状,雌性触角简单。前翅 CuA_2 脉出自下角或5/6处,一般不与 CuA_1 脉共柄,M_3 脉缺,M_2 脉出自近中室下角,R_4 和 R_5 脉共柄,R_5 脉达前缘,R_3 脉缺,R_1 和 R_2 脉远离。后翅 CuA_1 和 M_3 脉共柄,M_2 脉接近中室下角,M_1 和 Rs 脉远离。雄性外生殖器:有发达的爪形突、颚形突和抱器瓣基内突,阳茎简单。雌性外生殖器:简单,囊突一般存在。

该属是以东洋区成分为主的类群,主要分布在印度一带。全世界已知10余种,中国已知5种,本书记述2种。

10.5 银叉木蛾 *Metathrinca argentea* Wang, Zheng *et* Li, 2000(图版8-134)

Metathrinca argentea Wang, Zheng *et* Li, 2000, *Entomotax*., **22**(3):230.

翅展21.0~27.0mm。头部白色,有时略带黄色。下唇须基节浅褐色,第2节和第3节白色,第3节长约为第2节的2/3,末端尖锐。触角柄节背面基部1/3白色,端部2/3褐色,腹面白色;鞭节黑褐色;雄性触角发达,具双栉齿,前排栉齿略长于鞭节的直径,后排栉齿长于前排栉齿的2倍;雌性触角线状。胸部、翅基片和前翅白色。前翅前缘有时略带赭黄色,近翅端有1条从前缘向外弯至后缘的线,其内侧至翅端黄白色,雄性的弯线浅褐色,雌性的弯线褐色,呈波状;沿外缘有若干由横宽鳞片组成的凸起鳞片点;缘毛雪白色,端部灰褐色,基部1/3处有1条清晰的褐色缘线;前翅腹面褐色。后翅及缘毛白色。腹部白色,腹面有时浅黄色,具稠密的背刺。

雄性外生殖器(图版41-134):爪形突小,两侧中部向外圆形扩大,后缘中央凹入,两侧向后突出,端部2/3有2条强烈骨化的纵脊。颚形突端部中央深凹,两侧突出成双峰状;具疣突。抱器瓣较窄,具短刚毛,末端近截形,内面近前缘有1弧形骨化脊。抱器背基部1/3略突出,端部2/3平直。抱器瓣基内突骨化,基部强烈弯曲,端部2/3呈S形,具长刺,端部骨化强,末端尖锐。抱器腹弧形,密被细刚毛。基腹弧前缘呈三角形,小。阳茎基环发达,前缘和后缘圆形,两侧近中部内收。阳茎细长,弯曲,强烈骨化;基部1/5较宽,端部1/3左右一侧锯齿状,末端尖锐。

雌性外生殖器(图版88-134):产卵瓣小型。表皮突纤弱,前表皮突长为第8腹节的2/3,后表皮突长约为前表皮突的2.5倍。交配孔圆形,小,开口于第8腹板后缘。囊导管基部1/3骨化,其余部分膜质。交配囊长椭圆形。囊突1枚,近菱形或呈不规则月牙形,骨化。

分布:浙江(天目山)、安徽、福建、河南、四川、贵州、西藏;印度。

10.6　铁杉叉木蛾 *Metathrinca tsugensis* (Kearfott, 1910)(图版 8-135)

Ptochoryctis tsugensis Kearfott, 1910, *Can. Entomol.*, **42**: 347.

Metathrinca tsugensis (Kearfott): Okada, 1962, *Publ. Entomol. Lab. Univ. Osaka Pref.*, **7**: 28.

翅展 18.5~22.0mm。头部白色。下唇须第 2 节白色,基部 1/2 外侧黄褐色;第 3 节短于第 2 节,末端尖,白色。雄性触角黑褐色,具双栉齿,前排栉齿短于后排栉齿,鞭节各节间具黄褐色环纹。雌性触角黄褐色,线状;柄节背侧黄褐色,腹侧黄白色;鞭节黄褐色,略带白色。胸部及翅基片白色。前翅白色,前缘基部 1/5 深褐色,翅端散生浅黄褐色鳞片,有些个体中室上缘或后缘处密被黄褐色鳞片;端带自前缘近顶角处沿外缘延伸至臀角处,黄褐色;亚端带自前缘端部 1/3 处延伸至后缘近臀角处,褐色,弧形向外弯,亚端带与端带间黄白色;臀角附近具 1 枚黄褐色楔形斑,自亚端带渐窄至中室中部附近;缘毛基半部白色,1/4 处具一条深褐色线;端半部黄褐色,杂褐色。后翅黄白色;缘毛白色,杂浅灰色。

雄性外生殖器(图版 42-135):爪形突窄带状,后缘中央凹入,两侧齿状凸出,末端尖,被若干刚毛。颚形突端部中央深凹,两侧突出成双峰状,末端略尖。背兜宽短,近矩形。抱器瓣基部宽,端部渐窄,末端尖;腹缘弧形外凸,基部 1/3 处浅凹;抱器瓣基内突 C 形,骨化强,自基部 1/4 处至端部内具刺束,渐稠密,末端尖锐,超过抱器背。基腹弧前缘半圆形。阳茎基环为带状骨化板,后端与阳茎端膜基部相连。阳茎弧形,基部宽,渐窄至端部。

雌性外生殖器(图版 89-135):后表皮突长约为前表皮突的 2 倍。第 8 腹节后端密被刚毛;背板前缘和后缘弧形浅凹;腹板后缘波状,中央 V 形凹入。后阴片弯月状,骨化强。交配孔位于第 8 腹板近前缘处,附近被刚毛。导管端片近矩形,长约为前表皮突的 1/4。囊导管约与交配囊等长,前端 3/5 内面密被小瘤突。导精管细长,发自囊导管后端 1/5 处。交配囊长椭圆形,后端 1/3 处具囊突;囊突近菱形,中部具横向的骨化脊。

寄主:松科 Pinaceae:冷杉 *Abies* sp.,雪松 *Cedrus deodara* (Roxb.),云杉 *Picea asperata* (Roxb.),铁杉 *Tsuga chinensi* (Franch.)。

分布:浙江(天目山)、安徽、福建、江西、河南、台湾;朝鲜,日本,美国。

十一　宽蛾科 Depressariidae

下唇须弯曲,第 2 节有或无鳞毛簇或鳞毛刷。触角短于前翅,柄节有栉或无栉,雄性纤毛短于触角的宽度。单眼存在或消失,翅发达,前翅有 11～12 条脉,R_4 和 R_5 脉共柄或合并,CuA_1 与 CuA_2 脉分离或共柄,1A 脉存在。后翅有 8 条脉,Rs 和 M_1 脉分离,通常平行。腹部一般无背刺。雄性外生殖器:尾突发达;颚形突 1～2 个,具刺;抱器瓣简单或有不同的叶突,有或无抱器背基突;基腹弧发达;阳茎基环有侧叶;阳茎有或无角状器。雌性外生殖器:交配孔位于第 8 腹节;囊突发达,一般具齿。

幼虫卷叶、缀叶或取食种子和花。

该科昆虫在世界各主要动物区系均有分布,其中古北区已知 400 余种。

异宽蛾属 *Agonopterix* Hübner,[1825]

Agonopterix Hübner,[1825]. Type species:*Tinea signella* Hübner,1796.

头部鳞片紧贴,两侧的鳞毛簇蓬松,伸展;颈部被蓬松毛簇。触角柄节有栉,具纤毛。下唇须第 3 节短于第 2 节,第 2 节端部通常有直的毛簇。前翅较宽,通常近似矩形,基部略窄,前缘微弧,顶角一般略突出,有的明显突出,甚至略下弯,外缘弧形或偏斜直,臀角通常弧形;无明显的纵条纹,有 12 条脉,CuA_1 与 CuA_2 共柄,R_4 和 R_5 具长柄,R_5 达前缘或顶角。后翅等宽于或宽于前翅,前缘几乎平直,外缘圆;有 8 条脉,CuA_1 与 M_3 合生或具短柄;后缘通常略凸,但很少成波状。腹部背面扁平,缺背刺。雄性外生殖器:爪形突有或无,尾突发达,有许多刚毛;颚形突为球形或椭圆形、长椭圆形突出物,密被刺毛;抱器背基突常存在,带状;抱器背基叶柔软,常拇指状,具刚毛。抱器腹发达,骨化强,抱器腹端突与抱器瓣腹缘常成直角,伸向背缘;阳茎基环存在,骨化,通常基部宽,近基部急剧内收变窄,其余部分心形、五边形或六边形;阳茎基环侧叶中部或偏后部常向内侧凸出。阳茎一般短,弯曲,内具较多的刺丝状角状器。雌性外生殖器:后表皮突略长于前表皮突;第 8 腹节背板略骨化,后缘中部常凹陷,前缘中部凸出;交配孔位于第 8 腹节,圆形或 U 形;导精管近交配孔;囊导管长,膜质,后端一般有许多微刺突;交配囊膜质,囊突较小,略成钻石形,内具许多直的齿突,通常三角形,少见缺失囊突。

该属在世界各主要动物区系均有分布,其中古北区和东洋区的多样性最高。已知 240 余种,中国已知 20 余种,本书记述 5 种。

分种检索表

1. 颚形突椭圆形 ··· **2**
   颚形突圆形或卵形 ··· **3**
2. 前翅中室具 2 个圆黑点;抱器瓣末端钝尖;阳茎内具刺丛 ··············· 双斑异宽蛾 *A. bipunctifera*
   前翅中室具月牙形黑斑;抱器瓣末端圆;阳茎内无刺丛 ····················· 弯异宽蛾 *A. l-nigrum*
3. 前翅具倒三角形黑斑;抱器腹端突末端尖;阳茎弓状 ····················· 二点异宽蛾 *A. costaemaculella*
   前翅无倒三角形黑斑;抱器腹端突末端圆钝;阳茎浅弧形 ····································· **4**
4. 阳茎端半部突然变窄;抱器腹端突端部 2/5 圆形膨大 ····················· 柳异宽蛾 *A. contaminella*
   阳茎端半部等宽;抱器腹端突端部 2/5 渐窄 ································· 托异宽蛾 *A. takamukui*

11.1 双斑异宽蛾 *Agonopterix bipunctifera* (Matsumura, 1931) 中国新记录 (图版 8-136)

Depressaria bipunctifera Matsumura, 1931, 6000 *Illustr. Insects Japan-Empire*: 1089.

Agonopteryx bipunctifera: Ridout, 1981, *Insecta Mats.*, **24**: 31.

翅展 26.0mm。头褐色,颜面灰白色。喙黄白色。触角灰褐色。下唇须背面褐色,略带黄色,腹面灰白,鳞毛簇发达;第 2 节端部 2/3 呈长方形;第 3 节略短于第 2 节的 1/2,鳞片发达,略呈三角形,末端尖。胸部黑褐色。翅基片和前翅褐色。前翅宽,前缘略弧,顶角近直角,后缘臀角之前直,外缘斜直,臀角弧状;翅面散布黑色鳞片,具许多波状黄白色横线纹,与沿翅脉的黄褐色纵线纹交错,略成网格状;前缘基部黑色,后缘基部和端部白色,基部近前缘 1/3 处有 1 个小黑点,其外侧有 1 条黄白色细横带伸达翅后缘;中室 3/5 处有 2 个黑点,黑点上面有竖起的鳞片,形成鳞毛簇;中室末端有 1 个白点;缘毛褐色。后翅及缘毛灰色。

雄性外生殖器(图版 42-136):爪形突较大,三角形。尾突突出,近四边形,基部较窄,末端圆。颚形突长橄榄状;侧臂细长,约与颚形突等长。抱器瓣宽大,抱器端窄,末端钝尖。抱器背基突细带状,抱器背基叶圆形膨大。抱器腹长约为抱器瓣的 2/5;抱器腹端突细长,均匀,微弯,向上超过抱器瓣宽度的 3/4。基腹弧宽带状。阳茎基环略呈杯状,后缘中部微凹,阳茎基环侧叶窄长,近基部具小突起。阳茎粗壮,内具较短的刺丛。

雌性外生殖器(图版 89-136):前表皮突略短于后表皮突长的 1/2。第 8 腹节背板后缘中部具 V 形小凹陷,前缘强烈凹陷成弧形;腹板后缘平直,具长刚毛,前缘中部凸出,弧形,具 U 形褶。交配孔大,圆形。囊导管和交配囊膜质,密生微刺突。囊导管后端较窄,渐宽至前端。交配囊近椭圆形,囊突近十字状,略卷曲,纵向短小,横向宽大,近弯月状,其上具数枚齿突。

寄主:芸香科 Rutaceae:臭檀 *Evodia deniellii* (Benn.) Hemsl.。

分布:浙江(天目山)、天津、江西、河南、湖北;朝鲜,日本。

11.2 柳异宽蛾 *Agonopterix conterminella* (Zeller, 1839) (图版 8-137)

Depressaria conterminella Zeller, 1839, *Isis von Oken*, **1839**(3): 196.

Agonopterix contaminella: Sorauer & Reh, 1925, *Handb. Pflanzenkr.*, **4**: 292.

翅展 18.0mm。头顶灰褐色。喙灰白色。触角柄节黑色,鞭节灰褐色。下唇须褐色,密布黑色鳞片,第 3 节长约为第 2 节的 1/2,基部和近端部几乎成黑色,末端灰色。胸部、翅基片和前翅黑褐色,散布锈红色鳞片。前翅基部前缘黑色,近基部有几条不明显的灰色横带从前缘延伸至后缘;中室中部有 1 枚外斜的不规则黑色大斑,其上缘和外缘有白色鳞片,似一条细白色斜带;中室末端有 1 枚白斑;缘毛褐色。后翅灰色,缘毛灰白色。

雄性外生殖器(图版 42-137):爪形突退化,尾突小。颚形突呈不规则圆形,侧臂短。抱器瓣背、腹缘近乎平行,基部略宽于端部,末端圆。抱器背平直;抱器背基突发达,宽带状;抱器背基叶宽大。抱器腹长约为抱器瓣的 1/2,基半部很宽,渐窄于外侧;抱器腹端突粗壮,长约为抱器瓣宽的 3/4,端部 2/5 圆形膨大,外侧具微刺突。基腹弧宽带状。阳茎基环较大,后缘呈三角形凹入,两侧圆形凸出;阳茎基环侧叶小,被有刚毛。阳茎基半部宽大,端半部突然变窄,端部 1/3 呈长刺状,内具若干微刺。

寄主:杨柳科 Salicaceae:耳柳 *Salix aurita* Linn.,黄花柳 *Salix caprea* Linn.,灰柳 *Salix cinerea* Linn.,蒿柳 *Salix viminalis* Linn.。

分布:浙江(天目山)、吉林、黑龙江、甘肃;欧洲。

11.3 二点异宽蛾 *Agonopterix costaemaculella* (Christoph, 1882)(图版 8-138)

Depressaria costaemaculella Christoph, 1882, *Bull. Soc. Imp. Nat. Moscou*, **57**(1): 18.

Agonopterix costaemaculella: Hanneman, 1953, *Mitt. Zool. Mus. Berlin*, **29**: 279.

翅展 19.5～23.2mm。头褐色,杂黑色,鳞片基部淡黄色。下唇须灰白色,略带黄色,密布黑褐色鳞片,第 2 节基部外侧几乎成黑褐色,第 2 节长,上举 1/3 超过触角基部;第 3 节细,末端尖,长约为第 2 节的 1/2。触角柄节背面黄褐色,腹面浅黄色,鞭节褐色。胸部和翅基片黑色,杂褐色。前翅浅褐色,基部黑色,形成黑斑;前缘微拱,基半部有若干不规则的模糊不清的小黑斑,近端部有 1 枚大的倒三角形黑斑,下方达中室末端;中室中部有 1 个小黑点,末端有 1 个小白斑;缘毛褐色,杂有黄色。后翅和缘毛浅褐色,略带白色。

雄性外生殖器(图版 42-138):爪形突和尾突均退化。颚形突圆形膨大,梨状,侧臂短,密被微刺。抱器瓣基部较宽,端部渐窄,端半部明显窄,密布刚毛,末端钝圆;抱器背近平直,基角突起发达。抱器腹略短于抱器瓣的 1/2 长;抱器腹端突发达,几乎横跨抱器瓣,基部宽,端部渐尖,外侧中部微凹。阳茎基环为不规则圆形,后缘纵裂达中部,阳茎基环侧叶小,被有刚毛。阳茎粗壮,弓状弯曲,基部略宽,末端圆尖,内具微刺束,自基部 1/3 处延伸至 2/3 附近。

雌性外生殖器(图版 89-138):产卵瓣近半椭圆形,末端宽圆,前端近中部至后端两侧具 2 纵列刚毛。表皮突粗,骨化弱,前表皮突长约为后表皮突的 1/2。交配孔发达,为不规则椭圆形;前阴片宽。囊导管螺旋状,细长,膜质,基部 1/4 较细,端部 3/4 较粗,中央有一骨化带。导精管细长,发自囊导管近基部处。交配囊极大,长椭圆形,密布微刺突;囊突相对较小,呈 T 形,横向发达,有若干大小齿突。

分布:浙江(天目山)、吉林、河南、四川、云南、陕西、甘肃、台湾;日本,印度,俄罗斯。

11.4 弯异宽蛾 *Agonopterix l-nigrum* (Matsumura, 1931)中国新记录(图版 8-139)

Agonopterix l-nigrum Matsumura, 1931, 6000 *Illustr. Insects Japan-Empire*: 1091.

翅展 17.0～17.5mm。头白色,颈部鳞片稀疏扩散,复眼上缘有黑褐色鳞片。下唇须白色,第 2 节外侧密布黑色鳞片,末端上举与触角基部平行;第 3 节基半部散生黑色鳞片,端半部几乎成黑色,短于第 2 节,末端尖锐。触角柄节黑色,末端有白色环纹;鞭节褐色。胸部和翅基片灰白色,杂褐色。前翅灰褐色,散生赭色鳞片;基部具一斜向上的楔形白斑;前缘附近散生褐色和白色鳞片;中室中部有一月牙形黑斑,近端部有一相邻的黑斑和白斑;前缘近顶角处及外缘具数枚大小不等的不规则黑斑;缘毛灰褐色。后翅和缘毛灰色,基线灰白色。

雄性外生殖器(图版 42-139):爪形突退化。尾突较发达,末端圆。颚形突橄榄状,密被微刺。抱器瓣基部 2/3 几乎等宽,端部 1/3 渐窄,末端圆,近基部有一簇密集的长纤毛;抱器背近基部微凸,中部略凹;抱器背基突细带状,基角突起乳突状,具刚毛。抱器腹骨化,长约为抱器瓣的 2/5;抱器腹端突末端尖锐,呈钩状向外弯,其长度超过抱器瓣宽度的 3/5。基腹弧前缘呈三角形。阳茎基环为不规则圆形。阳茎短,基部粗,端部渐细,末端尖圆。

雌性外生殖器(图版 89-139):前表皮突长为后表皮突的 1/2。第 8 腹板后缘微凹,前缘中部 1/3 平凸。交配孔位于第 8 腹板近前缘,碗状。囊导管膜质,由后端至前端渐宽,与交配囊分界不明显。交配囊小,长圆形;囊突弯月状,密布三角形齿突。

分布:浙江(天目山)、黑龙江、河南;日本,俄罗斯。

11.5 托异宽蛾 *Agonopterix takamukui* (Matsumura, 1931)(图版 8-140)

Depressaria takamukui Matsumura, 1931, 6000 *Illustr. Insects Japan-Empire*: 1092.

Agonopterix takamukui: Fujisawa, 1989, *Jap. Heter. Journ.*, **153**: 34.

翅展 19.0mm。头灰白色。下唇须灰白,略带黄褐色;第 2 节上举略超过触角基部,腹面鳞片延长向两侧扩散;第 3 节略短于第 2 节,末端尖锐,散生褐色鳞片。触角黑褐色,柄节腹面端部白色。胸部和翅基片灰褐色,点生黑色鳞片。前翅灰褐色,前缘微拱,密布黑色鳞片,形成若干不规则的小黑斑;外缘钝圆,具数枚不规则小黑斑;中室近端部有 1 枚黑色斑纹与上方前缘处的黑斑相连形成 1 个大的黑斑;后缘近臀角处微凹;缘毛灰色,杂褐色。后翅及缘毛浅灰色,基线灰白色。

雄性外生殖器(图版 42-140):爪形突极小。尾突发达,两侧拱形,末端圆钝,被长刚毛。颚形突短小,卵形,被短刺毛,侧臂极长,长约为颚形突的 4 倍。抱器瓣基部宽,端部渐窄,末端尖圆,基部近背缘有一块稠密的刚毛区;抱器背平直;抱器背基突拱形,基角突起半圆形,具刚毛。抱器腹发达,骨化,长约为抱器瓣的 2/5;抱器腹端突基部窄,端部膨大,末端尖圆,超过抱器瓣宽度的 2/3。基腹弧前缘弧形。阳茎基环碗状,后缘中央微凹;侧叶发达,超过阳茎基环的末端,具短刚毛。阳茎粗壮,端部略宽大,内具微刺束,自基部 1/5 处延伸至 3/5 处。

雌性外生殖器(图版 89-140):前表皮突长约为后表皮突的 2/5。第 8 腹节背板前缘深凹弧形;腹板后缘近乎平直,中部具 1 小凹陷,前缘凸出弧形,中部约 1/4 具折边,并向后形成两侧折,近 U 形。交配孔位于第 8 腹板中央,小杯状。囊导管长,密布微刺突,后部 1/3 较窄,前部 2/3 较宽,接入交配囊。交配囊椭圆形,密布微刺突;囊突近似倒 T 形,横向宽大,梭形,后缘中部向后伸出一短带,上具数枚齿突。

分布:浙江(天目山)、河北、河南、陕西;朝鲜,日本,俄罗斯。

备注:本种是浙江新记录种。

佳宽蛾属 *Eutorna* Meyrick, 1889

Eutorna Meyrick, 1889. Type species: *Eutorna caryochroa* Meyrick, 1889.

头部光滑,侧毛簇上举。喙发达。触角长约为前翅的 4/5,雄性触角具纤毛;柄节延长,无栉。下唇须长,弯曲、上举;第 2 节粗,鳞片紧贴,有时腹面端部有粗糙毛簇,第 3 节等长于或短于第 2 节,细尖。后足胫节被长鳞毛。R_1 脉出自中室中部前,R_4 和 R_5 脉共柄,R_5 脉达翅顶,CuA_2 脉出自近中室下角或与 CuA_1 脉共短柄。后翅披针形,M_3 和 CuA_1 脉合生或接近,M_2 脉弯曲,R 和 M_1 脉平行,M_1 脉达翅顶或接近翅顶,A_2 和 A_3 脉端部合生。雄性外生殖器:具 1 对椭圆形的颚形突。抱器背基突发达,中部帽状。抱器瓣基突有或无;抱器腹基突有或无。基腹弧具 1 对三角形突起。阳茎粗短,具角状器。雌性外生殖器:前表皮突短于后表皮突。导管端片发达;囊导管微骨化,有时具疣突。囊突有或无。

该属主要分布在澳大利亚,其次是新西兰、印度、北非和中国。全世界已知 24 种,中国已知 4 种,本书记述 1 种。

11.6 纹佳宽蛾 *Eutorna undulosa* Wang et Zhang, 2009(图版 8-141)

Eutorna undulosa Wang et Zhang, 2009, *Entomotax.*, **31**(1): 45.

翅展 10.5~15.2mm。头灰白色。下唇须黄白色,外侧浅赭褐色。触角黄褐色,鞭节具褐色环。胸部和翅基片灰褐色,略带浅赭褐色。前翅披针形,前缘微拱,顶角圆;浅赭褐色杂深褐色;自前缘 1/3 伸出 1 条细的黄白色条纹,斜向下延伸至近中室末端,其外缘黑色;1 条短的白色条纹自外缘 1/4 斜向下延伸至外缘近顶角的 1/3 处,其外缘黑色;2 条白带间的区域深褐色,有时形成 1 个黑斑;沿前缘和后缘分别具端部黑色的短纹;沿翅褶具深赭褐色带,其端不杂黑色;缘毛赭褐色,中部黄白色。后翅和缘毛深灰色。足浅赭褐色;前足和中足的胫节和跗节深褐色,腹面杂黄白色点;后足灰褐色,外侧杂黄白色点。

雄性外生殖器(图版 42-141):尾突小,三角形,顶端被稀疏长刚毛。颚形突长椭圆形,末端钝,具细长基臂。背兜窄,矩形,前缘微凹,侧面伸出 1 小突起。抱器瓣近矩形,前缘近末端处微凸出,顶角钝圆;抱器瓣基部与基腹弧连接处的中央具细短的指形突;抱器背基突带状,前缘接 1 个帽状结构。抱器腹背缘也具 1 指形突,粗约为前者的 2 倍。基腹弧为 1 拱形细带,前缘具 2 个大的三角形突起。阳茎基环略呈半圆形。阳茎粗短,近基部弯曲;端部 1/3 具 1 骨化的粗短刺状角状器,近末端具 1 细短角状器。

雌性外生殖器(图版 89-141):前表皮突较后表皮突粗,长约为后者的 1/3。导管端片骨化,沿侧边尤甚,后缘中部深凹,形成 1 对突起;长且粗壮的突起从导管端片侧边向下延伸。囊导管粗,膜质;附囊自其近基部末端发出;导精管位于附囊末端的突起上。交配囊大,卵圆形,较囊导管略短;囊突长椭圆形,密被齿突,位于交配囊中部偏上。

分布:浙江(天目山)、福建、江西、湖北、湖南、广西、海南、四川、贵州、云南。

十二　草蛾科 Ethmiidae

体小到中大型,日出性或夜出性。成虫前翅多呈灰色、深褐色或白色,翅面具黑色斑点、条纹或斑纹,是该科昆虫最明显的形态鉴别特征。触角丝状,柄节无栉,背腹面颜色通常不同,雄性触角鞭节较雌性的宽,少数种类雄性鞭节基部具鳞毛簇。雄性外生殖器:爪形突发达或原始,多数分叉;颚形突多发达,分为口部和尾部,常具齿或刺;钩形突指状,具短刚毛;抱器瓣通常被刚毛,常分成抱器背、抱器腹和抱器端三个明显的骨片,抱器背粗,矩形,抱器端发达,形状多样,密被粗长刚毛;抱器背基突横带状,中部加宽,两侧略向后伸出;少数种类具囊形突;阳茎基环带状,与抱器腹基部连接,具2个侧叶,侧叶约与钩形突等长;阳茎基部强烈弯曲,具阳茎鞘及阳茎端环;角状器有或无。雌性外生殖器:产卵瓣骨化较强,具稀疏长刚毛;后表皮突明显长于前表皮突,前表皮突短或无;第8背板窄于腹板;导管端片多发达,具稀疏齿刺,少数种类无;囊导管膜质、卷曲;交配囊膜质,附囊有或无;囊突发达或无,存在时位于交配囊后端,光滑或具齿刺。

该科昆虫全世界已知300种以上,各大动物区系均有分布。

草蛾属 Ethmia Hübner,[1819]

Ethmia Hübner,[1819]. Type species:Ethmia pyrausta Hübner,[1819].

下颚须4节,短或长,具鳞片,弯曲至喙基部上方。下唇须短或长,均匀弯曲;第2节长,第3节长约为第2节的1/2或略长于第2节。雄性触角较雌性的宽。胸部背面有黑斑。前翅狭长,R_4和R_5脉常共柄。后翅Rs和M_1脉远离;M_3和CuA_1脉共柄或同出于一点。雄性外生殖器:爪形突发达,少数种类缺爪形突;抱器背和抱器端之间有明显分界。雌性外生殖器:表皮突短或长,后表皮突常长于前表皮突;导管端片退化或发达;囊导管一般膜质、卷曲;交配囊膜质,多数种类有小刺突,囊突多具齿和刺。

该属昆虫在世界各大动物区系均有分布,但主要分布在古北区和新北区,尤其是热带—亚热带地区和季节性干旱地区,其中新热带区北部种类最为丰富。

本书记述7种。

分种检索表

12.1 毛角草蛾 *Ethmia antennipilosa* **Wang et Li, 2004**(图版 8-142)

Ethmia antennipilosa Wang et Li, 2004, *Entomol. News*, **115**(3): 135.

翅展 19.5～25.0mm。头顶白色,颜面黑色。下唇须黑色,第 1 节背面及第 2 节内侧杂灰白色;第 3 节基部和端部灰白色。触角柄节白色,前缘及后缘黑色;鞭节灰褐色至黑色,雄性基部 1/2 扁平,渐加宽,后缘具淡黄色毛刷,端半部渐细,末端尖;雌性鞭节基部不加宽,腹面黑褐色,背面黄褐色与黄白色相间。胸部灰色,近前缘和后缘各具 2 枚黑斑。翅基片灰色,基部外侧具 1 枚黑斑。前翅浅灰色,局部杂灰白色,前缘基部黑色;翅面有 14 个大小不同的黑色斑点和斑纹:前缘基部下方、基部 1/3 及 3/5 处各有 1 个黑色长斑;中室端部 1/3 有 3 枚黑斑,呈倒三角形状;翅褶基部、近基部、基部 2/5 及 3/5 处各有 1 个黑点,基部的最小;后缘基部 1/4 和翅褶之间有 1 个黑点;翅端有 3 个黑斑,呈三角形排列,其中近前缘和外缘的略延长,近臀角上方的最小;从前缘端部 1/4 经顶角和外缘到臀角处有 9 个小黑点;缘毛与翅同色,前缘端部 1/4 处的缘毛灰褐色。后翅灰褐色,缘毛灰白色。

雄性外生殖器(图版 42-142):爪形突端半部叉状,末端圆钝。颚形突尾部亚三角形,具齿,后缘具长刺,中部微凹;口部明显宽于尾部,前缘圆钝,中部微凹。钩形突指状,长约为爪形突的 3/4,末端钝圆。抱器背短粗,基部较宽,长约为抱器瓣的 1/2;抱器腹腹缘基半部平直,中部略凸出,端半部内凹,末端具 1 枚短刺;抱器端长不及抱器瓣长的 1/2,角状,密被刚毛,背缘弧形,腹缘平直,末端圆钝。阳茎基环腹面带状,前缘中部具乳突;侧叶约与钩形突等长,基部窄,端部略加宽,末端钝。阳茎拱形,骨化较强,无角状器。

雌性外生殖器(图版 89-142):产卵瓣衣领状,被长刚毛,后缘圆形凸出。后表皮突细长,约与产卵瓣等长;前表皮突基部粗,末端钝尖,内弯。第 8 腹节外缘略向外突出。导管端片腹面具狭窄骨片;囊导管细长。交配囊前端和后端圆形,前者小于后者,中部窄。

分布:浙江(天目山)、广东、广西。

备注:本种为浙江新记录种,雌性为首次报道。

12.2 江苏草蛾 *Ethmia assamensis* **(Butler, 1879)**(图版 8-143)

Hyponomeuta assamensis Butler, 1879, *Trans. Entomol. Soc. Lond.*, **1879**: 6.

Ethmia assamensis (Butler): Moriuti, 1963, *Trans. Lepidop. Soc. Jap.*, **14**(2): 35.

翅展 25.0～35.0mm。头部浅灰色。下唇须白色,基节背面黑色,第 2 节基半部外侧和腹面、端部 1/4 黑色,第 3 节端部 2/3 黑色,末端白色。触角柄节背面黑褐色,腹面灰白色,鞭节灰褐色。领片灰色,两侧基部覆有黑斑。胸部灰色,有 6 枚黑圆斑,基部 1 枚,中部 2 枚,端部 3 枚,呈三角形排列;翅基片灰色,基部内侧和外侧各有 1 个黑点。前翅深灰色,前缘浅褐色,基部色较深;翅面有近 23 个镶灰白色的黑色斑纹:前缘基部 1 枚黑斑;中室上缘至近前缘依次有 5 条短带,其中第 3 条最长,第 5 条延到中室上角,中部有 1 枚黑斑,端部 2/5 有 1 条端部渐宽的细黑带,其下方有 1 枚小黑斑;翅褶基部有 1 个小黑点,近基部有 1 条细短带,基部 1/3 处有 1 条短黑带,其近下方有 1 枚黑斑,中部有 1 条蝌蚪状短带,端部 1/3 处有 1 枚黑斑;后缘基部1/5处上方有 1 枚黑斑,末端近臀角处有 1 枚延长的黑斑;翅端有 6 条长短不一的平行短带;从前缘端部 1/4 经顶角和外缘到臀角处有 11 个小黑点;缘毛与翅同色。后翅灰色,缘毛基部灰色,端部白色。腹部橙黄色。

雄性外生殖器(图版 42-143):爪形突基部 1/4 矩形,自 1/4 处渐窄至 1/2 处,端半部细,呈镰刀状,末端尖。颚形突骨化弱,口、尾部不明显,膜质,V 形,后端两侧各具一内弯的弧形侧臂,向后达爪形突近基部。钩形突短指状,端部具稀疏刚毛。抱器背长约为抱器瓣的 1/3,基部宽,端部渐窄,末端钝;抱器腹背缘中部圆形凸出,密被细长刚毛,腹缘钝;抱器端三角形,密被长刚毛,末端斜直,腹角具短方形突起,其长约为抱器端的 1/2。阳茎基环宽带状;后侧叶略长于钩形突,末端尖。阳茎端部具一骨化较强的环带;无角状器。

雌性外生殖器(图版 89-143):产卵瓣约与后表皮突等长,具稀疏刚毛。后表皮突细长,末端略粗;前表皮突长约为后表皮突的 1/2,宽扁,基部宽,渐窄,末端钝。交配孔小。导管端片基部 2/3 骨化弱,密被微刺,端部 1/3 骨化强烈;囊导管长,卷曲,基部密被微刺。交配囊卵形;囊突匙形,折叠,密被齿突。

寄主:紫草科 Boraginaceae:厚壳树属 *Ehretia* spp.,粗糠树 *Ehretia macrophylla* Wall.;清风藤科 Sabiaceae:泡花树属 *Meliosma* sp.;唇形科 Labiatae:鼠尾草属 *Salvia* sp.。

分布:浙江(天目山)、上海、江苏、安徽、江西、湖北、湖南、广东、广西、四川、云南、西藏;日本,印度,尼泊尔,斯里兰卡,巴基斯坦。

备注:此种在台湾名为阿隆密草蛾。

12.3　天目山草蛾 *Ethmia epitrocha* (Meyrick, 1914)(图版 8-144)

Ceratophysetis epitrocha Meyrick, 1914, *Suppl. Entomol.*, **3**: 54.

Ethmia epitrocha (Meyrick): Sattler, 1967, *Microlep. Pal.*, **2**: 129.

翅展 20.0～27.5mm。头顶白色,颜面黑褐色。下唇须黑褐色;基节和第 2 节基半部内侧杂灰白色,第 3 节端部灰白色。触角柄节灰白色至白色,前缘褐色;鞭节灰褐色,基部数节背面白色。领片、胸部、翅基片白色,部分个体灰白色,领片基部两侧黑色,胸部基部和端部各有 2 枚黑斑,翅基片基部近外侧有 1 枚大黑斑。前翅灰色,前缘基部黑褐色;翅面有 15 个略延长的黑色斑纹:前缘基部有 1 个不规则大型斑块,基部 1/4 处和 1/2 处近前缘及两者之间的下方各有 1 个黑色条带;中室 3/5 处有 1 个小黑斑,中室端部 1/3 有 1 条蝌蚪状黑带,两者有时相连,末端上、下角各有 1 枚小黑斑,前者有时不清楚;翅褶基部和近基部各有 1 个黑点,近中部有 1 条短直带,有时与后缘基部 1/5 处上方的点几乎相连,3/5 处有 1 个较大的黑圆斑;翅端有 2 个长斑;从前缘端部 1/4 经顶角和外缘到臀角处有 10 个小黑点;缘毛与翅同色。后翅灰褐色,缘毛灰白色。

雄性外生殖器(图版 42-144):爪形突略短于背兜,端部 2/5 呈 V 形分叉,末端窄且钝。颚形突略短于爪形突,尾部窄,后缘密具长刺;口部宽为尾部的 2 倍,前缘密具瘤刺。钩形突指状,略短于颚形突。抱器腹基部窄,腹缘基半部平直,端半部内凹,末端具大刺突,其长约为抱器端的 1/3,部分个体腹缘基半部钝;抱器端略短于抱器瓣的 1/2,背缘平直,腹缘弧形,末端钝尖,略向后弯。阳茎拱形,骨化较强,无角状器。

雌性外生殖器(图版 89-144):产卵瓣略短于后表皮突,被稀疏刚毛。后表皮突细长,前表皮突基部粗,端部渐细,末端尖,呈钩状内弯,部分个体前表皮突末端钝尖。导管端片不规则;囊导管卷曲。交配囊长袋状。

寄主:紫草科 Boraginaceae:厚壳树 *Ehretia resinosa* Hance;Lauraceae:樟树 *Sect Camphora* (Trew) Meissn。

分布:浙江(天目山)、上海、江苏、安徽、福建、江西、河南、湖南、广东、广西、云南、台湾;日本。

讨论:本种外形存在种内变异:部分个体中室端部 3/5 处的黑点与端部 1/3 的黑带连接,部分不连接,部分个体翅褶处的纵带与后缘基部的黑点相连接,部分不连接。雄性外生殖器抱器腹腹缘存在种内连续变异:抱器腹腹缘由平直至钝平再到弧形。雌性外生殖器也存在种内变异:大部分个体前表皮突为一内弯的小钩,少数个体前表皮突末端钝,不呈钩状;多数个体第8腹节外缘明显凹入,有一角状凸起,少数个体外缘凹入不明显,凸起也不明显。

备注:此种在台湾名为微点草蛾。

12.4　西藏草蛾 *Ethmia ermineella* (**Walsingham,1880**)(图版 9-145)

Psecadia ermineela Walsingham, 1880, *Proc. Zool. Soc. Lond.*, **1880**: 90.

Ethmia ermineela (Walsingham): Clarke, 1965, *Cat. Type Spec. Microlepid. Brit. Mus.(Nat. Hist.) Descr. Edward Meyrick*, **5**: 425.

翅展 20.0~27.0mm。头部白色,头顶黑色,部分个体头部深褐色或黑褐色。下唇须白色,基节背面、第 2 节基半部背面和外侧黑色,部分个体外侧黑色;第 3 节基部 1/4~1/2 黑色,部分个体第 3 节黑色。触角柄节背面黑褐色,腹面白色;鞭节深褐色至黑褐色。领片灰白色,两侧黑色。胸部灰白色至灰色,有 4 枚黑斑,呈菱形排列,其中端部的最大且圆。翅基片灰白色至白色,基部有 1 枚大黑斑。前翅灰白色至灰色,前缘基部黑色,翅面有 13 个大小不等的黑色斑纹:前缘基部、1/5 处和 1/2 处各 1 枚;中室中部和近末端各 1 枚长斑,后者三角形;中室上缘 1/3 处偏外 1 枚,椭圆形;翅褶基部、基部 1/4 和 2/3 处各 1 枚,基部的最小;后缘 2/5 处与翅褶之间 1 枚;翅端有 3 枚较大的黑斑,与中室近末端的长斑呈菱形排列,其中近前缘的 2 个斑延长成亚三角形,近后缘的 1 个斑较圆;从前缘端部 1/4~1/3 经顶角和外缘到臀角处有 11 个黑点;缘毛与翅同色。后翅浅灰色至深灰色,缘毛基部与翅同色,端部灰白色。腹部背面灰褐色,第 1 节及最后 1 节覆黑色鳞片,腹面灰白色。

雄性外生殖器(图版 42-145):爪形突略长于背兜,基半部梯形,端半部呈 V 形向两侧延伸,末端尖。颚形突约与爪形突等长;尾部宽约为口部的 2/3,后缘具长棘刺;口部宽,前端密具短刺,前缘钝。钩形突短粗,末端钝圆,长约为爪形突的 1/3。抱器背长约为抱器瓣的 1/2;抱器腹腹缘弧形,近腹缘具稀疏刚毛;抱器端窄,略呈椭圆形,密被长毛,背缘较直。阳茎圆筒状,近端部具一骨化较强的环带;角状器 6 枚,刺状。

雌性外生殖器(图版 89-145):产卵瓣骨化,具稀疏刚毛,略短于后表皮突。后表皮突细;前表皮突粗短,长约为后表皮突的 1/5。交配孔圆形,周围骨化。导管端片短,两侧骨化强。囊导管基部约 1/4 左侧膨大且强烈骨化。交配囊较小;囊突 1 枚,菱形,中央具一骨化强烈的片状横脊。

分布:浙江(天目山、莫干山)、北京、四川、贵州、云南、西藏、陕西、甘肃、青海、宁夏;越南,缅甸,印度,尼泊尔。

变异:本种采自西藏的个体的前翅为灰白色至白色,而采自其他地方的为灰色;采自北京和河北的个体的头部灰褐色或黑褐色,前翅有 11 或 12 枚较小的黑斑,其中前缘基部 1/5 处和近中部的黑斑缺,或仅缺前缘基部 1/5 处的黑斑,而采自其他地方的头部灰白色至白色,头顶黑色,前翅有 13 枚较大的黑斑。

12.5　鼠尾草蛾 *Ethmia lapidella* (**Walsingham,1880**)(图版 9-146)

Hyponomeuta lapidellus Walsingham, 1880, *Proc. Zool. Soc. Lond.*, **1880**: 86.

Ethmia lapidella (Walsingham): Sattler, 1967, *Microlep. Pal.*, **2**: 133.

翅展 16.5~27.0mm。头部灰白色至灰色,头顶处杂灰褐色。下唇须内侧白色;第 2 节外侧黑色,末端白色;第 3 节外侧杂白色鳞片。触角柄节背面黑褐色,腹面灰白色,部分个体前缘白色;鞭节黑褐色,部分个体背缘基部灰白色。领片灰色,两侧基部黑色。胸部灰色,基部和端部各有 2 枚黑斑。翅基片灰色,端部有 1 枚大黑斑。前翅灰色至暗灰色,前缘基部黑色,翅基部、基部 1/3 至 2/5 沿前缘下方、沿翅褶、沿后缘基部约 1/3 以及翅端具灰白色鳞片;翅面有 11 个黑色圆斑,镶灰白色:翅基部和 1/3 处近前缘各 1 个;中室约 2/3 处近上缘有 1 个椭圆形斑;翅褶基部、基部 1/5 和 3/5 处各 1 个,基部的最小;近后缘基部 1/4 处 1 个;翅端 4 个,呈菱形排列;缘毛与翅同色。后翅浅灰色至灰色,缘毛与翅同色。腹部灰色至黄灰色。雄性后翅具黄白色的前缘刷。

雄性外生殖器(图版 42-146):爪形突 1 对,矩形,被长毛,长约为抱器瓣的 1/4～1/3。颚形突缺。钩形突细棒状,长约为爪形突的 2 倍。抱器瓣端部略窄于基部,末端钝圆;抱器背短粗;抱器腹不明显,腹角有一骨化强烈的三角形状突起。阳茎基部呈球形膨大,端部骨化;角状器 4 枚,中部 1 枚呈栉齿状,基部窄,端部扇形;端部 3 枚,扁平,基部略窄,端部圆形膨大,边缘有小齿,长约为阳茎的 1/4。

雌性外生殖器(图版 90-146):产卵瓣略骨化,具稀疏长刚毛。后表皮突长,端部 1/3 宽扁;前表皮突短,端部膨大,略长于后表皮突的 1/3。导管端片宽带状,腹面骨化,两侧具骨化脊。囊导管细长,基部加宽。交配囊椭圆形;囊突菱形,背面中央横向近两端各有 1 三角形片状突起。

寄主:紫草科 Boraginaceae:厚壳树 *Ehretia resinosa* Hance.

分布:浙江(天目山)、河北、湖南、广东、海南、云南、台湾;日本,越南,印度尼西亚,印度,尼泊尔,巴基斯坦。

备注:此种在台湾名为厚壳树筛蛾。

12.6　新月草蛾 *Ethmia lunaris* S. Wang, sp. nov. 新种(图版 9-147)

翅展 16.0～17.0mm。头部白色,颈中部黑色。下唇须白色,基节背面、第 2 节基部 1/2 和第 3 节基部 1/3 黑色。触角柄节背面灰白色,腹面褐色,鞭节灰褐色。领片基部黑色,末端灰白色。胸部灰白色,中部及端部各有 2 枚黑圆斑。翅基片灰色,近基部内侧具 1 枚黑斑。前翅灰白色,具近 10 个黑色斑纹:前缘基部具 1 枚不规则大黑斑,近前缘有少量黑色鳞片,翅基部 1/3 近后缘、翅褶基部、基部 1/3 及 3/5 处各具 1 枚黑斑,其中翅褶中部的黑斑最大;中室基部 1/4 具 1 个极小的黑点,近上角和下角处各具 1 枚黑斑,自上缘 1/3 处至上角处有 1 条下弯的纵带,其基部与前缘处的黑斑几乎相连,端部与近顶角处的各 1 枚黑斑几乎相连;自前缘端部 1/4 经顶角和外缘到臀角处有 10 个小黑点;缘毛灰白色,顶角处杂褐色。后翅及缘毛浅灰褐色。足灰白色;前足腹面及跗节黑色;中足胫节外侧有 3 个黑斑,跗节每节基部 4/5 褐色;后足胫节外侧杂少量褐色,跗节腹面端部褐色。

雄性外生殖器(图版 43-147):爪形突长于背兜;基半部矩形,端半部呈 V 形向两侧斜伸,渐窄,末端细。颚形突长约为背兜的 4/5,尾部具一排较长的刺;口部宽,约为尾部的 2 倍,膜质,边缘弱骨化,倒梯形。钩形突极短,倒三角状。抱器背略短于抱器腹;抱器腹阔三角形,腹缘直,末端截形,近腹缘和端部具稀疏长刚毛;抱器端稍短于抱器背,基部柄状,端部膨大,密被长粗刚毛,末端腹缘具短刺状突起。阳茎基环宽带状,具两个指状侧叶。阳茎端膜微骨化,无角状器。

雌性外生殖器(图版 90-147):产卵瓣骨化较强,后端宽锥形。后表皮突约与产卵瓣等长;前表皮突基部宽,渐窄,末端钝。导管端片腹面骨化,方形,两侧骨化较强,后缘两侧突出。囊导管长,卷曲。交配囊近椭圆形;囊突月牙状,折叠。

正模:♂,龙须山平岗(30.42°N,119.55°E),754m,20.Ⅶ.2014,尹艾荟、胡雪梅、王青云采,玻片号 HXM14118♂。**副模**:1♂,天目山千亩田(30.40°N,119.44°E),1320m,1.Ⅶ.

2013,尹艾荟、王秀春采,玻片号 HXM13158♂;1♀,天目山钱江源(30.39°N,119.49°E),866m,10.Ⅶ.2014,尹艾荟、胡雪梅、王青云采,玻片号 HXM14259;1♀,天目山三亩坪(30.37°N,119.43°E),789 m,14.Ⅶ.2014,尹艾荟、胡雪梅、王青云采,玻片号 HXM14260;1♀,河南罗山灵山寺,350m,21.Ⅴ.2000,于海丽采,玻片号 W01006。

分布:浙江(天目山)、河南。

鉴别:本种与广州草蛾 E. guangzhouensis Liu,1980 极相似,但翅面斑纹较清晰,翅褶中部明显有 1 枚黑斑,翅端明显有 2 个延长的黑斑,而后者斑纹模糊,翅褶中部无斑点,翅端的黑斑不明显;本种雄性外生殖器尾部具 1 排较长的刺,抱器端腹缘突出,呈三角形,而后者颚形突具少量较长的刺,抱器端腹缘突出,形成一个小钝突起;本种雌性外生殖器交配囊大,囊突约与交配囊等宽,而后者交配囊小,囊突小于交配囊的宽度。

12.7 冲绳草蛾 *Ethmia okinawana* (**Matsumura, 1931**)(图版 9-148)

Symmoca okinawana Matsumura,1931,6000 *Illustr. Insects Japan-Empire*:1086.

Ethmia okinawana (Matsumura):Kun & Szabóky,2000,*Acta Zool. Acad. Sci. Hung.*,**46**(1):58.

翅展 26.0~34.0mm。颜面灰白色,头顶污白色。下唇须灰白色,基节背面、第 2 节基半部背面和近端部、第 3 节近端部黑色。触角柄节背面黑褐色,腹面浅灰白色,鞭节灰色。领片灰色,两侧基部杂黑色。胸部灰色,有 5 枚黑圆斑,基部 1 枚,中部和端部各 2 枚。翅基片灰色,基部内侧有 1 枚较小的黑斑。前翅灰色,前缘深灰色,基部褐色;翅面有约 23 个黑色斑纹:前缘基部 1 枚黑斑;中室上缘及近前缘依次有 5 条短带,其中第 3 条最长,第 5 条延到中室上角,中部和端部 2/5 各有 1 条短带,后者近下方有 1 枚小黑斑;翅褶基部 1/4 有 1 条短带,基部1/3 至端部 1/3 依次有 3 个黑圆斑;后缘基部 1/5 处有 1 个黑点,末端近臀角处有 1 枚延长的黑斑;翅端有 5 条长短不一的平行短带;从前缘端部 1/5 经顶角和外缘到臀角处有 10 个小黑点;缘毛与翅同色。后翅灰色,缘毛基部灰色,端部白色。前足和中足灰白色;前足腿节腹面和跗节黑褐色;中足胫节外侧具 2 枚长条形斑,跗节背面前端 2/3 及腹面黑褐色;后足橙黄色,跗节背面前端 2/3 及腹面黑褐色。腹部橙黄色。

雄性外生殖器(图版 43-148):爪形突基部 1/4 矩形,渐窄,端半部剑状,略弯,末端尖。颚形突膜质,口、尾部不明显,V 形,后端两侧各具一内弯的弧形侧臂,向后达爪形突近基部。钩形突短指状,具稀疏短刚毛。抱器背基部粗,长于抱器瓣的 1/2;抱器腹基部窄,渐宽,腹缘近端部向前突出,被细长刚毛,末端钝斜;抱器端呈三角状,密被粗长刚毛,末端为一扭曲的指状骨化突起,其约与抱器端等长。阳茎基环窄带状,具 2 个渐窄的后侧叶,其末端尖。阳茎端部具一骨化较强的环带,阳茎端膜轻微骨化;无角状器。

雌性外生殖器(图版 90-148):产卵瓣后端呈锥状,具稀疏刚毛,略短于后表皮突。后表皮突细长,末端略粗;前表皮突长约为后表皮突的 1/4,扁平。交配孔膜质。导管端片在囊导管近基部环状骨化;囊导管长,基部密被微刺。交配囊长卵形;囊突匙形,折叠,密被齿突,一边中部翻折;具一较小的附囊。

分布:浙江(天目山)、上海、福建、江西、湖北、湖南、广西、四川、台湾;日本。

备注:此种在台湾名为冲绳筛蛾。

十三　尖蛾科 Cosmopterigidae

体小型。单眼有或无。头部鳞片紧贴,额常强烈突出,颜面光滑。下唇须镰形,上举常超过头顶。前翅卵状披针形、狭披针形或线形,中室常为闭室;R_4 和 R_5 脉共柄,R_5 脉伸达前缘顶角前,有时 R_4、R_5 和 M_1 脉共柄,1A 和 2A 脉在基部形成基叉。后翅窄于前翅,缘毛很长。

该科昆虫已知 130 余属 1800 多种,各大动物地理区系均有分布,尤以热带地区种类丰富。

迈尖蛾属 Macrobathra Meyrick,1886

Macrobathra Meyrick,1886.　Type species:Macrobathra chrysotoxa Meyrick,1886.

触角柄节无栉。下唇须光滑,侧扁,第 3 节长于第 2 节,上举超过头顶。前翅长大于宽的 4 倍,顶角尖。雄性外生殖器:爪形突几近对称。抱器瓣不对称。阳茎粗壮,具角状器。雌性外生殖器:后表皮突长于前表皮突。导精管由囊导管上伸出。交配囊具 1 对囊突。

该属已知 120 余种,分布于澳洲区、非洲区、古北区和东洋区。中国已知 7 种,本书记述 3 种。

分种检索表

13.1　阿迈尖蛾 Macrobathra arneutis Meyrick,1914(图版 9-149)

Macrobathra arneutis Meyrick,1914,Exot. Microlep.,1:218.

翅展 10.5～12.0mm。头顶黑褐色,颜面浅黄色。下唇须黑褐色;第 2 节背面基部灰白色,侧面近腹缘具白色纵带;第 3 节腹面白色,末端白色。触角黑褐色,柄节前缘及鞭节背面各具 1 条白色纵带。胸部及翅基片黑褐色。前翅黑褐色;基部 1/6 处具 1 条宽阔梯形乳白色横带,向后明显变宽;前缘 1/2 处、5/6 处及臀角处各具 1 枚乳白色斑;缘毛黑褐色。后翅及缘毛深灰色。

雄性外生殖器(图版 43-149):爪形突短,端部略阔,近菱形膨大,右臂略长于左臂。抱器瓣端部略阔,末端圆尖,腹面密被刚毛,右抱器瓣略大于左抱器瓣。囊形突长约为左抱器瓣的 2 倍,端部略膨大,末端圆钝。阳茎端环骨化,端部略狭窄,末端圆钝。阳茎粗壮,略呈圆柱形,端部 2/3 分成一长一短两支:短的一支向末端渐尖,长度为另一支的 3/4;长的一支基半部骨化强烈,端部螺旋状,略膨大。

雌性外生殖器(图版 90-149):后表皮突长约为前表皮突的 2 倍。阴片位于交配孔背面右侧,为一斜的小骨片。囊导管略长于后表皮突,基半部强烈骨化,导精管由其中部伸出。交配囊圆形,短于后表皮突;囊突为 1 对小齿。

分布:浙江(天目山)、江西、广西、海南;印度。

13.2　梅迈尖蛾 Macrobathra myrocoma Meyrick,1914(图版 9-150)

Macrobathra myrocoma Meyrick,1914,Exot. Microlep.,1:218.

翅展 10.5～13.0mm。头浅黄色。下唇须第 2 节浅黄色,基部染黑褐色;第 3 节黑褐色,背面基半部及腹面具灰黄色纵带。触角黑褐色,腹面基部 1/3 间有灰黄色,柄节后缘端部白色,鞭节背面间有白色。胸部及翅基片黑褐色。前翅黑褐色;基部 1/5 处具 1 条三角形乳白色横带,前端渐窄;前缘 1/2 处、5/6 处及臀角处各具 1 枚乳白色斑;缘毛黑褐色。后翅及缘毛深灰色。腹部灰褐色,每一腹节末端灰白色。

雄性外生殖器(图版 43-150):爪形突短,端部略阔,呈菱形膨大,外缘内凹。抱器瓣腹面密被刚毛,左抱器瓣基部 2/3 近等宽,端部 1/3 渐窄,末端圆尖;右抱器瓣略小于左抱器瓣,端部窄,末端尖。囊形突长约为左抱器瓣的 1.5 倍,近等宽,末端圆钝。阳茎端环骨化,端部略狭窄,末端斜截。阳茎粗壮,略呈圆柱形,端部 2/3 分成一长一短两支,短的一支向末端渐窄,长为另一支的 4/5;长的一支基半部骨化强烈,端部螺旋状。

雌性外生殖器(图版 90-150):后表皮突长约为前表皮突的 2 倍。阴片位于交配孔背面右侧,为一斜的小骨片。囊导管略短于后表皮突,基半部强烈骨化,近端部扭曲缠绕。导精管由囊导管中部伸出,储精囊近圆形。交配囊圆形,与囊导管等长;囊突为 1 对内凹的小刺。

分布:浙江(天目山)、湖南、广西、贵州;印度。

13.3 栎迈尖蛾 *Macrobathra quercea* Moriuti, 1973(图版 9-151)

Macrobathra quercea Moriuti, 1973, *Trans. Lepidop. Soc. Jap.*, **23**(2): 35.

翅展 15.0～16.5mm。头顶黄棕色,颜面浅黄色。下唇须浅黄色,散布棕灰色鳞片。触角深棕色,柄节背面末端白色,鞭节具白色环纹。胸部和翅基片深棕色,后缘浅黄色。前翅深棕色,1/5 至 3/5 之间具宽阔黄色横带,略呈倒梯形;缘毛深棕色。后翅及缘毛深棕色。足浅黄色,胫节及距暗黄色。

雄性外生殖器(图版 43-151):爪形突端部狭窄,末端尖锐。背兜宽阔;1 枚大突起自右侧边缘 1/3 处伸出,约与爪形突等长,端部渐窄,末端钝。基腹弧狭窄,骨化强烈。抱器瓣不对称:左抱器瓣基部 1/3 宽阔,腹缘 1/3 处呈半圆形突出,密被刚毛,自 1/3 至 4/5 处均匀狭窄,端部 1/5 略呈椭圆形膨大,腹面密被短刺;背基突与左抱器瓣等长,其端部 1/5 加粗呈长卵形,末端具刚毛;右抱器瓣短而阔,端部渐宽,末端斜截,端部 1/5 腹面密被刚毛;背基突阔叶状,短于右抱器瓣,末端圆钝,腹面被刚毛。阳茎端环后缘具长突起,长于爪形突,基半部三角形,端半部略呈棒状。阳茎粗壮,圆柱形,1/3 至 3/4 处具宽阔骨片,其端部渐尖;角状器为两簇浓密的刺,一簇从 1/4 延伸至 2/3,另一簇位于端部 1/3。

雌性外生殖器(图版 90-151):后表皮突长为前表皮突的 2 倍。前阴片大,近圆形,后缘弧形,右前端内表面具一小兜;后阴片长约为前阴片的一半,后缘中部内凹。囊导管膜质;附囊自囊导管近基部伸出,骨化,具数条横隆线。交配囊圆形,密被网状纹,形成 1 对圆斑;囊突为 1 对强烈骨化的棘刺 。

寄主:壳斗科 Fagaceae:锐齿栎 *Quercus serrata* Thunberg, *Quercus glauca* Thunberg。
分布:浙江(天目山)、湖北、湖南、陕西;日本。

尖蛾属 *Cosmopterix* Hübner, [1825]

Cosmopterix Hübner, [1825]. Type species: *Tinea zieglerella* Hübner, [1810].

下唇须光滑,第 3 节略长于第 2 节,上举超过头顶。触角长为前翅的 3/4～4/5,柄节具栉。前翅披针形,顶角尖,突出;有 12 条脉,其中 R_4、R_5 和 M_1 脉共柄;后翅有 8 条脉,其中 Rs 和 M_1 脉共柄,翅室为开室。雄性外生殖器:爪形突不对称,左臂减弱或退化,右臂发达;左、右小瓣均发达,对称或不对称。抱器瓣对称或不对称。阳茎与阳茎端环融合。雌性外生殖器:囊突有或无。

该属已知近 200 种,广布于世界各大动物地理区系。中国已知 21 种,本书记述 2 种。

13.4 丽尖蛾 *Cosmopterix dulcivora* Meyrick, 1919(图版 9-152)

Cosmopteryx dulcivora Meyrick, 1919, *Exot. Microlep.*, **2**: 233.

翅展 7.5~11.0mm。头顶黄褐色,中央及两侧具白色纵纹,颜面乳白色。复眼黑色染有红色。下唇须黄褐色,第 2 节侧面灰黄色,第 3 节背面和腹面白色。触角黄褐色,腹面灰黄色;鞭节自端部依次为 4 节灰黄色,5 节黑色,1 节灰黄色,基部 2/5 前缘具灰黄色纵带,其余间有灰黄色。胸部黄褐色,中央具一条白色纵纹;翅基片黄褐色,内缘白色。前翅基半部深黄褐色,中部至端部 1/4 黄色,端部 1/4 白色;基半部具 3 条平行的灰白色纵线:亚前缘线长为中纵线的 4/5,中纵线自基部近达中部,亚后缘线最细,长为中纵线的 1/3,自基部 1/3 近达中部,末端略超过中纵线;中部具 2 枚大小相同的银白色斑,呈上下排列,前斑外缘具 1 枚黑斑,后斑外缘杂黄褐色鳞片;端部 2/3 处自前缘至后缘具 1 条银白色横带,内侧镶褐色鳞片;缘毛黄褐色。后翅及缘毛深灰色。

雄性外生殖器(图版 43-152):第 8 腹节侧叶半圆形。爪形突左臂退化为一狭窄骨化带;右臂由基部略阔至 3/4,端部 1/4 窄,末端圆尖,基部 1/2~3/4 处内侧具三角形突起,腹缘具细齿。小瓣不对称:左小瓣基部窄,渐宽至中部,中部处呈直角下弯,渐窄,末端尖;右小瓣基半部阔,端半部叉状:背支基半部宽,端部渐窄,呈弧形向下内弯,腹支呈直角下伸,其端部渐窄,末端尖。抱器瓣基部窄,渐阔至 1/3 处,自 1/3 处向端部渐窄,末端钝。阳茎基部 3/4 球形膨大,端部 1/4 管状,略弯曲。

雌性外生殖器(图版 90-152):第 7 腹板后缘中部丘形外拱。第 8 腹节宽略大于长。后表皮突长为前表皮突的 2 倍。交配孔卵圆形,腹面具不规则四边形骨片。阴片近球形。囊导管略长于后表皮突,端部近交配囊处具 1 对骨化脊。交配囊长椭圆形,长为后表皮突的 2 倍;囊突为 1 对半圆形骨板,其上着生纵向三角形骨片,位于交配囊中部。

寄主:禾本科 Gramineae:芒 *Miscanthus sinensis* Anderss.,甘蔗 *Saccharum officinarum* Linn.。

分布:浙江(天目山)、安徽、江西、湖南、广西、海南、贵州;日本,印度尼西亚,菲律宾,俄罗斯,澳大利亚,斐济。

13.5 颚尖蛾 *Cosmopterix rhynchognathosella* Sinev, 1985(图版 9-153)

Cosmopterix rhynchognathosella Sinev, 1985, *Trudy Zool. Inst. Akad. Nauk SSSR*, **134**: 86.

翅展 7.5~9.5mm。头顶黑褐色,中央及两侧具白色纵带,颜面铅灰色。下唇须黑褐色,第 2 节侧面具灰白色纵带,第 3 节背面及腹面灰白色。触角黑褐色,柄节沿前缘具 1 条白色纵线;鞭节自端部依次为 4 节白色,5 节黑褐色,1 节白色,1 节黑褐色,1 节白色,其余鞭节背面间有白色纵纹。胸部黑褐色,中央具 1 条白色纵纹;翅基片黑褐色,内缘白色。前翅黑褐色;基半部具 3 条白色平行纵线,亚前缘线长为中纵线的 2 倍,中纵线略长于亚后缘线;中部及端部 3/4 处各具 1 条银灰色横带,前者外侧中部具 1 枚黑点,后者内侧镶黑褐色鳞片,两横带之间橘黄色,沿后缘具黑褐色鳞片;端部 1/4 具白色纵带;缘毛黑褐色。后翅及缘毛黄褐色。

雄性外生殖器(图版 43-153):第 8 腹节侧叶新月形,骨化较弱。爪形突左臂退化为窄带状;右臂基半部窄,端半部略加宽,末端钝,外缘 1/4 处具 1 枚棘刺状突起。小瓣呈镰刀状,基部平伸,端部下弯,密被刚毛,末端尖。抱器瓣基部 1/4 略窄,端部 3/4 近等宽;背缘 1/4~3/4 内凹,腹缘直,末端圆钝,背端角呈近三角形突出。阳茎基部 3/4 球形膨大,端部 1/4 略窄。

雌性外生殖器(图版 90-153):第 7 腹板后缘中部略外拱。第 8 腹节宽大于长。后表皮突长约为前表皮突的 1.5 倍。交配孔圆形,腹缘具漏斗形骨片。阴片梭形。囊导管长约为前表皮突的 2 倍,端部近交配囊处具 1 对骨化脊。交配囊卵圆形,长为前表皮突的 4 倍;囊突为 1 对三角形骨片,位于交配囊中后部。

分布:浙江(天目山)、安徽、福建、江西、河南、湖北、贵州;朝鲜,日本,越南,俄罗斯。

<h2 style="text-align:center">离尖蛾属 Labdia Walker,1864</h2>

Labdia Walker,1864. Type species:Labdia deliciosella Walker,1864.

触角为前翅长的 3/4~4/5。下唇须圆柱状,第 3 节常超过头顶。前翅狭披针形,斑纹多样;有 12 条脉,其中 R_5 和 M_1 脉共柄。后翅披针形,R_5 和 M_1 脉共柄,翅室为开室。雄性外生殖器:爪形突不对称;左臂不发达或退化,右臂发达;左小瓣长,右小瓣退化。抱器瓣对称或不对称。阳茎与阳茎端环融合。雌性外生殖器:囊突有或无。

该属昆虫主要分布于东洋区和非洲区,中国已知 7 种,本书记述 1 种。

13.6 橙红离尖蛾 *Labdia semicoccinea* (Stainton,1859)(图版 9-154)

Cosmopteryx semicoccinea Stainton,1859,*Trans. Entomol. Soc. Lond.* (N. S.),**5**:123.

翅展 10.0~14.0mm。头浅黄色。下唇须灰黄色,第 3 节背面和腹面杂黑色鳞片。触角灰黄色,柄节背面杂黑色鳞片,鞭节背面基部 4/5 具黑色纵带,端部 1/5 间有黑色。胸部银灰色,两侧具橘红色纵带;翅基片银灰色,外缘染有橘红色。前翅前缘和后缘黄白色,沿其内侧具银灰色细带;基部 3/5 橘红色,具 4 条银色纵带:第 1 条位于中室前缘 1/3 中部,第 2 条自前缘 1/6 处外斜至翅褶中部并沿翅褶延伸至 3/5 处,末端杂黑色鳞片,第 3 条自翅基部沿翅褶下方延伸第 2 条带前,第 4 条自后缘 1/3 斜至翅褶中部,与第 2 条相接;端部 2/5 黄色,在前缘 3/5 处偏外和 4/5 处各具 1 黑色斑点,镶白色鳞片,二者之间具 1 枚暗黄色条纹;翅褶末端至中室 2/3 处具银色短带,内斜;臀角处偏外具银色斑纹,达中室末端;缘毛灰黄色。后翅及缘毛深灰色,顶角处灰黄色。腹部深灰色。雄性个体在翅下方由后胸前侧角各伸出 1 簇鳞毛,延伸至腹部第 3 腹节上方。

雄性外生殖器(图版 43-154):第 8 腹节侧叶背、腹缘近平行,末端圆钝。爪形突左臂叉状:外叉狭窄,强烈骨化,内叉宽阔片状;右臂长为左臂的 3 倍,基部宽,向端部渐窄,近末端膨大,末端尖,略弯。背兜前缘呈 V 形深凹。左小瓣宽阔,端部具稀疏刚毛。抱器瓣基部 1/5 狭窄,端部 4/5 宽,背缘浅凹,腹缘钝,末端圆。阳茎短小。阳茎鞘细长,长约为抱器小瓣的 4 倍,向端部渐窄,末端尖。

雌性外生殖器(图版 90-154):后表皮突长为前表皮突的 2 倍。阴片管状,左侧末端有 1 个小骨化囊。囊导管长为后表皮突的 2.5 倍。交配囊长卵形,长为后表皮突的 1.5 倍;无囊突。

寄主:豆科 Fabaceae:木豆 *Cajanus indicus* Spreng.;五加科 Araliaceae:福禄桐属 *Polyscias* sp.;苏铁科 Cycadaceae:美洲苏铁属 *Zamia* sp.;蔷薇科 Rosaceae:*Prunus donarium* (Sieb.)。

分布:浙江(天目山)、天津、安徽、福建、江西、河南、湖北、湖南、广西、贵州、陕西、甘肃、香港;朝鲜,日本,印度,格鲁吉亚。

十四　展足蛾科 Stathmopodidae

头部被紧密鳞片,具金属光泽。下唇须3节,第2、3节通常等长。触角柄节无栉,腹面内凹形成眼罩;鞭节丝状,大多数雄性被长纤毛,雌性简单。前翅多为披针形或矛形;颜色鲜艳,具金属光泽,有些类群具竖直鳞毛簇。后翅狭窄,有些类群基部具透明斑;缘毛长为后翅宽的2～7倍。雄性翅缰1根,细长;雌性翅缰3根。雄性外生殖器:爪形突发达;颚形突通常与爪形突等长,末端鸟喙状;抱器瓣对称,抱器端密被长毛;阳茎基环侧叶通常发达,角状器有或无。雌性外生殖器:导管端片通常碗状或漏斗状;囊导管通常短而直。交配囊大,圆形或卵形,囊突有或无;储精囊开口于囊导管与交配囊连接处,基部宽阔部分通常被齿突,端部有时具颗粒;导精管出自储精囊末端,细长弯曲。

艳展足蛾属 *Atkinsonia* Stainton,1859

Atkinsonia Stainton,1859. Type species:*Atkinsonia clerodendronella* Stainton,1859.

成虫具金属光泽。头光滑,头顶阔圆。下唇须上举,第3节长于第2节。触角粗壮,鞭节后缘密被长栉,雄性前缘具长纤毛。前翅通常红色,狭长,前、后缘近平行,翅端窄圆;后足跗节基部2节末端具轮生鬃毛。雄性外生殖器:爪形突发达,后缘两侧具尖突;颚形突缺失;抱器瓣具抱器背基突,抱器腹窄带状,阳茎无角状器。雌性外生殖器:导管端片前端骨化强;囊导管通常短于交配囊;交配囊近圆形或长卵形,囊突2枚;储精囊开口于囊导管近前端。

该属中国已记载8种,本书记述1种。

14.1　济源艳展足蛾 *Atkinsonia swetlanae* Sinev, 1988(图版9-155)

Atkinsonia swetlanae Sinev, 1988, *Trudy Zoologicheskogo Instituta*, **178**:120.

翅展17.0～18.0mm。颜面深褐色,头顶黑褐色,后头银灰色。下唇须第1节灰白色;第2节基部灰白色,端部渐加深至灰褐色;第3节紫黑色。触角黑褐色,具蓝紫色金属光泽;鞭节后缘基部5/6具长栉。领片黑褐色杂锈红色;胸部黑褐色,中央有1条锈红色纵带,后胸灰白色;翅基片锈红色,后半部杂浅褐色鳞片。前翅锈红色,前缘基部1/3黑褐色;沿翅脉具黑褐色纵条纹;基部近后缘有1枚黑斑;缘毛深褐色杂锈红色。后翅基半部锈红色,与前翅重叠处黄白色,端半部褐色;后缘基部具半椭圆形透明斑;缘毛灰褐色。

雄性外生殖器(图版43-155):爪形突基部宽,渐窄至3/5处,自3/5处渐宽至末端,后缘波状,末端中央凹入,两侧呈短刺状;两侧密被长毛。背兜梯形,长约为爪形突的2倍。抱器瓣基部窄,渐宽,末端钝,端半部密被长毛;抱器背基突长棒状;抱器腹与抱器瓣约等长,基部1/3阔,端部2/3渐窄至末端。基腹弧窄带状;囊形突近梯形,长约为爪形突的1/3。阳茎基环圆形;侧叶长棒状,密被长刚毛。阳茎与抱器瓣约等长,基半部近等宽,端半部渐窄至末端;角状器无。

雌性外生殖器(图版90-155):第8节与产卵瓣之间的节间膜长约为产卵瓣的3倍。后表皮突长约为前表皮突的1.5倍。第8节后缘直,密被长刚毛;第8腹板前端1/3近三角形,前缘圆;第8背板矩形。导管端片近矩形,宽约为长的1.5倍,后缘呈宽V形深凹。囊导管基部2/3窄,端部渐宽至近交配囊;长约为交配囊的2/3。交配囊长卵圆形;囊突2枚:1枚近菱形,一侧骨化弱,中央具骨化脊;另1枚由2个三角形骨片愈合为宽V形。储精囊出自囊导管端部1/3,基部1/3阔管状,端部2/3窄,环状螺旋,密被微刺。

分布:浙江(天目山)、山西、河南、湖北、四川。

黑展足蛾属 *Atrijuglans* Yang，1977

Atrijuglans Yang，1977.

Type species：*Atrijuglans aristata*（Meyrick，1913）(＝*Atrijuglans hetaohei* Yang，1977).

头部光滑,头顶阔而圆。无单眼。喙发达,弯曲。下唇须细长弯曲,第3节稍长于第2节。触角长为前翅的3/4～4/5,柄节无栉,雄性鞭节具纤毛。前翅狭长,R脉、M脉和Cu脉平行,R_4和R_5脉共柄,R_5脉达前缘脉,M_2脉接近M_3脉,CuA_1脉出自翅室下角之前。后翅窄,线形,缘毛长;$Sc+R_1$脉近前缘脉,中室开放,M_2和CuA_2脉出自同一点。后足胫节轮生长鬃毛;后足跗节背面具长鬃毛。雄性外生殖器:爪形突发达,与颚形突约等长。颚形突鸟喙状,端部密被短刺。抱器背基部呈圆形膨大,抱器腹骨化。阳茎基环小;侧叶发达。阳茎长,粗壮,末端具突出。雌性外生殖器:后表皮突长于前表皮突。囊导管膜质,端部密布齿突。交配囊卵形,膜质,具囊突。

该属仅1种,分布在中国、朝鲜、日本和俄罗斯。本书记述该种。

14.2 核桃黑展足蛾 *Atrijuglans aristata*（**Meyrick，1913**）(图版9-156)

Stathmopoda aristata Meyrick，1913，*Exot. Microlep.*，**1**：89.

Atrijuglans aristata（Meyrick）：Sinev，2015，*World Catalogue of Bright-legged Moths*（Lep.，Stathmopodidae）：11.

Atrijuglans hetaohei Yang，1977，*Moths of North China*，**1**：147.

翅展10.5～17.0mm。颜面和头顶深银灰色,后头灰褐色。下唇须第1节浅黄褐色;第2节内侧浅黄褐色,外侧褐色;第3节深褐色。触角黑褐色。胸部、翅基片和前翅黑褐色至黑色;胸部后缘浅褐色。前翅前缘2/3处有1枚橘黄色斑,有些个体基部近后缘有1枚模糊浅黄色小斑;翅褶3/5处有1枚黄白色或乳白色小斑;缘毛深褐色。后翅和缘毛深褐色。腹部背面黑色;腹面银白色。

雄性外生殖器(图版44-156):爪形突基部宽,端部渐窄,末端尖,侧面观鸟喙状,两侧被长毛。颚形突基部宽,端部渐窄,末端略呈钩状下弯,端部1/3背侧密被短刺。背兜长约为爪形突的2.5倍。抱器瓣基部宽,端部稍窄;抱器背基部呈圆形加宽;抱器内突乳突状;抱器腹长约为抱器瓣的2/3,基部阔,稍窄至末端,末端平截,与抱器瓣分离;抱器端渐窄至远端。基腹弧窄带状;囊形突半椭圆形,长约为爪形突的3/5。阳茎基环倒三角形,后缘中部略内凹;侧叶长,末端尖。阳茎长约为抱器瓣的1.5倍,中部膨大,末端具突起;角状器无。

雌性外生殖器(图版91-156):后表皮突长约为前表皮突的1.5倍。导管端片漏斗状,后缘具锥形鳞毛簇。囊导管长约为交配囊的3/5;基部2/3约等宽,端部1/3渐宽,密布短刺。交配囊卵圆形;囊突2枚,由若干短刺组成,一大一小。储精囊出自交配囊后缘,短管状,末端具骨刺。

寄主:胡桃科 Juglandaceae:核桃 *Juglans regia* Linn.。

分布:浙江(天目山)、北京、天津、河北、山西、辽宁、黑龙江、福建、河南、湖南、广西、海南、重庆、四川、贵州、陕西、甘肃、山东、台湾;朝鲜,日本,俄罗斯。

淡展足蛾属 *Calicotis* Meyrick，1889

Calicotis Meyrick，1889. Type species：*Calicotis crucifera* Meyrick，1889，by monotypy.

成虫具金属光泽，体小型，翅展通常小于 10mm。头部光滑，鳞片紧贴，头顶阔圆，颜面稍向后倾斜。触角丝状，柄节扁平加宽，腹面内凹形成眼罩，后缘鳞片粗糙；鞭节雄性比雌性粗壮，无纤毛。下唇须 3 节，第 3 节稍短于第 2 节，末端尖。下颚须 4 节，长约为下唇须第 1 节的 2/5。静息时后足弯曲，侧面观呈三角形拱起；后足胫节背侧密被长毛，胫节末端和跗节每节末端轮生鬃毛。前翅狭披针形，近基部最宽，渐窄至翅端；底色较浅，斑纹通常不明显。R_1 脉出自中室上角之前，R_4 和 R_5 脉共柄，CuA_1 脉出自中室下角，1A＋2A 脉基部不分叉。后翅线形，缘毛很长，长为翅宽的 6～7 倍；中室开口于 M_1 脉和 CuA_1 脉之间，M_1 脉游离，M_2 和 M_3 脉缺失，1A＋2A 脉基部分叉。雄性腹部第 2～7 节背板的背刺呈宽倒 V 形排列，雌性第 2～6 节背板背刺呈阔弧形排列。雄性外生殖器：爪形突与颚形突约等长；背兜前端分叉，前端两侧钝圆；抱器背基部呈环形骨化，背缘通常比腹缘骨化强；抱器内突钩状，位于抱器背基环端部；抱器端背缘骨化强；抱器腹发达；阳茎基环侧叶短于阳茎基环；阳茎粗壮；无角状器。雌性外生殖器：产卵瓣和第 8 腹节之间的节间膜通常与产卵瓣约等长；前表皮突比后表皮突粗；第 8 腹节后缘骨化强，具长刚毛；导管端片发达；囊导管通常等长于或长于导管端片；交配囊卵圆形或长卵圆形，一般具 1 枚囊突；储精囊出自交配囊与囊导管过渡区，通常呈不同形状加宽；导精管细长弯曲。

该属目前已知 8 种，分布于中国，俄罗斯，澳大利亚，新西兰，斐济。中国已知 4 种，本书记述 1 种。

14.3 十字淡展足蛾 *Calicotis crucifera* Meyrick，1889（图版 9-157）

Calicotis crucifera Meyrick，1889，*Trans. Proc. New Zealand Inst.*，**21**：170.

翅展 9.5～10.5mm。头灰白色，后头银白色。下唇须灰黄色，第 1、3 节外侧端部褐色，第 2 节内侧灰白色。触角柄节灰白色，鞭节浅黄褐色。胸部和翅基片基半部浅黄褐色，端半部银白色。前翅银白色，前缘基部 1/3 深褐色，后缘近基部及中室末端外侧散布褐色鳞片；前缘近中部下方 1 枚浅褐色大斑，后缘基部 1/3 处有 1 枚不清晰浅黄褐色斑；缘毛浅褐色。后翅褐色；缘毛浅褐色。腹部背面赭黄色；腹面浅黄色。

雄性外生殖器（图版 44-157）：爪形突长矩形，末端钝圆；两侧被长毛。颚形突长舌状，基部阔，末端钝圆。背兜长约为爪形突的 1.6 倍。抱器瓣基部阔；抱器端窄，长指状，背、腹缘近平行，长约为抱器瓣的 2/3；抱器背达抱器瓣背缘 4/5 处，抱器背基环发达，背缘骨化强；抱器腹基部阔，渐窄至末端，末端达抱器端腹缘 1/3 处，腹缘几乎直。基腹弧窄带状；囊形突短 V 形，长约为爪形突的 1/5。阳茎基环近圆形，后缘具骨化脊；侧叶小而圆，被长毛。阳茎长约为抱器瓣的 1.3 倍，基部 3/4 等宽，端部 1/4 腹侧骨化强；角状器无。

雌性外生殖器（图版 91-157）：后表皮突长约为前表皮突的 1.5 倍。导管端片近矩形，宽约为长的 1.5 倍，前缘两侧弧形，后缘稍内凹，具对称皱褶。囊导管长约为交配囊的 2/3，基部 3/4 近等宽，稍加宽至交配囊。交配囊卵圆形；囊突月牙形，前缘锯齿状，后缘具骨化脊。储精囊出自囊导管端部。

寄主：水龙骨科 Polypodiaceae：大叶鹿角蕨 *Platycerium grande* (Fée) Kunze。

分布：浙江（天目山）、安徽、湖北、广西、贵州、香港；澳大利亚。

点展足蛾属 *Hieromantis* Meyrick，1897

Hieromantis Meyrick，1897. Type species：*Hieromantis ephodophora* Meyrick，1897，by monotypy.

头部鳞片光滑。触角柄节加宽，腹侧内凹，形成眼罩；雄性鞭节具长纤毛，雌性简单。下唇须第 3 节稍长于第 2 节。下颚须 4 节，极短。前翅披针形；后缘通常有具金属光泽鳞毛簇形成的斑；翅脉 R_1 和 R_2 脉出自翅室上角之前，R_3 脉出自翅室上角，R_4 和 R_5 脉共柄，R_5 脉达前缘近翅端，M_1 和 M_2 脉近平行，M_3 脉出自翅室下角，CuA_1 和 CuA_2 脉较短，近平行，1A+2A 脉基部分叉。后翅披针形，缘毛长约为翅宽的 7 倍；R_{2+3} 脉达前缘 2/5，R_{4+5} 脉达前缘近翅端，M_2 和 M_3 脉均有，有时合并为 M_{2+3} 脉。后足胫节背面密被鳞毛簇，端部轮生长鬃毛。腹部背面雄性第 2~7 节和雌性第 2~6 节后缘具刺列。雄性外生殖器：爪形突通常近三角形；颚形突宽舌状或三角形，与爪形突约等长。抱器瓣端部平直或斜上举，抱器腹骨化弱。阳茎基环侧叶发达，通常长于阳茎基环。阳茎末端腹侧通常具细棒状突起；角状器有或无。雌性外生殖器：产卵瓣与第 8 腹节之间的节间膜等长于或长于产卵瓣。导管端片通常矩形。交配囊圆形或卵圆形，有些种加长；囊突有或无。储精囊管状，通常具膨大区。导精管极细。

该属主要分布在澳洲区，东洋区次之，在古北区也有分布。中国已知 6 种，本书记述 2 种。

14.4 洁点展足蛾 *Hieromantis kurokoi* Yasuda，1988（图版 9-158）

Hieromantis kurokoi Yasuda，1988，*Kontyû*，**56**(3)：494.

翅展 6.0~11.0mm。颜面赭白色，头顶赭黄色，后头具赭黄色鳞毛簇。下唇须黄白色，第 3 节赭黄色。触角柄节赭黄色，前缘略带黄白色；鞭节赭褐色，具深褐色环纹。胸部赭灰色，两侧有 1 对赭黄色纵带；翅基片赭黄色，外缘赭灰色。前翅赭黄色，基部灰褐色；前缘基部 1/6 和 1/4 之间至后缘 1/6 和 1/5 之间具 1 枚银白色散布赭黄色鳞片的大斑，其内、外缘散布灰褐色鳞片；前缘基部 1/2 和 3/5 之间至后缘 1/2 和 2/3 之间具 1 枚银白色梯形斑，其内缘直，外侧稍外斜并散布赭褐色鳞片；端部 2/3 有 1 条马蹄形带，开口于翅端，其上臂银白色，自前缘 5/6 内斜至中室外侧，沿其内缘镶赭褐色，下臂银灰色，自中室外侧沿后缘至翅端，其上缘散布赭褐色鳞片；后缘 1/5 至 2/5 之间具 1 个由 4 枚相连的深色斑组成的椭圆形大斑：1 枚黑色圆斑位于后缘 1/5 和 1/4 之间，其中央具白点，前、后缘镶赭黄色，1 枚由具金属光泽银灰色鳞毛簇形成的圆斑位于后缘 1/4 和 2/5 之间，占翅宽的 1/2，其前缘有 2 枚相连的不规则黑斑；缘毛灰色夹杂赭黄色。后翅灰褐色，缘毛浅灰褐色。腹部背面深灰色，腹面乳白色，两侧和尾部灰白色。

雄性外生殖器（图版 44-158）：爪形突基部 4/5 钟形，两侧被长毛；端部 1/5 细棒状，末端钝圆。颚形突宽舌状，末端圆。抱器瓣近矩形，背缘直，2/5 处稍内凹；抱器端圆形；抱器腹直，末端达抱器瓣腹缘 4/5 处。基腹弧窄带状，囊形突短 V 形，长约为爪形突的 1/4。阳茎基环长锥形；侧叶叶状，长约为阳茎基环的 1.5 倍。阳茎长约为抱器瓣的 1.5 倍，基部宽，渐窄至末端，近基部有 1 骨片，末端腹侧伸出 1 枚细棒状突起；角状器 2 枚：1 枚稍长，长约为阳茎的 3/4，由若干细长骨片组成，位于基部 1/8 和端部 1/8 之间；1 枚稍短，长约为阳茎的 1/3，呈角状粗刺，位于端部 1/3 和近末端之间。

雌性外生殖器（图版 91-158）：后表皮突长约为前表皮突的 2 倍。导管端片近矩形，前、后缘稍内凹，宽约为长的 3 倍。囊导管阔，约等宽，长约为交配囊的 1/2，与交配囊连接处的一侧有圆形膜质突起。交配囊卵圆形，囊导管附近和储精囊基部之间散布若干枚齿突；囊突 1 枚，拱形，中部弯曲且呈锯齿状，两端稍加宽，中央有 1 骨化脊，其前缘有 2 束小颗粒延伸至交配囊前缘 1/5。储精囊出自交配囊中部,管状,短于交配囊的 2 倍。

寄主:旋花科 Convolvulaceae:金灯藤 *Cuscuta japonica* Choisy。

分布:浙江(天目山)、天津、河北、山西、安徽、福建、江西、河南、湖北、湖南、广西、海南、重庆、陕西、甘肃;日本,俄罗斯。

14.5 申点展足蛾 *Hieromantis sheni* Li et Wang, 2002(图版 9-159)

Hieromantis sheni Li et Wang, 2002, *Acta Entomol. Sin.*, **45**(4):503.

翅展 7.0~10.5mm。头部具金属光泽,颜面亮白色,头顶灰褐色,散布赭色,后头具赭色鳞毛簇。下唇须灰白色,第 2 节外侧浅褐色,第 3 节外侧褐色。触角柄节深银灰色,后缘赭色;鞭节赭色,每节端半部具褐色环纹。胸部铅灰色,前端有 1 对赭色短纵纹;翅基片铅灰色,内侧前端散布赭色。前翅基部 3/4 铅灰色,具赭黄色鳞片,翅端 1/4 深褐色;1 条赭黄色宽带自前缘 3/5 和 3/4 之间垂直延伸到后缘;后缘基部 1/5 和 1/2 之间有 1 个由 4 枚相连斑组成的深色大斑,占翅宽的 1/2,其内缘白色,其余边缘镶赭黄色,其中后缘基部 1/5 和 1/3 之间的 1 枚黑斑中央具白点,后缘基部 1/3 和 1/2 之间的 1 枚由银灰色鳞毛簇形成的圆斑,其前缘有 2 枚相连的不规则黑斑;缘毛深褐色。后翅和缘毛褐色。腹部背面灰褐色;腹面白色;尾部浅灰色。

雄性外生殖器(图版 44-159):爪形突基部宽,渐窄至 3/4 处,两侧被长毛;端部 1/4 近矩形,末端平截。颚形突宽舌状,末端圆,端部具颗粒。抱器瓣基半部近等宽;背缘基半部平直,中部稍内凹;抱器端近三角形,上举,末端圆,外缘直;抱器腹近基部腹缘稍内凹,末端达抱器端外缘。基腹弧窄带状;囊形突短 V 形,长约为爪形突的 1/4。阳茎基环椭圆形;侧叶长棒状,骨化弱,长约为阳茎基环的 2.5 倍。阳茎与抱器瓣约等长,基部 2/3 两侧近平行,端部 1/3 腹侧骤窄,形成 1 长矛状突起;角状器由 1 束细长骨片组成,长约为阳茎的 1/3,位于基部 1/3 和端部 1/3 之间中央。

雌性外生殖器(图版 91-159):后表皮突长约为前表皮突的 1.6 倍。导管端片矩形,宽约为长的 4 倍,前缘稍内凹。囊导管基部 5/6 约等宽,渐宽至近交配囊。交配囊梨形,膜质,中部密布小齿突;囊突 1 枚,线状,由 4 枚基部相连的齿突组成。储精囊出自囊导管近交配囊处,与交配囊约等长,基半部窄,2/3 处呈圆形加宽。

分布:浙江(天目山)、天津、河北、山西、江西、河南、湖北、重庆、云南、陕西。

展足蛾属 *Stathmopoda* Herrich-Schäffer, 1853

Stathmopoda Herrich-Schäffer, 1853.

Type species: *Phalaena* (*Tinea*) *pedella* Linnaeus, 1761, subsequent designation by Meyrick, 1914.

体小型,翅展 7.0~18.0mm。头部光滑,鳞片紧致,具金属光泽;后头鳞片分布与头顶界限明显。下唇须 3 节,细长弯曲,上举过头顶,第 1 节短,第 2、3 节约等长。触角短于前翅,柄节长棒状;鞭节丝状,雄性前缘具长纤毛,雌性无。前翅狭披针形,近基部最宽,端部渐窄,末端尖,具金属光泽。前翅 R_4 脉与 R_5 脉共柄,R_5 脉达前缘,M 脉简化,1A+2A 脉基部分叉。后翅窄,披针形;翅室开口于 M_1 脉和 M_2 脉之间,M_2 脉和 M_3 脉几乎达基部,缘毛很长,约为翅宽的 4 倍。后足具轮生长鬃毛。雄性外生殖器:爪形突和颚形突约等长,爪形突密被长毛。抱器瓣明显,抱器端基部通常膨大,通常具抱器内突;抱器端短而多毛;抱器腹弱或具窄骨化带。基腹弧通常窄带状;囊形突较短。阳茎通常圆筒状或渐窄至端部,末端具突起;角状器有或无。雌性外生殖器:产卵瓣通常较短,被短毛。后表皮突长于前表皮突。交配孔开口于第 7 腹板。导管端片宽,漏斗状或碗状。囊导管通常较阔,具皱褶。交配囊具囊突,1~2 枚。储精囊与交配囊交界处通常具齿或刺。导精管通常细长弯曲。

该属昆虫世界性分布,澳洲区居多,东洋区次之,新北区分布较少。全世界共记载 230 多种。中国已知 19 种,本书记述 7 种。

14.6 桃展足蛾 *Stathmopoda auriferella* (Walker, 1864)(图版 9-160)

Gelechia auriferella Walker, 1864, *List Spec. Lepidop. Insects Coll. Brit. Mus.*, **30**:1022.

Stathmopoda auriferella (Walker):Meyrick, 1911, *Trans. Linn. Soc. Lond.*, (2)**14**(3):286.

翅展 9.5~14.0mm。颜面黄白色,头顶和后头褐色。下唇须内侧浅黄色,第 1、2 节外侧浅黄褐色,第 3 节外侧浅褐色。触角柄节褐色;鞭节黄褐色,每节末端具褐色环纹。胸部和翅基片深黄色;胸部后缘具褐斑,有些个体具 2 枚浅褐色斑。前翅基部 2/5 橘黄色,端部 3/5 褐色;前缘近基部有 1 枚深褐色斑,有些个体前缘 3/4 处具橘黄色斑;后缘基部具银灰色条带;缘毛褐色。后翅和缘毛浅褐色。足黄褐色:前足背面褐色;中足胫节背面褐色,跗节浅褐色;后足胫节背面密被浅黄褐色长毛。腹部背面灰褐色;腹面乳白色。

雄性外生殖器(图版 44-160):爪形突基部宽,渐窄至末端,末端尖,端部 1/3 侧面观鸟喙状;两侧被长毛。颚形突基部宽,渐窄至末端,末端侧面观近钩状。背兜长约为爪形突的 1.5 倍。抱器瓣基部阔,渐窄;抱器端近耳状,末端圆;抱器背基部呈圆形凸出,中部稍内凹,端部窄带状;抱器腹长约为抱器瓣的 4/5,基部宽,稍窄至末端,游离于抱器端。基腹弧窄带状;囊形突短 U 形,长约为爪形突的 1/3。阳茎基环近圆形;侧叶长椭圆形,长约为阳茎基环的 2 倍,被短刚毛。阳茎长约为抱器瓣的 1.3 倍,基部 4/5 等宽,端部 1/5 渐窄,腹缘端部 1/5 具细棒状突出;角状器由 1 束短针和大量微刺组成,位于基部 1/5 和 4/5 之间。

雌性外生殖器(图版 91-160):后表皮突长约为前表皮突的 2 倍。导管端片漏斗状。囊导管长约为交配囊的 1/2,基部窄,渐加宽至端部,基部两侧有 1 对骨棒。交配囊卵圆形;囊突 2 枚,近菱形,中央具骨化脊。储精囊出自交配囊后端,长约为交配囊的 5 倍,基部阔,散布稀疏微刺,基部 1/3 处膨大,端部 2/3 长管状。

寄主:漆树科 Anacardiaceae:泰芒 *Mangifera indica* Linn.;安石榴科 Punicaceae:石榴 *Punica granatum* Linn.;豆科 Fabaceae:阿拉伯金合欢 *Acacia nilotica* (Linn.);含羞草科 Mimosaceae:*Albizia altissimum* (Jacq.);棕榈科 Palmae:椰子 *Cocos nucifera* Linn.;松科 Pinaceae:松 *Pinus roxburghii* Sarg.;茜草科 Rubiaceae:中粒咖啡 *Coffea canephora* Pierre ex Froehn.;禾本科 Gramineae:高粱 *Sorghum bicolor* (Linn.) Moench, *Gossypium* sp., *Ricinus communis* Linn.。

分布:浙江(天目山)、北京、天津、河北、山西、辽宁、安徽、福建、江西、山东、河南、湖北、湖南、广东、广西、海南、重庆、四川、云南、贵州、陕西、甘肃、台湾、香港;朝鲜,日本,泰国,马来西亚,印度尼西亚,菲律宾,印度,斯里兰卡,巴基斯坦,阿拉伯联合酋长国,俄罗斯,英国,冈比亚,塞拉利昂,南非,澳大利亚。

14.7 丽展足蛾 *Stathmopoda callopis* Meyrick, 1913(图版 9-161)

Stathmopoda callopis Meyrick, 1913, *Exot. Microlep.*, **1**:91.

翅展 9.0~12.0mm。颜面和头顶亮白色,头顶后缘深褐色,后头深赭色。下唇须内侧黄白色,外侧赭黄色,第 2 节外侧具褐色细线。触角柄节亮白色;鞭节基部几节白色,其余黄褐色。胸部深褐色;翅基片赭黄色。前翅深褐色,具 2 条赭黄色横带:第 1 条自前缘基部 1/6 和 2/5 之间达后缘 1/8 和 1/3 之间;第 2 条近矩形,位于 1/2 和 4/5 之间;缘毛褐色。后翅和缘毛灰褐色。腹部背面灰褐色;腹面乳白色;尾部浅黄褐色。

变异:有些种类前翅2条赭黄色横条较窄,1条自前缘基部1/6和1/4之间内斜至后缘基部和1/5之间,1条位于前缘基部3/5和3/4之间。

雄性外生殖器(图版44-161):爪形突自基部渐窄至末端,末端约为基部宽的1/4,端部1/3侧面观鸟喙状;两侧被长毛。颚形突基部阔,端部稍窄,末端钝。背兜长约为爪形突的1.5倍。抱器瓣近矩形,基部稍宽于端部,长约为宽的2.5倍;抱器端长卵圆形,末端钝圆;抱器内突乳突状;抱器腹长约为抱器瓣的2/3,基部窄,背缘2/5处呈三角形凸出,端部渐窄,腹缘2/5处稍内凹。基腹弧窄带状;囊形突近V形,长约为爪形突的1/3。阳茎基环近圆形;侧叶长叶状,长约为阳茎基环的1.5倍,被短刚毛。阳茎长约为抱器瓣的1.4倍,基部2/3近等宽,端部1/3渐窄,基部1/3处有1枚骨化板,端部1/4腹侧具细棒状突起;角状器无。

雌性外生殖器(图版91-161):产卵瓣与第8腹节之间的节间膜长约为产卵瓣的3倍。后表皮突长约为前表皮突的2倍。第8背板矩形,前缘中央呈V形内凹,腹板前缘中央弧形,后缘直。导管端片漏斗状,骨化弱。囊导管约等宽,长约为交配囊的2倍。交配囊近圆形,密布小颗粒;囊突1枚,拱形。储精囊出自囊导管与交配囊交界处,基部1/3阔,密布60~70枚小齿突;中部长管状,2/3处呈圆形膨大;端部1/3窄,密布小颗粒。

分布:浙江(天目山)、山西、安徽、福建、江西、河南、湖北、广东、广西、海南、重庆、贵州、云南、甘肃、台湾、香港;印度,尼泊尔。

14.8　白光展足蛾 *Stathmopoda opticaspis* Meyrick,1931(图版9-162)

Stathmopoda opticaspis Meyrick, 1931, *Exot. Microlep.*, **4**: 175.

翅展8.0~10.0mm。颜面亮白色,头顶银白色,后头赭黄色。下唇须内侧银白色,外侧浅黄色。触角浅赭褐色,柄节前缘银白色。胸部和翅基片赭黄色,胸部中部有1枚黑斑,其中央有2枚白点。前翅赭褐色;前缘基部具赭黄色楔形斑,端部渐窄;前缘1/2和4/5之间有1枚浅黄色倒三角形斑,其顶角不达后缘;后缘基部1/6具1枚黑色三角形大斑,几达前缘,1/6和1/3之间具1枚雪白色三角形大斑,几达前缘基部1/5处,边缘镶赭黄色;缘毛灰褐色。后翅和缘毛浅褐色。腹部背面深灰色;腹面灰白色。

雄性外生殖器(图版44-162):爪形突基部宽,渐窄至2/3处,端部1/3细长,侧面观鸟喙状。颚形突基部阔,渐窄至末端,末端略呈钩状下弯。背兜与爪形突约等长。抱器瓣基半部近等宽,端半部斜上举;抱器端近三角形,斜上举,外缘直,末端窄圆;抱器背基部呈椭圆形凸出;抱器腹窄带状,末端达抱器端外缘。基腹弧窄带状;囊形突短U形,长约为爪形突的1/6。阳茎基环长卵形,前缘较后缘窄;侧叶卵圆形,长约为阳茎基环的1/2,被短刚毛。阳茎长约为抱器瓣的1.4倍,基部2/3约等宽,端部1/3渐窄,近基部具1枚骨化板,端部1/4腹缘具细棒状突起;角状器由1簇短针和小齿突组成,位于中部和2/3之间。

雌性外生殖器(图版91-162):后表皮突长约为前表皮突的2倍。导管端片漏斗形。囊导管约等宽,长约为交配囊的3/4。交配囊近圆形;囊突2枚,菱形,中央具骨化脊。储精囊出自交配囊一侧,长约为交配囊的3倍,基部阔,密布短刺,基部1/4处膨大,中部长管状,端部1/4呈椭圆形膨大。

寄主:蔷薇科 Rosaceae:山樱桃 *Prunus serrulata* var. *spontanea* Wills;泥炭藓科 Sphagnaceae:泥炭藓 *Sphagnum palustre* L. (Moriuti)。

分布:浙江(天目山)、山西、安徽、福建、江西、河南、湖北、广西、海南、云南、甘肃;朝鲜,日本,俄罗斯,奥地利。

14.9 柠檬展足蛾 *Stathmopoda dicitra* Meyrick，1935（图版 10-163）

Stathmopoda dicitra Meyrick，1935，Heliodinidae，*In*：Caradja & Meyrick，*Mater. Microlepid. Fauna Chin. Prov. Kiangsu，Chekiang und Hunan*：85.

翅展 8.0～11.5mm。颜面和头顶雪白色，具金属光泽，后头赭褐色。下唇须黄褐色，第 1、2 节内侧乳白色。触角雪白色，柄节前缘散布浅褐色鳞片，鞭节每节末端具浅褐色环纹。胸部和翅基片深褐色。前翅黑褐色，具 2 条雪白色斜横带：第 1 条位于基部 1/3 处，前端窄；第 2 条位于基部 2/3 外，内侧不达前、后缘，沿前缘镶黄色鳞片；翅端具雪白色圆点；缘毛褐色。后翅和缘毛浅褐色。腹部背面深褐色，具金属光泽；腹面黄白色。

雄性外生殖器（图版 44-163）：爪形突近三角形，基部宽，渐窄至末端，末端钝。颚形突基部阔，稍窄至末端。背兜长约为爪形突的 2 倍。抱器瓣基部稍窄；抱器端近圆形，末端前端内斜，后端弧形突出；抱器内突乳突状；抱器腹背缘中部呈三角状突出，端部明显窄于基部，达抱器瓣末端。基腹弧窄带状；囊形突 V 形，长约为爪形突的 1/2。阳茎基环前缘窄圆，后缘阔，中部略内凹；侧叶棒状，与阳茎基环约等长，被短刚毛。阳茎长约为抱器瓣的 1.5 倍，基部 3/4 约等宽，端部 1/4 稍窄至末端；基部 1/4 具 1 枚骨化板，端部腹侧具细棒状突起；角状器无。

雌性外生殖器（图版 91-163）：后表皮突长约为前表皮突的 2 倍。导管端片漏斗状，骨化弱。囊导管约等宽，与交配囊等长。交配囊长椭圆形，密布颗粒；囊突矩形，前、后缘凹入，自中线折叠，外缘锯齿状，位于交配囊中部。储精囊出自囊导管与交配囊交界处，长约为交配囊的 2 倍；基部 1/3 阔，密布约 35 枚大齿突，中部管状，2/3 处呈圆形加宽，端部 1/3 渐窄，密布颗粒。

分布：浙江（天目山）、福建、河南、广西、贵州、香港。

14.10 饰纹展足蛾 *Stathmopoda commoda* Meyrick，1913（图版 10-164）

Stathmopoda commoda Meyrick，1913，*Exot. Microlep.*，**1**：85.

翅展 11.0～13.0mm。头顶和颜面深黄褐色，具金属光泽，后头亮黑色。下唇须黄色。触角柄节深褐色，鞭节黄褐色。领片亮黑色；胸部和翅基片亮黄褐色，胸部后端具黑色斑点。前翅基部 3/4 深褐色，具 2 个橘黄色斑纹：第 1 个近方形，自后缘基部 1/8 和 1/4 之间近达前缘；第 2 个倒梯形，位于翅中部，不达翅前、后缘，斑纹前缘长约占翅长的 1/4；端部 1/4 橘黄色，沿后缘略向内延伸，形成短柄；缘毛褐色。后翅和缘毛浅褐色。腹部背面深褐色；腹面浅黄色。

雄性外生殖器（图版 44-164）：爪形突亚三角形，自基部渐窄至末端，末端钝圆，侧面观末端呈钩状下弯；两侧被长毛。颚形突近三角形，自基部渐窄至末端，末端窄圆。背兜长约为爪形突的 2 倍。抱器瓣基半部阔，端半部稍窄，宽约为基半部的 1/2；抱器端长椭圆形，斜上举，背缘直，腹缘钝，末端窄圆；抱器背基部呈三角形凸出；抱器内突钩状；抱器腹长约为抱器瓣的 3/5，腹缘基部 1/4 处内凹。基腹弧窄带状；囊形突短 U 形，长约为爪形突的 1/3。阳茎基环近圆形，前缘中央尖；侧叶棒状，长约为阳茎基环的 2 倍。阳茎长约为抱器瓣的 1.2 倍，基部 3/5 约等宽，端部 2/5 渐窄，近基部有 1 枚骨化板，端部 2/5 腹侧有 1 枚细棒状突起；角状器无。

雌性外生殖器（图版 91-164）：后表皮突长约为前表皮突的 1.8 倍。第 8 腹节后缘直，被长刚毛；第 8 背板前端 1/3 近三角形，前缘圆；腹板前端中央呈 V 形内凹。导管端片近矩形，宽约为长的 2 倍，内侧密布微刺。囊导管约等宽，长约为交配囊的 1.2 倍。交配囊近圆形，与囊导管交界处具 60 枚小齿突；囊突 1 枚，月牙形，周围密布颗粒，位于交配囊中部。储精囊出自交配囊后端，长约为交配囊的 1.5 倍，基部近圆形膨大，端部细管状，自膨大中部伸出，密布颗粒。

分布：浙江（天目山）、天津、河北、山西、辽宁、吉林、安徽、江西、河南、湖北、湖南、重庆、四川、贵州、云南、西藏、台湾，印度。

14.11　腹刺展足蛾 *Stathmopoda stimulata* Meyrick，1913(图版 10-165)

Stathmopoda stimulata Meyrick, 1913, *Exot. Microlep.*, **1**：84.

翅展 13.5～18.5mm。颜面乳白色,头顶浅赭色,有时略带褐色,后头乳白色。下唇须内侧乳白色,外侧浅黄褐色,第 2 节外侧有 1 条褐色条纹。触角黄褐色,柄节背面深褐色。领片、胸部和翅基片乳白色,散布黑褐色。前翅基部 3/4 深黄褐色至黑褐色,具 2 枚乳白色或赭黄色斑:第 1 枚自前缘 1/3 偏外呈亚矩形略内斜至翅褶约 1/4 处,后自翅褶呈窄三角形内斜至后缘约 1/8 处,渐窄;第 2 枚自后缘端部约 2/5 处内斜至前缘中部下方,亚矩形;端部 1/4 乳白色或淡赭黄色,沿前缘和后缘各有 1 条有间断的黑色条纹;后缘基部 1/8 乳白色;缘毛浅褐色杂黄褐色,翅端缘毛黑褐色。后翅和缘毛灰色。腹部背面赭褐色,腹面乳白色。

雄性外生殖器(图版 44-165):爪形突基部宽,渐窄至末端,端部侧面观鸟喙状;两侧被长毛。颚形突三角形,末端尖。背兜长约为爪形突的 1.5 倍。抱器瓣刀状,基部窄;抱器端宽阔,长约为最宽处的 1.5 倍,端部渐窄,末端圆;抱器背呈圆形;抱器内突钩状;抱器腹长约为抱器瓣的 3/5,腹缘直,末端尖。基腹弧窄带状;囊形突 U 形,长约为爪形突的 1/3。阳茎基环近 V 形,后缘深凹;侧叶长棒状,长约为阳茎基环的 2 倍,被短毛。阳茎与抱器瓣约等长,锥形,自基部渐窄至末端,基部具 1 枚骨化板,端部 1/4 腹侧具棒状突起;角状器 1 枚,由 5～6 枚齿突组成,位于基部 1/3 处中央。

雌性外生殖器(图版 92-165):后表皮突长约为前表皮突的 1.5 倍。导管端片近矩形,两侧具平行纵褶。囊导管与交配囊约等长,基部 2/3 等宽,端部 1/3 渐宽。交配囊卵圆形;囊突 2 枚,月牙形,前缘锯齿状,长约为交配囊宽的 1/5。储精囊出自囊导管与交配囊交界处,阔管状,与交配囊约等长,基部 1/3 稍窄,1/3 处折向上。

分布:浙江(天目山)、天津、辽宁、吉林、福建、江西、河南、湖北、湖南、广东、广西、海南、重庆、四川、贵州、云南、甘肃、台湾、香港;朝鲜,泰国,马来西亚,印度尼西亚,印度。

14.12　森展足蛾 *Stathmopoda moriutiella* Kasy，1973(图版 10-166)

Stathmopoda moriutiella Kasy, 1973, *Tijdschrift Ent.*, **116**(13)：268.

翅展 7.5～12.5mm。颜面和头顶灰色,后头赭黄色。下唇须第 2 节内侧灰白色,外侧浅黄褐色;第 3 节黄褐色。触角柄节银灰色;鞭节基半部灰褐色,端半部深灰色。胸部赭黄色,中部具黑色纵带;翅基片外侧 2/3 银灰色,内侧 1/3 和末端橘黄色。前翅亮银灰色,基部 1/6 赭黄色,具 2 枚银灰色小点;缘毛灰色。后翅和缘毛灰色。腹部背面灰色;腹面褐色。

雄性外生殖器(图版 45-166):爪形突三角形,基部宽,渐窄至末端,端部 1/3 侧面观钩状。颚形突基部阔,稍窄至末端,末端圆。背兜阔,长约为爪形突的 1.5 倍。抱器瓣基半部约等宽;抱器端近三角形,斜上举,外缘直,末端圆;抱器背基部稍凸出;抱器腹直,末端达抱器瓣外缘。基腹弧窄带状;囊形突短 V 形,长约为爪形突的 1/2。阳茎基环楔形;侧叶小叶状,长约为阳茎基环的 1/2。阳茎粗壮,长约为抱器瓣的 1.5 倍;基部宽,稍窄至末端;基部 1/3 处具 1 枚骨化板,端部 1/5 具棒状突出;角状器由 1 簇小刺组成,位于基部 3/5 和 3/4 之间。

雌性外生殖器(图版 92-166):后表皮突长约为前表皮突的 1.7 倍。第 8 节后缘直,被长毛;第 8 背板前缘直,腹板前端 1/3 倒三角形。导管端片漏斗状。囊导管基部窄,渐加宽至交配囊,长约为交配囊的 3/5。交配囊卵圆形;囊突 2 枚,线形。储精囊出自交配囊前端,与交配囊交界处约有 17 枚齿突,长管状,基部具椭圆形膨大区。

分布:浙江(天目山)、天津、河北、山西、安徽、福建、江西、山东、河南、湖北、湖南、广东、广西、海南、重庆、四川、贵州、云南、陕西、甘肃;日本,俄罗斯。

十五　麦蛾科 Gelechiidae

背麦蛾亚科 Anacampsinae

头部光滑。触角柄节无栉。下唇须细长,第 2 节光滑,有时背面具长毛簇或腹面有鳞毛簇。前翅 R_5 脉达前缘,有时与 R_4 脉合并,CuA_2 在少数类群中与 CuA_1 脉共柄。Rs 与 M_1 脉合生或共柄,M_3 和 CuA_1 脉合生或共柄。雄性外生殖器结构多样。

分属检索表

1. 雄性外生殖器具发达的抱器小瓣 ·················· **2**
   雄性外生殖器无抱器小瓣 ·················· **9**
2. 前翅前缘具竖鳞簇 ·················· **3**
   前翅前缘无竖鳞簇 ·················· **6**
3. 雄性外生殖器爪形突冠状 ·················· 冠麦蛾属 *Bagdadia*
   雄性外生殖器爪形突非冠状 ·················· **4**
4. 爪形突末端中部有 1 个小切口 ·················· 凹麦蛾属 *Tituacia*
   爪形突末端无切口 ·················· **5**
5. 爪形突具中突 ·················· 林麦蛾属 *Empalactis*
   爪形突无中突 ·················· 蛮麦蛾属 *Hypatima*
6. 雄性下唇须第 3 节退化,抱器瓣具掌状鳞片 ·················· 条麦蛾属 *Anarsia*
   雄性下唇须第 3 节正常,抱器瓣无掌状鳞片 ·················· **7**
7. 后翅近基部具长毛簇 ·················· 发麦蛾属 *Faristenia*
   后翅近基部无长毛簇 ·················· **8**
8. 爪形突长度明显大于宽度 ·················· 拟蛮麦蛾属 *Encolapta*
   爪形突长度等长于或小于宽度 ·················· 托麦蛾属 *Tornodoxa*
9. 后翅宽于或等宽于前翅,顶角略突出,外缘斜直或略凹 ·················· 背麦蛾属 *Anacampsis*
   后翅窄于前翅,顶角极突出,外缘深凹 ·················· **10**
10. 前翅无竖鳞,雄性外生殖器无分离的抱器背 ·················· 荚麦蛾属 *Mesophleps*
    前翅近臀角处具竖鳞,雄性外生殖器具分离的抱器背 ·················· 光麦蛾属 *Photodotis*

冠麦蛾属 *Bagdadia* Amsel,1949

Bagdadia Amsel, 1949. Type species: *Bagdadia irakella* Amsel, 1949.

头部具紧贴粗鳞片。单眼缺。下唇须后弯,第 2 节腹面端部有三角形鳞毛簇,第 3 节与第 2 节等长或略长,末端尖。前翅狭长,前缘有 2~3 个发达的鳞片簇。雄性外生殖器:对称或不对称;爪形突冠状;颚形突细长,钩状;抱器瓣狭窄,有时抱器腹扩大;囊形突细长。雌性外生殖器:具囊突。

该属中国已知 8 种,本书记述 1 种。

15.1 杨陵冠麦蛾 *Bagdadia yanglingensis* (Li *et* Zheng, 1998)(图版 10-167)

Capidentalia yanglingensis Li *et* Zheng, 1998, *Reichenbachia*, **32**(45):311.

Bagdadia yanglingensis:Sattler, 1999, *Nota Lepidop.*, **22**(4):238.

翅展 8.5～10.0mm。头部灰色,杂褐色鳞片。下唇须第 1、2 节外侧赭褐色,内侧灰白色;第 2 节腹面鳞毛簇呈三角形;第 3 节长于第 2 节,灰白色,略带赭色,近基部、1/3 处和 2/3 处具深褐色环纹。触角背面灰褐色,腹面灰白色,鞭节具褐色环纹。胸部和翅基片褐色,散生灰白色鳞片。前翅狭长,前、后缘近平行,基部至近中部灰白色,之后赭褐色,散布黑色鳞片;前缘近 1/4、1/2 和 3/4 处各有 1 个赭色鳞片簇:第 1 个最大,第 3 个最小,每个鳞片簇的外侧白色;翅近基部有 1 个小鳞片簇,1/3 处有 1 条深褐色宽横带自后缘近达前缘,中室末端有 1 个不规则褐斑,周围灰白色;缘毛赭色。后翅及缘毛灰色。足基节和腿节腹面灰白色杂褐色,背面灰白色,胫节外侧褐色杂灰白色,内侧灰白色,后足胫节背面有淡黄色长鳞毛,足跗节褐色,每节末端具灰白色环纹。

雄性外生殖器(图版 45-167):爪形突宽短,冠状,端部窄,后缘中部突出,两侧具短刺。颚形突细长,弯曲呈钩状。抱器瓣窄长,长于爪形突—背兜复合体,2/3 处内弯,端部略宽;内侧近基部有 1 个短指状突起,外侧近末端有 1 个小突起,上有刺毛。抱器小瓣宽短,末端分成 2 个远离的尖突。囊形突基半部宽,端半部细长。阳茎基叶三角形。阳茎基部 1/4 球状膨大,1/4 处强烈弯曲,端部 3/4 细长。

雌性外生殖器(图版 92-167):产卵瓣方形,密被刚毛。前表皮突长约为后表皮突的 1/3。第 8 腹节短,背板前后缘深凹,腹板中部两侧向前叶状突出。交配孔突出,椭圆形。囊导管细长,约与交配囊等长。交配囊卵圆形,内表面有疣突。囊突长片状,中部有具齿的纵脊。

分布:浙江(天目山)、河北、陕西、湖北、福建、广东、广西、四川、重庆、贵州。

凹麦蛾属 *Tituacia* Walker, 1864

Tituacia Walker, 1864. Type species:*Tituacia deviella* Walker, 1864.

体型粗壮。喙不发达。下唇须弯曲,上举,第 2 节末端具一圈鳞毛簇,第 3 节长于第 2 节,背面有 2 个鳞毛簇。前翅狭长,前缘基部 2/3 近平直,端部 1/3 略拱,顶角圆;具鳞片簇。雄性外生殖器:爪形突近长方形,末端中部有 1 个小切口,抱器瓣端部显著扩大。雌性外生殖器:囊突缺。

该属中国已知 2 种,本书记述 1 种。

15.2 细凹麦蛾 *Tituacia gracilis* Li *et* Zhen, 2009(图版 10-168)

Tituacia gracilis Li *et* Zhen, 2009, *Proc. Entomol. Soc. Wash.*, **111**(2):434.

翅展 12.0～20.0mm。头部灰黄色杂深褐色。下唇须第 1 节灰白色,外侧端半部赭色,第 2 节黑色,第 2 节基部 2/3 外侧赭色,内侧黄白色,端部 1/3 黑色,第 3 节长于第 2 节,灰白色杂赭色,散布深褐色鳞片,背面 1/3 处和 2/3 处有黑色鳞毛簇。触角柄节黄色,背面散生深褐色鳞片,鞭节背面黄色与深褐色相间,腹面黄色与赭色相间。胸部及翅基片灰黄色,翅基片基部赭色。前翅灰黄色,散生深褐色和黄绿色鳞片;前缘基部 3/5 赭色,1/5 处和 2/5 处有竖鳞片簇,2/5 处的鳞片簇更发达,前缘 2/5 处至 2/3 处之间有 1 个倒三角形赭褐色斑,向后延伸达翅宽的 2/5,前缘 2/3 处与臀角之间有 1 条灰褐色宽横带,向内弯曲;中室近基部有 1 个灰褐色鳞片簇,中室近基部与 1/4 处之间有 1 个深褐色 C 形斑,其后端超过翅褶;中室端斑圆形,深褐色,其中部具 1 条灰黄色纵带;翅褶基部和近 1/4 处各有 1 个深褐色斑;沿后缘有较多深褐色小斑;顶角处和外缘顶角下方各有 1 个深褐色圆斑,后者小;缘毛灰黄色。后翅及缘毛浅灰黄色。前足基节和腿节白色,腹面杂赭色,胫节外侧黄白色杂赭色,内侧白色,跗节黑色,每节末端具白色环纹;中、后足基节腹面黑色,背面白色,腿节白色,腹面基部 1/3 密布黑色鳞片,胫节白色,外侧杂赭色,末端具黑色鳞片,中足胫节背面基半部被赭白色粗糙鳞片,后足胫节背面密被浅灰黄色长鳞毛,中、后足跗节黑色,每节末端具黄白色环纹。

雄性外生殖器(图版 45-168):爪形突长方形,腹面端半部密被长刚毛,末端中部有 1 个小切口。颚形突呈 C 形弯曲,末端尖,长约为抱器瓣的 1/2。抱器瓣约与爪形突—背兜复合体等长,基部 1/3 窄,端部 2/3 渐扩大,末端钝圆。抱器小瓣细长,棒状,末端略窄,长约为抱器瓣的 1/3。阳茎基环指状,略短于抱器小瓣,具稀疏刚毛,端部圆,内侧端部 1/3 及末端呈锯齿状。囊形突近三角形,约与抱器小瓣等长,端部 1/3 渐细。阳茎长约为抱器瓣的 3/5,基部 2/5 椭圆形,端部 3/5 细长,略弯曲,末端尖。

雌性外生殖器(图版 92-168):前表皮突长约为后表皮突的 1/2。第 8 背板近梯形,前、后缘近平直;第 8 腹板前缘中部呈三角形凹入。交配孔圆,位于第 8 腹板后缘中部。囊导管细长,长约为交配囊的 3 倍。导精管出自囊导管前端 1/3 处。交配囊长卵形,内面密布小刺;附囊小,卵圆形,出自交配囊前端。

分布:浙江(天目山)、海南、广西、重庆、贵州、云南、香港。

林麦蛾属 *Empalactis* Meyrick, 1925

Empalactis Meyrick, 1925. Type species: *Nothris sporogramma* Meyrick, 1921.

头部具紧贴粗鳞片。下唇须第 2 节腹面端部有发达鳞毛簇,第 3 节背面有或无鳞毛簇。前翅鳞片簇及竖鳞发达。雄性外生殖器:爪形突卵形或核果形,有光滑的中突,抱器瓣窄长,端部常扩大。雌性外生殖器:具囊突。

该属中国已知 14 种,本书记述 9 种。

分种检索表

15.3　玉山林麦蛾 *Empalactis yushanica* (**Li et Zheng, 1998**)(图版 10-169)

Dendrophilia yushanica Li et Zheng, 1998, *SHILAP Revta. Lepid.*, **26**(102)：107.

Empalactis yushanica：Ponomarenko, 2009, *Gelechiid Moths of the Subfamily Dichomeridinae (Lepidoptera*：*Gelechiidae) of the World Fauna*：337.

翅展 11.0~15.0mm。头部灰白色,散布较多黑褐色鳞片。下唇须第 2 节基半部灰白色,外侧 1/4 处黑褐色,端半部外侧黑褐色杂赭黄色,内侧赭黄色,末端黑色杂灰白色,腹面端部具赭黄色三角形鳞毛簇;第 3 节明显长于第 2 节,基部 1/4 灰白色,近基部有 1 条黑褐色环纹,1/4 至近末端黑褐色杂灰白色,末端灰白色,背面中部及近末端各有 1 个鳞毛簇。触角柄节灰白色,杂深褐色鳞片,鞭节背面暗黄色与深褐色相间,腹面灰白色与褐色相间。胸部赭黄色。翅基片黑褐色,基部赭黄色。前翅基部 2/5 黑褐色,端部 3/5 赭黄色散布少量黑色鳞片;前缘 1/4 处和 2/5 处各有 1 个黑色鳞片簇,中部有 1 个黑色长斑;近翅基部有 1 个小型赭色鳞片簇;后缘基部 1/3 赭黄色;缘毛深灰色。后翅及缘毛灰褐色。足基节和腿节腹面黑褐色杂白色,背面白色,前足胫节外侧黑褐色,中部偏后有 1 条灰白色横线,内侧灰白色,中足胫节外侧基半部灰白色,散布赭黄色鳞片,端半部黑褐色,内侧灰白色,后足胫节灰白色,外侧杂黑褐色或赭黄色鳞片,背面密被淡黄色长鳞毛,足跗节黑褐色,每节末端具灰白色环纹。

雄性外生殖器(图版 45-169):爪形突基半部宽大,长方形,端半部帽状,腹面两侧具刚毛;中突倒水滴形,长于爪形突的 1/2。颚形突粗壮,强骨化,渐窄至末端,末端钝尖。背兜宽大,前缘呈半圆形凹入。抱器瓣狭长,近基部 1/5 处向腹侧弯曲,端部 1/4 渐宽,末端圆,端部 2/5 密被长毛;腹缘中部偏外呈宽三角形突出。抱器小瓣长约为抱器瓣的 2/5,基部宽,端部细棒状,外弯,向末端渐窄,末端钝圆。囊形突纤细,长约为抱器瓣的 1/2。阳茎基叶宽短,末端外侧有 2 个具毛乳突。基腹弧后缘中部呈角状突出。阳茎略弯曲,基部 1/4 球状膨大,端部 3/4 细长,末端钝。

雌性外生殖器(图版 92-169):产卵瓣近方形。前表皮突长约为后表皮突的 1/3。第 8 背板后缘中部深切,两侧呈角状突出;第 8 腹板后缘中部深凹,中部两侧呈角状突起,前缘凹,腹板中部具 1 个椭圆形骨化片,前端向两侧延伸,末端卷曲,呈蜂巢状。交配孔倒水滴形。导管端片长,后端分叉。囊导管骨化,近交配囊变宽,膜质。导精管出自囊导管开始变宽处。交配囊椭圆形,内面具疣突;囊突菱形,中部有一条具齿横脊。

分布:浙江(天目山)、河南、江西、湖北。

15.4　大斑林麦蛾 *Empalactis grandimacularis* (**Li et Zheng, 1998**)(图版 10-170)

Dendrophilia grandimacularis Li et Zheng, 1998, *SHILAP Revta. Lepid.*, **26**(102)：104.

Empalactis grandimacularis：Ponomarenko, 2009, *Gelechiid Moths of the Subfamily Dichomeridinae (Lepidoptera*：*Gelechiidae) of the World Fauna*：335.

翅展 14.0~19.0mm。头部深褐色,头顶两侧混杂较多灰白色鳞片。下唇须深褐色,散布灰白色鳞片,第 2 节基部及 1/3 处灰白色,腹面端部具三角形鳞毛簇;第 3 节长于第 2 节,近基部有 1 条白环,背面中部及 3/4 处有鳞毛簇。触角灰白色,杂褐色鳞片,鞭节具深褐色环纹。胸部及翅基片灰褐色,翅基片基部混杂赭色鳞片。前翅灰白色,杂褐色、赭色和黑色鳞片;前缘基部 1/5 赭色,1/5 和 3/5 之间有 1 个倒梯形大黑斑,其后端超过翅褶,前缘 1/5 处及 2/5 处各有 1 个黑色鳞片簇,端部 2/5 有 3 个小黑斑;近翅基部有 1 个小型赭色鳞片簇,其前缘有黑色鳞片;中室端斑褐色,呈卵圆形;中室末端与顶角之间、前缘梯形斑与后缘之间有较多的赭色鳞片;缘毛深灰色。后翅及缘毛灰色。足基节和腿节腹面黑褐色杂灰白色,背面白色,前足胫节外侧黑褐色,中部偏后有1条白色横线,内侧灰白色,中足胫节外侧基半部淡黄褐色,端半部黑褐色,内侧灰白色,后足胫节灰白色,外侧密布褐色鳞片,背面密被暗黄色长鳞毛,足跗节黑褐色,每节末端具灰白色环纹。

雄性外生殖器(图版45-170):爪形突基半部宽大,长方形,端半部帽状,末端圆,腹面两侧具刚毛;中突鸟喙状,长为爪形突的1/2。颚形突强骨化,呈钩状弯曲,末端尖。背兜宽大,前缘宽凹。抱器瓣基部2/3窄,端部1/3向背侧扩大,具毛,末端圆。抱器小瓣长约为抱器瓣的1/5,外斜,向末端渐窄,末端钝尖。囊形突狭长,长度超过抱器瓣的1/2,末端略宽。阳茎基叶宽大,四边形,末端外侧突出形成1个具毛乳突。阳茎呈S形弯曲,基部1/3膨大,端部2/3细长,末端钝圆。

雌性外生殖器(图版92-170):产卵瓣宽大,近方形。后表皮突长于产卵瓣,末端略膨大;前表皮突极短。第8背板后缘平缓突出,前缘深凹,骨化;第8腹板中部具1对宽大的不规则骨化片,呈尖角状向外侧突出,内缘近前端具新月形的小突起。交配孔卵圆形。导管端片倒漏斗形。囊导管短于交配囊,骨化。导精管出自囊导管与交配囊结合处。交配囊近椭圆形,内面具疣突;囊突近菱形,中部具一条横脊。

分布:浙江(天目山)、河南、江西、湖北、湖南、贵州。

15.5 中带林麦蛾 *Empalactis mediofasciana* (**Park, 1991**)(图版10-171)

Hypatima mediofasciana Park, 1991, *Ann. Hist. Nat. Mus. Natl. Hung.*, **83**: 119.

Empalactis mediofasciana: Ponomarenko, 2009, *Gelechiid Moths of the Subfamily Dichomeridinae (Lepidoptera: Gelechiidae) of the World Fauna*: 336.

翅展12.0~15.0mm。头部灰白色,杂较多灰褐色鳞片。下唇须第2节外侧深褐色,1/3处及末端灰白色,内侧基半部灰白色,端半部赭褐色,腹面端部具赭褐色三角形鳞毛簇;第3节长于第2节,基部1/3灰白色,近基部有1条褐色环纹,1/3至近末端褐色,中部具1条灰白色环纹,末端灰白色,背面中部及3/4处各有1个鳞毛簇。触角柄节灰白色,杂深褐色鳞片,鞭节背面灰褐色,有深褐色环纹,腹面白色褐色相间。胸部及翅基片赭褐色,散布深褐色鳞片,胸部两侧中部有1个黑斑。前翅深灰色;前缘基部1/5处和2/5处各有1个明显的黑色鳞片簇,其外侧赭褐色,2/5和3/5之间有1条黑色横带,其后端超过翅褶,外缘内斜,镶灰白色鳞片,前缘3/5处有1个不明显的赭褐色小鳞片簇,2/3处有1个小黑斑;后缘1/3处有1个不清楚的黑斑,前端到达翅褶;后缘与前缘黑色横带后端之间为赭黄色;缘毛深灰色。后翅及缘毛灰色。足基节和腿节腹面黑色,背面白色,胫节外侧黑色,在基部、中部及末端为白色,内侧灰白色,后足胫节背面密被淡黄色长鳞毛,足跗节黑色,每节末端具白色环纹。

雄性外生殖器(图版45-171):爪形突基半部宽,端半部半椭圆形,腹面两侧具长刚毛;中突倒卵形,长约为爪形突的2/3。颚形突强骨化,呈钩状弯曲,末端尖。背兜宽大,前缘深凹。抱器瓣狭长,1/3处和3/4处向腹侧弯曲,末端圆,端部1/4密被长毛。抱器小瓣短,近三角形,末端具毛。囊形突狭长,长约为抱器瓣的1/2,末端略加宽。阳茎基叶短,末端外侧有1个具毛乳突。阳茎呈S形弯曲,基部1/3膨大,中部强骨化,末端圆,略膨大。

雌性外生殖器(图版92-171):产卵瓣宽大。前表皮突粗短,长约为后表皮突的1/3,近末端内弯。第8背板后缘近平直,前缘凹;第8腹板中部具1对不规则骨化片,呈尖角状向外侧突出,其中部偏内侧具圆形的蜂巢状结构。交配孔卵圆形。导管端片倒漏斗形。囊导管长约为交配囊的3/4,骨化,近交配囊变宽,膜质。导精管出自囊导管开始变宽处。交配囊宽椭圆形,内面具疣突;囊突近菱形,中部具一条横脊。

寄主：豆科 Leguminosae：胡枝子 *Lespedeza bicolor* Turcz. 。

分布：浙江(天目山)、甘肃、山西、陕西、河南、江西、湖北、广西、重庆、贵州；俄罗斯，日本，朝鲜。

15.6　单色林麦蛾 *Empalactis unicolorella*（Ponomarenko，1993）(图版 10-172)

Dendrophilia unicolorella Ponomarenko，1993，*Zool. Zhurn.*，**72**(4)：68.

Empalactis unicolorella：Ponomarenko，2009，*Gelechiid Moths of the Subfamily Dichomeridinae (Lepidoptera：Gelechiidae) of the World Fauna*：337.

翅展 10.0～12.5mm。头部灰白色，头顶杂灰褐色鳞片。下唇须第 2 节外侧深褐色，基部 1/3 处和末端灰白色，内侧灰白色，腹面端部具三角形鳞毛簇；第 3 节略长于第 2 节，基部 1/3 灰白色，近基部有 1 条褐色环纹，1/3 至近末端深褐色，2/3 处具 1 条灰白色环纹，末端灰白色，背面无鳞毛簇。触角柄节灰白色，背面散布褐色鳞片，鞭节背面灰色，腹面灰白色，具深褐色环纹。胸部及翅基片灰褐色。前翅灰褐色，散布黑色鳞片；前缘基部 1/5 处和 2/5 处各有 1 个黑色鳞片簇，中部有 1 个黑色长斑，3/5 处和端部 1/4 处各有 1 个小黑斑，端部 1/4 有若干不清楚的小黑斑；近翅基部有 1 个小黑点；中室斑及中室端斑褐色，不清楚，中室斑位于中室中部偏外；中室末端外侧有 1 个不清楚的褐斑；缘毛深灰色。后翅及缘毛浅灰色。足基节和腿节腹面深褐色，背面白色，前、中足胫节外侧深褐色，中部偏后有 1 条白色横线，内侧白色，后足胫节白色，外侧杂深褐色小点，背面密被淡黄色长鳞毛，跗节深褐色，每节末端具白色环纹。

雄性外生殖器(图版 45-172)：爪形突基半部长方形，端半部近半圆形，腹面两侧具刚毛；中突倒卵形，长度超过爪形突的 1/2。颚形突基部 1/5 宽，端部 4/5 细长，弯曲，末端尖。背兜宽，前缘中部深凹。抱器瓣狭长，基部 1/4 处和端部 1/6 处向腹侧弯曲，末端圆，端部 1/4 密被长毛；背缘端部 1/6 处呈角状突出。抱器小瓣短，指状，具毛。囊形突纤细，长约为抱器瓣的 1/2，末端呈三角形加宽。阳茎基叶细棒状，短于抱器小瓣。阳茎基部 1/4 球状膨大，端部 3/4 细长，基部 1/3 处强烈弯曲，2/3 处略弯曲，末端钝圆。

雌性外生殖器(图版 92-172)：产卵瓣宽大，密被刚毛。后表皮突长于产卵瓣，前表皮突很短。第 8 腹板中部具 1 对近三角形的骨化片，向前侧方延长，近末端向后弯曲，末端尖，其中部偏后方具圆形的蜂巢状结构。交配孔圆形。导管端片倒漏斗形。囊导管略长于交配囊，骨化，近交配囊变宽，膜质。导精管出自囊导管开始变宽处。交配囊近圆形，内面具疣突；囊突菱形，中部具一条横脊。

寄主：豆科 Leguminosae：胡枝子 *Lespedeza bicolor* Turcz. 。

分布：浙江(天目山)、甘肃、陕西、河南。

15.7　河南林麦蛾 *Empalactis henanensis*（Li et Zheng，1998）(图版 10-173)

Dendrophilia henanensis Li et Zheng，1998，*SHILAP Revta. Lepid.*，**26**(102)：103.

Empalactis henanensis：Ponomarenko，2009，*Gelechiid Moths of the Subfamily Dichomeridinae (Lepidoptera：Gelechiidae) of the World Fauna*：335.

翅展 11.0～14.0mm。头部褐色杂灰白色。下唇须第 2 节外侧深褐色，基部、1/3 处和末端灰白色，内侧灰白色，腹面端部具三角形鳞毛簇；第 3 节略长于第 2 节，基部 1/3 灰白色，近基部有 1 条深褐色环纹，1/3 至近末端深褐色，中部具 1 条灰白色环纹，末端灰白色，背面近末端有 1 个鳞毛簇。触角柄节灰白色，背面散布深褐色鳞片，鞭节背面灰色，腹面灰白色，具褐色环纹。胸部及翅基片褐色杂灰白色。前翅灰褐色，密布灰白色鳞片；前缘基部 1/5 处和 2/5 处各有 1 个黑色鳞片簇，中部有 1 个深褐色长斑，3/5 处和端部 1/4 处各有 1 个小黑斑；近翅基部有 1 个小黑斑;中室斑深褐色,不规则,位于中室中部偏外;中室端斑褐色,不清楚,向后扩散至臀角;中室末端外侧近前缘有 1 个不清楚的褐色圆斑;缘毛深灰色杂黑色。后翅及缘毛灰色。足基节和腿节腹面深褐色杂灰白色,背面白色,前、中胫节外侧深褐色,在基部、中部偏后和末端为灰白色,内侧灰白色,后足胫节灰白色,外侧近腹面密布深褐色鳞片,背面密被淡黄色长鳞毛,足跗节深褐色,每节末端具灰白色环纹。

雄性外生殖器(图版 45-173):爪形突核状,腹面两侧具刚毛;中突倒卵形,短于爪形突。颚形突基部 1/4 宽,近长方形,端部 3/4 渐细,弯曲,末端尖。背兜宽,前缘中部深凹。抱器瓣狭长,端部 1/4 处向腹侧弯曲,末端圆,端部 1/6 密被长毛;背缘端部 1/6 处具 1 个角状突起。抱器小瓣短,锥形,具毛。囊形突略长于抱器瓣的 1/2,末端略宽。阳茎基叶基半部宽,端半部方形,具毛;内面中部有 1 个斜的叶状突起。阳茎呈 S 形弯曲,基部 1/4 球状膨大,端部 3/4 细长,中部强骨化,末端圆。

雌性外生殖器(图版 92-173):产卵瓣方形。后表皮突长于产卵瓣,前表皮突很短。第 8 腹板中部具 1 对宽大的骨化片,其前端向外侧略突出,内侧近中部有密集的疣突向前侧方扩散。交配孔倒卵形。导管端片倒漏斗形。囊导管约与交配囊等长。导精管出自囊导管与交配囊结合处。交配囊长条形,内面具疣突;囊突菱形,中部具一条横脊。

分布:浙江(天目山)、河南、湖北。

15.8 岳西林麦蛾 *Empalactis yuexiensis* (**Li et Zheng, 1998**)(图版 10-174)

Dendrophilia yuexiensis Li *et* Zheng, 1998, *SHILAP Revta. Lepid.*, **26**(102):106.

Empalactis yuexiensis:Ponomarenko, 2009, *Gelechiid Moths of the Subfamily Dichomeridinae (Lepidoptera:Gelechiidae) of the World Fauna*:337.

翅展 9.0～14.0mm。头部褐色杂灰白色。下唇须第 2 节外侧深褐色杂赭褐色,基部和末端灰白色,内侧基半部灰白色,端半部褐色杂赭褐色,腹面端部具赭褐色鳞毛簇;第 3 节长于第 2 节,基部 1/3 灰白色,近基部有 1 条褐色环纹,1/3 处至近末端褐色,中部具 1 条灰白色环纹,末端灰白色,背面近末端有 1 个鳞毛簇。触角柄节灰白色,背面端半部褐色,鞭节背面褐色与深褐色相间,腹面灰白色与浅褐色相间。胸部及翅基片褐色。前翅基半部褐色散布赭色鳞片,端半部赭色散布褐色鳞片;前缘基部 1/5 处和 2/5 处各有 1 个深褐色大鳞片簇,中部有 1 个黑色长斑,3/5 处有 1 个不明显的深褐色小鳞片簇,端部约 1/4 灰白色,具多枚黑斑;近翅基部有 1 个深褐色小鳞片簇;中室斑深褐色,不规则,位于中室中部偏外;中室端斑深褐色,长椭圆形,其后端到达臀角;褶基为 1 条黑线,位于翅褶中部;翅端部 1/4 有若干条不清楚的褐色纵线;沿外缘有若干黑色小斑;缘毛深灰褐色。后翅及缘毛灰色。足基节和腿节腹面深褐色杂灰白色,背面白色,前足胫节外侧深褐色,中部偏后有 1 条白色横线,内侧灰白色,中足胫节外侧基半部灰褐色杂灰白色,端半部深褐色,内侧灰白色,后足胫节灰白色,外侧密布深褐色鳞片,背面密被淡黄色长鳞毛,足跗节黑色,每节末端具白色环纹。

雄性外生殖器(图版 45-174):爪形突基部 2/3 近方形,端部 1/3 圆形,腹面两侧具刚毛;中突倒卵形,长为爪形突的 1/2。颚形突长,基部 1/5 宽,端部 4/5 细长,强骨化,末端钩状。背兜宽短,前缘深凹。抱器瓣基半部窄,端半部渐宽且向背侧弯曲,末端圆,端部 1/4 密被长毛。抱器小瓣长约为抱器瓣的 1/2,向末端渐细,末端尖。囊形突纤细,长约为抱器瓣的 1/2。阳茎基叶粗壮,长约为抱器瓣的 1/4,近末端外弯,末端尖;基部有 1 个具毛的指状突起。阳茎基部 1/4 球状膨大,基部 1/4 处强烈弯曲,端部 3/4 细长,近端部 1/4 处略加粗,之后收窄,末端钝圆。

雌性外生殖器(图版92-174):产卵瓣短,密被刚毛。前表皮突外弯呈小钩状,长约为后表皮突的1/5,后表皮突末端膨大。第8腹板后缘凹,前缘中部角状突出,腹板后端2/3强骨化,中部具疣突,向后侧方扩散。交配孔长卵形。导管端片倒漏斗形。囊导管略长于交配囊,近交配囊部分略宽。导精管出自囊导管开始变宽处。交配囊长椭圆形,内面具疣突;囊突菱形,中部有一条具齿横脊。

分布:浙江(天目山)、安徽、湖北、福建、海南、广西。

15.9　灌县林麦蛾 *Empalactis saxigera* (Meyrick, 1931)(图版10-175)

Chelaria saxigera Meyrick, 1931, Gelechiadae, *In*: Caradja, *Bull. Sect. Sci. Acad. Roum.*, **14**(3-5): 67.

Empalactis saxigera: Ponomarenko, 2009, *Gelechiid Moths of the Subfamily Dichomeridinae (Lepidoptera: Gelechiidae) of the World Fauna*: 336.

翅展13.5~17.0mm。头部灰白色,杂较多褐色鳞片,头顶两侧具赭褐色长鳞片。下唇须第2节基半部灰白色,外侧1/4处深褐色,端半部深褐色杂赭褐色,腹面端部的鳞毛簇呈三角形,深褐色杂赭褐色;第3节长于第2节,基部1/4灰白色,近基部有1条褐色环纹,1/4处至近末端褐色,末端灰白色,背面中部及3/4处各有1个鳞毛簇。触角柄节灰白色,背面散布褐色鳞片,鞭节背面暗黄色,腹面灰白色,具褐色环纹。胸部及翅基片深褐色,混杂赭褐色鳞片,翅基片基部赭褐色。前翅基部2/5深褐色,散布赭褐色鳞片,端部3/5浅赭褐色,散布黑色鳞片,自前缘约2/3处至后缘约2/3处密布灰白色鳞片,隐约形成1条内斜的宽横带;前缘基部1/4处和2/5处各有1个黑色大鳞片簇,前者端部灰白色并向后缘扩散,形成1条内斜的横带;前缘中部具1个黑色长斑,此斑外侧有2个小型赭褐色鳞片簇;近翅基部有1个小型赭褐色鳞片簇;沿前缘端部1/4及外缘有若干黑色小斑;缘毛深灰色杂赭褐色。后翅及缘毛灰色。足基节和腿节腹面黑色杂黄白色,背面白色,前足外侧黑色,中部有1条黄白色横线,内侧黄白色,中足胫节外侧基部2/3黄白色,中部散布黑色鳞片,端部1/3黑色,内侧黄白色,后足胫节黄白色,外侧密布黑色鳞片,背面密被淡黄色长鳞毛,足跗节黑色,每节末端具黄白色环纹。

雄性外生殖器(图版46-175):爪形突基半部长方形,端半部近半圆形,腹面两侧具刚毛;中突倒卵形,长为爪形突的1/2。颚形突基部1/3近长方形,端部2/3细长,呈钩状,末端尖。背兜宽大,前缘宽凹。抱器瓣狭长,2/5处之后收窄且强烈向腹侧弯曲,端部1/3略宽,密被长毛,末端圆;抱器瓣内面3/5和4/5之间近背缘有1个宽三角形突起。抱器小瓣短,锥形,具毛。囊形突狭长,长约为抱器瓣的1/2。阳茎基叶基半部宽,端半部指状,具毛。阳茎呈S形弯曲,基部1/3膨大,端部2/3细长,末端钝圆。

雌性外生殖器(图版93-175):产卵瓣方形。前表皮突长约为后表皮突的1/5,基部宽。第8腹节向前渐宽;第8腹板后缘中部两侧各具1个三角形突起,前缘中部宽凹。交配孔倒卵形。导管端片倒漏斗形。囊导管短于交配囊,骨化。导精管出自囊导管与交配囊结合处。交配囊长条形,内面具疣突;囊突大,近三角形,具一条横脊。

分布:浙江(天目山)、河北、陕西、河南、江西、湖北、湖南、台湾、四川、贵州。

15.10　国槐林麦蛾 *Empalactis sophora* (Li et Zheng, 1998)(图版10-176)

Dendrophilia sophora Li et Zheng, 1998, *SHILAP Revta. Lepid.*, **26**(102): 104.

Empalactis sophora: Ponomarenko, 2009, *Gelechiid Moths of the Subfamily Dichomeridinae (Lepidoptera: Gelechiidae) of the World Fauna*: 336.

翅展11.0~14.0mm。头部灰褐色杂灰白色。下唇须第2节外侧深褐色杂赭褐色,基部、1/3处和末端灰白色,内侧灰白色杂浅褐色,腹面端部具赭褐色的三角形鳞毛簇,鳞毛簇末端黑色;第3节略长于第2节,基部1/3灰白色,近基部有1条深褐色环纹,1/3处至近末端深褐色,中部具1条灰白色环纹,末端灰白色,背面中部及近末端各有1个黑色鳞毛簇。触角柄节灰白色,背面散布褐色鳞片,鞭节背面灰色,腹面灰白色,具褐色环纹。胸部及翅基片深褐色杂灰白色,翅基片基部赭褐色。前翅深褐色,散布灰白色和赭色鳞片,形成多个不规则条纹;前缘基部1/3赭色,基部1/4处和2/5处各有1个赭色鳞片簇,其末端黑色杂白色,3/5处有1个黑色鳞片簇;近翅基部有1个小型赭色鳞片簇,末端白色,其前缘有黑色鳞片;中室斑大,黑色,不规则,位于中室中部,扩散至前缘;中室端斑深褐色杂赭色,不规则,其后端到达臀角;中室外侧与顶角之间散布较多黑色鳞片;缘毛深灰褐色。后翅及缘毛灰色。足基节和腿节腹面深褐色杂白色,背面白色,前足胫节外侧深褐色,中部偏后有1条白色横线,内侧黄白色,中足胫节外侧基部至近中部淡黄色,之后为深褐色,中部偏后有1条淡黄色横线,内侧黄白色,后足胫节黄白色,外侧近腹面密布深褐色鳞片,背面密被黄白色长鳞毛,足跗节深褐色,每节末端具白色环纹。

雄性外生殖器(图版46-176):爪形突基半部长方形,端半部半椭圆形,腹面两侧具刚毛;中突倒水滴形,略短于爪形突。颚形突基部1/5宽,端部4/5细长,弯曲,末端尖。背兜宽,前缘中部凹入。抱器瓣狭长,端部1/3略宽,密被长毛,末端圆。抱器小瓣短,锥形,具毛。囊形突纤细,长约为抱器瓣的1/2。阳茎基叶宽短,末端外侧呈钝角状突出,具毛。阳茎基部1/3球状膨大,1/3处弯曲,端部2/3细长,近末端渐窄,末端钝。

雌性外生殖器(图版93-176):产卵瓣方形,密被刚毛。前表皮突长约为后表皮突的1/2。第8腹板中部具1对不规则的骨化片,向外侧延长,近其中部具圆形蜂巢状结构。交配孔窄缝状。导管端片近梯形。囊导管短于交配囊,弱骨化。导精管出自囊导管与交配囊结合处。交配囊长椭圆形,有弱骨化的螺旋状脊;囊突菱形,中部有一条具齿横脊。

寄主:豆科 Leguminosae 国槐 *Sophora japonica* Linn. 。

分布:浙江(天目山)、甘肃、天津、陕西、山东、重庆。

15.11 暗林麦蛾 *Empalactis neotaphronoma* (Ponomarenko, 1993)(图版10-177)

Dendrophilia neotaphronoma Ponomarenko, 1993, *Zool. Zhurn.*, **72**(4): 69.

Empalactis neotaphronoma: Ponomarenko, 2009, *Gelechiid Moths of the Subfamily Dichomeridinae*
　　(*Lepidoptera: Gelechiidae*) *of the World Fauna*: 336.

翅展10.0~15.0mm。头部灰白色,密布褐色鳞片。下唇须第2节基半部灰白色,1/4处有1条褐色环纹,中部至近末端褐色杂赭褐色,末端灰白色,腹面端部鳞毛簇的末端圆;第3节长于第2节,基部1/5灰白色,近基部有1条褐色环纹,1/5和4/5之间褐色,2/5处有1条灰白色环纹,端部1/5尖细,灰白色,背面2/5处和4/5处各有1个鳞毛簇。触角灰白色,柄节背面散布褐色鳞片,鞭节背面杂暗黄色,具褐色环纹。胸部及翅基片褐色杂灰白色。前翅褐色,散布灰白色和赭色鳞片;前缘基部1/5处和2/5处各有1个赭色大鳞片簇,其前缘端部为深褐色,3/5处有1个深褐色鳞片簇,2/5和3/5之间有1个深褐色长斑;近翅基部有1个小型赭色鳞片簇;中室斑大,深褐色,近菱形,位于中室中部偏外;中室端斑深褐色杂赭色,不规则,其后端到达臀角;缘毛深灰褐色。后翅及缘毛灰色。足基节和腿节腹面深褐色至黑色,杂灰白色,背面白色,前足胫节黑色,中部偏后有1条白色横线,内侧黄白色,中足胫节外侧基部1/3浅黄褐色,端部2/3黑色,中部偏后有1条浅黄褐色横线,内侧黄白色,后足胫节黄白色,外侧散布黑色鳞片,背面密被淡黄色长鳞毛,足跗节黑色,每节末端具白色环纹。

雄性外生殖器(图版46-177):爪形突基部1/3长方形,端部2/3核形,腹面两侧具刚毛;中突倒卵形,短于爪形突的2/3。颚形突基部1/4近长方形,端部3/4细长,呈钩状,末端尖。背兜宽大,前缘中部深凹。抱器瓣基部2/3窄,端部1/3向背侧扩大,密被长毛,末端圆。抱器小瓣短,锥形,具毛。囊形突狭长,长约为抱器瓣的1/2。阳茎基叶短小,长度不超过抱器小瓣。阳茎略弯曲,基部1/3膨大,端部2/3细长,近末端收窄,末端钝圆。

雌性外生殖器(图版93-177):产卵瓣方形,密被刚毛。前表皮突长约为后表皮突的1/4。第8腹板后缘中部深凹,具1对近梯形骨化片,外侧呈尖角状突出,其中部偏内侧具圆形蜂巢状结构。导管端片倒漏斗形,后缘深切。囊导管约与交配囊等长,端部1/4略宽,卷曲。导精管出自囊导管前端1/4处。交配囊长椭圆形;囊突菱形,中部具一条横脊。

寄主:豆科 Leguminosae;胡枝子 *Lespedeza bicolor* Turcz.。

分布:浙江(天目山)、吉林、辽宁、天津、山西、陕西、河南、江西、湖北、福建、台湾、海南、广西、四川、贵州、云南;俄罗斯,日本,朝鲜。

蛮麦蛾属 *Hypatima* Hübner,[1825]

Hypatima Hübner,[1825]. Type species:*Tinea conscriptella* Hübner,[1805].

头部具紧贴鳞片。单眼存在。下唇须第2节腹面具发达的鳞毛簇或粗糙鳞片,第3节长于第2节,常有鳞毛簇。前翅常有鳞片簇。雄性外生殖器:爪形突通常长,颚形突发达,抱器瓣端部大多膨大,抱器小瓣末端常具刺,第8背板的骨化片形状复杂多样。雌性外生殖器:囊突通常近菱形。

该属中国已知11种,本书记述3种。

分种检索表

1. 前翅具1条灰白色宽纵带 ……………………………………… 芒果蛮麦蛾 *H. spathota*
  前翅无灰白色宽纵带 ……………………………………………………… 2
2. 前翅前缘近中部有1个倒三角形大黑斑 ……………… 桦蛮麦蛾 *H. rhomboidella*
  前翅前缘近中部有1条深褐色宽横带,呈菱形 ………… 优蛮麦蛾 *H. excellentella*

15.12 芒果蛮麦蛾 *Hypatima spathota* (Meyrick,1913)(图版10-178)

Chelaria spathota Meyrick,1913,*Journ. Bombay Nat. Hist. Soc.*,**22**:165.

Hypatima spathota:Fletcher,1932,*Sci. Monogr. Imp. Coun. Agr. Res. Calcu.*,**2**:50.

翅展14.0~18.0mm。头部灰白色,散生褐色鳞片,额乳白色。下唇须第2节基部3/4外侧深褐色,内侧灰白色,端部1/4灰白色,有若干条黄褐色环纹;腹面具近梯形的长鳞毛簇;第3节长于第2节,灰白色,近基部1/6处有1条黑色环纹,中部1/3具3条黑色环纹,背面有鳞毛簇,端部1/3腹面黑色。触角背面黄褐色,腹面灰白色,鞭节具深褐色环纹。胸部灰白色,有褐色纵线。翅基片黑色。前翅黑褐色,略带赭色光泽,前缘隐约有外斜的白色细线,2/3处有1个鳞片簇,此鳞片簇与顶角之间有1条赭色斜带;后缘近基部发出1条灰白色纵带,宽度约为翅宽的1/3,沿后缘延伸,在臀角处变宽,之后再沿外缘近达顶角,此带前缘1/3处略向前突出,下方有1条黑褐色短纵线,2/3处强烈向前突出,形成1条外弯的白线,其前端到达中室末端,此带端部1/3具2~3条褐色纵线,均达外缘;缘毛为灰色,顶角处小部分深褐色。后翅浅灰色,近基部具淡黄色长毛簇,外折,之后隐于翅褶形成的凹槽中;缘毛浅灰色。前足基节和腿节腹面黑褐色,基节背面白色,腿节背面基半部白色,端半部黑褐色,中足基节腹面黑褐色,末端白色,背面白色,腿节腹面黑褐色,背面白色,末端黑褐色,前、中足胫节外侧黑褐色,基部、中部和末端各有1条灰白色斜线,内侧灰白色,跗节黑褐色,每节末端具灰白色环纹;后足基节和腿节白色,基节腹面有1条黑色斜带,腿节腹面外侧具黑色鳞片,胫节灰白色,外侧具深褐色鳞片,胫节背面密被淡黄色长鳞毛,跗节第1节灰白色,其余4节深褐色,末端具灰白色环纹。

雄性外生殖器(图版46-178):爪形突长钟形,末端中部有1个短指状突起,向腹面弯曲。颚形突强壮,末端钝尖。背兜宽大,前缘呈宽V形深裂,两侧中部内凹。抱器瓣窄,基部2/3处向外弯曲,末端圆;腹缘中部之后至近3/4处密布刚毛,近3/4处具1个角状突起。抱器小瓣不对称,左侧抱器小瓣基部1/3窄,内弯,端部2/3呈长方形,密布短刚毛;右侧抱器小瓣长于左侧抱器小瓣,外弯,基半部棍状,端半部宽,末端收窄,圆钝。基腹弧向后极度突出形成一对长三角形突起,长度超过抱器瓣的2/3。囊形突纤细,短于右抱器小瓣。阳茎基叶宽短,近三角形,具长刚毛。阳茎基半部膨大,中部近直角弯曲,端半部细长。

雌性外生殖器(图版93-178):前表皮突向末端渐窄,长约为后表皮突的1/3。第8背板后缘骨化,中部呈角状突出;第8腹板远窄于第8背板,后缘凹。交配孔圆形,周围呈环状骨化。囊导管细长,长约为交配囊的1.5倍。导精管出自囊导管前端约1/3处。交配囊长卵圆形,内面具疣突;囊突近菱形,中部有一条具齿横脊。

寄主:漆树科 Anacardiaceae:厚皮树 *Lannea coromandelica*(Houtt.),芒果 *Mangifera indica* Linn.。

分布:浙江(天目山)、河南、安徽、湖北、福建、台湾、广东、海南、广西、重庆、云南;日本,印度,越南,澳大利亚。

15.13 桦蛮麦蛾 *Hypatima rhomboidella* (Linnaeus, 1758)(图版10-179)

Phalaena (Tinea) rhomboidella Linnaeus, 1758, *Syst. Nat.* (10 edn.), **1**: 538.

Hypatima rhomboidella: Gozmány, 1958, *Fauna Hung.*, (40)**16**(5): 166.

翅展14.0~19.0mm。头部灰白色,散生褐色鳞片。下唇须灰白色,第2节腹面鳞毛簇发达,有2条深褐色横线;第3节近基部有1条深褐色环纹,中部深褐色,背面中部有鳞毛簇。触角背面暗黄色,腹面灰白色,鞭节具褐色环纹。胸部及翅基片灰白色,散生少量褐色鳞片,翅基片基部黑色。前翅灰褐色,散布灰白色和褐色鳞片;前缘近中部有1个倒三角形大黑斑,其后端到达翅中部,此斑内侧有1个小黑斑,外侧有5条外斜褐色间白色的短横线;近翅基部有1个黑色斑点,自中部有1条黑色纵线到达外缘,在中室末端有间断;缘毛灰褐色。后翅及缘毛浅灰色。前、中足基节和腿节腹面褐色,背面白色,前足胫节外侧基部1/3白色,端部2/3黑色,中部有1条白色横线,内侧灰白色,中足胫节外侧基部2/3白色,中部散生黑色鳞片,端部1/3黑色,内侧灰白色,前、中足跗节黑色,每节末端具白色环纹;后足基节、腿节和胫节灰白色,基节腹面有1条黑色斜带,腿节腹面外侧具黑色鳞片,胫节背面密被黄白色长鳞毛,跗节褐色,每节末端具灰白色环纹。

雄性外生殖器(图版46-179):爪形突椭圆形。颚形突长,略弯曲,末端尖。背兜宽大,呈长方形。抱器瓣基半部狭窄,端半部渐宽,向外弯曲,末端圆;端半部具毛。抱器小瓣长度不超过抱器瓣的1/2,基半部分叉,端半部圆筒状,末端具强刺。囊形突三角形,约与抱器小瓣等长。阳茎基叶呈叶状,短于抱器小瓣的1/2,具刚毛。阳茎细长,S形弯曲,基部2/5略宽。

雌性外生殖器(图版93-179):产卵瓣宽大,呈方形。前表皮突长约为后表皮突的1/2。第8背板后缘骨化,中部略凸;第8腹板具狭窄的骨化侧带。交配孔圆形,后方有1个新月形骨化片,两端向前延长。囊导管细长,长约为交配囊的1.5倍。导精管出自囊导管后端约1/3处。交配囊椭圆形,内面具疣突;囊突大,近菱形,中部具一条弯曲的横脊。

寄主:桦木科 Betulaceae:欧洲桤木 *Alnus glutinosa* (Linn.),垂枝桦 *Betula pendula* Roth.,欧洲榛 *Corylus avellana* Linn.,欧洲鹅耳枥 *Carpinus betulus* Linn.;杨柳科 Salicaceae:欧洲山杨 *Populus tremula* Linn.。

分布:浙江(天目山)、黑龙江、宁夏、甘肃、天津、山西、江西、台湾、四川、贵州、云南、西藏;欧洲。

15.14 优蛮麦蛾 *Hypatima excellentella* Ponomarenko,1991(图版 10-180)

Hypatima excellentella Ponomarenko, 1991, *Entomol. Obozr.*, **70**(3): 617.

翅展 11.0~16.0mm。头部灰白色,散生褐色鳞片。下唇须第 1、2 节灰白色,第 2 节外侧近基部和中部黑色,腹面鳞毛簇发达,有若干条褐色横线;第 3 节基部 1/3 灰白色,近基部有 1 条黑色环纹,中部 1/3 黑色,背面有鳞毛簇,端部 1/3 灰白色,腹面黑色。触角灰白色,散布褐色鳞片,鞭节具深褐色至黑色环纹。胸部及翅基片灰白色,散生少量褐色鳞片,翅基片基部黑色。前翅灰白色,端部 2/3 密布赭黄色及赭褐色鳞片;前缘有若干外斜的白色间深褐色短横线,近中部具 1 条深褐色菱形宽横带,紧邻其外侧的 1 条白色横线近达翅顶角,略弯曲,前缘 3/5 处有 1 个鳞片簇;近翅基部有 1 个黑色斑点;中室斑为 1 条黑色短细线,位于中室约 2/3 处;中室末端中部和顶角之间有 2 条黑色纵线;翅褶近中部及近末端各有 1 个不清楚的小黑斑;缘毛灰褐色杂灰白色和黑色。后翅及缘毛灰褐色。前、中足基节和腿节腹面深褐色,背面白色,前足胫节外侧黑色,基部、中部和末端白色,内侧白色,中足胫节外侧基部 2/3 灰白色,中部散生黑色鳞片,端部 1/3 黑色,内侧灰白色,前、中足跗节黑色,每节末端具白色环纹;后足基节、腿节和胫节灰白色,基节腹面有 1 条深褐色斜带,腿节腹面及胫节外侧密布深褐色鳞片,胫节背面密被黄白色长鳞毛,跗节黑色,每节末端具灰白色环纹。

雄性外生殖器(图版 46-180):爪形突椭圆形。颚形突长,末端尖。背兜宽大,近方形。抱器瓣基部 2/3 窄,端部 1/3 圆形膨大,端半部具长毛。抱器小瓣短于抱器瓣的 1/3,末端具短刺。囊形突粗短,渐窄至末端,末端钝。阳茎基叶粗大,具毛。阳茎细长,S 形弯曲,渐细至末端,末端钝圆。

雌性外生殖器(图版 93-180):产卵瓣宽大,基部骨化。前表皮突长约为后表皮突的 1/2。第 8 背板后缘略凸,骨化;第 8 腹板两侧骨化。交配孔窄缝状,后缘及两侧与 1 个扇形骨化片相连接。囊导管细长,长约为交配囊的 2 倍。导精管出自囊导管后端约 1/4 处。交配囊近圆形,内面具疣突;囊突大,弧形弯曲,上缘中部具尖角状突起。

寄主:壳斗科 Fagaceae:槲树 *Quercus dentate* Thunb.,蒙古栎 *Q. mongolica* Turcz.。

分布:浙江(天目山)、辽宁、甘肃、北京、陕西、河南、安徽、江西、湖北、福建、台湾、海南、重庆、四川、贵州;俄罗斯,日本,朝鲜。

条麦蛾属 *Anarsia* Zeller,1839

Anarsia Zeller, 1839. Type species: *Tinea spartiella* Schrank, 1802.

头部具紧贴鳞片。单眼存在或缺。下唇须第 2 节腹面具发达的鳞毛簇,雄性第 3 节退化,雌性第 3 节正常。前翅前缘常有若干短横线,雄性腹面近基部有或无长毛簇。后翅外缘几乎不内凹。雄性外生殖器:常具尾突,颚形突缺失,抱器瓣不对称,具掌状或蘑菇状鳞片。雌性外生殖器:前表皮突通常较短或退化,囊突有或无。

该属中国已知 23 种,本书记述 4 种。

分种检索表

15.15　本州条麦蛾 *Anarsia silvosa* Ueda, 1997 中国新记录(图版 11-181)

Anarsia silvosa Ueda, 1997, *Trans. Lepidop. Soc. Jap.*, **48**(2): 87.

翅展 14.0~17.0mm。头部灰白色,杂较多褐色鳞片。下唇须第 1、2 节外侧赭褐色,内侧灰白色杂浅褐色;第 2 节末端赭褐色杂灰白色,腹面鳞毛簇长,近梯形。雌性第 3 节约与第 2 节等长,基半部灰白色,近基部有 1 条黑褐色环纹,中部至近末端黑褐色,末端灰白色。触角背面灰色,腹面灰白色,鞭节具褐色环纹。胸部灰白色杂浅褐色,两侧前端 1/3 处及近末端具黑褐色斑。翅基片黑褐色杂灰白色。前翅灰白色,密布褐色和黑色鳞片;前缘 1/6 和 3/4 之间有密集的黑褐色鳞片扩散至后缘;近翅基部有 1 个黑色小斑;翅褶中部有密集黑色竖鳞;翅端部 1/4 有较密集的深褐色鳞片;沿前缘端部 1/4 及外缘黑褐色;缘毛灰褐色杂黑色;雄性腹面近基部具长毛簇。后翅及缘毛浅灰褐色。足基节和腿节腹面黑褐色杂灰白色,背面白色,前、中足胫节外侧黑褐色,内侧灰白色,中足胫节基半部被粗糙鳞片,后足胫节灰白色,外侧散布黑褐色鳞片,背面密被淡黄色长鳞毛,足跗节黑褐色,每节末端具灰白色环纹。

雄性外生殖器(图版 46-181):爪形突细长,渐窄至末端;末端尖细,钩状。背兜基部宽,渐窄至末端。抱器瓣具掌状鳞片,不对称:左抱器瓣宽大,卵圆形,腹缘 1/3 处发出 1 根细长弯曲的突起,约与抱器瓣等长,末端尖;右抱器瓣明显窄于左抱器瓣,近基部 1/4 处收窄,之后渐宽,背缘末端呈圆形突出,腹缘 2/3 处有 1 根细长弯曲的突起,长约为抱器瓣的 1/2,末端尖细。阳茎基叶短小,具毛。基腹弧两侧呈三角形突出。囊形突宽短,末端钝。阳茎直,基半部略宽,端半部细长,末端钝圆。

雌性外生殖器(图版 93-181):产卵瓣密被刚毛。后表皮突约与产卵瓣等长,基部外侧呈角状突出;前表皮突极短。第 8 背板后缘钝圆,中部凹入;前缘中部突出,形成宽舌状突起,其前半部具 1 对纵脊,中部有 1 个纵向长骨片,前端渐窄。第 8 腹板后缘呈宽 V 型,前缘略凸。交配孔圆形。导管端片近漏斗形。囊导管细长,长于交配囊的 1.5 倍。导精管出自交配囊后端。交配囊椭圆形;囊突三角形。

分布:浙江(天目山)、安徽、湖北;日本。

15.16　山槐条麦蛾 *Anarsia bimaculata* Ponomarenko, 1989(图版 11-182)

Anarsia bimaculata Ponomarenko, 1989, *Entomol. Obozr.*, **69**(3): 635.

Anarsia magnibimaculata Li et Zheng: Bae et al., 2016, *Zootaxa*, **4061**(3): 249.

翅展 15.0~17.5mm。头部灰褐色,杂灰白色。下唇须第 1、2 节外侧深褐色,内侧灰白色杂浅褐色;第 2 节末端灰白色杂褐色,腹面鳞毛簇发达,四边形;雌性第 3 节长于第 2 节,基半部灰白色,近基部有 1 条黑色环纹,中部至近末端黑色,末端灰白色。触角柄节灰白色,背面散生褐色鳞片;鞭节背面暗黄色,腹面白色,具褐色环玟。胸部和翅基片灰褐色杂灰白色,翅基片基部深褐色。前翅宽,前缘中部略凹,顶角钝尖;灰白色杂灰褐色,散生黑色鳞片;前缘中部具

1个长条形褐斑,前缘在此斑内侧和外侧各有2条外斜的褐色短横线;中室斑菱形,褐色,后缘具黑色鳞片,从中室中部延伸至3/4处;翅褶端部1/3具黑色鳞片;翅褶中部下方散布若干黑色鳞片;缘毛灰褐色杂深褐色,腹面近基部具长毛簇。后翅及缘毛灰褐色。足基节和腿节腹面深褐色杂灰白色,背面白色,前足胫节外侧深褐色,中部偏后有1条白色横线,内侧灰白色,中足胫节外侧深褐色,基部具灰白色鳞片,内侧灰白色,后足胫节灰白色,外侧近腹面密布深褐色鳞片,背面密被土黄色长鳞毛,足跗节深褐色,每节末端具灰白色环纹。

雄性外生殖器(图版46-182):爪形突基部宽,渐窄至末端,端半部弯曲呈钩状,末端尖。背兜基部宽,向末端渐窄。抱器瓣具掌状鳞片,不对称:左抱器瓣宽大,卵圆形,腹缘近中部具1根细长弯曲的突起,长于抱器瓣,末端尖;右抱器瓣明显窄于左抱器瓣,1/3处收窄,末端圆,背缘近末端呈圆形突出,腹缘3/4处突出形成1个外弯的指状突起;腹缘中部偏后有1根细长突起,长约为抱器瓣的2/3,渐细至末端,末端尖。阳茎基半部略宽,端半部渐细,弯曲,末端尖。

雌性外生殖器(图版93-182):后表皮突约与产卵瓣等长;前表皮突很短。第8背板后缘圆钝,中部深凹;前缘中部向前突出形成1个梯形宽板,宽板前半部具1对长卵形骨片;背板中部有1个强骨片,其前端袋状,后端分叉。交配孔大,椭圆形。导管端片不规则。囊导管略长于交配囊。导精管出自交配囊后端。交配囊长条形;囊突不清楚,中部有强骨化的小突起。

寄主:豆科 Leguminosae:山槐 *Maackia amurensis* Rupr.。

分布:浙江(天目山)、黑龙江、吉林、陕西、湖北;俄罗斯,日本,朝鲜。

15.17　展条麦蛾 *Anarsia protensa* Park,1995(图版11-183)

Anarsia protensa Park,1995,*Trop. Lepidop.*,**6**(1):60.

翅展11.0~16.0mm。头部浅灰色,额两侧具黑褐色鳞片。下唇须第1、2节外侧黑褐色,内侧灰白色;第2节末端灰白色杂褐色,腹面鳞毛簇发达,呈长方形;雌性第3节长于第2节,灰白色,近基部有1条黑环,2/5和4/5之间黑色。触角背面淡黄色,腹面灰白色,鞭节具褐色环纹。胸部及翅基片浅灰色,翅基片基部黑色。前翅灰白色,散布浅褐色鳞片;前缘近中部具1个倒三角形黑色大斑,约占前缘的1/4,其后缘钝圆,略超过翅中线,前缘在此斑内侧和外侧各有2条外斜的黑色短横线;近翅基部有1个小黑点;前缘及外缘在近顶角处有若干小黑斑;缘毛灰色,混杂黑色鳞片;雄性腹面近基部具长毛簇。后翅及缘毛浅灰色。前、中足基节和腿节腹面深褐色,背面白色,胫节外侧深褐色,内侧白色,中足胫节外侧基部1/3白色,前、中足跗节深褐色,每节末端具白色环纹;后足基节和腿节腹面褐色杂白色,背面白色,胫节灰白色,外侧近腹面密布褐色鳞片,背面密被黄白色长鳞毛,跗节褐色,每节末端具灰白色环纹。

雄性外生殖器(图版46-183):爪形突短,锥形,末端尖,超过尾突末端。尾突近半圆形。背兜基部宽,渐窄至末端。抱器瓣具掌状鳞片,不对称:左抱器瓣基部2/3窄,2/3处缢缩,端部1/3扩大,腹缘末端具指状突起;右抱器瓣长约为左抱器瓣的2/3,背腹平行,末端圆。阳茎细长,长于右抱器瓣,基部3/5处近直角弯曲,末端尖,基部1/5处与阳茎基环相连。

雌性外生殖器(图版93-183):产卵瓣方形,密被刚毛。前表皮突长约为后表皮突的1/3。第8背板前缘深凹,背板中部具1个小型不规则骨化片。导管端片宽大,漏斗形。囊导管远短于交配囊。导精管出自交配囊后端。交配囊长卵形;囊突小,三角形。

寄主:胡颓子科 Elaeagnaceae:胡颓子 *Elaeagnus pungens* Thunb.。

分布:浙江(天目山)、安徽、江西、湖北、湖南、福建、台湾、重庆、贵州;日本。

15.18　木荷条麦蛾 *Anarsia isogona* Meyrick，1913（图版 11-184）

Anarsia isogona Meyrick，1913，*Journ. Bombay Nat. Hist. Soc.*，**22**：169.

翅展 9.0～13.0mm。头部浅灰色杂灰白色，额两侧具黑色鳞片。下唇须第 1、2 节外侧黑色，内侧灰白色；第 2 节末端灰白色杂褐色，腹面鳞毛簇呈长三角形；雌性第 3 节约与第 2 节等长，灰白色，近基部、中部及 3/4 处各有 1 条黑色环纹。触角背面浅灰色，腹面灰白色，柄节散布褐色鳞片，鞭节具褐色环纹。胸部及翅基片浅灰色杂灰白色，翅基片基部黑色。前翅灰白色杂浅灰色，散布深褐色及黑色鳞片，翅端部 1/3 有较多深褐色和黑色鳞片；前缘近中部具 1 个倒三角形黑色大斑，约占前缘的 1/3，向后延伸达翅宽的 3/5，末端钝，前缘在此斑内侧和外侧各有 2 个黑色小斑；近翅基部有 1 个小黑点；后缘 1/4 处和 3/4 处各有 1 个不清楚的黑斑；缘毛灰褐色；雄性腹面无长毛簇。后翅及缘毛灰色。足基节和腿节腹面深褐色，背面白色，前足胫节外侧深褐色，中部偏后有 1 条白色横线，内侧灰白色，中足胫节外侧基部 1/3 白色，端部 2/3 深褐色，内侧灰白色，后足胫节灰白色，外侧近腹面密布深褐色鳞片，背面密被灰白色长鳞毛，足跗节深褐色，每节末端具灰白色环纹。

雄性外生殖器（图版 46-184）：爪形突粗壮，近钟形。尾突近半圆形，具长毛。背兜两侧中部偏后呈钝角突出。抱器瓣具掌状鳞片，不对称：左抱器瓣基部 3/5 宽大，3/5 处突然收窄，端部 2/5 渐窄；腹缘基部 1/4 处发出 1 根细长的突起，弯曲呈 C 形，长约为抱器瓣的 2/5，末端尖；右抱器瓣与左抱器瓣相似但略窄，腹缘无突起。阳茎细长，近 S 形弯曲，末端尖，基部 1/3 处与阳茎基环相连。

雌性外生殖器（图版 93-184）：产卵瓣宽大，密被刚毛。前表皮突长约为后表皮突的 1/3，基半部宽。第 8 背板前缘中部后方具 1 个小型三角形骨化片；第 8 腹板向前突出形成 1 个大囊袋。交配孔位于第 8 腹板中部。导管端片近漏斗形。囊导管约与交配囊等长。导精管出自囊导管与交配囊结合处。交配囊椭圆形；囊突缺。

寄主：山茶科 Theaceae：木荷 *Schima* sp.。

分布：浙江（天目山）、江西、台湾、海南、广西、云南；日本，印度，越南。

发麦蛾属 *Faristenia* Ponomarenko，1991

Faristenia Ponomarenko，1991. Type species：*Faristenia omelkoi* Ponomarenko，1991.

头部具紧贴粗鳞片。下唇须第 2 节腹面有鳞毛簇。前翅 R_4 和 R_5 脉共柄，M_1 脉游离。后翅雄性背面中室基部通常具长毛簇。雄性外生殖器：爪形突宽短；颚形突不发达；背兜通常基半部宽，端半部窄；抱器瓣通常端部宽，腹缘有时具突起；抱器小瓣发达；阳茎基部膨大，端部细长。雌性外生殖器：具囊突。

该属中国已知 17 种，本书记述 7 种。

分种检索表

15.19　中斑发麦蛾 *Faristenia medimaculata* **Li *et* Zheng, 1998**(图版 11-185)

Faristenia medimaculata Li *et* Zheng, 1998, *Acta Zootax. Sin.*, **23**(4): 391.

翅展 11.0~15.0mm。头部灰白色,密被深灰色鳞片。下唇须第 1、2 节黑色,散生灰白色,第 2 节腹面端部具三角形鳞毛簇;第 3 节黑色,散生白色,基部 1/4 及末端白色,近基部有 1 条黑色环纹。触角柄节灰白色,背面散布褐色鳞片,鞭节背面浅灰色,腹面灰白色,具褐色环纹。胸部灰白色,基部密布褐色鳞片,中部密生灰褐色鳞片,两侧约 2/3 处各有 1 个黑斑;翅基片灰白色,基部密杂黑色。前翅灰白色,散生褐色鳞片;前缘基部黑色,基半部和端半部各有 2 个黑色小斑,中部有 1 个倒梯形大黑斑,几乎占前缘的 1/3,其后缘不达翅褶,外缘中部内弯;翅褶中部下方有 1 个黑斑;中室末端散布若干黑色鳞片;沿前缘端部 1/3 及外缘有若干模糊黑点;缘毛灰色。后翅及缘毛灰色,雄性中室基部具长毛簇。足基节和腿节腹面深褐色,背面白色,胫节外侧深褐色,内侧灰白色,前足胫节外侧中部偏后有 1 条白色横线,中足胫节背面基半部具突出鳞片,后足胫节背面密被黄白色长鳞毛,足跗节深褐色,每节末端具灰白色环纹。

雄性外生殖器(图版 46-185):爪形突宽短,半环形,后缘中部略突出,具短刺和长刚毛。颚形突呈小钩状。背兜基半部宽大,端半部狭窄。抱器瓣狭长,端部 1/4 扩大呈圆形,内面密被刚毛;腹缘近末端呈角状突出,突出的部分具少许刺。抱器小瓣长约为抱器瓣的 1/4,末端平直,外侧呈尖角状突出。囊形突略短于抱器小瓣,末端钝。阳茎基叶丘状,具毛。阳茎基半部膨大,中部略弯曲,端半部渐细。

雌性外生殖器(图版 94-185):产卵瓣长方形,具刚毛。前表皮突长于后表皮突的 1/2,两者末端均膨大。第 8 背板后缘中部具 1 个近梭形骨片;第 8 腹板后缘凹,中部深裂至前缘,侧带后半部分窄,前半部分向前侧方半圆形扩大,末端强骨化。交配孔及生殖板呈五边形。囊导管长于交配囊,基部 1/5 直,端部 4/5 卷曲。导精管出自囊导管基部 1/5 处。交配囊椭圆形;囊突近椭圆形,具一条横脊,位于交配囊后端约 1/5 处。

分布:浙江(天目山)、江西、贵州。

备注:该种雌性为首次报道。

15.20　双突发麦蛾 *Faristenia geminisignella* **Ponomarenko, 1991**(图版 11-186)

Faristenia geminisignella Ponomarenko, 1991, *Entomol. Obozr.*, **70**(3): 614.

翅展 13.0~19.0mm。头部灰褐色杂灰白色。下唇须第 1、2 节外侧黑色,内侧灰白色;第 2 节末端灰白色,腹面鳞毛簇呈梯形;第 3 节基部 1/3 灰白色,1/6 处有 1 条黑色环纹,1/3 处至近末端黑色,末端灰白色。触角柄节灰白色,背面散布褐色鳞片,鞭节背面暗黄色,腹面灰白色,具深褐色环纹。胸部及翅基片灰褐色散生褐色鳞片。前翅灰褐色,散生灰白色和褐色鳞片;前缘有若干条外斜的黑色短横线,中部具 1 个倒三角形大黑斑,扩展至翅中部,其上沿亚前缘脉有黑色鳞片;中室斑为 1 条黑色斜线,位于中室约 2/3 处,沿翅前缘中部大黑斑的后缘延伸;中室端斑褐色,不清楚,后缘有纵向排列的黑色鳞片;褶斑黑色,不规则,位于翅褶 1/3 处;缘毛灰色。后翅褐色,雄性中室基部上缘具长毛簇;缘毛深灰色。前、中足基节和腿节腹面深褐色,背面白色,胫节外侧深褐色,内侧灰白色,前足胫节外侧中部偏后有 1 条白色横线,中足胫节背面基半部具突出鳞片,前、中足跗节深褐色,每节末端具灰白色环纹;后足基节和腿节腹面深褐色杂白色,背面白色,胫节灰白色,外侧近腹面密布褐色鳞片,背面密被黄白色长鳞毛,跗节深褐色,每节末端具灰白色环纹。

雄性外生殖器(图版 47-186):爪形突宽宽短,末端圆,具短刺和长刚毛。颚形突与爪形突等长,弯曲,末端尖。背兜近中部收窄。抱器瓣基部窄,渐宽至中部,端半部明显扩大,具毛,末端圆。抱器小瓣粗壮,端部略膨大,具毛。囊形突细长。阳茎基叶长约为抱器小瓣的 1/2,具毛。阳茎基半部膨大,中部略弯曲,端半部渐细。

雌性外生殖器(图版 94-186):后表皮突长约为前表皮突的 3 倍,末端均略膨大。第 8 背板前缘深凹;第 8 腹板窄带形,向前突出,前缘两侧圆形突出。交配孔及生殖板五边形。囊导管细长,卷曲,长于交配囊。交配囊长条形;囊突大,长菱形,一边具齿,一端不规则扩大,位于交配囊近中部。

寄主:槭树科 Aceraceae:色木槭 *Acer mono* Maxim. 。

分布:浙江(天目山)、辽宁、甘肃、河北、山西、陕西、江西、湖北、四川;俄罗斯,日本,朝鲜。

15.21 缺毛发麦蛾 *Faristenia impenicilla* Li et Zheng, 1998(图版 11-187)

Faristenia impenicilla Li *et* Zheng, 1998, *Acta Zootax. Sin.*, **23**(4): 392.

翅展 11.0～13.0mm。头部灰褐色杂灰白色。下唇须第 1、2 节外侧深褐色,内侧灰白色;第 2 节末端灰白色,腹面具长三角形鳞毛簇;第 3 节基部 1/3 灰白色,近基部有 1 条黑色环纹,1/3 处至近末端黑色,2/3 处有 1 条白色环纹,末端灰白色。触角柄节灰白色,背面散布褐色鳞片,鞭节背面黑褐色,腹面褐色与灰白色相间。胸部及翅基片灰褐色,散布深褐色鳞片。前翅深褐色,密布黑色鳞片,杂少许灰白色;前缘具外斜的灰白色短横线;缘毛灰色,杂黑色。后翅浅褐色,雄性中室基部缺长毛簇,缘毛灰色。前、中足基节和腿节腹面深褐色,背面白色,胫节外侧深褐色,中部有 1 条白色横线,内侧灰白色,中足胫节背面基半部具突出鳞片,跗节深褐色,每节末端具灰白色环纹;后足基节和腿节腹面灰褐色,背面白色,胫节外侧灰褐色,内侧灰白色,背面密被灰白色长鳞毛,跗节灰褐色,每节末端具灰白色环纹。

雄性外生殖器(图版 47-187):爪形突近圆形,具短刺和长刚毛。颚形突弯曲,钩状,末端尖。背兜基半部宽大,端半部窄。抱器瓣狭长,端部 1/3 呈长椭圆形扩大,密被刚毛;腹缘近中部具长刺毛。抱器小瓣粗壮,长约为抱器瓣的 1/3,略外弯,末端略膨大,具短刚毛。囊形突细长,略短于抱器小瓣。阳茎基叶短小,具毛。阳茎短,基半部呈球状膨大,端半部渐细。

分布:浙江(天目山)、陕西。

15.22 缘刺发麦蛾 *Faristenia jumbongae* Park, 1993(图版 11-188)

Faristenia jumbongae Park, 1993, *Ins. Koreana*, **10**: 37.

翅展 12.0～16.0mm。头部灰白色,散生灰褐色鳞片,额两侧深褐色。下唇须第 1、2 节外侧黑褐色,内侧灰白色;第 2 节外侧 1/3 处及末端灰白色杂褐色,腹面鳞毛簇发达,三角形;第 3 节黑白相间。触角柄节灰白色,杂褐色鳞片,鞭节灰褐相间。胸部及翅基片深褐色,散生灰白色鳞片,翅基片基部黑色。前翅深褐色,散生灰白色鳞片;前缘具灰白色与黑褐色相间的短横线,3/5 处形成浅色斑纹;后缘 2/5 处有 1 个灰白色斑纹;近翅基部有 1 个小黑点;中室端斑为 1 个黑褐色圆点,周围饰有灰白色鳞片;缘毛灰色,杂黑色。后翅灰褐色,雄性中室基部具长毛簇;缘毛浅灰色。前足基节和腿节腹面深褐色,背面白色,胫节外侧深褐色,基部、中部及末端白色,内侧灰白色,跗节深褐色,每节末端具灰白色环纹;中、后足基节和腿节腹面褐色杂白色,背面白色,中足胫节外侧基半部白色,近中部具深褐色鳞片,端半部深褐色,内侧灰白色,后足胫节灰白色,外侧密布深褐色鳞片,背面密被淡黄色长鳞毛,中、后足跗节深褐色,每节末端具灰白色环纹。

雄性外生殖器(图版47-188):爪形突近圆形,腹面及边缘具短刺和长刚毛,末端中部有2个小突起。颚形突短,弯曲。背兜基半部椭圆形,近中部狭窄。抱器瓣狭长弯曲,端半部较宽,腹缘端半部具长刺。抱器小瓣细长,末端具毛。基腹弧后缘突出,前缘深凹。阳茎基叶粗短,具毛。阳茎基部2/5膨大呈球状,端部3/5细长略弯。

雌性外生殖器(图版94-188):前表皮突强壮,略弯,末端尖,长度超过后表皮突的1/2。第8背板后缘中部骨化;第8腹板后缘中部深凹,前缘中部交配孔两侧呈长锥形突出。交配孔及生殖板椭圆形。囊导管细长,长约为交配囊的2倍。交配囊椭圆形,内面具疣突;囊突近椭圆形,具齿突。

分布:浙江(天目山)、甘肃、陕西;日本,朝鲜。

15.23 乌苏里发麦蛾 *Faristenia ussuriella* Ponomarenko, 1991(图版11-189)

Faristenia ussuriella Ponomarenko, 1991, *Entomol. Obozr.*, **70**(3):615.

翅展12.0～18.0mm。头部灰褐色,杂灰白色。下唇须第1、2节外侧褐色,内侧灰白色;第2节末端灰白色,腹面鳞毛簇发达,褐色;第3节基部1/3灰白色,近基部有1条黑色环纹,1/3处至近末端黑色,末端灰白色。触角背面土黄色,腹面灰白色,鞭节具褐色环纹。胸部和翅基片灰褐色。前翅褐色,散生黑色和灰白色鳞片;前缘具深浅颜色相间的短横线,中部有1个较大的黑斑;翅基部有1条横带斜向后缘;中室斑黑色,与前缘中部的黑斑部分重叠;中室端斑褐色,不规则,后缘有纵向排列的黑色鳞片;翅端部1/4颜色较深;缘毛深灰色。后翅灰褐色,雄性中室基部具长毛簇,缘毛灰色。足基节和腿节腹面深褐色杂白色,背面白色,胫节外侧深褐色,基部、中部和末端白色,内侧灰白色,后足胫节背面密被淡黄色长鳞毛,足跗节深褐色,每节末端具灰白色环纹。

雄性外生殖器(图版47-189):爪形突宽大,端部近圆形,边缘具刺和长刚毛,后缘末端中部具1对小突起。颚形突细长,弯曲。背兜基部2/3宽大,端部1/3窄。抱器瓣狭长,末端钝;腹缘近中部具大型圆形突起,其末端具长刺。抱器小瓣长约为抱器瓣的1/5,具毛。阳茎基叶粗壮,长约为抱器小瓣的2/3。阳茎基半部膨大呈球状,端半部细长,末端尖。

雌性外生殖器(图版94-189):产卵瓣大,具刚毛。前表皮突长于后表皮突的1/2。第8背板后缘中部具1个骨化板,骨化板的后缘中部略凹;第8腹板后缘凹,中部深裂,前缘两侧呈叶状突出,有纵脊。交配孔圆形;生殖板近五边形。囊导管细长,长于交配囊。交配囊椭圆形;囊突片状,具齿突。

寄主:壳斗科 Fagaceae:蒙古栎 *Quercus mongolica* Turcz.。

分布:浙江(天目山)、吉林、辽宁、宁夏、甘肃、山西、陕西、河南、江西、湖北、福建、四川;俄罗斯,日本,朝鲜。

15.24 奥氏发麦蛾 *Faristenia omelkoi* Ponomarenko, 1991(图版11-190)

Faristenia omelkoi Ponomarenko, 1991, *Entomol. Obozr.*, **70**(3):603.

翅展12.0～15.0mm。头部灰褐色,额灰白色,两侧褐色。下唇须第1、2节外侧黑褐色,内侧灰白色;第2节末端灰白色混杂褐色鳞片,腹面鳞毛簇发达,呈长三角形;第3节基部1/3灰白色,近基部有1条黑色环纹,1/3处至近末端黑色,混杂灰白色鳞片,末端灰白色。触角柄节灰白色,背面散生褐色鳞片,鞭节背面黑褐色,腹面褐色与灰白色相间。胸部及翅基片黑褐色。前翅褐色,散生灰白色和黑色鳞片;前缘具黑褐色与灰白色相间的短横线,中部有 1 个较大的长条形黑斑;中室斑黑色,长条形,从中室中部偏外延伸至中室约 5/6 处;中室端斑为 1 条黑色短纵线;沿翅褶有 1 条黑线;缘毛灰褐色,混杂黑色鳞片。后翅及缘毛灰褐色,雄性中室基部具长毛簇。足基节和腿节腹面深褐色杂白色,背面白色,胫节外侧深褐色,基部、中部和末端白色,内侧灰白色,后足胫节背面密被土黄色长鳞毛,足跗节深褐色,每节末端具灰白色环纹。

雄性外生殖器(图版 47-190):爪形突短,端部近圆形,末端中部略突出。颚形突短,钩状。背兜基半部宽,端半部窄。抱器瓣基部 2/3 狭窄,端部 1/3 略宽,腹缘 2/3 处圆形突出,具毛。抱器小瓣基部宽,渐窄至末端,具毛。阳茎基叶粗短,具毛。阳茎基半部膨大,中部弯曲,端半部细,末端圆。

雌性外生殖器(图版 94-190):产卵瓣宽大。前表皮突长约为后表皮突的 1/2。第 8 背板后缘中部骨化,长条状;第 8 腹板后缘前凹,前缘两侧叶状突出。交配孔大,椭圆形;生殖板近五边形。囊导管细长,卷曲。交配囊近圆形;囊突呈不规则片状,具一条横脊。

寄主:壳斗科 Fagaceae:蒙古栎 *Quercus mongolica* Turcz.。

分布:浙江(天目山)、黑龙江、吉林、辽宁、甘肃、山西、陕西、河南、湖北、四川;俄罗斯,日本,朝鲜。

15.25　栎发麦蛾 *Faristenia quercivora* Ponomarenko, 1991(图版 11-191)

Faristenia quercivora Ponomarenko, 1991, *Entomol. Obozr.*, **70**(3):615.

翅展 12.0～17.0mm。头部褐色,散生灰白色鳞片。下唇须第 1、2 节外侧黑色,内侧灰白色;第 2 节末端灰白色,腹面鳞毛簇发达,三角形;第 3 节基部 1/4 灰白色,近基部有 1 条黑色环纹,1/4 处至近末端黑色,中部具 1 条灰白色环纹,末端灰白色。触角柄节灰白色,背面端半部褐色,鞭节褐白相间。胸部及翅基片灰褐色杂灰白色,翅基片基部黑色。前翅灰褐色,杂灰白色,散生黑色鳞片;前缘有深褐色与灰白色交替的短横线,中部有 1 个较大的深褐色斑;中室斑深褐色,位于中室约 2/3 处,前、后缘具黑色鳞片;中室端斑深褐色,较中室斑小,后缘具黑色鳞片;翅褶近中部黑色;翅端密布黑色鳞片,有时形成斑点;翅基部和后缘近基部各有 1 个黑点;缘毛灰褐色。后翅及缘毛灰褐色,近后缘散生褐色鳞片。足基节和腿节腹面深褐色杂白色,背面白色,胫节外侧深褐色,基部、中部和末端白色,内侧灰白色,中足胫节背面基半部具粗糙鳞片,后足胫节背面密被土黄色长鳞毛,足跗节深褐色,每节末端具灰白色环纹。

雄性外生殖器(图版 47-191):爪形突宽大,边缘密被短刺和长刚毛,后缘中部略突出。颚形突短,弯曲。背兜基部 2/3 宽大,端部较窄。抱器瓣狭长,S 形,腹缘中部略凸,具毛,端半部略宽,末端圆钝。抱器小瓣粗壮,具毛。阳茎基叶粗短,长约为抱器小瓣的 1/2。阳茎基部 2/5 膨大呈球状,端部细长略弯。

雌性外生殖器(图版 94-191):产卵瓣宽大,具刚毛。前表皮突长约为后表皮突的 1/2。第 8 背板后缘中部的骨化片后缘中部略凹;第 8 腹板前缘两侧叶状突出。交配孔近圆形;生殖板六边形。囊导管细长,长于交配囊。交配囊椭圆形,内表面具疣突;囊突呈不规则片状,具近梯形骨化片。

寄主:壳斗科 Fagaceae:蒙古栎 *Quercus mongolica* Turcz.。

分布:浙江(天目山)、黑龙江、辽宁、甘肃、北京、山西、陕西、河南、安徽、江西、湖北、湖南、福建、四川、重庆、贵州;俄罗斯,日本,朝鲜,印度。

拟蛮麦蛾属 *Encolapta* Meyrick，1913

Encolapta Meyrick，1913. Type species：*Encolapta metorcha* Meyrick，1913.

头部具紧贴鳞片。下唇须上举过头顶，第 2 节腹面具鳞毛簇，或在端部聚集成三角形，或在整个腹面疏松排列成长方形，第 3 节通常具三条环纹。前翅 R_4 脉和 M_1 脉共柄，若 R_5 脉存在，则 R_4 和 R_5 脉共柄。雄性外生殖器：爪形突延长，颚形突通常为强钩状，背兜前缘凹或前缘中部突出，抱器瓣端部扩大，抱器小瓣形状多样，阳茎平直或弯曲。雌性外生殖器：第 8 腹板具骨化侧带，囊突通常片状，具一条横脊。

该属中国已知 11 种，本书记述 3 种。

分种检索表

1. 下唇须第 2 节具疏松长鳞毛 ……………………………………………… 青冈拟蛮麦蛾 *E. tegulifera*
   下唇须第 2 节具紧密三角形鳞毛簇 ……………………………………………………………… 2
2. 抱器小瓣呈梯形…………………………………………………………… 申氏拟蛮麦蛾 *E. sheni*
   抱器小瓣呈锤状 ………………………………………………………… 拟蛮麦蛾 *E. epichthonia*

15. 26 青冈拟蛮麦蛾 *Encolapta tegulifera*（Meyrick，1932）（图版 11-192）

Dactylethra tegulifera Meyrick，1932，*Exot. Microlep.*，**4**：201.

Encolapta tegulifera：Ponomarenko，2004，*In*：Storozhenko（ed.），*Readings in Memory of Aleksandr Ivanovich Kurentsov*，**15**：70.

翅展 12.0～16.0mm。头部白色，头顶散生褐色鳞片。下唇须第 1、2 节白色，第 2 节外侧 1/3 处和 2/3 处褐色，腹面具疏松长鳞毛簇；第 3 节白色，散生褐色鳞片，1/3 处和中部褐色。触角柄节白色，背面具 1 个褐斑，鞭节白褐相间。胸部和翅基片白色，散布较多赭褐色鳞片。前翅白色，密布赭褐色和黑色鳞片；前缘 1/3 处偏外有 1 条赭褐色窄带，外斜，达前缘 2/3 处下方，前缘端半部有 5 条外斜的黑褐色间白色横带；端带等宽；前缘近基部、1/6 处和 1/4 处下方各有 1 个小点；近翅基部有 1 个褐斑；中室斑大，不规则，从中室 1/3 处达 3/4 处偏外，赭褐色，沿其中线端半部及后缘有黑色鳞片；中室端斑长，深褐色；亚端斑前、后缘有黑色鳞片，形成一个开口向外的 V 形斑；臀斑大，近圆形；后缘基部有 1 个不规则的黑褐色大斑，2/5 处发出 1 条黑褐色条带，外斜至翅褶；缘毛灰色，基部具 1 排黑色短鳞片，在顶角下方形成 1 个白斑。后翅及缘毛灰色。前足基节和腿节腹面褐色，背面白色，胫节外侧黑白相间，内侧白色，跗节黑色，每节末端具白色环纹；中足白色，胫节外侧 1/3 处和 2/3 处有黑色斜纹，跗节黑色，每节末端具白色环纹；后足灰白色，胫节外侧端半部散布褐色鳞片，背面密布淡黄白色长鳞毛，跗节第 1 节外侧散布褐色鳞片，其余 4 节黑色，每节末端具白色环纹。

雄性外生殖器（图版 47-192）：爪形突近矩形，基部略窄，末端略加宽，腹面具长刚毛。颚形突强壮，基部弯曲，端半部强骨化，末端尖。背兜前缘中部突出。抱器瓣从基部渐宽至中部，端半部呈椭圆形扩大，末端尖。抱器小瓣呈 S 形弯曲，末端圆，端半部具刚毛。囊形突长于抱器小瓣，渐窄至末端，末端钝。阳茎基叶宽短，具长刚毛。阳茎呈 S 形弯曲，基半部膨大，端半部细长，末端斜截。

雌性外生殖器（图版 94-192）：产卵瓣长方形，密被刚毛。前表皮突长约为后表皮突的 1/3。第 8 腹节向前渐宽；第 8 背板后缘略凸，骨化；第 8 腹板骨化侧带等宽，在前缘中部连接。交配孔位于第 8 腹板前缘中部，两侧具纵脊。囊导管短于交配囊。导精管出自交配囊后端。

交配囊近椭圆形,内面具疣突;囊突呈不规则菱形,具一条横脊。

寄主:壳斗科 Fagaceae;麻栎 *Quercus acutissima* Carr.,蒙古栎 *Q. mongolica* Turcz.,青冈 *Q. serrata* Thunb. 。

分布:浙江(天目山)、辽宁、甘肃、山西、陕西、河南、贵州;俄罗斯,日本,朝鲜。

15.27　申氏拟蛮麦蛾 *Encolapta sheni* (Li *et* Wang, 1999)(图版 11-193)

Homoshelas sheni Li *et* Wang, 1999, *In*: Shen & Pei (eds.), *Fauna and Taxonomy of Insects in Henan*, **4**: 52.

Encolapta sheni: Ponomarenko, 2009, *Gelechiid Moths of the Subfamily Dichomeridinae (Lepidoptera: Gelechiidae) of the World Fauna*: 318.

翅展 17.0～23.0mm。头部灰白色,头顶中部有纵向排列的灰色鳞片,额两侧深褐色。下唇须第 2 节外侧基部 2/3 黑色,端部 1/3 白色,内侧基部 1/3 黑色,端部2/3灰白色,腹面端部具发达的三角形鳞毛簇;第 3 节长于第 2 节,基部 1/3 灰白色,近基部有 1 条黑色环纹,端部 2/3黑色。触角柄节白色,背面散布褐色鳞片;鞭节白褐相间。胸部和翅基片灰白色,散布灰褐色鳞片,翅基片基部黑色。前翅长,前、后缘近平行,末端圆;底色灰白色,密布深褐色鳞片;前缘近基部及 1/4 处各有 1 个小黑斑,中部具 1 个半椭圆形深褐色斑,端部 1/4 黑色;中室近基部有 2 个深褐色小斑,中部至末端有若干较大的深褐色斑点;中室末端外侧有 3 条黑色平行纵线;后缘 1/5 和 2/5 之间有 1 个长椭圆形深褐色大斑;缘毛赭褐色杂黑色。后翅及缘毛灰褐色。足基节和腿节腹面黑色,背面白色散见褐色,胫节外侧黑色,内侧灰白色,中足胫节外侧约 2/3 处有 1 条白色横线,中足胫节背面基半部具突出鳞片,后足胫节背面密被淡黄色长鳞毛,足跗节黑色,每节末端具白色环纹。

雄性外生殖器(图版 47-193):爪形突近矩形,两侧和后缘略突出,密被刚毛。颚形突钩状,端半部强骨化,末端尖。背兜宽短,前缘凹。抱器瓣自基部渐宽至 2/3 处,端部 1/3 宽而圆,腹缘圆形突出,具毛。抱器小瓣长约为抱器瓣的 1/3,梯形,具刚毛。囊形突约与抱器小瓣等长,末端钝。阳茎基叶宽短,近半圆形,末端具刚毛。阳茎略呈 S 形,基半部略粗,端半部细,末端略呈圆形膨大。

雌性外生殖器(图版 94-193):产卵瓣方形,密被刚毛。前表皮突长约为后表皮突的1/3。第 8 背板后缘强烈突出,长为第 8 腹节的 3/4;第 8 腹板骨化,后缘中部凹,前缘中部呈角状突出。交配孔大,菱形。囊导管长于交配囊,端部 3/5 明显卷曲且变宽。导精管出自囊导管开始卷曲处。交配囊长椭圆形;囊突菱形,中部具一条横脊。

分布:浙江(天目山)、陕西、河南、安徽、湖北、海南、广西、重庆、贵州、云南。

15.28　拟蛮麦蛾 *Encolapta epichthonia* (Meyrick, 1935)(图版 11-194)

Homoshelas epichthonia Meyrick, 1935, Gelechiadae, *In*: Caradja & Meyrick, *Mater. Microlepid. Fauna Chin. Prov. Kiangsu, Chekiang und Hunan*: 71.

Encolapta epichthonia: Ponomarenko, 2004, *In*: Storozhenko (ed.), *Readings in Memory of Aleksandr Ivanovich Kurentsov*, **15**: 70.

翅展 18.0～23.0mm。头部灰褐色。下唇须第 2 节外侧基部 2/3 黑褐色,端部 1/3 及内侧灰白色,腹面端部具三角形鳞毛簇;第 3 节黑色,基部 1/3 及末端灰白色,近基部有 1 条黑色环纹。触角柄节灰白色,杂褐色鳞片,鞭节褐色。胸部和翅基片灰褐色,翅基片基部黑色。前翅灰褐色,散布黑褐色鳞片;前缘有若干条深褐色短横线,近中部具 1 个深褐色长斑;近翅基部有 1 个小黑斑;中室斑为 1 条黑色纵线,从中室中部达中室 3/4 处;翅褶 1/4 处至中部有 1 条黑线;翅端部 1/4 有若干条黑色纵线,到达前缘端部或外缘;缘毛灰色杂黑色。后翅灰褐色,缘毛灰色。足基节和腿节腹面深褐色杂白色,背面白色,胫节外侧深褐色,内侧灰白色,中足胫节外侧中部偏后有1条白色横线,中足胫节背面基半部具突出鳞片,后足胫节外侧中部和末端黄白色,背面密被土黄色长鳞毛,足跗节深褐色,每节末端具黄白色环纹。

雄性外生殖器(图版47-194):爪形突狭长,亚矩形,末端钝圆。颚形突长而弯,渐窄至末端,端半部强骨化,末端尖。背兜宽短,两侧中部平缓突出,前缘凹。抱器瓣从基部渐宽至中部,端半部圆形扩大,具毛。抱器小瓣短于抱器瓣的1/2,末端膨大呈锤状,具短刚毛。囊形突细长,末端略膨大。阳茎基叶宽短,外侧呈圆形突出,具刚毛。阳茎基半部膨大,端半部细长,略弯,末端钝斜。

雌性外生殖器(图版94-194):产卵瓣骨化,基半部宽大,端半部窄,密被刚毛。前表皮突长于后表皮突的1/2。第8背板前缘凹,后缘中部略凸;第8腹板向前突出,侧带前半部变宽。交配孔大,圆形,周围骨化,两侧呈叶状突出,后缘中部呈圆形突出,近后缘具一条横脊。囊导管长于交配囊,端部2/3强烈卷曲且变宽。导精管出自囊导管基部1/3处。交配囊长条形;囊突片状,具横脊,位于交配囊中部。

分布:浙江(天目山)、天津、河北、山西、陕西、河南、山东、江苏、台湾。

托麦蛾属 *Tornodoxa* Meyrick,1921

Tornodoxa Meyrick,1921. Type species:*Tornodoxa tholochorda* Meyrick,1921.

头部具紧贴鳞片。单眼存在。下唇须很长,后弯,第2节腹面具鳞毛簇,第3节约等长于或略长于第2节。前翅长,顶角钝圆,R_4脉和M_1脉在雄性中合生,在雌性中则分离,R_5脉缺。后翅前缘基部2/3突出,顶角圆钝。雄性外生殖器:爪形突宽大,具长刚毛,颚形突发达,抱器瓣端部显著扩大,阳茎弯曲。雌性外生殖器:具囊突。

该属中国已知3种,本书记述2种。

15.29　圆托麦蛾 *Tornodoxa tholochorda* Meyrick,1921(图版11-195)

Tornodoxa tholochorda Meyrick,1921,*Exot. Microlep.*,**2**:432.

翅展17.0~25.0mm。头部灰白色,散生褐色鳞片。下唇须灰白色;第2节有黑褐色横线,腹面具松散鳞毛簇,第3节近基部有1条黑斜线,端部1/3黑色。触角褐色。胸部灰白色,散布黑色鳞片。翅基片黑色,混有灰白色鳞片。前翅灰褐色,密布灰白色鳞片,散生黑色;前缘具黑色外斜的短横线;后缘基半部黑褐色;亚前缘脉、中室、翅褶和翅端有不规则的黑色纵条纹;中室端半部白色;外缘具黑色和白色线条;缘毛灰褐色。后翅灰褐色,前缘突起部分灰白色,缘毛灰色。前、中足黑褐色,杂灰白色鳞片,胫节和跗节有白环;后足灰褐色,胫节背面密布浅色长鳞毛。

雄性外生殖器(图版47-195):爪形突长,腹面密布长刚毛,末端圆。颚形突细长,强烈弯曲。背兜短。抱器瓣基部窄,端部2/3宽大,末端有1个小尖突,腹面密布刚毛。抱器小瓣很小,指状,具刚毛。囊形突细长。阳茎基环粗短,具刚毛。阳茎略呈S形,基半部较粗壮。

雌性外生殖器(图版94-195):产卵瓣狭长。前表皮突长约为后表皮突的1/2,末端截形。囊导管细长,长于交配囊。交配囊圆形,内表面有疣突;囊突片状,有横脊。

分布:浙江(天目山)、吉林、甘肃、山西、陕西、河南、江西、湖北、湖南、福建、广东、海南、广西、四川、贵州;日本,朝鲜。

15.30　长柄托麦蛾 *Tornodoxa longiella* Park，1993 中国新记录（图版 11-196）

Tornodoxa longiella Park，1993，*Ins. Koreana*，**10**：39.

翅展 13.0～15.0mm。头部灰白色，混杂灰色鳞片。下唇须第 1 节深褐色，第 2 节外侧基部 2/3 深褐色，端部 1/3 和内侧灰白色杂褐色，腹面端部具三角形鳞毛簇，第 3 节约与第 2 节等长，基半部灰白色，近基部有 1 条黑色环纹，端半部黑色。触角土黄色，鞭节具褐色环纹。胸部及翅基片灰白色杂浅褐色，翅基片基部黑色。前翅灰白色杂褐色，散布较多黑色鳞片；前缘基部黑色，基部和 1/3 之间有 2 个小黑斑，中部有 1 个新月形大黑斑，约占前缘长的 1/5，向后延伸达翅宽的 1/4，端部 1/3 有 4 个更小的黑斑；亚前缘脉近基部有 1 个小黑斑；中室斑及中室端斑不清楚，中室斑位于中室中部，圆，褐色，散布黑色鳞片，中室端斑后缘有纵向排列的黑色鳞片；翅端部 1/4 及沿翅褶有密集的黑色小点；后缘中部外侧有 1 个深褐色长条形斑；缘毛灰色杂黑色。后翅及缘毛浅灰色。足基节和腿节腹面深褐色，背面白色，前、中足胫节外侧深褐色，内侧灰白色，后足胫节灰白色，外侧近腹面密布深褐色鳞片，背面密被淡黄色长鳞毛，足跗节深褐色，每节末端具灰白色环纹。

雄性外生殖器（图版 47-196）：爪形突近圆形，宽于背兜末端，前缘凹，腹面具刚毛。颚形突钩状，1/3 处强烈弯曲，端部 2/3 强骨化，末端钝。背兜前缘浅凹。抱器瓣短于爪形突—背兜复合体，基半部窄，端半部呈卵圆形，内面端部 1/4 具毛。抱器小瓣略长于抱器瓣的 1/2，近三角形，向外弯曲，末端尖。囊形突纤细，长于抱器小瓣，末端略宽，圆。阳茎基环近梯形，末端外侧圆形突出，具毛。基腹弧窄带状。阳茎约与抱器瓣等长，S 形，基部 2/5 膨大，端部 3/5 细长，末端钝圆。

分布：浙江（天目山）、湖北；日本，朝鲜。

背麦蛾属 *Anacampsis* Curtis，1827

Anacampsis Curtis，1827. Type species：*Phalaena populella* Clerck，1759.

头部光滑，单眼存在。喙发达。触角柄节延长。下唇须长，第 2 节略显粗壮，第 3 节尖细。前翅 R_1 脉出自中室中部，R_4 和 R_5 脉共柄，CuA_2 脉出自中室下角。后翅相对宽，具肘栉，Rs 与 M_1 脉基部接近，M_2 与 M_3 脉近平行，M_3 脉与 CuA_1 脉合并。雄性外生殖器：爪形突宽阔；颚形突基部分叉，端部或近端部相连；抱器瓣狭长；囊形突发达；阳茎细长，基部膨大。雌性外生殖器：第 8 腹节后缘中部具强骨化背中片，通常为舌状。

该属中国已知 7 种，本书记述 2 种。

15.31　樱背麦蛾 *Anacampsis anisogramma* （Meyrick，1927）（图版 11-197）

Compsolechia anisogramma Meyrick，1927，*Exot. Microlep.*，**3**：353.

Anacampsis anisogramma：Park，1988，*Tinea*，**12**(16)：142.

翅展 12.5～16.5mm。头部灰白至灰褐色。下唇须灰黄色，第 2 节略粗，侧扁，光滑；第 3 节长于第 2 节，细长，末端灰褐色，尖锐。触角背面黑褐色，腹面灰白色，雄性略具齿。胸部、翅基片及前翅深灰褐色。前翅前缘 3/4 处有 1 个倒三角形黄白色斑；中室中部及端部各有 1 个不清晰的小点；翅褶 1/3 和 2/3 处各有 1 个黑点，前者大且清楚；中室末端外侧有 1 条黑色宽横带；沿外缘有若干个小黑点，缘毛黑褐色。后翅深褐色，外缘及臀角缘毛深褐色，后缘缘毛灰色。翅腹面深褐色略带金属光泽。足灰白色；前足胫节及跗节褐色；后足胫节褐色，背面密被鳞毛，跗节灰白色。腹部深褐色。

雄性外生殖器（图版 47-197）：爪形突宽，末端圆，边缘具长刚毛，腹面具疣突，近侧缘各有十几个钉突。颚形突近环状,中部略呈叶状突出。抱器瓣狭长,超过爪形突末端,基部最窄,2/3处向背面略弯,端半部腹缘具刚毛。囊形突发达,细长,基部有大型具毛角状叶突。阳茎基部1/3膨大,端部2/3管状,弯曲,末端扩大,截形。

雌性外生殖器(图版94-197):前表皮突粗壮,基部分叉,长约为后表皮突的1/2,末端尖。第8腹节后背中片细长,端部略宽,末端圆;腹面中部有1宽V形纵脊。囊导管与交配囊等长。交配囊近圆形,内面密被小刺,中部着生1个小型附囊;囊突锯条状。

寄主:蔷薇科 Rosaceae:杏 *Prunus armenicana* Linn.,梅 *P. mume* Sieb. *et* Zucc.,桃 *P. persica* Batsch,樱桃 *P. pseudocerasus* Lindl.,李 *P. salicina* Lindl.。

分布:浙江(天目山)、上海、福建、江西、山东、四川、贵州、陕西、台湾;朝鲜,日本,俄罗斯。

15.32　绣线菊背麦蛾 *Anacampsis solemnella* (Christoph,1882)(图版11-198)

Tachytilia solemnella Christoph, 1882, *Bull. Soc. Imp. Nat. Moscou*, **57**(1):27.

Anacampsis solemnella:Park, 1988, *Tinea*, **12**(16):144.

翅展12.0～12.5mm。头部黑褐色,额灰白色。下唇须第1、2节外侧赭黄色,内侧淡黄色;第3节长于第2节,灰白色,腹面灰褐色。胸部、翅基片及前翅深灰褐色。前翅1/2至3/4处有1黑色宽横带,其内缘边界不清,外缘镶1内弯的黄白色横线,该横线沿前缘近达顶角;外缘线白色,内侧黑色;缘毛黑褐色。后翅深灰褐色;缘毛灰褐色。足黄白色;后足胫节黑褐色,跗节端半部黑褐色,各节末端黄白色。

雄性外生殖器(图版48-198):爪形突宽,具长刚毛,后缘有若干个疣突。颚形突端半部弯曲,末端尖。抱器瓣狭窄,基部至端部渐宽,末端圆。囊形突基部宽,端部渐窄;基部有1枚长突起,宽短,被稀疏刚毛。阳茎基部1/3膨大,端部2/3明显变细,强烈弯曲,末端尖。

雌性外生殖器(图版95-198):产卵瓣宽短,近方形。前表皮突较粗,长约为后表皮突的1/2。第8腹节后背中片宽大,末端圆,超过第8腹节后缘,腹面中部有V形纵脊。囊导管细,长约为交配囊的1/2,膜质。交配囊卵圆形;囊突锯条状,后缘中部齿突大。

寄主:蔷薇科 Rosaceae:绣线菊 *Spiraea* spp.,杏 *Prunus armenicana* Linn.,桃 *P. persica* Batsch.,李 *P. salicina* Lindl.;木樨科 Oleaceae:桂花 *Osmanthus fragrans* Lour.。

分布:浙江(天目山、九龙山)、北京、辽宁、黑龙江、江苏、安徽、河南、四川、陕西;朝鲜,日本,俄罗斯,加拿大,美国。

荚麦蛾属 *Mesophleps* Hübner,〔1825〕

Mesophleps Hübner,〔1825〕. Type species:*Tinea silacella* Hübner, 1796.

头部光滑,单眼存在。喙发达。下唇须第2节粗壮,基部至端部渐宽;第3节短于第2节,尖细。触角柄节细长。前翅狭长,前后缘近平行,中室长于翅长的2/3,R_5脉与M_1脉共柄或分离,M_2脉出自中室下角,M_3与CuA_1脉短共柄或分离。后翅Rs脉达顶角前缘,与M_1脉共柄,M_2脉于基部处同M_3脉接近,M_3与CuA_1脉短共柄或同出一点。雄性外生殖器:爪形突宽大,颚形突钩状,或双颚形突于近末端处连接;抱器瓣弱骨化,狭长;囊形突发达,较宽阔;阳茎基部膨大,端部尖细。

该属中国已知5种,本书记述3种。

15.33　尖突荚麦蛾 *Mesophleps acutunca* Li et Sattler, 2012(图版12-199)

Mesophleps acutunca Li et Sattler, 2012, *Zootaxa*, **3373**:32.

翅展10.0～12.0mm。头黄白色,额铅灰色。下唇须第2节外侧黑褐色,内侧浅黄褐色,末端白色,端部背侧具粗糙鳞毛簇;第3节黄白色杂褐色,末端尖,背侧黑褐色,光滑。触角柄节及鞭节基部黄白色杂褐色,鞭节除基部外其余褐色与黄色相间。胸部及翅基片赭黄色,翅基片基部黑褐色。前翅赭黄色,散生赭褐色鳞片;沿前缘有1黑褐色纵带,其基部2/5极窄,2/5至3/5呈倒三角形向后缘突出,3/5至4/5处窄并以浅褐色向后扩散,4/5处至翅端渐宽;1白色斜线自前缘4/5处外斜至外缘中部;中室端斑黑褐色杂褐色,向臀斑扩散;褶斑黑褐色,小;外缘具若干黑褐色斑点;缘毛基部黄白色,其余赭黄色。后翅及缘毛深灰褐色。前、中足黑褐色;后足黄褐色,胫节具黄色长鳞毛,跗节黑褐色,各节末端白色。

雄性外生殖器(图版48-199):爪形突蓓蕾状,中部开裂。颚形突强锥状,与爪形突等长,略内弯。背兜发达,近长方形,后侧角圆钝,前缘浅内凹,背兜足发达。抱器瓣狭长,短于背兜—爪形突复合体;基部窄,渐宽至末端,具稀疏刚毛,末端圆钝。基腹弧发达,细带状,前缘中部强烈骨化并向后端增宽,增宽处骨化相对弱。阳茎基半部膨大呈球状,端半部锥状。

雌性外生殖器(图版95-199):产卵瓣近方形,具稀疏长刚毛,末端钝圆。第8腹节窄长方形。前表皮突长约为后表皮突的1/2,二者末端均略膨大。亚交配孔板中部宽凹。导管端片短,漏斗状。囊导管细,长约为前表皮突的1.2倍。交配囊椭圆形,无囊突。

分布:浙江(天目山)、河南、湖南。

15.34 白线荚麦蛾 *Mesophleps albilinella* (**Park,1990**)(图版12-200)

Brchyacma[*sic*!] *albilinella* Park,1990,*Korean J. Appl. Ent.*,**29**(2):136.

Mesophleps albilinella:Li & Zheng,1995,*Journ. Northwest Forestry College*,**10**(4):28.

翅展10.0~15.0mm。头顶黄白色,颜面黑褐色;复眼除后侧外,其余围有黑色鳞片。下唇须第2节及第3节基部2/5外侧黑色,内侧黑褐色,端部背侧具粗糙鳞毛簇;第3节端部3/5白色杂浅褐色,光滑。触角柄节及鞭节基部黄白色,其余鞭节褐色或黑褐色与黄白色相间。胸部及翅基片黄白色或浅黄色,翅基片基部黑色。前翅赭黄色,自翅基部至翅顶沿前缘有1黑褐色纵带,其后缘镶白色,纵带基部2/5极窄,自2/5处至翅端渐宽;白色斜线自前缘4/5处外斜至外缘中部;外缘线黑褐色,两侧镶黄白色;中室端斑及褶斑黑褐色,小;缘毛赭黄色至灰褐色。后翅及缘毛深灰褐色。前、中足黑褐色,跗节各节末端黄白色;后足胫节黄褐色,具浅黄色长鳞毛,跗节黑褐色,各节末端白色。

雄性外生殖器(图版48-200):爪形突基半部近方形,端半部近三角形,被长刚毛,末端圆钝。颚形突指状,粗短,强烈骨化;颚形突侧臂带状,向后略渐宽。背兜发达,近卵圆形,内壁两侧密被刚毛。抱器瓣狭长,短于背兜—爪形突复合体;基部窄,渐宽至中部,端半部两侧平行,具稀疏刚毛,末端圆钝。基腹弧较为发达,袋状,背侧中部膜质,末端中部呈方形深裂;两侧密被长刚毛,端部呈尖角状突出,外斜。阳茎基部2/5膨大呈球状,端部3/5细、均匀。

雌性外生殖器(图版95-200):产卵瓣近方形,具稀疏长刚毛,前缘骨化相对较强。第8腹板后缘呈三角形凸出,前缘中部略凹入。前表皮突长约为后表皮突的1/2,二者末端均略膨大。交配孔周围有许多皱褶。导管端片约与前表皮突等长,后端约1/3略膨大。囊导管窄,长约为交配囊的3/4。交配囊椭圆形,无囊突。

分布:浙江(天目山)、天津、河北、河南、湖北、湖南、贵州、陕西、甘肃;朝鲜,日本。

15.35 矛荚麦蛾 *Mesophleps ioloncha*（Meyrick，1905）(图版 12-201)

Paraspistes ioloncha Meyrick, 1905, *Journ. Bombay Nat. Hist. Soc.*, **16**: 600.

Mesophleps ioloncha: Li & Sattler, 2012, *Zootaxa*, **3373**: 24.

翅展 8.5～17.5mm。下唇须第 2 节黑褐色，末端白色，背侧或多或少具粗糙鳞毛；第 3 节长约为第 2 节的 2/3，白色，末端有时黑色。触角灰白色与褐色相间。前翅黄白色至赭褐色，后缘黑灰褐色；前缘基部具黑色窄边缘，端部 3/5 具褐色宽条纹，端部 1/5 处具 1 模糊白色短线，自前缘外斜延伸至外缘；外缘近顶角处具若干黑点。

雄性外生殖器(图版 48-201)：爪形突多样，亚长方形至卵圆形，端半部宽，后缘平直或钝圆。颚形突直，强骨化，长约为爪形突的 2/3 或 3/4。抱器瓣窄长，端部宽约为基部的 2 倍。背兜近长方形。基腹弧前端 1/3 近倒梯形。阳茎基部膨大，末端尖，弯。

雌性外生殖器(图版 95-201)：第 8 节后缘略凸出。前表皮突长约为后表皮突的 1/2。亚交配孔板梯形或亚长方形，后侧角钝圆，后缘中部略内凹，前缘略弯。导管端片管状。囊导管窄，长约为前表皮突的 2 倍。交配囊椭圆形至宽卵圆形，无囊突。

寄主：豆科 Leguminosae：菽麻 *Crotalaria juncea* Linn.，山毛豆 *Tephrosia candida* (Roxb.)，灰毛豆 *Tephrosia purpurea* (Linn.)。

分布：浙江(天目山)、安徽、河南、陕西、甘肃、台湾；泰国，印度尼西亚，菲律宾，印度，斯里兰卡。

光麦蛾属 *Photodotis* Meyrick，1911

Photodotis Meyrick, 1911. Type species: *Photodotis prochalina* Meyrick, 1911.

头部鳞片光滑，喙发达。下唇须上举，后弯，长约为复眼直径的 3 倍；第 2 节腹面具蓬松鳞毛；第 3 节端部通常具粗糙鳞片。触角简单，柄节短，无栉。前翅窄长，通常基部至端部颜色渐深。中室长于前翅的 2/3，外缘较弱，R_1 脉超过前缘中部，R_2 脉达 4/5 处，R_4 与 R_5 脉共柄，R_5 脉直达前缘近顶角处，M_2 脉出自近下角处，M_3 脉出自中室下角，CuA_1 远离 M_3 脉，CuA_2 脉出自中室下缘近 3/4 处，$1A+2A$ 脉具基叉。后翅窄于前翅，前、后缘几乎平行，顶角钝圆突出，外缘倾斜内凹；中室不及翅长的 2/3，M_1 脉出自中室上角，M_2 脉出自中室下角，CuA_1 基部与 M_2 脉分离，CuA_2 脉出自下缘近 2/3 处，$1A+2A$ 脉较弱。雄性外生殖器：第 8 背板基部宽，端部渐窄；腹板较宽阔，后侧角处具强骨化短突起。爪形突多呈沙漏状，少数呈三角形。颚形突钩状，于中部之前强烈弯折。抱器瓣不对称：右抱器瓣通常较左抱器瓣略宽大，右抱器背基突较粗壮，长于左抱器背基突；基腹弧带状，少数前缘中部具突起。阳茎基环窄带状，呈弧形或 V 形；阳茎基不规则弯曲。雌性外生殖器：产卵瓣近长方形。前、后表皮突均较短。第 8 背板近长方形。交配孔圆形或形状不规则。囊导管长于交配囊。交配囊近椭圆形或圆形；近中部具 1 圈强烈骨化的刺突，其数量与长度种间存在差异。

该属中国已知 2 种，本书记述 1 种。

15.36 饰光麦蛾 *Photodotis adornata* Omelko，1993(图版 12-202)

Photodotis adornata Omelko, 1993, *Biol. Invest. Gornot. Stn. Russian Acad. Sci.*, **1**: 188.

翅展 9.0～12.0mm。头部黄白色或白色；额两侧散布黑褐色鳞片。下唇须黄白色，外侧散布黑褐色鳞片；第 2 节腹面端部具黑褐色稀疏鳞毛簇；第 3 节短于第 2 节，背面端部具稀疏长鳞毛；末端黑褐色。触角柄节黄白色，近端部密杂黑褐色；鞭节背面黄白色与黑褐色相间，腹面黄白色与浅褐色相间。胸部黄白色，1/3 处和 2/3 处分别具 1 黑褐色横带；翅基片暗黄色。

前翅披针形;底色灰褐色至黑褐色,顶角处杂灰白色;前缘 4/5 处具白色短折线;基部具 3 条浅黄褐色横带,略内斜;2/5 处具黄褐色钩状斑纹;自中室末端至翅褶端部具横带,其前 2/5 黄褐色,后 3/5 黑褐色;缘毛顶角处黑褐色杂灰白色,其余灰褐色。后翅褐色,缘毛灰褐色。前、中足黑褐色杂黄白色,各节末端黄白色;后足黄白色,跗节黄褐色,各节末端黄白色。

雄性外生殖器(图版 48-202):爪形突略呈沙漏状,3/5 处最窄。颚形突长钩状,于 1/3 处弯折。背兜三角形,末端尖。抱器瓣不对称:左抱器瓣基部宽阔,渐窄至 1/4 处,1/4 处至中部均匀等宽;端半部分为 2 叶:背叶骨化弱,呈棒状,渐窄至末端,腹叶骨化,细指状,略短于背叶长的 1/2;抱器背基突短指状,长约为抱器瓣的 1/5。右抱器瓣基部 3/5 宽,腹缘拱形;端半部分为 2 叶:背叶骨化弱,宽阔,近长方形,末端钝圆,密具刚毛;腹叶短于背叶,骨化强,渐窄至末端,末端尖,腹缘近端部 1/3 处呈角状突出,其上被稀疏刚毛;抱器背基突细,长钩状,末端尖,约与颚形突等长。基腹弧窄带状。阳茎基部粗,渐细至中部,端半部均匀等粗,略弯曲。

雌性外生殖器(图版 95-202):前表皮突长约为后表皮突的 2/5。第 8 背板近窄长方形,后缘两侧略突出。交配孔圆形。囊导管长约为交配囊的 2 倍。交配囊近椭圆形;近中部具 1 圈强骨化刺突,其基部膨大。

分布:浙江(天目山)、黑龙江、天津、甘肃、河南、山西、陕西、安徽、贵州、云南;朝鲜,俄罗斯。

喙麦蛾亚科 Anomologinae

头部光滑,鳞片紧贴。单眼小或无。触角柄节无栉,少数具硬鬃。喙发达。下唇须第 2 节等长于或长于第 3 节。前翅多狭长。后翅外缘内凹明显。

灯麦蛾属 *Argolamprotes* Benander,1945

Argolamprotes Benander,1945. Type species:*Tinea micella* Schiffermüller,1775.

头部光滑,鳞片紧贴。单眼缺失。下唇须第 3 节略短于第 2 节。触角柄节长。前翅狭长,Sc 脉达前缘中部,R_4 和 R_5 脉长共柄。后翅前后缘近平行。雄性外生殖器:爪形突膜质,颚形突缺失,抱器腹发达;阳茎粗壮。雌性外生殖器:交配囊具囊突。

该属中国已知 1 种,本书记述 1 种。

15.37 悬钩子灯麦蛾 *Argolamprotes micella*(Denis et Schiffermüller,1775)(图版 12-203)

Tinea micella Denis et Schiffermüller,1775,*Anhundung Syst. Werkes Schmett. Wienergegend*:140.
Argolamprotes micella:Benander,1945,*Ent. Tidskr.*,**66**:128.

翅展 10.0~14.0mm。头部黑褐色至黑色,额银灰色。下唇须光滑,第 2 节长于第 3 节,黄褐色;第 3 节黑色,末端尖,白色。触角黑褐色,鞭节间有黄白色细环纹。胸部深灰褐色,翅基片黑褐色,均有金属光泽。前翅黑褐色,具金属光泽,有大量银白色斑点和鳞片,犹如漆黑夜空布满的繁星;银白色短横带自前缘近基部处外斜至翅褶 1/3 处,有时有间断;前缘端部 1/3 处有 1 大银斑,延伸至中室上角;中室 1/3、1/2、2/3 处及末端各有银白色斑点或鳞片;翅褶近 1/3 处、2/3 处及末端各有 1 银白色斑;沿前缘翅端及外缘有若干大小不等的银白色斑点;缘毛灰褐色。后翅及缘毛深褐色。前、中足黑色,后足深褐色,内侧黄褐色,跗节各节末端白色。

雄性外生殖器(图版 48-203):爪形突细小,指状,膜质,具短刚毛。颚形突退化。抱器瓣镰刀形,向腹面弯曲,末端有尖突,内面密被刚毛。背兜宽三角形,前缘中部凹入。抱器腹宽叶状,宽于且短于抱器瓣,端半部与抱器瓣分离,末端钝。囊形突近三角形,末端钝尖。阳茎长于抱器瓣,基部 3/4 粗直,端部 1/4 渐细,端膜具疣突。

雌性外生殖器(图版 95-203):产卵瓣近长方形。前表皮突长约为后表皮突的 4/5,二者末端均有膨大。第 8 腹节短,近长方形,宽大于长,前、后缘平直。导管端片膜质。囊导管膜质,长约为后表皮突的 1.2 倍,约 1/3 处有 1 骨片。交配囊长椭圆形,具刺齿突。囊突半圆形,弱骨化;两侧角各有 1 强骨化刺状突起,基部膨大,端部尖细。

寄主:蔷薇科 Rosaceae:欧洲木莓 *Rubus caesius* Linn.,覆盆子 *R. idaeus* Linn.。

分布:浙江(天目山)、吉林、安徽、贵州、陕西、甘肃;朝鲜,日本,俄罗斯。

苔麦蛾属 *Bryotropha* Heinemann，1870

Bryotropha Heinemann, 1870. Type species: *Tinea terrela* Denis et Schiffermüller, 1775.

头部光滑,具紧贴鳞片。单眼存在。下唇须细长。前翅通常浅褐色或褐色,少数黄白色,翅褶及中室处常具小黑斑;R_4 和 R_5 脉长共柄。后翅 M_2 与 M_3 脉接近。雄性外生殖器:爪形突宽大;颚形突钩状,粗细及弯曲程度差异较大;抱器瓣细长,弱骨化;抱器腹具 1 钩状突起;囊形突发达,细长;阳茎基部膨大,端部呈带状,末端卷曲。雌性外生殖器:囊突长方形或椭圆形,具横脊或刺突。

该属中国已知 8 种,本书记述 2 种。

15.38　寿苔麦蛾 *Bryotropha senectella*（Zeller，1839）(图版 12-204)

Gelechia senectella Zeller, 1839, *Isis von Oken*, **1839**(3): 199.

Bryotropha senectella (Zeller): Heinemann, 1870, *Schmett. Deutschl.*, **2**(1): 238.

翅展 9.0～13.0mm。头褐色,额灰白色。下唇须黄白色,散布浅褐色及褐色鳞片;第 2 节外侧密布黑褐色鳞片;第 3 节细,长于第 2 节。触角柄节褐色,基部栉鬃黑褐色;鞭节黄褐色,具黑褐色环纹。胸部具灰褐色鳞片;翅基片基半部褐色,端半部黄褐色。前翅浅灰褐色,前缘基部黑色;中室斑和中室端斑黑褐色;褶斑黑褐色;缘毛灰色。后翅及缘毛灰白色。前、中足深褐色,跗节有白环。后足浅褐色,胫节密被长鳞毛。腹部褐色,末端灰色。

雄性外生殖器(图版 48-204):爪形突长方形,后缘侧角圆钝;近中部两侧凹入,具稀疏长刚毛。颚形突钩状,基部 1/3 处弯曲,其弯曲角度小于 90°,且于此处增粗,后至端部渐细。背兜基部 1/3 处两侧各具 1 枚具毛指状突。抱器瓣直,窄长,具刚毛,末端钝圆。抱器背基突短小,具毛。抱器腹镰刀状,末端尖细。基腹弧外缘具刚毛,于 1/2 处突出。囊形突窄长,长于抱器瓣。阳茎细长,基部呈球状膨大,端部 1/3 带状,且于带状结构的端部 1/3 处弯曲。

雌性外生殖器(图版 95-204):产卵瓣近方形,后缘圆钝。前表皮突长约为后表皮突的 1/3,二者末端均有膨大。第 8 腹节后缘骨化相对较强;后阴片近三角形,末端钝圆;腹侧中部具舌状突起。导管端片基部窄,前端渐增宽。囊导管膜质,约与交配囊等长。交配囊椭圆形;囊突长方形,侧角各有 1 强骨化刺状突。

寄主:真藓科 Bryaceae:真藓属 *Bryum* sp.;青藓科 Brachytheciaceae:同蒴藓 *Homalothecium lutescens* (Hedw.)。

分布:浙江(天目山)、青海;欧洲。

15.39 仿苔麦蛾 *Bryotropha similis*（Stainton，1854）（图版 12-205）

Gelechia similis Stainton，1854，*Ins. Brit. Tin*：115.

Bryotropha similis：Meyrick，1895，*Handb. Br. Lep*：589.

翅展 10.0～14.0mm。头部黄褐色。下唇须内侧灰白色，外侧灰褐色，第 3 节末端黑褐色；第 2 节细，长于第 3 节。触角黄褐色杂黑褐色或褐色鳞片，柄节基部栉鬃黑褐色，鞭节具黑褐色环纹。胸部及翅基片褐色至深褐色。前翅深褐色，或黄褐色至深褐色散布褐色鳞片，前缘基半部密布黑褐色鳞片，中室斑和中室端斑黑褐色；翅褶近基部和中部各具 1 黑褐色斑；3/4 处自前缘至后缘臀角处有 1 中部外弯的黄褐色横带，呈 V 形；缘毛深灰色，基部混有黑褐色鳞片。后翅及缘毛灰色，或缘毛灰褐色至灰白色。前、中足深褐色，跗节各节末端白色；后足褐色，胫节密被长鳞毛，跗节有灰白色环纹。腹部褐色，末端灰色。

雄性外生殖器（图版 48-205）：爪形突近长方形，后缘中部平直或略凹，侧角圆钝，略突出；两侧中部内凹，稍前突出。颚形突强钩状，基部 1/4 处弯曲，弯曲角度小于 90°，之后增粗，后至端部渐细。背兜基部 1/3 处具 2 枚具毛指状突。抱器瓣直，窄长，平行至近末端，弱骨化，具刚毛，末端钝圆。抱器腹镰刀状，中部增粗，端部 1/3 处弯，端部 1/3 尖细；长约为抱器瓣的 2/3。基腹弧外缘具刚毛，1/3 处突出。囊形突基半部宽，端半部狭长，末端钝圆。阳茎细长，基部呈球状膨大，中部弯曲，端部带状卷折。

雌性外生殖器（图版 95-205）：产卵瓣近长方形。前表皮突长约为后表皮突的 1/3，二者末端均膨大。第 8 背板后缘中部突出；腹板后缘具刚毛，中部凹入。交配孔缝隙状，周围骨化向后突出。前阴片发达，向后拱形突出。导管端片基部 2/3 宽，端部窄。囊导管长约为交配囊的 2.5 倍，近中部具 1 骨化环。交配囊椭圆形；囊突长方形；侧角各有 1 强骨化刺状突，左上角刺突粗壮，右上角刺突下方另具 1 枚小刺突，前缘及腹面有若干短刺。

寄主：真藓科 Bryaceae：真藓属 *Bryum* sp.。

分布：浙江（天目山）、吉林、陕西、甘肃、新疆；日本，北美，欧洲。

彩麦蛾属 *Chrysoesthia* Hübner，[1825]

Chrysoesthia Hübner，[1825]. Type species：*Tinea zinckenella* Hübner，1813.

体型较小。下唇须平伸。前翅色彩鲜艳，具金属光泽。雄性外生殖器：抱器瓣形状多样；爪形突增宽或延长；颚形突刺状或退化；囊形突短小；阳茎粗短。雌性外生殖器：前、后表皮突均粗短；交配囊囊突缺失。

该属中国已知 2 种，本书记述 1 种。

15.40 六斑彩麦蛾 *Chrysoesthia sexguttella*（Thunberg，1794）（图版 12-206）

Tinea sexguttella Thunberg，1794，*Diss. Ent. Sist. Insecta Svecica*.：88.

Chrysoesthia sexguttella：Piskunov，1981，Gelechiidae，*In*：Medvedev（ed.），*Keys to the Insects of the European Part of the USSR*，**4**(2)：663，721.

翅展 8.0～9.0mm。头部鳞片紧贴，光滑，灰褐色，具金属光泽。下唇须前伸，略上弯；第 2 节外侧黑色，散生白色鳞片，内侧白色，散生黑色鳞片；第 3 节黑色，中部及末端白色。触角黑色与褐色相间。胸部、翅基片及前翅黑色。前翅前缘 4/5 处有灰白色鳞毛，翅面有 3 个淡赭黄色大斑：第 1 个位于前翅 1/5 处，自前缘至后缘形似宽横带；第 2 个位于后缘中部（翅褶末端）；第 3 个位于中室端部；缘毛浅灰色。后翅灰褐色，缘毛灰色。足黑色，混有白色鳞片，后足胫节具灰白色长鳞毛；各跗节末端有白色环纹。腹部黑色。

雄性外生殖器(图版 48-206):爪形突发达,近中部缢缩,末端呈三角形突出。颚形突退化。背兜前缘具鳞状斑。抱器瓣宽大,末端钝圆。背兜后缘具 1 对大型突起,其后缘密被刷状刺毛,刺毛下方各有若干个钉突。囊形突窄短。阳茎近梭状。

雌性外生殖器(图版 95-206):前表皮突粗短,长约为后表皮突的 1/2。第 8 腹板前缘中部呈拱形突出。囊导管长约为交配囊的 3 倍。交配囊形状不规则,无囊突。

寄主:苋科 Amaranthaceae:苋 *Amaranthus* sp. ;藜科 Chenopodiaceae:滨藜 *Atriplex* sp.,藜 *Chenopolium* sp. 。

分布:浙江(天目山)、陕西、新疆;朝鲜,日本,欧洲,北美。

尖翅麦蛾属 *Metzneria* Zeller,1839

Metzneria Zeller, 1839. Type species:*Gelechia paucipunctella* Zeller, 1839.

头部鳞片紧贴。单眼存在,较小。喙发达。下唇须较长,或多或少增粗,背面具粗糙鳞片;第 3 节短于第 2 节。触角长约为前翅的 4/5,雄性鞭节略呈锯齿状。前翅 R_1 脉出自中室前缘中部,R_4 和 R_5 脉共柄且与 M_1 脉分离,CuA_2 脉远离中室下角。后翅长梯形,顶角尖,Rs 与 M_1 脉近平行,M_1 与 M_2 脉接近,M_3 与 CuA_1 脉分离。雄性外生殖器:爪形突膜质;颚形突缺失;抱器瓣末端尖;抱器腹宽短;阳茎粗壮。雌性外生殖器:前、后表皮突粗壮,近等长;交配囊无囊突。

该属中国已知 6 种,本书记述 1 种。

15. 41　黄尖翅麦蛾 *Metzneria inflammatella* (Christoph,1882)(图版 12-207)

Parasia inflammatella Christoph, 1882, *Bull. Soc. Imp. Nat. Moscou*, **57**(1):26.

Metzneria inflammatella:Caradja, 1920, *Deut. Entomol. Zeit. Iris*, **34**:95.

翅展 21.0~28.0mm。头灰白色,有赭色鳞片。下唇须赭褐色,第 2 节很长,为复眼直径的 4 倍以上,背面密布淡赭色短鳞毛;第 3 节长不到第 2 节的 1/2,末端白色。触角灰白色和褐色相间。胸部灰白色,混有赭色鳞片;翅基片赭黄色,内侧边缘灰白色。前翅狭长,端部 2/5 渐窄,顶角尖;底色灰白,沿主要翅脉赭色或深褐色,前缘褐色,在 1/4 处和 2/3 处有间断;中室端部 2/5 具 1 枚褐色大斑,延伸到臀角;顶角及外缘深褐色;缘毛灰白色。后翅褐色至深褐色,缘毛灰色至深灰色。足褐色,后足胫节背面被灰白色长鳞毛。腹部灰褐色,末节灰白色。

雄性外生殖器(图版 48-207):爪形突基部近宽长方形,端部近圆柱状,弱骨化。背兜宽短。基腹弧强骨化,囊形突短小。抱器瓣基半部窄,中部宽且至末端渐窄,具密刚毛,末端尖。抱器背长约为抱器瓣的 1/3,近半圆形。阳茎粗壮,末端一侧具宽突起;角状器 2 枚,刺状,粗细及长短不等。

雌性外生殖器(图版 95-207):产卵瓣窄长,前、后表皮突粗壮,近等长,末端膨大。第 8 腹节宽短。囊导管长约为交配囊的 3 倍。交配囊形状不规则,无囊突。导管端片强骨化,漏斗状。囊导管至交配囊处渐宽。

分布:浙江(天目山)、吉林、黑龙江、上海、河南、四川、云南;朝鲜,日本,俄罗斯。

齿茎麦蛾属 *Xystophora* Wocke,[1876]

Xystophora Wocke, [1876]. Type species:*Anacampsis pulveratella* Herrich-Schäffer, 1854.

头部鳞片紧贴。单眼存在。下唇须第 2、3 节近等长。前翅 R_4 和 R_5 脉共柄,M_2 在基部与 M_3 脉接近,CuA_1 与 M_3 脉平行,CuA_2 脉出自中室下缘 2/3 处。后翅各脉独立。雄性外生殖器:爪形突近方形或半圆形,后缘具硬刺;颚形突钩状,强烈骨化;抱器腹宽阔,少数腹缘具齿突;阳茎粗壮,或多或少具齿,具多枚角状器。雌性外生殖器:前表皮突粗壮,后表皮突细长;囊突通常无。

该属中国已知 7 种,本书记述 1 种。

15.42 小腹齿茎麦蛾 *Xystophora parvisaccula* Li et Zheng, 1998(图版 12-208)

Xystophora parvisaccula Li et Zheng, 1998, *Entomol. Sin.*, **5**(2):109.

翅展 14.0mm。头部黄白色,触角黑褐色。下唇须黄白色;第 2 节长于第 3 节,外侧基部 2/3 密布黑褐色鳞片。触角柄节黄褐色密杂黑褐色;鞭节灰白色与黑褐色相间。胸部及翅基片灰白色;翅基片基部褐色。前翅浅褐色,有丝绢光泽;散布褐色鳞片,前缘、翅端及外缘处较多;中室中部、末端及翅褶 3/5 处各有 1 黑色斑点,中室末端处斑点较大;缘毛灰褐色。后翅及缘毛灰褐色。前、中足黑褐色散布黄褐色鳞片,跗节各节末端黄白色;后足黄白色,跗节末端黑色,各节末端黄白色,胫节密被长鳞毛。

雄性外生殖器(图版 49-208):爪形突末端近圆形,后缘被刚毛,中部略凸;腹侧中部有 1 枚刺突。颚形突钩状,于 2/5 处强烈弯曲,末端尖。背兜宽,基部略窄。抱器瓣狭长,基半部宽,端半部窄;端部 1/3 扩大成卵圆形,具刚毛。抱器背基突粗指状,末端尖。抱器腹窄,内面具稀疏刚毛;腹缘具若干强齿。囊形突窄三角形,前缘平直。阳茎柱状,基部至端部渐窄;有 4 枚长短不等的角状器,其中 3 枚较短,最长 1 枚约为阳茎的 2/3 长。

分布:浙江(天目山)、上海。

拟麦蛾亚科 Apatetrinae

头部鳞片紧贴。下唇须长,后弯。触角柄节具栉。雄性外生殖器:颚形突多为钩状;抱器瓣多狭长。雌性外生殖器:囊突 1 对。

铃麦蛾属 *Pectinophora* Busck, 1917

Pectinophora Busck, 1917. Type species: *Depressaria gossypiella* Saunders, 1844.

头部鳞片紧贴。下唇须较长,后弯;第 2 节腹面具粗糙鳞片,形成凹沟;第 3 节长于或等长于第 2 节。触角柄节具栉。前翅 R_1 脉出自中室外缘,CuA_2 脉出自中室下角。后翅近梯形,Rs 与 M_1 脉基部接近,M_2 与 M_3 脉接近,M_3 与 CuA_1 脉合并。雄性外生殖器:爪形突狭长;颚形突带状;抱器瓣内面具强刺;阳茎粗短。雌性外生殖器:交配囊囊突 1 对。

本书记述 1 种。

15.43 红铃麦蛾 *Pectinophora gossypiella* (Saunders, 1844)(图版 12-209)

Depressaria gossypiella Saunders, 1844, *Tran. Entomol. Soc. Lond.*, **3**:284.

Pectinophora gossypiella: Busck, 1917, *Jour. Agric. Res.*, **9**(10):346.

翅展 13.0~18.0mm。头浅褐色。下唇须灰白色,第 2 节外侧及端部 1/3 褐色;第 3 节基部 1/3 及 2/3 处褐色。触角褐色,柄节具栉,深褐色。胸部和翅基片灰褐色,散布深褐色鳞片。前翅褐色,散布灰色鳞片;前缘 3/4 处深褐色,中室基部及中部各具 1 深褐色斑,臀区深褐色;缘毛灰褐色。后翅灰色,缘毛浅灰色。前足黑褐色,胫节末端灰白色;中、后足深褐色。

雄性外生殖器(图版 49-209):爪形突长三角形,端部两侧密具刚毛。颚形突基部宽,至末端渐窄。抱器瓣基半部窄,近等宽,中部至末端渐宽,末端平直;内侧具密刺。基腹弧窄带状。囊形突不明显。阳茎短小,基部膨大,末端有 1 钩状突起;角状器细针状,长于阳茎总长的 1/2。

雌性外生殖器(图版 96-209):前表皮突相对粗壮,长约为后表皮突的 1/3;后表皮突末端膨大。交配孔强骨化,形状不规则。囊导管约与交配囊等长。交配囊椭圆形;囊突 2 枚,弯钩状,内侧缘具细齿,末端尖。

寄主:锦葵科 Malvaceae:棉花 *Gossypium* spp.。

分布:浙江(天目山)、北京、天津、河北、内蒙古、辽宁、吉林、黑龙江、上海、江苏、安徽、福建、江西、山东、河南、湖北、湖南、广东、广西、海南、四川、贵州、云南、西藏、陕西、甘肃、台湾、香港、澳门;世界各地。

禾麦蛾属 *Sitotroga* Heinemann, 1870

Sitotroga Heinemann, 1870. Type species: *Alucita cerealella* Olivier, 1789.

头部光滑。单眼存在。下唇须长,第 2 节腹面具粗糙鳞片,第 3 节长于第 2 节,尖细。触角简单,柄节具栉。前翅狭长,R_1 脉出自中室中部,R_{4+5} 与 M_1 脉共柄,CuA_1 脉与 CuA_2 脉平行。后翅长梯形,顶角突出明显,Rs 与 M_1 脉共柄,M_2、M_1 和 CuA_1 脉近平行。雄性外生殖器:爪形突宽阔;颚形突钩状,强骨化;抱器瓣基部宽大,末端尖钩状;基腹弧带状;阳茎细长,基部略膨大,无角状器。雌性外生殖器:具 1 对片状囊突。

该属中国已知 2 种,本书记述 1 种。

15.44　麦蛾 *Sitotroga cerealella*(Olivier, 1789)(图版 12-210)

Alucita cerealella Olivier, 1789, *Encycl. Méth. Hist. Nat.* **4**. Insectes: 121.

Sitotroga cerealella: Heinemann, 1870, *Schmett. Deutschl.*, **2**(1): 287.

翅展 10.0~13.0mm。头黄白色至赭黄色。下唇须白色;第 2 节基半部外侧褐色,约与第 3 节等长,端部腹侧具粗糙鳞毛簇;第 3 节 3/4 处黑色,末端尖。触角柄节背侧深褐色,腹侧灰白色或黄褐色,前缘具若干黑褐色栉;鞭节灰白色,有黑褐色鳞片或环纹。胸部赭黄色。翅基片黄褐色,基部黑色。前翅浅黄褐色散布褐色鳞片,窄长;前缘略带褐色,中部略内凹;翅褶中部及末端、中室外侧及翅顶有黑色斑纹,或以上斑纹缺失;缘毛黄色至灰色,基部杂少量黑色鳞片。后翅深褐色,缘毛灰褐色。前足黑褐色,跗节各节末端白色;中、后足灰黄色至灰褐色,密布黑褐色鳞片,后足胫节被长鳞毛。腹部黄褐色,节间褐色。

雄性外生殖器(图版 49-210):爪形突基部 1/4 渐窄,后至端部渐宽,后缘中部凹入,具刚毛。颚形突粗钩状,于基部 1/5 处强烈弯曲,末端尖细。抱器瓣宽大,近长方形,内面具细刚毛,末端有一强骨化细长尖突,向腹侧弯曲。抱器腹呈弧形略凸出。基腹弧窄带状。阳茎基环膜质。阳茎基半部宽,端半部渐窄;射精管较长。

雌性外生殖器(图版 96-210):第 8 腹节窄长方形。后表皮突长约为前表皮突的 2 倍,二者末端均略膨大。交配孔圆形。囊导管细长,约为交配囊的 3 倍。交配囊近圆形,具 1 对长片状囊突。

分布:浙江(天目山);世界各地。

纹麦蛾亚科 Thiotrichinae

头部鳞片紧贴。下唇须长,后弯。触角柄节无栉,雄性触角有纤毛。翅狭长;前翅常有纵线纹,端部有明显的斑纹,末端常回折。雄性外生殖器:颚形突钩状,抱器瓣狭长,阳茎端环叶(anellus lobe)发达。雌性外生殖器:囊突多为 1 枚,少数多枚或无。

纹麦蛾属 *Thiotricha* Meyrick，1886

Thiotricha Meyrick，1886. Type species：*Thiotricha thorybodes* Meyrick，1886.

头部平滑。单眼无。喙发达。下唇须长，后弯或平伸，雄性有时背面有长鳞毛；第 3 节与第 2 节等长或更长。末端尖。触角简单，柄节延长。无栉；雄性鞭节呈齿状，常具长纤毛。前翅狭长，外缘斜，顶角尖或钝，或呈弯钩状；R_1 脉出自中室中部，R_3 脉接近或出自 R_4 脉，R_4 和 M_1 脉共柄或分离，缺 R_5 脉，CuA_1 脉出自中室下角，1A+2A 脉具基叉。后翅长梯形，顶角尖，外缘凹入，Rs 和 M_1 脉共柄，M_3 与 CuA_1 脉合生。雄性外生殖器：第 8 腹板发达，端部常分叉；爪形突宽；颚形突长钩状；背兜短于抱器瓣；抱器瓣窄，通常对称，少数不对称；阳茎端环叶发达；阳茎细长，基部通常膨大。雌性外生殖器：囊突通常发达。

该属是纹麦蛾亚科中最大的属，已记录 100 多种。中国已知 15 种，本书记述 3 种。

分种检索表

15.45 杨梅纹麦蛾 *Thiotricha pancratiastis* Meyrick，1921(图版 12-211)

Thiotricha pancratiastis Meyrick，1921，*Exot. Microlep.*，**2**：426.

Polyhymno pancratiastis：Kanazawa & Heppner，1992，Gelechiidae，*In*：Heppner & Inoue (eds.)，

　　Lepidoptera of Taiwan，**1**(2)：70.

翅展 10.0~12.0mm。头部灰白色至灰色。下唇须银白色；雄性第 1 节外侧和第 3 节腹面黑色，第 1 节略长于第 2 节，第 2 节背面具长鳞毛，第 3 节长约为第 2 节的 3 倍；雌性第 1 节短，第 2 节加粗，外侧基半部深褐色，第 3 节较雄性的细，长约为第 2 节的 1.5 倍，末端尖。触角柄节背面黑色，中部有 1 条白色纵条纹，腹面白色；鞭节黑色，背面基部 3/5 中部有 1 条白色条纹，雄性腹面密被长为触角直径 1~2 倍的纤毛，雌性腹面密被极短的纤毛。胸部黑色，两侧具白色条纹。翅基片黑色纵向条纹和白色条纹相间。前翅底色深褐色至黑色，端部 1/6 褐色；前缘中部及 3/4 处各具 1 条外斜白色条纹：第 1 条伸达 R_1 脉中部，第 2 条伸达中室上角，其后半部银灰色，前缘端部 1/6 具 3 条内斜白色短横纹；顶角呈钩状下垂，具 1 枚黑斑，沿其内缘具银灰色鳞片；基部 1/3 具 4~5 条白色纵纹，中部偏外具 1 条白色短纵纹，位于第 1 条白色前缘纹下方；后缘基部 1/3 处伸出 1 条不规则白带，其基部宽阔，渐窄至翅褶，自翅褶平伸至中室上角，后缘 2/3 处上方具 1 条白色条纹，与 1/3 处白带平行达中室外缘，自其基部下方伸出 1 条短细纹，不达后缘，另有 1 条白色短纹与其平行，伸达后缘；臀角处具 1 条内斜白色短纹，与第 2 条白色前缘纹后端相连；缘毛灰白色，沿外缘黑色。后翅灰褐色，顶角黑色；缘毛灰褐色，顶角周围的缘毛端部为黑色。

　　雄性外生殖器(图版 49-211)：爪形突自基部渐宽至末端，末端圆，前缘凹，两侧具稀疏的毛。颚形突基部 1/3 处强烈弯曲，长钩状，末端尖。抱器瓣基部 1/3 窄，端部 2/3 渐宽且密被长毛，末端圆。阳茎端环叶长卵形，短于抱器瓣的 1/3，末端具 1 根刺状刚毛。阳茎基叶亚三角形，端部被毛。囊形突舌状。阳茎略弯曲，中部 1/3 骨化；末端圆，具 1 个椭圆形骨片。

　　雌性外生殖器(图版 96-211)：前表皮突略长于后表皮突的 1/2。第 8 背板后缘中部深切。

交配孔 U 形。导管端片宽大,后缘呈 U 形凹入,两侧向后渐细。囊导管长于交配囊,自中部向端部渐宽,在导管端片与导精管之间具环形骨片;导精管自囊导管基部约 1/4 处伸出。交配囊椭圆形;囊突位于交配囊中部,圆形,密被瘤突。

分布:浙江(天目山)、福建、江西、湖北、广东、广西、贵州、四川、重庆、云南、台湾;日本,印度。

15.46 隐纹麦蛾 *Thiotricha celata* Omelko, 1993(图版 12-212)

Thiotricha celata Omelko, 1993, *In*: Moskalyuk (ed.), *Biological Studies in Natural and Cultivated Ecosystems of the Primorye District*: 208.

Polyhymno celata: Park & Ponomarenko, 2006, *SHILAP Revta. Lepid.*, **34**(135): 276.

翅展 11.0~15.0mm。头部银白色。下唇须银白色,雄性第 1 节与第 2 节等长,外侧深褐色,第 2 节背面具长鳞毛,第 3 节长约为第 1 节的 2 倍,背面基部被长鳞毛,腹面深褐色;雌性第 1 节极短,第 2 节加粗,外侧散布深褐色鳞片,第 3 节较雄性的细,与第 2 节等长,腹面深褐色,末端尖。触角银白色,柄节后缘褐色,鞭节端部 1/3 深褐色。胸部黄白色,中部具 2 条深褐色纵纹;翅基片黄白色,两侧深褐色。前翅底色银白色至黄白色;前缘基部 4/5 具 1 条褐色宽纵带,其后缘达中室上缘,自纵带基部 1/4 处至近末端具 1 条白色细线,渐下斜至前缘下方;端部 1/5 处伸出 1 条白色外斜短线,端部 1/5 具 3 条内斜的黄白色间深褐色短横纹,依次延长,顶角呈钩状下垂,具 1 枚黑斑,沿其内缘具灰色鳞片;后缘自近基部上方至翅褶中部具 1 条褐色斜带,自近中部上方至中室末端具 1 条渐窄的褐带,端部 1/5 处具 1 枚较大的不规则褐斑;臀角处具 1 枚内斜白色短纹;缘毛灰色,沿外缘黄白色,近其末端深灰色,具金属光泽。后翅灰色,顶角黑色;缘毛灰色。

雄性外生殖器(图版 49-212):爪形突阔舌状,前缘凹,后缘圆,端部密被粗刚毛,两侧具稀疏的毛。颚形突长钩状,端部急窄,末端尖。抱器瓣基部窄,渐加宽至末端,末端钝圆,端部 1/3 密被长毛。阳茎端环叶长约为抱器瓣的 1/5,柱状,末端圆,被稀疏的毛,窄于或近等宽于抱器瓣基部。阳茎基叶窄三角形,端部渐窄,具毛。囊形突三角形,末端略尖。阳茎基部 1/3 近球形膨大,端部渐窄,中部骨化,端部 1/3 近角状折叠。

雌性外生殖器(图版 96-212):前表皮突长约为后表皮突的 3/5。交配孔近圆形。导管端片短;囊导管长约为交配囊的 1.5 倍,近导管端片具棒槌状骨片;导精管自囊导管基部约 1/7 处伸出。交配囊近椭圆形;囊突卵形,由数枚小型瘤突组成,位于交配囊后端。

分布:浙江(天目山)、河北、山西、内蒙古、辽宁、吉林、黑龙江、河南、四川、贵州、陕西、甘肃;朝鲜,日本,俄罗斯。

15.47 斑纹麦蛾 *Thiotricha tylephora* Meyrick, 1935(图版 12-213)

Thiotricha tylephora Meyrick, 1935, Gelechiadae, *In*: Caradja & Meyrick, *Mater. Microlepid. Fauna Chin. Prov. Kiangsu, Chekiang und Hunan*: 68.

Polyhymno tylephora: Park & Ponomarenko, 2006, *SHILAP Revta. Lepid.*, **34**(135): 277.

翅展 14.0~18.0mm。头银白色。下唇须雄性第 1 节长约为第 2 节的 1/2,雌性第 1 节极短,第 2 节加粗,雄性背面具长鳞毛,第 3 节长约为前两节之和;银白色,第 1、2 节外侧散布深褐色鳞片,第 3 节末端黑色。触角银白色,柄节背面散布黑色鳞片,鞭节端半部褐色;雄性鞭节腹面密被长为触角直径 1~2 倍的纤毛。胸部和翅基片黄白色,常密被黑色鳞片。前翅底色黄白色,近末端褐色;有的基部 1/3 散布深褐色鳞片,端部 2/3 密被深褐色鳞片,前缘中部与 4/5 之间具不规则黑褐色斑,有的具深褐色带自基部伸向端部 1/5 处,端部具 2 或 3 个平行黑斑被白色或黄褐色鳞片隔开;翅褶中部至端部 1/4 区域上下具 2~4 枚黑斑,翅端部约 1/5 至 1/3

区域上下有 4 或 5 道深褐色条纹于顶角处汇合,近顶角处具 1 明显的黑斑,沿其内缘具灰色鳞片,顶角呈钩状下垂;雌性后缘基部 1/3 处有具 1 枚近长方形褐色斑,雄性翅褶基半部下方与近后缘之间具 2 条平行的深褐色纵纹(有的标本缺失);缘毛灰色,沿外缘深灰色,近其基部黄色。后翅灰色;缘毛灰色,顶角处缘毛末端深灰色。

雄性外生殖器(图版 49-213):爪形突近长方形,前缘稍凹,后缘钝圆,两侧具稀疏的毛。颚形突长钩状,末端尖。抱器瓣基部 2/3 窄,近等宽,中部近腹缘具一列刚毛,端部 1/3 渐宽,密被长毛,末端钝圆。阳茎端环叶圆形膨大,顶生 1 粗刺。阳茎基叶中部"V"形内凹。囊形突宽短,前缘中部圆形突出。阳茎略短于抱器瓣,基半部膨大,基部 1/4 背面及 1/4 至 2/4 区域骨化,中部腹面具 1 骨化凸起,端半部细管状。

雌性外生殖器(图版 96-213):前表皮突长约为后表皮突的 2/3。交配孔近圆形。囊导管与交配囊近等长,基半部一侧骨化,其余部分膜质。交配囊近椭圆形;囊突圆形,由数枚小型瘤突组成,向中部集中,位于交配囊后端。

分布:浙江(天目山)、天津、河南、湖北、湖南、四川、陕西;朝鲜,日本。

棕麦蛾亚科 Dichomeridinae

头部具紧贴鳞片。触角简单或具短纤毛。下唇须第 2 节背面或腹面常具鳞毛簇;第 3 节通常细长,直立,末端尖。腹部支持结构的末端在第 2 腹板前缘形成 1 对圆叶,圆叶间常有骨化带相连。前翅 R_4、R_5 及 CuA_1、CuA_2 脉通常共柄,M_1 脉游离;后翅宽于前翅,外缘内凹,Rs 和 M_1 脉常共柄,M_3 和 CuA_1 脉常共柄。雄性外生殖器:爪形突宽,末端多为圆形;颚形突发达,钩状;颚基突存在;抱器瓣末端通常扩大;背兜与基腹弧不直接相连,由具骨化叶或毛簇的附属结构相连;阳茎基环为发达的骨化叶,少数缺失;阳茎通常具骨化叶。雌性外生殖器:交配孔位于第 8 腹板或第 7、8 腹板之间;囊导管常具骨化程度不同的叶,常具平行的骨化脊;交配囊内表面常密布小刺突或部分骨化;导精管常出自囊导管或交配囊基部,基部常具强烈的骨化环;囊突有或无。

棕麦蛾属 *Dichomeris* Hübner, 1818

Dichomeris Hübner, 1818. Type species: *Dichomeris ligulella* Hübner, 1818.

头被紧贴鳞片,单眼有或无。下唇须长,第 2 节通常具发达的鳞毛簇,位于背面或腹面,少数无鳞毛簇或具粗糙鳞片;第 3 节上举过头顶,一般光滑,有时被粗糙鳞片。雄性中胸上前侧片有或无长毛簇。前翅 R_4、R_5 脉共柄,R_5 脉达前缘,M_2 脉靠近 M_3 脉,CuA_1、CuA_2 脉共柄,自中室后角下弯伸出,1A+2A 脉基部分叉,中室为闭室。后翅外缘内凹,Rs 和 M_1 脉共柄,M_3 和 CuA_1 脉常出自一点或共柄。雄性外生殖器:基腹弧发达,常具不同位置伸出的侧叶;阳茎基叶发达,形状各异;阳茎一般具发达的带上骨化叶。雌性外生殖器:囊导管常具不同程度的骨化叶伸至交配囊;交配囊内表面常具刺突或部分骨化;附囊发达。

该属昆虫为世界性分布,有 1000 多种,中国已知 100 多种,浙江已知 42 种,本书记述 25 种。

分种检索表

15.48 茂棕麦蛾 *Dichomeris moriutii* Ponomarenko et Ueda, 2004(图版 12-214)

Dichomeris moriutii Ponomarenko et Ueda, 2004, *Trans. Lipid. Soc. Japan*, **55**(3): 147.

翅展 10.5~16.0mm。头深褐色。下唇须第 2 节长约为复眼直径的 2 倍,短于第 3 节;第 1、2 节外侧黑褐色,内侧灰白色;第 3 节背面黄色,腹面黑褐色。触角柄节背面黑褐色,腹面黄白色;鞭节背面棕黄色和黑褐色相间,腹面赭黄色。胸部黑褐色,两侧棕黄色;翅基片棕黄色,基部黑褐色;中胸上前侧片具浅黄色长毛簇。前翅基部窄于端部,顶角尖,外缘斜直,近顶角处略凹入;底色棕黄色,散生黑褐色鳞片;前缘基部 3/4 具黑褐色短带;中室 1/3 处及翅褶 1/3 处具深褐色圆斑,中室 3/4 处具黑褐色斑点;中室上角具黑褐色大斑纹;褐色带自前缘 2/5 处至后缘中部,其两端较模糊,在中室上角大斑纹处外折;自顶角下方沿外缘至臀角前黑褐色,其内侧具黑褐色三角形大斑,该斑自内侧中部向前延伸近达前缘端部 1/5 处;前缘端部的缘毛棕黄色,外缘及后缘处的缘毛深褐色。后翅及缘毛深灰色。

雄性外生殖器(图版 49-214):爪形突小,近半圆形,前缘略呈拱形凹入。颚形突短小,2/5 处弯曲,末端尖;颚基突大,圆锥形。抱器瓣约与背兜—爪形突复合体等长,背缘端部 1/4 凹入,近平行;基叶短小,近指状,被稀疏刚毛,末端具长刚毛。基腹弧约与背兜—爪形突复合体等长,基部 1/3 被稀疏刚毛。囊形区宽,前缘凹入。阳茎基叶 2 叶,对称,强壮;基部合并 1/4 后呈 V 形分开,每叶长棒状;中部外侧略具小齿突;末端尖,长达爪形突或超过爪形突。阳茎基部细;带上骨化叶 4 根:左侧 2 根,外侧骨化叶短小,角状,长约为阳茎的 1/5,内侧骨化叶细长,末端尖,长约为阳茎的 3/5;右侧 2 根,细棒状,末端尖,外侧骨化叶长约为阳茎的 1/2,基部外侧有时具齿突,内侧骨化叶长约为阳茎的 2/3。

雌性外生殖器(图版 96-214):前表皮突长约为后表皮突的 1/3。第 8 背板后缘平直;第 8 腹板前缘中部具 2 条骨化带伸至导管端片前缘。导管端片近倒梯形,两侧具长方形骨化带伸至交配囊后端。囊导管短,中部具花状骨化区,自其中部和右侧分别伸出 1 条骨化带,中部的骨化带基部 2/3 近长三角形,端部 1/3 带状,伸至交配囊左侧 2/3 处,右侧的骨化带棒状,伸至交配囊 2/5 处;导精管自花状骨化区的背面伸出,基部具骨化环。交配囊近长方形,基部3/5左侧骨化,内表面前端 2/5 除左侧外被小针突;附囊自右侧近前端伸出。

分布:浙江(天目山)、甘肃、湖南、香港、广西、贵州;泰国。

15.49 米特棕麦蛾 *Dichomeris mitteri* Park, 1994(图版 12-215)

Dichomeris mitteri Park, 1994, *Ins. Koreana*, **11**: 17.

翅展 13.0~13.5mm。头黄褐色,额灰白色。单眼小。下唇须第 2 节长约为复眼直径的 2 倍,约与第 3 节等长,腹面具方形鳞毛簇;第 1、2 节外侧褐色,内侧黄白色;第 3 节灰白色,腹面褐色,端部 1/4 褐色。触角柄节背面褐色,腹面白色;鞭节灰褐色。胸部黄色,中部散布褐色鳞片;翅基片基半部褐色,端半部黄色;雄性中胸上前侧片无长毛簇。前翅窄,翅端渐窄,顶角尖,外缘钝斜;底色赭黄色;前缘基部 1/6 黑褐色,基部 1/6 处至 2/3 处有外斜的褐色短横线,端部 1/3 处至端部 1/6 处黑褐色,向下延伸成倒三角形短斑,端部 1/6 褐色;中室 3/4 处和末端及翅褶 3/4 处各有 1 个黑点;外缘具黑色宽横带;缘毛赭褐色。后翅及缘毛灰色。

雄性外生殖器(图版 49-215):爪形突前缘骨化,呈 V 形凹入,后缘圆,腹面中部具纵脊。颚形突很长,强烈弯曲;颚基突大,圆形。抱器瓣短于背兜—爪形突复合体,背缘略拱,末端圆;基叶短小,指状,具毛。毛基片长约为抱器瓣的 1/3。基腹弧狭窄,基部略扩大,短于背兜—爪形突复合体。囊形区中部裂开。阳茎基叶对称,细长,基部合并 1/7 长度后呈 V 形分开,腹面具隆线,末端几达颚形突基部。阳茎基部细,端部渐粗,带区略骨化,中部有疣突,无骨化叶。

雌性外生殖器(图版 96-215):前表皮突长长约为后表皮突的 2/5。导管端片宽短,略宽于第 8 腹节,骨化弱。囊导管长于前表皮突,长约为交配囊的 2/3,中部具 2 个强骨叶,分别沿两侧延伸进入交配囊近 1/3 处,左叶端部阔大,在 1 对肾形囊突周围分成骨片;导精管自囊导管背面中部伸出;附囊自近 2 个囊突中部伸出。

分布:浙江(天目山)、陕西;朝鲜,日本。

15.50 锈棕麦蛾 *Dichomeris ferruginosa* Meyrick,1913(图版 12-216)

Dichomeris ferruginosa Meyrick,1913,*Journ. Bombay Nat. Hist. Soc.*,**22**:173.

翅展 13.0~14.0mm。头顶褐色,额灰白色。无单眼。下唇须第 2 节长约为复眼直径的 2.5 倍,长于第 3 节;背面具鳞毛,腹面具三角形鳞毛簇;第 1、2 节外侧褐色,混有灰白色鳞片,内侧赭灰色;第 3 节灰褐色,腹面黑色,部分藏于第 2 节长毛中。触角柄节深褐色,鞭节黑褐相间。胸部和翅基片褐色,混有赭褐色鳞片;雄性中胸上前侧片具浅黄色长毛簇。前翅狭长,翅端渐窄,顶角尖,外缘斜;底色赭褐色,散生黑色鳞片,翅端黑色鳞片稠密;前缘 3/4 具若干黑色短横线;中室 2/3 处和末端以及翅褶 2/3 处各有 1 个黑点;沿外缘至臀角具黑褐色带;缘毛赭色。后翅灰褐色,缘毛灰色。

雄性外生殖器(图版 49-216):爪形突大,前缘骨化强,深凹,后缘圆,腹面中部具骨化纵脊。颚形突很长,中部弯曲,末端尖;颚基突圆锥形。抱器瓣短于背兜—爪形突复合体,基部窄,背缘自 1/4 至 4/5 处突出,端部 1/5 处凹入,末端圆;基叶短指状。基腹弧短于背兜—爪形突复合体。囊形区中部裂开。阳茎基叶细长,直,强烈骨化,合并至 1/2 处后略分开,腹面具隆线,末端超过颚基突。阳茎粗大,梭形,腹面多疣突,无明显骨化叶。

雌性外生殖器(图版 96-216):前表皮突长约为后表皮突的 1/2。第 8 腹节宽短,前、后缘平直;第 8 腹板前缘伸出 2 条细骨化带,其末端由一短小的骨片连接。导管端片近方形。囊导管窄,约与交配囊等长,基半部较端半部略窄,近中部具 1 骨化叶伸达交配囊近 1/3 处;导精管自右侧中部伸出。交配囊小,长椭圆形;囊突位于前端,由 2 个骨化板组成,密布小针突,左侧骨化板新月形,右侧骨化板椭圆形,两者前端相连;附囊自囊突的前端伸出。

寄主:豆科 Leguminosae:大田菁 *Sesbania grandiflora* Pers.。

分布:浙江(天目山)、台湾、贵州;日本,印度,印度尼西亚。

15.51 灰棕麦蛾 *Dichomeris acritopa* Meyrick,1935(图版 13-217)

Dichomeris acritopa Meyrick,1935,In:Caradja & Meyrick (eds.),*Mater. Microlepid. Fauna Chin. Prov. Kiangsu, Chekiang und Hunan*:72.

翅展 20.0~24.5mm。头灰褐色,触角后面杂暗黄色。有单眼。下唇须第 2 节长约为复眼直径的 2 倍,短于第 3 节,腹面鳞毛簇长三角形;第 1、2 节褐色,第 2 节末端灰白色,腹面鳞毛簇赭色;第 3 节灰白色。触角灰褐色。胸部和翅基片褐色;翅基片末端浅褐色;雄性中胸上前侧片具灰黄色长毛簇。前翅端部略宽,顶角尖,外缘斜直;底色浅褐色;前缘基部 1/7 黑褐色,其余部分暗黄色,具黑褐色短横线或黑褐色鳞片;缘毛暗黄色杂灰色。后翅及缘毛深灰色。

雄性外生殖器(图版 50-217):爪形突宽大,前缘圆形深凹。颚形突细长,中部弯曲,末端尖;颚基突圆形。抱器瓣长于背兜—爪形突复合体,背、腹缘近平行,背缘端部 1/4 明显凹入,末端圆;基叶短指状。基腹弧窄,短于背兜—爪形突复合体;无侧叶。阳茎基叶对称,细长,强烈骨化,基部 1/3 外侧具齿,端部略弯,末端尖,达颚基突。阳茎细长;带上骨化叶 2 根,其外侧中部具齿,末端远越过阳茎端膜,左侧骨化叶基部 1/4 处有 1 细长棒状突,右侧骨化叶基部 1/3 处有细指状突;内叶强壮,几乎直。

雌性外生殖器(图版 96-217):前表皮突长约为后表皮突的 1/4。第 8 背板后缘突出。导管端片宽短,宽于第 8 腹节,前端渐窄。囊导管骨化,自基部伸出 2 条骨化叶:左侧骨化叶短,长三角形,伸至交配囊后端 1/3 处,右侧骨化叶长带状,伸至交配囊近前缘。交配囊大,长椭圆形,前端内面具刺,无囊突;导精管出自交配囊前端,基部具骨化环,储精囊长,内面密布刺突,2/3 处略窄,端部 1/3 近圆形;附囊自交配囊前端 1/5 处伸出。

分布:浙江(天目山)、山西、陕西、云南。

鉴别:灰棕麦蛾与白桦棕麦蛾 D. ustalella (Fabricius)前翅均无明显斑纹。本种可通过以下特征与后者区别:前翅浅褐色;雄性抱器瓣背缘端部 1/4 凹入,基腹弧无侧叶,阳茎基叶末端尖,但不呈钩状,达颚基突;雌性无囊突。白桦棕麦蛾前翅赭褐色;雄性抱器瓣背缘无凹缺,基腹弧 1/3 处具短的棒状侧叶,阳茎基叶末端近钩状,达抱器瓣基部;雌性囊突由 1 对大的椭圆形骨片组成。

15.52 山楂棕麦蛾 *Dichomeris derasella* (**Denis *et* Schiffermüller, 1775**)(图版 13-218)

Tinea derasella Denis *et* Schiffermüller, 1775, *Ankündung Syst. Werkes Schmett. Wienergegend*:140.

Dichomeris derasella:Koçak, 1984, *Priamus*, 3(4):149.

翅展 20.0~22.0mm。头灰黄色,具紧贴鳞片。有单眼。下唇须第 2 节长约为复眼直径的 2 倍,短于第 3 节,腹面鳞毛簇长三角形;第 1、2 节外侧褐色至赭褐色,内侧灰白色,末端灰白色;第 3 节灰白色,腹面有黑色纵线。触角腹面灰白色,背面柄节褐色,鞭节具灰黄色环纹。胸部赭褐色;翅基片黄色,基部散生褐色鳞片;雄性中胸上前侧片具灰黄色长毛簇。前翅自基部至近端部渐宽,顶角尖,外缘斜直;底色淡赭黄色,散生褐色鳞片,端部色较浅;前缘基部赭褐色,向端部具不清楚的褐色短横线;中室近基部、中部和末端及翅褶中部和末端各有 1 个褐色斑点,中室近基部的斑点有时模糊;1 条不清晰的褐色横带自前缘 3/4 处外弯达臀角前;缘毛浅黄色。后翅浅褐色,缘毛灰白色。

雄性外生殖器(图版 50-218):爪形突宽大,前缘深凹,后缘圆钝。颚形突细长,强壮,中部强烈弯曲,末端尖;颚基突大,卵圆形。抱器瓣长于背兜—爪形突复合体,背、腹缘近平行,基部 2/3 窄,背缘端部 1/3 呈矩形深切内凹,末端圆;基叶指状,末端略膨大,具刚毛。基腹弧窄,短于背兜—爪形突复合体,近中部具三角形短侧叶。阳茎基叶近对称,内侧具齿突,端部棘刺状;左叶较直,末端达抱器瓣基部,右叶短于左叶,内弯。阳茎粗壮,具 4 根带上骨化叶:左侧 2 根,其中外侧骨化叶末端略尖,长约为阳茎的 2/5,内侧骨化叶棒状,末端钝,略长于阳茎的 1/2;腹面 1 根,自基部至端部渐窄,端部骨化强,长约为阳茎的 1/2;右侧 1 根,末端尖,约与左侧外骨化叶等长;骨化内叶 1 根,骨化强,角状,略短于阳茎长的 1/2。

雌性外生殖器(图版 96-218):前表皮突粗短,末端尖,后表皮突细长,末端略膨大。第 8 背板后缘平直或略凸,前缘深凹。导管端片宽短,近带状,前、后缘中部略凹,后缘两侧略突出。

囊导管短,骨化,端部有若干根骨化叶伸达交配囊,右侧的骨化叶达交配囊近前缘。交配囊为不规则长卵形,囊突为 1 对卵形骨片;导精管出自交配囊右侧近前缘,储精囊大,长条形,略长于交配囊,2/3 处缢缩;附囊自囊突中间伸出。

寄主:蔷薇科 Rosaceae:山楂 *Crataegus* sp.,桃 *Prunus persica* Batsch.,黑刺李 *Prunus spinosa* Linn.,*Malus sylvestris* Mill.,樱桃 *Cerasus* sp.,欧洲木莓 *Rubus caesius* Linn.,悬钩子 *R. fruticosus* Agg.。

分布:浙江(天目山)、宁夏、青海、陕西、河南;朝鲜,土耳其,欧洲。

15.53　胡枝子棕麦蛾 *Dichomeris harmonias* Meyrick,1922(图版 13-219)

Dichomeris harmonias Meyrick, 1922, *Exot. Microlep.*, **2**: 504.

翅展 14.0～16.5mm。头顶灰褐色,额灰白色。有单眼。下唇须第 2 节长约为复眼直径的 2 倍,短于第 3 节,腹面鳞毛簇长三角形;第 1、2 节外侧赭褐色,内侧灰白色,末端灰白色;第 3 节灰白色。触角柄节黑色,末端有灰白色鳞片;鞭节黑色与褐色相间。胸部灰褐色,有少量灰白色及赭褐色鳞片;翅基片灰褐色,基部褐色;雄性中胸上前侧片有灰色长毛簇。前翅端部略窄,顶角尖,外缘斜直;底色赭黄色,散布黑色和灰褐色鳞片;前缘基部黑色,中部 3/5 有黑色短横线,端部 1/5 赭黄色;自前缘端部 1/5 处至后缘臀角前有 1 条略内弯的黑褐色横带;中室中部和翅褶基部各具 1 个黑色大斑,中室中部的斑伸达翅褶处,似 1 条短宽带;翅褶下方密布灰褐色鳞片;沿外缘具黑褐色宽横带;缘毛灰赭色。后翅灰褐色,缘毛灰色。

雄性外生殖器(图版 50-219):爪形突近矩形,前缘深凹,后缘圆。颚形突短,近 2/5 处弯曲,末端尖;颚基突大,圆锥形,端部密被小针突。抱器瓣约与背兜—爪形突复合体等长,端部 1/5 背缘凹入;基叶指状。基腹弧窄,短于背兜—爪形突复合体;具 2 对侧叶:近基部的 1 对呈 C 形内弯,长于颚形突;另 1 对具疣突的侧叶自中部伸出,其基部 3/4 半圆形,具小针突,端部 1/4 角状。阳茎基叶细长,末端超过颚形突中部,近对称,强烈骨化,基部与囊形区连接处很窄;每叶各有 1 条具齿的纵脊,近末端各有 1 个齿突;左叶略长于右叶。阳茎长,粗壮,基部斜,末端尖,右侧中部圆形突出;带上骨化叶 1 根,自背面伸出,细棒状,末端尖,略长于阳茎的 1/3。

雌性外生殖器(图版 97-219):产卵瓣宽大,近方形。前表皮突宽短,长约为后表皮突的 1/3;后表皮突约与产卵瓣等长。第 8 腹节极短,环带状。交配孔近圆形,仅后缘波曲。导管端片宽大,基部与第 8 腹节等宽,端部渐窄,坛状,长于后表皮突。囊导管短,约与前表皮突等长,骨化,多纵横皱褶,右侧骨化叶伸达交配囊后端 1/3 处。交配囊宽椭圆形,前端内面散布微刺;导精管自右侧后端伸出;附囊自背面近前端伸出。

寄主:豆科 Leguminosae:胡枝子 *Lespedeza bicolor* Turcz.,白车轴草 *Trifolium repens* Linn.。

分布:浙江(天目山)、北京、上海、台湾、贵州;蒙古,日本,朝鲜,俄罗斯。

15.54　鸡血藤棕麦蛾 *Dichomeris oceanis* Meyrick,1920(图版 13-220)

Dichomeris oceanis Meyrick, 1920, *Exot. Microlep.*, **2**: 306.

翅展 17.0～22.0mm。头褐色,额灰褐色。单眼退化。下唇须第 2 节长约为复眼直径的 2 倍,短于第 3 节,腹面鳞毛簇近长方形;第 1、2 节外侧褐色,内侧灰白色,末端具顶部白色的鳞片;第 3 节灰白色,腹面黑色。触角柄节背面深褐色,腹面灰白色;鞭节背面深褐色和暗赭黄色相间,腹面灰白色,鳞片呈齿状。胸部褐色,两侧黄色;翅基片基半部黑色,端半部浅黄色;雄性中胸上前侧片有深褐色长毛簇。前翅端部略宽,前缘中部略凹,顶角尖,外缘近顶角处略凹入;底色赭黄色;前缘基部黑色,中部有黑色短横线,近中部及 3/4 处有向翅中部扩散的黑色鳞片;

中室 3/4 处和末端以及翅褶 2/3 处各有 1 个黑点,各点之间散布的深褐色鳞片形成 1 个不规则的大斑,并从中室下缘近末端以窄带状延伸至臀角;外缘自顶角处至臀角具黑褐色宽横带,平行四边形,其前缘沿 R_5 脉末端至端部 1/4 处,斜向内;缘毛赭灰色,臀角处的缘毛灰色。后翅及缘毛灰色。

雄性外生殖器(图版 50-220):爪形突端部渐窄,前缘凹,后缘圆,腹面具刚毛。颚形突粗短,中部弯曲,末端尖;颚基突大,不规则圆形。抱器瓣窄,长于背兜—爪形突复合体,背、腹缘近平行,端部 1/4 略窄;基叶短小,指状,具刚毛。基腹弧窄,约与背兜—爪形突复合体等长,中部宽,2/5 处具三角形内突;侧叶自中部伸出,短,后弯钩状。囊形区宽,前缘中部内凹,断裂。阳茎基叶对称,粗壮,末端超过背兜中部,基部 1/5 合并,各叶外侧具齿,末端分叉,腹面有小突起。阳茎端部渐细;骨化内叶细长,几乎达阳茎端膜;带上骨化叶 2 根:左侧骨化叶宽棒状,略长于阳茎的 1/3,外侧 2/3 处具角状突起,右侧骨化叶较细,末端钝,略短于左侧骨化叶,外侧近端部具三角形突起;骨化内叶 1 根,自腹面中部伸出。

雌性外生殖器(图版 97-220):前表皮突很短,基部三角形,后表皮突细长。第 8 背板后缘呈拱形突出。导管端片近长方形,后缘两侧具末端圆钝的角状突起,两侧骨化。囊导管宽大,端部具若干骨化叶伸进交配囊:左侧骨化叶宽、长,末端尖;右侧骨化叶细长,弯向中部,略短于左侧骨化叶。交配囊长卵圆形,囊突为 1 对卵圆形骨片;导精管自左侧前端 2/5 处伸出,储精囊发达,长于交配囊;附囊自囊突中部伸出。

寄主:豆科 Leguminosae:紫藤 *Wisteria sinensis* Sweet,多花紫藤 *W. floribunda* (Will.) DC.,*W. brachybotrys*,国槐 *Sophora japonica* Linn.,鸡血藤 *Millettia japonica* 等;壳斗科 Fagaceae:栎 *Quercus* sp.。

分布:浙江(天目山)、黑龙江、甘肃、北京、陕西、河南、山东、安徽、福建、台湾;朝鲜,日本,俄罗斯。

15.55 白桦棕麦蛾 *Dichomeris ustalella* (Fabricius,1794)(图版 13-221)

Tinea ustalella Fabricius, 1794, *Ent. Syst.*, **3**(2): 307.

Dichomeris ustalella:Meyrick, 1925, *In*:Wytsman (ed.), *Gen. Ins.*, **184**: 177.

翅展 21.0～25.0mm。头褐色,额灰褐色。有单眼。下唇须第 2 节长约为复眼直径的 2 倍,短于第 3 节,腹面鳞毛簇长三角形;第 1、2 节赭褐色,内侧黄白色,末端灰白色;第 3 节灰白色,腹面褐色。触角背面褐色,腹面灰白色。胸部赭褐色,两侧黄色;翅基片赭褐色,略有金属光泽,末端浅黄色;中胸上前侧片无长毛簇。前翅狭长,前缘中部略凹,顶角尖,外缘斜直;底色赭褐色,散布黄色鳞片,前缘近基部略带金属光泽;缘毛黄色。后翅深褐色,略带紫色金属光泽,前缘基半部白色,缘毛灰黄色。

雄性外生殖器(图版 50-221):爪形突宽大,前缘深凹,后缘圆,具短刚毛。颚形突粗壮,较长,中部弯曲,末端渐尖;颚基突较小。抱器瓣狭长,长于背兜—爪形突复合体,基部窄,中部较宽,背缘 3/5 处略突出,末端圆;基叶棒状,长约为颚形突的 1/2,末端具刚毛。背兜与基腹弧之间的毛基片退化。基腹弧窄,短于背兜—爪形突复合体;侧叶自基部 1/3 处伸出,棒状,约与基叶等长,末端有刚毛,基部内侧呈角状突出。囊形区前缘呈弧形突出,中部破裂。阳茎基叶对称,略短于基腹弧,末端略膨大,向一侧呈角状突出,具刚毛。阳茎粗大,向基部渐细;带上骨化叶 2 根:左侧 1 根,宽叶状,超过阳茎端膜;右侧 1 根,短小,角状;角状器细长,骨化。

雌性外生殖器(图版 97-221):产卵瓣宽大。前表皮突长约为后表皮突的 1/4。第 8 背板后缘中部很突出,形成近三角形骨片,前缘凹。导管端片宽短,横带状,前端略窄,后缘凸,前缘凹。囊导管粗短,骨化,左右两侧各有1条长骨化叶伸向交配囊。交配囊圆形,囊突由1对大型卵圆形骨化板组成;导精管自右侧中部伸出,储精囊长而大,端部1/3处缢缩;附囊自囊突后端中部伸出。

寄主:桦木科 Betulaceae:垂枝桦 *Betula pendula* Roth.,榛 *Corylus heterophylla* var. *thunbergii* Blume,欧洲榛 *Corylus avellana* Linn.,欧洲鹅耳枥 *Carpinus betulus* Linn.;蔷薇科 Rosaceae:梅 *Prunus mume*(Sieb.),苹果 *Malus pumila* Mill.;壳斗科 Fagaceae:青冈 *Quercus glandulifera* Blume,欧洲水青冈 *Fagus sylvatica* Linn.;杨柳科 Salicaceae:柳 *Salix* sp.;椴树科 Tiliaceae:椴树 *Tilia* sp.;槭树科 Aceraceae:槭树 *Acer* sp.。

分布:浙江(天目山)、甘肃、河南、江西、台湾、贵州;朝鲜,日本,欧洲。

15.56　端刺棕麦蛾 *Dichomeris apicispina* Li et Zheng, 1996(图版 13-222)

Dichomeris apicispina Li et Zheng, 1996, *SHILAP Revta. Lepid.*, **24**(95): 241.

翅展 15.5~19.0mm。头黄褐色,额与头顶灰褐色,额两侧深棕色。下唇须第 2 节长约为复眼直径的 2 倍,约与第 3 节等长,背面鳞毛簇末端浅黄色;第 1、2 节外侧深褐色,内侧浅褐色;第 3 节背面灰白色,腹面褐色,近末端浅褐色。触角背面黑褐色,腹面灰色。胸部褐色;翅基片黄褐色,基部深褐色。前翅前缘近平直,顶角钝,外缘斜直;底色黄褐色;前缘浅黄色,基部黑褐色;1 条浅色横带自前缘 3/4 处弯至近臀角处;中室 2/3 处、末端及翅褶 3/5 处各有 1 个褐点;沿前缘端部和外缘黄白色,具若干褐色斑点;缘毛黄灰色。后翅灰色,缘毛黄灰色。

雄性外生殖器(图版 50-222):爪形突前缘深凹,后缘圆,有 4~5 根硬刚毛。颚形突粗短,中部弯曲;颚基突小,密被小针突。抱器瓣略短于背兜—爪形突复合体;基叶指状,被稀疏刚毛。基腹弧几乎与背兜—爪形突复合体等长,基部窄,端部宽大;侧叶自端部 2/3 伸出,基部宽大,端部指状,末端圆形,具刚毛。囊形区前缘几乎直。阳茎基叶大型、片状,近方形,长约为基腹弧的 3/4,基部密被瘤突;后缘中部凹入,两侧形成 2 个圆叶。阳茎粗,2 根带上骨化叶自背面伸出,长约为阳茎的 2/5;缺角状器。

雌性外生殖器(图版 97-222):前表皮突很短,仅为 1 对三角形小突起。第 8 节背板后缘中部突出,形成三角形骨片。导管端片窄带状,呈弧形弯曲。囊导管骨化,基部及左侧端半部膜质,近基部具骨化褶皱;中部具 1 细长骨化叶,末端尖,伸至交配囊近后端 1/3 处;右侧中部具基部盘曲的长管状突起,导精管自其末端伸出。交配囊卵圆形,与囊导管等长,密被小针突;附囊自腹面前端伸出。

分布:浙江(天目山)、陕西、江西、湖北。

15.57　缘褐棕麦蛾 *Dichomeris fuscusitis* Li et Zheng, 1996(图版 13-223)

Dichomeris fuscusitis Li et Zheng, 1996, *SHILAP Revta. Lepid.*, **24**(95): 243.

翅展 13.0~15.0mm。头灰褐色,额灰白色。下唇须第 2 节长约为复眼直径的 2 倍,约与第 3 节等长,背面具小三角形鳞毛簇;第 1、2 节外侧深褐色,散布灰色鳞片,内侧及腹面浅褐色,背面灰色,背面鳞毛簇末端灰黄色;第 3 节背面黄白色,腹面深褐色,末端白色。触角柄节背面褐色,腹面灰色;鞭节背面深褐色,腹面黄白色。胸部深褐色;翅基片深褐色,端部灰黄色。前翅前缘直,顶角尖,外缘斜直;底色褐色,前缘基部和端部 1/3 略显黑色;中室中部有 1 个清晰的黑色圆斑,末端有 1 条模糊的深褐色短带,翅褶 2/3 处有 1 个黑褐色小圆斑;自前缘 3/4 处外至臀角具 1 条赭褐色横带,其外侧至外缘黑褐色;前缘端部 1/4 和外缘有不清晰的黑点;缘毛赭褐色,夹杂黑色鳞片。后翅深灰色,缘毛灰色。

雄性外生殖器(图版 50-223):爪形突前缘浅凹,端部略窄,后缘钝圆。颚形突短小,近基部略弯曲,末端尖。抱器瓣长于背兜—爪形突复合体,狭窄,背、腹缘近平行,端半部略宽;基叶棒状,端部具毛,长约为抱器瓣的 2/5。基腹弧短于背兜—爪形突复合体;侧叶出自端部 2/3,略长于基腹弧,基半部渐窄,端半部短棒状。囊形区宽,前缘平直。阳茎基叶对称,长约为基腹弧的 3/5,棒状,平行,基部不合并,外侧具细齿,端部略膨大;两侧各有 1 个游离的叶突:左侧叶突短,右侧叶突约与阳茎基叶等长,末端尖,基部 2/5 处弯曲。阳茎具 2 根带上骨化叶,均自左侧伸出:长的 1 根末端尖,超过阳茎端膜,短的 1 根约为阳茎长的 1/3。

雌性外生殖器(图版 97-223):前表皮突宽短,三角形。第 8 背板后缘中部强烈突出,形成半圆形骨片;第 8 腹板后缘两侧具短刚毛。导管端片约与第 8 腹节等宽,横带状,两侧各具 1 个三角形骨片。囊导管狭长,长约为第 8 腹节的 2 倍,基部骨化,左侧骨化叶伸达近交配囊处,其基半部三角形,端半部棒状;导精管自右侧中部伸出。交配囊小型,近卵圆形;附囊自左侧后端伸出。

分布:浙江(天目山)、四川。

15.58 长须棕麦蛾 *Dichomeris okadai* (Moriuti, 1982)(图版 13-224)

Gaesa okadai Moriuti, 1982, Gelechiidae, *In*: Inoue *et al.*, *Moths of Japan*, **1**: 285, **2**: 243.

Dichomeris okadai: Li, 1990, *Journ. Northwest Forestry College*, **5**(3): 8.

翅展 20.0～22.0mm。头褐色,额灰白色。下唇须第 2 节长约为复眼直径的 4 倍,第 3 节长约为第 2 节的 1/3;第 1、2 节外侧黑褐色,混有棕黄色,内侧浅黄色,其端部赭黄色;第 3 节灰白色,略带黄色。触角柄节背面黑褐色,腹面黄白色;鞭节背面浅黄色与黑色相间,腹面灰白色。胸部及翅基片褐色;雄性中胸上前侧片有黄白色长毛簇。前翅端部略宽,前缘直,顶角钝,外缘略斜;基半部褐色为主,中室基部 1/3 处有 1 个黄色圆斑;端半部以浅黄色为主,密布褐色鳞片,沿翅脉形成褐色细带;中室端部有 1 褐色斑纹向外斜升至近前缘 3/4 处,外缘和亚外缘线褐色;缘毛黄色杂灰褐色。后翅及缘毛灰白色,缘毛基部黄白色。

雄性外生殖器(图版 50-224):爪形突宽大,端部略窄,两侧直,前缘呈半椭圆形深凹,后缘钝圆。颚形突长,中部弯曲;颚基突圆形。抱器瓣约与背兜—爪形突复合体等长,基部窄,端部渐宽,末端圆;基叶棒状,长约为抱器瓣的 1/3,具刚毛。基腹弧狭窄,短于背兜—爪形突复合体;侧叶自 1/3 处伸出,三角形,末端圆钝,具刚毛。囊形区窄,两侧圆,前缘近平直。阳茎基叶单根,长约为基腹弧的 2/3,基部窄,端部渐宽,末端中部略凹,两端长短不对称,侧边具疣突。阳茎粗大,端部 1/3 分为两支,末端平齐;带上骨化叶 2 根,粗短,近三角形,均不到阳茎长的 1/5。

雌性外生殖器(图版 97-224):前表皮突长为后表皮突的 1/4。第 8 背板后缘弧形突出,前缘呈拱形凹入。导管端片与第 8 腹节等宽,漏斗形,骨化弱,密被小针突。囊导管膜质,端部渐宽,略骨化,左、右两侧各伸出 1 条骨化叶,左侧骨化叶短小,伸至交配囊后端,右侧骨化叶近长三角形,长短时常不一,短时仅伸至交配囊后端,长时伸至交配囊后端 1/3 处。交配囊卵圆形,内面密被针突;导精管自交配囊背面近后端伸出,基部宽,渐细成细管;附囊自腹面近前端 1/5 处伸出。

分布:浙江(天目山)、陕西、河南、安徽、湖北、贵州;日本,俄罗斯。

15.59 叉棕麦蛾 *Dichomeris bifurca* Li et Zheng, 1996(图版 13-225)

Dichomeris bifurca Li et Zheng, 1996, *SHILAP Revta. Lepid.*, **24**(95): 251.

翅展 10.5～17.0mm。头灰色至灰黄色,头顶纵向具灰色鳞片,略有金属光泽,额灰白色,两侧深褐色。下唇须具铅蓝色金属光泽,第 2 节长约为复眼直径的 2 倍;第 1、2 节外侧赭褐色,内侧黄灰色;第3节赭褐色,有时褐色,末端白色。触角柄节背面黑色,腹面黄白色;鞭节黄灰色,背面具褐色环纹。胸部灰褐色,具蓝色金属光泽,两侧浅黄色;翅基片基半部黑色,具蓝色金属光泽,端半部浅黄色;雄性中胸上前侧片有黄白色长毛簇。前翅前、后缘近平行,顶角略尖,外缘斜直;底色黄白色至黄色,散布赭色和赭褐色鳞片,在中室端部和翅褶形成黑褐色条纹并扩散到外缘和臀角,翅端部至外缘逐渐成赭褐色;前缘除近顶角处外黑褐色,3/4处有1条赭黄色短带;后缘基部2/3黑褐色;缘毛赭黄色,基部有1条白线,臀角处的缘毛深灰色。后翅及缘毛赭灰色。

雄性外生殖器(图版50-225):爪形突略呈矩形,近基部窄,前缘略呈半圆形凹入,后缘圆。颚形突很长,中部弯曲;颚基突略呈圆锥形。抱器瓣略短于背兜—爪形突复合体,端部1/3略宽,末端钝圆;基叶指状,基部宽,末端膨大,长于抱器瓣的1/3,具刚毛。基腹弧短于背兜—爪形突复合体,端部1/3窄;侧叶细长,自3/5处伸出,近棒状,端部略窄,末端达基腹弧基部,具刚毛。囊形区宽,前缘略凸出。阳茎基叶长约为基腹弧的2/3,两叶基部合并1/4后呈U形分开,每叶内侧近中部具齿突,腹面端部具刚毛,末端尖;近对称:左叶窄于右叶,右叶1/3处外侧有1个齿突。阳茎粗壮,基部略膨大,端部渐细;带上骨化叶2根,略呈长叶状,末端尖,两侧具小齿突,右侧骨化叶略短于阳茎长的2/5,腹面骨化叶略短于右侧骨化叶或与其等长。

分布:浙江(天目山)、江西、湖北、湖南、福建、四川、贵州、云南。

15.60　桃棕麦蛾 *Dichomeris heriguronis*（Meyrick, 1913）(图版13-226)

Carbatina picrocarpa Meyrick, 1913, *Journ. Bombay Nat. Hist. Soc.*, **22**: 182.

Dichomeris heriguronis: Ponomarenko, 2004, *Tinea*, **18**(1): 22.

翅展12.0~19.5mm。头灰褐色,额两侧褐色。下唇须第2节长约为复眼直径的2.5倍;第1、2节外侧深赭褐色,内侧黄白色;第3节深褐色,末端灰白色。触角柄节背面黑色,腹面黄白色;鞭节橘黄色,背面具褐色环纹。胸部褐色,两侧黄色;翅基片基半部褐色,端半部浅黄色;雄性中胸上前侧片有银灰色长毛簇。前翅前缘近平直,顶角尖,外缘近顶角处略凹入;底色赭黄色,散布褐色鳞片;前缘基部5/6褐色;后缘赭褐色;中室1/3处、3/5处及末端各有1个小黑点,翅褶3/5处有1个长黑点;端带前端窄,内侧较直;前缘端部和外缘黄色;缘毛赭黄色,后缘处的缘毛深褐色。后翅及缘毛灰褐色。

雄性外生殖器(图版51-226):爪形突宽大,近基部略窄,后缘圆。颚形突很长,近中部弯曲;颚基突大,圆形。抱器瓣约与背兜—爪形突复合体等长,基部窄,渐宽至2/3处,端部1/3宽,背、腹缘近平行;基叶棒状,长约为抱器瓣的1/4,末端膨大,具刚毛。基腹弧长于背兜—爪形突复合体,端半部窄;侧叶自1/3处伸出,约与抱器瓣等长,基部粗壮,端部渐细,外缘具齿,末端有刚毛。囊形区宽,前缘突出。阳茎基叶具两叶,近对称,分别出自囊形区后缘两侧,长约为基腹弧的1/3,每叶的端部1/4分叉,外叉具刚毛,内叉边缘具齿。阳茎粗大;带上骨化叶粗短,右侧骨化叶长约为阳茎的1/4,基部宽,端部急尖,内侧具齿;左侧骨化叶长约为阳茎的1/3,末端有一长一短的尖突,腹面具疣突。

雌性外生殖器(图版97-226):前表皮突粗短,锥形;后表皮突细长,端部膨大。第8背板呈倒U形。导管端片宽短,横带状,腹面前缘中部凹入。囊导管粗短,基部1/4膜质,背面中部具1条短的骨化纵带;端部3/4骨化,腹面近中部具2个短指状突起,背面左侧端部具1倒三角形骨片,伸至交配囊后端;导精管自左侧端部伸出。交配囊近圆形,内面密布小刺;囊突小。

寄主:蔷薇科Rosaceae:桃*Prunus persica*（Linn.）,樱桃*P. pseudocerasus* Lindl.,杏*P. armenicana* Linn.,李*P. salicina* Lindl.,东京樱花*Cerasus yedoensis*（Matsum.）,梅

Armeniaca mume Sieb. *et* Zucc.,梨 *Pyrus* sp. 等。

分布:浙江(天目山)、黑龙江、陕西、河南、江西、湖北、福建、台湾、香港、贵州、云南;朝鲜,日本,印度,北美。

15.61　黑缘棕麦蛾 *Dichomeris obsepta* (Meyrick, 1935)(图版 13-227)

Orsodytis obsepta Meyrick,1935, *In*: Caradja & Meyrick (eds.), *Mater. Microlepid. Fauna Chin. Prov. Kiangsu, Chekiang und Hunan*: 70.

Dichomeris obsepta: Li & Zheng, 1996, *SHILAP Revta. Lepid.*, **24**(95): 233.

翅展 15.0~18.5mm。头褐色,额灰白色,两侧黑色。下唇须第 2 节长约为复眼直径的 2.5 倍;第 1、2 节外侧黑色,有蓝色金属光泽,内侧灰褐色;第 3 节黑色,有蓝色金属光泽,末端灰白色。触角背面深褐色,柄节腹面浅黄色,鞭节腹面棕黄色。胸部及翅基片褐色,翅基片末端浅黄色;雄性中胸上前侧片无长毛簇。前翅近端部略宽,顶角尖,外缘斜直;底色浅黄色;沿前缘 4/5 黑褐色,似 1 条宽纵带,翅褶下方沿后缘黑褐色,近臀角处较窄;中室中部及末端各有 1 个黑点,翅褶中部有 1 个黑色短条纹;端带宽,近矩形,不达前缘;外缘及缘毛深褐色。后翅及缘毛灰褐色。

雄性外生殖器(图版 51-227):爪形突近基部窄,前缘略呈拱形凹入,后缘钝圆,腹面具刚毛。颚形突长,近中部弯曲;颚基突近半圆形,后缘具短指状突起。抱器瓣长于背兜—爪形突复合体,端半部宽;基叶很发达,强烈骨化,端部宽,末端三角形。基腹弧约与背兜—爪形突复合体等长;侧叶不对称;左侧叶出自中部,基部有 1 个大型半圆形突起,末端具二角;右侧叶小,出自近基部 1/3 处,端部腹面具齿,末端尖。囊形区前缘直。阳茎基叶长约为基腹弧的 2/3,基部合并 1/2 后呈 V 形分开,末端尖;不对称,左叶宽于并长于右叶。阳茎长,带区以上 1/3 背面呈突出,外侧具小齿。

雌性外生殖器(图版 97-227):前表皮突很短,后表皮突细长。第 8 背板后缘骨化,呈拱形突出。导管端片膜质,具数条横向骨化褶,后缘中部骨化,呈半圆形向背侧突出。囊导管骨化;基半部略呈漏斗状,基部 1/6 后缘中部呈三角形凹入,中部 1/3 两侧具大型耳状骨片;端半部窄,左侧具骨化细叶伸达交配囊近中部,渐弱。交配囊卵圆形,内面有许多长刺;囊突近圆形,由短刺组成;导精管自左侧后端 1/3 处伸出。

分布:浙江(天目山)、甘肃、河南、江苏、安徽、江西、湖北、湖南、广东。

15.62　侧叉棕麦蛾 *Dichomeris latifurcata* Li, 2017(图版 13-228)

Dichomeris latifurcata Li, 2017, *In*: Zhao & Li, 2017, *Journal of Asia-Pacific Biodiversity*, **10**: 84.

翅展 16.0~16.5mm。头深褐色,额灰白色。下唇须第 1、2 外侧黑褐色,内侧灰色;第 2 节背面被三角形鳞毛簇,毛簇顶端灰白色;第 3 节略短于第 2 节,基部 5/6 黑褐色,端部 1/6 黄色,背面被粗糙长鳞毛。触角柄节背面黑褐色,腹面灰白色;鞭节背面黑褐色与黄褐色相间,腹面黄褐色,具短纤毛。胸部黑褐色;翅基片基半部黑褐色,端半部黄褐色。雄性中胸上前侧片无长毛簇。前翅基部窄,端部略宽,顶角尖,外缘斜直;底色黄褐色,散布黑褐色鳞片;沿前缘基部 5/6 具黑褐色窄带;沿后缘具黑褐色宽带纵带,其背缘达中室下缘,端部 1/6 渐窄至臀角;沿外缘具黑褐色大斑,平行四边形,其内缘较直,前缘沿 R_5 脉末端至中部,斜向内,后缘自前翅外缘下角延伸至臀角,与后缘带相连;中室末端具 1 枚黑褐色小点;缘毛黑褐色,顶角处的缘毛橘黄色。后翅及缘毛褐色。

雄性外生殖器(图版 51-228):爪形突近方形,前缘呈三角形凹入,后缘近平直,腹面近后缘两侧具短刚毛。颚形突粗壮,近中部强烈弯曲,末端尖。颚基突近圆形,后缘中部突出,密被针突。抱器瓣略长于背兜—爪形突复合体;基部略窄于端部,末端圆。基叶骨化强,棒状,等宽至末端,中部弯曲,端部具毛,长约为抱器瓣的 1/3。毛基片短小,柱状,端部膨大。基腹弧约与背兜—爪形突复合体等长;基腹弧侧叶不对称,骨化强:左侧叶出自基腹弧基部 1/4 和 1/2 之间,右侧叶出自基腹弧基部 1/4 和 3/4 之间;端半部叉状,内缘具齿,侧臂渐窄至末端,末端尖,内臂长于外臂;右侧叶基部 1/3 密布齿突,边缘齿状。囊形区窄,前缘平直。阳茎基叶长约为基腹弧的 1/2;基半部方形,骨化弱;端半部呈 U 形,侧叶近三角形,骨化强,腹面具多枚齿突。阳茎基部 3/4 近等宽,端部 1/4 渐窄,末端尖;带上骨化叶 1 根,未达阳茎近末端,基部 1/3 膨大,边缘具齿。

分布:浙江(天目山)。

15.63　六叉棕麦蛾 *Dichomeris sexafurca* Li *et* Zheng, 1996(图版 13-229)

Dichomeris sexafurca Li *et* Zheng, 1996, *SHILAP Revta. Lepid.*, **24**(95):249.

翅展 14.5～16.0mm。额浅灰色,两侧褐色,头顶灰褐色,边缘灰黄色。下唇须第 2 节长约为复眼直径的 2.5 倍;第 1、2 节外侧赭黑色,内侧灰黄色,腹面赭黄色;第 3 节赭黑色,末端白色。触角柄节背面黑色,腹面白色;鞭节背面褐灰相间,腹面色浅。胸部褐色,两侧灰黄色;翅基片基部深褐色,混有铅蓝色金属光泽,端部灰黄色;雄性中胸上前侧片有浅黄色长毛簇。前翅前缘中部近平直,顶角尖,外缘近顶角处略凹入;底色浅黄色,散布赭褐色鳞片;前缘 4/5 及外缘 3/4 黑褐色,前缘 3/4 处具黄色短带;中室端部 2/5 具黑褐色宽纵带,上角处密集褐色鳞片;翅褶除基部外黑褐色;缘毛赭黄色,臀角处的缘毛深褐色。后翅及缘毛灰色。

雄性外生殖器(图版 51-229):爪形突基部 1/3 处窄,前缘呈三角形凹入,后缘圆钝。颚形突很长,基部 1/3 处弯曲;颚基突半圆形。抱器瓣约与背兜—爪形突复合体等长,基部 2/5 窄,端部 3/5 略宽;基叶棒状,长约为抱器瓣的 1/3,末端膨大。基腹弧窄,略短于背兜—爪形突复合体;侧叶自中部伸出,细长,长约为基腹弧的 3/4,外侧端部具齿。囊形区宽,前缘略拱。阳茎基叶分为近对称的两部分,每部分分为 3 叶:外叶末端尖;中叶和内叶末端略尖,基部合并 1/2 后呈 V 形分开。阳茎基部粗大,中部和端部略细,末端尖;带上骨化叶 2 根:左侧带上骨化叶长,长约为阳茎的 2/5,其内侧具齿;右侧带上骨化叶短,长约为阳茎的 1/4。

雌性外生殖器(图版 97-229):前表皮突长为后表皮突的 1/4。第 8 背板后缘平直。导管端片短,横带状,窄于第 8 腹节;前缘平缓凹入,后缘中部平直。囊导管基半部膜质,端半部骨化,左侧前端具约与囊导管等长的长骨化叶,伸至交配囊左侧后端 2/5 处;基半部具 2 条弱的骨化纵带,延伸至导管端片后缘两侧;导精管自背面端部伸出。交配囊椭圆形,前端 2/5 内面具稠密的刺突;囊突圆形,位于前端,骨化弱,有短而强的刺。

分布:浙江(天目山)、江西、贵州。

15.64　异叉棕麦蛾 *Dichomeris varifurca* Li *et* Zheng, 1996(图版 13-230)

Dichomeris varifurca Li *et* Zheng, 1996, *SHILAP Revta. Lepid.*, **24**(95):250.

翅展 12.0～16.0mm。头淡灰色,两侧黄褐色。下唇须第 2 节长约为复眼直径的 1.5 倍;第 1、2 节外侧褐色,内侧白色,腹面浅赭色;第 3 节外侧深褐色,内侧浅褐色,末端白色。触角柄节背面深褐色,腹面白色;鞭节浅灰色,每节背面基半部浅褐色。胸部灰色或浅褐色,两侧浅黄色;翅基片灰色,基部深褐色并有金属光泽;雄性中胸上前侧片具浅黄色长毛簇。前翅前缘略呈弧形,顶角尖,外缘斜直;底色浅灰色,散布赭黄色和灰褐色鳞片;前缘 5/6 赭褐色,基部黑褐色有金属光泽,端部 4/5 处具黄色短带;自中室端部 2/5 处至外缘中部具黑褐色纵带,有间断;翅褶 1/3 处、3/5 处和端部 1/4 有黑褐色短带;后缘赭褐色;外缘有 1 条白线;缘毛赭黄色,臀角处的缘毛深灰色。后翅及缘毛深灰色。

雄性外生殖器(图版 51-230):爪形突近基部略窄,前缘弧形凹入,后缘圆,腹面有少量刚毛。颚形突很长,中部弯;颚基突大,后缘中部尖。抱器瓣长于背兜—爪形突复合体,端部略宽;基叶指状,端部膨大。基腹弧短于背兜—爪形突复合体,端部 2/5 窄;侧叶自基部 3/5 处伸出,棒状,基部具梯形短叶突,其末端细锯齿状。囊形区中部宽,前缘圆。阳茎基叶不对称:左叶合并 1/2 后分开,其右侧叶短于左侧叶,腹面具刚毛;右叶自基部分离,细长,右侧叶长于左侧叶,末端具刚毛,长于基腹弧的 1/2。阳茎粗壮,基部膨大,端部细,骨化弱;带上骨化叶 2根:左侧骨化叶近爪状,略短于阳茎的 1/4;腹面骨化叶短小,针状。

雌性外生殖器(图版 98-230):前表皮突长约为后表皮突的 1/3。第 8 背板前缘凹入,后缘中部突出。导管端片略宽于第 8 背板,前缘凹,后缘平直,两侧角凹缺。囊导管中部略窄,中部两侧骨化,近交配囊处具宽大骨化环;左侧中部具 1 膜质突起,其端部 3/5 近卵圆形,伸至交配囊 1/3 处;基部 3/5 具骨化纵带,其中部具脊,前端 2/5 窄,后端 3/5 渐宽,后缘波曲,超过导管端片后缘;导精管自腹面中部伸出。交配囊大,卵圆形;无囊突;附囊自中部靠前伸出。

分布:浙江(天目山)、江西。

15.65 艾棕麦蛾 *Dichomeris rasilella* (Herrich-Schäffer,1854)(图版 13-231)

Anacampsis rasilella Herrich-Schäffer,1854,*Syst. Bearb. Schmett. Eur.*,**5**:202.

Dichomeris rasilella:Hodges,1986,*Moths of America North of Mexico*,**7.1**:12.

翅展 11.0~16.5mm。头灰白色至褐色,额两侧深褐色。下唇须第 2 节长约为复眼直径的 2.5 倍;第 1、2 节外侧赭褐色至褐色,内侧灰白色至灰褐色;第 3 节基半部深褐色,端半部渐深褐色。触角柄节背面深褐色,有时黄褐色,腹面黄白色;鞭节背面褐色与灰色相间,有时基部 1/3 灰白色;腹面灰褐色,有灰白色鳞片形成的齿。胸部灰白色至褐色,灰白色时中部纵向为褐色;翅基片灰白色至褐色,基部深褐色至黑色;雄性中胸上前侧片具黄白色长毛簇。前翅前缘中部或中部偏外略凹,顶角尖,外缘近顶角处略凹入;底色灰白色至灰褐色,散布深褐色鳞片;前缘端半部黑褐色,4/5 处有 1 条白色外斜短带,向后呈锯齿状伸至近臀角;中室 3/5 处和末端及翅褶 2/3 处有深褐色斑纹,深色个体的斑小而不清晰;浅色个体的斑大而清晰,翅褶沿基部具黑褐色长斑,与翅褶 2/3 处的斑相连;外缘褐色;缘毛深灰色,后缘处的灰色或灰黄色,前缘端部的基半部灰白色,外缘处的基半部黑褐色。后翅灰白色至灰褐色,缘毛灰白色。

雄性外生殖器(图版 51-231):爪形突前缘呈半椭圆形深凹,后缘圆。颚形突长,中部强烈弯曲;颚基突大,圆。抱器瓣长于背兜—爪形突复合体,基部窄,端部 2/3 宽,背、腹缘近平行;基叶指状,略短于抱器瓣的 1/4。基腹弧略短于背兜—爪形突复合体,窄,基半部略宽,近中部有刚毛;无侧叶。囊形区前缘呈半圆形深凹。阳茎基叶近对称,短于基腹弧的 1/2,基部略合并后呈窄 U 形分开,或合并 1/2 至 3/5 长度后呈 V 形分开,端部具刚毛,右叶略长于左叶。阳茎粗大,端半部渐细长;有 1 根细长的带上骨化叶,其末端超过阳茎端膜。

雌性外生殖器(图版 98-231):产卵瓣大,多刚毛。前表皮突长约为后表皮突的 1/2。第 8背板后缘中部突出,前缘中部呈半圆形凹入。导管端片略呈方形,后缘中部深切,两侧呈角状突出。囊导管基部 2/5 处窄,左、右两侧有长骨化叶,并在端部呈尖刺状合并,伸入交配囊;导精管自背面近中部伸出。交配囊近圆形,有 1 块被短刺突的区域;附囊自腹面近前端1/4处伸出。

寄主:菊科 Asteraceae:艾 *Artemisia vulgaris* var. *orientalis* (Pampan),*A. vulgaris* var. *indica* Maxim.,*A. pontica* Linn.,矢车菊 *Centaurea* sp.,*Acosta rhenana* (Boreau)等。

分布:浙江(天目山)、黑龙江、青海、陕西、河南、安徽、江西、湖北、福建、台湾、四川、贵州;朝鲜,日本,欧洲。

15.66　波棕麦蛾 *Dichomeris cymatodes* (Meyrick, 1916)(图版13-232)

Trichotaphe cymatodes Meyrick, 1916, *Exot. Microlep.*, **1**: 584.

Dichomeris cymatodes: Park & Hodges, 1995a, *Ins. Koreana*, **12**: 54.

翅展13.0~15.5mm。头灰色,触角后方黄白色。下唇须第2节长约为复眼直径的2.5倍,约与第3节等长;第1、2节外侧深褐色,内侧黄褐色,末端黄白色,背面鳞毛簇末端白色;第3节背面黄色,腹面及末端黑褐色。触角柄节背面褐色,腹面黄白色;鞭节背面黄色和黑褐色相间,腹面浅黄色。胸部灰褐色;翅基片灰黄色。前翅前缘基半部和近端部1/4处拱形,2/3处明显凹入,翅端部1/4渐窄,顶角尖,外缘斜直;底色灰黄色,R脉上方色较浅;前缘2/3处具黑褐色斑;中室1/3处、2/3处及翅褶2/3处具黑褐色斑点;自中室末端至翅褶末端具褐色横带;自前缘2/3处至近臀角具外拱的黄白色横带,其外侧至外缘褐色;前缘端部1/3及外缘具黑褐色点;缘毛灰黄色,前缘端部5/6处的短。后翅及缘毛深灰色。

雄性外生殖器(图版51-232):爪形突近梯形,前缘略呈拱形深凹,后缘圆钝。颚形突短,近基部弯曲,末端尖;颚基突小。抱器瓣略短于背兜—爪形突复合体,基部4/5宽,端部1/5渐窄,呈棒状;基叶宽大,自基部至端部渐窄,末端圆,被稀疏刚毛。基腹弧及囊形区窄,沿内侧具膜质宽带,基腹弧基半部的宽带内侧具稀疏刚毛。囊形区略拱。阳茎中部宽,端部1/3具被粗大骨化颗粒的椭圆形区域;具1根骨化内叶,自腹面中部伸出,末端尖,长约为阳茎的1/4;角状器自近端部伸出,细钩状。

雌性外生殖器(图版98-232):前表皮突很短,长约为后表皮突的1/10,基部三角形。第8背板后缘中部强烈突出,形成梯形骨片;第8腹板前、后缘中部凹入,前缘凹入处两侧骨化强,具膜质的半圆形突起。导管端片长方形,其背面具骨化较强的宽斜带。囊导管长,背面骨化强,腹面具宽而盘旋的骨化带;导精管自左侧基部伸出,近基部具骨化环。交配囊小,卵圆形,后端内面密被疣突;附囊自腹面前端1/3处伸出。

分布:浙江、台湾;越南,印度。

15.67　南投棕麦蛾 *Dichomeris lushanae* Park et Hodges, 1995(图版13-233)

Dichomeris lushanae Park et Hodges, 1995a, *Ins. Koreana*, **12**: 22.

翅展18.5~20.0mm。头灰色,额黄色,触角后方黄白色。有单眼。下唇须第2节长约为复眼直径的2.5倍,约与第3节等长,背面具三角形鳞毛簇;第1、2节外侧深褐色,内侧近腹面2/3灰褐色,近背面1/3黄白色;第3节腹面褐色,背面黄色,末端黑褐色。触角柄节背面黄褐色,腹面黄白色;鞭节背面灰黄和褐色相间,腹面赭色。胸部灰褐色;翅基片灰黄色。前翅前缘基半部略拱,顶角尖,外缘斜直;底色灰黄色至褐色;前缘基部约1/5黑褐色,端部4/5及外缘黄色;中室3/4处和末端以及翅褶2/3处具黑褐色斑,中室末端的斑较大,翅褶处的斑模糊;缘毛灰黄色,基半部混有灰褐色。后翅灰色;缘毛灰色。

雄性外生殖器(图版51-233):爪形突近方形,两侧近平行,前缘呈半圆形凹入,后缘钝圆。颚形突粗短,中部略弯曲,末端尖;颚基突圆锥形。抱器瓣长于背兜—爪形突复合体,末端圆;基叶细小,近指状,近端部略膨大,具稀疏刚毛。基腹弧略短于背兜—爪形突复合体,近囊形区处略窄;侧叶自近基部伸出,长约为基腹弧的2/3,棒状,中部略窄,略向上弯,背面横向具隆线,端部的较紧密。囊形区前缘近平直。阳茎基叶具3叶:左叶短小;中叶和右叶基部略合并后呈V形分开,中叶中部略窄,末端尖,达抱器瓣基部,右叶末端钝,内弯,略短于中叶。阳茎端部较基部细;带上骨化叶 2 根,超过阳茎端膜:左侧骨化叶细,末端近箭头状;右侧骨化叶端部2/5较细。

雌性外生殖器(图版 98-233):前表皮突很短,三角形;后表皮突基部膨大。第 8 背板后缘突出,形成半椭圆形骨片;第 8 腹板前缘中部具 2 个近三角形的骨片,其上被针突。导管端片中部膜质,两侧各具 1 个近长方形的骨片。囊导管基部 1/4 膜质,仅背面中部具三角形骨化区;端部 3/4 近梯形,骨化,中部具呈 C 形弯曲的骨片;左侧端部具一角状骨化叶,伸入交配囊;导精管自背面端部伸出。交配囊近圆形,右侧内表面密被针突;囊突大,近桃形,被粗大的针突,前端具半圆形缺口,附囊自其缺口处伸出。

分布:浙江(天目山)、台湾。

15.68 杉木球果棕麦蛾 *Dichomeris bimaculata* Liu et Qian, 1994(图版 13-234)

Dichomeris bimaculatus Liu et Qian, 1994, *Entomologia Sinica*, **1**(4):297.

翅展 9.0~15.0mm。头浅褐色至褐色,略带蓝色金属光泽。下唇须第 2 节长约为复眼直径的 2 倍,长于第 3 节,背面具鳞毛;第 1、2 节外侧褐色,内侧灰褐色;第 3 节褐色,末端略带黄白色。触角柄节褐色,鞭节褐色和浅黄褐色相间;雄性触角较粗,腹面纤毛很短。胸部及翅基片深褐色。前翅前、后缘近平行,顶角钝,外缘斜;底色浅褐色至深褐色,中室 2/3 处及末端各有 1 个黑点;缘毛褐色。后翅及缘毛灰色。

雄性外生殖器(图版 51-234):爪形突基部略窄,前缘略呈半椭圆形深凹,后缘中部突出。颚形突较长,基部 1/3 强烈弯曲。抱器瓣短于背兜—爪形突复合体,背、腹缘近平行,末端圆;基叶指状,长约为抱器瓣的 1/3,末端具毛。毛基片长约为抱器瓣的 1/2。基腹弧短于背兜—爪形突复合体;侧叶出自 1/3 处,细棒状,长约为基腹弧的 3/5。囊形区前缘平直。阳茎基叶细长,单根,基部 1/4 略宽,呈矩形,端部 3/4 细长,末端尖,达抱器瓣基部。阳茎细长,端部变细,末端尖;带上骨化叶 3 根,自背面伸出,细长,末端尖,中间 1 根最长,到达阳茎末端。

雌性外生殖器(图版 98-234):前表皮突宽短,略短于后表皮突长的 1/3。第 8 背板后缘近平直;第 8 腹板后缘中部凹。导管端片横带状,略拱。囊导管基部 1/3 膜质,腹面具 1 细长的膜质突起,略短于囊导管;端部 2/3 骨化,腹面近基部 1/3 处具细长的骨化叶,伸至交配囊近 1/3 处;导精管自左侧近中部伸出。交配囊小型,近圆形;附囊自腹面后端 1/3 处伸出。

寄主:杉科 Taxodiaceae:杉木 *Cunninghamia lanceolata* (Lamb.) 的球果及种子。

分布:浙江(天目山)、陕西、河南、安徽、江西、湖北、湖南、福建、广东、广西、四川、贵州。

15.69 外突棕麦蛾 *Dichomeris beljaevi* Ponomarenko, 1998(图版 14-235)

Acanthophila beljaevi Ponomarenko, 1998, *Far Eastern Entomol.*, **67**:8.

Dichomeris beljaevi:Zhao & Li, 2017, *Journal of Asia-Pacific Biodiversity*, **10**:85.

翅展 10.0mm。头灰色,额灰白色。下唇须第 2 节长约为复眼直径的 2 倍,长于第 3 节,背面光滑;第 1、2 节外侧黑褐色,内侧近背面 1/2 灰白色,近腹面 1/2 灰褐色;第 3 节腹面黑褐色,背面及末端灰白色。触角柄节背面黑褐色,腹面黄白色;鞭节背面褐色和黑褐色相间,腹面黄色和褐色相间。胸部和翅基片深褐色。前翅前、后缘近平行,顶角钝圆;底色深褐色,翅端 1/4 黑褐色;前缘 3/4 处具 1 黄白色斑,自前缘 3/4 处至近臀角具模糊的灰褐色横带,略向外拱;中室 3/5 处及翅褶 3/5 处具黑色短条纹,中室末端具黑斑;缘毛灰褐色。后翅和缘毛灰褐色。

雄性外生殖器(图版 52-235):爪形突基部缢缩,前缘呈拱形深凹,后缘圆钝。颚形突长,近基部 1/3 处略弯曲,末端尖;颚基突圆锥形。抱器瓣短于背兜—爪形突复合体,基半部窄,端半部渐宽,末端圆;基叶细棒状,端部略细,被稀疏刚毛,长约为抱器瓣的 1/3。基腹弧略短于背兜—爪形突复合体;侧叶大型,自 1/3 处伸出,长约为基腹弧的 4/5,近 2/5 处弧形向内弯曲,外侧基部近 1/3 处具不规则三角状大突起,具稀疏短刚毛。囊形区窄,前缘平直。阳茎基叶直,棒状,长约为基腹弧的 3/5,基部宽,端部骨化强,末端尖。阳茎细长,两端细,末端尖;带上骨化叶 2 根,细长,末端尖,左侧骨化叶约与阳茎等长,末端远超过端膜,右侧骨化叶长约为阳茎的 3/5,末端与端膜平齐。

分布:浙江(天目山)、甘肃;俄罗斯。

15.70　刘氏棕麦蛾 *Dichomeris liui* Li et Zheng, 1996(图版 14-236)

Dichomeris liui Li et Zheng, 1996, *SHILAP Revta. Lepid.*, **24**(95):234.

翅展 10.5~11.0mm。头灰褐色,额灰白色。下唇须第 2 节长约为复眼直径的 2 倍,长于第 3 节,背面具鳞毛;褐色或浅褐色,第 1、2 节腹面灰白色,第 3 节末端白色。触角粗,柄节背面黑褐色,腹面黄白色;鞭节背面灰褐和黑褐色相间,腹面浅黄色。胸部褐色;翅基片深褐色,末端具灰顶的鳞片。前翅前、后缘近平行,顶角钝,外缘钝斜;底色灰褐色,均匀散布黑褐色鳞片;前缘端部 1/5 有 1 枚黄白色斑点;中室 1/3 处、2/3 处及末端和翅褶 3/5 处分别有 1 个深褐色斑点;缘毛深灰色,混有黑褐色。后翅灰白色;缘毛灰色。

雄性外生殖器(图版 52-236):爪形突基部略窄,前缘深凹,后缘钝圆。颚形突长,中部强烈弯曲;颚基突小,具针突。抱器瓣约与背兜—爪形突复合体等长,背、腹缘近平行;基叶指状,长约为抱器瓣的 1/3。毛基片长于抱器瓣。基腹弧窄,长于背兜—爪形突复合体;侧叶出自基部 1/3 处,长棒状,与抱器瓣等长,外侧 1/3 处略突出。囊形区前缘拱形,侧边有 1 对对称的大型突起,相向强烈内弯至囊形区中部前方。阳茎基叶短,不规则。阳茎大而长,中部略粗,两端渐细;带上骨化叶 4 根:腹面 1 根,端部 3/5 分为 2 叉;背面 1 根,呈弯角状,两侧各 1 根,左叶末端尖,端部略弯,长约为阳茎的 1/2,右叶细长,略长于阳茎;骨化内叶 1 根,自近端部伸出,长约为阳茎的 3/5。

雌性外生殖器(图版 98-236):前表皮突短,长不足后表皮突的 1/4,端部膨大。第 8 背板后缘中部平直。第 8 腹板前缘呈半圆形深凹。导管端片长方形,骨化强,腹面中部两侧各具 1 倒梯形骨片。囊导管宽短;左侧具 1 方形骨片,端部具 1 角状膜质突起;右侧具 1 宽纵带,延伸至交配囊前端。交配囊形状不规则;囊突小,位于骨化带末端处的交配囊上。导精管出自交配囊左侧后端处。

分布:浙江(天目山)、吉林、安徽、江西;俄罗斯。

15.71　库氏棕麦蛾 *Dichomeris kuznetzovi* Ponomarenko, 1998(图版 14-237)

Acanthophila kuznetzovi Ponomarenko, 1998, *Far Eastern Entomol.*, **67**:6.

Dichomeris kuznetzovi (Ponomarenko):2017, http://www.nic.funet.fi/pub/sci/bio/life/insecta/lepidoptera/ditrysia/gelechioidea/gelechiidae/dichomeridinae/dichomeris/#kuznetzovi.

翅展 12.0~13.0mm。头棕灰色。下唇须第 1、2 节外侧棕灰色,内侧灰白色;第 2 节被粗糙鳞片;第 3 节棕灰色,末端灰白色,被紧贴鳞片。触角柄节黑褐色;鞭节背侧黑褐色与黄褐色相间,腹侧黄褐色。胸部及翅基片深褐色。雄性中胸上前侧片无长毛簇。前翅自基部至端部渐宽,外缘近顶角处略拱,顶角尖,外缘斜直;底色深褐色;中室中部、末端及翅褶中部分别具 1 枚黑褐色斑点;缘毛深褐色。后翅及缘毛灰白色。

雄性外生殖器(图版 52-237):爪形突近方形,前缘呈半椭圆形深凹,后缘平直。颚基突不发达。颚形突细长,中部强烈弯曲,末端尖。抱器瓣略短于背兜—爪形突复合体;背、腹缘平行,末端钝圆。基叶棒状,长约为抱器瓣的 1/3。毛基片约与基腹弧等长。基腹弧窄,略长于背兜—爪形突复合体。侧叶出自基腹弧基部 1/3 处,棒状,基部 1/3 处上弯,长约为基腹弧的 2/3。囊形区前缘平直,两侧各具 1 大型突起,内弯。阳茎基叶单根,长约为基腹弧的 1/2,指状,末端略分叉。阳茎细长,带区略窄;带上骨化叶 2 根,棒状,末端尖;背侧 1 根约与阳茎等长;右侧 1 根弯曲成半圆形;骨化内叶 1 根,出自阳茎近末端处,其末端达背侧骨化外叶末端处。

分布:浙江(天目山)、吉林;俄罗斯。

15.72　壮角棕麦蛾 *Dichomeris silvestrella* **Ponomarenko, 1998**(图版 14-238)

Acanthophila silvestrella Ponomarenko, 1998, *Far Eastern Entomol*., **67**: 7.

Dichomeris silvestrella: Zhao & Li, 2017, *Journal of Asia-Pacific Biodiversity*, **10**: 84.

翅展 9.5~10.0mm。头浅灰色,头顶两侧褐色。下唇须第 1、2 节外侧黑褐色,内侧浅灰色,部分散布黑褐色鳞片;第 2 节被粗糙鳞片,末端具黄白色环纹;第 3 节与第 2 节等长,具黑褐色鳞片,末端黄白色。触角柄节灰黄色,背面散布褐色鳞片;鞭节背面黑褐色与黄褐色相间,腹面黄褐色。胸部及翅基片灰褐色。雄性中胸上前侧片无长毛簇。前翅基部窄,中部等宽,端部 1/4 近三角形,顶角尖;灰褐色;缘毛黑褐色。后翅及缘毛深灰色。

雄性外生殖器(图版 52-238):爪形突近方形,前缘中部呈半圆形深凹,后缘钝圆。颚形突粗壮,中部弧形弯曲,末端尖;颚基突不发达。抱器瓣与背兜—爪形突复合体等长,中部窄,自端部 1/3 渐窄至末端,末端圆。基叶短小,长约为抱器瓣的 1/4,自基部渐窄至末端,末端尖,具毛。毛基片带状,约与基腹弧等长。基腹弧长于背兜—爪形突复合体;侧叶出自基腹弧基部 1/3 处,棒状,末端尖,长约为基腹弧的 6/7。囊形区窄,前缘近平直。阳茎基叶单根,骨化弱,渐窄至末端,长约为基腹弧的 1/2。阳茎基部宽,端部 3/7 渐窄,具 3 根棒状骨化外叶,末端尖,均达阳茎末端,两侧骨化叶出自带区,中间骨化叶出自阳茎端部 1/3 处;角状器 1 枚,粗壮,出自带区背侧,略短于两侧骨化叶。

分布:浙江(天目山);俄罗斯。

阳麦蛾属 *Helcystogramma* Zeller, 1877

Helcystogramma Zeller, 1877. Type species: *Gelechia obseratella* Zeller, 1877.

头部光滑。下唇须镰刀状;第 2 节无发达鳞毛簇,有时背面具长鳞毛;第 3 节粗短,有时背面具长鳞毛。雄性中胸上前侧片有或无长毛簇。前翅 R_4 与 R_5 脉长共柄,R_3 与 R_{4+5} 脉共柄或分离,M_2 脉靠近 M_3 脉。后翅 M_1 脉自 R_s 脉中部伸出,M_3 与 CuA_1 脉短共柄。雄性外生殖器:爪形突呈三角形或长方形,末端钝圆或尖;抱器瓣窄长,常具短小的基叶;基腹弧具对称且伸向内侧的宽侧叶;囊形区前伸,前缘钝圆或尖;阳茎基部通常膨大,无角状器。雌性外生殖器:前表皮突短于后表皮突;导管端片背面前端常具成对的刺状突;囊导管膜质或部分骨化;交配囊内表面常有疣突、刺突或皱褶;导精管常出自交配囊后端。

该属昆虫已记载 100 多种,中国已知 20 种,浙江已知 6 种,本书记述 5 种。

分种检索表

1. 下唇须和前翅具金属光泽;雄性基腹弧内侧基部向外翻折;雌性囊导管长于后表皮突的 9 倍以上 ┈┈┈┈┈┈┈┈┈┈┈┈┈┈┈┈┈┈┈┈┈┈┈┈┈┈┈┈┈┈┈┈┈**中阳麦蛾** **H. epicentra**

　下唇须和前翅无金属光泽;雄性基腹弧内侧基部无翻折;雌性囊导管等长于或略短于前表皮突 ┈┈ 2

2. 爪形突近长方形,近端部膨大;颚形突末端尖;基腹弧侧叶端部膨大;阳茎末端钩状 ┈┈┈┈┈┈┈┈ 3

　爪形突近三角形,自基部渐窄至端部;颚形突末端钝;基腹弧侧叶端部不膨大;阳茎末端钝圆 ┈┈┈ 4

3. 雄性第 8 背板前缘呈矩形凹入；雌性具囊突 ………………………………… **甘薯阳麦蛾 *H. triannulella***

雄性第 8 背板前缘呈拱形凹入；雌性无囊突…………………………………… **土黄阳麦蛾 *H. lutatella***

4. 基腹弧内缘明显突出；侧叶近指状，末端钝圆；雌性囊导管直…………… **斜带阳麦蛾 *H. trijunctum***

基腹弧内缘略拱；侧叶角状，末端尖；雌性囊导管近交配囊处略弯 ……………………………………………………………………………………………………… **拟带阳麦蛾 *H. imagitrijunctum***

15.73　中阳麦蛾 *Helcystogramma epicentra*（Meyrick，1911）(图版 14-239)

Strobisia epicentra Meyrick，1911，*Journ. Bombay Nat. Hist. Soc.*，**20**：730.

Helcystogramma epicentra：Ponomarenko，1997，*Far Eastern Entomol.*，**50**：6.

翅展 8.5～9.5mm。头灰色至褐色，额黄白色。触角柄节背面黑褐色，腹面灰白色；鞭节背面灰黄色和黑褐色相间，腹面浅黄色。下唇须第 2 节长约为复眼直径的 2 倍，略长于第 3 节；第 1、2 节白色，末端及外侧基部黑褐色；第 3 节两侧黑褐色，腹面浅黄色，背面白色。胸部和翅基片深褐色。前翅自基部至端部略渐宽，顶角尖；底色灰褐色；自前缘近中部至中室上角具黑褐色三角形斜斑，其下方具黄色带；中室上缘基部 2/5 具黑褐色纵带，其端半部边缘黄色；中室中部、中室下角处及翅褶中部具略向上斜的近三角形黑褐色斑，其边缘黄色，中室中部和翅褶中部的斑相连；自前缘 2/3 处至近臀角具黑褐色横带，其前端 3/5 近三角形，斜，略向外拱，后端 2/5 竖直，细，沿横带内侧具赭黄色线(前缘处黄色)，沿外侧具银灰色线；沿前缘端部 1/4 及外缘具多条短带，沿前缘和近顶角处的 4 条细长，基部相连，沿外缘顶角下方的 3 条黑褐色；前缘端部缘毛基部黄白色，近 2/5 处黑褐色，端部 3/5 褐色，外缘处缘毛基部 2/5 深银灰色，端部 3/5 黄色，后缘处缘毛灰黄色，混有褐色。后翅及缘毛灰色。

雄性外生殖器(图版 52-239)：爪形突近 1/3 处窄，中部 1/3 两侧平行，端部 1/3 渐宽至圆钝的末端；长约为抱器瓣的 2/5。颚形突末端具小钩；颚基突后缘近平直。抱器瓣短于背兜—爪形突复合体，近中部窄，端半部略膨大，末端圆钝。基腹弧内侧基部向外翻折，侧叶短小，末端尖。囊形突长三角形，末端圆钝。阳茎基部 1/3 圆，端部 2/3 渐细至末端。第 8 背板半椭圆形。

雌性外生殖器(图版 98-239)：前表皮突长约为后表皮突的 1/2。第 8 背板后缘平直。导管端片近三角形，中部凹陷，密被小针突。囊导管长于后表皮突的 9 倍以上，略盘曲，基部窄，其背面具小的骨片；导精管自近基部伸出。交配囊近圆形，内表面后端及左侧中部具针突；附囊自后端 1/3 处伸出。

分布：浙江(天目山)、湖南、福建、香港；斯里兰卡。

15.74　土黄阳麦蛾 *Helcystogramma lutatella*（Herrich-Schäffer，1854）(图版 14-240)

Anacampsis lutatella Herrich-Schäffer，1854，*Syst. Bearb. Schmett. Eur.*，**5**：201.

Helcystogramma lutatella：Hodges，1986，*Moths of America North of Mexico*，**7.1**：123.

翅展 12.5～16.0mm。头黄褐色至黑褐色，额黄色至灰黄色。触角柄节背面黑褐色，腹面黄白色；鞭节背面灰黄色与黑褐色相间，腹面赭色。下唇须第 2 节长约为复眼直径的 2.5 倍，约与第 3 节等长；浅黄褐至黑褐色，腹面黄色，第 2 节背面黄白色，第 3 节背面及末端黄色。胸部和翅基片黄褐至黑褐色。前翅顶角圆钝；底色棕黄色至深棕黄色，前缘赭黄色；中室中部、近末端和翅褶 3/5 处各有 1 枚褐色斑，边缘杂黄白色；前缘端部 1/4 处至近臀角有 1 条略外弯的土黄色弧线，在前缘处黄色；前缘端部 1/4 及外缘有较大的黑褐色斑点；缘毛棕黄色，基部黄色。后翅灰色至深灰色，缘毛 1/3 灰黄色，端部 2/3 灰色至深灰色。

雄性外生殖器(图版 52-240)：爪形突近长方形，长约为抱器瓣的 1/4，近基部 2/5 处缢缩，末端圆形。颚形突伸达抱器瓣基部；颚基突近梯形。抱器瓣狭长，约与背兜—爪形突复合体等长,背、腹缘近平行,末端圆钝;基叶粗短,近指状,末端圆钝,被稀疏长刚毛。基腹弧侧叶端部扩大,端角呈角状突出;长约为基腹弧+囊形突的 1/6。阳茎基半部圆形膨大,端半部渐细,末端钩状。第 8 背板近三角形,前缘强骨化,略内拱,后缘圆钝。

雌性外生殖器(图版 98-240):前表皮突长约为后表皮突的 2/5。第 8 背板前缘中部呈半圆形凹入,凹入处两侧具角状突起,后缘略呈三角形凹入。导管端片由 2 条近对称的骨片组成,每条骨化片基半部长方形,端半部三角形。囊导管短,膜质。交配囊大型,不规则椭圆形,长约为最大宽的 2 倍,基部密被小针突;无囊突;附囊自交配囊前端 1/4 处伸出。

寄主:禾本科 Gramineae:拂子茅 *Calamagrostis epigeios* (Linn.),欧茅根 *Agropyrum repens* Beauv.。

分布:浙江(天目山)、甘肃、新疆、河北、陕西、河南、江西、湖北、福建、四川、贵州、西藏;欧洲。

15.75 甘薯阳麦蛾 *Helcystogramma triannulella* (Herrich-Schäffer, 1854)(图版 14-241)

Anacampsis triannulella Herrich-Schäffer, 1854, *Syst. Bearb. Schmett. Eur.*, **5**:201.

Helcystogramma triannulella:Park & Hodges, 1995b, *Korean Journ. Syst. Zool.*, **11**(2):230.

翅展 13.0~17.5mm。头棕色至深棕色,额灰黄色。触角柄节背面黑褐色,腹面黄色;鞭节背面黑褐色,腹面淡赭色。下唇须第 2 节长约为复眼直径的 2 倍,约与第 3 节等长;第 2 节褐色,混有黄白色,背面灰白色;第 3 节黑褐色,背面及末端黄色。胸部和翅基片深褐色。前翅底色灰褐色至深褐色,散布赭褐色鳞片;前缘端部 1/4 处有 1 枚棕黄色小斑,中室中部及端部各有 1 个棕黄色环形斑纹,中央有时杂黑褐色,边缘混有白色;翅褶中部具黑褐色长椭圆形斑,边缘杂白色鳞片;前缘端部 1/4 及外缘具黑褐色斑点;缘毛灰褐色至深灰褐色,混有灰白色。后翅及缘毛灰色。

雄性外生殖器(图版 52-241):爪形突中部两侧近平行,端部略宽大,末端钝;长约为抱器瓣的 1/4。颚形突达抱器瓣基部;颚基突呈梯形,后缘略凹入。抱器瓣背、腹缘近平行,长于背兜—爪形突复合体等长;基叶自基部至端部渐窄,被稀疏刚毛。基腹弧侧叶长约为基腹弧+囊形突的 1/5,端角尖。阳茎基半部近圆形,端半部渐细,末端钩状。第 8 背板前缘中部 1/2 呈矩形深凹。

雌性外生殖器(图版 98-241):前表皮突长为后表皮突的 1/3~1/2。第 8 背板后缘平直,前缘中部凹入,凹入处两侧具小的角状突起。导管端片由 2 条近对称骨化带组成,每条骨化带细长且末端尖。囊导管膜质,带状,略长于前表皮突。交配囊细长,长约为最大宽的 4 倍;囊突密被短针突;附囊自囊突下方伸出。

寄主:旋花科 Convolvulaceae:甘薯 *Ipomoea batatas* (Linn.),蕹菜 *I. aquatica* Forsk,月光花 *Calongction aculeatum* (Linn.),牵牛花 *Pharbitis nil* (Linn.),田旋花 *Convolvulus arvensis* Linn.,篱打碗花 *Calystegia sepium* (Linn.),日本打碗花 *C. japonica* Choisy 等;锦葵科 Malvaceae:木槿 *Hibiscus syriacus* Linn.。该种是甘薯的重要害虫。

分布:浙江(天目山)、辽宁、甘肃、新疆、天津、河北、陕西、河南、山东、江苏、安徽、江西、湖北、台湾、广西、香港、四川、贵州;朝鲜,日本,印度,俄罗斯,中亚地区和欧洲中南部。

15.76 拟带阳麦蛾 *Helcystogramma imagitrijunctum* Li et Zhen, 2011(图版 14-242)

Helcystogramma imagitrijunctum Li et Zhen, 2011, *Journ. Nat. Hist.*, **45**(17-18):1080.

翅展 11.0~14.0mm。头灰褐色。触角柄节背面黑褐色,腹面黄色;鞭节背面基部 1/3 黑褐色和褐色相间,端部 2/3 黑褐色和灰黄色相间,腹面黄色。下唇须背面具长鳞毛;第 2 节长约为复眼直径的 2.5 倍,第 3 节长约为第 2 节的 3/4;第 2 节黄色,混有褐色,末端黑褐色;第 3 节黑褐色,末端黄色。胸部黄色,混有灰褐色;中胸上前侧片无长毛簇。翅基片基部 3/5 黑褐色,端部 2/5 黄色。前翅端部略宽,顶角略钝,外缘斜,直;底色黄色至灰黄色,散布灰褐色鳞片;前缘除端部 1/4 外黑褐色,自 2/3 处至后缘 2/5 处具黑褐色宽横带,中部模糊;中室中部和翅褶中部各具 1 个黑色鳞毛簇,中室末端有 2 个上下排列的黑色鳞毛簇,有时模糊;端带宽,黑褐色;缘毛黑褐色。后翅及缘毛灰白色至灰色。

雄性外生殖器(图版 52-242):爪形突略呈三角形,末端具三角形小突起,中部宽约为基部宽的 3/5,长约为抱器瓣的 1/5。颚形突端部 1/5 突然变窄,长乳突状,末端未达抱器瓣基部;颚基突半椭圆形。抱器瓣背、腹缘近平行,末端圆钝,略长于背兜—爪形突复合体;基叶拱形,具稀疏刚毛。基腹弧内缘略突出;侧叶近三角形,末端尖,长约为基腹弧＋囊形突的 1/4。囊形突前缘略圆。阳茎自基部起渐细,末端圆钝。第 8 背板近倒梯形,后缘圆钝。

雌性外生殖器(图版 98-242):前表皮突长约为后表皮突的 1/4。导管端片近圆形,前端两侧具斜的长三角形骨片,前端 1/3 无针突。囊导管基部 2/5 膜质,端部 3/5 骨化且渐宽,近交配囊处略弯曲。交配囊圆形;附囊自近前缘伸出。

分布:浙江(天目山)、江西、台湾、贵州。

15.77　斜带阳麦蛾 *Helcystogramma trijunctum*（Meyrick，1934）(图版 14-243)

Orsodytis trijuncta Meyrick, 1934, *Exot. Microlep.*, **4**: 513.

Helcystogramma trijunctum: Park & Hodges, 1995b, *Korean Journ. Syst. Zool.*, **11**(2): 227.

翅展 11.0~14.0mm。头灰褐色。触角柄节背面黑褐色,腹面黄色;鞭节背面黑褐色和黄褐色相间,腹面黄色。下唇须第 2 节端部 3/5 和第 3 节中部具长鳞毛,第 2 节长约为复眼直径的 3 倍,略长于第 3 节;第 2 节黄色,末端黑褐色;第 3 节黑褐色,末端黄色,背面基部黄白色。胸部黄色,混有黑褐色;中胸上前侧片无长毛簇。翅基片基部 2/3 黑褐色,端部 1/3 黄色。前翅基部至端部渐宽,顶角钝;底色黄白色至浅赭褐色,散布黑褐色鳞片;前缘基部 2/5 黑褐色;前缘 2/3 处至后缘 1/3 处有 1 条黑褐色宽横带伸达后缘 2/5 处,中部模糊或有间断;中室 3/5 处和翅褶中部各具 1 个黑色鳞毛簇,中室末端沿上下位置具 2 个黑色鳞毛簇,上面的较大;外缘有 1 条黑褐色宽横带,约占翅宽的 1/6;缘毛褐色至黑褐色。后翅及缘毛灰色至深灰色。

雄性外生殖器(图版 52-243):爪形突长约为抱器瓣的 1/4,中部宽约为基部宽的 1/2,末端具小的三角形突起。颚形突自基部至端部渐窄,末端略膨大,不达抱器瓣基部;颚基突半椭圆形。抱器瓣狭长,背、腹缘近平行,末端圆钝,长于背兜—爪形突复合体。基腹弧内侧明显突出;侧叶略短于颚形突。囊形突前缘钝圆。阳茎粗大,基部 2/5 粗,渐细至端部,末端圆钝。第 8 背板近半圆形。

雌性外生殖器(图版 99-243):前表皮突长约为后表皮突的 1/3。导管端片近梯形,两侧具长的骨片,前缘中部略凹。囊导管细长,约与后表皮突等长,基半部膜质,端半部或端部 2/3 骨化。交配囊大,椭圆形,内面密布刺突;附囊自近前缘中部伸出。

分布:浙江(天目山)、甘肃、陕西、安徽、湖北、湖南、台湾、广西、四川、贵州、云南。

月麦蛾属 *Aulidiotis* Meyrick，1925

Aulidiotis Meyrick, 1925. Type species: *Ceratophora phoxopterella* Snellen, 1903.

单眼存在。触角线状,具稀疏短纤毛,柄节无栉。喙发达。下唇须后弯过头顶;第 2 节粗,鳞片紧贴;第 3 节在雄性中粗壮,雌性中尖细,明显长于第 2 节。下颚须短,线状。前翅阔披针形,端斑超过前翅的 1/6 长,其前缘及外缘具黑色波浪线,在翅脉处略内弯。后翅宽阔,近梯形,臀区发达,外缘顶角下方内凹明显。前翅 Sc 脉达前缘 1/2 处,R_4 与 R_5 脉长共柄,R_3 与 R_{4+5} 共柄,R_5 脉达外缘,M_1 与 M_2 脉近平行,M_2 与 M_3 脉基部接近,M_3 和 CuA_2 脉同出中室下角,CuA_1 脉缺失,1A+2A 脉具基叉。后翅 Sc+R_1 脉达前缘 3/4 处,Rs 和 M_1 脉共柄,M_3 和 CuA_1 脉同出中室下角,1A+2A 脉具基叉;无肘栉。雄性外生殖器:爪形突宽大,近基部内缩,端部通常三角形或近梯形。颚形突前缘具浓密栉齿,侧壁窄带状。背兜宽,前缘分两支。抱器瓣狭长,抱器腹发达,顶角通常尖。阳茎基环宽,骨化较弱,阳茎短管状。雌性外生殖器:前表皮突基半部分叉,导管端片骨化较弱。囊导管膜质,短于交配囊。交配囊延长,常具疣突。

15.78 月麦蛾 *Aulidiotis phoxopterella* (Snellen, 1903)(图版 14-244)

Ceratophora phoxopterella Snellen, 1903, *Tijdschr. Entomol.*, 46: 41.

Aulidiotis phoxopterella: Meyrick, 1925, In: Wytsman (ed.), *Gen. Ins.*, 184: 182.

翅展 14.5~17.0mm。头白色。下唇须灰白色,第 2 节长约为复眼直径的 1.5 倍;第 1、2 节外侧褐色;第 3 节端部渐窄。触角柄节黄白色,鞭节背面黄褐色与褐色相间,腹面黄色。胸部及翅基片黄白色,翅基片基部散布灰褐色鳞片。前翅浅黄褐色,自基部至端斑处渐深至深黄褐色;端斑近椭圆形,黄色,散布棕黄色鳞片,其内缘略向内拱起;缘毛基部 1/4 黄褐色,自 1/4 至中部黄色,端半部灰黄色。后翅褐色;缘毛基部灰黄色,端部灰褐色。

雄性外生殖器(图版 53-244):爪形突基部宽,渐窄至近中部,近中部两侧收缩内凹,后渐宽至近基部 2/3 处,侧缘突出钝圆;端部 1/3 呈亚三角形突出,末端钝。颚形突呈亚三角形,基部窄,渐窄至前缘;前缘几乎平直,具紧密后弯的栉齿。抱器瓣短于背兜—爪形突复合体,端部略窄,末端圆钝。抱器背基突端部膨大,中部弱相连。抱器腹近矩形,背端角呈三角形延伸。基腹弧窄带状,前缘钝。阳茎粗短,末端圆钝。

雌性外生殖器(图版 99-244):产卵瓣近方形,后缘渐窄,具稀疏刚毛。前表皮突基部 2/5 分叉,约与后表皮突等长。第 8 背板后缘平直;腹板前后缘中部深凹,具刚毛。导管端片近长方形,骨化较弱,内壁具疣突。囊导管长约为交配囊的 2/5。交配囊近长方形,长约为宽的 4 倍,左后角内表面集聚疣突;无囊突。

分布:浙江(天目山)、甘肃、山西、江西、湖北、台湾、广东、贵州;印度尼西亚,印度。

麦蛾亚科 Gelechiinae

头部光滑,鳞片紧贴。单眼存在。触角在雄性个体中常具短纤毛。喙发达或退化消失。下唇须上举后弯;第 2 节多粗壮。腹部具 1 对腹棒和 1 对表皮内突。雌雄外生殖器形状多样。

树麦蛾属 *Agnippe* Chambers, 1872

Agnippe Chambers, 1872. Type species: *Agnippe biscolorella* Chambers, 1872.

头部平滑,单眼存在。触角简单。下唇须第 2 节基部增厚;第 3 节与第 2 节近等长,细尖。下颚须短,鳞状。R_{4+5} 脉与 M_1 脉共柄,M_2 与 M_3 脉同出一点或短共柄。后翅长梯形,末端尖,M_2 脉在基部与 M_3 脉接近,CuA_1 与 M_3 脉基部接近或同出一处。雄性外生殖器:爪形突细长;颚形突发达,延伸为两支臂状结构,一支呈三角戟状,一支棒状且其近末端侧缘具 1 短棒状突起;背兜宽短,两侧近平行;抱器瓣狭长;囊形突细长,棒状。雌性外生殖器:前表皮突粗壮,后表皮突细长,末端膨大;囊突 1 枚;导精管内侧有刺列。

该属中国已知 11 种,本书记述 1 种。

15.79　胡枝子树麦蛾 *Agnippe albidorsella*（Snellen，1884）（图版 14-245）

Recurvaria albidorsella Snellen, 1884, *Tijdschr. Entomol.*, **27**: 169.

Agnippe albidorsella: Lee & Brown, 2008, *Zootaxa*, **1818**: 48.

翅展 7.5~10.5mm。头白色,复眼后侧具黑色鳞片。下唇须白色,第 2 节外侧基半部黑色;第 3 节末端处黑色。触角柄节黑色;鞭节黑色与灰白色相间。胸部及翅基片白色,翅基片基部及胸部末端黑色。前翅黑色,1/3 处有 1 长梯形白色横带,自前缘渐宽至后缘;前缘 2/3 处有 1 倒三角形白斑,臀角处有 1 三角形白斑;缘毛黑褐色,臀角处灰白色。后翅及缘毛黑褐色,雄性前缘基部有长毛簇。

雄性外生殖器(图版 53-245):第 8 背板前缘略内凹;腹板狭长,两侧近平行,后缘圆钝。爪形突狭长,基部略宽,末端平直。颚形突分两支:主支粗壮,末端分三叉,较短,近等长;侧支相对较细,略呈弧状弯曲,末端尖,近端部处着生 1 棒状突起。抱器瓣细长,棒状,具刚毛。抱器背基突粗短,近三角形。基腹弧后缘侧突呈宽叶状,末端圆钝。囊形突狭长,末端尖。阳茎端半部骨化较强,末端有 1 钩状突。

雌性外生殖器(图版 99-245):产卵瓣近基部具若干长刚毛。后表皮突长约为前表皮突的 2.5 倍,末端膨大。导管端片近梯形,长约为前表皮突的 1/3。囊导管粗短。交配囊近圆形;囊突近三角形,顶角圆钝,底边具齿。导精管粗壮,着生于囊导管近基部,内有 1 列角状刺。

寄主:豆科 Leguminosae:胡枝子 *Lespedeza bicolor* Turcz.。

分布:浙江(天目山)、吉林、宁夏、甘肃、北京、天津、河北、陕西、河南、山东、江苏、安徽、江西、西藏;朝鲜,日本,俄罗斯。

窄翅麦蛾属 *Angustialata* Omelko，1988

Angustialata Omelko, 1988. Type species: *Angustialata gemmellaformis* Omelko, 1988.

头部平滑,无单眼。下唇须第 2、3 节近等长。前翅 R_{4+5} 脉与 M_1 脉共柄,M_2 与 M_3 脉合并。后翅狭窄,$Sc+R_1$、Rs 和 M_1 脉合并;前缘基部 1/3 处有长毛簇。雄性外生殖器:爪形突宽大;背兜前缘凹入;抱器瓣基部膨大,端部细长;阳茎基环发达。雌性外生殖器:具 1 对囊突。

该属中国已知 1 种,浙江首次记述,本书记述该种。

15.80　窄翅麦蛾 *Angustialata gemmellaformis* Omelko，1988（图版 14-246）

Angustialata gemmellaformis Omelko, 1988, *Ent. Obozr.*, **67**(1): 150.

翅展 9.0~11.5mm。头白色。下唇须白色;第 2 节基半部外侧及第 3 节 1/3 处和近端部处褐色。触角柄节灰白色杂褐色;鞭节黄白色与黑色相间。胸部黑褐色,端部白色。翅基片白色杂黑褐色,基部黑褐色。前翅白色,密布黑色及黄褐色鳞片;前缘基部、1/3 处、翅褶近基部、1/2 处及臀角处各有 1 不规则黑斑;前缘 3/4 处有 1 黑色横带,内斜至后缘中部,其中部赭褐色;缘毛灰白色。后翅黑褐色,明显窄于前翅,外缘深凹,顶角突出明显;缘毛灰白色。

雄性外生殖器(图版 53-246):爪形突发达,后半部宽,末端近圆形,被短刚毛;前缘中部深凹,后缘几乎平直,后侧角圆钝。颚形突椭圆形,弱骨化。背兜窄长,基部至端部渐窄;中央纵向强骨化,前缘深凹。抱器瓣细长,近 1/3 处强烈弯曲;基部呈三角形膨大,末端尖。阳茎基环发达,有两个具短刚毛的角状突,较粗壮。基腹弧窄,两侧近平行。囊形突近长方形,端部略宽,前缘几乎平直。阳茎细长,端半部尖。

雌性外生殖器(图版 99-246):后表皮突长约为前表皮突的 3 倍。前阴片突出,两侧近椭圆形,中部凹入。囊导管粗短。交配囊近椭圆形;囊突 1 对,较大,密布短刺突,近三角形,1/3 处略弯,基部骨化较强。

分布:浙江(天目山)、甘肃、青海;朝鲜,俄罗斯。

卡麦蛾属 *Carpatolechia* Cápuse，1964

Carpatolechia Cápuse，1964. Type species：*Carpatolechia dumitrescui* Cápuse，1964.

头部鳞片紧贴，单眼存在。下唇须第 3 节短于第 2 节。触角和前翅近等长。前翅具竖鳞，中带存在或消失，R_5、M_1、M_2 和 M_3 脉分离，CuA_1 和 CuA_2 脉存在。后翅 R_5 和 M_1 脉共柄，M_2、M_3 和 CuA_1 脉分离。雄性外生殖器：爪形突发达，延长，侧缘具浓密刚毛；颚形突退化或消失；背兜前缘深凹，形成 1 对宽圆侧支，阳茎无角状器。雌性外生殖器：交配孔近圆形；导管端片退化；囊导管与交配囊发达；囊突近菱形，边缘具齿，横轴具 1 凹痕。

该属中国已知 6 种，浙江首次记述，本书记述 1 种。

15.81 阳卡麦蛾 *Carpatolechia yangyangensis*（Park，1992）（图版 14-247）

Teleiodes yangyangensis Park，1992，*Ins. Koreana.*，**9**：8.

翅展 8.0～13.0mm。头灰褐色，杂黑褐色及黄褐色鳞片。下唇须黑色，散布灰白色鳞片，第 2 节内侧灰白色鳞片较多；第 3 节 1/5 处、3/5 处及末端处白色，长于第 2 节，末端尖。触角柄节黑色；鞭节黑色与灰白色相间。胸部和翅基片灰褐色至褐色。前翅黑褐色，翅褶近中部、末端具黑色竖鳞；前缘 2/3 处有 1 黄白色竖鳞丛；中室末端及近基部有黑色竖鳞，周围具黄色鳞片，中部有 1 较大黄色竖鳞丛，有时杂少量黑色鳞片，形状不规则；缘毛灰褐色至黑褐色。后翅深灰褐色；缘毛灰褐色。腹部基半部黄褐色，端半部黑色。

雄性外生殖器（图版 53-247）：第 8 腹板近长方形，长短于宽，后缘具密刚毛，中部浅凹入；第 8 背板前缘两侧具三角形突起，后缘圆钝。爪形突近椭圆形，边缘具刚毛，末端尖舌状。颚形突缺失。背兜前缘呈 U 形深凹，形成两窄长侧叶，基部近方形。抱器瓣细长，略弯，超过爪形突末端；基部略膨大，末端尖。阳茎基环梯形，呈片状。阳茎略弯，粗管状，基部至端部渐窄，末端腹侧突出；阳茎基叶凸出，叉状，生有短刚毛。

雌性外生殖器（图版 99-247）：前表皮突长约为后表皮突的 2/5。前阴片突出，中部凹入；后阴片近三角形。导管端片弱骨化。囊导管细长，约为交配囊的 2.5 倍。交配囊椭圆形；囊突菱形，边缘具齿，沿长轴有 1 哑铃型凹痕。

分布：浙江（天目山）、吉林、天津；朝鲜、日本。

离瓣麦蛾属 *Chorivalva* Omelko，1988

Chorivalva Omelko，1988. Type species：*Chorivalva unisaccula* Omelko，1988.

头部鳞片紧贴。前翅 R_1 脉出自中室中部，M_1 近 R_{4+5} 脉，M_2 接近 M_3 脉，M_3 与 CuA_1 脉同出中室下角。后翅 M_1 出自 Rs 脉，M_2 在基部与 M_3 脉接近，M_3 与 CuA_1 脉同出中室下角，CuA_1 和 CuA_2 脉近平行。第 1、2 腹节节间膜处有 1 对细长毛簇。雄性外生殖器：爪形突宽阔；抱器瓣具背基突。

该属中国已知 1 种，浙江首次记述，本书记述该种。

15.82 栎离瓣麦蛾 *Chorivalva bisaccula* Omelko，1988（图版 14-248）

Chorivalva bisaccula Omelko，1988，*Ent. Obozr.*，**67**(1)：144.

翅展 9.0～11.0mm。头灰褐色杂黑褐色鳞片。下唇须黑色，第 2 节末端、内侧中部及近基部，第 3 节基部、中部和末端处具白色环纹。触角柄节黑色杂灰白色；鞭节深褐色与灰白色相间。胸部及翅基片深褐色散布灰白色鳞片。前翅深褐色，散布少量灰白色及浅褐色鳞片；前缘平直，近基部白色鳞片较多；中部和翅褶 2/3 处有若干黑色杂灰白色小鳞片簇，自前缘至后缘形成 1 横带;翅端散布较多灰白色鳞片;缘毛灰褐色。后翅及缘毛灰褐色。

雄性外生殖器(图版 53-248):第 8 腹板宽大,宽大于长,后缘深凹形成两叶状突,基部两侧具长毛簇;背板呈三角形,后缘钝圆,前缘中部深凹至近 2/3 处。爪形突近倒梯形;后缘具刚毛,中部略凹。颚形突约与爪形突等长,中部窄,两端宽;末端中部具 1 锥状小突起,强烈骨化。背兜狭长,前缘中部深裂。抱器瓣细长鞭状,基部膨大,中部略呈弧状弯曲;末端尖,略呈钩状。抱器小瓣细长,约与抱器瓣等长;基部膨大。阳茎基环细长带状,略超过抱器瓣端部。抱器腹窄带状。囊形突长方形,前缘平直。阳茎略弯,基部稍窄,中部粗壮,端部渐窄;自基部 1/3 处生出 1 枚 S 形角状器,细长丝状,强烈骨化。

寄主:壳斗科 Fagaceae:蒙古栎 *Quercus mongolica* Turcz. ;七叶树科 Hippocastanaceae:七叶树 *Aesculus hippocastanum* Linn. 。

分布:浙江(天目山)、吉林、天津、陕西、河南、贵州;朝鲜,日本,俄罗斯。

拟黑麦蛾属 *Concubina* Omelko *et* Omelko,2004

Concubina Omelko *et* Omelko,2004. Type species:*Concubina subita* Omelko *et* Omelko,2004.

头部鳞片紧贴。下唇须第 2 节短于第 3 节;第 3 节通常具环纹。触角线状。前翅或多或少具竖鳞丛,通常具横带,缘毛色浅。雄性外生殖器:第 8 背腹板发达。爪形突基部至端部渐窄;颚形突退化;背兜宽大,前缘凹;抱器瓣近三角形;基腹弧前缘宽大,有狭窄骨化边;囊形突短小。阳茎管状。雌性外生殖器:前表皮突粗壮,短于后表皮突的 1/2。囊导管膜质。交配囊卵圆形;囊突不规则菱形,横轴具骨化较弱的凹痕。

该属中国已知 1 种,浙江首次记述,本书记述该种。

15.83　斑拟黑麦蛾 *Concubina euryzeucta*(Meyrick,1922)(图版 14-249)

Telphusa euryzeucta Meyrick,1922,*Exot. Microlep.*,**2**:501.

Concubina euryzeucta:Park & Ponomarenko,2007,*Proc. Entomol. Soc. Wash.*,**109**(4):809.

翅展 11.0～16.0mm。头白色。下唇须黑色,第 2 节末端白色,其长短于第 3 节;第 3 节基部、中部及端部处白色。触角黑色。胸部白色,中部杂少量黑色鳞片。翅基片白色,基部黑色。前翅白色,翅端及外缘散生褐色及黑色鳞片;近基部有 1 黑色宽横带,自前缘基部外斜至后缘;前缘 2/3 处有 1 倒梯形黑斑,扩散至中室近下缘处;中室近下角处、翅褶中部及 2/3 处各有 1 黑色鳞毛簇;缘毛灰白色。后翅及缘毛灰褐色。腹部灰褐色杂黑褐色。

雄性外生殖器(图版 53-249):第 8 腹板近长方形,后缘圆钝,具密短刚毛;背板近三角形,后缘顶角钝,前缘中部内凹。爪形突长三角形,基部至端部渐窄,末端指状;腹侧前缘深凹,近基部两侧略内缩。颚形突退化。背兜宽大,前缘深凹。抱器瓣为两层骨化片折叠而成,近三角形。基腹弧前缘宽大,有狭窄骨化边,中部呈弧状内凹。囊形突短小,近方形,末端平截。阳茎管状,基部 1/3 较宽,端部 2/3 渐窄。

雌性外生殖器(图版 99-249):前表皮突粗壮,长约为后表皮突的 3/8。囊导管膜质,近基部有 1 骨化窄环。交配囊卵圆形;囊突不规则菱形,横轴具骨化较弱的凹痕,中部窄,两端宽。

寄主:蔷薇科 Rosaceae:桃 *Prunus persica* Batsch,樱桃 *P. pseudocerasus* Lindl,杏 *P. armenicana* Linn,李 *P. salicina* Lindl,绿萼莓 *P. mume* Sieb. *et* Zucc.。

分布:浙江(天目山)、甘肃、青海、北京、天津、河北、陕西、河南、山东、上海、江西、湖南、贵州;俄罗斯。

平麦蛾属 *Parachronistis* Meyrick，1925

Parachronistis Meyrick, 1925. Type species：*Gelechia* (*Brachmia*) *albiceps* Zeller, 1839.

头部光滑,单眼后置。喙发达。下唇须长,第 2 节增粗,具紧贴鳞片;第 3 节短于第 2 节,尖细。前翅前缘、中室、翅褶及臀角处常具若干小黑斑,M_1 出自 R_{4+5} 脉基部,M_2 与 M_3 脉接近,CuA_1 脉退化。后翅 $Sc+R_1$ 与 Rs 脉分离,Rs 脉达前缘近顶角,M_1 出自 Rs 脉,M_2 与 M_3 脉极接近,M_3 与 CuA_1 脉基部合生。第 1、2 腹节节间膜处具 1 对宽毛簇。雄性第 8 背板小;第 8 腹板极发达,后端形成两叶突。雄性外生殖器:爪形突宽阔;颚形突匙状,末端具齿;抱器瓣宽短;背兜延长;抱器腹膝状弯曲。雌性外生殖器:交配孔漏斗状或圆锥形;囊突不明显。

该属中国已知 1 种,本书记述该种。

15.84　西宁平麦蛾 *Parachronistis xiningensis* Li et Zheng, 1996(图版 14-250)

Parachronistis xiningensis Li et Zheng, 1996, *J. Hubei Univ.* (*Nat. Sci.*), **18**(3): 295.

翅展 8.0～11.5mm。头白色,复眼周围具少量黑色鳞片。下唇须黑色,第 2 节末端及内侧中部白色;第 3 节基部、中部和末端处白色,约与第 2 节等长,末端尖。触角柄节白色,具黑褐色斑;鞭节黑褐色与灰白色相间。胸部及翅基片灰白色杂浅褐色鳞片,翅基片基部黑褐色。前翅灰白色,密布浅灰褐色鳞片,翅顶处具较多灰褐色鳞片;前缘近基部、1/3 处和 2/3 处各有 1 黑色大斑,近基部与 2/3 处黑斑的外侧灰白色;中室斑和中室端斑黑色,后者大而圆,中室外缘外侧有 1 枚椭圆形黑斑;褶斑及臀斑黑色;缘毛灰白色,混有褐色鳞片。后翅灰褐色;缘毛灰白色。腹部褐色,末端灰白色。

雄性外生殖器(图版 53-250):第 8 背板小,近方形,末端钝圆;第 8 腹板宽大,前缘窄圆,后缘中部深凹,两侧形成 1 对大型叶突,叶突末端近圆形。爪形突宽大,腹侧前缘内凹,两侧中部略凹入,后缘中部略凸出,两边具刚毛。颚形突匙形,末端边缘具齿,侧臂较长。背兜窄长,两侧近平行。抱器瓣基部近圆柱形,端部近平行四边形,后缘内侧角突出明显,具稀疏短刚毛。抱器端宽,外缘直,内缘强烈凹入,末端波曲,向内侧突出。抱器背基突长三角形,与囊形突等长。抱器腹强烈弯曲,呈 S 形,近基部外侧角状突出。囊形突长,末端变宽,前缘凹。基腹弧窄。阳茎基环臂状。阳茎略弯,中部最细。

雌性外生殖器(图版 99-250):前表皮突略长于后表皮突的 1/2。交配孔漏斗形,两侧直或略向内凹,后缘凹,中央具突起,前端狭窄。导管端片基部膜质,前端窄。交配囊近椭圆形,前半部内壁多疣突;基部有附囊,生于导管端片近前端处;囊突为 1 个较弱的窄长骨化片。

分布:浙江(天目山)、青海、天津、贵州。

腊麦蛾属 *Parastenolechia* Kanazawa，1985

Parastenolechia Kanazawa, 1985. Type species：*Parastenolechia asymmetrica* Kanazawa, 1985.

头部光滑,单眼缺失。喙发达。下唇须第 2 节略短于或等长于第 3 节;鳞片紧贴,少数种第 2 节末端蓬松。触角线状,端部略呈齿状,长约为前翅的 3/5;雄性较雌性粗短。前翅底色通常白色,具黑色或黑褐色斑,常具竖鳞;多数种具翅褶斑、臀斑、中室斑及中室端斑,或具大型亚基斑,自前缘倾斜延伸越过翅褶,有时扩散至后缘处。后翅窄于前翅,前缘略弯曲,外缘极度内凹,顶角尖。翅脉:前翅 Sc 脉达前缘近 1/2 处,R_2、R_3 脉近平行,R_4、R_5 脉共柄,M_1 脉出自中室上角,M_2、M_3 脉同出中室下角,CuA_1、CuP 脉缺失,CuA_2 脉不明显,1A+2A 脉具基叉;中室为开室;后翅 $Sc+R_1$ 脉越过前缘中部,Rs 脉达前缘近顶角处,M_1 脉缺失,M_2 脉出自中室下角下方,M$_3$脉出自中室下角,M$_3$、CuA$_1$脉分离。雄性外生殖器:第 8 背板退化或极小;第 8 腹板极发达,宽阔,少数种类后端具强烈骨化长突起。爪形突扁平,后缘平直或中部略凹。颚形突前中突小,强烈骨化,少数种具前侧突;侧壁发达,窄带状。背兜背侧末端突出,前缘深凹,侧支窄。抱器瓣对称或不对称,常具长度不等的背突及腹突,背突端部具刚毛,腹突端部与基腹弧后侧角相连接,背基突发达,着生于抱器瓣基部,细长鞭状,常超过背兜末端,弯,基部膨大。阳茎基环发达,完全分离或仅端部分离,基部相连接。基腹弧近倒三角形或漏斗状;囊形突与抱器腹无明显分界,其前端与阳茎腹侧基部紧密融合。阳茎短于背兜,弯,端部或多或少斜截,无角状器。雌性外生殖器:前表皮突粗壮,有时略弯;后表皮突细长,长于前表皮突的 2 倍。交配孔侧叶发达,或缺失。囊导管于近交配孔处具骨片。囊突前缘侧角处具 1 对强骨化刺突,少数着生于侧缘中部。

该属中国已知 10 种,本书记述 6 种。

分种检索表(基于雄性外生殖器)

15.85 沐腊麦蛾 *Parastenolechia argobathra*（Meyrick，1935)(图版 14-251)

Telphusa argobathra Meyrick 1935, *In*: Caradja & Meyrick, *Mater. Microlepid. Fauna Chin. Prov. Kiangsu, Chekiang und Hunan*: 66.

Parastenolechia argobathra: Kanazawa, 1985, *Bull. Osaka Mus. Nat. Hist.*, **38**: 15.

翅展 9.0～14.0mm。头白色。下唇须白色杂褐色鳞片,第 2 节基半部黑褐色,端部鳞片蓬松;第 3 节 1/3 处及近末端处黑褐色,短于第 2 节。触角柄节白色杂褐色;鞭节褐色与黄白色相间。胸部与翅基片灰白色,翅基片基部暗黄色。前翅白色,密布褐色鳞片;前缘近基部、1/3 处及 3/5 处各有 1 黑斑,近基部斑较小;中室斑和中室端斑小,有时不明显;翅褶 2/5 处具黑斑,被竖鳞,2/3 处具白色杂褐色竖鳞丛;后缘 1/3 处具大的黑色散斑;臀斑黑色,具竖鳞;翅端不规则散布若干小黑点;缘毛灰白色杂褐色。后翅灰褐色;缘毛黄褐色。

雄性外生殖器(图版 53-251):第 8 腹板近梯形,前缘突出。爪形突近方形,后缘几乎平直,中部有 1 小凹口。颚形突前中突锥状;侧臂窄带状。背兜基部分支超过总长的 1/2。抱器瓣对称;抱器背细长鞭状,长于背兜—爪形突复合体,基部略膨大,近基部强烈弯折;抱器腹外叶突短,指状,末端着生长刚毛,内叶突粗壮,长于外叶突。阳茎基环基部呈三角形膨大,中部窄,端部呈长方形向外侧凸出,末端尖,略呈钩状。基腹弧倒三角形;囊形突近方形,前缘略内凹。阳茎基半部粗壮,端半部尖细,中部略弯,端部 1/3 斜截;长约为背兜—爪形突复合体的3/4。

雌性外生殖器(图版 99-251):第 8 腹板后缘平直,中部深凹,具稀疏刚毛。后表皮突长约为前表皮突的 2 倍。交配孔侧叶强骨化,呈三角形突出。囊导管约与交配囊等长,基部具 1 长菱形骨片。交配囊卵圆形;囊突半椭圆形,前缘略内凹,刺突自前侧角伸出。

分布:浙江(天目山)、黑龙江、甘肃、天津、山西、河南、湖北、海南;朝鲜,日本。

15.86 白头腊麦蛾 *Parastenolechia albicapitella* Park,2000(图版 14-252)

Parastenolechia albicapitella Park,2000,*Korean Journal of Systematic Zoology*,**16**(2):165.

翅展 10.0~13.0mm。头白色。下唇须白色,第 2 节基半部外侧褐色,内侧黄白色,端半部白色杂浅褐色鳞片;第 3 节 1/3 处及近末端具黑褐色环纹,近末端环纹相对宽,末端尖。触角柄节背侧黑褐色,腹侧浅褐色;鞭节浅黄褐色与黑褐色相间。胸部及翅基片白色;翅基片基部浅黄色。前翅雪白色,翅端密布黄色至浅褐色鳞片;具黑斑:亚基斑自前缘近基部外斜延伸至翅褶 1/4 处下方,前缘基部 2/5 处有小斑,不达中室上缘,端部 1/3 处有 1 倒三角形黑斑,相对大,达中室末端上方处;前缘端部 1/3 及外缘至臀角处具若干黑点;臀斑较大,近三角形,与前缘 1/3 处斑相连接;缘毛外缘灰白色杂褐色,后缘灰褐色。后翅及缘毛灰褐色。

雄性外生殖器(图版 53-252):第 8 腹板前缘中部呈梯形突出;后缘平直。爪形突近方形,基部略窄,后缘几乎平直,后侧角钝圆。颚形突长方形,宽大于长,前中突钩状。背兜基部 3/5 分两支,各分支渐窄;后端部近三角形突出。抱器瓣对称;抱器背细长鞭状,长于背兜—爪形突复合体,基部呈近三角形膨大,1/5 处强烈弯曲;抱器腹近长方形,外叶突直棒状,末端椭圆形膨大,具长刚毛,内叶突长不及外叶突的 1/2,渐窄。阳茎基环略短于抱器瓣外叶突;基部膨大,中部近等宽,近端部窄,末端钩状。基腹弧近倒三角形;囊形突短,近长方形,前缘略凹入。阳茎基部膨大,至端部渐窄,略弯,端部 1/3 斜截;短于背兜。

雌性外生殖器(图版 99-252):第 8 节腹板后缘中部略凹入,具稀疏刚毛。前表皮突粗壮,长不足后表皮突的 1/2。交配孔圆形;侧叶强骨化,后端钝。导管端片基部 1/3 窄,端部宽。囊导管长为交配囊的 3 倍。交配囊圆形;囊突近三角形,后缘拱形,前缘中部略内凹,刺突自前侧角伸出。

分布:浙江(天目山)、湖北、云南;朝鲜。

15.87 拱腊麦蛾 *Parastenolechia arciformis* Li,2016(图版 15-253)

Parastenolechia arciformis Li,2016,*In*:Li & Liu,*Zootaxa*,**4178**(1):67.

翅展 8.0~11.0mm。头白色杂褐色鳞片。下唇须白色;第 2 节基半部黑褐色,近末端褐色,略长于第 3 节;第 3 节 2/5 处、4/5 处及末端黑褐色。触角柄节白色杂黄褐色及黑褐色鳞片;鞭节灰白色与黑色相间。胸部及翅基片白色,散布浅褐色鳞片。前翅白色,密布褐色鳞片,翅端具若干小黑点;前缘近基部、2/5 处及 3/5 处各有 1 黑色斑,2/5 处及 3/5 处斑具竖鳞;翅褶斑、中室斑及臀斑具竖鳞,翅褶斑扩散至后缘上方,臀斑相对较大;中室端斑小,有时不明显;缘毛翅顶、前缘端部及外缘处灰白色混杂黑褐色鳞片,后缘处灰褐色。后翅及缘毛灰褐色。

雄性外生殖器(图版 53-253):第 8 腹板近长方形,前缘略突出,后缘几乎平直。爪形突近长方形,长短于宽,具长刚毛;后缘中部略内凹,后侧角钝圆。颚形突前中突三角形,较大。背兜基半部分支,后端钝圆突出。抱器瓣不对称,右侧(背面观)长于左侧;外叶突直棒状,末端略膨大,具稀疏长刚毛;内叶突短,长不及外叶突的 1/3;背基突超过阳茎基环末端,基部不规则膨大,并于膨大的末端处强烈弯折。阳茎基环长不及抱器瓣右背基突(背面观)的 1/2,基部至端部渐窄,端部弯,末端略呈钩状。基腹弧倒三角形;囊形突近长方形,侧缘略弯,前缘钝圆。阳茎呈弧状弯曲,基部至端部渐窄,端部近 1/2 斜截;长略短于背兜的 1/2。

雌性外生殖器(图版 99-253):第 8 腹板后缘平直,具稀疏刚毛。前表皮突略呈 S 形弯曲,略短于后表皮突的 1/2。交配孔侧叶长 V 形。囊导管细,长约为交配囊的 2 倍。交配囊长卵圆形;囊突近圆形,刺突着生于前缘侧角。

分布:浙江(天目山)。

15.88　乳突腊麦蛾 *Parastenolechia papillaris* Li, 2016(图版 15-254)

Parastenolechia papillaris Li, 2016, *In*: Li & Liu, *Zootaxa*, **4178**(1): 68.

翅展 14.0mm。头白色。下唇须白色;第 2 节基半部外侧褐色,长于第 3 节,末端鳞毛蓬松;第 3 节 2/5 处、4/5 处各有 1 黑色环纹。触角柄节白色杂褐色鳞片;鞭节白色与黑色相间。胸部及翅基片白色,翅基片基部浅褐色。前翅白色,翅中部及端部密布褐色及黄褐色鳞片;前缘近基部有 1 黑色小斑;前缘 1/3 至 2/3 处具 1 大型黑色不规则斑,其中部杂白色鳞片;翅褶斑具竖鳞;中室斑小,圆形;中室端斑模糊;后缘 1/3 外侧与翅褶间具 1 黑褐色近长方形斑;臀斑黑色,半椭圆形;亚外缘线白色,自前缘 2/3 处外斜延伸至 M_2 脉,后内斜至臀角;缘毛外缘处白色混杂黑色鳞片,其余灰褐色。后翅及缘毛深灰褐色。

雄性外生殖器(图版 53-254):第 8 腹板近梯形,前缘骨化强烈。爪形突近方形,基部略窄,后缘钝圆,具短刚毛。颚形突近长方形,前中突锥状,前侧突圆,长于前中突。背兜基半部分两支,各分支带状;后端钝圆突出。抱器瓣对称,基部窄,渐宽至末端;外叶突极小,乳突状或短指状,末端着生若干长刚毛,超过阳茎基环末端;内叶突粗短,较大,渐窄,末端钝;背基突细长鞭状,基部宽,近基部强烈弯折,约与背兜—爪形突复合体等长。阳茎基环基部 2/5 呈三角形膨大,端部 3/5 棒状;长约为抱器瓣背基突的 1/3;外缘近末端略弯。基腹弧宽,近漏斗状,侧缘拱起;囊形突近长方形。阳茎基部宽,端部近 1/3 斜截;长约为背兜—爪形突复合体的 5/8。

雌性外生殖器(图版 100-254):第 8 腹板后缘平直,具稀疏短刚毛。后表皮突长约为前表皮突的 2 倍。交配孔圆形,侧叶强骨化,角状,末端尖。导管端片窄于囊导管,约与交配孔侧叶等长。囊导管细,长约为交配囊的 2 倍,后端处具 1 倒三角形骨片。交配囊卵圆形;囊突半圆形,前缘略内凹,刺突着生于前缘侧角。

分布:浙江(天目山)、河北、山西、湖北。

鉴别:该种区分于同属其他种的显著特征在于抱器瓣外叶突乳突状或短指状,具若干长刚毛,超过阳茎基环末端。

15.89　梯斑腊麦蛾 *Parastenolechia trapezia* Li, 2016(图版 15-255)

Parastenolechia trapezia Li, 2016, *In*: Li & Liu, *Zootaxa*, **4178**(1): 70.

翅展 10.5~12.5mm。头白色。下唇须白色,第 2 节基半部外侧黑褐色,长于第 3 节,末端鳞片蓬松;第 3 节基部 1/4 处及近末端处黑褐色,有时黄褐色。触角柄节白色,背侧具黑褐色斑;鞭节黑白相间。胸部及翅基片白色;翅基片基部有时浅黄色。前翅雪白色,翅端半部密布浅黄褐色鳞片,翅端处具若干黑点;亚基斑黑色,自前缘外斜延伸至后缘,与翅褶斑相连接,翅褶处具竖鳞;前缘 2/5 处具 1 倒三角形小黑斑,达中室上缘,2/3 处具 1 较大倒梯形黑斑,延伸至中室斑及中室端斑上缘;臀斑黑色,近三角形,达中室下角;缘毛外缘处灰白色杂褐色,其余灰褐色。后翅及缘毛深灰褐色。

雄性外生殖器(图版 54-255):第 8 腹板近梯形。爪形突近方形,后缘中部浅凹,后侧角钝圆。颚形突近半椭圆形,前中突三角形,前侧突圆。背兜基半部分支,各分支细带状;背兜后端突出。抱器瓣宽,近长方形;外叶突细长,末端着生刚毛;内叶突粗短,近三角形,长不及外叶突的 1/2;背基突鞭状,超过爪形突末端,基部呈三角形极膨大,近 1/4 处强烈弯折,不对称,右侧(背面观)相对于左侧粗短。阳茎基环略长于抱器瓣外叶突;基部 2/3 宽,长方形,端部 1/3 窄,近末端外侧凸出,末端钩状。基腹弧倒三角形;囊形突窄,略弯,长于基腹弧。阳茎细长,基部略宽,中部弯,端部近 1/2 斜截;长短于背兜。

雌性外生殖器(图版 100-255);第 8 节腹板后缘中部凹入,具稀疏刚毛。前表皮突近基部处略外弯;后表皮突略长于前表皮突的 2 倍。交配孔小,圆形,周围具褶皱;侧叶强骨化,长卵圆形。导管端片弱骨化,窄于交配囊,短于交配孔侧叶。囊导管长约为交配囊的 4 倍。交配囊卵圆形;囊突半圆形,后缘钝圆,前缘中部内凹,前侧角突出,刺突着生于前缘侧角。

分布:浙江(天目山)、湖北、福建。

15.90 长突腊麦蛾 *Parastenolechia longifolia* Li，2016(图版 15-256)

Parastenolechia longifolia Li, 2016, *In*: Li & Liu, *Zootaxa*, **4178** (1): 77.

翅展 10.5mm。头白色。下唇须白色;第 2 节基半部外侧黑褐色,近末端外侧散布褐色鳞片,长于第 3 节;第 3 节基部 1/3 处及近末端黑色。触角柄节白色杂褐色;鞭节黄白色与褐色相间。胸部及翅基片白色,翅基片基部浅黄色。前翅基部 1/4 白色,1/4 至 3/4 处黑色,翅端部 1/4 白色密布褐色及黄褐色鳞片,前缘处黑色;前缘近基部有 1 黑色小斑,边缘黄色;臀斑黑色,圆形;缘毛灰白色至灰褐色,混杂黑褐色鳞片。后翅及缘毛灰褐色。

雄性外生殖器(图版 54-256);第 8 腹板近梯形;后缘平直,前缘略内凹。爪形突基部窄,端部近半圆形,后缘具刚毛。颚形突长方形,宽约为长的 5 倍;前中突锥状,前侧突圆。背兜基部分支约为总长的 1/3;后端呈三角形突出。抱器瓣对称,窄,近长方形;外叶突细长,棒状,超过阳茎基环末端,长于背兜的 1/2,末端呈椭圆形膨大,着生刚毛;内叶突粗短,末端钝,长约为外叶突的 1/4;背基突约与背兜等长,强烈弯折,基部呈三角形膨大。阳茎基环短于抱器瓣外叶突,基部至端部渐窄,末端尖。基腹弧近倒三角形;囊形突窄,长于基腹弧。阳茎细长,近半圆形弯曲,基部膨大,端部 1/5 斜截;长约为背兜—爪形突复合体的 2/3。

分布:浙江(天目山)。

伪黑麦蛾属 *Pseudotelphusa* Janse，1958

Pseudotelphusa Janse, 1958. Type species: *Telphusa probata* Meyrick, 1909.

下唇须细长。触角简单,雄性个体具短纤毛。前翅具竖鳞;后翅宽于前翅,顶角突出不明显。雄性外生殖器:第 8 腹板宽阔,具 1 对长味刷;颚形突缺失;抱器瓣发达;基腹弧后突;阳茎基环细指状;阳茎细长,基部膨大。雌性外生殖器:后表皮突细长;交配囊囊突近菱形,边缘具齿,横轴具 1 凹痕。

该属中国已知 2 种,本书记述 1 种。

15.91 栎伪黑麦蛾 *Pseudotelphusa acrobrunella* Park，1992(图版 15-257)

Pseudotelphusa acrobrunella Park, 1992, *Ins. Koreana.*, **9**: 15.

翅展 8.0~14.0mm。头黄褐色。下唇须第 2 节黄褐色,内侧略带白色,基半部外侧黑色;第 3 节黄白色,1/3 处及近末端处黑色。触角柄节黑色;鞭节灰色与黑色相间,雄性密生纤毛。胸部褐色,散布黑色鳞片。翅基片褐色,基部黑色。前翅黄褐色,散布黑色及褐色鳞片;基部黑色,前缘 2/5 及 2/3 处黑色,具少量竖鳞;中室中部及末端各有 1 黑斑,翅褶中部及近末端上方各有 1 黑斑,后者较大,各斑点均具竖鳞;臀角处黑色;翅端部密布黑色鳞片;缘毛灰褐色,混杂黑色鳞片。后翅及缘毛灰褐色。

雄性外生殖器(图版 54-257):第 8 腹板近梯形,后缘具密刚毛;背板三角形,前缘内凹,两侧角突出,后缘圆钝。爪形突细长,棒状,具长刚毛,长略短于背兜,末端略呈钩状。背兜宽三角形,前缘极内凹,两边呈宽叶状,中部有骨化饰边。抱器瓣细长,基部 1/3 膨大,端部 2/3 呈弧状弯曲,至末端渐细。基腹弧宽大,向后突出,形状不规则。阳茎基环 1 对,棒状,约与爪形突等长,末端膨大,具稀疏短刚毛。阳茎长管状,基部 1/3 粗,末端斜截。

雌性外生殖器(图版 100-257):产卵瓣宽。前表皮突长约后表皮突的 2/5,较粗壮。交配孔近圆形,两侧有骨化脊。囊导管细,略长于交配囊。交配囊椭圆形;囊突菱形,较大,骨化强烈,边缘具齿,横轴具 1 哑铃型凹痕。

寄主:壳斗科 Fagaceae:槲树 *Quercus dentate* Thunb.。

分布:浙江(天目山、龙塘山、金华)、河南;朝鲜,日本。

黑麦蛾属 *Telphusa* Chambers,1872

Telphusa Chambers,1872. Type species:*Telphusa curvistrigella* Chambers,1872.

单眼存在。下唇须第 3 节长于第 2 节。触角长于前翅的 1/2。前翅具竖立鳞丛,R$_5$、M$_1$、M$_2$ 及 M$_3$ 脉分离,CuA$_1$ 和 CuA$_2$ 脉存在。后翅 R$_5$ 和 M$_1$ 脉合生或共柄,M$_2$ 和 M$_3$ 脉分离,M$_3$ 和 CuA$_1$ 脉分离。雄性第 8 节背板具 1 对味刷。雄性外生殖器:爪形突及颚形突形状多样;抱器瓣狭长,基部至端部渐窄,末端钩状;阳茎无角状器。雌性外生殖器:后表皮突长约为前表皮突的 2 倍;囊突形状多样,边缘通常具齿。

该属中国已知 6 种,本文记述 1 种。

15.92　云黑麦蛾 *Telphusa nephomicta* Meyrick,1932(图版 15-258)

Telphusa nephomicta Meyrick,1932, *Exot. Microlep.*, **4**:194.

翅展 12.0~14.0mm。头白色,通常混杂黑褐色鳞片。下唇须黑色;第 2 节粗壮,内侧端半部混杂大量白色鳞片,端部 1/4 处灰白色;第 3 节短于第 2 节,基部、2/5 处白色。触角褐色密杂黑色,柄节及基部黑色较明显,鞭节具白色短纤毛。胸部及翅基片灰白色杂灰褐色,翅基片基部黑色。前翅浅灰褐色,前缘基部黑色,近基部处有 1 黑色宽横带,自前缘外斜至后缘1/3处;前缘 1/3 至 2/3 处与中室中部间有 1 较大倒梯形斑,其边缘黑色,中部黑褐色;缘毛深灰褐色。后翅及缘毛灰褐色。

雄性外生殖器(图版 54-258):第 8 腹板分两叶,每叶近半圆形,具刚毛。爪形突细长,基部 1/4 宽,中部 3/8 细长,端部 3/8 分叉。颚形突缺失。背兜宽,前缘深凹,形成两窄长方形侧叶。抱器瓣弯曲,强烈骨化,细长鞭状,超过爪形突末端;基部膨大,末端尖钩状。抱器腹形状不规则。阳茎基部宽,1/3 处弯,末端斜截。

雌性外生殖器(图版 100-258):前表皮突长约为后表皮突的 2/5。交配孔近半圆形,强骨化。囊导管细长。交配囊圆形;囊突近菱形,边缘具齿,横轴长于纵轴,横轴有 1 凹痕,中部窄。

分布:浙江(天目山);日本。

卷蛾总科 TORTRICOIDEA

十六 卷蛾科 Tortricidae

体小到中型,翅展 7.0～35.0mm,很少超过 60.0mm。头顶具粗糙的鳞片;毛隆发达;喙发达,基部无鳞片;下唇须 3 节,被粗糙鳞片,平伸或上举,上举型第 3 节常短而钝;触角鞭节各亚节被 2 排或 1 排鳞片。前翅宽阔,近三角形到近方形;中室具索脉和 M 干脉,M 干脉一般不分支。雄性外生殖器:爪形突变化大或缺失;尾突大而具毛或缺失,颚形突的两臂端部愈合,但常退化或消失;雌性外生殖器:产卵器非套叠式,具宽阔、平坦的产卵瓣及相对较短的表皮突;囊导管与交配囊可区分。

该科中国已知 1200 多种,本书记述 55 属 102 种,包括 1 中国新记录种。

分亚科检索表

1. 触角鞭节各亚节被 2 排鳞片;阳茎基环与阳茎不愈合;阴片与前表皮突腹臂相连;前翅前缘无钩状纹,后翅无肘栉 ·· **卷蛾亚科 Tortricinae**

   触角鞭节各亚节被 1 排鳞片且具短的感觉纤毛;阳茎基环与阳茎愈合;阴片不与前表皮突腹臂相连;前翅前缘常具钩状纹,后翅常有肘栉 ················· **小卷蛾亚科 Olethreutinae**

卷蛾亚科 Tortricinae

触角鞭节各亚节均被 2 排鳞片,具感觉纤毛。前翅多宽大,常具前缘褶,内着生特化的香鳞;后翅无肘栉。雄性外生殖器:变化大,但阳茎基环与阳茎以简单关节相连,没有强烈愈合;阳茎通常有发达的盲囊。雌性外生殖器:阴片与前表皮突腹臂相连;囊突一般 1 枚,个别 2 或 4 枚,形状变化较大;性信息素多为以 14 碳链为基础的化合物。

该亚科中国已知 9 族 79 属 490 多种,本书记述 4 族 17 属 29 种。

分族检索表

1. 前翅表面常具竖立的鳞片簇;抱器瓣端部具端臂,肛管发达;雌性囊突星形 ············ **卷蛾族 Tortricini**

   前翅表面无竖立的鳞片簇;抱器瓣端部无端臂,肛管常不明显;雌性囊突非星形 ················· **2**

2. 前翅斑纹以两条向内倾斜的横纹为基础;爪形突常消失 ··························· **纹卷蛾族 Cochylini**

   前翅斑纹非上述特征;爪形突发达 ····································· **3**

3. 雄性前足腿节基部常伸出毛丛;爪形突腹面无毛刷 ························· **棕卷蛾族 Euliini**

   雄性前足腿节基部无毛丛;爪形突腹面毛刷常较浓密,如稀疏则抱器瓣具皱纹或褶皱 ·················

   ··· **黄卷蛾族 Archipini**

卷蛾族 Tortricini

前翅常具竖鳞,无前缘褶;中室常不具索脉,无 M 干脉;M_3、CuA_1 脉常共柄。雄性抱器瓣的背屈肌(m_4)缺失;爪形突萎缩;典型的卷蛾族种类颚形突常缺失,但肛管的腹面部分常骨化形成亚颚形突;抱器瓣常具端臂;阳茎基环大,为垂直折叠的板状结构。雌性若具囊突,常为星形。

该簇中国已知 9 属 135 种,本书记述 2 属 5 种。

长翅卷蛾属 Acleris Hübner,[1825]

Acleris Hübner,[1825]. Type species:Tortrix aspersana Hübner,[1814—1817].

下唇须变化较大,基节一般很短;第 2 节长,端部膨大;第 3 节较长,部分隐藏在第 2 节的鳞片里。后胸脊突有或无。前翅前缘基部凸出,外端平直,有些种类前缘弧状均匀向外弯曲,端部或多或少扩大;顶角短或伸出,圆或尖;前翅底色多为褐色、灰色、黑色等,一些种类色彩较鲜艳;R_1 脉出自中室前缘之前,R_2 脉基部到 R_1、R_3 脉基部近等长,R_5 脉伸达顶角之前,中脉均分离,CuA_1 脉基部与 R_1 脉基部相对。后翅顶角突出或圆,所有翅脉分离,M_3、CuA_1 脉基部靠近或出自一点。雄性外生殖器:尾突变化很大,粗短到细长,具浓密的刚毛或鳞片。肛管明显,前端骨化强,中后部膜质,有时具腹突。背兜常延伸,末端常突起。抱器瓣长;端臂粗细长短变化较大;抱器背骨化强,伸达端部前缘;抱器腹长,基部宽而弯曲,腹面中部常内凹,端部延伸具刺状刚毛。阳茎变化较大,一些角状器基部常具球形突或基板。雌性外生殖器:产卵瓣前端 1/3 很细,后端宽大。表皮突短。第 8 背板发达。阴片宽,侧面常具端部收缩的侧突,有些种类侧突短或消失。导管端片骨化较强,有时很长。囊导管长,有时近交配囊处加宽,骨化或膜质。交配囊透明或囊壁被许多微刺;囊突有或无,若有,则形状变化较大,星形多见,具齿。

该属中国已知 107 种,本书记述 4 种。

分种检索表

1. 尾突上举 ·· 褐点长翅卷蛾 A. fuscopunctata
   尾突下垂或悬垂 ··· 2
2. 腹突明显,细长,超过背兜 ····································· 圆扁长翅卷蛾 A. placata
   腹突不明显 ·· 3
3. 抱器腹近端部腹面具齿状突起 ································· 腹齿长翅卷蛾 A. recula
   抱器腹近端部腹面无齿状突起,端部游离,骨化呈牛角状 ········· 毛榛子长翅卷蛾 A. delicatana

16.1 毛榛子长翅卷蛾 Acleris delicatana (Chistoph, 1881)(图版 15-259)

Teras delicatana Christoph, 1881, Bull. Soc. Imp. Nat. Moscou, **56**(1):60.

Acleris delicatana:Obraztsov, 1956, Tijdschr. Entomol., **99**:152.

翅展 16.0～18.0mm。头顶粗糙,褐色杂灰白色。触角柄节褐色,末端灰白色;鞭节浅褐色,被褐色环纹。下唇须上举,褐色,杂灰白色;第 2 节膨大;第 3 节小,平伸,隐藏在第 2 节的长鳞片中。胸部及翅基片锈褐色,杂深褐色;领片褐色,后缘灰白色;后胸脊突发达,锈褐色。前翅前缘基部 1/3 明显弧状凸出,外端近平直,顶角略尖,外缘稍向内斜,臀角宽圆,底色锈褐色,斑纹赭褐色;基斑不明显;后缘基部 1/4 处具 1 三角形斑,褐色,在翅褶区杂有浅赭色;中带自前缘凸出部分外侧达后缘臀角前,渐宽,其内缘中部具 1 簇竖鳞,外缘杂有深褐色;亚端纹自前缘基部 2/3 处达外缘中部与臀角之间,中部缢缩,前半部深褐色,后半部色渐浅;顶角赭褐色,中部具 1 深褐色斑点;缘毛赭褐色,靠近臀角处浅赭色,杂有淡黄色;翅腹面浅褐色,前缘端部 2/3 淡黄色;缘毛赭褐色。后翅及缘毛浅褐色;翅腹面浅黄褐色。

雄性外生殖器(图版 54-259):尾突下垂,被毛,端半部窄,末端圆钝。颚形突横带状,骨化弱,中部膜质。背兜高而窄,末端中部凹入。抱器瓣小,近方形,腹面被稀疏短毛;抱器背基突带状,两侧基部半圆形突出,中部角状,骨化弱;端臂细长,末端圆钝,基半部伸出 1 近矩形突起,较端臂粗;抱器腹腹缘向下弯曲,弯曲处较窄,末端成 1 长牛角状突;阳茎中部弯曲,末端渐窄,下方具 1 枚齿突;盲囊发达;端膜内有 3 枚短的角状器。

雌性外生殖器(图版 100-259):产卵瓣前端 1/3 窄,后端宽。前表皮突长约为后表皮突的 1/3。阴片宽大,前侧突大,呈袋囊状伸出,长略短于后表皮突。导管端片短,骨化强。囊导管膜质,粗细均匀,近交配囊处被小颗粒;导管端内片约为囊导管的 2/5。交配囊圆形,膜质,被小颗粒;囊突 1 枚,五星齿状。

寄主:桦木科 Betulaceae:千金榆 *Carpinus cordata* Blume,*C. japonica* Blume,鹅耳枥 *C. turczaninowii* Hance,白桦 *Betula platyphylla* Suk.,*B. ulmifolia* Sieb. et Zucc.,榛 *Corylus heterophylla* Fisch.,毛榛 *C. mandschurica* Maxim.。

分布:浙江(天目山)、黑龙江;日本,俄罗斯。

16.2　褐点长翅卷蛾 *Acleris fuscopunctata* (Liu et Bai, 1987)(图版 15-260)

Croesia fuscopunctata Liu et Bai, 1987, *Acta Ent. Sin.* **30**(3): 317.

Acleris fuscopunctata: Brown, 2005, *World Catalogue of Insects*, **5**: 50.

翅展 16.0~17.0mm。头顶粗糙,白色。额白色。触角柄节白色;鞭节浅褐色。下唇须上举,白色;第 2 节端部膨大;第 3 节细而尖。胸部、领片及翅基片白色,无后胸脊突。前翅长卵圆形,顶角圆钝;底色黄白色,斑纹淡黄色,散布零星褐色鳞片;前缘具 5 对短纹,基部 3 对褐色,端部 2 对浅褐色;基带浅赭色,末端达后缘 1/5;亚基带模糊,杂黄褐色或浅赭色,自前缘 2/5 斜向外达后缘中部,翅褶处具 1 簇黄白色竖鳞;中带杂浅赭色和褐色鳞片,自前缘中部达臀角处,前端 1/3 较窄,后端 2/3 宽约为前端的 2 倍,内缘中部及近翅褶处各具 1 小簇褐色竖鳞;亚端纹自前缘端部 1/3 斜向外伸达外缘近臀角处;缘毛短,黄白色,臀角处浅褐色;翅腹面灰白色,斑纹褐色,与前翅斑纹相对。后翅及缘毛灰褐色,翅腹面灰白色。腹部浅褐色,腹面黄白色。

雄性外生殖器(图版 54-260):尾突上举,多毛,长椭圆形,内侧端部 1/3 处内凹变窄,末端圆钝。颚形突横带状,中部缢缩。背兜宽,亚三角形,末端两侧呈角状突起。抱器瓣小,近矩形,边缘具稀疏短毛;抱器背基突膜质,两侧基部膨大,中部呈倒 V 形;抱器背略骨化;端臂粗短,末端圆钝,具 1 根长刚毛;抱器腹基部宽,长约为抱器瓣的 1.5 倍,端部 1/3 处强烈内凹,形成明显的颈部,之后膨大呈近椭圆形,末端具一簇浓密的短毛和几枚长刚毛。阳茎基环宽阔。阳茎小,端部 1/3 处略收缩;盲囊发达;基部具 3 枚角状器,中部具 4 枚角状器。

分布:浙江(天目山)、福建。

16.3　圆扁长翅卷蛾 *Acleris placata* (Meyrick, 1912)(图版 15-261)

Peronea placata Meyrick, 1912, *Exot. Microlep.*, **1**: 17.

Acleris placata: Inoue, 1954, *Check List Lepidop. Jap.*, **1**: 80.

翅展 14.0~16.0mm。头顶粗糙,浅褐色。触角褐色。下唇须浅褐色,杂有褐色;第 2 节端部明显膨大,第 3 节短,部分隐藏在第 2 节的鳞片丛中。胸部、领片和翅基片黄褐色,后缘均浅褐色。前翅前缘基部 1/3 明显弧状凸出,外端近平直;顶角略尖;外缘斜;臀角宽圆;底色浅黄褐色,杂有褐色和浅赭色;前缘端部 2/3 隐约具 1 褐色纵向斑纹,杂有浅赭色;缘毛淡黄色;翅腹面浅褐色。后翅及缘毛暗灰色,翅腹面浅灰色。腹部背面灰褐色,腹面色淡。

雄性外生殖器(图版 54-261):尾突近矩形,下垂,多毛。肛管骨化,与颚形突残留部分愈合;腹突细长,超过背兜。背兜亚三角形,端部膨大成半圆形,末端中部凹入。抱器瓣小,近矩形,端部渐窄,末端被浓密的短毛;抱器背基突发达,横带状,与抱器瓣近等宽,后缘中部微凹;端臂粗短,呈指状突起状;抱器腹细长,腹缘被稀疏长刚毛,近末端伸出 1 较小的指状突。阳茎基环宽阔。阳茎小,略弯曲;端膜内有角状器,已脱落。

雌性外生殖器(图版 100-261):产卵瓣窄长,前端 1/3 较窄。后表皮突长约为前表皮突的 2.5 倍。交配孔两侧伸出 2 个三角形侧叶。阴片宽阔,前侧突很大,呈宽袋囊状。囊导管膜质,近交配孔处粗壮。交配囊近圆形,密被小颗粒;囊突 1 枚,齿状。

分布:浙江(天目山)、福建、广西、四川、台湾;日本,印度。

16.4 腹齿长翅卷蛾 *Acleris recula* Razowski, 1974(图版 15-262)

Acleris recula Razowski, 1974, *Acta Zool. Cracov.*, **19**(8):152.

翅展 16.5~18.5mm。头顶、额和触角黑褐色。下唇须上举,长不及复眼直径的 1.5 倍,灰褐色,杂黄褐色;第 2 节端部明显扩展;第 3 节细,部分隐藏在第 2 节的鳞片丛中。胸部和翅基片黄白色。前翅前缘基部 1/3 明显弧状凸出,外端近平直;顶角钝;外缘略斜;臀角宽圆;底色浅黄褐色,斑纹黑褐色,翅前缘具黑褐色鳞片;亚端纹倒三角形,翅端部颜色较底色深;缘毛淡黄色;翅腹面浅褐色。后翅及缘毛暗灰色,翅腹面浅灰色。腹部背面灰褐色,腹面色较淡。

雄性外生殖器(图版 54-262):尾突宽大,近椭圆形,密被鳞片和刚毛。肛管长,中部宽,末端窄。背兜较宽,末端中部凹入。抱器瓣宽,抱器背长而发达;抱器背基突细带状;端臂短;抱器腹基部宽,中部较窄且具 1 小齿,近端部腹面有 3 枚大齿。阳茎基环宽,具中脊。阳茎长,中部弯曲,盲囊发达;端膜内具 2 枚较长的角状器。

雌性外生殖器(图版 100-262):产卵瓣窄而短。后表皮突长约为前表皮突的 2 倍。第 8 背板宽而长。后阴片背缘中部隆起,密被细刺;前侧突大,呈袋囊状。导管端片短,骨化弱。囊导管细,近交配孔处显著膨大。交配囊宽圆;囊突长条状,具齿突。

分布:浙江(天目山)、河南。

彩翅卷蛾属 *Spatalistis* Meyrick, 1907

Spatalistis Meyrick, 1907. Type species:*Spatalistis rhopica* Meyrick, 1907.

头顶粗糙。下唇须长约为复眼直径的 1.5~3 倍,基节短小;第 2 节长,端部具较长的鳞片而膨大;第 3 节较长,有时隐藏在第 2 节里。胸部无后胸脊突。前翅色彩常较鲜艳;前缘向前弧状弯曲;顶角尖锐;外缘弯曲且圆;前翅 Sc 脉伸达前缘中部,R_2 脉基部到 R_1、R_3 脉基部近等长,R_3、R_4、R_5 脉基部相距很近,R_5 脉伸达顶角下方的外缘,中脉几乎平行,M_3 与 CuA_1 脉共柄达 1/3。后翅 Rs、M_1 脉基部靠近,M_2 与 M_3 脉基部非常靠近或出自一点,M_3、CuA_1 脉共柄达 1/4 或 1/2。雄性外生殖器:爪形突较发达,基部宽阔。尾突长,下垂。肛管宽,端部腹面具小刺。背兜长而窄,后部凸出。抱器瓣长,基部宽阔,端部收缩;抱器背基突带状,骨化较强;抱器背强烈骨化,有些种类未伸达抱器瓣末端;抱器腹发达,简单或具端部突起,末端游离部分有时长,具刚毛或刺;端臂非常细,且较长,有些种类相对较宽,阳茎宽,角状器具球形突。雌性外生殖器:表皮突短。阴片宽,前突端部尖。导管端片很短。囊导管粗而长。交配囊大;囊突圆形,具齿刺,有时退化为 1 列刺或缺失。

该属中国已知 4 种,本书记述 1 种。

16.5 黄丽彩翅卷蛾 *Spatalistis aglaoxantha* Meyrick，1924(图版 15-263)

Spatalistis aglaoxantha Meyrick, 1924, *Exot. Microlep.*, **3**: 116.

翅展 14.0～16.0mm。头顶和额亮黄色。触角达前翅的 1/2,柄节亮黄色,鞭节褐色。下唇须上举,黄褐色,杂褐色鳞片,背面亮黄色;第 2 节端部被蓬松长鳞片;第 3 节短而细,平伸。胸部及翅基片亮黄色。前翅底色浅亮黄色,杂浅赭色,斑纹褐色;前缘微拱,顶角略突出,外缘向内斜,臀角近直角;前缘具 1 条纵带,自基部向端部由赭褐色渐变至浅赭色,散布黑褐色小点,具金属光泽;端部具 1 褐色大斑,自前缘近端部 1/4 到后缘中部,前端 1/3 处加宽,外缘亮黄色;缘毛亮黄色,后缘近臀角处褐色;翅腹面底色黄白色,斑纹褐色,与翅面斑纹一致。后翅及缘毛浅褐色,顶角处褐色,与前翅交叠处白色;翅腹面灰白色。腹部浅褐色,腹面浅黄褐色。

雄性外生殖器(图版 54-263):尾突近菱形,下垂,多毛。肛管骨化,粗壮。背兜宽,末端平坦。抱器瓣近矩形,腹面被浓密细毛;抱器腹骨化,腹缘具稀疏长刚毛,端部 1/3 处深凹,末端略膨大,具 1 簇毛丛;端臂细长,端部膨大呈球形。阳茎基环宽阔。阳茎粗短,腹面具 1 枚齿突;端膜内具 3 枚角状器。

雌性外生殖器(图版 100-263):产卵瓣宽,半卵圆形。前表皮突略短于后表皮突。阴片窄长,前侧突尖角状。囊导管与交配孔相接处较细,膜质,与交配囊不能明显区分。交配囊膜质,表面被小颗粒;囊突无。

分布:浙江(天目山)、安徽、江西、广西、台湾;日本。

黄卷蛾族 Archipini

雄虫触角被浓密的感觉纤毛,有时形成栉齿,但不呈双栉齿状。前翅常具前缘褶;索脉很少存在。雄性外生殖器:爪形突端部下方腹面具毛刷或较光裸;抱器背基突带状,在一些属中常呈钩形突,上面具刺;抱器瓣常具毛垫,抱器腹常骨化。雌性外生殖器:囊导管常具端片,有时有管带;囊突多为钢叉形,具球形突。

该族中国已知 37 属 232 种,本书记述 10 属 18 种。

分属检索表

7. 第 2～3 节背板前缘各具 1 对背穴;雄性前翅前缘褶窄 ……………… **黄卷蛾属 *Archips***
第 2～3 节背板前缘不具背穴;雄性前翅前缘褶非常宽大;抱器腹强烈骨化,常具齿…………………
……………………………………………………………………… **长卷蛾属 *Homona***
8. 抱器瓣末端常有很短的端臂 ……………………………… **褐带卷蛾属 *Adoxophyes***
抱器瓣末端无端臂 …………………………………………………………………… **9**
9. 抱器瓣圆,盘区具褶皱,呈放射状 …………………………… **圆卷蛾属 *Neocalyptis***
抱器瓣宽大于长,盘区具褶皱,不呈放射状 …………… **双斜卷蛾属 *Clepsis***

褐带卷蛾属 *Adoxophyes* Meyrick,1881

Adoxophyes Meyrick,1881. Type species:*Adoxophyes heteroidana* Meyrick,1881.

雌雄二型现象较普遍,雄性前翅常具发达的前缘褶。前翅 R_4 与 R_5 脉共柄达中部或 2/3 处;前、后翅 M_2 与 M_3 脉均基部靠近;索脉和 M 干脉退化。雄性外生殖器:爪形突端部扩展。尾突小。颚形突两臂侧腹面凸出。抱器瓣宽大,具很多放射状的皱纹及较大的褶皱,端部常有短的延伸部分;抱器背基突骨化强,形成钩形突,端部具齿突,在有些种类中钩形突下方具附属的突起;抱器腹简单。阳茎简单,盲囊短,阳基腹棒小。雌性外生殖器:前阴片常较窄。导管端片细而短。囊突发达,常呈弯角状;球形突不发达或退化。

该属中国已知 9 种,本书记述 1 种。

16.6　棉褐带卷蛾 *Adoxophyes honmai* **Yasuda**,**1998**(图版 15-264)

Adoxophyes honmai Yasuda,1998,*Trans. Lepidop. Soc. Jap.*,**49**(3):164.

翅展 15.5～21.5mm。头顶及额黄褐色。触角黄褐色,细长。下唇须黄褐色,长约为复眼直径的 1.5 倍;第 3 节细而前伸。翅基片发达,与胸部均为黄褐色。前翅宽阔,前缘基部1/3弧状均匀凸出,中部平直,端部 1/3 略凹入,顶角近直角,外缘直,臀角宽圆;雄性前缘褶宽阔,约占翅前缘的 1/2;底色黄褐色,斑纹深褐色;后缘近基部具 1 大的横斑;中带出自翅前缘中部,伸达翅后缘 2/3 处,中间略缢缩,并有 1 弯曲的分支伸达臀角;亚端纹大,与亚外缘线连接;缘毛基部黄褐色,端部暗褐色;翅腹面灰黄色。后翅和缘毛暗灰色,顶角略带黄色;翅腹面黄白色。腹部背面暗灰色,腹面黄白色。

雄性外生殖器(图版 54-264):尾突较大,具稀疏短毛。颚形突侧臂中部膨大,端板短,末端圆。钩形突具密齿。背兜较宽。爪形突长,末端略膨大,腹面具沟槽。抱器瓣宽阔,椭圆形,端臂较短;抱器腹窄,末端尖。阳茎基环宽,背缘中间凹入。阳茎细长,基半部略弯曲,端部收缩变窄;阳茎盲囊、阳基腹棒小;端膜内可见 8～10 枚细小的角状器。

雌性外生殖器(图版 100-264):产卵瓣宽。前表皮突长约为后表皮突的 1.6 倍。前阴片短而窄,阴片侧面部分细长。导管端片细小,具骨片,与阴片以膜质相连。囊导管细长。交配囊大;囊突位于囊导管端口处,强烈弯曲,球形突不明显。

寄主:锦葵科 Malvaceae:棉属 *Gossypium* sp.;山茶科 Theaceae:茶 *Camellia sinensis* (Linn.);芸香科 Rutaceae:柑橘 *Citrus reticulata* Blanco。

分布:浙江(天目山)、河北、江苏、安徽、福建、山东、河南、湖北、湖南、广东、广西、海南、四川、贵州、甘肃、台湾;日本。

黄卷蛾属 *Archips* Hübner，[1882]

Archips Hübner，[1822]. Type species：*Phalaena (Tortrix) xylosteana* Linnaeus，1758.

雌雄二型现象较普遍，雄性斑纹较清晰，前翅常具前缘褶；雌性虫体明显大于雄性，且斑纹常不明显，大多数后翅前缘近端部着生 1 丛香鳞。第 2、3 腹节背板前缘各具 1 对背穴，一些种在第 2～4 腹节背板上都有背穴。前翅所有翅脉分离，M 干脉退化。后翅 M_3 和 CuA_1 脉分离或出自一点或具很短的柄。雄性外生殖器：爪形突较细，常为棒状，很少出现二叉状。尾突很小或退化消失。颚形突两臂细长，端板较长，末端尖。抱器瓣常呈卵形，具很多放射状的皱纹；抱器背基突带状，中部常向上卷起，两侧宽；抱器腹变化较大，常具齿突状或游离的末端。阳茎基环简单，较小。阳茎多为手枪形，简单或具一些齿突；阳茎盲囊较短，阳基腹棒非常发达。雌性外生殖器：阴片发达，常呈杯状或漏斗形。导管端片常具内骨片，且前端形成 1 个小囊。囊导管长；管带长短变化较大。囊突发达，呈角状，基部常具较大的骨化区；球形突发达。

该属中国已知 52 种，本书记述 7 种。

分种检索表

1. 前翅无前缘褶，且基斑、中带和亚端纹均不明显 ·················· 美黄卷蛾 *A. myrrhophanes*
   前翅具前缘褶，基斑、中带和亚端纹均存在 ···································· 2
2. 前翅前缘褶长不超过前翅的 1/3 ·· 3
   前翅前缘褶长超过前翅的 1/3 ·· 5
3. 阳茎中部具腹突，扁平齿状 ·················· 湘黄卷蛾 *A. strojny*
   阳茎中部无腹突 ·· 4
4. 阳茎端膜内具 2 枚细长的角状器 ·················· 白亮黄卷蛾 *A. limatus albatus*
   阳茎端膜内具 5～7 枚细长的角状器 ·················· 后黄卷蛾 *A. asiaticus*
5. 抱器腹背缘近基部有 1 枚大齿突 ·················· 永黄卷蛾 *A. tharsaleopa*
   抱器腹背缘近基部无大齿突 ·· 6
6. 阳茎末端钝，近末端具 1 枚小的腹齿突 ·················· 天目山黄卷蛾 *A. compitalis*
   阳茎末端尖，近末端无腹齿突 ·················· 云杉黄卷蛾 *A. oporanus*

16.7 后黄卷蛾 *Archips asiaticus* Walsingham，1900（图版 15-265a，b）

Archips asiaticus Walsingham，1900，*Ann. Mag. Nat. Hist.*，(7)**5**：380.

雄性翅展 20.5～24.5mm。头顶被粗糙灰褐色鳞片。额被暗褐色短鳞片。触角灰褐色。下唇须暗褐色，长不及复眼直径的 1.5 倍；第 2 节细长，灰褐色；第 3 节短而细。胸部基半部灰褐色，端半部黄褐色；翅基片发达，灰褐色。前翅宽阔，前缘基部 1/3 弧状均匀凸出，外端平直；顶角明显突出；外缘在 R_5 和 M_3 脉之间内凹；臀角宽圆；前缘褶宽，长约占前缘的 1/3；底色黄褐色，前缘褶周围灰褐色，斑纹暗褐色或锈褐色；基斑大，指状，端部向上方弯曲；中带前缘窄，后半部宽，颜色逐渐变浅；亚端纹弯月形，伸达翅外缘中部之后；顶角和外缘端半部缘毛暗褐色，其余部分黄褐色；翅腹面橘黄色。后翅灰色，顶角及近外缘橘黄色；缘毛同底色，顶角处橘黄色。腹部背面灰褐色，腹面黄白色。

雌性翅展 23.0～28.5mm。前翅顶角强烈伸出，基斑、中带模糊，其余同雄性。

雄性外生殖器（图版 54-265）：爪形突基部宽，粗细均匀，端半部粗大，腹面具浅沟槽。尾突极小，几乎不明显。颚形突侧臂细长，端板短，末端尖锐。背兜宽短；侧骨片大，呈靴形。抱器瓣宽，端部收缩变窄；抱器背基突带状，中部隆起；抱器腹宽短，腹面突出，末端游离，背缘近中部有 1 小齿突。阳茎基环宽。阳茎大,基半部明显弯曲,端部收缩,末端下方具 1 齿突;端膜内具 5~7 枚很长的角状器;阳茎盲囊发达,阳基腹棒长。

雌性外生殖器(图版 101-265):产卵瓣宽短。前表皮突长约为后表皮突的 1.4 倍。阴片宽短。导管端片长,具内骨片。囊导管细长,管带长约为囊导管的 1/2。交配囊卵圆形;囊突角状,细长而弯曲,球形突不明显。

寄主:蔷薇科 Rosaceae:苹果 *Malus pumila* Mill.,李 *Prunus salicina* Linn.,*P. sargentii* Rehder,梨 *Pyrus* sp.,杏李 *P. simonii* Carr.,日本樱花 *Cerasus yedoensis*(Matsum.)Yu *et* Li,花楸 *Sorbus commixta* H.;木通科 Lardizabalaceae:木通 *Akebia quinata*(Thunb.);金粟兰科 Chloranthaceae:及己 *Choranthus serratus* R. S.;三白草科 Saururaceae:蕺菜 *Houttuynia cordata* Thund.;防己科 Menispermaceae:防己 *Sinomenium acutum*(Thund.)。

分布:浙江(天目山)、北京、天津、吉林、江苏、安徽、福建、江西、山东、河南、湖南、广东、四川、陕西、甘肃;朝鲜,日本。

16.8 天目山黄卷蛾 *Archips compitalis* Razowski,1977(图版 15-266a,b)

Archips compitalis Razowski,1977,*Acta Zool. Cracov.*,**22**(5):118.

雄性翅展 16.5~21.5mm。头顶被粗糙灰褐色鳞片。额被暗褐色短鳞片。触角灰褐色。下唇须土黄色,长不及复眼直径的 1.5 倍;第 2 节细长,不膨大;第 3 节短而细。胸部灰褐色,杂锈褐色鳞片;翅基片发达,灰褐色。前翅宽阔,前缘基部 1/3 弧状均匀凸出,外端平直,顶角明显突出,外缘在 R_5 和 M_3 脉之间明显内凹;臀角宽圆;前缘褶长,约占翅前缘的 1/2;底色黄褐色,前缘褶周围灰褐色,斑纹暗褐色或锈褐色;基斑大,指状,端部向前方弯曲;中带前缘窄,后半部宽,颜色逐渐变浅;亚端纹弯月形,伸达臀角;顶角和外缘端半部缘毛红褐色,其余部分黄褐色;翅腹面褐色,顶角处赭红色。后翅灰色,顶角及外缘中部之前浅黄色;缘毛同底色;翅腹面浅褐色。腹部背面灰褐色,腹面黄白色。

雌性翅展 22.5~27.5mm。前翅顶角强烈伸出;基斑和中带模糊;亚端纹弯月形,未至臀角;其余同雄性。

雄性外生殖器(图版 54-266):爪形突长,基部宽,中部收缩,末端钝圆,腹面具浅沟槽。尾突退化。颚形突侧臂细长,端板短,末端尖。背兜宽短,侧骨片大,靴形。抱器瓣宽,端部略收缩变窄;抱器背基突带状,两侧宽,中间窄;抱器腹宽短,腹面强烈突出,背缘末端游离部分短。阳茎基环宽。阳茎基半部明显弯曲,端半部腹面具许多微齿刺,近末端具 1 枚小的腹齿突;端膜内具 2 枚角状器,已脱落;阳茎盲囊短,阳基腹棒长。

雌性外生殖器(图版 101-266):产卵瓣宽;前表皮突长约为后表皮突的 1.5 倍。后阴片宽而长,背缘中部具 1 尖突起。导管端片宽,具内骨片。囊导管细长,管带长约为囊导管的 2/3。交配囊卵圆形;囊突角状,细长而弯曲,球形突明显。

分布:浙江(天目山)、安徽、福建、江西、河南、湖北、湖南、广西、四川、贵州、云南、甘肃;越南。

16.9 白亮黄卷蛾 *Archips limatus albatus* Razowski,1977(图版 15-267a,b)

Archips limatus albatus Razowski,1977,*Acta Zool. Cracov.*,**22**(5):120.

雄性翅展 18.0~20.0mm。头顶被粗糙暗褐色鳞片和少量黄褐色鳞片。额暗褐色。下唇须长约为复眼直径的 1.5 倍,外侧黄褐色或土黄色;第 2 节细长;第 3 节短而细。触角灰褐色。胸部、翅基片锈褐色,杂黄褐色。前翅宽阔,前缘基半部弧状均匀凸出,端半部平直,顶角伸出,外缘在 R_5 和 M_3 脉之间内凹,臀角宽圆;前缘褶细长,约占前缘的 1/3;底色黄褐色,前缘褶与基斑之间灰色,斑纹暗褐色或锈褐色;基斑较大,指状;中带不明显,前端窄,后半部宽,边缘不光滑;亚端纹弯月形,长,伸达臀角;缘毛暗褐色,臀角处黄褐色;翅腹面褐色,缘毛赭褐色,臀角处浅褐色。后翅及缘毛灰色;翅腹面浅褐色。腹部褐色,腹面黄褐色。

雌性翅展22.0~24.0mm。前翅顶角强烈伸出,基斑不明显,中带模糊,亚端纹长且不延伸。后翅暗灰色,顶角处橘黄色。其余同雄性。

雄性外生殖器(图版55-267):爪形突基部宽,端半部细长,末端较尖。尾突很小,不明显,仅具数根刚毛。颚形突两臂细长,端板短,末端尖。背兜宽,侧骨片大,近靴形。抱器瓣宽,端部收缩;抱器背基突带状,中部向上隆起;抱器腹宽,腹面突出,背缘末端游离部分长,呈指状突出。阳茎基环宽。阳茎粗长,基半部弯曲,端部收缩变窄,末端尖,中部之后着生许多小齿突,背缘齿突较大,阳茎侧面开裂;端膜内具2枚细长的角状器;阳茎盲囊较短,阳基腹棒长。

雌性外生殖器(图版101-267):产卵瓣宽。前表皮突与后表皮突近等长,后者基部宽。后阴片宽,背缘中部具1细尖的指状突起;前阴片短。导管端片粗长,具内骨片。囊导管长,管带长约为囊导管的2/3。交配囊宽圆;囊突长角状,球形突较小。

分布:浙江(天目山)。

16.10　美黄卷蛾 *Archips myrrhophanes* (Meyrick, 1931)(图版16-268)

Tortrix myrrhophanes Meyrick, 1931, Tortricidae, *In*: Caradja, *Bull. Sect. Sci. Acad. Roum.*, **14**(3-5): 63.

Archips myrrhophanes: Razowski, 1984, *Acta Zool. Cracov.*, **27**(15): 271.

翅展16.0~21.0mm。头顶及额黄褐色。触角浅褐色,具黑褐色环纹。下唇须上举,黄褐色;第2节略膨大,基部背侧杂褐色鳞片。胸部、领片及翅基片深褐色。前翅基部1/4微拱,外端平直,顶角略尖,外缘内斜,臀角钝圆;底色浅棕色,雌性色深,杂有银色;中室外缘中部有1黑色斑点;近翅外缘散布若干黑色小点;缘毛浅棕色;翅腹面浅褐色。后翅及缘毛浅褐色,翅腹面浅灰色。腹部浅褐色,腹面褐色。

雄性外生殖器(图版55-268):爪形突粗壮,末端圆钝。颚形突侧臂细长,端板粗,末端钝。背兜宽。抱器瓣宽阔,端部收缩;抱器背基突宽带状;抱器腹宽,约为抱器瓣的一半,背缘近末端有1细长的角状突,腹面被浓密细毛。阳茎基环宽。阳茎粗,末端尖刺状;端膜内具2枚很长的角状器,约占阳茎的4/5;阳茎盲囊略细,长约为阳茎的一半。

雌性外生殖器(图版101-268):产卵瓣宽。前表皮突长约为后表皮突的1.2倍。后阴片卵圆形。导管端片宽,前端具1小段内骨片。囊导管细长,管带略短于囊导管。交配囊长椭圆形;囊突角状,巨大而弯曲,球形突弯月状。

分布:浙江(天目山)、安徽、福建、江西、河南、湖北、湖南、四川、贵州、云南、台湾;日本。

16.11　云杉黄卷蛾 *Archips oporana* (Linnaeus, 1758)(图版16-269a, b)

Phalaena (*Tortrix*) *oporana* Linnaeus, 1758, *Syst. Nat.* (10 edn.), **1**: 530.

Archips oporana: Bradley *et al.*, 1973, *British Tortricoid Moths*: 100.

雄性翅展17.5~21.5mm。头顶粗糙,红褐色杂有黄褐色。额黄白色。触角灰褐色。下唇须长约为复眼直径的1.5倍,外侧黄白色;第2节被少量黄褐色鳞片;第3节灰褐色。胸部灰褐色,杂红褐色,末端黄白色;翅基片发达,灰色杂有红褐色。前翅宽阔,顶角略伸出,端部扩展,外缘在R_5和M_3脉之间内凹,臀角宽圆;前缘褶宽而长,伸达翅前缘中部之前;底色黄褐色,杂有黄白色,斑纹暗褐色或锈褐色;基斑细指状;中带前缘窄,后半部宽,边缘不光滑;亚端纹弯月形,伸达臀角;缘毛同底色;翅腹面褐色,近顶角处赭褐色。后翅前缘黄白色,顶角和外缘浅红黄色,其余部分暗灰色;缘毛浅红黄色,臀角处暗灰色;翅腹面同前翅腹面。腹部灰褐色。

雌性翅展 27.5～29.5mm。相比雄性,前翅顶角更突出,翅面被较多红褐色和黄褐色相杂的不规则斑纹;后翅红黄色区域更大。

雄性外生殖器(图版 55-269):爪形突基部细,端半部较粗,末端钝圆。尾突不明显,仅具几根刚毛。颚形突两臂细长,端板短,末端尖。背兜宽,侧骨片大,近靴形。抱器瓣宽阔;抱器背基突宽带状,中部向上隆起;抱器腹窄,腹面突出,背缘末端游离部分骨化强,长超过抱器瓣。阳茎细长,近直角弯曲,端部收缩变窄,末端尖而向下弯曲,阳茎侧面开裂;端膜内具 3 枚角状器,已脱落;阳茎盲囊较短,阳基腹棒长约为阳茎的 2/5。

雌性外生殖器(图版 101-269):产卵瓣宽。前表皮突较后表皮突长。后阴片宽,两侧膨大,且背缘中部具球状突起。导管端片粗而长。囊导管粗,管带约占囊导管的 1/4。交配囊宽圆;囊突巨大,长角状,球形突不发达。

寄主:松科 Pinaceae;赤松 *Pinus densiflora* Sied. et Zucc., *P. pentaphylla* Mayv.,北美乔松 *P. strobus* Linn.,欧洲赤松 *P. sylvestris* Linn.,黑松 *P. thunbergii* Parl.,银白云杉 *Picea alba* Link.,挪威云杉 *P. excelsa* Lk.,鱼鳞云杉 *P. jozoensis* Carriere,日本冷杉 *Abies firma* Sied. et Zucc.,萨哈林冷杉 *A. sachalinensis* (Schmidt.) Mast.,欧洲冷杉 *A. alba* Mill.,雪松 *Cedrus deodara* Lond.,日本铁杉 *Tsuga sieboldii* Carr.,东北红豆杉 *Taxus cuspidata* Sieb. et Zucc.,落叶松属 Larix sp.,*Crytomeria japonica* D. Don.;柏科 Cupressaceae:日本扁柏 *Chamaecyparis obtusa* (Sieb. et Zucc.) Endlicher,刺柏属 *Juniperus* sp.;胡颓子科 Elaeagnaceae:胡颓子属 *Elaeagnus* sp.;粗榧科 Cephalotaxaceae:粗榧属 *Cephalotaxus* sp.。

分布:浙江(天目山)、吉林、黑龙江、上海、江苏、安徽、福建、河南、湖南、广东、广西、贵州、云南、陕西、台湾;朝鲜,日本,俄罗斯,欧洲各国。

16.12　湘黄卷蛾 *Archips strojny* Razowski, 1977(图版 16-270a, b)

Archips strojny Razowski, 1977, *Acta Zool. Cracov.*, **22**(5):101.

雄性翅展 14.0～18.0mm。头顶粗糙,赭褐色。额黄白色。触角赭褐色。下唇须上举,赭褐色;第 2 节细长,略膨大;第 3 节短而细。胸部褐色;领片、翅基片发达,赭褐色;后胸脊突发达,赭褐色。前翅宽阔,前缘基半部弧状均匀凸出,端部 1/5 处略凹,顶角略突出,臀角圆钝;前缘褶赭褐色,约占前缘的 1/3;底色黄褐色,斑纹赭褐色;基斑小,指状,端部上弯;中带前端极窄,渐加宽,内缘直达后缘中部,外缘斜向外伸达后缘臀角前;亚端纹前端宽,占前翅 2/5,渐细,斜向外达臀角;缘毛赭褐色,臀角处黄褐色;翅腹面黄褐色,缘毛与翅面一致。后翅暗灰色,顶角处黄褐色;缘毛灰色,顶角处黄褐色,杂赭褐色;翅腹面较背面色浅。腹部赭褐色。

雌性翅展 18.0～20.0mm。前翅顶角强烈伸出;底色棕褐色,自基部到端部色渐浅;斑纹模糊,前缘微凹处成 1 褐色长斑;其余同雄性。

雄性外生殖器(图版 55-270):爪形突细长,末端圆钝。尾突很小,下垂,多毛。颚形突侧臂细长,端板粗,末端尖锐。背兜宽。抱器瓣宽阔,端部收缩;抱器背基突横带状,中部膨大;抱器腹窄,约为抱器瓣宽的 1/4,背缘中部有 1 长的角状突,腹面被浓密的细毛。阳茎基环宽。阳茎细长,末端钝圆;腹突位于阳茎中部,扁平齿状;端膜内具 2 枚角状器,易脱落;阳茎盲囊长约为阳茎的 1/2。

雌性外生殖器(图版 101-270):产卵瓣宽。前表皮突与后表皮突近等长。后阴片方形,后缘中部针状,两侧微拱,角状突出。导管端片宽,近圆形骨化。囊导管细长,管带约占囊导管的 2/3。交配囊长椭圆形;囊突角状,弯曲,球形突近矩形。

分布:浙江(天目山)、上海、江苏、安徽、福建、江西、湖南、海南、云南。

16.13 永黄卷蛾 *Archips tharsaleopa* (Meyrick, 1935)(图版 16-271a，b)

Cacoecia tharsaleopa Meyrick, 1935, Tortricidae, *In*: Caradja & Meyrick, *Mater. Microlepid. Fauna Chin. Prov. Kiangsu, Chekiang und Hunan*: 50.

Archips tharsaleopa: Obraztsov, 1955, *Tijdschr. Entomol.*, **98**(3): 204.

雄性翅展 19.5～23.5mm。头顶粗糙，黄褐色。额黄白色。触角黄褐色。下唇须长约为复眼直径的 1.5 倍，外侧黄褐色，内侧黄白色；第 2 节细长，粗细均匀；第 3 节短小。胸部基半部浅黄色，端部黄褐色；翅基片发达，浅黄色。前翅宽阔，前缘基半部弧形凸出，端半部平直，顶角突出，外缘在 R_5 和 M_3 脉之间内凹，臀角宽圆；前缘褶宽，伸达约前缘 2/5 处；翅面底色浅黄色，斑纹暗褐色或锈褐色；基斑指状，端部窄；中带前缘窄，后半部宽，边缘不光滑；亚端纹半圆形，端部伸出一细纹伸达臀角；顶角处缘毛锈褐色，外缘缘毛黄褐色。后翅暗灰色，顶角黄白色，缘毛较底色浅。腹部背面暗褐色，腹面灰褐色。

雌性翅展 28.5～32.5mm。前翅顶角强烈伸出，基斑不明显，中带很细或模糊，其余同雄性。

雄性外生殖器(图版 55-271)：爪形突粗短，端部略收缩，末端钝。尾突很小，不明显。颚形突侧臂粗且长，端板短，末端尖。背兜宽，侧骨片大，呈靴形。抱器瓣宽，端部收缩渐窄；抱器背基突宽带状，中部隆起；抱器腹宽，背缘近基部有 1 枚大齿突，末端游离且骨化，腹面突出。阳茎细长，弯曲，端部略收缩，左侧有小齿刺；端膜内具 5～8 枚长角状器；阳茎盲囊长，阳基腹棒细长，长约为阳茎的 1/2。

雌性外生殖器(图版 101-271)：产卵瓣宽。前表皮突长约为后表皮突的 2 倍。前阴片短；后阴片宽大，背缘中部具较大的突起。导管端片细长，具内骨片。囊导管细长，管带占囊导管的 1/2。交配囊卵圆形；囊突靠近囊导管端口处，长角状，基部侧骨片长；球形突明显。

分布：浙江(天目山)、北京、河南、四川、贵州、陕西、甘肃。

色卷蛾属 *Choristoneura* Lederer，1859

Choristoneura Lederer, 1859. Type species：[*Tortrix*] *diversana* Hübner，[1817].

雌雄二型现象较常见，雄性前翅常具发达的前缘褶。前翅所有翅脉均分离，索脉常消失，M 干脉有不同程度的退化。后翅 M_3 和 CuA_1 脉基部非常靠近。雄性外生殖器：爪形突从基部直接伸出，变化较大，棒状或非常宽短，腹面毛刷稀疏。尾突大。颚形突简单，两侧臂细长，末端尖。抱器瓣卵圆形或三角形，末端常形成不易确定的叶状端臂，盘区具许多放射状的皱纹；抱器背基突带状，背面和侧面略有扩展；抱器腹骨化较强，变化很大，常具一些突起。阳茎基环简单；阳茎变化大，常具一些细齿刺，盲囊短，阳基腹棒短或很发达。角状器很长。雌性外生殖器：前阴片短或几乎消失，很少呈杯状。导管端片发达，常具内骨片。囊导管长，常具管带。囊突角状，发达，球形突大。

该属中国已知 10 种，本书记述 2 种。

16.14 尖色卷蛾 *Choristoneura evanidana* (Kennel, 1901)(图版 16-272)

Cacoecia evanidana Kennel, 1901, *Deut. Entomol. Zeit. Iris*, **13**: 214.

Choristoneura evanidana: Razowski, 1984, *Acta Zool. Cracov.*, **27**(15): 271.

雄性翅展 17.5～22.5mm。头顶被粗糙鳞片，基部黄白色，端部暗褐色。额灰白色。触角浅黄褐色，腹面密被纤毛。下唇须略长于复眼直径；第 2 节黄白色，粗细均匀；第 3 节短小，黄褐色。胸部和翅基片灰褐色。前翅前缘基半部明显向前凸出，端半部平直；顶角钝，外缘在 R_3

和 M_3 脉之间略内凹,臀角宽圆;前缘褶短而细,伸达前缘的 1/3 处;翅面底色土黄色,散布黄褐色细纹,近前缘处色深;基斑不明显;中带自翅前缘中部,渐加宽,斜伸至臀角之前;亚端纹仅端部明显;缘毛同底色。后翅暗灰色,顶角黄白色,缘毛灰白色。腹部背面灰色,腹面黄白色。

雌性翅展 26.5~30.5mm。前翅顶角强烈伸出,其余同雄性。

雄性外生殖器(图版 55-272):爪形突粗短,末端钝圆。尾突极小,具稀疏短刚毛。颚形突侧臂粗壮,端板宽大,末端钝。抱器瓣宽三角形;抱器背基突宽带状;抱器腹较宽,末端游离较短。阳茎基环宽。阳茎粗,端部收缩变细,末端尖锐;角状器细长,3~5 枚;阳茎盲囊小,阳基腹棒短,长约为阳茎的 1/3。

雌性外生殖器(图版 101-272):产卵瓣宽。前表皮突长于后表皮突。阴片宽短。导管端片长,骨化较强。囊导管很长,管带几乎与囊导管等长。交配囊宽圆;囊突长角状,基部两侧骨化弱,球形突小。

寄主:松科 Pinaceae:沙松 *Abies holophylla* Maxim.;槭树科 Acraceae:青楷槭 *Acer tegmentosum* Maxim.;五加科 Araliaceae:*Aralia manshurica* Rupr. *et* Maxim.;蔷薇科 Rosaceae:东北杏 *Armeniaca manschurica*(Maxim.)Skv.,桦叶绣线菊 *Spiraea betulifolia* Pall.,*Syringa amurensis* Rupr.;桦木科 Betulaceae:黑桦 *Betula dahurica* Pall.,榛 *Corylus heterophylla* Fisch.,毛榛 *Corylus mandschurica* Maxim.;豆科 Leguminosae:胡枝子 *Lespedeza bicolor* Turcz.,朝鲜槐 *Maackia amurensis* Rupr. *et* Maxim.;芸香科 Rutaceae:*Phellodendron amurense* Rupr.;虎耳草科 Saxifragaceae:东北山梅花 *Philadelphus schrenekii* Rupr.,堇叶山梅花 *P. tenuifolius* Rupr. *et* Maxim.;壳斗科 Fagaceae:蒙古栎 *Quercus mongolica* Fisch.;杜鹃花科 Ericaceae:迎红杜鹃 *Rhododendron mucronulatum* Turcz.;木兰科 Magnoliaceae:五味子 *Schizandra chinensis*(Turcz.)Baill.;椴树科 Tiliaceae:紫椴 *Tilia amurensis* Rupr.。

分布:浙江(天目山)、天津、河北、黑龙江、河南、湖北、四川、陕西、甘肃;朝鲜,日本,俄罗斯。

16.15 南色卷蛾 *Choristoneura longicellana*(Walsingham,1900)(图版 16-273)

Archips longicellanus Walsingham, 1900, *Ann. Mag. Nat. Hist.*, (7)**5**:378.

Choristoneura longicellana:Yang, 1977, *Moths of North China*, **1**:161.

雄性翅展 21.5~34.5mm。头顶与额被粗糙鳞片,基部黄白色,端部暗褐色。触角浅黄褐色,腹面密被纤毛。下唇须长约为复眼直径的 1.5 倍,外侧黄褐色,内侧黄白色;第 2 节长,粗细均匀;第 3 节短小。胸部和翅基片土黄色,杂有暗褐色。前翅前缘明显向前拱起,近端部内凹,顶角略突出,外缘在 R_3 和 M_3 脉之间内凹,臀角宽圆;前缘褶自前缘 1/5 处渐窄至 3/5 处;翅面底色土黄色,斑纹暗褐色;基斑大而明显;中带较宽;亚端纹较明显;翅后缘近基部具 1 小黑斑;缘毛黄褐色。后翅暗灰色,顶角黄白色,缘毛灰白色。腹部背面灰褐色,腹面黄白色。

雌性翅展 29.0~33.5mm;前翅后缘近基部无黑斑,顶角强烈伸出,其余同雄性。

雄性外生殖器(图版 55-273):爪形突自基部渐加宽至端部,末端平直,腹面鳞毛稀疏。尾突细长,下垂。颚形突侧臂粗壮,端板短而钝。抱器瓣宽圆;抱器背基突宽,中部凹入;抱器背不明显;抱器腹较宽,背缘中部具齿状突起。阳茎粗短,端部细;角状器 7~10 枚。

雌性外生殖器(图版 101-273)前表皮突长于后前表皮突。阴片窄。导管端片长,骨化较强;囊导管很长,管带几乎与囊导管等长。交配囊长椭圆形;囊突长角状,基部两侧骨片发达,球形突小。

寄主:蔷薇科 Rosaceae:苹果 *Malus pumila* Mill.,杏李 *Pyrus simonii* Carr.,*P. serotina* Rehd.,日本樱花 *Cerasus yedoensis*(Matsum.)Yu *et* Li,黑樱桃 *C. maximowiczii*(Rupr.）Kom.,*Ligustrum obtusifolim* S. *et* Z.,李 *Prunus salicina* Lindl.,桃 *Amygdalus persica* Linn.,蔷薇属 *Rosa* sp.;桑科 Moraceae:桑属 *Morus* sp.;壳斗科 Fagaceae:日本栗 *Castanea crenata* Sieb. *et* Zucc.,麻栎 *Quercus acutissima* Carruth.,槲树 *Q. dentana* Thunb.,蒙古栎 *Q. monogolica* Fischer;虎耳草科 Saxifragaceae:*Ribes grossulalis* Linn.;木犀科 Oleaceae:花曲柳 *Fraxinus rhynchophylla* Hance;杨柳科 Salicaceae:*Salix rorida*;杜鹃花科 Ericaceae:迎红杜鹃 *Rhododendron mucronulatum* Turcz.。

分布:浙江(天目山)、天津、河北、江苏、河南、湖北、四川、贵州、陕西、甘肃;朝鲜,日本,俄罗斯。

备注:本种雄性个体大小有较大差异,翅展 21.5～34.5mm,部分雄性个体前翅被大量黑褐色鳞片,形成很大的黑斑,有些标本前翅后缘近基部的黑斑退化。

双斜卷蛾属 *Clepsis* Guenée,1845

Clepsis Guenée,1845. Type species:*Tortrix rusticana* Hübner,[1799].

有雌雄二型现象,主要表现在雌性翅面斑纹常退化,雄性前翅多具前缘褶。所有翅脉均分离。雄性外生殖器:爪形突变化非常大,腹面毛刷较稀疏。尾突小或退化。颚形突两侧臂简单或具一些突起,有时着生一些齿突,合并的端部发达。抱器瓣形状变化也很明显,端部常具宽阔的端叶,盘区具明显的皱纹和褶皱;抱器腹简单或具突起,端部常收缩,没有游离的末端或发达的背面。钩形突形状变化大,许多种类呈鸟喙状,具齿突。阳茎简单,常具齿突,盲囊和阳基腹棒适中。雌性外生殖器:阴片发达,侧面部分常较细,前阴片窄或消失。导管端片膜质或具内骨片;管带有或无。囊突发达,具球形突,但有些种类球形突有不同程度的退化。

该属中国已知 18 种,本书记述 1 种。

16.16 忍冬双斜卷蛾 *Clepsis rurinana*(Linnaenus,1758)(图版 16-274)

Phalaena(*Tortrix*)*rurinana* Linnaeus,1758,*Syst. Nat.*(10 edn.),**1**:823.

Clepsis rurinana:Kawabe,1965,*Kontyû*,**33**:464.

翅展 14.5～22.5mm。头顶黄褐色。额黄白色。触角背面白色,腹面黄褐色。下唇须长不及复眼直径的 1.5 倍;第 1 节淡黄褐色;第 2 节外侧黄褐色,内侧黄白色;第 3 节小,隐藏于第 2 节末端,黄白色。胸部黄褐色;翅基片浅黄色。前翅前缘基部 1/3 向前拱起,外端平直,顶角近直角,外缘斜直;雄性前缘褶较宽,伸达中带前缘;翅面底色黄白色,斑纹深褐色;基斑指状;中带近前缘窄,近后缘处宽;亚端纹前端宽,渐细,斜向外达臀角。后翅灰白色,近顶角处略带黄白色;缘毛土黄色。腹部背面暗灰色,腹面黄白色。

雄性外生殖器(图版 55-274):爪形突基部宽大,向端部收缩,末端圆,腹面被稀疏短毛。颚形突两侧臂粗壮,端板与颚形突侧臂近等长,末端钝。钩形突中部具齿刺,末端细而光滑,端部钝圆。抱器瓣近长方形,端部有叶状延伸部分;抱器腹窄。阳茎略弯曲,端部渐细,末端有 1 小刺;角状器 4 枚,易脱落。

雌性外生殖器(图版 102-274):前表皮突长于后表皮突。第 8 背板横宽。后阴片宽,前阴片狭窄。导管端片短。囊导管向前端逐渐增粗,与交配囊分界不明显,管带与囊导管近等长。交配囊卵圆;囊突呈角状,基部侧骨片长,球形突几乎与囊突等长。

寄主:松科 Pinaceae:日本落叶松 *Larix leptolepis* （Sieb. *et* Zucc.）Cordon;桔梗科 Campanulaceae:新疆沙参 *Adenophora lilifolia* （Linn.）Bess.；豆科 Leguminosae:黄芪 *Astragalus membranaceus* （Fisch.）Bunge;荨麻科 Urticaceae:荨麻属 *Urtica* sp.；罂粟科 Papaveraceae:白屈菜属 *Chelidonium* sp.；旋花科 Convolvulaceae:旋花属 *Convolvulus* sp.；大 戟科 Euphorbiaceae:大戟属 *Euphorbia* sp.；蓼科 Polygonaceae:酸模属 *Rumex* sp.；毛茛科 Ranunculaceae:乌头属 *Aconitum* sp.；百合科 Liliaceae:百合属 *Lililum* sp.；伞形科 Umbelliferae:峨参属 *Anthriscus* sp.；菊科 Compositae:紫菀属 *Aster* sp.；蔷薇科 Rosaceae:蔷 薇属 *Rosa* sp.,*Sorbus sambucifolia* Cham. *et* Schlecht.；忍冬科 Caprifoliaceae：*Lonicera xylosteum* Linn.；槭树科 Aceraceae:槭属 *Acer* sp.；壳斗科 Fagaceae:栎属 *Quercus* sp.。

分布:浙江(天目山)、北京、天津、河北、山西、辽宁、吉林、黑龙江、安徽、山东、河南、湖北、 湖南、四川、贵州、陕西、甘肃、青海、宁夏;朝鲜,日本,中亚,俄罗斯,欧洲其余各国。

备注:本种分布广泛,个体大小差别较大,雄性前翅前缘褶的宽窄也有一定的变化。另外, 有些标本基斑不显著。

华卷蛾属 *Egogepa* Razowski，1977

Egogepa Razowski，1977. Type species：*Egogepa zosta* Razowski，1977.

雄性前翅无前缘褶。前翅 R_4 和 R_5 脉共长柄,其他翅脉分离,索脉退化,从 R_1 脉基部之 前伸出。后翅 Rs 脉与 M_1 脉共短柄。雄性外生殖器:爪形突发达。尾突大而下垂。颚形突两 侧臂较短。抱器瓣宽阔;抱器背基突带状;抱器背发达;抱器腹简单。阳茎基环较大。阳茎短, 无盲囊,阳基腹棒小。雌性外生殖器:阴片呈杯形,但前阴片很短。导管端片膜质;无囊突。

该属中国已知 2 种,本书记述 1 种。

16.17　浙华卷蛾 *Egogepa zosta* **Razowski，1977**(图版 16-275)

Egogepa zosta Razowski，1977，*Bull. Acad. Polon. Sci. Ser. Sci. Biol.*，(2)**25**(5)：323.

翅展 13.5~16.5mm。头顶、额和触角黄褐色。下唇须黄褐色,细而上举,长不及复眼直 径的 1.5 倍。胸部暗褐色;翅基片黄褐色,杂有暗褐色。前翅前缘 1/3 向前拱起,外端平直,顶 角略突出,外缘略倾斜,臀角宽圆;翅面底色黄褐色,斑纹暗褐色;基斑退化;翅前缘基部黑褐 色;中带前缘基部呈斑点状,边缘清晰,中部模糊,近后缘宽而清晰;亚端纹退化成斑点状;后缘 近基部具 1 斑点;缘毛同底色。后翅暗灰色,顶角处色浅,缘毛同底色;雄性后翅沿 A 脉具大 而特化的鳞片。腹部背面暗灰色,腹面灰色。

雄性外生殖器(图版 55-275):爪形突基部窄,渐加宽,末端钝圆。尾突半椭圆形,下垂,具 短刚毛。颚形突两侧臂粗短,端部短。抱器瓣长方形;抱器背基突中部隆起;抱器背发达;抱器 腹窄而短。阳茎基环发达。阳茎短小,端部细;阳茎盲囊无;未见角状器。

雌性外生殖器(图版 102-275):前表皮突短于后表皮突,后者基部宽。前阴片宽短,后阴 片宽。囊导管长,长约为交配囊的 3 倍。交配囊圆形,无囊突。

分布:浙江(天目山)、贵州、甘肃。

丛卷蛾属 *Gnorismoneura* Issiki *et* Stringer，1932

Gnorismoneura Issiki *et* Stringer，1932. Type species：*Gnorismoneura exulis* Issiki *et* Stringer，1932.

该属多数种类外形较相似。下唇须短小,第 2 节端部常膨大。前翅一般无前缘褶,顶角较 尖,外缘斜直;底色常为淡黄色或黄褐色,基斑小或退化,中带明显;R_4 和 R_5 脉共柄,其他翅脉分离。后翅 Rs 和 M_1 脉共长柄，M_3 与 CuA_1 脉出自一点；一些种类雄性后翅臀脉之间具特化的香鳞。雄性外生殖器：爪形突变化较大，一般都较发达，腹面毛刷浓密。尾突较大，个别种很小。颚形突简单或具变化较大的侧突。抱器瓣宽大；抱器背基突带状；抱器背发达，骨化强；抱器腹常简单，有些种类具一些突起。阳茎基环简单或具背叶。阳茎盲囊发达，阳基腹棒小或大。雌性外生殖器：阴片形状变化较大，多呈漏斗形，常具侧突起；导管端片常具内骨片。囊突小，形状变化大，常呈片状或板状，无球形突。

该属中国已知 16 种，本书记述 1 种。

16.18 柱丛卷蛾 *Gnorismoneura cylindrata* **Wang, Li et Wang, 2004**（图版 16-276）

Gnorismoneura cylindrata Wang, Li *et* Wang, 2004, *Nota Lepidop.*, 27(1)：82.

翅展 12.0～18.0mm。头顶、额和触角黄褐色。下唇须细，黄白色，杂有褐色，长不及复眼直径的 1.5 倍。胸部褐色；翅基片黄色。前翅前缘基部向前拱起，顶角短，外缘斜直；翅面底色黄褐色，斑纹暗褐色；前缘基部下方具数条短纹；基斑细指状；中带从前缘中部斜伸至臀角处，近后缘部分加宽；亚端纹大；缘毛灰色。后翅暗灰色，缘毛灰色，无特化香鳞。腹部背面暗褐色，腹面黄白色。

雄性外生殖器（图版 56-276）：爪形突基部宽，端半部柱状，末端圆钝。尾突大而下垂。颚形突两侧臂粗壮，侧突细长，末端尖。背兜宽，侧骨片大，靴形。抱器瓣宽，近长方形，末端圆钝；抱器背基突带状，两侧基部稍加宽；抱器背长，骨化强；抱器腹短而窄，中部膨大。阳茎基环背缘分叉。阳茎粗短，略弯曲，近端部腹面具一小突起；阳茎盲囊短；阳基腹棒小；端膜内具 1 枚角状器和 7 个着生角状器的骨化基穴。

雌性外生殖器（图版 102-276）：产卵瓣宽。后表皮突基部宽，短于前表皮突。阴片侧面部分细长。导管端片宽，骨化弱。囊导管长。囊突长条形，具尖锐的侧突。

分布：浙江（天目山）、湖北。

长卷蛾属 *Homona* Walker，1863

Homona Walker, 1863. Type species：*Tortrix coffearia* Nietner, 1861.

下唇须短而上举。前翅前缘褶非常宽大；R_1 脉出自中室前缘中部之前，与 R_2 脉相比 R_3 脉更靠近 R_4 脉，R_4 和 R_5 脉共柄，M_2、M_3 脉基部靠近，CuA_1 脉出自中室后角。雄性外生殖器：爪形突宽短，腹面鳞毛较稀疏；尾突退化或消失；抱器背基突发达。抱器瓣半圆形；抱器背消失；抱器腹骨化强烈，腹缘或背缘常具齿突。阳茎发达。雌性外生殖器：阴片呈漏斗形；囊导管很长，内有管带；囊突大，球形突发达。

该属中国已知 4 种，本书记述 2 种。

16.19 柳杉长卷蛾 *Homona issikii* **Yasuda, 1962**（图版 16-277）

Homona issikii Yasuda, 1962, *Publ. Entomol. Lab. Univ. Osaka Pref.*, 7：22.

雄性翅展 20.5～22.0mm。头顶及额被粗糙鳞片，黑褐色。触角浅褐色，腹面密被纤毛。下唇须与复眼直径近等长，棕褐色；第 2 节长，粗细均匀；第 3 节短小。胸部和翅基片黑褐色，杂黄褐色鳞片。前翅前缘 1/3 明显隆起，近端部 2/5 内凹，顶角略突出；外缘在 R_4 和 M_3 脉之间内凹；臀角宽圆。前缘褶宽大，伸达中带之前。前翅底色浅褐色，斑纹暗褐色：基斑大而明显，亚三角形，杂黑褐色鳞片；中带在中室附近断裂，前半部形成 1 近方形的黑褐色斑块，后半部与基斑相接，渐加宽，斜伸达后缘端部；亚端纹明显，自前缘端部 1/3 渐窄至臀角前；缘毛内缘黄褐色，外缘褐色。后翅暗灰色，缘毛灰白色。腹部背面深褐色，腹面黄褐色。

雌性翅展 27.0～27.5mm；前翅斑纹暗褐色，顶角突出明显，其余同雄性。

雄性外生殖器(图版 56-277)：爪形突自基部渐加宽至端部，末端平直，腹面鳞毛稀疏。尾突很小，具短毛。颚形突侧臂细长，端板短而钝。抱器背基突宽，中部凹入。抱器瓣近方形；抱器背不明显；抱器腹骨化强，背缘中部及末端各具 1 枚齿突，腹缘中部具 1 枚齿突。阳茎细长，基部宽，渐细至端部，端部呈 S 形弯曲；角状器 2 枚，长约为阳茎的 1/3。

雌性外生殖器(图版 102-277)：前表皮突稍长于后前表皮突。阴片在交配孔周围呈 U 形弯曲；导管端片长，具内骨片；囊导管很长，管带几乎与囊导管等长。交配囊近圆形；囊突长角状，基部两侧骨片发达，无球形突。

寄主：松科 Pinaceae：日本柳杉 *Cryptomeria japonica* D. 。

分布：浙江(天目山)、河南、湖北、广东；朝鲜，日本，俄罗斯。

备注：有些标本爪形突端部的宽窄有较弱的变化。另外，抱器腹背缘和腹面除了 2 个大齿突外，有时还有些小齿刺；阳茎附着的小齿刺疏密有变化。

16.20　茶长卷蛾 *Homona magnanima* Diakonoff，1948(图版 16-278)

Homona magnanima Diakonoff，1948，*Bull. Brit. Mus.*（*Nat. Hist.*），**20**(2)：269.

雄性翅展 22.5～27.0mm。头顶粗糙，浅褐色。额黄褐色。触角浅褐色，腹面密被纤毛。下唇须与复眼直径近等长，褐色；第 2 节长，粗细均匀；第 3 节短小。胸部和翅基片浅褐色。前翅前缘 1/3 明显向前拱起，端半部略内凹，顶角略突出，外缘在 R_4 脉和 M_3 脉之间内凹，臀角宽圆；前缘褶宽大，伸达中带之前；翅面底色黄褐色，斑纹深褐色；基斑大而明显，约占翅面的 1/3；中带在中室附近断裂，前半部形成 1 近圆形斑点，后半部明显加宽，斜向伸达后缘端部；亚端纹明显，自前缘端部 2/5 处渐窄延伸至臀角前；缘毛内缘黄褐色，外缘深褐色。后翅暗灰色，顶角处黄色；缘毛灰白色，顶角处灰色。腹部背面褐色，腹面黄褐色。

雌性翅展 23.0～27.5mm。前翅浅褐色，斑纹不明显；顶角突出明显。后翅淡黄色，顶角处色深。其余同雄性。

雄性外生殖器(图版 56-278)：爪形突宽短，末端圆钝。尾突很小，具短毛。颚形突侧臂细长，端板宽短，末端钝。抱器瓣近三角形；抱器背基突宽带状；抱器背不明显；抱器腹骨化强，背缘末端具 1 枚齿突，腹缘具数枚小齿突，中部具 1 枚大齿突。阳茎细长，基部宽，渐细至端部，端部略弯曲；角状器易脱落。

雌性外生殖器(图版 102-278)：前表皮突长约为后表皮突的 1.5 倍。阴片在交配孔周围呈长 U 形弯曲。导管端片粗短，具内骨片。囊导管很长，弯曲，管带几乎与囊导管等长。交配囊椭圆形；囊突角状，基部两侧骨片与囊突近等长，无球形突。

寄主：蔷薇科 Rosaceae：苹果 *Malus pumila* Mill.，*Rosa* sp.，杏李 *Pyrus simonii* Carr.，日本樱花 *Cerasus yedoensis*（Matsum.）Yu et Li，桃 *Amygdalus persica* Linn.；山茶科 Theaceae：山茶 *Camellia japonica* Linn.，红淡比 *Cleyera japonica* Thunb.，*Thea sinensis* Linn.；罗汉松科 Podocarpaceae：竹柏 *Podocarpus nagi*（Thunb.）Zill. *et* Moritsi.，短叶罗汉松 *Podocarpus macrophyllus*（Thunb.）R. Br.；杉科 Podocarpaceae：水杉 *Metasequoia glyptostroboides* Hu et Cheng；松科 Pinaceae：日本落叶松 *Larix leptolepis*（Sieb. et Zucc.）Gord.，日本冷杉 *Abies firma* Sieb. *et* Zucc.；红豆杉科 Taxaceae：东北红豆杉 *Taxus cuspidata* Sieb. *et* Zucc.；豆科 Leguminosae：多花紫藤 *Wisteria floribunda*（Willd.）DC.，大豆 *Glycine max*（Linn.）Merrill.；木樨科 Oleaceae：日本女贞 *Ligustrum japonica* Thunb.，油橄榄 *Olea europeae* Linn.；杨梅科 Myricaceae：杨梅 *Myrica rubra* Sieb. *et* Zucc.；大戟科 Euphorbiaceae：*Glochidion obovatum*

Sieb. *et* Zucc. ；卫矛科 Celastraceae：冬青卫矛 *Euonymus japonica* Thinb. ；毛茛科 Ranunculaceae：牡丹 *Paeonia suffruticosa* Andr. ；小檗科 Berberidaceae：南天竹 *Nandina domestica* Thunb. ；石榴科 Punicaceae：石榴 *Punica granatum* Linn. ；海桐花科 Pittosporaceae：秃序海桐 *Pittosporum tobira* （Thunb.） Ait. ；樟科 Lauraceae：樟树 *Cinnamonum camphora* （Linn.） Presl；柿科 Ebenaceae：柿 *Diospyros kaki* Linn. ；芸香科 Rutaceae：*Citrus unshiu* Marco. ；杜鹃花科 Ericaceae：南烛 *Vaccinium bracteatum* Thunb.，马醉木 *Pieris japonica* Don. ；忍冬科 Carifoliaceae：日本珊瑚树 *Viburnum awabuki* K. Koch. ；杨柳科 Salicaceae：柳属 *Salix* sp. ；胡桃科 Juglandaceae：*Juglans ailanthifolia* Carr. ；壳斗科 Fagaceae：乌冈栎 *Quercus phillyraeoides* Gray；楝科 Meliaceae：楝 *Melia azedarach* Linn. 。

分布：浙江(天目山)、湖北、贵州、台湾；朝鲜，日本。

备注：本种雄性抱器腹背缘及腹缘除了大齿突外，还有大小和数量不等的小齿突。

突卷蛾属 *Meridemis* Diakonoff，1976

Meridemis Diakonoff, 1976. Type species：*Meridemis furtiva* Diakonoff, 1976.

雄性前翅无前缘褶。前翅 R_4 和 R_5 脉共柄至基部 1/3 之后，其他翅脉分离，M_3 脉相比 CuA_1 脉更靠近 M_2 脉，索脉、M 干脉消失。后翅 Rs 脉与 M_1 脉共柄至基部 1/4 处，M_3 与 CuA_1 脉出自一点。雄性外生殖器：爪形突棍棒状或圆柱形，腹面毛刷稀疏。尾突大。抱器瓣宽圆，盘区骨化，具些许皱纹；抱器背基突带状，中部常形成 1 或 2 个突起；抱器背膜质；抱器腹与抱器瓣等长，一些种类端部游离，阳茎基环常在阳茎背面形成骨化较弱的突起，有些种类的突起具齿刺。雌性外生殖器：阴片中部宽阔，背面凹陷，侧面部分窄。导管端片短，具内骨片。囊导管很长，具管带。囊突角状，很发达，球形突明显。

该属中国已知 2 种，本书记述 1 种。

16.21　窄突卷蛾 *Meridemis invalidana* （Walker，1863）(图版 16-279)

Tortrix invalidana Walker, 1863, *List Spec. Lepidop. Insects Coll. Brit. Mus.*, **28**：327.

Meridemis invalidana：Diakonoff, 1976, *Zool. Verh.*, **144**：107.

翅展 12.0～19.5mm。头顶、额和触角黄褐色。下唇须细而短，长不及复眼直径的 1.5 倍，暗褐色。胸部和翅基片灰褐色。前翅前缘基部强烈拱起，端部平直，顶角近直角，外缘较直，臀角宽圆；翅面底色黄白色，散布一些褐色鳞片；斑纹黑褐色；基斑退化消失；中带仅可见前缘基部 1 黑褐色斑块；亚端纹为前缘基部 1 浅褐色斑块；缘毛黄白色。后翅灰白色；缘毛同底色。腹部背面灰褐色，腹面黄白色。

雌性个体前翅更宽，底色黄白色，前缘、后缘浅褐色；顶角强烈突出；斑纹消失，翅面散布若干黑褐色小斑点。后翅顶角区被若干黑褐色小点。

雄性外生殖器(图版 56-279)：爪形突长，棍棒状，基半部细，端半部膨大，末端钝圆。尾突细长。颚形突两侧臂细长，端部短而尖。背兜似三角形。抱器瓣宽，端部渐窄，背缘圆弧形；抱器背基突带状，中部向上隆起；抱器腹窄，骨化强。阳茎基环宽，中部具纵裂。阳茎基半部弯曲，中部背面有 1 层骨化弱的膜质突起，末端具 1 枚向下的尖齿突；盲囊较短；阳基腹棒很发达；端膜内具 2 枚粗大角状器。

雌性外生殖器(图版 102-279)：产卵瓣宽。前、后表皮突近等长。后阴片宽。前阴片宽短。导管端片基半部具内骨片，末端具 2 个突起。囊导管细长，管带长，约占囊导管的 3/4。交配囊大，囊壁着生一些很小的骨片；囊突长，弯刀状，基部两侧骨化区和球形突发达。

分布：浙江(天目山)、安徽、福建、湖北、湖南、广东、四川、贵州、台湾；马来西亚，印度，尼泊尔，斯里兰卡。

备注：本种一些雄性个体前翅前缘近基部略膨大而凸起，鳞片很发达，形成类似前缘褶的结构。另外，雄性个体大小有差异，如安徽标本个体小；一些雌性翅面颜色一致，无暗色斑点。

圆卷蛾属 *Neocalyptis* Diakonoff，1941

Neocalyptis Diakonoff，1941. Type species：*Neocalyptis telutanda* Diakonoff，1941.

雄性前缘褶有或无。多数种类前翅翅脉各自分离，后翅 Rs 脉与 M_1 脉共柄。雄性外生殖器：爪形突发达，细而短，腹面毛刷不明显。尾突大。颚形突两侧臂细长，合并的端部有时较发达，末端尖。抱器瓣宽圆，盘区密布放射状的皱纹，一些种类在其上着生有宽香鳞，抱器瓣外侧常有膜质囊包被；抱器背基突呈钩形突状，端部大而被齿刺，下方着生具毛状突起；抱器腹宽，伸达盘区褶皱的末端。阳茎基环小而简单。阳茎粗壮，阳茎盲囊发达，阳基腹棒细小，角状器大，簇生。基腹弧宽，端部侧腹面常突出或形成角状突起。雌性外生殖器：后阴片宽，侧面较窄。交配孔宽。导管端片有 1 或 2 个突起，有不同程度的骨化。囊导管较长，无管带。囊突角状，发达，球形突明显。

该属中国已知 10 种，本书记述 1 种。

16.22　截圆卷蛾 *Neocalyptis angustilineata* (Walsingham，1900)(图版 16-280)

Epagoge angustilineata Walsingham，1900，*Ann. Mag. Nat. Hist.*，(7)**5**：484.

Neocalyptis angustilineata：Razowski，1993，*Acta Zool. Cracov.*，**35**(3)：689.

翅展 12.5～16.5mm。头顶粗糙，浅黄色。额鳞片短，黄白色。触角黄褐色。下唇须长约为复眼直径的 1.5 倍；第 2 节外侧浅黄色杂黑褐色，内侧黄白色；第 3 节短小。胸部基半部灰褐色，端部灰白色；翅基片基半部灰褐色，端部黄白色。前翅窄，前缘 1/3 向前拱起，端部平直，顶角钝，外缘斜直，臀角宽圆；翅面底色土黄色，杂黄褐色，斑纹暗褐色；基斑很小或消失；中带细，自前缘近中部斜伸达后缘近端部，末端常较前端宽；亚端纹小，呈半圆形，有时延伸达臀角前；缘毛黄白色。后翅灰色或灰白色，顶角处色淡；缘毛同底色。腹部背面暗灰色，腹面黄白色。

雄性外生殖器(图版 56-280)：爪形突短，基部宽，端部略窄，末端平直或略凹入。尾突粗大，密被长鳞毛。颚形突侧臂粗长，端板宽短，末端尖。钩形突宽圆，密被齿刺，钩形突下方附突较小。抱器瓣宽圆；抱器腹宽，背缘骨化弱。阳茎基环小而圆。阳茎基半部略弯曲，端部变窄，近端部左侧有 1 枚较长的尖齿突；端膜内有 10～12 个着生角状器的基穴。

雌性外生殖器(图版 102-280)：前、后表皮突细长，前表皮突稍长于后表皮突。第 8 背板宽。导管端片宽短，骨化弱。囊导管粗而长。交配囊宽圆；囊突角状，长而弯曲，基部两侧骨片小，球形突发达。

寄主：蔷薇科 Rosaceae：蔷薇属 *Rosa* sp. 。

分布：浙江(天目山)、天津、安徽、福建、江西、河南、湖南；朝鲜，日本，俄罗斯。

褐卷蛾属 *Pandemis* Hübner，[1825]

Pandemis Hübner，[1825].

Type species：[*Tortrix*] *textana* Hübner，[1796—1799]＝*Pyralis corylana* Fabricius，1794.

雄性触角第2节常具缺刻。下唇须前伸，第2节极长。雄性前翅一般无前缘褶；基斑、中带、端纹常较明显；所有翅脉各自分离。后翅 M_1 和 CuA_1 脉出自一点或分离。雄性外生殖器：爪形突非常发达，腹面毛刷明显。颚形突两侧臂粗短，合并的端部发达，下方由骨化的隔膜相连接。抱器瓣宽短，背面较圆，端部中间常凹陷，盘区具放射状小褶皱；抱器背基突基部两侧宽，中部细；抱器腹简单。阳茎发达，盲囊较细长，阳基腹棒大。雌性外生殖器：阴片发达，常呈杯形。导管端片与阴片以膜质相连，具内骨片。囊导管粗。交配囊壁常有骨化区；囊突发达，角状，基部有骨化区，球形突大。

该属中国已知20种，本书记述1种。

16.23 松褐卷蛾 *Pandemis cinnamomeana* (Treitschke，1830)（图版16-281）

Tortrix cinnamomeana Treitschke，1830，*Schmett. Eur.*，**8**：61.

Pandemis cinnamomeana：Obraztsov，1955，*Tijdschr. Entomol.*，**98**(3)：200.

翅展17.5～22.5mm。头顶前方及额白色，头顶后方灰褐色。触角基部1/4白色，其余部分浅褐色。下唇须细长，长约为复眼直径的2倍，外侧灰褐色，内侧灰白色。翅基片及胸部暗褐色或灰褐色。前翅宽，前缘1/3向前拱起，外端平直，顶角近直角，外缘略斜直；翅面底色灰褐色，斑纹暗褐色；基斑大，约占翅面的1/4；中带后半部略宽于前半部；亚端纹小，半圆形；翅端部有横或斜的短纹；顶角和外缘缘毛锈褐色，臀角处缘毛灰褐色。后翅暗灰色，顶角略带黄白色，缘毛同底色。腹部背面暗褐色，腹面灰白色。

雄性外生殖器（图版56-281）：爪形突粗壮，由基部向端部逐渐加宽，末端中部平直。尾突大而下垂，基部窄。颚形突侧臂粗短，端板宽，末端尖。抱器瓣宽圆，外缘中部内凹；抱器背基突宽，中部极窄；抱器腹窄，略骨化。阳茎基环宽大。阳茎粗短，近直角弯曲，末端尖；端膜内有2枚基部弯曲的角状器。

雌性外生殖器（图版102-281）：前表皮突长于后表皮突。阴片宽，漏斗形。导管端片短而细，具内骨片。囊导管由前向后渐细。交配囊大，内壁有2块大的骨化区；囊突角状，短而弯曲，球形突发达。

寄主：蔷薇科 Rosaceae：苹果 *Malus pumila* Mill.，梨属 *Pyrus* sp.，欧亚花楸 *Sorbus commixta* Hedl.；杨柳科 Salicaceae：柳属 *Salix* sp.；榆科 Ulmaceae：春榆 *Ulmus davidiana* var. *japonica* (Rehd.)；松科 Pinaceae：落叶松属 *Larix* sp.，冷杉属 *Abies* sp.；槭树科 Aceraceae：槭属 *Acer* sp.；壳斗科 Fagaceae：栎属 *Quercus* sp.；桦木科 Betulaceae：桦木属 *Betula* sp.；杜鹃花科 Vacciniaceae：越橘属 *Vaccinium* sp.。

分布：浙江(天目山)、天津、河北、黑龙江、江西、河南、湖北、湖南、四川、重庆、云南、陕西；朝鲜，日本，欧洲等。

棕卷蛾族 Euliini

下唇须平伸或上举。雄性前足腿节基部常伸出毛丛。前翅无缘褶；M干脉缺失或退化，索脉有时存在，所有翅脉分离；后翅一般无肘栉。雄性爪形突很发达，腹面无毛刷；颚形突发达，侧臂端部连接或至少被膜质带连接；抱器瓣多无可区分的毛垫；角状器常不脱落。雌性交配囊具不可区分的管和囊,很少有明显的囊突,常有一些针突。

该族中国已知 5 属 14 种,本书记述 2 属 2 种。

侧板卷蛾属 *Minutargyrotoza* Yasuda *et* Razowski,1991

Minutargyrotoza Yasuda *et* Razowski, 1991. Type species:*Capua minuta* Walsingham, 1900.

下唇须长超过复眼直径的 2.5 倍。前翅无前缘褶和鳞片簇;端部略扩展;R_4 与 R_5 脉共柄,索脉消失,M 干脉伸达 M_3 脉基部。后翅 M_3 与 CuA_1 脉出自一点,其余翅脉分离。雄性外生殖器:爪形突骨化明显。尾突宽短。颚形突两侧臂基部着生在背兜两侧顶角凹陷处,端板很长。背兜具侧突起;抱器瓣基半部宽阔,端半部窄;抱器背基突带状;抱器背发达;抱器腹宽大,末端尖且游离。阳茎基环发达,背面凹陷,两侧基部具侧突。阳茎粗,阳茎盲囊完全退化,阳基腹棒很小;无角状器。雌性外生殖器:阴片与亚生殖节之间的膜上密被细刺。后阴片两侧具宽圆的叶状突起;前阴片窄,被密刺。导管端片不明显,具不对称的骨片。交配囊内具两个椭圆形颗粒区,无囊突。

该属中国已知 1 种,本书记述该种。

16.24 褐侧板卷蛾 *Minutargyrotoza calvicaput*(Walsingham,1900)(图版 16-282)

Epagoge calvicaput Walsingham, 1900, *Ann. Mag. Nat. Hist.*, (7)**5**:485.

Minutargyrotoza calvicaput:Yasuda & Razowski, 1991, *Nota Lepidop.*, **14**(2):189.

翅展 14.5mm。头顶及额黄白色。触角基部黄白色,端部浅褐色,杂黑褐色。下唇须长超过复眼直径的 2.5 倍,白色,外侧杂淡黄色;第 2 节端部略膨大;第 3 节短小。胸部及翅基片黄色。前翅前缘向前拱起,顶角突出,外缘斜直,臀角宽圆;翅面底色黄褐色,杂黑褐色,具金属光泽;基斑不明显,散布零星 2 列黑褐色小点;中带黑褐色,渐加宽,自前缘中部斜伸达后缘臀角处;顶角处具若干小黑点;缘毛黄色。后翅暗灰色;缘毛灰白色。

雌性外生殖器(图版 102-282):产卵瓣窄长。前表皮突长为后表皮突的 1.5 倍。阴片两侧各具 1 细长叶突。导管端片短,骨化弱。交配囊内具 2 个椭圆形粗糙区,无囊突。

寄主:木樨科 Oleaceae:*Ligustrum tschonoskii* Decaisne。

分布:浙江(天目山)、四川;朝鲜,日本。

毛垫卷蛾属 *Synochoneura* Obraztsov,1955

Synochoneura Obraztsov, 1955. Type species:*Eulia ochriclivis* Meyrick, 1931.

前翅所有翅脉分离,R_5 脉伸达外缘;索脉很弱,从 R_1 脉基部之前伸达 R_5 脉基部之后;后翅 Rs 脉与 M_1 脉共柄达中部,M_1 和 CuA_1 脉出自一点。雄性外生殖器:爪形突细长,弯曲。尾突细长,下垂。颚形突两侧臂基部宽,合并的端部发达。背兜窄,近颚形突基部具小叶。抱器瓣基半部宽大,中部强烈收缩变窄;抱器背基突中部具突起;抱器背发达;抱器腹骨化强,末端游离;毛垫小。阳茎基环中部向背面扩展。阳茎简单,端膜内具骨化的褶皱;角状器缺失。雌性外生殖器:产卵瓣与隐藏在第 8 背板里的巨大叶片相连,叶片与背板后缘背面之间有膜质的囊。阴片前面部分杯状;前阴片短而大呈耳状;后阴片呈双叶状,与第 8 背板腹面连接。导管端片很弱或消失。囊突板状,基部有骨片。

该属中国已知 3 种,本书记述 1 种。

16.25 长腹毛垫卷蛾 *Synochoneura ochriclivis*（Meyrick, 1931）（图版 17-283）

Eulia ochriclivis Meyrick, 1931, Tortricidae, *In*：Caradja, *Bull. Sect. Sci. Acad. Roum.*, **14**(3-5)：63.

Synochoneura ochriclivis：Obraztsov, 1954, *Tijdschr. Entomol.*, **97**(3)：226.

翅展 16.5～18.0mm。头顶粗糙，灰白色。额白色。触角基部黄色，其余部分黄白色。下唇须略长于复眼直径，外侧淡黄色，内侧白色；第 2 节末端和第 3 节白色。胸部和翅基片灰褐色；中胸具竖起的黄褐色鳞片簇。前翅前缘略向前拱起，顶角呈锐角，外缘斜直，臀角宽阔；翅面上部 1/3 黄色，下方为棕褐色宽带，两色带连接处为白色；中室上角到臀角区金黄色；顶角杂棕褐色；缘毛黄色。后翅灰暗，顶角略带黄色；顶角和外缘端部缘毛黄白色，臀角处缘毛暗灰色。腹部背面灰褐色，腹面黄白色。

雄性外生殖器（图版 56-283）：爪形突细长，近光裸。尾突细长，具稀疏短毛。颚形突两侧臂基部宽，端部渐窄，端板短，末端尖；侧骨片近方形。背兜宽短。抱器瓣发达，基半部宽阔，中部急剧缢缩，端部宽短；抱器背基突中部具 2 个突起；抱器腹窄而长，超过抱器背，骨化强烈；毛垫位于抱器瓣盘区。阳茎短而弯曲，阳茎盲囊短；阳基腹棒发达；端膜内未见角状器。

雌性外生殖器（图版 103-283）：产卵瓣宽，具 1 叶状突起。后表皮突稍长于前表皮突，基部强烈膨大，几乎呈半球形。阴片杯状，前阴片短，两侧叶呈三角形。导管端片短。囊导管短。交配囊大，内壁具一些极小的骨化区；囊突半椭圆形，基部骨化区大。

分布：浙江（天目山）、湖南、贵州。

纹卷蛾族 Cochylini

下唇须前伸，第 2 节端部膨大。前翅外缘斜，无波曲，常具闪光鳞片；CuA₂ 脉自中室下角发出。雄性外生殖器：无爪形突；颚形突退化；阳茎极大，角状器多数。雌性外生殖器：导管短片骨化；囊导管与交配囊无明显分界，常有附腺；交配囊多刺及骨化片，囊突不明显。

该族中国已知 12 属 124 种，本书记述 3 属 4 种。

分属检索表

1. 尾突弯曲成钩状 ·· 双纹卷蛾属 *Aethes*
   尾突不成钩状 ·· 2
2. 尾突骨化强；中突端部具微刺 ······································ 单纹卷蛾属 *Eupoecilia*
   尾突骨化弱；中突端部不具微刺 ······························ 褐纹卷蛾属 *Phalonidia*

双纹卷蛾属 *Aethes* Billberg, 1820

Aethes Billberg, 1820. Type species：*Pyralis smeathmanniana* Fabricius, 1781.

成虫小到中型。雄性后翅无前缘褶，雌性翅缰一般为 2 枚，两性个体在虫体大小方面有性二型现象。前翅所有脉分离或 R₄ 与 R₅ 脉共柄；Sc 脉止于前缘中部；R₁ 脉自中室中部或中部前方发出；R₁ 与 R₂ 脉基部间距小于 R₂ 与 R₃ 脉基部间距；R₅ 脉止于顶角。后翅 Sc 脉止于前缘端部 1/3 处；Rs 和 M₁ 脉基部源于一点或共柄；其他脉分离。雄性外生殖器：爪形突、颚形突缺失。尾突直立，细长弯曲成钩状，是本属的典型特征。抱器瓣形状变化大；中突发达，端部具微齿。阳茎发达，角状器 1～2 枚或无，有些种类的阳茎中部被骨片包围，骨化强并且散布许多齿状突起。基腹弧于腹面中央断开。雌性外生殖器：阴片大多不发达。导管端片发达。囊导管一般较短。交配囊内具刺或骨片。

该属中国已知 20 种,本书记述 1 种。

16.26　直线双纹卷蛾 *Aethes rectilineana* (Caradja, 1939)(图版 17-284)

Loxopera rectilineana Caradja, 1939, *Deut. Entomol. Zeit. Iris*, 53: 10.

Aethes rectilineana: Razowski, 1964, *Acta Zool. Cracov.*, 9: 350.

翅展 14.0~18.5mm。头顶及额淡黄色。触角黄褐色。下唇须长约为复眼直径的 1.5 倍,外侧黄褐色,内侧黄白色,第 2 节末端略膨大,第 3 节短小。胸部及翅基片淡黄色。前翅狭长,前缘平直,外缘内斜;面翅底色淡黄色;前缘基部 1/6 黄褐色略杂黑褐色,基部 1/6 至 1/2 杂黄褐色小斑点;中带自前缘中部内斜至后缘基部 1/3 处,黄褐色;亚端纹自前缘近顶角内斜至后缘端部 1/3 处,黄褐色,与中带近平行;缘毛同底色。后翅及缘毛灰白色。腹部黄褐色。

雄性外生殖器(图版 56-284):抱器瓣窄长,外缘圆;近抱器背末端具几枚骨化微刺;抱器背较宽,达抱器瓣背缘端部 1/3 处,骨化强;中突宽,后端 1/3 分叉,两侧呈三角形向后凸出,边缘具微齿;抱器腹骨化强,约与抱器瓣背缘等长,中部具 1 枚较长的骨化刺状突起,长约为抱器腹的 3/5,末端具 1 枚较短的骨化刺状突起,长约为抱器腹的 1/2。基腹弧骨化强,前端 1/3 膨大呈半圆形,后端 2/3 细长。阳茎基环近菱形。阳茎粗壮,略长于抱器瓣,基部 1/3 近直角状弯曲;阳基腹棒位于阳茎中部,长约为阳茎的 2/5,粗棘状,弯曲;无角状器。

雌性外生殖器(图版 103-284):产卵瓣短小,长约为宽的 3 倍,约为后表皮突长的 2/3。前、后表皮突近等长。第 8 腹板具 1 枚较大的近方形的骨片,中部骨化强。阴片骨化强,宽带状,多皱褶。导管端片膜质,中部具 1 枚近圆形的骨片。囊导管膜质,很短,长约为导管端片的 1/3;导精管自囊导管前端伸出。交配囊近卵圆形,前端略窄,密布微刺,前端 4/5 膜质,后端 1/5 骨化。

分布:浙江(天目山)、山西、黑龙江、江苏、山东、河南、湖北、甘肃、新疆;蒙古,朝鲜,日本,俄罗斯。

单纹卷蛾属 *Eupoecilia* Stephens, 1829

Eupoecilia Stephens, 1829. Type species: *Tortrix angustana* Hübner, 1799.

成虫小型。单眼退化。下唇须第 2 节末端膨大。喙端半部具柱状结构。前翅无前缘褶,多金黄色;中带发达;索脉缺失,Sc 脉未达到翅中,R_5 脉达翅外缘,A_1 和 A_2 脉共柄。后翅 Rs 和 M_1 脉基部同出一点或基半部共柄,M_3 和 CuA_1 脉共柄;雌性翅缰一般为 2 根。雄性外生殖器:爪形突缺失。尾突细长,基部与背兜端部相连,由基部至末端渐细,骨化,下垂;端部自然状态下呈交叉状是本属的典型特征。无颚形突。中突发达,端部具微刺,有的分两叉。阳茎发达;具 1~2 枚角状器,多枚短刺。基腹弧于腹面断开。雌性外生殖器:前表皮突基部有腹臂。前、后表皮突与产卵瓣约等长。无阴片。导管端片骨化强。囊导管常具刺和皱褶,与交配囊界限明显。交配囊内常有骨化结构和大量短刺。储精囊源于囊导管。

该属中国已知 10 种,本书记述 1 种。

16.27　环针单纹卷蛾 *Eupoecilia ambiguella* (Hübner, 1796)(图版 17-285)

Tinea ambiguella Hübner, 1796, *Samml. Eur. Schmett.*, 8: pl. 22.

Eupoecilia ambiguella: Razowski, 1968, *Acta Zool. Cracov.*, 13: 108.

翅展 7.5~15.0mm。头顶及额淡黄色。触角黄褐色,杂黑褐色。下唇须细长,长约为复眼直径的 2.0 倍,外侧黄色,内侧黄白色。胸部及翅基片黄色。前翅前缘近平直,近顶角处略弯,外缘略倾斜;翅面底色黄色;基斑位于翅基部 1/4,浅黄褐色;中带自前缘基部 1/4 至端部

2/5 向内斜向延伸至后缘基部 2/5 至 1/2,后端渐窄,黑褐色,略带赭褐色;1 条浅黄褐色窄带自中带外缘前端 1/3 处延伸至后缘;臀角上方具 1 枚形状不规则的大浅黄褐色斑块,约占翅宽的 2/3;顶角处被 1 枚黄褐色斑;后缘杂有黑褐色;缘毛同底色。后翅及缘毛灰色。腹部黑褐色。

雄性外生殖器(图版 56-285):尾突细长,自基部至末端渐窄,末端尖。抱器瓣宽,近平行四边形;外缘近直,背角尖,腹角近直角;抱器背平直;抱器背基突宽带状;中突窄,略短于尾突,近方形,后端分叉,端部具微刺;抱器腹骨化强,窄,端部具微齿。阳茎基环近圆形。阳茎圆筒状,长约为抱器背的 2 倍,末端具 1 短突起;阳茎基部具 1 枚角状器,直,长约为阳茎的 1/2,中部具两簇短刺,端部具环状排列的细齿。

雌性外生殖器(图版 103-285):产卵瓣两端渐窄,略短于后表皮突。前、后表皮突近等长。导管端片短,骨化强,环状;囊导管长约为交配囊的 1/3,后端 1/3 膜质,中部 1/3 具密集的短刺,前端 1/3 骨化具纵褶;导精管自囊导管前端发出。交配囊圆形,后端 3/4 具密集的短刺及 1 簇呈辐射状排列的短刺。

寄主:木樨科 Oleaceae:女贞 *Ligustrum lucidum* Ait.,花叶丁香 *Syringa persica* Linn.;槭树科 Aceraceae:槭属 *Acer* sp.。

分布:浙江(天目山)、北京、天津、河北、山西、辽宁、黑龙江、安徽、福建、江西、河南、湖北、湖南、广东、广西、海南、四川、重庆、贵州、云南、陕西、甘肃、宁夏、新疆、台湾;蒙古,朝鲜,日本,印度,欧洲。

褐纹卷蛾属 *Phalonidia* Le Marchand,1933

Phalonidia Le Marchand, 1933. Type species:*Cochylis affinitana* Douglas, 1846.

成虫小到中型。下唇须第 2 节端部膨大,第 3 节短小,有的隐藏在第 2 节的鳞毛中。前翅所有脉分离;Sc 脉达前缘中部;R$_1$ 与 R$_2$ 脉基部间距是 R$_2$ 与 R$_3$ 脉的两倍;R$_5$ 脉达翅前缘;1A 和 2A 脉共柄。后翅 Rs 和 M$_1$ 脉共长柄;M$_3$ 和 CuA$_1$ 脉分离;雌性翅缰一般为 3 个。雄性外生殖器:爪形突、颚形突退化。背兜短,尾突发达,下垂或直立。背兜短。抱器瓣基部较宽的种类抱器腹长,较窄的种类抱器腹短;中突细长,末端分裂为 2 枚细齿。阳茎发达;角状器 1 枚或无。基腹弧细长,前缘以膜质相连。雌性外生殖器:导管端片发达,骨化强。囊导管短,与交配囊界限不明显。交配囊具骨片和微刺。

该属中国已知 18 种,本书记述 2 种。

16.28　网斑褐纹卷蛾 *Phalonidia chlorolitha*(Meyrick, 1931)(图版 17-286)

Phalonia chlorolitha Meyrick, 1931, *Exot. Microlep.*, **4**:157.

Phalonidia chlorolitha:Razowski, 1960, *Polskie Pismo Entomol.*, **30**:398.

翅展 15.0~19.0mm。头顶及额浅黄白色。触角柄节浅黄白色;鞭节黄褐色。下唇须长约为复眼直径的 2 倍,外侧黄褐色略杂褐色,内侧浅黄白色略杂黑褐色。胸部浅黄白色,略杂黑褐色;翅基片浅黄白色,前半部被 1 枚黑色斑。前翅前缘基半部近平直,端半部略弯,顶角钝圆,外缘倾斜;翅面底色浅黄白色,略杂淡黄色细纹;前缘杂黑褐色小斑点,基部及基部 1/6 处各有 1 枚较大的黑褐色斑;中带自前缘中部向内斜至后缘基部 2/5 处,前缘处及后缘处形成 2 枚黑褐色斑,中间淡黄色,几乎不可见;中室后缘端半部有 2 枚黑褐色小斑点;亚端纹发达,黑褐色略杂赭褐色,近倒三角形,自前缘端部 1/5 沿外缘伸至臀角;近亚端纹后端 3/4 内侧有 1 条赭褐色带,后端与亚端纹末端相连,中部有 2 枚黑褐色小斑点;亚臀斑为 1 枚黑褐色小斑点,位于后缘端部 1/4 处;缘毛黑褐色杂赭褐色。后翅及缘毛浅灰褐色。腹部灰褐色。

雄性外生殖器(图版57-286):尾突直立,近半卵圆形,基半部愈合,端半部分离、内弯。抱器瓣自基部至末端渐窄,末端圆;抱器背达抱器瓣背缘末端,向末端渐窄;抱器背基突带状,中突长约为抱器背基突的2/3;抱器腹长约为抱器背的1/2,基半部略内凹,端半部略外凸。阳茎基环近半圆形,前缘圆,后缘略凹。阳茎略长于抱器瓣,稍弯曲,末端尖;角状器粗刺状,长约为阳茎的2/5,基部略膨大。

雌性外生殖器(图版103-286):产卵瓣长约为后表皮突的3/5。前、后表皮突近等长;后表皮突基板长约占1/2。导管端片近圆筒状,长与宽约相等,前、后缘略内凹。囊导管长约为导管端片的2倍,骨化,具纵褶;导精管自囊导管后端1/3处伸出。交配囊近圆形;一侧骨化强,另一侧具骨化环和密集的细短刺。

分布:浙江(天目山)、河北、山西、辽宁、吉林、黑龙江、河南、湖北、四川、甘肃、宁夏;朝鲜,日本,俄罗斯。

16.29　多斑褐纹卷蛾 *Phalonidia scabra* Liu et Ge, 1991(图版17-287)

Phalonidia scabra Liu et Ge, 1991, *Sinozoologia*, **8**: 355.

翅展12.0~14.0mm。头顶及额黄白色。触角黄褐色,杂黑褐色。下唇须长约为复眼直径的1.5倍,外侧浅黄褐色略杂黑褐色,内侧黄白色。胸部黄褐色略杂黑褐色;翅基片黑褐色,略杂黄色。前翅前缘略弯,顶角凸出,外缘内斜;翅面底色浅黄白色;前缘自基部至中带具1条黄褐色窄带,上被黑褐色斑点;中带自前缘中部1/3至1/2向内延伸至后缘基部1/4至1/2,黑褐色略杂灰褐色,前端1/3处略外弯;1条浅黄褐色条带自中带前端1/3处伸出至近臀角,渐宽;亚端纹黑褐色,自前缘端部1/5延伸至臀角;中带后半部外侧及亚端纹后半部内侧各有1枚黄褐色斑;亚臀斑位于后缘端部2/5处,黄褐色,近三角形,其顶角达中带外缘后端1/3处;外缘前半部被1条黑褐色短带;后缘被黑褐色小斑点;缘毛黑褐色杂黄白色。后翅及缘毛灰色。腹部灰褐色。

雄性外生殖器(图版57-287):尾突直立,长约为宽的2倍,基部1/3愈合,端部2/3分离并向内弯。抱器瓣中部宽,两端略窄,末端圆;抱器背达抱器瓣背缘端部1/3处,向末端渐窄;抱器背基突窄带状,中突长约为抱器背基突的1/2;抱器腹长约为抱器背的1/2,端突为1个小突起。阳茎基环近椭圆形,两侧尖。阳茎略长于抱器瓣,稍弯,端部1/5尖细;角状器粗刺状,约为阳茎长的2/5,端部膨大。

雌性外生殖器(图版103-287):产卵瓣长约为后表皮突的2/3。前、后表皮突近等长;后表皮突基板约占后表皮突的2/5。导管端片近圆筒状,后缘略凹,长略短于宽。囊导管长约为导管端片的2倍,向后渐窄,骨化弱,具纵褶;导精管自囊导管后半部伸出。交配囊基部近圆形,沿囊导管和交配囊边缘有1圈骨化带,骨化带前端2/3内侧有1半环形排列的细短刺列。

分布:浙江(天目山)、山西、辽宁、黑龙江、江西、贵州、云南、甘肃;朝鲜。

小卷蛾亚科 Olethreutinae

触角鞭节各亚节均被1排鳞片,具感觉纤毛。前翅略窄,具成对的白色短斑,即钩状纹,M干脉和索脉常存在。后翅CuA$_2$脉基部多具肘栉。雄性外生殖器:具肛管;抱器瓣的基部有基穴,无抱器背基突;阳端基环和阳茎愈合为一个功能单元,无盲囊。雌性外生殖器:阴片一般不与前表皮突腹臂相连;囊突1枚,2枚或无。

该亚科中国已知4族130属729种,本书记述4族38属73种。

分族检索表

小卷蛾族 Olethreutini

前翅无前缘褶。后翅 M_2、M_3、CuA_1 脉彼此靠近或基部连接。雄性:后翅内缘常有香鳞,后足胫节或腹部具毛丛或毛刷;基腹弧窄,阳茎无盲囊;抱器瓣基部基穴大,抱器背钩常分 2 支,抱器腹有 1 或 2 束刺丛,抱器端窄;角状器固定或脱落。雌性:阴片由交配孔周围被刺的膜演化而来,不与第 7 腹板愈合;囊突通常 2 枚,形态变化较大,角状、栉齿状及圆窝状较常见。

该族中国已知 58 属 266 种,本书记述 14 属 30 种。

分属检索表

13.抱器腹末端有 1 被密刺的圆片,与抱器端基部之间不具波状皱脊;抱器端极窄且长,棍棒状…………
…………………………………………………………………… 轮小卷蛾属 *Rudisociaria*

抱器腹无上述结构,腹缘基部与抱器端基部背缘之间具 1 波状的皱脊;抱器端不为棍棒状 …………
…………………………………………………………………… 小卷蛾属 *Olethreutes*

圆点小卷蛾属 *Eudemis* Hübner,1825

Eudemis Hübner, 1825. Type species: *Tortrix profundana* Denis et Schiffermüller, 1775.

前翅 R_1 脉出自中室中部之前;R_2 距 R_3 脉比 R_1 脉近;R_3、R_4 脉出自中室顶角基部;R_5、M_1、M_2 脉平行;M_3 与 CuA_1 脉同出一点,自中室下角发出,端部 2/3 平行;CuA_2 脉自中室下缘 2/3 后方发出;索脉自 R_1 与 R_2 脉之间发出至 R_4 脉基部;M 干脉止于 M_2 与 M_3 脉之间。后翅 $Sc+R_1$ 脉达前缘 4/5 处;Rs 脉达前缘顶角前,基部 1/4 与 M_1 脉极其靠近;M_1 脉达翅外缘;M_2 脉基部靠近 M_3 与 CuA_1 脉;M_3 与 CuA_1 脉同出一点;CuA_2 脉自中室下缘中部发出。发香器不发达。雄性外生殖器:爪形突小,半圆形。尾突长,通常粗壮,下垂,多毛。颚形突膜质,带状;或发达,中部具突起。抱器瓣窄长;抱器腹基部与末端常被刺丛;基穴外缘不明显;抱器端密被短刺。阳茎简单;无角状器。雌性外生殖器:阴片结构复杂,包括前阴片和后阴片,后阴片扩展为耳状,被微刺。导管端内片两层;囊导管长,导精管连接在前端,储精囊大。囊突 2 个,角状。

该属中国已知 4 种,本书记述 2 种。

16.30 鄂圆点小卷蛾 *Eudemis lucina* Liu et Bai, 1982(图版 17-288)

Eudemis lucina Liu et Bai, 1982, *Entomotax.*, **4**(3): 167.

翅展 17.5~21.0mm。头顶光滑,茶褐色。触角棕褐色,有黑褐色环纹。下唇须上举;第 1 节白色;第 2 节基部及内侧白色,端半部略膨大,褐色;第 3 节褐色。胸部浅褐色,前端 1/3 处具 1 深褐色横纹;领片宽,基部深褐色,端部黄棕色;翅基片基部棕色,向端部渐成褐色,末端茶色;后胸脊突发达,深褐色;胸部腹面白色。前翅前缘具 9 对钩状纹,第 1~4 对棕色,位于前缘基部 1/3,在前缘后方融合,自中室上缘 3/5 处斜伸至翅后缘基部,散布黑褐色鳞片;端部 5 对钩状纹淡黄色,第 9 对愈合为 1 条,极狭窄;基斑黑褐色,前端被基部 2 对钩状纹覆盖,后端成 1 三角形斑块;第 3、4 对钩状纹的暗纹暗褐色,自中室上缘 3/5 处至翅后缘中部;中带黑褐色,窄,自前缘中部斜伸至翅后缘臀角前;第 5~7 对钩状纹的暗纹铅色,在前缘后方融合,呈斑块状,然后分离,斑块中部被赭色鳞片,第 5、6 对的暗纹抵达臀角,在臀角前加宽并被赭色鳞片,第 7 对向外与第 8、9 对的暗纹汇合,达翅外缘 M_2 脉末端;中室上角被 1 显著白点;后中带黑褐色,近圆形,大,位于 R_4 脉中部至 CuA_1 脉之间;缘毛褐色,杂白点;翅腹面棕褐色,前缘钩状纹白色,后缘与后翅交叠处近白色。后翅浅棕褐色,前缘灰白色,外缘略深;缘毛棕褐色;翅腹面棕褐色,较前翅腹面浅。

雄性外生殖器(图版 57-288):爪形突半卵圆形。尾突下垂,被稀疏长毛,棒状;中部略窄。颚形突膜质,窄带状。背兜高而窄。抱器瓣窄长;抱器腹短,不及抱器瓣的 1/3,基部具 1 束长毛,末端被稀疏短毛;抱器端窄长,中部略窄。阳茎基部 1/4 处弯曲,端部 3/4 渐窄,末端尖;无角状器。

雌性外生殖器(图版 103-288):产卵瓣窄长,后端较前端宽。前、后表皮突细,后表皮突略长于前表皮突。阴片环抱交配孔,并在交配孔后端向腹面伸出,呈二圆瓣状,被疏毛,密被微刺。交配孔大,宽圆形。囊导管略骨化,短,长约为交配囊的 1/2;导管端环长,约占囊导管的

2/3。交配囊大,卵圆形,密被颗粒状突起;囊突 2 枚,尖角状,一大一小。

分布:浙江(天目山)、吉林、河南、湖北、陕西。

16.31 栎圆点小卷蛾 *Eudemis porphyrana*(Hübner,1796—1799)(图版 17-289)

Tortrix porphyrana Hübner,1796—1799,*Samml. Eur. Schmett.*,**7**:pl. 5.

Eudemis porphyrana:Hübner,1825,*Verz. Bek. Schmett.*:382.

翅展 18.5~21.0mm。头顶粗糙,浅褐色。额光滑,白色。触角浅棕褐色,被黑褐色环纹。下唇须上举,暗白色,杂浅褐色;第 2 节末端膨大;第 3 节略尖。胸部、领片、翅基片褐色,中部均被 1 深褐色横纹;后胸脊突深褐色;胸部腹面白色。前翅长而宽,顶角略尖;褐色或浅褐色;前缘微拱,钩状纹暗茶色,后方的暗纹浅铅色;无基斑;亚基斑为 1 黑褐色小斑,外缘镶白边,近三角形,位于翅褶与后缘之间;第 1、2 对钩状纹无暗纹;第 3、4 对钩状纹的暗纹略弯曲,后端达翅后缘 1/3 处;中带黑褐色,在中室与翅后缘之间略浅,镶白边,前端位于前缘基部 1/3 至中部之间,后端位于翅后缘端半部,内缘略凹曲,外缘分别在中室上角前方、M_1 脉基部 1/4 处凸出,在 CuA_2 脉基部 1/4 和翅后缘 2/3 之间具 1 镶白边的铅色斜斑,为第 5 对钩状纹的暗纹;端部 5 对钩状纹的暗纹在前缘后方连接,宽,第 5~7 对的暗纹汇合,在 M_1 脉前方呈斑块状,向后端沿中带外缘伸达臀角;亚端纹黑褐色,后端渐浅,近圆形,位于 R_5 脉 2/3 处和 CuA_1 脉末端之间及 M_1 脉 2/5 处和翅外缘之间,前半端镶白边;缘毛短,褐色,杂暗白色与浅褐色;翅腹面棕褐色,前缘钩状纹暗棕色,后端浅灰色。后翅棕褐色,翅基略浅,前缘暗白色;缘毛浅灰色,具棕褐色基线;翅腹面褐色。腹部浅褐色。

雄性外生殖器(图版 57-289):爪形突极小,圆突状。尾突下垂,粗壮,棍棒状,略弯曲,被长毛。颚形突膜质,横带状;肛管细。背兜高,末端宽。抱器瓣窄长;抱器腹窄,长约为抱器瓣的 2/5,末端被 1 小簇浓密短毛,沿腹缘至抱器端基部具 1 列长毛;抱器端窄长,基部略宽,被浓密刺棘,末端被浓密细毛。阳茎长超过抱器瓣的 1/3,近直,末端尖;无角状器。

雌性外生殖器(图版 103-289):产卵瓣窄长。前、后表皮突细,近等长。阴片位于交配孔两侧,瓣状,直立,后端被稀疏长毛。交配孔向后端开口。囊导管膜质,长约为交配囊的 3/5;导管端片骨化弱,略成漏斗形,长约为囊导管的 1/5。交配囊大,卵圆形,被小颗粒;囊突 2 枚,一大一小,角状,密被小颗粒。

分布:浙江(天目山)、辽宁、吉林、黑龙江、福建、江西、河南、湖北、广东、四川、贵州、陕西、甘肃;日本,欧洲。

圆斑小卷蛾属 *Eudemopsis* Falkovitsh,1962

Eudemopsis Falkovitsh,1962. Type species:*Penthina purpurissatana* Kennel,1990.

前翅 R_1 脉自中室中部外侧发出;R_2 脉基部距 R_3 脉较 R_1 脉近;R_4 脉自中室上角发出,波状,基部靠近 R_3 脉;R_5 脉抵达外缘;M_1、M_2 与 M_3 脉基部近等距;M_2、M_3 与 CuA_1 脉各自分离,但后二者略靠近,CuA_1 脉从中室下角发出,CuA_2 脉自中室下缘 3/4 处发出;索脉发达,自 R_1 与 R_2 脉之间中部发出至 R_5 脉基部;M 干脉缺失。后翅 R_s 与 M_1 脉基部靠近;M_2 与 M_3 脉靠近;M_3 与 CuA_1 脉同出一点,自中室下角发出;CuA_2 脉自中室下缘中部发出;具肘栉。无发香器。雄性外生殖器:爪形突小,瓣状;尾突细长,下垂,光裸,末端有长针状刺棘。抱器瓣短,半圆形,宽或窄;抱器端不明显,腹缘与中域密被毛刺。阳茎基环杯状。阳茎短,弯曲,基部球状。雌性外生殖器:阴片较大,杯状,上有刻点,前缘与后缘在中部略凹入。导管端内片不明显。囊突 1 枚,角状或指状。

该属中国已知 10 种,本书记述 2 种。

16.32　异形圆斑小卷蛾 *Eudemopsis heteroclita* Liu et Bai, 1982(图版 17-290)

Eudemopsis heteroclita Liu et Bai, 1982, *Sinozoologia*, **2**：48.

翅展 15.0～17.0mm。头顶粗糙,黄色。触角黄色,被深褐色环纹。下唇须上举,黄色;第 2 节略膨大,被蓬松长鳞片;第 3 节极小,包被在第 2 节长鳞片丛中,略下垂。胸部及领片、翅基片黄色,杂有褐色;后胸脊突小,赭黄色。前翅基部约 2/3 灰紫色,杂有玫瑰色,靠近翅基部为黄色,端部 1/3 粉紫色;具 9 对黄色钩状纹,第 1、2 对和第 9 对钩状纹不明显,第 3、4 对钩状纹近直,淡紫色,杂有黄色;基带和亚基带黑褐色,平行;中带黑褐色,外斜,前端 1/3 宽,后端 2/3 呈窄带状沿 M₃ 脉弧形弯曲至后中带内缘,其内缘覆玫瑰色,外缘镶乳白色;自中带内缘 1/3 和 2/3 偏外处各伸出 1 条褐色横带直达后缘,两者近平行,边缘镶玫瑰色;中室上角上方具乳白色大圆斑,其中部有 1 粉紫色椭圆形斑;后中带较窄,黑褐色,镶乳白色,前端 1/2 波状,后端呈带状略加宽,末端止于外缘中部;亚端纹褐色,内缘镶乳白色,末端止于外缘中部;缘毛黑褐色,沿外缘端部 2/5 浅赭色;翅腹面灰褐色,前缘钩状纹淡黄色,后缘与后翅前缘交叠处浅褐色。后翅浅褐色,缘毛浅灰色,腹面浅褐色。腹部灰褐色,腹面浅褐色,具紫色金属光泽,基部黄色。

雄性外生殖器(图版 57-290):爪形突小,椭圆形。尾突细长,光裸,末端具 1～3 根略长于尾突的粗棘,其端部较细,钩状,末端膨大为球状。颚形突膜质,横带状。肛管长,膜质。背兜高,后端稍窄。抱器瓣近等宽,腹缘中部突出,密被刺棘,末端圆;基穴极小,沿后缘被稀疏短毛,自基穴外侧到抱器瓣末端密被细毛。阳茎基部宽,端部渐窄,末端尖。

雌性外生殖器(图版 104-290):产卵瓣窄长。前、后表皮突近等长。阴片较小,骨化,呈近半椭圆形包围交配孔,被微刺。导管端内片长,弱骨化,长约为囊导管的 1/3。交配囊大,与囊导管近等长,卵圆形,密被小颗粒;囊突 1 枚,指状,位于后端约 1/3 处。

分布:浙江(天目山)、安徽、福建、江西、湖北、湖南、广东、广西、贵州。

16.33　球瓣圆斑小卷蛾 *Eudemopsis pompholycias* (Meyrick, 1935)(图版 17-291)

Argyroploce pompholycias Meyrick, 1935, Tortricidae, *In*：Caradja & Meyrick, *Mater. Microlepid. Fauna Chin. Prov. Kiangsu, Chekiang und Hunan*：58.

Eudemopsis pompholycias：Diakonoff, 1973, *Zool. Monogr. Rijksmus Nat. Hist.*, **1**：100.

翅展 23.5～25.0mm。头顶粗糙,浅褐色。触角棕褐色。下唇须上举,浅褐色;第 2 节端部略膨大。胸部、领片及翅基片光滑,浅褐色;后胸脊突赭色;胸部腹面白色。前翅长,基部窄,端部宽,顶角略尖,呈长三角形;底色浅褐色,翅褶与翅后缘之间褐色,在 M 干脉至 M₁ 脉末端与翅后缘之间覆有玫瑰红色;前缘微拱,钩状纹暗白色;无基斑与中带;基部 4 对钩状纹无暗纹;中室上缘中部与后缘基部之间有 1 深褐色斜斑;中带自前缘中部下方斜伸至翅后缘末端,在 R₁ 脉中部与 CuA₁ 脉基部 1/3 之间显著,近三角形,黑褐色,后端色渐浅,内缘不清晰;中室上角外侧有 1 白色斑点;第 5、6 对钩状纹的暗纹与第 7、8 对钩状纹的暗纹在 R₅ 脉基半部汇合,加宽,向后达臀角,具显著白边;亚端纹黑褐色,后端略浅,长圆形,自 R₃ 脉 2/3 处至 CuA₂ 脉端部 1/3 后方;缘毛棕红色,具褐色基线;翅腹面浅黄褐色,前缘淡黄色,钩状纹不明显,后端近白色。后翅黄褐色,前缘白色;缘毛浅黄褐色,具灰色基线;翅腹面茶色。

雄性外生殖器(图版 57-291):爪形突退化,极小。尾突棒状,粗短,光裸,末端被 6 根为其自身长度 2～2.3 倍的长棘。颚形突横带状;肛管极长。抱器瓣宽,基部 2/5 略窄;抱器腹宽,中部有 1 圆形毛区,被短而钝的粗棘,腹缘与抱器端之间凹入;抱器端较抱器腹大,近圆形,背缘末端凸出成角状,腹半部密被粗而短的棘,背半部被细毛。阳茎长约为抱器瓣的1/3,略粗,末端尖;无角状器。

雌性外生殖器(图版104-291):产卵瓣长,略呈扇形。前、后表皮突纤细,后表皮突略长于前表皮突。阴片漏斗形,骨化强,被细纹。交配孔大。囊导管前半部膜质,略长于交配囊;导管端环骨化强,管状,细长,约占囊导管的1/2。交配囊卵圆形,密被细小颗粒;囊突1枚,角状。

分布:浙江(天目山)、福建、河南、湖南、四川、贵州;日本。

尾小卷蛾属 *Sorolopha* Lower,1901

Sorolopha Lower,1901. Type species:*Sorolopha cyclotoma* Lower,1901.

前翅常略呈绿色,翅缘有1深色圆斑;R_3 和 R_5 脉基部等距;CuA_1 脉出自中室下角;CuA_2 脉出自中室下缘2/3;索脉自 R_2 基部至 R_5 脉基部,M 干脉止于 M_2 脉基部。后翅 Rs 和 M_1 脉基部靠近;M_3 与 CuA_1 脉基部靠近或同出一点;其余各脉分离;CuA_2 脉出自中室下缘1/2～2/3处。发香器:雄性后足胫节常膨大,被浓密鳞片,基部具1长毛刷;后翅臀角常具香鳞;一些种类腹部各节或部分腹节两侧各被1簇长鳞毛或短鳞毛。雄性外生殖器:爪形突极小,圆突状。尾突细长,末端常膨大并具浓密刺毛。颚形突简单,为膜质横带。背兜狭长,三角形。抱器瓣狭长,个别种类瓣宽似圆斑小卷蛾;抱器腹中部常具2束刺丛,形态变化较大,但主要为3种形式:1)抱器瓣无颈部,抱器腹与抱器端近等宽,抱器端腹缘无突起;2)抱器瓣具明显颈部,抱器端窄,腹缘基部或中部有1三角形的突起,末端常被1枚尖刺,偶为2～3枚;3)抱器瓣具明显颈部,抱器端腹缘中部或端部常伸出1较大的圆形或近似方形的突起,上密被刺毛,左右抱器瓣常不对称。阳茎长,弯曲;无角状器。雌性外生殖器:阴片多呈短漏斗状,被微刺;前阴片常发达,中央有1深缺刻;导管端内片短。囊导管膜质。交配囊卵圆形、宽卵圆形或长卵圆形;囊突1枚,大,角状;或2枚,小,圆片状。

该属中国已知22种,本书记述1种。

16.34 青尾小卷蛾 *Sorolopha agana*(**Falkovitsh, 1966**)(图版17-292)

Choganhia agana Falkovitsh, 1966, *Trudy Zool. Inst. Akad. Nauk SSSR*, **37**:209.

Sorolopha agana:Diakonoff, 1973, *Zool. Monogr. Rijksmus Nat. Hist.*, **1**:95.

翅展20.5mm。头顶粗糙,浅茶色略带暗青色。触角浅棕色。下唇须前伸,浅茶色;第2节端部略膨大,腹面被1深褐色小点;第3节稍尖。领片与翅基片浅茶色略带暗青色;胸部基部1/4浅茶色略带暗青色,1/4至中部深褐色,后半段浅茶色;后胸脊突发达,深褐色;胸部腹面白色。前翅略宽,前缘微拱,顶角尖,外缘斜;翅面底色淡茶色,斑纹深褐色;翅前缘钩状纹淡茶白色,无暗纹;基斑仅为前缘1小点;亚基斑断裂为3部分,翅前缘与中室基部上方的2个小点及中室基部后方至翅后缘之间的1三角形大斑,后一斑块被白边,后缘宽,自翅内缘中部至翅后缘基部1/5处;中带包括界限清晰但紧密相连的两部分,在翅前缘与中室中部之间为1略呈长方形的斑块,深褐色,内缘与外缘近直,向外侧斜伸,后端外侧角向外伸至中室下角外侧,成1窄条,中室中部和翅后缘中部之间为1倒三角形斑块,浅赭色,边缘均直;CuA_1 脉中部和翅后缘端部1/4之间有1三角形斑块,被白边;中带外侧翅面轻染淡赭色;端纹点状;翅外缘深褐色,相邻两脉之间被1小白点;顶角与翅外缘翅脉处缘毛深褐色,翅脉之间白色小点处的缘毛淡赭色,臀角缘毛淡赭色,后缘末端缘毛深褐色;翅腹面黄褐色,前缘钩状纹淡暗黄色,后缘与后翅交叠处近白色。后翅浅褐色,前缘与前翅交叠处近白色;缘毛浅褐色;翅腹面淡褐色。

雄性外生殖器(图版 57-292):爪形突小圆突状,被疏毛。尾突下垂,长超过背兜的一半,被疏毛,末端棒状膨大,被浓密刺棘。颚形突膜质。背兜高而窄。抱器瓣极窄,最宽处不超过长的 1/8,向背面弯曲;抱器腹短,长约为抱器瓣的 1/5,端部具 1 浓密短刺区;无颈部;抱器端细长,中部 1/3 极细,腹缘基部的突起宽短,略突出,密被刺棘,其余部分被刺毛。阳茎短,略粗,末端尖,光裸。

分布:浙江(天目山)、江西、湖南、广西、四川。

端小卷蛾属 *Phaecasiophora* Grote,1873

Phaecasiophora Grote, 1873. Type species: *Sciaphila confixana* Walker, 1863.

前翅 R_1 脉自中室中部发出;R_2 脉自中室上缘 2/3 处发出;R_3 脉自中室上角前发出,与 R_4 脉靠近;R_4、R_5 脉自中室上角发出,相互分离,R_5 脉达外缘;索脉自 R_1 与 R_2 脉之间至 R_5 脉基部,或自 R_2 脉下端至 R_5 脉基部,M_1 脉自中室外缘上端 1/3 发出,M_2、M_3、CuA_1 脉基部靠近,自中室外缘下角发出,CuA_2 脉从中室下缘 2/3 处发出。后翅 Rs 与 M_1 脉基部靠近,自中室上角发出,M_2 脉自中室下角上方发出,M_3、CuA_1 脉同出一点,CuA_2 脉从中室下缘 3/5 处发出。发香器:雄性后足胫节被浓密的长鳞片,基部有 1～2 束毛刷。雄性外生殖器:爪形突退化。尾突大,下垂,被密毛;形状变化较大。背兜宽,末端半圆形或三角形;常具侧角突起。抱器瓣窄长,向上弯曲;抱器腹窄或略膨大;毛丛稀疏,不发达,基穴外缘末端常具毛丛,抱器背基部具 1 圆形突起,上被长毛;抱器端等宽,纺锤形或端部渐窄,腹缘基部有或无圆形突起。阳茎粗,骨化强烈;角状器为若干长棘或 1 束微毛、细毛或刺棘。雌性外生殖器:产卵瓣瓣状或略呈扇状。前、后表皮突短,近等长。阴片片状,具微刺,包围在交配孔周围。导管端内片管状;骨化或膜质;长度不等。囊导管粗,极短至极长,骨化或膜质,被刻点或部分被刻点;导精管连接在后半部。囊突 1 对或无;若有,则小,角状,密被刻点。

该属中国已知 17 种,本书记述 4 种。

分种检索表

1. 尾突短,骨化弱,端部常有突起,圆钝 ………………………………………………… 2
   尾突长,骨化强烈,末端尖 …………………………………………………………………… 3
2. 抱器端基部不收缩;角状器为 1 束长刺 ……………………… 白端小卷蛾 *P. leechi*
   抱器端基部明显收缩;角状器为 1 束短刺 ……………………… 纤端小卷蛾 *P. pertexta*
3. 抱器端基部腹缘不凸出;角状器为 1 根长棘,与阳茎近等长 ……… 奥氏端小卷蛾 *P. obraztsovi*
   抱器端基部向腹缘凸出成圆球形;角状器为 1 簇短刺 ……… 华氏端小卷蛾 *P. walsinghami*

16.35　白端小卷蛾 *Phaecasiophora leechi* Diakonoff,1973(图版 17-293)

Phaecasiophora (*Megasyca*) *leechi* Diakonoff, 1973, *Zool. Monogr. Rijksmus Nat. Hist.*, **1**: 120.

翅展 16.0～20.0mm。头顶粗糙,褐色。触角未达前翅的 1/2,浅褐色。下唇须上举,腹面淡黄色,背面黑褐色;第 3 节尖。领片褐色。胸部及翅基片深褐色,杂浅褐色。前翅长,前缘略拱,2/3 处稍明显,顶角为直角,外缘上端直,下端圆钝;前缘具 9 对钩状纹,其中第 2 对由两对组成,端部 5 对白色,下方暗纹浅铅色;翅面灰色,杂白色与浅赭色;基斑位于前缘 1/4,深褐色,由 3 个纵向排列的较小的斑块组成,上端的近似半圆形,中间的略呈方形,下端的为三角形,每个小斑除前缘与后缘外均具白边;中带也由 3 个纵向排列的斑块组成,深褐色,并具白边,其中顶端与下端的 2 个斑块较小,不规则形状,分别位于前缘 1/2 处与臀角前,中间的斑块大,近似三角形,位于翅面中央;中带与亚端纹之间具浅铅色暗纹;亚端纹深褐色,具白边,自前缘 2/3 下方斜向下伸至臀角处,中部向内凸出;顶角黑色;缘毛褐色或浅褐色,有白色基线。后翅灰色,前缘白色;缘毛灰色,有浅灰色基线。

雄性外生殖器(图版 57-293):尾突略呈三角形,末端圆钝,被密毛。背兜略窄,末端圆钝。抱器瓣长条状,抱器腹短而窄,基穴外缘及腹缘被疏毛,并与抱器端的刺毛相连接;抱器端长,等宽。阳茎基部宽,端部窄;角状器为 1 束长棘。

雌性外生殖器(图版 104-293):产卵瓣扇形。阴片宽,密布微刺,末端两侧角凸出成长圆片状。交配孔宽,扁圆形。导管端片杯状,密布微刺,膜质。导管端内片骨化,长约为囊导管的 1/4。囊导管长,膜质,密布颗粒;前端逐渐变宽,与交配囊分界不明显。交配囊长卵圆形,端部光裸;无囊突。

分布:浙江(天目山)、安徽、福建、江西、湖北、湖南、广东、广西、台湾、香港。

16.36 纤端小卷蛾 *Phaecasiophora pertexta* (Meyrick, 1920)(图版 17-294)

Argyroploce pertexta Meyrick, 1920, *Exot. Microlep.*, **2**:351.

Phaecasiophora (*Phaecasiophora*) *pertexta*:Diakonoff, 1973, *Zool. Monogr. Rijksmus Nat. Hist.*, **1**:116.

翅展 18.0~20.0mm。头顶粗糙;深灰褐色。触角未达前翅的 1/2 处;柄节深灰褐色;鞭节浅灰褐色。下唇须上举,白色略呈浅灰色;第 3 节小,圆钝,灰色。胸部及翅基片褐色,杂赭色鳞片;领片小,基部褐色,端部淡黄褐色;后胸脊突赭色。前翅近长方形,前缘略拱,顶角近直角,外缘直,臀角圆钝;翅面浅褐色,散布赭色鳞片,端部前缘 1/2 下方密集;前缘黑褐色,具 9 对钩状纹,第 1、2 对灰白色,其中第 2 对由 2 对短斑组成,第 3、4 对浅黄褐色,端部 5 对灰白色,下方暗纹浅铅色;基斑位于前缘 1/4,褐色,外缘上端 1/3 处略向外端凸出;中带上端自前缘 1/3 至 1/2,下端自后缘端部 2/5 至臀角,黑褐色,内缘中部向内凸出,外缘部分被白边;中带与亚端纹之间有 1 白色斜斑,自前缘端部 1/3 下方至臀角,中部被黑褐色亚端纹分隔;亚端纹自前缘端部 1/4 下方至外缘中部;顶角黑褐色;外缘缘毛黑褐色,臀角处白色,后缘末端处褐色。后翅褐色,前缘白色;缘毛浅褐色,有褐色基线。

雄性外生殖器(图版 57-294):尾突下垂,基部宽,分为内外两片,内片大,三角形,基部宽,被疏毛,端部窄,密被毛刺,末端圆钝;外片极小,短指状,长约为内片的 1/2,末端被长毛。颚形突侧臂短,中部宽。背兜末端近半圆形,侧角突起明显。抱器瓣窄长;抱器腹窄,基穴外缘被 1 列疏毛,伸至抱器端基部;抱器端极窄,浅弧形弯曲,中部略膨大,宽约为基部的 1.3 倍,端部略窄。阳茎宽;角状器为 1 束细毛,长不超过阳茎的 1/3。

雌性外生殖器(图版 104-294):交配孔大,近圆形。阴片倒三角形,具微刺,末端向两侧延伸,各形成 1 个明显的三角形骨片。导管端片管状,腹半部骨化,背半部膜质。囊导管粗,密布颗粒,逐渐变粗,与交配囊分界不明显。交配囊长,无颗粒;囊突 2 枚,尖角状,基片近圆形,均密布颗粒。

分布:浙江(天目山)、福建、河南、广东、广西、贵州;印度,尼泊尔。

16.37 奥氏端小卷蛾 *Phaecasiophora obraztsovi* Diakonoff, 1973(图版 17-295)

Phaecasiophora (*Megasyca*) *obraztsovi* Diakonoff, 1973, *Zool. Monogr. Rijksmus Nat. Hist.*, **1**:124.

翅展 17.0~18.0mm。头顶粗糙,浅灰色,触角后方灰褐色。触角柄节深灰色;鞭节灰色。下唇须上举;白色,外侧杂少许浅灰色;第 3 节小,圆钝。胸部与翅基片灰褐色,杂淡黄色;领片小,基部灰褐色,端部淡黄色。前翅近方形,末端近平截,前缘拱起,顶角近直角,略圆钝,外缘上端直,下端圆钝;翅面灰白色,杂灰褐色与黄赭色;前缘具 9 对钩状纹,第 1、2 对灰白色,第 2

对由 2 对短斑组成，第 3、4 对灰色，端部 5 对白色；基斑位于基部 1/3 前，灰褐色；中带上端位于前缘基部 2/5 和 1/2 之间，下端位于后缘中部至臀角前，灰褐色；亚端纹自前缘端部 1/3 下方至臀角上方，密被赭黄色鳞片，杂数条黑褐色窄纹，未达外缘；顶角处为 1 黑褐色小斑，并向下沿外缘伸至臀角；缘毛浅赭色杂黑褐色，有赭色至灰色基线。后翅灰色；前缘与前翅后缘交叠处白色；雄性内缘有 1 骨化卷褶；缘毛浅灰色，有灰色基线。

雄性外生殖器（图版 57-295）：尾突长三角形，末端尖，沿外侧被密毛，内侧光裸；外缘基部有 1 小指状突起，顶端被长毛。颚形突横带状。背兜端部宽圆。抱器腹宽，基穴腹缘及外缘被稀疏刺毛并相连接；抱器端窄条状，基部宽，内缘约在中部处略凸出。阳茎圆柱状，粗，端半部具微刺；角状器 1 枚，粗棘状，略短于阳茎。

雌性外生殖器（图版 104-295）：产卵瓣长片状。前、后表皮突短，近等长。阴片骨化较强，仅后端中部膜质；形状复杂，近似六边形，尾端界限不明显，宽约为其余各边的 2 倍；除中部中央两侧凹陷处光滑外，其余部分均密布微刺。交配孔近圆形。导管端片极短，密布微刺。导管端内片极长，骨化强烈，与囊导管交界处膨大成球状。囊导管不明显。交配囊长卵圆形，膜质，密布颗粒；囊突 2 枚，小，宽棘状，密布颗粒。

寄主：壳斗科 Fagaceae：麻栎 *Quercus acutissima* Carr. 。

分布：浙江（天目山）；日本，俄罗斯。

备注：本种的外部形态与精细小卷蛾极为相似，仅可通过后足胫节是否膨大与被长鳞片进行判断，但雄性外生殖器明显不同。

16.38　华氏端小卷蛾 *Phaecasiophora walsinghami* Diakonoff，1959（图版 17-296）

Phaecasiophora (Megasyca) walsinghami Diakonoff, 1959, *Ark. Zool.*, (2)**12**(13)：179.

翅展 23.0～25.0mm。头顶粗糙，浅赭色至赭色。触角淡黄褐色。下唇须上举；淡赭色，杂浅灰色；第 3 节小，尖，黑褐色。胸部浅灰色，杂浅赭色，具赭色后胸脊突；领片基部灰色，端部浅赭色；翅基片淡赭色至赭色，杂褐色。前翅长卵圆形，前缘略拱，顶角近直角，略圆钝，外缘斜向内收缩，臀角圆钝；翅面赭色，杂淡黄色斑点；前缘黑褐色，具 9 对钩状纹，第 1、2 对赭色，分别由 2 对短斑组成；第 3、4 对位于基部 1/3 和 2/5 之间，淡黄色；中带中央有 1 对赭色钩状纹；端部 5 对淡黄色；基斑位于前缘基部 1/7 和 1/4 之间，黑褐色杂赭色，不明显；中带较窄，位于前缘基部 2/5 至 1/2 处，黑褐色杂赭色，不明显，中部中室内有 1 显著黑褐色横斑；中带后端和亚端纹之间颜色较浅，淡赭色至淡黄色；亚端纹自前缘端部 1/3 下方至臀角上方，为数条黑褐色窄纹，未达外缘；顶角赭色；缘毛赭色，有淡黄色细基线。后翅灰色；前缘与前翅后缘交叠处白色；雄性内缘有 1 骨化卷褶；缘毛浅灰色，有灰色基线。

雄性外生殖器（图版 57-296）：尾突三角形，被浓密刺毛；外缘基半部凹陷，端半部向外侧伸出成耳状，末端尖，弯钩形。背兜宽，末端呈梯形。抱器瓣窄；抱器腹窄，基穴腹缘被 1 列长刺毛；抱器端窄，长条形，基部腹缘凸出呈圆形。阳茎粗短，角状器长棘状，呈 1 束。

雌性外生殖器（图版 104-296）：产卵瓣扇状。阴片骨化较强，前阴片为 2 个近似矩形的骨化片，内下角圆形，厚；后阴片尾端界限不明显，前端中部伸出成方形，两侧平直。交配孔呈横缝状。导管端片极短，骨化弱。导管端内片管状。囊导管粗，极短，密布刻点。交配囊卵圆形，后端密布刻点；囊突 2 枚，尖角状，基片大，卵圆形，均布满颗粒。

分布：浙江（天目山）、安徽、湖南、广东、广西、四川、贵州、云南；印度尼西亚，泰国。

细小卷蛾属 *Psilacantha* Diakonoff，1966

Psilacantha Diakonoff，1966. Type species：*Olethreutes charidotis* Durrant，1915.

前翅 R_1 脉自中室上缘中部发出；R_2 脉距 R_3 脉较 R_1 脉近，与 R_3、R_4 脉近平行；R_3 与 R_4 脉远离；R_4 脉自中室上角发出，与 R_5 脉远离；M_1 脉基部靠近 R_5 脉，M_2、M_3 与 CuA_1 脉基部靠近但分离；CuA_1 脉自中室下角发出；CuA_2 脉自中室下缘 2/3 处发出；索脉自 R_2 脉基部至 M_1 脉基部；M 干脉止于 M_2 与 M_3 脉基部之间。后翅 Rs 脉抵达顶角，与 M_1 脉基部非常靠近；M_2、M_3 与 CuA_1 脉基部靠近，M_2 脉自中室下角前发出，M_3 与 CuA_1 脉同出一点或具短共柄，自中室下角发出；CuA_2 脉自中室下缘 2/3 处发出。发香器：雄性后足胫节被或无长鳞片，无毛刷；后翅后缘具卷褶。雄性外生殖器：爪形突宽，扁平，骨化，裂为 1 对圆片或小突起，光裸。尾突小，下垂，被密毛；或二裂片状，内支有时被刺。抱器瓣基部宽，抱器端的突起上被刺，简单或略向腹缘凸出。角状器为 1 束长刺，粗。雌性外生殖器：交配孔杯状。阴片被微刺，后阴片发达，后缘折叠，一些种有侧角突起。导管端内片长，略窄。无囊突。

该属中国已知 1 种，本书记述 1 种。

16.39 精细小卷蛾 *Psilacantha pryeri*（Walsingham 1900）（图版 17-297）

Phaecasiophora pryeri Walsingham，1900，*Ann. Mag. Nat. Hist.*，(7)**6**：136.

Psilacantha pryeri：Diakonoff，1973，*Zool. Monogr. Rijksmus Nat. Hist.*，**1**：173.

翅展 17.0～20.0mm。头顶粗糙，浅棕色杂有褐色。额光滑，白色。触角深褐色。下唇须前伸或上举，近白色；第 2 节略膨大，端半部外侧浅褐色；第 3 节浅褐色，末端略尖。胸部及翅基片褐色，杂浅茶色；后胸脊突小；胸部腹面白色。前翅略呈方形，端部圆钝；前缘微拱，黑褐色；钩状纹白色，下方的暗纹铅色，细，镶白边；基斑深褐色，杂白色与赭色小斑块，为第 1、2 对钩状纹的延伸部分；第 3、4 对钩状纹及暗纹伸达翅后缘 1/3 至中部，杂黑褐色与赭色；中带黑褐色，杂赭色，后端达 1A+2A 脉 2/3 处；端部 5 对钩状纹下方有 1 赭色横纹，后端伸至 M_2 脉末端，其下方有 1 铅色横线，为端部 5 对钩状纹的暗纹；中带外侧区域白色，其中在 R_5 脉 1/3 处和翅后缘及臀角之间有第 5、6 对钩状纹的铅色暗纹，倒 Y 形，后端分别达翅后缘 2/3 处与臀角，二者后端之间有 1 褐色杂赭色的小圆斑；亚端纹黑褐色杂赭色，略呈半圆形，位于 R_4 脉中部与 CuA_2 脉之间；缘毛白色杂有黑褐色和浅赭色；翅腹面棕褐色，前缘钩状纹淡黄色，后端浅灰色。后翅褐色，前缘近白色；缘毛灰色；翅腹面浅茶褐色。腹部背面茶褐色，腹面浅灰色。

雄性外生殖器（图版 57-297）：爪形突小，片状，密被细毛，末端侧角小尖角状。尾突小，片状。颚形突膜质。抱器瓣大，具颈部；抱器腹宽，中部膨大，密被短毛，腹缘被 4～5 根粗壮的长棘；抱器端窄带状，直，密被刺毛，基部具 1 圆形大突起，密被粗棘与刺毛。阳茎略长于抱器瓣的 1/3，较抱器瓣颈部宽；角状器为 1 束粗棘，稍长于阳茎。

雌性外生殖器（图版 104-297）：产卵瓣微拱，略宽。前、后表皮突细，近等长。后阴片近膜质，光裸，宽片状，后缘平直。交配孔大，半圆形。囊导管前半部膜质，被细小刻点，后半部骨化，中部折曲；长约为交配囊的 2 倍；导管端片骨化略弱，宽杯状，腹面后缘半圆形内凹，背面后缘平截，长约为囊导管的 1/5。交配囊卵圆形，基部被细小刻点；无囊突。

分布：浙江（天目山）、安徽、福建、江西、河南、湖北、湖南、广西、贵州、陕西；日本，印度，斯里兰卡。

狭翅小卷蛾属 *Dicephalarcha* Diakonoff, 1973

Dicephalarch Diakonoff, 1973. Type species：*Dicephalarcha sicca* Diakonoff, 1973.

前翅 R_1 脉自中室上缘中部后发出；R_2 脉自 R_1 与 R_3 脉之间约中部发出；R_3 脉基部与 R_4 脉靠近；R_4 脉自中室上角发出；R_5 与 R_4 脉基部分离但靠近；M_1 脉基部位于 R_5 与 M_2 脉之间中部处；M_2、M_3 与 CuA_1 脉基部靠近但分离；CuA_1 脉自中室下角发出，M_3 与 CuA_1 脉端部向上弯曲；CuA_2 脉自中室下缘 3/5 处发出；索脉自 R_2 与 R_3 脉之间中部至 R_5 脉基部；M 干脉止于 M_2 脉基部。后翅 Rs 脉达顶角前，与 M_1 脉共柄；M_2、M_3 与 CuA_1 脉基部靠近；M_2 脉自中室下角前发出；M_3 与 CuA_1 脉同出一点，自中室下角发出；CuA_2 脉自中室下缘中部发出。雄性外生殖器：爪形突弯曲，深裂或二裂片状，少数为棒状，裂片前伸。尾突大，片状。抱器瓣窄长，膨大，抱器端部端深裂为圆钝并被毛背端和 1 个近光裸并较窄的腹缘突起；抱器腹的叶突上具 1 簇短刺。雌性外生殖器：阴片管状，被微刺。导管端内片窄长。囊突 2 枚，片状，被齿状及鳞片状的小突起。

该属中国已知 2 种，本书记述 1 种。

16.40　狭翅小卷蛾 *Dicephalarcha dependens* (Meyrick, 1922)（图版 17-298）

Argyroploce dependens Meyrick, 1922, *Exotic Microlepidoptera*, **2**：524.

Dicephalarcha dependens：Diakonoff, 1973, *Zool. Monogr. Rijksmus Nat. Hist.*, **1**：256.

翅展 16.0～19.0mm。头顶粗糙，浅棕色；触角间深褐色，触角后方褐色。触角褐色。下唇须前伸，略上举，浅棕色杂褐色；第 2 节端部膨大。领片与翅基片浅棕色；胸部深褐色，后胸脊突发达；胸部腹面白色。前翅窄长方形，前缘近直，顶角方，外缘近直；前缘基部 2 对钩状纹不可见，端部 7 对白色，窄，第 3、5 对为 2 条细线，其余均为 1 条短线，无暗纹；翅面底色浅褐色，无规律性斑纹；前缘与翅褶之间有 1 棕色长斑，其后缘基部随翅褶向外侧延伸，在翅褶 2/5 处和 2/3 处之间向后端成倒三角形凸出，顶点达 1A＋2A 脉中部，然后斜向前端经中室下角外侧、M_2 脉基部、M_1 脉中部、R_5 脉 3/5 处下方、M_1 脉 2/3 处达翅外缘 CuA_1 脉处；翅端棕色斑纹与臀角之间区域杂白色小点；翅后缘基部被 1 簇深褐色长鳞片；缘毛褐色，具深褐色基线；翅腹面浅褐色，前缘端部 7 对钩状纹暗白色，后缘与后翅交叠处白色。后翅浅褐色，顶角处略深，前缘与前翅交叠处白色；翅内缘内侧被稀疏浅褐色鳞毛；缘毛灰白色，具浅褐色基线；翅腹面浅褐色。

雄性外生殖器(图版 57-298)：爪形突二叉状，被密毛。尾突小，圆片状，被密毛。颚形突发达，横带状。背兜窄。抱器瓣宽大；基穴外缘外侧被 1 簇短棘，密集；抱器端密被刺毛，腹缘中部具 1 尖角状突起，其端部被数根长刺。阳茎短，末端尖，无角状器。

雌性外生殖器(图版 104-298)：产卵瓣窄。前表皮突略长于后表皮突。阴片膜质，宽领状，紧贴于导管端片外方。交配孔三角形。导管端片小杯状。导管端内片短，骨化弱。囊导管膜质，长，长超过前表皮突的 4 倍。交配囊卵圆形，密被小颗粒；囊突 2 枚，巨齿片状。

分布：浙江(天目山)、上海、江苏、安徽、福建、湖北、湖南、广西、四川、贵州、云南、台湾。

花翅小卷蛾属 *Lobesia* Guenee, 1845

Lobesia Guenee, 1845. Type species：*Asthenia reliquana* Hübner, [1825]1816.

前翅前缘 R_1 和 R_3 脉末端具发达翅痣；R_1、R_2 脉常加粗；R_1、R_2、R_3 脉不等距；或 R_1、R_2、R_3 脉等距，R_1 脉弯曲；或 R_1 脉弯曲，R_2 脉基部靠近 R_3 脉；或 R_2 脉基部靠近 R_1 脉，二者均弯

曲;或 R_2 脉自 R_1 与 R_3 脉之间 1/3 处发出;R_3 脉基部靠近 R_4 脉,自中室上角或中室上角前发出;R_4、R_5 脉基部靠近或具短共柄;M_1 与 M_2 脉远离;M_3 脉自中室下角上方发出;CuA_1 脉自中室下角发出;CuA_2 脉自中室下缘 2/3 处发出;索脉自 R_1 与 R_2 脉之间至 R_5 脉基部;M 干脉止于 M_2 脉基部上方。后翅通常近半卵圆形,至顶角渐窄,M_2 和 CuA_2 脉正常;部分种(花翅小卷蛾 *Lobesia reliquana* 等)中,雄性后翅较雌性窄,顶角尖,M_2 和 CuA_2 脉稍短;双突花翅小卷蛾 *L. genialis* 等种中,外缘顶角下深凹,CuA_1 与 M_2 脉极短,M_3 脉完全消失;随着翅面变小、翅脉变短,翅面基部与中室更透明,有的种翅腹面某些翅脉上被成列的黑色鳞片。发香器:雄性后足胫节基部具 1 束毛刷或无;雄性第 1、2 腹板愈合,具成对的腺囊,其内表面被很小的圆形厚鳞片。雄性外生殖器:无爪形突。尾突片状,下垂,被鳞片状长毛;或无。颚形突膜质,中部与阳端基环相连;或稍骨化,中部具 2 个直立的角状突起,不与阳端基环连接。背兜末端钝圆。抱器瓣略短;抱器腹具圆齿或简单,叶突上具刺丛或无,腹缘具刺丛,末端与抱器端之间深凹分离;抱器端弯曲,近棒状,密被刺棘,或窄长而被刺棘。阳茎弯曲,部分种被小齿。雌性外生殖器:第 7 腹部后缘中部凹陷,侧角凸出。阴片梨形、管状或环状,前端常膨大。导管端内片窄长。囊突 1 枚,片状,表面常具细脊;或无。

该属中国已知 26 种,本书记述 3 种。

分种检索表

16.41　榆花翅小卷蛾 *Lobesia aeolopa* Meyrick,1907(图版 17-299)

Lobesia aeolopa Meyrick, 1907, *Journ. Bombay Nat. Hist. Soc.*, **17**: 976.

翅展 9.0～15.0mm。头顶粗糙,浅黄棕色至黄棕色。触角浅黄褐色,被褐色环纹。下唇须前伸或下垂,浅黄褐色或黄褐色;第 2 节膨大;第 3 节下垂,末端圆钝。胸部褐色;领片黄棕色;翅基片黄褐色,杂赭黄色;后胸脊突小,赭黄色或赭褐色;胸部腹面白色。前翅窄长;前缘近直,基部 2/3 黑色;钩状纹浅赭黄色,下方的暗纹黑褐色;基斑赭黄色,杂黑褐色;第 1、2 对钩状纹及暗纹伸至翅后缘基部,暗纹色浅;第 3、4 对钩状纹的暗纹向后渐宽,成 1 三角形大斑,后端位于翅后缘基部 1/4 和中部之间;中带褐色至黑褐色,前端窄,后端达翅后缘 2/3,其内侧密被赭色鳞片,内缘近直,镶淡黄色边,外缘中部角状,斜向前方凸出;第 5、6 对钩状纹浅褐色,前端色深,愈合,沿中带外缘向后延伸,在 M_2 脉中部下方分离,第 5 对钩状纹的暗纹沿中带外缘达翅后缘 2/3 处,第 6 对钩状纹的暗纹达臀角,二者之间有 1 赭褐色小斑;后中带为 1 近圆形大斑,赭黄色或赭褐色,镶淡黄色边;第 8、9 对钩状纹的暗纹在前缘下方连接,向后至翅外缘 M_1 脉末端;端纹小,赭黄褐色,内缘镶淡黄色边;缘毛赭黄色;翅腹面深褐色,前缘钩状纹黄色,后端浅黄褐色。后翅半透明或略透明,灰色或深灰色,外缘处略深,前缘灰白色;缘毛浅灰色,具灰色基线;翅腹面浅灰色或灰色。腹部褐色。

雄性外生殖器(图版 58-299):尾突宽大,下垂,末端被鳞片状长毛。颚形突膜质。抱器腹长约为抱器瓣的 1/2,在基穴外侧被稀疏长毛;腹缘 3/4 处凹入,其内侧有 4～5 根较短的粗棘;抱器腹端部 1/4 具 1 簇密而粗壮的刺棘,腹面 2/3 处有几枚小短棘。抱器端略宽短,中部缢缩,长约为缢缩处的 4 倍;基部 3/4 被浓密粗棘,末端被细毛。阳茎细长,长约为抱器瓣的3/5,弯曲,末端尖;光裸。

雌性外生殖器(图版 105-299):第 7 腹板后缘中部凸出,两侧各有 1 近三角形的骨片。产卵瓣略宽,前端缢缩,窄。前、后表皮突纤细。阴片长而窄,卷折成管状,将囊导管后端 1/6 包裹,边缘在腹面纵向折叠,呈倒漏斗形;光裸。交配孔极小,向后端开口。囊导管膜质,长,超过交配囊长的 3 倍;前端 1/6 略宽,向后渐窄,后端被阴片包裹部分极细,约为前端宽的 1/5;导管端环长条状,长约为囊导管的 1/6,极窄。交配囊小,近卵圆形;囊突为 1 块被刻点的囊壁,骨化弱。

寄主:榆科 Ulmaceae:榔榆 *Ulmus parvifolia* Jacquin;蔷薇科 Rosaceae:枇杷 *Eriobotrya japonica* (Thunb.), *Prunus xyedoensis* Matsumura;豆科 Leguminosae:合欢 *Albizzia julibrissin* Durazzini;大戟科 Euphorbiaceae:香港算盘子 *Glochidion hongkongense* Muell.-Arg., 蓖麻 *Ricinus communis* Linn.;葡萄科 Vitaceae:葡萄属 *Vitis* spp.;柿树科 Ebenaceae:柿树 *Diospyros kaki* Thunb.;猕猴桃科 Actinidiaceae:猕猴桃 *Actinidia chinensia* Planch. var. *hispida* C. F. Liang;茶科 Theaceae:茶树 *Thea sinensis* Linn.;芸香科 Rutaceae:柑橘 *Citrus*;梧桐科 Sterculiaceae:*Melochia indica* Gray;菊科 Asteraceae:阔苞菊 *Pluchea indica* Less.。

分布:浙江(天目山)、黑龙江、安徽、福建、江西、河南、湖北、湖南、广东、广西、海南、四川、贵州、云南、陕西、甘肃、台湾、香港;朝鲜,日本,印度,斯里兰卡,印度尼西亚,非洲。

16.42　忍冬花翅小卷蛾 *Lobesia coccophaga* Falkovitsh,1970(图版 17-300)

Lobesia coccophaga Falkovitsh, 1970, *Vest. Zool.*, **1970**(5):62.

翅展 11.0～12.0mm。头顶粗糙,浅褐色。额浅灰色。触角褐色,被黑褐色环纹。下唇须上举,黄褐色,杂深褐色;第 2 节略膨大,被蓬松的长鳞片,端部内侧黄色;第 3 节小,黄色,平伸。胸部及翅基片灰褐色,杂浅茶色;后胸脊突小,浅灰色,后端黑褐色。前翅近长三角形;底色浅灰褐色,斑纹褐色,覆浅赭色鳞片;具 9 对浅灰色钩状纹,第 9 对钩状纹仅有 1 条短斑;基斑灰褐色,杂若干黑褐色窄纹,外缘近直,后端达后缘的 1/3 处;第 1、2 对钩状纹不明显;第 3、4 对钩状纹后端汇合,在中室上缘中部加宽,末端达后缘 2/3 处;中带稍向外倾斜,中部呈尖角状突出,达 M_1 与 M_2 脉之间的 1/6 处,赭色,外缘杂黑褐色;第 5、6、7 对钩状纹后端汇合,灰褐色,具浅铅色暗纹,近前缘有 1 赭色小斑,中部缢缩,末端达臀角处;后缘靠近臀角处有 1 灰褐色圆形小斑;后中带卵圆形,褐色,杂黑褐色,末端达臀角处;第 8、9 对钩状纹后端汇合,向外伸至翅外缘 1/2 处;顶角黑褐色,具零星的浅赭色鳞片;翅腹面灰褐色,前缘钩状纹黄色,后缘与后翅交叠处黄白色。后翅灰褐色,缘毛灰色;翅腹面浅灰褐色。腹部黑褐色,腹面基部黄色,端部黑褐色。

雄性外生殖器(图版 58-300):爪形突退化。尾突小,端部具 1 长刺丛。颚形突膜质。背兜近三角形,端部渐窄。抱器瓣略长于背兜,近等宽,抱器背中部突出,小山丘状;基穴极小,腹缘被稀疏短刚毛;抱器腹略短于抱器端,基部腹缘围 1 圈短棘,腹面靠近腹缘 1/3 处具 1 簇小短棘;抱器腹与抱器端之间伸出 1 指状突起,末端被短刺棘;抱器端腹缘被稀疏短刚毛,背缘着生 1 列细毛及短棘。阳茎长,粗壮,中部弯曲,末端尖,无角状器。

雌性外生殖器(图版 105-300):产卵瓣窄长。前、后表皮突近等长。阴片圆形,后端微凹,两侧各伸出 1 肾形突起。囊导管膜质,扭曲。交配囊膜质,无囊突。

寄主：忍冬科 Caprifoliaceae：忍冬 *Lonicera japonica* Thunb.。

分布：浙江（天目山）、天津、河北、安徽、江西、河南、贵州、云南、新疆；朝鲜，日本，俄罗斯。

16.43 落叶松花翅小卷蛾 *Lobesia virulenta* Bae et Komai，1991（图版 18-301）

Lobesia (Lobesia) virulenta Bae et Komai, 1991, *Trans. Lepidop. Soc. Jap.*, **42**(2)：127.

翅展 9.0～12.5mm。头顶粗糙，棕黄色。触角黄褐色。下唇须前伸，棕黄色，杂有褐色；第 2 节端部略膨大。胸部与翅基片棕黄色，基部色略深；后胸脊突发达，棕褐色；胸部腹面白色。前翅窄，略呈三角形；前缘直，褐色，钩状纹淡黄色或浅赭色，下方暗纹铅色，镶显著赭黄色边；基斑淡黄色或赭色；第 1、2 对钩状纹后端达翅后缘基部；第 3、4 对钩状纹向后端渐宽，达翅后缘 1/3 和 3/5 之间；中带赭色，前缘与中室外缘之间的外侧部分为褐色，内缘略斜，直，外缘中部凸出至 M₁ 与 M₂ 脉基部 1/4 之间；第 5、6 对钩状纹的暗纹连接，前半端深褐色，在 M₂ 与 M₃ 脉基部 1/3 之间与第 7 对钩状纹的暗纹汇合，然后分离，分别达翅后缘 3/4 处与臀角，二者之间有 1 赭褐色三角形小斑；后中带点状，褐色；亚端纹为 1 赭色圆斑，自 R₃ 脉 3/4 处至臀角，外缘弧形；端纹小，赭色杂浅褐色；缘毛赭色或浅赭色；翅腹面深褐色，前缘钩状纹黄色。后翅褐色或浅褐色，宽三角形；缘毛灰色或浅灰色，具深灰色基线；翅腹面褐色。腹部深褐色。

雄性外生殖器（图版 58-301）：尾突下垂，宽片状，末端被鳞片状长毛。颚形突膜质。抱器瓣微拱，基部 2/3 略宽；抱器腹长，约占抱器瓣的 2/3，腹缘自 1/3 处至末端被 1 列粗棘，靠近基部和末端的棘长，中部的棘极短，末端的棘成 1 簇；抱器端直，向端部渐窄，末端略尖，腹半部密被粗棘，基部的棘长，端部的棘渐细、短。阳茎短，长约为抱器瓣的 1/5，手枪形，基部 1/4 稍宽，端部 3/4 极细，末端尖；表面被 1 列微齿。

雌性外生殖器（图版 105-301）：第 7 腹板中部后缘凸出，两侧各有 1 近三角形的骨片。产卵瓣窄，外缘波曲。前、后表皮突纤细。阴片宽大，梨形，前端宽，前缘中部微凹，向后端渐窄，侧缘近直；前端 2/3 被微刺，近末端光裸。交配孔大；背面孔壁向后端延伸，窄长；腹缘末端骨化。囊导管膜质，略长于交配囊，后端略膨大。交配囊卵圆形；囊突矛头形或叶片状，密被小颗粒。

寄主：蔷薇科 Rosaceae：梨属 *Pyrus* sp.，*P. serotina* Rehder var. *culta* Rehder；松科 Pinaceae：日本落叶松 *Larix leptolepis* Gord.；伞形科 Umbelliferae：当归属 *Angelica* sp.；蚜虫 *Ceratovacuna nekoashi* (Sasaki) 在野茉莉 *Styrax japonicus* S. et B.（安息香科 Styracaceae）上的虫瘿。

分布：浙江（天目山）、黑龙江、上海、安徽、福建、河南、湖南、四川、贵州、甘肃、台湾；朝鲜，日本。

斜纹小卷蛾属 *Apotomis* Hübner，［1825］1816

Apotomis Hübner, ［1825］1816. Type species：*Apotomis turbidana* Hübner, ［1825］1816.

前翅 R₁ 脉自中室上缘中部前方发出；R₂ 脉自 R₁ 与 R₃ 脉之间 2/3 处发出；R₃、R₄ 与 R₅ 脉靠近，近等距；M₂、M₃ 与 CuA₁ 脉基部分离；M₃ 脉自中室下角上方发出；CuA₁ 脉自中室下角发出；CuA₂ 脉自中室下缘 2/3 处发出；索脉自 R₁ 与 R₂ 脉基部之间中部至 R₅ 脉基部；M 干脉止于 M₁ 与 M₂ 脉基部之间。后翅 Rs 脉抵达前缘末端，与 M₁ 脉基部靠近；M₂ 脉自中室下角前发出，与 M₃ 及 CuA₁ 脉基部靠近；M₃ 与 CuA₁ 脉同出一点；CuA₂ 脉自中室下缘中部后方发出。发香器：雄性后足胫节具毛刷；后翅后缘有卷褶。雄性外生殖器：爪形突简单，窄长，端部腹面被长毛。尾突大，下垂，被密毛。颚形突窄带状，骨化弱。背兜高。抱器瓣波状，长，基部狭窄；抱器腹端部腹缘有 1 圆形突起，被密棘，与抱器端之间缢缩；抱器端棒状，基部极窄。

阳茎具 1 枚角状器。雌性外生殖器:阴片为交配孔两侧后端的窄片,向侧后方凸出,呈瓜子形或翼状,有时为膜质。囊导管长,后端皱褶状,中部骨化,扭曲,其前方伸出导精管。囊突 2 枚,小,圆窝状,被颗粒。

该属中国已知 13 种,本书记述 2 种。

16.44　长刺斜纹小卷蛾 *Apotomis formalis* (Meyrick, 1935)(图版 18-302)

Polychrosis formalis Meyrick, 1935, Tortricidae, *In*: Caradja & Meyrick, *Mater. Microlepid. Fauna Chin. Prov. Kiangsu, Chekiang und Hunan*: 57.

Apotomis formalis: Diakonoff, 1973, *Zool. Monogr. Rijksmus Nat. Hist.*, **1**: 472.

翅展 13.0~15.5mm。额光滑,白色。头顶粗糙,浅黄色至浅黄棕色。触角棕色。胸部与翅基片褐色,中部有 1 灰白色横带;领片褐色;后胸脊突发达,棕黄色;胸部腹面白色。前翅前缘微拱,具 9 对钩状纹;基部 4 对暗白色;第 5、6 对浅褐色,窄,端部 3 对白色,下方的暗纹浅铅色,镶白边;基斑褐色,第 1、2 对下方的暗纹纵贯其中;第 3、4 对的延伸至翅后缘 1/3 处;中带褐色,密被浅赭色鳞片,上端宽,R_3 脉中部与 CuA_1 脉基部之间呈弧形凹曲,后端位于翅面后缘端半部,内缘近直,外缘波曲,中室下角前方有 1 黑褐色小横斑;沿 M_2 脉上方有 4~5 簇黑褐色鳞片;第 5、6 对钩状纹下方的暗纹破碎,位于 R_4 脉下方至臀角;后中带褐色,表面浮赭色,斜带状,自 R_5 脉中部下方至翅外缘 M_3 与 CuA_1 脉之间;亚端纹与端纹褐色,表面浮赭色,窄,下端连接,达翅外缘 R_5 与 M_1 脉之间;缘毛短,白色杂浅褐色及褐色;翅腹面棕褐色,前缘钩状纹浅黄色,后缘与后翅交叠处近白色。后翅棕褐色,前缘近白色;缘毛褐色;翅腹面棕褐色,较前翅腹面色浅。

雄性外生殖器(图版 58-302):爪形突窄长,被稀疏长毛。尾突稍小,近卵圆形,密被长毛。颚形突膜质,窄带状;肛管明显。抱器瓣窄长。抱器腹基部略宽,1/3 处成钝角状,叶突上被稀疏短刺,腹缘 1/3~2/3 处背面被 1 列长刺,2/3 处强烈缢缩,端部 1/3 具 2 角状突起,内侧的突起稍短,密被短棘,外侧的突起尖角状,内缘被刺。抱器端短,基部强烈缢缩;端部短,宽约为基部的 2 倍。阳茎长约为抱器瓣的 1/3,较抱器端基部粗,末端被 2~4 枚小齿;角状器 1 枚,极小,圆锥状,无基片。

分布:浙江(天目山)、湖北、贵州、陕西、甘肃。

16.45　乳白斜纹小卷蛾 *Apotomis lacteifacies* (Walsingham, 1900)(图版 18-303)

Argyroploce lacteifacies Walsingham, 1900, *Ann. Mag. Nat. Hist.*, (7)**6**: 236.

Apotomis lacteifacies: Diakonoff, 1973, *Zool. Monogr. Rijksmus Nat. Hist.*, **1**: 471.

翅展 13.0~15.0mm。额白色,略呈浅紫色;头顶粗糙,棕色或黄棕色杂浅灰色。下唇须上举,棕色,白色至灰白色;第 2 节被蓬松鳞片,不膨大,基半部外侧浅灰色;第 3 节长卵圆形,浅灰色。胸部与翅基片的基部与中部分别有 1 条黄棕色横带,横带之间及横带与后胸脊突之间灰白色;领片棕色;后胸脊突发达,黄棕色;胸部腹面白色。前翅前缘微拱,具 9 对白色钩状纹,基部 6 对窄,下方的暗纹明显,铅色;基斑黄绿色,基部两对钩状纹下方的铅色暗纹纵贯而过;前缘第 2、3 对钩状纹之间及钩状纹与中室上缘之间深褐色,在臀褶基部前白色,后方与翅后缘基部之间有 2 个黑褐色小斑点;第 3、4 对钩状纹下方的暗纹在中室下缘前较宽,后方窄带状,后端达翅后缘 1/3 处,镶不完整白边;中带窄,波曲,黄绿色,前缘和 R_2 脉基半部之间黑褐色,镶黄绿色边,后端位于翅后缘 3/4 处,在中室下角前方被 1 黑褐色小横斑;第 5 对钩状纹的暗纹波曲,沿中带外缘伸至翅后缘末端;中带与后中带之间白色;后中带阴影状,灰白色,弯月形,自 R_4 脉 2/3 处至翅外缘 M_3 脉末端,M_1 与 M_2 脉末端之间有 1 黑点;亚端纹浅黄绿色,后

端至外缘 R_5 脉末端；端纹为 1 极小黑点；缘毛灰白色至白色，末端常为灰色；翅腹面棕褐色，前缘钩状纹淡黄色，后缘与后翅交叠处白色；后翅灰色，前缘灰白色；缘毛浅灰色，有灰色基线；翅腹面浅棕褐色。

雄性外生殖器(图版 58-303)：爪形突宽短，边缘向腹面卷折，末端钝圆，密被长毛。尾突略小，窄，密被长毛。颚形突极宽，近成片状，中央膜质；肛管宽短，明显。抱器瓣微拱；抱器腹腹缘近直，中部有 1 窄长毛区，密被极短小棘，其外侧被稀疏长毛，腹缘末端的突起尖角状，窄长，密被短毛；抱器端略成橘瓣形，基部窄，强烈缢缩，中部弧状凸出，约为基部的 3 倍，端部钝圆。阳茎极短，不及抱器瓣长的 1/6，近膜质，皱缩，端部密被微刺；角状器 1 枚，窄片状，向末端渐狭。

寄主：胡颓子科 Elaeagnaceae：胡颓子属 *Elaeagnus* sp.；葡萄科 Vitaceae：爬山虎 *Parthenocissus tricuspidata* S. et Z.。

分布：浙江(天目山)、湖北、贵州、甘肃；朝鲜，日本。

草小卷蛾属 *Celypha* Hübner，[1825]

Celypha Hübner，[1825]. Type species：*Tortrix striana* Denis et Schiffermüller，1775.

前翅 R_1 脉自中室中部发出；R_2 脉自中室上缘 2/3 发出；R_3、R_4 与 R_5 脉间距相等，远离，R_4 脉自中室上角发出，R_5 脉抵达外缘；中室外缘在 R_3 与 R_5 脉间向内收缩；M_3 与 CuA_1 脉紧靠，CuA_1 脉自中室下角发出；CuA_2 脉自中室下缘 2/3 处发出；索脉自 R_1 与 R_2 脉之间中部下至 R_5 脉基部；M 干脉止于 R_5 脉基部。后翅 Rs 与 M_1 脉端部靠近；M_2、M_3 与 CuA_1 脉基部靠近，CuA_1 脉自中室下角发出；CuA_2 脉自中室下缘 2/3 发出。发香器：雄性后足胫节具 1 粗毛刷。雄性外生殖器：与小卷蛾属 Olethreutes 相似，但抱器腹强烈突出，背面具 1 束长棘，腹角有 1 束短棘，呈圆锥状，基穴外侧无刺毛；抱器端窄长，弯曲，基半部具长棘。阳茎粗短。雌性外生殖器：阴片大，形状变化大，常为圆形或倒梯形。囊突 1 枚，圆形，具刻点。

该属中国已知 4 种，本书记述 1 种。

16.46　草小卷蛾 *Celypha flavipalpana*（Herrich-Schäffer，1851）(图版 18-304)

Sericoris flavipalpana Herrich-Schäffer，1851，Syst. Bearb. Schmett. Eur.，**4**：213.

Celypha flavipalpana：Clarke，1958，Cat. Type Spec. Microlepid. Brit. Mus.（Nat. Hist.）Descr. Edward Meyrick，**3**：395.

翅展 12.0～17.0mm。头顶粗糙，浅茶色至棕色；一些个体在触角后方两侧各被 1 褐色小点。触角褐色至深褐色。下唇须上举，略前伸，浅茶色至浅棕色，杂有褐色鳞片或在第 2 节外侧基部各具 2 黑褐色小点；第 2 节膨大；第 3 节细。胸部浅黄色、赭黄色至浅褐色，在基部 1/3 与 2/3 处分别被 1 深褐色横纹；领片宽，基部褐色，端部浅茶色至浅黄色；翅基片基部与末端深褐色，中部棕黄色或浅黄色，略带赭色；后胸脊突小或发达，棕黄色至黄褐色；胸部腹面白色。前翅窄，顶角钝或略尖；前缘微拱，钩状纹白色，下方的暗纹浅铅色；基斑黑褐色，杂白色斑块及赭色，外缘中部略凸出；第 3、4 对钩状纹及暗纹显著，宽，近直，达翅后缘 1/3 处；中带窄，前端深褐色杂赭色，后端淡黄色杂深褐色，并覆赭色，内缘近直，外缘分别在 R_3 脉基部 1/4、M_2 脉基部与翅褶 2/3 处呈角状凸出，后端达翅后缘中部；第 5、6 对钩状纹及暗纹沿中带外缘向后延伸，自 M_1 与 M_2 脉基半部分离，分别达翅后缘 2/3 处与臀角，二者之间有 1 长三角形斑，深褐色，覆赭色；后中带褐色，覆赭色，略呈弯月形，自 R_3 脉中部至外缘 M_3 与 CuA_2 脉末端；第 7～9 对钩状纹及暗纹斜向伸至翅外缘 M_1 脉末端，杂赭色；端纹小点状，褐色覆赭色；缘毛浅赭色或赭黄色,杂褐色,具褐色基线;翅腹面棕褐色,前缘钩状纹淡黄色,后端浅棕色。后翅浅灰色至灰色,基部略浅,前缘近白色;缘毛浅灰色,有灰色基线;翅腹面浅褐色。

雄性外生殖器(图版 58-304):爪形突圆钝,略宽,被稀疏长毛。尾突小,条状,被稀疏长毛。颚形突窄带状,略骨化。抱器瓣窄长;抱器腹腹缘端部 1/3 处内侧有 1 半圆形毛垫,上被 1 小簇短棘,其背面被 1 列长刺棘;抱器端长,波曲,基部 1/3 腹缘及内侧被浓密长棘,中部被稀疏长棘与短棘,末端被短毛。阳茎短,长约为抱器瓣的 1/5,略弯曲;无角状器。

雌性外生殖器(图版 105-304):产卵瓣窄长。前、后表皮突纤细,约等长。阴片宽大,半圆形,包围在交配孔前方及两侧,前端光裸,后端被微刺。交配孔小,凸出,被微刺。囊导管膜质,略短于交配囊,前端与后端细,中部略粗,最大宽度超过囊导管长的 1/7。交配囊卵圆形,被颗粒;囊突 1 枚,小,菊花状。

寄主:唇形科 Labiatae:地椒 *Thymus quinquecostatus* C.,百里香属 *Thymus* spp.。

分布:浙江(天目山)、北京、天津、河北、内蒙古、吉林、黑龙江、安徽、山东、河南、湖北、湖南、四川、贵州、陕西、甘肃、青海、宁夏、新疆;日本,朝鲜,欧洲。

白条小卷蛾属 *Dudua* Walker,1864

Dudua Walker,1864. Type species:*Dudua hesperialis* Walker,1864.

前翅 Sc 脉常加厚;R_1 脉粗壮;R_2 脉自 R_1 与 R_3 脉之间 1/3 处发出;R_3 与 R_4 脉靠近,R_4 脉在中室上角靠近 R_5 脉;R_5 与 M_2 脉远离,近平行;M_3 脉距 CuA_1 脉较 M_2 脉近;CuA_1 脉自中室下角发出,强烈弯曲,末端在翅缘与 M_3 脉靠近;CuA_2 自中室下缘 2/3 处发出;索脉发达,自 R_1 与 R_2 脉之间中部至 R_5 脉基部下方;M 干脉不明显,止于 M_2 与 M_3 脉之间中部。后翅 Rs 与 M_1 脉向基部极靠近;M_2 脉与 M_3、CuA_1 脉基部靠近;M_3 与 CuA_1 脉共柄,自中室下角发出;CuA_2 脉自中室下缘 2/3 处发出。发香器:后足胫节背缘与腹缘被鳞毛,强烈膨大或略膨大,具 1 束毛刷;后翅后缘具骨化卷褶或臀瓣,或无。雄性外生殖器:爪形突片状,宽;或细长,钩状。尾突长片状,下垂。颚形突横带状,中部凸出,宽,被微刺。抱器瓣宽或细长,背缘基部常具 1 个被刺的小瓣,为叶突端部的延伸物;抱器腹基部至抱器端基部背缘常具 1 列长毛。阳茎短,管状,无角状器。雌性外生殖器:阴片包围交配孔,窄,有时具侧片,被微刺。导管端内片细长。囊突角状,具宽大基片,因而呈乳突状,密被颗粒。

该属中国已知 9 种,本书记述 2 种。

16.47　花白条小卷蛾 *Dudua dissectiformis* Yu et Li,2006(图版 18-305)

Dudua dissectiformis Yu et Li,2006,Orient. Insects,**40**:278.

翅展 18.0～22.0mm。头顶粗糙,黄褐色、浅褐色、灰褐色、褐色或黑褐色。触角达前翅 1/2,柄节褐色、灰褐色或黑褐色,鞭节浅褐色或褐色。下唇须上举,黄褐色、灰褐色或褐色,第 2 节略膨大;第 3 节小,黄褐色,圆钝或略尖。胸部浅褐色、黄褐色或褐色,杂白色鳞片,中部色浅;翅基片端部色浅;后胸脊突明显。前翅窄长,顶角钝,外缘斜;翅面浅褐色至褐色,基部 2/3 杂白色;前缘褐色至深褐色,基半部具 5 对白色短斑,基部 3 对模糊,位于前缘基部 1/4 前,第 4、5 对位于前缘 1/3 处;端半部具 5 对白色钩状纹,斜向外端延伸,下端赭色,连接成 1 条纵纹,抵达顶角;基斑位于翅面基部 1/3,褐色或深褐色;中带褐色或深褐色,上端位于前缘 2/5 和 1/2 之间,下端尖,达翅面中部,外缘中部凸出;顶角前有 1 黑色小点;亚端纹褐色,密布白色鳞片,位于前缘端部 1/4 下方至臀角上方,沿上缘与外缘有 6 条黑色短斑;亚端纹下方至臀角白色,散布黑色小点,臀角前有 1 铅色暗斑;顶角及外缘处缘毛褐色,杂白色,有深褐色基线,臀角处缘毛白色。后翅灰白色至深褐色,缘毛灰白色至浅褐色,有浅褐色或褐色基线;雄性后缘有1骨化卷褶。腹部浅褐色至褐色。

雄性外生殖器(图版58-305):爪形突宽短,末端二裂状。尾突宽,下垂,密被长毛。颚形突中部具刺部分的末端深裂,成1对三角形小瓣。背兜高,具肩角。抱器瓣窄长,基部2/5稍宽;抱器腹基部被疏毛,中部内侧伸出1小圆瓣,其下方被稍短的细毛,沿腹缘端半部至抱器端基部背面被1列细毛,抱器腹腹缘的略短,抱器端背面的较长,基穴末端至抱器端基部有1短瓣,密被刺棘;抱器端细长,腹侧密被刺棘,中部缢缩,末端膨大成圆球状,被细毛。阳茎短,端部略窄。

雌性外生殖器(图版105-305):产卵瓣窄长。阴片在交配孔两侧对称,后端窄,光裸;中部膨大,半圆形,被微刺;前端大,卵圆形,花瓣状。交配孔窄长。导管端内片细长。囊导管细长,膜质。交配囊大,卵圆形,密被颗粒;囊突2枚,角状,密被颗粒,基片大,圆形。

分布:浙江(天目山)、安徽、福建、江西、湖南、广东、广西、海南、贵州。

备注:本种与圆白条小卷蛾较为相似,但前翅色浅,雄性外生殖器中背兜具肩角、爪形突短、末端二裂状,颚形突中部的具刺部分末端成1对三角形突起;后者的前翅色深,背兜肩部圆,爪形突长、钩状,颚形突中部的具刺部分末端成1对圆形突起。

16.48 圆白条小卷蛾 *Dudua scaeaspis* (Meyrick, 1937)(图版18-306)

Argyroploce scaeaspis Meyrick, 1937, *In*: Caradja & Meyrick, *Dt. Ent. Z. Iris*, **51**: 182.

Dudua scaeaspis: Diakonoff, 1973, *Zool. Monogr. Rijksmus Nat. Hist.*, **1**: 426.

翅展20.0～24.0mm。头顶粗糙,黑褐色,后端杂白色。触角棕色。下唇须上举,褐色;第2节不膨大,末端略窄;第3节末端稍尖。胸部褐色,杂白点;领片褐色,杂白色;翅基片基部褐色,端部浅褐色,被稀疏白点;后胸脊突发达,黄棕色,中部白色;胸部腹面白色。前翅长,端部宽,近长三角形,顶角略尖,翅面底色褐色,斑纹黑褐色;前缘近直,第1、2对钩状纹铅色,其余白色,下方的暗纹铅色;第1、2对钩状纹的暗纹向后伸至后缘基部;基斑窄带状;亚基斑宽,内缘与外缘显著,成二窄纹,波曲,在中室上缘与臀褶下方略凸出;第3、4对钩状纹的暗纹宽,后端达后缘1/4处和中部之间;中带在前缘与中室中部之间略宽,外缘达中室上角,下方极窄,经中室下缘4/5处向后达后缘3/5处;端部5对钩状纹的暗纹在前缘下方均成细线状,之间有赭色细线相隔;第5对钩状纹的暗纹沿中带外缘向后达后缘3/4处,在R$_4$和M$_3$脉基部之间向外侧凸出,下端宽,向内侧凹入;自R$_2$脉中部至M$_3$脉中部有5条黑褐色短斑或斑点,M$_3$脉中部和后缘之间为1白色纵斑,在CuA$_1$脉中部与后缘末端上方分别有1黑褐色小点;第6对钩状纹的暗纹上端斜线状,在R$_3$与M$_1$脉中部之间断裂,下端略宽,自M$_1$脉中部至臀角;后中带自R$_3$脉中部斜向外侧伸至外缘CuA$_1$脉末端,各脉纹均被1黑褐色短斑;第7对钩状纹的暗纹伸至外缘M$_1$脉与M$_2$脉之间;亚端纹与端纹均小点状;外缘处缘毛褐色,被白色小点,有深褐色基线,臀角处淡黄色;翅腹面棕褐色,前缘端部5对钩状纹暗黄色,后缘与后翅交叠处白色。后翅浅褐色,前缘白色,1A脉与后缘之间被浅茶色与白色细毛,后缘成骨化卷褶,缘毛浅茶色;翅腹面浅褐色,CuP脉与后缘之间密被白色粗糙鳞片。腹部背面浅褐色,腹面近白色。

雄性外生殖器(图版58-306):爪形突窄长,密被长毛,端部钩状。尾突长片状,密被长毛。颚形突密被微刺,侧臂膨胀成圆突状,中部的突起短,末端中部浅凹,成二小圆突;肛管短,骨化弱。背兜基部窄,端部宽,无肩角。抱器瓣窄长,基部2/5稍宽,基穴窄;抱器腹基部被稀疏长毛,中部内侧伸出1小圆瓣,其下方被稍短的细毛,沿腹缘端半部至抱器端基部背面被1列细毛,抱器腹腹缘的略短,抱器端背面的较长,基穴末端至抱器端基部有1短瓣,密被刺棘;抱器端细长,腹侧密被刺棘,中部缢缩,末端膨大成圆球状,被细毛。阳茎短。

雌性外生殖器(图版 105-306):产卵瓣两端窄,中部粗。前、后表皮突近等长。前阴片近梯形,两侧具微刺,后缘中部凹陷,略呈指状;后阴片中部向后突出。交配孔小。导管端内片细长,长约为囊导管的 1/3。囊导管细长,膜质。导精管出自囊导管的中部。交配囊大,卵圆形,密被颗粒;囊突 2 枚,角状,密被颗粒,基片大,圆形。

分布:浙江(天目山)、福建、湖北、湖南、贵州、云南、甘肃;日本。

广翅小卷蛾属 *Hedya* Hübner,［1825］1816

Hedya Hübner,［1825］1816. Type species: *Phalaena* (*Tortrix*) *salicella* Linnaeus, 1758.

前翅 R_1 脉自中室中部前发出;R_2 脉自 R_1 与 R_3 脉之间 2/3 处发出;R_3、R_4 与 R_5 脉平行,R_4 脉自中室上角发出,R_5 脉抵达外缘;M_3 与 CuA_1 脉靠近,端部远离;CuA_2 脉自中室下缘 2/3 处发出;索脉自 R_2 与 R_3 脉之间中部至 R_5 脉基部。后翅 M_3 与 CuA_1 脉同出一点;CuA_2 脉自中室下缘 1/2 和 2/3 之间发出。发香器:雄性后翅具卷褶或无;后足胫节具 1 束细毛刷或无。雄性外生殖器:爪形突形状变化较大,宽片状或窄长,端部钩状或二裂瓣状,个别种中无。尾突小,窄长条状,下垂,被毛,个别种中无。颚形突横带状,膜质,多为光裸,少数被微刺。抱器瓣长,宽或窄,多数无颈部;抱器腹具 1～4 束刺丛;抱器端常较窄,密被刺毛或棘。阳茎短,无角状器。雌性外生殖器:阴片形状变化较大,领片状或杯状,一些种中膨大成球状,常被微刺。导管端内片有或无;导精管自导管端内片前端背缘伸出。囊突 2 枚,角状或结节状,或无。

该属中国已知 17 种,本书记述 1 种。

16.49　异广翅小卷蛾 *Hedya auricristana* (**Walsingham, 1900**)(图版 18-307)

Argyroploce auricristana Walsingham, 1900, *Ann. Mag. Nat. Hist.*, (7)**6**: 237.

Hedya auricristana: Diakonoff, 1973, *Zool. Monogr. Rijksmus Nat. Hist.*, **1**: 443.

翅展 18.0～20.0mm。头部粗糙,白色。触角棕色。下唇须上举,白色;第 2 节端部稍膨大;第 3 节圆钝。胸部黄绿色,杂白色;后胸脊突发达,黄绿色,中部杂白色;胸部腹面白色。翅基片基部黄绿色,端部白色杂浅黄绿色。前翅翅面端部宽,呈长三角形;前缘 2/3 处强烈拱起,钩状纹不明显,第 1～4 对褐色杂白色,下方的暗纹亮水银色,不连续,由稀疏小圆点排列成线状,直或弯曲,无序;第 5 对下方的暗纹银白色,斜向外侧至中室上角外侧,沿中室外缘外侧向后方至中室下角凸出,然后斜向内侧达后缘 3/4 处外侧;翅面斑纹不规则,基部至第 6 对钩状纹之间黄绿色,或黄赭色与黄绿色的混合色,前缘第 2～6 对钩状纹下方至中室下缘下方染有褐色或棕褐色,向后端褐色渐浅;第 6 对钩状纹和外缘之间白色,向外缘渐成暗白色,前缘及外缘染有浅褐色或浅棕色,第 7 对钩状纹和 M_1 脉末端之间色浓,CuA_1 脉 1/3 处与后缘末端之间有 1 浅暗棕色阴影,后中带在 R_5 脉 2/3 处与外缘 M_2 脉末端之间隐约可见,成暗浅棕色阴影;顶角处缘毛褐色、浅棕褐色或棕褐色,外缘处浅棕色或浅褐色,臀角处白色;翅腹面棕褐色,前缘第 3～7 对钩状纹暗白色,外缘内侧翅面暗白色,后缘与后翅交叠处白色。后翅浅棕褐色,前缘白色,缘毛浅茶色,臀区密被白色长鳞毛;翅腹面浅茶色,臀褶被 1 列长鳞片,基部为长毛状鳞片,乳白色,中部及端部灰色,相对短,翅褶与肘脉主干及 CuA_1 脉之间被茅草状长鳞片,成 1 狭长毛区。腹部浅茶色。

雄性外生殖器(图版 58-307):爪形突退化。尾突宽圆片状,密被长毛。颚形突膜质,横带状,宽;肛管粗,骨化弱。背兜短,末端宽。抱器瓣宽短,基穴窄;抱器腹窄长,达抱器瓣 3/4 处,腹缘基半部被 1 列疏毛,基穴外侧有 1 密被长毛的半圆形小突起,其腹侧有 1 簇短刺,端半部稍窄,末端成小瓣状突起,被 3～4 根粗棘;抱器端宽,密被长毛,2/3 处略缢缩,端部1/3圆片状。阳茎长而粗,端部窄,末端略尖。

寄主:忍冬科 Caprifoliaceae:忍冬属 *Lonicera* sp.。

分布:浙江(天目山)、河南、湖北、广东、广西、贵州;日本。

小卷蛾属 *Olethreutes* Hübner，1822

Olethreutes Hübner, 1822. Type species: *Phalaena arcuella* Clerck, 1759.

前翅 R_1 脉自中室中部前发出;R_2 脉自 R_1 与 R_3 脉之间 2/3 处发出;R_3 和 R_5 脉等距;R_4 脉自中室上角发出;M_3 与 CuA_1 脉靠近,但末端远离;CuA_1 脉自中室下角发出;CuA_2 脉自中室下缘 2/3 发出,索脉自 R_2 与 R_3 脉之间中部至 R_5 脉基部;M 干脉止于 M_2 与 M_3 脉之间。后翅 M_1 与 Rs 脉基部靠近,M_2 与 M_3 脉基部靠近;M_3 与 CuA_1 脉具短共柄或同出一点,自中室下角发出;CuA_2 脉自中室下缘 2/3 处发出。发香器:雄性后翅具卷褶;后足胫节具细毛刷或无。雄性外生殖器:爪形突细长。尾突中等,下垂。颚形突横带状。抱器瓣基部宽,端部狭长;基穴外缘圆钝,向外侧延伸,被毛;抱器腹常加厚,腹缘基部与抱器端基部被缘之间常有 1 波状的皱脊,基部与末端被长度不等的刺棘;腹缘常具 1 中等大小的突起,末端成簇或成列的刺棘;抱器端长,密被刺毛。阳茎简单。雌性外生殖器:阴片发达,片状或杯状,复杂,被微刺,具沟棘。囊突 1 枚,小圆窝状,被颗粒,或无。

该属中国已知 33 种,本书记述 8 种。

分种检索表

16.50 栗小卷蛾 *Olethreutes castaneanum*（Walsingham, 1900）(图版 18-308)

Exartema castaneanum Walsingham, 1900, *Ann. Mag. Nat. Hist.*, (7)6: 124.

Olethreutes castaneanum: Kawabe, 1982, Tortricidae and Cochylidae, In: Inoue *et al.*, *Moths of Japan*, **1**: 109.

翅展 13.5～18.0mm。头顶粗糙,浅棕色至棕色,触角后方被 1 褐色圆点。触角深褐色。下唇须上举,白色;第 2 节略膨大;第 3 节末端尖。胸部与翅基片褐色;后胸脊突发达;胸部腹面白色。前翅略宽圆,底色黑褐色;前缘黑色,微拱,钩状纹白色;基斑与亚基斑连接,黑褐色;第 1、2 对钩状纹及暗纹不明显;第 3、4 对钩状纹伸至翅后缘 1/3 处;中带宽,自内向外由赭黄色渐变为赭色,前端斜向外侧凸出至 R_3 脉中部,尖角状,后端内缘略凸出,外缘近直,达翅后缘 1/3 和 2/3 之间;前缘端半部下方有 1 赭色横纹,达翅外缘 R_5 与 M_1 脉末端之间,第 5～9 对钩状纹的暗纹在其下方连接,成 1 亮铅色横线,达翅外缘 M_1 脉末端;第 5 对钩状纹的暗纹亮铅色,自前缘斜向外至 R_3 脉中部,细线状,后端断裂,在 R_4 与 R_5 脉基部之间成斑点,后端自 M_2 脉 1/3 处斜向内至翅后缘 2/3 处,略宽;后中带深褐色,表面覆赭色,镶白边,弯月状,自 R_4 脉基部至翅外缘 M_2 与 CuA_1 脉之间;后中带中部伸出 1 黑褐色长斑,杂淡黄色与赭色,向后至翅后缘末端,其与后中带后端之间有 1 亮铅色斑块,为第 6 对钩状纹的暗纹;缘毛淡黄色,外缘处具深褐色基线,末端深褐色;翅腹面褐色,前缘钩状纹近白色,后端白色。后翅褐色,前缘白色;缘毛浅灰色,具灰色基线;翅腹面褐色,较前翅略浅。腹部背面茶褐色,腹面淡黄色。

雄性外生殖器(图版 58-308):爪形突细长,侧缘成卷边状,末端尖,被稀疏细长毛。尾突圆片状,自背兜末端两侧向内伸出,被细长毛。颚形突横带状。抱器瓣窄长。抱器腹窄,腹缘 3/5 处浅凹,腹缘端部 1/3 内侧被 1 列浓密短刺;末端钝圆,略凸出,达抱器端 1/4 处。抱器端窄长,腹缘波曲,中部略内凹;基部 3/4 内侧密被刺棘,末端被细毛。阳茎短,长约为抱器瓣的 1/6,光裸;无角状器。

雌性外生殖器(图版 105-308):产卵瓣窄长。前、后表皮突细,近等长。阴片宽大,在前端与侧方包围交配孔,并向侧后方扩展,成宽翼状;中部被微毛,边缘光裸,后端有裂口。交配孔狭窄,后端被折叠的阴片覆盖。囊导管膜质,短,长约为交配囊的 4/5。交配囊卵圆形,底部被小颗粒;囊突 1 枚,片状,极小,被小颗粒。

分布:浙江(天目山)、天津、河北、辽宁、吉林、黑龙江、安徽、江西、河南、湖北、四川、贵州、陕西、甘肃、青海;朝鲜,日本。

16.51　梅花小卷蛾 *Olethreutes dolosana*（Kennel，1901）(图版 18-309)

Argyroploce dolosana Kennel, 1901, *Deut. Entomol. Zeit. Iris*, **13**:234.

Olethreutes dolosana:Razowski, 1971, *Acta Zool. Cracov.*, **16**(10):533.

翅展 16.0～20.0mm。头顶粗糙,黄色至褐色。触角深褐色,达前翅的 1/2。下唇须上举,第 1 节白色;第 2 节被蓬松的长鳞片,黄白色,基部外侧 1/5 处具 1 深褐色斑点;第 3 节短而细,淡黄色,杂褐色。领片深褐色,后缘黄色。胸部及翅基片深褐色杂黄色,基部具绿色金属光泽;后胸脊突明显,棕褐色。前翅前缘拱起,外缘近直;底色黄色;斑纹褐色,杂赭黄色;具 9 对黄色钩状纹,其后端具亮铅色暗纹;基斑三角形,黑褐色,杂黄色;第 1、2 对钩状纹后端暗纹与第 3、4 对钩状纹后端暗纹汇合,直达后缘 1/3 处,形成 1 条亮铅色横带;中带黄色至赭黄色,密杂黑褐色,内缘镶黄色窄带,直,外缘镶黄色窄边,波状,分别在 R_3 脉 1/3 处、M_1 与 M_2 脉之间的 1/3 处及 M_3 脉 1/2 处呈角状突出,之间形成两个 U 形凹陷;端部 5 对钩状纹的暗纹后端汇合,向外伸达 M_2 脉末端,暗纹之间具赭黄色小斜斑;中带与后中带之间具亮铅色暗纹,杂深褐色,中部具 1 三角形小斑,黑褐色;后中带自 R_3 脉 1/3 处至外缘的 1/3 与 3/5 处之间,渐加宽,黄色至黄褐色,基半部具 2 条深褐色窄纵纹,端半部疏杂褐色;端纹褐色;缘毛淡黄色,杂深褐色;翅腹面灰褐色至褐色,前缘钩状纹淡黄色。后翅浅褐色至褐色,翅腹面浅褐色;缘毛黄白色。腹部背面褐色,末端黄色;腹面黄白色。

雄性外生殖器(图版 58-309):爪形突近矩形。尾突卵圆形,被稀疏长毛。颚形突膜质,横带状。背兜高而窄。抱器瓣窄长,弯曲;基穴小,基部被稀疏长毛,末端散布零星短刺;自近基穴末端至 2/3 处腹缘弧形突出,具浓密棘刺,其末端向上超过抱器背;抱器端稍加宽,基半部沿腹缘密被粗壮长刚毛,端半部具细刚毛,腹缘近末端处微凹,末端钝圆;抱器腹长约为抱器瓣的一半,端部被 1 簇短棘,腹缘 2/3 处内凹,末端直。阳茎粗短,无角状器。

雌性外生殖器(图版 105-309):产卵瓣窄长,前端窄。前、后表皮突近等长,前表皮突末端具几枚刚毛。阴片大,被微刺;后阴片为交配孔两侧的翼状骨片,其前缘两侧突出,形成圆形突起;前阴片由 2 个近三角形骨片在交配孔处愈合形成。导管端片短,漏斗状。囊导管膜质,长约为交配囊的 1.4 倍。交配囊膜质,密被小颗粒;无囊突。

寄主:蔷薇科 Rosaceae:梅花 *Prunus mume* S. et Z.。

分布:浙江(天目山)、天津、河北、吉林、黑龙江、福建、山东、河南、湖北、湖南、广东、四川、贵州、云南、陕西、甘肃;日本,俄罗斯。

16.52 溲疏小卷蛾 *Olethreutes electana* (Kennel, 1901)(图版 18-310)

Penthina electana Kennel, 1901, *Deut. Entomol. Zeit. Iris*, **13**:257.

Olethreutes electana:Razowski, 1971, *Acta Zool. Cracov.*, **16**(10):533.

翅展 14.0~19.0mm。头顶粗糙,黄褐色。触角褐色。下唇须上举,白色,基部外侧褐色;第 2 节略膨大;第 3 节略长,尖。胸部与翅基片光滑,褐色。前翅长,窄或宽,顶角尖或近成直角;黑褐色或褐色,斑纹不明显;前缘微拱,钩状纹白色,显著;第 3、4 对钩状纹位于前缘基部 1/3 处,向后伸至翅后缘 1/4 处,杂浅赭色;第 5、6 对钩状纹斜向伸至臀角,后端略宽,杂褐色与浅赭色;第 7 对钩状纹向外至翅外缘 M_1 与 M_2 脉末端之间,前半端在 R_5 脉中部前与第 5、6 对钩状纹连接,略呈浅赭色;缘毛白色,外缘中部处褐色,外缘处有褐色基线,臀角处无基线;翅腹面浅褐色,钩状纹淡黄色,清晰。后翅灰色;缘毛浅灰色,有灰色基线;翅腹面浅灰色或浅茶色。腹部背面灰褐色,腹面白色。

雄性外生殖器(图版 58-310):爪形突短而尖,被长毛。尾突长条状,极窄,被稀疏长毛。颚形突横带状,两端略骨化。抱器瓣基部宽,端部极窄;抱器腹中部强烈膨大,腹缘中部与末端分别凸出成角状,密被刺棘;抱器端略呈棒状,基部窄,密被粗棘,端部略膨大,被稀疏刺毛。阳茎短,长约为抱器瓣的 1/8,端部渐尖,膜质;具数枚刺状角状器。

雌性外生殖器(图版 105-310):产卵瓣窄长条状。前、后表皮突约等长。阴片宽大,花朵状,四瓣;前端两瓣略窄长,被稀疏微刺;后端两瓣宽圆,光裸。交配孔凸出,开口向后。囊导管膜质,密被颗粒,长约为交配囊的 2 倍,前端略宽;导管端片管状,近达囊导管的 1/4。交配囊卵圆形,密被颗粒;无囊突。

寄主:绣球花科 Hydrangeaceae:溲疏属 *Deutzia* sp.;蔷薇科 Rosaceae:蚊子草 *Filipendula palmata* (Pall.) Maxim.。

分布:浙江(天目山)、北京、天津、河北、辽宁、吉林、黑龙江、安徽、河南、四川、云南、甘肃;日本,俄罗斯。

16.53 倒卵小卷蛾 *Olethreutes obovata* (Walsingham, 1900)(图版 18-311)

Argyroploce obovata Walsingham, 1900, *Ann. Mag. Nat. Hist.*, (7)**6**:241.

Olethreutes obovata:Kawabe, 1982, Tortricidae and Cochylidae, *In*:Inoue *et al.*, *Moths of Japan*, **1**:107.

翅展 12.0~15.0mm。头顶粗糙,金黄色。触角浅褐色。下唇须上举,淡黄色或黄色;第 2 节略膨大,基部 2/3 覆有浅灰色;第 3 节末端钝。胸部及翅基片褐色,杂淡黄色横纹与黄赭色鳞片;领片黄色,杂浅褐色;后胸脊突小,黄色;胸部腹面白色。前翅宽圆,翅面底色白色或淡黄色,斑纹褐色,密被赭色鳞片;前缘拱起,具 9 对白色钩状纹,下方的暗纹浅铅色;基斑与亚基斑破碎成斑点及窄纹状;第 3、4 对钩状纹下方的暗纹窄,后端达后缘 2/5 处;中带窄,内缘及外缘均弯曲,外缘在中室上角上方尖角状突出,至 R_3 脉 1/3 处,中部凹曲,后端位于后缘中部至 3/4

处;端部 5 对钩状纹的暗纹向外延伸,分别在前缘下方汇合,末端达外缘 M_2 脉末端,其与前缘之间密被赭色鳞片;中带与后中带之间具褐色碎纹,斑驳;后中带窄带状,近赭色,自 R_3 脉中部至外缘 CuA_1 脉末端;顶角赭色;缘毛短,浅褐色杂浅赭色;翅腹面褐色或略浅,前缘钩状纹淡黄色,后端与后翅交叠处近白色。后翅灰色,前缘白色,缘毛灰色;腹面浅褐色。腹部背面浅灰色,腹面白色。

雄性外生殖器(图版 58-311):爪形突三角形,端部密被长毛。尾突小,圆片状,被长毛。颚形突膜质,带状。背兜窄,略短。抱器瓣宽短,基穴窄;抱器腹宽,基部有 1 簇短毛,腹缘中部略突出,末端被 1 簇刺棘,端半部被稀疏长棘;抱器端与抱器腹近等宽,腹侧密被粗而短的棘,背侧密被短刺毛,基部有 1 窄脊,向背侧延伸,突出成瓣状,与基穴外缘末端相连,被 1 列粗棘。阳茎中等长度,基部向端部渐细,末端被 2 短棘。

雌性外生殖器(图版 105-311):产卵瓣窄长。前、后表皮突近等长。阴片弯月形,略宽,骨化弱,光裸,前端凸出,两侧中部各有 1 长圆加厚的骨片,后缘加厚,中部向前延伸,与交配孔后缘相接,后者也加厚,叉状。交配孔位于前缘中部。导管端内片骨化强烈,管状,略长。囊导管膜质,较粗。交配囊卵圆形,小,被稀疏小颗粒;囊突 1 枚,小圆窝状,被颗粒。

分布:浙江(天目山)、天津、河北、安徽、河南、湖北、湖南、广西、贵州、陕西;日本,朝鲜,俄罗斯。

16.54 柄小卷蛾 *Olethreutes perexiguana* Kuznetzov, 1988 中国新记录(图版 18-312)

Olethreutes perexiguana Kuznetzov, 1988, *Trudy Vsesoyuzn. Ent. Obshch. Leningrad*, **70**: 174.

翅展 11.0～14.0mm。头顶粗糙,淡黄色杂浅褐色。触角褐色。下唇须上举,略前伸,褐色或浅褐色,杂淡黄色;第 2 节略膨大,被蓬松长鳞片;第 3 节尖。领片、翅基片及胸部褐色;胸部腹面白色。前翅长而窄,顶角突出但圆钝,斑纹黑褐色,被暗白色边;前缘略弯曲,钩状纹暗白色,下方的暗纹亮铅色;基斑与亚基斑被第 1、2 对钩状纹的暗纹纵贯,仅基部与外侧余不连续斑点,外缘近直;第 3、4 对钩状纹宽,近直,后端达后缘 1/3 处;中带前端略宽,内缘近直,在中室上角上方与中室下角外侧略突出,后端窄,达后缘中部;第 5、6 对钩状纹的暗纹,前端汇合,后端在 M_3 脉中部分支,分别达后缘 2/3 处与臀角处,二者之间有 1 三角形小斑;后中带前端窄,自 R_4 脉中部渐宽,后端达外缘 M_2 脉与 CuA_1 脉末端;第 7、8、9 对钩状纹的暗纹下端汇合,至 R_5 脉末端;端纹点状;翅腹面褐色,端部 7 对钩状纹暗白色,后端与后翅交叠处浅灰色,缘毛褐色。后翅褐色,前缘浅灰色,缘毛褐色至浅褐色;翅腹面浅褐色。腹部浅灰色。

雄性外生殖器(图版 58-312):爪形突极短,背面被疏毛,末端尖。尾突长而宽,密被长毛。颚形突膜质。背兜端部宽,钝。抱器瓣基部略宽,基穴小;抱器腹宽,端部延伸,长柄状,光裸,末端被 1 簇长毛;抱器端自基穴外缘与抱器背基部之间伸出,折叠,基半部略宽,密被刺毛,腹缘被 1 列短棘,中部缢缩,末端圆球状膨大,密被刺棘。阳茎宽短,无角状器。

雌性外生殖器(图版 106-312):产卵瓣窄长。后表皮突略长于前表皮突。阴片骨化,略呈半圆形,前缘中央突出成 2 个小瓣,后缘弧状,中部略凹;密被微刺。无导管端内片。囊导管膜质,细而短。交配囊小,卵圆形,密被小颗粒,无囊突。

分布:浙江(天目山)、安徽、福建、广西、贵州;越南。

16.55 阔瓣小卷蛾 *Olethreutes platycremna* Meyrick，1935（图版 18-313）

Argyroploce platycremna Meyrick, 1935, Tortricidae, *In*：Caradja & Meyrick, *Mater. Microlepid.*
Fauna Chin. Prov. Kiangsu, Chekiang und Hunan：61.

Olethreutes platycremna：Clarke, 1958, *Cat. Type Spec. Microlepid. Brit. Mus.（Nat. Hist.）Descr.*
Edward Meyrick, **3**：536.

翅展 11.0～14.0mm。头顶粗糙，触角之间灰褐色，触角后方浅褐色。额白色。触角浅褐色。下唇须上举，白色；第 2 节略膨大，被蓬松鳞片，背缘被稀疏褐色鳞片。胸部与翅基片基部深褐色，中部淡黄色；领片淡黄色；后胸脊突发达，深褐色；胸部腹面白色。前翅基部窄，端部略宽，深褐色，斑纹不规则；前缘基部 4 对及第 7 对钩状纹白色，显著，其余 4 对钩状纹极窄，暗白色或不明显；第 1～7 对钩状纹的暗纹发达，亮铅色，向后伸至翅后缘，弯曲，其中第 4、5 对的暗纹在中室上缘端半部相接，第 6 对的暗纹为位于臀角处的 1 小斑块，第 7 对的暗纹达翅外缘 M_1 脉末端；前缘基部至第 4 对钩状纹与中室上缘之间有 1 白色长斑；中室外侧的翅面呈 1 白色大斑，杂深褐色小斑纹及铅色暗纹；缘毛在外缘前半部深褐色，后端及臀角处白色；翅腹面褐色，钩状纹淡黄色，不明显，后端与后翅交叠处白色。后翅浅褐色至褐色，前缘暗白色；缘毛浅褐色，有褐色基线；翅腹面浅褐色。腹部背面浅褐色，腹面淡黄色。

雄性外生殖器（图版 59-313）：爪形突宽片状，被密毛。尾突下垂，大，圆片状，被密毛。颚形突宽，骨化强烈；中部凸出成尖角，长，其背缘被浓密小棘。抱器瓣基穴极小；抱器背基部伸出 1 宽瓣，其末端呈 1 骨化的耳状小瓣，密被短棘；抱器腹腹缘中部具短柄状突起，其末端被 1 束长毛；抱器腹与抱器端之间狭窄，成颈部；抱器端宽，橘瓣状，密被刺毛。阳茎细长，约为抱器瓣长的 1/4，光裸。

雌性外生殖器（图版 106-313）：产卵瓣后端宽，前端窄。前表皮突较后表皮突长。阴片窄，自背面向腹侧伸出，腹面中部不相接，环抱交配孔，被微刺。交配孔向后端开口。囊导管膜质，长约为抱器瓣的 2 倍，中部略膨大；导管端环窄长，长约为囊导管的 1/4。交配囊卵圆形；囊突 1 枚，浅窝状，底端尖，密被颗粒。

分布：浙江（天目山）、福建、河南、湖南、广东、广西、贵州、甘肃、台湾；日本。

16.56 线菊小卷蛾 *Olethreutes siderana*（Treitschke，1835）（图版 18-314）

Sericoris siderana Treitschke, 1835, *Schmett. Eur.*, **10**(3)：81.

Olethreutes siderana：Liu & Bai, 1977, *Economic Insect Fauna of China*, **11**：78.

翅展 19.0mm。头顶粗糙，黄色。触角褐色。下唇须上举；第 1 节白色；第 2 节略膨大，背面淡黄色，腹面白色，侧面褐色；第 3 节深褐色，圆钝。胸部、领片及翅基片褐色，杂金黄色；后胸脊突发达，基部褐色，末端金黄色；胸部腹面白色。前翅基部窄，端部宽，略呈长三角形；翅面褐色，密杂赭黄色，斑纹不明显；前缘钩状纹淡黄色，下方的暗纹铅色，断裂为短斑或圆点，散布于翅面；中带深褐色，后端至翅后缘臀角前，边缘不清晰；翅端色略深；翅外缘前半端缘毛白色，后半端褐色，具深褐色基线；翅腹面褐色，翅端色深，后端略浅。后翅褐色，翅端色深，前缘白色；缘毛白色，具褐色基线；翅腹面褐色。

雄性外生殖器（图版 59-314）：爪形突钩状，基部宽，端部细长，被密毛。尾突体壁状，自背兜两侧向中部伸出，圆片状，被密毛。颚形突骨化强，横带状。抱器瓣窄长；腹缘中部略膨大，在基部 1/3 和 3/5 之间被 1 簇浓密长刺毛，刺毛长超过抱器瓣的宽度；基穴外缘与抱器端基部腹缘之间连接成 1 弧形宽瓣，边缘密被粗棘；抱器端窄，末端膨大，略呈棒状，密被刺毛。阳茎粗短，长约为抱器瓣的 1/5，光裸。

寄主：虎耳草科 Saxifragaceae：乳茸刺 *Astilbe microphylla* Knoll., *A. pedunculata* Nakai,圆齿溲疏 *Deutzia crenata* S. et Z.；蔷薇科 Rosaceae：柳叶绣线菊 *Spiraea salicifolia* Linn.,日本绣线菊 *S. japonica* Linn. f., *Prunus ssiori* Fr.,假升麻 *Aruncus sylvester* Kostel. ex Maxim.,旋果蚊子草 *Filipendula ulmaria*（Linn.）Maxim. 等。

分布：浙江(天目山)、吉林、黑龙江、湖南、广东、陕西；日本,俄罗斯,欧洲。

16.57　宽小卷蛾 *Olethreutes transversanus*（Christoph, 1881）(图版 18-315)

Penthina transversanus Christoph, 1881, *Bull. Soc. Imp. Nat. Moscou*, **56**(1)：75.

Olethreutes transversanus：Kawabe, 1982, Tortricidae and Cochylidae, *In*：Inoue et al., *Moths of Japan*, **1**：109.

翅展 17.0～22.0mm。头顶粗糙,黄色或棕黄色。触角褐色。下唇须上举,黄色或棕黄色；第 2 节膨大,被蓬松长鳞片；第 3 节前伸,末端尖。胸部与翅基片棕褐色或浅褐色；领片黄色；后胸脊突大,棕褐色；胸部腹面白色。前翅宽大,端部圆钝,底色淡黄色,斑纹褐色,表面覆有黄赭色；前缘略拱,具 9 对淡黄色钩状纹,下方具亮铅色钩状纹；第 1、2 对钩状纹下方无暗纹；基斑与亚基斑连接,被淡黄色细纵纹；第 3、4 对钩状纹下端的暗纹明显,窄,近直,后端达后缘 1/4 处；中带在前缘极窄,后端略宽,内缘近直,略向内斜,外缘波状,在中室上角上方与中室下角向外侧突出,分别达 R_3 脉 1/4 处与 M_2 脉 1/3 处,后端位于后缘 1/3 处与中部之间；第 5 对钩状纹发达,沿中带外缘延伸,弯曲,在 M_3 脉 2/5 处叉状分支,分别达后缘 2/3 处与臀角,二分支之间有 1 三角形大斑；端部 4 对钩状纹下方的暗纹分别在前缘下方连接,斜向外侧达外缘 M_1 脉末端；后中带宽,略呈弯月形,自 R_3 脉 1/3 处至外缘 M_2 脉末端与臀角之间；端纹点状,稍长；缘毛淡黄色,具褐色基线；翅腹面黄棕色,前缘钩状纹黄色,后端与后翅交叠处白色。后翅棕褐色,前缘白色,缘毛浅灰黄色,有灰色基线；翅腹面浅灰黄色。腹部被黄褐色,腹面淡黄色。

雄性外生殖器(图版 59-315)：爪形突窄圆片状,被密毛。尾突窄长带状,密被细毛。颚形突膜质,横带状,宽。背兜高而窄,长三角形。抱器瓣窄长,基穴小；抱器腹窄长,超过抱器瓣长的 2/3,疏被短毛和刺棘,腹缘中部与末端分别被 1 簇短刺,末端角状突出；抱器端窄长,基部与基穴外缘末端有 1 条膜质窄带相连,基部 3/5 略成瓣状,被长棘,3/5 处收缩,端部稍膨大,腹缘中部被刺棘,末端略尖。阳茎细长,弯曲,末端背缘被 2 枚小齿。

雌性外生殖器(图版 106-315)：产卵瓣窄长。前、后表皮突细长,约等长。阴片极大,中部有凹槽,由此生出背腹两层：背片宽大,平坦,光裸,略呈方形,圆,后缘浅 V 形；腹片略小,前半部近筒状,但前缘外裂,后半部近花瓣形,中央被极小颗粒,后缘中央有深凹,凹缝窄。交配孔开口向后。导管端片骨化强烈,被微刺,前端有小结节。囊导管膜质,略粗,被小褶,1/3 与 2/3 处略扭曲。交配囊卵圆形,密被颗粒；囊突 1 枚,小圆窝状,骨化弱,密被颗粒。

寄主：蔷薇科 Rosaceae：草莓属 *Fragaria* sp.；唇形科 Labiatae：薄荷 *Mentha arvensis* var. *piperascens* M.；豆科 Leguminosae：黄豆 *Glycine max* M.。

分布：浙江(天目山)、黑龙江、湖北、四川、陕西；日本,朝鲜,俄罗斯。

直茎小卷蛾属 *Rhopaltriplasia* Diakonoff, 1973

Rhopaltriplasia Diakonoff, 1973. Type species：*Acroclita trimelaena* Meyrick, 1922.

前翅 R_1 脉自中室上缘中部发出；R_2 脉自 R_1 与 R_3 脉之间 2/3 处发出；R_3 脉自中室上角前发出；R_4 与 R_5 脉共柄,自中室上角发出,R_5 脉达外缘；M_1 脉自中室外缘上端 1/3 处发出；M_2 脉自中室下角上方发出；M_3 与 CuA_1 脉共柄,自中室下角发出；M_1 和 CuA_1 脉端部靠近

CuA_2 脉从中室下缘 2/3 处发出。后翅 $Sc+R_1$ 脉短，Rs 脉与 M_1 脉基部靠近或共柄，自中室上缘发出，M_3 与 CuA_1 脉共柄，自中室下角发出，与 M_2 脉基部靠近，CuA_2 脉从中室下缘 1/2～2/3 处发出。发香器：雄性后足胫节无毛刷。模式种中前翅腹面中域及后翅中室与后缘之间分别有 1 个香鳞区，被黑色香鳞。雄性外生殖器：尾突细钩状，或极小，分裂为两片。尾突棒状，下垂，多毛。颚形突发达，三角形钩状，突出；或为 1 对骨化长臂。背兜高，端半部膨大；肩角宽，圆钝。抱器瓣长卵圆形或哑铃形，在基部 3/5 或 2/3 处强烈收缩；抱器腹约占 1/2～2/3，极度膨大；抱器端小，光裸或被短密毛。阳茎长，基部膨大。雌性外生殖器：前表皮突与后表皮突细，等长。后阴片膜质；前阴片宽大，弱骨化。交配孔深 V 形。导管端片长，漏斗形，被微刺。囊导管短，中部有 1 骨化环，前端 2/3 骨化。交配囊卵圆形，被刻点；囊突 2 枚，一大一小，角状。

该属中国已知 3 种，本书记述 1 种。

16.58 非凡直茎小卷蛾 *Rhopaltriplasia insignata* Kuznetzov，1997（图版 18-316）

Rhopaltriplasia insignata Kuznetzov，1997，*Entomol. Obozr.*，**76**(4)：797.

翅展 12.0～13.5mm。头顶粗糙，淡黄褐色至褐色。触角柄节褐色，鞭节黄褐色。下唇须前伸；第 2 节膨大，外侧基部 2/3 及末端浅褐色，端部 1/3 及内侧白色；第 3 节细，长约为第 2 节的 1/3，略下垂或前伸，背缘淡褐色，腹缘白色。胸部浅褐色至褐色；翅基片小，基部深褐色，端部浅褐色。前翅窄，前缘直，顶角尖，外缘略呈波状；翅面浅褐色，端半部色深，密杂浅赭色；前缘具 8 对淡黄色钩状纹，第 1、2 对位于基部 1/7，第 3、4 对位于基部 1/4 和 2/5 之间，其余 4 对位于端半部，第 5、6、7 对分别斜向外伸至第 8 对处，杂赭色及浅褐色；基斑褐色，略呈三角形，上端宽，位于前缘基部 1/4 前，下端窄，达后缘基部，前缘第 1、2 对短斑纵贯其中；中带褐色，上端窄，位于前缘中部，下端达中室下缘，外缘上半端直，伸达中室上角，下半端沿中室外缘至中室下角；顶角深褐色，向下沿外缘伸至臀角上方；后缘基部 1/4 和中部之间有 1 褐斑，略呈方形，上端达中室下缘；后缘臀角前有 1 褐色小斑；臀角淡褐色，沿外缘有 1 条白边；外缘上端 3/4 处缘毛褐色，杂白色，下端 1/4 及臀角处浅赭色，后缘末端浅赭色。后翅灰色；缘毛浅灰色。腹部浅褐色至灰色。

雄性外生殖器（图版 59-316）：爪形突小，叉状，每个小分支长卵圆形。尾突锤状，被长毛。颚形突为 1 对骨化窄臂。抱器瓣哑铃形，基部 3/5 处强烈收缩；抱器腹约占 1/2，长卵圆形，基穴后缘被密刺；基穴大，卵圆形；抱器端大，密被短毛，背缘直，基部 2/3 大，卵圆形，端部 1/3 小，腹缘基部 2/3 处内凹。阳茎基部球状膨大，中部细，端部略粗，基部背面 1/4 处有 1 角状突起，腹面 1/3 处有 1 指状突起。

雌性外生殖器（图版 106-316）：前表皮突与后表皮突细，等长。后阴片膜质；前阴片宽大，弱骨化。交配孔深 V 形。导管端片长，漏斗形，被微刺。囊导管短，中部有 1 骨化环，前端 2/3 骨化。交配囊卵圆形，被刻点；囊突 2 枚，一大一小，角状。

分布：浙江（天目山）；越南。

轮小卷蛾属 *Rudisociaria* Falkovitsh，1962

Rudisociaria Falkovitsh，1962. Type species：*Grapholitha* (*Sericoris*) *expeditana* Snellen，1883.

前翅 R_1 脉自中室中部发出；R_2 脉自 R_1 与 R_3 脉之间中部发出；R_4 脉自中室上角发出，与 R_5 脉靠近；R_5 脉抵达外缘；M_2、M_3 脉与 CuA_1 脉间距相等；CuA_1 脉自中室下角发出；CuA_2 脉自中室下缘 3/5 处发出；索脉自 R_1 与 R_2 脉之间中部至 R_5 脉基部；M 干脉止于 R_5 脉基部。

后翅 Rs、M_1、M_2、M_3 脉基部靠近；CuA_1 脉自中室下角发出；CuA_2 脉自中室下缘 2/3 发出。发香器：雄性后足胫节基部具 1 束细毛刷。雄性外生殖器：爪形突短。尾突膜质或骨化，被毛或光裸。抱器瓣长，抱器腹末端角状突出，有 1 被密刺的圆片；抱器端窄长，棍棒状，末端多毛。雌性外生殖器：阴片宽，前缘圆钝，尾缘及两侧突出。囊突 1 枚，小，结节状。

该属中国已知 2 种，本书记述 1 种。

16.59 毛轮小卷蛾 *Rudisociaria velutinum* (Walsingham, 1900)(图版 18-317)

Exartema velutinum Walsingham, 1900, *Ann. Mag. Nat. Hist.*, (7)**6**：125.

Rudisociaria velutinum：Kuznetzov, 2001, Tortricidae, *In*：Ler (ed.), *Key to the Insects of Russian Far East*, **5**(3)：258.

翅展 13.0~16.0mm。头顶粗糙，褐色。触角褐色。下唇须上举；第 1 节白色；第 2 节膨大，灰色，末端灰白色；第 3 节灰色，直立。胸部、领片及翅基片褐色，后胸脊突褐色；胸部腹面白色。前翅略宽，端部圆钝，斑纹黑褐色；前缘略拱，基部 2 对钩状纹浅褐色，端部 7 对钩状纹白色，下方的暗纹亮铅色；第 1、2 对钩状纹的暗纹直，后端达后缘基部；基斑线状，黑褐色；亚基斑黑褐色，窄带状，中部略宽，下端外侧疏杂黄赭色；第 3、4 对钩状纹的暗纹前端宽，后端窄，杂淡黄色，达后缘 1/3 处；中带后半部内侧覆淡黄色与黄赭色，后端位于后缘 1/3 和 2/3 之间，外缘波状，分别在 R_4 脉近基部、M_1 的 1/3 处与 M_2 的 1/2 处角状突出，之间形成两个 U 形凹陷；中带与后中带之间具亮铅色暗纹；后中带窄带状，被黄赭色边，自前缘至外缘 M_2 脉末端与臀角之间；端部 3 对钩状纹的暗纹后端汇合，斜向外伸至 M_1 脉末端，之间具黄赭色斜纹；亚端纹达外缘 R_5 脉末端，向下伸与后中带相接，被黄赭色边；缘毛褐色，有黑褐色基线，臀角末端淡黄色；翅腹面棕褐色，前缘端部 7 对钩状纹淡黄色，后端与后翅交叠处白色。后翅棕褐色，前端白色，缘毛浅褐色，有棕褐色基线；翅腹面浅棕褐色。腹部浅褐色。

雄性外生殖器(图版 59-317)：爪形突窄，钩状，被稀疏长毛。尾突小，圆形，被稀疏长毛。颚形突膜质，窄带状。背兜宽，末端近方形。抱器瓣窄，极长；抱器腹稍宽，中部及末端角状突出，钝，腹缘 2/3 处内侧有 1 极小、被毛的突起，末端角状突起末端被 1 簇短棘，其内侧略隆起成瓣状，边缘被 1 列长棘；抱器端纤长，长约为抱器瓣的 3/5，波状，基部 2/3 渐加宽，沿腹缘被 1 列细刺，端部稍膨大，密被纤毛。阳茎骨化弱，粗短，无角状器。

雌性外生殖器(图版 106-317)：产卵瓣窄长。前、后表皮突近等长。阴片宽大，密被微刺，近半圆形，前端略窄，中部鼓出，交配孔位于正中央，侧缘基部凹陷，后缘近直，后端侧角前膨胀成突起状。囊导管膜质，后半端稍骨化，长约为交配囊的 1.5 倍；导管端环细长，长约为囊导管的 1/5。交配囊膜质，密被颗粒，卵圆形；囊突 1 枚，小圆窝状，密被颗粒。

分布：浙江(天目山)、天津、安徽、湖北、湖南、广东、广西、四川、贵州、陕西、甘肃；日本，朝鲜，俄罗斯。

恩小卷蛾族 Enarmoniini

下唇须多为波状伸出。前翅顶端大多呈镰刀状，少数种呈直角。后翅 M_3 和 CuA_1 脉分离，共柄或愈合，臀区特化。爪形突常缺失；背兜骨化较弱；抱器瓣基穴大，常有端棘；囊突 1 或 2 枚。

该族中国已知 14 属 55 种，本书记述 4 属 6 种。

分属检索表

镰翅小卷蛾属 *Ancylis* Hübner，[1825]1816

Ancylis Hübner，[1825]1816. Type species：*Tortrix harpana* Hübner，[1796−1799].

前翅窄,顶角镰刀状,通常有1个大的基斑;所有脉分离,M₂ 与 CuA₁ 脉或多或少向前弯,索脉弱,从 R₁ 和 R₂ 脉之间的 2/3 处发出,止于 R₅ 脉基部或退化,M 干脉缺失。后翅 M₃ 和 CuA₁ 脉共柄或完全愈合,M₂ 脉靠近 M₃ 脉,或同出一点。雄性外生殖器:爪形突发达,两分叉,或退化为1个小突起或完全退化。尾突通常下垂,阔。肛管膜质。背兜细弱。抱器腹角明显;抱器背基突细,简单,伸向腹面;颈部发达;抱器端常细;基穴达抱器腹端部。阳茎简单,常短;角状器常由许多短刺排成倾斜的1行,或脱落。雌性外生殖器:阴片弱骨化,常为杯形,前阴片部分向两侧延伸,形成侧突。导精管从囊导管基部背面发出。囊突2枚,刀片状,是本属的典型特征。

该属昆虫在全世界各大区系都有分布。中国已知28种,本书记述3种。

分种检索表

16.60 豌豆镰翅小卷蛾 *Ancylis badiana*（[Denis et Schiffermüller]，1775）（图版 18-318）

Tortrix badiana [Denis et Schiffermüller]，1775，*Ankündung Syst. Werkes Schmett. Wienergegend*：126.

Ancylis badiana：Kennel，1916，*Zoologica*，**21**(54)：438.

翅展 11.0～16.0mm。头顶黄褐色。额白色。触角黑褐色。下唇须灰白色,杂褐色;第3节隐藏在第2节的长鳞片中。胸部深褐色;翅基片灰白色。前翅前缘具9对钩状纹,第1～5对黑色,在翅基部和中带之间,第6～9对白色在中后带和顶角之间;前缘基部 1/3 处至后缘中部有1半椭圆形深褐色斑;中带灰白色;前缘中部至顶角有1倒三角形的箭头状黄褐色斑;端纹和亚端纹中部有2条黑色平行横纹;顶角镰刀状;外缘 R₅ 脉处可见第10对钩状纹;肛上纹不明显;臀角灰黄色,杂褐色;缘毛灰褐色。后翅及缘毛灰褐色。腹部灰褐色。

雄性外生殖器（图版 59-318）:爪形突退化。尾突大,多毛,椭圆形。颚形突从背兜两侧伸出,膜质。抱器瓣细长,基部比端部略宽,多毛;颈部明显;抱器腹有1尖突,多毛;抱器端长条形,向端部渐窄,多毛。阳茎长筒状;角状器多枚。

雌性外生殖器（图版 106-318）:产卵瓣狭长,前端窄,后端略宽,多毛。前、后表皮突约等长,均细长。阴片骨化弱,梯状。导管端片骨化弱,长约为囊导管的 1/3。交配囊椭圆形;囊突2枚,一大一小,刀片状。

寄主：千屈菜科 Lythraceae：千屈菜属 *Lythrum* spp.；豆科 Leguminosae：车轴草 *Trifolium* spp., *Vicia* spp., *Pisum* spp.。

分布：浙江(天目山)、北京、河北、黑龙江、江西、河南、四川、陕西；蒙古,朝鲜,日本,欧洲。

16.61　半圆镰翅小卷蛾 *Ancylis obtusana* (Haworth, 1811)(图版 19-319)

Tortrix obtusana Haworth, 1811, *Lepidop. Brit.*, **3**：453.

Ancylis obtusana：Kennel, 1916, *Zoologica*, **21**(54)：505.

翅展 9.0～14.0mm。头顶和额黄褐色。触角黑褐色。下唇须灰白色杂褐色；第 2 节被长鳞片；第 3 节平伸。胸部深褐色；翅基片黄褐色。前翅前缘具 9 对白色钩状纹；第 1～5 对在翅基部和中带之间；第 6～9 对汇合至 R_5 脉处；前缘 1/4 处和后缘中部之间有 1 深黄褐色斑；中带灰褐色,散布着许多深褐色斑点；中带外侧端部 1/3 和臀角之间有 1 钩状深灰褐色斑；中带与顶角之间有 1 深黄褐色箭头状斑,向后伸至后缘端部 1/3 处；缘毛基部白色,端半部深褐色。后翅及缘毛深灰色。腹部褐色。

雄性外生殖器(图版 59-319)：爪形突分两叉。尾突长椭圆形,多长毛。抱器瓣狭长；颈部细；抱器腹有 1 尖突起；抱器端基部宽,向端部渐窄,在端部 1/4 处最细,而后又稍膨大。阳茎筒状；角状器多枚。

雌性外生殖器(图版 106-319)：产卵瓣狭长,后端略宽。前、后表皮突约等长。阴片骨化弱,拱形。导管端片杯状,长约占囊导管的 1/6。交配囊卵圆形；囊突 2 枚,一大一小,刀片状。

寄主：鼠李科 Rhamnaceae：药鼠李 *Rhamnus cathartica* Linn., 欧鼠李 *R. frangula* Linn.。

分布：浙江(天目山)、山西、安徽、河南、贵州、陕西、甘肃、青海、宁夏；朝鲜,日本,欧洲,土耳其。

16.62　苹镰翅小卷蛾 *Ancylis selenana* (Guenée, 1845)(图版 19-320)

Phoxopteryx selenana Guenée, 1845, *Ann. Soc. Entomol. Fr.*, (2)**3**：170.

Ancylis selenana：Kennel, 1916, *Zoologica*, **21**(54)：445.

翅展 9.0～15.0mm。头顶和额黑褐色。触角黑褐色。下唇须黑褐色；第 3 节略下垂。胸部和翅基片黑褐色。前翅翅面底色黑褐色或灰褐色,翅面无明显斑纹；前缘具 9 对钩状纹,第 1～4 对位于中带之前,不明显,第 5、6 对均只为 1 条,第 7～9 对白色；肛上纹为 1 椭圆形白斑；顶角锈褐色,镰刀状；缘毛基部褐色,端半部白色。后翅灰褐色,缘毛基部白色,端半部灰褐色。腹部褐色。

雄性外生殖器(图版 59-320)：爪形突退化。尾突大,椭圆形,下垂,多毛。抱器瓣细长；基穴大,长约为抱器瓣的 1/3；抱器腹角有 1 三角形突起；抱器端呈长三角形,多毛,腹面突出。阳茎粗壮,圆筒状；角状器多枚,已脱落。

雌性外生殖器(图版 106-320)：产卵瓣多毛,后端略宽。前、后表皮突约等长,均细长。阴片弱骨化,呈半球形,具两侧突。导管端片骨化强,长约为囊导管的 1/5。交配囊椭圆形,前端 1/3 略缢缩；囊突 2 枚,刀片状,一大一小。

寄主：蔷薇科 Rosaceae：苹果 *Malus pumila* Mill., 山楂 *Crataegus pinnatifida* Bge., 梨属 *Pyrus* spp., 黑刺李 *Prunus spinosa* Linn., 核果类果树。

分布：浙江(天目山)、天津、河北、黑龙江、安徽、福建、河南、湖北、贵州、云南、陕西、甘肃；朝鲜,日本,欧洲。

尖顶小卷蛾属 *Kennelia* Rebel，1901

Kennelia Rebel，1901. Type species：*Anomalopteryx xylinana* Kennel，1900.

前翅前缘波状，在 2/3 或 3/4 处突出是本属的主要特征。它与镰翅小卷蛾属 *Ancylis* 在外形和外生殖器形态上都很相似，但在外形上前翅宽阔，顶角突出呈方形；镰翅小卷蛾属前翅狭长，顶角尖端向下呈镰刀状。在外生殖器上，本属抱器腹无明显突起，爪形突端部突出，无囊突；镰翅小卷蛾属抱器腹明显突起，爪形突多分成两叉状或完全退化消失，囊突呈刀片状。雄性外生殖器：爪形突长，末端有突起。尾突宽，多毛。背兜细。抱器背基突大；基穴短，多毛；抱器腹无明显突起，具长毛丛；抱器端多毛或刺。阳茎短小，角状器多枚。雌性外生殖器：第 7 腹板后缘凹陷，与阴片愈合。阴片小。导管端片管状。囊导管基部骨化，呈根状。导精管从囊导管基部腹面伸出。无囊突。

该属中国已知 3 种，本书记述 1 种。

16.63　鼠李尖顶小卷蛾 *Kennelia xylinana* （Kennel，1900）（图版 19-321）

Anomalopteryx xylinana Kennel，1900，*Deut. Entomol. Zeit. Iris*，**13**：158.

Kennelia xylinana：Diakonoff，1975，*Zool. Meded.*，**48**(26)：311.

翅展 15.0～19.0mm。头顶和额浅褐色。触角浅褐色。下唇须基部和内侧白色，近末端和外侧灰褐色，长约为复眼直径的 1.5 倍，前伸；第 3 节略下垂。胸部褐色；翅基片灰褐色，端部杂白色。前翅底色浅褐色，顶角黑色；前缘在 3/4 处凸出，顶角前方凹陷；顶角近直角，略突出；翅面斑纹不明显，散布一些深褐色条纹和斑点；前缘从基部到顶角具 10 对白色钩状纹，前 5 对钩状纹在翅基部和前缘 Sc 脉之间，后 5 对钩状纹在中带后缘和顶角之间，常汇合至 R_4 和 R_5 脉之间；翅腹面底色同背面，略浅；缘毛灰色。后翅灰褐色；缘毛灰色杂褐色。腹部黄色。

雄性外生殖器（图版 59-321）：爪形突细长，端部不凹陷，膨大，呈平截。尾突三角形，多毛，端部钝圆。肛管膜质。背兜高。抱器瓣细长；基穴短，长约为抱器瓣的 1/4，多毛；抱器腹腹角不明显；颈部略细，约为抱器瓣基部的 1/3；抱器端斜卵圆形，多毛。阳茎短且细；具成束角状器。

雌性外生殖器（图版 107-321）：产卵瓣狭长，呈条状，多毛。前表皮突略长于后表皮突，均短。阴片小，骨化强，长约为第 7 腹板的 1/10。导管端片带状，骨化强，约占囊导管的 1/3。囊导管在交配囊近入口处骨化，呈根状。交配囊大，呈梨状；无囊突。

寄主：鼠李科 Rhamnaceae；乌苏里鼠李 *Rhamnus ussuriensis* J. Vass.，鼠李 *R. davurica* Pall.。

分布：浙江（天目山）、天津、河北、吉林、黑龙江、河南、湖北、四川、贵州、陕西、甘肃、宁夏；朝鲜，日本，俄罗斯。

楝小卷蛾属 *Loboschiza* Diakonoff，1967

Loboschiza Diakonoff，1967. Type species：*Argyroploce clytocarpa* Meyrick，1920.

前翅索脉从 R_2 脉基部伸出，止于 M_1 脉之前；M 干脉止于 M_2 和 M_3 脉中点之前；CuA_1 脉出自中室下角。后翅 Rs 和 M_1 脉靠近；M_3 和 CuA_1 脉同出一点。雄性外生殖器：爪形突退化，端部凹陷。尾突弱，刚毛少。背兜很长。抱器背基突简单，向上弯；抱器腹角不明显，具成束的长毛丛；颈部明显；抱器端背面圆形，近尾部凸出，腹面形成 1 长的尖突。阳茎长，有 1 束长的角状器。雌性外生殖器：交配孔位于阴片顶端；囊导管端部骨化；导精管从囊导管基部侧面伸出；囊突 1～2 枚。

该属中国已知 1 种，本书记述该种。

16.64　苦楝小卷蛾 *Loboschiza koenigiana* (Fabricius, 1775)(图版 19-322)

Pyralis koenigianus Fabricius, 1775, *Syst. Entomol.*: 653.

Loboschiza koenigianus: Kuznetzov, 1988, *Trudy Zool. Inst. Akad. Nauk SSSR*, **176**: 74.

翅展 10.5～13.0mm。头顶和额橘黄色。触角黑褐色。下唇须灰黄色杂橘色。胸部和翅基片橘红色。前翅基部 2/3 黄褐色,散布着许多橘红色的条斑;端部 1/3 黑色杂橘色;前缘从基部到顶角有 10 对钩状纹,第 1～5 对钩状纹黑色,模糊,位于翅基部和 Sc 脉之间,第 6～10 对钩状纹白色,清晰,位于中带和顶角之间;缘毛黑褐色。后翅黑褐色;缘毛黑褐色杂白色。腹部背面黑褐色,腹面黄褐色。

雄性外生殖器(图版 59-322):爪形突退化。尾突小,三角状。颚形突膜质。抱器瓣狭长;基穴小,长约为抱器瓣的 1/6;颈部明显;抱器端背面圆形,腹面指状凸出,末端具 1 短粗刺。阳茎长筒状;角状器多枚(已脱落)。

雌性外生殖器(图版 107-322):产卵瓣多毛,后部略宽于前部。前表皮突长于后表皮突,均细长。交配孔圆形,位于阴片后端。导管端片骨化强。囊导管近后端到前端有 1 长的骨化管带。导精管从囊导管前端侧面伸出。交配囊圆形;囊突 1 枚,位于近交配囊入口处,由许多小结节组成。

寄主:楝科 Meliaceae:苦楝 *Melia azedarach* Linn.。

分布:浙江(天目山)、黑龙江、安徽、福建、江西、河南、湖北、湖南、广东、广西、四川、云南、陕西、台湾;朝鲜,日本,印度尼西亚,印度,斯里兰卡,巴基斯坦,澳大利亚。

褐斑小卷蛾属 *Semnostola* Diakonoff, 1959

Semnostola Diakonoff, 1959. Type species: *Semnostola mystica* Diakonoff, 1959.

前翅所有脉分离或 R_4、R_5 脉愈合,M_3、CuA_1 脉基部靠近。后翅 Rs、M_1 脉共柄约一半,M_3、CuA_1 脉基部很靠近。无发香器。雄性外生殖器:爪形突退化或缺失。尾突下垂,骨化弱,具毛。肛管简单,膜质或腹侧弱骨化。背兜高,顶部有微小的凸出。抱器瓣长;抱器背基突通常大;基穴长,端部弱;抱器腹具长毛,腹角不明显或退化;颈部有时明显;抱器端不发达或退化,具微刺及毛,端部多毛,末端为 1 粗刺。阳茎细长,角状器若有则多枚。雌性外生殖器:阴片不明显,弱骨化。囊导管形成骨化带或无;若形成骨化带,导精管从骨化带或其前方腹面伸出。囊突 2 枚,大小不一。

该属中国已知 5 种,本书记述 1 种。

16.65　壮茎褐斑小卷蛾 *Semnostola grandaedeaga* Zhang et Wang, 2006(图版 19-323)

Semnostola grandaedeaga Zhang et Wang, 2006, *Zootaxa*, **1283**: 42.

翅展 17.0～19.0mm。头顶和触角褐色;额白色。下唇须第 2 节淡黄色,第 3 节略向上举,褐色。胸部和翅基片褐色。前翅底色黄褐色,前缘从基部到顶角有 7 对乳白色钩状纹,第 1～4 对钩状纹明显,位于基部与 Sc 脉之间,第 5 对钩状纹在中带,伸达翅中部,第 6～7 对钩状纹常汇合伸达翅缘;后缘近基部色深,中部有 3～4 条波状白色条纹,臀角有 1 三角形深褐色斑;缘毛褐色。后翅及缘毛褐色。腹部背面深褐色,腹面淡黄色。

雄性外生殖器(图版 59-323):爪形突退化。尾突大,呈三角形,似帽状,多毛。抱器瓣狭长;基穴长,长为抱器瓣的 1/4;抱器腹多毛;颈部不明显;抱器端背面有 1 毛丛,末端有 1 粗刺。阳茎粗壮,筒状,末端外侧膜质;无角状器。

雌性外生殖器(图版 107-323):产卵瓣狭长,前端窄后端宽,多毛。后表皮突略短于前表皮突。阴片唇形。囊导管无明显骨化。导管端片不明显。交配囊梨形;囊突1枚,星芒状。

  分布:浙江(天目山)。

花小卷蛾族 Eucosmini

  雄性触角鞭节基部有时具凹陷,前翅常具前缘褶。后翅 M_3 和 CuA_1 脉共柄(偶尔同出一点或分离);一些种臀区基部卷褶,内含毛刷。雄性外生殖器:背屈肌(m_4)发达,抱器瓣具大的基穴,抱器背钩单支或两分支,抱器端发达,阳茎具可脱落角状器,有时具不可脱落的角状器。雌性外生殖器:阴片起源于交配孔周围的骨化区,位于第7腹板的深凹陷中,在进化的属中阴片与第7腹板愈合;囊导管在近导精管处常具骨化带;囊突常2枚。

  该族中国已知44属286种,本书记述15属30种。

分属检索表

褐小卷蛾属 *Antichlidas* Meyrick，1931

Antichlidas Meyrick，1931. Type species：*Antichlidas holocnista* Meyrick，1931.

前翅索脉出自 R_1 和 R_2 脉基部中点前，止于 R_5 脉基部；M 干脉明显，止于 M_3 脉基部；R_4 脉弯曲，止于前缘；R_5 脉止于顶角前；M_3 和 CuA_1 脉弯曲。后翅 Rs 和 M_1 脉靠近；M_3 和 CuA_1 脉共柄 1/3；M_2、M_3 脉基部靠近。雄性外生殖器：背兜端部窄，侧面伸出 1 对明显骨化细长的爪形突。尾突退化。肛管膜质。抱器瓣腹面愈合，仅抱器腹端部游离，具微刺；抱器端具毛；基穴大，卵形；抱器背钩退化。阳茎基环弱。阳茎骨化，端部具叶突；角状器为不脱落的短刺。第 8 腹板形成 2 叶突。雌性外生殖器：阴片杯形。交配孔位于阴片顶部，周围有短骨片。囊导管细，后端有骨片。导精管从囊导管前端发出。囊突 2 枚，细长。

该属中国已知 2 种，本书记述 1 种。

16.66　深褐小卷蛾 *Antichlidas holocnista* Meyrick，1931（图版 19-324）

Antichlidas holocnista Meyrick，1931，Tortricidae，*In*：Caradja，*Bull. Sect. Sci. Acad. Roum.*，**14**(3-5)：66.

翅展 14.0～20.0mm。头顶灰褐色或褐色。触角浅褐色或褐色。下唇须紧贴头部，被灰色或灰褐色鳞片；第 3 节小，平伸。胸部灰色或褐色；翅基片灰色。前翅底色灰色，杂深褐色；顶角白色或黄色，钝圆，突出，外缘在顶角下向外凸出；钩状纹 9 对，灰褐相间，基部 3 对不明显，端部 3 对伸向外缘；肛上纹白色或黄色，椭圆形，中心有 1 黑点；缘毛在顶角处深灰色或浅褐色，在顶角下灰色或浅褐色；翅腹面深褐色。后翅及缘毛灰色或浅褐色，基部有长鳞片；翅腹面灰褐色。

雄性外生殖器（图版 59-324）：第 8 腹节背板后缘有长毛，腹板分为两叶，近长方形。爪形突从背兜两侧伸出，细长，端部外侧有小齿。尾突近三角形。背兜宽，多长毛。抱器腹有瘤突，多毛刺，向内弯；基穴大，近方形，着生长毛；抱器端下弯，多毛。阳茎骨化，端部有 2 个叶突；角状器 3～5 个，短刺状。

雌性外生殖器（图版 107-324）：产卵瓣较阔，多毛。前、后表皮突近等长。阴片近梯形。导管端片短。囊导管细长，导管端片下方有 1 段骨化带，约占囊导管长的 1/3。交配囊近球形；囊突 2 枚，牛角状，端部钝。

分布：浙江（天目山）、江西、湖北、湖南、四川、贵州；朝鲜、日本。

共小卷蛾属 *Coenobiodes* Kuznetzov，1973

Coenobiodes Kuznetzov，1973. Type species：*Coenobiodes acceptana* Kuznetzov，1973.

前翅索脉从 R_1 和 R_2 脉基部之间 2/3 处伸达 R_5 基部；M 干脉弱，但完整，伸至 M_2、M_3 脉基部中点处；CuP 脉退化。后翅除 M_3 与 CuA_1 脉共柄 1/3 外，所有脉分离。雄性外生殖器：爪形突短，末端为 1 对尖突。尾突长，下垂。抱器瓣颈部简单；抱器腹角明显，有时有 1 伸向背部的叶突，具毛；抱器端为长条形，外缘具刺。阳茎管状，角状器成束，可脱落。雌性外生殖器：阴片明显骨化，前、后阴片愈合，分别在交配孔前、后形成侧叶。囊导管前半部宽。导精管开口于囊导管中部。囊突 2 枚，小。

该属中国已知 2 种，本书记述 1 种。

16.67　叶突共小卷蛾 *Coenobiodes acceptana* Kuznetzov，1973(图版 19-325)

Coenobiodes acceptana Kuznetzov，1973，*Entomol. Obozr.*，**3**(3)：689.

翅展 12.0～19.0mm。头顶浅褐色。触角浅褐色。下唇须第 1、2 节内侧灰白色，外侧浅褐色；第 3 节下垂，白色。胸部黄褐色；翅基片基半部黄褐色，端部灰色。前翅底色灰色；前缘有白色的钩状纹；基斑近前缘处灰褐色，前缘褶之后与底色一致，杂黑褐色；中带灰褐色，在中室处断裂，末端达后缘臀角前；肛上纹近倒三角形，内侧色浅，外侧黑色；缘毛褐色；翅腹面褐色。后翅及缘毛浅褐色，翅腹面灰白色。腹部白色。

雄性外生殖器(图版 59-325)：爪形突短，末端分两叉，呈两尖突。尾突细长，多毛，下垂，中部向内弯。抱器瓣颈部明显；抱器腹有 1 小丘形叶突；抱器端长椭圆形，背面较腹面窄，多毛，外缘及腹面密生短刺。阳茎粗短，角状器多枚。

分布：浙江(天目山)、安徽、贵州；日本。

白斑小卷蛾属 *Epiblema* Hübner，[1825]1816

Epiblema Hübner，[1825]1816. Type species：*Phalaena (Tinea) foenella* Linnaeus，1758.

前翅 R_1 脉出自中室近基部；R_2 和 R_3 脉之间的距离大于 R_3 和 R_4 脉之间的距离；R_3、R_4 脉与 R_5 脉等距。M_2、M_3 和 CuA_1 脉彼此分离，但基部靠近。后翅 M_3 和 CuA_1 脉共柄，其余脉分离。雄性具前缘褶。雄性外生殖器：爪形突小丘形，端部圆；尾突下垂，多毛。抱器瓣颈部明显；基穴后缘具 1 角状突，有时在角状突下方还有 1 个骨化叶突；抱器端多毛刺。阳茎简单；角状器成束。雌性外生殖器：后阴片发达；前阴片弱，膜质。囊导管短，骨化带发达。导精管从骨化带伸出。囊突 2 枚。

该属中国已知 13 种，本书记述 2 种。

16.68　白块小卷蛾 *Epiblema autolitha* (Meyrick，1931)(图版 19-326)

Eucosma autolitha Meyrick，1931，*Exot. Microlep.*，**4**：145.

Epiblema autolitha：Nasu，1980，*Tinea*，**11**(4)：33.

翅展 11.0～20.0mm。头顶灰白色杂灰褐色。额白色。触角褐色。下唇须灰色，第 1 节和第 2 节端部白色；第 3 节小，隐藏在第 2 节的长鳞片中。胸部及翅基片灰褐色。前翅前缘褐色，基半部钩状纹不明显，端半部具 5 对钩状纹，浅褐色，端部 3 对钩状纹向下汇合，伸达外缘中部，之间具浅铅色暗纹和黄褐色小斜斑；基斑三角形，褐色，约占翅面 1/4；基斑与中带之间具 1 近方形白斑，约占翅面 1/3；中带褐色，伸达肛上纹内侧前角；肛上纹椭圆形，浅铅色杂白色，内含若干褐色短条纹，被黄褐色宽边，其上散布黑褐色鳞片；缘毛灰褐色；翅腹面褐色。后翅及缘毛灰色，翅腹面灰褐色。腹部浅褐色。

雄性外生殖器(图版 59-326)：爪形突小丘形。尾突狭长，下垂，多毛。抱器瓣基穴近端部具 1 角状突；颈部明显；抱器端近长方形，背面略窄于腹面，多毛，向内侧弯曲，外缘具刺。阳茎长管状；角状器成束，刺状。

雌性外生殖器(图版 107-326)：产卵瓣狭长；多毛。前表皮突长于后表皮突。阴片 U 形。囊导管长，后端近 1/3 处具 1 小段骨化带。交配囊球形；囊突 2 枚，片状。

分布：浙江(天目山)、北京、天津、河北、吉林、黑龙江、安徽、福建、河南、湖北、湖南、广东、四川、贵州、陕西、甘肃；朝鲜、日本。

16.69　白钩小卷蛾 *Epiblema foenella* (Linnaeus, 1758)（图版 19-327）

Phalaena (*Tinea*) *foenella* Linnaeus, 1758, *Syst. Nat.* (10 edn.), **1**: 536.

Epiblema foenella: Kennel, 1921, *Zoologica*, **21**: 583.

翅展 12.0～26.0mm。头顶灰色。额白色。触角灰色。下唇须灰褐色;第 3 节平伸。胸部及翅基片灰褐色。前翅褐色;雄性前缘褶超过前缘中部;前缘端半部具 4 对白色钩状纹,其余钩状纹不明显;顶角褐色;基斑褐色,向内斜至外缘 1/5 处;基斑与中带之间的白色斑纹有 4 种主要类型:①由后缘 1/3 处伸出 1 条白色宽带,到中室前缘以直角折向后缘,而后又折向顶角,触及臀斑;②由后缘 1/3 处伸出 1 条白色宽带,到中室前缘以直角折向臀斑,但不触及臀斑;③由后缘基部 1/4 伸出 1 条白色细带,达中室前缘;④由后缘 1/4 处伸出 1 条白色宽带,伸向前缘,端部变窄,但不达前缘。中带褐色,内侧与白斑衔接,外侧达后缘臀角前;肛上纹银灰色,内含 3 条褐色短纹;缘毛灰色;翅腹面褐色。后翅及缘毛灰色或褐色,翅腹面浅褐色。腹部褐色或黑褐色。

雄性外生殖器（图版 60-327）:爪形突小丘形。尾突狭长,多毛。抱器瓣基穴端部具 1 角状突;抱器端椭圆形,多毛,外缘具刺。阳茎管状;角状器成束,刺状。

雌性外生殖器（图版 107-327）:产卵瓣狭长,多毛。前、后表皮突近等长。交配孔椭圆形。囊导管粗短,近中部骨化。交配囊近球形;囊突 2 枚,片状。

寄主:菊科 Asteraceae:艾蒿 *Artemisia argyi* Lévl. *et* Vant.,北艾 *A. vulgaris* Linn.;禾本科 Gramineae:芦苇 *Phragmites communis* Trin.。

分布:浙江(天目山)、天津、河北、内蒙古、吉林、黑龙江、江苏、安徽、福建、江西、山东、河南、湖北、湖南、广西、四川、贵州、云南、陕西、甘肃、青海、宁夏、新疆、台湾;蒙古,朝鲜,日本,泰国,印度,俄罗斯,哈萨克斯坦。

叶小卷蛾属 *Epinotia* Hübner, [1825]1816

Epinotia Hübner, [1825]1816. Type species: *Phalaena* (*Tortrix*) *similana* Hübner,1793.

前翅 R_1 脉出自中室前缘近中部,绝不超过中室中点;R_4 和 R_5 脉不共柄;索脉和 M 干脉完整,索脉从 R_1 和 R_2 脉基部近中点伸出,达 R_5 脉基部,M 干脉伸达 M_2 脉基部。后翅 Rs 和 M_1 脉近基部靠近;M_3 和 CuA_1 脉共柄。雄性前翅前缘褶常发达。雄性外生殖器:爪形突发达,不分叉、两分叉或仅端部分叉。尾突通常三角形,常具密毛,多少延长,常达爪形突基部,有时骨化呈牛角状,光裸或仅基部具毛。背兜阔。许多种的抱器瓣颈部不明显;抱器腹常具刺丛;抱器端常向背端延长或端部发达,边缘具刺。阳茎简单,短,管状,一些种形成突起;角状器成束,可脱落。雌性外生殖器:前阴片弱,后阴片很发达,多少延长,在交配孔处或之后凹陷,膜质;一些种的阴片向侧面延伸,很少完全退化。交配孔骨化。导精管从囊导管骨化带之前或从其上伸出。第 7 腹板后缘常有发达的褶痕或叶突。囊突无或 2 枚,扁平,刀状。

该属中国已知 37 种,本书记述 1 种。

16.70　胡萝卜叶小卷蛾 *Epinotia thapsiana* (Zeller, 1847)（图版 19-328）

Penthina thapsiana Zeller, 1847, *Isis von Oken* (*Leipzig*), **1847**(9): 654.

Epinotia thapsiana: Kennel, 1921, *Zoologica*, **21**(54): 599.

翅展 14.0mm。头顶褐色。额灰色。触角深褐色。下唇须灰褐色,第 2 节端部和第 3 节灰色。胸部和翅基片褐色。前翅底色灰色,前缘色深,顶角褐色;从前缘中部到顶角有 5 对白色钩状纹,端部 3 对钩状纹向下汇合,斜向外伸达外缘 1/3 处,之间具褐色和浅铅色斜纹;基斑灰褐色，杂黑褐色窄纹，三角形，占翅面1/3；中带褐色，杂白色和黑褐色鳞片，从前缘中部伸向后缘臀角前，中部缢缩；肛上纹卵圆形，内有2个褐点；缘毛灰褐色，臀角处灰色；翅腹面褐色。后翅及缘毛灰褐色，翅腹面灰白色。

雄性外生殖器（图版60-328）：爪形突细长，杆状。尾突带状，下垂，多毛，端部变窄。抱器瓣宽，颈部略细；抱器腹多毛；抱器端阔卵形，较抱器瓣基部宽，多毛，外缘具细刺。阳茎细；角状器多枚（已脱落）。

雌性外生殖器（图版107-328）：产卵瓣狭长，多毛。前、后表皮突近等长。阴片环形，围绕在交配孔周围。囊导管细长。交配囊椭圆形；囊突2枚，一大一小，片状。

寄主：伞形科 Apiaceae：*Thapsia villosa* Linn.，木本茴香 *Ferula communis* Linn.，脂胶芹 *Laserpitium gallicum* Linn.，茴香 *Foeniculum vulgare* Mill.，海茴香 *Crithmum maritimum* Linn.；木犀科 Oleaceae：*Ligustrum pyrenaicum* Linn.。

分布：浙江（天目山）、天津、安徽、贵州、陕西；朝鲜，伊朗，哈萨克斯坦，塔吉克斯坦，土库曼，欧洲。

菲小卷蛾属 *Fibuloides* Kuznetzov, 1997

Fibuloides Kuznetzov, 1997. Type species: *Fibuloides modificana* Kuznetzov, 1997.

雄性触角鞭节基部具缺刻。前翅 R_4 和 R_5 脉共柄；R_3 基部靠近 R_4 和 R_5 脉主干；索脉和M干脉完整，索脉从 R_1 和 R_2 脉基部近中点伸出，达 R_4 和 R_5 脉基部，M干脉伸达 M_2 脉基部；CuA_1 脉强烈弯曲，自近 M_3 脉基部发出。后翅 M_3 和 CuA_1 脉共柄。雄性腹部末节边缘具整齐的鳞片或基部具长毛刷，背面的鳞片似横带。雄性外生殖器：爪形突发达，常分两叉。尾突多毛，下垂，膜质。颚形突侧臂从背兜中部以下伸出，中部折转，形成两平行的长骨化臂。背兜弱骨化；抱器瓣基穴大；颈部明显，抱器腹具扁平的鞭状刚毛；抱器端具毛和刺。阳茎简单，长；角状器多枚。雌性外生殖器：阴片简单，位于第7腹板的深凹陷处或更靠前，完全与第7腹板前缘愈合；后阴片骨化，具小刺，常与第7腹板愈合。第7腹板在阴片之前有时具齿、横脊或有具鳞片的突起；导管端片小；囊导管前部常有1段骨化带，骨化带前端常分两叉，伸向交配囊；导精管从囊导管近前部腹面伸出。囊突2枚，大，牛角状。

该属中国已知9种，本书记述3种。

分种检索表

1. 抱器腹具指状突起 ………………………………………… **日菲小卷蛾 *F. japonica***
   抱器腹无指状突起 ………………………………………… **2**
2. 抱器端狭长，末端尖，外缘无刺 ………………………… **瓦尼菲小卷蛾 *F. vaneeae***
   抱器端近三角形，末端钝，外缘具刺 ……………………… **栗菲小卷蛾 *F. aestuosa***

16.71 栗菲小卷蛾 *Fibuloides aestuosa* (Meyrick, 1912)（图版19-329）

Spilonota aestuosa Meyrick, 1912, *Journ. Bombay Nat. Hist. Soc.*, **21**: 854.

Fibuloides aestuosa: Horak, 2006, *Monogr. Austr. Lepid.*, **10**: 330.

翅展17.0～20.0mm。头顶浅褐色。触角褐色。下唇须第2节膨大，白色杂褐色；第3节小，隐藏在第2节的长鳞片中。胸部白色杂褐色；翅基片深褐色。前翅前缘深褐色；雄性前缘褶约达前缘中部；前缘Sc脉末端之前具4对钩状纹，其中第1、2对色浅；端半部具5对白色钩状纹，其间杂绿色；顶角略突出；肛上纹近方形，浅褐色；后缘基部具1三角形小绿斑，杂褐色窄纹,中部具 1 大的平行四边形绿斑,臀角前具 1 三角形小褐斑;缘毛褐色或浅褐色;翅腹面灰褐色。后翅及缘毛浅褐色,翅腹面灰色。

雄性外生殖器(图版 60-329):爪形突分两叉,形成两突起,端部尖。尾突粗短,下垂,多毛。抱器瓣颈部明显;抱器腹具 2 根长的鞭状毛,腹角具 5 根粗毛和一些长毛;抱器端近三角形,多毛,外缘具刺。阳茎细长;角状器多枚,刺状。

雌性外生殖器(图版 107-329):产卵瓣粗短,多毛。前表皮突略长于后表皮突。交配孔呈 U 形。囊导管前半部具 1 段骨化带,前端约 1/3 分两叉,粗短。交配囊圆球形;囊突 2 枚,略呈牛角状。

寄主:壳斗科 Fagaceae:栗 *Castanea mollissima* Blume,日本栗 *C. cranata* Sieb. *et* Zucc.。

分布:浙江(天目山)、辽宁、安徽、河南、湖北、广西、四川、云南;朝鲜,日本,印度,孟加拉国。

16.72　日菲小卷蛾 *Fibuloides japonica* (**Kawabe, 1978**)(图版 19-330)

Eucoenogenes japonica Kawabe, 1978, *Tinea*, **10**(19): 185.

Fibuloides japonica: Horak, 2006, *Monogr. Austr. Lepid.*, **10**: 330.

翅展 11.0～13.0mm。头顶灰褐色。额白色。触角褐色。下唇须褐色;第 2 节膨大,密被鳞片;第 3 节小,平伸。胸部及翅基片灰褐色。前翅长三角形,顶角突出;底色灰褐色杂浅褐色;雄性前缘褶约达前缘中部;前缘基半部具 4 对钩状纹,后 2 对仅隐约可见;第 5、6 对各包含 1 条短带,似 1 对钩状纹,端部 3 对末端汇合,伸向外缘;基斑模糊;中带仅近前缘处可见,褐色;肛上纹近椭圆形,周缘银色,内具褐点;缘毛灰褐色;腹面褐色。后翅褐色,缘毛灰褐色;翅腹面浅灰褐色。

雄性外生殖器(图版 60-330):爪形突略呈三角形,端部膨大,中央略凹陷,形成两钝圆的突起。尾突宽大,向端部膨大,下垂,多毛。抱器瓣基部阔;抱器腹具 1 指状突起,端部着生粗的长毛;颈部明显,具 2 根鞭状毛;抱器端略呈三角形,背面圆,腹面凸出,略尖,多毛,外缘具刺。阳茎细长;角状器多枚(已脱落)。

雌性外生殖器(图版 108-330):产卵瓣狭长,多毛。前、后表皮突近等长。阴片梯形;第 7 腹板大面积骨化,在交配孔两侧具三角形褶皱。囊导管具长的骨化带,前部 2/3 分两叉,细长,伸入交配囊。交配囊近卵形,近前端略缢缩;囊突 2 枚,牛角状。

分布:浙江(天目山)、安徽、福建、河南、湖北、四川、贵州、陕西、台湾;朝鲜,日本。

备注:本种雄性抱器腹指状突和其端部毛丛有变异,分两种类型:1)指状突粗短,端部毛丛密;2)指状突细长,端部具 5 根粗毛。

17.73　瓦尼菲小卷蛾 *Fibuloides vaneeae* (**Pinkaew, 2005**)(图版 19-331)

Eucoenogenes vaneeae Pinkaew, 2005, *In*: Pinkaew, Chandrapatya & Brown, *Proc. Entomol. Soc. Wash.*, **107**(4): 876.

Fibuloides vaneeae: Pinkaew, 2008, *Zootaxa*, **1688**: 62.

翅展 12.0mm。头顶灰褐色杂灰色。额白色。触角浅褐色。下唇须灰白色;第 2 节中部和端部褐色;第 3 节细长,平伸。胸部和翅基片灰褐色。前翅底色灰褐色,顶角突出;前缘具 7 对白色钩状纹;外缘具浅铅色亮纹;基斑色略深;中带从前缘中部发出,伸达肛上纹之前;肛上纹不规则,内有褐色鳞片;缘毛灰褐色,近臀角处黄褐色;翅腹面灰褐色。后翅及缘毛灰色,翅腹面浅灰色。

雄性外生殖器(图版 60-331)：爪形突从近中部分叉，呈 Y 形。尾突长，下垂，多毛，端部圆。抱器瓣狭长，基部阔，颈部极细；抱器腹多毛，背面具许多长鳞片，腹角呈钝角；抱器端长条形，基半部多毛，端部尖。阳茎管状；角状器多枚，针状。

分布：浙江(天目山)、福建；泰国。

花小卷蛾属 *Eucosma* Hübner，1823

Eucosma Hübner，1823. Type species：*Tortrix circulana* Hübner，1823.

前翅索脉弱；M 干脉退化；各脉分离；大多具有明显的肛上纹。后翅除 M_3 和 CuA_1 脉常有长共柄外，其余各脉彼此分离。许多种雄性前翅有前缘褶。雄性外生殖器：爪形突小丘形；尾突稍延长，多毛，下垂；肛管弱骨化，由弱骨片与背兜相连。抱器腹角多少明显；抱器瓣颈部明显，颈部和抱器腹的刺和刚毛发达程度不一；抱器端多刚毛或刺；抱器背上的毛弱，常着生在前缘的凸起上。阳茎粗短；有 1 束角状器。雌性外生殖器：前后阴片明显，骨化弱。囊导管短，有骨化带。导精管从骨化带侧面伸出；囊突 2 枚，片状。

该属中国已知 42 种，本书记述 3 种。

分种检索表

1. 抱器腹角明显，近直角 ……………………………………………… 浅褐花小卷蛾 *E. aemulana*
   抱器腹角不明显 ……………………………………………………………………… 2
2. 尾突中部外侧膨大 ……………………………………………………… 灰花小卷蛾 *E. cana*
   尾突中部外侧不膨大，渐窄至末端 ……………………………… 黄斑花小卷蛾 *E. flavispecula*

16.74 浅褐花小卷蛾 *Eucosma aemulana* (Schläger，1848)(图版 19-332)

Grapholitha aemulana Schläger，1848，*Ber. Lepid. Tauschver.*：38.

Eucosma aemulana：Kennel，1916，*Zoologica*，**21**(54)：518.

翅展 12.0～16.0mm。头顶灰色。额白色。触角褐色。下唇须灰色杂白色；第 3 节小，隐藏在第 2 节的长鳞片中。胸部和翅基片褐色。前翅底色褐色；自前缘中部到顶角有 6 对灰白色钩状纹；基斑从前缘 1/4 伸向后缘 1/3，中部向外突出；中带不明显；肛上纹灰色，近方形，内有 3 条平行的褐色纵带；缘毛灰色，在顶角处褐色；翅腹面褐色。后翅及缘毛灰色或褐色，翅腹面灰白色。

雄性外生殖器(图版 60-332)：爪形突小丘形，端部圆。尾突短，下垂，多毛。抱器瓣颈部明显；抱器腹多毛，抱器腹角近直角；抱器端椭圆形，多毛，外缘具刺。阳茎粗短；角状器成束，针状。

雌性外生殖器(图版 108-332)：产卵瓣狭长，多毛。前表皮突略长于后表皮突。第 7 腹板大面积骨化。后阴片梯形，前缘中部内凹。囊导管中部弱骨化。交配囊卵圆形；囊突 2 枚，一大一小，片状。

寄主：菊科 Asteraceae：毛果一枝黄花 *Solidago virgaurea* Linn.，海紫菀 *Aster tripolium* Linn.。

分布：浙江(天目山)、天津、山西、安徽、福建、河南、四川、贵州、陕西、甘肃；朝鲜、俄罗斯、德国。

16.75　灰花小卷蛾 *Eucosma cana* (Haworth, 1811)(图版 19-333)

Tortrix cana Haworth, 1811, *Lepidop. Brit.*, **3**：456.

Eucosma cana：Kennel, 1921, *Zoologica*, **21**(54)：563.

翅展 14.0～23.0mm。头顶灰色，额白色。触角褐色。下唇须灰色杂褐色，第 3 节细长。胸部和翅基片灰色。前翅褐色，杂深褐色；自前缘中部到顶角有 5 对灰色钩状纹；基斑、中带不明显；肛上纹近平行四边形，浅铅色，内有 3 条褐色短带；缘毛灰褐色；翅腹面褐色。后翅褐色，缘毛灰色；翅腹面灰白色。

雄性外生殖器(图版 60-333)：爪形突小丘形，端部略尖，具毛。尾突短，下垂，多毛，端部变窄。抱器瓣阔，颈部略细，多毛；抱器端宽椭圆形，多毛，外缘具刺。阳茎粗短；角状器成束，针状。

雌性外生殖器(图版 108-333)：产卵瓣狭长，多毛。前、后表皮突约等长。后阴片前缘凹陷。囊导管近中部有 1 段骨化。交配囊球形；囊突 2 枚，片状。

寄主：菊科 Asteraceae：蓟属 *Cirsium* spp.，飞廉属 *Carduus* spp.，矢车菊属 *Centaurea* spp.。

分布：浙江(天目山)、福建、河南、广东、云南、陕西、甘肃、新疆；日本，中亚，欧洲。

16.76　黄斑花小卷蛾 *Eucosma flavispecula* Kuznetzov, 1964(图版 19-334)

Eucosma flavispecula Kuznetzov, 1964, *Trudy Zool. Inst. Leningrad*, **34**：260.

翅展 11.0～19.0mm。头顶灰黄色。触角褐色。下唇须灰白色；第 3 节隐藏在第 2 节的长鳞片中。前翅褐色，杂浅褐色；自前缘中部到顶角有 5 对灰色钩状纹；肛上纹近圆形，浅褐色，内有 2 条褐色短带；缘毛浅褐色，在顶角处褐色；翅腹面褐色。后翅及缘毛灰色；翅腹面灰白色。

雄性外生殖器(图版 60-334)：爪形突小丘形。尾突长，下垂，多毛，端部尖。抱器瓣颈部略细；基穴后缘到抱器端基部多毛；抱器端椭圆形，多毛，外缘具刺。阳茎粗短；角状器多枚，针状。

雌性外生殖器(图版 108-334)：产卵瓣狭长，多毛。前、后表皮突等长。阴片倒梯形，两侧内凹。囊导管中部有 1 段骨化。交配囊梨形；囊突 2 枚，一大一小，片状。

分布：浙江(天目山)、天津、河北、山西、内蒙古、黑龙江、陕西、宁夏；蒙古，哈萨克斯坦，欧洲。

突小卷蛾属 *Gibberifera* Obraztsov, 1946

Gibberifera Obraztsov, 1946. Type species：*Penthina simplana* Fisher von Röslerstamm, 1836.

前翅索脉和 M 干脉发达；各脉分离。后翅 M₃ 与 CuA₁ 脉共柄，其余各脉均分离。雄性前翅无前缘褶。雄性外生殖器：爪形突棒状或末端分叉。尾突阔，多毛，下垂。抱器瓣基穴大；颈部明显；抱器腹多毛；抱器端长方形或卵形，多毛，腹角处有 1 突起，其上生 1 枚粗刺。阳茎短；角状器多枚，有时端部具几枚刺状不脱落角状器。雌性外生殖器：产卵瓣狭长。阴片发达，宽短，近交配孔处膜质。囊导管近交配孔处骨化。导精管从囊导管中部伸出。交配囊球形，囊突 2 枚，牛角状。

该属中国已知 8 种，本书记述 1 种。

16.77　柳突小卷蛾 *Gibberifera glaciata*（**Meyrick，1907**）(图版 19-335)

Cydia glaciata Meyrick, 1907, *Journ. Bombay Nat. Hist. Soc.*, **18**：143.

Gibberifera glaciata：Kawabe & Nasu, 1994, *Trans. Lepidop. Soc. Jap.*, **45**(2)：85.

翅展 13.0～16.0mm。头顶白色。触角各节基部白色，端部褐色。下唇须灰褐色；第 2 节端部和第 3 节白色。胸部及翅基片褐色。前翅白色；前缘端半部具 5 对钩状纹；基斑从前缘 1/5 处伸达后缘 1/3 处，外侧中后部略凸出；中带不发达，中部间断，仅在前缘中部具 1 短的条斑及后缘臀角前具 1 三角形斑；肛上纹椭圆形；缘毛褐色；翅腹面灰褐色。后翅褐色，缘毛灰色；翅腹面浅褐色。

雄性外生殖器(图版 60-335)：爪形突杆状，端部分叉深，呈 U 形。尾突阔卵形，多毛。抱器瓣基部阔；抱器腹角呈钝角；抱器端近长方形，多毛，腹面具 1 长突起，端部着生 1 枚短刺。阳茎短；具 1～2 枚不可脱落角状器和多枚可脱落角状器。

雌性外生殖器(图版 108-335)：产卵瓣狭长，多毛。前、后表皮突近等长。阴片长方形，后缘中部和两后角凸出。囊导管短，后端具骨化带。交配囊近球形；囊突 2 枚，牛角状。

寄主：杨柳科 Salicaceae：柳属 *Salix* spp.。

分布：浙江(天目山)、河南、湖南、四川、贵州、云南、西藏、台湾；泰国，印度，尼泊尔，巴基斯坦。

备注：此种雄性外生殖器爪形突端部的分叉长度有变异，阳茎有 1～2 枚不脱落角状器。另外，在一些标本中雌性后表皮突略长于前表皮突，而在另外一些标本中则情况相反。

美斑小卷蛾属 *Hendecaneura* Walsingham，1900

Hendecaneura Walsingham，1900. Type species：*Hendecaneura impar* Walsingham，1900.

前翅所有脉分离，索脉和 M 干脉退化。后翅 Rs 和 M_1 脉基部 1/3 共柄；M_3 和 CuA_1 脉短共柄。雄性具前缘褶。雄性外生殖器：爪形突小丘形或三角形。尾突多毛，下垂，末端圆。背兜宽。抱器瓣颈部细，几乎光裸；抱器腹基穴边缘具 1 叶突；抱器腹角圆或直角；抱器端形状多样。雌性外生殖器：第 7 腹板部分或全部与阴片愈合。囊导管中后部有骨化带。导精管从骨化带腹面伸出。囊突 2 枚。

该属中国已知 7 种，本书记述 1 种。

16.78　三角美斑小卷蛾 *Hendecaneura triangulum* **Zhang et Li，2005**(图版 19-336)

Hendecaneura triangulum Zhang et Li, 2005, *Orient. Insects*, **39**：114.

翅展约 17.0mm。头顶白色。触角浅黄褐色。下唇须短；第 2 节浅褐色；第 3 节平伸。胸部白色；翅基片基部浅褐色，端半部白色。前翅底色白色，基部 1/3 杂有褐色；前缘有 7 对钩状纹，雄性前缘基部 1/4 具前缘褶；中带褐色，从前缘 1/2 处伸达后缘臀角前；肛上纹近圆形，银白色，疏杂褐色，其上方有 1 三角形白斑；靠近 1A 和 2A 脉结合处具 1 小圆袋；缘毛褐色；翅腹面浅褐色。后翅及缘毛灰色，翅腹面灰白色。

雄性外生殖器(图版 60-336)：爪形突三角形。尾突长方形，下垂，多毛，端部圆。背兜两侧钝圆、较窄。抱器瓣颈部明显；基穴后缘多细刺；抱器腹具 1 小丘形叶突，抱器腹角钝角；抱器端略呈长方形，多毛，外缘及腹缘有粗刺，背面端部圆，腹面略膨大，向背面渐窄。阳茎粗壮，锥形；角状器多枚(已脱落)。

雌性外生殖器(图版 108-336)：产卵瓣狭长，多毛；前、后表皮突近等长。第 8 背板前缘形成 2 个三角形叶突。第 7 腹板大面积骨化。阴片梯形，两侧内凹。囊导管粗短，端部具长的骨化带。交配囊卵形；囊突 2 枚，袋状。

分布:浙江(天目山)、广东。

异花小卷蛾属 *Hetereucosma* Zhang *et* Li, 2006

Hetereucosma Zhang *et* Li, 2006. Type species: *Hetereucosma trapezia* Zhang *et* Li, 2006.

头顶具粗糙长鳞片。额具平伏的鳞片。触角丝状。下唇须比复眼直径长,第3节平伸。胸部背面鳞片光滑。前翅所有脉分离;索脉和 M 干脉发达;R_3 和 R_4 脉基部靠近;CuA_1 脉基部 1/4 弯曲;CuP 脉仅在边缘处存在;雄性无前缘褶。后翅 $Sc+R_1$ 与 Rs 脉基部靠近;Rs 伸向前缘;M_3 和 CuA_1 脉在基部 1/3 共柄。雄性外生殖器:爪形突形状多样,有时端部分叉。尾突下垂。抱器瓣长;抱器腹止于抱器端基部背面;抱器端长,多毛,外缘具刺。阳茎简单;角状器可脱落,由 1 束刺组成。雌性外生殖器:产卵瓣多少呈梯形,宽短,多毛。阴片宽大于长,梯形。囊导管细长,导管端片明显。无囊突。

该属中国已知 4 种,本书记述 1 种。

16.79　梯形异花小卷蛾 *Hetereucosma trapezia* Zhang *et* Li, 2006(图版 20-337)

Hetereucosma trapezia Zhang *et* Li, 2006, *Orient. Insects*, **40**: 148.

翅展 11.0~13.0mm。头顶灰色。额白色。触角柄节灰色,鞭节浅褐色。下唇须灰色,杂些许浅褐色。胸部和翅基片灰色。前翅银灰色;前缘具 8 对褐色钩状纹;翅面散布褐色小点;缘毛灰色;翅腹面褐色,近外缘处灰白色。后翅及缘毛灰色;翅腹面灰白色。

雄性外生殖器(图版 60-337):爪形突梯形,具少量毛,端部略凹陷,呈两叶。尾突狭长,略长于爪形突,具些许短毛。抱器腹角钝角;抱器端长,向端部变窄。阳茎长,基部宽;角状器多枚,刺状。

雌性外生殖器(图版 108-337):产卵瓣宽短,多毛。后表皮突长约为前表皮突的 1.5 倍。第 7 腹板大面积骨化,近后缘具 1 对褶痕。阴片两前角圆,交配孔两侧各具一褶痕。交配孔 U 形,位于阴片中后部。导管端片长约为囊导管的 1/4。交配囊圆形;无囊突。

分布:浙江(天目山)、福建、湖北、贵州。

备注:在一些标本中爪形突端部凹陷较深,形成 2 个小的突起。

瘦花小卷蛾属 *Lepteucosma* Diakonoff, 1971

Lepteucosma Diakonoff, 1971. Type species: *Lepteucosma oxychrysa* Diakonoff, 1971.

前翅 R_1 脉从中室 1/4 处发出;索脉和 M 干脉缺失。后翅 Rs 与 M_1 脉基部 1/3 接近;M_3 和 CuA_1 脉共柄很长;臀脉弱;A_3 脉位于翅缘。雄性外生殖器:爪形突发达。尾突短。肛管膜质。抱器瓣基穴长;颈部很细;抱器腹具毛和刺,有时具叶突或褶痕;抱器端具毛,外缘具刺。阳茎管状;角状器成束。雌性外生殖器:交配孔周围骨化。囊导管中部有 1 段骨化带。囊突 2 枚,一大一小,片状。

该属中国已知 4 种,本书记述 1 种。

17.80　褐瘦花小卷蛾 *Lepteucosma huebneriana* (Koçak, 1980)(图版 20-338)

Epinotia huebneriana Koçak, 1980, *Comm. Fac. Sci. Univ. Ankara*, **24**(C)1: 11.

Lepteucosma huebneriana: Kuznetzov, 2001, Tortricidae, In: Ler (ed.), *Key to the Insects of Russian Far East*, **5**(3): 450.

翅展 11.0~15.0mm。头顶黄褐色。额灰白色。触角褐色。下唇须灰白色;第 3 节短,平伸,隐藏在第 2 节的鳞片中。前翅灰褐色,具铅灰色金属光泽;雄性具前缘褶;前缘端半部具 4

对明显的白色钩状纹;基斑浅褐色;中带不明显;肛上纹淡褐色,内有几条褐带;缘毛黄褐色;翅腹面褐色。后翅及缘毛灰色,翅腹面灰色。

雄性外生殖器(图版 60-338):爪形突宽,端部分叉,呈 2 个三角形小突起。尾突下垂,多毛。抱器瓣颈部明显;抱器腹角钝角;基穴之后具 1 长三角形叶突;抱器端长椭圆形,多毛,外缘具刺。阳茎粗短;角状器多枚。

雌性外生殖器(图版 108-338):产卵瓣狭长,多毛。前、后表皮突近等长。阴片五边形。囊导管粗短,近中部具 1 短的骨化带,长约为囊导管的 1/3。交配囊近球形;囊突 2 枚,一大一小,片状。

寄主:蔷薇科 Rosaceae:悬钩子 *Rubus fructicosus* Linn.,牛叠肚 *R. crataegifolius* Bunge,库页悬钩子 *R. sachalinensis* Lévl.;茄科 Solanaceae:枸杞 *Lycium chinense* Mill.。

分布:浙江(天目山)、河北、吉林、黑龙江、河南、安徽、福建、湖北、湖南、广东、广西、贵州、西北;朝鲜,日本,欧洲。

黑脉小卷蛾属 *Melanodaedala* Horak,2006

Melanodaedala Horak,2006. Type species:*Bathrotoma scopulosana* Meyrick,1881.

头顶光滑。单眼位于触角基部后方。喙短。下唇须长,平伸;第 3 节钝,纺锤形。前翅顶角尖,外缘弯曲;雄性无前缘褶;索脉从 R_1 与 R_2 脉之间中部发出,伸达 R_5 脉基部;M 干脉发自 R_4 与 R_5 脉基部中点;R_2 从 R_1 与 R_3 脉之间 2/3 处发出;CuA_2 脉从中室后缘 2/3 后发出,伸达臀角;M_2、M_3 和 CuA_1 脉基部等距离;R_4、R_5 脉基部靠近,弯曲,R_4 与 R_3 脉基部的距离大于其与 R_5 脉的距离。后翅 Rs 与 M_1 脉共柄;M_3 与 CuA_1 脉共柄。雄性后足胫节外侧鳞片光滑,内侧鳞片密而长。雄性外生殖器:爪形突退化。尾突指状。抱器瓣基部细,端部膨大;抱器腹在基穴中部有 1 丛长毛束,沿基穴向膨大的抱器端有 1 行毛束;抱器端密布长毛和短刺。阳茎细长;角状器多枚。雌性外生殖器:前、后阴片明显,骨化很弱。囊导管短,有骨化带。导精管从骨化带的膜质部分侧面伸出。囊突 2 枚,牛角状。

该属中国已知 1 种,本书记述该种。

16.81 黑脉小卷蛾 *Melanodaedala melanoneura*(Meyrick,1912)(图版 20-339)

Eucosma melanoneura Meyrick,1912,*Journ. Bombay Nat. Hist. Soc.*,**21**:886.

Melanodaedala melanoneura:Horak,2006,*Monogr. Austr. Lepid.*,**10**:320.

翅展 12.0～16.0mm。头顶灰褐色。触角浅褐色。下唇须灰色;第 2 节膨大,第 3 节短小。胸部深褐色;翅基片近白色。前翅浅褐色;前缘具 9 对银色钩状纹,端半部 5 对向下汇合,伸向外缘;肛上纹近圆形,褐色;后缘基部 1/4 处和臀角前各具 1 个不规则褐斑;缘毛褐色;翅腹面黑褐色,端部 1/3 褐色。后翅透明,翅脉淡褐色;缘毛灰褐色。

雄性外生殖器(图版 60-339):爪形突宽,中部凹陷,形成 2 个圆形突起。尾突指状,中部缢缩,具毛。支持肛管的侧骨片发达,长指状。抱器瓣颈部明显;基穴外缘中部具 1 丛长毛;基穴外侧沿颈部具 1 列毛束;抱器端近长卵形,多毛,具缘刺。阳茎较长;角状器成束,针状。

雌性外生殖器(图版 109-339):产卵瓣狭长,多毛。前表皮突略长于后表皮突。阴片大,新月形;或无。囊导管粗短,导管端片占 1/3,中部 1/3 为骨化带。交配囊长卵形或球形,前端 2/5 处缢缩,进口处具 1 圈排列整齐的短刺;囊突 2 枚,牛角状。

分布:浙江(天目山)、安徽、福建、山东、河南、湖北、湖南、广东、广西、四川、贵州、陕西、台湾;朝鲜,日本,越南,印度。

连小卷蛾属 *Nuntiella* Kuznetzov，1971

Nuntiella Kuznetzov，1971. Type species：*Nuntiella extenuata* Kuznetzov，1971.

前翅索脉从 R_2 脉之前发出，止于 R_4-R_5 脉中部；M 干脉达 M_2 脉基部；M_2 与 M_3 脉基部很靠近。后翅 M_3 与 CuA_1 脉共柄一半。雄性无前缘褶。雄性外生殖器：爪形突发达，骨化，分叉；尾突侧生，骨化很弱，刚毛稀少。抱器瓣基穴后缘具叶突和角状突。阳茎粗；角状器成束。雌性外生殖器：阴片近半圆形，后缘中部和两侧突出。交配孔开口于第 7 腹板。囊导管粗短。交配囊卵形，入口处及其两侧强烈骨化；囊突 2 枚。

该属中国已知 3 种，本书记述 1 种。

16.82　阔端连小卷蛾 *Nuntiella laticuculla* Zhang *et* Li，2004(图版 20-340)

Nuntiella laticuculla Zhang *et* Li，2004，*Acta Entomol. Sin.*，**47**(4)：485.

翅展 14.0～20.0mm。头顶灰白色，杂褐色。额褐色。触角浅褐色。下唇须褐色；第 2 节端部灰白色；第 3 节灰白色，短，平伸。胸部和翅基片灰褐色。前翅阔，底色银白色，端半部疏杂黄褐色；前缘具 9 对钩状纹，前 2 对与基斑融合，不明显，其余 7 对钩状纹灰白色；基斑褐色，中间间或断裂，在后缘 1/3 至 1/2 处形成 1 大的三角形褐色斑；顶角具 1 圆形褐斑；后缘肛上纹前有 1 不规则的褐色小斑；肛上纹椭圆形，灰褐色；缘毛灰白色杂褐色；翅腹面灰褐色。后翅及缘毛灰色，翅腹面浅灰色。

雄性外生殖器(图版 60-340)：爪形突小，分叉，两臂三角形。尾突退化，刚毛少。抱器瓣基部阔；颈部宽约为基部的 1/2；抱器腹基穴腹缘的叶突与角状突间距远；抱器端短，宽矩形，多毛，外缘具刺。阳茎短；角状器多枚(已脱落)。

雌性外生殖器(图版 109-340)：产卵瓣狭长，多毛。前、后表皮突近等长。阴片半圆形，两后角突出。交配孔两侧各有 1 小骨片。囊导管短，导管端片长约为囊导管的 2/5。交配囊梨形，入口处及其两侧具 1 倒 V 形大骨片；囊突 2 枚，粗刺状。

分布：浙江(天目山)、贵州。

筒小卷蛾属 *Rhopalovalva* Kuznetzov，1964

Rhopalovalva Kuznetzov，1964. Type species：*Eudemis lascivana* Christoph，1882.

前翅索脉从 R_1 和 R_2 脉中点之前发出，止于 R_4 脉基部；M 干脉弱；R_4 和 R_5 脉有一半共柄；M_3 和 CuA_1 脉弯曲。后翅除 M_3 和 CuA_1 脉共柄一半外，其余脉分离。雄性外生殖器：爪形突细长，偶尔缺失；尾突多毛，下垂。背兜端部形状多样。抱器瓣基部宽，颈部细，光裸；基穴宽；抱器腹角常明显，常有指向背面的多毛叶突；抱器端卵形，具刺，外缘的刺短，腹面常有指状突起。阳茎长，通常无角状器。雌性外生殖器：阴片不明显或骨化程度弱，围绕在交配孔周围。交配孔位于第 7 腹板末端。囊导管细长，导管端片长。导精管从囊导管基部或近基部伸出。囊突 2 枚，刺状。

该属中国已知 11 种，本书记述 2 种。

16.83　粗刺筒小卷蛾 *Rhopalovalva catharotorna*（Meyrick，1935)(图版 20-341)

Acroclita catharotorna Meyrick，1935，Tortricidae，*In*：Caradja & Meyrick，*Mater. Microlepid.*
　　Fauna Chin. Prov. Kiangsu, Chekiang und Hunan：53.

Rhopalovalva catharotorna：Diakonoff，1973，*Zool. Monogr. Rijksmus. Nat. Hist.*，**1**：692.

翅展 12.0～16.0mm。头顶灰黄色。额白色。触角浅褐色。下唇须白色；第 3 节小，下垂，隐藏在第 2 节的长鳞片中。胸部浅褐色，两侧白色；翅基片基部黄褐色，中间浅褐色，端部白色。前翅底色浅褐色；顶角强烈突出，镰刀状，外缘在顶角下内凹；前缘钩状纹 8 对，灰褐相间，端部 3 对彼此汇合，伸向外缘；基斑比底色略深，近前缘处模糊；中带从前缘中部伸出，斜向后缘 2/3 处；肛上纹近圆形，灰白色；缘毛上半部灰褐色，下半部灰白色；翅腹面浅褐色。后翅及缘毛灰色，后缘基部有长鳞片；翅腹面灰白色。

雄性外生殖器（图版 60-341）：爪形突基部宽，向端部渐窄。尾突窄，长约为爪形突的 2 倍，端部圆。抱器瓣基部阔，颈部细；抱器腹角多长毛，叶突长，端部膨大，多细毛；抱器端近梯形，多毛，腹面具 1 长刺。阳茎细长；角状器脱落。

雌性外生殖器（图版 109-341）：产卵瓣宽短，多毛。前、后表皮突近等长。阴片不明显。导管端片长，约占囊导管的 2/3。囊导管细长，导精管从其基部 1/4 处发出。交配囊近球形；囊突 2 枚，分别位于交配囊的前端和后端。

分布：浙江（天目山）、天津、上海、湖南、台湾；日本。

16.84 丽筒小卷蛾 *Rhopalovalva pulchra* （**Butler, 1879**）（图版 20-342）

Phoxopteryx pulchra Butler, 1879, *Illustr. Typ. Spec. Lepidop. Heter. Brit. Mus.*, **3**：79.

Rhopalovalva pulchra：Kuznetzov, 1976, *Trudy Zool. Inst. Akad. Nauk SSSR*, **64**：19.

翅展 11.0～12.0mm。头顶灰褐色。触角浅褐色。下唇须第 2 节基半部浅褐色，端半部灰白色；第 3 节略下垂，隐藏在第 2 节的长鳞片中。胸部浅褐色；翅基片基部浅黄褐色，端部颜色较浅。前翅底色黄褐色；顶角强烈突出，镰刀状，外缘在顶角下内凹；前缘钩状纹 5 对，端部 3 对彼此汇合，伸向外缘达顶角内凹处；基斑浅褐色，近后缘处杂黑褐色，约占翅面的 1/3；后缘臀角前有 1 近方形浅褐色斑；肛上纹小，椭圆形，灰黄色，内有 2 条褐色短纹；缘毛灰黄色；翅腹面褐色。后翅及缘毛灰色，翅后缘基部有长鳞片；腹面浅褐色。

雄性外生殖器（图版 61-342）：爪形突细长，杆状，多细毛，端部略变粗。尾突窄，长，多毛，与爪形突近等长。抱器瓣基部阔，颈部不明显，端部略膨大；基穴大，近方形，约占抱器瓣的一半；抱器腹叶突很短，宽，多毛；抱器端多毛，腹面具 1 枚细刺。阳茎细长，弯曲；未见角状器。

雌性外生殖器（图版 109-342）：产卵瓣短阔，多毛。前、后表皮突近等长，前表皮突基部膨大。囊导管细长，导管端片长约为囊导管的一半。交配囊球形；囊突 2 枚，小，锥状。

寄主：壳斗科 Fagaceae：栎属 *Quercus* spp.；木樨科 Oleaceae：水曲柳 *Fraxinus mandshurica* var. *japonica* Maxim.。

分布：浙江（天目山）、福建；朝鲜，日本，俄罗斯。

黑痣小卷蛾属 *Rhopobota* Lederer, 1859

Rhopobota Lederer, 1859. Type species：*Tortrix naevana* Hübner, [1814—1817].

前翅索脉从 R_1-R_2 脉 1/3 处伸出，止于 R_5-M_1 脉基部中点处；M 干脉止于 M_3 或 CuA_1 脉基部；R_4 和 R_5 脉共柄。后翅 M_2 靠近 M_3 脉；M_3 和 CuA_1 脉共柄。雄性外生殖器：爪形突从背兜顶端两侧伸出，两分支互相远离。尾突与肛管基部或背兜侧面愈合，末端多毛。背兜很宽，端部圆。抱器瓣基穴长，后缘凸出，腹面有时具 1 突起；抱器腹角和颈部退化或缺失；抱器端形状多样。阳茎宽；角状器多枚。雌性外生殖器：阴片常小，形状、大小多样。导精管从囊导管亚中部或后部伸出。交配囊入口处及其两侧具大的倒 V 形骨片。囊突 2 枚，细小。

该属中国已知 25 种，本书记述 9 种。

分种检索表

16.85　穴黑痣小卷蛾 *Rhopobota antrifera* (Meyrick, 1935)(图版 20-343)

Eucosma antrifera Meyrick, 1935, Tortricidae, *In*: Caradja & Meyrick, *Mater. Microlepid. Fauna Chin. Prov. Kiangsu, Chekiang und Hunan*: 56.

Rhopobota antrifera: Brown, 1983, *Entomography*, **2**: 100.

翅展 12.5～14.0mm。头顶灰色,额白色。触角褐色。下唇须灰色杂褐色;第 3 节前伸。胸部灰色;翅基片灰褐色。前翅底色灰白色,杂褐色;顶角略突出,具 1 褐色小圆斑;自前缘中部到顶角有 4 对白色钩状纹;基斑很小,褐色,近后缘处与底色一致;肛上纹大,卵形,灰色,其上方和内侧围有褐带,近外缘处有几枚褐色小点;缘毛灰白色;翅腹面灰褐色。后翅及缘毛灰色,翅腹面浅灰色。

雄性外生殖器(图版 61-343):爪形突刀形,骨化弱,从背兜顶部两侧伸出,向端部渐窄,弯向内侧。尾突三角形,刚毛稀疏。抱器腹多毛,颈部外侧有 6 根粗刺;抱器端长方形,多毛,外缘具刺,背面圆,腹角尖。阳茎粗,较长;角状器多枚,针状。

分布:浙江(天目山)、福建、湖北、广西、贵州;俄罗斯。

16.86　天目山黑痣小卷蛾 *Rhopobota eclipticodes* (Meyrick, 1935)(图版 20-344)

Acroclita eclipticodes Meyrick, 1935, Tortricidae. *In*: Caradja & Meyrick, *Mater. Microlepid. Fauna Chin. Prov. Kiangsu, Chekiang und Hunan*: 52.

Rhopobota eclipticodes: Brown, 1979, *Journ. Lepidop. Soc.*, **33**: 23.

翅展 12.0～14.0mm。头顶灰色,额白色。触角浅褐色。下唇须灰褐色;第 2 节端部和第 3 节白色。胸部灰褐色杂灰色;翅基片基半部灰褐色,端半部灰色。前翅底色灰白色,杂灰色;顶角灰色,杂褐色;前缘有 9 对白色钩状纹,下方有浅铅色短纹;后缘 2/5 处有 1 灰褐色三角斑;基斑不明显;中带窄,浅褐色,自前缘中部外伸达后缘臀角前;中室前角外侧具 1 褐色不规则小斑;肛上纹卵形,灰色,内有 4 条褐色短带;缘毛灰色,顶角处褐色;翅腹面褐色。后翅及缘毛灰色,翅腹面浅褐色。

雄性外生殖器(图版61-344):爪形突细长,镰刀状,从背兜顶部两侧伸出,弯向外侧。尾突粗指状,多毛,端部圆。抱器腹近基部有1半圆形叶突,基穴端部有1大的三角形突起;抱器端近长方形,多毛,腹面有3或4根粗毛。阳茎细,短;角状器多枚(已脱落)。

雌性外生殖器(图版109-344):产卵瓣长,阔,多毛。前、后表皮突约等长。第7腹板大面积骨化。后阴片弱骨化,与交配孔形成花瓶形。导管端片位于囊导管端部1/5处。交配囊梨形,入口处及其两侧有倒V形骨片;囊突2枚,一大一小,锥状。

分布:浙江(天目山)、湖北、贵州。

16.87　丛黑痣小卷蛾 *Rhopobota floccosa* Zhang, Li *et* Wang, 2005(图版20-345)

Rhopobota floccosa Zhang, Li *et* Wang, 2005, *Entomol. Fenn.*, **16**: 278.

翅展11.0~12.0mm。头部白色。触角柄节白色;鞭节褐色。下唇须灰色;第2节端部和第3节白色。胸部和翅基片褐色。前翅灰白色,顶角褐色;从前缘1/4处到顶角有6对白色钩状纹;基斑褐色,很小;后缘1/3处有1深灰色三角形斑;肛上纹小,内有若干褐色带;肛上纹内侧有1大三角形斑;缘毛灰白色;翅腹面褐色。后翅及缘毛灰色,翅腹面浅灰色。

雄性外生殖器(图版61-345):爪形突从背兜顶部两侧伸出,细长,基部宽,自中部渐窄。尾突三角形,具少量毛。抱器瓣长,颈部明显;抱器腹具若干粗毛;基穴腹缘有1毛丛;抱器端宽短,多毛,外缘具刺,腹角突出。阳茎粗短;角状器多枚(已脱落)。

分布:浙江(天目山)、湖南。

16.88　苹黑痣小卷蛾 *Rhopobota naevana* (Hübner, [1814—1817])(图版20-346)

Tortrix naevana Hübner, [1814—1817], *Samml. Eur. Schmett.*, **7**: pl. 41.

Rhopobota naevana: Lederer, 1859, *Wien. Entomol. Monatschr.*, **3**: 367.

翅展7.0~17.0mm。头部灰褐色。下唇须浅褐色;第3节略下垂。前翅灰褐色,顶角凸出,褐色,镰刀状;前缘具7对白色钩状纹;基斑约占翅面1/3,近翅基处模糊,在后缘近中部形成1褐斑;中带从前缘中部伸达后缘臀角前,外侧中部略突出;肛上纹卵形,浅铅色,内有褐色小斑;缘毛灰褐色;腹面褐色。后翅灰褐色;缘毛灰色;雄性后翅前缘具1蓝色斑,从腹面看呈黑色。

雄性外生殖器(图版61-346):爪形突宽,端部圆。尾突长指状,端部膨大,多毛。抱器瓣基穴腹缘具1棒状突起;抱器端膨大,多毛,外缘具刺。阳茎粗短;角状器多枚,针状。

雌性外生殖器(图版109-346):产卵瓣短阔,多毛。前、后表皮突近等长。囊导管后端1/6到1/3处具骨化带。交配囊球形,入口处及其两侧具倒V形骨片;囊突2枚,刺状。

寄主:木樨科Oleaceae:水曲柳 *Fraxinus mandshurica* Rupr.,花曲柳 *F. rhynchophylla* Hance,暴马子 *Syringa amurensis* Rupr.;杜鹃花科Ericaceae:越橘 *Vaccinium vitis-idaea* Linn.;蔷薇科Rosaceae:海棠花 *Malus spectabilis* (Ait.)Borkh.,毛山荆子 *M. mandshurica* (Maxim.)Kom., *Pyrus serotina* Rehd,秋子梨 *P. ussuriensis* Maxim.,山楂 *Crataegus pinnatifida* Bunge,杏 *Armeniaca vulgaris* Lam.,梅 *Prunus mume* Sieb. *et* Zucc.,花楸属 *Sorbus* spp.,北亚稠李 *Padus asiatica* (Kom.)Yu *et* Ku;鼠李科Rhamnaceae:鼠李 *Rhamnus davurica* Pall.;冬青科Aquifoliceae:全缘冬青 *Ilex integra* Thunb.,钝齿冬青 *I. crenata* Thunb. 等。

分布:浙江(天目山)、天津、河北、内蒙古、辽宁、吉林、黑龙江、安徽、福建、江西、河南、湖北、湖南、广东、四川、贵州、云南、西藏、陕西、甘肃、台湾;蒙古、朝鲜、日本、印度、斯里兰卡、欧洲。

16.89　粗刺黑痣小卷蛾 *Rhopobota latispina* Zhang et Li, 2012(图版 20-347)

Rhopobota latispina Zhang et Li, 2012, *Zootaxa*, **3478**:378.

翅展 11.0～12.0mm。头顶粗糙,褐色。额白色。触角褐色,杂白色。下唇须第 1、2 节外侧褐色,内侧白色;第 3 节小,白色,前伸。胸部和翅基片灰褐色。前翅底色灰色;前缘具 9 对白色钩状纹,第 1～4 对不明显;基斑褐色,自前缘 1/4 达后缘 1/3,外侧突出;中带褐色,自前缘中部伸达臀角前;肛上纹近卵圆形,灰色,杂褐色斑点;缘毛灰色,具褐色基线;翅腹面浅褐色。后翅和缘毛灰色,翅腹面浅灰色。

雄性外生殖器(图版 61-347):爪形突从背兜顶部两侧伸出,角状,端部渐窄,向外侧弯曲。尾突退化成小三角形突起,被稀疏长毛。抱器瓣基部宽,基穴大,约占基部的 3/5;颈部明显,宽约为基部的 2/3;抱器腹腹面具 1 簇刺丛,腹缘中部被稀疏长毛,抱器腹角不明显;抱器端近方形,多毛,背面钝圆,腹缘基部具几枚短刺棘。阳茎粗短,管状;角状器针状,成束。

雌性外生殖器(图版 109-347):产卵瓣窄长,多毛。前、后表皮突近等长。交配孔开口于前端,近矩形,边缘骨化;阴片形成 2 个细长的侧骨片,位于交配孔两侧。囊导管粗短,近基部和交配囊入口处膜质,其余部分骨化。交配囊梨形,进口处及其两侧有倒 V 形骨片;囊突 2 枚,一大一小,刺状。

分布:浙江(天目山)。

16.90　郑氏黑痣小卷蛾 *Rhopobota zhengi* Zhang et Li, 2012(图版 20-348)

Rhopobota zhengi Zhang et Li, 2012, *Zootaxa*, **3478**:377.

翅展 13.0～14.0mm。头顶褐色,额白色。触角褐色,柄节白色。下唇须第 1、2 节褐色;第 3 节小,白色,平伸。胸部和翅基片灰褐色。前翅底色灰色;顶角略突出,黄褐色;前缘具 9 对白色钩状纹;基斑不明显;中带褐色,伸达肛上纹;中室端部具 1 深褐色点斑;肛上纹近方形,白色,内有 5 枚褐点;缘毛灰色;翅腹面浅褐色。后翅及缘毛灰色,翅腹面浅褐色。

雄性外生殖器(图版 61-348):爪形突细长,弯钩状。尾突粗指状,多毛。抱器瓣长,直;抱器腹基穴后缘具 1 长的骨化突起;抱器端狭长,多毛,外侧具两粗毛(已脱落),内侧端部具 6 根粗毛。阳茎粗短,管状;角状器多枚,刺状。

雌性外生殖器(图版 109-348):产卵瓣狭长,多毛。后表皮突略长于前表皮突。交配孔近三角形,阴片形成两侧骨片。囊导管短,中部骨化,仅两端膜质。交配囊梨形,进口处及其两侧具倒 V 形骨片;囊突 2 枚,刺状,弯曲。

分布:浙江(天目山)、福建。

16.91　双色黑痣小卷蛾 *Rhopobota bicolor* Kawabe, 1989(图版 20-349)

Rhopobota bicolor Kawabe, 1989, *Microlepidoptera of Thailand*, **2**:62.

翅展 12.0～14.0mm。头顶灰色杂白色。额白色。触角褐色。下唇须灰色杂褐色;第 2 节端部和第 3 节灰白色。胸部和翅基片灰褐色。前翅顶角突出,镰刀状;前缘具 9 对白色钩状纹;从后缘近中部斜向顶角有 1 条深褐色窄带将翅面分为 2 部分,前半部色深,后半部色浅;缘毛灰褐色;翅腹面褐色。后翅及缘毛灰色,翅腹面浅灰色。

雄性外生殖器(图版 61-349):爪形突从背兜顶部两侧伸出,三角形,密布细毛。尾突指状,端部膨大,多毛,内侧有 1 枚长刺。抱器腹有 1 枚粗的棒状突起,向端部略膨大;抱器端略呈长方形,多毛,背面内侧有若干粗刺。阳茎短;角状器成束,针状。

雌性外生殖器(图版 110-349):产卵瓣狭长,多毛。前、后表皮突细弱,等长。阴片宽,两前角钝圆。交配孔开口于前半部。导管端片短,位于囊导管端部 1/3 处。交配囊梨形,入口处及其两侧具倒 V 形骨片;囊突 2 枚,角状。

分布:浙江(天目山)、湖北、湖南、广西、四川、贵州、云南、台湾;日本,泰国。

16.92 镰黑痣小卷蛾 *Rhopobota falcata* Nasu, 1999(图版 20-350)

Rhopobota falcata Nasu, 1999, *Entomological Science*, **2**(1): 127.

翅展 12.0～15.0mm。头部白色。触角灰褐色。下唇须深灰色,第 2 节端部白色。胸部和翅基片灰黄色。前翅狭长,底色灰黄色,顶角突出;前缘褐色,自前缘 1/4 处到顶角具 7 对白色钩状纹;基斑小,约占翅面 1/4;中带从前缘中部发出,到翅中部回转,止于后缘中部;从前缘中部到顶角有 1 镰刀状褐色斑;缘毛黄白色,顶角处褐色;翅腹面褐色。后翅及缘毛灰色,翅腹面浅灰色。

雄性外生殖器(图版 61-350):爪形突近椭圆形。尾突狭长,指状,多毛。抱器腹具 1 小丘形叶突,抱器腹角不明显;抱器端略呈半圆形,多毛,背面具 4 根粗毛。阳茎锥形;角状器多枚,针状。

雌性外生殖器(图版 110-350):产卵瓣窄长,多毛。前、后表皮突近等长。阴片近头盔形,后缘中部凹陷,前缘向两侧伸出,其前缘及中部具骨片。囊导管粗短,交配囊进口处膜质,其余部分骨化。交配囊梨形,入口处及其两侧有倒 V 形骨片;囊突 2 枚,刺状,弯曲。

分布:浙江(天目山)、广西;日本。

16.93 宝兴黑痣小卷蛾 *Rhopobota baoxingensis* Zhang et Li, 2012(图版 20-351)

Rhopobota baoxingensis Zhang et Li, 2012, *Zootaxa*, **3478**: 373.

翅展 13.0～14.0mm。头顶灰色。额白色。触角浅褐色。下唇须浅褐色,细长;第 2 节端部和第 3 节灰白色。胸部和翅基片灰色。前翅底色灰色;前缘端半部具 5 对灰色钩状纹;基斑不明显,外侧中部突出;中室外侧具 1 褐色不规则斑;顶角下方具 1 三角形小褐斑;肛上纹小,灰黄色;缘毛灰色;翅腹面浅褐色。后翅及缘毛灰色,翅腹面灰白色。

雄性外生殖器(图版 61-351):爪形突细长,端部 2/5 向外弯。尾突长指状,多毛。抱器瓣阔;抱器腹基穴腹缘具 1 长叶突,端部具 1 近三角形角状突;抱器端卵形,多毛,外缘具刺,外侧具 1 突起,其上着生若干鳞片状毛。阳茎锥状;角状器多枚(已脱落)。

分布:浙江(天目山)、四川。

白小卷蛾属 *Spilonota* Stephens,1834

Spilonota Stephens, 1834. Type species: *Tortrix ocellana* Denis et Schiffermüller, 1775.

雄性触角鞭节基部有凹陷。前翅索脉从 R_1 和 R_2 脉基部 2/3 处伸出,止于 R_5 和 M_1 脉的中部;M 干脉止于 M_3 脉基部之前。后翅 M_3 和 CuA_1 脉共柄。其余脉分离。雄性外生殖器:爪形突退化。尾突位于背兜顶上,外缘强骨化。肛管简单。抱器瓣基穴大,卵形;抱器背钩小;抱器腹角弱;颈部细;抱器端小,横卵形,略向背面伸,末端具 1 突起,其上着生 1 枚粗刺。阳茎粗短;角状器多枚。雌性外生殖器:阴片小,与第 7 腹板愈合,向后形成 1 对端突。导精管从囊导管近基部腹面伸出。囊突 2 枚,细牛角状。

该属中国已知 9 种,本书记述 2 种。

16.94 桃白小卷蛾 *Spilonota albicana*(Motschulsky, 1866)(图版 20-352)

Grapholitha albicana Motschulsky, 1866, *Bull. Soc. Imp. Nat. Moscou*, **39**(1): 199.

Spilonota albicana: Kuznetzov, 1976, *Trudy Zool. Inst. Akad. Nauk SSSR*, **62**: 78.

翅展 14.0～18.0mm。头部、触角和下唇须灰白色。下唇须细长;第 3 节略下垂。胸部及翅基片灰色。前翅灰白色;前缘基半部钩状纹模糊,端半部具 5 对灰色钩状纹;基斑灰褐色,斑驳,约占翅面 1/3;前缘中部至顶角前具 1 倒梯形斑,灰褐色;后缘端部 1/3 处具 1 三角形褐色斑,杂黑褐色;肛上纹近卵圆形,浅铅色,内有 5 个褐色小点;缘毛灰褐色;翅腹面褐色。后翅及缘毛灰色;翅腹面浅灰色。

雄性外生殖器(图版 61-352):爪形突退化。尾突近三角形,具毛。抱器瓣基穴端部具长毛;颈部很窄;抱器端卵形,端部具 1 突起,其上着生 1 枚粗刺。阳茎管状;角状器多枚(已脱落)。

雌性外生殖器(图版 110-352):产卵瓣狭长,多毛。前、后表皮突近等长。阴片后缘中部凹陷较浅。囊导管长,中部具长的骨化带。交配囊球形;囊突 2 枚,刺状。

寄主:蔷薇科 Rosaceae:苹果 *Malus pumila* Mill.,三叶海棠 *M. sieboldii* (Regel) Rehd.,毛山荆子 *M. mandshurica* (Maxim.) Kom.,*M. pallasiana* Juz.,光叶石楠 *Photinia glabra* (Thunb.) Maxim.,梨属 *Pyrus* spp.,杏 *Armeniaca vulgaris* Lam.,桃 *Amygdalus persica* Linn.,李 *Prunus salicina* Lindl.,*P. serrulata* var. *spontanea* (Maxim.),樱桃 *Cerasus pseudocerasus* (Lindl.) G. Don,毛樱桃 *C. tomentosa* (Thunb.) Wall.,黑果栒子 *Cotoneaster melanocarpus* Lodd.,山楂 *Crataegus pinnatifida* Bunge,光叶山楂 *C. dahurica* Koehne ex Schneid.,毛山楂 *C. maximowiczii* Schneid.,*Sorbus amurensis* Koehne;松科 Pinaceae:北美落叶松 *Larix leptolepis* (Sieb. *et* Zucc.) Gord.,落叶松 *L. gmelini* (Rupr.) Rupr.;桦木科 Betulaceae:榛 *Corylus heterophylla* Fisch. 等。

分布:浙江(天目山)、天津、河北、黑龙江、福建、河南、湖北、湖南、四川、贵州、陕西、甘肃;朝鲜,日本,俄罗斯。

16.95　苹白小卷蛾 *Spilonota ocellana* ([**Denis *et* Schiffermüller**], 1775)(图版 20-353)

Tortrix ocellana [Denis *et* Schiffermüller], 1775, *Ankündung Syst. Werkes Schmett. Wienergegend*:130.
Spilonota ocellana:Kennel, 1916, *Zoologica*, **21**(54):535.

翅展 14.0~18.0mm。头顶灰褐色。额白色。触角深灰色。下唇须褐色;第 3 节短,端部钝。前翅灰白色;前缘具 7 对钩状纹,较模糊;基斑暗褐色,从前缘 1/4 处伸达后缘 1/3,外侧中部突出;中带从前缘中部伸达后缘臀角前,中部间断,近后缘处呈三角形;肛上纹椭圆形,内有 4 条褐色短带;缘毛灰褐色;翅腹面褐色。后翅及缘毛深灰色,翅腹面浅灰色。

雄性外生殖器(图版 61-353):爪形突退化。尾突带状,短。抱器瓣基穴端部具长毛;颈部很窄;抱器端卵形,端部具 1 突起,其上着生 1 枚粗刺。阳茎管状;角状器多枚,针状。

雌性外生殖器(图版 110-353):产卵瓣狭长,多毛。前表皮突长于后表皮突。阴片后缘中部凹陷。囊导管长,骨化带约占后端 3/5。交配囊椭圆形;囊突 2 枚,细刺状。

寄主:蔷薇科 Rosaceae:苹果 *Malus pumila* Mill.,沙果 *M. asiatica* Nakai,毛山荆子 *M. mandshurica* (Maxim.) Kom.,*M. sibirica* Borkh.,海棠花 *M. spectabilis* (Ait.) Borkh.,*Amygdalus persica* Linn.,杏 *Armeniaca vulgaris* Lamb.,山楂 *Crataegus pinnatifida* Bunge,毛山楂 *C. maximowiczii* Schneid.,绿肉山楂 *C. chlorosarca* Maxim.,黑果栒子 *Cotoneaster melanocarpus* Lodd.,李 *Prunus salicina* Lindl.,*P. setrrulata* var. *spontanea*,桃 *P. persica* (Linn.) Batsch,梅 *P. mume* Sieb. *et* Zucc.,樱桃 *Cerasus pseudocerasus* (Lindl.) G. Don,毛樱桃 *C. tomentosa* (Thunb.) Wall.,秋子梨 *Pyrus ussuriensis* Maxim.;松科 Pinaceae:日本落叶松 *Larix kaempferi* (Lamb.) Carr.;桦木科 Betulaceae:白桦 *Betula platyphulla* Suk.,柴桦 *B. fruticosa* Pall.,油桦 *B. ovalifolia* Rupr.,黑桦 *B. davurica* Pall.,日本桤木 *Alnus japonica* (Thunb.) Steud.,榛 *Corylus heterophylla* Fisch.;杨柳科

Salicaceae：柳属 *Salix* spp.；胡桃科 Juglandaceae：胡桃属 *Juglans* spp. 及多种阔叶树。

分布：浙江（天目山）、河北、内蒙古、吉林、福建、湖北、四川、陕西、甘肃、青海；朝鲜，日本，伊朗，欧洲，北非。

小食心虫族 Grapholitini

前翅钩状纹发达，常具背斑和臀斑。后翅 M_2 与 M_3 脉平行或在基部靠近。雄性外生殖器：爪形突、尾突常退化或退化不完全，颈部常明显，抱器腹形状多样，抱器端常密被刚毛。雌性外生殖器：第 7 腹板形状变异大，囊突常为 2 枚，多为牛角状或刀状。

该族中国已知 14 属 106 种，本书记述 5 属 7 种。

分属检索表

1. 前翅有黑色三角形臀斑；后翅中室短；雄性外生殖器中抱器端常具数枚异常粗大的强棘 ……………………………………………………………………………… 异形小卷蛾属 *Cryptophlebia*

   前翅无臀斑；后翅中室正常；雄性外生殖器的抱器端无强棘 ……………………… 2
2. 尾突退化为成对的刚毛状结构或仅具 1 个毛束 ……………………………………… 3

   尾突完全退化，无痕迹，有时在背兜上仅保留分散刚毛 ……………………………… 4
3. 两尾突的痕迹远离，以位于近背兜末端侧面的长毛丛形式存在 …………… 豆食心虫属 *Leguminivora*

   两尾突痕迹靠近甚至愈合，以位于背兜末端的刚毛形式存在 ………… 豆小卷蛾属 *Matsumuraeses*
4. 后翅 M_3 和 CuA_1 脉共短柄；雄性腹部第 8、9 节间具味刷 ………… 斜斑小卷蛾属 *Andrioplecta*

   后翅 M_3 和 CuA_1 脉共柄超过一半；雄性腹部无发香器 ……………………… 食小卷蛾属 *Cydia*

斜斑小卷蛾属 *Andrioplecta* Obraztsov，1968

Andrioplecta Obraztsov，1968. Type species：*Laspeyresia pulverula* Meyrick，1912.

头部鳞片粗糙。下唇须上举。前翅后缘近中部有 1 条黑褐色长斜斑伸向前缘；R_2 脉更接近于 R_3 脉；R_4 脉伸达前缘；R_5 脉伸达外缘。后翅 M_3 和 CuA_1 脉共短柄；雄性 Rs 脉常消失，或与 M_1 脉愈合，3A 脉基部有时具毛丛或背褶，雌性 Rs 与 M_1 脉同出一点或共短柄。雄性外生殖器：抱器腹在基部 1/3～1/2 处缢缩；阳茎端部渐细，角状器有或无。雌性外生殖器：囊导管部分或完全骨化；交配囊腹后方有较大的膜质储精囊；囊突 2 枚。

该属中国已知 6 种，本书记述 2 种。

16.96 斜斑小卷蛾 *Andrioplecta oxystaura*（Meyrick，1935）（图版 20-354）

Pammene oxystaura Meyrick，1935，Tortricidae，*In*：Caradja & Meyrick，*Mater. Microlepid. Fauna Chin. Prov. Kiangsu，Chekiang und Hunan*：62.

Andrioplecta oxystaura：Komai，1992，*Trans. Lepidop. Soc. Jap.*，**43**(3)：160.

翅展 9.0～15.0mm。头深灰褐色。触角黑色。下唇须第 2 节白色；第 3 节锥形，灰白色。胸部灰褐色，有金属光泽；翅基片褐色。前翅黄灰褐色；前缘钩状纹淡黄色至白色，第 3 对钩状纹两短斑间发出 1 条铅色线伸至翅外缘 1/4 处，第 4 对钩状纹末端伸出 1 条黑色线纹，达外缘 1/3 处，第 5 对钩状纹两短斑间发出的铅色线较第 3 对的短，未达翅外缘，端部两对钩状纹大而明显；翅外缘中部有 1 条白色短带；后缘有 1 黑色背斑，其外缘被黄色线围绕，后者斜向翅外缘；翅臀角处有 1 暗褐色近圆形斑；缘毛灰褐色。后翅深褐色，基部色淡；前缘基部灰白色，缘线深褐色，缘毛灰白色。

雄性外生殖器（图版 61-354）：背兜狭长，其高度约等同于抱器瓣长度，侧臂中部有 1 对耳状瓣。抱器背略弯曲,无抱器背基突;抱器腹深凹,基穴近三角形,基穴外缘有 1 毛丛;抱器端半卵圆形,密被细刚毛,背面有 1～2 枚长刚毛。阳茎略弯曲,端部 1/3 突然变细;角状器位于阳茎中部,3～4 根,可脱落。

雌性外生殖器(图版 110-354):产卵瓣狭长,约与后表皮突等长,近肾形。前表皮突略长于后表皮突。交配孔被近圆形的骨化环包围。囊导管细长,骨化;交配囊近梨形;囊突 2 枚,小,角状。

分布:浙江(天目山)、上海、江苏、安徽、江西、河南、湖南、海南、重庆、四川、贵州、陕西、甘肃;泰国。

16.97 微斜斑小卷蛾 *Andrioplecta suboxystaura* Komai, 1992(图版 21-355)

Andrioplecta suboxystaura Komai, 1992, *Trans. Lepidop. Soc. Jap.*, **43**(3): 161.

翅展 11.0～14.0mm。头顶深灰褐色。触角黑褐色,达前翅前缘中部。下唇须第 2 节白色;第 3 节锥形,基部白色,端部渐深,呈淡黄白色。胸部背面黑褐色,腹面灰白色;翅基片黑褐色。前翅黄褐色;前缘钩状纹白色至黄白色,端部 2 对大而明显,第 3 对的两短斑之间发出 1条铅色线,达翅外缘 1/5 处,第 3、4 对之间发出 1 条黑褐色线纹达翅外缘上端 1/3 处,第 5 对钩状纹发出的铅色线较第 3 对的短,第 5、6 对之间发出的黑褐色线较短,渐细,伸至第 5 对的铅色线下方;背斑由 4 条近平行的黑灰色线组成,斜向伸达翅中部,基部 1 条较粗且清晰;沿翅外缘缘线内侧有 1 条白色条带;缘毛灰色。后翅棕黄褐色,前缘基部灰白色,缘毛灰色。

雄性外生殖器(图版 61-355):背兜狭长,其高度约等同于抱器瓣长度,侧臂中部有 1 对耳状瓣。抱器背弧形向上弯曲,无抱器背基突;抱器腹深凹,基穴小,近梯形,基穴外缘被毛;抱器端长卵圆形,密被细刚毛。阳茎略弯曲,端部 1/3 突然变细,无角状器。

分布:浙江(天目山)、河南;泰国。

异形小卷蛾属 *Cryptophlebia* Walsingham, 1899

Cryptophlebia Walsingham, 1899.

Type species: *Cryptophlebia carpophaga* Walsingham, 1899=[*Arothrophota ambrodelta* Lower, 1898].

额具直立长鳞片。下唇须上举。具性二型,雄性后足胫节和后足跗节的第 1 亚节常具有鳞片丛。前翅各脉彼此分离。后翅 Rs 与 M_1 脉基部靠近;M_3 与 CuA_1 脉共柄或出自一点;CuA_2 脉在一些雄性中由于香鳞兜的形成而弯曲。雄性外生殖器:抱器瓣厚,肿胀,抱器端边缘常具有强棘。雌性外生殖器:囊突 2 枚,弯刀状。

该属中国已知 3 种,本书记述 2 种。

16.98 扭异形小卷蛾 *Cryptophlebia distorta* (Hampson, 1905)(图版 21-356)

Pogonozada distorta Hampson, 1905, *Ann. Mag. Nat. Hist.*, (7)**16**: 586.

Cryptophlebia distorta: Kawabe, 1982, Tortricidae and Cochylidae, In: Inoue et al., *Moths of Japan*, **1**: 143.

雄性翅展 11.0～18.0mm。头顶、额和触角黄褐色,触角长约为前翅的 1/2。下唇须黄褐色;第 2 节长,端部变宽;第 3 节前伸,末端稍向下倾斜。胸部背面黄褐色,腹面黄白色至灰白色。前翅赭红灰褐色至黄褐色;前缘钩状纹黄色;顶角具黄褐色不规则斜斑纹;臀区颜色较浅;肛上纹内、外缘线不明显,内有 2 列黑褐色斑点;沿后缘有 1 个黑褐色三角形斑纹;缘毛赭红褐色至黄褐色。后翅很小,三角形,赭黄褐色;缘毛黄色。腹部各节密生长鳞毛。

雌性翅展 14.5～18.0mm。前翅后缘臀角前有 1 个三角形黑黄褐色斑;缘毛赭红色。后翅正常,黄褐色。腹部棕灰色,各节无长鳞毛。其余同雄性。

雄性外生殖器(图版 61-356):背兜宽短。抱器背略弯曲,无抱器背基突;抱器腹深凹,基穴近三角形,基穴外缘被 1 毛丛;抱器端半卵圆形,密被细刚毛,背面被 1～2 枚长刚毛。阳茎略弯曲,端部 1/3 突然变细;角状器位于阳茎中部,3～4 根,可脱落。

雌性外生殖器(图版 110-356):产卵瓣细长,密被刚毛。前、后表皮突近等长。第 7 腹板交配孔左右两侧表皮各有 1 个椭圆形的弱骨化结构。交配孔小,导管端片呈 U 形。囊导管近末端处有 1 个骨化环;具管带;导精管出自近囊导管前端,管带前。交配囊椭圆形,前端 2/3～3/4 具短刺;囊突 2 枚,拇指型。

分布:浙江(天目山)、安徽、福建、河南、湖北、湖南、广东、贵州;日本。

16.99　盈异形小卷蛾 *Cryptophlebia repletana*（Walker, 1863）(图版 21-357)

Carpocapsa repletana Walker, 1863, *List Spec. Lepidop. Insects Coll. Brit. Mus.*, **28**：412.

Cryptophlebia repletana：Kawabe, 1975, *Jap. Heter. Journ.*, **77**：281.

雄性翅展 17.0～21.5mm。前翅近长三角形,前缘近直,向顶角略弧形弯曲,外缘近直,略内斜;翅面棕褐色;前缘具成对的黄棕色钩状纹;自前缘中部外侧伸出 4 条平行的黄白色扁平斜斑,抵达臀角,另有 4 条平行的黄白色扁平斜斑从翅后缘中弧形部伸至中室下角,二者相交,交汇处内侧黑褐色;紧靠前缘的 4 条黄白色扁平斜斑的外侧有 3 条黑褐色平行拱形斜条纹,伸达顶角;缘毛黑灰褐色。后翅黑灰褐色,近三角形,前缘基部至中部有灰白色毛,缘毛灰褐色。

雄性外生殖器(图版 61-357):爪形突、尾突均退化消失。背兜宽短。抱器瓣厚、肿胀,端部膨大;抱器背基突发达;抱器腹基穴大,腹缘具长毛丛;抱器瓣颈部不明显;抱器端圆,具 1 根强刚毛及多根长刚毛。阳茎简单,基部 1/3 较粗,向端部变细,并向下弯曲,端部细长均匀如棒,直径约为基部的 1/2,顶端较尖;角状器位于端部 1/3 处,可脱落。

分布:浙江(天目山)、台湾;日本,菲律宾,印度尼西亚,印度。

食小卷蛾属 *Cydia* Hübner,［1825］1816

Cydia Hübner,［1825］1816. Type species：*Phalaena (Tinea) pomonella* Linnaeus,1758.

前翅无前缘褶,各脉彼此分离。后翅 M_3 和 CuA_1 脉共柄超过一半;M_2 与 M_3 脉近平行。雄性外生殖器:背兜突出;尾突常退化;抱器瓣形状多变,颈部常明显。雌性外生殖器:第 7 腹板形状多变;前阴片不明显或退化;囊导管具管带或其他骨化特征;交配囊具乳状突,囊突 2 枚,牛角状。

该属中国已知 29 种,本书记述 1 种。

16.100　黑龙江食小卷蛾 *Cydia amurensis*（Danilevsky, 1968）(图版 21-358)

Laspeyresia amurensis Danilevsky, 1968, *In*：Danilevsky & Kuznetzov, *Fauna SSSR*, **98**：593.

Cydia amurensis：Kawabe, 1982, Tortricidae and Cochylidae, *In*：Inoue *et al.*, *Moths of Japan*, **1**：150.

翅展 10.0～17.0mm。头顶、额黑褐色。触角褐色,长约为前翅的 1/2。下唇须上举,腹面略粗糙,外侧灰褐色,内侧黄色;第 2 节长,基部较细,末端稍粗大;第 3 节前伸,鳞片细小而紧密,灰褐色,末端微钝。前翅黄褐至黑褐色,混杂黄色;前缘钩状纹黄色,端部第 2、3 对钩状纹间发出 1 条灰黑褐色线指向亚端切口,第 4、5 对钩状纹间发出 1 条黑色线,达肛上纹上部,第 6、7 对钩状纹发出的黑色线达中室上角;中室端部和肛上纹上部之间有 1 个如展翅海鸥形的黑色斑纹;具亚端切口;肛上纹内缘线和外缘线浅灰色,具金属光泽,内具 3～4 条黑色短横线,外缘线下部 1/2 外侧黄色;背斑由 2 条白色粗短线组成,斜向前指向中室端部;缘毛棕褐色。后翅棕黄色,基部颜色较浅,缘毛黄褐色。

雄性外生殖器(图版 62-358):颚形突退化,膜质。背兜窄,其高度略小于抱器瓣长度。抱器背中部钝角状向上弯曲;抱器瓣颈部明显;抱器腹基穴下有 1 毛丛;抱器端长椭圆形,密布刚毛和短刺,抱器端腹角明显。阳茎基部 1/2 较粗,端部 1/2 稍细,其端部 2/5 腹面具若干齿突;角状器可脱落。

雌性外生殖器(图版 110-358):产卵瓣狭长,近长三角形。前、后表皮突约等长。第 7 腹板大,后缘凹陷近"V"形。后阴片两侧具颗粒状突起,向后延伸,呈倒三角形,后端略凹陷。交配孔圆形,中等大小。囊导管短,近交配囊口处有 1 个骨化带,其前端稍膨大。导精管自囊导管与交配囊交界处伸出。交配囊梨形,基部有 1 个具刺的骨化片;囊突 2 枚,牛角状。

寄主:壳斗科 Fagaceae:蒙古栎 *Quercus mongolica* Fisch. ex Ledeb.。

分布:浙江(天目山)、河北、河南;蒙古,俄罗斯。

豆食心虫属 *Leguminivora* Obraztsov, 1960

Leguminivora Obraztsov, 1960. Type species:*Grapholitha glycinivorella* Matsumura, 1900.

下唇须上举,末端钝。前翅 R_2 脉更接近 R_3 脉;CuA_1 和 M_3 脉在基部和末端彼此靠近。后翅 CuA_1 与 M_3 脉共柄超过一半;具臀褶。雄性第 8 节后缘两侧有毛丛。雄性外生殖器:尾突退化,以位于近背兜末端侧面的长毛丛形式存在。雌性外生殖器:交配囊末端具乳突状突起。

该属中国已知 1 种,本书记述该种。

16.101 大豆食心虫 *Leguminivora glycinivorella* (Matsumura, 1898)(图版 21-359)

Grapholitha glycinivorella Matsumura, 1898, *Dobutsugaku Zasshi*, **10**:127.

Leguminivora glycinivorella:Obraztsov, 1960, *Tijdschr. Entomol.*, **103**:129.

翅展 12.0~15.0mm。头顶、额和触角黄褐色,触角长约为前翅的 1/2。下唇须黄色,上举;第 2 节长;第 3 节短,裸露,前伸,顶端稍钝。胸部背面浅黄色至黄褐色,腹面灰白色至灰色。前翅黄褐色或黑褐色,前缘略凸,具亚端切口,切口与外缘同色;前缘钩状纹黄色,每两组钩状纹间均发出铅色线,端部第 3 对钩状纹发出的铅色线斜伸至亚端切口,第 5 对钩状纹发出的铅色线达肛上纹内缘线上方;背斑黄褐色,向外斜伸至接近肛上纹内缘上方;肛上纹内缘线不明显,外缘线明显,具金属光泽,内具 3 条黑色短横线;缘毛灰黄色。后翅灰褐色,基部颜色较浅;缘毛浅灰黄色。腹部黑褐色,腹面有灰白色和黑褐色相间的半环状纹。

雄性外生殖器(图版 62-359):尾突明显,末端两侧具长毛丛。背兜阔,其高度略小于抱器瓣长度,顶端突出。抱器瓣宽;基穴大,卵圆形,下方具长刚毛;抱器瓣颈部明显;抱器端膨大,具刚毛和刺;阳茎细长,弯曲呈弧形,基部 1/2 较粗,向端部逐渐变细,端部尖细;角状器细长,多枚成束;在阳茎基部上方有 1 个几丁质化叶。

雌性外生殖器(图版 110-359):产卵瓣狭长,条状。前、后表皮突约等长,端部膨大呈片状;后阴片中间部分膜质。交配孔圆形。导精管位于囊导管靠近交配囊处,导精管口前端有 1 个弱骨片。交配囊口处有 1 圈乳状突;囊突 2 枚,牛角状;贮精管口附近有 1 着色小斑。

寄主:豆科 Leguminosae:大豆 *Glycine max* (Linn.)。

分布:浙江(天目山)、北京、天津、河北、山西、内蒙古、吉林、黑龙江、江苏、安徽、福建、江西、山东、河南、湖北、湖南、四川、贵州、云南、西藏、陕西、甘肃、宁夏;朝鲜,日本,越南,印度,俄罗斯。

豆小卷蛾属 *Matsumuraeses* Issiki，1957

Matsumuraeses Issiki，1957. Type species：*Semasia phaseoli* Matsumura，1900.

头顶具直立浓密长鳞片。下唇须上举，第 2 节末端膨大。前翅 R_2 脉更接近 R_3 脉。后翅雌性翅缰 3 根；M_3 与 CuA_1 脉共柄；CuA_2 脉出自中室中部。雄性第 7、8 节节间膜有味刷；外生殖器中尾突 2 个，或具短刚毛，围绕呈头巾状；抱器腹腹角明显，抱器瓣常呈蟹螯状。

该属中国已知 7 种，本书记述 1 种。

16.102　邻豆小卷蛾 *Matsumuraeses vicina* **Kuznetzov，1973**（图版 21-360）

Matsumuraeses vicina Kuznetzov，1973，*Entomol. Obozr.*，**52**(3)：694.

翅展 15.0～17.0mm。头顶、额淡黄褐色。触角黄褐色，约为前翅长的 1/2。下唇须上举；第 2 节基部较细，端部膨大呈三角形；第 3 节短，前伸，棕灰色，裸露，顶端稍尖。前翅灰黄色；前缘略弯，钩状纹黄色；外缘近顶角处略微凹入；中室外侧有 1 个褐色圆斑；肛上纹内、外缘线不明显，内有 5 个黑色的斑点；缘毛褐色。后翅灰黄色，缘毛灰黄色。

雄性外生殖器（图版 62-360）：颚形突退化，膜质，弱几丁质化部分呈带状。背兜短阔，背兜侧突为 2 个短的刚毛群，被显著骨化的侧褶半固定。抱器背弧形向下弯曲；抱器瓣颈部明显；抱器腹深凹，其基腹角明显突出，近直角，上着生有细毛和短刺；抱器端向端部逐渐扩大，端部具短刺。阳茎弯曲，基部 1/3 较粗，端部 2/3 较细，均匀；角状器数枚成束，位于阳茎端部 1/3 处。

雌性外生殖器（图版 111-360）：产卵瓣狭长，近长三角形，密被刚毛。前表皮突略长于后表皮突。第 7 腹板弱骨化。后阴片倒立葫芦状，近交配孔处骨化较强，向后逐渐减弱。交配孔中等大小。囊导管细长，膜质，具管带。导精管出自交配囊基与管带之间。交配囊球形；囊突 2 枚，牛角状。

寄主：豆科 Leguminosae：大豆 *Glycine max*（Linn.）Merr.，葛 *Pueraria lobata* Ohwi。

分布：浙江（天目山）、安徽、河南、广西；日本。

羽蛾总科 PTEROPHOROIDEA

十七　羽蛾科 Pterophoridae

头部通常宽阔，鳞片紧贴，颈部具数量不等的直立鳞毛；前额常形成锥状突起或在触角基部形成很小的鳞毛突；复眼半球形，无单眼和毛隆；喙很长，光裸。下唇须变异很大：细长或粗短，上卷、前伸或略下垂，第 2 节光滑，或具粗鳞毛，端部有时具长毛簇；长短不一，从短于复眼直径到复眼直径的 3～4 倍。胸部通常简单，圆柱形，常拱起。前翅通常 2 裂，后翅 3 裂，翅面斑纹和翅形的变异很大。静止时前、后翅卷褶，与身体垂直。足细长易折断。外生殖器变异很大，雄性常不对称。

该科昆虫广布世界各大动物区系，目前世界已知 5 亚科 90 属 1500 余种。中国已知 5 亚科 42 属 160 种，本书记述 2 亚科 4 属 7 种。

分属检索表

1. 后翅第 3 叶具 1 条脉 ·· 2
   后翅第 3 叶具 2 条脉 ·· 3
2. 抱器瓣端部开裂，非鸟头状 ······································· **日羽蛾属 *Nippoptilia***
   抱器瓣端部不开裂，呈鸟头状 ··························· **秀羽蛾属 *Stenoptilodes***
3. 第 2、3 腹节明显长于其他腹节，后足胫节内侧中距长为外侧中距的 2 倍········· **异羽蛾属 *Emmelina***
   第 2、3 腹节无明显增长，后足胫节内侧中距与外侧中距近等长 ················ **滑羽蛾属 *Hellinsia***

日羽蛾属 *Nippoptilia* Matsumura，1931

Nippoptilia Matsumura, 1931. Type species：*Stenoptilia vitis* Sasaki, 1913.

头部鳞片紧贴，无前额突。下唇须纤细，长约为复眼直径的 2.5 倍。前翅自 2/3 处开裂；前缘三角室缺，前翅第 2 裂叶常具外缘。雌性翅缰一般 2 根。前翅 R 脉均存在，R_3 和 R_4 脉共柄；CuA_1 和 CuA_2 脉均存在，且分离；CuA_1 脉出自中室下角之后，CuA_2 脉出自中室下角。后翅 $Rs+R_1$ 和 Rs 脉在开裂前不分离；Rs 脉直达第 1 叶顶角；M_1 和 CuA_1 脉连接；CuA_1 脉不明显。第 3 叶具 1 条脉，端部或亚端部具鳞齿。雄性外生殖器：爪形突出自背兜内侧，有的退化。背兜双叶，深锯齿状。抱器背长，较直；抱器端常深裂。基腹弧拱形；囊形突非常小。雌性外生殖器：后表皮突通常纤细，前表皮突不发达或缺失。交配孔和导管端片居中；交配囊具成对豆状囊突，导精管接近于交配囊。

该属中国已知 3 种，本书记述 2 种。

17.1 乌蔹莓日羽蛾 *Nippoptilia cinctipedalis*（Walker，1864）（图版 21-361）

Oxyptilus cinctipedalis Walker，1864，*List Spec. Lepidop. Insects Coll. Brit. Mus.*，**30**：934.

Nippoptilia cinctipedalis：Arenberger，2006，*Zeits. ArbGem. Öst. Entomol.*，**58**(3-4)：112.

翅展 8.5～12.0mm。头部灰褐色,杂灰白色。后头区和头胸之间具较短的顶端三分叉到多分叉的直立鳞毛。触角长约为前翅的 2/5,柄节和梗节略膨大,浅灰褐色;鞭节细长,背侧黑色,具 3 列交错排列的白色椭圆形斑点,向端部斑点间距渐大,腹侧灰白色。下唇须细长,斜向上举,长约为复眼直径的 2 倍;灰白色,第 2 节末端黄色至黄褐色,末节散布黄褐色鳞片。前胸黄褐色,中、后胸灰褐色;翅基片基部灰褐色,中间银白色,末端灰黄色,每一鳞片端部颜色深。前翅自 4/7 处开裂,第 1 裂叶顶角尖,无外缘;第 2 裂叶顶角锐,外缘内凹。翅面黄褐色至赭褐色,杂银白色;第 1 裂叶从裂口向顶角逐渐加深为暗褐色,端部 1/3 黄褐色,裂叶 1/3 处具 1 枚黄褐色小斑,2/3 处具 1 条银白色斜带,后缘缘毛黄白色,但 3/5～4/5 部分灰褐色;第 2 裂叶从基部向端部由灰黄色逐渐变为黄褐色,2/3 处具 1 条银白色斜带,外缘缘毛黄白色杂黄褐色;后缘缘毛黄白色,近裂口处和臀角处灰褐色。后翅分别自基部 1/5 处和近基部开裂;3 裂叶均为线形;1、2 裂叶未开裂部分深灰色,裂叶黄褐色,缘毛灰色至灰黄色;第 3 裂叶灰黄色杂褐色,从基部至端部褐色渐多,缘毛灰黄色,近端部具 1 小簇褐色鳞齿。前足和中足腿节灰黄色,被稀疏黄褐色,胫节和跗节黄白色和褐色交替排列,末端褐色;中足胫节基部 1/3 处着生 1 小簇刺,末端着生 1 圈刺;后足腿节灰黄色,疏杂黄褐色,胫节和跗节黄白色和褐色交替排列,胫节中部、末端,以及各跗节末端均具 1 圈褐色小刺和散生长刺。

雄性外生殖器（图版 62-361）:爪形突近三角形,基半部两侧骨化弱,不达背兜末端。背兜端部中央深裂成 2 叶,末端圆。抱器瓣在基部近 1/3 处分裂为 2 支;背支基部窄,端部略膨大,腹支基部宽大,自 1/4 处渐窄,末端略尖。阳茎基环近方形,后缘内凹,两侧骨化弱。阳茎与抱器瓣近等长,中部弯曲,略细;阳茎端膜长,有的缩在阳茎内。

雌性外生殖器（图版 111-361）:产卵瓣小,具毛。后表皮突极其细长;前表皮突短,末端尖,长为后表皮突的 1/6～1/5。交配孔和导管端片位于中央;交配孔口大,圆形;导管端片喇叭状。囊导管纤细,长约为前表皮突的 2 倍。交配囊长圆形,后端略窄,中部略缢缩,具 1 对豆状小囊突。

寄主:葡萄科 Vitaceae;乌蔹莓 *Cayratia japonica*（Thunb.）Gagn.。

分布:浙江（天目山）、上海、江苏、安徽、江西、湖北、湖南、香港;朝鲜,日本,越南,澳大利亚。

17.2 葡萄日羽蛾 *Nippoptilia vitis*（Sasaki，1913）（图版 21-362）

Stenoptilia vitis Sasaki，1913，*Insect World*（*Gifu*），**17**(1)：3.

Nippoptilia vitis：Matsumura，1931，6000 *Illustr. Insects Japan-Empire*：1054.

翅展 14.0～17.0mm。头部灰褐色至深灰褐色,头顶中央略灰白;两触角间灰白色至乳白色。复眼周围、后头区和头胸之间具直立散生鳞毛,其末端二分叉或多分叉;复眼周围的直立鳞毛灰白色,但触角之间具 1 簇灰褐色鳞片,后头区和头胸之间的鳞片从两侧弯向中部,灰褐色至深褐色。触角长约为前翅的 1/2,柄节略膨大,背侧灰褐色至深褐色,腹侧灰白色;鞭节密被细绒毛,背侧灰褐色至深褐色,两侧和腹面各具 1 条白色虚线带,向端部间距渐大。下唇须细长,斜向上举,等长于或略长于复眼直径的 2 倍;基节外侧灰褐色至深褐色,腹侧灰白色,杂粗鳞毛,大部分基节被眼缘毛遮盖;第 2 节背侧基部 1/3 和末端灰白色,端节灰褐色至深褐色,疏杂乳白色,顶端乳白色。胸部和翅基片灰褐色至深褐色。前翅自 3/5 处开裂;第 1 裂叶顶角钝,外缘内凹;第 2 裂叶顶角较锐,外缘近直角内凹。翅面灰褐色至深褐色,前缘具 1 列不规则灰白色小斑,亚缘线灰黄色至黄白色;第 1 裂叶基半部灰褐色,亚缘线外侧浅灰褐色,缘毛灰色,后缘不均匀密布深褐色粗鳞片;第 2 裂叶基半部灰褐色,向端部渐变成深褐色,亚缘线外侧浅褐色,缘毛色同翅面;翅后缘基半部缘毛黄白色,近端部灰色,从 4/7 处至臀角近均匀分布 4 小簇粗鳞片。后翅简单,深褐色;分别自 2/3 处和近基部开裂,三裂叶均线形;缘毛灰色,第 3 叶后缘近端部具 1 近三角形的簇状深褐色鳞齿,前后缘上不均匀地散布深褐色粗鳞片。足腿节深褐色,稀疏杂灰白色;胫节外侧深褐色,稀疏杂灰白色,内侧深褐色,杂灰白色。中足、后足胫节 1/3 处、2/3 处、末端以及各跗节末端各具 1 圈轮生刺;外侧灰褐色至深褐色,杂灰白色,内侧灰白色;第 1 跗节外侧深褐色,杂灰白色,内侧灰白色,稀疏杂深褐色;其他各跗节外侧基部灰白色,末端深褐色,从第 2 跗节至末节灰白色渐多,内侧灰白色,稀疏杂深褐色,距外侧基部和末端深褐色,中部灰白色,内侧灰白色较多。腹部背侧灰褐色至灰黑褐色,稀疏杂灰白色;腹侧中部几节灰白色,稀疏杂灰黑色。

雄性外生殖器(图版 62-362):爪形突基部宽,向端部渐细;具毛;前缘略微内凹。背兜端部中央深裂至近基部。抱器瓣简单,具毛;抱器腹略短于抱器背。基腹弧中央深内凹,末端圆。阳茎基环小,无臂。阳茎基部略膨大,端部略弯曲,近末端具小钩状突起。阳茎和阳茎基环在基部 1/6 处连接。

雌性外生殖器(图版 111-362):产卵瓣基部较粗,末端尖。后表皮突极其细长,前表皮突缺失。交配囊和导管端片位于中央。导管端片略短于后表皮突,被向内生的毛状鳞片包围;基半部管状,粗约为端半部的 1/2,近中部常不规则缢缩,端半部近长方形;前缘背侧呈三角形,腹侧平,后缘弧形深内凹。囊导管细长。交配囊长球形,具 1 对长蚕豆状的小囊突。

寄主:葡萄科 Vitaceae:东北蛇葡萄 *Ampelopsis brevipedunculata* Trautv.,乌蔹梅 *Cayratia japonica* (Thunb.) Gagn.,细本葡萄 *Vitis thunbergii* Sieb. *et* Zucc.,葡萄 *V. vinifera* Linn.。

分布:浙江(天目山)、北京、河北、山西、河南、安徽、江西、湖北、湖南、福建、台湾、广西、贵州;朝鲜,日本,泰国,印度,尼泊尔。

秀羽蛾属 *Stenoptilodes* Zimmerman,1958

Stenoptililodes Zimmerman, 1958. Type species: *Platyptilus littoralis* Butler, 1882.

头部鳞片紧贴,无前额突。下唇须前伸,长约为复眼直径的 2 倍;第 2 节具加厚鳞毛簇。前翅自 2/3 处开裂;前缘三角室发达;两叶均具外缘,第 1 裂叶外缘略内凹,第 2 裂叶外缘波缘状。后足第 1 跗节长约为其他跗节长度之和。前翅 R 脉均存在,R_3 和 R_4 脉共柄;CuA_1 和 CuA_2 脉分离,CuA_1 脉出自中室下角,CuA_2 脉出自中室;后翅第 3 叶具 1 条脉,端部具鳞齿。雄性外生殖器:爪形突细长,长为背兜长的 1/2~1 倍。背兜简单,略拱形。抱器端"鸟头状";抱器腹分两叶,基叶大,端叶小。阳茎基环近长方形,端半部分两叶;阳茎基半部具腹突,端部具阳茎端膜。雌性外生殖器:产卵瓣较小,具毛。后表皮突纤细,等长于或略长于第 8 腹节;前表皮突短,与产卵瓣近等长,或稍短。前阴片端部中央略内凹,后阴片端部中央内凹,形成 2 个较大的脊。交配孔和导管端片居中。导管端片方形至长方形。囊导管常具骨板。交配囊球形,具 1 对角状囊突。

该属中国已知 1 种,本书记述该种。

17.3 褐秀羽蛾 *Stenoptilodes taprobanes* (Felder *et* Rogenhofer, 1875)（图版 21-363）

Amblyptilia taprobanes Felder *et* Rogenhofer, 1875, Pterophoridae, *In*: Felder *et al.*, *Reise Novara*, **2**(2)：pl. 140.

Stenoptilodes taprobanes：Bigot & Picard, 1986, *Alexanor*, **14**(6)(Suppl.)：17.

翅展 13.0~14.0mm。头部灰褐色至黑褐色,后缘灰白色。触角长约为前翅的 1/2 或稍短;柄节深褐色,鞭节黑白相间,腹面具短纤毛。下唇须褐色,略向上举;第 1、2 节散布白色鳞片;第 3 节尖细、光滑,短于第 2 节。胸部与翅基片灰褐色。前翅灰褐色,散生黑色和灰白色鳞片,亚前缘线灰白色,第 1 叶中部近后缘具不规则纵斑;亚缘线白色,内侧中下部具 1 个三角形褐色斑。中室基部、中部和末端各具 1 个清晰或不清晰的灰白色点;第 1 叶外缘略向内凹;缘毛灰色,第 1 叶端部具黑色鳞齿,第 2 叶缘毛中杂黑色鳞齿。后翅褐色,散生黑色鳞片,第 2 叶近端部具 1 个灰白色点,第 3 叶端部具黑色鳞齿,缘毛灰褐色。足褐色至灰褐色,跗节基部颜色稍深。

雄性外生殖器(图版 62-363):爪形突纤细,略呈弯钩状或直,长约与背兜相等或略长于背兜;末端尖,具毛。爪形突基部内侧常具 1 袋状结构,长约为爪形突的 2/3。背兜简单,拱形。抱器瓣形状不规则,基部较宽,顶端变细并伸出,像"鸟头状";抱器腹基叶大,长约为抱器瓣的 2/3,宽约为抱器瓣的 1/2,其上具很多伸向抱器背的长毛,顶端缢缩,端叶较小,整体约为基叶的 1/2 大,但端部比基叶略宽。基腹弧简单。囊形突小,端部尖。阳茎基环基部小,两臂细长,近柱形,端部略弯曲。阳茎略弯曲,基部具 1 个小细指状突起,末端形状不规则,具阳茎端膜;射精管出自阳茎的基部与细指状突起近对称的位置。

雌性外生殖器(图版 111-363):产卵瓣宽短,近三角形。后表皮突细弱,略长于第 8 腹节;前表皮突刚毛状,不明显。交配孔周围骨化,后阴片宽三角形,末端凹。导管端片近方形,长约为第 8 腹节的 1/2,略骨化。囊导管细长,基半部骨化,端半部膜质。交配囊椭圆形,基部 1/3 多疣突,具 1 对长角状囊突。

寄主:石竹科 Caryophyllaceae:缘翅拟漆姑 *Spergularia media* Linn.（= *S. marginata* Kitt.）,*S. maritima*,拟漆姑 *S. salina*;玄参科 Scrophulariaceae:金鱼草 *Antirrhinum majus* Linn.,*Veronica anagallis* Linn.,爆仗竹 *Russelia equistiformis* Schlecht. *et* Cham.,独角金 *Striga asiatica*,密花独角金 *S. densiflora*,*Celsia coromandeliana*,异叶石龙尾 *Limnophila heterphylla* Benth.,石龙尾 *L. sessiliflora*,*Pentstemon* sp.,*Mecardonia acuminata* (Walt.) Small, *Campylanthus salsoloides* Roth;唇形科 Labiatae: *Clinopodium vulgare* Linn., *Ocimum* sp.,*Plectranthus* sp.,异色黄芩 *Scutellaria discolor* Colebr;杜鹃花科 Ericaceae:越橘属 *Vaccinium* sp.;菊科 Asteraceae:石胡荽 *Centipeda minima* O. Kuntze;马鞭草科 Verbenaceae:*Phyla lanceolata*;爵床科 Acanthaceae:*Hypoestes betsiliensis*;报春花科 Primulaceae:*Samolus* sp.;龙胆科 Gentianaceae:*Sabatia* sp.;田基麻科 Hydrophyllaceae:*Hydrolea* sp.。

分布:浙江(天目山)、内蒙古、天津、陕西、河南、山东、安徽、江西、湖北、湖南、福建、台湾、广东、海南、四川、贵州、云南;日本,缅甸,泰国,印度,斯里兰卡。

异羽蛾属 *Emmelina* Tutt, 1905

Emmelina Tutt, 1905. Type species: *Phaleana monodactyla* Linnaeus, 1758.

头部鳞片紧贴。下唇须纤细、上举,刚达或略高于复眼上缘。前翅约自 2/3 处开裂,两裂叶顶角均较锐。后足胫节内侧中矩长为外侧中距的 2 倍。腹部第 2 节和第 3 节延伸,明显长于其他腹节。前翅 R_1 脉缺失，R_2 和 R_5 脉分离，CuA_1 脉出自中室下角偏后，CuA_2 脉出自中室。后翅尖细，缘毛长；CuA_2 脉和 M_3 脉基部相连；第 3 叶具 2 条脉。雄性外生殖器：爪形突细长，钩状；背兜拱形。抱器瓣强烈不对称，抱器背、抱器腹和抱器瓣中部具许多突起；左抱器瓣较大，常为椭圆形，端部宽圆，结构通常较右抱器瓣复杂；右抱器瓣端部有时变细成指状。基腹弧拱形。阳茎基环端部具 1 对不等长臂，右臂长且弯曲。阳茎细长，无角状突。雌性外生殖器：产卵瓣宽短，近矩形，具刚毛。后表皮突细长，等长或略长于第 8 腹节；无前表皮突。交配孔完全融于第 7 腹节，或略骨化。囊导管和导精管分离。交配囊膜质，椭圆形。

该属中国已知 2 种，本书记述 1 种。

17.4　甘薯异羽蛾 *Emmelina monodactyla* （Linnaeus，1758）（图版 21-364）

Phalaena (Alucita) monodactyla Linnaeus，1758，*Syst. Nat.* (10 edn.)，**1**：542.

Emmelina monodactyla：Tutt，1905，*Entomol. Rec. Journ. Var.*，**17**：37.

翅展 18.0～28.0mm。头灰白色至褐色，光滑。两触角基部之间淡黄色或白色，沿触角下方与复眼的上方相连，形成一"U"形结构。后头区与头胸之间具许多直立、散生的鳞毛簇，颜色同头部。下唇须细长、直立、上举，刚达或超过复眼直径。触角长约为前翅的 2/3 或略短。胸部和翅基片灰白色至褐色。前翅自 2/3 处开裂，两叶顶角均锐；翅面灰白色至褐色，前缘基半部和后缘基部、中部均具一系列小点，裂口前具 1 个小横斑，两叶顶角偏下均具 2 个小斑，这些斑点的颜色较翅面颜色略深；缘毛的颜色较翅面的颜色略浅，但前翅后缘近顶角处的缘毛颜色要比其他地方色深。后翅 3 叶均尖细，狭披针形，缘毛色较翅面浅。足细长，灰白色至灰褐色。腹部细长，灰白色至灰褐色，背线颜色浅，每节基部均具 1 个小褐色斑，有的不太明显。

该种世界广布，在颜色、大小和翅面斑纹上的变异都很大。颜色：从灰白色到灰褐色；大小：从翅展 18.0mm 到翅展 28.0mm。翅面斑纹：从非常黯淡的斑点到黑褐色斑点。

雄性外生殖器（图版 62-364）：爪形突细长，弯钩状。左抱器瓣椭圆形，抱器端具 1 簇鳞毛刺；抱器腹突起结构复杂，总体呈不对称二叉状分支；抱器腹先向端部延伸，约在抱器瓣基部 1/3 处伸出两细长臂，然后两臂再各自分叉；左臂常达抱器瓣 2/3 处，分成的两叉一支较短，略弯曲，向端部渐细，另一支"S"形，末端尖细；右臂常伸达抱器端，分成的两叉一支极短，末端尖细，另一支端部棒状膨大；右抱器瓣基部宽，端半部变细呈指状突起，在抱器背中部偏上伸出 1 不对称二叉状突起，一支极短，末端圆钝，另一支呈指状，略短于抱器；右抱器腹中部常具一小突起。基腹弧拱形。阳茎基环左臂较小，右臂长而弯曲。阳茎简单，细长略弯曲。

雌性外生殖器（图版 111-364）：产卵瓣宽短，近矩形，具刚毛。后表皮突纤细，等长于第 8 腹节或略长。交配孔完全融于第 7 腹节，或略骨化。囊导管细长，交配囊膜质，椭圆形，无囊突。第 7 腹节腹板延伸，略骨化，形成一近"寿桃"形的片状结构。

寄主：旋花科 Convolvulaceae：田旋花 *Convolvulus arvensis* Linn.，旋花 *C. cantabrica* Linn.，地中海旋花 *C. althaeoides* Linn.，*C. spithamaea* （Linn.）R. Br.，*C. microphyllus* （Sieb.），*C. floridus* Linn.，*C. subacaulis*，蔊打碗花 *Calystegia sepium* （Linn.）R. Br.，肾叶打碗花 *C. soldanella* （Linn.），甘薯 *Ipomoea batatas* （Linn.）Makino，*I. hispida* （Vahl.）Roem. *et* Schult.，圆叶牵牛 *I. purpurea* （Linn.）Roth.；藜科 Chenopodiaceae：藜 *Chenopodium* sp.，*Atriplex* sp.；茄科 Solanaceae：曼陀罗 *Datura stramonium* Linn.；天仙子 *Hyoscyamus niger* Linn.；蓼科 Polygonaceae：*Polygonum* sp.；杜鹃花科 Ericaceae：*Calluna* sp.，欧石楠 *Erica* sp. Linn.，越橘属 *Vaccinium* sp.；菊科 Asteraceae：*Senecio* sp. Linn.；玄参科 Scrophulariaceae：金鱼草属 *Antirrhinum* sp.。

分布:浙江(天目山)、黑龙江、内蒙古、宁夏、甘肃、青海、新疆、北京、天津、河北、山西、陕西、山东、江西、湖北、福建、四川、贵州;日本,印度,欧洲,非洲北部,北美。

滑羽蛾属 *Hellinsia* Tutt,1905

Hellinsia Tutt,1905. Type species: *Pterophorus osteodactylus* Zeller,1841.

头部鳞片紧贴,前额光滑。下唇须纤细,斜上举,刚达复眼上缘。前翅所有裂叶顶角均锐。前翅自 2/3 处开裂。翅面颜色较亮,从白色、黄色到灰白色;很少暗色、褐色至黑色。裂口之前和前缘第 1 裂叶基部常各具 1 个深色斑。前翅翅脉:Sc 脉直达前缘 4/7~3/5 处;R_1 脉缺失,R_2 和 R_5 脉分离,均出自中室上角附近,有些种 R_3 脉和 R_4 脉基部非常接近,R_4 脉直达第 1 裂叶顶角;M_3 脉直达第 2 裂叶顶角;CuA_1 脉出自于中室下角之后,CuA_2 脉出自中室近下角。后翅第 3 叶具 2 条脉。中足沿距具不发达的鳞毛簇。雄性外生殖器:爪形突钩状。背兜腹面末端有时二裂,似背兜叶。抱器瓣不对称,基部外侧常具长毛簇;抱器背简单,弧形;左抱器瓣具非常发达的刺或突起;右抱器腹偶尔具小的角或刺。基腹弧拱形,囊突不发达或无。阳茎基环端部分裂成不等长两臂,两臂常扭曲。阳茎常短于抱器瓣的 1/2,略弯曲,角状器有或无。雌性外生殖器:后表皮突发达;前表皮突退化,很小或无。交配孔和导管端片通常位于左侧,具许多骨化脊。交配囊泡状、圆形或椭圆形。导精管非常发达。

该属中国已知 26 种,本书记述 3 种。

分种检索表

1. 右抱器腹端部形成分离的指状突起 ·· 黑指滑羽蛾 *H. nigridactyla*
   右抱器腹端部通常与抱器瓣融合在一起 ··· 2
2. 左抱器瓣长约为宽的 2 倍;左抱器腹突基部为锥形片围成的半环形结构,端部形成 1 长刺状突起,该突起长约为爪形突的 1.5 倍 ··· 日滑羽蛾 *H. ishiyamana*
   左抱器瓣长约为宽的 3 倍多;左抱器腹突基部为长方形片围成的半环形结构,端部形成 1 针状突起,该突起长约为爪形突的 2 倍 ··· 艾蒿滑羽蛾 *H. lienigiana*

17.5　日滑羽蛾 *Hellinsia ishiyamana* (Matsumura,1931)(图版 21-365)

Pterophorus ishiyamanus Matsumura,1931,*Illustr. Insects Japan-Empire*:1056.

Hellinsia ishiyamana:Gielis,1993,*Zool. Verh.*,**290**:69.

翅展 20.0~19.0mm。头部黄褐色,前额下方颜色略浅,两触角间和周围连成一白色长方形域。后头区和头胸之间具少许直立散生的黄白色细鳞毛。触角长约为前翅的 1/2,基部略膨大,黄白色,背面被浅灰褐色鳞片;鞭节腹面密被细绒毛,灰黄色至黄白色,各节末端颜色较深。下唇须短于复眼直径,紧贴颜面上举;基节短,几乎全部隐藏在复眼之下的浅灰白色长鳞片中;第 2,3 节近等长,黄白色;第 3 节末端尖。胸部浅褐色,被许多白色鳞片。翅基片较大,白色。前翅自 3/5 处开裂,底色灰白色,散布灰褐色鳞片,尤其在端部;翅面未开裂部分的正中央具 1 个褐色小椭圆形点;裂口之前上下排列着 2 个褐色点,其内侧内外排列着 2 个不明显的浅灰褐色点;第 1 裂叶前缘基部具 1 个较大的灰褐色点,近顶角处具 1 个褐色小点,后缘近顶角处具 1 个浅褐色点。缘毛灰黄色,端部色较深。后翅简单,翅面颜色略微比前翅灰,缘毛颜色同翅面,较长。前足和中足的腿节和胫节上褐色和浅黄白色纵向交替排列,跗节背侧褐色,腹侧浅黄白色;后足近白色,胫节中部着生距处,端部以及距背面褐色,跗节各节末端颜色略深。腹部浅黄白色至灰白色,散布浅灰褐色鳞片。

雄性外生殖器(图版 62-365):爪形突粗刚毛状,基部粗,向端部渐细,末端尖;约等长于背兜。背兜简单,基部宽约为端部的 2 倍。左抱器瓣较宽大,长约为宽的 3～4 倍,末端圆钝;抱器腹基部宽大,腹侧为背缘略内凹的山丘状突起,背侧为锥形片状围成的半环形结构,其向端部渐变细为 1 刺状突起,长约为爪形突的 1.5 倍,较爪形突细,末端尖。右抱器瓣较左抱器瓣狭;抱器腹基部较左抱器瓣细,整体向端部渐变细,延伸到抱器瓣 2/3 处与抱器瓣愈合,其背缘在抱器瓣近 1/3 处向基部延伸出 1 小长刺状突起,在 2/5 处形成一长折叠,长约为抱器瓣的 1/5,有的不明显。囊形突前缘略内凹,后缘弧形。阳茎基环长约为右抱器瓣的 1/3;基部 3/5 近长方形,左侧略内凹,前缘中部具 1 小长三角形裂口,两侧圆钝;端部 2/5 裂为不对称两臂,左臂近长三角形,末端具 1 小突起,右臂为左臂的 2 倍长和粗,近基部常扭曲,末端圆。阳茎略弯曲,长约为爪形突的 1.5 倍,与爪形突基部近等粗,端部具 1 细小角状器,有的缩在爪形突内。

寄主:菊科 Asteraceae:五月艾 *Artemisia vulgaris* L. var. *vulgatissima* Bess.。

分布:浙江(天目山)、安徽、四川;日本。

17.6 艾蒿滑羽蛾 *Hellinsia lienigiana* (**Zeller, 1852**)(图版 21-366)

Pterophorus (Pterophorus) lienigianus Zeller, 1852, *Linn. Entomol.*, **6**:380.

Hellinsia lienigiana:Arenberger & Jaksic, 1991, *Tsrnogorska Akad. Nauk. Umjetnosti Posebna Izdanja*, **24**:234.

翅展 15.0～17.0mm。头浅灰褐色至浅黄褐色,无前额突;头顶和触角间灰白色至黄白色。复眼周围、颈部具一些直立散生短鳞毛。触角长约为前翅的 1/2 或略长;柄节略膨大,灰白色至黄白色;鞭节密被细纤毛,背面黑色和黄白色相间,端半部黑色较少,腹面灰白色至黄白色。下唇须斜上举,刚达复眼上缘,黄白色,外侧夹杂褐色鳞片。胸部褐色,密布浅灰白色至黄白色鳞片。翅基片浅灰白色至黄白色,有的散布褐色。前翅自 4/7 处开裂;灰白色至黄白色,散布褐色鳞片,基半部尤其明显,前缘颜色略发黄;翅面未开裂部分的 2/5 处的正中央具 1 个非常小的褐色点,有的不明显;裂口之前具 1 个较大的褐色点;第 1 裂叶前缘基部 1/4 处具 1 个近长方形褐色点,长约为第 1 裂叶的 1/5,裂叶前缘缘毛颜色同翅面,后缘基半部颜色较浅,近顶角处浅褐色;第 2 裂叶颜色同翅面,缘毛颜色同翅面,但前、后缘近顶角处和顶角处颜色较深。后翅简单,分别自基部 2/7 处和近顶角处开裂;灰褐色;缘毛较裂叶颜色浅。前足胫节白色,侧面具 2 条端部略加宽的深褐色条纹;跗节除基节具深褐色条纹外,其余白色。中足胫节和跗节白色,内侧具深褐色条纹。后足胫节白色,外侧散布黑褐色鳞片。腹部浅灰白色至黄白色,每节后缘具清晰或不清晰的黑褐色点,末节背面黄白色至黄褐色。

雄性外生殖器(图版 62-366):爪形突近直或钩状,基部略粗,向端部渐细,末端尖。背兜略拱起,与爪形突近等长。左抱器瓣极其宽大,长约为宽的 2 倍,末端圆;抱器腹基部粗,约为抱器瓣的 1/3,端部向背侧延伸出 1 个由长方形片围成的半环状突起,该突起后缘正中延伸出 1 细长针状突,末端尖,长约为爪形突的 2 倍。右抱器瓣较左抱器瓣狭;抱器腹基部粗,端部在抱器 2/3 处与抱器瓣融合;背缘中部内凹,凹口具 1 伸向基部的小刺状突,端部 1/4 处形成 1 折叠。阳茎基环基部 2/3 近长方形,长约为宽的 1.5 倍,前缘正中央内凹;端部 1/3 延伸成两臂,左臂较小,长三角形,末端尖,右臂长和粗均约为左臂的 3 倍,中部向左侧弯曲,两臂末端均具 1 小而尖的刺状突。阳茎略弯曲,长为爪形突的 1.5 倍多;基部骨化弱。

雌性外生殖器(图版 111-366):产卵瓣较宽大,近三角形,具毛。后表皮突纤细,长约为第 8 腹板的 1.5 倍。交配孔圆形,较大。导管端片基部粗,密布微刺,左侧弧形凸起,右侧直,略内凹;中部缢缩,端部略加粗,两侧骨化较强。囊导管较短,末端膨大成近葫芦形的交配囊,内具 1 对由细小刺组成的圆片状囊突。导精管自囊导管基部伸出,长为交配囊的 2～3 倍,端部 1/4 常膨大。

寄主:菊科 Asteraceae:北艾 *Artemisia vulgaris* Linn.,荒野蒿 *Artemisia campestris* Linn.,滨海蒿 *Artemisia maritima* Linn.,*A. princeps*,*Leucanthemum vulgare* Lam.,艾菊 *Tanacetum* sp.,茄属植物 *Solanum* sp.。

分布:浙江(天目山)、宁夏、北京、天津、河北、山西、陕西、河南、山东、上海、安徽、浙江、江西、福建、湖北、湖南、台湾、四川、贵州;朝鲜,日本,越南,菲律宾,印度,斯里兰卡,挪威,瑞典,俄罗斯,匈牙利,罗马尼亚,保加利亚,克罗地亚,英国,法国,荷兰,比利时,奥地利,马达加斯加,毛里求斯,南非,澳大利亚,巴布亚新几内亚。

17.7 黑指滑羽蛾 *Hellinsia nigridactyla* (Yano, 1961)(图版 21-367)

Oidaematophorus nigridactylus Yano, 1961, *Kontyû*, **29**(3):154.

Hellinsia nigridactyla:Gielis, 1993, *Zool. Verh.*, **290**:70.

翅展 14.0～16.0mm。头灰褐色,颜面杂黑色鳞片,无前额突;头顶灰褐色,触角之后颜色浅;后头区与头胸之间稀疏具少许灰褐色直立散生细鳞毛。触角长约为前翅的 1/2 或略长;柄节略膨大,背面灰褐色,腹面灰白色;鞭节密被细绒毛,灰褐色。下唇须短,约与复眼直径等长,紧贴颜面上举;灰褐色;基节非常短,第 2、3 节等长,无鳞毛刷,第 3 节末端尖。胸部灰褐色,密被淡灰白色鳞片。翅基片较大,淡灰白色。前翅在 3/5 处开裂;底色浅灰色至灰色,前缘颜色较深;未开裂部分正中央具 1 个黑褐色小点,有的不明显;裂口之前具 1 个褐色小点;缘毛灰褐色,短。后翅简单,分别自基部 1/3 处和近基部开裂;深灰色,缘毛颜色略浅。前足和中足腿节灰褐色,胫节褐色和灰白色纵向交替排列,距背面褐色,腹面灰白色,跗节灰白色,各节末端颜色较深。后足腿节和胫节灰褐色,散布褐色鳞片,跗节灰白色,散布灰褐色鳞片,各节末端颜色较深。腹部中等粗细,灰褐色,散布褐色鳞片,末端颜色略浅。

雄性外生殖器(图版 62-367):爪形突钩状,基部略粗,向端部渐变细,末端尖;略短于背兜。背兜简单,基部较宽。左抱器瓣宽大,长为宽的 3 倍多,近端部变细,末端圆钝;抱器腹基部宽大,在抱器瓣 1/3 处形成 1 枚长约为抱器瓣 1/3 的近三角形突起,其基部非常宽大,端部细,末端略钝,此突起背侧基部伸出 1 个与其等长、微弯曲的细刺状突起。右抱器瓣宽约为左抱器瓣的 2/3,端部 1/7 缢缩呈山丘状,末端圆;抱器腹基部非常宽大,端部渐细,近末端形成 1 个伸向抱器背侧的指状突起,背缘 2/3 处具一小突起。囊形突前缘略弧形内凹,后缘弧形。阳茎基环基部 3/4 近长方形,长约为宽的 3 倍,前缘中央深内凹,两侧圆钝;端部 1/4 裂为近等粗的不对称两臂,左臂略短于右臂,右臂基部常扭曲,末端均具 1 枚尖刺状小突起。阳茎纤细,微弯曲,长约为抱器瓣的 1/2;末端尖。

雌性外生殖器(图版 111-367):产卵瓣方形或长方形,后缘具纤细短刚毛。后表皮突纤细,略长于第 8 腹板。交配孔和导管端片位于左侧;交配孔圆形,较小。导管端片小,骨化弱,不规则片状,后缘内凹;囊导管长约为交配囊的 2 倍,基部略粗于导管端片,端部逐渐加粗。交配囊圆形;囊突 1 对,圆形。导精管自囊导管近基部伸出,基部细,端部渐粗,端部 1/3 膨大呈半圆形。

寄主:菊科 Asteraceae:日本紫菀 *Aster yomena* Makino。

分布:浙江(天目山)、黑龙江、吉林、辽宁、天津、山东、安徽、江西、湖南、福建、广西、四川、贵州、云南;日本,俄罗斯。

螟蛾总科 PYRALIOIDEA

十八 螟蛾科 Pyralidae

复眼较大。下唇须 3 节,平伸或上举于额前面。下颚须 3 节,有时微小或缺失。鼓膜器的鼓膜泡完全闭合;节间膜与鼓膜位于同一平面;无听器间突。R_5 与 R_{3+4} 脉共柄或合并。雄性外生殖器:爪形突发达;颚形突末端钩状或弯曲,少有退化或缺失;抱器瓣简单;阳茎多为柱状。雌性外生殖器:产卵瓣骨化弱;囊导管膜质,有时具骨化或粗糙的区域;交配囊膜质,无特殊的骨化区,有 1~2 个形状各异的刺及骨化的囊突。

该科昆虫已知 1000 余属,近 6000 种,各动物地理区均有分布。

分亚科检索表

1. 有次生腹棒 ·· 斑螟亚科 Phycitinae(部分)
   无次生腹棒 ·· 2
2. 雌性翅缰 1 根;导精管出自交配囊 ································ 斑螟亚科 Phycitinae
   雌性翅缰 2 根;导精管出自囊导管 ·· 3
3. 阳茎基部向腹面弯曲,爪形突臂与中线的夹角等于或大于 110°;下唇须第 3 节末端尖 ··············
   ·· 丛螟亚科 Epipaschiinae
   阳茎基部不向腹面弯曲,爪形突臂与中线夹角为 90°;下唇须第 3 节末端钝 ····· 螟蛾亚科 Pyralinae

斑螟亚科 Phycitinae

个体通常较小。体色暗淡,成虫前翅狭长,颜色多为棕色、灰色或灰褐色,极少数种类具金属光泽。头顶圆拱或平拱,被光滑或粗糙鳞毛。雄性触角柄节形状多样,有的鞭节形成缺刻,其上覆盖鳞片簇,有的腹面被纤毛,有的形成单栉状。下颚须冠毛状、柱状或刷状。成虫前翅 R_3 与 R_4 脉合并,M_2 与 M_3 脉合并、共柄或游离。后翅翅脉 10 条或更少。雌、雄翅缰均 1 根。雄性外生殖器:爪形突多样;颚形突棒状、锥状或钩状;抱器瓣密被刚毛,抱器背狭条状,抱握器有或无;阳茎柱状,骨化程度不一,角状器有或无,味刷有或无。雌性外生殖器:表皮突 2 对,细棒状;导管端片有或无;囊导管膜质或略骨化;交配囊膜质,圆形或椭圆形。

该亚科幼虫危害植物的根、茎、叶、花、果实及种子等,大多数是农林业重要害虫。

该亚科全世界已知 3450 余种,中国已知 110 属 300 余种。

分族检索表

1. 雄性外生殖器抱器瓣基部通常具长鳞毛束 ···························· 隐斑螟族 Cryptoblabini
   雄性外生殖器抱器瓣基部无长鳞毛束 ································· 斑螟族 Phycitini

隐斑螟族 Cryptoblabini

雄性触角鞭节基部鳞片簇有或无。单眼和毛隆发达。下唇须多弯曲上举。下颚须多柱状被鳞。喙发达。雄性外生殖器:抱器瓣基部具成束的长鳞毛;无味刷。雌性外生殖器:前、后表皮突均发达;交配囊膜质,多具骨化强烈的囊突。

分属检索表

长颚斑螟属 *Edulicodes* Roesler,1972

Edulicodes Roesler,1972. Type species:*Edulicodes inoueella* Roesler,1972.

头顶平。雄性触角鞭节背面基部具 1 小凹陷,凹陷末端具 1 较直的锥形突起,鞭节腹面纤毛约与鞭节宽度相当;雌性触角简单。下唇须弯曲上举,明显过头顶。前翅 R_{3+4} 与 R_5 脉共长柄,出自中室上角,M_2 与 M_3 脉愈合,并与 CuA_1 脉共短柄,后翅 $Sc+R_1$ 与 Rs 脉基部约 4/5 共柄,与 M_1 脉同出自中室上角,M_2 与 M_3 脉愈合,与 CuA_1 脉共短柄。雄性外生殖器:爪形突三角形;颚形突端部钩状;抱器背基突后缘连接,抱器瓣基部具长鳞毛束,抱器背达抱器瓣末端;基腹弧 U 形;阳茎基环半椭圆形,侧臂发达;阳茎短,柱状,角状器无。雌性外生殖器:前表皮突略长于后表皮突;囊导管膜质;交配囊膜质,具囊突;导精管出自交配囊后端。

该属世界仅知 1 种,本书记述该种。

18.1 井上长颚斑螟 *Edulicodes inoueella* **Roesler,1972**(图版 21-368)

Edulicodes inoueella Roesler,1972,*Ent. Zeit. Frankf. a. M.*,**82**(23):260.

翅展 15.0～21.0mm。头顶灰白色。触角灰褐色。下唇须褐色与白色相间,第 2 节为第 3 节长的 2 倍。下颚须灰褐色与白色相间,鳞片扩展呈扇形,略短于下唇须。喙基部黑褐色。领片、翅基片灰褐色;胸黑褐色。前翅底色灰褐色,中域灰白色;内横线灰白色,较直,位于翅基部 1/3 处,内侧靠近后缘处镶一褐色斑;外横线灰白色,波浪形,位于端部 1/4 处,与外缘近乎平行,内外均镶褐边;中室端斑黑褐色,椭圆形,明显分离;外缘线白色,内侧缘点黑色,连成一条线;缘毛淡灰白色。后翅半透明,灰白色,缘线淡褐色;缘毛灰白色。腹部灰褐色。

雄性外生殖器(图版 62-368):爪形突三角形,长与基部宽约相等。颚形突基部粗,端部尖钩状,长约为爪形突的 1/3。抱器背基突"人"字形,伸抵爪形突基部。抱器瓣长约为宽的 3 倍,背面基部着生一束长鳞毛,端部与基部等宽,末端圆钝;抱器背达抱器瓣末端;抱器腹弯曲成窄骨化片,长约为抱器瓣的 2/5。基腹弧 U 形,长约为抱器瓣的 3/5。阳茎基环基部盾片状,端部两侧为膨大的侧臂,被稀疏刚毛。阳茎长约为抱器瓣的 3/4,中部被微刺;角状器无。味刷无。

雌性外生殖器(图版 111-368):产卵瓣长为宽的 2 倍。第 8 腹节长为宽的 4/5,前缘中部凹陷,两侧凸出。两对表皮突均较粗,基部均膨大,后者长是前者的 4/5。导管端片漏斗状;囊导管前缘宽,后缘窄。交配囊长为囊导管的 1.3 倍;囊突为一近长条形骨片,位于囊近前端,周围密布骨化颗粒。

分布:浙江(天目山)、陕西、河南、湖北、福建、贵州、广东;日本,印度尼西亚,澳大利亚。

隐斑螟属 *Cryptoblabes* Zeller，1848

Cryptoblabes Zeller，1848. Type species：*Epischnia rutilella* Zeller，1839.

头顶平拱。触角线状，鞭节腹面被短纤毛；雄性触角基部轻微凹陷，端部具耳状突起。具单眼和毛隆。下唇须弯曲上举过头顶。下颚须柱形。喙发达。前翅 R_{3+4} 与 R_5 脉基半部共柄，M_2 与 M_3 脉基部相互靠近。后翅 $Sc+R_1$ 与 Rs 脉在中室外有一小段共柄，M_2 与 M_3 脉基部相互靠近，CuA_1 与 CuA_2 脉都出自中室下缘。雄性外生殖器：爪形突马鞍形，末端中部内凹呈 V 形；颚形突极小；抱器背基突后缘连接呈倒 T 形或三叉状，抱器瓣有成束的浓密长毛；基腹弧前缘内凹，阳茎基环 U 形，具侧臂；角状器有或无；无味刷。雌性外生殖器：前、后表皮突均中等长度；第 8 腹节衣领状，宽大于长；导管端片环形窄骨片状；囊导管膜质，前端内壁粗糙；交配囊内壁光滑或粗糙，具囊突；导精管出自交配囊。

该属主要分布于古北区、东洋区及新北区。中国已知 4 种，本书记述 1 种。

18.2　原位隐斑螟 *Cryptoblabes sita* Roesler *et* Küppers，1979（图版 21-369）

Cryptoblabes sita Roesler *et* Küppers，1979，*Beitr. Naturk. Forsch. SüdwDtl.*，**3**：42.

翅展 12.0～17.0mm。头顶被黑褐色光滑鳞毛。触角褐色。下唇须第 1 节灰白色，第 2、3 节黑褐色，第 3 节为第 2 节长的 3/4。下颚须灰白色，柱状，长约为下唇须第 2 节的 1/2。喙基部灰褐色。胸、领片及翅基片鼠灰色。前翅长为宽的 2.5 倍，底色暗褐色，杂少量白色；内横线白色，较直，位于基部 1/3 处，斜向外倾斜，外侧镶黑色宽边；外横线灰白色，内、外镶褐边，波浪形，在 M_1 和 A 脉处各有 1 向内的尖角；中室端斑黑色，二斑明显分离；外缘线灰褐色，内侧的缘点黑色；缘毛褐色。后翅半透明，与缘毛皆浅灰色，翅脉与外缘深灰色。腹部灰褐色。

雄性外生殖器（图版 63-369）：爪形突宽短，顶端中部凹陷，边缘有短刚毛。匙形突锥形，基部粗，端部渐细。颚形突小盾片形，极短。抱器背基突倒 T 形。抱器背骨化强，基半部外拱，端半部内凹，呈 S 形；抱器腹拱形，基部粗，端部渐细。基腹弧横宽，U 形，前缘内凹呈弧形。阳茎基环横宽，U 形，两侧臂细长，顶端有稀疏刚毛。阳茎圆柱状，长为宽的 4 倍，内被微刺。

雌性外生殖器（图版 111-369）：产卵瓣长为宽的 2 倍，密被刚毛。前、后表皮突近等长。第 8 腹节背板长为宽的 4/5 倍，前缘弧形。导管端片极窄；囊导管前端内壁粗糙，后端与导管端片等宽。交配囊圆锥形，后缘圆而宽阔，内壁粗糙，向前缘渐窄至钝尖；囊突钩状，末端尖锐，位于交配囊后端 1/3 处；导精管出自囊前缘 1/5 处。

分布：浙江（天目山）、河南、湖北、福建、广东、贵州；印度尼西亚。

匙须斑螟属 *Spatulipalpia* Ragonot，1893

Spatulipalpia Ragonot，1893. Type species：*Spatulipalpia effosella* Ragonot，1893.

头顶圆。触角柄节膨大。雄性下唇须第 2 节膨大，密被长鳞毛。前翅 R_{3+4} 与 R_5 脉共长柄，M_2 与 M_3 脉基部靠近，出自中室下角，CuA_1 脉出自中室下缘近下角处。后翅 $Sc+R_1$ 与 Rs 脉共短柄，M_2 与 M_3 脉出自中室下角同一点，CuA_1 脉出自中室下缘，与 M_3 和 CuA_2 脉近等距离。雄性外生殖器：爪形突多宽阔；颚形突小；抱器背基突消失；抱器瓣基部具 1 束长鳞毛，抱器背窄，抱器腹较窄，基腹弧 U 形，长大于宽；阳茎基环 V 形；阳茎柱状，角状器有或无。雌性外生殖器：前表皮突基部膨大，约与后表皮突等长；囊导管细，部分骨化；交配囊椭圆形，膜质，具囊突，导精管出自交配囊后端。

该属中国已知 1 种,本书记述该种。

18.3 白条匙须斑螟 *Spatulipalpia albistrialis* Hampson,1912(图版 21-370)

Spatulipalpia albistrialis Hampson,1912,*Journ. Bombay Nat. Hist. Soc.*,**21**:1256.

翅展 16.5~20.0mm。雄性:头顶被红褐色鳞毛,在两触角之间形成较深的毛窝,毛窝内被白色光滑鳞片。触角柄节长为宽的近 3 倍,内侧被红褐色鳞片,其余黄白色;鞭节基部缺刻内鳞片簇上面黄褐色,下面白色,其余鞭节黄褐色。下唇须前面黄白色,杂红褐色鳞片,两侧红褐色,第 3 节长约为第 2 节的 1/3。下颚须黄白色。雌性:头顶被淡黄褐色鳞片,两触角之间有一束黄白色鳞毛。触角柄节白色,长为宽的近 3 倍,鞭节黄褐色。下唇须长,红褐色,杂黑色、白色鳞片,第 3 节长约为第 2 节的 1/2。下颚须褐色,长约与下唇须第 3 节等长。领片朱红褐色,中部及两侧杂白色;翅基片暗红褐色;中胸背板黄白色。前翅红褐色,多黑色和白色纵条带,翅中部有一黑红色椭圆形大斑;外横线灰白色,小锯齿状;外缘线黄色,内侧缘点黑色;缘毛紫红色。后翅灰褐色,半透明,沿外缘有一条淡褐色细边;缘毛灰褐色。腹部背面基部褐色杂黑色鳞片,端部黄褐色,腹面黄褐色。

雄性外生殖器(图版 63-370):爪形突多边形,宽阔,末端分两叉。颚形突短棒状,长约为爪形突的 1/2。抱器背基突为一对三角形弱骨化片。抱器瓣狭长,端部 1/3 略上弯;抱器背基部宽,端部细,达抱器瓣末端;抱器腹细棒状,长为抱器瓣的 1/2。基腹弧 U 形,长与最宽处约相等。阳茎基环两侧臂纤弱。阳茎略长于抱器瓣,端半部具骨化褶皱。味刷 1 对。

雌性外生殖器(图版 111-370):产卵瓣被稀疏刚毛。前、后表皮突近等长。导管端片宽大于长;囊导管膜质,内壁具刻点。交配囊长椭圆形,长约为囊导管的 3 倍;囊突 3 个,中部 2 个由若干星状刺组成,后部 1 个近圆形,内部突出横脊,边缘锯齿状。

分布:浙江(天目山)、河南、安徽、江西、湖北、湖南、福建、广东、海南、贵州、云南;朝鲜,日本,印度,斯里兰卡。

斑螟族 Phycitini

具单眼,毛隆发达。雄性触角鞭节基部数节常凹陷,有的具鳞片簇。下唇须多弯曲上举,少数前伸。下颚须柱状或冠毛状。喙发达。前翅具 11 或 10 条脉,R$_{3+4}$ 与 R$_5$ 多共柄,M$_2$ 与 M$_3$ 分离、同出自一点或共柄。后翅具 10 或 9 条脉,M$_2$ 与 M$_3$ 共柄或愈合。雄性外生殖器:爪形突多三角形或四边形;颚形突多发达;抱器背基突存在或消失;抱握器多存在;基腹弧 U 形或 V 形;味刷有或无。雌性外生殖器:产卵瓣多三角形;第 8 腹节衣领状;表皮突发达;囊导管膜质或骨化;交配囊形状多样,囊突有或无,导精管多出自交配囊。

分亚族检索表

1. 雄性触角鞭节基部被鳞片簇,味刷发达,常多于 1 对 ················· 斑螟亚族 Phycitina
   雄性触角鞭节基部无鳞片簇,味刷常 1 对 ················· 峰斑螟亚族 Acrobasiina

斑螟亚族 Phycitina

具单眼。毛隆发达。触角线状,鞭节腹面密被纤毛;雄性触角鞭节基部常凹陷,内被鳞片簇,腹面有的具栉。雄性下唇须第 2 节发达,或紧贴额部垂直上举,或与雌性下唇须相同,与额远离,弯曲上举。下颚须柱状、冠毛状或刷状,雄性常被下唇须第 2 节鳞片覆盖,外观不可见。喙发达。雄性外生殖器:抱器瓣基部一般无成束长鳞毛;味刷 1 对到多对,呈三维立体排列。

雌性外生殖器:囊导管多骨化或部分骨化;交配囊形状多样,内壁常被棘刺,多具囊突。

分属检索表

锚斑螟属 *Indomyrlaea* Roesler *et* Küppers, 1979

Indomyrlaea Roesler *et* Küppers, 1979. Type species: *Indomyrlaea sutasoma* Roesler *et* Küppers, 1979.

头顶圆拱,被粗糙鳞毛。具单眼;毛隆发达。触角柄节长,腹面被短纤毛;雄性鞭节基部数节平缓弯曲,被致密短鳞片簇及由鳞片簇覆盖的 1 列齿突。雄性下唇须第 1 节弯曲,第 2 节粗壮,垂直上举过头顶,内部具凹槽,第 3 节短小,略前伸;雌性下唇须弯曲上举,第 3 节较雄性长,末端尖细。下颚须雄性冠毛状,与下唇须第 2 节等长,藏于下唇须第 2 节的凹槽内;雌性柱状被鳞,末端鳞片扩展呈扇形。喙发达。前翅 R_2 与 R_{3+4} 脉基部共柄,R_{3+4} 与 R_5 脉基部共柄长度为 R_5 脉长的 2/3,M_2 与 M_3 脉基部共短柄。后翅 Sc 与 Rs 脉基部相互靠近或共短柄,M_2 与 M_3 脉基部共长柄,CuA_1 与 M_{2+3} 脉在中室外共柄大于 CuA_1 脉长的一半。雄性外生殖器:爪形突近三角形;颚形突三分裂,锚状;抱器瓣窄长,端部和近腹缘具刚毛,抱器背宽,达抱器瓣末端,抱器腹窄,末端有时向外呈钩状突起;阳茎基环 U 形,侧臂指状;基腹弧 U 形;阳茎圆柱形,具角状器;味刷 2 对。雌性外生殖器:前、后表皮突约等长;导管端片骨化强烈,囊导管短于交配囊,部分骨化;交配囊长卵圆形,部分骨化,囊突由若干骨化刺组成,导精管出自交配囊后端。

该属中国已知 6 种,本文记述 1 种。

18.4　长须锚斑螟 *Indomyrlaea proceripalpa* Ren *et* Li, 2015(图版 21-371)

Indomyrlaea proceripalpa Ren *et* Li, 2015, *Zootaxa*, **4006**(2): 324.

翅展 18.0～26.5mm。雄性:头顶被黑褐色长鳞毛,两触角之间呈窝状凹陷,黄白色。触角柄节长为宽的近 2 倍,除基部背面白色外,其余密布黑褐色鳞片;鞭节深褐色,基部缺刻平缓,覆瓦状纵向排列一簇黑褐色鳞片簇,其下覆盖一列黑色齿状突起。下唇须黄白色,第 2 节垂直上举,极长,为复眼直径的 3 倍,第 3 节短小,前倾,长约为第 2 节的 1/15。下颚须黄褐色。领片、翅基片、中胸背板灰褐色。前翅底色黄褐色,散布黑褐色、白色和红褐色鳞片;基域灰黑色,鳞片较其余翅面厚而密;中域赭褐色;内横线、中室端斑消失;外横线灰白色,波浪状,在 R_4 和 CuA_2 脉处有 2 个向内的尖角,内、外各镶模糊的黑褐色边;外缘线黄褐色,内侧缘点相连呈一条清晰的黑色线;缘毛黄褐色。后翅灰褐色,不透明;缘毛黄白色。腹部各节背面黄褐色,腹面黄白色,末端具黄白色肛毛。雌性:头顶被黄白色长鳞毛,杂少量红褐色。触角柄节长为宽的近 2 倍,黄白色至红褐色;鞭节黄褐色至深褐色。下唇须黄白色,杂朱红褐色鳞片,第 2 节长约为复眼直径的 1.6 倍,第 3 节长约为第 2 节的 1/2,末端尖细。下颚须黄白色。领片黄白色至朱红褐色;翅基片、中胸背板灰褐色至红褐色。前翅暗红褐色;内横线、中室端斑消失;外横线灰白色,波浪状,在 R_4 和 CuA_2 脉处有 2 个向内的尖角,内、外各镶模糊的黑褐色边;外缘线黑色;缘毛褐色。后翅灰褐色,不透明;缘毛黄白色。腹部各节背面基部褐色,端部黄褐色,腹面黄白色。

雄性外生殖器(图版 63-371):爪形突头盔状,顶端尖圆,背面被短而稀疏的刚毛。颚形突三分裂,两侧叶近弯月形,略长于中叶。抱器背基突弱骨化。抱器瓣中间窄,基部和端部宽,末端略膨大,腹缘向外突出尖角;抱器背骨化强,宽为抱器瓣的 1/2,两端较宽,中部呈弧形凹陷;抱器腹骨化强,窄片状,长为抱器瓣的 3/4,末端向腹缘伸出呈钩状突起。基腹弧长为宽的 1.3 倍。阳茎基环中间为 1 盾片状骨化板,两侧具指状侧臂,侧臂顶端被稀疏刚毛。阳茎粗壮,长约为抱器瓣的 1.2 倍;角状器由许多麦穗状排列的小刺和骨化褶皱组成,端部有一齿状棘刺形成的环。味刷 2 对。

雌性外生殖器(图版 112-371):产卵瓣被稀疏刚毛。导管端片宽为长的 2 倍,侧缘中部略向外突出并密布刻点如一对眼状斑;囊导管后缘 1/3 膜质,前缘 2/3 弱骨化,内壁密布刻点。交配囊前缘半部膜质,后缘半部骨化,中部 1 排锥状大刺,囊导管与囊接合处一侧密布小刺,远离囊导管的一侧,囊后缘向后延伸出 1 长柄状突起,骨化强烈;导精管出自交配囊后缘柄状突起的基部。

分布:浙江(天目山)、陕西、河南、安徽、江西、湖北、湖南、福建、广东、海南、广西、四川、贵州、云南;朝鲜,日本。

带斑螟属 *Coleothrix* Ragonot,1888

Coleothrix Ragonot,1888. Type species:*Coleothrix crassitibiella* Ragonot,1888.

雄性触角鞭节背侧基部深凹,被 2 排鳞片簇;雌性简单。下唇须近垂直上举过头顶。前翅近矩形,雄性前翅前缘被黑色鳞片簇。前翅 R_{3+4} 与 R_5 共柄长度超过 R_5 的 3/5,R_2 与 $R_{3+4}+R_5$ 脉共长柄,M_2 与 M_3 脉基部靠近。后翅 $Sc+R_1$ 与 Rs 脉共长柄,与 M_1 脉同出自中室上角,M_2 与 M_3 脉共长柄,出自中室下角。雄性外生殖器:爪形突三角形,侧边内折;颚形突锥形,端部弯;抱器背基突后缘连接,抱器瓣近三角形,抱握器存在,抱器腹端突发达;阳茎基环 U 形,侧臂长带状;基腹弧 U 形;阳茎柱状,角状器由多枚锥形刺构成;味刷 2 簇。雌性外生殖器:前表皮突基部膨大,约与后表皮突等长;囊导管短于交配囊;交配囊梨形,膜质,常具附囊,囊突为 2 个密被小刺的骨片,导精管出自交配囊前端。

该属中国已知 4 种,本节记述 1 种。

18.5 马鞭草带斑螟 *Coleothrix confusalis* (Yamanaka, 2006) comb. nov. (图版 21-372)

Addyme confusalis Yamanaka,2006,*Tinea*,**19**(3):184.

Calguia defiguralis:Inoue,1955,*Check List Lepidop. Jap.*,**2**:139;Inoue.,1982,*In*:Inoue *et al.* (eds.),*Moths of Japan*,**1**:397;**2**:252;id.,1989,*Yugato*,**118**:129.

翅展 18.0~26.0mm。头顶红褐色。雄性触角柄节红褐色,长约为宽的 2 倍;鞭节背面灰白色,腹面深褐色,基部鳞片簇2排,红褐色;雌性触角灰褐色。下唇须红褐色,杂白色鳞片,第2节弯曲上举过头顶,第3节末端尖,长约为第2节的1/5。领片、翅基片及胸部红褐色到黑褐色,端部杂白色鳞片。前翅黑褐色,杂白色鳞片,翅基部1/3后半部密被红褐色鳞片,雄性腹面前缘基部约1/3具灰褐色短鳞片簇;内横线白色,直,从前缘基部1/4到后缘基部1/3;中室端斑白色,圆,分离;外横线灰白色,窄,从前缘端部1/7到后缘端部1/6,在M_1和A脉处内弯;外缘线褐色;缘毛褐色,端部白色。后翅灰白色,沿翅脉和外缘深褐色;缘毛基部1/3褐色,端部2/3灰色。足背面黄白色,腹面黑褐色杂白色鳞片,中足胫节背侧具黄白色长鳞毛束,跗节各节端部白色。

雄性外生殖器(图版63-372):爪形突三角形,长约为基部宽的1.7倍,末端圆,背侧被稀疏短刚毛。颚形突长约为爪形突的一半,端部约1/3内弯。抱器背基突后缘连接处膨大,圆形。抱器瓣近三角形,端半部密被长刚毛,末端尖;抱握器近矩形,位于抱器瓣基部3/5近抱器背处;抱器背窄,不达抱器瓣末端;抱器腹长约为抱器瓣的3/5,渐窄至端部,抱器端矩形。阳茎基环U形,侧臂长于爪形突,从基部渐细,端部呈尖刺状。基腹弧U形,长约为后缘宽的1.3倍。阳茎柱状,约与抱器瓣等长;角状器为1束骨化长刺,从阳茎基部1/7达端部1/7。第8腹节背板U形。味刷2簇。

雌性外生殖器(图版112-372):产卵瓣三角形,长约为基部宽的1.6倍,密被刚毛。前、后表皮突约等长。第8腹节长宽约相等,后缘中部呈V形深凹。囊导管长约为交配囊的2/5,前端1/3中部具骨化纵脊,前缘向两侧呈矩形扩展。交配囊椭圆形,膜质;囊突为2个密被微刺的椭圆形骨片;附囊出自交配囊与囊导管相接处,膜质。导精管出自交配囊前端。

分布:浙江(天目山)、甘肃、天津、陕西、河南、安徽、浙江、江西、湖北、湖南、福建、广东、海南、广西、重庆、四川、贵州、云南、西藏;日本。

腹刺斑螟属 *Sacculocornutia* Roesler, 1971

Sacculocornutia Roesler, 1971. Type species: *Nephopteryx monotonella* Caradja, 1927.

头顶圆拱,被粗糙鳞毛。雄性触角鞭节基部凹呈缺刻,缺刻处被一较大的椭圆形鳞片簇,由2排长柱形鳞片相互对峙横向密集排列而成。具单眼和毛隆。下唇须上举过头顶,雄性第2节粗壮,多具沟槽,第3节短小;雌性较细。下颚须雄性长柱形,藏在下唇须第2节的凹槽内;雌性短柱状。喙发达。前翅R_3与R_4脉基部3/4共柄,R_2与R_{3+4}脉共短柄,M_2与M_3脉相互靠近。后翅Sc与Rs脉基部1/3共柄,M_1与Sc+Rs脉几乎共同出自中室上角,M_2与M_3脉基半部共柄,CuA_1与M_{2+3}脉共短柄。雄性外生殖器:爪形突四边形,顶端圆钝或深裂;颚形突四边形,或盾片状;抱器背基突短棒状,后缘不连接,抱器瓣基部具突起,抱器背外拱,抱器腹基部被锥形骨化刺;阳茎基环V或U形;基腹弧U形;阳茎细长,角状器无;味刷4对。雌性外生殖器:前表皮突短于后表皮突;导管端片骨化强,囊导管膜质或部分骨化;交配囊膜质,椭圆形,囊突无,导精管出自囊导管或交配囊。

该属目前已知4种,只在古北区的中国和日本有分布记录,本书记述2种。

18.6 黄须腹刺斑螟 *Sacculocornutia flavipalpella* Yamanaka, 1990(图版22-373)

Sacculocornutia flavipalpella Yamanaka, 1990, *Tinea*, **12**(26): 233.

翅展14.0~16.5mm。头顶被黄白色或黄色鳞毛。触角雄性柄节和缺刻内鳞片簇白色,其余鞭节深褐色,雌性深褐色。下唇须黄色,明显超过头顶,雄性较雌性略粗壮,第2节内无凹槽,长约为第3节的2倍;第3节末端尖细。下颚须黄白色或黄色,两性均短柱状,被鳞,暴露,长约为下唇须第 2 节的 1/2。喙基部黄色或灰白色。领片、翅基片及胸褐色。前翅底色黑褐色（雄）或灰褐色（雌），长为宽的 2.3 倍；内横线灰白色，锯齿状，位于翅基部 2/5 处；外横线灰白色，波浪形，由前缘至 M_1 脉向内弯，由 A 脉至后缘向外弯曲，中间由 M_1 至 A 脉向外缘呈弧形；中室端斑黑色，分离；外缘线灰色，内侧的缘点黑褐色；缘毛灰褐色。后翅半透明，与缘毛皆浅灰褐色。腹部背面黑褐色，各节端部镶白边。

雄性外生殖器（图版 63-373）：爪形突四边形，基半部略窄于端半部，长略大于宽，顶端两侧角内折，后缘略拱。颚形突舌形骨化片，约为爪形突的 3/4，端部圆钝。抱器背基突棒状。抱器瓣长为最宽处的 2.2 倍；基部 1/4 处有一小突起；抱器背达抱器瓣末端，中部向外有一突起；抱器腹基部宽，端部细，长为抱器瓣的 3/5，基部顶角处被短锥形刺。基腹弧 U 形，长与最宽处近等，前缘中部略内凹。阳茎基环 U 形，两侧臂细棒状，端部被稀疏细刚毛。阳茎粗而短，长为抱器瓣的 5/8。味刷 4 对，呈三维立体状排列。

雌性外生殖器（图版 112-373）：产卵瓣三角形，长为宽的 2.5 倍。前表皮突长为后表皮突的 7/12。第 8 腹节背板长为宽的 2/3，后缘平直，前缘内凹呈倒 V 形。导管端片杯状，骨化强，长略小于宽；囊导管膜质，长约为前表皮突的 2 倍。交配囊葫芦形，中部 3/5 处缢缩，前端近球形。导精管出自交配囊末端。

分布：浙江（天目山）、宁夏、河北、天津、山西、河南、广西、重庆、贵州；日本。

18.7　中国腹刺斑螟 *Sacculocornutia sinicolella*（Caradja，1926）（图版 22-374）

Nephopteryx sinicolella Caradja，1926，*Deut. Entomol. Zeit. Iris*，**40**：170.

Sacculocornutia sinicolella：Roesler，1972，*Entomol. Zeit. Frankf. a. M.*，**81**(16)：180.

翅展 18.0～19.5mm。头顶被白色粗糙鳞毛。触角黄褐色，雄性鞭节基部缺刻内鳞片簇白色。下唇须黄褐色，明显超过头顶；雄性第 2 节弯曲粗壮，内具凹槽，长约为第 3 节的 8 倍；雌性第 2 节长为第 3 节的 2 倍。下颚须雄性黄白色，略长于下唇须第 2 节；雌性灰色，扇形，长约为下唇须第 2 节的一半。喙基部黄褐色。前胸雄性白色，雌性黑褐色。前翅底色黑褐色，杂少量灰白色，长为宽的 3 倍；内横线白色，分成两段，前半部更靠近翅基部，其外侧和后缘半部内侧各镶一黑色宽边；外横线白色，波浪形，由前缘至 M_1 向内弯，由 A 脉至后缘向外弯曲，中间由 M_1 至 A 脉向外缘呈弧形；中室端斑相距很近，似乎连成一黑色短横线；外缘线灰色，内侧的缘点清晰、黑色；缘毛烟灰色。后翅半透明，与缘毛皆浅灰色。

雄性外生殖器（图版 63-374）：爪形突顶端深裂呈 U 形，顶端两侧角向腹面弯曲。颚形突长方形，长为宽的 1.4 倍，略长于爪形突，顶端两侧角向腹面凸出。抱器背基突棒状。抱器瓣叶片状，基部 1/3 最宽，两端较窄，长为最宽处的 3.6 倍；基部 1/4 处有一耳状突起；抱器背达抱器瓣末端，基部 2/3 外拱，端部 1/3 内凹；抱器腹 S 形，长为抱器瓣的 5/8，基部两端被中等长度的锥形骨化刺。阳茎基环树叉状，基部 2/3 为一 V 形骨片，端部 1/3 膨大为卵圆形侧臂，端部被稀疏细刚毛。基腹弧长为抱器瓣的 7/8，前缘平直。阳茎细而直，长为抱器瓣的 3/4。味刷 4 对，呈三维立体状排列。

雌性外生殖器（图版 112-374）：产卵瓣长为宽的 3 倍。前表皮突长为后表皮突的 2/3，基部不膨大。第 8 腹节背板长为宽的 3/4，后缘平直，前缘内凹呈弧形。导管端片较短，骨化强；囊导管稍细于导管端片，长约为前表皮突的 4 倍；导精管出自囊导管后缘 3/8 处。交配囊卵圆形，长为囊导管长的一半。

分布：浙江（天目山）、辽宁、宁夏、甘肃、天津、河北、山西、陕西、河南、山东、安徽、上海、湖北、湖南、广西、四川、重庆、贵州；日本。

鉴别:本种可以通过以下特征与黄须腹刺斑螟 S. *flavipalpella* 加以区别:下唇须黄褐色,头顶及触角基部白色,下唇须雌雄异型,雌性短柱状,雄性冠毛状;而黄须腹刺斑螟下唇须金黄色,头顶及触角基部土黄色,下唇须雌雄同型,均为短柱状。

直鳞斑螟属 *Ortholepis* Ragonot, 1887

Ortholepis Ragonot, 1887. Type species: *Ortholepis jugosella* Ragonot, 1887.

头顶具鳞毛突。雄性触角鞭节背侧基部具较小鳞片簇,其下覆盖数个黑色小刺,雌性触角简单。下唇须上举过头顶,雄性第2节粗壮;雌性较纤细,第3节较雄性的长。雄性下颚须具窄长鳞片。前翅内横线内侧具鳞毛脊;R_{3+4} 与 R_5 脉基部共长柄,M_2 与 M_3 脉基部靠近。后翅 $Sc+R_1$ 与 Rs 脉短距离并接,M_2 与 M_3 脉中室外共柄长度超过 M_3 的 1/2。雄性外生殖器:爪形突近三角形,侧边中部内折;颚形突端部钩状;抱器背基突中部弱骨化,抱器瓣多窄长,抱握器存在;阳茎基环 U 或 V 形,具侧臂;基腹弧 U 或 V 形;阳茎柱状,角状器 1 枚。味刷 1 对。雌性外生殖器:前表皮突短于后表皮突;导管端片弱骨化,内壁具小刺,囊导管短于交配囊,与交配囊相接处一侧具宽扁骨化区域;交配囊近椭圆形,后端部分骨化,无囊突,导精管出自交配囊后端。

该属中国已知 1 种,本书记述该种。

18.8 毛背直鳞斑螟 *Ortholepis atratella* (**Yamanaka, 1986**)(图版 22-375)

Metriostola atratella Yamanaka, 1986, *Trans. Lepidop. Soc. Jap.*, **37**(4): 188.

Ortholepis atratella: Yamanaka, 2013, In: Hirowatari *et al.* (eds.), *The Standard of Moths in Japan*, **4**: 64, 353.

翅展 17.5~23.0mm。雄性头顶灰白色,雌性灰褐色。雄性触角柄节黑褐色,长约为宽的 2 倍,鞭节背面灰白色,基部鳞片簇上层黑褐色,下层灰白色,腹面黑褐色;雌性触角灰白色杂褐色环纹。雄性下唇须内侧白色,外侧灰褐色,弯曲上举过头顶,第 3 节长约为第 2 节的 1/5;雌性下唇须灰褐色,第 3 节长约为第 2 节的 1/3。领片、翅基片及胸部黑褐色。前翅灰褐色,杂白色鳞片;内横线白色,近直,从前缘基部 1/3 到后缘中部;中室端斑黑色,分离;外横线从前缘端部 1/6 到后缘端部 1/7,波浪形;外缘线黑褐色;缘毛灰褐色,端部白色。后翅灰褐色;缘毛灰褐色。

雄性外生殖器(图版 63-375):爪形突花瓣形,长与最宽处约相等,基部略窄,顶端呈二裂。颚形突短棒状,长约为爪形突的 3/4。抱器背基突弱骨化,细棒状。抱器瓣叶片状,末端较尖;抱器背骨化强,球杆状,端部达抱器瓣 2/3 处,并向抱器瓣腹侧弯曲,腹缘具 1 列浓密的刺状短刚毛;抱器腹棒状,长为抱器瓣的 1/2。基腹弧长为最宽处的 1.2 倍,前缘平直。阳茎基环盾片状,两侧具纤弱侧臂,端部被稀疏刚毛。阳茎棒状,与抱器瓣近等长;端部具一刺状角状器。味刷 3 对。

雌性外生殖器(图版 112-375):产卵瓣基部 2/3 宽,端部 1/3 尖细,被稀疏刚毛。前表皮突长为后表皮突的 1/2。第 8 腹节背板桶状,长为宽的 1.2 倍,前缘半部密布骨化颗粒。导管端片漏斗状,与第 8 腹节近等长,密布骨化颗粒;囊导管极短,膜质,前半部具骨化刺,后缘半部具小骨化颗粒。交配囊膜质,卵圆形,后缘 1/4 较窄,密布骨化刺,前缘 3/4 内壁光滑;导精管出自囊后缘端部。

分布:浙江(天目山)、辽宁、天津、河北、湖北、湖南、贵州;日本。

瘿斑螟属 *Pempelia* Hübner，1825

Pempelia Hübner，1825. Type species：*Tinea palumbella* Denis et Schiffermüller，1775.

头顶鳞毛隆起。雄性触角基部弯曲凹陷呈缺刻状，缺刻内有 1 列纵向排列的齿状感觉器，被鳞片簇所覆盖；雌性简单。具单眼和毛隆。下唇须上举过头顶，雄性第 2 节粗壮，内有凹槽，第 3 节短小；雌性较细，第 3 节长而尖。下颚须雄性冠毛状；雌性短小柱状，末端片状鳞片扩展。前翅 R_{3+4} 与 R_5 基半部共柄，后翅 $Sc+R_1$ 与 Rs 基半部靠近，但不共柄，M_2 与 M_3 基部 2/5 共柄，CuA_1 与 M_{2+3} 在中室外共柄，出自中室下角。雄性外生殖器：爪形突三角形、半圆形或四边形；颚形突末端弯钩状；抱器背基突短棒状或无；抱器瓣形状多样，抱握器通常位于抱器瓣基部或中部；基腹弧 U 形；阳茎基环 U 形，具侧臂；阳茎柱状，角状器 1～3 枚；味刷多对。雌性外生殖器：表皮突中等长度；导管端片长方形或漏斗状；囊导管骨化或膜质；交配囊膜质，内壁多密布微刺，囊突有或无；导精管出自囊后缘。

该属大部分分布在地中海地区、非洲北部，少量分布在亚洲，中国已知 6 种，本书记述 1 种。

18.9　淡瘿斑螟 *Pempelia ellenella*（Roesler，1975）（图版 22-376）

Salebria ellenella Roesler，1975，*Dt. Entomol. Zeit.*（N. F.），**22**：80.

Pempelia ellenella：Fletcher & Nye，1984，*Generic Names of Moths of the World*，**5**：5.

翅展 17.0～22.0mm。头顶被灰褐色鳞毛，雄性触角间白色鳞毛形成窝状。触角淡褐色，雄性缺刻内被黑色椭圆形鳞片簇。下唇须明显过头顶；第 1 节灰褐色，端部两节黑褐色；雄性第 2 节极粗壮，内具沟槽，第 3 节极其短小，前者长约为后者的 8 倍；雌性第 2 节为第 3 节的 4 倍。下颚须雄性黄褐色，冠毛状，潜藏于下唇须的凹槽内，外部不可见；雌性短小，灰褐色，端部鳞片扩展，长约为下唇须第 2 节的 1/2。喙基部灰褐色。领片、翅基片及胸灰褐色。前翅底色灰褐色；内横线灰白色，较直，内、外侧镶清晰黑边；翅后缘中部具一模糊的圆形灰白色斑，分别与内横线外侧黑边和后缘相切；外横线波浪形，内、外侧镶清晰细黑边；中室端斑黑色，相接呈月牙形；外缘线灰白色，内侧有黑色缘点；缘毛深灰色。后翅灰褐色，半透明；缘毛灰色。

雄性外生殖器（图版 63-376）：爪形突半椭圆形。颚形突略短于爪形突，基部为 1 三角形骨片，端部为 1 小尖突。抱器背基突弱骨化，三角形。抱器瓣窄，末端圆钝；抱器背弯曲呈弧形，基部宽，有几个小突起；抱器腹伸达抱器瓣腹缘的 1/2，基部粗，端部细。基腹弧约与抱器瓣等长。阳茎基环 U 形，两侧臂弱骨化。阳茎柱状，约与基腹弧等长；角状器 1 枚，长刺状，位于阳茎中部。

雌性外生殖器（图版 112-376）：产卵瓣三角形，被稀疏刚毛。前、后表皮突等长，前者基部略膨大。第 8 腹节背板衣领状，前缘外凸，长为表皮突的 3/5。导管端片漏斗状，两侧有长条形骨片，呈倒"八"字形；囊导管骨化，约与第 8 腹节等长。交配囊圆形，后缘一侧向外突出，内壁光滑，其余部分着生密集微刺；导精管出自囊后端近导管处。

分布：浙江（天目山）、北京、天津、宁夏、甘肃、新疆、河北、陕西、河南、山东、江苏、安徽、江西、湖北、湖南、福建、台湾、广东、广西、四川、贵州；朝鲜。

栉角斑螟属 *Ceroprepes* Zeller，1867

Ceroprepes Zeller，1867. Type species：*Ceroprepes patriciella* Zeller，1867.

雄性触角鞭节背侧基部缺刻平缓,被一列小鳞片簇,腹侧具栉;雌性简单。下唇须纤细,弯曲上举明显过头顶。前翅内横线内侧具黑色鳞毛脊,R_{3+4} 与 R_5 脉共柄长度超过 R_4 脉的 1/2,出自中室上角,M_1 脉基部与 $R_{3+4}+R_5$ 脉靠近,M_2 与 M_3 脉基部靠近。后翅 $Sc+R_1$ 与 Rs 脉中室外约 1/3 靠近,与 M_1 脉同出自中室上角。雄性外生殖器:爪形突三角形;颚形突棒状;抱器背基突后缘连接;抱器瓣宽阔,抱握器存在,抱器背窄长,到达抱器瓣末端,抱器腹基部到端部渐细,端部与抱器瓣分离;基腹弧 U 形,阳茎基环 V 形,侧臂长;阳茎柱状,端部密被小刺,无角状器;味刷 1 对。雌性外生殖器:前、后表皮突均较短或中等长度;导管端片近梯形,多具骨化褶皱,侧边常内折,囊导管与导管端片近等长,有的前端具横脊;交配囊卵圆形,囊突乳头状,导精管出自交配囊后端。

该属中国已知 10 余种,本节记述 1 种。

18.10　圆斑栉角斑螟 *Ceroprepes ophthalmicella*（Christoph，1881）(图版 22-377)

Pempelia ophthalmicella Christoph，1881，*Bull. Soc. Imp. Nat. Moscou*，**56**(1)：49.

Ceroprepes ophthalmicella：Ragonot，1893，*In*：Romanoff (ed.)，*Mém. Lépidop.*，**7**：10.

翅展 22.0～27.0mm。头顶被黄色粗糙鳞毛。触角柄节、鞭节基部黄褐色,端部褐色。下唇须第 1 节白色,第 2、3 节淡黄色;雄性第 2 节长约为第 3 节的 1.3 倍,雌性第 2、3 节约等长。下颚须黄白色。喙基部被白色鳞片。领片红褐色,中、后胸及翅基片黄褐色。前翅底色红褐色,基部杂黑色;近内横线处有 1 大 1 小两个黑色鳞毛脊,脊周围黄褐色;内横线灰白色,锯齿状,向内有两个小尖角,外侧被黑色细边,黑边外侧近后缘处有一灰白色圆斑;外横线波浪形,在 M_1 和 CuA_2 脉处各有一个向内的尖角,在 M_1 和 CuA_2 脉之间向外弯曲呈弧形;中室端斑相互分离或相接;外缘线灰色;缘毛灰褐色。后翅半透明,灰白色;缘毛淡灰色。

雄性外生殖器(图版 63-377):爪形突近等边三角形,背部被稀疏短刚毛,基部轻微内折,中部略内凹。颚形突棒状,长为爪形突的一半,基部与端部近等粗,末端轻微两分叉。抱器背基突弯弓形,后缘连接处结状。抱器瓣相对本属其他种类较窄;抱握器较大,指状,端部圆钝;抱器背棒状,向末端渐细;抱器腹基部 3/4 粗,端部 1/4 细。基腹弧长大于宽,长约为抱器腹的 5/6。阳茎基环两侧臂长刀状,长约为抱器腹的 2/3,端部斜截,顶部尖,被极短刚毛。阳茎柱状,长于抱器瓣,长约为抱器瓣的 1.25 倍,端部 1/3 的内部密被小刺和骨化皱褶,外表面具大的锥形棘刺。

雌性外生殖器(图版 112-377):产卵瓣被稀疏长刚毛。前表皮突短于后表皮突;第 8 腹节背板宽为长的 2 倍。导管端片长为前表皮突的 1.2 倍;囊导管与导管端片近等长,后缘 2/5 内壁密被锥形细刺,中部向一侧突出,锥形刺稀疏,前缘被多呈鱼鳞状排列的小骨片。交配囊膜质,椭圆形,长为囊导管的 2 倍,前、后缘都较尖;囊突乳突状,位于囊中部与囊导管相对的一侧,周围被放射状排列的粗糙颗粒;导精管出自交配囊后缘。

分布:浙江(天目山)、天津、甘肃、山西、陕西、河南、山东、湖北、湖南、福建、四川、重庆、贵州、云南;日本,印度。

阴翅斑螟属 *Sciota* Hulst，1888

Socita Hulst，1888. Type species：*Socita croceella* Hulst，1888.

雄性触角鞭节背侧基部深凹，所被鳞片簇上层长，下层较短，两层鳞片簇之间具黑色刺突；雌性触角简单。雄性下唇须大多数紧贴额部上举。前翅 R_{3+4} 与 R_5 脉共长柄，M_2 与 M_3 脉基部靠近或共短柄，出自中室下角。后翅 $Sc+R_1$ 与 Rs 脉约基半部共柄，与 M_1 脉同出自中室上角，M_2 与 M_3 脉共长柄，与 CuA_1 脉同出自中室下角。雄性外生殖器：爪形突多四边形；颚形突端部尖细；抱器背基突弱骨化，中部连接；抱器瓣窄长，近基部常着生一簇长鳞毛；抱握器存在；抱器背不达抱器瓣末端；抱器腹狭窄，阳茎基环弱骨化，侧臂无；基腹弧 U 形；阳茎柱状，角状器多为 2 枚，刺状；味刷 4 对。雌性外生殖器：前表皮突基部膨大，略短于后表皮突；囊导管弱骨化；交配囊椭圆形，内壁通常粗糙，密布骨化颗粒或微刺；导精管出自交配囊后端。

该属中国已知 7 种，本书记述 1 种。

18.11　钩阴翅斑螟 *Sciota hamatella*（Roesler，1975）comb. nov. 新组合，中国新记录
（图版 22-378）

Nephopterix hamatella Roesler，1975，*Dt. Entomol. Zeit.*（N. F.），**22**：86.

雄性翅展 20.0～25.0mm。头顶黄褐色。雄性触角柄节背面黄褐色，腹面黄白色，鞭节背面灰白色，腹面黄褐色，基部鳞片簇上层灰褐色，下层长约为上层的 1/3，灰白色。雄性下唇须第 1 节灰白色，第 2 节内侧灰白色，外侧灰褐色杂白色鳞片，弯曲上举过头顶，第 3 节灰白色，短小。领片、翅基片及胸部灰褐色。前翅灰褐色，杂黑色和白色鳞片，翅基部 1/4 密被白色鳞片；内横线白色，从前缘基部 1/3 到后缘近中部，前部约 1/3 模糊，在 M_1 和 A 脉处内弯；中室端斑黑褐色，近矩形；外横线白色，从前缘端部 1/6 到后缘端部 1/5，近直；外缘线黑褐色；缘毛黄褐色。后翅黄白色；缘毛基部 1/3 褐色，端部褐灰白色。

雄性外生殖器（图版 64-378）：爪形突长约为基部宽的 2.5 倍，基部 3/5 渐窄，端部 2/5 膨大，呈扇形。颚形突锥形，长约为爪形突的 4/9，末端尖。抱器瓣基部 1/3 渐窄，中部 1 骨化刺，呈指状向腹缘伸出，端部 1/3 先加宽后渐窄；抱器背宽约为抱器瓣基部的 1/3，不达抱器瓣末端；抱器腹楔状，长约为抱器瓣的 1/3。阳茎基环近椭圆形。基腹弧 U 形，长约为后缘宽的 1.3 倍。阳茎柱状，具骨化颗粒和皱褶；角状器 3 枚，1 枚较大，位于阳茎端部，1 枚出自阳茎端部 1/3，1 枚出自阳茎基部，达阳茎中部。味刷 4 对。

分布：浙江（天目山）、北京。

云斑螟属 *Nephopterix* Hübner，1825

Nephopterix Hübner，1825. Type species：*Tinea angustella* Hübner，1796.

头顶常被直立鳞片簇。雄性触角鞭节基部常深凹，内被 2 排长柱形大鳞片簇，雌性触角简单。下唇须上举过头顶。下颚须雄性多为冠毛状，雌性柱状，短小被鳞。前翅 R_{3+4} 与 R_5 脉共长柄，M_2 与 M_3 脉基部靠近，出自中室下角。后翅 $Sc+R_1$ 与 Rs 脉并接或共短柄，M_2 与 M_3 共长柄，与 CuA_1 脉基部靠近或共短柄，出自中室下角。雄性外生殖器：爪形突形状多样；颚形突锥形，末端略呈钩状；抱器瓣窄长，基部有的着生 1 束长鳞毛，抱握器位于抱器瓣基部，抱器腹细棒状；基腹弧 U 形；阳茎基环 U 形、V 形或盾片状；阳茎柱状，角状器无或 1～3 枚；味刷 4 对。雌性外生殖器：前表皮突短于后表皮突；囊导管膜质或部分骨化；交配囊卵圆形，内壁常被皱褶或微刺，导精管出自交配囊。

该属中国已知 17 种。本书记述 1 种。

18.12　白角云斑螟 *Nephopterix maenamii* Inoue, 1959(图版 22-379)

Nephopterix maenamii Inoue, 1959, *Tinea*, **5**: 295.

翅展 22.5~27.0mm。头顶平拱,雄性被黄白色竖立长鳞毛,在两触角间形成较大的毛窝,雌性被灰褐色鳞毛丘突。触角黄褐色,柄节长为宽的 2 倍,雄性内侧白色,外侧褐色,雌性褐色;鞭节雄性基部缺刻内具白色鳞片簇,内有 1 列基部白色、端部黑褐色的齿突。下唇须上举,明显超过头顶;雄性第 1 节灰褐色,前伸,第 2 节黑褐色,垂直上举,极其粗壮,内具凹槽,第 3 节灰褐色,尖细,向上前方倾斜,第 2 节长约为第 3 节的 6 倍;雌性第 1 节灰褐色,第 2、3 节褐色,弯曲上举,末端尖细,第 2 节长约为第 3 节的 3 倍。下颚须雄性冠毛状,黄褐色,约与下唇须第 2 节等长,藏在下唇须第 2 节的凹槽内不可见;雌性白色,柱状被鳞,端部鳞片扩展略成扇形。喙基部被灰褐色鳞片。领片、翅基片灰褐色,杂红褐色鳞片,胸部黄白色。前翅底色灰褐色,中域前缘和外缘灰白色;内横线灰白色,锯齿状,位于翅基部 1/3 处;中室端斑黑色,二斑分离;外横线白色,波浪状,在 M_1 脉和 A 脉处各有 1 向内的尖角,中间向外弯曲,内、外镶嵌黑褐色边;外缘线灰白色,内侧的缘点黑色;缘毛灰褐色。后翅半透明,灰褐色;缘毛灰褐色。腹部灰白色或灰褐色。

雄性外生殖器(图版 64-379):爪形突三角形,长为宽的 1.6 倍,顶端尖。颚形突锥形,基部粗,端部细,长约为爪形突的 2/3。抱器瓣狭长,长约为宽的 7 倍,基部 1/4 处有一小突起,腹缘密被长刚毛;抱器背与抱器瓣等长,中部弯曲,末端紧贴抱器瓣;抱器腹为抱器瓣长的一半。基腹弧前缘平直,长约与抱器瓣相等。阳茎基环弱骨化,无侧臂。阳茎圆柱状,长为抱器瓣的 1.4 倍,内被微刺和骨化皱褶;无角状器。味刷 4 对。

雌性外生殖器(图版 112-379):产卵瓣三角形,末端尖,密被刚毛。前、后表皮突近等长。第 8 腹节宽略大于长。导管端片与第 8 腹节等宽;囊导管短,与交配囊接合处被微刺。交配囊形状不规则,向一侧强烈突出,长尾状,内壁被皱褶,无微刺;导精管出自交配囊前端。

分布:浙江(天目山)、河南、安徽、江西、湖北、福建;朝鲜,日本。

峰斑螟亚族 Acrobasiina

雄性触角鞭节基部无鳞片簇,雄性外生殖器:味刷通常 1 对,呈二维结构。雌性外生殖器:囊导管多膜质;交配囊囊壁光滑或粗糙,但很少被短刺,囊突若有,则较明显。

分属检索表

前翅 M_2 与 M_3 脉基部靠近但不共柄;内横线为鳞毛脊;后翅中室长约为后翅的 1/3 ……………… **拟峰斑螟属 *Anabasis***

7. 前翅 M_2 与 M_3 脉不共柄 …………………………………………… **8**

前翅 M_2 与 M_3 脉共柄 ………………………………………………… **9**

8. 后翅 M_2 与 M_3 脉基部共短柄 ……………………………… **叉斑螟属 *Dusungwua***

后翅 M_2 与 M_3 脉基部 1/2 共柄 ……………………………… **雕斑螟属 *Glyptoteles***

9. 雄性外生殖器抱器背基突后缘不凹陷;雌性外生殖器导精管出自交配囊或囊导管与交配囊的接合处 ……………………………………………………………… **10**

雄性外生殖器抱器背基突强烈向末端突出,后缘不凹陷;雌性外生殖器导精管出自囊导管 ……………………………………………………… **槌须斑螟属 *Trisides***

10. 雄性外生殖器抱器背基突直接横向连接或向后伸出棒状突起呈倒 T 形;雌性外生殖器导精管出自交配囊前缘 …………………………………… **帝斑螟属 *Didia***

雄性外生殖器抱器背基突拱形连接并向后伸出半圆形或结状突起;雌性外生殖器导精管出自交配囊后缘 ………………………………… **卡斑螟属 *Kaurava***

类斑螟属 *Phycitodes* Hampson,1917

Phycitodes Hampson,1917. Type species:*Phycitodes albistriata* Hampson,1917.

头顶圆拱。雄性触角第 2~3 节内凹呈缺刻状;雌性简单。具单眼和毛隆。下唇须上举。下颚须短柱状。前翅内横线消失,由 2~3 个黑褐色斑所代替;外横线清晰或模糊;中室端斑两个,分离或相接;前翅 R_{3+4} 与 R_5 脉合并,与 R_2 脉同出自中室上角,M_2 与 M_3 脉基部 1/3 共柄。后翅 Sc 与 Rs 脉基部 2/3 共柄,M_1 与 Sc+Rs 脉几乎同出自中室上角,M_2 与 M_3 脉合并。雄性外生殖器:爪形突圆三角形;颚形突圆锥形;抱器背基突短棒状;抱器瓣宽阔,末端圆钝,抱器背较直,抱器腹三角形或圆锥形;基腹弧 V 形;阳茎基环呈不规则四边形,两侧臂较短;阳茎棒状,内被形状各异的细刺,角状器无;味刷 1 对。雌性外生殖器:前、后表皮突均细长;第 8 腹节背板衣领状;囊导管后缘 1/3 膜质或弱骨化;交配囊椭圆形或圆形,囊突通常一对,相互对称或不对称,分别由许多密集排列的星状刺组成,导精管出自囊导管。

该属已知 50 种(亚种),中国已知 11 种,本书记述 3 种。

分种检索表

1. 爪形突后缘较宽,顶端几乎平截 …………………………………… **绒同类斑螟 *P. binaevella***

爪形突后缘较窄,顶端钝圆 ……………………………………………… **2**

2. 基腹弧前端狭窄,近锥形;抱器瓣下缘与抱器背近平行 …………… **三角类斑螟 *P. triangulella***

基腹弧 U 形;抱器瓣下缘膨大,呈弧形 ………………………… **前白类斑螟 *P. subcretacella***

18.13 绒同类斑螟 *Phycitodes binaevella* (Hübner,[1810—1813]) (图版 22-380)

Tinea binaevella Hübner,[1810—1813],*Samml. Eur. Schmett.*,**8**:5.

Phycitodes binaevella:Roesler,1973,*Microlep. Pal.*,**4**:566.

翅展 16.0~25.5mm。头顶灰褐色。触角棕褐色。下唇须上举,明显超过头顶,第 1 节白色,第 2、3 节黑褐色,第 3 节长约为第 2 节的 3/4。下颚须褐色,柱状,长约为下唇须第 2 节的 1/2。喙基部被白色鳞片。胸、领片及翅基片灰白色。前翅底色灰白色;内横线由 2 个黑色大斑替代;外横线宽,白色,自顶角前斜伸向后缘 3/4 处,内侧镶一褐色宽带,外侧镶细边;外缘线白色,内侧缘点黑色;缘毛灰褐色。后翅半透明,灰褐色,前缘和外缘深褐色;缘毛灰白色。腹部灰褐色至黄白色。

雄性外生殖器(图版 64-380)：爪形突帽状，顶端平拱，除顶部和基部外，被密集刚毛。颚形突短小，桃仁形，末端尖细。抱器背基突弱骨化。抱器瓣瓦刀状，基部与端部等宽，端部平截；抱器背宽为抱器瓣的 1/4，中部略弯曲；抱器腹锥形，基部宽为抱器瓣的 2/3，端部尖细，长为抱器瓣的 2/5。基腹弧长与最宽处相等。阳茎基环极粗壮，U 形，侧叶指状。阳茎棒状，略长于抱器瓣，基部圆钝略粗，中部射精管伸出处凹陷，阳茎鞘位于端部 1/3 处，内被两排密集对峙的锥形小刺，末端被锥形外刺。第 8 节腹板弧形。味刷 1 对。

雌性外生殖器(图版 112-380)：产卵瓣三角形，后表皮突长约为前表皮突的 1.5 倍。第 8 腹节衣领状，前缘略内凹，后缘深凹呈 V 形，长约为前表皮突的 1/2。囊导管长约为前表皮突的 1.3 倍，后缘具弱骨化纵皱褶，中部膨大。交配囊鸭梨形，略长于囊导管；囊突一对，大小相等或一大一小，分别由星状刺密集而成，位于交配囊后缘两侧；导精管出自囊导管膨大处的后缘。

寄主：菊科 Asteraceae；蓟 *Carduus acanthoides* Linn.，小蓟 *Cirsium tuberosum* (Linn.) All.，紫宛 *Aster linosyris* Bernh.，菊 *Chrysanthemum vulgare* (Linn.) Bernh.，艾 *Artemisia vulgaris* Linn.。

分布：浙江(天目山)、黑龙江、内蒙古、宁夏、甘肃、新疆、北京、天津、河北、山西、湖南、贵州、云南；日本，阿富汗，土耳其，芬兰，丹麦，德国，波兰，英国，法国，葡萄牙，意大利，摩洛哥。

18.14 三角类斑螟 *Phycitodes triangulella* (**Ragonot, 1901**)(图版 22-381)

Homoeosoma triangulella Ragonot, 1901, In: Romanoff (ed.), *Mém. Lépidop.*, **8**：256.

Phycitodes triangulella：Roesler, 1973, *Microlep. Pal.*, **4**：573.

翅展 16.5～26.0mm。头顶鳞毛灰褐色。触角黄褐色。下唇须上举，末端尖细，明显超过头顶，第 1 节白色，第 2 节基部灰白色，端部褐色，第 3 节褐色，长约为第 2 节的 2/3，末端尖细。下颚须褐色，短小，略短于下唇须第 3 节。喙基部被灰褐色鳞片。领片、翅基片及胸部暗褐色。前翅底色褐色，杂灰白色鳞片；内横线灰白色模糊，外侧镶宽黑褐色带；中室端斑黑褐色，明显分离；外横线灰白色，较宽，内侧镶清晰褐色边，细而直，外侧镶嵌模糊褐色边；外缘线模糊，内侧缘点黑褐色，模糊不清；缘毛灰褐色。后翅半透明，浅灰褐色；外缘线褐色；缘毛灰白色。腹部暗褐色，各节端部镶淡褐色边。

雄性外生殖器(图版 64-381)：爪形突三角形，顶端秃而圆钝，两侧缘略内折，背中部被浓密刚毛。颚形突锥形，长约为爪形突的 1/5，末端尖细。抱器瓣基部与端部等宽，长约为宽的 2.7 倍，末端圆钝，靠近腹缘近中部具耳状突起；抱器背棒状，达抱器瓣末端；抱器腹三角形，长为抱器瓣的 5/12，基部粗，端部尖细。基腹弧长约为抱器瓣的 5/6。阳茎基环基部为宽 V 形骨片，侧叶长约为宽的 4 倍。阳茎细长，约与抱器瓣等长，中部略弯曲，基部圆钝，较端部粗，端部被密集小刺；第 8 腹节弧形骨化棒。味刷 1 对。

雌性外生殖器(图版 112-381)：产卵瓣三角形，末端尖，被极其短小的微毛。后表皮突长为前表皮突的 1.6 倍。第 8 腹节长约为前表皮突的 3/5，前缘略凹，后缘深凹呈 V 形。囊导管与交配囊近等长。交配囊膜质，长椭圆形；囊突一对，1 大 1 小，大的约占囊长的 1/3，分别由许多星状长刺密集而成，位于后端两侧。导精管出自囊导管前端 1/5 处。

分布：浙江(天目山)、河南、江苏、广西、贵州；日本。

18.15　前白类斑螟 *Phycitodes subcretacella*（**Ragonot，1901**）（图版 22-382）

Homoeosoma subcretacella Ragonot，1901，*In*：Romanoff（ed.），*Mém. Lépidop.*，**8**：246.

Phycitodes subcretacella：Roesler，1973，*Microlep. Pal.*，**4**：559.

翅展 11.5～20.5mm。头顶黄褐色至褐色。下唇须上举，第 1 节白色，第 2 节外侧褐色内侧白色，第 3 节褐色，长约为第 2 节的 1/2。下颚须外侧褐色，内侧白色，长约与下唇须第 3 节等长。喙基部黑褐色。胸、领片及翅基片褐色。前翅前缘半部灰白色杂褐色鳞片，后缘半部黄褐色；内横线为 3 个黑褐色圆斑所替代；中室端斑分离，黑褐色，外横线模糊；缘毛淡黄褐色。后翅半透明，淡灰褐色；缘毛灰褐色。腹部灰褐色，各节端部黄白色。

雄性外生殖器（图版 64-382）：爪形突三角形，顶端圆，两侧缘略内凹。颚形突极其短小，端部尖钩状。抱器背基突 1 对弱骨化片。抱器瓣基部与端部等宽，腹缘中部略内凹，长为最宽处的 2.7 倍；抱器腹基部膨大为三角形，端部钩状，长为抱器瓣的 1/2。阳茎基环 U 形，侧叶指状，外侧平直。基腹弧长与最宽处相等。阳茎细棒状，端部 1/3 被锥形小刺和锯齿状骨化片。第 8 节腹板弧形，味刷 1 对。

雌性外生殖器（图版 113-382）：产卵瓣三角形。后表皮突长约为前表皮突的 1.5 倍。第 8 腹节背板衣领状，长约为前表皮突的 1/2。囊导管膜质，中部向一侧膨大呈囊状；导精管出自囊导管中间膨大处。交配囊膜质，长为囊导管的 1.5 倍；囊突 1 对，大小不对称，由星状刺组成，位于后端。

寄主：菊科 Asteraceae：旋复花 *Inula japonica* Thunb.。

分布：浙江（天目山）、黑龙江、辽宁、宁夏、甘肃、新疆、天津、河北、山西、陕西、河南、山东、安徽、江西、湖北、湖南、四川、贵州、云南；日本。

夜斑螟属 *Nyctegretis* Zeller，1848

Nyctegretis Zeller，1848. Type species：*Tinea achatinella* Hübner，[1823—1824].

头顶被粗糙鳞毛。触角线状，雄性触角基部无缺刻及鳞片簇。具单眼和毛隆。下唇须上举，超过头顶。下颚须短柱状，被鳞片后扩展略呈扇形。喙发达。前翅 R_{3+4} 与 R_5 脉共柄长度约为 R_5 脉的 1/2，M_2 与 M_3 脉基部 1/3 共柄，CuA_1 脉近 M_{2+3} 脉，出自中室下角，后翅 Sc 与 Rs 脉共柄长度约为全长的 1/4，M_2 与 M_3 脉合并，CuA_1 与 M_{2+3} 脉共柄。雄性外生殖器：爪形突三角形；颚形突骨化，末端轻微两分叉；抱器背基突窄带状；抱器瓣较宽，端部圆或钝尖，窄于基部，抱器腹宽短；基腹弧短；阳茎基环 U 或 V 形；阳茎柱形，角状器 1 或 2 枚；味刷 1 对。雌性外生殖器：第 8 腹节衣领状，前、后表皮突约等长；导管端片倒梯形，囊导管和交配囊均膜质，具囊突，导精管出自交配囊。

该属中国已知 3 种（包括 1 亚种），本书记述 1 种。

18.16　三角夜斑螟 *Nyctegretis triangulella* **Ragonot，1901**（图版 22-383）

Nyctegretis triangulella Ragonot，1901，*In*：Romanoff（ed.），*Mém. Lépidop.*，**8**：29.

翅展 11.0～15.0mm。头顶被灰褐色鳞毛。触角黑褐色。下唇须第 1 节灰白色，第 2、3 节黑褐色，第 2 节分别为第 1、3 节长的 2 倍和 1.2 倍。下颚须灰白色与黑褐色相间，鳞片扩展。胸、领片及翅基片黑褐色。前翅棕褐色，内、外横线均灰白色，在翅面上呈倒"八"字形排列，除中室端斑周围颜色或有浅白色外，两横线间翅面颜色黑褐色。后翅及缘毛灰褐色。腹部各节基部褐色，端部黄白色。

雄性外生殖器（图版 64-383）：爪形突半椭圆形，端半部及两侧密被刚毛，末端钝。颚形突长为爪形突的 4/5,基部膨大,末端尖细、轻微两分叉。抱器背基突弯弓形,骨化弱。抱器瓣基部 1/3 略窄于端部 2/3;抱器背长约为抱器瓣的 7/8,末端平截,腹侧有一刺状突出,伸至抱器瓣末端;抱器腹长不及抱器瓣的 1/3,基部宽,向末端渐细。阳茎基环 U 形,侧叶圆柱形,与颚形突近等长,末端略膨大,被稀疏短刚毛。基腹弧骨化弱,长与最宽处相等。阳茎圆柱形;角状器弯曲如镰刀状,周围密被短刺。

雌性外生殖器(图版 113-383):产卵瓣短,密被刚毛。第 8 腹节衣领状,背板前缘外凸呈 W 形,后表皮突略短于前表皮突。导管端片圆柱形,与前表皮突等长;囊导管膜质,略短于交配囊。交配囊长椭圆形;囊突新月形,由许多小骨化片组成;导精管出自囊后缘近囊突处。

分布:浙江(天目山)、黑龙江、吉林、辽宁、甘肃、北京、天津、山东、河北、河南、安徽、陕西、湖北、湖南、云南;日本,意大利。

伪峰斑螟属 *Pseudacrobasis* Roesler,1975

Pseudacrobasis Roesler,1975. Type species:*Pseudacrobasis nankingella* Roesler,1975.

头顶平拱。雄性触角柄节内侧末端具一丛鳞片,形成一个类似峰斑螟的小突起,但去除鳞片后,柄节末端无任何突起,鞭节基部背面内凹呈缺刻,缺刻基部上面被一列小鳞片,簇拥着刺状感器,缺刻端部的中央被一列齿状突起,鞭节腹面密被约与触角等宽的长纤毛;雌性触角简单,腹面被短纤毛。具单眼。毛隆发达。下唇须上举超过头顶。下颚须短小,柱状被鳞。喙发达。前翅内横线处具鳞毛脊,R_2 基部与 R_{3+4} 十分靠近,同出自中室上角,R_{3+4} 与 R_5 脉基部至少 1/2 共柄,出自中室上角,M_2 与 M_3 脉同出一点,CuA_1 出自中室下角,CuA_2 脉出自中室下角前。后翅 Sc 与 Rs 脉在中室外共短柄,M_1 基部与 Sc+Rs 靠近,M_2 与 M_3 合并,CuA_1 与 M_{2+3} 脉在中室外共短柄。雄性外生殖器:爪形突圆三角形,有时侧缘强烈内凹;颚形突棒状或菱形;抱器背基突连接或不连接,后缘向两侧伸出突起;抱器瓣基部与端部等宽,近基部靠近抱器背处有一小突起;阳茎基环 U 形,侧叶指状;基腹弧 U 或 V 形;阳茎柱状,内具许多长短不一的骨化褶皱和颗粒;具味刷。雌性外生殖器:第 8 腹节衣领状,宽大于长,后缘凹陷;前、后表皮突约等长;导管端片弱骨化,囊导管与交配囊均膜质,囊突 1 个,呈凹陷杯状,导精管出自交配囊后端。

该属主要分布在古北区和东洋区,全世界仅报道 2 种,本书记述 1 种。

18.17 南京伪峰斑螟 *Pseudacrobasis tergestella*(Ragonot,1901)(图版 22-384)

Psorosa tergestella Ragonot,1901,*In*:Romanoff (ed.),*Mém. Lépidop.*,**8**:107.

Pseudacrobasis tergestella:Vives,2014,*SHILAP Revta. Lepid.*,(Supplement):401.

Pseudacrobasis nankingella Roesler,1975,*Dt. Entomol. Zeit.* (N. F.),**22**:100.

翅展 13.5~18.0mm。头顶被暗褐色粗糙鳞毛。触角柄节黑色,鞭节基部深褐色,缺刻内突起黑色,端部较基部颜色浅。下唇须第 1 节灰白色,第 2、3 节灰褐色,第 3 节长约为第 2 节的 2/3,末端尖。下颚须短小,黑褐色,长约为下唇须第 2 节的 1/2。喙基部被灰白色鳞片。翅基片、领片灰褐色,胸黑褐色。前翅底色灰褐色;内横线褐色,弧形,位于翅 2/5 处,内侧后缘镶一较大的褐色斑,褐色斑的内边具一丛黑色鳞毛脊;内横线外侧前缘半部具一较大的三角形灰白区域;中室端斑黑色,圆形,明显分离;外横线灰白色,折线状,在 M_1 脉处向内弯曲,在 M_2 脉处向外弯曲,内、外镶褐边;外缘线灰白色,内侧缘点黑色;缘毛灰色。后翅半透明,与缘毛皆灰色,外缘边浅褐色。腹部背部各节的基部褐色,端部黄白色,腹面黄褐色。

雄性外生殖器(图版 64-384):爪形突蘑菇状,基半部近三角形,逐渐变窄到中部,端半部膨大呈帽状,末端弧形,端半部背部的中部及基部两侧被短毛。颚形突细锥状,长为爪形突的2/3。抱器背基突发达,后缘中部不连接,两侧向外伸出 1 对分叉的、强烈骨化的角状突起。抱器瓣长为宽的 3 倍,基部较端部略窄,被浓密刚毛;抱握器位于基部 1/4,长度约为颚形突的1/3,端部被刚毛;抱器背骨化强,末端略向外凸;抱器腹三角形,基部粗,端部细,长约为抱器瓣的 1/2。基腹弧长约与最大宽度相等,前缘宽约为后缘宽的 1/2。阳茎基环中部为 U 形骨化片,近方形,侧叶出自骨化片两侧的中部,较短,约与抱器瓣基部突起等长,末端被稀疏短刚毛。阳茎柱状,略短于抱器瓣,内具骨化皱褶,其上密被骨化颗粒。

雌性外生殖器(图版 113-384):产卵瓣三角形,基部 3/5 宽,端部 2/5 细,末端钝,被稀疏长刚毛。第 8 腹节衣领状,背板后缘深凹呈 U 形,边缘被稀疏长刚毛。前、后表皮突约等长。导管端片无;囊导管前缘粗,略膨大,后缘细。交配囊椭圆形,后缘半部及囊导管前缘内壁具小刻点;囊突位于交配囊后端 1/3 处,呈凹陷杯状,上面着生葵花状排列的小疣突;导精管出自囊后缘端部。

分布:浙江(天目山)、吉林、甘肃、陕西、河南、山东、江苏、上海、江西、湖北、湖南、福建、台湾、广东、海南、广西、四川、贵州、云南;日本,欧洲。

蛀果斑螟属 *Assara* Walker,1863

Assara Walker,1863. Type species:*Assara albicostalis* Walker,1863.

头顶平拱。雌雄触角均线状。具单眼和毛隆。下唇须弯曲上举,刚达或略超过头顶。下颚须短小,紧贴上额。喙发达。前翅 R_{3+4} 与 R_5 脉共柄部分是 R_5 脉总长的 2/3,R_2 与 R_{3+4} 脉基部相互靠近,M_2、M_3 脉基部靠近,出自中室端缘近下角处,CuA_1 脉出自中室下角,CuA_2 脉出自中室下角前。后翅 Sc 与 Rs 脉共柄长度为 Sc 脉的 3/4,M_2 与 M_3 脉合并,CuA_1 与 M_{2+3} 脉基部 1/6 共柄,出自中室下角。雄性外生殖器:爪形突三角形或半椭圆形,末端尖或钝;颚形突较长,端部多细钩状;抱器背基突两侧臂后缘窄桥状连接;抱器瓣宽阔,基部窄于端部,末端圆钝,抱器背窄棒状,抱器腹基部宽,至末端渐细;基腹弧短,前缘弧形、平直或内凹;阳茎基环侧叶骨化强,末端被短刚毛;味刷无。雌性外生殖器:第 8 腹节衣领状,与产卵瓣间连接不紧凑;两表皮突均较长,部分种基部膨大;导管端片膜质或弱骨化;囊导管与交配囊均膜质,具囊突,导精管出自囊突附近。

该属世界已知 35 种,中国已知 13 种,本书记述 4 种。

分种检索表

18.18　白斑蛀果斑螟 *Assara korbi* (Caradja, 1910)(图版 22-385)

Euzophera korbi Caradja, 1910, *Deut. Entomol. Zeit. Iris*, **24**:130.

Assara korbi:Roesler, 1973, In:Amsel *et al.*, *Microlep. Pal.*, **4**:155.

翅展 14.5～25.0mm。头顶灰色至苍白色。触角褐色。下唇须明显超过头顶,灰白色杂少量褐色,第 3 节长约为第 2 节的 2/3,末端尖细。下颚须灰色。喙基部灰白色。领片、翅基片、胸淡褐色。前翅灰褐色。前缘自近基部至外缘线内侧具 1 灰白色带,其中部具 1 倒梯形深褐色斑;前翅后缘中部有一白色短带,其两侧区域褐色;自肩角斜向后缘中部有一褐色宽带;外横线明显,灰白色,小锯齿状;外缘线灰白色,内侧缘点连成一条黑褐色线;缘毛灰白色。后翅半透明,灰白色;缘毛灰白色。腹部灰褐色,各节背端部镶白色边。

雄性外生殖器(图版 64-385):爪形突三角形,宽为长的 5/6,末端圆钝,两侧略内凹,除顶部外,端半部密布刚毛。颚形突为爪形突的 1/2,基部膨大,末端弯钩状。抱器背基突后缘连接处近方形,达颚形突基部。抱器瓣狭长,长为最宽处的 4.5 倍,末端圆钝;抱器背骨化强,与抱器瓣近等长,末端与抱器瓣分离,呈指状小突起;抱器腹棒状,长为抱器瓣长的 1/2。基腹弧 U 形。阳茎基环 U 形,侧叶指状。阳茎圆柱状,长约为抱器瓣的 4/5,中部略膨大,内被骨化短刺,端部较细。

雌性外生殖器(图版 113-385):产卵瓣三角形,长为宽的 2 倍,被密集刚毛。后表皮突基部略膨大,与前表皮突约等长。第 8 腹节背板长为宽的 1.2 倍,前缘中部内凹。导管端片弱骨化,漏斗状;囊导管前端膨大,内壁被骨化颗粒,后端较细。交配囊长椭圆形,与囊导管等长;囊突位于囊中部,新月形;导精管出自囊中部近囊突处。

分布:浙江(天目山)、黑龙江、吉林、甘肃、天津、陕西、河南、湖北、湖南、福建、广西、四川、贵州;日本。

18.19　苍白蛀果斑螟 *Assara pallidella* Yamanaka, 1994(图版 22-386)

Assara pallidella Yamanaka, 1994, *Tinea* **14**(1):34.

翅展 13.0～17.0mm。头顶灰褐色。触角褐色与灰白色相间。下唇须刚达头顶,第 1 节灰白色,第 2 节内侧白色,外侧灰褐色,第 3 节褐色,长为第 2 节的 2/3。领片、翅基片及胸部鼠灰色。前翅灰褐色,前缘区自基部至外缘线内侧具 1 灰白色横带;内横线不明显,自前缘基部 1/6 外斜至后缘基部 2/5;外横线灰色,位于翅端部 1/6 处,与外缘平行;中室端斑黑褐色,不明显;外缘线黑色。后翅及缘毛灰白色。

雄性外生殖器(图版 64-386):爪形突近舌状,背面端部 3/5 被毛。颚形突与爪形突近等长,末端钩状。抱器背基突“几”字形,后端连接处略内凹。抱器瓣长近椭圆形,腹缘近中部具 1 窄条状骨化痕;抱器背弧形拱突,达抱器瓣近末端;抱器腹粗,长为抱器瓣的 1/2。阳茎基环基部近方形,前缘中部内凹,侧叶指状。基腹弧 U 形,长短于宽。阳茎柱状,与抱器瓣近等长,中部较细、略弯曲;内具 1 弱骨化指状骨片。

雌性外生殖器(图版 113-386):产卵瓣三角形,长为宽的 2 倍,被毛稀疏。后表皮突长约为前表皮突的 3/4。第 8 腹节背板长约为宽的 3/5,前缘 W 形外凸。导管端片弱骨化,漏斗形;囊导管细长,略长于交配囊。交配囊椭圆形;囊突椭圆形,位于囊后端,由若干三角形小骨片组成;导精管出自囊突附近。

分布:浙江(天目山)、甘肃、天津、河北、陕西、河南、山东、江西、湖北、湖南、福建、广东、海南、广西、贵州、云南;日本。

18.20 台湾蛀果斑螟 *Assara formosana* Yashiyasu, 1991(图版 22-387)

Hyphantidium sp. Takahashi, 1935, *Kagaku-no-Taiwan*, **3**(5)：6.

Assara formosana Yashiyasu, 1991, *Trans. Lepidop. Soc. Jap.*, **42**(4)：261.

翅展 19.0~23.0mm。头顶被黑褐色粗糙鳞毛。触角褐色。下唇须超过头顶,第 1 节灰白色,第 2、3 节褐色,第 3 节长为第 2 节的 2/3。下颚须褐色。喙基部被灰褐色鳞片。胸、领片、翅基片棕褐色。前翅底色灰褐色,前缘中部边缘褐色,亚前缘为一楔形灰白色大斑,后缘半部褐色;内横线模糊不清;外横线明显,灰白色,内、外侧镶褐色边;肩角处向内有一灰褐色带;两个中室端斑灰褐色、分离;缘毛灰褐色。后翅淡灰褐色,半透明;缘毛淡褐色或灰白色。腹部黑褐色,各节末端灰白色。

雄性外生殖器(图版 64-387):爪形突三角形,长略大于宽,末端圆钝,背面后缘半部及前缘两侧密布刚毛。颚形突长约为爪形突的 3/4,基部膨大,末端弯曲呈细钩状。抱器背基突"几"字形,后缘连接处宽且略内凹。抱器瓣长为宽的 3.5 倍,末端尖圆;抱器背与抱器瓣等长,基部 1/3 向腹面凹,端部 2/3 向背部凸起;抱器腹细棒状,长为抱器瓣的 1/2。基腹弧宽短,前缘弧形。阳茎基环 V 形,侧叶指状,长为颚形突的 3/5。阳茎柱状,长为抱器瓣的 2/5,自基部渐窄至端部,内具微刺。

雌性外生殖器(图版 113-387):产卵瓣三角形,长为宽的 1.5 倍,被稀疏刚毛。前表皮突长为后表皮突的 7/10。第 8 腹节背板宽略大于长,前缘 W 形。囊导管较细,向前部逐渐加宽,与交配囊近等长。交配囊椭圆形;囊突近圆形,由三角形小骨化片重叠密集排列而成,位于囊后缘 1/3 处;导精管出自近囊突处。

分布: 浙江(天目山)、河南、江西、湖南、福建、台湾、广东、海南、广西、四川、贵州、云南。

18.21 黑松蛀果斑螟 *Assara funerella* (Ragonot, 1901)(图版 22-388,389)

Hyphantidium funerellum Ragonot, 1901, *In*：Romanoff (ed.), *Mém. Lépidop.*, **8**：75.

Assara funerella：Inoue, 1982, Pyralidae, *In*：Inoue *et al.*, *Moths of Japan*, **1**：387, **2**：249.

翅展:雄性 12.0~13.0mm,雌性 16.0~17.5mm。头顶被灰白色光滑鳞毛。触角褐色。下唇须达头顶,第 1、2 节基部灰白色,第 2 节端部、第 3 节黑褐色,第 3 节长约为第 2 节的 2/3,末端尖细。下颚须灰褐色,长约为下唇须第 2 节的 1/2。喙基部灰色。胸、领片及翅基片灰褐色。前翅底色灰褐色;基域黑褐色;内横线灰白色,位于前缘基部 1/3 处,外侧镶黑色宽带;中域前缘灰白色,后缘褐色;中室端斑模糊,黑褐色,哑铃状;外横线灰白色,较直,内、外镶褐色宽带;缘毛灰褐色。后翅半透明,淡灰色,外缘边褐色稍深;缘毛灰白色。腹部灰褐色,各节端部镶黄白边,雄性末端黄白色。

雄性外生殖器(图版 65-389):爪形突半椭圆形,顶端略平,除基部和端部 1/5 外,背端部密被刚毛。颚形突长钩状,末端尖细,略短于爪形突长。抱器背基突基部粗,后端连接处窄带状。抱器瓣接近梭形;抱器背窄棒状,达抱器瓣末端;抱器腹细棒状,为抱器瓣长的 2/5。基腹弧 U 形。阳茎基环 V 形,侧叶指状,略短于颚形突,顶端被稀疏刚毛。阳茎细筒形,骨化较弱,长约为抱器瓣的 3/5。

雌性外生殖器(图版 113-389):产卵瓣基部 3/4 宽,端部 1/4 细,被极其稀疏刚毛。后表皮突长约为前表皮突的 1.7 倍。第 8 腹节长为宽的 1.5 倍,前缘 W 形凸出。导管端片骨化弱;囊导管细长,与交配囊近等长。交配囊椭圆形,长约为宽的 2 倍,后缘半部密被小刻点;囊突由柱形小骨片组成,位于囊后缘 1/3 的一侧;导精管出自囊后缘近囊突处。

寄主: 松柏科 Pinaceae:黑松 *Pinus thunbergii* Parl. 。

分布：浙江(天目山)、黑龙江、辽宁、甘肃、北京、天津、河北、山西、陕西、河南、山东、江苏、安徽、江西、湖北、湖南、福建、广东、广西、重庆、四川、贵州、云南；日本，韩国。

备注：根据研究标本，黑松蛀果斑螟 A. funerella 存在种内变异：雄性抱器背基突基部粗大(见图版 65-388)或基部不加粗(见图版 65-389)，雌性交配囊长为宽的 2.2 倍，长度短于囊导管(见图版 113-388)或交配囊长为宽的 2 倍，与囊导管近等长(见图版 113-389)。

峰斑螟属 *Acrobasis* Zeller，1839

Acrobasis Zeller，1839. Type species：*Tinea consociella* Hübner，1813.

头顶圆拱，雄性触角柄节末端明显膨大，呈角状、齿状或三角形突起，某些种类鞭节基部数节形成浅的缺刻，内具刺状或锥形感器。前翅内横线处鳞毛脊有或无；中室端斑 2 枚，R_3 与 R_4 脉至少 1/2 共柄，R_2 脉游离或与 R_{3+4} 脉共短柄，出自中室上缘或上角处，M_2 与 M_3 脉同出一点、相互靠近或共短柄，出自中室下角，CuA_1 与 CuA_2 脉游离，均出自中室下缘。后翅 Sc 与 Rs 在中室外共短柄或基半部相互靠近，M_2 与 M_3 脉基部共短柄或相互靠近，同出自中室下角，CuA_1 脉游离，出自中室下缘近下角处，CuA_2 脉游离，出自中室下缘。雄性外生殖器：爪形突三角形或近梯形，末端尖或钝；颚形突骨化强，多为棒状，末端尖或钝、不分叉、微分叉或明显叉状。抱器背基突后端一般呈结状连接，后缘平直或凹入；基腹弧前缘圆拱、平直或内凹；阳茎基环 V 形或 U 形，侧叶多为三角形或指状；阳茎柱状，角状器无；第 8 腹板及味刷形态多样。雌性外生殖器：第 8 腹板呈衣领状；导管端片骨化，囊导管与交配囊均膜质，囊突有或无，多呈乳突状或杯状凹陷，导精管自交配囊近前缘或后缘处伸出。

该属中国已记载 28 种，本书记述 5 种。

分种检索表

18.22　基黄峰斑螟 *Acrobasis subflavella* (Inoue，1982)（图版 22-390）

Conobathra subflavella Inoue，1982，Pyralidae，In：Inoue *et al.*，*Moths of Japan*，**1**：401.

Acrobasis subflavella：Ren & Li，2012，Phycitinae，In：Li *et al.*，*Microlep. Qinling Mountains*：361.

翅展 19.0～23.5mm。头顶光滑，灰褐色。触角褐色，雄性柄节端部突起锥形，末端钝，鞭节基部不弯曲，鞭节腹面纤毛约与中部鞭节宽度相当。下唇须达头顶，第 1 节灰白色，第 2、第 3 节黑褐色；雄性第 2、第 3 节约等长；雌性第 3 节长约为第 2 节的 2/3。下颚须灰褐色，长约为下唇须第 3 节的 2/3。喙基部被灰色鳞片。翅基片、领片及胸部棕褐色。前翅底色灰褐色，基域后缘锈红色；内横线白色，较直，位于翅 1/4 处，外侧前缘具 1 三角形黑褐色斑，内侧后缘具黑色宽边，该宽边外侧具 1 锈红色楔形斑；中室端斑黑色，明显分离，周围翅面灰白色；外横线灰白色，波状，内、外镶黑褐色边，在 R_4 脉和 A 脉处各有一向内的尖角；缘点黑色清晰；缘毛灰褐色。后翅半透明，与缘毛皆灰褐色，外缘边深褐色。腹部背面基部褐色，端部黄白色，腹面黄褐色。

雄性外生殖器(图版 65-390)：爪形突半椭圆形，长与宽约相等，侧缘略外拱，末端圆钝，背面除末端外被浓密短刚毛。颚形突棒状，约与爪形突等长，末端轻微分叉。抱器背基突侧臂弯曲，连接处结状，后缘凹陷，呈 U 形。抱器瓣长为宽的 2.7 倍，基部近抱器背处具三角形突起；抱器背狭条状，基部宽，端部窄，达抱器瓣末端；抱器腹楔形，长约为抱器瓣的 1/2。基腹弧长略短于后缘宽，长为抱器瓣的 3/5，前缘内凹。阳茎基环 V 形，侧叶近三角形，长约为颚形突的 1/2，基部粗，端部尖细，被稀疏短刚毛。阳茎长为抱器瓣的 7/9，内被骨化褶和骨化颗粒。

雌性外生殖器(图版 113-390)：产卵瓣三角形，长与宽近相等，被稀疏刚毛。前表皮突略短于后表皮突。第 8 腹节衣领状，背板前缘略凸，后缘平直。导管端片唇形，后缘与第 8 腹节等宽；囊导管前端 2/5 膨大为袋状，内壁密被微刺，后端 3/5 较细，内壁光滑。交配囊长椭圆形，长为囊导管的 1.2 倍；囊突 1 个，圆形，乳突状，位于交配囊中后部，附近囊壁粗糙；导精管出自交配囊后端。

分布：浙江(天目山)、辽宁、甘肃、河南、福建、四川、贵州；日本，俄罗斯。

18.23　芽峰斑螟 *Acrobasis cymindella*（**Ragonot，1893**）(图版 23-391)

Numonia cymindella Ragonot, 1893, *In*：Romanoff (ed.), *Mém. Lépidop.*, **7**：4.

Acrobasis cymindella：Roesler, 1985, *Neue Entomol. Nachr.*, **17**：29.

翅展 18.0～24.0mm。头顶被深褐色鳞毛。触角深褐色，雄性柄节端部突起小，三角形，端部略内弯，末端尖，鞭节基部不弯曲，鞭节腹面纤毛约与中部鞭节宽度相等。下唇须刚达头顶，第 1 节灰褐色，第 2、3 节灰褐色，第 3 节略长于第 2 节，末端尖。下颚须灰褐色，长约为下唇须第 3 节的 2/3。喙基部被灰褐色鳞片。翅基片、领片及胸部灰褐色。前翅底色黑褐色；内横线白色，弧形，自前缘基部 1/4 外斜至后缘 2/5 处，其内侧后缘具 1 圆三角状黑斑；中部灰黑色，前缘中部至外横线处具 1 内斜灰白色宽带；中室端斑黑色，明显分离，周围翅面灰白色；外横线灰白色，波浪形，内、外镶褐边，在 M_1 脉和 CuA_2 脉处内凹；外缘线灰白色，内侧缘点黑色清晰；缘毛灰褐色。后翅半透明，与缘毛皆灰褐色，外缘边深褐色。腹部背面基部大部褐色，端部边黄白色，腹面黄褐色。

雄性外生殖器(图版 65-391)：爪形突三角形，长与宽约相等，侧缘直，背部被稀疏短刚毛，顶端尖。颚形突长为爪形突的 2/3，末端尖钩状。抱器背基突侧臂弯曲，连接处结状，两突起间浅凹。抱器瓣长约为宽的 3.6 倍，基部具小突起；抱器背直棒状，末端尖细，达抱器瓣末端；抱器腹梭形，长约为抱器瓣的 3/5。基腹弧长约为抱器瓣的 7/10，前缘弧形内凹。阳茎基环侧叶细锥形，约与颚形突等长，末端被稀疏刚毛。阳茎柱状，与抱器瓣近等长，内被骨化皱褶和骨化颗粒。

雌性外生殖器(图版 113-391)：产卵瓣三角形，长约为宽的 1.5 倍，被稀疏刚毛。前表皮突略长于后表皮突。第 8 腹节衣领状，长约为宽的 1/2，背板前缘略凸，后缘略凹。导管端片梯形，后缘与第 8 腹节等宽，前缘略窄于后缘；囊导管前缘略宽于后缘，密被微刺。交配囊长椭圆形，略长于囊导管；囊突 1 个，椭圆形，沙漏状内凹，位于中部，附近囊壁粗糙；导精管出自交配囊后端。

分布：浙江(天目山)、黑龙江、甘肃、河北、陕西、河南、山东、安徽、江西、湖北、湖南、福建、广东、海南、广西、四川、贵州、云南；韩国，日本，俄罗斯。

18.24　秀峰斑螟 *Acrobasis bellulella*（**Ragonot，1893**）(图版 23-392)

Eurhodope bellulella Ragonot, 1893, *In*：Romanoff (ed.), *Mém. Lépidop.*, **7**：71.

Acrobasis bellulella：Mutuura, 1957, Pyralidae, *In*：Esaki *et al.* (eds.),*Icon. Heter. Jap. Col. Nat.*, **1**：100.

翅展 17.5～20.0mm。头顶被黄褐色至红褐色光滑鳞毛。触角褐色，雄性柄节膨大，突起较小，近三角状；鞭节基部数节侧扁膨大，平缓内凹，背面具 1 列齿状大刺。下唇须上举，达头顶,基节白色,端部 2 节红褐色,第 3 节长约为第 2 节的 2/3。领片、翅基片锈红色、黄褐色或灰褐色;胸黄褐色。前翅底色黄褐色,基域黄褐色或锈红色,中域黑褐色,外缘域灰褐色;内横线黑色,前缘半部内侧淡黄色,后缘半部内侧具短白条带,该白条带的内侧邻接 1 三角形黑褐色斑;外横线白色,波状;内、外横线间有 1 斜向的白色宽带;中室端斑相接,呈肾形;缘点黑褐色,连成一线;缘毛褐色。后翅半透明,与缘毛皆灰色,外缘黑褐色。腹部背面基部褐色,端部黄色,腹面黄白色。

雄性外生殖器(图版 65-392):爪形突三角形,末端圆钝,背面及两侧被密集刚毛。颚形突钩状,长为爪形突的 1/2。抱器背基突后缘连接处深裂成 U 形。抱器瓣长为宽的 3 倍,基部与端部等宽;抱握器不明显,粗指状;抱器腹长为抱器瓣的 1/2,基部略宽于端部。基腹弧长大于宽,但略短于抱器瓣,前缘中部内凹。阳茎基环侧叶骨化强,近等长于颚形突,末端被稀疏短刚毛。阳茎柱状,长约为抱器瓣的 4/5,内被骨化皱褶;无角状器。

雌性外生殖器(图版 114-392):产卵瓣宽阔,盾片状,长约为宽的 2 倍。后表皮突长约为前表皮突的 2 倍。导管端片环形窄骨片,与第 8 腹节背板等宽;囊导管长约为前表皮突的 1.2 倍,后端 1/3 内壁光滑,前端 2/3 内壁粗糙。交配囊近乎长椭圆形,长为囊导管的 2 倍;囊突 2 枚,乳突状;导精管出自交配囊后缘端部。

寄主:榆科 Ulmaceae:朴树 *Celtis sinensis* Pers.。

分布:浙江(天目山)、辽宁、甘肃、北京、天津、河北、陕西、河南、山东、安徽、江西、湖北、湖南、福建、台湾、广东、海南、广西、四川、贵州、云南;韩国,日本,俄罗斯,印度尼西亚。

18.25　红带峰斑螟 *Acrobasis rufizonella* Ragonot,1887(图版 23-393)

Acrobasis rufizonella Ragonot,1887,*Ann. Soc. Entomol. Fr.*,(6)7:225.

翅展 17.0～23.0mm。头顶鳞毛粗糙、红褐色。触角雄性柄节灰白色,末端突起三角形,其余鞭节黄褐色;雌性柄节及鞭节均黑褐色。下唇须雄性白色,雌性第 1 节灰白色,第 2、3 节灰褐色;第 2、3 节约等长,末端尖。下颚须褐色,长约为下唇须第 3 节的 1/2。喙基部被灰色鳞片。翅基片、领片及胸部红褐色或深褐色。前翅基部前半部深褐色,后半部锈黄色;内横线黑色,弧形,位于翅基 1/3 处,内侧为白色细边,外侧具淡黄色三角形区域;中域外侧近前缘处有 1 白色三角形斑,起自外横线前缘内侧,斜达翅中部,中室端斑黑色,互相分离;外横线灰白色,波浪形,内、外镶黑褐边;外缘线灰白色,内侧缘点黑色清晰;缘毛灰色。后翅半透明,灰褐色,外缘边褐色;缘毛灰色。腹部背面基部褐色,端部黄白色,腹面黄白色。

雄性外生殖器(图版 65-393):爪形突三角形,长与宽约相等,末端圆,背面后端 1/4 至中部密被长刚毛。颚形突长为爪形突的 1/2,端部较基部细,末端弯曲钩状。抱器背基突宽厚,后缘连接处深凹呈半圆形。抱器瓣长为宽的近 3 倍,腹缘近端部 1/3 向外强烈拱突,基部 1/5 处有 1 指状抱握器;抱器背直棒状,末端尖细,达抱器瓣末端;抱器腹梭形,长约为抱器瓣的1/2。基腹弧长略短于后缘宽,前缘微凹。阳茎基环侧叶棒状,约与颚形突等长,端部被稀疏刚毛。阳茎柱状,略短于抱器瓣,内被骨化褶皱和骨化颗粒。

雌性外生殖器(图版 114-393):产卵瓣犁铲形,长为宽的 1.5 倍,被稀疏刚毛。后表皮突略长于前表皮突。第 8 腹节衣领状,长略小于宽,前缘呈圆形外凸,后缘内凹。导管端片四边形,宽为长的 2.5 倍,略宽于囊导管;囊导管膜质,后缘 1/3 光滑,其余内壁密被微刺,前缘向侧面膨大,与交配囊侧面连接。交配囊长椭圆形,与囊导管约等长,靠近囊突附近的囊壁粗糙;囊突 1 个,椭圆形,乳突状内凹,位于囊一侧的近中部;导精管出自交配囊后端。

分布:浙江(天目山)、甘肃、天津、河北、陕西、河南、安徽、江西、湖北、湖南、福建、台湾、香港、广东、海南、广西、四川、贵州、云南;日本,韩国。

18.26 井上峰斑螟 *Acrobasis inouei* Ren,2012(图版 23-394)

Conobathra tricolorella Inoue,1982,Pyralidae,*In*:Inoue *et al.*,*Moths of Japan*,**1**:401,**2**:253.

Acrobasis inouei Ren,2012,pro *Conobathra tricolorella* Inoue,1982,Pyralidae,*In*:Inoue *et al.*,
　　Moths of Japan,**1**:401,**2**:253,nec Grote,1878,*Bull. U. S. Geol. Geogr. Surv. Terr.*,**4**:
　　694;Ren & Li,2012,Phycitinae,*In*:Li *et al.*,*Microlep. Qinling Mountains*:354.

翅展 19.0~25.0mm。雄性额白色,鳞片光滑,头顶两触角间凹陷,内被 2 条白色鳞毛脊;雌性头顶棕褐色或黄褐色。触角雄性柄节末端三角形突起大,上面被白色短而细的鳞毛,下面被黄白色长而宽的鳞片,其余鞭节黄褐色;雌性柄节及鞭节均深褐色,腹面纤毛短。下唇须雄性灰白,雌性第 1 节灰白色,第 2、3 节灰褐色,第 2、3 节约等长,末端尖锐。下颚须白色,长约为下唇须第 3 节的 2/3。喙基部白色。翅基片、领片及胸部雄性黄白色,杂锈红色鳞片,雌性红褐色,杂黑色鳞片。前翅底色雄性黄褐色,雌性稍深,基域锈红色,内横线白色,弧形,位于翅基 1/4,外侧被黑色鳞毛脊宽带,鳞毛脊的外侧后缘具锈红色三角形斑,前缘具三角形灰白色斑;中室端斑黑色,不分离;外横线灰白色,波浪形,内、外镶黑褐边,在 M_1 脉和 CuA_2 脉处各有 1 向内的尖角;外缘线灰色,内侧缘点黑色清晰;缘毛灰色。后翅半透明,雄性灰白色,雌性褐色,外缘边颜色稍深;缘毛灰褐色。

雄性外生殖器(图版 65-394):爪形突头盔状,长大于宽,顶端圆钝,背部端半部被浓密短刚毛。颚形突细棒状,长为爪形突的 2/3,末端弯曲钩状。抱器背基突后缘连接处深凹呈 U 形。抱器瓣长为宽的近 3 倍,基部 2/5 窄,端部 3/5 半椭圆形;抱握器丘状至短指状;抱器背直棒状,达抱器瓣末端;抱器腹锥形,长约为抱器瓣的 3/5。基腹弧长与后缘相等,长为抱器瓣的 3/4,前缘微凹。阳茎基环 U 形,侧叶较长,手指状,略长于颚形突,端部被稀疏刚毛。阳茎柱状,短于抱器瓣,被骨化皱褶和骨化颗粒。

雌性外生殖器(图版 114-394):产卵瓣三角形,长为宽的 1.6 倍,被稀疏刚毛。前、后表皮突近等长。第 8 腹节衣领状,长为宽的 2/3,前缘外凸呈弧形,后缘不凹。导管端片唇形,与第 8 腹节后缘等宽;囊导管膜质,前缘半部膨大,被微刺。交配囊椭圆形,与囊导管约等长,囊导管与交配囊侧缘中部接合;囊突 1 个,椭圆形,凹陷杯状,位于交配囊与囊导管相接处的远端;导精管出自囊后缘端部。

分布:浙江(天目山)、甘肃、天津、河北、山西、福建、陕西、河南、湖北、湖南、福建、海南、四川、贵州、云南;日本。

拟峰斑螟属 *Anabasis* Heinrich,1956

Anabasis Heinrich,1956. Type species:*Myelois ochrodesma* Zeller,1881.

雄性触角柄节末端膨大呈双峰形。前翅内横线处具隆起的鳞毛脊,翅脉 11 条,R_2 脉游离,R_{3+4} 与 R_5 脉基部 2/3 共柄,M_1 脉直,出自中室上角下方,M_2 与 M_3 脉基部靠近,出自中室下角,CuA_1 与 CuA_2 脉游离,出自中室下缘,中室长大于前翅长的一半。后翅翅脉 10 条,Sc 与 Rs 脉中室外基半部共柄,M_1 脉直,出自中室上角,M_2 与 M_3 脉基半部共柄,CuA_1 与 M_{2+3} 脉基部靠近,同出自中室下角,CuA_2 脉出自中室下缘,中室长约为后翅的 1/3。雄性外生殖器:爪形突半椭圆形或钝三角形;颚形突棒状,末端钩状;抱器背基突连接处呈结状,后缘凹入;抱握器指状,由抱握器基部至抱器腹端部具 1 条斜向骨化窄带,抱器腹具鳞毛簇;基腹弧 U 形,前缘内凹或圆拱;阳茎无角状器;具味刷。雌性外生殖器:产卵瓣三角形;第 8 腹节衣领状;

导管端片骨化,囊导管与交配囊均膜质,但相连处内壁被微刺或具棘刺;交配囊袋状,囊突1枚,导精管自交配囊近前缘或后缘端伸出。

该属中国已知4种,本书记述1种。

18.27　棕黄拟峰斑螟 *Anabasis fusciflavida* Du, Song *et* Wu, 2005(图版 23-395)

Anabasis fusciflavida Du, Song *et* Wu, 2005, *Entomol. News*, **116**(5):326.

翅展 13.5~22.0mm。头顶被黑褐色粗糙鳞毛。触角黑褐色,雄性腹面纤毛明显短于触角宽度。下唇须第1节灰白色,第2、3节暗褐色,第3节长约为第2节的2/3,末端尖。下颚须灰褐色,长约为下唇须第2节的1/2。喙基部被灰褐色鳞片。翅基片、领片灰褐色,杂红褐色鳞片,胸黑褐色。前翅长为宽的3倍,底色灰褐色;内横线为鳞毛脊替代,较直,位于翅基部1/4处,外侧褐色,内侧黄白色;中室端斑黑色,明显分离;外横线灰白色,较窄,折线状,内、外镶褐边;外缘线浅灰色,内侧缘点黑色;缘毛灰色。后翅半透明,淡灰褐色至淡白色;缘毛灰白色,外缘边浅褐色。腹部背部各节的基部黑褐色,端部黄白色,腹面黄白色。

雄性外生殖器(图版 65-395):爪形突半椭圆形,末端圆钝,背部1/2~4/5及两侧被短刚毛。颚形突基部粗,末端尖细,长为爪形突的2/3。抱器背突伸抵颚形突基部,蝴蝶结状,后缘连接处凹陷呈 V 形,两侧向外伸出小突起。抱器瓣长为宽的3倍,基部靠近抱器背处具指状抱握器,端部被短刚毛;抱器背达抱器瓣末端;抱器腹长约为抱器瓣的3/5,腹侧被一排粗大的刚毛。基腹弧长约与最大宽度相等,前缘内凹。阳茎基环侧叶基部粗,端部细,末端被稀疏短刚毛。阳茎柱状,略长于抱器瓣,内被骨化皱褶和小棘刺。味刷为1束丝状鳞毛。

雌性外生殖器(图版 114-395):产卵瓣三角形,基部3/4从宽渐窄,端部1/4细,被稀疏刚毛。前、后表皮突约等长。第8腹节长约为宽的2/3,背板后缘平直,边缘被稀疏长刚毛。导管端片弯月状;囊导管与后表皮突近等长。交配囊椭圆形,长约为囊导管的2倍,后缘内壁具微刺;囊突位于囊前端1/3处,近花生状;导精管出自囊前缘端部。

分布:浙江(天目山)、黑龙江、吉林、辽宁、宁夏、甘肃、北京、天津、河北、山西、陕西、河南、湖北、湖南、广东、海南、广西、四川、贵州、云南。

叉斑螟属 *Dusungwua* Kemal, Kizildağ *et* Koçak, 2020

Dusungwua Kemal, Kizildağ *et* Koçak, 2020. Type species:*Rhodophaea dichromella* Ragonot, 1893.

头顶平拱。雌、雄触角均线状,鞭节腹面被极短纤毛;雄性鞭节基部无鳞片簇。具单眼。毛隆发达。下唇须较短,弯曲上举达或不达头顶。下颚须短小,端部鳞片扩展略呈扇形。喙发达。前翅 R_{3+4} 与 R_5 脉基部1/2共柄,出自中室上角,M_2 与 M_3 脉分离,出自中室下角,CuA_1、CuA_2 脉游离。后翅 Sc 与 Rs 脉在中室外共短柄或有短距离的靠近,M_1 脉出自中室上角,M_2 与 M_3 脉近基部靠近或共柄,CuA_1、CuA_2 脉游离。雄性外生殖器:爪形突形状多样,有的基部向两侧强烈扩展,端部阔圆、扁平或狭窄;颚形突棒状,末端尖细或轻微两分叉,有的中部膨大;抱器瓣窄,基部突起有或无;基腹弧 U 形或 V 形。阳茎基环 U 或 V 形,侧叶较短,多膨大呈豆瓣状;阳茎柱状,无角状器;味刷1对。雌性外生殖器:前、后表皮突均较短;第8腹节宽短;导管端片宽短,弱骨化;囊导管、交配囊均膜质,有时囊导管和交配囊接合部位具许多小刺,囊突有或无,若有,多由许多小疣突形成乳突状或凹陷杯状,导精管多出自囊后缘,少数出自囊导管。

该属中国记载5种,本书记述4种。

分种检索表

18.28　双色叉斑螟 *Dusungwua dichromella*（Ragonot，1893）（图版 23-396）

Rhodophaea dichromella Ragonot, 1893, In: Romanoff (ed.), *Mém. Lépidop.*, **7**: 75.

Furcata dichromella: Du, Song & Wu, 2005, *Ann. Zool. Warsz.*, **55**(1): 101.

Dusungwua dichromella: Kemal, Kizildağ & Koçak, 2020, *Misc. Pap.*, **205**: 2.

翅展 18.0~24.0mm。头顶被褐色与白色相间的粗糙鳞毛。触角褐色,两性鞭节腹面均被短纤毛。下唇须上举,超过头顶,第 1 节白色,第 2、3 节黑褐色,近等长,下颚须浅褐色,柱状,长约为下唇须第 3 节的 3/4。喙基部被灰白色鳞片。后头、领片、翅基片及中胸背板灰褐色。前翅灰褐色,长为宽的 2 倍;内横线白色,弧形,由前缘基部 1/3 至后缘 2/5 处,内侧后缘有 1 深褐色椭圆形斑,外侧前缘被一较小的黑褐色三角形斑;中室端斑黑褐色;外横线白色,波浪形,中部向外弧形凸出;外缘线棕褐色,内侧的缘点黑色;缘毛灰色。后翅不透明,灰色;缘毛浅灰色。

雄性外生殖器（图版 65-396）:爪形突长大于宽,基部宽,至 2/5 处渐窄,端部 3/5 极窄,只有基部宽的 1/6。颚形突长为爪形突的 1/2,基部至端部逐渐膨大,近末端处极度变细,并轻微两分叉。抱器背基突后缘连接处深裂呈 V 形,两指状突起的宽度与基部的宽度近相等。抱器瓣长约为最宽处的 3.5 倍,端部略窄于基部,中部宽于基部,末端圆,被稀疏刚毛;抱握器短粗指状,被较长刚毛;中段腹侧明显向外凸出,近基部 1 个指状抱握器较短;抱器背棒状,达抱器瓣末端;抱器腹长为抱器瓣的 1/2,基部宽,末端尖细。基腹弧长略大于最宽处,前缘弧形。阳茎基环侧叶发达,长度与颚形突近等长。阳茎与抱器瓣近等长;无角状器,内密布轻微骨化的皱褶及短刺。味刷 1 对。

分布:浙江(天目山)、辽宁、陕西、河南、湖北、贵州;日本。

18.29　欧氏叉斑螟 *Dusungwua ohkunii*（Shibuya，1928）（图版 23-397）

Eurhodope ohkunii Shibuya, 1928, *Journ. Coll. Agr. Hokkaido Imp. Univ.*, **22**: 90.

Furcata ohkunii: Ren & Li, 2012, Phycitinae, In: Li *et al.*, *Microlep. Qinling Mountains*: 373.

Dusungwua ohkunii: Kemal, Kizildağ & Koçak, 2020, *Misc. Pap.*, **205**:2.

翅展 18.0~24.0mm。头顶灰褐色。触角黄褐色,柄节长略大于宽,雄性鞭节基部无缺刻,也不缢缩。下唇须弯曲上举与头顶平齐,第 1 节灰白色,第 2、3 节黑褐色,第 2 节长约为第 3 节的 1.5 倍,末端细。下颚须褐色,杂白色鳞片,约与下唇须第 3 节等长。喙基部被灰白色鳞片。领片、翅基片及胸部土黄色。前翅底色灰褐色,基域灰白色;内横线白色,起自前缘基部 1/3,向外斜达后缘 1/2 处,在 A 脉附近有 1 向内的尖角,内侧后缘半部镶 1 三角形褐色斑;外侧前缘具 1 三角形小褐斑;中域前缘半部为 1 楔形灰白色大斑;中室端斑褐色,二斑相接;外横线灰白色,在 M_1 处向内弯曲,在 M_2 处向外弯曲,其余部分较直,内、外镶褐色细边;外缘域褐色杂白色,外缘线灰白色,内侧缘点褐色;缘毛灰白色。后翅半透明,灰白色;缘毛灰白色。腹部黄褐色,各节基部较端部色深。

雄性外生殖器(图版 65-397):爪形突三角形,长与宽约相等,顶端圆钝,背部近端部被稀疏短刚毛。颚形突棒状,中部较两端略粗,长约为爪形突的 5/8。背兜较宽短,长宽之比约为 5:9。抱器背基突拱桥形,后缘伸出耳状突起,突起的末端伸抵颚形突中部,两突起间呈 U 形。抱器瓣长约为宽的 4 倍,端部被稀疏刚毛;抱握器位于基部中间,短指状;抱器背达抱器瓣末端;抱器腹弯曲棒状,长约为抱器瓣的 4/7。基腹弧长略大于宽,侧缘自前缘至中部 1/2 渐宽,后缘 1/2 近乎平行。阳茎基环圆弧形,侧叶较短。阳茎略长于抱器瓣,中部具一密布微刺的楔形区域。味刷 1 对。

雌性外生殖器(图版 114-397):产卵瓣被稀疏刚毛,葫芦形,中部略缢缩,末端圆钝。前、后表皮突约等长。第 8 腹节宽短。导管端片四边形,长约为宽的 1/2;囊导管膜质,前半部内壁具小颗粒,后半部光滑。交配囊三角形,长约为自身宽的 2.2 倍;囊突圆形,凹陷杯状,由许多小疣突葵花状排列而成,附近内壁密布微小的粗糙颗粒;导精管出自交配囊后端。

分布:浙江(天目山)、甘肃、陕西、河南、安徽、湖北、湖南、福建、台湾、广西、四川、贵州。

18.30 四角叉斑螟 *Dusungwua quadrangula* (Du, Sung *et* Wu, 2005)(图版 23-398)

Furcata quadrangula Du, Sung *et* Wu, 2005, *Ann. Zool. Warsz.*, **55**(1):101.

Dusungwua quadrangula:Kemal, Kizildağ & Koçak, 2020, *Misc. Pap.*, **205**:2.

翅展 21.0~24.0mm。头顶灰褐色。触角褐色,柄节长约为宽的 1.5 倍,雄性鞭节基部不缢缩,也无缺刻。下唇须弯曲上举与头顶平齐,褐色,第 2 节长为第 3 节的 1.5 倍,第 3 节末端尖细。下颚须黄褐色,约与下唇须第 3 节等长。喙基部被黑褐色鳞片。领片、翅基片及中胸背板鼠灰褐色。前翅底色鼠灰色,散布少量白色鳞片;内横线弧形,灰白色,位于翅基部 1/3 处,内侧后缘、外侧前缘各有 1 褐色斑;中室端斑椭圆形,暗褐色,明显分离;外横线灰白色,较宽,波浪状,在 R_4 和 A 脉处各有一向内的尖角,在 M_1 和 A 脉之间向外弧形弯曲,内、外镶黑边;外缘线灰色,内侧缘点黑色,几乎连接呈 1 条线;缘毛灰褐色。后翅灰白色至灰褐色,弱透明,缘毛基部淡褐色,端部灰白色。腹部背面灰褐色,各节端部镶灰白色细边,腹面灰白色。

雄性外生殖器(图版 65-398):爪形突头盔状,顶端平截并略凹,基部向两侧伸出小尖突,中部至基部具极稀疏刚毛。颚形突棒状,长约为爪形突的 1/2,从基部至端部逐渐变细,末端分 2 叉。抱器背基突后缘向两侧强烈伸出 1 对突起。抱器瓣长约为最宽处的 4 倍,基部抱握器不明显;抱器背棒状,达抱器瓣末端;抱器腹骨化强,弯曲棒状。基腹弧宽略大于长,侧缘近前缘处略内凹。阳茎基环侧叶膨大豆瓣状,与颚形突近等长。阳茎圆柱状,长约为抱器瓣的 1.2 倍,端半部密布微刺,多个微刺聚集呈絮状,一侧具 1 密布微刺的剑状骨化囊。味刷 1 对。

雌性外生殖器(图版 114-398):产卵瓣阔,盾片状,基部折叠,末端圆钝,被稠密刚毛。前表皮突基部略膨大,后表皮突略长于前表皮突。第 8 腹节宽短。导管端片弱骨化,近梯形;囊导管长约为交配囊的 1/2。交配囊近椭圆形,长约为最宽处的 1.4 倍,后缘部分内壁密布小颗粒;囊突圆形,凹陷杯状,由许多小疣突葵花状排列而成;导精管出自交配囊后缘近囊导管处。

分布:浙江(天目山)、安徽、福建、广东。

18.31 曲纹叉斑螟 *Dusungwua karenkolla* (Shibuya, 1928)(图版 23-399)

Eurhodope karenkolla Shibuya, 1928, *Journ. Coll. Agr. Hokkaido Imp. Univ.*, **22**:90.

Furcata karenkolla:Du, Sung & Wu, 2005, *Ann. Zool. Warsz.*,**55**(1):102.

Dusungwua karenkolla:Kemal, Kizildağ & Koçak, 2020, *Misc. Pap.*, **205**:2.

翅展 20.0~26.0mm。头顶被灰褐色光滑扁平鳞片。触角褐色,雄性柄节长,长约为宽的 3~3.5 倍,鞭节腹面纤毛较该属其他种类长,基部数节略缢缩,浅弧形弯曲,雌性柄节较雄性稍短,长约为宽的 2 倍。下唇须与头顶平齐或略超出,灰褐色杂少量灰白色鳞片,第 2、3 节约等长,末端尖细。下颚须灰褐色,长约为下唇须第 2 节的 2/3。喙基部黑褐色杂白色。领片、翅基片及中胸背板黑褐色。前翅底色黑褐色,中域杂较多白色鳞片,形成一模糊的白斑;内横线白色,起自前缘 1/5,向外斜向达中室后缘,然后折向内,在 A 脉处形成 1 向内的尖角后,再向外达翅后缘 2/5;中室端斑黑褐色,二斑明显分离;外横线灰白色,在 M_1 和 CuA_2 处具向内尖角,二者之间向外弧形弯曲;外缘线灰褐色,内侧缘点黑色;缘毛灰褐色。后翅半透明,淡褐色;缘毛灰褐色。腹部黑褐色,各节端部黄褐色。

雄性外生殖器(图版 65-399):爪形突近半圆形,长略短于宽,末端及侧缘均圆钝。颚形突棒状,长约为爪形突的 2/3,末端轻微分 2 叉。抱器背基突后缘伸出略膨大的突起,两突起间呈 U 形。抱器瓣长约为宽的 4 倍,端部被稀疏刚毛;抱握器无;抱器背达抱器瓣末端;抱器腹棒状,长约为抱器瓣的 1/3,端部钩状弯曲。基腹弧长明显大于宽,长约为宽的 1.25 倍。阳茎基环侧叶豆瓣状。阳茎圆柱状,略长于抱器瓣。味刷 1 对。

雌性外生殖器(图版 114-399):产卵瓣三角形,被稠密长刚毛。前表皮突基部略膨大,与后表皮突约等长。第 8 腹节宽短,背前缘弧形。导管端片唇形、弱骨化;囊导管较短,约与前表皮突相等或稍长。交配囊长约为囊导管的 5 倍,除与囊导管接合部分弱骨化外,其余均膜质;无囊突;导精管出自交配囊后端。

分布:浙江(天目山)、甘肃、河北、陕西、河南、安徽、湖北、湖南、福建、台湾、广西、四川、贵州。

雕斑螟属 *Glyptoteles* Zeller,1848

Glyptoteles Zeller,1848. Type species:*Glyptoteles leucacrinella* Zeller,1848.

头顶圆拱。雌、雄触角均线状,腹面被短纤毛,雄性基部数节浅凹,被非常小的鳞片簇,或不凹。具单眼。毛隆发达。下唇须雄性竖扁,弯曲呈镰刀形,第 3 节弯曲,向前伸出锯齿状鳞毛;雌性下唇须细棒状,第 3 节末端尖细。下颚须短小,被鳞。喙发达。前翅 R_{3+4} 与 R_5 脉共柄长约为 R_5 脉的 1/2,M_2 和 M_3 脉基部靠近。后翅 M_1 脉与 Sc+Rs 脉主干形成一副室,Sc 与 Rs 脉在副室外共柄长为 Rs 脉的 3/5,M_2 与 M_3 脉共柄长约为 M_2 脉的 1/3,M_{2+3} 与 CuA_1 脉基部靠近。雄性外生殖器:爪形突三角形;颚形突锥形;抱器背基突侧叶后缘连接,拱形,不达颚形突基部;抱器瓣窄长,末端圆钝,无抱握器,抱器背骨化强,末端向外角状突出;阳茎基环与基腹弧均 U 形;阳茎圆柱状,具角状器;味刷 1 对。雌性外生殖器:第 8 腹节衣领状;导管端片骨化,囊导管膜质,长于或等长于交配囊;交配囊膜质,卵圆形,内壁粗糙,导精管出自交配囊。

该属全世界已知 2 种,本书记述 1 种。

18.32 亮雕斑螟 *Glyptoteles leucacrinella* **Zeller,1848**(图版 23-400)

Glyptoteles leucacrinella Zeller,1848,*Isis von Oken*,**1848**(9):646.

翅展 11.5~17.0mm。头顶被灰白色光滑鳞毛。触角褐色,雄性基部缺刻和鳞片簇不明显。下唇须雄性第 1 节灰褐色,第 2、3 节白色,有时杂少量褐色,外侧锯齿状,端部两节约等长,略长于基节;雌性第 1 节灰白色,第 2、3 节褐色,约等长,略长于基节,末端尖细。下颚须灰白色。胸、领片及翅基片灰白色至灰褐色。前翅淡灰色至深褐色;内横线波浪形,灰白色,外侧镶黑褐色边;外横线波浪形,灰白色,内侧镶黑褐色边;中室端斑黑褐色,较模糊;外缘线黑色;缘毛淡灰色至褐色。后翅不透明,灰褐色;缘毛淡灰色。胸部灰白色与褐色相间。

雄性外生殖器(图版66-400):爪形突三角形,顶端尖圆,背面被稀疏刚毛。颚形突长钩状,长约为爪形突的1/2,末端尖细。抱器背基突为一弧形窄骨化带。抱器瓣窄长,基部窄,至端部渐宽,末端圆钝;抱器背略短于抱器瓣,末端膨大呈三角形;抱器腹棒状,基部宽,端部细,长为抱器瓣的3/7。基腹弧长约与后缘宽度相等,前缘中部略内凹。阳茎基环侧叶指状,末端被稀疏刚毛。阳茎基部略粗,长约为抱器瓣的5/6;角状器1枚,剑状,长约为阳茎的2/3,端部渐细。味刷1对。

雌性外生殖器(图版114-400):产卵瓣端半部窄长,被稀疏刚毛。前表皮突基部略膨大,略长于后表皮突。第8腹节宽短,长略短于宽,背板前缘弧形突出。导管端片近长方形,宽为长的2倍。囊导管长约为交配囊的1.2倍。交配囊椭圆形,囊内壁粗糙,近前端有1由小刻点组成的椭圆形区域;无囊突;导精管出自交配囊中部。

分布:浙江(天目山)、黑龙江、吉林、宁夏、甘肃、青海、新疆、北京、天津、河北、陕西、河南、安徽、湖北、湖南、四川、贵州、云南;中欧(除英国外)。

槌须斑螟属 *Trisides* Walker, 1863

Trisides Walker 1863. Type species: *Trisides bisignata* Walker 1863.

头顶被鳞毛突起。两性触角均线状;雄性基部不凹入,无鳞片簇,腹面密被纤毛,雌性纤毛短。下唇须上举,明显过头顶,鼓槌状,第3节较第2节略粗,两节约等长。下颚须细小被鳞。前翅 R_2 与 R_{3+4} 脉相互靠近,R_{3+4} 与 R_5 脉约 1/2 长度共柄,M_1 脉与 R_5 脉近平行,M_2 与 M_3 基部共短柄。后翅 Sc 与 Rs 脉共柄长约为 Rs 脉的 2/3,M_1 脉基部与 Sc+Rs 脉靠近,M_2 与 M_3 脉基部 1/3 共柄。雄性外生殖器:爪形突三角形,末端圆;颚形突短棒状;抱器背基突中部愈合呈拱形,并向后扩展呈舌状,后缘内凹;抱器瓣基部无突起,抱器背弧形弯曲;基腹弧 U 形;阳茎基环 U 形;阳茎内无角状器;具味刷。雌性外生殖器:前、后表皮突均较短;导管端片骨化弱;囊导管膜质,长于交配囊;导精管出自囊导管;交配囊膜质,圆形或卵圆形,囊突由许多星状刺组成。

该属全世界仅知 1 种,本书记述该种。

18.33 双突槌须斑螟 *Trisides bisignata* Walker, 1863(图版 23-401)

Trisides bisignata Walker, 1863, List Spec. Lepidop. Insects Coll. Brit. Mus.,**27**:78.

翅展 16.0~24.5mm。头顶被灰褐色鳞毛簇。触角背面灰白色,腹面褐色。下唇须弯曲上举,明显超过头顶,第1节灰白色至黑褐色,第2、3节黄褐色至黑褐色。下颚须褐色,短小,长不到下唇须第2节的1/2。后头、领片、翅基片及中胸背板灰褐色至黄白色。前翅狭长,底色灰白色至黄褐色,前缘灰白色,中脉、臀脉基部黑褐色,端部锈红色;内横线和中室端斑消失;外横线灰白色,较模糊;外缘线黑褐色;缘毛红褐色至黑褐色。后翅灰白色,半透明,翅缘镶一黑褐色边;缘毛灰白色。腹部除1~3节背面中央淡褐色外,其余灰白色。

雄性外生殖器(图版66-401):爪形突圆三角形,顶端钝圆,基部向侧面伸出三角形突起,背面端部1/2被刚毛。颚形突棒状,端部菱形,长为爪形突的2/3,两侧臂末端抵住爪形突基部的突起。抱器背基突宽片状,中部愈合并向后延伸呈宽扁的舌状突起,后缘凹陷。抱器瓣由基部至端部渐宽;抱器背骨化强,达抱器瓣末端;抱器腹骨化强,拱形,基部至端部渐细,长约为抱器瓣的1/2。基腹弧半圆弧形,宽稍大于长。阳茎基环中部向两侧伸出指状侧臂,侧臂与颚形突近等长,末端被稀疏刚毛。阳茎圆柱状,长约为抱器瓣的4/5;无角状器。味刷为一簇简单的鳞毛,两侧具一对短柱形骨片。

雌性外生殖器(图版 114-401):产卵瓣三角形,被稀疏刚毛。前表皮突长于后表皮突。第 8 腹节背板中央骨化弱,前缘凸出。导管端片弱骨化,长方形;囊导管膜质,长约为前表皮突的 5.5 倍;导精管出自囊导管 1/3 处。交配囊圆形,长约为囊导管的 1/3;囊突一对,约占交配囊面积的 2/3,由许多星状刺组成。

分布:浙江(天目山)、河南、安徽、湖北、湖南、福建、广东、海南、广西、四川、贵州、云南;朝鲜,日本,马来西亚,印度尼西亚。

帝斑蟆属 *Didia* Ragonot,1893

Didia Ragonot,1893. Type species:*Didia subramosella* Ragonot,1893.

头顶鳞片粗糙,形成丘状鳞毛突。触角线状,鞭节各节背面端部各具 1 根针尖状刚毛,腹面密被短纤毛;雄性基部无缺刻和鳞片簇。下唇须上举超过头顶。前翅 R_{3+4} 与 R_5 脉基部 2/3 共柄,R_2 脉基部与 R_{3+4} 脉靠近,M_2 与 M_3 脉基部 1/4 共柄,CuA_1 脉出自中室下角,CuA_2 脉出自中室下缘。后翅 Sc 与 Rs 脉在中室外共柄,M_1 脉基部与 Sc+Rs 脉非常靠近,M_2 与 M_3 脉基部 1/3 共柄。雄性外生殖器:爪形突三角形;颚形突棒状;抱器背基突骨化明显,在中部愈合,形成后伸的杆状突起,呈倒 T 形;抱器瓣端部较宽,末端圆;抱握器无或不明显;抱器背直或突出呈拱形,末端紧贴抱器瓣或延长成游离的齿状突起;抱器腹较短;基腹弧 U 形;阳茎基环 U 或 V 形,侧叶末端膨大、具刺;阳茎圆柱状,无角状器;味刷 1 对。雌性外生殖器:后表皮突长于前表皮突;囊导管膜质,有时密被齿突;交配囊卵圆形,囊突 1 枚,由若干三角形棘刺组成,导精管出自交配囊前缘或后缘。

该属中国已知 3 种,本书记述 1 种。

18.34 直突帝斑蟆 *Didia adunatarta* Liu, Ren et Li, 2011(图版 23-402)

Didia adunatarta Liu, Ren et Li, 2011, *Acta Zootax. Sin.*, **36**(3):783.

翅展 19.0~23.0mm。头顶深灰褐色至黑褐色。触角柄节暗灰褐色至黑褐色,长约为宽的 1.5 倍;鞭节黄褐色与黑褐色相间。下唇须灰褐色至黑褐色,有时略带黄褐色;第 3 节长为第 2 节的 1/3。下颚须棒状,灰褐色至黑褐色,略短于下唇须第 3 节。喙黄褐色,基部灰褐色或黑褐色。翅基片、领片及胸部暗灰褐色至黑褐色,有紫蓝色金属光泽。前翅灰褐色至黑褐色,杂灰白色,沿前缘端部 2/3~4/5 以及沿中室下缘上方和下方各形成 1 条灰白色纵带;内横线及外横线消失;外缘具黑色斑点;缘毛灰色至灰褐色,基线白色。后翅灰白色至灰褐色,边缘黄褐色至黑褐色;缘毛灰色至灰褐色,基部灰白色。腹部淡黄色至黄褐色。

雄性外生殖器(图版 66-402):爪形突三角形,顶端尖锐,两侧略内凹,基部向两侧伸出短柱状突起,除顶端外,几乎密被短刚毛。颚形突短棒状,长为爪形突的 2/5。抱器背基突带状,略拱起,不向后伸出棒状突起。抱器瓣基半部窄,端半部阔圆;抱器背骨化强,弯曲,在抱器瓣端部 1/3 处拱形外凸,末端伸出钩状突起;抱器腹骨化强,筒状,长约为抱器瓣的 2/5。基腹弧半圆形。阳茎基环侧叶端部被稀疏刚毛。阳茎基部粗,至端部渐细,约与抱器瓣等长,内部密布散乱小棘刺。味刷为 1 对丝状鳞毛。

雌性外生殖器(图版 115-402):产卵瓣小,被稀疏刚毛。后表皮突长为前表皮突的 1.4 倍。第 8 腹节衣领状,长为宽的 1.3 倍。囊导管与前表皮突近等长,前端渐宽,与交配囊连接,二者分界不明显。交配囊长卵形,后端内壁密布小刻点;囊突 1 枚,卵圆形,位于交配囊前端 1/3 处,由若干三角形小骨化刺鱼鳞状排列而成;导精管出自交配囊前缘端部。

分布:浙江(天目山)、甘肃、河南、安徽、江西、湖北、湖南、广东、海南、广西、四川、贵州。

卡斑螟属 *Kaurava* Roesler *et* Küppers，1981

Kaurava Roesler *et* Küppers，1981. Type species：*Rhodophaea rufimarginella* Hampson，1896.

头顶平坦。雄性鞭节基部浅凹，缺刻内被较小鳞片簇，腹面被短纤毛。具单眼和毛隆。下唇须弯曲上举明显过头顶。下颚须短小，柱状被鳞。喙发达。前翅 R_2 与 R_{3+4} 脉基部靠近，R_{3+4} 与 R_5 脉基部 2/5 共柄，M_2 与 M_3 脉基部共柄极短。后翅 Sc 与 Rs 脉共柄长约为 Rs 脉的 3/5，M_2 与 M_3 脉基部共柄短，CuA_1 与 M_{2+3} 脉同出自中室下角。雄性外生殖器：爪形突三角形或半椭圆形；颚形突棒状；抱器背基突后缘连接，弯弓形；抱器瓣基部有一小突起，抱器背棒状，末端伸出齿状突起，抱器腹基部粗，末端细；基腹弧 U 或 V 形；阳茎基环 U 形，具侧臂；阳茎较长，角状器无；味刷 1 对。雌性外生殖器：第 8 腹节衣领状，宽短；两对表皮突较短。导管端片、囊导管及交配囊均膜质；囊导管短于交配囊；交配囊后缘半部内壁粗糙，囊突有或无，导精管出自囊后端。

该属中国已知 1 种，本书记述该种。

18.35　红缘卡斑螟 *Kaurava rufimarginella*（Hampson，1896）(图版 23-403)

Rhodophaea rufimarginella Hampson，1896，*Fauna Brit. India*，**4**：101.

Kaurava rufimarginella：Roesler & Küppers，1981，*Beitr. Naturk. Forsch. SüdwDtl.*，**4**：52.

翅展 14.5～16.5mm。头顶金黄色。触角褐色，雄性鞭节基部缺刻内鳞片簇黑褐色。下唇须第 1 节灰褐色，第 2 节基部黄褐色，端部黄色，第 3 节金黄色，略长于第 2 节，末端尖细。下颚须黄白色，长约为下唇须第 2 节的 1/2。喙基部灰白色，杂红褐色鳞片。领片、翅基片与胸部朱红色。前翅基域 2/3 朱红色，至外横线渐变为深褐色；内横线模糊；外横线白色，较直，位于外缘 1/5 处；外缘域灰褐色，外缘线深褐色，内侧缘点黑色；缘毛灰褐色。后翅灰白色或灰褐色，半透明，外缘边褐色；缘毛灰白色。腹部背面基部灰褐色，端部边黄色，腹面深褐色。

雄性外生殖器(图版 66-403)：爪形突半椭圆形，长略小于宽，背面端部被稀疏短刚毛。颚形突长棒状，与爪形突约等长或略长于爪形突。抱器背基突"人"字形连接，后缘连接处膨大呈舌状。抱器瓣基部窄，至端部渐宽，末端圆钝，长约为最宽处的 4 倍；抱器背骨化强，直棒状，较抱器瓣稍短，端部向背缘呈三角形突起；抱器腹弯曲，基部宽，末端渐细，长约为抱器瓣的 1/2。基腹弧长约为抱器瓣的 3/4。阳茎基环宽 U 型，侧叶端部指状。阳茎圆柱状，长为抱器瓣的 1.2 倍，中部被骨化皱褶和微刺。

雌性外生殖器(图版 115-403)：产卵瓣三角形，被刚毛。前表皮突基部略膨大，与后表皮突约等长。第 8 腹节长约为宽的一半，前缘 W 形外凸，后缘平直。导管端片漏斗形；囊导管膜质，约与前表皮突等长。交配囊肾形，后缘内壁具粗糙颗粒；囊突位于囊中部，三角形，后缘弧形拱起，边缘具齿，周围密布细小刻点；导精管出自交配囊后缘端部。

分布：浙江(天目山)、甘肃、河南、安徽、福建、广东、海南、广西、四川、贵州、云南；不丹，斯里兰卡，印度尼西亚，所罗门群岛。

丛螟亚科 Epipaschiinae

成虫中至大型，体粗壮，体色较暗淡。头顶被粗糙鳞毛。有单眼和毛隆。喙发达。下唇须多上举，末端超过头顶。触角丝状或栉齿状；有些种类触角基部具鳞突，伸向背面。前翅基部中央以及中室基斑和端斑上着生竖鳞；多数种类中室基斑显著，中室端斑有或无；顶角钝圆；R_1 和 R_2 脉分离或共柄，R_3、R_4 和 R_5 脉常共柄，M_1 脉由中室上角伸出，M_2 与 M_3 脉由中室下角伸出或共柄,M₃ 与 CuA₁ 脉多平行,中室长度多长于前翅的 1/2;后翅 Sc＋R₁ 与 Rs 脉合并或分离,多数种类 M₂ 和 M₃ 脉以及 CuA₁ 和 CuA₂ 脉常分离。雄性外生殖器:爪形突多细长柱状,少数种类爪形突较宽短;颚形突通常自两侧伸出,侧臂于中部愈合,末端尖锐弯曲,少数种类不愈合,呈长臂状或高度特化,极少数种类无颚形突;抱器瓣宽阔,中部有时具骨化结构,端部被毛;阳茎基环形态各异,端部常有侧臂伸出;角状器有或无。雌性外生殖器:产卵瓣发达,周围密被刚毛;第 8 腹节宽或窄;囊导管膜质或部分弱骨化;囊突 2 枚,形状相同。

丛螟亚科昆虫目前世界已知 83 属 710 余种,在各大动物地理区均有分布。本书记述 10 属 15 种。

分属检索表

齿纹丛螟属 *Epilepia* Janse, 1931

Epilepia Janse, 1931. Type species: *Macalla melanobrunnea* Janse, 1922.

雄性下唇须第 3 节短小,雌性细长。下颚须刷状。雄性无鳞突。前翅中室基斑和端斑着生黑色竖鳞;内、外横线显著;沿外缘线均匀排列深色斑点,沿翅脉方向颜色较浅;前翅 R₃、R₄、R₅ 脉共柄,后翅 Sc＋R₁ 与 Rs 脉分离,M₁ 与 Rs 由中室上角伸出,前、后翅 M₂ 与 M₃ 脉分离。足胫节外侧被鳞毛。雄性外生殖器:爪形突细长;无颚形突;抱器瓣宽阔,抱器背发达,抱器腹不发达;阳茎有角状器。雌性外生殖器:产卵瓣三角形,导管端片及囊导管均不同程度骨化。

该属中国已知 3 种。本书记述 1 种。

18.36　齿纹丛螟 *Epilepia dentatum* (**Matsumura et Shibuya, 1927**)(图版 23-404)

Macalla dentatum Matsumura et Shibuya, 1927, *In*: Shibuya, *Trans. Nat. Hist. Soc. Formosa*, **17**: 349.

Epilepia dentatum: Inoue et Yamanaka, 1975, *Fac. Domest. Sci. Otuma Wmns Univ.*, **11**: 108.

翅展 22.0～28.0mm。头部灰褐色或黄褐色,杂少量灰白色鳞片。下唇须黑褐色,散布白色鳞片;第 1 节长约为第 2 节的 1/6,略粗于第 2 节;雄性第 2 节短小,末端尖;雌性第 3 节长约为第 2 节的 1/5。雄性下颚须长刷状,基部 1/4 棕黄色,端部 3/4 淡黄色;雌性短小,灰白色,略前伸。触角黄褐色或黑褐色,雄性内侧具白色纤毛。胸部及翅基片土黄色杂少量褐色,或灰褐色杂少量土黄色。前翅基部和中部浅灰色,散布褐色及少量土黄色鳞片,或黄褐色,散布黑色及灰白色鳞片,杂少量蓝色鳞片;端部浅黄褐色或棕黄色,散布黑色鳞片;内横线褐色或黑色,短线状,自后缘倾斜至翅中部,并于此处具 1 束褐色或黑色竖立鳞丛,之后消失;外横线褐色或黑色,较宽,折线状,自前缘向外延伸至 CuA$_1$ 脉成角,后向内延伸至后缘;前翅基部近前缘处具 1 黑色斑纹;中室基斑和端斑黑色,其上具褐色竖立鳞丛;外缘线淡黄色,沿外缘线均匀排列褐色或黑色长方形斑点,其间沿翅脉方向淡黄色;前、后翅缘毛浅灰色或灰色,沿翅脉方向灰色或褐色。后翅浅灰色或灰褐色,向基部颜色渐浅。腹部背面灰白色或黑褐色,杂土黄色或棕黄色鳞片。

雄性外生殖器(图版 66-404):爪形突柱状,其侧缘向内卷曲,端部 1/3 被短刚毛。颚形突缺失。抱器瓣较长,基部狭,端部宽,外缘钝圆,密被细长毛;抱器背发达,自基部向端部渐宽,延伸至近抱器端,腹侧密被细毛。囊形突较短。阳茎基环基部近膜质,端部椭圆形,具强骨化齿。阳茎细长,中部略弯曲;角状器 2 枚,一枚长刺状,另一枚呈卷曲片状。

雌性外生殖器(图版 115-404):产卵瓣长三角形,密被长短不等的刚毛,自基部 1/4 处至后缘渐窄。前表皮突长约为后表皮突的 2 倍,略粗于后者。导管端片漏斗形,骨化强烈;囊导管短,仅端部膜质。交配囊卵圆形,长度约为囊导管的 2 倍;囊突椭圆形。

分布:浙江(天目山)、河北、天津、河南、湖南、福建、台湾、广西、四川、贵州;朝鲜,日本。

棘丛螟属 *Termioptycha* Meyrick,1889

Termioptycha Meyrick,1889. Type species:*Termioptycha cyanopa* Meyrick,1889.

雄性下唇须较雌性粗壮,第 2 节内侧被长鳞毛,第 3 节腹面基部被短鳞毛;雌性颜色较雄性略深。雄性触角内侧具纤毛,无鳞突。下颚须短,刷状。前翅中室基斑和端斑具竖鳞。内横线平直或弯曲;外横线于翅中部成角;沿外缘线均匀排列斑点;中室上方近前缘处具纵向斑纹;前翅 R$_3$、R$_4$ 及 R$_5$ 脉共柄,M$_1$ 脉弯曲,由中室上角伸出,M$_2$ 与 M$_3$ 脉共柄,CuA$_1$ 脉由中室下角前伸出。后翅 M$_1$ 及 Rs 脉由中室上角伸出,M$_2$ 脉与 M$_3$ 脉共柄,CuA$_1$ 脉靠近 M$_{2+3}$ 脉。后足胫节具长鳞毛。雄性外生殖器:爪形突柱状,后缘叉状或平截;颚形突两侧臂于中间处愈合呈拱形,多数种类侧臂向下伸展,被粗壮刚毛;抱器瓣基部中间处具 1 枚突起状结构,其上被零星刚毛,近端部顶角处具 1 枚棘刺,抱器背带状,多数种类背缘具突起;囊形突宽阔;阳茎多具 1 束强刺状角状器。雌性外生殖器:产卵瓣多呈三角形;囊导管中部略细;囊突 2 枚,骨化强烈,圆形或椭圆形。

该属中国已知 10 种,本书记述 2 种。

18.37 麻楝棘丛螟 *Termioptycha margarita*(Butler,1879)(图版 23-405)

Locastra margarita Butler,1879,*Illustr. Typ. Spec. Lepidop. Heter. Brit. Mus.*,**3**:66.

Termioptycha margarita:Mutuura,1957,Pyralidae,*In*:Esaki *et al.*(eds.),*Icon. Heter. Jap. Col. Nat.*,**1**:104.

翅展 26.0～31.0mm。头部黑褐色,夹杂少量棕黄色鳞片。雄性下唇须第 1 节黑色,夹杂少量棕黄色鳞片,基部外侧被黑色鳞毛,内侧被淡黄色鳞毛;长约为第 2 节的 1/5,略粗于第 2 节;第 2 节超过头顶,黑色散布棕黄色鳞片,其端部内侧具鳞毛,基部淡黄色,端部棕黄色夹杂少量黑色;第 3 节棕黄色,端部夹杂黑色鳞片,长约为第 2 节的 1/6。雌性下唇须第 1 节黑褐色,夹杂少量棕黄色鳞片,其长约为第2节的1/10,略粗于第2节;第2节长度超过头顶,棕黄色,夹杂少量灰白色鳞片,外侧散布黑色鳞片;第3节尖细,棕黄色,夹杂少量黑色鳞片,长约为第2节的1/7。下颚须基部棕黄色,端部白色夹杂黑褐色鳞片,短小,略前伸。触角黄褐色,散布灰白色鳞片,雄性内侧密被淡灰色纤毛。胸部及翅基片白色,散布棕色和黑色鳞片。前翅基部灰褐色,散布黑色鳞片,其基部近前缘处具1白色斑纹;于翅中部另有1束黑色竖立鳞丛;中部白色,散布少量灰褐色鳞片;端部浅灰褐色,散布黑色鳞片;内横线黑色,较宽,自后缘延伸至近1A+2A脉处后消失;外横线黑褐色,锯齿状,自前缘向外倾斜至 M₃脉处后向内侧倾斜,于近后缘处向外侧弯折呈1小角,后延伸至后缘;近前缘处呈1灰褐色斑纹;中室基斑和端斑黑色;近前缘1/4至1/2处密被灰褐色鳞片,呈1细长带状斑纹;外缘线灰白色,沿外缘线均匀排列白色斑点。后翅端部灰褐色,基部白色;外横线浅褐色,时断时续;前、后翅缘毛灰褐色,基部颜色较深。腹部灰褐色,散布白色鳞片,第1、2节及第3至6节中部白色鳞片较多。

雄性外生殖器(图版 66-405):爪形突柱状,末端尖。颚形突两侧臂于中间处愈合,近环形;其端部较细,呈拱形,基部略粗,密被粗壮刚毛。抱器瓣近平行四边形,基部1/6近膜质,端部1/3被细毛;其基部中间处伸出1指状突起,其上被稀疏刚毛;抱器瓣末端顶角处具1枚棘刺;抱器背细长,基部略宽,向端部逐渐变窄;抱器腹不发达。囊形突宽阔,倒三角形。阳茎基环中部近半圆形,两侧各伸出1镰刀状突起,略向外弯曲。阳茎较短,中部略弯曲;端部具1束长短、粗细不等的刺状角状器。

雌性外生殖器(图版 115-405):产卵瓣近三角形,边缘钝,被长短不等刚毛。前表皮突略短于后表皮突,均较细。导管端片近三角形,骨化强烈;囊导管基部和端部略粗,膜质。交配囊近梨形,长约为囊导管的1/2;囊突近卵圆形。

分布:浙江(天目山)、北京、安徽、江西、湖北、湖南、福建、台湾、广东、广西、四川、云南;日本,马来西亚,印度尼西亚,印度,不丹。

18.38 钝棘丛螟 *Termioptycha eucarta* (**Felder et Rogenhofer, 1875**) (图版 23-406)

Ethnisitis eucarta Felder & Rogenhofer, 1875, *Lep. Zool.*, **2**(2): 28.

Termioptycha cyanopa Meyrick, 1889, *Trans. Entomol. Soc. Lond.*, **1889**: 505.

Sialocyttara erasta Turner, 1913, *Proc. Roy. Soc.*, **24**: 134.

Termioptycha distantia Inoue, 1982, *Moths of Japan (Kodansha Co. Lid. Tokyo)*, **1**: 378.

Termioptycha eucarta (Felder et Rogenhofer): Solis, 1992, *Journ. Lepid. Soc.*: 291.

翅展 24.0~31.0mm。额白色,头顶白色杂灰绿色或黄褐色。雄性下唇须第1节基半部灰绿色,端半部黑色,末端白色,略粗于第2节,长约为第2节的1/3;第2节白色,外侧基部1/3和端部1/3黑色,内侧具白色长鳞毛,腹面端部1/3具黑色或灰绿色长鳞毛;第3节黑色,基部和末端白色,腹面具黑色长鳞毛,长约为第2节的1/2。雌性下唇须略细于雄性,第2节内侧鳞毛较短。雌、雄下颚须均短小,扁平;白色,末端杂黑色。触角柄节膨大,腹面黑色,背面白色;雄性梗节和鞭节黄褐色,腹面具灰白色短纤毛,略长于触角直径,背面具白色环纹;雌性梗节和鞭节黑褐色,略细于雄性。胸部及翅基片灰绿色杂黄褐色。前翅基部灰绿色杂黑色;中部白色,散布灰绿色鳞片,沿前缘具1灰绿色纵向矩形斑;端部红褐色,顶角处密布黑色鳞片或黑色,臀角处密被红褐色鳞片;内横线黑色,短,自中室后缘中部外斜至后缘基部1/3处;外横线黑色,近前缘1/6灰绿色,自前缘端部1/3处略呈锯齿状外斜至 M₃脉,后呈锯齿状内斜至CuP脉,再外斜至后缘端部1/3处;中室基斑和端斑均为黑色,具黑色竖立鳞丛,其外侧鳞片白色;中室中部另具1黑色竖立鳞丛,其外侧鳞片白色;外缘线灰白色,其内侧均匀排列黑色矩形斑,沿翅脉处间灰白色。后翅基部 2/3 白色,端部 1/3 具灰黑色宽带,自前缘至后缘渐窄;CuA$_2$ 脉端部 1/3 处和 2A 脉端部 1/4 处各具 1 黑点;前、后翅缘毛均为浅红褐色,沿翅脉处间黑色。足白色;基节、腿节和胫节外侧散布黑色及黄绿色鳞片;中、后足胫节外侧具白色鳞毛;跗节外侧黑色,各节末端白色。腹部腹面白色,散布黑色和黄绿色鳞片;背面第 1~4 节白色杂黑色和黄绿色,各节中部具黑色杂黄绿色斑,其余各节黑色杂白色和黄绿色。

雄性外生殖器(图版 66-406):爪形突细长,自基部渐窄,后缘中部略内凹。颚形突侧臂宽短,骨化强烈,密被粗短刚毛,于末端愈合呈拱形,拱形中部向下延伸呈圆形,密被粗短刚毛;基部各向下伸出 1 枚膨大近圆形突起。抱器瓣近平行四边形,外缘钝,端部 1/3 被细长毛;抱器背达抱器瓣末端,中部膨大呈瘤状突起,其上具稀疏细毛;抱器腹长约为抱器瓣腹缘的 1/2,自基部渐窄,末端具 1 枚棘刺;抱器瓣基部中间处具 1 指状突起,其端半部边缘锯齿状,被稀疏细毛。阳茎基环近矩形,端部两侧各伸出 1 枚片状侧叶,相向外弯,自基部渐窄,末端尖。囊形突宽阔,三角形。阳茎直,长约为抱器瓣腹缘的 1/2,末端具 1 束长短粗细不一的刺状角状器。

雌性外生殖器(图版 115-406):产卵瓣近三角形,后缘钝,密被长纤毛。第 8 腹节近矩形,背、腹板中部均略窄,后端被稀疏刚毛。前、后表皮突几乎等长,端部 1/6 均近膜质。导管端片近倒梯形,前缘中部略凸出呈弧形;囊导管膜质,中部略细;交配囊长椭圆形,约与囊导管等长;囊突 2 枚,椭圆形,1 枚较小,约为较大囊突的 1/5。

分布:浙江(天目山)、吉林、辽宁、山西、陕西、河南、江西、台湾、广东、海南、广西、四川;日本,印度尼西亚,澳大利亚,巴布亚新几内亚。

白丛螟属 *Noctuides* Staudinger,1892

Noctuides Staudinger,1892. Type species:*Noctuides melanophia* Staudinger,1892.

体型较小。下唇须第 2 节长及头顶,第 3 节发达。下颚须短小。雄性无鳞突。雄性前翅前缘中部具 1 瘤状突起;中室基斑和端斑缺失;内横线缺失,中横线和外横线显著。前翅 R$_1$ 及 R$_2$ 脉由中室伸出,R$_3$、R$_4$ 及 R$_5$ 脉共柄,M$_1$ 脉由中室上角伸出,M$_2$ 与 M$_3$ 脉共柄,CuA$_1$ 脉基部靠近 M$_{2+3}$ 脉。后翅 Sc+R$_1$ 脉与 Rs 脉并接,Rs 及 M$_1$ 脉由中室伸出,M$_2$ 与 M$_3$ 脉共柄,CuA$_1$ 脉中室下角伸出。足胫节外侧光滑。雄性外生殖器:爪形突细长;颚形突两侧臂细长,于中间处愈合,末端尖锐;抱器瓣宽阔,抱器腹不发达;角状器骨化强烈。雌性外生殖器:产卵瓣发达,第 8 腹节宽阔。

该属中国已知 1 种,本书记述该种。

18.39 黑缘白丛螟 *Noctuides melanophia* Staudinger,1892(图版 23-407)

Notuides melanophia Staudinger,1892,*Deut. Entomol. Zeit. Iris*,**5**:466.

Anartula melanophia:Staudinger,1893,*Deut. Entomol. Zeit. Iris*,**6**:78.

翅展 14.0~18.0mm。头部白色杂少量土黄色。下唇须灰白色,雄性第 1 节略粗于第 2 节,长约为第 2 节的 1/2;第 3 节较细,末端尖,长约为第 2 节的 3/4。雌性略细于雄性,第 1 节长约为第 2 节的 1/3;第 3 节长约为第 2 节的 2/3。下颚须短小,灰白色。触角浅褐色,各节间具浅褐色环纹,雄性内侧被灰色纤毛。胸部及翅基片白色。前翅基部和中部白色,夹杂少量黄褐色鳞片;端部灰褐色;内横线黄褐色;中横线短线状,自前缘延伸至翅中部后消失;外横线波浪状,于近前缘处向内弯折呈 1 小角;内横线与外横线之间近前缘处散布较多黄褐色鳞片;外缘线淡黄色;缘毛基部 1/3 灰褐色,端部浅灰色。后翅灰白色,散布灰褐色鳞片;外横线灰褐色,不显著;缘毛颜色较前翅浅。腹部背面白色,各节间具棕黄色环纹,自第 8 节起被棕黄色鳞片。

雄性外生殖器(图版 66-407)：爪形突柱状,较细,被稀疏细毛。颚形突两侧臂细长,于中间处愈合,端部尖细。抱器瓣宽阔,基部略窄,腹缘钝,沿端部和腹侧被细长毛;抱器背带状,延伸至抱器瓣中部,弱骨化。囊形突较宽。阳茎基环 U 形,基部略膨大,端部两侧臂粗短,后缘尖。阳茎粗短;角状器形状不规则,骨化强烈。

雌性外生殖器(图版 115-407)：产卵瓣形状不规则,宽约为长的 2 倍,中部略弯,被刚毛。前表皮突长于后表皮突,略粗于后表皮突;前表皮突基部较细。导管端片三角形,前缘骨化强烈;囊导管膜质。交配囊近圆形,长约为囊导管的 2/3;囊突细长线状,中部略宽,骨化强烈。

分布:浙江(天目山)、河南、安徽、江西、湖南、台湾、福建、广东、海南、广西、四川、贵州、云南;日本,印度尼西亚,印度,不丹,斯里兰卡。

缀叶丛螟属 *Locastra* Walker, 1859

Locastra Walker, 1859. Type species：*Locastra maimonalis* Walker, 1859.

体大型。下唇须上举超过头顶,雄性第 2 节显著膨大;第 3 节短小。下颚须短。鳞突有或无。内横线及外横线显著,外横线内侧近前缘处具 1 瘤状突起,中室端斑显著,其上着生有黑色竖立鳞丛,沿外缘线均匀排列深色斑点。前翅 R_3、R_4 及 R_5 脉共柄,M_1 脉由中室上角下方伸出,CuA_1、M_2 及 M_3 脉由中室下角伸出,1A 脉粗壮。后翅 $Sc+R_1$ 与 Rs 脉并接,M_1 及 Rs 脉由中室上角伸出,M_2 及 M_3 脉由中室下角伸出,CuA_1 脉靠近中室下角伸出 。足胫节及跗节外侧被鳞毛。雄性外生殖器:爪形突宽阔;颚形突两侧臂于中间处愈合,端部弯曲呈钩状;抱器瓣宽阔,抱器背及抱器腹均不发达;囊形突长或短。

该属中国已知有 5 种,本书记述 1 种。

18.40 缀叶丛螟 *Locastra muscosalis*（Walker, 1866)(图版 23-408)

Taurica muscosalis Walker, 1866, *List Spec. Lepidop. Insects Coll. Brit. Mus.*, **34**：1269.

Locastra muscosalis：Mutuura, 1957, Pyralidae, *In*：Esaki *et al.*（eds.）, *Icon. Heter. Jap. Col. Nat.*, **1**：105.

翅展 32.0～41.0mm。头部黄褐色至深灰色,杂少量黑色鳞片;或黑色杂少量深灰色鳞片。雄性下唇须第 1 节白色杂黑褐色鳞片,长约为第 2 节的 1/4;第 2 节长及头顶,向端部渐细,深灰色,外侧被较多黑色鳞片,内侧被浓密的深灰色长鳞毛,鳞毛末端黑色;第 3 节灰色,末端尖,长约为第 2 节的 1/5。雌性下唇须较雄性细,第 1 节内侧白色,外侧棕色杂白色和黑色鳞片,长约为第 2 节的 1/6;第 2 节长及头顶,外侧被棕色及黑色鳞片,内侧白色,具白色及棕色鳞毛;第 3 节黑褐色,长约为第 2 节的 1/3。下颚须短小刷状,灰褐色。触角与头部同色,雄性内侧被浅灰色纤毛。胸部及翅基片红棕色或灰色,杂黑色鳞片。前翅基部灰色,近前缘处散布较多黑色鳞片,近后缘散布红棕色鳞片,中间具 1 黑色纵带,其末端具黑色竖立鳞丛;中部灰白色,散布黑色及少量红棕色鳞片;端部深灰色;内横线灰白色,外侧具黑色镶边;外横线灰白色,内侧具黑色镶边,近前缘处较平直,后向外弯曲,于翅中部缓慢成角,后向内倾斜至后缘;前缘端部 1/3 处外横线内侧具 1 小型瘤突,该瘤突两侧被黑色鳞片;外缘线灰白色,沿外缘线均匀排列长方形灰褐色或黑色斑点,其间沿翅脉灰白色。后翅灰色,向基部颜色渐浅,沿翅脉具褐色鳞片;外横线灰白色,不达翅边缘;前、后翅缘毛灰褐色,沿翅脉方向颜色较深。腹部背面灰白色,散布褐色鳞片。

雄性外生殖器(图版 66-408)：爪形突较宽阔,倒梯形,向端部渐宽,端部密被短刚毛。颚形突两侧臂粗壮,于中间愈合,端部钩状弯曲。抱器瓣形状不规则,背缘平直,腹缘钝,与外缘界限不明显,被细毛;基部近中间处具褶皱,其下方的抱器瓣膜质;抱器背发达,被稀疏长刚毛。基腹弧近 U 形,基部略狭。阳茎基环基部 2/3 梯形,两侧臂粗短。阳茎细长,端部对称分布 2 个近椭圆形骨化板,其上具小齿突;1 枚角状器细长刺状。

雌性外生殖器(图版 115-408):产卵瓣近三角形,末端密被长短不等刚毛。后表皮突长约为前表皮突的 2/3,前、后表皮突基部均略膨大。导管端片窄带状,弱骨化;囊导管长,基部略粗,中部弱骨化,呈反 S 形。交配囊卵圆形,长约为囊导管的 1/5;囊突形状不规则,边缘有缺刻,中部具 1 强骨化脊。

分布:浙江(天目山)、河南、江西、湖北、湖南、福建、广东、香港、广西、四川、贵州、云南;日本,印度,斯里兰卡。

网丛螟属 *Teliphasa* Moore,1888

Teliphasa Moore,1888. Type species:*Teliphasa orbiculifer* Moore,1888.

体型较大。雄性下唇须粗壮,直径为雌性的 3~4 倍;第 3 节着生在第 2 节内,多数种类不显著;内侧有沟槽,以容纳刷状的下颚须。雌性下唇须细长,第 3 节细尖。雄性触角内侧具纤毛,多数种类较雌性粗壮,无鳞突;中室基斑和端斑显著,其上具竖立鳞丛,外横线较宽,向内弯折成角,沿外缘线均匀排列大型斑点,其间沿翅脉为小型斑点。前翅 R_1 及 R_2 脉由中室伸出,R_3、R_4 及 R_5 脉共柄,M_2 与 M_3 脉有 1/3 靠近。后翅 $Sc+R_1$ 脉与 Rs 脉分离,M_1 与 Rs 脉由中室上角伸出或具短柄,M_2 与 M_3 脉有 1/3 靠近,CuA_1 脉由中室下角伸出。足胫节外侧具鳞毛。雄性外生殖器:颚形突两侧臂细长;匙形突发达;抱器瓣宽阔,基部窄,末端钝,被细长毛,抱器背发达,抱器腹不发达;囊形突发达,分两部分,或者不发达,较圆;阳茎粗壮,角状器骨化强烈。雌性外生殖器:囊导管较短,少数种类囊导管与交配囊等长;囊突骨化强烈,多数种类囊突中部具骨化脊。

该属中国已知 9 种,本书记述 2 种。

18.41　大豆网丛螟 *Teliphasa elegans* (Butler,1881)(图版 24-409)

Locastra elegans Butler,1881,*Trans. Entomol. Soc. Lond.*,**1881**:581.

Teliphasa elegans:Mutuura,1957,Pyralidae,*In*:Esaki *et al.* (eds.),*Icon. Heter. Jap. Col. Nat.*,**1**:105.

翅展 34.0~38.0mm。头灰褐色或黑褐色。雄性下唇须灰色,散布黑色及少量棕黄色鳞片,或黑褐色,散布少量灰褐色及棕黄色鳞片,长度超过头顶;第 1 节略细于第 2 节,长约为第 2 节的 1/4;第 2 节端半部膨大;第 3 节极短小,隐藏在第 2 节内。雌性下唇须灰褐色;第 1 节长约为第 2 节的 1/4;第 3 节细尖,长约为第 2 节的 1/4。下颚须浅黄色,长刷状。触角黄褐色或黑褐色,雄性内侧被灰色纤毛。胸部及翅基片黄褐色或黑褐色。前翅灰色或褐色,散布黑色鳞片;亚基线黑色,自前缘延伸至翅中部后消失;内横线黑色,自后缘向内倾斜至翅中部,并于此处具 1 纵向黑色竖立鳞丛;外横线较宽,于 M_3 脉处向外弯折呈 1 大角,后呈锯齿状向内延伸至 Cu_2 脉和 CuP 脉之间向外弯折呈 1 小角,后向内倾斜至后缘;其外侧具黄褐色或灰褐色镶边;中室基斑和端斑黑色,后者较大;外缘线白色或淡黄色,沿外缘线均匀排列方形黑色斑点,其间沿翅脉浅褐色。后翅端部灰褐色,向基部颜色渐浅;中室基斑浅褐色;前、后翅缘毛浅灰色夹杂灰褐色,或棕黄色夹杂黑褐色。腹部背面灰白色或黑褐色。

雄性外生殖器(图版 66-409):爪形突形状不规则,边缘钝。颚形突两侧臂细长,末端尖。匙形突三角形。抱器瓣略呈圆形,基部狭,端部宽阔,密被细长毛;抱器背骨化强,向端部渐细,长约为抱器瓣的 1/3。囊形突发达,分为两部分,呈倒三角形。阳茎基环半圆形。阳茎粗壮;角状器卷曲片状。

雌性外生殖器(图版 115-409):产卵瓣基部近圆形,端部近长方形,密被短刚毛。前表皮突略长于后表皮突。导管端片长方形,骨化较弱;囊导管膜质,较细且短。交配囊椭圆形,略长于囊导管;囊突近三角形,中部具 1 骨化脊。

分布:浙江(天目山)、北京、天津、河南、山东、湖北、贵州;日本。

18.42 云网丛螟 _Teliphasa nubilosa_ Moore,1888(图版 24-410)

Teliphasa nubilosa Moore,1888,_In_:Hewitson & Moore,_Desc. Ind. Lepidop. Atk._,**1888**:201.

翅展 34.0~38.0mm。头土黄色杂黑色。雄性下唇须极粗壮,黄褐色杂少量黑色,向背面延伸,长及中胸;第 1 节长约为第 2 节的 1/15;第 2 节端部 3/4 密被棕黄色鳞毛;第 3 节短小,端部尖,钩状;雌性下唇须浅黄褐色,散布灰白色及少量黑色鳞片,或者棕黄色,散布少量黑色鳞片;第 1 节长约为第 2 节的 1/5;第 3 节黑色鳞片较多,细尖,长约为第 2 节的 1/4。下颚须黄色或者棕黄色,刷状,较短,上举。触角黑褐色,散布棕黄色鳞片,雄性较粗壮,内侧被灰色纤毛;鳞突细而短小。胸部及翅基片棕黄色杂黑褐色和橄榄绿色鳞片。前翅黄褐色,散布黑色鳞片,其基部和端部黑色鳞片较多,沿前缘脉散布橄榄绿色鳞片;亚基线黑色,平直;内横线黑色,从后缘其弯至翅中部,并于此处有 1 束纵向黑色带状竖立鳞丛;外横线黑色、显著,从前缘起至 M_2 脉处向外弯折呈 1 大角,后呈锯齿状延伸至后缘;中室基斑和中室端斑黑色,显著;外缘线淡黄色,沿外缘线均匀排列近方形黑色斑点,其间沿翅脉处呈现棕黄色小型斑点。后翅端部灰褐色,向基部逐渐颜色减淡,中室基斑浅褐色;前、后翅缘毛土黄色杂灰褐色,沿翅脉方向颜色较深。腹部背面棕黄色,散布黑色鳞片。

雄性外生殖器(图版 66-410):爪形突短小,半圆形。颚形突两侧臂细长,末端尖,呈钩状。抱器瓣略呈圆形,基部狭,端部宽阔,密被细长毛;抱器背骨化强,长约为抱器瓣前缘长的1/2。囊形突不发达。阳茎基环侧臂长,基部宽阔,端部渐尖细。阳茎粗壮,中部略膨大;角状器 1 枚,片状,末端稍弯呈钩状。

雌性外生殖器(图版 115-410):产卵瓣三角形,末端钝,密被短刚毛。前表皮突略长于后表皮突,粗于后表皮突。囊导管两端膜质,中间弱骨化。交配囊近椭圆形,约与囊导管等长;囊突较小,近圆形。

分布:浙江(天目山)、海南、广西、云南、西藏;印度。

备注:本种与大豆网丛螟 _T. elegans_ 可以通过如下特征区别:阳茎基环 U 形,侧臂长;角状器片状,末端稍弯呈钩状。而大豆网丛螟阳茎基环半圆形,无侧臂;角状器卷曲片状。

纹丛螟属 _Stericta_ Lederer,1863

Stericta Lederer,1863. Type species:_Glossina divitalis_ Guenée,1854.

体型较小。下唇须细长上举。下颚须雄性长刷状,雌性短小;或者都较短。多数种类鳞突较短,向端部膨大,腹面及侧面被鳞毛。内横线缺失,中室基斑和端斑缺失或只存其一,沿外缘线均匀排列深色斑点。前翅 R_1 及 R_2 脉由中室伸出,R_3、R_4 及 R_5 脉共柄,M_1 脉由中室上角伸出,M_2 及 M_3 脉出自中室下角一点,CuA_1 脉由中室下角前伸出。后翅 $Sc+R_1$ 脉与 Rs 脉分离,M_1 与 Rs 脉有短柄,M_2 及 M_3 脉由中室下角伸出,CuA_1 脉由中室下角伸出。雄性外生殖器:颚形突两侧臂于中间处愈合,有些种类膨大,末端尖锐弯曲,多数种类抱器瓣上具骨化强烈的突起;囊形突发达,多数种类阳茎基环两侧臂发达,角状器有或无。雌性外生殖器:产卵瓣三角形;前、后表皮突均于基部膨大呈三角形;囊突骨化强烈。

该属中国已知 11 种,本书记述 1 种。

18.43　红缘纹丛螟 *Stericta asopialis* (Snellen, 1890)(图版 24-411)

Pannucha asopialis Snellen, 1890, *Trans. Entomol. Soc. Lond.*, **1890**:568.

Stericta asopialis:Hampson, 1896, *Fauna Brit. India*, **4**:121.

翅展 20.0～24.0mm。头部黄褐色,散布黑色鳞片。下唇须较细,长及头顶;黑褐色,雌性颜色略浅;雄性第 1 节略粗,长约为第 2 节的 1/5,第 3 节长约为第 2 节的 2/5,直径约为第 2 节的 1/3;雌性下唇须第 1 节长约为第 2 节的 1/4,第 3 节长约为第 2 节的 1/3。下颚须黄褐色,上举,雄性长刷状,雌性短小。触角淡黄色,背面散布黑色鳞片,自基部向端部颜色渐浅;雄性鳞突较短,黑褐色,散布少量棕黄色鳞片,端部显著膨大。胸部及翅基片灰褐色,散布黑色鳞片。前翅基部及端部黑褐色,散布黄褐色鳞片;中部白色,略显淡黄色;内横线和外横线缺失;中室内具 1 小型黑色斑纹,其上具竖立鳞丛;近前缘 2/5 和 3/5 处各具 1 小型黑色斑纹;外缘线淡黄色,沿外缘线均匀排列长方形黑色斑点。后翅端部浅灰褐色,其余部分白色。前、后翅缘毛均为灰褐色。腹部背面淡黄色,端部 4 节散布黑褐色鳞片。

雄性外生殖器(图版 67-411):爪形突近梯形,端部宽,被细毛,中央略凹。颚形突两侧臂细长,于中间处愈合膨大,末端尖锐弯曲呈钩状。抱器瓣宽阔,被细长毛,自基部向端部逐渐变窄;中部向腹侧伸出 2～3 枚强刺状突起,若 3 枚,则中间 1 枚短小,不显著;抱器背带状,狭长,延伸至抱器瓣端部;抱器腹骨化较弱。囊形突三角形,较宽阔。阳茎基环发达,基部近三角形,端部长方形,端部伸出两细长侧臂。阳茎粗短;角状器长刺状。

雌性外生殖器(图版 115-411):产卵瓣近三角形,侧缘钝,边缘密被短刚毛。前、后表皮突于基部 1/7 处均略膨大呈一结节,前表皮突略粗短,短于后表皮突。囊导管基部 1/5 弱骨化,其余部分膜质。交配囊梨形,长约为囊导管的一半;囊突椭圆形,中间部分弱骨化,呈带状,其边缘有若干短刺状突起。

分布:浙江(天目山)、天津、山西、河南、安徽、湖北、重庆、福建、广西、四川、贵州、云南;日本,印度,不丹。

须丛螟属 *Jocara* Walker, 1863

Jocara Walker, 1863. Type species:*Jocara fragilis* Walker, 1863.

下唇须细,长及头顶,自基部向端部逐渐变细。下颚须刷状,短小。鳞突细长,端部膨大。中室基斑和端斑上着生黑色竖鳞;外横线向外侧弯折成角,沿外缘线均匀排列深色斑点,其间沿翅脉方向颜色较浅。前翅 R_1 及 R_2 脉由中室伸出,R_3、R_4 及 R_5 脉共柄,M_1 脉由中室上角伸出,CuA_1、M_2 及 M_3 脉由中室下角伸出,基部靠近。后翅 $Sc+R_1$ 脉与 Rs 脉并接,M_2 与 M_3 脉由中室下角伸出,CuA_1 脉由中室下角伸出。雄性外生殖器:爪形突柱状;颚形突于中间处愈合,端部呈钩状弯曲;抱器瓣细长,外缘斜截,抱器背和抱器腹均不发达。

该属中国已知 4 种,本书记述 1 种。

18.44　红褐须丛螟 *Jocara kiiensis* (Marumo, 1920)(图版 24-412)

Lepidogma kiiensis Marumo, 1920, *Jour. Coll. Agric. Imp. Univ. Tokyo*, **6**:266.

Jocara kiiensis:Inoue et al., 1982, *Moth of Japan*, **1**:377.

翅展 21.0～22.0mm。头部灰褐色。雄性下唇须灰色,散布少量黑色及灰白色鳞片,长及头顶;第 1 节略粗,长约为第 2 节的 1/4;第 3 节细,末端尖,其长约为第 2 节的 2/5。下颚须黑褐色夹杂黑色,上举。触角黄褐色,散布黑色鳞片;鳞突淡黄色,散布黑色鳞片,端部和外侧被淡黄色杂黑色鳞毛,长度超过胸部,自基部向端部逐渐变粗。胸部及翅基片淡黄色。前翅基部2/3灰白色,散布淡黄色和少量灰褐色鳞片,近前缘处灰褐色鳞片较多;端部1/3灰褐色,散布淡黄色鳞片;内横线灰褐色,自后缘延伸至近前缘1/3处后逐渐消失,于前缘处呈1灰褐色斑纹,其内侧近翅中部具1束黑色竖立鳞丛;外横线灰白色,自前缘至翅中部较宽,并于此处弯折成1大角,后逐渐变窄并向内倾斜;中室基斑和端斑黑色,前者较小;外缘线灰色,沿外缘线均匀排列长方形灰褐色斑点,其间沿翅脉方向灰白色。后翅端部浅灰褐色,向基部颜色渐浅。前、后翅缘毛灰色。腹部背面暗黄色,散布褐色鳞片。

雄性外生殖器(图版67-412):爪形突细长柱状,端部略窄,被细刚毛。颚形突两侧臂细长,于中间处愈合,末端弯曲呈钩状。抱器瓣近平行四边形,背缘中部略凸起,外缘中部略内凹,密被细长毛;抱器背发达;抱器腹不甚发达。囊形突V形,边缘钝。阳茎基环U形,中部突起成1骨化脊,两侧臂极短。阳茎细长;角状器棘刺状,端部略分叉。

雌性外生殖器(图版116-412):产卵瓣三角形,膜质,密被长纤毛。前、后表皮突几乎等长,后表皮突基部1/3膨大呈三角形。导管端片倒梯形;囊导管膜质。交配囊椭圆形,长约为囊导管的1/3;囊突圆形。

分布:浙江(天目山)、天津、河南、福建、广西、四川、云南;日本。

鳞丛螟属 *Lepidogma* Meyrick,1890

Lepidogma Meyrick,1890. Type species:*Lepidogma tamaricalis* Mann,1873.

体型较小。下唇须细长上举,末端尖。下颚须短小,刷状,鳞突细长,端部膨大,被鳞毛。内横线不显著,外横线显著,中室基斑和端斑着生黑色竖立鳞丛,沿外缘线均匀排列深色斑点;前翅 R_1 及 R_2 脉由中室下角前伸出,R_3、R_4 及 R_5 脉共柄,M_2 与 M_3 脉基部1/3靠近或共柄,CuA_1 脉由中室下角伸出。后翅 $Sc+R_1$ 与 Rs 脉并接,M_1 与 Rs 脉共短柄。雄性外生殖器:爪形突细长柱状,端部略宽;颚形突两侧臂于中间处愈合,端部尖锐弯曲,呈钩状;抱器腹不发达或甚短;阳茎细,角状器形状多样或无。雌性外生殖器:产卵瓣发达;前、后表皮突几乎等长;交配囊椭圆形,囊突骨化强烈。

该属中国已知3种,本书记述1种。

18.45 黑基鳞丛螟 *Lepidogma melanobasis* Hampson,1906(图版24-413)

Lepidogma melanobasis Hampson,1906, *Ann. Mag. Nat. Hist.*,(7)**17**:129.

翅展19.0~23.0mm。头部黄褐色至黑褐色。下唇须较细,黄褐色至黑色,长度超过头顶;第1节略粗,雄性长约为第2节的1/3,雌性长约为第2节的1/5;第3节细长,末端尖,长约为第2节的1/2,端部约1/5灰白色。下颚须短,黄褐色或灰褐色,杂少量灰白色鳞片,前伸。触角黄褐色至褐色,杂黑色鳞片。鳞突背面黑色,腹面灰白色或者淡黄色,缨状,向端部逐渐变粗,长度超过胸部;基半部腹面外侧被灰白色或者淡黄色鳞片,端半部被稠密黑色杂少量暗黄色鳞毛。胸部及翅基片黑色,散布或多或少灰白色鳞片。前翅基半部及端部黑色,杂少量黑色及浅褐色鳞片,或杂少量淡黄色鳞片;内横线不显著;外横线灰白色,波浪状;中室基斑和中室端斑黑色,后者明显大于前者;外缘线灰白色,沿外缘线均匀排列长方形黑色斑点。后翅灰色,向基部颜色渐浅。前、后翅缘毛均为灰色。腹部淡黄色,各节间散布黑色鳞片。

雄性外生殖器(图版67-413):爪形突长柱状,端部1/3略宽,被短刚毛。颚形突两侧臂较细,于中间处愈合,端部尖锐弯曲,呈钩状。抱器瓣较宽阔,基部略狭,中部膜质,腹缘端部2/5

斜截,被细长毛;抱器背发达,延伸至抱器瓣末端,骨化较强。囊形突近三角形,宽阔。阳茎基环 U 形,两侧臂较长,其后缘尖细。阳茎较细,端部略粗,中部缢缩;角状器 1 枚,短片状。

雌性外生殖器(图版 116-413):产卵瓣近三角形,侧缘钝,被短刚毛。前、后表皮突细长,前表皮突于基部约 1/10 处略微膨大,长约为后表皮突的 1/2。囊导管细长,膜质。交配囊近椭圆形,长度略短于囊导管的 1/3;囊突近长方形,中部呈 1 弱骨化细带,两侧骨化强烈。

分布:浙江(天目山)、天津、山西、河南、山东、湖北、湖南、福建、台湾、海南、广西、四川、重庆、云南、西藏;日本。

瘤丛螟属 *Orthaga* Walker,1859

Orthaga Walker, 1859. Type species:*Orthaga euadrusalis* Walker,1859.

体型中等。下唇须雄性较雌性粗壮,第 2 节长度超过头顶,雄性有些种类内侧具长纤毛,第 3 节细长,末端尖。下颚须刷状,无鳞突,有则短小。内横线模糊或时断时续;外横线显著,于翅中部成角,有些种类雄性前翅近前缘处具瘤状突起。前翅 R_3、R_4 及 R_5 脉共柄,M_2 与 M_3 脉共柄由中室下角伸出,CuA_1 脉靠近中室下角伸出。后翅 $Sc+R_1$ 与 Rs 脉并接,M_2 与 M_3 脉共柄由中室下角伸出,CuA_1 脉由中室下角伸出。足胫节外侧常被鳞毛。雄性外生殖器:爪形突柱状;颚形突两侧臂于中间处愈合,端部弯钩状;抱器瓣平行四边形,有些种类基部较端部窄,外缘钝,基部中间处多呈膜质,抱器背长条状,抱器腹弱骨化;角状器骨化强烈,少数种类角状器缺失。雌性外生殖器:产卵瓣发达;第 8 腹节宽阔,多数种类前表皮突短于后表皮突;囊突骨化强烈,其中部多有骨化脊。

该属中国已知 5 种,本书记述 3 种。

分种检索表

1. 爪形突基部宽,后逐渐变细,至端部膨大 ………………………………… 栗叶瘤丛螟 *O. achatina*
   爪形突柱状,粗细程度均一 ……………………………………………………………………… 2
2. 抱器背发达;角状器边缘具棘刺 ………………………………… 金黄瘤丛螟 *O. aenescens*
   抱器背不发达;角状器端部分叉 ………………………………… 橄绿瘤丛螟 *O. olivacea*

18.46　栗叶瘤丛螟 *Orthaga achatina*(**Butler, 1878**)(图版 24-414)

Glossina achatina Butler, 1878, *Illustr. Typ. Spec. Lepidop. Heter. Brit. Mus.*, **2**:56.

Orthaga achatina:Hampson, 1896, *Fauna Brit. India*, **4**:476.

翅展 24.0～28.0mm。头部灰褐色杂少量黑色。下唇须较短,黄褐色杂少量灰白色鳞片,雌性颜色较雄性深;第 1 节长约为第 2 节的 1/2;第 2 节基半部略膨大;第 3 节尖细,长约为第 2 节的 1/3。下颚须短刷状,基部灰褐色,端部灰白色。触角黄褐色杂黑色鳞片,雄性内侧密被灰白色纤毛。鳞突黑褐色,较短,内侧及端部腹面被黑褐色鳞毛。胸部及翅基片灰白色,略显淡黄,散布浅黄褐色和少量黑色鳞片。前翅底色暗褐色,基部散布黑色及少量灰白色鳞片,中部从前缘起至翅中部散布较多黑色鳞片,其间杂棕黄色及少量灰白色鳞片,或者散布较多棕黄色鳞片,其间杂灰白色和少量黑色鳞片;从翅中部至后缘散布较多灰白色鳞片,其间杂棕黄色及少量黑褐色鳞片;端部散布较多黑色夹杂棕黄色鳞片;内横线灰白色,略显淡黄,锯齿状,自前缘时断时续延伸至后缘;其内侧近翅中部具 1 束黑色竖立鳞丛;外横线灰白色,其内侧具黑色镶边,波浪状,自前缘向外倾斜至翅中部成角,后向内倾斜至后缘;雄性黑色镶边内侧近前缘具 1 长方形小型瘤状突起;中室基斑黑色,显著。后翅灰色,沿翅脉被褐色鳞片;外缘线淡黄色,沿外缘线均匀排列黑褐色斑点,沿翅脉方向淡黄色;前、后翅缘毛淡黄色,沿翅脉方向灰褐色。腹部背面淡黄色散布黑色鳞片。

雄性外生殖器(图版 67-414):爪形突柱状,中部较细,端部膨大,被短刚毛。颚形突两侧臂细长,于中间处愈合,末端弯钩状。抱器瓣细长,弯刀状,腹缘钝,被细长毛;基部中央处近膜质;抱器背及抱器腹均不发达。囊形突短,近三角形。阳茎基环基部近三角形,端部伸出两粗壮侧臂。阳茎中部略弯曲;角状器刺状,骨化强烈。

雌性外生殖器(图版 116-414):产卵瓣近三角形,侧缘钝,被长短不等刚毛。前表皮突端部略膨大,粗于且略短于后表皮突。导管端片窄片状;囊导管膜质,自基部逐渐变粗。交配囊近梨形,长约为囊导管的 2/3;囊突近三角形,侧缘钝,中部具 1 强骨化脊。

分布:浙江(天目山)、天津、陕西、河南、江苏、江西、湖北、湖南、福建、海南、广西、四川、贵州;朝鲜,日本。

18.47　金黄瘤丛螟 *Orthaga aenescens* Moore, 1888(图版 24-415)

Orthaga aenescens Moore, 1888, In: Hewitson & Moore, *Desc. Ind. Lepidop. Atk.*, **1888**: 200.

翅展 23.0～27.0mm。头部淡黄绿色杂少量黑色。下唇须超过头顶,雄性较粗壮,略短;第 1 节和第 2 节淡黄绿色,散布黑色鳞片,第 3 节淡黄绿色杂少量黑色;雄性第 1 节略粗,长约为第 2 节的 1/3;第 2 节腹面具较宽沟槽;第 3 节细,端部尖,长约为第 2 节的 1/5。雌性第 1 节长约为第 2 节的 1/7;第 3 节尖细,长约为第 2 节的 1/4。下颚须刷状,基部略显灰褐色,端部灰白色,雌性较短小。触角淡黄绿色,具黑色环纹;鳞突较短,淡黄绿色杂黑色,端部黑色鳞片较多。胸部及翅基片淡黄绿色,杂少量黑色鳞片。前翅底色淡黄绿色;基部近翅基处具 1 黑色斑点,基部自前缘起另具 1 大型近三角形黑色斑纹,其中着生黑色竖立鳞丛;内横线黑色,锯齿状,自后缘至翅中部消失;中横线黑色,不显著,至前缘处呈黑色斑状;外横线黑色,波浪状,于翅中部向外倾斜成角,中室内具 1 黑色小型斑纹;雄性中横线与外横线之间近前缘处具 1 近方形小型瘤状突起;外横线以外翅端近前缘及后缘处呈现一大一小两型黑色斑纹,其余部分淡黄绿色;外缘线淡黄色,沿翅脉处呈现一排黑点,其间淡黄绿色。后翅灰白色,散布淡褐色鳞片,沿翅脉淡褐色鳞片较多。前、后翅缘毛淡黄色,沿翅脉褐色。腹部背面淡黄色,散布黑色鳞片。

雄性外生殖器(图版 67-415):爪形突柱状,基部略宽,端部及两侧被短刚毛。颚形突两侧臂较细,于中间处愈合,端部弯钩状。抱器瓣基部宽,端部狭,腹缘钝,被细毛;基部中间处近膜质;抱器背较发达,向端部渐宽;抱器腹较狭。囊形突 U 形。阳茎基环基部近半圆形,中部具 1 膜质带,端部两侧臂较粗壮,于顶端愈合膨大。阳茎细长;角状器 1 枚,外缘具棘刺。

雌性外生殖器(图版 116-415):产卵瓣长圆形,中部略缢缩,端部钝圆,两侧各有一骨化细带,被长短不等的刚毛。前、后表皮突基部及端部均膨大,前表皮突略短于后表皮突。导管端片倒梯形;囊导管表面具多枚疣突,较短。交配囊心形,略短于囊导管;囊突小,形状不规则。

分布:浙江(天目山)、安徽、江西、湖北、湖南、福建、海南、广西、四川、贵州、云南;印度。

18.48　橄绿瘤丛螟 *Orthaga olivacea*（Warren, 1891）(图版 24-416)

Hyperbalanotis olivacea Warren, 1891, *Ann. Mag. Nat. Hist.*, (6)**7**: 433.

Orthaga olivacea: Hampson, 1896, *Fauna Brit. India*, **4**: 476.

翅展 26.0～32.0mm。头部暗黄色,夹杂少量黑色鳞片。下唇须第 1 节和第 2 节暗黄色,散布黑色鳞片,第 3 节黑色,散布少量暗黄色鳞片;雄性第 1 节长约为第 2 节的 1/5,第 2 节腹面有较深沟槽;第 3 节较短,端部尖,长约为第 2 节的 1/8。雌性第 1 节长约为第 2 节的 1/5;第 3 节尖,长约为第 2 节的 1/6。雄性下颚须细长刷状,基部黑褐色,端部灰白色杂少量黑色鳞毛;雌性较短,颜色较暗淡。触角暗黄绿色,雄性内侧密被灰色短纤毛。鳞突黑色,散布暗黄色鳞片。胸部黄褐色杂浅黄色;翅基片暗黄色,散布少量黑色鳞片。前翅底色黑褐色,基部散布暗黄色鳞片,其中部近翅基处具1小型黑色斑点;中部和端部杂少量土黄色鳞片;内横线灰白色,略显淡黄,锯齿状;其内侧于翅中部具1束黑色竖立鳞丛;外横线颜色与内横线相似,自前缘起至 M_1 处以及自 CuP 脉至后缘较直,于 M_1 与 CuP 脉之间向外倾斜成角;雄性近前缘2/3处具1近长方形瘤状突起;中室基斑黑色,其上具黑色竖立鳞丛;沿外缘线均匀排列褐色长方形斑点,其间沿翅脉淡黄色。后翅浅灰色,沿翅脉被褐色鳞片。前、后翅缘毛淡黄色,沿翅脉灰褐色。腹部棕黄色,散布黑色鳞片。

雄性外生殖器(图版67-416):爪形突柱状,端部略宽,端部被短刚毛。颚形突两臂于中间处愈合,末端尖钩状。抱器瓣细长,端部略向内弯曲,被细长毛。囊形突 V 形。阳茎基环基部膨大,两侧臂细长,呈音叉状。阳茎较粗短,向端部逐渐变细;角状器叉状。

雌性外生殖器(图版116-416):产卵瓣三角形,被短刚毛。前表皮突长约为后表皮突的2/3。囊导管基部1/3具多枚疣突,较粗短。交配囊近卵圆形,长约为囊导管的2/3;囊突长刺状。

分布:浙江(天目山)、河南、安徽、江西、湖北、福建、广西、海南、四川、贵州、云南、甘肃、台湾;日本。

彩丛螟属 *Lista* Walker,1859

Lista Walker,1859. Type species:*Lista genisusalis* Walker,1859.

头被厚鳞片,有毛隆。下唇须上举,超过头顶,雄性较雌性的粗壮;第3节细尖,雄性直径为第2节的1/3~1/4,长为第2节的1/5~1/6;雌性直径为第2节的1/4~1/5,长为第2节的1/3~1/4。下颚须短,前伸或上举。触角丝状,光滑,雌性的略细;雄性触角基部具鳞突,伸向胸部背面。绝大多数种类前、后翅背面色泽相同;外横线、亚缘线缓弯;前、后翅腹面暗黄色,散布黑色鳞片,外横线显著。前翅 R_1、R_2 脉共柄,R_3、R_4、R_5 三条脉共柄,M_1 脉由中室上角伸出,M_2 与 M_3 脉由中室下角伸出。后翅 Sc+R_1 与 Rs 脉并接,M_1 和 Rs 脉共柄。足胫节外侧被鳞毛。雄性外生殖器:爪形突宽阔;颚形突侧臂于中间处愈合;抱器瓣中部具1骨化板,其外缘骨化较强,呈2个横脊,抱器腹骨化强;阳茎细长或粗短,角状器有或无。雌性外生殖器:第8腹节短,前阴片发达;囊导管膜质,囊突骨化强烈。

该属中国已知13种,本书记述2种。

18.49 黄彩丛螟 *Lista haraldusalis* (**Walker,1859**)(图版24-417)

Locastra haraldusalis Walker,1859,*List Spec. Lepidop. Insects Coll. Brit. Mus.*,**16**:160.
Lista haraldusalis:Solis,1992,*Journ. Lepid. Soc.*,**46**(4):283.

翅展 22.0~23.0mm。头部暗黄色。下唇须第2节浅黄色,端部黑色;第3节基部黑色,端部暗黄色,雄性背面具浅黄色长鳞毛。下颚须黄色,上举。触角暗黄色;鳞突浅黄色,夹杂黑色鳞片;较细,长度超过中胸。胸部和翅基片浅黄色至黄色,散布黑色或棕色鳞片。前翅基部浅黄色,散布黑色鳞片;中部浅黄色至黄色;端部橘黄色至棕黄色,沿翅脉具白色细带,细带两侧具黑褐色镶边;内横线黑色,时断时续,不显著;外横线浅褐色,两侧具淡粉色镶边;中室上方近前缘中部具1束黑色竖立鳞丛;亚缘线棕色缓弯,内侧具黄色、外侧具粉色宽带。后翅颜色同前翅,基部具黑色夹杂白色的长鳞丛,后缘密被浅灰色长鳞毛。前、后翅缘毛基部黄色,端部浅灰色。腹部背面浅黄褐色,杂灰白色鳞片。

雄性外生殖器(图版67-417):爪形突宽阔,长方形,被稀疏细毛,侧缘自端部近1/3处各伸出 1 枚侧突。颚形突两侧臂较宽阔,于中间处愈合膨大呈拱形,端部弧形,伸出 6～8 枚短刺状突起。抱器瓣不规则四边形,密被细毛,外缘斜截;抱器瓣中部具 1 近长方形骨化板,外缘钝圆,内缘平直,被稀疏细毛;抱器腹较宽阔,背缘中部向后伸出 1 枚粗大的弯钩状突起,其端部锯齿状;末端另具 1 枚小突起,不显著。囊形突 U 形。阳茎基环近圆形,后缘伸出 2 枚尖细的突起。阳茎略弯曲;角状器 2 枚,1 枚圆形,1 枚刺状。

雌性外生殖器(图版 116-417):产卵瓣近三角形,密被长短不一的刚毛。前表皮突略长于后表皮突,且粗于后表皮突。前阴片近菱形。导管端片近长方形,中间向外凸出,端部中央缺失,骨化强烈;囊导管膜质。交配囊近圆形,约与囊导管等长;囊突圆形。

分布:浙江(天目山)、黑龙江、吉林、辽宁、甘肃、河北、北京、天津、山西、陕西、河南、江苏、安徽、浙江、江西、湖北、福建、台湾、广东、海南、广西、四川、贵州、云南、西藏;朝鲜,日本,俄罗斯,尼泊尔,斯里兰卡,印度,缅甸,马来西亚,印度尼西亚。

18.50　宁波彩丛螟 *Lista insulsalis*（Lederer, 1863）（图版 24-418）

Paracme insulsalis Lederer, 1863, *Wien. Entomol. Monatschr.*, **7**: 339.

Lista insulsalis: Solis, 1992, *Journ. Lepid. Soc.*, **46**(4): 283.

翅展 24.0～30.0mm。头部黄色,杂褐色鳞片。下唇须第 2 节暗黄色,散布黑色鳞片,雄性内侧具黄色长鳞毛;第 3 节黑色,夹杂少量暗黄色鳞片。下颚须暗黄色,散布黑色鳞片。触角灰褐色;鳞突黑色,杂少量黄色鳞片,长度超过中胸,自基部向端部逐渐变粗。胸部及翅基片浅黄色夹杂少量棕黄色鳞片,或棕黄色杂浅黄色,或红棕色杂少量浅黄色。前翅基部灰褐色杂浅黄色,或红褐色杂少量浅黄色及黑色;中部浅黄色散布灰褐色鳞片,或灰白色夹杂黄色及棕色鳞片,或黑褐色杂少量浅黄色及棕色鳞片;端部灰褐色,沿翅脉具白色细带,或黄色,沿翅脉具黑色细带,细带两侧具黑色镶边;内横线灰褐色至黑褐色缓弯,内侧具灰白色至淡粉色镶边;外横线灰褐色至黑褐色缓弯,两侧具灰白色至淡粉色镶边;基部及中室中部、中室上缘近前缘 1/3～2/3 处具黑色夹杂棕色及白色的带状竖立鳞丛;亚缘线灰褐色至褐色缓弯,内侧具暗黄色至黄色,外侧具灰白色至淡粉色宽带。后翅颜色同前翅,基部密被黑色及棕色长鳞毛,后缘密被淡黄色或灰褐色长鳞毛。前、后翅缘毛灰褐色至黑褐色。腹部背面灰褐色至黑褐色。

雄性外生殖器(图版 67-418):爪形突宽阔,近正方形,被短刚毛,侧缘自端部各伸出 1 细长臂。颚形突两侧臂宽阔,于中间处愈合膨大,端部具 3 枚钩状突起。抱器瓣近长方形,被细毛;抱器背狭长,超过抱器瓣端部,末端膨大;抱器腹背缘 2/5 向外伸出 2 枚突起,内侧突起弯钩状且较长,外侧突起短且直,外缘锯齿状。囊形突 U 形。阳茎基环 U 形,端部伸出两侧臂,向端部渐窄。阳茎较短;角状器 2 枚,一枚短刺状,另一枚细长。

雌性外生殖器(图版 116-418):产卵瓣近三角形,密被长短不一的刚毛。前、后表皮突略等长,前表皮突自基部 1/10 处略膨大。前阴片环状。导管端片拱形,中部骨化较强;囊导管膜质。交配囊梨形,与囊导管近等长;囊突近圆形。

分布:浙江(天目山)、甘肃、新疆、河北、天津、山西、陕西、河南、江苏、安徽、江西、湖北、湖南、福建、台湾、广东、海南、广西、四川、重庆、贵州、云南;朝鲜,俄罗斯,印度,斯里兰卡,缅甸,印度尼西亚。

备注:本种与黄彩丛螟 *L. haraldusalis* 可以通过如下特征区别:颚形突两侧臂于中间处愈合膨大,端部具 3 枚钩状突起;抱器腹背缘 2/5 向外伸出 2 枚突起。而黄彩丛螟颚形突两侧臂于中间处愈合膨大呈拱形,端部具 6～8 枚短刺状突起;抱器腹背缘中部向后伸出 1 枚粗大的弯钩状突起。

螟蛾亚科 Pyralinae

该亚科体小至中型。额平或圆。单眼有或无。毛隆存在。喙发达。下唇须上举或前伸。下颚须细小。前翅颜色鲜艳,前缘直,中部常有黑白相间的刻点,斑纹简单。后翅颜色淡,一般只有内、外横线。雄性外生殖器:爪形突宽大;颚形突通常细长;背兜骨化强烈;抱器背基突存在或消失;抱器瓣结构简单,被毛,基突存在或消失;抱器腹发达或不显著;阳茎基环形状变化较大;阳茎管状,角状器有或无。雌性外生殖器:产卵瓣椭圆形或三角形;表皮突发达;囊导管细长或短粗;交配囊一般椭圆形,囊突有或无。

螟蛾亚科世界已知 200 余属 900 多种。中国已知 150 余种,本书记述 9 属 21 种。

分属检索表

1. 雄性触角基部无明显膨大;后翅 $Sc+R_1$ 脉和 Rs 脉靠近但分离 ·································· 2
   雄性触角基部明显膨大;后翅 $Sc+R_1$ 脉和 Rs 脉基部共柄 ·············· **歧角螟属 Endotricha**
2. 后足第 1 跗节有毛丛;下唇须鸟喙状 ·································· **厚须螟属 Arctioblepsis**
   后足第 1 跗节有无毛丛;下唇须前伸,非鸟喙状 ·································· 3
3. 雄性触角双栉齿状 ·································· 4
   雄性触角一侧被纤毛 ·································· 5
4. 前翅 Sc 脉伸达前缘 1/2 处 ·································· **甾瑟螟属 Zitha**
   前翅 Sc 脉伸达前缘 2/3 处 ·································· **硕螟属 Toccolosida**
5. 雄性触角基节有一束长鳞毛 ·································· **鹦螟属 Loryma**
   雄性触角基节无长鳞毛束 ·································· 6
6. 下唇须第 2、3 节向上弯曲,或第 3 节略前倾 ·································· 7
   下唇须第 2 节向上弯曲,第 3 节向前、下伸 ·································· 8
7. 下唇须第 2 节有毛缨;爪形突呈帽形;颚形突粗壮 ·································· **缨须螟属 Stemmatophora**
   下唇须第 2 节无毛缨;爪形突细小、呈指状;颚形突细长 ·································· **巢螟属 Hypsopygia**
8. 下唇须内侧形成沟槽 ·································· **双点螟属 Orybina**
   下唇须内侧不形成沟槽 ·································· **长须短颚螟属 Trebania**

歧角螟属 Endotricha Zeller, 1847

Endotricha Zeller, 1847. Type species: *Pyralis flammealis* [Denis *et* Schiffermüller], 1775.

额圆或长方形,光滑或被粗糙的鳞片。雄性触角一侧被纤毛,基部膨大,突出成角;雌性触角纤细,光滑。下唇须斜向上举,一般未伸达头顶。雄性翅基片发达,两侧常有成束鳞毛。前翅 R_1 和 R_2 脉近平行,R_4 脉伸达顶角,R_3 和 R_4 脉共短柄,再和 R_5 脉共长柄,M_1 和 R_{3+4+5} 脉发自中室上角一点,CuA_1 脉从中室下角略后方伸出,CuA_2 脉从中室下缘 2/3 处伸出。后翅 M_2 和 M_3 脉在中室外有较长共柄,CuA_1 脉从中室下角略后方伸出,CuA_2 脉从中室下缘近 1/2 处伸出。雄性外生殖器:爪形突形状略有变化,一般基部窄,端部扩大;颚形突为简单的盘状,通过颚形突臂和爪形突连接;抱器瓣舌状,抱器腹显著,分离或部分连接于抱器瓣上,抱器基突有或无;阳茎短小,角状器形状各异。雌性外生殖器:产卵瓣较长,被细毛;前后表皮突细长;交配囊细长或长椭圆形,至少有一枚囊突,有时交配囊内壁有多枚小刺。

该属中国已知 38 种,本书记述 5 种。

分种检索表

18.51　缘斑歧角螟 *Endotricha costoemaculalis* Christoph，1881(图版 24-419)

Endotricha costoemaculalis Christoph，1881，*Bull. Soc. Imp. Nat. Moscou*，**56**(1)：4.

翅展 18.0～24.0mm。头顶淡黄色。额黄褐色,被光滑的鳞片。触角深褐色。下唇须第 1 节灰褐色,第 2、3 节深褐色,端部淡黄色,第 3 节短小、末端尖。下颚须细小,褐色。胸部、领片淡褐色,翅基片后端白色,前端淡褐色。前翅鳞片褐色或深褐色,前缘中部有 1 列白色斑点;内横线黄白色,出自前缘基部 1/3 处,外弯,伸至后缘 1/2 处;中室端斑月牙形、深褐色;外横线黄白色,出自前缘端部近顶角处;顶角至外缘 1/3 处及近臀角处缘毛黄白色,其余缘毛淡褐色,掺杂灰白色。后翅颜色同前翅;内、外横线淡黄色,波状,向外凸出;后缘缘毛黄白色,其余缘毛黄白色,杂有少量灰色,近基部深褐色。腹部背面紫褐色散布有黑色鳞片,腹面黄褐色,尾毛浅黄色。

雄性外生殖器(图版 67-419):爪形突基部窄,端部宽度约为基部的 2 倍,两侧凹入,顶端弧形;基突三角形;爪形突臂耳状,短小。颚形突片状,至端部渐宽,末端钝圆,长度约为爪形突的 2/3。抱器瓣长椭圆形,被有细长毛;抱器背平直;抱器腹端部尖锐,背侧平直,腹侧中部略凹,长度约为抱器瓣的 2/3。囊形突窄小,三角形,末端钝。阳茎基环长椭圆形,端部密被微刺。阳茎筒状、细长,有 1 枚棒状骨化物,末端有微刺。

雌性外生殖器(图版 116-419):产卵瓣细长。后表皮突长约为前表皮突的 2.5 倍;第 8 背板长约为前表皮突的 1/2。导管端片骨化强烈,窄漏斗状;囊导管较短,约为交配囊长的 1/2。交配囊椭圆形;囊突 1 枚,圆形,位于交配囊后端近囊导管处。

分布:浙江(天目山)、河北、河南、湖北、台湾、广东、贵州、西藏;俄罗斯,朝鲜,日本,印度。

18.52　类紫歧角螟 *Endotricha simipunicea* Wang et Li，2005(图版 24-420)

Endotricha simipunicea Wang et Li，2005，*Insect Science*，**12**(4)：304.

翅展 13.0～15.0mm。额黄色,掺杂粉色鳞片。下唇须上举,不达头顶,第 1、2 节基部深褐色,端部紫红色,内侧金黄色,第 3 节细小,棕黄色。下颚须短小,深褐色。喙及胸黄色。翅基片金黄色。前翅粉色,掺杂少量黑色鳞片,顶角区混有黄色鳞片;前缘具黑白相间的短线;中带黄色,出自前缘基部 1/3 处,在近前缘处不明显,达后缘基部 1/3,边缘白色,整个中带约占前翅宽的 1/6;中室端斑黑色,近圆形;外缘线由黑色斑点连接组成;缘毛基部粉色,端部黄色。后翅颜色及斑纹与前翅一致。腹部黄褐色。

雄性外生殖器(图版 67-420):爪形突基部宽,至端部 2/3 渐窄,端部 1/3 膨大,背面被浓密刚毛,顶端略凹陷;爪形突臂圆。颚形突长且扁平,棍状,前端钝圆。抱器背基突窄,中部相连。抱器瓣为不规则的三角形;抱器背有 3 条弯折的毛;抱器腹基部宽,至端部渐窄,长约为抱器瓣的 4/5。囊形突宽,呈不规则的宽梯形。阳茎基环近梯形,顶端凹陷。阳茎短粗,长度约为抱器瓣的 2/3；角状器为长骨化片，长约为阳茎的 1/2。

雌性外生殖器(图版 116-420)：产卵瓣细长三角形，被细长毛。后表皮突长约为前表皮突的 2.5 倍；第 8 背板长约为前表皮突的 1/2。导管端片弱骨化，漏斗形；基环明显，短于导管端片的一半；囊导管膜质，较短。交配囊长卵圆形，长度约为导管端片的 4 倍，前端较窄；囊突圆形、较小，位于囊的后端 1/3 处；导精管出自交配囊后端。

分布：浙江(天目山)、福建、贵州。

18.53　纹歧角螟 *Endotricha icelusalis* (Walker, 1859)(图版 24-421)

Pyralis icelusalis Walker, 1859, *List Spec. Lepidop. Insects Coll. Brit. Mus.*, **19**：900.

Endotricha icelusalis：Meyrick, 1890, *Trans. Entomol. Soc. Lond.*, **1890**：471.

翅展 15.0~20.0mm。头顶黄色，杂有少量红色。额淡褐色，杂有红色。触角淡褐色。下唇须外侧红褐色至深褐色，内侧白色，第 2、3 节端部淡黄色。下颚须深褐色。领片红色掺杂淡黄色，胸部和翅基片黄褐色。前翅暗红色，前缘深褐色，有 1 列淡黄色斑点；内横线淡黄色，出自前缘基部 1/3 处，略向外弯，内侧有黑褐色镶边；外横线黑褐色，较直，出自前缘端部 1/6 处；缘毛黄白色，近基部深褐色。后翅暗红色，基部颜色略深，中区有 1 条淡黄色带，带内、外侧有黑褐色、波状镶边；后缘缘毛灰白色，其余缘毛同前翅。腹部红褐色掺杂黑色。

雄性外生殖器(图版 67-421)：爪形突近柱状，顶端平直，两侧中部明显凹入，被浓密细毛；爪形突臂椭圆形。颚形突片状，顶端钝圆。抱器瓣基部窄，端部宽阔，密被细毛，外缘略内凹；抱器腹发达，基部宽，至端部渐窄，末端与抱器瓣近等长。囊形突圆阔，长约为宽的 1/2。阳茎基环椭圆形，基部宽，端部略窄。阳茎短棒状，长度约等于抱器瓣的 4/5，后端 1/3 处略收缩；顶端有 1 片状骨化物，其上密被微刺。

雌性外生殖器(图版 116-421)：产卵瓣三角形。后表皮突长约为前表皮突的 2 倍。囊导管较短；基环骨化明显。交配囊椭圆形，与后表皮突近等长；囊突 1 枚，圆形，位于交配囊后端1/4 处，由若干小疣突组成。

分布：浙江(天目山)、黑龙江、吉林、辽宁、甘肃、新疆、河北、陕西、河南、江苏、安徽、江西、湖北、湖南、福建、广东、广西、四川、云南、贵州；日本，印度，欧洲。

18.54　榄绿歧角螟 *Endotricha olivacealis* (Bremer, 1864)(图版 24-422)

Rhodaria olivacealis Bremer, 1864, *Mem. Acad. Imp. Sci. St.-Petersbg.*, (7)**8**(1)：66.

Endotricha olivacealis：Whalley, 1963, *Bull. Brit. Mus. (Nat. Hist.) Entomol.*, **13**：422.

翅展 17.0~23.0mm。头顶黄白色。额褐色。触角背面白色与淡褐色相间。下唇须第 1、2 节外侧红褐色，内侧淡黄色，第 2 节末端黄白色，第 3 节外侧黄白色。下颚须细小。喙红褐色杂有黑色鳞片。翅基片、领片及胸部淡黄褐色。前翅基域及外缘红褐色并杂有黑色鳞片，中域及前缘淡黄色，散布有红色鳞片，前缘黑色，有 1 列黄白色斑点；内横线淡黄色，中部向外凸出，伸达后缘基部 1/3 处；中室端斑黑褐色；外横线模糊不清；外缘线黑色，与外缘近平行；顶角下及臀角处缘毛黄色，其余红褐色。后翅红褐色；内横线淡黄色，锯齿状，发自前缘1/2，伸至后缘 1/2 处，两侧有黑褐色镶边；外横线淡黄色，锯齿状弯曲，伸至后翅臀角处；外缘线黑色；缘毛黄白色，基部淡黄色，近基部红褐色。少数个体前后翅淡黄色，内横线以内棕褐色。腹部红褐色。

雄性外生殖器(图版 67-422)：爪形突端部略膨大，后缘平直；爪形突臂半圆形。颚形突椭圆形，基部凹入。抱器瓣基部略窄，端部渐宽，基部具 1 指状基突，被细小刚毛；抱器腹基部较宽，端部棒状，长约为抱器瓣的 1/3。阳茎基环五边形，顶端平直。阳茎细，约与抱器瓣近等长;中部有 1 枚长刺状角状器,长约为阳茎的 1/3。

雌性外生殖器(图版 116-422):产卵瓣三角形,被细长毛。后表皮突长约为前表皮突 2 倍。交配孔半圆形;基环骨化强烈。交配囊细长葫芦形,端部 2/3 处略收细,长约为后表皮突的 2/3;囊突 1 枚,圆形,位于交配囊后端 1/3 处。

分布:浙江(天目山)、甘肃、北京、天津、河北、陕西、河南、山东、安徽、江西、湖北、湖南、福建、台湾、广东、海南、广西、四川、贵州、云南、西藏;俄罗斯,朝鲜,日本,缅甸,尼泊尔,印度,印度尼西亚。

18.55 黄基歧角螟 *Endotricha luteobasalis* Caradja, 1935(图版 24-423)

Endotricha luteobasalis Caradja, 1935, *In*: Caradja & Meyrick, *Mater. Microlepid. Fauna Chin. Prov. Kiangsu, Chekiang und Hunan*: 29.

翅展 18.0~18.5mm。头顶和额棕黄色,被少量的灰褐色鳞片。触角黑褐色,雄性触角一侧被细纤毛,基部黑褐色,鞭节灰褐色;雌性触角纤细,柄节灰褐色,鞭节灰黄色。下唇须基节灰色,第 2、3 节灰褐色至深褐色,端部金黄色。下颚须短小,褐色。喙黄褐色。雄性胸部和翅基片黑褐色,雌性灰黄色;领片红褐色散布有少量黑色和黄色的鳞片。前翅紫红色,基域深褐色,外域红褐色并散布有大量黑色的鳞片,前缘黑色,有 1 列黄白色斑点;内横线淡黄色,向外凸出,在前缘略扩大呈淡黄色斑;中室端斑黑色;外横线黑色;外缘线黑色;缘毛从顶角到外缘 1/3 处黄色,其余 1/3 红褐色,2/3 黄色。后翅紫红色,雄性基部到后缘 1/3 处有 1 黄色长菱形斑,约占整个后翅的 1/3;雌性后翅无黄斑,内、外横线黑色,近平行,弧形外凸;缘毛较长,基部 1/3 粉红色,端部 2/3 灰黄色。腹部背面红褐色,散布有大量的黑色鳞片,腹面灰黄色或黄色。

雄性外生殖器(图版 68-423):爪形突 T 形,密被细长毛,顶端呈 M 状弯曲;爪形突臂小,端部略圆。颚形突片状,基部向内卷曲收细,向端部逐渐变宽,顶端钝圆;颚形突臂较粗壮。抱器瓣腹面密被细长毛,端部 1/5 向上弯曲,顶角钝圆;抱器背基部 1/4 内凹;抱器腹基部 1/3 宽,末端 2/3 棒状,达到抱器瓣的 2/3。囊形突前端钝。阳茎基环盾状,顶端内陷,基部两侧有三角形骨片。阳茎细长,前端平截,中部略细,长度稍短于抱器瓣;射精管从距离阳茎基部 1/4 处伸出。

雌性外生殖器(图版 117-423):产卵瓣密被细长毛。后表皮突长约为前表皮突 2.5 倍。导管端片长,强烈骨化,漏斗状,与前表皮突近等长;囊导管短。交配囊椭圆形,长度约为导管端片的 1.5 倍;囊突 1 枚,圆形,位于交配囊中部;导精管出自交配囊末端。

分布:浙江(天目山)、云南、贵州。

厚须螟属 *Arctioblepsis* Felder, 1862

Arctioblepsis Felder, 1862. Type species: *Arctioblepsis rubida* Felder et Felder, 1862.

体中型。额圆。触角细丝状。喙发达。下唇须较长,平伸,雄性下唇须第 2、3 节鳞片发达,鸟喙状,内侧形成空腔。雄性成虫肩板下侧具长毛簇。胫节及第 1 跗节具毛缨。前翅 R_3 和 R_4 脉共柄后再和 R_2 脉共长柄,M_2、M_3 脉自中室下角伸出。后翅 Sc+R_1 和 Rs 脉分离,Rs 与 M_1 脉共柄,M_2、M_3 脉从中室下角伸出。雄性外生殖器:爪形突骨化强烈,较大,顶端锥形;颚形突发达,端部尖细,呈弯钩状;抱器瓣长椭圆形;囊形突 V 型;阳茎粗壮。雌性外生殖器:产卵瓣椭圆形;前、后表皮突均短粗;基环明显,囊导管粗;交配囊长卵形,囊突无。

该属中国已知 1 种,本书记述该种。

18.56　黑脉厚须螟 *Arctioblepsis rubida* Felder et Felder，1862(图版 24-424)

Arctioblepsis rubida Felder et Felder，1862，*Wien. Entomol. Monatschr.*，**6**(2)：33.

翅展 38.0～45.0mm。头顶金黄色。额圆，被黄色的光滑鳞片。触角黄褐色，纤细。下唇须前伸，基部内侧淡黄色，外侧黑色，末端向下弯曲；雄性第 2、3 节被长毛缨，第 3 节膨大成锤状，内侧有沟槽；雌性第 2 节和第 3 节等粗，末端钝圆，内侧无沟槽。下颚须丝状。胸部背面深红色，腹面金黄色。领片和翅基片深红色，翅基片下有一束长毛簇。前翅深红色，无斑纹，翅脉黑色；缘毛深红色。后翅深红色；缘毛深红色。腹部黑色。

雄性外生殖器(图版 68-424)：爪形突塔状，顶端尖细。颚形突粗壮，顶端尖细，稍微弯曲呈鸟喙状。抱器瓣基部与端部近等宽，背缘和腹缘近平行，末端圆滑。囊形突三角形，末端圆。阳茎基环长椭圆形，端部 1/2 处明显内切呈 V 形。阳茎长筒状，长约为抱器瓣的 1.2 倍；无角状器。

雌性外生殖器(图版 117-424)：产卵瓣椭圆形，被有稀疏长毛。表皮突较短粗，后表皮突长为前表皮突的 4/5。基环骨化明显，呈正方形；囊导管发达、弯曲，近基环处细，向前逐渐变粗端半部呈螺旋状。交配囊椭圆形，约为囊导管长的 2/3；无囊突。

寄主：樟科 Lauraceae：樟树 *Cinnamomum* spp.。

分布：浙江(天目山)、河南、江西、湖北、湖南、福建、台湾、广东、海南、广西、四川、云南；孟加拉，印度，斯里兰卡。

甾瑟螟属 *Zitha* Walker，1865

Zitha Walker，1865. Type species：*Zitha punicealis* Walker，1866.

喙细小。下唇须向上斜伸，第 3 节向前伸。下颚须细小。雄性触角栉齿状，肩板发达，一般超过中胸，且后端有长毛簇；胫节有毛缨。前翅 M_2、M_3 脉自中室下角伸出，基部 1/3 靠近，R_3、R_4 与 R_5 脉共柄。后翅 M_2 与 M_3 脉基部靠近，M_1 与 Rs 脉由中室上角伸出。雄性外生殖器：爪形突锥形，被毛；颚形突发达，端部钩状弯曲；抱器瓣长，舌形，基部有指形的抱握器；阳茎基环近圆形；阳茎长筒形，角状器针刺状。雌性外生殖器：产卵瓣发达，密被长毛；表皮突纤细；囊导管通常较细长，常具有螺旋、褶皱或骨化等结构，基环骨化明显；交配囊圆形或椭圆形，无囊突及附囊。

该属中国已知 10 种，本书记述 1 种。

18.57　枯叶螟 *Zitha torridalis*（Lederer，1863)(图版 24-425)

Asopia torridalis Lederer，1863，*Wien. Entomol. Monatschr.*，**7**：342.

Zitha torridalis：Leraut，2002，*Rev. Fr. Entomol.*，**24**(2)：98.

翅展 22.0～26.0mm。头顶粗糙，被有赭黄色鳞片。额长方形，被有黄褐色鳞片。触角淡黄褐色，杂有红褐色鳞片，雄性双锯齿状，雌性纤毛状。下唇须棕黄色，杂有红褐色鳞片，第 2 节短粗，长约为第 1 节的 1/3，第 3 节细小，略向下弯曲，与第 1 节近等长。下颚须棕黄色，与下唇须第 2 节近等长，前端松散呈扇状。喙黄褐色。领片红褐色。雄性翅基片赭黄色长达胸部后端，翅下侧有 1 束黄褐色刷状长毛。胸部背面黄褐色杂有红色鳞片。前翅红褐色，散布有少量黑色鳞片，部分区域露出枯黄色底色；前缘有黄、黑相间的刻点，翅基部紫红褐色；内、外横线黑褐色，外横线较直，外侧有黄色纹；中室端斑黑褐色；外缘线由 1 列黑褐色长斑点组成。后翅颜色、斑纹同前翅；内、外横线在前翅翅后缘处连接。双翅缘毛紫红褐色。腹部背面第 1～2 节黑色，其余赭黄色，腹面淡红褐色，杂有少量黑褐色鳞片。

雄性外生殖器(图版 68-425)：爪形突近圆柱形，顶端钝圆，无刚毛，其余部分密被细毛。颚形突粗壮，与爪形突近等长，端部弯曲呈钩状。抱器瓣舌状，端部钝圆，基部具 1 个小指状突；抱器腹由基部至端部渐细。阳茎基环盾片状，端半部密被刻点，顶端弧形内凹。阳茎细长、略弯，长约为抱器瓣的 1.5 倍；内有 1 根针状角状器，长约为阳茎的 1/2。

雌性外生殖器(图版 117-425)：产卵瓣较大，长椭圆形，被细长毛。前表皮突长约为后表皮突 2 倍。囊导管极细长；基环骨化强烈，长度约为后表皮突的 1/2；导精管出自基环前方。交配囊膜质，近圆形，长约为囊导管长的 1/5；无囊突及附囊。

分布：浙江(天目山)、陕西、江苏、江西、湖北、湖南、台湾、广东、海南、广西、云南、西藏；日本、缅甸、斯里兰卡，印度，婆罗洲，印度尼西亚。

硕螟属 *Toccolosida* Walker，1863

Toccolosida Walker，1863. Type species：*Toccolosida rubriceps* Walker，1863.

体中型。额长椭圆形，头顶被粗糙鳞片。雄性触角栉齿状。下唇须向前平伸，第 3 节稍细，略向下弯。雄性成虫从领片向后伸出较长的鳞毛束；翅基片长达腹部。前翅 R_3 和 R_4 脉先共柄后再和 R_5 脉共柄，R_1、R_2 脉几乎平行，M_1、M_2 脉平行，M_2、M_3 脉以及 CuA_1 脉出自中室下角一点。后翅 Rs 和 M_1 脉起于中室上角处一点，M_2、M_3 脉从中室下角处伸出。雄性外生殖器：爪形突和颚形突均较粗壮；抱器瓣宽大；阳茎基环板状；囊形突柱状；阳茎较长，内有 1～2 枚角状器。

该属中国已知 1 种，本书记述该种。

18.58 朱硕螟 *Toccolosida rubriceps* Walker, 1863(图版 24-426)

Toccolosida rubriceps Walker，1863，*List Spec. Lepidop. Insects Coll. Brit. Mus.*，**27**：14.

翅展 34.0～42.0mm。头顶鲜红色。额圆，鲜红色，光滑。触角红褐色，栉齿状，一侧被有红褐色纤毛。下唇须黑褐色，向前平伸，第 1 节短粗，鳞片松散，长约为第 2 节的 1/2，第 3 节尖细，略向下弯，与第 1 节近等长。下颚须细小，基部黑褐色，端部黄色。领片红色，两侧各有一束金黄色长鳞毛；翅基片鲜红色，长达腹部；胸部暗红色。前翅狭长，黑褐色，翅顶角黑色；内横线淡黄色，发自前缘基部 1/3 处，向外凸出，后伸至后缘基部 1/4 处，波状弯曲；外横线淡黄色由翅顶角向内斜伸至后缘 1/2 处；缘毛深褐色。后翅除顶角、前缘区和外缘前部区域黑褐色外，其余部分黄色；缘毛深褐色。腹部背面基部红色，端部黑褐色，腹面黑褐色。

雄性外生殖器(图版 68-426)：爪形突圆柱形，两侧具短毛，顶端具凹陷。颚形突粗壮、弯曲，骨化强烈，末端呈钩状。抱器瓣舌状，被有稀疏的细毛，背缘基部略凸起，腹缘基部 1/3 处向外凸出；抱器瓣基部 1/4 处有一枚三角形的突起。囊形突长柱形。阳茎基环椭圆形，顶端略向内凹陷。阳茎较细，手指状，前端 1/3 略弯折；顶端有 1 枚针状角状器。

寄主：姜科 Zingiberaceae：姜 *Zingiber officinale* Roscoe。

分布：浙江(天目山)、江苏、安徽、江西、湖北、湖南、福建、台湾、广东、广西、四川、云南；印度，不丹，印度尼西亚。

鹦螟属 *Loryma* Walker，1859

Loryma Walker，1859. Type species：*Loryma sentiusalis* Walker，1859.

体多小型。头顶被粗糙鳞片。额光滑。下唇须平伸，第 2 节端部有缨状长毛。下颚须丝状，常隐蔽；雄性触角自基节向前伸出一束鳞毛。前翅 R_3 脉和 R_4 脉共柄后再和 R_5 脉共柄，

R$_3$ 脉和 M$_1$ 脉起于中室上角处一点。后翅 Rs 脉和 M$_1$ 脉在中室外共短柄,M$_2$、M$_3$ 脉与 CuA$_1$ 脉在中室下角处起于一点。雄性外生殖器:爪形突圆柱状,顶端圆滑,多数被毛;颚形突细长,前端弯钩状,一般略长于爪形突;抱器瓣长椭圆形;囊形突锥形或棒状;阳茎棍棒状,较细长,角状器极小,针刺状或弯钩状。

该属中国已知 1 种。本书记述该种。

18.59 褐鹦螟 *Loryma recusata* Walker,〔1863〕(图版 25-427)

Beria recusata Walker, 1863, *List Spec. Lepidop. Insects Coll. Brit. Mus.*, **27**: 62.

Loryma recusata: Caradja & Meyrick, 1933, *Deut. Entomol. Zeit. Iris*, **47**: 153.

翅展 18.0~20.0mm。头灰白色。触角黄褐色,雄性触角一侧被有白色的纤毛,基节略膨大,外侧有 1 灰色的长鳞片束。下唇须平伸,淡黄白色,第 2 节端部前侧有缨状长毛,长为第 3 节的 3 倍,后者黄色,尖细。胸部背面淡黄色。前翅狭长,黄褐色散布有黄色和赭色的鳞片;翅脉淡褐色,明显;内横线淡褐色,自前缘中部向外伸出,至 CuA$_2$ 脉后,转向内折,伸至后缘基部 1/3;外横线消失;亚外缘线淡褐色,与翅的外缘平行;中室端斑黑色;外缘线黑色。后翅灰白色散布有少量黑色鳞片;外横线褐色,至中室下角处消失;外缘线黑色。双翅缘毛灰白色,基半部略带黑色。腹部赭黄色散布有黑色鳞片。

雄性外生殖器(图版 68-427):爪形突基部扁平,端部膨大呈帽状,顶端圆。颚形突扁平,长度约为爪形突的 1.5 倍,基部至端部渐细,略弯曲呈钩状。抱器瓣基部宽,至端部渐细,腹缘中部略外凸。囊形突棒状,前端尖细,长约为爪形突的 1.5 倍。阳茎基环盾片状,顶端 1/4 有凹陷。阳茎与抱器瓣近等长,前端 1/3 处略膨大,膨大处后方弯曲呈弧形;顶端有 1 个弯钩状的小角状器。

分布:浙江(天目山)、江西、湖南、台湾、广东、海南、广西、四川、西藏;印度,不丹,斯里兰卡,新加坡,马来西亚,印度尼西亚。

缨须螟属 *Stemmatophora* Guenée, 1854

Stemmatophora Guenée, 1854. Type species: *Asopia combustalis* Fischer von Röslerstamm, 1842.

体多小型。额和头顶常被粗糙鳞片。下唇须斜向上举,常超过头顶,第 3 节末端尖细。下颚须细长,达下唇须第 2 节。前翅 R$_3$、R$_4$ 脉先共柄,再和 R$_5$ 脉在中室外共长柄,R$_3$ 和 M$_1$ 脉出自中室上角一点,M$_2$ 与 M$_3$ 脉出自中室下角。后翅 Rs 和 M$_1$ 脉在中室下角处共柄,M$_2$ 与 M$_3$ 脉出自中室下角。雄性外生殖器:爪形突帽状或圆柱形,顶端圆;颚形突粗壮,顶端呈喙状弯钩;抱器瓣舌状;囊形突 V 形;阳茎基环圆形或椭圆形,顶端有较深开口;阳茎较短,纺锤形,无角状器。雌性外生殖器:表皮突较短;前表皮突略长于后表皮突;基环明显,囊导管细长,导管壁骨片有或无;交配囊近圆形或长椭圆形,中部有一枚囊突,形状各异。

该属中国已知 13 种,本书记述 1 种。

18.60 缘斑缨须螟 *Stemmatophora valida*(Butler, 1879)(图版 25-428)

Pyralis valida Butler, 1879, *Ann. Mag. Nat. Hist.*, (5)**4**: 451.

Stemmatophora valida: Caradja & Meyrick, 1933, *Deut. Entomol. Zeit. Iris*, **47**: 150.

翅展 21.0~25.0mm。头顶被直立粗糙的淡黄色鳞片。触角棕色,背面具淡黄色鳞片,腹面具短纤毛。下唇须淡黄色,第 1 节长约为第 2 节的 1/2,第 2 节明显向上弯曲,第 3 节尖细,长约为第 2 节的 2/3。下颚须细小、淡黄色,末端具长鳞毛。胸部背面淡赭褐色;翅基片黄褐色,长达胸部。前翅赭褐色,前缘中部有 1 列黑、白相间的刻点;内、外横线淡黄色,波状弯曲,外横线在翅的前缘形成 1 个三角形黄色斑纹;中室端斑黑褐色;外缘线黑色;缘毛从顶角到外缘 2/3 处浅黑色,其余缘毛基部 1/3 浅黑色,端部 2/3 金黄色。后翅赭褐色;内、外横线淡黄色,内横线外侧、外横线内侧有黑褐色镶边;外缘线黑色;除后翅内缘缘毛较长且灰白色外,其余缘毛金黄色。腹部背面淡赭褐色,腹部各节后缘有白色环。

雄性外生殖器(图版 68-428):爪形突帽状,顶端钝圆,中部略收缩,端半部密被细小短毛。颚形突粗壮,近锥形,中部两侧略向外凸出,顶端尖细,弯钩状。抱器瓣舌状,背、腹缘中部略向外凸,端部 1/3 变细,基部靠近基腹弧 1/2 处有 1 枚较小的椭圆形基突,被有细毛。阳茎基环 U 形,两侧臂端部尖。阳茎短粗,长约为抱器瓣的 1/2;无角状器。

雌性外生殖器(图版 117-428):产卵瓣近菱形,密被细长毛。前表皮突长约为后表皮突的 2 倍。基环骨化明显;囊导管粗细均匀,长约为交配囊的 1.5 倍。交配囊椭圆形,膜质且密被小刻点;近端部 1/4 处有 1 枚囊突,囊突末端具 2~3 个小齿突;交配囊中后部有 1 个附囊,大小约为交配囊的 2/3。

分布:浙江(天目山)、河南、江苏、江西、湖北、湖南、福建、台湾、广东、海南、四川、云南;日本,印度。

巢螟属 *Hypsopygia* Hübner,1825

Hypsopygia Hübner, 1825. Type species:*Phalaena costalis* Fabricius, 1775.

体小型。额圆,无单眼。下唇须上举,超过头顶,第 3 节末端尖细。下颚须细小丝状。喙发达。雄性触角纤毛状;雌性触角丝状。前翅 R_4、R_5 脉共短柄后再和 R_3 脉共柄,R_{3+4+5}、R_2 和 R_1 脉近平行。后翅 $Sc+R_1$ 和 Rs 脉分离,Rs 与 M_1 脉在中室外共短柄,M_2 和 M_3 脉自中室下角伸出。雄性外生殖器:爪形突形状多样,通常末端呈锥形、柱形或指状;颚形突骨化强烈,末端尖细,有时呈钩状;抱器瓣舌状;囊形突 V 形或前端细长;阳茎细长或短粗,角状器有或无。雌性外生殖器:前、后表皮突细长;囊导管细长,基环明显;交配囊细长或袋状,有 1 枚囊突或无囊突。

该属中国已知 28 种。本书记述 5 种。

分种检索表

18.61 灰巢螟 *Hypsopygia glaucinalis* (Linneaus, 1758)(图版 25-429)

Pyralis glaucinalis Linnaeus, 1758, *Syst. Nat.* (10 edn.), **1**:533.

Hypsopygia glaucinalis:Leraut, 2006, *Rev. Fr. Entomol.*, **28**(1):27.

翅展 17.0~27.0mm。头顶和额被黄色粗糙鳞片。触角黄褐色。下唇须棕黄色,上举,超过头顶,第 1 节短粗,长约为第 2 节的 1/2,第 3 节黄色,掺杂少量红褐色,明显前伸,长约为第 2 节的 1/3。下颚须细小、棕黄色,与下唇须第 1 节近等长。喙棕黄色至深褐色。领片黄褐色;

翅基片灰色,长达腹部。前翅青灰色至淡褐色,前缘淡红褐色,中段有 1 列黄色斑点;内横线淡黄色,出自前缘基部 1/4 处,略外弯或向外倾斜,伸至后缘基部 1/4 处;外横线淡黄色,出自前缘 2/3 处,较直,近 A 脉处有 1 内凹,伸至后缘端部臀角后方;中室端斑黑色;缘毛淡灰色。后翅颜色较前翅稍浅,通常灰褐色;内、外横线淡黄色,前者较直,出自前缘基部 1/3 处,后者出自前缘中部,在翅的后缘与内横线靠近;缘毛淡灰色。

雄性外生殖器(图版 68-429):爪形突端部细长,筒状,两侧向内卷曲,顶端钝圆。颚形突发达,端部扁平,弯曲,末端弯钩状。抱器背基突向后延伸呈弧形。抱器瓣宽短,基部窄,端部渐宽,末端近扇形,密被细刚毛。囊形突近三角形,两侧明显内凹,末端钝圆。阳茎基环椭圆形,端半部密布微小刻点。阳茎筒状,长约为抱器瓣的 1.5 倍;中部有 1 枚针状角状器,长约为阳茎的 1/3。

雌性外生殖器(图版 117-429):产卵瓣椭圆形,被细长毛。前、后表皮突纤细,前表皮突长约为后表皮突的 1/2。囊导管细长,近中部一侧有 1 个指状突起;导精管出自基环前端膨大处。交配囊近梨形,长约为囊导管的 4/5;囊突近圆形,位于交配囊前端 1/4 处。

寄主:谷物、干草以及畜牧干饲料等。

分布:浙江(天目山)、黑龙江、吉林、辽宁、内蒙古、甘肃、青海、北京、天津、河北、陕西、河南、山东、江苏、江西、湖北、湖南、福建、台湾、广东、海南、广西、四川、贵州、云南;朝鲜,日本,欧洲。

18.62　褐巢螟 *Hypsopygia regina* (**Butler, 1879**)(图版 25-430)

Pyralis regina Butler, 1879, *Ann. Mag. Nat. Hist.*, (5)**4**:452.

Hypsopygia regina:Caradja & Meyrick, 1933, *Deut. Entomol. Zeit. Iris*, **47**:148.

翅展 13.0～20.0mm。头顶和额红褐色,杂有少量淡黄色。触角棕褐色。下唇须外侧紫红色,杂有少量深褐色,内侧棕黄色,第 1、3 节短小,第 2 节长约为第 1 节的 2 倍。下颚须短小,棕褐色。胸部、翅基片和领片红褐色。前翅紫红色,杂有黑色鳞片;前缘有 1 列黄黑相间的短线;内横线淡黄色,较直,发自前缘基部 1/4 处,向内倾斜;中室端斑黑色;外横线淡黄色,略弯,前端在前缘处形成金黄色三角形斑纹。后翅紫红色;外缘区域紫红色,杂有少量黑褐色鳞片;内、外横线金黄色,波状,向外弯曲。前、后翅缘毛金黄色。腹部背面除生殖节黄色外,其余红褐色,散布黑色鳞片,腹面金黄色。

雄性外生殖器(图版 68-430):爪形突基部宽,端部短柱状,末端钝圆,被稀疏毛。颚形突细长,端部极细,鸟喙状弯曲,长约为爪形突的 2 倍。抱器瓣长椭圆形,外缘钝圆,背缘略凸出。囊形突前端尖锐棒状,长度近等于颚形突。阳茎基环椭圆形,后端 1/3 内凹。阳茎直棒状,长约为抱器瓣的 1.5 倍;内有一枚针状的角状器,长约为阳茎的 1/3。

雌性外生殖器(图版 117-430):产卵瓣细长,卵圆形,被细毛。前表皮突长约为后表皮突的 2/3.囊导管细长,弯曲,前端渐窄。交配囊椭圆形,长约为囊导管的 2/3;有 1 枚 T 形囊突位于交配囊近中前部。

寄主:鼠李科 Rhamnaceae;枣 *Ziziphus* spp.,胡蜂巢内。

分布:浙江(天目山)、内蒙古、甘肃、北京、河北、陕西、河南、江西、湖北、湖南、福建、台湾、广东、海南、广西、四川、贵州、云南,日本,印度,泰国,不丹,斯里兰卡。

18.63　黄尾巢螟 *Hypsopygia postflava*（Hampson，1893）（图版 25-431）

Pyralis postflava Hampson，1893，*Illustr. Typ. Spec. Lepidop. Heter. Brit. Mus.*，**9**：159.

Hypsopygia postflava：Hampson，1896，*Fauna Brit. India*，**4**：149.

翅展 13.0～15.0mm。头顶和额红褐色。触角红褐色，柄节背面黄褐色，雄性触角一侧被细长毛。下唇须红褐色杂有黑色鳞片，第 2 节长为第 1 节的 2 倍，第 3 节与第 1 节近等长。喙基部鳞片深褐色。胸部、领片和翅基片红褐色。前翅紫红色，散布有黑色鳞片；翅基部深紫色，前缘有 1 列黄黑相间的短线；内横线淡黄色，向内倾斜；中室端斑黑色；外横线淡黄色，向外倾斜，外横线外侧至外缘深紫色；缘毛黄色。后翅紫红色；内、外横线黄色，波状弯曲；缘毛黄色。腹部背面红褐色，后端 4 节金黄色。腹面金黄色。

雄性外生殖器（图版 68-431）：爪形突基部扁三角形，前端指形，被有细长毛。颚形突细长，端部较细，末端呈弯钩状。抱器瓣舌状被细长毛，背缘直；抱器腹明显向下凸出。囊形突端部 2/3 细长、棒状。阳茎基环椭圆形，端半部密被刻点，顶端中央内凹。阳茎直，与抱器瓣近等长；端部有 1 个刺状角状器，长约为阳茎的 1/3。

雌性外生殖器（图版 117-431）：产卵瓣长三角形，密被细长毛。前表皮突长约为后表皮突的 4/5。基环较小，骨化明显；囊导管中部近基环处明显加粗，且内壁密布微刻点，端部渐细。交配囊梨形，长约为囊导管的 2/3；囊突 T 形，前端尖锐，位于交配囊近中部。

分布：浙江（天目山）、河南、台湾、广东、广西、贵州；日本，泰国，印度，不丹，斯里兰卡。

18.64　指突巢螟 *Hypsopygia rudis*（Moore，1888）（图版 25-432）

Stemmatophora rudis Moore，1888，In：Hewitson & Moore，*Desc. Ind. Lepidop. Atk.*，**1888**：205.

Hypsopygia rudis：Wang & Li，2009，Pyralinae，In：Li *et al.*，*The fauna of Hebei, China*，*Microlep.*：330.

翅展 30.0～32.0mm。头顶和额黄褐色。触角背面黄白色，腹面黄褐色，密被白色短纤毛。下唇须红褐色，掺杂少量棕黄色，内侧黄白色，第 1、3 节近等长，长约为第 2 节的 1/2。下颚须棕黄色，极细小。喙褐色，基部鳞片棕褐色至褐色。胸部、领片和翅基片红褐色。前翅红褐色杂有少量黑色鳞片，雄性前缘黑褐色，雌性前缘中部有 1 列黄白色斑点；内横线淡黄色，略向外凸出；中室基部有 1 枚淡褐色斑点；外横线淡黄色，内斜，中部向外拱突；缘毛基部 1/3 深褐色，端部淡黄色。后翅颜色同前翅；内横线和外横线淡黄色，前者较直，后者向外拱突。缘毛除后缘灰白色外，其余同前翅。腹部黄褐色至红褐色，散布深褐色鳞片。

雄性外生殖器（图版 68-432）：爪形突端部 4/5 圆柱形，顶端钝圆，除顶部和基半部外，被有稀疏的长毛。颚形突粗壮，与爪形突顶端近等长，骨化强烈，末端尖细，钩状。抱器背基突向后延伸呈三角形。抱器瓣基部与端部近等宽，末端近平截，抱器背中部略凸起，近基部中央有 1 个指状突。阳茎基环长椭圆形，后缘略凹入。阳茎细长，端部 1/3 略弯曲并变细；中部有 1 枚针状的角状器，端部有若干微刺。

雌性外生殖器（图版 117-432）：产卵瓣椭圆形，被细长毛。前表皮突长约为后表皮突的 3 倍。囊导管细长，长约为前表皮突的 4 倍，前端 1/3 处绕成环状；导精管出自囊导管后端。交配囊椭圆形，长约为囊导管的 1/4；无囊突。

分布：浙江（天目山）、河北、湖北、台湾、四川；印度。

18.65　尖须巢螟 *Hypsopygia racilialis* (Walker, 1859)(图版 25-433)

Pyralis racilialis Walker, 1859, *List Spec. Lepidop. Insects Coll. Brit. Mus.*, **19**: 899.

Hypsopygia racilialis: Li & Li, 2012, Pyralinae, *In*: Li *et al.*, *Microlep. Qinling Mountains*: 277.

翅展 20.0～23.0mm。头顶被粗糙的淡黄色鳞毛。额黄褐色。触角背面白色,腹面黄褐色。下唇须内侧白色,外侧淡褐色杂有黄白色,第 2 节长为第 3 节的 2 倍,第 3 节末端尖细。下颚须淡黄白色,细小。胸部淡红褐色。翅基片长达腹部,黄褐色;领片黄褐色。前翅红褐色;前缘中部有 1 列白色斑点,中部前端 1/3 处有 1 枚深褐色斑点;内横线黄白色,出自前缘 1/3 处,中部略向外凸出;外横线黄白色,内侧有黑色镶边,由前缘 2/3 处伸至后缘,略向外凸出;缘毛灰白色,近基部深褐色。后翅颜色同前翅,内横线淡黄色,波状,外侧淡褐色;外横线淡黄色,内侧淡褐色,向内斜;后缘缘毛黄白色,其余部分同前翅。腹部红褐色,每节后缘淡黄色。

雄性外生殖器(图版 69-433):爪形突端部近圆形,密被细长毛。颚形突粗壮,向端部逐渐变细,末端呈弯钩状。抱器背基突带状,较平。抱器瓣狭长,背、腹缘近平行,端部钝圆。阳茎基环扁,盾片状。阳茎长约为抱器瓣的 1/2,中部膨大,两端较细,端半部有褶皱。

雌性外生殖器(图版 117-433):产卵瓣椭圆形,密被细长毛。前表皮突长约为后表皮突的 2 倍。囊导管细长,粗细均匀,具基环,端部 1/4 处有 1 个结节。交配囊袋状,与囊导管近等长;无囊突。

分布:浙江(天目山)、陕西、河南、江苏、江西、湖北、福建、台湾、广东。

双点螟属 *Orybina* Snellen, 1895

Oryba Walker, 1863. Type species: *Oryba flaviplaga* Walker, 1863.

额圆,被光滑或粗糙的鳞片。雄性下唇须长,内侧多形成沟槽;雌性下唇须纤细,简单。前翅或后翅常有 1 对或 2 对点状斑纹。前翅 R_3 和 R_4 脉先共柄后再和 R_5 脉共柄,R_3、R_4、R_5 三脉共较长柄后再与 M_1 脉共柄,M_2 和 M_3 脉在中室下角处共柄,A 脉在翅基部分成两支。后翅 $Sc+R_1$ 与 Rs 脉分离,Rs 和 M_1 脉在中室外短距离共柄,M_2、M_3 两脉从中室下角伸出。雄性外生殖器:爪形突略呈三角形,少数种类顶端平圆,近长方形;颚形突多粗壮;背兜发达,有的种类背兜向腹面伸出突起;抱器瓣长椭圆形,外缘略有变化,腹面具基突;阳茎基环多 V 形;阳茎粗壮,端部骨化强烈,角状器有或无。雌性外生殖器:产卵瓣多椭圆形;前、后表皮突都比较短小;囊导管长,基环明显,有的种类囊导管呈螺旋状;交配囊较大,圆形或长椭圆形,少数种类有囊突。

该属中国已知 9 种(亚种),本书记述 4 种。

分种检索表

1. 前翅橘黄或棕黄色,前缘近端部具 1 个黄色大斑 ·· 2
   前翅棕红色,前翅前缘无斑纹,中室端斑黄色 ·· 3
2. 前翅后缘淡棕黄色,前缘灰棕色,内横线红色,向翅外缘弯曲 ·········· **金双点螟 O. flaviplaga**
   前翅红褐色,内横线褐色,向翅的后缘中部倾斜 ··················· **赫双点螟 O. honei**
3. 中室端斑边缘红色,其外侧下方有 1 红色边缘的透明斑,后翅中室下角有 1 火红色斑纹··············
   ··· **紫双点螟 O. Plangonalis**
   中室端斑边缘黑色,外侧无透明斑;后翅淡朱红色,外横线黑色,不明显 ········ **艳双点螟 O. regalis**

18.66　金双点螟 *Orybina flaviplaga* (Walker, 1863)（图版 25-434）

Oryba flaviplaga Walker, 1863, *List Spec. Lepidop. Insects Coll. Brit. Mus.*, **27**：10.

Orybina flaviplaga：Hampson, 1896, *Fauna Brit. India*, **4**：181.

翅展 30.0～42.0mm。头顶被黄褐色鳞片。触角暗红色。下唇须较短,鸟喙状,被有光滑的暗红色长毛,内侧有沟槽。喙基部被白色鳞片。翅基片黄褐色,胸部背面淡红色。前翅后缘区域橙黄色,其他区域灰褐色、混有少量棕红色鳞片;内横线模糊不清;前缘基部 1/6 处具 1 条深褐色线,在翅中部分为两条,1 条沿 A 脉伸至臀角处,另 1 条伸至后缘中部;外横线红褐色,向内呈波状倾斜,伸至后缘基部 2/3 处;中室外端有 1 个金黄色月牙形斑,边缘红色;缘毛棕褐色。后翅淡粉红色,基部、前缘及臀角处颜色稍浅;外横线红褐色,与外缘近平行,出自前缘端部 1/3 处,至 CuA_2 脉处消失;缘毛棕褐色。腹部背面淡红色。

雄性外生殖器（图版 69-434）：爪形突近舌形,顶端尖锐,两侧中部向外凸。颚形突粗壮,与爪形突近等长,基部两侧向下伸出宽扁的弯曲双臂。抱器瓣基部窄,端部膨大呈扇形;抱器瓣中部有一小椭圆形抱握器。囊形突三角形。阳茎基环椭圆形,顶端有深裂口。阳茎长筒形,长度约为抱器瓣的 1.5 倍,略弯曲,端部略骨化。

雌性外生殖器（图版 117-434）：产卵瓣宽,被有细毛。前表皮突长约为后表皮突的 1.5 倍。第 8 背板衣领状。基环短小,骨化明显;囊导管自基环向前端渐粗;导精管出自囊导管的中部。交配囊钝圆形,膜质,与囊导管近等长,内表皮密布小刻点;无囊突。

分布：浙江（天目山）、河北、河南、江苏、江西、湖北、湖南、台湾、广东、广西、四川、贵州、云南;缅甸,印度。

18.67　赫双点螟 *Orybina honei* Caradja, 1935（图版 25-435）

Orybina honei Caradja, 1935, *In*：Caradja & Meyrick, *Mater. Microlepid. Fauna Chin. Prov. Kiangsu, Chekiang und Hunan*：33.

翅展 40.0～42.0mm。头红色。触角淡红褐色,背面棕黄色,基节后侧有毛束。下唇须刷状,内侧形成沟槽,第 1 节背侧桃红色,腹侧白色,第 2、3 节红色、粗壮。下颚须淡紫红色、极细小,长约为下唇须第 1 节的 1/2。喙基部被白色鳞片。领片灰黄色;翅基片红褐色;胸部背面红色,腹面白色。前翅桃红色或棕红色;内横线深褐色,出自前缘基部 1/4 处,向外倾斜,到后缘中部;外横线深褐色,出自前缘端部 1/4 处,向内倾斜至后缘端部 1/3 处;外横线前端内侧有 1 金黄色三角形斑,该斑近外缘侧有 1 个向内的凹陷;缘毛深褐色。后翅颜色较前翅略浅,近基部略带淡黄色;外横线黑褐色,与外缘平行,在近臀角处消失;缘毛深褐色。

雄性外生殖器（图版 69-435）：爪形突粗大、舌形,顶端圆滑、无毛,背侧向后拱起明显。颚形突骨化强烈,细棒状,长约为爪形突的 2/3。背兜发达,基部具 1 对细长骨化突起,长度与颚形突相等。抱器瓣基部窄,端部 1/3 膨大成扇形,近端部有褶皱,具长毛。阳茎基环椭圆形,顶端 1/3 处内切。阳茎长筒状、粗壮,中部弯曲;端部有骨化的板状角状器。

雌性外生殖器（图版 118-435）：产卵瓣宽椭圆形,骨化强烈。前、后表皮突近等长。导管端片漏斗状;基环明显;囊导管由后向前逐渐变粗,前端有 2 个螺旋;导精管出自囊导管近基环处。交配囊椭圆形,长约为囊导管的 2/3;无囊突。

分布：浙江（天目山）、河南、江西、湖南、福建、广东、海南、云南。

18.68　紫双点螟 *Orybina plangonalis* Walker，1859(图版 25-436)

Orybina plangonalis Walker, 1859, *List Spec. Lepidop. Insects Coll. Brit. Mus.*, **18**：391.

翅展 24.0～30.0mm。头顶淡黄色。额淡紫色。触角紫红色。下唇须外侧紫红色,内侧淡黄色,第 1、2 节腹侧白色,第 2 节膨大,呈钝三角形,第 3 节尖细,向前下方伸出。下颚须细小,基部黄白色,端部淡紫红色。胸部和翅基片淡黄色。前翅后缘橙黄色,其余部分灰褐色,杂有少量橙黄色;内横线灰褐色,发自前缘基部 1/5,近中部明显向外凸出,伸至后缘基部 1/3处;中室端部有 1 个心形黄色斑,边缘红褐色;中室下角外侧有 1 枚白色近三角形斑;外横线黑色,发自前缘端部 1/5 处,向内倾斜,几乎和翅的外缘平行;缘毛棕褐色。后翅橙色,基部、前缘及臀角处呈淡黄色或黄灰色;外横线黑褐色,在前缘区和 CuA_2 脉处消失;缘毛外缘处前半段棕褐色,近臀角及后缘处黄灰色。腹部灰黄色。

雄性外生殖器(图版 69-436):爪形突葱头状,端部尖锐,中部宽,基部 1/3 略内凹。颚形突端部尖细,长度约为爪形突长的 1/2,后端有 1 个略微向后的延伸,颚形突臂发达。抱器瓣较短,末端钝圆,近腹侧前端 1/3 处有 1 个小骨化突起。囊形突近三角形。阳茎基环长椭圆形,顶端 1/2 内切。阳茎长筒形,长约为抱器瓣长的 1.3 倍;端部有一个 C 形弯曲的角状器。

雌性外生殖器(图版 118-436):产卵瓣宽椭圆形。前表皮突长约为后表皮突的 1.5 倍。基环明显;囊导管细长,近基环处明显变细;导精管出自基环下方。交配囊椭圆形,长约为囊导管的1/2,端半部密布微小刻点;囊突 1 枚,圆形,由微小的骨化颗粒组成,位于交配囊后端 1/4 处。

分布:浙江(天目山)、陕西、河南、江西、湖北、台湾、广东、贵州;缅甸,印度。

18.69　艳双点螟 *Orybina regalis* (Leech，1889)(图版 25-437)

Oryba regalis Leech, 1889, *Entomologist*, **22**：71.

Orybina regalis：Hampson, 1896, *Trans. Entomol. Soc. Lond.*, **1896**：540.

翅展 25.0～27.0mm。头、触角深红色。下唇须外侧暗红色,内侧灰白色至黄色,第 1 节腹侧白色,第 2 节膨大呈扁三角形,第 3 节鸟喙状,内侧被棕黄色细毛。下颚须细小,外侧红褐色,内侧白色。喙基部被白色鳞片。领片灰褐色;翅基片暗红色。胸部背面暗红色,腹面白色。前翅朱红色,前缘和基部略带褐色或颜色稍深;内横线深褐色,发自前缘基部 1/3 处,略向外凸出,至后缘基部 2/5 处;外横线深褐色,波状,发自端部 1/3 处,至后缘 2/3 处;外横线前缘内侧和中室外端有 1 个镶黑边的金黄色椭圆形斑纹,斑点外缘深褐色;缘毛深红棕色。后翅淡朱红色,前缘基部和近臀角处颜色更浅;外横线深红色,在前缘和近臀角处消失;缘毛深红棕色。腹部背面暗红色,腹面白色。

雄性外生殖器(图版 69-437):爪形突锥形,顶端尖细,近基部略向内凹。颚形突端部粗大刺状,长约为爪形突的 2/3,尾部有 1 个向后的延伸;颚形突臂骨化强。抱器瓣长椭圆形,基部和端部基本等宽,末端钝圆,靠近抱器瓣腹缘中部有 1 长条形、略成直角的骨化突起。囊形突近三角形。阳茎基环近矩形,顶部 1/3 呈三角形内陷。阳茎长约为抱器瓣的 1.5 倍,前端 1/3略弯;顶端有骨化角状器。

雌性外生殖器(图版 118-437)产卵瓣发达,末端钝圆,被有稀疏的长刚毛。第 8 背板衣领状。前表皮突略粗,长约为后表皮突的 2 倍。导管端片膜质,漏斗状;囊导管细长,近基部有 1个基环,在基环处略细;导精管出自基环前方,囊导管呈螺旋状,前端具褶皱。交配囊椭圆形,长度略短于囊导管,在前端和近囊导管一侧有几个密布微小刻点的区域;无囊突。

分布:浙江(天目山)、北京、河北、河南、江苏、江西、湖北、湖南、海南、四川、贵州、云南;朝鲜,日本。

长须短颚螟属 *Trebania* Ragonot，1892

Trebania Ragonot，1892. Type species：*Propachys flavifrontalis* Leech，1889.

体中型。额圆形。喙发达。下唇须特别长，长约为头长的 2～3 倍，第 2 节稍微向下弯，第 3 节鸟喙状下垂。下颚须细小。触角丝状。前翅 R_3 和 R_4 脉先共柄后再与 R_5 脉共柄，R_2、R_3 和 M_1 脉起于中室上角处一点，M_2 和 M_3 脉从中室下角伸出，接近但不共柄。后翅 Rs 与 M_1 脉在中室上角处共短柄，M_2 和 M_3 脉发自中室下角，但不共柄。雄性外生殖器：爪形突椭圆形，端部钝圆；颚形突细长，端部弯钩状，一般达爪形突中部；抱器瓣长椭圆形，外缘钝圆或倾斜；囊形突三角形，阳茎基环盾形或 U 形；阳茎长筒形或棍棒状，无角状器，端部有两枚骨片。雌性外生殖器：前表皮突略长于后表皮突；基环较细，骨化明显，囊导管细长；交配囊近圆形，附囊有或无，底部有长条形囊突。

该属中国已知 5 种，本书记述 2 种。

18.70　黄头长须短颚螟 *Trebania flavifrontalis*（Leech，1889）（图版 25-438）

Propachys flavifrontalis Leech，1889，*Entomologist*，**22**：108.

Trebania flavifrontalis：Caradja，1938，*Stett. Entomol. Zeit.*，**99**：256.

翅展 32.0～36.0mm。头顶和额橙黄色。触角暗灰褐色。下唇须长为头长的 3 倍，外侧黑褐色，内侧灰白色，基部橙黄色、向上弯曲，端部 2/3 平伸，整个下唇须略呈 Z 形。领片黑色，具橙黄色镶边；胸部和翅基片灰褐色。前翅宽阔，暗灰褐色；翅脉灰色，翅脉间有黑色条纹。后翅灰褐色无斑纹。双翅缘毛黑褐色。腹部灰褐色。

雄性外生殖器（图版 69-438）：爪形突发达，球杆状，端部膨大、密布细毛，基半部两侧内凹。颚形突端部细长，长约为爪形突的 1/2，末端弯曲呈钩状。抱器瓣基部窄，端部 2/3 膨大呈阔圆形，并密布稀疏长毛。囊形突三角形，端部尖。阳茎基环近六边形。阳茎细棒状，长约为抱器瓣的 2/3，末端尖细，前端具 1 角状骨片且密被刻点；无角状器。

雌性外生殖器（图版 118-438）：产卵瓣发达、椭圆形。后表皮突长为前表皮突的 1.3 倍。囊导管细长，密被刻点，前端略骨化，后端膜质。交配囊椭圆形，密布微小刻点，长约为囊导管的 2/3；底部有 1 长条形囊突，中部膨大，两端渐细，由若干三角形小疣突排列组成。

分布：浙江（天目山）、上海、河南、江苏、江西、湖南、福建、台湾、广东、海南；朝鲜，日本，印度，斯里兰卡。

18.71　鼠灰长须短颚螟 *Trebania muricolor* Hampson，1896（图版 25-439）

Trebania muricolor Hampson，1896，*Fauna Brit. India*，**4**：174.

翅展 27.0～34.0mm。头顶黄白色。额灰色、杂有黄白色。触角背面灰白色，腹面淡黄色，密被白色短纤毛。下唇须细长，约为头长的 3 倍，内侧有沟槽，腹侧有银灰色长毛。下颚须灰白色。领片、胸部和翅基片灰色。前翅宽阔，灰白色；内横线暗褐色，略向外斜；中室端有 1 暗色条斑；外横线黑褐色、弯曲。后翅灰白色；外横线黑褐色。双翅缘毛淡灰色。腹部灰白色。

雄性外生殖器（图版 69-439）：爪形突舌状，端部钝圆，骨化明显，端部 1/3 除顶端外，被有细长毛。颚形突短小、尖细，端部钩状弯曲。抱器瓣舌形，密布细长刚毛，端部尖圆。阳茎基环椭圆形，底部具 2 个叶状骨片。阳茎细长，长约为抱器瓣的 2/3，顶端有 2 枚角状骨片；无角状器。

雌性外生殖器（图版 118-439）：产卵瓣椭圆形，被细长毛。前、后表皮突近等长。囊导管细长；导精管出自囊导管中部。交配囊长葫芦形，长约为囊导管的 4/5；底部有一列锯齿形的囊突,由若干三角形小疣突组成;后中部具长椭圆形附囊,长约为交配囊大小的 1/2。

　　分布:浙江(天目山)、甘肃、陕西、湖北、福建、广西、四川;印度。

　　备注:本种与黄头长须短颚蛾 *T. flavifrontalis* 可以通过如下特征区别:前翅灰白色,雄性外生殖器爪形突尖锥形,顶端钝圆,抱器瓣末端尖圆形;黄头长须短颚蛾前翅暗灰褐色,雄性外生殖器爪形突膨大呈椭圆形,抱器瓣末端膨大近圆形。

十九　草螟科 Crambidae

头部额区形状不一,通常被平滑鳞片。头顶通常被竖立成簇的鳞片。下唇须 3 节,前伸或斜向上举。下颚须通常小于下唇须。喙发达,有时退化。前翅 R_3 与 R_4 脉共柄,R_2 与 R_{3+4} 脉并列或共柄;R_5 与 R_{3+4} 脉接近,仅在少数类群中共柄;M_2、M_3 和 CuA_1 脉出自近中室后角;CuP 脉退化或仅末端明显;$1A+2A$ 脉发达,$2A$ 脉常和 $1A$ 脉在基部闭合成翅室。后翅 $Sc+R_1$ 与 Rs 脉共柄或接近;M_2、M_3 和 CuA_1 脉出自近中室后角;CuP、$1A+2A$ 和 $3A$ 脉发达。雄性翅缰 1 根,雌性通常多根。足细长,雄性常有结构各异的香鳞。鼓膜器的鼓膜泡开放;节间膜与鼓膜不在同一平面上;听器间突发达,简单或两裂。雄性外生殖器:爪形突发达,末端形状多变或发育不全;颚形突有或无,如有则后中部发达;抱器瓣有时被各种突起;阳茎基环片状;阳茎长管状。雌性外生殖器:产卵瓣膜质,多毛;囊导管膜质,长短不一;交配囊通常圆形或椭圆形,囊突有或无。

草螟科昆虫已知 1000 余属,9000 余种,世界各动物地理区均有分布。

分亚科检索表

水螟亚科 Acentropinae

通常小型至中型。触角通常雄性粗壮,雌性被毛。下唇须第 3 节细小,长近等于第 2 节的 1/2,上举或平伸。下颚须端部鳞片扩展。喙发达。翅面斑纹华丽、复杂,常有白色、黄色或棕色条带,少数种类纯棕色或黑色。前翅 R_2 与 R_{3+4} 脉基部愈合,少数种类除外。后翅 $Sc+R_1$ 与 Rs 脉有长共柄。雄性外生殖器:爪形突锥形;颚形突发达,端部背面常具小齿;背兜腹部有一对形状各异的背兜腹缘片,与爪形突和颚形突及抱器背关联或融合;抱器瓣长叶形,内侧生有刚毛。雌性外生殖器:囊导管基环发达;交配囊有 1 对或单一的囊突区,有些种类无囊突。

水螟亚科全世界已知约 700 种,世界广泛分布,尤其以新热带界和东洋界最为丰富。中国已知 90 余种,本书记述 5 属 5 种。

分属检索表

斑水螟属 Eoophyla Swinhoe,1900

Eoophyla Swinhoe,1900. Type species: *Cataclysta peribocalis* Guenée, 1859.

体小到中型。额扁平。无单眼。雄性触角柄节侧面有一突起,鞭节略侧扁;雌性触角细长。下唇须上举,第 3 节短小。下颚须短。喙长。前翅前缘在雄性中 1/2 处圆凸,在雌性中直;顶角圆。前翅 R$_2$ 和 R$_{3+4}$ 脉基部共柄;M$_2$ 和 M$_3$ 脉基部接近或出自一点。雄性外生殖器:爪形突扁长;颚形突发达,末端背部明显有细齿;背兜长而扁,后部与爪形突背面融合;基腹弧长,不与抱器瓣前缘融合;抱器瓣宽大,末端有若干向内侧伸展的长刚毛;囊形突大,圆形;阳茎基环直角形,其腹缘不弯曲;阳茎盲囊发达,阳茎端膜有许多小刺。雌性外生殖器:前表皮突短,基部宽,后表皮突几乎与前表皮突等长;交配孔宽,膜质均匀;囊导管细长;交配囊长,具一对囊突。

该属中国已知 11 种,本书记述 1 种。

19.1 丽斑水螟 *Eoophyla peribocalis*(Walker, 1859)(图版 25-440)

Cataclysta peribocalis Walker, 1859, *List Spec. Lepidop. Insects Coll. Brit. Mus.*, **17**: 446.

Eoophyla peribocalis: Speidel, 1984, *Neue Entomol. Nachr.*, **12**: 36.

翅展 22.0~29.5mm。头淡黄褐色。额略圆。头顶粗糙,雄性更甚。触角黄褐色,雄性略粗,柄节背部有一突起,其上密生鳞毛,黄色;雌性柄节无明显突起。下唇须黄褐色,上举;被毛;第 3 节麦穗状。下颚须黄褐色,端部不膨大。喙长,褐色。胸部黄白色。前翅前缘略弯,2/3 处略外凸;顶角圆。前翅基部到中后部各线条不清晰;雄性中室具覆瓦状排列的特殊柱形大鳞片,后缘具褐色长毛;外线外白区明显,楔形,两侧黄褐斑在后部不相接;亚缘白区宽,亚缘线和外缘线与外缘平行;缘毛灰褐色。后翅内横区明显;外横区前部宽;后部窄;外缘线具 4 个黑斑,其中央具小片银白斑;缘毛黄褐色。腹部黄白色。

雄性外生殖器(图版 69-440):爪形突基部较宽,端部细,中部略内凹。颚形突略短于爪形突,基半部宽,三角形;端半部细,顶端明显具齿。背兜前缘强烈切入。抱器瓣宽大,端部圆,顶端的突起上具 3 根特殊的长刚毛。基腹弧细长。囊形突发达、圆形。阳茎基环长锥形。阳茎长,盲囊发达。

雌性外生殖器(图版 118-440):前表皮突与后表皮突近等长。第 8 背板宽,后部有短刚毛,前缘圆。囊导管较短、膜质。交配囊具 1 对长条状囊突。

　　分布：浙江(天目山)、河南、四川、云南；越南，印度，斯里兰卡，也门。

目水螟属 *Nymphicula* Snellen，1880

Nymphicula Snellen，1880. Type species：*Nymphicula stipalis* Snellen，1880.

　　体小型。头顶具竖鳞。无单眼。雄性触角粗短，长约为前翅的一半，各鞭节腹面具许多短感觉毛而端部具一对长感觉毛；雌性丝状，长约为前翅的 3/4，鞭节腹面具短毛。下唇须细，上举超过头项，基部 2 节粗糙被鳞，第 3 节长于第 2 节的一半。下颚须长，前伸。翅窄狭。前翅顶角明显。前翅 R_{3+4} 与 R_2 或 R_5 脉共柄较短。前翅中部呈大片烟灰色，中横线和外横线模糊；中室端脉斑橘黄色；外缘线外侧白区及亚缘白区楔形，止于 CuA_1 脉；外横区和亚缘区橘黄色。后翅宽；顶角圆；外缘在顶角后略向外弯。后翅 $Sc+R_1$ 与 Rs 脉完全愈合。后翅基线和亚基线不明显；内横区明显；翅中部也呈大片烟灰色，各线斑不清晰；亚缘线波状；翅外缘具一列黑斑。雄性外生殖器：爪形突长，端部渐细；颚形突发达，为爪形突长的一半；抱器瓣长，抱器背在抱器瓣端部扩大，抱器腹仅为抱器瓣的一半；基腹弧长；囊形突多变。雌性外生殖器：后表皮突长于前表皮突；交配孔小；囊导管细长，具基环；交配囊长，囊突多变。

　　该属中国已知 5 种，本书记述 1 种。

19.2　短纹目水螟 *Nymphicula junctalis*（Hampson，1891）(图版 25-441)

Cataclysta junctalis Hampson，1891，*Illustr. Typ. Spec. Lepidop. Heter. Brit. Mus.*，**8**：41，140.
Nymphicula junctalis：Yoshiyasu，1980，*Transactions of the Lepidopterological Society of Japan*，
　　31(1-2)：13.

　　翅展 13.5～17.0mm。额黄褐色。头顶具黄色竖鳞。触角丝状，雄性略粗。下唇须细，基部褐色，上举。下颚须长，黄褐色，略上举。喙长，褐色，基部被黄褐色鳞。前翅基线、亚基线隐约可见，褐色；内横区明显，淡黄色；翅中部为大片烟灰色，中横线和外横线不清晰；中室端脉月斑明显，橘黄色；外缘线外侧白区及亚缘白区楔形，止于 CuA_1 脉；外横区和亚缘区橘黄色；臀角处具一楔形褐斑；缘毛褐色。后翅基部黄白色，基线和亚基线不清晰；内横区明显，黄色，杂有褐色；翅中部也为大片烟灰色，各线斑不清晰；翅后缘有一长条橘黄色斑；亚缘线细，波状；翅外缘具 5 黑斑，前两斑靠近，各斑中具银鳞；缘毛褐色。胸部黄褐色。腹部淡黄色。

　　雄性外生殖器(图版 69-441)：爪形突发达，端部逐渐变细。颚形突长约为爪形突的 1/2。背兜中等；前缘直，与基腹弧关联，透明斑在背兜与爪形突交界处分成两块。抱器瓣内表面多刚毛，端部刚毛较长。基腹弧长。囊形突圆形。阳茎基环圆，顶端具两长角突。阳茎长，盲囊发达，端部不膨大。

　　雌性外生殖器(图版 118-441)：后表皮突略长于前表皮突。交配孔膜质。囊导管较短，膜质，基环宽。交配囊细长，无明显囊突。

　　分布：浙江(天目山)、安徽、湖北、福建、广西、贵州、云南；日本，印度。

波水螟属 *Paracymoriza* Warren，1890

Paracymoriza Warren，1890. Type species：*Oligostigma vagalis* Walker，1865.

　　额圆。头顶扁平。单眼明显，具黑边。触角鞭节背面黄褐色。下唇须基半部色浅，端半部色深；第 3 节短小，顶端白色。下颚须平伸或微上举，顶端一节被鳞呈膨大状。前翅前缘平直；顶角明显；外缘曲折。前翅 R_2 脉与 R_{3+4} 脉靠近；R_5 脉基部与 R_{3+4} 脉分离。翅面底色土黄色

或暗橘红色至暗褐色。雄性外生殖器:爪形突粗壮,侧面基部被刚毛;颚形突细,端部侧扁,背部有1列细齿;抱器瓣长而宽;基腹弧长,以小骨片与背兜相连;囊形突发达;阳茎基环六边形;阳茎长,阳茎端膜明显具角刺。雌性外生殖器:交配孔不阔大,膜质均匀;囊导管短细,有小刺,基环中等大小;交配囊长椭圆形,膜质均匀,无囊突。

该属中国已知11种,本书记述1种。

19.3　洁波水螟 *Paracymoriza prodigalis* (Leech, 1889)(图版 25-442)

Cataclysta prodigalis Leech, 1889, *Entomologist*, **22**:70.

Paracymoriza prodigalis: Speidel & Mey, 1999, *Tijdschr. Entomol.*, **142**:133.

翅展 15.0~24.5mm。额淡黄褐色,雌性杂有褐色鳞。触角长,长约为前翅 3/4,黄褐色。头顶黄褐色。下唇须长,黄褐色,杂有褐色鳞,端部略尖。下颚须黄褐色,顶端被鳞而膨大。喙黄褐色。胸背部黄褐色混有黄白色鳞毛;腹面黄白色。翅底土黄色,纹线褐色。前翅基线、亚基线和内横区内斜;内横线平滑,也内斜;中室端脉月斑黄褐色;外横线几乎与翅外缘平行到 CuA_1 脉,然后上弯到 M_2 脉,与后中区相连;又起于中室后角,外斜到 CuA_2 脉,前弯,变细,止于翅后缘前中部;中室白区不明显;中室下白区三角形;中线外白区有横褐线;外横区土黄色到褐色;亚缘线细,平行于翅外缘;亚缘区橘黄色,缘毛黄褐色到褐色,基部有深褐线。后翅亚基线淡褐色;内横区褐色;内横线直,褐色,向前倾斜;外横线平行于翅外缘;中室白区、中室下白区和中线外白区合并;外横区橘黄色到黄褐色;其他如前翅。腹部背面黄色到黄褐色,各节端部有黄白色带;腹面黄白色。

雄性外生殖器(图版 70-442):爪形突基部宽,端部 1/3 处外凸,顶部略尖。颚形突直,基部宽大,顶端略细,背部明显具齿。抱器瓣叶状,基部略窄于端部,端部具长刚毛;抱器腹约为抱器瓣的 1/3。基腹弧长。囊形突发达。阳茎基环长方形,顶端两侧有角突。阳茎端膜具许多脊。

雌性外生殖器(图版 118-442):产卵瓣具长短不一的毛,前表皮突和后表皮突几乎等长。囊导管细长,膜质,与交配囊近等长,基环明显。交配囊发达,椭圆形,无囊突。

分布:浙江(天目山)、甘肃、北京、河北、陕西、河南、山东、江苏、江西、湖北、湖南、福建、台湾、广东、广西、四川、贵州、云南;朝鲜,日本。

塘水螟属 *Elophila* Hübner, 1822

Elophila Hübner, 1822. Type species: *Phalaena nymphaeata* Linnaeus, 1758.

体小型至中型。有单眼。额雌性圆,雄性稍平。头顶微隆起。下唇须上举,雌性略短;基部 2 节粗糙被鳞,第 3 节光滑尖长。下颚须粗糙。前翅宽;外缘稍呈波形。前翅 R_2 脉独立或与 R_{3+4} 脉共柄。后翅 $Sc+R_1$ 和 Rs 脉共柄短。雄性外生殖器:爪形突长度多变;颚形突基部完全与背兜腹缘片融合;抱器内突具长刚毛;抱器腹具一簇成群的刚毛;基腹弧短,由小骨片与背兜相连;囊形突扁平;阳茎基环由一对骨片连到囊形突;阳茎具角状器。雌性外生殖器:后表皮突远长于前表皮突;交配孔宽;囊导管短,具小刺;交配囊无集中的囊突。

该属中国已知12种,本书记述1种。

19.4　黑线塘水螟 *Elophila*（*Munroessa*）*nigrolinealis*（Pryer, 1877）（图版 25-443）

Hydrocampa nigrolinealis Pryer, 1877, *Cist. Entomol.*, **2**(18)：233.

Elophila（*Munroessa*）*nigrolinealis*；Speidel, 1984, *Neue Entomol. Nachr.*, **12**：62.

翅展 15.0～21.0mm。头黄色。头顶黄色杂有褐色鳞毛。单眼棕褐色,周围鳞毛褐色。触角黄褐色,柄节背面褐色,雌性触角略细。胸背部深黄褐色,前部有黄白色鳞,腹面黄褐色。下唇须细,上举,黄色,基部背面杂有褐色。下颚须短,褐色平伸。喙发达,基部被黄褐鳞。两性翅面颜色略不同,雄性颜色浅。前翅基线不明显;亚基线褐色;内横区宽,淡黄色,混有褐色;前中区楔形,褐色,与细的后中区融合;中室白区小,三角形;外横线出自前缘 3/4 处,在 R$_{3+4}$脉处有一外弯角;中线外白区梯形;中室下白区圆;外横区宽,内侧与中室端脉月斑相接,后缘在 M$_2$ 和 CuA$_2$ 室各有一外凸角,但都不与亚缘线相连;亚缘线细,与翅外缘平行;亚缘区黄色;无外缘线;缘毛黄白色。后翅基部淡黄色;基线、亚基线不明显;内横区外缘黑褐色;内横外白区中下部有一黑褐点;中室白区和中室下白区相连形成一宽白条斑;外横线明显;中线外白区圆锥形;外横区棕黄色,雌雄内外两边均与前翅相同;亚缘区棕黄色;外缘线细,黑褐色;缘毛灰褐色。

雄性外生殖器（图版 70-443）:爪形突长,中部略细,顶端尖。颚形突略弯,长约为爪形突的 3/5;端部逐渐变细,背面明显具 10 枚齿。背兜宽短;背兜腹缘片与背兜等宽。抱器瓣长,两边几乎平行,顶缘稍宽圆;内表面端部 1/2 有弯曲的刚毛。基腹弧略长于背兜。囊形突大,侧部圆。阳茎基环圆锥形。阳茎较长,中部略膨大;阳茎端膜有 2 块角状器,前方的 C 形弯曲,其上有许多等长的棘;后面一个由许多分散的角质粗棘组成。

分布:浙江（天目山）、江苏、上海、江西、湖南、福建。

筒水螟属 *Parapoynx* Hübner, 1825

Parapoynx Hübner, 1825. Type species：*Phalaena stratiotata* Linnaeus, 1758.

体小到中型。额圆或平。头顶不隆起或微隆起。单眼有或无。下唇须上举,基部 2 节粗糙被鳞,第 3 节细,顶端尖。下颚须明显,被蓬松的鳞。前翅狭长。前翅 R$_1$ 脉出自近中室端部;R$_2$ 脉独立或与 R$_{3+4}$脉共柄;M$_1$ 脉基部距 R$_5$ 脉较远。后翅 Sc＋R$_1$ 与 Rs 脉有长共柄。雄性外生殖器:爪形突指状,端部圆;颚形突短于爪形突;抱器瓣长,前端具长而弯曲的刚毛;抱器腹宽;阳茎基环近梯形;阳茎短棒状。雌性外生殖器:后表皮突等长于或略长于前表皮突;交配孔窄;囊导管长,基环明显;交配囊卵形或长椭圆形,囊突有或无。

该属中国已知 12 种,本书记述 1 种。

19.5　小筒水螟 *Parapoynx diminutalis* Snellen, 1880（图版 25-444）

Parapoynx diminutalis Snellen, 1880, *Tijdschr. Entomol.*, **23**：242.

翅展 14.0～20.0mm。额黄白色杂有褐色鳞毛。头顶黄白色,有褐色带。触角丝状,雄性较粗。胸、腹及足黄白色。下唇须上举,基部 2 节外侧褐色,第 3 节细,顶端略尖,黄白色。下颚须长,基部褐色或黄色。喙较短。前翅基线、亚基线为一模糊的斜斑;内横线宽,斜向后缘;中室端脉月斑在中室前后角形成 2 黑斑;外横线宽,雄性黄褐色,雌性土褐色,后部色深;外横区几与外横线平行,雄性黄褐色,雌性土褐色;亚缘线细,平行于翅外缘;外缘线不明显;缘毛土黄色,基部白色,各翅脉处具黑点。后翅基线、亚基线细;中横线后部不明显;中室端脉月斑小,褐色;外横线细;外横区分为前、中、后三部分,前后褐色,中部棕黄色;其他如前翅。

雄性外生殖器（图版 70-444）:爪形突基部宽,端部细长,略下弯。颚形突粗短,长约为爪形突的 3/5。背兜宽短。背兜腹缘片明显,前腹部扩大。抱器瓣长,两侧近平行,抱器腹基部略凹;抱器瓣端部被许多长刚毛。阳茎细长,长约为抱器瓣的 2/3。

雌性外生殖器(图版 118-444):后表皮突略长于前表皮突。第 8 腹节背板骨化均匀,具长刚毛。囊导管长,基环明显,前端逐渐变粗。交配囊长,与囊导管界限不明显,有 2 囊突区。

寄主:水鳖科 Hydrocharitaceae:水鳖 *Hydrocharis dubia* (Blume),*Egeria* sp.。

分布:浙江(天目山)、天津、河北、陕西、河南、山东、上海、江西、湖北、湖南、福建、台湾、广东、海南、广西、四川、贵州、云南;越南,马来西亚,印度尼西亚,菲律宾,印度,斯里兰卡,非洲,澳大利亚,美洲。

禾螟亚科 Schoenobiinae

具单眼和毛隆。下唇须前伸。下颚须刷状。喙退化或萎缩。前翅狭长,白色或褐色,通常无花纹或具简单斑纹。后翅常无斑纹。前翅 R_2 和 R_5 脉通常出自中室前角,有时与 R_{3+4} 脉基部共柄。后翅 $Sc+R_1$ 与 Rs 脉在中室前角前共柄,有时 Rs 与 M_1 脉基部共柄;M_2、M_3、CuA_1 和 CuA_2 脉与前翅相同。雄性外生殖器:爪形突发达;颚形突细长,有时缺失;抱器瓣结构简单;阳茎基环片状或长方形;阳茎有 1 至多枚角状器;常有特化的舟形片。雌性外生殖器:表皮突细长;囊导管短;交配囊圆形或椭圆形,囊突有或无。

禾螟亚科世界已知 29 属 201 种。中国已知 12 属 49 种,本书记述 1 属 1 种。

柄脉禾螟属 *Leechia* South,1901

Leechia South,1901. Type species:*Leechia sinuosalis* South,1901.

下唇须平伸,末端尖锐。下颚须发达,末端膨大。前翅 R_{3+4} 与 R_2 脉共柄,后再与 R_1 脉共柄,最后与 R_5 脉共柄;M_2 与 M_3 脉共长柄。后翅 $Sc+R_1$ 与 Rs 脉基部共柄;M_2 与 M_3 脉共长柄。雄性外生殖器:爪形突三角形,背面被浓密刚毛;颚形突缺失;抱器瓣短,末端钝;囊形突较小;阳茎基环弱骨化;阳茎短小。

该属中国已知 2 种,本书记述 1 种。

19.6 曲纹柄脉禾螟 *Leechia sinuosalis* South,1901(图版 26-445)

Leechia sinuosalis South,1901,In:Leech & South,1901,*Trans. Entomol. Soc. Lond.*,**1901**:400.

翅展 15~20.0mm。额黑褐色。头顶白色。触角黑褐色,丝状,腹面具细纤毛,背侧有一黑褐色纵带。下唇须褐色,杂有黑褐色鳞毛,长度和复眼直径相当,前伸微上举。下颚须褐色。胸背白色,颈片两侧及腹面黑褐色,端部有白色毛簇。翅面白色,前翅前缘基部 1/3 有 1 段黑褐色纹;内横线黑褐色且直,出自前缘基部 1/4 处,伸达后缘基部 1/3;外横线黑褐色,出自前缘基部 2/3 处,向外倾斜至 M_1 脉,然后向内倾斜至 CuA_2 脉,再向外倾斜至后缘;中室端有一淡黄褐色小斑;顶角有一暗褐斑;缘线黄褐色且细;缘毛淡黄褐色,顶角处黑褐色,近臀角处稍暗。后翅外横线黑褐色,中段明显,两端模糊;缘毛淡黄褐色。

雄性外生殖器(图版 70-445):爪形突三角形,两侧略外凸,顶端呈短指状。颚形突缺失。背兜三角形。抱器瓣宽阔,端部圆钝。基腹弧 V 形。无舟形片。阳茎基环盾形,顶端凹陷,底端略呈弧形凸出。阳茎短粗,筒形,末端略膨大,端部有一束刺状角状器;射精管开口于近阳茎端部 1/4 处。

分布:浙江(天目山)、甘肃、青海、陕西、安徽、江西、湖北、湖南、福建、台湾、广东、四川、贵州、西藏;日本。

苔螟亚科 Scopariinae

体小型至中型。具单眼和毛隆。触角雌性较雄性稍细。下唇须前伸或上举。下颚须上举，端部呈刷状。前翅狭长，翅面颜色不鲜艳。前翅斑纹通常较一致，内横线位于前翅 1/4 至 1/3 处，外侧具 2 枚横斑；外横线在中部弯曲。后翅常无斑纹。雄性外生殖器：爪形突宽短或细长，被毛；颚形突强骨化；抱器瓣狭长或短宽，被刚毛；基腹弧 U 形；阳茎基环形状多样；阳茎细长或短粗，角状器有或无，若有，则形状和数量变化大。雌性外生殖器：前后表皮突发达；导管端片短粗或细长，囊导管形状差异较大；交配囊圆形或椭圆形，囊突有或无，附囊存在或缺失，若有，则通常位于交配囊前端。

该亚科全世界已知 500 余种，世界性分布。中国已知 85 种，本书记述 4 属 9 种。

分属检索表

1. 下唇须通常上举；虫体背面通常散布黄色鳞片 ……………………………… 小苔螟属 Micraglossa
   下唇须通常前伸；虫体背面通常散布褐色鳞片 ………………………………………………………… 2
2. 抱器腹发达，端突存在 ………………………………………………………………………………… 3
   抱器腹不明显，端突缺失 ………………………………………………………… 优苔螟属 Eudonia
3. 囊形突细长，末端尖；阳茎基环有附属结构；雌性第 7 腹板骨化，后阴片发达 ……… 赫苔螟属 Hoenia
   囊形突宽短，末端圆；阳茎基环无附属结构；雌性第 7 腹板膜质，无后阴片 ………… 苔螟属 Scoparia

小苔螟属 *Micraglossa* Warren，1891

Micraglossa Warren, 1891. Type species：*Micraglossa scoparialis* Warren, 1891.

下唇须通常上举。虫体背面通常散布黄白色至金黄色鳞片；前翅内横线常外弯；中室端斑 X 形或 8 形，通常与前缘的深褐色斑点相连。后翅白色或淡褐色。雄性外生殖器：爪形突和颚形突细长；抱器瓣宽短，被细长刚毛和强刺；基腹弧常呈窄 U 形；阳茎具有角状器。雌性外生殖器：导管端片通常呈管状或漏斗状，管带骨化，光滑，囊导管细长，膜质；交配囊膜质或弱骨化，被刺或疣突，囊突存在或缺失，若存在，通常条纹状或圆形，边缘被小刺，附囊缺失。

该属分布于古北、东洋和澳洲界。中国已知 11 种，本书记述 2 种。

19.7 迈克小苔螟 *Micraglossa michaelshafferi* Li，Li et Nuss，2010(图版 26-446)

Micraglossa michaelshafferi Li, Li et Nuss, 2010, *Arthropod Syst. Phylog.*, **68**(2)：166.

翅展 9.0～12.0mm。额淡褐色掺杂白色。头顶淡黄色。触角柄节深褐色至黑色；鞭节背面深褐与淡黄色相间，腹面淡黄色。下唇须上弯，每节基部深褐色，端部淡黄色。下颚须基部和端部深褐色，中部淡黄色。喙淡黄色。领片深褐色；胸部淡褐色掺杂淡黄色；翅基片深褐色，后端淡黄色。前翅金黄色，掺杂黑色鳞片；基部黑色；内横线金黄色，宽，直，前缘外侧有 1 枚黑色斑点；内横斑黑色，条纹状，与内横线分离，中室基斑与内横线的距离较肘斑近；中室端斑 X 形，黑色，与前缘和外横线成角处的黑色斑点分离；外横线金黄色，与前缘成直角，略弯向中室端斑，随后近直，与外缘近平行，与后缘成斜角；亚外缘线淡黄色，近顶角和臀角处分别扩展为斑点，亚外缘区其他部分密被黑色鳞片；缘毛金黄色，基部掺杂淡褐色。后翅白色；缘毛白色，中线淡褐色。腹部淡褐色至深褐色；背板节间膜被微刺。

雄性外生殖器(图版 70-446)：爪形突腹面观，基部宽，端部渐窄，末端圆；侧面观，三角形，基部宽，端部渐窄，末端尖、下弯。颚形突细长，略长于爪形突，直；端部 1/2 背面被疣突，末端尖钩状。抱器瓣基部稍宽,端部渐窄,末端圆。阳茎基环基部圆形,端部渐窄,末端尖。阳茎直,与抱器瓣近等长;射精管出自阳茎基部亚末端;阳茎端部有 14 枚刺状角状器,个别角状器附着在 1 枚椭圆形骨化板上。

雌性外生殖器(图版 118-446):产卵瓣近三角形;长约为后表皮突的 1/2。第 8 背板长约为前表皮突的 1/3。交配孔宽大,周围膜片密被微刺;导管端片前端侧面有 1 个囊状突起;囊导管细长,前端绕成 1 个环,成环处后端弯折。交配囊圆形,密被微刺;被刺较密部分的中心区域的刺基部相互连接在一起。

分布:浙江(天目山)、安徽、广东、贵州;泰国。

19.8 北小苔蛾 *Micraglossa beia* Li, Li et Nuss, 2010(图版 26-447)

Micraglossa beia Li, Li et Nuss, 2010, *Arthropod Syst. Phylog.*, **68**(2): 173.

翅展 12.0~19.0mm。额银白色至淡褐色。头顶淡黄色掺杂淡褐色和银色鳞片。触角柄节深褐色至黑色;鞭节背面淡褐色与淡黄色相间,腹面淡黄色。下唇须上举,第 1 节基部淡褐色,端部白色;第 2 节淡黄色,基部和端部淡褐色;第 3 节基部深褐色,端部淡黄色。下颚须淡黄色;外侧中部淡褐色。喙纯白色至淡褐色掺杂白色。领片深褐色;胸部前端银色,后端淡褐色;翅基片淡褐色,后缘被白色、端部淡褐色的细长鳞片。前翅淡黄色至深黄色,密被黑色鳞片;基部有 2 枚黑色斑点;内横线淡黄色,直,向外倾斜,外侧黑色镶边;内横斑黑色,条纹状,与内横线相连;中室端斑黑色,X 形或 8 字形,与前缘的黑色斑点相连;外横线淡黄色,与前缘和后缘均成直角,略弯向中室端斑,中部外弯;亚外缘线淡黄色,中部显著内弯与外横线相连成 X 形;外横线与亚外缘线之间及亚外缘区密被深褐色至黑色鳞片;缘毛基部淡黄色掺杂褐色,端部白色。后翅黄白色至淡褐色,外缘淡褐色;缘毛基部淡黄色,亚基线淡褐色,端部 1/2 白色。腹部生殖节淡黄色,其余淡褐色。

雄性外生殖器(图版 70-447):爪形突腹面观,基部 1/4 近矩形,端部 3/4 窄三角形,端部渐窄,末端钝;侧面观,爪形突细长,略下弯,端部渐窄,末端尖。颚形突细长,略长于爪形突,略下弯;中部背面多微齿,末端尖钩状。背兜略短于颚形突。抱器瓣端部略宽,末端圆;抱器背强烈骨化,中部显著凹入,末端成角;抱器腹骨化,背缘末端有 1 至 2 枚刺;腹缘直。阳茎基环椭圆形。阳茎短粗,约为抱器瓣长的 2/3,中部稍细,端部最粗;射精管出自阳茎基部 1/3 处;角状器 3 组:(1) 阳茎末端密被微刺状角状器;(2) 阳茎端部有 20 多枚玫瑰刺状角状器;(3) 阳茎中部有 20 多枚易脱落的长针状角状器,附着在 1 枚小圆形多孔的骨化盘上,长约为阳茎的 2/3。

雌性外生殖器(图版 118-447):产卵瓣三角形;略短于后表皮突。第 8 背板长约为前表皮突的 1/3。导管端片宽短,密被疣突,两侧凸出;囊导管膜质,细长,略弯;一些标本的交配囊和囊导管有几枚来自雄性的易脱落的长针状角状器。交配囊圆形,散布微刺;囊突 2 枚,狭长,相互对应,位于交配囊中部,每枚囊突被 2 至 6 列大小不同的小刺。

分布:浙江(天目山)、甘肃、河南、湖北、福建、广西、四川、贵州、西藏。

备注:本种与迈克小苔蛾 *M. michaelshafferi* 可以通过如下特征区别:翅展 12.0~19.0mm,阳茎长约为抱器瓣的 2/3,射精管出自阳茎基部 1/3 处,阳茎末端密被微刺状角状器,端部有 20 多枚玫瑰刺状角状器;而迈克小苔蛾翅展 9.0~12.0mm,阳茎直,与抱器瓣近等长,射精管出自阳茎基部亚末端,阳茎端部有 14 枚刺状角状器。

优苔螟属 *Eudonia* Billberg，1820

Eudonia Billberg，1820. Type species：*Phalaena mercurella* Linnaeus，1758.

该属外形与苔螟属 *Scoparia* 相同,均为典型的苔螟外观,但是外生殖器与苔螟属显著不同。雄性外生殖器:爪形突宽短;颚形突细长或宽短;抱器瓣宽短或狭长;抱器腹不明显,无端突;阳茎基环通常椭圆形;阳茎细长,角状器缺失。雌性外生殖器:导管端片宽短,管带细长,囊导管细长、膜质,长度和形状多样;交配囊圆形或椭圆形,囊突椭圆形或条状,由小刺组成且周围多疣突,附囊存在,多位于交配囊前缘。

该属世界性分布。中国已知 27 种,本书记述 3 种。

分种检索表

1. 阳茎长为抱器瓣的 2 倍 ·· 长茎优苔螟 *E. puellaris*
   阳茎长小于抱器瓣长的 2 倍 ··· 2
2. 阳茎基环近水滴状;阳茎基部略弯,长约为抱器瓣的 1.5 倍;囊导管缠绕呈 4 个环 ·····················
   ··· 微齿优苔螟 *E. microdontalis*
   阳茎基环椭圆形;阳茎略弯,等长于抱器瓣;囊导管缠绕呈 2 个环·············· 大颚优苔螟 *E. magna*

19.9　长茎优苔螟 *Eudonia puellaris* Sasaki，1991(图版 26-448)

Eudonia puellaris Sasaki，1991，*Tinea*，**13**(11)：101.

翅展 11.0～17.0mm。额和头顶淡褐色掺杂白色。触角柄节淡褐色掺杂白色;鞭节背面淡褐色与白色相间,腹面淡黄色至淡褐色。下唇须淡褐色至深褐色;第 1 节基部腹面白色。下颚须淡褐色至深褐色,基部和末端白色。喙白色。领片淡褐色掺杂黄白色;胸部灰白色;翅基片淡褐色至深褐色,后缘被细长的灰白色鳞片。前翅密被淡褐色至深褐色鳞片,基部有 1 枚深褐色条纹;内横线白色,外弯;内横斑淡褐色至深褐色,条纹状,与内横线相连;中室端斑深褐色,X 形,与前缘的深褐色斑点相连;外横线白色,与前缘和后缘均成直角,弯向中室端斑成小齿状,不明显,后端 1/3 处略内弯;亚外缘线白色,在顶角和臀角处扩展为斑点;缘毛白色,亚基线淡褐色至深褐色。后翅白色至淡褐色;缘毛同前翅,但亚基线颜色较浅。腹部淡褐色。

雄性外生殖器(图版 70-448):爪形突宽短,侧面略凸出,后缘中部略凹入。颚形突三角形,基部宽,端部渐窄,末端尖并多疣突。抱器瓣基部略宽于中部和端部,末端圆;抱器背近直;抱器腹基部略凹入,基部 2/3 处略凸出。阳茎基环椭圆形,端部伸长,末端钝。阳茎基部显著弯曲,约为抱器瓣长的 2 倍。

雌性外生殖器(图版 119-448):产卵瓣椭圆形;长约为后表皮突的 1/3。第 8 背板长约为前表皮突的 1/3。导管端片漏斗状;前端 1/4 与管带等粗,密被疣突;后端 3/4 约管带粗的 3 倍,密被微刺。管带约占囊导管长的 1/6;囊导管显著弯曲,绕成 5 个环。交配囊圆形,纵向 3/4 密被微刺,其余区域密被疣突;囊突椭圆形,位于交配囊中部;附囊椭圆形,位于交配囊中部侧面。

分布:浙江(天目山)、辽宁、甘肃、天津、河北、陕西、河南、江苏、湖北、福建、台湾、四川、贵州、云南;日本、俄罗斯。

19.10 微齿优苔螟 *Eudonia microdontalis* (Hampson, 1907)(图版 26-449)

Scoparia microdontalis Hampson, 1907, *Ann. Mag. Nat. Hist.*, (7)**19**: 22.

Eudonia microdontalis: Inoue et al., 1982, *Moth of Japan*, **1**: 313.

翅展 11.0~15.0mm。额和头顶淡褐色,头顶掺杂白色。触角柄节淡褐色;鞭节背面淡褐色与白色相间,腹面淡褐色。下唇形淡褐色至深褐色,背面掺杂白色;第 1 节基部腹面白色。下颚须淡褐色,基部和末端白色。喙淡褐色掺杂白色。领片和胸部白色掺杂淡褐色;翅基片深褐色,后缘被白色、末端淡褐色的细长鳞片。前翅散布淡褐色鳞片;内横线白色,外弯;内横斑深褐色,条纹状,与内横线相连;中室端斑深褐色,8 字形,与前缘的深褐色斑点相连;外横线白色,与前缘和后缘均成直角,显著弯向中室端斑成齿状,近中部外弯成角,后部 1/4 处略内弯;亚外缘线白色,中部内弯;缘毛基线黄白色,亚基线淡褐色,端部 1/2 白色掺杂灰色。后翅灰白色至淡褐色;缘毛同前翅,但亚基线颜色较浅。足白色,外侧散布深褐色鳞片,跗节外侧深褐色与白色相间。腹部淡褐色。

雄性外生殖器(图版 70-449):爪形突宽短,侧面略凸出,后缘直。颚形突略短于爪形突,基部宽,端部渐窄,末端钝。抱器瓣狭长,基部略窄于端部,末端圆;抱器背和抱器腹近直。阳茎基环水滴状,基部宽,端部渐窄,末端钝。阳茎基部略弯,长约为抱器瓣的 1.5 倍。

雌性外生殖器(图版 119-449):产卵瓣基部宽,端部渐窄,后缘直;长约为后表皮突的 1/3。第 8 背板长约为前表皮突的 1/3。导管端片宽漏斗状,密被疣突;管带约占囊导管长的 1/4;囊导管前端绕成 4 个环。交配囊圆形,密被微刺;囊突条纹状,位于交配囊后端;附囊椭圆形,位于交配囊前端;精珠圆形,精管短于精珠的直径。

分布:浙江(天目山)、甘肃、湖北、湖南;日本,俄罗斯。

19.11 大颚优苔螟 *Eudonia magna* Li, Li et Nuss, 2012(图版 26-450)

Eudonia magna Li, Li et Nuss, 2012, *Zootaxa*, **3273**: 15.

翅展 14.0~18.0mm。额和头顶淡褐色掺杂白色。触角柄节背面淡褐色,腹面白色;鞭节背面淡褐色与白色相间,腹面淡黄色。下唇须淡褐色,背面白色;第 1 节基部腹面白色。下颚须淡褐色,基部和末端白色。领片淡褐色;胸部灰白色;翅基片淡褐色,后缘被灰白色的细长鳞片。前翅散布深褐色鳞片;内横线白色,中部外弯;内横斑深褐色,条纹状,与内横线相连;中室端斑深褐色,8 字形,与前缘的深褐色斑点相连;外横线白色,锯齿状,与前缘和后缘均成直角,弯向中室端斑成不明显的齿状;亚外缘线白色,中部内弯;缘毛黄白色,亚基线淡褐色。后翅白色;缘毛同前翅,但亚基线颜色较浅。腹部灰色。

雄性外生殖器(图版 70-450):爪形突宽短,侧面略凸出,后缘直。颚形突宽短,后端1/4渐窄,末端钝,密被疣突。抱器瓣基部与端部近等宽,末端圆;抱器背和抱器腹中部略凹入。阳茎基环椭圆形。阳茎略弯,与抱器瓣近等长。

雌性外生殖器(图版 119-450):产卵瓣三角形或椭圆形,长约为后表皮突的 1/3。第 8 背板长约为前表皮突的 1/3。导管端片漏斗状;前端 1/3 与管带等粗,密被疣突,后端 2/3 为管带粗的 3 倍,密被微刺;管带约占囊导管长的 1/3;囊导管细长,前部 1/3 处绕成 2 个环。交配囊圆形,纵向 2/3 密被微刺,其余区域密被疣突;囊突条纹状,位于交配囊中部;附囊圆形,位于交配囊前端侧面。

分布:浙江(天目山)、宁夏、甘肃、陕西、河南、湖北、四川、云南、西藏。

赫苔螟属 *Hoenia* Leraut，1986

Hoenia Leraut，1986. Type species：*Hoenia sinensis* Leraut，1986.

下唇须前伸。前翅底色白色，翅面散布褐色鳞片，具有典型的苔螟斑纹。雄性外生殖器：爪形突宽短；颚形突细长；抱器瓣狭长，抱器腹发达，具端突；囊形突发达；阳茎基环有附属结构；阳茎细长，角状器存在。雌性外生殖器：后阴片发达；管带与囊导管的界限不明显；囊导管细长；交配囊有囊突，无附囊。

该属仅知 1 种，仅在中国有分布，本书记述该种。

19.12 中华赫苔螟 *Hoenia sinensis* Leraut，1986（图版 26-451）

Hoenia sinensis Leraut，1986，*Nouv. Rev. Entomol.*，**3**(1)：124.

翅展 10.0～15.0mm。额和头顶白色。触角柄节淡褐色；鞭节背面淡褐色与白色相间，腹面淡褐色。下唇须深褐色；第 1 节基部腹面白色；第 3 节末端白色。下颚须深褐色，基部和末端白色。领片深褐色；胸部淡褐色掺杂白色；翅基片淡褐色至深褐色，后缘被细长的白色鳞片。前翅散布深褐色鳞片；内横线白色，外弯，前端外侧有 1 枚深褐色斑点；内横斑深褐色，椭圆形，中室基斑与内横线相连，肘斑与内横线分离；中室端斑深褐色，8 字形，与前缘的深褐色斑点相连；外横线白色，与前缘和后缘均成直角，弯向中室端斑成齿状，前部 1/3 处外弯，后部 1/3 处外弯成齿状；亚外缘线白色，中部内弯，与外横线相连；缘毛白色，亚基线淡褐色。后翅白色至淡褐色；缘毛同前翅，但是亚基线颜色较浅。腹部淡褐色。

雄性外生殖器（图版 70-451）：爪形突宽短；基部 2/3 前端窄，后端渐宽；端部 1/3 前端宽，后端渐窄，末端钝圆。颚形突细长，长约为爪形突的 2/3，末端钝。背兜长约为颚形突的 2 倍。抱器瓣末端圆；抱器背端部略凹入；抱器腹基部宽，端部渐窄；腹缘端部显著凹入；端突细长，伸达抱器瓣 2/3 处。囊形突与爪形突近等长；基部宽，端部渐窄、弯曲，末端尖。阳茎基环 V 形；有 2 枚密被刚毛的附属结构，一枚 V 形；另一枚细长，端部弯，末端分 2 叉，每叉均由 1 簇细长刚毛组成。阳茎细长，略短于抱器瓣，中部显著弯曲，端部渐细；阳茎末端有几枚小刺状角状器。

雌性外生殖器（图版 119-451）：产卵瓣三角形；长约为后表皮突的 1/2。第 8 背板长约为前表皮突的 2/5。第 7 腹板有 1 枚近肾形骨化板，前缘略凸出，后缘中部显著凹入，宽约为第 8 节的 2 倍。后阴片发达；前端 2/5 小椭圆形；中部侧面显著凹入；后部 3/5 心形，密被微刺，后缘中部显著内切成 V 形。囊导管膜质，直，前端渐粗；导精管出自囊导管后端。交配囊椭圆形，密被微刺；囊突条纹状，由多枚小棘组成，位于交配囊后端。

分布：浙江（天目山）、安徽、湖南、福建、贵州。

苔螟属 *Scoparia* Haworth，1811

Scoparia Haworth，1811. Type species：*Tinea pyralella* Denis *et* Schiffermüller，1775.

下唇须基部 2 节略上斜，第 3 节向前平伸。前翅散布或密被褐色鳞片。后翅白色至淡褐色。雄性外生殖器：爪形突通常窄三角形或椭圆形；颚形突通常细长；抱器瓣宽短或狭长，多刚毛，抱器腹发达；囊形突前端圆；阳茎基环形状多样；阳茎细长，有角状器存在。雌性外生殖器：表皮突细长；导管端片漏斗状或管状，管带短，囊导管膜质、细长；交配囊圆形或椭圆形；囊突有或无，若有，通常条纹状，由微小疣突组成。

该属分布于除南极洲以外的大部分地区。中国已知 40 余种，本书记述 3 种。

分种检索表

1. 阳茎有 1 枚角状器 ……………………………………………………… 东北苔螟 *S. tohokuensis*
   阳茎有多枚角状器 …………………………………………………………………………… 2
2. 囊形突略短于爪形突；多枚角状器聚为一簇 ……………………………… 囊刺苔螟 *S. congestalis*
   囊形突长约为爪形突的一半；多枚角状器聚为两簇 ……………………… 刺苔螟 *S. spinata*

19. 13　东北苔螟 *Scopria tohokuensis* Inoue, 1982(图版 26-452)

Scopria tohokuensis Inoue, 1982, Pyralidae, *In*: Inoue *et al.*, *Moths of Japan*, **1**: 313.

翅展 13.0~16.0mm。额深褐色。头顶淡白色掺杂淡褐色。触角柄节深褐色；鞭节背面黑色与白色相间，腹面淡黄色。下唇须黑色；第 1 节基部腹面白色；第 3 节末端掺杂灰白色。下颚须黑色，基部白色，末端淡褐色掺杂白色。喙白色。领片和胸部黑色；翅基片深褐色，后缘被白色、末端淡褐色的细长鳞片。前翅密被黑色鳞片；内横线白色，中部外弯，前缘有 1 枚黑色斑点；内横斑黑色，条纹状，与内横线分离；中室端斑黑色，X 形，与外横线和前缘成角处的黑色斑点分离；外横线与前缘和后缘均成直角，近前缘内弯成齿状；缘毛基部深褐色，端部灰色至淡褐色。雄性后翅灰白色至淡褐色，雌性深褐色；缘毛同前翅。

雄性外生殖器(图版 71-452)：爪形突窄三角形，基部宽，端部渐窄，末端钝。颚形突细长，略短于爪形突，末端尖。背兜略长于颚形突。抱器瓣宽短，末端圆；抱器背略凸出；抱器腹缘和腹缘近直；端突近伸达抱器瓣末端。囊形突略短于爪形突，末端圆。阳茎基环长椭圆形。阳茎直至略弯，略长于抱器瓣，基部略粗，末端密被疣突；射精管出自阳茎基部 1/4 处；阳茎近中部有 1 枚刺状角状器。

雌性外生殖器(图版 119-452)：产卵瓣椭圆形；长约为后表皮突的 1/2。第 8 背板长约为前表皮突的 1/3。导管端片管状，与管带近等长，密被疣突；囊导管在管带前端显著弯曲并多骨化褶，囊导管前端膜质，直。交配囊圆形，纵向 1/2 散布微刺，其余 1/2 密被小刺；小刺区域的中部有 1 枚小圆形囊突，由多枚基部相连的小刺组成。

分布：浙江(天目山)、湖北、福建、四川、贵州；日本，俄罗斯。

19. 14　囊刺苔螟 *Scoparia congestalis* Walker, 1859(图版 26-453)

Scoparia congestalis Walker, 1859, *List Spec. Lepidop. Insects Coll. Brit. Mus.*, **19**: 826.

翅展 11.0~19.0mm。额和头顶淡褐色掺杂白色。触角柄节深褐色；鞭节背面淡褐色至深褐色与白色相间，腹面淡黄色。下唇须深褐色；第 1 节基部腹面白色；第 3 节末端白色。下颚须深褐色，基部白色，末端白色掺杂淡褐色。领片淡褐色至深褐色；胸部淡褐色掺杂白色；翅基片深褐色，后缘被白色、末端淡褐色的细长鳞片。前翅密被深褐色鳞片，基部有 1 枚黑褐色条纹；内横线白色，前端 3/4 向外倾斜，随后向内倾斜并成 1 个直角，与后缘成直角；内横斑深褐色，条纹状，与内横线相连；中室端斑深褐色，X 形，与前缘的深褐色斑点相连；外横线白色，与前缘和后缘均成直角，弯向中室端斑，呈宽齿状，后端 2/3 与外缘近平行，近后缘略凹入；亚外缘线白色，中部显著内弯；缘毛白色，基线和中线淡褐色。后翅白色，顶角和外缘稍暗；缘毛白色，亚基线淡褐色。足白色，外侧散布深褐色鳞片，跗节外侧深褐色与白色相间。腹部灰色至淡褐色。

雄性外生殖器(图版 71-453)：爪形突三角形，基部宽，端部渐窄，末端钝。颚形突细长，略长于爪形突，末端尖。背兜略长于颚形突。抱器瓣端部稍宽，末端圆；抱器背直至略凸出；抱器腹背缘直，腹缘端部略凹入，端突伸达抱器瓣 2/3 处。囊形突略短于爪形突，末端圆。阳茎基环葫芦形或椭圆形。阳茎略弯,略短于抱器瓣;射精管出自阳茎基部约 1/4 处;阳茎端部有 1 枚弱骨化盘,密被微刺状角状器。

雌性外生殖器(图版 119-453):产卵瓣椭圆形;略短于后表皮突。第 8 背板长约为前表皮突的 1/3。导管端片管状,密被疣突,略短于管带,较管带稍粗;囊导管细长,膜质,后端绕成 1 个环;导精管出自管带前端。交配囊圆形,纵向 1/2 密被微刺,1/2 密被疣突;附囊通常位于交配囊前缘。

分布:浙江(天目山)、甘肃、天津、陕西、河南、江苏、安徽、上海、江西、湖北、湖南、福建、台湾、香港、广东、广西、四川、贵州、西藏、云南;朝鲜,巴基斯坦,日本,俄罗斯,斯里兰卡,北美。

19.15 刺苔螟 *Scoparia spinata* Inoue, 1982(图版 26-454)

Scoparia spinata Inoue, 1982, Pyralidae, *In*: Inoue *et al.*, *Moths of Japan*, **1**: 312.

翅展 14.0～17.0mm。额和头顶深褐色。下唇须深褐色;第 1 节基部腹面白色。下颚须深褐色,末端掺杂白色。喙白色。领片淡褐色至深褐色;胸部被白色、端部深褐色的鳞片;翅基片深褐色,后缘被白色、末端淡褐色的细长鳞片。前翅基部深褐色;内横线白色,略外弯,前端外侧有 1 枚深褐色斑点;内横斑深褐色,椭圆形,与内横线相连;中部密被黑色鳞片;中室端斑深褐色,8 字形,与前缘的深褐色斑点相连;外横线白色,与前缘成直角,弯向中室端斑成齿状,后部 1/3 处外弯成齿状,与后缘成斜角;缘毛基线黄白色,亚基线淡褐色,端部 1/2 白色至淡褐色。后翅灰白色;缘毛同前翅,但颜色较浅。腹部淡褐色。

雄性外生殖器(图版 71-454):爪形突基部宽,侧面中部略凸出,端部渐窄,末端钝。颚形突细长,略长于爪形突,末端尖钩状。背兜与颚形突近等长。抱器瓣基部窄,端部渐宽,末端圆;抱器背端部略凸出;抱器腹背缘直,腹缘端部凹入,端突伸达抱器瓣 1/2 至 2/3 处。囊形突约长为爪形突的 1/2,末端圆。阳茎基环椭圆形。阳茎直,略短于抱器瓣,端部渐粗;射精管出自阳茎基部约 1/3 处;阳茎端部有 2 组刺状角状器,每组角状器由多枚大小不同的刺组成。

雌性外生殖器(图版 119-454):产卵瓣椭圆形;略短于后表皮突。第 8 背板长约为前表皮突的 1/3。导管端片管状,与管带近等长,密被疣突;管带内折,后端侧面有 1 个半椭圆形突起;囊导管后端稍细,略弯,前端渐粗。交配囊圆形,纵向 1/4 密被疣突,3/4 密被微刺;附囊圆形,位于交配囊前缘。

分布:浙江(天目山)、河北、河南、湖南、四川、云南、西藏;泰国。

草螟亚科 Crambinae

体小型至中型。额通常圆形,尖突有或无。单眼和毛隆存在或缺失。触角雄性栉状,雌性丝状。下唇须细长,前伸或上举,通常超过复眼直径的 2 倍。下颚须末端鳞片扩展,毛刷状。喙发达,个别种类退化或缺失。前翅狭长或宽短,翅面颜色和斑纹多样,休止时,双翅靠近身体,呈屋脊状或筒状。前翅 R_3 与 R_4 脉共柄或 R_3、R_4 与 R_5 脉共柄,M_1 脉存在或缺失。后翅 M_2 与 M_3 脉共柄。雄性外生殖器:爪形突发达;颚形突形状变化多样,少数属颚形突退化;抱器瓣狭长或宽短,结构对称或不对称,多刚毛,抱器背和抱器腹骨化突起存在或缺失;基腹弧发达;囊形突存在或缺失;阳茎细长或短粗,端刺和角状器有或无。雌性外生殖器:导管端片形状和骨化程度变化多样;囊导管膜质或骨化,细长或短粗;导精管出自囊导管;交配囊通常椭圆形;囊突有或无。

该亚科全世界已知 1900 多种,除南极洲外,世界性分布。中国已知 200 余种,本书记述 12 属 20 种。

分属检索表

大草螟属 *Eschata* Walker,1856

Eschata Walker, 1856. Type species: *Eschata gelida* Walker, 1856.

额有尖突。单眼缺失。毛隆退化或萎缩。触角栉状。前翅通常白色,具外横线和亚外缘线;顶角凸出;外缘在顶角下方凹入,有末端斑点。前翅 Sc 与 R_1 脉基部合并,R_2 脉独立;R_3 与 R_4 脉共柄,R_5 脉独立。后翅 M_2 与 M_3 脉共柄。雄性外生殖器:爪形突与颚形突鸟喙状;抱器瓣狭长,抱器背有骨化突起,抱器腹无骨化突起;囊形突短;阳茎基环椭圆形或 U 形;阳茎细长,角状器存在或缺失。雌性外生殖器:后表皮突显著短于前表皮突;交配孔周围骨化;交配囊导管细长或短粗;交配囊长椭圆形,囊突有或无。

该属中国已知 12 种,本书记述 1 种。

19.16 竹黄腹大草螟 *Eschata miranda* Bleszynski,1965(图版 26-455)

Eschata miranda Bleszynski, 1965, *Microlep. Pal.*, **1**:99.

翅展 22.0~46.0mm。额和头顶白色,额有 1 枚三角形突起。触角背面白色,腹面淡褐色。下唇须和下颚须白色至黄白色。领片白色至黄白色;胸部和翅基片白色。前翅银白色,有光泽;外横线淡黄色,前部 1/3 处外弯,后部 1/3 处内弯成齿状;亚外缘线淡黄色,中部略外弯;外横线和亚外缘线之间散布淡褐色鳞片;顶角外缘 1 枚黑色斑点,臀角外缘有 3 枚黑色斑点;缘毛白色,末端淡褐色。后翅和缘毛白色。腹部前端 1/2 淡黄色,后端 1/2 灰白色。

雄性外生殖器(图版 71-455):爪形突显著下弯,末端尖。颚形突显著上弯,略短于爪形突,末端尖。抱器瓣基部宽,端部渐窄,末端圆;抱器背基突刺状,基部宽,端部渐窄。伪囊形突小椭圆形。囊形突宽短,末端圆。阳茎基环椭圆形,后端 1/3 凹入。阳茎与抱器瓣近等长,中部弯曲;射精管出自阳茎基部亚末端;阳茎中部有 1 枚枣核形角状器,阳茎端部有多枚小刺状角状器。

寄主:禾本科 Gramineae:竹亚科 Bambusoideae。

分布:浙江(天目山)、江苏、安徽、江西、福建、台湾、广东、广西、四川、云南;菲律宾,印度。

草螟属 *Crambus* Fabricius,1798

Crambus Fabricius,1798. Type species:*Phalaena pascuella* Linnaeus,1758.

额圆。前翅狭长,通常有 1 条白色纵纹由基部伸至中室末端或外缘;亚外缘线存在或缺失,若存在,前端外弯;外缘在顶角下方凹入,末端斑点存在。前翅 R_2 脉独立,R_3、R_4 和 R_5 脉共柄。后翅 M_2 与 M_3 脉共柄。雄性外生殖器:爪形突细长,少数种类宽短;颚形突细长;抱器瓣宽短或狭长,抱器背和抱器腹常有骨化突起;伪囊形突通常存在;阳茎长管状,端刺和角状器有或无。雌性外生殖器:后表皮突细长,前表皮突短小或缺失;导管端片宽大,骨化强烈;囊导管骨化或膜质,形状多样;交配囊椭圆形,囊突通常 2 枚。

该属世界广泛分布,中国已知 21 种,本书记述 1 种。

19.17 黑纹草螟 *Crambus nigriscriptellus* South,1901(图版 26-456)

Crambus nigriscriptellus South,1901,*In*:Leech & South,*Trans. Entomol. Soc. Lond.*,**1901**:392.

翅展 19.0～26.0mm。额和头顶白色,额中部掺杂淡黄色。触角背面白色与淡褐色相间,腹面深褐色。下唇须白色,外侧淡黄色。下颚须淡黄色,末端白色。领片黄白色,两侧淡褐色;胸部黄白色;翅基片淡褐色,后缘密被细长的黄白色鳞片。前翅沿前缘密被淡黄色鳞片;白色纵纹伸达 3/4 处,端部 2/5 渐窄,末端尖,后缘密被淡褐色鳞片,后缘端部 2/5 处有 1 枚齿突;亚外缘线淡褐色,前部 1/3 处外弯成角,后端 2/3 直,向内倾斜;顶角白色,有 1 枚深褐色斑点;外缘淡褐色,后端 2/3 的内侧有 5 枚黑色斑点;缘毛黄白色至淡褐色。后翅白色至灰色,缘毛白色。腹部淡褐色。

雄性外生殖器(图版 71-456):爪形突细长,基部宽,端部渐窄,末端略膨大,圆。颚形突细长,略短于爪形突;末端钝,密被微刺。背兜长为颚形突的 2 倍,后端有 1 枚背兜侧突,近梯形,强烈骨化。抱器瓣近矩形,端部多小齿,末端中部有 1 枚三角形骨化突起;抱器腹端部多微齿。伪囊形突椭圆形。囊形突宽大,基部宽,端部渐窄,末端平。阳茎基环宽 U 形,前缘中部凸出。阳茎细长,较抱器瓣长 1/3;射精管出自阳茎基部亚末端;阳茎中部至端部有 6 枚玫瑰刺状和 3 枚长刺状角状器。

雌性外生殖器(图版 119-456):产卵瓣略短于后表皮突。交配孔小,略细于囊导管;导管端片强烈骨化,中部膨大,前端密被疣突;囊导管细长,中部绕成 1 个环,后端约 2/3 弱骨化,其余膜质。交配囊椭圆形;囊突 2 枚,位于交配囊后端约 1/3 处。

分布:浙江(天目山)、甘肃、天津、陕西、河南、江苏、安徽、湖北、湖南、福建、广西、四川、云南。

细草螟属 *Roxita* Bleszynski，1963

Roxita Bleszynski，1963. Type species：*Roxita eurydyce* Bleszynski，1963.

额圆。前翅通常被淡黄色、黄褐色或褐色鳞片；中带和亚外缘线存在；外缘在顶角下方内切。前翅 R_3 与 R_4 脉共柄，R_5 脉独立，M_1 脉缺失。后翅 M_2、M_3 与 CuA_1 脉共柄。雄性外生殖器：爪形突和颚形突近等长，二者形状变化较大；抱器瓣狭长，抱器背发达，有突起或特化的长刚毛；囊形突发达；阳茎管状、细长，角状器有或无。雌性外生殖器：后表皮突明显长于前表皮突；前阴片和后阴片常有突起；导管端片通常管状，囊导管细长，直或弯曲；交配囊通常椭圆形，囊突有或无。

该属中国已知 8 种，本书记述 1 种。

19.18　四川细草螟 *Roxita szetschwanella*（Caradja，1931）（图版 26-457）

Crambus modestellus Caradja，1927，*Mem. Sect. Stiint. Acad. Rom.*，(3)**4**：395.

Culladia szetschwanella Caradja，1931，*Bull. Sect. Sci. Acad. Roum.*，**14**(9-10)：203.

Roxita szetschwanella：Gaskin，1984，*Tijdschr. Entomol.*，**127**(2)：26.

翅展 12.0~16.0mm。额和头顶白色。触角背面黄白色，腹面淡黄色。下唇须白色，外侧淡黄色；第 3 节末端淡褐色。下颚须淡黄色，末端白色。领片白色；胸部白色至淡黄色；翅基片淡褐色，外侧白色。前翅散布褐色鳞片，前缘淡褐色；中带淡褐色，前部 1/4 处外弯成锐角，近中部内弯成宽齿；亚外缘线白色，淡褐色线镶边，前部 1/3 处外弯成角，后部近 1/3 处 Z 形；顶角和外缘淡黄色；缘毛淡褐色，末端灰白色。后翅灰白色至淡褐色；缘毛白色。腹部淡褐色。

雄性外生殖器（图版 71-457）：爪形突细长，略下弯，末端尖。颚形突宽，与爪形突近等长，末端钝圆。背兜略长于颚形突。抱器瓣基部宽，端部渐窄，末端钝圆；抱器背发达，端部明显凹入，末端有 1 枚外弯长刺；抱器瓣腹褶发达，近基部有 1 枚明显外弯的短粗刺，近中部有 1 枚长刺，长约为抱器瓣的 1/2，末端超过抱器瓣末端。阳茎基环基部窄，端部渐宽，端部 1/2 凹入呈 V 形。阳茎细长，与抱器瓣近等长，端部弯曲且密被疣突；射精管出自阳茎基部 1/5 处；角状器缺失。

雌性外生殖器（图版 119-457）：产卵瓣窄，长约为后表皮突的 1/2。第 8 背板与后表皮突近等长。前表皮突短小，长约为后表皮突的 1/6。导管端片强烈骨化，后缘两侧成角；囊导管细长，膜质；导精管出自囊导管后端。交配囊小椭圆形，长约为囊导管的 1/3；无囊突。

分布：浙江（天目山）、甘肃、江西、湖北、湖南、福建、香港、广西、四川、贵州。

微草螟属 *Glaucocharis* Meyrick，1938

Ditomoptera Hampson，1893. Type species：*Ditomoptera minutalis* Hampson，1893.

额圆。单眼和毛隆有或无。下唇须前伸或上举。前翅内、外横线明显；中室端斑有或无；顶角常有条纹；外缘在顶角下方内切达 M_1 脉；臀角处常有斑点。前翅 Sc 与 R_1 脉共柄，R_2 脉独立，R_3 与 R_4 脉共柄。后翅 M_2 与 M_3 脉分离。雄性外生殖器：爪形突细长或宽短；颚形突细长，形状变化较大；抱器瓣狭长，少数种类不对称，抱器背基突有或无，刺突 1 枚，少数种类 2 枚；囊形突末端圆或凹；阳茎基环形状变化大；阳茎细长，端刺有或无，角状器存在或缺失。雌性外生殖器：前、后表皮突细长；导管端片形状多样，囊导管细长；交配囊圆形或椭圆形，囊突有或无。

该属中国已知 60 种，本书记述 6 种。

分种检索表

19.19 六浦微草螟 *Glaucocharis mutuurella* (Bleszynski, 1965)（图版 26-458）

Pareromene mutuurella Bleszynski, 1965, *Microlep. Pal.*, **1**: 452.

Glaucocharis mutuurella: Wang *et al.*, 1988, *Sinozoologia*, **6**: 325.

翅展 10.0~12.0mm。额和头顶淡黄色。触角背面淡黄色与褐色相间,腹面淡黄色。下唇须深褐色,中部淡黄色;第 1 节基部腹面白色。下颚须淡褐色,基部淡黄色,末端灰白色。领片淡褐色掺杂淡黄色;胸部白色至淡褐色;翅基片黄褐色,后端淡黄色。前翅密被淡褐色至深褐色鳞片;内横线白色,褐色镶边,近直,向内倾斜;外横线黄白色至淡黄色,前部 1/3 处外弯,后端 2/3 直,向内倾斜;顶角淡黄色,有 1 枚白色条纹;外缘淡黄色,中部与臀角间有 5 枚黑色斑点;缘毛基部 1/3 深褐色,端部 2/3 淡褐色。雄性后翅白色,雌性后翅淡褐色;缘毛淡褐色。腹部淡褐色;雌性第 7 腹板两侧分别有 1 条骨化线,近八字形,骨化线中部有 1 枚小圆突。

雄性外生殖器（图版 71-458）:爪形突细长;末端尖。颚形突与爪形突近等长;末端背面呈三角形突起,密被微棘。背兜窄,略长于颚形突。抱器瓣狭长,基部宽,端部渐窄,末端钝;背缘基部有 1 个刺状突起,近中部有 1 根长的显著的粗刚毛;抱器背强烈骨化,近达抱器瓣基部 3/4 处,基部约为抱器瓣宽的 1/2,近端部渐窄,末端腹面有 1 枚小刺,背面有 1 枚内弯的强刺。囊形突宽大,近矩形,前缘两侧略凸出。阳茎基环基部小椭圆形,端部细长梭形。阳茎略弯曲,端部 1/2 有多枚小刺状角状器,基部相连在一起,排成 1 列;射精管出自阳茎基部末端。

雌性外生殖器（图版 120-458）:产卵瓣椭圆形,长约为后表皮突的 1/3。第 8 背板长约为前表皮突的 1/3。导管端片直管状,强烈骨化;囊导管细长,近基部一侧具指状突起;导精管出自囊导管后部 2/5 处。交配囊椭圆形,密被疣突;无囊突。

分布:浙江（天目山）、湖北、湖南、福建;日本。

19.20 玫瑰微草螟 *Glaucocharis rosanna* (Bleszynski, 1965)（图版 26-459）

Pareromene rosanna Bleszynski, 1965, *Microlep. Pal.*, **1**: 56.

Glaucocharis rosanna: Wang *et al.*, 1988, *Sinozoologia*, **6**: 309.

翅展 9.0~14.0mm。额和头顶白色。触角背面淡褐色与黄白色相间,腹面淡黄色。下唇须内侧和腹面白色;外侧淡黄色,第 1 节基部和第 3 节末端掺杂淡褐色。下颚须淡黄色,基部和末端白色。领片、胸部和翅基片白色。前翅散布淡褐色鳞片,前缘淡黄色;内横线白色,淡褐色镶边,前部 1/3 处外弯;中室端斑 8 字形,深褐色,内侧黄白色至淡黄色;外横线白色,淡褐色镶边,锯齿状,前部 1/3 处外弯,后端 2/3 与外缘平行;顶角淡黄色,有 1 枚白色条纹;外缘淡黄色,后部 1/3 处有 1 枚黑色斑点;缘毛淡褐色。雄性后翅白色,顶角和外缘稀疏散布淡褐色鳞片;外横线淡褐色,与外缘平行,后端退化;雌性后翅淡褐色;顶角缘毛淡褐色,其余缘毛白色。腹部黄白色与淡褐色相间。

雄性外生殖器(图版71-459):爪形突细长,基部略下弯,宽,端部渐窄,末端钝。颚形突刷状,与爪形突近等长;基部1/2细长,端部1/2宽,端部1/2腹面密被微棘;末端背缘有1枚小三角形突起。背兜略长于颚形突。抱器瓣狭长,基部宽,端部渐窄,末端钝;抱器背细长,凹入,基部1/3处有1枚内弯的强刺。囊形突窄,末端圆。阳茎基环椭圆形,端部1/2凹入,末端尖。阳茎直;射精管近出自阳茎基部末端;端部有2枚小刺状角状器。

雌性外生殖器(图版120-459):产卵瓣椭圆形。前、后表皮突近等长;第8背板略短于前表皮突。交配孔边缘骨化,U形。导管端片直管状,长约为囊导管的1/2;囊导管膜质,直;导精管出自囊导管前部1/3处。交配囊椭圆形;囊突1枚,小圆形,由多枚基部相互附着在一起的小棘组成,位于交配囊后端1/5处。

分布:浙江(天目山)、河南、安徽、江西、湖北、湖南、福建、广东、香港、广西、贵州。

19.21　琥珀微草螟 *Glaucocharis electra*（Bleszynski, 1965）(图版27-460)

Pareromene electra Bleszynski, 1965, *Microlep. Pal.*, **1**: 56.

Glaucocharis electra: Wang et al., 1988, *Sinozoologia*, **6**: 308.

翅展11.0～12.0mm。额和头顶白色。触角背面白色与淡褐色相间,腹面淡黄色。下唇须淡黄色,第3节末端淡褐色。下颚须淡褐色,末端白色。领片、胸部和翅基片白色。前翅基部淡黄色;基线和内横线白色,略外弯,内横线内侧密被淡黄色至黄褐色鳞片,外侧散布淡褐色鳞片;中室端斑淡褐色,8字形,内侧黄白色至淡黄色;外横线淡褐色,前部1/3处外弯,后端2/3锯齿状,与外缘平行;顶角淡黄色,有1枚白色椭圆斑;外缘淡黄色,近臀角处有1枚黑色斑点;缘毛淡褐色掺杂黄白色。后翅白色,顶角和外缘散布淡褐色鳞片;顶角缘毛淡褐色,其余灰白色。腹部淡黄色与深褐色相间。

雄性外生殖器(图版71-460):爪形突细长,略弯曲,中部腹面略突起,末端钝。颚形突与爪形突近等长;腹面端部1/2密被刚毛,排成栉状;背面末端有1枚近三角形突起。背兜略短于颚形突。抱器瓣基部宽,端部渐窄,末端1/3处收狭;抱器背基突刺状,端部渐窄,末端尖;抱器腹基部凸出。囊形突宽短,末端圆。阳茎基环基部细、端部渐粗,端部1/3内凹成U形。阳茎直;末端有1枚弯刺状角状器;射精管近出自阳茎基部末端。

雌性外生殖器(图版120-460):产卵瓣三角形,长约为后表皮突的1/3。第8背板与前表皮突近等长。导管端片漏斗形;囊导管细长,直,膜质;导精管出自囊导管前部约1/3处。交配囊椭圆形;囊突1枚,小椭圆形,由基部相连的小棘组成,周围密被疣突,位于交配囊后部约1/3处。

分布:浙江(天目山)、天津、陕西、河南、山东、湖北、湖南、福建、广西、海南、四川、贵州;朝鲜。

19.22　类玫瑰微草螟 *Glaucocharis rosannoides*（Bleszynski, 1965）(图版27-461)

Pareromene rosannoides Bleszynski, 1965, *Microlep. Pal.*, **1**: 57.

Glaucocharis rosannoides: Wang et al., 1988, *Sinozoologia*, **6**: 310.

翅展10.0～11.0mm。额和头顶白色。触角背面淡褐色与黄白色相间,腹面淡黄色。下唇须内侧和腹面白色;外侧淡黄色,第1节基部和第3节末端掺杂淡褐色。下颚须淡黄色,基部和末端白色。领片、胸部和翅基片白色。前翅散布淡褐色鳞片;内横线白色,直,向内倾斜;中室端斑淡褐色,8字形,内侧黄白色;外横线白色,淡褐色镶边,锯齿状,前部1/3处外弯,后端2/3与外缘平行;顶角淡黄色,有1枚白色条纹;外缘淡黄色,后缘1/3处有1枚黑色斑点;

缘毛淡褐色。后翅白色;缘毛白色掺杂淡褐色。

雄性外生殖器(图版 71-461):爪形突细长,端部 1/3 处上弯。颚形突略长于爪形突,背面端部显著内凹成 V 形;末端有 1 个半椭圆形突起;腹面端部 1/2 密被刚毛,排成栉状。背兜略长于颚形突。抱器瓣基部宽,端部渐窄;抱器背基突短刺状;抱器腹下缘凸出。囊形突宽短,末端圆。阳茎基环椭圆形,末端有 2 枚长刺状侧突。阳茎细长,端部渐细;射精管近出自阳茎基部末端;阳茎端部具 1 列微刺状角状器;亚末端有 1 枚小三角形端刺。

分布:浙江(天目山)、湖北、四川。

19.23 蜜舌微草螟 *Glaucocharis melistoma* (Meyrick, 1931)(图版 27-462)

Diptychophora melistoma Meyrick, 1931, *Exot. Microlep.*, **4**: 110.

Glaucocharis melistoma: Wang *et al.*, 1988, *Sinozoologia*, **6**: 306.

翅展 11.0~13.0mm。额和头顶白色。触角背面淡褐色与黄白色相间,腹部淡黄色。下唇须淡黄色至黄褐色;外侧淡黄色,第 1 节基部和第 3 节末端掺杂淡褐色。下颚须淡黄色至淡褐色,末端黄白色。领片、胸部和翅基片白色至白色掺杂淡褐色。前翅散布淡黄色和淡褐色鳞片;内横线白色,深褐色镶边,向内倾斜,近前缘外弯成角;中室端斑淡褐色,8 字形,内侧黄白色至淡黄色;外横线白色,淡褐色镶边,前部 1/3 处外弯,后部 2/3 锯齿状,与外缘平行;顶角淡黄色,有 1 枚白色条纹;外缘淡黄色,臀角处有 3 枚黑色斑点;缘毛灰白色至淡褐色。后翅白色至淡褐色,顶角稍暗;缘毛白色,亚基线淡褐色。腹部淡褐色与黄白色相间。

雄性外生殖器(图版 72-462):爪形突细长,下弯;基部宽,端部渐窄,末端尖。颚形突略长于爪形突,端部 1/3 膨大并密被微刺和疣突。背兜窄,长约为颚形突的 1.5 倍。抱器瓣狭长,基部宽,近端部渐窄,抱器端显著内弯,末端钝圆;抱器背基突长刺状,波状弯曲。囊形突宽短,末端圆。阳茎基环后缘中部成 V 形凹入,形成 2 枚小三角形侧臂,末端钝。阳茎细长,略弯曲;阳茎末端有多枚微棘状角状器;射精管出自阳茎基部末端。

雌性外生殖器(图版 120-462):产卵瓣椭圆形,长约为后表皮突的 1/4。第 8 背板长约为前表皮突的 1/2。前阴片发达,端部略二裂;后阴片不显著,近呈梯形。囊导管细长,膜质,弯曲,后端有 1 个小椭圆形突起;导精管出自囊导管前约 1/5 处。交配囊椭圆形,后部 1/2 被疣突;囊突 1 枚,小圆形,位于交配囊后端。

分布:浙江(天目山)、甘肃、河南、湖北、湖南、福建、广西、海南、四川、贵州、云南。

19.24 三齿微草螟 *Glaucocharis tridentata* Li et Li, 2012(图版 27-463)

Glaucocharis tridentate Li *et* Li, 2012, *Zootaxa*, **3261**: 12.

翅展 10.5~13.0mm。额和头顶白色。触角背面黄白色与淡褐色相间,腹面淡黄色。下唇须淡黄色掺杂淡褐色,末端淡褐色。下颚须黄白色,末端掺杂淡褐色。领片白色夹杂淡褐色;翅基片被白色鳞片,一些鳞片末端淡褐色;胸部白色掺杂淡褐色。前翅底色白色,散布淡褐色;内横线白色,近前缘外弯成角,随后与外缘平行;中室端斑深褐色,8 字形,内侧黄白色至淡黄色;外横线白色,齿状,前部约 1/3 处外弯;顶角淡黄色,有 1 枚银灰色条纹;外缘淡褐色掺杂淡黄色,有 3 枚黑色末端斑点;缘毛淡褐色。雄性后翅白色,沿翅脉、顶角和外缘散布淡褐色鳞片;雌性后翅淡褐色;顶角处缘毛淡褐色,基线白色,其余缘毛白色至灰色,亚基线淡褐色。腹部淡褐色至深褐色与白色相间。

雄性外生殖器(图版 72-463):爪形突细长,端部渐窄,末端钝。颚形突略长于爪形突,端部 2/5 多小齿,末端钝圆。抱器瓣狭长,由宽的基部至基部 3/4 处渐窄,端部 1/4 明显内弯,末端有 1 枚小刺突;抱器背基突弯曲长刺状,长约为抱器瓣的 1/3。阳茎基环基部菱形,中部矩形,后端侧面有 1 枚刺突。阳茎细长,与抱器瓣近等长,端部有 3 枚小齿;无角状器。

雌性外生殖器(图版 120-463):产卵瓣椭圆形。前表皮突长约为后表皮突的 2/3。第 8 背板约为前表皮突长的 2/3。后阴片发达,盾形。交配孔小,显著细于囊导管;囊导管细长,直,后端略膨大;导精管出自囊导管前端。交配囊圆形;囊突 1 枚,圆形,位于交配囊后部1/3处。

分布:浙江(天目山)、湖北、贵州、云南。

髓草螟属 *Calamotropha* Zeller, 1863

Calamotropha Zeller, 1863. Type species:*Tinea paludella* Zeller, 1824.

额圆。单眼通常退化。毛隆发达。前翅通常具有中带和中斑,亚外缘线存在,外缘有 1 列末端斑点。前翅 Sc 与 R_1 脉分离,R_2 脉独立,R_3、R_4 和 R_5 脉共柄,M_2 与 M_3 脉分离。后翅 M_1 与 Sc+R_1 脉融合或由短小横脉相连,M_2 与 M_3 脉共柄。雄性外生殖器:爪形突细长,基部被刚毛;颚形突形状多变;抱器瓣通常宽短,形状变化大;囊形突不发达,阳茎管状,角状器通常存在。雌性外生殖器:后表皮突细长;前表皮突短小或退化;交配孔通常骨化;囊导管细长,直、弯曲或有结节;交配囊宽大或窄小;囊突有或无。

该属中国已知 29 种,本书记述 3 种。

分种检索表

1. 抱器背端部多齿突 ··· 黑点髓草螟 *C. nigripunctella*
   抱器背无齿突 ·· 2
2. 阳茎有 2 组角状器,无骨化板 ·· 多角髓草螟 *C. multicornuella*
   阳茎有 1 组角状器,末端有 1 枚骨化板 ·· 仙客髓草螟 *C. sienkiewiczi*

19. 25　黑点髓草螟 *Calamotropha nigripunctella*(Leech, 1889)(图版 27-464)

Crambus nigripunctellus Leech, 1889, *Entomologist*, **22**:107.

Calamotropha nigripunctella:Bleszynski, 1961, *Acta Zool. Cracov.*, **6**(7):186.

翅展 16.0~24.0mm。触角背面白色,腹面淡黄色。额和头顶白色。下唇须背面和内侧白色;外侧淡黄色掺杂淡褐色。下颚须淡黄色,末端白色。领片、胸部和翅基片白色。前翅白色;中带淡黄色,前部和后部 1/4 处分别外弯,中部内凹且有 1 枚黑色斜纹;亚外缘线淡黄色至淡褐色,前部 1/4 处外弯,后部 1/4 处内弯成齿状;顶角有 1 枚淡黄色斑点,斑点内侧有 1 条淡黄色斜纹;外缘淡黄色,近臀角有 3 枚黑色斑点;缘毛白色至淡黄色。后翅白色,顶角和外缘淡褐色;缘毛白色。

雄性外生殖器(图版 72-464):爪形突基部宽,端部渐窄,末端钝。颚形突较爪形突长1/4,末端尖,背面端部 1/4 处有 1 枚小三角形突起。背兜长约为颚形突的 1.5 倍。抱器瓣长舌状;抱器背细长,略凸出,末端有 1 枚明显内弯的小突起,突起末端有 4 枚小刺;抱器腹细长,近平直。伪囊形突指状;囊形突与爪形突近等长,前缘中部凹入。阳茎细长,长为抱器瓣的 1.5 倍;射精管出自阳茎基部 1/5 处;阳茎端部 1/3 有 1 列刺状角状器。

雌性外生殖器(图版 120-464):产卵瓣椭圆形,略长于后表皮突。交配孔略粗于囊导管后端,周围骨化;囊导管细长,后端 1/2 弱骨化,前端 1/2 膜质,中部绕成 1 个环;导精管出自囊导管中部。交配囊椭圆形;无囊突。

分布:浙江(天目山)、陕西、江苏、安徽、江西、湖北、湖南、福建、广西、海南、四川、贵州、云南;朝鲜,日本。

19.26 多角髓草螟 *Calamotropha multicornuella* **Song et Chen, 2002**(图版 27-465)

Calamotropha multicornuella Song *et* Chen, 2002, *In*: Chen, Song & Yuan, *Orient. Insects*, **36**: 41.

翅展 15.0～23.0mm。额和头顶白色。触角背面白色与淡褐色相间,腹面淡黄色。下唇须内侧和背面白色;外侧第 1 节淡黄色至淡褐色,基部腹面白色;第 2 节黄白色至淡黄色,末端掺杂淡褐色;第 3 节白色,末端黑色。下颚须淡褐色,末端白色。领片中部 1/4 白色,两侧 1/4 白色,其余淡黄色;胸部和翅基片白色。前翅白色;中带橘黄色,前缘有 1 枚橘黄色斑点,近中部内弯呈宽齿状且有 1 枚黄褐色斑点;亚外缘线淡褐色,前部 1/3 处外弯,后部 1/3 处略凹入;顶角有 1 枚橘黄色半圆形斑纹;外缘橘黄色,后端 2/5 有 4 枚黑色斑点;缘毛淡褐色,基线白色。后翅白色,顶角外缘淡褐色;缘毛白色。腹部灰白色至淡褐色。

雄性外生殖器(图版 72-465):爪形突短粗,末端钝圆。颚形突细长,约为爪形突长的 2 倍,中部下弯,末端钝。背兜约为颚形突长的 2/3。抱器瓣宽短,末端钝圆,有 1 个细长骨化褶;抱器背末端有 2 枚小齿;抱器腹细长,端部有 1 条略内弯的细长骨化褶,末端有 1 枚被长刚毛的小突起。伪囊形突小椭圆形。囊形突与爪形突近等长,前缘中部凹入。阳茎细长,约为抱器瓣长的 2 倍;射精管出自阳茎基部 1/5 处;阳茎端部 1/2 有 1 列由小到大的刺状角状器。

雌性外生殖器(图版 120-465):产卵瓣椭圆形,后缘凸出;略长于后表皮突。第 8 背板与后表皮突近等长。后阴片发达,舌状,端部渐窄,末端圆。导管端片宽大,强烈骨化;囊导管细长,弯曲;导精管出自囊导管后端。交配囊椭圆形;无囊突。

分布:浙江(天目山)、甘肃、湖北、湖南、福建、广西。

19.27 仙客髓草螟 *Calamotropha sienkiewiczi* **Bleszynski, 1961**(图版 27-466)

Calamotropha sienkiewiczi Bleszynski, 1961, *Acta Zool. Cracov.*, **6**(7): 190.

翅展 19.0～24.0mm。额和头顶白色。触角背面白色,腹面淡黄色。下唇须第 1 和第 2 节基部淡黄色,第 2 节末端淡褐色;第 3 节基部 1/2 白色,端部 1/2 黑色。下颚须淡黄色,末端白色。领片中部 2/5 白色,两侧 1/5 白色,其余淡黄色;胸部和翅基片白色。前翅白色;中带淡黄色,前缘有 1 枚淡黄色斑点,前部 1/4 和后部 1/4 处分别外弯,近中部内弯成宽齿状且有 1 枚深褐色斑点;亚外缘线淡褐色,前部 1/3 处外弯,后部 1/3 处略凹入;顶角有 1 枚橘黄色半圆形斑纹,斑纹内侧有 1 条淡黄色斜带;外缘淡黄色,后端 1/4 有 3 枚黑色斑点;缘毛淡褐色,基线银白色。后翅白色,顶角外缘淡褐色;缘毛白色。腹部白色。

雄性外生殖器(图版 72-466):爪形突直,末端圆。颚形突长约为爪形突的 2 倍,中部下弯成直角,末端钝。背兜略长于颚形突。抱器瓣矩形,近末端中部密被粗刚毛,亚末端有 1 条细长骨化褶,末端腹缘 1/2 略凸出;抱器腹散布刚毛。伪囊形突指状。囊形突基部宽,端部渐窄,前缘凹入。阳茎略长于抱器瓣,端部 1/2 密被疣突,末端有 1 枚椭圆形骨化板;射精管出自阳茎基部 1/4 处;阳茎端部 1/3 有多枚棘状和长刺状角状器。

雌性外生殖器(图版 120-466):产卵瓣椭圆形,后缘 1/4 略尖;略长于后表皮突。第 8 背板与后表皮突近等长。前阴片细长,末端钝圆。交配孔椭圆形,显著粗于导管端片,周围骨化;导管端片强烈骨化,多纵褶,后端粗,前端渐细;囊导管细长,前端渐粗;导精管出自囊导管中部。交配囊椭圆形;无囊突。

分布:浙江(天目山)、江苏、安徽、湖南、福建、四川。

银草螟属 *Pseudargyria* Okano，1962

Pseudargyria Okano，1962. Type species：*Argyria interruptella* Walker，1866.

额圆。前翅白色；中带和亚外缘线明显；末端斑点存在。前翅 Sc 与 R_1 脉分离，R_2 脉独立，R_3 与 R_4 脉共柄。后翅 M_2 与 M_3 脉共柄。雄性外生殖器：爪形突细长；颚形突宽大或细长；抱器瓣狭长，抱器背基部凹入，抱器背基突 2 枚；囊形突发达，阳茎细长，角状器由若干刺组成。雌性外生殖器：后表皮突细长，前表皮突退化；囊导管细长、弯曲；交配囊椭圆形，囊突通常 2 枚。

该属中国已知 4 种，本书记述 1 种。

19. 28　黄纹银草螟 *Pseudargyria interruptella*（Walker，1866）(图版 27-467)

Argyria interruptella Walker，1866，*List Spec. Lepidop. Insects Coll. Brit. Mus.*，**35**：1763.

Pseudargyria interruptella；Okano，1962，*Trans. Lepidop. Soc. Jap.*，**12**：51.

翅展 14.0～20.5mm。额和头顶白色。触角背面淡褐色与白色相间，腹面淡黄色。下唇须白色，外侧淡褐色。下颚须淡褐色，末端白色。领片和胸部白色，两侧淡黄色；翅基片白色。前翅白色，前缘基部 1/2 深褐色，端部 1/2 淡褐色；中带淡褐色，与外缘平行；亚外缘线淡褐色，前部 1/3 处外弯，后部 1/4 处内凹；外缘淡褐色，有 1 列黑色斑点，臀角处 3 枚显著；缘毛淡褐色。后翅白色至灰色，外缘淡褐色；缘毛白色。腹部灰白色至淡褐色。

雄性外生殖器(图版 72-467)：爪形突基部宽，端部渐窄，末端尖。颚形突宽，略长于爪形突，背面沟槽状，末端钝。背兜长约为颚形突的 2 倍。抱器瓣基部宽，端部渐窄，末端钝；抱器背基部凹入，U 形，随后外侧有 1 枚指状、多刚毛的骨化突起和 1 枚内弯的强刺。伪囊形突近矩形。囊形突椭圆形。阳茎基环近菱形。阳茎略长于抱器瓣；射精管出自阳茎基部 1/4 处；角状器由多枚大小不同的刺组成，排成 1 列，长约为阳茎的 2/3。

雌性外生殖器(图版 120-467)：产卵瓣近椭圆形，略短于后表皮突。第 8 背板长约为后表皮突的 2/3。交配孔宽大，有 1 个近矩形的骨化突起；囊导管细长，弱骨化，前端绕成环状。交配囊约为囊导管长的 1/3；囊突 2 枚，一枚位于交配囊后部 1/4 处，一枚位于交配囊中部。

分布：浙江(天目山)、甘肃、天津、河北、陕西、河南、山东、江苏、安徽、江西、湖北、湖南、福建、台湾、广东、海南、广西、四川、贵州、云南；朝鲜，日本。

双带草螟属 *Miyakea* Marumo，1933

Miyakea Marumo，1933. Type species：*Eromene expansa* Butler，1881.

额圆。前翅宽，中带 2 条；顶角钝圆，有斜纹；外缘有 1 列末端斑点。前翅 Sc 与 R_1 脉分离，R_3 与 R_4 脉共柄，M_2 与 M_3 脉分离。后翅 Sc 与 R_1 脉共柄，中室开放，M_2 与 M_3 脉共柄。雄性外生殖器：爪形突细长；颚形突与爪形突近等长，末端多微齿；抱器瓣宽短或狭长，抱器背基突发达或缺失，抱器腹退化；阳茎细长，角状器存在或缺失，端刺有或无。雌性外生殖器：后表皮突细长，前表皮突退化或缺失；交配孔通常有骨化突起；囊导管短；交配囊椭圆形，无囊突。

该属中国已知 3 种，本书记述 1 种。

19.29 金双带草螟 *Miyakea raddeellus* (Caradja, 1910)(图版 27-468)

Eromene bellus f. *raddeella* Caradja, 1910, *Deut. Entomol. Zeit. Iris*, **24**: 115.

Miyakea raddeellus: Schouten, 1992, *Tijdschr. Entomol.*, **135**: 235.

翅展 17.0～30.0mm。额淡褐色;头顶淡黄色。触角背面白色,腹面淡黄色。下唇须白色;外侧淡褐色,第 3 节末端深褐色。下颚须深褐色,末端白色。领片淡褐色掺杂淡黄色;胸部淡褐色掺杂白色;翅基片淡黄色,基部深褐色。前翅散布深褐色鳞片;前缘有 1 条淡褐色纵纹,由基部伸至中带;中带淡黄色,略内弯,两中带间银白色;顶角有 2 条淡黄色斜纹,两斜纹间银白色;亚外缘线 2 条,淡褐色,与外缘近平行;外缘近 1/2 处与臀角间有 7 枚黑色斑点;缘毛淡褐色。后翅淡褐色,外缘稍暗;缘毛淡褐色。足淡黄色。腹部淡褐色。

雄性外生殖器(图版 72-468):爪形突和颚形突窄三角形,基部宽,端部渐窄,末端尖。背兜与颚形突近等长。抱器瓣狭长,背缘略凸出,腹缘中部显著凹入,末端截形;抱器背基突强烈骨化,基部宽大,端部细长,外弯,末端尖;抱器背强烈骨化成宽大的骨化突起,多微刺,基部宽,端部渐窄,末端尖,超过抱器瓣末端。囊形突发达,长约为爪形突的 2/3,基部宽,端部渐窄,末端钝圆。阳茎基环基部窄,端部渐宽,后缘凹入。阳茎与抱器瓣近等长,端部 1/2 多疣突;射精管出自阳茎基部末端;角状器由 3～5 枚短刺组成。

雌性外生殖器(图版 120-468):产卵瓣三角形,略短于后表皮突。后阴片发达,后缘凹入且多微刺。交配孔宽大;导管端片强烈骨化,密被微刺;囊导管短粗;导精管出自囊导管中部。交配囊椭圆形。

分布:浙江(天目山)、黑龙江、辽宁、北京、天津、河北、山西、陕西、河南、山东、江苏、安徽、湖北、福建、广西、贵州、西藏;朝鲜,俄罗斯。

带草螟属 *Metaeuchromius* Bleszynski, 1960

Metaeuchromius Bleszynski, 1960. Type species: *Eromene yuennanensis* Caradja, 1937.

额圆。单眼发达。前翅宽,中带和亚外缘线 1 条,顶角通常有斜带,外缘有 1 列末端斑点。前翅 Sc 与 R_1 脉分离,R_3 与 R_4 脉共柄,R_5 脉独立,M_1 脉位于中室下角。后翅白色至灰褐色,无斑纹,少数种类有斑点。后翅 M_2 与 M_3 脉共柄。雄性外生殖器:爪形突和颚形突细长或宽短,形状变化大;抱器瓣狭,基突发达,若退化或缺失,抱器背或抱器瓣末端通常 1 枚骨化突起,抱器腹退化或缺失;囊形突存在;阳茎基环形状多样。雌性外生殖器:前、后表皮突发达;囊导管长度和直径变化多样;交配囊椭圆形,囊突有或无。

该属中国已知 10 种。本书记述 1 种。

19.30 金带草螟 *Metaeuchromius flavofascialis* Park, 1990(图版 27-469)

Metaeuchromius flavofascialis Park, 1990, *Korean Journ. Entomol.*, **20**(3): 139.

翅展 14.0～15.0mm。额白色。头顶白色至淡黄色。触角背面白色与淡褐色相间,腹面淡黄色。下唇须黄白色至淡黄色,第 3 节末端淡褐色。下颚须黄白色至淡黄色,基部淡褐色。领片淡黄色;胸部白色至淡褐色;翅基片淡褐色,内侧白色。前翅密被赭色至深褐色鳞片;中带淡黄色,近直,伸达后缘 1/2 处,前部 1/3 处外侧有 2 枚深褐色短纹;亚外缘线淡褐色,直,向内倾斜,近后缘处内凹;顶角有 2 条淡黄色斜带;外缘 1/2 处与臀角间有 7 枚黑色斑点,按 2-3-2 公式分三组,每组间界线为白色,各组斑点间的界线淡黄色;缘毛淡褐色至深褐色。后翅灰白色至淡褐色;缘毛灰白色掺杂淡褐色,基线淡褐色。腹部褐色。

雄性外生殖器(图版 72-469):爪形突三角形,基部宽,端部渐窄,末端钝。颚形突窄三角形,长约为爪形突的 2/3,末端尖。背兜略长于颚形突。抱器瓣宽短,近椭圆形;抱器背末端有 1 枚强刺,明显外弯,约为抱器瓣长的 1/4。囊形突窄,与阳茎基环近等宽,末端钝圆。阳茎基环近矩形,端部 1/3 显著内切呈 V 形。阳茎为抱器瓣长的 2 倍,端部弯曲;射精管出自阳茎基部 1/4 处;角状器由多枚大小不同的强刺组成,长约为阳茎的 1/3。

雌性外生殖器(图版 121-469):产卵瓣椭圆形,长约为后表皮突的 1/2。第 8 背板与前表表皮突近等长。导管端片宽漏斗状;囊导管近中部有 1 枚大圆形骨化突起,骨化突起后端密被小刺,前端散布微刺;导精管出自囊导管骨化突起部分的前端。交配囊后端窄,前端渐宽;无囊突。

分布:浙江(天目山)、甘肃、湖北、贵州;朝鲜。

白草螟属 *Pseudocatharylla* Bleszynski,1961

Pseudocatharylla Bleszynski,1961. Type species:*Crambus flavoflabellus* Caradja,1925.

额圆。单眼和毛隆存在。前翅通常白色,多数种类具中带和亚外缘线。前翅 Sc 与 R_1 脉分离;R_2 脉独立;R_3、R_4 与 R_5 脉共柄。后翅 M_2 与 M_3 脉共柄。雄性外生殖器:爪形突和颚形突细长;抱器瓣狭长,抱器背基突宽短或细长,抱器腹无骨化突起;阳茎与抱器瓣近等长,角状器通常长刺状。雌性外生殖器:后表皮突长于前表皮突;交配孔常有骨化突起;囊导管短粗或细长;交配囊椭圆形,囊突有或无。

该属中国已知 8 种,本书记述 1 种。

19.31　双纹白草螟 *Pseudocatharylla duplicella*（Hampson,1895）(图版 27-470)

Crambus duplicellus Hampson,1895,*Proc. General Meetings Sci. Business Zool. Soc. Lond.*,**1895**:934.

Pseudocatharylla duplicella:Bleszynski,1962,*Polskie Pismo Entomol.*,**32**(1):10.

翅展 12.0～19.0mm。额和头顶白色。下唇须淡黄色,背面白色;第 1 节基部白色。下颚须淡黄色,基部和末端白色。触角淡褐色。领片中间白色,两侧淡黄色;胸部白色;翅基片淡黄色,后端被细长的白色鳞片。前翅白色至灰色,前缘基部至中带深褐色;中带和亚外缘线深褐色,二者近平行,前部 1/3 处外弯成角,亚外缘线近后缘凹入;顶角有 1 枚深褐色斑点;外缘深褐色;缘毛白色。后翅和缘毛白色。腹部灰白色。

雄性外生殖器(图版 72-470):爪形突细长,末端尖钩状。颚形突与爪形突近等长,基部显著上弯,端部渐窄,末端尖。背兜略长于颚形突。抱器瓣宽短,基部窄,端部渐宽,外缘弧形;抱器背强烈骨化,基部 1/2 近椭圆形,端部 1/2 细长棒状,末端圆,超过抱器瓣末端。阳茎与抱器瓣近等长,端部密被疣突;射精管出自阳茎近中部;阳茎中部有 1 枚强刺状角状器。

雌性外生殖器(图版 121-470):产卵瓣三角形,长约为后表皮突的 1/2。第 8 节背板约为前表皮突长的 2 倍。导管端片宽大,漏斗状,强烈骨化,前端细,后端渐粗;囊导管弱骨化;导精管出自导管端片前端。交配囊椭圆形;无囊突。

分布:浙江(天目山)、江苏、安徽、江西、湖北、福建、台湾、香港、广东、海南、四川;日本,越南,斯里兰卡。

金草螟属 *Chrysoteuchia* Hübner,1825

Chrysoteuchia Hübner,1825. Type species:*Tinea hortuella* Hübner,1796.

额圆。前翅通常沿翅脉散布褐色鳞片且形成纵线,少数种类前翅密被深褐色鳞片,褐色纵线不可见;中带存在或缺失;亚外缘线通常存在,且显著外弯;外缘常有末端斑点。前翅 Sc 与 R_1 脉分离,R_2 脉独立,R_3、R_4 和 R_5 脉共柄。后翅 M_2 与 M_3 脉共柄。雄性外生殖器:爪形突和颚形突细长;抱器瓣宽短或狭长,抱器背发达,多数种类抱器背有突起,抱器腹发达,有端刺或骨化褶;伪囊形突存在;阳茎细长,多数种类有 1 至 2 枚端刺,角状器存在或缺失,若存在,形状和数目多样。雌性外生殖器:后表皮突细长,前表皮突缺失;导管端片形状多样,囊导管细长;交配囊圆形或椭圆形,囊突有或无。

该属中国已知 32 种,本书记述 1 种。

19.32　黑斑金草螟 *Chrysoteuchia atrosignata*（Zeller，1877）(图版 27-471)

Crambus atrosignatus Zeller，1877，*Horae Soc. Entomol. Ross.*，**13**：43.

Chrysoteuchia atrosignata：Bleszynski，1965，*Microlep. Pal.*，**1**：172.

翅展 17.0～27.0mm。额和头顶白色。下唇须白色,外侧淡褐色,第 3 节末端白色。下颚须淡褐色,末端白色。触角背面灰色,腹面淡褐色。领片淡褐色,中间白色;胸部白色;翅基片淡褐色,后缘被灰白色细长鳞片。前翅密被淡褐色鳞片;中带 2 条,前端 1/3 淡褐色,后端 2/3 深褐色,前端 1/3 处外弯成角,后端 2/3 波状,向内倾斜;亚外缘线 2 条,淡褐色,前端 1/3 处外弯,近后缘内弯成小宽齿状;外缘深褐色,近臀角处有 3 枚黑色斑点;缘毛淡褐色。后翅白色至淡褐色;缘毛白色。腹部灰白色至淡褐色。

雄性外生殖器(图版 73-471):爪形突基部宽,端部渐窄,末端钝。颚形突约为爪形突长的 3/5,基部宽,端部渐窄,末端尖。背兜长约为颚形突的 1.5 倍。抱器瓣基部宽,端部渐窄,末端钝圆;抱器背基突强刺状,内弯。抱器腹细长,末端有 1 枚外弯的强刺,近达抱器瓣末端。囊形突宽短,末端圆。阳茎近直,略短于抱器瓣;端刺细长;射精管出自阳茎基部亚末端;角状器缺失。

雌性外生殖器(图版 121-471):产卵瓣略短于后表皮突。后阴片宽大,强烈骨化且多褶,前端 1/3 中部密被微刺。囊导管细长,约为交配囊长的 2 倍;导精管近出自囊导管中部。交配囊圆形;囊突 1 枚,圆形,位于近交配囊后端 1/4 处。

分布:浙江(天目山)、黑龙江、甘肃、河北、山西、陕西、河南、山东、江苏、安徽、江西、湖北、湖南、福建、广西、四川、贵州、云南;朝鲜,日本。

黄草螟属 *Flavocrambus* Bleszynski，1959

Flavocrambus Bleszynski，1959. Type species：*Crambus srtiatellus* Leech，1889.

额圆。单眼和毛隆存在。前翅常淡黄色;沿翅脉散布褐色鳞片形成纵线;中带和亚外缘线存在;外缘略凸出;末端斑点存在。前翅 Sc 与 R_1 脉分离,R_2 脉独立,R_3、R_4 与 R_5 脉共柄。后翅 M_2 与 M_3 脉共柄。雄性外生殖器:爪形突宽短;颚形突细长,明显长于爪形突;抱器背有发达的骨化突起,抱器腹细长,有骨化突起存在;囊形突发达;阳茎管状,角状器存在。雌性外生殖器:后表皮突短小,前表皮突缺失;交配孔宽大;导管端片强烈骨化,囊导管细长或短粗;交配囊椭圆形,囊突缺失。

该属分布于古北、东洋两界。中国已知 2 种,本书记述 1 种。

19.33　钩状黄草螟 *Flavocrambus aridellus*（South，1901)(图版 27-472)

Crambus aridellus South，1901，*In*：Leech & South，*Trans. Entomol. Soc. Lond.*，**1901**：389.

Flavocrambus aridellus：Bleszynski，1965，*Microlep. Pal.*，**1**：323.

翅展 14.0～21.5mm。额和头顶白色。触角背面淡褐色与灰白色相间,腹面深褐色。下唇须白色至淡黄色;外侧淡黄色掺杂淡褐色,第 3 节末端深褐色。下颚须淡褐色,末端白色。领片中间白色,两侧淡褐色;胸部黄白色;翅基片淡黄色。前翅淡黄色,沿翅脉散布深褐色鳞片;中带淡褐色,前部 1/3 处外弯,后部 1/4 处略凹入;亚外缘线淡褐色,前部 1/3 外弯成角,后部 1/4 处外弯成小齿状;外缘淡褐色至深褐色,有 7 枚黑色斑点;缘毛深褐色,基线白色。后翅淡褐色;缘毛基线白色,亚基线淡褐色,端部 1/2 灰白色。腹部淡褐色。

雄性外生殖器(图版 73-472):爪形突宽大,末端钝圆。颚形突长约为爪形突的 2.5 倍,末端钝。抱器瓣端部略窄,内弯,末端钝圆;抱器背宽大,骨化,外缘明显凹入;抱器腹细长;背缘末端有 1 枚指状骨化突起,伸达抱器瓣基部 2/3 处。伪囊形突细长,指状。囊形突近三角形,基部宽,端部渐窄,末端钝圆。阳茎基环近椭圆形,后缘略凹入。阳茎直,与抱器瓣近等长;射精管出自阳茎基部 1/3 处;阳茎中部有多枚直刺状角状器,末端有 1 枚大弯钩状角状器。

雌性外生殖器(图版 121-472):交配孔宽大,长椭圆形。导管端片强烈骨化,膨大,弯曲,密被疣突,末端有 1 枚小三角形刺突;囊导管细长,弯曲;导精管出自囊导管中部。交配囊圆形,约为囊导管长的 1/2。

分布:浙江(天目山)、黑龙江、甘肃、陕西、河南、安徽、湖北、广东。

目草螟属 *Catoptria* Hübner,1825

Catoptria Hübner,1825. Type species:*Catoptria speculalis* Hübner,1825.

额圆。单眼和毛隆发达。通常前翅有 1 至 3 枚纵条状白斑,中带缺失;部分种类无纵条状白斑,仅有沿翅脉散布的褐色鳞片且形成纵线,中带存在或缺失;亚外缘线存在。前翅 R_1 与 R_2 脉分离,R_3、R_4 与 R_5 脉共柄,M_2 与 M_3 脉分离。后翅 M_2 与 M_3 脉共柄。雄性外生殖器:爪形突和颚形突细长;抱器瓣宽短或狭长,抱器背和抱器腹发达,末端通常有骨化突起;阳茎细长,端刺和角状器有或无。雌性外生殖器:后表皮突短小,前表皮突退化或缺失;导管端片强烈骨化,密被疣突,囊导管细长;交配囊椭圆形,囊突存在或缺失。

该属中国已知 10 种。本书记述 2 种。

19.34 岷山目草螟 *Catoptria mienshani* Bleszynski,1965(图版 27-473)

Catoptria mienshani Bleszynski,1965,*Microlep. Pal.*,**1**:290.

翅展 18.0～20.0mm。额和头顶白色。触角背面淡褐色,腹面淡黄色。下唇须白色,外侧淡褐色。下颚须淡褐色,末端白色。领片淡黄色,中部白色;胸部白色;翅基片淡黄色。前翅黄褐色,有 2 枚纵条白斑,内侧白斑约为翅长的 3/5,基部窄,端部渐宽,外缘有 2 枚尖突;外侧白斑为不规则四边形;两枚白斑周围密被黄褐色至黑色鳞片,外侧白斑前端有 1 条黑色纵纹;亚外缘线白色,前部约 1/3 处外弯成角;外缘深褐色,均匀分布 7 枚黑色斑点;缘毛淡褐色,基线灰白色。后翅灰白色,外缘和顶角散布淡褐色鳞片;缘毛同前翅,但颜色稍淡。腹部淡褐色。

雄性外生殖器(图版 73-473):爪形突细长,下弯,末端尖。颚形突略长于爪形突,末端钝圆且多微刺。背兜与颚形突近等长。抱器瓣背、腹缘近平行;抱器背强烈骨化,背缘近端部多微刺,末端呈指状突起;抱器腹细长,末端有 1 枚短粗的骨化突起。伪囊形突长椭圆形。囊形突发达,与爪形突近等长,基部宽,端部渐窄,末端钝圆。阳茎基环宽大,前缘钝圆,后缘内凹呈 V 形。阳茎细长,较抱器瓣长 1/3,基部略弯,端部有 1 枚片状骨化物;射精管出自阳茎基部 1/4 处;角状器为 1 枚,短粗,刺状。

雌性外生殖器(图版 121-473):产卵瓣椭圆形,宽大。交配孔宽大,显著粗于导管端片。导管端片长管状,密被疣突,显著粗于囊导管;囊导管直,膜质;导精管出自囊导管中部。交配囊与囊导管近等长;囊突 1 枚,圆形,位于交配囊中部。

分布:浙江(天目山)、吉林、内蒙古、宁夏、甘肃、天津、河北、山西、陕西、河南、四川、贵州、西藏。

19.35　西藏目草螟 *Catoptria thibetica* **Bleszynski，1965**(图版 27-474)

Catoptria thibetica Bleszynski, 1965, *Microlep. Pal.*, **1**: 320.

翅展 15.0~22.0mm。额和头顶白色。触角背面白色,腹面淡黄色。下唇须淡褐色,第 1
节基部腹面白色。下颚须淡褐色,末端白色。领片和翅基片黄白色;胸部白色。前翅密被淡黄
色鳞片;中室基部至中带之间的前缘 2/3 区域密被深褐色鳞片;中带淡褐色,前部 1/3 处外弯,
后端 1/3 略凹入;亚外缘线淡褐色,前部 1/3 处外弯,后端 1/4 略凹入;顶角和外缘淡黄色,外
缘均匀分布 7 枚黑色斑点;缘毛淡褐色。后翅灰白色;缘毛白色。腹部淡褐色。

雄性外生殖器(图版 73-474):爪形突细长,末端钝圆。颚形突宽大,背面凹槽状,略长于
爪形突;基部宽,端部渐窄,末端钝。背兜略短于颚形突。抱器瓣端部 1/4 渐窄,末端钝;抱器
背发达,近长椭圆形,略窄于抱器瓣,末端有 1 枚粗刺状突起,内弯,近达抱器瓣末端;抱器腹约
为抱器瓣宽的 1/2,端部略宽,背缘末端有 1 枚半椭圆形突起,达抱器瓣 3/5 处。伪囊形突指
状。囊形突基部宽,端部渐窄,末端钝圆。阳茎基环 U 形。阳茎短粗,与抱器瓣近等长,中部
略弯;射精管出自阳茎基部 1/3 处;无角状器。

雌性外生殖器(图版 121-474):产卵瓣三角形,长约为后表皮突的 3 倍。第 8 背板与后表
皮突近等长。导管端片短管状,略粗于囊导管后端;囊导管细长,膜质,近前端渐粗;导精管出
自囊导管后部 1/3 处。交配囊圆形,略短于囊导管;囊突 1 枚,圆形,位于交配囊中部。

分布:浙江(天目山)、甘肃、河南、湖南、四川、贵州、西藏。

野螟亚科 Pyraustinae

额倾斜或圆,少数有锥突。无毛隆。下唇须通常斜向上举。下颚须丝状或刷状。喙发达,
基部被鳞片。前翅 R_3 与 R_4 脉共柄,或 R_2、R_3 和 R_4 脉共柄,R_5 脉游离;CuP 脉退化;2A 通常
与 1A 脉形成闭合环。后翅 Sc+R_1 与 Rs 脉在中室外侧共柄。雄性前翅亚前缘脉基部处具带
状翅缰钩。听器间突不明显双叶状。雄性外生殖器:爪形突发达;偶有颚形突;抱器背基突常
有丝状腹突;抱器瓣常有抱器内突和抱器下突,抱器内突多被简单刚毛或特化粗刚毛;射精管
多位于阳茎基部或近基部。雌性外生殖器:交配囊圆形或椭圆形;囊突菱形或近菱形,多有隆
起的对称脊和锥突;常有附囊。

该亚科中国已知 66 属 292 种,本书记述 14 属 17 种。

分属检索表

7.抱器下突多为指状;除菱形囊突外另有第 2 囊突 ‥‥‥‥‥‥‥‥‥‥‥‥‥‥‥‥‥ 细突野螟属 *Ecpyrrhorrhoe*

　抱器下突多为钩状;仅有菱形囊突 ‥‥‥‥‥‥‥‥‥‥‥‥‥‥‥‥‥‥‥ 镰翅野螟属 *Circobotys*

8.抱器腹无突起;囊导管前部无骨片 ‥‥‥‥‥‥‥‥‥‥‥‥‥‥‥‥‥ 宽突野螟属 *Paranomis*

　抱器腹有指状突起;囊导管前部有螺旋骨片 ‥‥‥‥‥‥‥‥‥‥‥ 钝额野螟属 *Opsibotys*

9.无抱器下突 ‥‥‥‥‥‥‥‥‥‥‥‥‥‥‥‥‥‥‥‥‥‥‥‥‥‥‥‥‥‥‥‥‥‥‥‥ **10**

　有抱器下突 ‥‥‥‥‥‥‥‥‥‥‥‥‥‥‥‥‥‥‥‥‥‥‥‥‥‥‥‥‥‥‥‥‥‥‥‥ **12**

10.抱器内突内侧特化粗刚毛末端尖,外侧特化粗刚毛末端分叉 ‥‥‥‥‥‥ 秆野螟属 *Ostrinia*

　抱器内突特化粗刚毛形态一致 ‥‥‥‥‥‥‥‥‥‥‥‥‥‥‥‥‥‥‥‥‥‥‥‥‥‥ **11**

11.抱器内突特化粗刚毛末端尖;抱器腹中突刚毛状 ‥‥‥‥‥‥‥‥ 拟尖须野螟属 *Pseudopagyda*

　抱器内突特化粗刚毛末端平钝;抱器腹端突指状 ‥‥‥‥‥‥‥‥ 胭翅野螟属 *Carminibotys*

12.抱器下突长而粗壮,伸达抱器端 ‥‥‥‥‥‥‥‥‥‥‥‥‥‥‥‥‥ 岬野螟属 *Pronomis*

　抱器下突短小,伸向抱器瓣基部或抱器瓣腹缘,最长伸达抱器瓣腹缘 ‥‥‥‥‥‥‥‥ **13**

13.阳茎末端侧壁向外延伸出刀片状骨片 ‥‥‥‥‥‥‥‥‥‥‥‥‥‥ 弯茎野螟属 *Crypsiptya*

　阳茎末端无延伸骨片 ‥‥‥‥‥‥‥‥‥‥‥‥‥‥‥‥‥‥‥‥‥‥ 尖须野螟属 *Pagyda*

叉环野螟属 *Eumorphobotys* Munroe *et* Mutuura，1969

Eumorphobotys Munroe *et* Mutuura, 1969. Type species：*Calamochrous eumorphalis* Caradja, 1925

　　额略圆。下唇须前伸,超过头的部分约为头长的 2 倍,第 3 节下垂。下颚须发达。前翅前缘端半部略拱;顶角方;外缘直而略微倾斜。前翅 R₁ 脉出自中室前缘近前角处;R₃ 与 R₄ 脉共柄长度约为 R₄ 脉的 2/3。后翅 Sc＋R₁ 与 Rs 脉共柄长度约为 Rs 脉的 1/4。雄性外生殖器:爪形突宽短;抱器瓣背缘直,腹缘弯,向末端渐窄,抱器内突指状,被稀疏短刚毛,抱器下突由两部分组成,其端部突起为伸出抱器瓣腹缘的骨化刺突,抱器腹中突发达,阳茎基环长片状,端部分叉;阳茎粗壮。雌性外生殖器:表皮突粗壮;导管端片宽大、骨化,导精管从紧邻导管端片前端发出,囊导管有纵条纹;囊突近菱形,交配囊有附囊。

　　该属仅在中国分布,共 2 种,本书记述 1 种。

19.36　黄翅叉环野螟 *Eumorphobotys eumorphalis*（**Caradja, 1925**）（图版 28-475）

Calamochrous eumorphalis Caradja, 1925, *Mem. Sect. Stiint. Acad. Rom.*，(3)**3**(7)：362.

Eumorphobotys eumorphalis：Munroe & Mutuura, 1969, *Can. Entomol.*，**101**(3)：303.

　　翅展 33.0～39.0mm。雌性:额和头顶浅灰黄色,额两侧有白黄色纵条纹。下唇须腹面白色,背面深灰黄色。下颚须深灰黄色,顶端略白。喙基部鳞片白黄色。触角背面被白色鳞片,腹面深灰黄色,柄节前方白色。胸部背面灰黄色,腹面和足白色,略带浅黄色鳞片。前翅灰黄色,接近外缘处略红;中室端脉斑颜色略深;缘毛淡黄色,基部 1/3 黑褐色或红褐色,顶角和臀角处黑褐色。后翅浅灰黄色,缘毛浅黄色。雄性:头部与雌性相同,有的额、头顶、下唇须背面和下颚须褐色,下颚须顶端浅黄色。胸腹部背面褐色,腹面与足白黄色,各足胫节和中、后足跗节外侧以及腹部两侧淡黄色,有的中足胫节外侧褐色。翅褐色或黑褐色。前翅中室端脉斑颜色略深;缘毛淡黄色,基部 1/3 黑褐色,顶角和臀角处黑褐色。后翅缘毛淡黄色,基部 1/3 黑褐色,臀角处淡黄色。

　　雄性外生殖器(图版 73-475):爪形突顶端圆弧形,被毛稀疏。抱器背基突具短腹突。抱器瓣基部宽,末梢渐狭窄,顶端圆;抱器内突被稀疏短刚毛;抱器下突基部部分近三角形,端部部分为伸出抱器瓣腹缘近中部的骨化粗壮刺突;抱器腹膨大,中部有半圆形隆起。阳茎基环基部 3/5 近圆形,端部 2/5 分二叉。阳茎与抱器瓣近等长;角状器位于阳茎末端,为一束粗刺。

雌性外生殖器(图版 121-475)：产卵瓣密布细毛。表皮突粗壮。囊导管长约为交配囊直径的 3 倍；导管端片近杯状，骨化；囊导管邻近导管端片区域有纵条纹呈皱缩状。交配囊近圆形；囊突扁菱形，具脊两角圆，不具脊两角平。

分布：浙江(天目山)、河南、江苏、安徽、江西、湖南、福建、广东、广西、四川、贵州、云南。

果蛀野螟属 *Thliptoceras* Warren，1890

Thliptoceras Warren，1890. Type species：*Thliptoceras variabilis* Warren，1890.

额略扁而倾斜。雄性触角基部鞭节常变形为宽扁、具凹窝或脊，有鳞片簇。下唇须斜向上举，超过头的部分等长于或略短于头长；第 3 节前伸。下颚须丝状。前翅 R_1 脉从中室前缘 2/3～4/5 处发出；R_3 和 R_4 脉共柄长度为 R_4 脉的 3/5～2/3。后翅 Sc＋R_1 与 Rs 脉共柄长度为 Rs 脉的 1/3～1/2。雄性外生殖器：爪形突末端尖细；抱器瓣狭长，抱器背发达，端部常有凹刻或刺，抱器内突指状，被稀疏刚毛，无抱器下突，抱器腹中突发达，有时具端突；囊形突发达；阳茎基环有时具纵脊；常具阳茎端环；阳茎长筒状。雌性外生殖器：表皮突中等粗细；囊导管略微螺旋，导管端片发达，近管状，强烈骨化，导精管从紧邻导管端片前端发出；囊突近菱形，有附囊。

该属全世界共有 35 种，中国已知 17 种，本书记述 2 种。

19.37 中华果蛀野螟 *Thliptoceras sinense* (Caradja，1925)(图版 28-476)

Phlyctaenodes decoloralis sinense Caradja，1925，*Mem. Sect. Stiint. Acad. Rom.*，(3)**3**(7)：105.

Thliptoceras sinense：Munroe，1967，*Can. Entomol.*，**99**：723.

翅展 24.0～27.0mm。额黄色，两侧有乳白色纵条纹。头顶浅黄色。触角褐色，柄节球状；鞭节基部宽大，具被齿状突起围起的横沟以及被宽大鳞片的脊，邻近的鞭节宽扁。下唇须腹侧白色，背侧深黄色。下颚须极细小，基半部深黄色，端半部浅黄色。喙基部鳞片乳白色。胸腹部背面黄色，腹面污白色。翅黄色，散布褐色鳞片，翅面斑纹褐色；雄性前翅后缘鳞片密集且粗大而长，斜伸向顶角方向，形成横脊。前翅前缘带宽；前中线略微模糊，发自前缘 1/5，向外倾斜至横脊基部的 2/5 处；中室圆斑点状，位于中室基部 2/3；中室端脉斑略弯，线状，略向外倾斜；后中线锯齿状，发自前缘 4/5，呈圆弧形至横脊基部的 2/3 处；外缘线有褐色鳞片向内扩散；缘毛褐色，基部有浅黄色线。后翅后中线锯齿状，与外缘平行；外缘线同前翅；缘毛褐色，基部有浅黄色线，臀角处浅黄色。

雄性外生殖器(图版 73-476)：爪形突锥形，端半部两侧被毛。抱器瓣从基部向顶端逐渐加宽，背缘末端有 1 小尖突；抱器内突粗短、稍弯，端部稍膨大且被毛稍密集；抱器腹中突近三角形，被稀疏毛。囊形突三角形，端部圆。阳茎基环窄梯形，中部有弯指状纵脊。阳茎与抱器瓣近等长；端部有两排短刺和一有瘤突的片状角状器，以及一些散布的微刺。

雌性外生殖器(图版 121-476)：前表皮突长约为后表皮突的 2 倍。囊导管长为交配囊的 6～7 倍；导管端片长管状，腹面后缘唇形，两侧缘中部鼓起；囊导管紧邻导管端片区域的内壁有粗糙的颗粒状突起。交配囊椭圆形，和附囊近等大；囊突小，近菱形，具脊两角尖圆，不具脊两角钝。

分布：浙江(天目山)、江苏、上海、江西、福建、广东、海南、广西、贵州。

19.38　卡氏果蛀野螟 *Thliptoceras caradjai* Munroe et Mutuura，1968(图版 28-477)

Thliptoceras caradjai Munroe et Mutuura，1968，*Can. Entomol.*，**100**(8)：865.

翅展 20.0～22.0mm。额黄色。头顶浅黄色。触角黄色；柄节膨大，内侧褐色；鞭节基部有凹窝，其基部和端部各有一簇鳞片。下唇须腹面乳白色，背面深黄色。下颚须极细小，基半部深黄色，端半部浅黄色。喙基部鳞片浅黄色。胸部背面黄色，腹面浅黄色。翅黄色，散布褐色鳞片；斑纹褐色。前翅前缘带宽；前中线发自前缘 1/4 处，达中室后缘后向外倾斜，达 1A 脉后向内倾斜，达后缘 1/3 处；中室圆斑点状，位于中室基部 3/4；中室端脉斑粗线状，略向外倾斜；后中线锯齿状，发自前缘 3/4 处，稍内折后向外弧形凸出，与外缘平行，在 CuA$_1$ 脉后内折至 CuA$_2$ 脉基部 1/3，达后缘 2/3 处；外缘线有褐色鳞片向内扩散；缘毛褐色，掺杂浅褐色鳞片。后翅基部与后中线之间褐色鳞片密集；后中线锯齿状，发自前缘 2/3 处；外缘线褐色，在顶角处加宽；缘毛褐色，基部有浅色线，臀角处浅黄色。

雄性外生殖器(图版 73-477)：爪形突三角形，顶端尖锐，两侧被毛。抱器瓣狭长，背缘近端部一深凹刻；抱器内突细长，顶端被稀疏刚毛；抱器腹中突半圆形，膨大。囊形突宽圆。阳茎基环狭长，与爪形突近等长，基部略膨大。阳茎端环与阳茎基环背臂相连，成对，长板状，膜质，具颗粒状突起。阳茎长约为抱器瓣的 4/5；端部有几根排成一排的刺状角状器。

雌性外生殖器(图版 121-477)：前表皮突较后表皮突稍长。囊导管短粗，长约为交配囊的 2～3 倍，与交配囊分界不明显；导管端片长管状，向前逐渐变窄后略微加宽，最窄处在前部近 1/4 处，其后缘两侧向前、后各伸出 2 根细长指状突起。交配囊椭圆形，有环形褶皱；囊突菱形，具脊两角稍尖，不具脊两角钝；附囊囊柄较长。

分布：浙江(天目山)、江苏、江西、福建、广东、海南、广西、贵州。

备注：本种可以通过以下特征与中华果蛀野螟 *T. sinense* 加以区别：抱器瓣背缘近端部具一深凹刻，阳茎基环无纵脊，导管端片两侧有突起；而中华果蛀野螟抱器瓣背缘末端有 1 小尖突，阳茎基环有纵脊，导管端片两侧无突起。

镰翅野螟属 *Circobotys* Butler，1879

Circobotys Butler，1879. Type species：*Circobotys nycterina* Butler，1887.

额略圆而凸出。下唇须前伸，第 3 节略向下垂。下颚须发达，端部略膨大。前翅顶角尖锐；外缘直，强烈向后倾斜。前翅 R$_1$ 脉出自中室前缘约 4/5 处，R$_3$ 与 R$_4$ 脉共长柄。后翅 Sc＋R$_1$ 与 Rs 脉共柄长度约为 Rs 脉的一半。雄性外生殖器：爪形突锥形，顶端尖锐，密被细毛；抱器背基突发达；抱器瓣狭长，抱器内突弱骨化，抱器下突钩状，抱器腹具中突，阳茎圆筒状，角状器针状。雌性外生殖器：表皮突纤细；囊导管后部呈螺旋状且有内壁骨片，导管端片不发达，基环较长，导精管从紧邻基环前端发出；交配囊具菱形囊突和附囊。

该属中国已知 11 种，本书记述 1 种。

19.39　黄斑镰翅野螟 *Circobotys butleri*（South，1901）(图版 28-478)

Crocidophora butleri South，1901，*In*：Leech，*Trans. Entomol. Soc. Lond.*，**1901**：480.

Circobotys butleri：Zhang，2009，Pyraustinae，*In*：Li & Ren（eds.），*Insect Fauna of Henan*：201.

翅展 25.0～28.0mm。额和头顶黄褐色。触角褐色。下唇须腹面白色，背面棕褐色。下颚须棕褐色，与下唇须第 3 节近等长。喙基部覆白色鳞片。胸腹部背面褐色，腹部各节后缘白色；腹面灰白色。前翅褐色，翅面斑纹黑褐色；前缘端部 1/4 部分黄色；前中线出自前缘 1/4 处，略呈弧形，达后缘 1/3 处；中室圆斑小点状，中室端脉斑短线状；后中线出自前缘 3/4 处，与外缘平行,达后缘 2/3 处;中室端脉斑和后中线前半部之间与前缘围成一个近长方形的黄色斑;外缘带黄色,内缘中部有尖凹刻;缘毛黄色。后翅颜色略浅;后中线模糊,与外缘近平行;缘毛黄色。

雄性外生殖器(图版 73-478):爪形突窄三角形,被细毛。抱器下突为两部分:基部突起三角形,内缘锯齿状,端部突起弯钩状,伸向腹缘;抱器腹中突三角形,被稀疏短毛。阳茎基环稍宽扁,两背臂短。阳茎长约为抱器瓣的 1/2;内有易脱落的刺束。

雌性外生殖器(图版 121-478):产卵瓣密被刚毛。前表皮突长约为后表皮突的 1.5 倍。囊导管长约为交配囊的 3 倍;基环狭长;内管壁骨片长约为囊导管的 1/3。交配囊椭圆形;囊突大,具脊的两角极尖细,不具脊的两角圆。

分布:浙江(天目山)、河南、湖北;日本。

宽突野螟属 *Paranomis* Munroe et Mutuura,1968

Paranomis Munroe et Mutuura,1968. Type species:*Paranomis denticosta* Munroe et Mutuura,1968.

额扁平,前部略突出。下唇须略微斜向上举,第 3 节前伸。下颚须发达。雄性的前翅在中室后缘基部和 1A 脉之间有一块透明的无鳞片区;前缘弯;顶角尖锐;外缘倾斜,直或略弯。前翅 R_1 出自中室前缘 2/3 处,R_3 与 R_4 脉共柄长度超过 R_4 脉的一半。后翅短;Sc+R_1 脉与 Rs 脉共柄长度约为 Rs 脉的一半。中足胫节长;雄性后足中距和外距小。雄性外生殖器:爪形突近三角形;抱器瓣基部略窄,向顶端渐宽,背缘近端部有大小不一的隆起,抱器内突骨化弱,被浓密刚毛,抱器下突短小,刺状;囊形突近倒梯形;阳茎基环背臂长,有时两背臂之间有小的中叶;阳茎顶端完整,散布小锥突,或顶端呈裂口状,完全密被栅栏状排列的短刚毛。雌性外生殖器:表皮突中等粗细;后阴片及导管端片发达;囊突近菱形,有附囊。

该属已知 5 种,主要分布在中国、俄罗斯和日本,在中国都有分布,本书记述 1 种。

19.40 棱脊宽突野螟 *Paranomis nodicosta* Munroe et Mutuura,1968(图版 28-479)

Paranomis nodicosta Munroe et Mutuura,1968,Can. Entomol.,**100**(9):995.

雄性:翅展 31.0~33.0mm。额浅褐色,两侧有乳白色纵条纹。触角背面褐色,被稀疏微毛;腹面黄褐色,密被微毛。头顶浅褐色。下唇须腹侧白色,背侧褐色。下颚须短小,端部散开呈扇状,褐色。喙基部鳞片乳白色。翅基片浅褐色,发达膨大,具长鳞毛;胸部背面浅褐色。翅深褐色,翅面斑纹黑褐色。前翅前中线不明显;中室圆斑点状,位于中室基部 3/4 处;中室端脉斑短折线状;后中线锯齿状,发自前缘 3/4 处,与外缘略平行,在 CuA_1 脉后急剧内折至 CuA_2 脉 1/3 处,然后达后缘 3/5 处;各脉端有小黑斑;缘毛浅褐色。后翅从基部至端部颜色逐渐加深;后中线微锯齿状,外缘伴随模糊的浅色线,与外缘平行;外缘黑褐色;缘毛黄色。腹部背面褐色,后缘色浅;腹面浅褐色。**雌性**:个体较雄性稍大,体色和翅较雄性浅,触角几乎无微毛。前翅较雄性宽。

雄性外生殖器(图版 73-479):爪形突三角形,顶端钝圆,两侧和顶端被毛。抱器瓣背缘近端部 1/3 隆起;抱器内突近方形;抱器腹膨大,至端部渐窄,长约为整个抱器瓣的 1/2。阳茎基环两背臂尖锐。阳茎长约为抱器瓣的 2/3,顶端 1/3 有裂口,边缘被呈栅栏状排列的短刚毛。

雌性外生殖器(图版 122-479):前表皮突长约为后表皮突的 2 倍。后阴片宽大,骨化,叶片形,远宽于导管端片。囊导管稍粗,约为交配囊直径的 3 倍;导管端片短管状,向后渐宽,腹面后缘唇形。交配囊圆形;囊突菱形,长度稍长于交配囊直径的一半,具脊两角尖锐,不具脊两角延伸。

分布：浙江（天目山）、陕西、福建、贵州。

钝额野螟属 *Opsibotys* Warren，1890

Opsibotys Warren，1890. Type species：*Pyralis fuscalis* Denis *et* Schiffermüller，1775.

额圆。下唇须斜向上举，第3节前伸。下颚须小，不明显。前翅 R_3 与 R_4 脉共柄长度为 R_4 脉的一半。后翅 $Sc+R_1$ 与 Rs 脉共柄长度约为 Rs 脉的 1/2。雄性外生殖器：爪形突柱状，顶端宽圆，两侧和背面被毛；抱器背基突发达；抱器瓣狭长，顶端圆，抱器内突骨化弱，被简单长刚毛，抱器下突由两部分组成，基部突起弯刺状，端部突起尖锐刺状且伸出抱器瓣腹缘；阳茎基环近 U 形；阳茎长筒状，内有椭圆形角状器及易脱落的刺束，端半部具长条状骨片。雌性外生殖器：导管端片发达，后缘两侧向前方伸出长条状骨化突起；囊导管和交配囊相连处的内壁有条状骨片；囊突菱形，有附囊。

该属全世界已知5种，中国已知2种，本书记述1种。

19.41　褐钝额野螟 *Opsibotys fuscalis* (Denis *et* Schiffermüller，1775)（图版 28-480）

Pyralis fuscalis Denis *et* Schiffermüller，1775，*Ankündung Syst. Werkes Schmett. Wienergegend*：121.
Opsibotys fuscalis：Mutuura，1954，*Bull. Naniwa Univ.*，(B)**4**：18.

翅展 21.5~23.5mm。额深褐色，两侧有淡黄纵条纹。头顶浅褐色。触角深褐色，柄节前方有白色细纵纹。下唇须腹面白色，背面褐色。下颚须细小、褐色，被下唇须覆盖。喙基部鳞片褐色。胸部背面浅褐色或褐色，腹面灰白色或乳白色。前翅褐色；前中线深褐色，发自前缘 1/4 处，略向外倾斜，在 2A 脉上形成一个钝角，直达后缘 1/3 处；点状的中室圆斑和短折线状的中室端脉斑黑褐色，二者被1个方形淡褐色斑所分离；后中线锯齿状，外缘伴随着浅褐色线，发自前缘 3/4 处，在 R_5 脉上向外折略呈弧形，至 CuA_1 脉强烈内折，后伸达后缘 2/3 处；外缘线黑褐色，断续；缘毛褐色，基部依次是淡黄线和褐色线。后翅褐色，后中线深褐色，外缘伴随着浅褐色线，从前缘 2/3 处发出，与外缘略平行，在 CuA_2 脉上形成一个略凹的锐角，后渐消失；外缘带细，深褐色；缘毛灰白色，基部依次是黄色线和褐色线。腹部褐色，各节后缘色浅。

雄性外生殖器（图版 74-480）：爪形突顶端圆，具毛。抱器瓣背、腹缘近平行，末端圆；基部抱器下突小，弯钩状，端部抱器下突针刺状，伸出抱器瓣腹缘端部 1/3 处；抱器腹由基部至端部渐窄。阳茎基环背臂尖细。阳茎长约为抱器瓣的 1/2；内有一具短刺突的椭圆形角状器；端半部长条状骨片一个短而细，另一个突起末端稍膨大。

分布：浙江（天目山）、甘肃、青海、河南、上海；朝鲜，日本，欧洲。

羚野螟属 *Pseudebulea* Butler，1881

Pseudebulea Butler，1881. Type species：*Pseudebulea fentoni* Butler，1881

额圆。下唇须斜向上举，超过头的部分至多等于头长；第3节前伸。下颚须顶端膨大。前翅 R_1 出自中室前缘 4/5 处，R_3 与 R_4 脉共柄长度约为 R_4 脉的 2/3。后翅 $Sc+R_1$ 与 Rs 脉共柄长度约为 Rs 脉的 1/3。雄性外生殖器：爪形突圆柱状，端部稍膨大，顶端平圆，端半部被毛；抱器瓣狭长，无抱器内突，抱器下突近三角形，抱器腹中突发达；囊形突宽圆；阳茎基环由1对分离的长骨片组成，与抱器腹基部愈合；阳茎圆筒状，端部有规则排列的刺组成角状器。雌性外生殖器：表皮突细弱；导管端片发达，宽大且强烈骨化；囊导管短；囊突小，有锥突，无对称脊，无附囊。

该属全世界已知5种，在中国均有分布，本书记述1种。

19.42 芬氏羚野螟 *Pseudebulea fentoni* Butler, 1881(图版 28-481)

Pseudebulea fentoni Butler, 1881, *Trans. Entomol. Soc. Lond.*, **1881**：587.

翅展 23.0~29.0mm。额褐色或浅褐色，两侧有浅黄色短纵条纹。头顶浅黄色至浅褐色。触角背面鳞片浅黄色至褐色，腹面褐色。下唇须腹面白色，背面黑褐色，第 2 节端部膨大，第 3 节细小，淡褐色。下颚须基部棕黄色，端部膨大，黑褐色。喙基部鳞片浅黄色。胸部背面浅黄色至褐色。前翅浅黄色；翅基部至后中线之间大部分褐色；前中线浅黄色，出自前缘 1/5 处，略内凹，达后缘 1/4 处；中室半透明，中室圆斑褐色，粗点状，位于中室基部 3/4 处，中室端脉斑褐色，弯月形，外缘伴随形状不规则的浅褐色斑块；后中线褐色，发自前缘带中部，前部 2/3 宽带状，与亚外缘带界限不清晰，沿中室端脉及其后缘到达 CuA$_2$ 脉后呈线状，略弯折达后缘 2/3 处；亚外缘带褐色，宽带状，扩展至外缘，前缘处和近臀角处有黄色斑点；各脉端有褐色斑点；缘毛黄色或褐色。后翅浅黄色；中室端脉斑褐色，短粗线状；后中线褐色，发自前缘 2/3 处，在 M$_1$ 与 CuA$_2$ 脉之间外凸，达后缘近中部；亚外缘带不发达，仅在顶角处有褐色斑块，其余部分沿翅外缘断续；各脉端有褐色斑点；缘毛浅黄色，顶角和臀角处有时褐色。腹部背面黄色，有时第 1 节和第 3、4 节褐色，各节后缘白色；腹面乳白色。

雄性外生殖器(图版 74-481)：爪形突端部 1/3 被毛。抱器瓣背缘与腹缘近平行；抱器下突内缘有小齿；抱器腹中突粗壮，靴状。阳茎基环骨片基部宽，向顶端逐渐窄，末端尖。阳茎与抱器瓣近等长；端部有 4 或 5 根刺状角状器排成一排。

雌性外生殖器(图版 122-481)：前表皮突长约为后表皮突的 2 倍。囊导管略长于交配囊长径；导管端片宽大，骨化，近杯状，后部 2/3 稍宽于前部 1/3，前部内有领结形骨片。交配囊近椭圆形；囊突较小，边缘不规则。

分布：浙江(天目山)、黑龙江、吉林、辽宁、河北、陕西、河南、江西、湖北、湖南、福建、广东、广西、四川、贵州；俄罗斯，朝鲜，日本，印度，印度尼西亚。

细突野螟属 *Ecpyrrhorrhoe* Hübner，1825

Ecpyrrhorrhoe Hübner, 1825. Type species：*Pyralis rubiginalis* Hübner, 1796.

额略圆。下唇须略斜向上举，第 3 节前伸或下垂。下颚须明显。前翅 R$_1$ 脉出自中室前缘 3/4 处；R$_3$ 与 R$_4$ 脉共柄长度约为 R$_4$ 脉的一半。后翅 Sc+R$_1$ 与 Rs 脉共柄长度约为 Rs 脉的 1/4。雄性外生殖器：爪形突基半部三角形，端半部细棒状，被短粗毛；抱器背基突发达，有腹突；抱器瓣狭长，抱器内突弱骨化，抱器下突指状或钩状，抱器腹膨大；囊形突圆三角形或半圆形；阳茎基环背臂长，通常远长于基部未分叉部分；阳茎有易脱落的刺束，角状器位于阳茎端部或端半部，常随阳茎膜端膨出。雌性外生殖器：表皮突粗壮；导管端片发达，呈强烈骨化的短管状或杯状，具形状各异的骨片或突起，导精管从紧邻导管端片前端发出，囊导管近导管端片部分有细条状管壁骨片；交配囊圆形，大囊突菱形，具形状各异的第 2 囊突，具附囊。

该属中国已知 9 种，本书记述 1 种。

19.43 指状细突野螟 *Ecpyrrhorrhoe digitaliformis* Zhang, Li et Wang, 2004(图版 28-482)

Ecpyrrhorrhoe digitaliformis Zhang, Li et Wang, 2004, *Orient. Insects*, **38**：318.

翅展 25.0~26.5mm。额浅黄色，两侧有乳白纵条纹。头顶浅黄色。触角黄褐色，柄节前侧有乳白色纵条纹。下唇须腹面白色，背面深橘黄色。下颚须深橘黄色，顶端淡黄色。喙基部鳞片白色。翅基片和胸部背面浅黄色，腹面乳白色。前后翅橘黄色，翅面斑纹深橘黄色。前翅前中线从基部 1/4 处发出，向外缘凸出，到达后缘 1/3 处；中室圆斑深橘黄色小点状，中室端脉斑弯月形；后中线从前缘 3/5 处发出，略向内弯至 R_5 脉后向外呈弧形凸出至 CuA_1 脉，后内折至 CuA_2 脉，在 CuA_2 与后缘中间形成一个外凸的尖角后达后缘中部。后翅中室后角斑块深橘黄色；后中线从前缘基部 2/3 处发出，至 1A 脉内折，到达后翅臀角。前、后翅缘毛橘黄色。腹部背面橘黄色，腹面浅黄色。

雄性外生殖器(图版 74-482)：爪形突端半部细棒状。抱器瓣强烈向上弯；抱器下突指状，略弯，密布刚毛；抱器腹中突指状，被刚毛。阳茎基环底边平直；两背臂由基部向末端渐细，长约为爪形突的 4/5，末端各有一个齿。阳茎略弯，与抱器瓣近等长；端部有一匙形的和一弯的条状角状器；膨出的阳茎端膜上有 1 束弯刺和 1 排密集的小刺。

雌性外生殖器(图版 122-482)：前表皮突长为后表皮突的 2 倍。囊导管稍长于交配囊直径的两倍；导管端片近杯状，后部 2/3 膨大，中部有一纵行皱缩区，前部 1/3 稍窄；囊导管内壁骨片约为囊导管长的 1/5。交配囊近圆形，大小为附囊直径的 1.5 倍；大囊突菱形，具脊两角尖，不具脊两角延伸成长尖角状；小囊突由 1 个三角形骨片和一椭圆形骨片连接成 V 形，两端具密集长刺。

分布：浙江(天目山)、河南。

条纹野螟属 *Mimetebulea* Munroe et Mutuura，1968

Mimetebulea Munroe et Mutuura，1968. Type species：*Mimetebulea arctialis* Munroe et Mutuura，1968.

额圆。下唇须短，斜向上举，略超过头部。下颚须丝状。前翅 R_3 与 R_4 脉共柄至近顶角处。后翅 $Sc+R_1$ 与 Rs 脉共柄长度约为 Rs 脉的 1/5。雄性外生殖器：爪形突近锥形；背兜窄；抱器瓣基部宽，端部窄；抱器腹短宽；阳茎基环近六边形；阳茎细长。雌性外生殖器：表皮突细弱；导管端片发达；囊导管极短；交配囊长袋状，无囊突，无附囊。

该属只有 1 种，分布在中国，本书记述该种。

19.44 条纹野螟 *Mimetebulea arctialis* Munroe et Mutuura，1968(图版 28-483)

Mimetebulea arctialis Munroe et Mutuura，1968，*Can. Entomol.*，**100**(8)：860.

翅展 24.0～28.0mm。额、头顶和喙基部鳞片浅黄色。触角淡黄色，向端部颜色逐渐加深。下唇须乳白色，背面黑褐色，第 3 节短小，前伸。下颚须纤细，长约为下唇须第 3 节的 1.5 倍，浅黄色，端部黑褐色。胸部背面浅黄色，腹面乳白色。翅浅黄色，斑纹褐色。前翅基部中室前、后以及后缘各有一个扁形斑；前中线由连续的斑点组成，出自前缘 1/4 处，弧形，被中室前后缘以及 1A 脉断开，达后缘 1/3 处；中室端脉斑弯月形；后中线带状，被翅脉断开，出自前缘 2/3 处，直达 M_2 脉，然后呈弧形，在 CuA_1 脉后内折至 CuA_2 脉基部 1/3，在 A 脉上形成一个外凸的角，达后缘 2/3 处；亚外缘带呈不明显的带状，被翅脉断开；外缘线细；缘毛浅黄色或浅褐色，中部有浅褐色线。后翅中室端脉斑椭圆形；后中线、亚外缘带、外缘线和缘毛与前翅相同。腹部浅黄色，各节后缘白色。

雄性外生殖器(图版 74-483)：爪形突顶端钝圆，周缘被短毛。抱器瓣从基部向顶端渐窄，基部有膜质的涡状构造；抱器内突骨化弱，被极稀疏的简单刚毛；抱器下突由一对齿状叶和一叶片状骨片组成；抱器腹短宽，约为抱器瓣长的 1/3。阳茎细长略弯，长约为抱器瓣的 2/3；无角状器。

雌性外生殖器(图版 122-483)：表皮突细弱，前表皮突长约为后表皮突的 1.5 倍。囊导管短，与交配囊分界不明显；导管端片漏斗状，后部 2/3 膨大，宽度约为前部 1/3 的 3 倍，近前端向后伸出 1 对稍弯的长骨片，末端分短叉。交配囊中部弯。

分布：浙江(天目山)、河南、江苏、湖北、湖南、福建、四川、贵州。

秆野螟属 *Ostrinia* Hübner，1825

Ostrinia Hübner，1825. Type species：*Pyralis palustralis* Hübner，1796.

额圆或略扁。下唇须上举，超过头顶。下颚须发达。前翅 R_3 与 R_4 脉共柄长度超过 R_4 脉的一半。后翅 $Sc+R_1$ 与 Rs 脉共柄长度约为 Rs 脉的 1/2。雄性外生殖器：爪形突宽短，端部近三角形、二叉或三叉状；抱器背基突发达，腹突宽而长；抱器瓣长卵形，抱器内突发达，粗壮，顶端内侧被末端尖的特化粗刚毛，外侧被末端分叉的特化粗刚毛，抱器下突缺失，抱器腹基半部无刺，端半部具若干骨化刺，两侧抱器腹具刺不完全对称；阳茎基环多为单个或双层的 V 形；阳茎粗短，多具有 2 个指状角状器。雌性外生殖器：前后表皮突近等长；后阴片有时发达，为一对近三角形骨片；囊导管中等长度，基环短而窄；交配囊近椭圆形，囊突近窄菱形，具脊两角尖而长，不具脊两角形状不规则；有附囊。

该属中国已知 14 种，本书记述 1 种。

19.45　亚洲玉米螟 *Ostrinia furnacalis*（Guenée，1854）（图版 28-484）

Botys furnacalis Guenée，1854，Deltoides & Pyralites，*In*：Boisduval & Guenée（eds.），*Hist. Nat. Insects*，**8**：332.

Ostrinia furnacalis：Mutuura & Munroe，1970，*Mem. Entomol. Soc. Canada*，**71**：33.

翅展 18.0～30.0mm。额黄色。头顶浅黄色。触角浅黄色。下唇须腹面白色部分较小，背面黄褐色。下颚须细小，黄褐色。喙基部鳞片乳白色。胸部背面黄色，前部略带浅棕色；腹面乳白色。雄性前翅黄色，斑纹褐色；翅基部至前中线散布褐色鳞片；雌性前翅浅黄色，不散布或极少散布褐色鳞片。前翅前中线发自前缘 1/4 处，呈圆齿状达后缘 1/3 处；中室圆斑与中室端脉斑之间形成黄色方斑；后中线外缘浅黄色，出自前缘 4/5 处，锯齿状，与外缘平行，自 CuA_1 脉向内折，在 CuA_2 脉上形成一个直角，达后缘 2/3 处；亚外缘带内缘锯齿状；缘毛浅黄色至褐色，有时基部颜色深。后翅浅黄色，翅基部至后中线有时散布褐色鳞片；后中线褐色，稍宽，中部锯齿状；亚外缘带褐色，内缘不规则；缘毛浅黄色至浅褐色，有时基部颜色深。腹部背面黄色，各节后缘白色。

雄性外生殖器（图版 74-484）：爪形突三分叉，两侧突稍短，两侧被稀疏凌乱刚毛。抱器腹具刺区多为 2～4 根大刺。阳茎基环双层 V 形，背层两臂长，腹层两臂短。阳茎端部 1/3 细如指状；内有一粗一细 2 枚指状突起。

雌性外生殖器（图版 122-484）：前表皮突较后表皮突稍长。第 8 腹板前缘部分皱缩。后阴片的三角形骨片相对一侧近圆弧形。囊导管长约为交配囊的 1.5 倍；基环窄；囊导管其余部分略微螺旋。交配囊椭圆形；菱形囊突长约为交配囊的 1/2，具脊两角尖锐，不具脊两角处锥突较大，周围散布颗粒状小锥突。

寄主：禾本科 Gramineae：玉米 *Zea mays* Linn.，高粱 *Andropogon sorghum* Brot. var. *rulgaris* Hack.，谷子 *Setaria italica* Linn.，小麦 *Triticum sestivum* Linn.，大麦 *Hordeum vulgare* Linn.，甘蔗 *Saccharum officinarum* Linn.，芦苇 *Phragmites communis* Trin.；菊科 Asteraceae：苍耳 *Xanthium sibirivum* Patrin.，向日葵 *Helianthus annuus* Linn.；豆科 Leguminosae：大豆 *Glycine max*（Linn.）Merr.，豌豆 *Pisum sativum* Linn.；茄科 Solanaceae：马铃薯 *Solanum tuberosum* Linn.，番茄 *Lycopersicon esculentum* Mill.，茄子 *Solanum melongena* Linn.；桑科 Moraceae：大麻 *Cannabis sativa* Linn.；藜科 Chenopodiaceae：甜菜 *Beta vulgaris* Linn.；锦葵科 Malvaceae：棉花 *Gossypium* sp. 等。

分布：全国各玉米种植区；日本，菲律宾，印度，斯里兰卡，马来西亚，越南，新加坡，印度尼西亚，缅甸，印度尼西亚，俄罗斯，澳大利亚。

拟尖须野螟属 *Pseudopagyda* Slamka，2013

Pseudopagyda Slamka，2013. Type species：*Microstega homoculorum* Bänziger，1995.

额圆。下唇须略斜向上举，第 3 节前伸。下颚须膨大。前翅 R_1 脉发自中室前缘 4/5；R_3 与 R_4 脉共柄长度约为 R_4 脉的一半。后翅 $Sc+R_1$ 和 Rs 脉共柄长度约为 Rs 脉的 1/3。雄性外生殖器：爪形突钟罩形，顶端突起或略凹；抱器背基突发达；抱器瓣从基部向顶端逐渐狭窄，末端尖圆，抱器内突从近抱器腹处发出，基部细长指状，端部膨大成椭圆形，背面被尖的短粗刚毛，无抱器下突，抱器腹中突尖；阳茎略粗短，近端部有很多形成放射状的短刺棘。雌性外生殖器：产卵瓣密被刚毛；表皮突粗短；囊导管较短，与交配囊分界不清晰，导管端片发达，骨化，近漏斗形；交配囊椭圆形，囊突菱形，有附囊。

该属中国已知 3 种，本书记述 1 种。

19.46 锐拟尖须野螟 *Pseudopagyda acutangulata*（Swinhoe，1901）（图版 28-485）

Pionea acutangulata Swinhoe，1901，*Ann. Mag. Nat. Hist.*，(7)**8**：26.

Pseudopagyda acutangulata：Chen & Zhang，2017，*Journ. Environ. Entomol.*，**39**(3)：582.

翅展 30.0～36.0mm。额黄色，两侧有乳白色纵条纹。头顶浅黄色。触角背面被黄色鳞片，腹面黄褐色且密被微毛。下唇须下部白色，上部黄褐色。下颚须基半部黄褐色，端半部黄色。喙基部鳞片乳白色。胸腹部黄色。前后翅黄色，翅面斑纹黄褐色，缘毛颜色与翅面相同。前翅前中线发自前缘 1/3 处，略呈弧形，达后缘 2/5 处；后中线发自前缘 2/3 处，略向外倾斜后呈圆弧状达 CuA_1 脉基部，略向内倾斜至 CuA_2 脉基部 1/4 处后直达后缘 3/5 处；亚外缘线与外缘近平行。后翅中室后角有一斑块；后中线和亚外缘线与前翅相似。

雄性外生殖器（图版 74-485）：爪形突末端有二微小尖突，二者之间呈 V 形。抱器瓣末端窄圆；抱器内突略膨大，背侧着生粗刚毛；抱器腹中突弯钩状，有时具小的分叉。囊形突宽圆。阳茎基环近三角形，顶端有尖细凹刻。阳茎长约为抱器瓣的 2/3。

分布：浙江（天目山）、湖北、贵州、云南；泰国，印度，马来西亚。

胭翅野螟属 *Carminibotys* Munroe et Mutuura，1971

Carminibotys Munroe et Mutuura，1971. Type species：*Pyrausta carminalis* Caradja，1925.

额略扁平。下唇须前伸。下颚须发达，端部略膨大。前翅 R_1 出自中室前缘中部，R_3 与 R_4 脉共柄。后翅 $Sc+R_1$ 与 Rs 脉共柄长度约为 Rs 脉的 1/3。雄性外生殖器：爪形突近三角形，顶端被毛稀疏；抱器瓣宽，顶端圆，抱器内突被特化粗刚毛，无抱器下突，抱器腹具端突。阳茎粗壮，角状器针刺状。雌性外生殖器：表皮突纤细；导管端片短，囊导管有褶皱纵纹；交配囊圆形，囊突非菱形，具附囊。

该属只有模式种，分布在中国和日本，本书记述该种。

19.47 胭翅野螟 *Carminibotys carminalis*（Caradja，1925）（图版 28-486）

Pyrausta carminalis Caradja，1925，*Mem. Sect. Stiint. Acad. Rom.*，(3)**3**(7)：371.

Carminibotys carminalis：Munroe & Mutuura，1971，*Can. Entomol.*，**103**：180.

翅展 14.0～17.5mm。额深黄色，两侧有不明显的短的乳白色纵条纹。头顶深黄色，中部有一束浅黄色鳞片。触角背面黄色，腹面黄褐色，柄节前面有白色纵条纹。下唇须腹面白色，背面黄棕色。下颚须长度约为下唇须的 1/4,基半部黄棕色,端半部黄色。喙基部鳞片白色。胸部和腹部背面黄色,从前向后逐渐掺杂玫瑰红色鳞片,腹末几乎全为玫瑰红色,各节后缘乳白色;腹面灰白色。前翅黄色,前缘具黑褐色线和红色带,其余斑纹玫瑰红色;前中线发自前缘基部 1/3,呈弧形伸至后缘 1/3 处;中室圆斑和中室端脉斑大;后中线锯齿状,出自前缘3/4处,在 CuA$_1$ 脉后向内折至 CuA$_2$ 脉基部 2/5 处,呈锯齿形达后缘 2/3 处;亚外缘线略有断续,仅可见前半部分,与后中线平行;外缘带内缘形状不规则,在外缘中部和臀角处宽大;缘毛黑褐色,前端外侧 1/2 乳白色。后翅浅黄色,外缘线黑褐色,臀角处有玫瑰红色鳞片;缘毛浅黄色,近臀角处褐色。

雄性外生殖器(图版 74-486):爪形突短小,端半部被毛稀疏。抱器瓣宽短;抱器内突近椭圆形,被特化粗刚毛;抱器腹端突指状。阳茎基环近椭圆形,顶端略内凹。阳茎与抱器瓣近等长;端部有 1 束由长至短排列的针状角状器。

雌性外生殖器(图版 122-486):前、后表皮突纤细,近等长。囊导管长略超过交配囊直径的 2 倍;导管端片短,骨化弱;囊导管仅导管端片部分有横纹,其余部分有纵纹。交配囊圆形;囊突 C 形,无锥突,位于囊导管开口处;附囊位于交配囊与囊导管连接处。

分布:浙江(天目山)、河南、福建、广东、海南、广西、贵州、云南;日本。

岬野螟属 *Pronomis* Munroe et Mutuura,1968

Pronomis Munroe et Mutuura,1968. Type species:*Pyrausta delicatalis* South,1901.

额扁平,略突出。下唇须略斜向上举,超过头的部分不及头长;第 3 节前伸或略下垂。下颚须发达。前翅 R$_1$ 脉从中室前缘 2/3 发出;R$_3$ 和 R$_4$ 脉共柄长度约为 R$_4$ 脉的 3/4。后翅 Sc+R$_1$ 与 Rs 脉共柄长度约为 Rs 脉的一半。雄性外生殖器:爪形突三角形或五边形,被稀疏短毛;抱器背基突相连;抱器瓣狭窄,抱器内突发达,密被刚毛,抱器下突为伸达抱器端的粗壮突起,抱器腹端部除了伸向背侧的突起外,靠近外缘还具有伸向端部的弯骨片;囊形突三角形;阳茎基环小;阳茎内有易脱落的刺束。雌性外生殖器:表皮突纤细;囊导管中等长度,导管端片宽短,管状,强烈骨化;交配囊近圆形,囊突属于菱形的变型,不对称,有附囊。

该属已知 3 种,分布在中国、日本和缅甸。本书记述 1 种。

19.48 小岬野螟 *Pronomis delicatalis* (South,1901)(图版 28-487)

Pyrausta delicatalis South,1901,*In*:Leech,*Trans. Entomol. Soc. Lond.*,**1901**:499.

Pronomis delicatalis:Munroe & Mutuura,1968,*Can. Entomol.*,**100**:986.

翅展 21.0~24.0mm。额淡黄色。头顶乳白色。触角淡黄色。下唇须腹面白色,背面淡黄色,第 3 节略向下垂。下颚须细小,淡黄色。喙基部鳞片乳白色。胸部背面淡黄色。翅淡黄色,斑纹黄褐色。前翅前中线发自前缘 1/4 处,呈弧形至后缘 1/3 处;中室圆斑位于中室基部 2/3 处,中室端脉斑短直线状;后中线锯齿状,发自前缘 3/4 处,与外缘略平行,在 CuA$_1$ 脉后急剧内折至 CuA$_2$ 脉的基部 1/3 处,在 CuA$_2$ 与 1A 脉之间形成一个外凸的锐角,然后直达后缘 2/3 处。后翅后中线锯齿状,在 CuA$_1$ 脉后急剧内折至 CuA$_2$ 脉的基部 1/3 处,然后达后缘 2/3 处。前、后翅缘毛淡黄色。

雄性外生殖器(图版 74-487):爪形突五边形,顶端尖圆。抱器背基突近长方形。抱器内突略呈椭圆形,被短刚毛,端部背缘有特化的长刚毛;抱器腹膨大,长约为抱器瓣的 1/2,端突短指状。阳茎基环扁四边形。阳茎略长于抱器瓣长的一半,端部 2/3 膨大,端半部一侧壁膜质化;角状器长条状,顶端弯。

分布:浙江(天目山)、广西、四川;日本。

弯茎野螟属 *Crypsiptya* Meyrick,1894

Crypsiptya Meyrick, 1894. Type species: *Botys nereidalis* Lederer, 1863.

额倾斜,略扁平。下唇须斜向上举,第3节前伸。下颚须发达。前翅 R_1 脉出自中室前缘近顶角处,R_3 与 R_4 脉共柄长度约为 R_4 脉的一半。后翅 $Sc+R_1$ 与 Rs 脉共柄长度约为 Rs 脉的 1/3。雄性外生殖器:爪形突圆柱状;抱器内突短,略骨化,背缘具稀疏特化粗刚毛;抱器下突近拇指状;抱器腹中突膨大,阳茎圆筒状,内有刺束和针状或月牙形角状器,端部有向外延伸的骨化片。雌性外生殖器:前表皮突中部弯而膨大;导管端片长筒状,骨化,囊导管近基部膨大且缠绕;交配囊除菱形囊突外另有第2囊突,具附囊。

该属共有3种,中国已知1种,本书记述1种。

19.49　竹弯茎野螟 *Crypsiptya coclesalis* (Walker, 1859) (图版28-488)

Botys coclesalis Walker, 1859, *List Spec. Lepidop. Insects Coll. Brit. Mus.*, **18**: 701.

Crypsiptya coclesalis: Maes, 1994, *Bull. Annls. Soc. R. Belge. Entomol.*, **130**(7-9): 161.

翅展 28.0～32.0mm。额棕色或棕褐色,两侧有淡黄纵条纹。头顶浅棕褐色。触角柄节前方有白纵条纹,鞭节背面被乳白色鳞片,腹面棕褐色。下唇须腹面白色,背面棕褐色,第3节尖细,前伸,且被较长鳞片。下颚须棕褐色,顶部颜色略浅。喙基部鳞片淡黄色。翅基片和胸部背面浅棕褐或褐色,腹面乳白色。前翅黄褐色或褐色,翅脉和翅面斑纹褐色或深褐色;前缘带与前宽后窄的外缘带相连;前中线从前缘带 1/5 处发出,略向外倾斜到达后缘 1/3 处;中室圆斑点状,不清晰,中室端脉斑短线状;后中线从前缘 3/5 处发出,略向内弯至 M_2 脉后向外呈弧形至 CuA_1 和 CuA_2 脉之间,强烈内折至 CuA_2 脉,在 CuA_2 与 2A 脉之间形成一个外凸的锐角后直达后缘 2/3 处。后翅半透明,淡黄色或淡褐色,外缘带前宽后窄,达外缘 1/2 处;翅脉淡褐色;后中线从前缘中部发出,在 CuA_2 脉之后消失。前、后翅缘毛褐色或深褐色,基部有浅色细线。腹部背面黄色、黄褐色或褐色;腹面浅黄色,各节后缘白色。

雄性外生殖器(图版74-488):爪形突顶部及两侧被浓密的毛。抱器内突背缘有3～5根特化粗刚毛;抱器腹中突三角形。阳茎基环背臂长,末端圆。阳茎筒状,约为抱器瓣长的2/3,内有 2～3 根针状和 1 月牙形角状器;末端侧壁向外延伸出长而弯的刀片状骨片。

雌性外生殖器(图版122-488):前表皮突长约为后表皮突的 2 倍。后阴片宽大,骨化,骨片形状不规则。囊导管略螺旋,向前端逐渐宽大,长约为交配囊直径的 3 倍;交配孔宽,边缘饰以窄骨片;导管端片长筒状,稍弯。交配囊有 2 个囊突,大囊突近菱形,具脊两角尖锐,不具脊两角延长;小囊突位于交配囊与囊导管连接处,近椭圆形。

分布:浙江(天目山)、北京、河南、江苏、上海、湖北、湖南、福建、台湾、广东、海南、广西、四川、贵州、云南;日本,缅甸,马来西亚,印度尼西亚,印度,尼泊尔,澳大利亚。

尖须野螟属 *Pagyda* Walker, 1859

Pagyda Walker, 1859. Type species: *Pagyda salvalis* Walker, 1859.

额扁平,前部略突出。下唇须略微斜向上举,超过头顶,第2节腹缘鳞片较长。下颚须发达,端部略膨大。有时前翅具基线、亚基线和中线,后翅具中线。前翅 R_1 脉发自中室前缘中部;R_3 与 R_4 脉共柄长度约为 R_4 脉的一半。后翅 $Sc+R_1$ 和 Rs 脉共柄长度约为 Rs 脉的 1/3。雄性外生殖器:爪形突近锥形;少数种有颚形突;抱器瓣狭长,舌状,抱器内突密被特化粗刚毛,抱器下突钩突状;阳茎有针状角状器。雌性外生殖器:前、后表皮突纤细;囊突有或无,如有则近椭圆形或纺锤形,有锥突,无对称脊,有附囊。

该属中国已知 12 种,本书记述 3 种。

分种检索表

19.50　五线尖须野螟 *Pagyda quinquelineata* Hering, 1903(图版 28-489)

Pagyda quinquelineata Hering, 1903, *Stett. Entomol. Zeit.*, **64**:101.

翅展 23.0~27.0mm。额和头顶黄色。触角黄色。胸部背面黄色,有乳白色纵条纹;腹面乳白色。下唇须第 1 节白色;第 2 节中部黄色,外缘灰褐色带蓝色闪光;第 3 节浅黄色,向下倾斜。下颚须短小,淡黄色。喙基部鳞片浅黄色。翅底乳白色,斑纹深黄色至黄褐色。前翅基线、亚基线清晰;前中线从前缘 1/4 直达后缘 1/3;中线从近前缘中部直达后缘中部;后中线略细弱,发自前缘 3/4 处,达 CuA$_2$ 脉后颜色变浅至消失,其内侧有较多黄色鳞片向内扩散;各中线前端有小黑斑点;亚外缘带和外缘带稍宽,内缘界限不清晰,亚外缘带从近顶角处发出,斜伸至后缘 2/3 处。后翅中线不达前缘,从近前缘 1/3 处发出,直达后缘 2/3 处;后中线发自前缘 2/3 处,略呈内凹的弧形达臀角,其内侧有较多黄色鳞片向内扩散;亚外缘带和外缘带与前翅相似。前、后翅缘毛黄色,基部颜色深。

雄性外生殖器(图版 74-489):爪形突顶端钝圆,端半部被短毛。抱器瓣长舌状,从基部向端部略狭窄,末端圆;抱器内突近三角形,特化粗刚毛末端分叉长而多;抱器下突短钩状,末端密被短棘;抱器腹端半部稍膨大。囊形突近三角形。阳茎基环长椭圆形,中部稍狭窄。阳茎内有 1 枚长针状角状器,与阳茎近等长,端半部弯成半圆形。

雌性外生殖器(图版 122-489):产卵瓣密被刚毛。表皮突纤细,前表皮突约为后表皮突长的 2 倍。导管端片不发达;基环明显;囊导管稍短粗,后部 1/3 较其他部分宽,在后部 1/3 处形成 1 指形分支。交配囊椭圆形,无囊突;附囊发自囊导管和交配囊连接处。

分布:浙江(天目山)、江苏、湖南、台湾;日本,朝鲜。

19.51　弯指尖须野螟 *Pagyda arbiter* (Butler, 1879)(图版 29-490)

Botys arbiter Butler, 1879, *Illustr. Typ. Spec. Lepidop. Heter. Brit. Mus.*, **3**:77.

Pagyda arbiter:Hampson, 1896, *Fauna Brit. India*, **4**:270, part. (=*salvalis* Walker).

翅展 17.0~26.0mm。额黄色,两侧有白色纵条纹。头顶黄色。触角黄褐色,基部背面有灰白色鳞片。下唇须腹面白色区域窄,第 2 节黄色杂有灰褐色鳞片,腹侧鳞片发达,有两个半圆形灰褐色环纹,第 3 节黄色,前伸。下颚须下部窄,灰褐色,上部宽,黄色。喙基部鳞片浅黄色。胸部背面浅黄、橘黄色纵条相间。翅浅黄色,散布浅褐色鳞片;翅面斑纹深褐色,清晰。前翅前中线自前缘 1/4 处直达后缘 1/3 处;中线自近前缘中部直达后缘 2/3 处,前部 1/3 呈小圆斑状扩展,后部 2/3 向外扩展至后中线末端且外缘不清晰;后中线褐色,自前缘 3/4 处斜向内伸达 CuA$_2$ 脉中部;各中线前端有小黑斑点;亚外缘带色浅而略模糊,从近前缘后中线处发出至臀角,在 R$_5$ 至 M$_3$ 脉之间向外凸呈弧形;外缘线细弱。后翅中线自近前缘基部 1/3 处外斜至后缘 2/3 处;后中线宽,自近前缘 2/3 处达臀角处,略内凹;亚外缘带色浅而略模糊,与外缘近平行。前、后翅缘毛淡黄色。腹部背面黄色。

雄性外生殖器（图版75-490）：爪形突锥形，末端尖圆，端部2/3被短毛。抱器瓣长舌状，背缘直，腹缘略弯，宽度均匀，末端宽圆；抱器内突近半圆形，特化粗刚毛末端分叉长而多；抱器下突弯，指状，伸达抱器瓣腹缘；抱器腹端半部膨大。阳茎基环由一对略弯的条状骨片组成，仅中部相连。阳茎约为抱器瓣长的2/3；中部有1略弯的针状角状器，长约为阳茎的1/4。

雌性外生殖器（图版122-490）：产卵瓣被稀疏的细短毛。表皮突细而长；前表皮突约为后表皮突长的1.5倍。基环窄而短；囊导管细长，向前部逐渐加宽。交配囊小；囊突极小，纺锤形。

分布：浙江（天目山）、福建、台湾、广西、贵州、云南；日本。

19.52　黑环尖须野螟 *Pagyda salvalis* Walker，1859（图版29-491）

Pagyda salvalis Walker，1859，*List Spec. Lepidop. Insects Coll. Brit. Mus.*，**17**：487.

翅展19.0～22.0mm。额黄色，两侧有白色纵条纹，其内侧是灰褐色纵条纹。头顶黄色。触角黄褐色。下唇须腹侧白色区域很小；第2节黄色，有两个半圆形灰褐色环纹，第3节黄色，背缘腹缘有灰褐色环纹。下颚须基半部灰褐色，端半部黄色。喙基部鳞片浅黄色。胸部背面浅黄、橘黄色纵条纹相间，腹面乳白色。翅浅褐色，被浅黄色半透明鳞片，翅面斑纹黄褐色至深褐色。前翅基线和亚基线后半部清晰；前中线自前缘1/4直达后缘1/3；中线自近前缘中部直达后缘2/3处；后中线自前缘3/4直达 CuA_2 脉中部；各中线前端有小黑斑点；亚外缘带色浅而略模糊，从近前缘后中线处发出至臀角，在 R_5 至 M_3 脉之间向外凸，外缘线细弱。后翅中线自近前缘基部1/3处外斜至后缘2/3处；后中线宽，自近前缘2/3处达臀角处，略内凹；亚外缘带前宽后窄，与外缘近平行，不达顶角和臀角。前、后翅缘毛基部1/3黄色，其余白色。腹部背面黄色，第4～7节各节后缘白色；腹面乳白色，有时有褐色纵条。

雄性外生殖器（图版75-491）：爪形突锥形，端部1/3被短毛。颚形突细弱，约为爪形突长的1/3。抱器瓣背缘直，腹缘略弯，末端宽圆；抱器内突近半椭圆形，特化粗刚毛末端分叉长而多；抱器下突粗短，弯钩状，末端具微棘，伸达抱器瓣腹缘；抱器腹端半部膨大。囊形突三角形，两侧内凹。阳茎基环由一对仅中部相连的肾形骨片组成，背侧略有延伸。阳茎约为抱器瓣长的3/4；内有1根粗而略弯的针状角状器，长为阳茎的1/3～1/2，另有一束基部有锚状分支、长而波曲的刺，长约为阳茎的1/2。

分布：浙江（天目山）、湖南、福建、台湾、广东、广西、云南；朝鲜，日本，越南，缅甸，泰国，马来西亚，印度尼西亚，菲律宾，印度，尼泊尔，斯里兰卡，南非，巴布亚新几内亚，澳大利亚。

斑野螟亚科 Spilomelinae

无毛隆。下唇须发达，常弯曲上举，少数种类平伸。喙发达。前翅 R_2 与 R_{3+4} 脉靠近或共柄；2A 与 1A 脉常形成封闭的环。雄性外生殖器：爪形突发达，形状多变；通常无颚形突；无抱器内突。雌性外生殖器：囊突有或无，若有则形状多变，非菱形。

斑野螟亚科是草螟科中最大的亚科，中国已知100属470余种。本书记述13种。

分属检索表

缨突野螟属 *Udea* Guenée [1845] 1844

Udea Guenée [1845] 1844. Type species: *Pyralis ferrugalis* Hübner, 1796.

额圆。下唇须前伸,超过头的部分等长于或略大于头长。下颚须明显。前翅中室圆斑大;中室端脉斑肾形。前翅 R_1 脉出自中室前缘近顶角处,R_3 与 R_4 脉共柄长度约为 R_4 脉的一半。后翅 $Sc+R_1$ 与 Rs 脉共柄长度约为 Rs 脉的 2/5。雄性外生殖器:爪形突近倒 T 形,末端膨大成椭圆形,密被短毛;经常有半圆形的伪颚形突;背兜近梯形,两侧缘稍圆;抱握器钩突状,抱器腹膨大;基腹弧 V 形;囊形突前端常有小尖突;阳茎细长筒形。雌性外生殖器:导管端片发达;基环通常窄;基环前部的囊导管常膨大。交配囊大,通常有大型囊突,近椭圆形或纺锤形,多为纵行,布满锥突,有时有第 2 囊突,少数无囊突。

该属中国已知 31 种,本书记述 2 种。

19.53 锈黄缨突野螟 *Udea ferrugalis* (Hübner, 1796) (图版 29-492)

Pyralis ferrugalis Hübner, 1796, *Samml. Eur. Schmett.*, **6**: 27.

Udea ferrugalis: Shibuya, 1928, *Journ. Coll. Agr. Hokkaido Imp. Univ.*, **22**(1): 277.

翅展 17.0~21.0mm。额浅黄褐色,两侧有乳白色纵条纹。头顶浅黄褐色。触角浅黄褐色。下唇须腹面白色,背面浅黄褐色。下颚须浅黄褐色。喙基部鳞片乳白色。胸部背面浅黄褐色,腹面污白色。前翅黄色或深黄色;前中线褐色,发自前缘 1/4 处,向外倾斜,在中室后缘向内折后形成一外凸锐角,达后缘 1/3 处;中室圆斑深褐色,椭圆形;中室端脉斑深褐色,近四边形;后中线褐色,锯齿状,发自前缘 4/5 处,与外缘略平行,在 CuA_2 脉上形成一内凸的锐角,达后缘 2/3 处;各脉端有褐色小斑点;缘毛深褐色。后翅乳白色,半透明,外缘区颜色稍深;中室端脉斑浅褐色,在后角处形成一小黑斑;后中线浅褐色,锯齿状,与外缘平行;各脉端有褐色小斑点;缘毛颜色与翅面颜色相同。腹部背面浅黄色;腹面污白色;每节两侧末端有黑色斑点。

雄性外生殖器(图版 75-492):爪形突末端膨大呈圆球形。抱器瓣从基部向中部渐窄,末端略膨大且圆;抱握器稍粗短而略弯。囊形突近三角形,顶端圆。阳茎基环发达,两侧臂尖细,长为阳茎基环的 2/5~1/2,有时两侧臂之间有微小的中叶。阳茎棒状,与抱器瓣约等长;中部有指状突起;末端皱缩。

雌性外生殖器(图版 122-492):前表皮突稍长于后表皮突。囊导管细,稍短于交配囊长径或近等长;导管端片漏斗状,前部 1/4 窄,稍宽于基环,后部 3/4 杯状,明显宽于前部,布满锥突,骨化程度不一,隐约可见合抱至腹面的带状骨化区;囊导管近交配囊部分一侧稍呈半圆形膨大。交配囊梨形,前端略平;囊突长纺锤形,前后角略有延伸,与交配囊近等长。

分布:浙江(天目山)、甘肃、青海、天津、河北、山西、陕西、河南、山东、江苏、上海、湖北、湖南、福建、台湾、广东、海南、广西、重庆、四川、贵州、云南、西藏;日本,印度,斯里兰卡,欧洲,非洲。

19.54　粗缨突野螟 *Udea lugubralis* (Leech, 1889)(图版 29-493)

Botys lugubralis Leech, 1889, *Entomologist*, **22**:67.

Udea lugubralis:Shibuya, 1929, *Journ. Coll. Agr. Hokkaido Imp. Univ.*, **25**:217.

翅展 21.0～22.0mm。额褐色,中部颜色略浅,两侧有乳白色纵条纹。头顶浅黄褐色。触角褐色。下唇须腹面白色,背面褐色。下颚须褐色、短小。喙基部鳞片白色。胸部背面灰褐色,腹面乳白色。前翅灰褐色;前中线深褐色,发自前缘 1/4 处,向外倾斜,在中室后缘略向内折至后缘 1/3 处;中室圆斑和中室端脉斑深褐色;后中线黑褐色,锯齿状,发自前缘 3/4 处,呈弧形,在 CuA_2 脉上形成一个内凸的锐角,达后缘 2/3 处;各脉端有黑褐色小斑点;缘毛黑褐色。后翅颜色较前翅稍浅;中室端脉斑在前角和后角各形成一个小斑点;后中线不明显;各脉端有褐色小斑点;缘毛浅黄色,近基部有浅褐色线。

雄性外生殖器(图版 75-493):爪形突末端膨大呈球形。抱器瓣从基部向中部逐渐狭窄,端半部背缘与腹缘近平行,末端圆;抱握器末端尖细且略弯,近垂直伸向抱器腹基部。囊形突近三角形。阳茎基环近四边形,顶端略凹。阳茎长约为抱器瓣的 4/5;中部有稍粗的指状突起;末端皱缩。

雌性外生殖器(图版 122-493):前表皮突长约为后表皮突的 2 倍。囊导管细,稍短于交配囊长径或近等长;导管端片杯状,向前逐渐狭窄,后部 3/4 骨化程度不一,隐约可见合抱至腹面的带状骨化区;导管端片和基环间为具颗粒状微突的膜质区;囊导管近交配囊部分一侧稍呈半圆形膨大。交配囊大,梨形,前端略平;囊突长纺锤形,前后角明显延伸,稍短于交配囊长度。

分布:浙江(天目山)、天津、陕西、河南、湖北、湖南、福建、四川、贵州、云南;朝鲜,朝鲜,日本,俄罗斯。

备注:本种与锈黄缨突野螟 *U. ferrugalis* 可以通过如下特征区别:前翅褐色,阳茎基环顶端略凹;而锈黄缨突野螟前翅黄色或黄褐色,阳茎基环两背臂尖细,被锥突,背臂发达。

绢丝野螟属 *Glyphodes* Guenée, 1854

Glyphodes Guenée, 1854. Type species:*Glyphodes stolalis* Guenée, 1854.

下唇须斜向上举,超过头顶。后翅 $Sc+R_1$ 与 Rs 脉共柄长度为 Rs 脉的 2/5。雄性外生殖器:爪形突细长,端部膨大、被毛;背兜阔圆;抱器瓣卵圆形,具抱握器,多为刺状;阳茎筒状。雌性外生殖器:前表皮突长于后表皮突;囊导管变化较大;囊突有或无。

该属中国已知 22 种,本书记述 1 种。

19.55　四斑绢丝野螟 *Glyphodes quadrimaculalis* (Bremer et Grey, 1853)(图版 29-494)

Diaphania quadrimaculalis Bremer et Grey, 1853, *Beitr. Schm. Fauna China*:22.

Glyphodes quadrimaculalis:Lederer, 1863, *Wien. Entomol. Monatschr.*, **7**:402.

翅展 31.5～38.0mm。头顶黑褐色,两侧近复眼处有两白色细条纹。触角丝状,棕黄色至棕色,背面被银灰色鳞片。下唇须弯曲上举,腹面白色,其余黑褐色。下颚须端部黑褐色,内侧色浅。胸部背面黑褐色,腹面白色;翅基片白色。前翅黑色,有四个白斑,最外侧白斑下侧沿翅外缘有五个小白斑排成一列;缘毛灰褐色,臀角处白色。后翅白色,半透明,外缘有一黑色宽带;缘毛灰褐色,近臀角处白色,后缘缘毛白色。腹部背面黑褐色,各节后缘色浅;腹面及侧面白色;雄性尾毛黑色。

雄性外生殖器(图版 75-494):爪形突细长弯曲,端半部膨大,顶端弯折且腹面具细长刚毛。抱器背基突发达。抱器瓣阔舌形,腹缘中部拱起;抱器背骨化较强;抱器瓣腹缘中部拱起;抱握器短小,伸向抱器腹末端。囊形突宽圆。阳茎基环细长钉形。阳茎极其细长,呈环状弯曲;有 1 几乎与阳茎等长的强骨化针状角状器。

雌性外生殖器(图版 123-494):前表皮突长约为后表皮突的 1.5 倍,基部 1/3 处膨大;后表皮突近中部弯曲成角。导管端片略骨化;囊导管极其细长。交配囊圆形;囊突 2 枚,椭圆形,密布刺突。

分布:浙江(天目山)、黑龙江、吉林、辽宁、宁夏、甘肃、青海、天津、河北、山西、陕西、河南、山东、江西、湖北、湖南、福建、台湾、广东、海南、四川、重庆、贵州、云南、西藏;朝鲜,日本,俄罗斯。

绢须野螟属 *Palpita* Hübner,[1808]

Palpita Hübner,[1808]. Type species:*Pyralis unionalis* Hübner, 1796.

下唇须斜向上举,超过头顶部分不及头长。下颚须丝状。前翅 R_3 与 R_4 脉共柄。后翅 Sc+R_1 与 Rs 脉共柄长度为 Rs 脉的 1/3。雄性外生殖器:爪形突细长;抱器瓣宽圆,抱器腹发达,末端常有不同形状的突起。雌性外生殖器:前、后表皮突较粗壮,囊导管宽短,交配囊长椭圆形。

该属中国已知 18 种,本书记述 1 种。

19.56 尤金绢须野螟 *Palpita munroei* Inoue, 1996(图版 29-495)

Palpita munroei Inoue, 1996,*Tinea*,**15**(1):35.

翅展 22.0~26.0mm。体白色。额橙黄色杂白色,两侧黑褐色;头顶白色。触角背面白色,腹面淡黄色。下唇须基半部白色,端部及背面赭黄色杂褐色。下颚须赭黄色杂褐色,末端赭黄色。领片、翅基片、胸部和腹部白色,领片、翅基片侧面小部分赭黄色杂褐色。前、后翅白色。前翅前缘域赭黄色;中室基斑、中室圆斑、中室端斑淡黄色具黑褐色边;中室基斑小,外侧具黑褐色边;中室圆斑半环形向后达中室后缘;中室端斑肾形;CuA_2 脉近基部与 A 脉之间有一淡黄色具褐色边的椭圆斑;亚外缘线淡褐色,波状,在 M_1 与 CuA_1 脉之间向外弯,后向内至 CuA_1 脉近中部后向后达后缘近臀角处。各脉端具黑褐色小点。后翅中室圆斑褐色;中室端斑椭圆形,黄白色具褐色边,其后端为黑褐色小斑;亚外缘线淡褐色,在 M_1 与 CuA_1 脉之间向外弯,末端达臀角处;臀角处有一黑褐色点状斑;各脉端具黑褐色小点。缘毛白色。足白色,前足腿节外侧赭黄色杂褐色,胫节基部及端半部外侧褐色。

雄性外生殖器(图版 75-495):爪形突细长棒状,长约为背兜后端至囊形突前端之间长度的 1/2;端部微膨大,向腹面呈弯钩状,背面被短刚毛。抱器腹端部具 2 枚近平行的长宽刺状突起,外侧一枚直,指向抱器瓣外缘,内侧一枚弯而末端尖细,指向抱器瓣背缘。囊形突近三角形。阳茎基环近矛形,长度约为爪形突的 5/6,基部两侧呈角状膨大,近基部两侧收缩。阳茎粗壮,与抱器瓣近等长;端部角状器由 12~16 枚短钝刺组成。

雌性外生殖器(图版 123-495):前表皮突长约为后表皮突的 1.5 倍。囊导管粗短,约与交配囊等长。交配囊长卵圆形;近基部有 2 枚扁锥刺状囊突。

分布:浙江(天目山)、福建、香港、湖南、广东、广西、贵州、云南;日本,越南,泰国,印度尼西亚,菲律宾。

蚀叶野螟属 *Lamprosema* Hübner,1823

Lamprosema Hübner,1823. Type species:*Lamprosema lunulalis* Hübner,1823.

额圆。下唇须斜向上举,超过头顶。下颚须丝状。前翅 R_2 脉与 R_{3+4} 脉接近;R_5 脉远离 R_{3+4} 脉。后翅 $Sc+R_1$ 与 Rs 脉共柄长度为 Rs 脉的 1/3。雄性外生殖器:爪形突基部宽,中部细,端部膨大,有时有分叉;囊形突发达。雌性外生殖器:前表皮突长于后表皮突;囊导管粗短;交配囊卵圆形,无囊突。

该属全世界已知约 330 种,中国已知 28 种,本书记述 2 种。

19.57　黑点蚀叶野螟 *Lamprosema commixta*(**Butler,1879**)(图版 29-496)

Samea commixta Butler,1879,*Ann. Mag. Nat. Hist.*,(5)**4**:453.

Lamprosema commixta:Caradja,1925,*Mem. Sect. Stiint. Acad. Rom.*,(3)**3**(7):344.

翅展 15.0～20.0mm。额、头顶白色。触角黄色或黄褐色,基部黑褐色;雄性腹面纤毛约与触角直径等长,近中部几节具栉毛。下唇须第 1 节白色,第 2 节腹面白色,背面褐色;第 3 节褐色,端部色稍浅。胸部背面淡黄色杂褐色斑;翅基片淡褐色,基部有一黑褐色斑,端部褐色。前翅淡黄色;基域具三个褐色至暗褐色大斑,基部前缘具一黑色斑;中室圆斑暗褐色,环状;中室端斑暗褐色,近方形,中央色浅;翅前缘中室端斑前方有一褐色环斑;中室后侧有一暗褐色大斑;前中线黑色,波状弯曲,后中线黑色,由前缘向内倾斜至 M_1 脉,在 M_1 与 CuA_2 脉之间向外突出,后弯向中室后角,向后伸达后缘 3/5 处;外缘为黄褐色阔带,沿外缘线有一排黑色三角形小斑;缘毛黄白色杂淡褐色,中间有一淡褐色不连续细线。后翅黄白色,基部有一褐色大斑;中室端有两平行的棒状细斑,后面接 1 褐色带状斑;后中线褐色,弯曲,在 M_1 与 M_2 脉之间向内凹,自 CuA_1 脉起扩大呈宽带状;外缘为褐色阔带,沿外缘线有一排黑色小斑;缘毛黄白色,中间有一淡褐色细线。腹部背面淡黄色,各节后缘褐色;末端多有一褐色斑。

雄性外生殖器(图版 75-496):爪形突基部宽,端部膨大呈棒槌状,顶端背面密被粗短刚毛。抱器瓣狭长舌状,末端稍尖;抱器腹基部膨大呈椭圆形。阳茎基环近圆形,端部中央向内呈三角形切入。囊形突锥状。阳茎与抱器瓣近等长,端部膨大凸出;近端部有 1 很小的钝刺状角状器。

雌性外生殖器(图版 123-496):前表皮突长约为后表皮突的 2 倍。囊导管粗短,约与交配囊等长;后端 2/3 阔,前端 1/3 收缩,收缩部分在导精管之后强骨化。交配囊卵圆形,基部及一侧密被小刺。

分布:浙江(天目山)、甘肃、北京、天津、陕西、河南、安徽、湖北、湖南、福建、台湾、香港、广东、海南、四川、贵州、云南、西藏;日本,越南,马来西亚,印度,尼泊尔,斯里兰卡。

19.58　黑斑蚀叶野螟 *Lamprosema sibirialis*(**Millière,1879**)(图版 29-497)

Stenia sibirialis Millière,1879,*Naturaliste*,**1**:139.

Lamprosema sibirialis:Caradja,1925,*Mem. Sect. Stiint. Acad. rom.*,(3)**3**(7):344.

翅展 17.0～22.0mm。额淡黄色。下唇须第 1 节淡黄色,第 2 节腹缘基半部淡黄,背面及腹缘端半部深褐色;第 3 节细小,棕黄色。领片和翅基片淡黄色有褐色鳞片。胸部背面淡褐色,有深褐色斑纹。前翅淡黄色,翅基部有 3 个黑褐色模糊斑纹;前中线黑褐色,半圆形向外弯曲;中室圆斑黑褐色,圆形,其后有 1 个近似大小的黑褐色椭圆形斑,中室端脉斑呈四边形,中间黄色;后中线淡黑褐色,端半部略内凹,至 M_3 脉向内折,后伸至后缘 2/3 处;外缘黑褐色,臀角具 1 个黄色小斑;缘毛基部黑褐色,端半部淡黄色。后翅淡黄色,前中线黑褐色;后中线前缘处有 1 黑褐色弯曲短线斑,该线斑外侧与黑褐色外缘形成一淡黄色小斑,臀角处具 1 黄色斑;缘毛同前翅。腹背深褐色,各节前缘白色。

雄性外生殖器(图版 75-497):爪形突中部细长,端半部略膨大,顶端分叉并被短刚毛。抱器瓣狭长,抱器腹基部近菱形。囊形突近三角形。阳茎基环长条状,基部膨大;端部略微分叉。阳茎约为抱器瓣长的 1.2 倍,端部有一近 Y 状骨化区。

雌性外生殖器(图版 123-497):前表皮突长约为后表皮突的 1.5 倍。囊导管由基部至端部逐渐变窄,且具较长的骨化区域,仅端部 1/6 膜质。交配囊近卵圆形,中部密布小刺束;无囊突。

分布:浙江(天目山)、黑龙江、甘肃、北京、天津、河北、陕西、河南、安徽、江西、湖北、湖南、福建、广东、四川、贵州;朝鲜,日本,俄罗斯。

尖翅野螟属 *Ceratarcha* Swinhoe,1894

Ceratarcha Swinhoe,1894. Type species:*Ceratarcha umbrosa* Swinhoe,1894.

额圆。雄性触角腹面具纤毛。下唇须向上弯曲,第 2 节宽厚,第 3 节短。下颚须丝状。前翅前缘向顶角略拱起,外缘顶角下切割;R_2 与 R_{3+4} 脉基部靠近。后翅顶角下切割;M_2 与 M_3 脉基部靠近。雄性外生殖器:爪形突双乳突状;抱器瓣舌状;具抱握器;囊形突发达;阳茎具角状器。

该属全世界已知 2 种,中国已知 1 种,本书记述 1 种。

19.59 暗纹尖翅野螟 *Ceratarcha umbrosa* Swinhoe,1894(图版 29-498)

Ceratarcha umbrosa Swinhoe,1894,*Ann. Mag. Nat. Hist.*,(6)**14**:200.

翅展 29.0～34.0mm。赭褐色。雄性触角腹面纤毛长约为触角直径的 1/3。下唇须基部白色,其余褐色。前翅中室圆斑和中室端脉斑暗褐色;前中线褐色不明显;后中线褐色,在 CuA_1 脉处成直角向内弯曲达中室端斑后方,向后伸达后缘;后中线至外缘间褐色;缘毛基部白色,其余褐色,后缘缘毛浅褐色。后翅中室端脉斑褐色;后中线褐色,在 M_3 与 CuA_2 脉之间向外成锯齿状弯曲;外缘处具褐色宽带;缘毛基部白色,其余褐色,后缘缘毛浅褐色至黄褐色。

雄性外生殖器(图版 76-498):爪形突双乳突状,背面密布刚毛。抱器瓣长舌状,腹面端部近 1/3 区域密被粗短刚毛,末端边缘光裸,前缘具数枚粗刺;抱握器位于近基部 2/3 处,弯向腹缘,末端具一宽扁粗短刺;抱器腹发达。囊形突伸长近椭圆形。阳茎基环近锥形,基部阔圆。阳茎具 1 弯钩状和 1 刺状角状器。

分布:浙江(天目山)、甘肃、湖北、湖南、福建、台湾、海南、西藏;日本,印度。

黑纹野螟属 *Tyspanodes* Warren,1891

Tyspanodes Warren,1891. Type species:*Filodes nigrolinealis* Moore,1867.

下唇须细,斜向上伸。下颚须丝状。前翅各翅脉间有黑色纵长条纹。前翅 R_3 与 R_4 脉共柄长度约为 R_4 脉的 2/3。后翅 $Sc+R_1$ 与 Rs 脉共柄长度为 Rs 脉的 1/3。雄性外生殖器:爪形突三角形;抱器瓣椭圆形,近基部有伸向抱器腹末端的抱握器。雌性外生殖器:前表皮突长于后表皮突;囊导管长;交配囊近圆形,囊突存在。

该属主要分布于东洋界,中国已知 4 种,本书记述 2 种。

19.60　黄黑纹野螟 *Tyspanodes hypsalis* Warren，1891(图版 29-499)

Tyspanodes hypsalis Warren, 1891, *Ann. Mag. Nat. Hist.*, (6)**7**：426.

翅展 30.0~34.0mm。头顶黄色。触角黄色。下唇须淡黄色至橙黄色,中间暗灰色至黑褐色。下颚须淡黄色至橙黄色,中间颜色暗灰或黑褐色。胸部橙黄色,翅基片橙黄色,翅基片外侧各有一个黑褐色斑点。前翅茉莉黄色,基部有一黑斑;中室有两个黑斑;各翅脉间有黑色纵条纹,沿翅后缘的一条中断分为两条;臀区近基部有一黑斑。后翅暗灰色,中央有浅银灰色斑。缘毛灰褐色。腹部橙黄色,背面中央具一系列黑褐色斑。

雄性外生殖器(图版 76-499):爪形突三角形,边缘被毛。抱器瓣宽圆舌形;抱握器弯曲;抱器腹细长,伸至抱器瓣 2/3 处。囊形突阔三角形。阳茎基环近菱形,与爪形突近等长,端部分叉。阳茎长筒形,一侧壁骨化较强;有 1 粗壮的长针状角状器,约与阳茎等长。

雌性外生殖器(图版 123-499):前表皮突近中部膨大呈不规则四边形,长约为后表皮突的 1.5 倍。囊导管长而弯曲。交配囊圆形,囊突形状不规则。

分布:浙江(天目山)、甘肃、河北、陕西、河南、江苏、安徽、江西、湖北、湖南、福建、台湾、广东、海南、广西、重庆、四川、贵州;朝鲜,朝鲜,日本,印度。

19.61　橙黑纹野螟 *Tyspanodes striata*（Butler，1879）(图版 29-500)

Astura striata Butler, 1879, *Illustr. Typ. Spec. Lepidop. Heter. Brit. Mus.*, **3**：76.

Tyspanodes striata：Hampson, 1898, *Proc. General Meetings Sci. Business Zool. Soc. Lond.*：673.

翅展 26.0~31.0mm。体、翅橙黄色。头顶淡黄或橙黄色。触角橙黄色。下唇须第 1 节腹面淡黄色,端部及第 2 节基半部黑褐色,第 3 节淡黄色。下颚须细长丝状,末端淡黄色。领片、翅基片和胸部背面橙黄色,胸部腹面乳白色或银灰色。前翅基部有一黑点,中室内有 2 黑斑;各翅脉间有黑色纵条纹,沿翅后缘的一条中断为两条;臀区近基部有一黑斑;缘毛基部黄色,端部银灰色。后翅橙黄色,色泽略浅于前翅,外缘有黑色带;缘毛灰褐色。腹部背面橙黄色,或基部橙黄端部几节灰黑色。

雄性外生殖器(图版 76-500):爪形突近三角形,顶端钝圆,边缘被毛。抱器瓣宽圆舌形;抱握器弯曲。囊形突阔三角形。阳茎基环瓶状,顶端略分叉。阳茎细长筒状;有 1 长针状角状器,约为阳茎长的 2/3。

雌性外生殖器(图版 123-500):前表皮突近中部近菱形膨大,长约为后表皮突的 1.5 倍。导管端片略骨化,两侧具两较强骨化骨片;囊导管细长。交配囊圆形;囊突形状不规则。

分布:浙江(天目山)、甘肃、陕西、河南、山东、江苏、江西、湖北、湖南、福建、台湾、广东、广西、重庆、四川、贵州、云南;朝鲜,朝鲜,日本。

备注:本种与黄黑纹野螟 *T. hypsalis* 可以通过如下特征区别:前翅橙黄色,阳茎内有 1 枚针状角状器,长度为阳茎的 2/3;而黄黑纹野螟前翅茉莉黄色,阳茎内的针状角状器长度与阳茎近等长。

斑野螟属 *Polythlipta* Lederer，1863

Polythlipta Lederer, 1863. Type species：*Polythlipta macralis* Lederer, 1863.

额圆。触角与前翅约等长。下唇须向上斜伸,第 2 节腹侧有长鳞毛,第 3 节平伸。下颚须丝状。前翅 R_2 与 R_{3+4} 脉靠近。后翅中室短小。雄性外生殖器:爪形突细长,顶端膨大被毛;抱器瓣椭圆形,近基部具抱握器;阳茎有角状器。雌性外生殖器:前表皮突长于后表皮突;无囊突。

该属中国已知 4 种,本书记述 1 种。

19.62 大白斑野螟 *Polythlipta liquidalis* Leech，1889(图版 29-501)

Polythlipta liquidalis Leech，1889，*Entomologist*，**22**：70.

翅展 37.0～40.0mm。额褐色,两侧有白色纵条纹。触角黄白色,基部有褐色环纹。下唇须第 1 节腹面白色,第 2 节褐色,第 3 节灰白色,向前平伸,整个下唇须腹面缨毛突出。下颚须褐色,略短于下唇须的长度。胸部背面中央褐色,两侧白色;领片黄褐色,或白色杂褐色;翅基片浅黄褐色,或白色掺杂褐色鳞片。腹部背面第 1、2 节白色,其余赭褐色;第 2 节背面有一对黑斑。胸、腹腹面白色或黄白色。前、后翅白色半透明。前翅基部黑褐色;由翅近基部至中室中部及后缘为一橙黄色三角形大斑,斑纹周围镶有褐色边;中室基部有一由褐色环纹围绕的小白斑;中室端斑条状,橙黄色镶黑褐色边;翅顶有一黑褐色大斑;CuA$_2$ 脉至臀角间有一不规则黑褐色长斑纹。后翅中室端斑黑褐色,细条状;翅顶、臀角处及近外缘中部各有一黑褐色斑;沿外缘有一排褐色小斑。前、后翅缘毛白色杂少许褐色鳞片。足白色;前足胫节端部黑色;跗节有褐、白色长毛缨。

雄性外生殖器(图版 76-501):爪形突棒槌状,顶端膨大部分背面被短刚毛。抱器瓣椭圆形,近基部有一耳状抱握器;抱器背骨化强,未伸达抱器瓣顶端,末端密被长毛;抱器腹基部宽阔,至端部渐细,长度约为抱器瓣长度的一半。囊形突长三角形。阳茎基环杯状。阳茎长柱状;近端部有 1 具若干刺突的棒状角状器。

雌性外生殖器(图版 123-501):前表皮突中部呈菱形膨大,长约为后表皮突的 2 倍。导管端片微骨化;囊导管长约为交配囊的 2 倍。交配囊卵圆形;无囊突。

分布:浙江(天目山)、甘肃、陕西、河南、江苏、江西、湖北、湖南、福建、广东、海南、广西、四川、贵州、云南;朝鲜,朝鲜,日本。

切叶野螟属 *Herpetogramma* Lederer，1863

Herpetogramma Lederer，1863. Type species：*Herpetogramma servalis* Lederer，1863.

额倾斜。下唇须略斜向上举,第 3 节短钝,多隐蔽。前翅 R$_1$ 脉出自中室前缘的 4/5,R$_3$ 与 R$_4$ 脉共柄。后翅 Sc+R$_1$ 与 Rs 脉共柄长度为 Rs 脉的 1/4。雄性外生殖器:爪形突锥形,端部被短毛;抱器瓣舌状,基部有弯曲抱握器伸向抱器腹末端。雌性外生殖器:前表皮突长于后表皮突;交配囊具囊突。

该属中国已知 25 种,本书记述 1 种。

19.63 葡萄切叶野螟 *Herpetogramma luctuosalis*（Guenée，1854）(图版 29-502)

Hyalitis luctuosalis Guenée，1854，Deltoides & Pyralites，*In*：Boisduval & Guenée (eds.)，*Hist. Nat. Insects*，**8**：290.

Herpetogramma luctuosalis：Inoue，1982，Pyralidae，*In*：Inoue *et al.*，*Moths of Japan*，**1**：355.

翅展 23.0～31.0mm。额褐色,两侧有白条纹。触角棕褐色,背面灰黑色;雄虫触角基节端部内侧有一根细锥状突,鞭节第 1 小节内侧有一个凹窝,腹面纤毛不明显。下唇须基节白色,第 2 节端部及背面黑褐色,腹面白色,第 3 节极细小,向前倾斜。下颚须棕褐色,约为下唇须第 2 节长度的一半。胸、腹部背面褐色,腹面白色;各腹节背面后缘白色。前翅黑褐色;前中线淡黄色向外倾斜;中室圆斑淡黄色;中室端脉内侧有一个淡黄色方形斑纹;后中线淡黄色弯曲,其前缘及后缘各有一个淡黄色斑纹,前缘的斑纹大,后缘的稍小;缘毛灰褐色,近臀角处白色。后翅颜色同前翅,前缘区域基半部黄白色;中室有一个小黄点;后中线阔、弯曲,黄色;缘毛灰白色,基部色深。前足腿节和胫节末端褐色。

雄性外生殖器(图版76-502)：爪形突长锥形，末端1/5被成簇的短毛。抱器瓣中部较宽；抱器背发达，骨化较强；抱器瓣近基部具很小的指状抱握器；抱器腹近末端呈指状突。囊形突阔圆。阳茎基环长板状。阳茎与抱器瓣近等长；无角状器。

雌性外生殖器(图版123-502)：前表皮突基半部膨大，较宽扁，长约为后表皮突的2倍。囊导管前端1/3大部分骨化并具小钝刺。交配囊近圆形，长约为囊导管的2/3；囊突条状，由许多小疣突组成，并在靠近交配囊一侧1/3处略膨大。

寄主：葡萄科 Vitaceae：葡萄 *Vitis vinifera* Linn.。

分布：浙江(天目山)、黑龙江、吉林、甘肃、天津、河北、陕西、河南、江苏、安徽、湖北、福建、台湾、广东、四川、贵州、云南；朝鲜，日本，越南，印度尼西亚，印度，尼泊尔，不丹，斯里兰卡，俄罗斯，欧洲南部，非洲东部。

褐环野螟属 *Haritalodes* Warren，1890

Haritalodes Warren，1890. Type species：*Botys multilinealis* Guenée，1854.

额倾斜。下唇须略斜向上举，超过头顶。前翅 R_1 脉出自中室前缘的4/5，R_3 与 R_4 脉共柄。后翅 $Sc+R_1$ 与 Rs 脉共柄长度为 Rs 脉的1/4。雄性外生殖器：爪形突长锥形，端部有长毛；抱器瓣舌状，基部有乳头状突起和细小钩突。雌性外生殖器：前表皮突长于后表皮突；囊导管细长；具囊突。

该属中国已知1种，本书记述该种。

19.64　棉褐环野螟 *Haritalodes derogata*（Fabricius，1775）(图版29-503)

Phalaena derogata Fabricius，1775，*Syst. Entomol.*：641.

Haritalodes derogata：Shaffer *et al.*，1996，Pyralidae，*In*：Nielsen *et al.*，*Monogr. Austr. Lepid.*，**4**：197.

翅展25.0～36.5mm。额白色。触角浅棕黄色。下唇须白色，第1节端部背面褐色，第2节宽扁，端部有时褐色；第3节短小，淡褐色，长度为第2节的一半，向前突出。下颚须白色，长度与下唇须第3节近等长。领片中央有一对黑褐色斑。胸部背面淡黄色；前胸上有一对黑褐色斑，中胸中央有一个黑褐斑；翅基片上有四个黑褐色斑。前、后翅淡黄色。前翅端半部翅脉处覆盖褐色鳞片；基部有三个黑褐色斑；黑褐斑与前中线间有一新月形斑纹；中室圆斑深褐色，环状；中室端斑深褐色，肾形，环状；中室后方有1深褐色环斑；前中线、后中线、亚外缘线及外缘线褐色；后中线在 M_2 与 CuA_2 脉之间向外弯，而后自 CuA_2 脉基部1/3伸达后缘1/2处。后翅中室端斑褐色，环状；中室端斑下方有一褐色纵纹；在中室端斑和亚外缘线之间有一不规则斑纹；后中线、亚外缘线及外缘线褐色；后中线自前缘2/3处发出，在 M_2 与 CuA_2 脉之间明显外弯，而后自 CuA_2 脉的1/2发出，达后翅臀角处。前、后翅缘毛淡黄色，中间灰褐色。腹部背面黄褐色，各腹节后缘黄白色，第一腹节背面有一对褐色或黄褐色斑，腹部末端有一个黑褐斑。

雄性外生殖器(图版76-503)：爪形突锥形，长约为抱器瓣的2/3，顶端略圆滑，中部略凹，侧缘及端部背面具细长刚毛。抱器背基突发达。抱器瓣端部圆，腹缘基部2/3处有1凹陷，背缘前端1/3处具1凹陷；抱器腹细长，基部有乳突状突起；抱握器弯钩状。囊形突发达，末端阔圆。阳茎基环长板状，长度与囊形突接近，端半部分叉，近基部两侧各有一刺状突。阳茎细棒状，与抱器瓣近等长；角状器棒状，长约为阳茎的2/3。

雌性外生殖器(图版123-503)：前表皮突基部呈不规则膨大，向末端渐细，长约为后表皮突的2倍。导管端片略骨化，长为宽的1/2；基环两侧各有一窄骨片；囊导管细长，宽度均匀，长度约为交配囊的 2.5 倍。交配囊近圆形；囊突 2 枚，圆形。

寄主：锦葵科 Malvaceae：棉 *Gossypium* sp., 木槿 *Hibiscus syriacus* Linn., 黄蜀葵 *Abelmoschus manihot*（Linn.）Medic., 芙蓉 *Hibiscus moscheutos* Linn., 秋葵 *Abelmoschus* sp., 蜀葵 *Althaea rosea*（Linn.）Cavan., 锦葵 *Malva sinensis* Cavan., 冬葵 *Malva crispa* Linn.；毛茛科 Ranunculaceae：野棉花 *Anemone vitifolia* Buch.-Ham. ex DC.；梧桐科 Sterculiaceae：梧桐 *Firmiana platanifolia*（Linn. f.）Marsili.。

分布：浙江（天目山）、辽宁、内蒙古、甘肃、北京、天津、河北、山西、陕西、河南、山东、江苏、安徽、江西、湖北、湖南、福建、台湾、广东、广西、四川、贵州、云南、西藏；朝鲜，朝鲜，日本，越南，缅甸，泰国，新加坡，印度尼西亚，菲律宾，印度，非洲，南美洲。

阔斑野螟属 *Patania* Moore，1888

Patania Moore，1888. Type species：*Botys concatenalis* Walker，1865.

额圆。下唇须弯曲上举，第 3 节前伸。前翅 R_1 脉出自中室前缘近前角处。后翅 $Sc+R_1$ 与 Rs 脉共柄长度为 Rs 脉的 1/4。雄性外生殖器：爪形突宽短；抱器瓣近基部常有抱握器。雌性外生殖器：前表皮突长于后表皮突；囊突有或无。

该属中国已知 20 种，本书记述 1 种。

19.65 枇杷扇野螟 *Patania balteata*（Fabricius，1798）（图版 29-504）

Phalaena balteata Fabricius，1798，*Suppl. Entomol. Syst.*：457.
Patania aurantiacalis Kirti et Gill，2007，*J. Eut. Res.*，**31**(3)：273.

翅展 25.0～34.0mm。额、头顶橙黄色。触角背面淡黄色，腹面橙黄色；雄性腹面纤毛约为触角直径的 1/2。下唇须第 1 节白色，第 2 节基半部白色、端部及第 3 节赭黄色。下颚须细小，赭黄色。翅淡黄色至黄色。前翅前、后中线褐色弯曲不清晰；前中线略向外倾斜弯曲；中室圆斑褐色，中室端脉斑褐色，方形；后中线波状弯曲，在 M_3 与 CuA_2 脉之间向外弯曲，后向内达中室后角后方，浅波曲达后缘；外缘有浅褐色至褐色带。后翅中室端斑褐色；后中线在 M_3 与 CuA_2 脉之间向外弯曲。前、后翅缘毛黄褐色，末端色浅，内缘缘毛淡黄色至黄色。腹部各节后缘白色。

雄性外生殖器（图版 76-504）：爪形突舌状，顶端钝圆。颚形突狭长指状。抱器瓣舌状；抱器瓣基部抱握器指状。囊形突近方形。阳茎基环近菱形。阳茎筒状，末端密集钝刺；有 1 基部弯曲的针状角状器。

雌性外生殖器（图版 123-504）：前表皮突长约为后表皮突的 1.5 倍，前者近基部呈菱形膨大。导管端片略骨化；囊导管端半部密被细小疣突，基半部骨化明显，端半部宽度约为基半部的 2 倍。交配囊圆形，无囊突。

寄主：蔷薇科 Rosaceae：枇杷 *Eriobotrya japonica* Lindl.；壳斗科 Fagaceae：柞树 *Quercus serrata* Thunb., 橡树 *Q. acutissima* Carruth, 楮树 *Q. glauca* Thunb., 栗树 *Castanea pubinervis* Schneid；漆树科 Anacardiaceae：黄连木 *Pistacia chinensis* Bge., 乳香 *P. lentiscus* Linn., 栌木 *Rhus cotinus* Bge.。

分布：浙江（天目山）、甘肃、天津、陕西、河南、安徽、江西、湖北、湖南、广东、海南、福建、台湾、四川、重庆、贵州、云南、西藏；朝鲜，朝鲜，日本，越南，缅甸，印度尼西亚，印度，尼泊尔，斯里兰卡，法国，南斯拉夫，澳洲，非洲。

参考文献

Arenberger E & Jaksic P. 1991. Pterophoridae (Insecta, Lepidoptera). Tsrnogorska Akademija Nauka i Umjetnosti Posebna Izdanja, 24: 225—242.

Arenberger E. 2006. Contribution to the fauna of Australia (Lepidoptera, Pterophoridae). Zeitschrift der Arbeitsgemeinschaft Österreichischer Entomologen, 58(3—4): 111—124.

Bae YS & Komai F. 1991. A revision of the Japanese species of the genus *Lobesia* Guenée (Lepidoptera, Tortricidae), with description of a new subgenus. Transactions of the Lepidopterological Society of Japan, 42 (2): 115—141.

Bänziger H. 1995. *Microstega homoculorum* sp. n. —The most frequently observed lachryphagous moth of man (Lepidoptera, Pyralidae: Pyraustinae). Revue Suisse de Zoologie, 102(2): 265—276.

Benander P. 1945. Släktet *Xystophora* Hein. och dess Svenska arter. Entomologisk Tidskrift, 66: 125—135.

Bigot L & Picard J. 1986. *Paraplatyptilia* n. nov. pour *Mariana* Tutt, 1907, préoccupé. Nouvelle capture entomologist France de *Stenoptilia taprobanes* (Felder *et* Rogenhofer, 1875). (Lep. Pterophoridae). Alexanor, 14(6) (Suppl.): 17.

Bleszynski S. 1961. Revision of the world species of the family Crambidae(Lepidoptera). Part Ⅰ. Genus *Calamotropha* Zell. Acta Zoologica Cracoviensia, 6(7): 137—272.

Bleszynski S. 1962. Studies on the Crambidae(Lepidoptera). Part 37. Changes in the nomenclatory [sic] of some Crambidae with the descriptions of new genera and species. Polskie Pismo Entomologiczne, 32(1): 5—48.

Bleszynski S. Crambinae. In: Amsel HG, Gregor F & Reisser H, eds. Microlepidoptera Palaearctica, 1. Wien: Verlag Georg Fromme & Co. 1965: 1—553.

Bradley JD. 1967. Some changes in the nomenclature of British Lepidoptera. Part Ⅴ. Microlepidoptera. Entomologist's Gazette, 18: 45—47.

Bradley JD, Tremewan WG & Smith A. British Tortricoid Moths. Cochylidae and Tortricidae: Tortricinae. London: The Ray Society. 1973: 1—251.

Bremer O & Grey W. Beiträge zur Schmetterlings-Fauna des Nördlichen China's. St. Petersburg. 1853: 23.

Brown JW. World Catalogue of Insects, Vol. Ⅴ. Tortricidae(Lepidoptera). Stenstrup: Apollo Books. 2005: 1—741.

Brown RL. 1979. Nomenclatorial changes in Eucosmini(Tortricidae). Journal of the Lepidopterists' Society, 33: 21—28.

Brown RL. 1983. Taxonomic and morphological investigations of Olethreutinae: *Rhopobota*, *Griselda*, *Melissopus* and *Cydia*(Lepidoptera: Tortricidae). Entomography, 2: 97—120.

Busck A. 1917. The pink bollworm, *Pectinophora gossypiella*. Journal of Agricultural Research, 9 (10): 343—370.

Butler AG. Illustrations of Typical Specimens of Lepidoptera Heterocera in the Collection of the British Museum, 2. London: British Museum (Natural History). 1878: 1—62.

Butler AG. 1879. Descriptions of new species of Heterocera from Japan. Annals and Magazine of Natural History, including Zoology, Botany and Geology, (5)4: 349—374, 437—457.

Butler AG. Illustrations of Typical Specimens of Lepidoptera Heterocera in the Collection of the British Museum, 3. London: British Museum (Natural History), 1879: 1—82.

Butler AG. 1879. On a collection of Lepidoptera from Cachar, N. E. India. Transactions of the Entomological Society of London, 1879: 1—8.

Butler AG. 1881. Descriptions of New Genera and Species of Heterocerous Lepidoptera from Japan. Transactions of the Entomological Society of London, 1881: 1—23; 579—600.

Caradja A & Meyrick E. 1933. Materialien zu einer Microlepidopteren-Fauna Kwangtungs. Deutsche Entomologische Zeitschrift Iris, 47: 123—167.

Caradja A & Meyrick E. Materialien zu einer Microlepidopteren-Fauna der chinesischen Provinzen Kiangsu, Chekiang und Hunan. Berlin: R. Friedländer & Sohn. 1935: 1—96.

Caradja A & Meyrick E. 1937. Materialen zu einer Microlepidopterenfauna des Yülingshanmassivs (Provinz Yunnan). Deutsche Entomologische Zeitschrift Iris, 51: 137—182.

Caradja A. 1910. Beitrag zur Kenntnis über die geographische verbereitung der Pyraliden des europaischen Faunengebietes nebst Beschreibung einiger neuer Formen. Deutsche Entomologische Zeitschrift Iris, 24: 105—147.

Caradja A. 1920. Beitrag zur Kenntnis der geographischen verbreitung der Mikrolepidopteran des paläarktischen Faunengebietes nebst Beschreibung neuer Formen (Ⅲ Teil). Deutsche Entomologische Zeitschrift Iris, 34: 75—179.

Caradja A. 1925. Ueber Chinas Pyraliden, Tortriciden, Tineiden nebst kurze Betrachtungen, zu denen das Studium dieser Fauna Veranlassung gibt (Eine biogeographische Skizze). Mémoriile Sectiunii Stiintifice, Academia Romana, (3)3(7): 257—387.

Caradja A. 1926. Nachträge zur Kenntnis ostasiatischer Pyraliden. Deutsche Entomologische Zeitschrift Iris, 40: 168—170.

Caradja A. 1927. Die Kleinfalter der Stötzner'schen Ausbeute, nebst Zuträge aus meiner Sammlung (Zweite biogeographische Skizze: "Zentralasien"). Mémoriile Sectiunii Stiintifice, Academia Romana, (3)4 (8): 361—428.

Caradja A. 1931. Dritter Beitrag zur Kenntnis der Pyraliden von Kwanhsien und Mokanshan(China). Bulletin de la Section Scientifique de l'Académie Roumaine, 14(9—10): 1—10, 203—212.

Caradja A. 1931. Second contribution to our knowledge about the Pyralidae and Microlepidoptera of Kwanhsien. Bulletin de la Section Scientifique de l'Académie Roumaine, 14(3—5): 5—17, 59—75.

Caradja A. 1938. Materialien zu einer Microlepidopteren-Fauna Nord-Fukiens. Stettiner Entomologische Zeitung, 99: 253—357.

Caradja A. 1939. Materialien zu einer Mikrolepidopterenfauna des Mienshan, Provinz Shansi, China. Deutsche Entomologische Zeitschrift Iris, 53: 1—15.

Chen TM, Song SM & Yuan DC. 2002. A review of the Chinese Calamotropha Zeller (Lepidoptera: Pyralidae: Crambinae), with descriptions of three new species. Oriental Insects, 36: 35—46.

Christoph HT. 1881(1882). Neue Lepidopteren des Amurgebietes. Bulletin de la Société impériale des naturalists de Moscou, 56(1): 1—80; 56(4): 222—438.

Christoph HT. 1882. Neue Lepidopteren des Amurgebietes. Bulletin de la Société impériale des naturalists de Moscou, 57(1): 5—47.

Clarke JFG. Catalogue of the Type Specimens of Microlepidoptera in the British Museum (Natural History) Described by Edward Meyrick, Vol. 3. London: Trustees of The British Museum (Natural

History). 1958: 1—600.

Clarke JFG. Catalogue of the Type Specimens of Microlepidoptera in the British Museum (Nartural History) Described by Edward Meyrick, Vol. 5. London: Trustees of The British Museum (Natural History), 1965: 1—581.

Cong PX & Li HH. 2016. Taxonomic study of the genus *Lycophantis* Meyrick from China (Lepidoptera: Yponomeutidae) with descriptions of three species. Zootaxa, 4084(1): 105—114.

Cong PX, Fan XM & Li HH. 2016. Review of the genus *Anthonympha* Moriuti, 1971 (Lepidoptera: Plutellidae) from China, with descriptions of four new species. Zootaxa, 4105(3): 285—295.

Danilevsky AS & Kuznetzov VI. Tortricidae, Tribe Laspeyresiini. In: Bykhovskii BE, ed. Fauna of the USSR, 98. Moscow-Leningrad: AN SSSR. 1968: 1—633.

Denis JNCM & Schiffermüller I. Ankündung Eines Systematischen Werkes von den Schmetterlingen der Wienergegend. Wien: Augustin Bernardi. 1775 : 1—323.

Diakonoff A. 1948. Microlepidoptera from Indo-China and Japan. Bulletin of the British Museum (Natural History), 20(2): 267—272, 343—348.

Diakonoff A. 1959. Entomological results from the Sewedish Expedition 1934 to Burma and British India, Lepidoptera collected by René Malaise. Microlepidoptera II. Arkiv for Zoologi, (2)12(13): 165—182.

Diakonoff A. 1973. The south Asiatic Olethreutini (Lepidoptera, Tortricidae). Zoologische Monographieen van het Rijksmuseum van Nartuurlijke Historie, 1: 1—700.

Diakonoff A. 1975. New Tortricoidea(Lepidoptera) from southeast Asia in the British Museum(Natural History). Zoologische Mededelingen, 48(26): 297—320.

Diakonoff A. 1976. Tortricidae from Nepal 2. Zoologische Verhandelingen, 144: 1—145.

Du YL, Li HH & Wang SX. 2002. A taxonomic study on the genus *Assara* Walker from China (Lepidoptera: Pyralidae, Phycitinae). Acta Zootaxonomica Sinica, 27(1): 8—19.

Du YL, Song SM & Wu, CS. 2005. A new genus in the subfamily Phycitinae (Lepidoptera: Pyralidae) from China. Annales Zoologici , Polska Akasemis Nauk (Warszawa), 55(1): 99—105.

Du YL, Song SM & Wu CS. 2005. First Record of the genus *Anabasis* Heinrich from China, with description of a new species (Lepidoptera: Pyralidae: Phycitinae). Entomological News, 116(5): 325—330.

Du YL, Song SM & Wu CS. 2007. A review on *Addyme-Calguia-Coleothrix* genera complex (Lepidoptera: Pyralidae: Phycitinae), with one new species from China. Transactions of the American Entomological Society, 133(1): 143—153.

Du ZH & Wang SX. 2013. Genus *Promalactis* Meyrick (Lepidoptera, Oecophoridae) from China: Descriptions of twelve new species. ZooKeys, 285: 23—52.

Esaki T, *et al.*, eds. Icones Heterocerorum Japonicorum in Colorlbus Naturalibus, 1. Osaka: Hoikusya. 1957: 1—318.

Fabricius JC. Systema entomologiae: sistens insectorum classes, ordines, genera, species adiectis synonymis, locis, descriptionibus, observationibus. Flensburgi *et* Lipsiae: Kortii. 1775: 1—832.

Fabricius JC. Entomologia Systematica Emendata et Aucta. Secundum classes, ordines, genera, species adjectis synonimis, locis, observationibus, descriptionibus. Lepidoptera, 3(2). Hafinae: C. G. Proft. 1794: 1—349.

Fabricius JC. Supplementum Entomologiae Systematicae. Hafniae: Proft & Storch. 1798: 1—572.

Falkovitsh MI. 1966. New Palaearctic species of leaf-rollers of the subfamily Olethreutinae (Lepidoptera, Tortricidae). Trudy Zoologicheskogo Instituta Akademii Nauk SSSR, 37: 208—227.

Falkovitsh MI. 1970. New Palearctic species of the genus *Lobesia* Gn. and synonymical notes on some leaf-rollers (Lepidoptera, Tortricidae). Vestnik Zoologii, 1970(5): 62—69.

Felder C & Felder R. 1862. Observationes de Lepidopteris nonnullis Chinae centralis et Japoniae. Wiener Entomologische Monatschrift, 6(1): 22—32, (2): 33—40.

Felder C, Felder R & Rogenhofer AF. 1874—1875. Atlas of Heterocera. In: Reise der Öesterreichischen Fregatte Novara um die Erde in den Jahren 1857, 1858, 1859 unter den Befehlen des A. Commodore B. von Wüllerstorf-Urbair. Zoologischer Theil, Band 2. Abtheilung 2. Lepidoptera.' Wien: Aus der Kaiserlich-königliche Hof-und Staatsdruckerei. 1874: 1—20, pls. 75—120; 1875: pls. 121—140.

Fletcher DS & Nye IWB. Pyraloidea. The Generic Names of the Moths of the World, 5. London: Trustees of the British Museum. 1984: 1—185.

Fletcher TB. 1932. Life-histories of Indian Microlepidoptera (second series) Alucitidae (Pterophoridae), Tortricidae and Gelechiidae. Scientific Monograph Imperial Council of Agricultural Research, 2: 1—58.

Friese G. 1962. Beitrag zur Kenntnis der ostpäarktischen Yponomeutidae. Beiträge zur Entomologie, 12 (3—4): 299—331.

Fujisawa K. 1989. Notes on nineteen species of *Agonopterix* Hübner (Lepidoptera: Oecophoridae) from Japan. Japan Heterocerists' Journal, 153: 34—47.

Gaedike R. 2000. New and interesting moths from the East Palaearctic (Lepidoptera: Tineidae). Contribution to the knowledge of Eastern Palaearctic insects (11). Beiträge zur Entomologie, 50 (2): 357—384.

Gaskin DE. 1984. The genus *Roxita* Bleszynski (Lepidoptera, Pyralidae, Crambinae): new species and combinations and a reappraisal of its relationships. Tijdschrift voor Entomologie, 127(2): 17—31.

Gielis C. 1993. Generic revision of the superfamily Pterophoroidea (Lepidoptera). Zoologische Verhandelingen, 290: 1—139.

Gozmány L. Molylepkék, IV. Microlepidoptera IV. In: Fauna Hungariae (40) 16 (5). Budapest: Akademia Kiado. 1958: 1—295.

Gozmány L. 1973. Symmocid and lecithocerid moths (Lepidoptera) from Nepal. Khumbu Himal, 4(3): 413—442.

Gozmány L. Lecithoceridae. In: Amsel HG, Gregor F & Reisser H, eds. Microlepidoptera Palaearctica, 5. Wien: Verlag Georg Fromme & Co. 1978: 1—306.

Guenée MA. 1845. Essai sur une nounelle classification des Microlépidoptères et catalogue des espèces Europèennes. Annales de la Société Entomologique de France, (2)3: 105—344.

Guenée MA. Deltoides et Pyralites. In: Boisduval JBAD & Guenée MA, eds. Histoire Naturelle des Insectes: Species general des Lépidoptères, 8. Paris: Roret. 1854: 1—448.

Hampson GF. The Lepidoptera Heterocera of the Nilgiri district. In: Illustrations of Typical Specimens of Lepidoptera Heterocera in the Collection of the British Museum, 8. London: British Museum (Natural History). 1891: 1—144, pls. 139—156.

Hampson GF. 1893. The Macrolepidoptera Heterocera of Ceylon. In: Illustrations of typical specimens of Lepidoptera Heterocera in the Collection of the British Museum, 9. London: British Museum (Natural History). 1893: 1—182, pls. 157—176.

Hampson GF. 1895. On the classification of the Schoenobiinae and Crambinae, two subfamilies of moths of the family Pyralidae. Proceedings of the General Meetings for Scientific Business of the Zoological Society of London, 1895: 897—974.

Hampson GF. Moths. In: The fauna of British India, including Ceylon and Burma, 4. London: Taylor & Francis. 1896: 1—594.

Hampson GF. 1896. On the classification of three subfamilies of moths of the family Pyralidae: the Epipaschiinae, Endotrichinae, and Pyralinae. Transactions of the Entomological Society of London, 1896:

451—550.

Hampson GF. 1898. A revision of the moths of the subfamily Pyraustinae and family Pyralidae. Part Ⅰ. Proceedings of the General Meetings for Scientific Business of the Zoological Society of London, 1898: 590—761, pls. 49—50.

Hampson GF. 1905. Descriptions of new species of Noctuidae in the British Museum. Annals and Magazine of Natural History, including Zoology, Botany and Geology, (7)16: 577—604.

Hampson GF. 1906. On new Thyrididae and Pyralidae. Annals and Magazine of Natural History, including Zoology, Botany and Geology, (7)17: 112—147, 189—222, 253—269, 344—359.

Hampson GF. 1907. Descriptions of new Pyralidae of the subfamilies Hydrocampinae and Scoparianae. Annals and Magazine of Natural History, including Zoology, Botany and Geology, (7)19: 1—24.

Hampson GF. 1912. The moths of India. Supplementary paper to the volumes in "The fauna of British India". Series Ⅳ. Part Ⅴ. Journal of the Bombay Natural History Society, 21: 1222—1272.

Hannemann HJ. 1953. Natürliche Gruppierung der europäischen Arten der Gattung Depressaria s. l. (Lep. Oecoph.). Mitteilungen aus dem Zoologischen Museum in Berlin, 29: 269—373.

Haworth AH. Lepidoptera Britannica: sistens digestionem novam insectorum lepidopterorum quae in Magna Britannia reperiuntur, larvarum pabulo, temporeque pascendi; expansione alarum, mensibusque volandi; synonymis atque locis observationibusque variis. London: Taylor & Francis. 1803—1828. 1: 1—136; 2: 137—376; 3: 377—512; 4: 513—609.

Heinemann von H. Die Schmetterlinge Deutschlands und der Schweiz. Zweite Abtheilung. Kleinschmetterlinge, 2(1). Braunschweig: Schwetschke und Sohn. 1870: 1—388.

Heppner JB & Inoue H, eds. Checklist. Lepidoptera of Taiwan, 1(2). Florida: Scientific Publishers. 1992: 1—276.

Hering E. 1903. Neue Pyraliden aus dem tropischen Faunengebiet. Stettiner Entomologische Zeitung, 64: 97—112.

Herrich-Schäffer GAW. Systematische Bearbeitung der Schmetterlinge von Europa, zugleich als Text, Revision und Supplement zu Jakob Hübner's Sammlung europäischer Schmetterlinge, 4. Regensburg: Die Schaben und Federmotten. 1849 [1847—1855]: 1—288, Index. 1—48, pls. 1—23 (Pyralidides), 1—59 (Tortricides).

Herrich-Schäffer GAW. Systematische Bearbeitung der Schmetterlinge von Europa, zugleich als Text, Revision und Supplement zu Jakob Hübner's Sammlung europäischer Schmetterlinge, 5. Regensburg: Die Schaben und Federmotten. 1853 [1853—1855]: 1—394, Index. 1—52, pls. 1—124 (Tineides), 1—59, 1—7 (Pterophides), 1(Micropteryges).

Hewitson WC, Moore F & Atkinson WS, eds. Descriptions of New Lndian Iepidopterous insects from the Collection of the Late Mr. W. S. Atkinson, (3). London: Asiatic Society of Bengal. 1888: 199—299.

Hirowatari T, et al, eds. The Standard of Moths in Japan, 4. Tokyo: Gakken Education Publishing, 2013 : 1—553.

Hodges RW. Gelechioidea: Gelechiidae. In: Dominick RB, et al. , eds. The Moths of America North of Mexico including Greenland, 7.1. London: EW Classey Led & RBD. Publications, Inc. 1986: 1—195.

Horak M. Olethreutine Moths of Australia (Lepidoptera: Tortricidae). Monographs on Australian Lepidoptera, 10. Canberra: CSIRO Publishing, 2006: 1—522.

Hotta M. 1918. On a tea leaf roller, Gracilaria theaevora Wlsm. Insect World (Gifu), 22: 234.

Huang, J. 1982. A new genus and species of Yponomeutidae from China. Entomotaxonomia, 6(4): 269—272.

Hübner J, ed. Tineae Ⅰ. Pyralioiformes A. Sammlung Europäischer Schmetterlinge, Lepidoptera, 8.

Ausburg: Verlag Nicht Ermittelbar. 1796—1836: pls. 1—71, fig. 1—477.

Hübner J, ed. Tortrices Ⅰ. Verae A. Sammlung Europäischer Schmetterlinge, Lepidoptera, 7. Ausburg: Verlag Nicht Ermittelbar. 1796—1836: pls. 1—53, fig. 1—340.

Hübner J. Verzeichnis Bekannter Schmetterlinge[sic]. Augsburg: Selbstverlag. 1816—[1826]: 1—432.

Inoue H & Yamanaka H. 1975. A revision of the Japanese species formerly assigned to the genus Macalla(Lep.; Pyralidae). Faculty of Domestic Science of Otuma Women's University Bulletin, 11: 95—112.

Inoue H, ed. Check List of the Lepidoptera of Japan, 1. Tokyo: Rikusuisha. 1954: 1—112.

Inoue H, ed. Check List of the Lepidoptera of Japan, 2. Tokyo: Rikusuisha. 1955: 113—217.

Inoue H. 1959. One new genus and eleven new species of the Japanese Phycitinae(Pyralidae). Tinea, 5: 293—301.

Inoue H. 1996. Revision of the genus Palpita Hübner (Crambidae, Pyraustinae) from the eastern Palaearctic, Oriental and Australian regions. Part 1: group A (annulifer group). Tinea, 15(1): 12—46.

Inoue H, et al. Moths of Japan. Tokyo: Kodansha. 1982, 1: 1—968; 2: 1—556.

Issiki S, et al. Early Stages of Japanese Moths in Colour, 2. Osaka: Hoikusha Publishing Co. 1969: 1—237.

Kanazawa I. 1985. Description of a genus and a new species of Gelechiidae from east Asia (Lepidoptera, Gelechioidea). Bulletin of the Osaka Museum of Natural History, 38: 5—16.

Kasy F. 1973. Beitrag zur Kenntnis der Familie Stathmopodidae Meyrick, 1913 (Lepidoptera, Gelechioidea). Tijdschrift voor Entomologie, 116(13): 227—299.

Kawabe A & Nasu Y. 1994. A revision of genus Gibberifera Obraztsov (Lepidoptera: Tortricidae), with descriptions of four new species. Transactions of the Lepidopterological Society of Japan, 45(2): 79—96.

Kawabe A. 1965. On the Japanese species of the genus Clepis Hb. (Lepidoptera, Tortricidae). Kontyû, 33: 459—465.

Kawabe A. 1975. Notes on nine species and one subspecies of Olethreutinae, newly added to the Japanese fauna(Tortricidae). Japan Heterocerists' Journal, 77: 280—283.

Kawabe A. 1978. Descriptions of three new genera and fourteen new species of the subfamily Olethreutinae from Japan (Lepidoptera, Tortricidae). Tinea, 10(19): 173—191.

Kawabe A. Records and descriptions of the subfamily Olethreutinae (Lepidoptera: Tortricidae) from Thailand. In: Kuroko H & Moriuti S, eds. Microlepidoptera of Thailand, 2. Osaka: University of Osaka Prefecture. 1989: 23—82.

Kearfott WD & Montclair NJ. 1910. A new species of Japanese Micro-Lepidoptera. The Canadian Entomologist, 42: 347—363.

Kennel J. 1900. Neue paläarktische Tortriciden, nebst Bemerkungen über einige bereits beschriebene Arten. Deutsche Entomologische Zeitschrift Iris, 13: 124—160.

Kennel J. 1901. Neue Wickler des palaearctischen Gebietes. Deutsche Entomologische Zeitschrift Iris, 13: 205—305.

Kennel J. Die Palaearctischen Tortriciden, Zoologica, 21(54). Stuttgart. 1908—1921: 1—742.

Kemal A, Kizildağ S & Koçak AÖ. 2020. On the nomenclature of a generic name in the Phycitinae of East Asia (Lepidoptera, Pyraloidea). Miscellaneous Papers, 205: 1—2.

Kim S, et al. 2012. Genus Promalactis Meyrick (Lepidoptera: Oecophoridae) in northern Vietnam. Part Ⅱ: six new species of the genus. Journal of Natural History, 46(15—16): 897—909.

Koçak AÖ. 1980. Some notes on the nomenclature of Lepidoptera. Communications de la Faculté des

Sciences de l'Université d'Ankara, Sér. C3, Zoologie, 24: 7—25.

Koçak AÖ. 1984. On the validity of the species group names proposed by Denis & Schiffermuller, 1775 in Ankundung (sic!) eines systematischen Wrekes von den Schmetterligen der Weiner Gegend. Priamus, 3 (4): 133—154.

Komai F. 1992. Taxonomic revision of the genus *Andrioplecta* Obraztsov(Lepidoptera, Tortricidae). Transactions of the Lepidopterological Society of Japan, 43(3): 151—181.

Krulikovsky L. 1909. Die lepidopteren des Gouv. Vjatka. Materyaly Poznanis Fauny Flory Rossijk Imperial (USSR), 9: 48—257.

Kumata T. 1966. Notes on some *Lithocolletis*-moths occurring in Japan(Lep., Gracillariidae). Insecta Matsumurana, 29(1): 21—22.

Kumata T. 1982. A taxonomic revision of the *Gracillaria* group occurring in Japan (Lepidoptera: Gracillariidae). Insecta Matsumurana (N. S.), 26: 1—186.

Kumata T, Kuroko H & Ermolaev VP. 1988. Japanese species of the *Acrocercops*-group (Lepidoptera: Gracillariidae), Part Ⅱ. Insecta Matsumurana (N. S.), 40: 1—133.

Kun A & Szabóky C. 2000. Survey of the Taiwanese Ethmiinae (Lepidoptera, Oecophoridae) with descriptions of three new species. Acta Zoologica Academiae Scientiarum Hungaricae, 46(1): 53—78.

Kuroko H. 1959. Notes on the Nomenclature of some Microlepidoptera in Japan. Transactions of the Lepidopterological Society of Japan, 10: 34—35.

Kuznetzov VI. 1964. New species of leaf-rollers (Lepidoptera, Tortricidae) from Kazakhstan. Trudy Zoologicheskogo Instituta Akademii Nauk SSSR, 34: 258—265.

Kuznetzov VI. 1973. Descriptions of new East Asian leafroller moths of the subfamily Olethreutinae (Lepidoptera, Tortricidae). Entomologicheskoe Obozrenie, 52(3): 682—699.

Kuznetzov VI. 1976. Leaf rollers of the tribe Eucosmini of the southern part of the Far East. Trudy Zoologicheskogo Instituta Akademii Nauk SSSR, 62: 70—108.

Kuznetzov VI. 1976. New species and subspecies of the leafrollers (Lepidoptera, Tortricidae) of the fauna of the Palaearctic. Trudy Zoologicheskogo Instituta Akademii Nauk SSSR, 64: 3—33.

Kuznetzov VI. 1988. New and little known leaf-rollers of the subfamily Olethreutinae (Lepidoptera, Tortricidae) of the fauna of North Vietnam. Trudy Zoologicheskogo Instituta Akademii Nauk SSSR, 176: 72—97.

Kuznetzov VI. 1988. Review of tortrix moths of the supertribes Gatesclarkeanidii and Olethreutinidii (Lepidoptera, Tortricidae) of the fauna of North Vietnam. Trudy Vsesoyuznogo Entomologitsheskogo Obshchestva, 70: 165—181.

Kuznetzov VI. 1997. New species of tortricid moths of the subfamily Olethreutinae (Lepidoptera, Tortricidae) from the south of Vietnam. Entomologicheskoe Obozrenie, 76(4): 797—812.

Kyrki J. 1989. Reassessment of the genus *Rhigognostis* Zeller, with descriptions of two new and notes on further seven Palaearctic species (Lepidoptera: Plutellidae). Insect Systematics & Evolution, 19 (4): 437—453.

Lederer J. 1859. Classification der europäischen Tortriciden. Wiener Entomologische Monatschrift, 3: 118—126, 141—155, 241—255, 273—288.

Lederer J. 1863. Beitrag zur Kenntniss der Pyralidinen. Wiener Entomologische Monatschrift, 7: 243—280, 331—504, pls. 2—18.

Lee S & Brown RL. 2008. Revision of Holarctic Teleiodini (Lepidoptera: Gelechiidae). Zootaxa, 1818: 1—55.

Leech JH & South R. 1901. Lepidoptera Heterocera from China, Japan and Corea. Part Ⅴ.

Transactions of the Entomological Society of London, 1901: 385—514, pls. 14—15.

Leech JH. 1889. New species of Crambi from Japan and Corea. The Entomologist, 22: 106—109, pl. 5.

Leech JH. 1889. New species of Deltoids and Pyrales from Corea, North China, and Japan. The Entomologist, 22: 62—71, pls. 2—4.

Ler PA, ed. Key to the Insects of Russian Far East, 5. Trichoptera and Lepidoptera, (3). Dalnauka: Vladivostock. 2001: 1—621.

Leraut PJA. 1986. Contribution à l'etude des Scopariinae. 6. Dix nouveaux taxa, dont trois genres, de Chine et du nord de l'Inde(Lep. Crambidae). Nouvelle Revue d'Entomologie, 3(1): 123—131.

Leraut PJA. 2002. Contribution à l'étude des Pyralinae (Lepidoptera, Pyralidae). Revue Française d'Entomologie (N. S.), 24(2): 97—108.

Leraut PJA. 2006. Contribution à l'étude du genre *Hypsopygia* Hübner (Lepidoptera, Pyralidae). Revue Française d'Entomologie (N. S.), 28(1): 5—30.

Lhomme L. Cataloguedes Lépidoptères de France *et* Belgique, 2. Le Carriol: par Douelle. 1935—[1963]: 1—1253.

Li HH & Sattler, K. 2012. A taxonomic revision of the genus *Mesophleps* Hübner, 1825 (Lepidoptera: Gelechiidae). Zootaxa, 3373: 1—82.

Li HH & Wang SX, eds. The Fauna of Hebei(Microlepidoptera). Beijing: China Agricultural Science and Technology Press, 2009: 1—601.

Li HH & Wang SX. 2002. First record of the genus *Hieromantis* Meyrick from China, with a description of one new species. Acta Entomologica Sinica, 45(4): 503—506.

Li HH & Xiao, YL. 2009. Taxonomic study on the genus *Gerontha* Walker (Lepidoptera, Tineidae) from China, with descriptions of four new species. Acta Zootaxonomica Sinica, 34(2): 224—233.

Li HH & Zhen, H. 2009. Review of *Tituacia* Walker, 1864 (Lepidoptera: Gelechiidae), with description of a new species. Proceedings of the Entomological Society of Washington, 111(2): 433—437.

Li HH & Zhen, H. 2011. Review of the genus *Helcystogramma* Zeller (Lepidoptera: Gelechiidae: Dichomeridinae) from China. Journal of Natural History, 45(17—18): 1035—1087.

Li HH & Zheng ZM. 1995. New species and new records of the Genus *Mesophleps* Hübner (Lepidoptera: Gelechiidae) from Kenya and China. Journal of Northwest Forestry College, 10(4): 27—35.

Li HH & Zheng ZM. 1996. A systematic study on the genus *Dichomeris* Hübner, 1818 from China (Lepidoptera: Gelechiidae). SHILAP Revista de Lepidopterologia, 24(95): 229—273.

Li HH & Zheng ZM. 1996. Three new species of Gelechiidae (Lepidoptera) from China. Journal of Hubei University (Natural Science), 18(3): 294—297.

Li HH & Zheng ZM. 1998. A systematic study on the genus *Dendrophilia* Ponomarenko, 1993 from China (Lepidoptera: Gelechiidae). SHILAP Revista de Lepidopterologia, 26(102): 101—111.

Li HH & Zheng ZM. 1998. A taxonomic review of the genus *Faristenia* from China (Lepidoptera: Gelechiidae). Acta Zootaxonomica Sinica, 23(4): 386—398.

Li HH & Zheng ZM. 1998. A taxonomic study of the genus *Xystophora*(Lepidoptera, Gelechiidae) from China. Entomologia Sinica, 5(2): 106—112.

Li HH & Zheng ZM. 1998. The genus *Capidentalia* Park in China (Lepidoptera: Gelechiidae). Reichenbachia, 32(45): 307—312.

Li HH. 1990. New records of Gelechiid from China. Journal of Northwest Forestry College, 5(3): 8—12.

Li HH, *et al*. Microlepidoptera of Qinling Mountains (Insecta: Lepidoptera). Beijing: Science Press. 2012: 1271.

Li HH, *et al*. Insect Fauna of Henan (Lepidoptera: Pyraloidea). Beijing: Science press. 2009: 1—344.

Li WC & Li HH. 2012. Taxonomic revision of the genus *Glaucocharis* Meyrick (Lepidoptera, Crambidae, Crambinae) from China, with descriptions of nine new species. Zootaxa, 3261: 1—32.

Li WC, Li HH & Nuss M. 2010. Taxonomic revision and biogeography of *Micraglossa* Warren, 1891 from laurel forests in China (Insecta: Lepidoptera: Pyraloidea: Crambidae: Scopariinae). Arthropod Systematics & Phylogeny, 68(2): 159—180.

Li WC, Li HH & Nuss M. 2012. Taxonomic revision of the genus *Eudonia* Billberg, 1820 from China (Lepidoptera: Crambidae: Scopariinae). Zootaxa, 3273: 1—27.

Linnaeus C. Systema Naturae Per Regna Tria Naturae, Secundum Classes, Ordines, Genera, Species, Cum Characteribus, Differentiis, Synonymis, Locis (Edn. 10). 1. Pars Lepidoptera. Holmiae: Laurentii Salvii. 1758: 1—824.

Liu JY, Ren YD & Li HH. 2011. Taxonomic study of the genus *Didia* Ragonot (Lepidoptera, Pyralidae, Phycitinae) in China. Acta Zootaxonomica Sinica, 36(3): 783—788.

Liu YQ & Bai JW. Lepidoptera, Tortricidae (1). Economic Insect Fauna of China, 11. Beijing: Science Press. 1977 : 1—93.

Liu YQ & Bai JW. 1982. On Chinese *Eudemopsis* (Lepidoptera: Tortricidae) with descriptions of five new species. Sinozoologia, 2: 45—51.

Liu YQ & Bai JW. 1982. Three new species of Sorolophae Diakonoff, 1973 from China (Lepidoptera: Tortricidae). Entomotaxonomia, 4(3): 167—172.

Liu YQ & Bai JW. 1987. On the Chinese *Croesia* H. (Lepidoptera, Tortricidae), with descriptions of five new species. Acta Entomologica Sinica, 30(3): 313—320.

Liu YQ & Ge XS. 1991. A study of the genus *Phalonidia* (Cochylidae) of China with descriptions of three new species. Sinozoologia, 8: 349—358.

Liu YQ & Qian FJ. 1994. A new species of the genus *Dichomeris* injurious to China fir (Lepidoptera: Gelechiidae). Entomologia Sinica, 1(4): 297—300.

Liu YQ & Yuan DC. 1990. A study of the Chinese *Caloptilia* Hübner, 1825 (Lepidoptera: Gracillariidae: Gracillariinae). Sinozoologia, 7: 181—207.

Lvovsky AL. 1996. Composition of the genus *Odites* Wlsm. and its position in the classification of the Gelechioidea (Lepidoptera). Entomologicheskoe Obozrenie, 75(3): 650—659.

Maes KVN. 1994. Some notes on the taxonomic status of the Pyraustinae (sensu Minet 1981 [1982]) and a check list of the Palaearctic Pyraustinae (Lepidoptera, Pyraloidea, Crambidae). Bulletin et Annales de la Société Royale Entomologique de Belgique, 130(7—9): 159—168.

Marumo N. 1920. A revision of the Japanese Pyralide. Part Ⅰ. subfamily Epipaschiinae. Journal of the College of Agriculture, Imperial University of Tokyo, 6: 266.

Matsumura S. 1898. Daizu no gaichû ni tsuite. Dobutsugaku Zasshi, 10: 1—588.

Matsumura S. 6000 Illustrated Insects of Japan-Empire. Tokyo: Toko-Shoi. 1931: 1—1497.

Medvedev GS, ed. Keys to the Insects of the European Part of the USSR, 4(2). Leningrad: AN SSSR. 1981: 1—786.

Meyrick E. 1885. Description of New Zealand Micro-Lepidoptera. Transactions and Proceedings of the Royal Society of New Zealand, 18: 162—183.

Meyrick E. 1889. Descriptions of New Zealand Microlepidoptera. Transactions and Proceedings of the New Zealand Institute, 21: 154—188.

Meyrick E. 1890. On the classification of the Pyralidina of the European fauna. Transactions of the Entomological Society of London, 1890: 429—492.

Meyrick E. A Handbook of British Lepidoptera. London: Macmillan & Co. 1895: 1—843.

Meyrick E. 1905—1914. Descriptions of Indian Micro-lepidoptera Lepidoptera Ⅰ — ⅩⅧ. Journal of the Bombay Natural History Society, 16(1905): 580—619; 17(1906): 133—153, 403—417; 17(1907): 730—754, 976—994; 18(1908): 137—160, 437—460, 613—638, 806—832; 19(1909): 410—437, 582—607, 759; 20(1910): 143—168, 435—462, 534; 20(1911): 706—736; 21(1911): 104—131; 21(1912): 852—877; 22(1913): 160—182; 22(1914): 771—781; 23(1914): 118—130.

Meyrick E. 1911. Tortricina and Tineina. Results of the Percy Sladen Trust Expedition to the Indian Ocean in 1905. Transactions of the Linnean Society of London, (2)14(3): 263—307.

Meyrick E. Exotic Microlepidoptera, 1. Wilts: Taylor & Francis. 1912—1916: 1—640.

Meyrick E. 1914. H. Sauter's Formosa-Ausbeute: Pterophoridae, Tortricidae, Eucosmidae, Gelechidae, Oecophoridae, Cosmopterygidae, Hyponomeutidae, Heliodinidae, Sesiadae, Glyphipterygidae, Plutellidae, Tineidac, Adelidae(Lep.). Supplementa Entomologica, 3: 45—62.

Meyrick E. Exotic Microlepidoptera, 2. Wilts: Taylor & Francis. 1916—1923: 1—640..

Meyrick E. Exotic Microlepidoptera, 3. Wilts: Taylor & Francis. 1923—1930: 1—642..

Meyrick E. Lepidoptera Heterocera Fam. Gelechiiadae. In: Wytsman P, ed. Genera Insectorum, 184. Bruxelles: Louis Desmet-Verteneuil. 1925—1927: 1—290.

Meyrick E. Exotic Microlepidoptera, 4. Wilts: Taylor & Francis. 1930—1936: 1—642.

Millière P. 1879. Description de Lépidoptères inédits d'Europe. Le Naturaliste, 1: 138—139.

Moriuti S. 1963. Ethmiidae from the Amami-Gunto Island, Southern Frontier of Japan, collected by Mr T. Kodama in 1960. Transactions of the Lepidopterological Society of Japan, 14(2): 35—39.

Moriuti S. 1963. Studies on the Yponomeutoidea (Ⅱ). Two Yponomeutid genera, *Niphonympha* and *Pseudocalantica* of Japan and Formosa(Lepidoptera). Kontyû, 31: 215—233.

Moriuti S. 1969. Argyresthiidae (Lepidoptera) of Japan. Bulletin of the University of Osaka Prefecture, Series B, 21: 1—50.

Moriuti S. 1971. A revision of the world species of the *Thecobathra* (Lepidoptera: Yponomeutidae). Kontyû, 39: 230—251.

Moriuti S. 1973. A new genus and two new species of the Japanese Microlepidoptera (Timyridae and Oecophoridae). Transactions of the Lepidopterological Society of Japan, 23(2): 31—38.

Moriuti S. 1977. Fauna Japonica, Yponomeutidae s. lat. (Insecta: Lepidoptera). Tokyo: Keigaku Publishing Company. 1—327.

Motschulsky VI. 1866. De Catalogue des Insectes reçus de Japon. Bulletin de la Société Impériale des Naturalistes de Moscou, 39(1): 163—200.

Munroe EG & Mutuura A. 1968. Contributions to a study of the Pyraustinae (Lepidoptera: Pyralidae) of temperate East Asia Ⅱ. The Canadian Entomologist, 100(8): 858—868.

Munroe EG & Mutuura A. 1968. Contributions to a study of the Pyraustinae (Lepidoptera: Pyralidae) of temperate East Asia Ⅲ. The Canadian Entomologist, 100(9): 974—985.

Munroe EG & Mutuura A. 1968. Contributions to a study of the Pyraustinae (Lepidoptera: Pyralidae) of temperate East Asia Ⅳ. The Canadian Entomologist, 100(9): 986—1001.

Munroe EG & Mutuura A. 1969. Contributions to a study of the Pyraustinae (Lepidoptera: Pyralidae) of temperate East Asia Ⅴ. The Canadian Entomologist, 101(3): 299—305.

Munroe EG & Mutuura A. 1971. Contributions to a study of the Pyraustinae (Lepidoptera: Pyralidae) of Temperate East Asia ⅩⅠ. The Canadian Entomologist, 103(2): 173—181.

Munroe EG. 1967. A new species of *Thliptoceras* from Thailand, with notes on generic and specific synonymy and placement and with designations of lectotypes (Lepidoptera: Pyralidae). The Canadian

Entomologist, 99: 721—727.

Mutuura A & Munroe EG. 1970. Taxonomy and distribution of the European corn borer and allied species: Genus *Ostrinia* (Lepidoptera: Pyralidae). Memoirs of the Entomological Society of Canada, 71: 1—112.

Mutuura A. 1954. Classification of the Japanese *Pyrausta* group based on the structure of the male and female genitalia (Pyr. : Lep.). Bulletin of the Naniwa University, (B)4: 7—33.

Nasu Y. 1980. The Japanese species of the genus *Notocelia* Hübner (Lepidoptera: Tortricidae). Tinea, 11(4): 33—43.

Nasu Y. 1999. Description of *Rhobobota falcata* sp. n. from Japan, with notes on *R. symbolias* (Meyrick) (Lepidoptera, Tortricidae). Entomological Science, 2(1): 127—130.

Nielsen ES, Edwards ED & Rangsi TV, eds. Checklist of the Lepidoptera of Australia. Monographs on Australian Lepidoptera, 4. Canberra: CSIRO Division of Entomology, 1996: 1—529.

Obraztsov NS. 1954. Die Gattungen der Palaearktischen Tortricidae I Allemeine Aufteilung der Familie und die uterfamilien Tortricinae und Sparganothinae. Tijdschrift voor Entomologie, 97(3): 141—231.

Obraztsov NS. 1955. Die Gattungen der Palaearktischen Tortricidae. I. Allemeine Aufteilung der Familie und die uterfamilien Tortricinae und Sparganothinae. Tijdschrift voor Entomologie, 98(3): 147—228.

Obraztsov NS. 1956. Die Gattungen der Palaearktischen Tortricidae. I. Allemeine Aufteilung der Familie und die uterfamilien Tortricinae und Sparganothinae. Tijdschrift voor Entomologie, 99: 107—154.

Obraztsov NS. 1960. Die Gattungen der palearktischen Tortricidae. II. Die Unterfamilien Olethreutinae. Tijdschrift voor Entomologie, 103: 111—143.

Okada M. 1962. On some Japanese Gelechiid moths bred from coniferous plants. Publications of the Entomological Laboratory, College of Agriculture, University of Osaka Prefecture, 7: 27—42.

Okano, M. 1962. Notes on same Japanese (Pyralidae) (4). Transactions of the Lepidopterist's Society of Japan, 12: 51.

Olivier GA. Encyclopédie méthodique. Histoire naturelle, 4. Insectes. Paris: Panckoucke. 1789: 1—331.

Omelko MM & Omelko NV. 1993. New and little known species of the gelechiid moths of the subfamilies Gelechiinae and Teleiodinae (Lepidoptera, Gelechiidae) from south Primorye. Biologicheskie Issledovaniya na Gornotaezhnoi Stantcii, 1: 187—204.

Omelko MM. 1988. New genera and species of the gelechiid moths of the tribe Gelechiini (Lepidoptera, Gelechiidae) from southern Primorye. Entomologicheskoe Obozrenie, 67(1): 142—159.

Omelko MM. Gelechiid moths of the genus *Thiotricha* Meyr. (Lepidoptera, Gelechiidae) of the Primorye Territory. In: Moskalyuk TA, ed. Biological Studies in Natural and Cultivated Ecosystems of the Primorye District. Vladivostok: Dalnauka, 1993: 201—215, 241, 242—251.

Park KT. 2000. A new species of Gelechiidae (Insecta, Lepidoptera) from Korea. Korean Journal of Systematic Zoology, 16(2): 165—168.

Park KT & Hodges RW. 1995. Gelechiidae (Lepidoptera) of Taiwan III. Systematic revision of the genus *Dichomeris* in Taiwan and Japan. Insecta Koreana, 12: 1—101.

Park KT & Hodges RW. 1995. Gelechiidae of Taiwan IV. Genus *Helcystogramma* Zeller, with description of a new species (Lepidoptera, Gelechioidea). Korean Journal of Systematic Zoology, 11(2): 223—234.

Park KT & Park YM. 1998. Genus *Promalactis* Meyrick (Lepidoptera: Oecophoridae) from Korea, with descriptions of six new species. Journal of Asia-Pacific Entomology, 1(1): 51—70.

Park KT & Ponomarenko MG. 2006. New faunistic Data for the family Gelechiidae in the Korea peninsula and NE China(Lepidoptera). SHILAP Revista de Lepidopterologia, 34(135): 275—288.

Park KT & Ponomarenko MG. 2007. Two new species of Gelechiidae (Lepidoptera) from Korea, with notes on the taxonomic status of *Telphusa euryzeucta* Meyrick. Proceedings of the Entomological Society of Washington, 109(4): 807—812.

Park KT & Wu CS. 1997. Genus *Scythropiodes* Matsumura in China and Korea (Lepidoptera, Lecithoceridae), with Description of Seven New species. Insecta Koreana, 14: 29—42.

Park KT & Wu CS. 2003. A revision of the genus *Autosticha* Meyrick (Lepidoptera: Oecophoridae) in Easetern Asia. Insecta Koreana, 20(2): 195—225.

Park KT. 1981. A revision of the genus *Promalactis* of Korea (Lepidoptera: Oecophoridae). Korean Journal of Plant Protection, 20(1): 43—50.

Park KT. 1988. Systematic study on the genus *Anacampsis*(Lepidoptera, Gelechiidae) in Japan and Korea. Tinea, 12(16): 135—155.

Park KT. 1990. Three new species of genera *Brachyacma* Meyrick and *Aristotelia* Hübner (Lepidoptera: Gelechiidae). Korean Journal of Applied Entomology, 29(2): 136—143.

Park KT. 1990. Two new species of Pyralidae (Lepidoptera) from Korea. Korean Journal of Entomology, 20(3): 139—144.

Park KT. 1991. Gelechiidae (Lepidoptera) from North Korea with description of two new species. Annales Historico-Naturales Musei Nationalis Hungarici, 83: 117—123.

Park KT. 1992. Systematics of the subfamily Gelechiinae (Lepidoptera, Gelechiidae) in Korea 2. Tribe Teleiodini. Insecta Koreana, 9: 1—33.

Park KT. 1993. A review of the genus *Hypatima* and its related genera (Lepidoptera, Gelechiidae) in Korea. Insecta Koreana, 10: 25—49.

Park KT. 1994. Genus *Dichomeris* in Korea, with descriptions of seven new species (Lepidoptera, Gelechiidae). Insecta Koreana, 11: 1—25.

Park KT. 1995. Gelechiidae of Taiwan. I. Review of *Anarsia*, with description of four new species (Lepidoptera: Gelechioidea). Tropical Lepidoptera, 6(1): 55—66.

Park KT. 2000. Lecithoceridae of Taiwan (II): Subfamily Lecithocerinae: Genus *Lecithocera* and its allies. Zoological Studies, 39(4): 360—374.

Park KT. 2002. A revision of the genus *Nosphisitica* Meyrick (Lepidoptera, Lecithoceridae). Zoological Studies, 41: 251—262.

Petersen G & Gaedike R. 1993. Tineiden aus China und Japan aus der Hone-Sammlung des Museums Koenig (Leptidoptera: Tineidae). Bonner Zoologische Beiträge, 44(3—4): 241—250.

Petersen G. 1957—1958. Die Genitalien der paläarktischen Tineiden I (Lepidoptera: Tineidae). Beiträge zur Entomologie, 7: 55—176; 338—379; 557—595; 8: 111—118, 398—430.

Petersen G. 1959. Tineiden aus Afghanistan mit einer Revision der Paläarktischen Scardiinen (Lepidoptera: Tineidae). Beiträge zur Entomologie, 9: 558—579.

Pinkaew N. 2008. A new species and two new combinations in the genus *Fibuloides* Kuznetzov (Lepidoptera: Tortricidae: Eucosmini) from Thailand. Zootaxa, 1688: 61—65.

Pinkaew N, Chandrapatya A & Brown RL. 2005. Two new species and a new record of *Eucoenogenes* Meyrick (Lepidoptera: Tortricidae) from Thailand with a discussion of characters defining the genus. Proceedings of the Entomological Society of Washington, 107(4): 869—882.

Ponomarenko MG & Ueda T. 2004. New species of the genus *Dichomeris* Hübner (Lepidoptera, Gelechiidae) from Thailand. Transactions of the Lepidopterological Society of Japan, 55(3): 147—159.

Ponomarenko MG. 1989. A review of moths of the *Anarsia* Z. (Lepidoptera, Gelechiidae) of the USSR.

Entomologicheskoe Obozrenie, 69(3): 628—641.

Ponomarenko MG. 1991. A new genus and new species of gelechiid moths of the subfamily Chelariinae (Lepidoptera, Gelechiidae) from the Far East. Entomologicheskoe Obozrenie, 70(3): 600—618.

Ponomarenko MG. 1993. *Dendrophilia* gen. n. (Lepidoptera, Gelechiidae) from the Far East with notes on biology of some species of the genus. Zoologicheskii Zhurnal, 72(4): 58—73.

Ponomarenko MG. 1997. Catalogue of the subfamily Dichomeridinae (Lepidoptera, Gelechiidae) of the Asia. Far Eastern Entomologist, 50: 1—67.

Ponomarenko MG. 1998. New taxonomic data on Dichomeridinae (Lepidoptera, Gelechiidae) from the Russian Far Esat. Far Eastern Entomologist, 67: 1—17.

Ponomarenko MG. Gelechiid moths (Lepidoptera, Gelechiidae) of the subfamily Dichomeridinae (Lepidoptera, Gelechiidae): functional morphology, evolution and taxonomy. In: Storozhenko SY, ed. Readings in Memory of Aleksandr Ivanovich Kurentsov, 15. Vladivostok: Dalínauka. 2004: 5—88.

Ponomarenko MG. 2004. New synonymy in the genus *Dichomeris* Hübner (Lepidoptera: Gelechiidae). Tinea, 18(1): 22—29.

Ponomarenko MG. Gelechiid Moths of the Subfamily Dichomeridinae (Lepidoptera: Gelechiidae) of the World Fauna. Vladivostok: Dalínauka. 2009: 1—389.

Pryer WB. 1877. Descriptions of new species of Lepidoptera from North China. Cistula Entomologica, 2 (18): 231—235.

Ragonot EL. 1887. Diagnoses d'espèces nouvelles de Phycitidae d'Europe et des Pays limitrophes. Annales de la Société Entomologique de France, (6)7: 225—260.

Razowski J. 1960. Studies on the Cochylidae(Lepidoptera). Part Ⅲ. On some species from the collection of Dr. S. Toll. Polskie Pismo Entomologiczne, 30: 397—402.

Razowski J. 1964. Studies on the Cochylidae(Lepidoptera). Part Ⅸ. Revision of CARADJA's collection with descriptions of new species. Acta Zoologica Cracoviensia, 9: 337—354.

Razowski J. 1968. Revision of the genus *Eupoecilia* Stephens (Lepidoptera, Cochylidae). Acta Zoologica Cracoviensia, 13: 103—130.

Razowski J. 1971. The type specimens of the species of some Tortricidae(Lepidoptera). Acta Zoologica Cracoviensia, 16(10): 463—542.

Razowski, J. 1974. Description of four new species of the Tortricini (Lepidoptera: Tortricidae). Acta Zoologica Cracoviensia, 19(8): 147—154.

Razowski J. 1977. Monograph of the genus *Archips* Hübner (Lepidoptera, Tortricidae). Acta Zoologica Cracoviensia, 22(5): 55—206.

Razowski J. 1977. New Asiatic *Archipina*(Lepidoptera: Tortricidae). Bulletin de l'Acadenie Polonaise des Sciences, Series des Sciences Biologique, (2)25(5): 323—329.

Razowski J. 1984. Chinese Archipini (Lepidoptera: Tortricidae) from the Höne collection. Acta Zoologica Cracoviensia, 27(15): 269—286.

Razowski J. 1993. The catalogue of the species of Tortricidae (Lepidoptera). Part 2: Palaeactic Sparganothini, Euliini, Ramapesiini and Archipini. Acta Zoologica Cracoviensia, 35(3): 665—703.

Ren YD, Yang LL & Li HH. 2015. Taxonomic review of the genus *Indomyrlaea* Roesler & Küppers 1979 of China, with descriptions of five new species (Lepidoptera: Pyralidae: Phycitinae). Zootaxa, 4006(2): 311—329.

Ridout BV. 1981. Species described within the genus *Depressaria* by Matsumura(Lepidoptera). Insecta Matsumurana, 24: 29—47.

Roesler RU & Küppers PV. 1979. Die Phycitinae (Lepidoptera: Pyralidae) von Sumatra; Taxonomie

Teil A. Beiträge zur Naturkundlichen Forschung in Südwestdeutschland, 3: 1—249.

Roesler RU & Küppers PV. 1981. Beiträge zur Kenntnis der Insektenfauna Sumatras. Teil 9. Die Phycitinae (Lepidoptera: Pyralidae) von Sumatra; Taxonomie Teil B, Ökologie und Geobiologie. In: Beiträge zur Naturkundlichen Forschung in Südwestdeutschland, 4: 1—282.

Roesler RU. Untersuchungen über die Systematik und Chorologie des *Homoeosoma-Ephestia*-Komplexes (Lepidoptera: Phycitinae). Saarbrücken: Inaugural-Dissertation. 1965(1964): 1—266.

Roesler RU. 1971. Phycitinen-Studien IX. (Lepidoptera, Pyralidae). Entomologische Zeitschrift, Frankfurt am Main, 81(16): 177—192.

Roesler RU. 1972. Phycitinen-Studien X. (Lepidoptera, Pyralidae). Entomologische Zeitschrift, Frankfurt am Main, 82(23): 257—267.

Roesler RU. Phycitinae. Trifine Acrobasiina. In: Amsel HG, GregorF & Reisser H, eds. Microlepidoptera Palaearctica, 4. Wien: Verlag Georg Fromme & Co. 1773: 1—752.

Roesler RU. 1975. Phycitinen-Studien XI (Lepidoptera: Phycitinae), Neue Phycitinae aus China und Japan. Deutsche Entomologische Zeitschrift (N. F.), 22: 79—112.

Roesler RU. 1985. Neue Resultate in der Benennung von Termini bei Phycitinae (Lepidoptera, Pyraloidea) mit Neunachweisen für Europa. Neue Entomologische Nachrichten, 17: 29—38.

Romanoff NM, ed. Mémoirés sur les Lépidoptéres, 7. St.-Pétersbourg: Imprimerie de M. M. Stassuléwitch. 1893: 1—658.

Romanoff NM, ed. Mémoirés sur les Lépidoptéres, 8. St.-Pétersbourg: Imprimerie de M. M. Stassuléwitch. 1901: 1—602.

Sasaki A. 1991. Notes on the Scopariinae (Lepidoptera, Pyralidae) from Japan, with descriptions of five new species. Tinea, 13(11): 95—106.

Sasaki C. 1913. *Stenoptilia vitis* n. sp., grape plume moth. Insect World (Gifu), 17(1): 3—5.

Sattler K. Ethmiidae. In: Amsel HG, Gregor F & Reisser H, eds. Microlepidoptera Palaearctica, 2. Wien: Verlag Georg Fromme & Co. 1967: 1—158.

Sattler K. 1999. The systematic position of the genus *Bagdadia*(Gelechiidae). Nota Lepidopterologica, 22(4): 234—240.

Saunders H. 1844. Description of a species of moth destructive to the cotton crops in India. Transactions of the Entomological Society of London, 3: 284—285.

Schläger F. Berichte des Lepidopterologischen Tauschvereins über die Jahre 1842—1847. Jena. 1848: 1—252.

Schouten RTA. 1992. Revision of the genera *Euchromius* Guenée and *Miyakea* Marumo (Lepidoptera: Crambidae: Crambinae). Tijdschrift voor Entomologie, 135: 191—274.

Shen XC & Deng GF, eds. Insects of the Jigong Mountains Region. The Fauna and Taxonomy of Insects in Henan, 3. Beijing: China Agricultural Scientech Press. 1999: 1—181.

Shibuya, J. 1927. A study on the Japanese Epipaschiinae. Transactions of the Natural History Society of Formosa, 17: 344—350.

Shibuya J. 1928. The systematic study on the formosan Pyralidae. Journal of the Faculty of Agriculture, Hokkaido Imperial University, 22(1): 1—300.

Shibuya J. 1929. On the known and unrecorded species of the Japanese Pyraustinae (Lepid.). Journal of the Faculty of Agriculture, Hokkaido Imperial University, 25: 151—242.

Sinev S. Yu. 1985. New species of the genus *Cosmopterix* Hb. (Lepidoptera, Cosmopterigidae) from the Far East of the USSR. Trudy Zoologicheskogo Instituta Akademii Nauk SSSR, 134: 73—94.

Sinev S Yu. 1988. A review of bright-legged moths (Lepidoptera: Stathmopodidae) in the fauna of

USSR. Trudy zoologicheskogo Instituta, Leningrad, 178: 104—133.

Sinev S Yu. World Catalogue of Bright-legged Moths (Lepidoptera, Stathmopodidae). St. Petersburg: ZIN RAS. 2015: 1—84.

Snellen PCT. 1880. Nieuwe Pyraliden op het eiland Celebes gevonden ddor Mr. M. C. Piepers. Tijdschrift voor Entomologie, 23: 198—250.

Snellen PCT. 1883. Nieuwe of weing bekende microlepidoptera van Noord-Azie. Tijdschrift voor Entomologie, 26: 181—228.

Snellen PCT. 1884. Nieuwe of weinig bekende Microlepidoptera van Noord-Azie. Tweede gedeelte: Tineina en Pterophorina. Tijdschrift voor Entomologie, 27: 151—196.

Snellen PCT. 1890. A catalogue of the Pyralidina of Sikkim collected by Henry J. Elwes and the late Otto Möller, with notes by HJ Elwes. Transactions of the Entomological Society of London, 1890: 557—647.

Snellen PCT. 1903. Beschrijvingen van nieuwe exotische Tortriciden, Tineiden en Pterophorinen, benevens aanteekeningen over reeds bekend gemaakte soorten. Tijdschrift voor Entomologie, 46: 25—57.

Solis MA. 1992. Checklist of the Old World Epipaschiinae and the related New Wolrd genera Macalla and Epipaschia(Pyralidae). Journal of the Lepidopterists' Society, 46(4): 280—297.

Sorauer P. Handbuch der Pflanzenkrankheiten, 4. Berlin: Aufl. 1925: 1—293.

Speidel W & Mey W. 1999. Catalogue of the Oriental Acentropinae (Lepidoptera, Crambidae). Tijdschrift voor Entomologie, 142: 125—142.

Speidel W. 1984. Revision der Acentropinae des Palaearktischen Faunengebietes (Lepidoptera, Crambidae). Neue Entomologische Nachrichten, 12: 1—157.

Stainton HT. Insecta Britannica. Lepidoptera: Tineina. 3. London: Lovell Reeve. 1854: 313.

Stainton HT. 1859. Descriptions of Twenty-Five Species of Indian Micro-Lepidoptera. Transactions of the Entomological Society of London (N. S.), 5: 111—126.

Staudinger O & Rebel H. Catalog der Lepidopteren des Palaearctischen Faunengebietes, 2. Berlin: Friedländer & Sohn. 1901: 1—368.

Staudinger O. 1892. Folgende auf Tafel III abgebildete Arten werden im nächsten Bande dieser Zeitschrift noch beschrieben. Deutsche Entomologische Zeitschrift Iris, 5: 466.

Staudinger O. 1893. Beschreibungen neuer palaearktischer Pyraliden. Deutsche Entomologische Zeitschrift Iris, 6: 71—82.

Stringer H. 1930. New species of Microlepidoptera in the collection of the British Museum. Annals and Magazine of Natural History, including Zoology, Botany and Geology, (10)6: 415—422.

Swinhoe C. 1894. New Pyrales from the Khasia Hills. Annals and Magazine of Natural History, including Zoology, Botany and Geology, (6)14: 197—210.

Swinhoe, C. 1901. New genera and species of Eastern and Australian moths. Annals and Magazine of Natural History, including Zoology, Botany and Geology, (7)8: 16—27.

Takahashi S. Insect Pests of Fruit Trees, 1, 2. Tokyo: Meibundo. 1930: 1—1224.

Thunberg CP. D. D. Dissertatio Entomologica Sistens Insecta Suecica. Upsaliae: J. Edman. 1784—1795: 1—114.

Treitschke F. Schaben-Geistchen. In: Ochsenheimer F, ed. Die Schmetterlinge von Europa (Fortsetzung des Ochsenheimer'schen Werks), 8. Leipzig: Gerhard Fleischer. 1830: 1—312.

Treitschke F. Schaben. In: Ochsenheimer F, ed. Die Schmetterlinge von Europa (Fortsetzung des Ochsenheimer'schen Werks), 9(1). Leipzig: Gerhard Fleischer. 1832: 1—272.

Treitschke F. Herminia-Orneodes. In: Ochsenheimer, F, ed. Die Schmetterlinge von Europa (Fortsetzung des Ochsenheimer'schen Werks), 10(3). Leipzig: Gerhard Fleischer. 1835: 1—302.

Turner AJ. 1904. A preliminary revision of the Australian Thyrididae and Pyralidae, Ⅰ. Proceedings of the Royal Society of Queensland, 18: 109—199.

Tutt JW. 1905. Types of the genera of the Agdistid, Alucitid and Orneodid plume moths. The Entomologist's Record and Journal of Variation, 17: 34—37.

Ueda T. 1997. A revision of the genus *Autosticha* Meyrick (Lepidoptera: Oecophoridae) from Japan. Japanese Journal of Entomology, 65(1): 108—126.

Ueda T. 1997. A revision of the Japanese species of the genus *Anarsia* Zeller (Lepidoptera, Gelechiidae). Transactions of the Lepidopterological Society of Japan, 48(2): 73—93.

Vives Moreno A. 2014. Catálogo Sistemático y Sinonímico de los Lepidoptera de la Península ibérica, de Ceuta, de Melilla y de las Islas Azores, Baleares, Canarias, Madeira y Salvajes (Insecta: Lepidoptera). Suplemento de SHILAP Revista de lepidopterología, Madrid, 2014: 1—1184.

Walker F. Deltoides. List of the Specimens of Lepidopterous Insects in the Collection of the British Museum, 16. London: Edward Newman. 1858(1859): 1—253.

Walker F. Pyralides. List of Specimens of Lepidopterous Insects in the Collection of the British Museum, 17. London: Edward Newman. 1859: 255—508.

Walker F. Pyralides. List of Specimens of Lepidopterous Insects in the Collection of the British Museum, 18. London: Edward Newman. 1859: 509—798.

Walker F. Pyralides. List of Specimens of Lepidopterous Insects in the Collection of the British Museum, 19. London: Edward Newman. 1859: 799—1036.

Walker F. Crambites & Tortricites. List of the Specimens of Lepidopterous Insects in the Collection of the British Museum, 27. London: Edward Newman. 1863: 1—286.

Walker F. Tortricites & Tineites. List of the Specimens of Lepidopterous Insects in the Collection of the British Museum, 28. London: Edward Newman. 1863: 287—561.

Walker F. Tineites. List of the Specimens of Lepidopterous Insects in the Collection of the British Museum, 30. London: Edward Newman. 1864: 836—1096.

Walker F. Supplement Ⅳ. List of Specimens of Lepidopterous Insects in the Collection of the British Museum, 34. London: Edward Newman. 1866 (1865): 1121—1534.

Walker F. Supplement Ⅴ. List of the Specimens of Lepidopterous Insects in the Collection of the British Museum, 35. London: Edward Newman. 1866: 1535—2040.

Walsingham L. 1880. On some new and little known species of Tineidae. Proceedings of the Scientific Meetings of the Zoological Society of London, 1880: 84—91.

Walsingham, L. 1891. A new species of Tineidae. (*Gracilaria theivora* Wlsm., sp. nov.). Indian Museum Notes, 2(2): 49—50.

Walsingham L. 1900. Asiatic Tortricidae. Annals and Magazine of Natural History, including Zoology, Botany and Geology, (7)5: 368—469, 481—490.

Walsingham L. 1900. Asiatic Tortricidae. Annals and Magazine of Natural History, including Zoology, Botany and Geology, (7)6: 121—137, 234—243, 333—341, 401—409, 429—448.

Wang PY, David EG & Song SM. 1988. Revision of the genus *Glaucocharis* Meyrick in the Southeastern Palaearctic, the Oriental Region and India, with descriptions of new species (Lepidoptera: Pyralidae: Crambinae). Sinozoologia, 6: 297—396.

Wang SS & Li HH. 2005. A taxonomic study on *Endotricha* Zeller (Lepidoptera: Pyralidae: Pyralinae) in China. Insect Science, 12(4): 297—305.

Wang SX & Li HH. 2004. A study on the genus *Promalactis* from China: descriptions of fifteen new species (Lepidoptera: Oecophoridae). Oriental Insects, 38: 1—25.

Wang SX & Li HH. 2004. A systematic study of *Eonympha* Meyrick in the world (Lepidoptera: Oecophoridae) in the world. Acta Entomologica Sinica, 47(1): 93—98.

Wang SX & Li HH. 2004. Two new species of *Ethmia* Hübner from China (Lepidoptera: Elachistidae: Ethmiinae). Entomological News, 115(3): 135—138.

Wang SX & Li HH. 2005. The genus *Irepacma* (Lepidoptera: Oecophoridae) from China, checklist, key to the species, and descriptions of new species. Acta Zoologica Academiae Scientiarum Hungaricae, 51 (2): 125—133.

Wang SX & Zhang, L. 2009. Genus *Eutorna* Meyrick (Lepidoptera: Elachistidae: Depressariinae) of China, with description of one new species. Entomotaxonomia, 31(1): 45—49.

Wang SX & Zheng ZM. 1997. Three new species of the genus *Irepacma* from Shaanxi Province (Lepidoptera: Oecophoridae). Entomologia Sinica, 4(1): 9—14.

Wang SX & Zheng ZM. 1998. Five new species and one new record of the genus *Promalactis* Meyrick from China (Lepidoptera: Oecophoridae). Acta Zootaxonomica Sinica, 23(4): 399—405.

Wang SX. 2000. A study on the genus *Metathrinca* Meyrick (Lepidoptera: Xyloryctidae), with description of three new species from China. Entomotaxonomia, 22(3): 229—234.

Wang SX. 2004. A systematic study of *Autosticha* Meyrick from China, with descriptions of twenty-three new species (Lepidoptera: Autostichidae). Acta Zootaxonomica sinica, 29(1): 38—62.

Wang SX. 2004. Four new species of *Ripeacma* from China (Lepidoptera: Oecophoridae). Acta Zootaxonomica Sinica, 29(2): 324—329.

Wang SX. Oecophoridae of China (Insecta: Lepidoptera). Beijing: Science Press. 2006: 1—258.

Wang SX. 2006. The genus *Pedioxestis* (Lepidoptera: Oecophoridae) from China, with descriptions of three new species. Zootaxa, 1330: 51—58.

Wang SX, Kendrick RC & Sterling P. 2009. Microlepidoptera of Hong Kong: Oecophoridae I: the genus *Promalactis* Meyrick. Zootaxa, 2239: 31—44.

Wang SX, Li HH & Liu YQ. 2001. Nine new species and two new records of the genus *Periacma* Meyrick from China (Lepidoptera: Oecophoridae). Acta Zootaxonomica Sinica, 26(3): 266—277.

Wang SX, Li HH & Zheng ZM. 2000. A study on the genus (Lepidoptera: Oecophoridae) *Promalactis* Meyrick from China: Five new species and two new record species. Acta Entomologica Sinica, 7 (4): 289—298.

Wang SX, Liu YQ & Li HH. 2002. Two new species of the genus *Irepacma* from China (Lepidoptera: Oecophoridae). Acta Entomologica Sinica, 45(Suppl.): 64—66.

Wang SX, Zheng ZM & Li HH. 1997. Description of seven new species of the genus *Promalactis* Meyrick from China (Lepidoptera: Oecophoridae). SHILAP Revista de Lepidopterologia, 25(99): 199—206.

Wang XP, Li HH & Wang SX. 2004. Four new species of *Gnorismoneura* from China (Insecta: Lepidoptem: Tortricidae). Nota Lepidopterologica, 27(1): 79—88.

Wang YQ & Wang SX. 2015. A new species of the genus *Philharmonia* Gozmány, 1978 from China (Lepidoptera: Lecithoceridae). SHILAP Revista de Lepidopterologia, 43(169): 73—76.

Warren W. 1891. Descriptions of new genera and species of Pyralidae contained in the British-Museum collection. Annals and Magazine of Natural History, including Zoology, Botany and Geology, (6) 7: 423—501.

Whalley PES. 1963. A revision of the world species of the genus *Endotricha* Zeller (Lepidoptera: Pyralidae). Bulletin of British Museum (Natural History), Entomology, 13: 397—453.

Wu CS & Liu YQ. 1993. The Chinese *Lecithocera* Herrich-Schäffer and descriptions of new species (Lepidoptera: Lecithoceridae). Sinozoologia, 10: 319—345.

Wu CS. 1994. Taxonomy of the Chinese *Spatulignatha* Gozmány (Lepidoptera: Lecithoceridae). Entomotaxonomia, 16(3): 197—200.

Wu CS. 1994. The Chinese *Sarisophora* Meyrick and descriptions of four new species (Lepidoptera: Lecithoceridae). Entomologia Sinica, 1(2): 135—139.

Wu CS. Fauna Sinica, Insect, Lepidoptera: Lecithoceridae, 7. Beijing: Science Press. 1997: 1—306.

Yamanaka H. 1986. Two new species and one unrecorded species of the Phicitinae from Japan (Lepidoptera, Pyralidae). Transactions of the Lepidopterological Society of Japan, 37(4): 185—190.

Yamanaka H. 1990. Descriptions of three new species of Phycitinae (Lepidoptera: Pyralidae) from Japan. Tinea, 12(26): 231—238.

Yang CK. Moths of North China, 1. Beijing: North China Agricultural University Press. 1977: 1—299.

Yano K. 1961. Descriptions of two new species of Pterophoridae from Japan. (Lep.). Kontyû, 29(3): 151—156.

Yasuda T. 1988. Two new species of the Genus *Hieromantis*(Lepidoptera, Stathmopodidae) from Japan. Kontyû, 56(3): 491—497.

Yasuda T & Razowski, J. 1991. Some Japanese genera and species of the tribe Euliini (Lepidoptera: Tortricidae). Nota Lepidopterologica, 14(2): 179—190.

Yasuda T. 1962. A study of the Japanese Tortricidae (Ⅰ). Publications of the Entomologica Laboratory College of Agriculture, University of Osaka Prefecture, 7: 49—55.

Yasuda T. 1998. The Japanese species of the genus *Adoxophyes* Meyrick (Lepidoptera: Tortricidae). Transactions of the Lepidopterological Society of Japan, 49(3): 159—173.

Yoshiyasu Y. 1980. A systematic study of the genus *Nymphicula* Snellen from Japan (Lepidoptera: Pyralidae). Transactions of the Lepidopterological Society of Japan, 31(1—2): 1—28.

Yoshiyasu Y. 1991. A New Species of *Assara* (Lepidoptera, Pyralidae) Associted with the Aphid Gall. Transactions of the Lepidopterological Society of Japan, 42(4): 261—269.

Yu HL & Li HH. 2006. The genus *Dudua* (Lepidoptera: Tortricidae) from Mainland China, with description of a new species. Oriental Insects, 40: 273—284.

Zagulajev AK. 1969. New species of small ermine moths of the genus *Yponomeuta* Latr. (Lepidoptera, Yponomeutidae) from the Far East. Entomologicheskoe Obozrenie, 48(1): 192—198.

Zeller PC. 1839. Versuch einer naturgemäßen Eintheilung der Schaben. Isis von Oken, 1839(3): 167—220.

Zeller PC. 1847. Bemerkungen über die auf einer Reise nach Italien und Sicilien beobachteten Schmetterlingsarten. Isis von Oken, 1847(2): 121—159, (3): 213—233, (4): 284—308, (6): 401—457, (7): 481—522, (8): 561—594, (9): 641—673, (10): 721—771, (11): 801—859, (12): 881—914.

Zeller PC. 1848. Die Gallerien und nackthornigen Phycideen. Isis von Oken, 1848(8): 569—618; (9): 641—691; (10): 721—754.

Zeller PC. 1852. Die Schaben mit langen Kiefertastern. Linnaea Entomologica, 6: 81—198.

Zeller PC. 1877. Exotische Microlepidoptera. Horae Societatis Entomologicae e Rossicae, 13: 1—493.

Zhang AH & Li HH. 2004. A systematic study of the genus *Nuntiella* Kuznetzov (Lepidoptera: Tortricidae: Olethreutinae). Acta Entomologica Sinica, 47(4): 485—489.

Zhang AH & Li HH. 2005. A taxonomic study on the genus *Hendecaneura* Walsingham from China (Lepidoptera: Tortricidae: Olethreutinae). Oriental Insects, 39: 109—115.

Zhang AH & Li HH. 2006. A new genus and four new species of Eucosmini (Lepidoptera: Tortricidae: Olethreutinae) from China. Oriental Insects, 40: 145—152.

Zhang AH & Li HH. 2012. Description of five new species of the genus *Rhopobota* Lederer

(Lepidoptera, Tortricidae) in China, along with a checklist of all the described Chinese species. Zootaxa, 3478: 373—382.

Zhang AH, Li HH & Wang SX. 2005. Study on the genus *Rhopobota* Lederer from China (Lepidoptera: Tortricidae: Olethreutinae). Entomologica Fennica, 16: 273—286.

Zhang DD, Li HH & Wang SX. 2004. A review of *Ecpyrrhorrhoe* Hübner (Lepidoptera: Crambidae: Pyraustinae) from China, with descriptions of new species. Oriental Insects, 38: 315—325.

Zhang X & Wang SX. 2006. A study of the genus *Semnostola* Diakonoff from China with the description of a new species (Lepidoptera: Tortricidae: Olethreutinae). Zootaxa, 1283: 37—45.

中名索引

学名索引

成虫图版

（1—29）

图版 1

1. 菌谷蛾 Morophaga bucephala；
2. 乌苏里谷蛾 Morophagoides ussuriensis；
3. 梯缘太宇谷蛾 Gerontha trapezia；
4. 梯纹白斑谷蛾 Monopis monachella；
5. 镰白斑谷蛾 M. trapezoides；
6. 赭带白斑谷蛾 M. zagulajevi；
7. 刺槐谷蛾 Dasyses barbata；
8. 东方扁蛾 Opogona nipponica；
9. 贝细蛾 Eteoryctis deversa；
10. 南烛尖细蛾 Acrocercops transecta；
11. 黑点圆细蛾 Borboryctis triplaca；
12. 水蜡细蛾 Gracillaria japonica；
13. 朴丽细蛾 Caloptilia celtidis；
14. 指丽细蛾 C. dactylifera；
15. 黑丽细蛾 C. kurokoi；
16. 漆丽细蛾 C. rhois；
17. 茶丽细蛾 C. theivora；
18. 苹丽细蛾 C. zachrysa

图版 2

19. 长翅丽细蛾 *Caloptilia schisandrae*；
21. 青冈小白巢蛾 *Thecobathra anas*；
23. 枫香小白巢蛾 *T. lambda*；
25. 银带巢蛾 *Cedestis exiguata*；
27. 金冠褐巢蛾 *Metanomeuta fulvicrinis*；
29. 丽长角巢蛾 *Xyrosaris lichneuta*；
31. 瘤枝卫矛巢蛾 *Y. kanaiellus*；
33. 东方巢蛾 *Y. anatolicus*；
35. 灰巢蛾 *Y. cinefactus*；

20. 斑细蛾 *Calybites phasianipennella*；
22. 伊小白巢蛾 *T. eta*；
24. 庐山小白巢蛾 *T. sororiata*；
26. 尖突金巢蛾 *Lycophantis mucronata*；
28. 天则异巢蛾 *Teinoptila bolidias*；
30. 稠李巢蛾 *Yponomeuta evonymellus*；
32. 多斑巢蛾 *Y. polystictus*；
34. 双点巢蛾 *Y. bipunctellus*；
36. 垂丝卫矛巢蛾 *Y. eurinellus*

图版 3

37. 冬青卫矛巢蛾 *Yponomeuta griseatus*；
38. 二十点巢蛾 *Y. sedellus*；
39. 褐脉冠翅蛾 *Ypsolopha nemorella*；
40. 褐齿银蛾 *Argyresthia anthocephala*；
41. 黄钩银蛾 *A. subrimosa*；
42. 狭银蛾 *A. angusta*；
43. 小菜蛾 *Plutella xylostella*；
44. 列光菜蛾 *Leuroperna sera*；
45. 平雀菜蛾 *Anthonympha truncata*；
46. 舌雀菜蛾 *A. ligulacea*；
47. 四角列蛾 *Autosticha tetragonopa*；
48. 粗鳞列蛾 *A. squnarrosa*；
49. 弓瓣列蛾 *A. arcivalvaris*；
50. 台湾列蛾 *A. taiwana*；
51. 天目山列蛾 *A. tianmushana*；
52. 和列蛾 *A. modicella*；
53. 迷列蛾 *A. fallaciosa*；
54. 四川列蛾 *A. sichuanica*

图版 4

55. 庐山列蛾 *Autosticha lushanensis*；　　56. 齿瓣列蛾 *A. valvidentata*；
57. 刺列蛾 *A. oxyacantha*；　　　　　　　58. 暗列蛾 *A. opaca*；
59. 截列蛾 *A. truncicola*；　　　　　　　60. 仿列蛾 *A. imitativa*；
61. 粗点列蛾 *A. pachysticta*；　　　　　　62. 二瓣列蛾 *A. valvifida*；
63. 匙唇祝蛾 *Spatulignatha hemichrysa*；　64. 花匙唇祝蛾 *S. olaxana*；
65. 灰白槐祝蛾 *Sarisophora cerussata*；　　66. 指瓣槐祝蛾 *S. dactylisana*；
67. 黄阔祝蛾 *Lecitholaxa thiodora*；　　　 68. 微平祝蛾 *Lecithocera sigillata*；
69. 掌祝蛾 *L. palmata*；　　　　　　　　 70. 针祝蛾 *L. raphidica*；
71. 陶祝蛾 *L. pelomorpha*；　　　　　　　72. 纸平祝蛾 *L. chartaca*

图版 5

73. 竖祝蛾 *Lecithocera erecta*；
74. 棒祝蛾 *L. cladia*；
75. 灰黄平祝蛾 *L. polioflava*；
76. 镰平祝蛾 *L. iodocarpha*；
77. 带宽银祝蛾 *Issikiopteryx zonosphaera*；
78. 中带彩祝蛾 *Tisis mesozosta*；
79. 喜祝蛾 *Tegenocharis tenebrans*；
80. 窗羽祝蛾 *Nosphistica fenestrata*；
81. 灯羽祝蛾 *N. metalychna*；
82. 叶三角祝蛾 *Deltoplastis lobigera*；
83. 基黑俪祝蛾 *Philharmonia basinigra*；
84. 貂祝蛾 *Athymoris martialis*；
85. 秃祝蛾 *Halolaguna sublaxata*；
86. 玫瑰瘤祝蛾 *Torodora roesleri*；
87. 八瘤祝蛾 *T. octavana*；
88. 黄褐瘤祝蛾 *T. flavescens*；
89. 铜翅瘤祝蛾 *T. aenoptera*；
90. 暗瘤祝蛾 *T. tenebrata*

图版 6

91. 幼盲瘤祝蛾 *Torodora virginopis*；
92. 楔白祝蛾 *Thubana leucosphena*；
93. 邻绢祝蛾 *Scythropiodes approximans*；
94. 钩瓣绢祝蛾 *S. hamatellus*；
95. 九连绢祝蛾 *S. jiulianae*；
96. 梅绢祝蛾 *S. issikii*；
97. 刺瓣绢祝蛾 *S. barbellatus*；
98. 苹褐绢祝蛾 *S. malivora*；
99. 突圆织蛾 *Eonympha basiprojecta*；
100. 双平织蛾 *Pedioxestis bipartita*；
101. 米仓织蛾 *Martyringa xeraula*；
102. 天目潜织蛾 *Locheutis tianmushana*；
103. 黑缘酪织蛾 *Tyrolimnas anthraconesa*；
104. 离腹带织蛾 *Periacma absaccula*；
105. 褐带织蛾 *P. delegata*；
106. 泰顺带织蛾 *P. taishunensis*；
107. 尖翅斑织蛾 *Ripeacma acuminiptera*；
108. 杯形斑织蛾 *R. cotyliformis*

图版 7

109. 大伪带织蛾 *Irepacma grandis*；
110. 矛伪带织蛾 *I. lanceolata*；
111. 弯伪带织蛾 *I. curva*；
112. 浙江锦织蛾 *Promalactis zhejiangensis*；
113. 密纹锦织蛾 *P. densimacularis*；
114. 咸丰锦织蛾 *P. xianfengensis*；
115. 双圆锦织蛾 *P. diorbis*；
116. 褐斑锦织蛾 *P. fuscimaculata*；
117. 饰带锦织蛾 *P. infulata*；
118. 银斑锦织蛾 *P. jezonica*；
119. 卵叶锦织蛾 *P. lobatifera*；
120. 特锦织蛾 *P. peculiaris*；
121. 乳突锦织蛾 *P. papillata*；
122. 丽线锦织蛾 *P. pulchra*；
123. 原州锦织蛾 *P. wonjuensis*；
124. 蛇头锦织蛾 *P. serpenticapitata*；
125. 花锦织蛾 *P. similiflora*；
126. 拟饰带锦织蛾 *P. similinfulata*

图版 8

127. 点线锦织蛾 *Promalactis suzukiella*；
128. 三突锦织蛾 *P. tricuspidata*；
129. 四斑锦织蛾 *P. quadrimacularis*；
130. 红隆木蛾 *Aeolanthes erythrantis*；
131. 大光隆木蛾 *A. megalophthalma*；
132. 梨半红隆木蛾 *A. semiostrina*；
133. 德尔塔隆木蛾 *A. deltogramma*；
134. 银叉木蛾 *Metathrinca argentea*；
135. 铁杉叉木蛾 *M. tsugensis*；
136. 双斑异宽蛾 *Agonopterix bipunctifera*；
137. 柳异宽蛾 *A. conterminella*；
138. 二点异宽蛾 *A. costaemaculella*；
139. 弯异宽蛾 *A. l-nigrum*；
140. 托异宽蛾 *A. takamukui*；
141. 纹佳宽蛾 *Eutorna undulosa*；
142. 毛角草蛾 *Ethmia antennipilosa*；
143. 江苏草蛾 *E. assamensis*；
144. 天目山草蛾 *E. epitrocha*

图版 9

145. 西藏草蛾 *Ethmia ermineella*;
146. 鼠尾草蛾 *E. lapidella*;
147. 新月草蛾 *E. lunaris* sp. nov.;
148. 冲绳草蛾 *E. okinawana*;
149. 阿迈尖蛾 *Macrobathra arneutis*;
150. 梅迈尖蛾 *M. myrocoma*;
151. 栎迈尖蛾 *M. quercea*;
152. 丽尖蛾 *Cosmopterix dulcivora*;
153. 颚尖蛾 *C. rhynchognathosella*;
154. 橙红离尖蛾 *Labdia semicoccinea*;
155. 济源艳展足蛾 *Atkinsonia swetlanae*;
156. 核桃黑展足蛾 *Atrijuglans aristata*;
157. 十字淡展足蛾 *Calicotis crucifera*;
158. 洁点展足蛾 *Hieromantis kurokoi*;
159. 申点展足蛾 *H. sheni*;
160. 桃展足蛾 *Stathmopoda auriferella*;
161. 丽展足蛾 *S. callopis*;
162. 白光展足蛾 *S. opticaspis*

图版 10

163. 柠檬展足蛾 *Stathmopoda dicitra*；
164. 饰纹展足蛾 *S. commoda*；
165. 腹刺展足蛾 *S. stimulata*；
166. 森展足蛾 *S. moriutiella*；
167. 杨陵冠麦蛾 *Bagdadia yanglingensis*；
168. 细凹麦蛾 *Tituacia gracilis*；
169. 玉山林麦蛾 *Empalactis yushanica*；
170. 大斑林麦蛾 *E. grandimacularis*；
171. 中带林麦蛾 *E. mediofasciana*；
172. 单色林麦蛾 *E. unicolorella*；
173. 河南林麦蛾 *E. henanensis*；
174. 岳西林麦蛾 *E. yuexiensis*；
175. 灌县林麦蛾 *E. saxigera*；
176. 国槐林麦蛾 *E. sophora*；
177. 暗林麦蛾 *E. neotaphronoma*；
178. 芒果蛮麦蛾 *Hypatima spathota*；
179. 桦蛮麦蛾 *H. rhomboidella*；
180. 优蛮麦蛾 *H. excellentella*

图版 11

181. 本州条麦蛾 *Anarsia silvosa*；
182. 山槐条麦蛾 *A. bimaculata*；
183. 展条麦蛾 *A. protensa*；
184. 木荷条麦蛾 *A. isogona*；
185. 中斑发麦蛾 *Faristenia medimaculata*；
186. 双突发麦蛾 *F. geminisignella*；
187. 缺毛发麦蛾 *F. impenicilla*；
188. 缘刺发麦蛾 *F. jumbongae*；
189. 乌苏里发麦蛾 *F. ussuriella*；
190. 奥氏发麦蛾 *F. omelkoi*；
191. 栎发麦蛾 *F. quercivora*；
192. 青冈拟蛮麦蛾 *Encolapta tegulifera*；
193. 申氏拟蛮麦蛾 *E. sheni*；
194. 拟蛮麦蛾 *E. epichthonia*；
195. 圆托麦蛾 *Tornodoxa tholochorda*；
196. 长柄托麦蛾 *T. longiella*；
197. 樱背麦蛾 *Anacampsis anisogramma*；
198. 绣线菊背麦蛾 *A. solemnella*

图版 12

199. 尖突荚麦蛾 *Mesophleps acutunca*；

200. 白线荚麦蛾 *M. albilinella*；

201. 矛荚麦蛾 *M. ioloncha*；

202. 饰光麦蛾 *Photodotis adornata*；

203. 悬钩子灯麦蛾 *Argolamprotes micella*；

204. 寿苔麦蛾 *Bryotropha senectella*；

205. 仿苔麦蛾 *B. similis*；

206. 六斑彩麦蛾 *Chrysoesthia sexguttella*；

207. 黄尖翅麦蛾 *Metzneria inflammatella*；

208. 小腹齿茎麦蛾 *Xystophora parvisaccula*；

209. 红铃麦蛾 *Pectinophora gossypiella*；

210. 麦蛾 *Sitotroga cerealella*；

211. 杨梅纹麦蛾 *Thiotricha pancratiastis*；

212. 隐纹麦蛾 *T. celata*；

213. 斑纹麦蛾 *T. tylephora*；

214. 茂棕麦蛾 *Dichomeris moriutii*；

215. 米特棕麦蛾 *D. mitteri*；

216. 锈棕麦蛾 *D. ferruginosa*

图版 13

217. 灰棕麦蛾 *Dichomeris acritopa*；
219. 胡枝子棕麦蛾 *D. harmonias*；
221. 白桦棕麦蛾 *D. ustalella*；
223. 缘褐棕麦蛾 *D. fuscusitis*；
225. 叉棕麦蛾 *D. bifurca*；
227. 黑缘棕麦蛾 *D. obsepta*；
229. 六叉棕麦蛾 *D. sexafurca*；
231. 艾棕麦蛾 *D. rasilella*；
233. 南投棕麦蛾 *D. lushanae*；

218. 山楂棕麦蛾 *D. derasella*；
220. 鸡血藤棕麦蛾 *D. oceanis*；
222. 端刺棕麦蛾 *D. apicispina*；
224. 长须棕麦蛾 *D. okadai*；
226. 桃棕麦蛾 *D. heriguronis*；
228. 侧叉棕麦蛾 *D. latifurcata*；
230. 异叉棕麦蛾 *D. varifurca*；
232. 波棕麦蛾 *D. cymatodes*；
234. 杉木球果棕麦蛾 *D. bimaculata*

图版 14

235. 外突棕麦蛾 *Dichomeris beljaevi*；
236. 刘氏棕麦蛾 *D. liui*；
237. 库氏棕麦蛾 *D. kuznetzovi*；
238. 壮角棕麦蛾 *D. silvestrella*；
239. 中阳麦蛾 *Helcystogramma epicentra*；
240. 土黄阳麦蛾 *H. lutatella*；
241. 甘薯阳麦蛾 *H. triannulella*；
242. 拟带阳麦蛾 *H. imagitrijunctum*；
243. 斜带阳麦蛾 *H. trijunctum*；
244. 月麦蛾 *Aulidiotis phoxopterella*；
245. 胡枝子树麦蛾 *Agnippe albidorsella*；
246. 窄翅麦蛾 *Angustialata gemmellaformis*；
247. 阳卡麦蛾 *Carpatolechia yangyangensis*；
248. 枞离瓣麦蛾 *Chorivalva bisaccula*；
249. 斑拟黑麦蛾 *Concubina euryzeucta*；
250. 西宁平麦蛾 *Parachronistis xiningensis*；
251. 沐腊麦蛾 *Parastenolechia argobathra*；
252. 白头腊麦蛾 *P. albicapitella*

图版 15

253. 拱腊麦蛾 *Parastenolechia arciformis*；
254. 乳突腊麦蛾 *P. papillaris*；
255. 梯斑腊麦蛾 *P. trapezia*；
256. 长突腊麦蛾 *P. longifolia*；
257. 栎伪黑麦蛾 *Pseudotelphusa acrobrunella*；
258. 云黑麦蛾 *Telphusa nephomicta*；
259. 毛榛子长翅卷蛾 *Acleris delicatana*；
260. 褐点长翅卷蛾 *A. fuscopunctata*；
261. 圆扁长翅卷蛾 *A. placata*；
262. 腹齿长翅卷蛾 *A. recula*；
263. 黄丽彩翅卷蛾 *Spatalistis aglaoxantha*；
264. 棉褐带卷蛾 *Adoxophyes honmai*；
265a. 后黄卷蛾 *Archips asiaticus*，♂；
265b. 后黄卷蛾 *A. asiaticus*，♀；
266a. 天目山黄卷蛾 *A. compitalis*，♂；
266b. 天目山黄卷蛾 *A. compitalis*，♀；
267a. 白亮黄卷蛾 *A. limatus albatus*，♂；
267b. 白亮黄卷蛾 *A. limatus albatus*，♀

图版 16

268. 美黄卷蛾 *Archips myrrhophanes*；
269b. 云杉黄卷蛾 *A. oporana*，♀；
270b. 湘黄卷蛾 *A. strojny*，♀；
271b. 永黄卷蛾 *A. tharsaleopa*，♀；
273. 南色卷蛾 *C. longicellana*；
275. 浙华卷蛾 *Egogepa zosta*；
277. 柳杉长卷蛾 *Homona issikii*；
279. 窄突卷蛾 *Meridemis invalidana*；
281. 松褐卷蛾 *Pandemis cinnamomeana*；

269a. 云杉黄卷蛾 *A. oporana*，♂；
270a. 湘黄卷蛾 *A. strojny*，♂；
271a. 永黄卷蛾 *A. tharsaleopa*，♂；
272. 尖色卷蛾 *Choristoneura evanidana*；
274. 忍冬双斜卷蛾 *Clepsis rurinana*；
276. 柱丛卷蛾 *Gnorismoneura cylindrata*；
278. 茶长卷蛾 *H. magnanima*；
280. 截圆卷蛾 *Neocalyptis angustilineata*；
282. 褐侧板卷蛾 *Minutargyrotoza calvicaput*

图版 17

283. 长腹毛垫卷蛾 *Synochoneura ochriclivis*；
284. 直线双纹卷蛾 *Aethes rectilineana*；
285. 环针单纹卷蛾 *Eupoecilia ambiguella*；
286. 网斑褐纹卷蛾 *Phalonidia chlorolitha*；
287. 多斑褐纹卷蛾 *P. scabra*；
288. 鄂圆点小卷蛾 *Eudemis lucina*；
289. 栎圆点小卷蛾 *E. porphyrana*；
290. 异形圆斑小卷蛾 *Eudemopsis heteroclita*；
291. 球瓣圆斑小卷蛾 *E. pompholycias*；
292. 青尾小卷蛾 *Sorolopha agana*；
293. 白端小卷蛾 *Phaecasiophora leechi*；
294. 纤端小卷蛾 *P. pertexta*；
295. 奥氏端小卷蛾 *P. obraztsovi*；
296. 华氏端小卷蛾 *P. walsinghami*；
297. 精细小卷蛾 *Psilacantha pryeri*；
298. 狭翅小卷蛾 *Dicephalarcha dependens*；
299. 榆花翅小卷蛾 *Lobesia aeolopa*；
300. 忍冬花翅小卷蛾 *L. coccophaga*

图版 18

301. 落叶松花翅小卷蛾 *Lobesia virulenta*；
302. 长刺斜纹小卷蛾 *Apotomis formalis*；
303. 乳白斜纹小卷蛾 *A. lacteifacies*；
304. 草小卷蛾 *Celypha flavipalpana*；
305. 花白条小卷蛾 *Dudua dissectiformis*；
306. 圆白条小卷蛾 *D. scaeaspis*；
307. 异广翅小卷蛾 *Hedya auricristana*；
308. 栗小卷蛾 *Olethreutes castaneanum*；
309. 梅花小卷蛾 *O. dolosana*；
310. 溲疏小卷蛾 *O. electana*；
311. 倒卵小卷蛾 *O. obovata*；
312. 柄小卷蛾 *O. perexiguana*；
313. 阔瓣小卷蛾 *O. platycremna*；
314. 线菊小卷蛾 *O. siderana*；
315. 宽小卷蛾 *O. transversanus*；
316. 非凡直茎小卷蛾 *Rhopaltriplasia insignata*；
317. 毛轮小卷蛾 *Rudisociaria velutinum*；
318. 豌豆镰翅小卷蛾 *Ancylis badiana*

图版 19

319. 半圆镰翅小卷蛾 *Ancylis obtusana*；
320. 苹镰翅小卷蛾 *A. selenana*；
321. 鼠李尖顶小卷蛾 *Kennelia xylinana*；
322. 苦楝小卷蛾 *Loboschiza koenigiana*；
323. 壮茎褐斑小卷蛾 *Semnostola grandaedeaga*；
324. 深褐小卷蛾 *Antichlidas holocnista*；
325. 叶突共小卷蛾 *Coenobiodes acceptana*；
326. 白块小卷蛾 *Epiblema autolitha*；
327. 白钩小卷蛾 *E. foenella*；
328. 胡萝卜叶小卷蛾 *Epinotia thapsiana*；
329. 栗菲小卷蛾 *Fibuloides aestuosa*；
330. 日菲小卷蛾 *F. japonica*；
331. 瓦尼菲小卷蛾 *F. vaneeae*；
332. 浅褐花小卷蛾 *Eucosma aemulana*；
333. 灰花小卷蛾 *E. cana*；
334. 黄斑花小卷蛾 *E. flavispecula*；
335. 柳突小卷蛾 *Gibberifera glaciata*；
336. 三角美斑小卷蛾 *Hendecaneura triangulum*

图版 20

337. 梯形异花小卷蛾 *Hetereucosma trapezia*；
338. 褐瘦花小卷蛾 *Lepteucosma huebneriana*；
339. 黑脉小卷蛾 *Melanodaedala melanoneura*；
340. 阔端连小卷蛾 *Nuntiella laticuculla*；
341. 粗刺筒小卷蛾 *Rhopalovalva catharotorna*；
342. 丽筒小卷蛾 *R. pulchra*；
343. 穴黑痣小卷蛾 *Rhopobota antrifera*；
344. 天目山黑痣小卷蛾 *R. eclipticodes*；
345. 丛黑痣小卷蛾 *R. floccosa*；
346. 苹黑痣小卷蛾 *R. naevana*；
347. 粗刺黑痣小卷蛾 *R. latispina*；
348. 郑氏黑痣小卷蛾 *R. zhengi*；
349. 双色黑痣小卷蛾 *R. bicolor*；
350. 镰黑痣小卷蛾 *R. falcata*；
351. 宝兴黑痣小卷蛾 *R. baoxingensis*；
352. 桃白小卷蛾 *Spilonota albicana*；
353. 苹白小卷蛾 *S. ocellana*；
354. 斜斑小卷蛾 *Andrioplecta oxystaura*

图版 21

355. 微斜斑小卷蛾 *Andrioplecta suboxystaura*；
356. 扭异形小卷蛾 *Cryptophlebia distorta*；
357. 盈异形小卷蛾 *C. repletana*；
358. 黑龙江圆小卷蛾 *Cydia amurensis*；
359. 大豆食心虫 *Leguminivora glycinivorella*；
360. 邻豆小卷蛾 *Matsumuraeses vicina*；
361. 乌蔹莓日羽蛾 *Nippoptilia cinctipedalis*；
362. 葡萄日羽蛾 *N. vitis*；
363. 褐秀羽蛾 *Stenoptilodes taprobanes*；
364. 甘薯异羽蛾 *Emmelina monodactyla*；
365. 日滑羽蛾 *Hellinsia ishiyamana*；
366. 艾蒿滑羽蛾 *H. lienigiana*；
367. 黑指滑羽蛾 *H. nigridactyla*；
368. 井上长颚斑螟 *Edulicodes inoueella*；
369. 原位隐斑螟 *Cryptoblabes sita*；
370. 白条匙须斑螟 *Spatulipalpia albistrialis*；
371. 长须锚斑螟 *Indomyrlaea proceripalpa*；
372. 马鞭草带斑螟 *Coleothrix confusalis*

图版 22

373. 黄须腹刺斑螟 *Sacculocornutia flavipalpella*；　　374. 中国腹刺斑螟 *S. sinicolella*；
375. 毛背直鳞斑螟 *Ortholepis atratella*；　　376. 淡癭斑螟 *Pempelia ellenella*；
377. 圆斑栉角斑螟 *Ceroprepes ophthalmicella*；　　378. 钩阴翅斑螟 *Sciota hamatella*；
379. 白角云斑螟 *Nephopterix maenamii*；　　380. 绒同类斑螟 *Phycitodes binaevella*；
381. 三角类斑螟 *P. triangulella*；　　382. 前白类斑螟 *P. subcretacella*；
383. 三角夜斑螟 *Nyctegretis triangulella*；　　384. 南京伪峰斑螟 *Pseudacrobasis tergestella*；
385. 白斑蛀果斑螟 *Assara korbi*；　　386. 苍白蛀果斑螟 *A. pallidella*；
387. 台湾蛀果斑螟 *A. formosana*；　　388, 389. 黑松蛀果斑螟 *A. funerella*；
390. 基黄峰斑螟 *Acrobasis subflavella*

图版 23

391. 芽峰斑螟 *Acrobasis cymindella*；
392. 秀峰斑螟 *A. bellulella*；
393. 红带峰斑螟 *A. rufizonella*；
394. 井上峰斑螟 *A. inouei*；
395. 棕黄拟峰斑螟 *Anabasis fusciflavida*；
396. 双色叉斑螟 *Dusungwua dichromella*；
397. 欧氏叉斑螟 *D. ohkunii*；
398. 四角叉斑螟 *D. quadrangula*；
399. 曲纹叉斑螟 *D. karenkolla*；
400. 亮雕斑螟 *Glyptoteles leucacrinella*；
401. 双突槌须斑螟 *Trisides bisignata*；
402. 直突帝斑螟 *Didia adunatarta*；
403. 红缘卡斑螟 *Kaurava rufimarginella*；
404. 齿纹丛螟 *Epilepia dentatum*；
405. 麻楝棘丛螟 *Termioptycha margarita*；
406. 钝棘丛螟 *T. eucarta*；
407. 黑缘白丛螟 *Noctuides melanophia*；
408. 缀叶丛螟 *Locastra muscosalis*

图版 24

409. 大豆网丛螟 *Teliphasa elegans*；
410. 云网丛螟 *T. nubilosa*；
411. 红缘纹丛螟 *Stericta asopialis*；
412. 红褐须丛螟 *Jocara kiiensis*；
413. 黑基鳞丛螟 *Lepidogma melanobasis*；
414. 栗叶瘤丛螟 *Orthaga achatina*；
415. 金黄瘤丛螟 *O. aenescens*；
416. 橄绿瘤丛螟 *O. olivacea*；
417. 黄彩丛螟 *Lista haraldusalis*；
418. 宁波彩丛螟 *L. insulsalis*；
419. 缘斑歧角螟 *Endotricha costoemaculalis*；
420. 类紫歧角螟 *E. simipunicea*；
421. 纹歧角螟 *E. icelusalis*；
422. 橄绿歧角螟 *E. olivacealis*；
423. 黄基歧角螟 *E. luteobasalis*；
424. 黑脉厚须螟 *Arctioblepsis rubida*；
425. 枯叶螟 *Zitha torridalis*；
426. 朱硕螟 *Toccolosida rubriceps*

图版 25

427. 褐鹦螟 *Loryma recusata*；
428. 缘斑缨须螟 *Stemmatophora valida*；
429. 灰巢螟 *Hypsopygia glaucinalis*；
430. 褐巢螟 *H. regina*；
431. 黄尾巢螟 *H. postflava*；
432. 指突巢螟 *H. rudis*；
433. 尖须巢螟 *H. racilialis*；
434. 金双点螟 *Orybina flaviplaga*；
435. 赫双点螟 *O. honei*；
436. 紫双点螟 *O. plangonalis*；
437. 艳双点螟 *O. regalis*；
438. 黄头长须短颚螟 *Trebania flavifrontalis*；
439. 鼠灰长须短颚螟 *T. muricolor*；
440. 丽斑水螟 *Eoophyla peribocalis*；
441. 短纹目水螟 *Nymphicula junctalis*；
442. 洁波水螟 *Paracymoriza prodigalis*；
443. 黑线塘水螟 *Elophila nigrolinealis*；
444. 小筒水螟 *Parapoynx diminutalis*

图版 26

445. 曲纹柄脉禾螟 *Leechia sinuosalis*；
446. 迈克小苔螟 *Micraglossa michaelshafferi*；
447. 北小苔螟 *M. beia*；
448. 长茎优苔螟 *Eudonia puellaris*；
449. 微齿优苔螟 *E. microdontalis*；
450. 大颚优苔螟 *E. magna*；
451. 中华赫苔螟 *Hoenia sinensis*；
452. 东北苔螟 *Scoparia tohokuensis*；
453. 囊刺苔螟 *S. congestalis*；
454. 刺苔螟 *S. spinata*；
455. 竹黄腹大草螟 *Eschata miranda*；
456. 黑纹草螟 *Crambus nigriscriptellus*；
457. 四川细草螟 *Roxita szetschwanella*；
458. 六浦微草螟 *Glaucocharis mutuurella*；
459. 玫瑰微草螟 *G. rosanna*

图版 27

460. 琥珀微草螟 *Glaucocharis electra*；
461. 类玫瑰微草螟 *G. rosannoides*；
462. 蜜舌微草螟 *G. melistoma*；
463. 三齿微草螟 *G. tridentata*；
464. 黑点髓草螟 *Calamotropha nigripunctella*；
465. 多角髓草螟 *C. multicornuella*；
466. 仙客髓草螟 *C. sienkiewiczi*；
467. 黄纹银草螟 *Pseudargyria interruptella*；
468. 金双带草螟 *Miyakea raddeellus*；
469. 金带草螟 *Metaeuchromius flavofascialis*；
470. 双纹白草螟 *Pseudocatharylla duplicella*；
471. 黑斑金草螟 *Chrysoteuchia atrosignata*；
472. 钩状黄草螟 *Flavocrambus aridellus*；
473. 岷山目草螟 *Catoptria mienshani*；
474. 西藏目草螟 *C. thibetica*

图版 28

475. 黄翅叉环野螟 *Eumorphobotys eumorphalis*；　476. 中华果蛀野螟 *Thliptoceras sinense*；
477. 卡氏果蛀野螟 *T. caradjai*；　478. 黄斑镰翅野螟 *Circobotys butleri*；
479. 棱脊宽突野螟 *Paranomis nodicosta*；　480. 褐钝额野螟 *Opsibotys fuscalis*；
481. 芬氏羚野螟 *Pseudebulea fentoni*；　482. 指状细突野螟 *Ecpyrrhorrhoe digitaliformis*；
483. 条纹野螟 *Mimetebulea arctialis*；　484. 亚洲玉米螟 *Ostrinia furnacalis*；
485. 锐拟尖须野螟 *Pseudopagyda acutangulata*；　486. 胭翅野螟 *Carminibotys carminalis*；
487. 小岬野螟 *Pronomis delicatalis*；　488. 竹弯茎野螟 *Crypsiptya coclesalis*；
489. 五线尖须野螟 *Pagyda quinquelineata*

图版 29

490. 弯指尖须野螟 *Pagyda arbiter*；
491. 黑环尖须野螟 *P. salvalis*；
492. 锈黄缨突野螟 *Udea ferrugalis*；
493. 粗缨突野螟 *U. lugubralis*；
494. 四斑绢丝野螟 *Glyphodes quadrimaculalis*；
495. 尤金绢须野螟 *Palpita munroei*；
496. 黑点蚀叶野螟 *Lamprosema commixta*；
497. 黑斑蚀叶野螟 *L. sibirialis*；
498. 暗纹尖翅野螟 *Ceratarcha umbrosa*；
499. 黄黑纹野螟 *Tyspanodes hypsalis*；
500. 橙黑纹野螟 *T. striata*；
501. 大白斑野螟 *Polythlipta liquidalis*；
502. 葡萄切叶野螟 *Herpetogramma luctuosalis*；
503. 棉褐环野螟 *Haritalodes derogata*；
504. 枇杷扇野螟 *Patania balteata*

雄性外生殖器图版

（30—76）

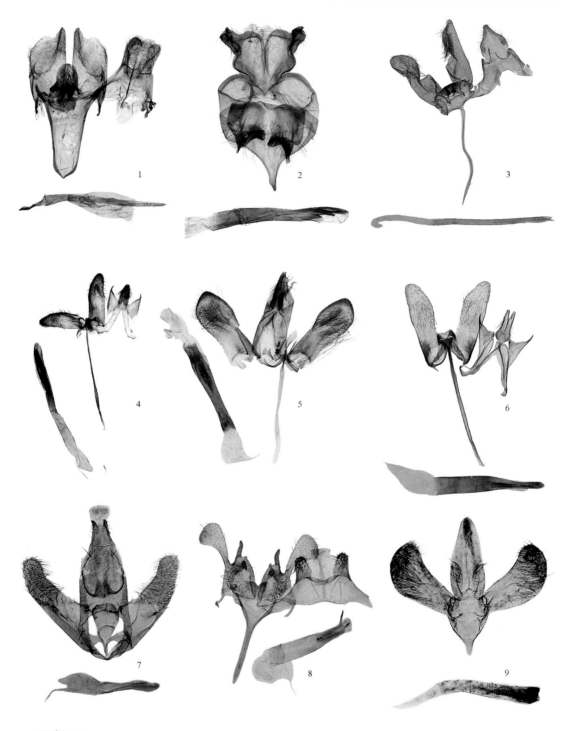

图版 30

1. 菌谷蛾 *Morophaga bucephala*；
2. 乌苏里谷蛾 *Morophagoides ussuriensis*；
3. 梯缘太宇谷蛾 *Gerontha trapezia*；
4. 梯纹白斑谷蛾 *Monopis monachella*；
5. 镰白斑谷蛾 *M. trapezoides*；
6. 赭带白斑谷蛾 *M. zagulajevi*；
7. 刺槐谷蛾 *Dasyses barbata*；
8. 东方扁蛾 *Opogona nipponica*；
9. 贝细蛾 *Eteoryctis deversa*

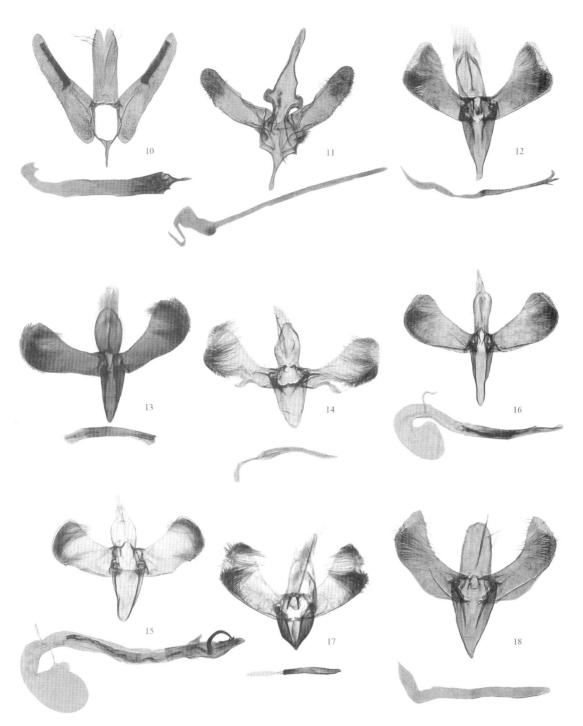

图版 31

10. 南烛尖细蛾 *Acrocercops transecta*；
11. 黑点圆细蛾 *Borboryctis triplaca*；
12. 水蜡细蛾 *Gracillaria japonica*；
13. 朴丽细蛾 *Caloptilia celtidis*；
14. 指丽细蛾 *C. dactylifera*；
15. 黑丽细蛾 *C. kurokoi*；
16. 漆丽细蛾 *C. rhois*；
17. 茶丽细蛾 *C. theivora*；
18. 苹丽细蛾 *C. zachrysa*

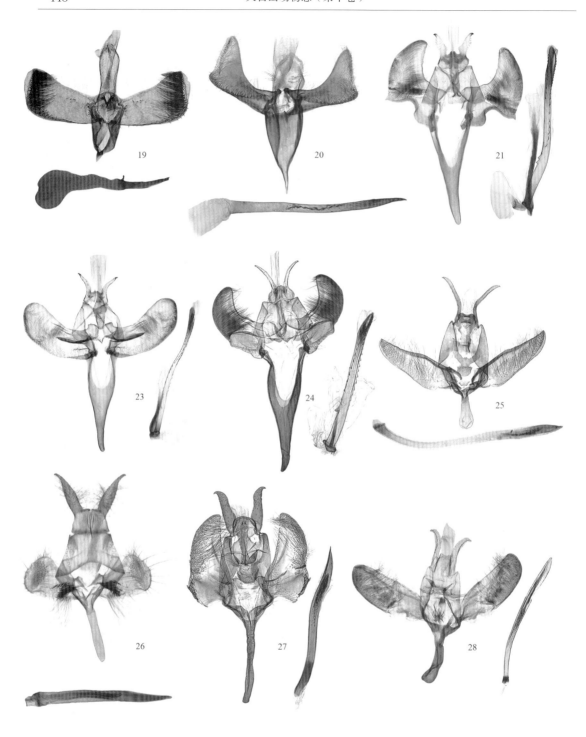

图版 32

19. 长翅丽细蛾 *Caloptilia schisandrae*；
21. 青冈小白巢蛾 *Thecobathra anas*；
24. 庐山小白巢蛾 *T. sororiata*；
26. 尖突金巢蛾 *Lycophantis mucronata*；
28. 天则异巢蛾 *Teinoptila bolidias*

20. 斑细蛾 *Calybites phasianipennella*；
23. 枫香小白巢蛾 *T. lambda*；
25. 银带巢蛾 *Cedestis exiguata*；
27. 金冠褐巢蛾 *Metanomeuta fulvicrinis*；

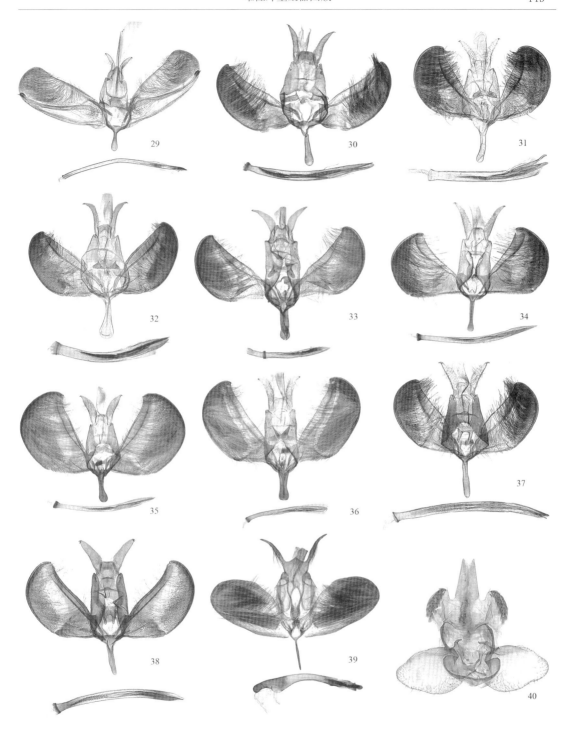

图版 33

29. 丽长角巢蛾 *Xyrosaris lichneuta*；
31. 瘤枝卫矛巢蛾 *Y. kanaiellus*；
33. 东方巢蛾 *Y. anatolicus*；
35. 灰巢蛾 *Y. cinefactus*；
37. 冬青卫矛巢蛾 *Y. griseatus*；
39. 褐脉冠翅蛾 *Ypsolopha nemorella*；

30. 稠李巢蛾 *Yponomeuta evonymellus*；
32. 多斑巢蛾 *Y. polystictus*；
34. 双点巢蛾 *Y. bipunctellus*；
36. 垂丝卫矛巢蛾 *Y. eurinellus*；
38. 二十点巢蛾 *Y. sedellus*；
40. 褐齿银蛾 *Argyresthia anthocephala*

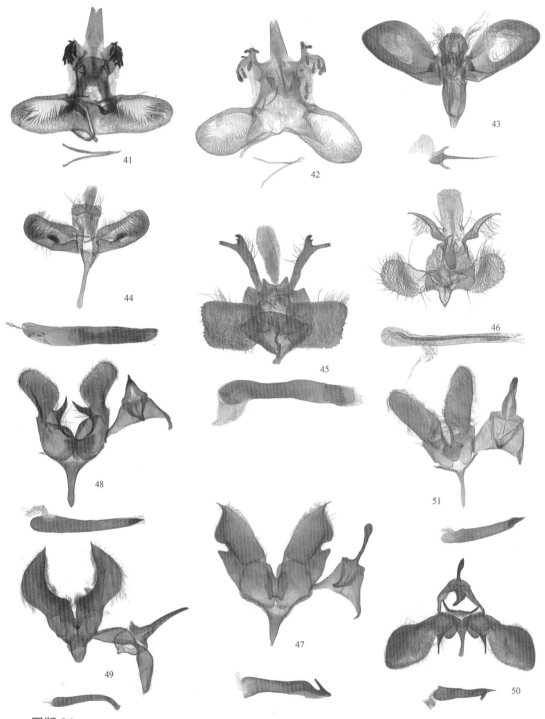

图版 34

41. 黄钩银蛾 *Argyresthia subrimosa*；
42. 狭银蛾 *A. angusta*；
43. 小菜蛾 *Plutella xylostella*；
44. 列光菜蛾 *Leuroperna sera*；
45. 平雀菜蛾 *Anthonympha truncata*；
46. 舌雀菜蛾 *A. ligulacea*；
47. 四角列蛾 *Autosticha tetragonopa*；
48. 粗鳞列蛾 *A. squnarrosa*；
49. 弓瓣列蛾 *A. arcivalvaris*；
50. 台湾列蛾 *A. taiwana*；
51. 天目山列蛾 *A. tianmushana*

图版 35

52. 和列蛾 *Autosticha modicella*；
54. 四川列蛾 *A. sichuanica*；
56. 齿瓣列蛾 *A. valvidentata*；
58. 暗列蛾 *A. opaca*；
60. 仿列蛾 *A. imitativa*；

53. 迷列蛾 *A. fallaciosa*；
55. 庐山列蛾 *A. lushanensis*；
57. 刺列蛾 *A. oxyacantha*；
59. 截列蛾 *A. truncicola*；
61. 粗点列蛾 *A. pachysticta*

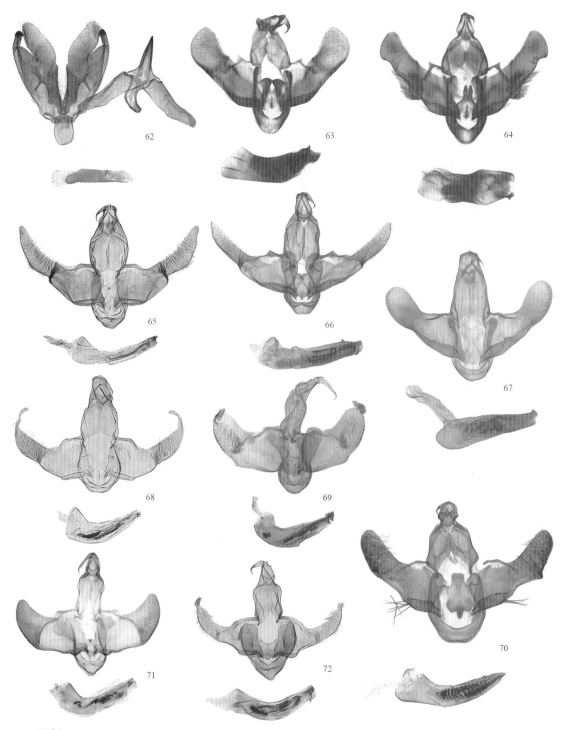

图版 36

62. 二瓣列蛾 *Autosticha valvifida*；
64. 花匙唇祝蛾 *S. olaxana*；
66. 指瓣槐祝蛾 *S. dactylisana*；
68. 徽平祝蛾 *Lecithocera sigillata*；
70. 针祝蛾 *L. raphidica*；
72. 纸平祝蛾 *L. chartaca*

63. 匙唇祝蛾 *Spatulignatha hemichrysa*；
65. 灰白槐祝蛾 *Sarisophora cerussata*；
67. 黄阔祝蛾 *Lecitholaxa thiodora*；
69. 掌祝蛾 *L. palmata*；
71. 陶祝蛾 *L. pelomorpha*；

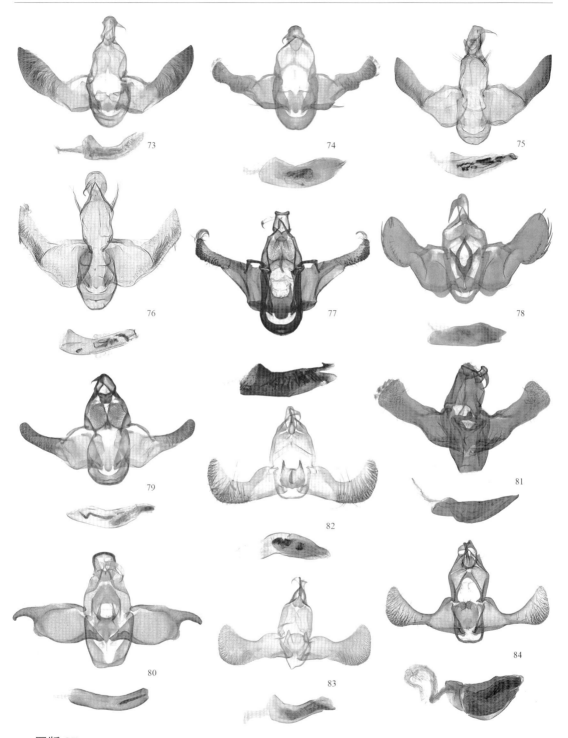

图版 37

73. 竖祝蛾 *Lecithocera erecta*；
74. 棒祝蛾 *L. cladia*；
75. 灰黄平祝蛾 *L. polioflava*；
76. 镰平祝蛾 *L. iodocarpha*；
77. 带宽银祝蛾 *Issikiopteryx zonosphaera*；
78. 中带彩祝蛾 *Tisis mesozosta*；
79. 喜祝蛾 *Tegenocharis tenebrans*；
80. 窗羽祝蛾 *Nosphistica fenestrata*；
81. 灯羽祝蛾 *N. metalychna*；
82. 叶三角祝蛾 *Deltoplastis lobigera*；
83. 基黑俪祝蛾 *Philharmonia basinigra*；
84. 貂祝蛾 *Athymoris martialis*

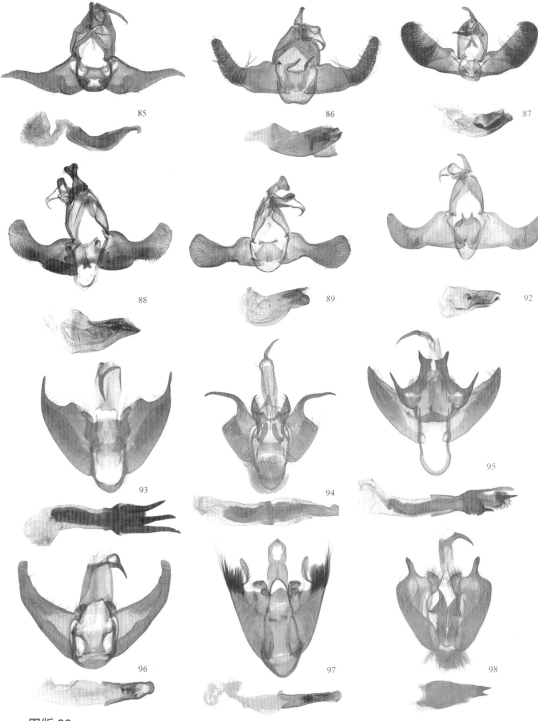

图版 38

85. 秃祝蛾 *Halolaguna sublaxata*；
86. 玫瑰瘤祝蛾 *Torodora roesleri*；
87. 八瘤祝蛾 *T. octavana*；
88. 黄褐瘤祝蛾 *T. flavescens*；
89. 铜翅瘤祝蛾 *T. aenoptera*；
92. 楔白祝蛾 *Thubana leucosphena*；
93. 邻绢祝蛾 *Scythropiodes approximans*；
94. 钩瓣绢祝蛾 *S. hamatellus*；
95. 九连绢祝蛾 *S. jiulianae*；
96. 梅绢祝蛾 *S. issikii*；
97. 刺瓣绢祝蛾 *S. barbellatus*；
98. 苹褐绢祝蛾 *S. malivora*

图版 39

99. 突圆织蛾 Eonympha basiprojecta；
100. 双平织蛾 Pedioxestis bipartita；
101. 米仓织蛾 Martyringa xeraula；
102. 天目潜织蛾 Locheutis tianmushana；
103. 黑缘酪织蛾 Tyrolimnas anthraconesa；
104. 离腹带织蛾 Periacma absaccula；
105. 褐带织蛾 P. delegata；
106. 泰顺带织蛾 P. taishunensis；
107. 尖翅斑织蛾 Ripeacma acuminiptera；
108. 杯形斑织蛾 R. cotyliformis；
109. 大伪带织蛾 Irepacma grandis；
110. 矛伪带织蛾 I. lanceolata

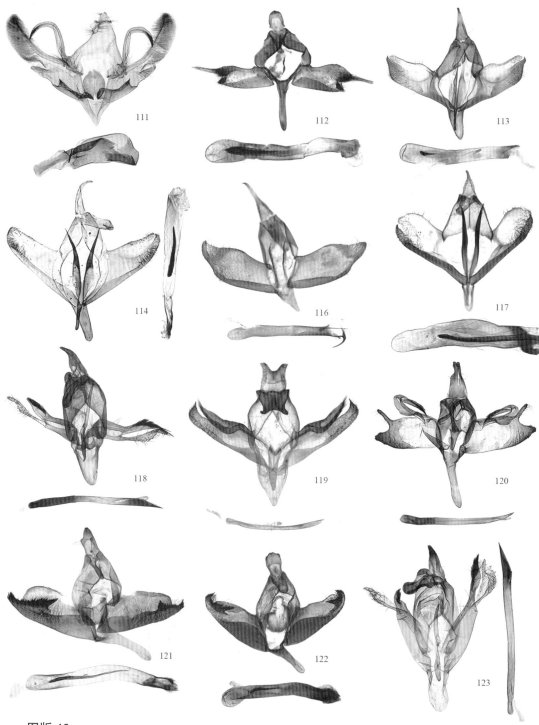

图版 40

111. 弯伪带织蛾 *Irepacma curva*；
113. 密纹锦织蛾 *P. densimacularis*；
116. 褐斑锦织蛾 *P. fuscimaculata*；
118. 银斑锦织蛾 *P. jezonica*；
120. 特锦织蛾 *P. peculiaris*；
122. 丽线锦织蛾 *P. pulchra*；

112. 浙江锦织蛾 *Promalactis zhejiangensis*；
114. 咸丰锦织蛾 *P. xianfengensis*；
117. 饰带锦织蛾 *P. infulata*；
119. 卵叶锦织蛾 *P. lobatifera*；
121. 乳突锦织蛾 *P. papillata*；
123. 原州锦织蛾 *P. wonjuensis*

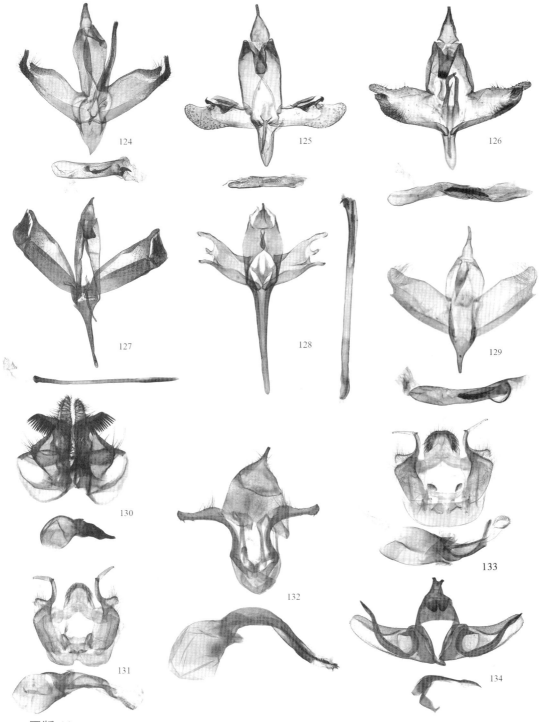

图版 41

124. 蛇头锦织蛾 *Promalactis serpenticapitata*；
125. 花锦织蛾 *P. similiflora*；
126. 拟饰带锦织蛾 *P. similinfulata*；
127. 点线锦织蛾 *P. suzukiella*；
128. 三突锦织蛾 *P. tricuspidata*；
129. 四斑锦织蛾 *P. quadrimacularis*；
130. 红隆木蛾 *Aeolanthes erythrantis*；
131. 大光隆木蛾 *A. megalophthalma*；
132. 梨半红隆木蛾 *A. semiostrina*；
133. 德尔塔隆木蛾 *A. deltogramma*；
134. 银叉木蛾 *Metathrinca argentea*

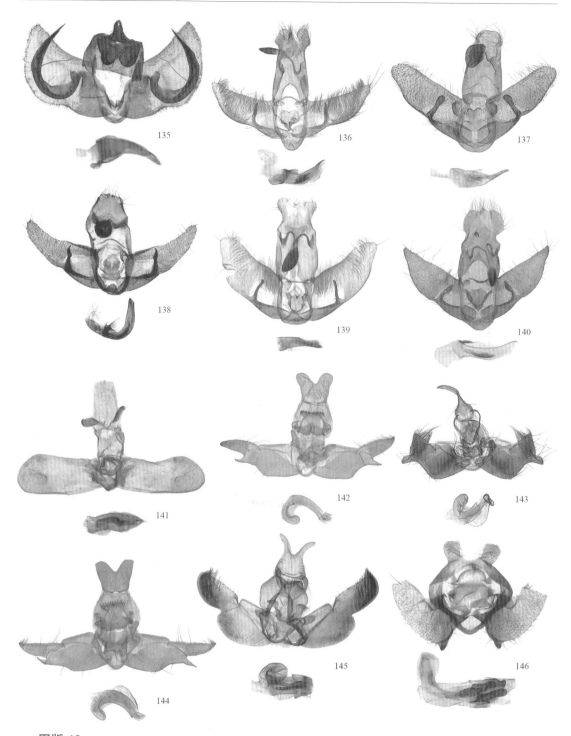

图版 42

135. 铁杉叉木蛾 *Metathrinca tsugensis*；
136. 双斑异宽蛾 *Agonopterix bipunctifera*；
137. 柳异宽蛾 *A. conterminella*；
138. 二点异宽蛾 *A. costaemaculella*；
139. 弯异宽蛾 *A. l-nigrum*；
140. 托异宽蛾 *A. takamukui*；
141. 纹佳宽蛾 *Eutorna undulosa*；
142. 毛角草蛾 *Ethmia antennipilosa*；
143. 江苏草蛾 *E. assamensis*；
144. 天目山草蛾 *E. epitrocha*
145. 西藏草蛾 *E. ermineella*；
146. 鼠尾草蛾 *E. lapidella*

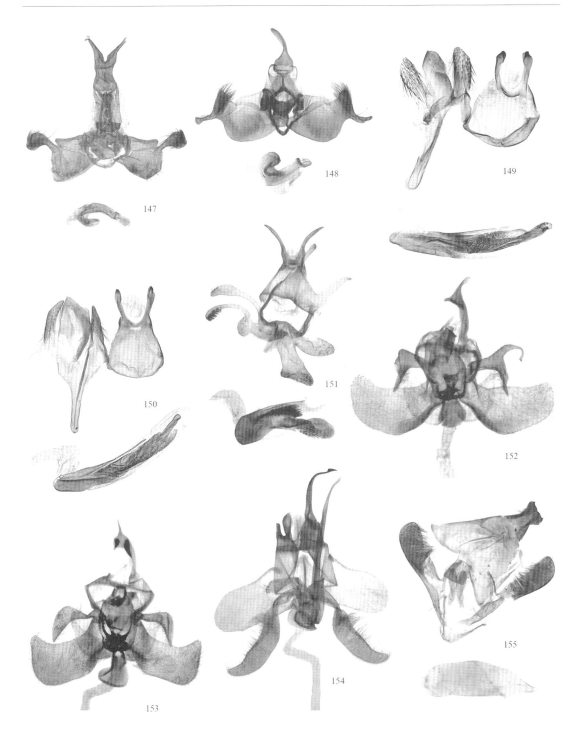

图版 43

147. 新月草蛾 *Ethmia lunaris* sp. nov.；
148. 冲绳草蛾 *E. okinawana*；
149. 阿迈尖蛾 *Macrobathra arneutis*；
150. 梅迈尖蛾 *M. myrocoma*；
151. 栎迈尖蛾 *M. quercea*；
152. 丽尖蛾 *Cosmopterix dulcivora*；
153. 颚尖蛾 *C. rhynchognathosella*；
154. 橙红离尖蛾 *Labdia semicoccinea*；
155. 济源艳展足蛾 *Atkinsonia swetlanae*

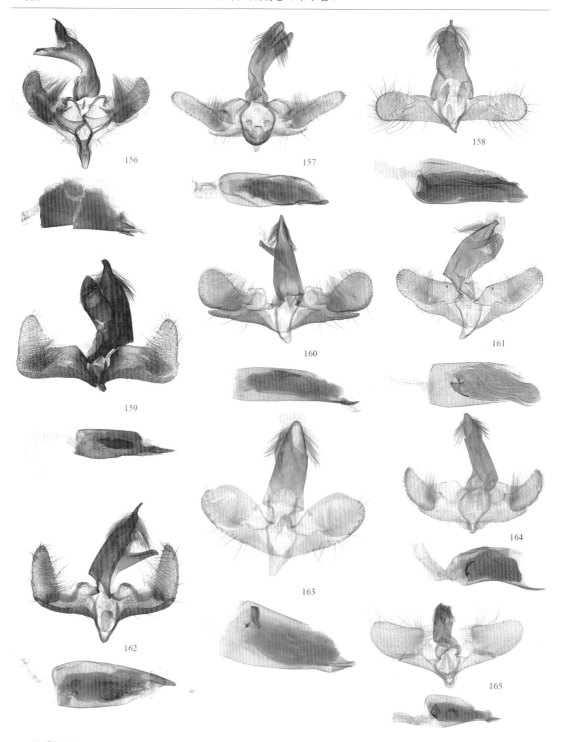

图版 44

156. 核桃黑展足蛾 *Atrijuglans aristata*；
157. 十字淡展足蛾 *Calicotis crucifera*；
158. 洁点展足蛾 *Hieromantis kurokoi*；
159. 申点展足蛾 *H. sheni*；
160. 桃展足蛾 *Stathmopoda auriferella*；
161. 丽展足蛾 *S. callopis*；
162. 白光展足蛾 *S. opticaspis*；
163. 柠檬展足蛾 *S. dicitra*；
164. 饰纹展足蛾 *S. commoda*；
165. 腹刺展足蛾 *S. stimulata*

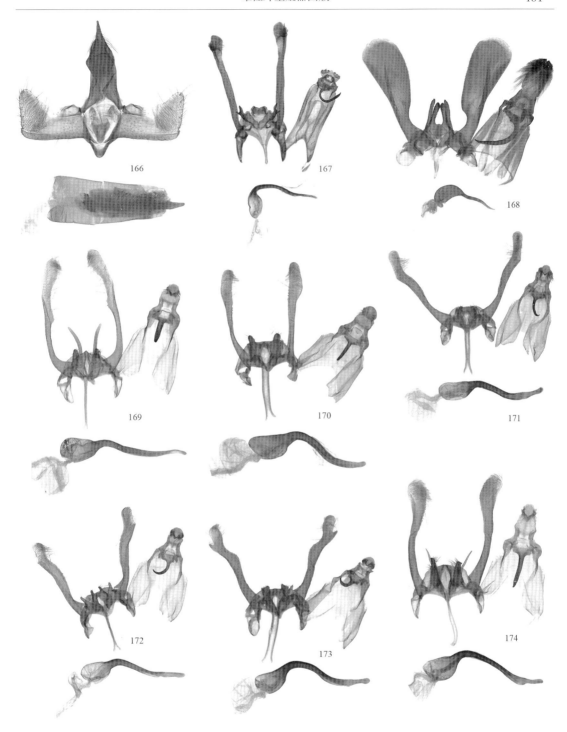

图版 45

166. 森展足蛾 *Stathmopoda moriutiella*；
168. 细凹麦蛾 *Tituacia gracilis*；
170. 大斑林麦蛾 *E. grandimacularis*；
172. 单色林麦蛾 *E. unicolorella*；
174. 岳西林麦蛾 *E. yuexiensis*

167. 杨陵冠麦蛾 *Bagdadia yanglingensis*；
169. 玉山林麦蛾 *Empalactis yushanica*；
171. 中带林麦蛾 *E. mediofasciana*；
173. 河南林麦蛾 *E. henanensis*；

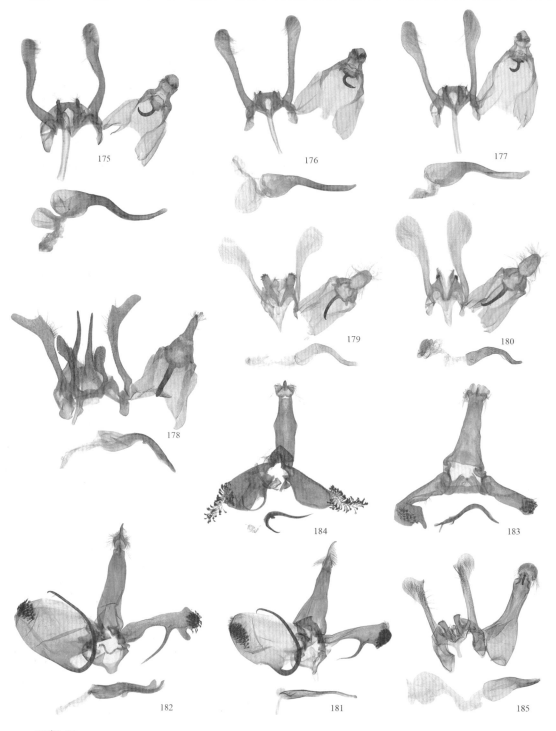

图版 46

175. 灌县林麦蛾 *Empalactis saxigera*；
177. 暗林麦蛾 *E. neotaphronoma*；
179. 桦蛮麦蛾 *H. rhomboidella*；
181. 本州条麦蛾 *Anarsia silvosa*；
183. 展条麦蛾 *A. protensa*；
185. 中斑发麦蛾 *Faristenia medimaculata*

176. 国槐林麦蛾 *E. sophora*；
178. 芒果蛮麦蛾 *Hypatima spathota*；
180. 优蛮麦蛾 *H. excellentella*；
182. 山槐条麦蛾 *A. bimaculata*；
184. 木荷条麦蛾 *A. isogona*；

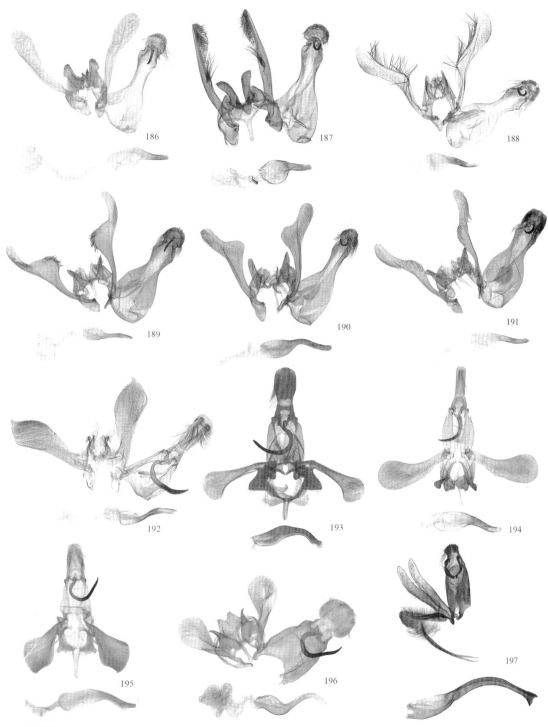

图版 47

186. 双突发麦蛾 *Faristenia geminisignella*；
187. 缺毛发麦蛾 *F. impenicilla*；
188. 缘刺发麦蛾 *F. jumbongae*；
189. 乌苏里发麦蛾 *F. ussuriella*；
190. 奥氏发麦蛾 *F. omelkoi*；
191. 栎发麦蛾 *F. quercivora*；
192. 青冈拟蛮麦蛾 *Encolapta tegulifera*；
193. 申氏拟蛮麦蛾 *E. sheni*；
194. 拟蛮麦蛾 *E. epichthonia*；
195. 圆托麦蛾 *Tornodoxa tholochorda*；
196. 长柄托麦蛾 *T. longiella*；
197. 樱背麦蛾 *Anacampsis anisogramma*

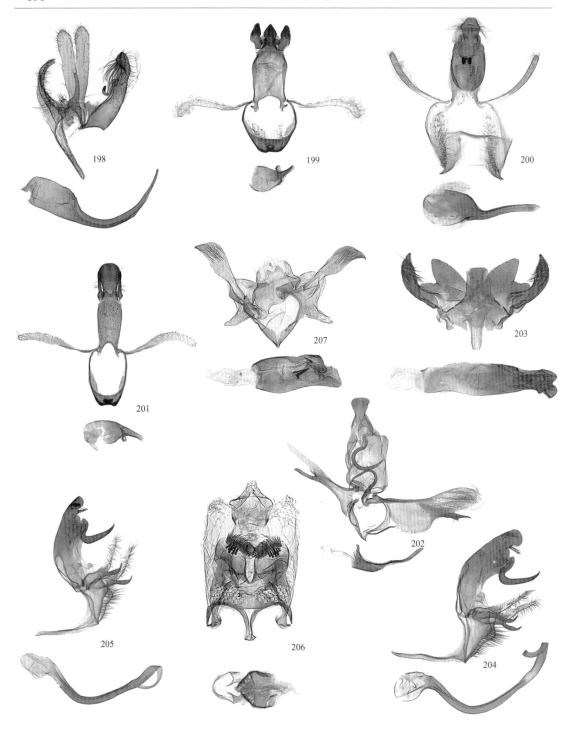

图版 48

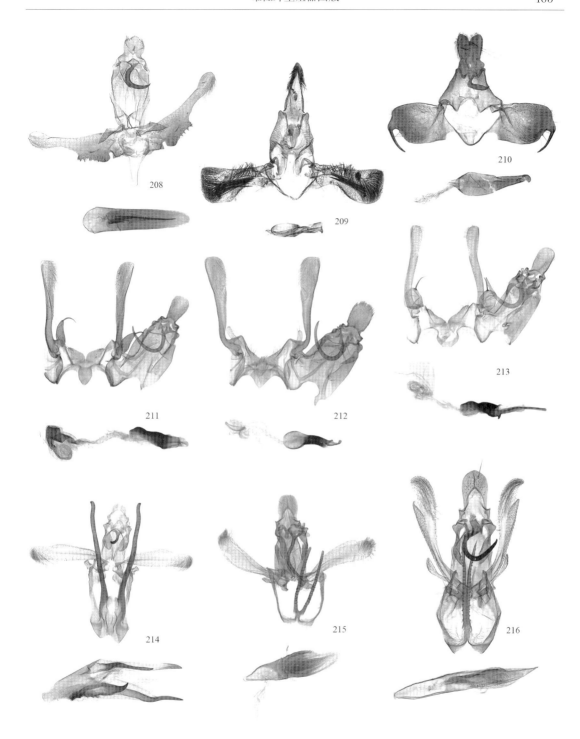

图版 49

208. 小腹齿茎麦蛾 *Xystophora parvisaccula*；
209. 红铃麦蛾 *Pectinophora gossypiella*；
210. 麦蛾 *Sitotroga cerealella*；
211. 杨梅纹麦蛾 *Thiotricha pancratiastis*；
212. 隐纹麦蛾 *T. celata*；
213. 斑纹麦蛾 *T. tylephora*；
214. 茂棕麦蛾 *Dichomeris moriutii*；
215. 米特棕麦蛾 *D. mitteri*；
216. 锈棕麦蛾 *D. ferruginosa*

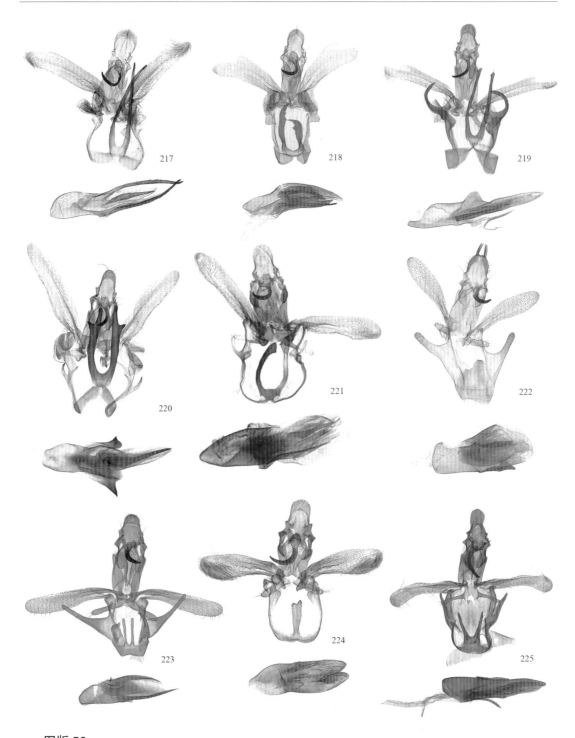

图版 50

217. 灰棕麦蛾 *Dichomeris acritopa*；　　　218. 山楂棕麦蛾 *D. derasella*；
219. 胡枝子棕麦蛾 *D. harmonias*；　　　　220. 鸡血藤棕麦蛾 *D. oceanis*；
221. 白桦棕麦蛾 *D. ustalella*；　　　　　　222. 端刺棕麦蛾 *D. apicispina*；
223. 缘褐棕麦蛾 *D. fuscusitis*；　　　　　　224. 长须棕麦蛾 *D. okadai*；
225. 叉棕麦蛾 *D. bifurca*

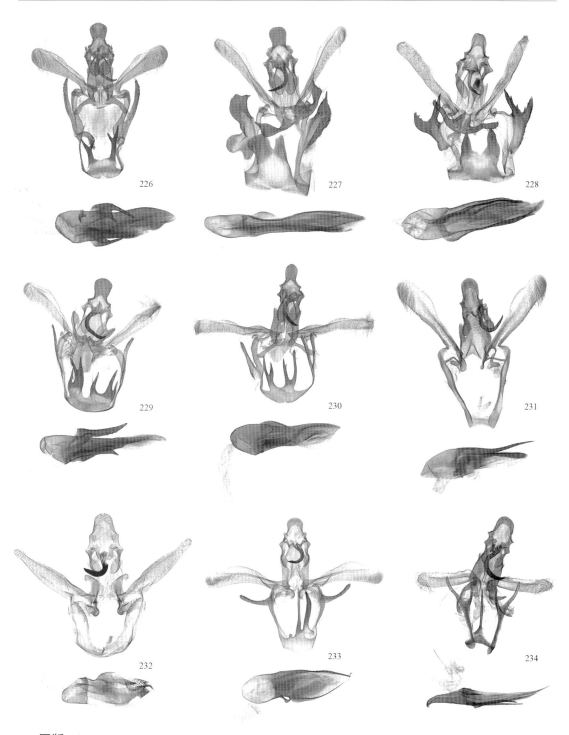

图版 51

226. 桃棕麦蛾 *Dichomeris heriguronis*；　　227. 黑缘棕麦蛾 *D. obsepta*；
228. 侧叉棕麦蛾 *D. latifurcata*；　　　　229. 六叉棕麦蛾 *D. sexafurca*；
230. 异叉棕麦蛾 *D. varifurca*；　　　　　231. 艾棕麦蛾 *D. rasilella*；
232. 波棕麦蛾 *D. cymatodes*；　　　　　233. 南投棕麦蛾 *D. lushanae*；
234. 杉木球果棕麦蛾 *D. bimaculata*

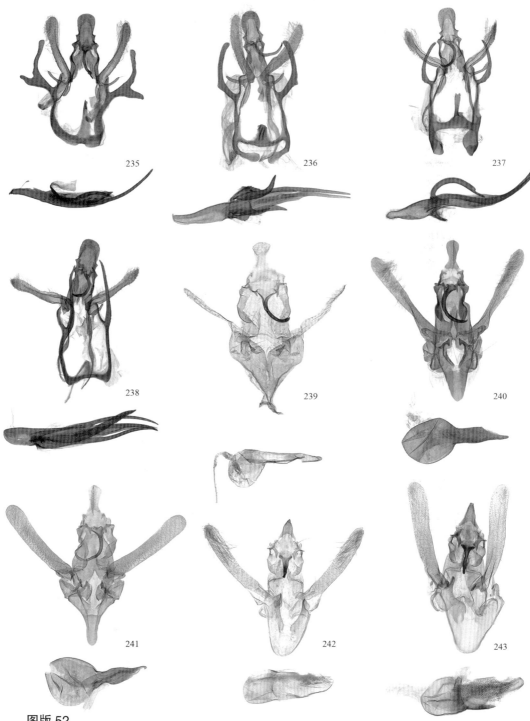

图版 52

235. 外突棕麦蛾 *Dichomeris beljaevi*；
236. 刘氏棕麦蛾 *D. liui*；
237. 库氏棕麦蛾 *D. kuznetzovi*；
238. 壮角棕麦蛾 *D. silvestrella*；
239. 中阳麦蛾 *Helcystogramma epicentra*；
240. 土黄阳麦蛾 *H. lutatella*；
241. 甘薯阳麦蛾 *H. triannulella*；
242. 拟带阳麦蛾 *H. imagitrijunctum*；
243. 斜带阳麦蛾 *H. trijunctum*

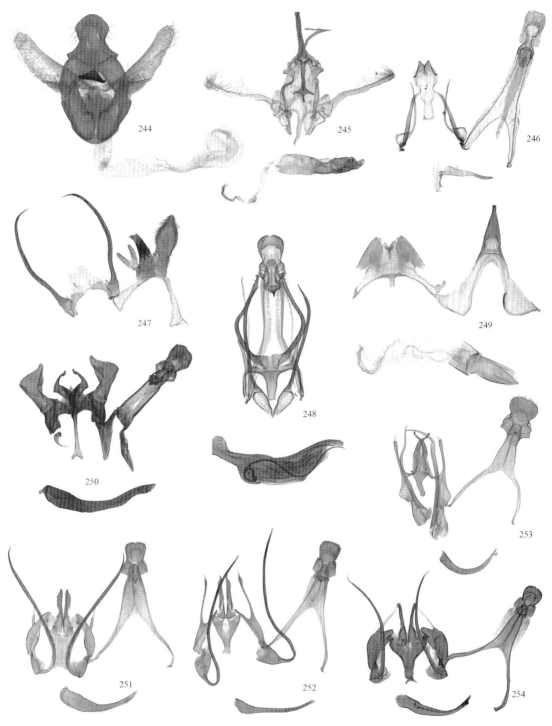

图版 53

244. 月麦蛾 *Aulidiotis phoxopterella*；
246. 窄翅麦蛾 *Angustialata gemmellaformis*；
248. 栎离瓣麦蛾 *Chorivalva bisaccula*；
250. 西宁平麦蛾 *Parachronistis xiningensis*；
252. 白头腊麦蛾 *P. albicapitella*；
254. 乳突腊麦蛾 *P. papillaris*

245. 胡枝子树麦蛾 *Agnippe albidorsella*；
247. 阳卡麦蛾 *Carpatolechia yangyangensis*；
249. 斑拟黑麦蛾 *Concubina euryzeucta*；
251. 沐腊麦蛾 *Parastenolechia argobathra*；
253. 拱腊麦蛾 *P. arciformis*；

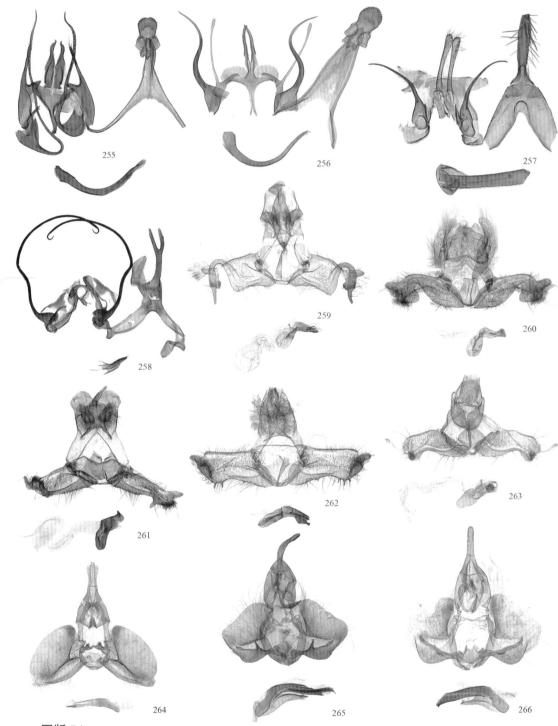

图版 54

255. 梯斑腊麦蛾 *Parastenolechia trapezia*；
256. 长突腊麦蛾 *P. longifolia*；
257. 栎伪黑麦蛾 *Pseudotelphusa acrobrunella*；
258. 云黑麦蛾 *Telphusa nephomicta*；
259. 毛榛子长翅卷蛾 *Acleris delicatana*；
260. 褐点长翅卷蛾 *A. fuscopunctata*；
261. 圆扁长翅卷蛾 *A. placata*；
262. 腹齿长翅卷蛾 *A. recula*；
263. 黄丽彩翅卷蛾 *Spatalistis aglaoxantha*；
264. 棉褐带卷蛾 *Adoxophyes honmai*；
265. 后黄卷蛾 *Archips asiaticus*；
266. 天目山黄卷蛾 *A. compitalis*

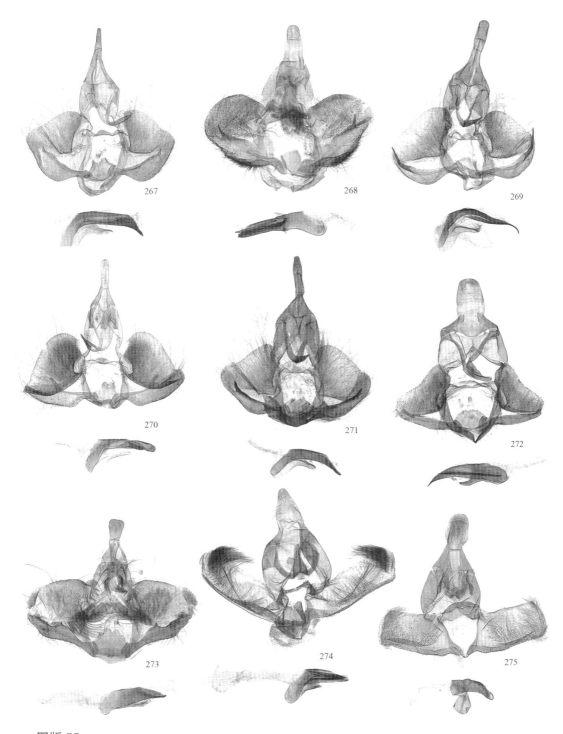

图版 55

267. 白亮黄卷蛾 *Archips limatus albatus*；
268. 美黄卷蛾 *A. myrrhophanes*；
269. 云杉黄卷蛾 *A. oporana*；
270. 湘黄卷蛾 *A. strojny*；
271. 永黄卷蛾 *A. tharsaleopa*；
272. 尖色卷蛾 *Choristoneura evanidana*；
273. 南色卷蛾 *C. longicellana*；
274. 忍冬双斜卷蛾 *Clepsis rurinana*；
275. 浙华卷蛾 *Egogepa zosta*

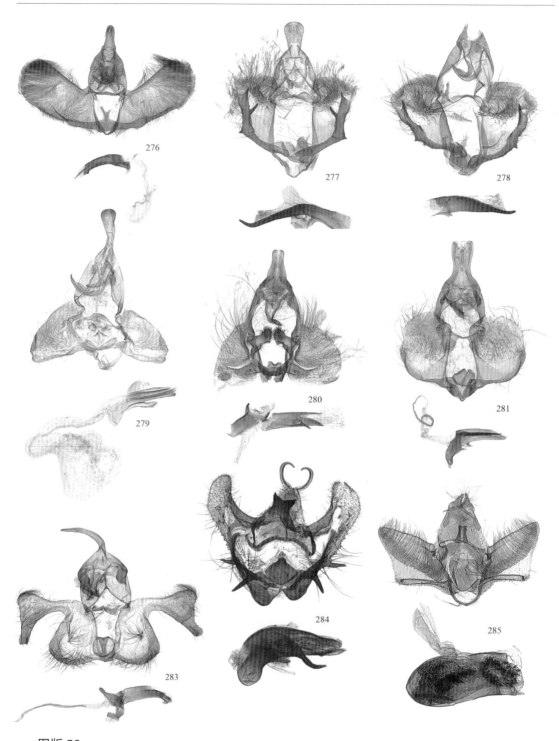

图版 56

276. 柱丛卷蛾 *Gnorismoneura cylindrata*；
278. 茶长卷蛾 *H. magnanima*；
280. 截圆卷蛾 *Neocalyptis angustilineata*；
283. 长腹毛垫卷蛾 *Synochoneura ochriclivis*；
285. 环针单纹卷蛾 *Eupoecilia ambiguella*

277. 柳杉长卷蛾 *Homona issikii*；
279. 窄突卷蛾 *Meridemis invalidana*；
281. 松褐卷蛾 *Pandemis cinnamomeana*；
284. 直线双纹卷蛾 *Aethes rectilineana*；

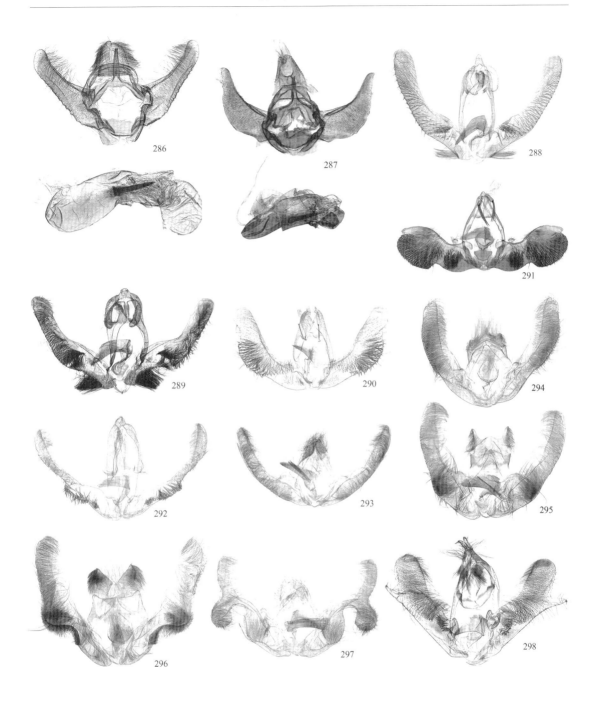

图版 57

286. 网斑褐纹卷蛾 *Phalonidia chlorolitha*；
287. 多斑褐纹卷蛾 *P. scabra*；
288. 鄂圆点小卷蛾 *Eudemis lucina*；
289. 栎圆点小卷蛾 *E. porphyrana*；
290. 异形圆斑小卷蛾 *Eudemopsis heteroclita*；
291. 球瓣圆斑小卷蛾 *E. pompholycias*；
292. 青尾小卷蛾 *Sorolopha agana*；
293. 白端小卷蛾 *Phaecasiophora leechi*；
294. 纤端小卷蛾 *P. pertexta*；
295. 奥氏端小卷蛾 *P. obraztsovi*；
296. 华氏端小卷蛾 *P. walsinghami*；
297. 精细小卷蛾 *Psilacantha pryeri*；
298. 狭翅小卷蛾 *Dicephalarcha dependens*

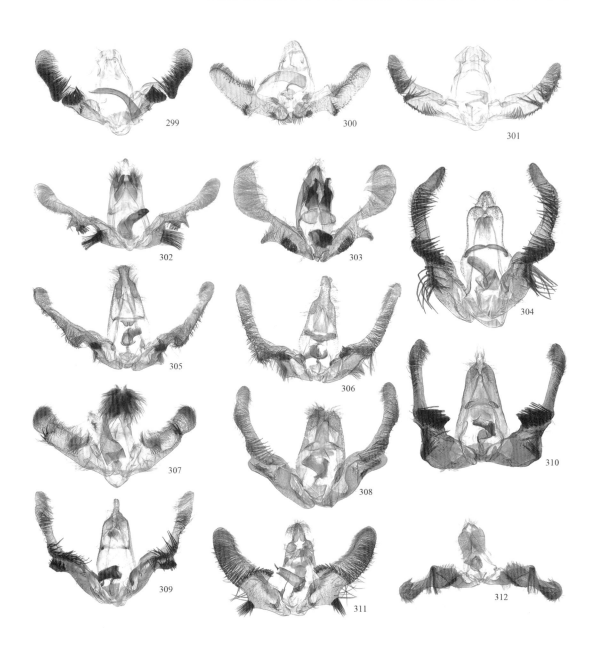

图版 58

299. 榆花翅小卷蛾 *Lobesia aeolopa*；
300. 忍冬花翅小卷蛾 *L. coccophaga*
301. 落叶松花翅小卷蛾 *L. virulenta*；
302. 长刺斜纹小卷蛾 *Apotomis formalis*；
303. 乳白斜纹小卷蛾 *A. lacteifacies*；
304. 草小卷蛾 *Celypha flavipalpana*；
305. 花白条小卷蛾 *Dudua dissectiformis*；
306. 圆白条小卷蛾 *D. scaeaspis*；
307. 异广翅小卷蛾 *Hedya auricristana*；
308. 栗小卷蛾 *Olethreutes castaneanum*；
309. 梅花小卷蛾 *O. dolosana*；
310. 溲疏小卷蛾 *O. electana*；
311. 倒卵小卷蛾 *O. obovata*；
312. 柄小卷蛾 *O. perexiguana*

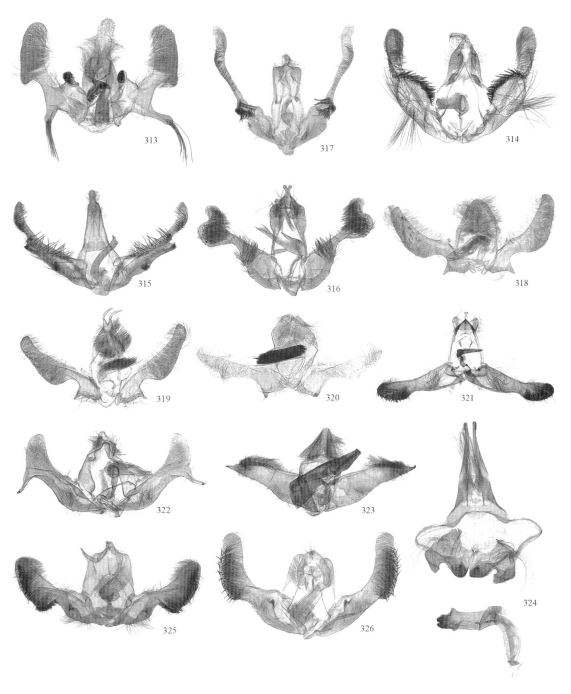

图版 59

313. 阔瓣小卷蛾 Olethreutes platycremna；
314. 线菊小卷蛾 O. siderana；
315. 宽小卷蛾 O. transversanus；
316. 非凡直茎小卷蛾 Rhopaltriplasia insignata；
317. 毛轮小卷蛾 Rudisociaria velutinum；
318. 豌豆镰翅小卷蛾 Ancylis badiana；
319. 半圆镰翅小卷蛾 A. obtusana；
320. 苹镰翅小卷蛾 A. selenana；
321. 鼠李尖顶小卷蛾 Kennelia xylinana；
322. 苦楝小卷蛾 Loboschiza koenigiana；
323. 壮茎褐斑小卷蛾 Semnostola grandaedeaga；
324. 深褐小卷蛾 Antichlidas holocnista；
325. 叶突共小卷蛾 Coenobiodes acceptana；
326. 白块小卷蛾 Epiblema autolitha

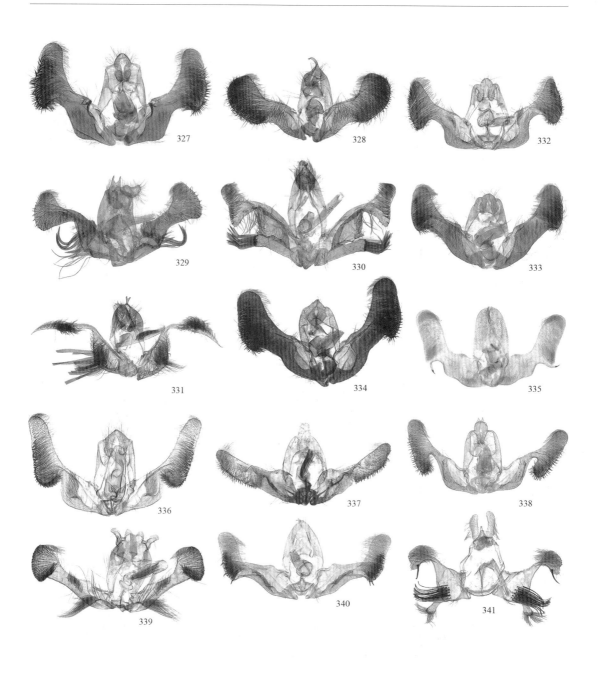

图版 60

327. 白钩小卷蛾 Epiblema foenella；
328. 胡萝卜叶小卷蛾 Epinotia thapsiana；
329. 粟菲小卷蛾 Fibuloides aestuosa；
330. 日菲小卷蛾 F. japonica；
331. 瓦尼菲小卷蛾 F. vaneeae；
332. 浅褐花小卷蛾 Eucosma aemulana；
333. 灰花小卷蛾 E. cana；
334. 黄斑花小卷蛾 E. flavispecula；
335. 柳突小卷蛾 Gibberifera glaciata；
336. 三角美斑小卷蛾 Hendecaneura triangulum；
337. 梯形异花小卷蛾 Hetereucosma trapezia；
338. 褐瘦花小卷蛾 Lepteucosma huebneriana；
339. 黑脉小卷蛾 Melanodaedala melanoneura；
340. 阔端连小卷蛾 Nuntiella laticuculla；
341. 粗刺筒小卷蛾 Rhopalovalva catharotorna

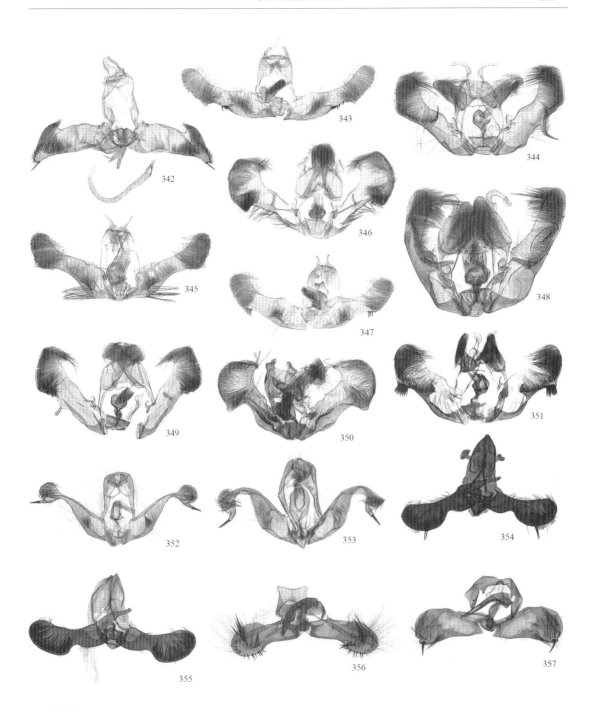

图版 61

342. 丽筒小卷蛾 *Rhopalovalva pulchra*；
343. 穴黑痣小卷蛾 *Rhopobota antrifera*；
344. 天目山黑痣小卷蛾 *R. eclipticodes*；
345. 丛黑痣小卷蛾 *R. floccosa*；
346. 苹黑痣小卷蛾 *R. naevana*；
347. 粗刺黑痣小卷蛾 *R. latispina*；
348. 郑氏黑痣小卷蛾 *R. zhengi*；
349. 双色黑痣小卷蛾 *R. bicolor*；
350. 镰黑痣小卷蛾 *R. falcata*；
351. 宝兴黑痣小卷蛾 *R. baoxingensis*；
352. 桃白小卷蛾 *Spilonota albicana*；
353. 苹白小卷蛾 *S. ocellana*；
354. 斜斑小卷蛾 *Andrioplecta oxystaura*；
355. 微斜斑小卷蛾 *A. suboxystaura*；
356. 扭异形小卷蛾 *Cryptophlebia distorta*；
357. 盈异形小卷蛾 *C. repletana*

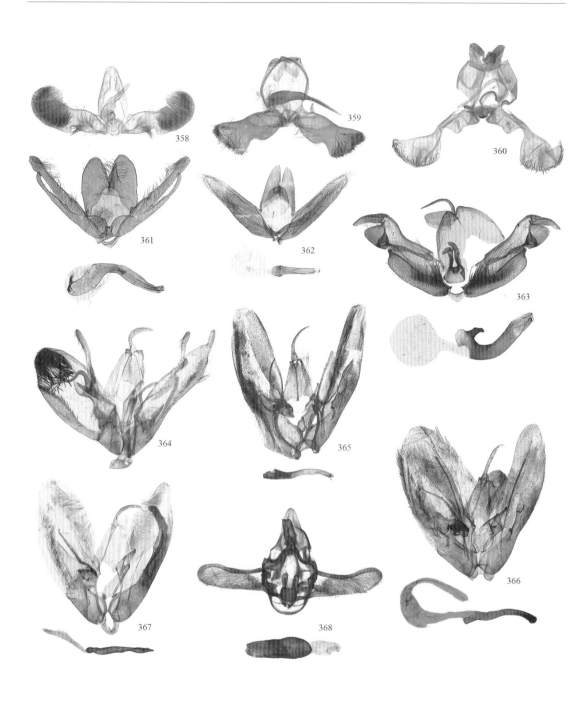

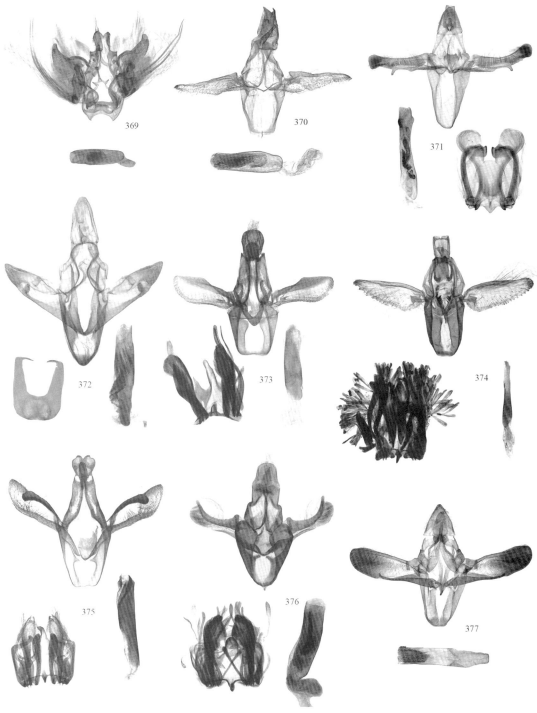

图版 63

369. 原位隐斑螟 *Cryptoblabes sita*；
371. 长须锚斑螟 *Indomyrlaea proceripalpa*；
373. 黄须腹刺斑螟 *Sacculocornutia flavipalpella*；
375. 毛背直鳞斑螟 *Ortholepis atratella*；
377. 圆斑栉角斑螟 *Ceroprepes ophthalmicella*

370. 白条匙须斑螟 *Spatulipalpia albistrialis*；
372. 马鞭草带斑螟 *Coleothrix confusalis*；
374. 中国腹刺斑螟 *S. sinicolella*；
376. 淡瘿斑螟 *Pempelia ellenella*；

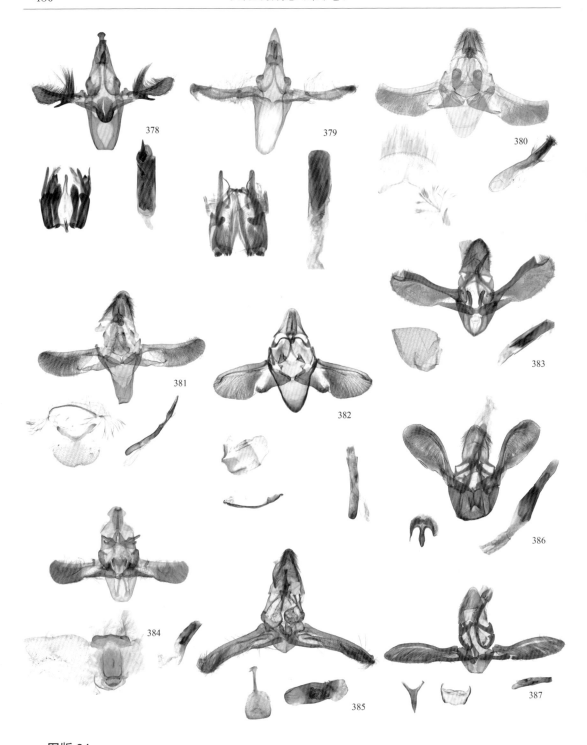

图版 64

378. 钩阴翅斑螟 Sciota hamatella；
379. 白角云斑螟 Nephopterix maenamii；
380. 绒同类斑螟 Phycitodes binaevella；
381. 三角类斑螟 P. triangulella；
382. 前白类斑螟 P. subcretacella；
383. 三角夜斑螟 Nyctegretis triangulella；
384. 南京伪峰斑螟 Pseudacrobasis tergestella；
385. 白斑蛀果斑螟 Assara korbi；
386. 苍白蛀果斑螟 A. pallidella；
387. 台湾蛀果斑螟 A. formosana

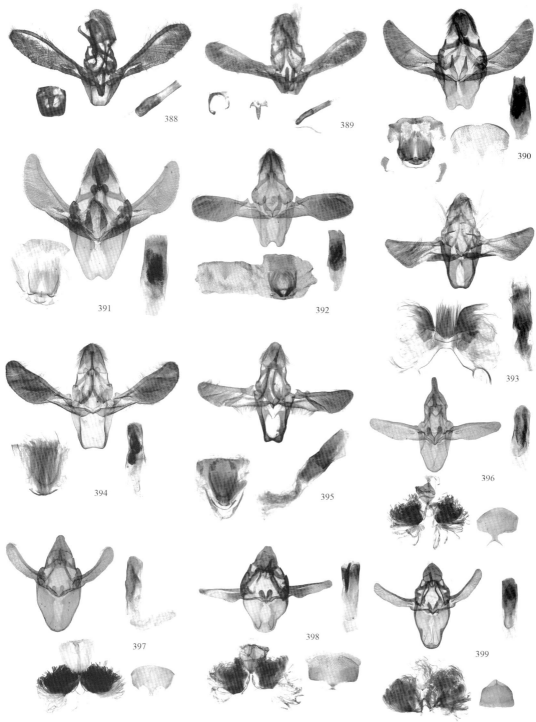

图版 65

388, 389. 黑松蛀果斑螟 Assara funerella；
390. 基黄峰斑螟 Acrobasis subflavella；
391. 芽峰斑螟 A. cymindella；
392. 秀峰斑螟 A. bellulella；
393. 红带峰斑螟 A. rufizonella；
394. 井上峰斑螟 A. inouei；
395. 棕黄拟峰斑螟 Anabasis fusciflavida；
396. 双色叉斑螟 Dusungwua dichromella；
397. 欧氏叉斑螟 D. ohkunii；
398. 四角叉斑螟 D. quadrangula；
399. 曲纹叉斑螟 D. karenkolla

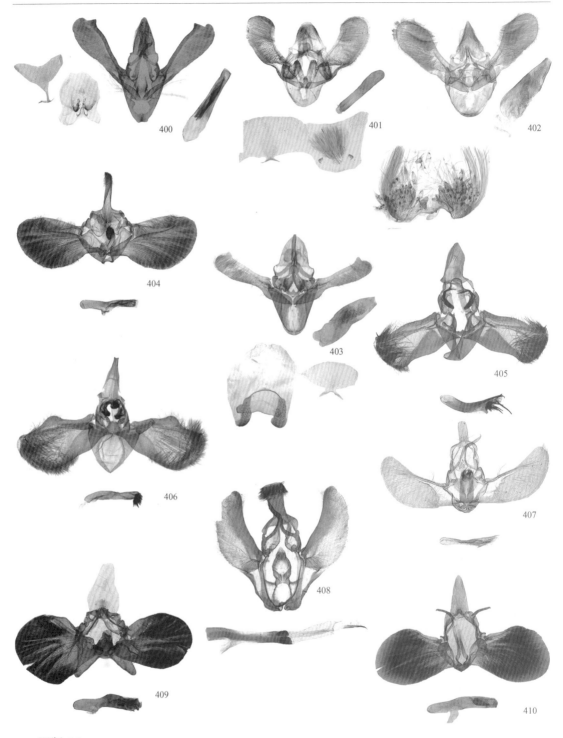

图版 66

400. 亮雕斑螟 *Glyptoteles leucacrinella*；
402. 直突帝斑螟 *Didia adunatarta*；
404. 齿纹丛螟 *Epilepia dentatum*；
406. 钝棘丛螟 *T. eucarta*；
408. 缀叶丛螟 *Locastra muscosalis*；
410. 云网丛螟 *T. nubilosa*

401. 双突槌须斑螟 *Trisides bisignata*；
403. 红缘卡斑螟 *Kaurava rufimarginella*；
405. 麻楝棘丛螟 *Termioptycha margarita*；
407. 黑缘白丛螟 *Noctuides melanophia*；
409. 大豆网丛螟 *Teliphasa elegans*；

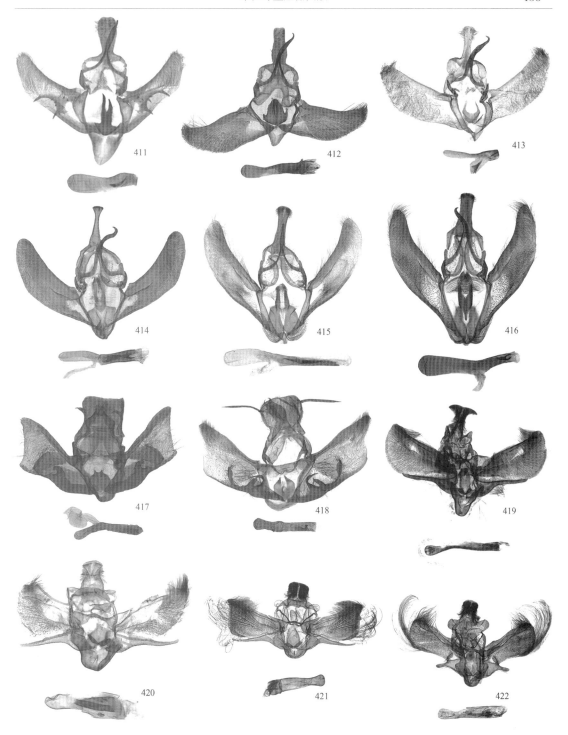

图版 67

411. 红缘纹丛螟 *Stericta asopialis*；
412. 红褐须丛螟 *Jocara kiiensis*；
413. 黑基鳞丛螟 *Lepidogma melanobasis*；
414. 栗叶瘤丛螟 *Orthaga achatina*；
415. 金黄瘤丛螟 *O. aenescens*；
416. 橄绿瘤丛螟 *O. olivacea*；
417. 黄彩丛螟 *Lista haraldusalis*；
418. 宁波彩丛螟 *L. insulsalis*；
419. 缘斑歧角螟 *Endotricha costoemaculalis*；
420. 类紫歧角螟 *E. simipunicea*；
421. 纹歧角螟 *E. icelusalis*；
422. 榄绿歧角螟 *E. olivacealis*

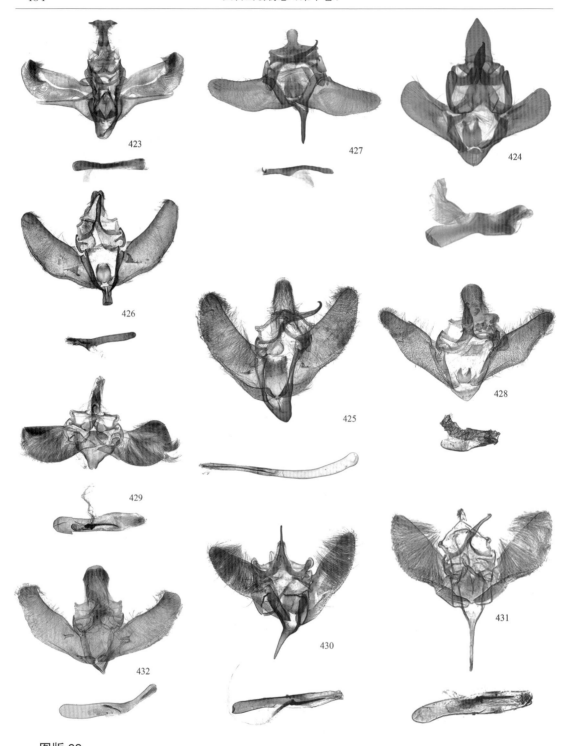

图版 68

423. 黄基歧角螟 *Endotricha luteobasalis*；
425. 枯叶螟 *Zitha torridalis*；
427. 褐鹦螟 *Loryma recusata*；
429. 灰巢螟 *Hypsopygia glaucinalis*；
431. 黄尾巢螟 *H. postflava*；

424. 黑脉厚须螟 *Arctioblepsis rubida*；
426. 朱硕螟 *Toccolosida rubriceps*；
428. 缘斑缨须螟 *Stemmatophora valida*；
430. 褐巢螟 *H. regina*；
432. 指突巢螟 *H. rudis*

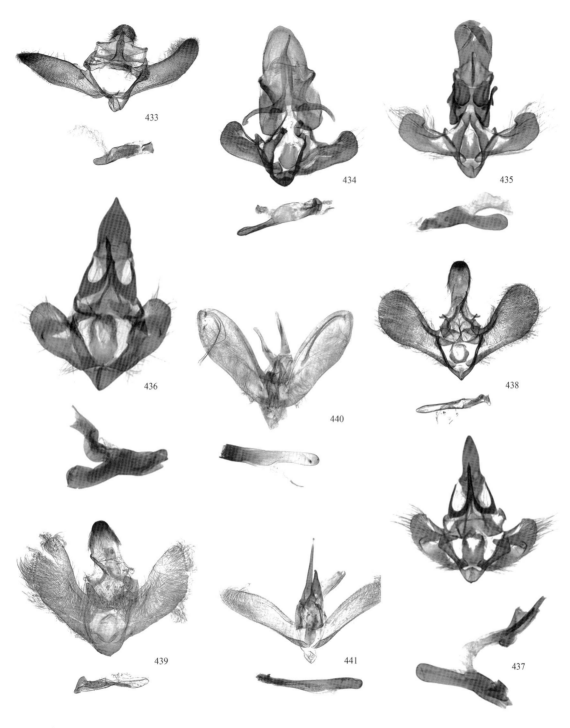

图版 70

442. 洁波水螟 *Paracymoriza prodigalis*；
444. 小筒水螟 *Parapoynx diminutalis*；
446. 迈克小苔螟 *Micraglossa michaelshafferi*；
448. 长茎优苔螟 *Eudonia puellaris*；
450. 大颚优苔螟 *E. magna*；

443. 黑线塘水螟 *Elophila nigrolinealis*；
445. 曲纹柄脉禾螟 *Leechia sinuosalis*；
447. 北小苔螟 *M. beia*；
449. 微齿优苔螟 *E. microdontalis*；
451. 中华赫苔螟 *Hoenia sinensis*

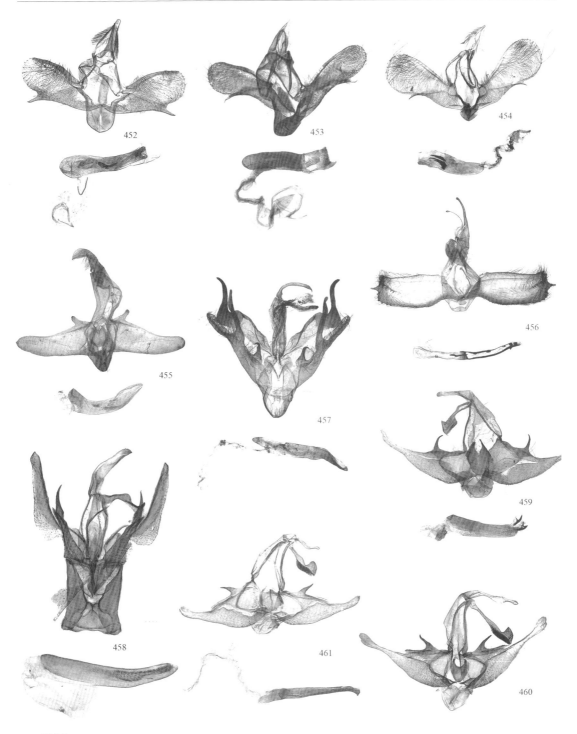

图版 71

452. 东北苔螟 *Scoparia tohokuensis*；
454. 刺苔螟 *S. spinata*；
456. 黑纹草螟 *Crambus nigriscriptellus*；
458. 六浦微草螟 *Glaucocharis mutuurella*；
460. 琥珀微草螟 *G. electra*；

453. 囊刺苔螟 *S. congestalis*；
455. 竹黄腹大草螟 *Eschata miranda*；
457. 四川细草螟 *Roxita szetschwanella*；
459. 玫瑰微草螟 *G. rosanna*；
461. 类玫瑰微草螟 *G. rosannoides*

图版 72

462. 蜜舌微草螟 *Glaucocharis melistoma*；
463. 三齿微草螟 *G. tridentata*；
464. 黑点髓草螟 *Calamotropha nigripunctella*；
465. 多角髓草螟 *C. multicornuella*；
466. 仙客髓草螟 *C. sienkiewiczi*；
467. 黄纹银草螟 *Pseudargyria interruptella*；
468. 金双带草螟 *Miyakea raddeellus*；
469. 金带草螟 *Metaeuchromius flavofascialis*；
470. 双纹白草螟 *Pseudocatharylla duplicella*

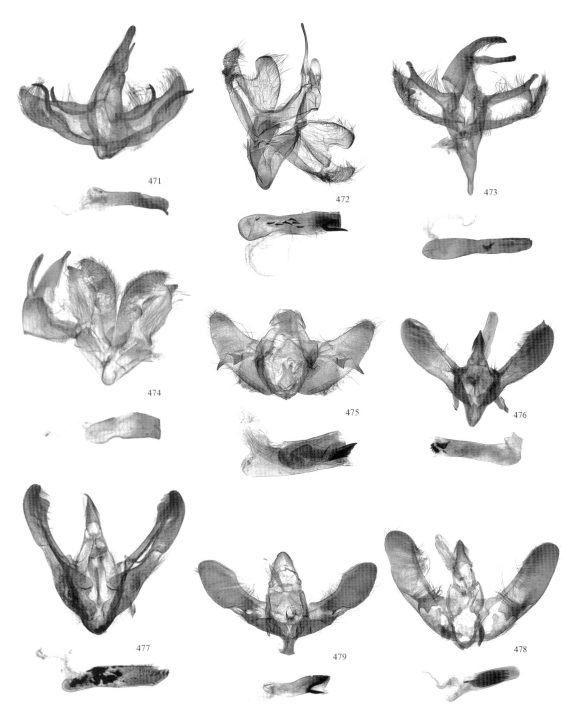

图版 73

471. 黑斑金草螟 *Chrysoteuchia atrosignata*；
472. 钩状黄草螟 *Flavocrambus aridellus*；
473. 岷山目草螟 *Catoptria mienshani*；
474. 西藏目草螟 *C. thibetica*；
475. 黄翅叉环野螟 *Eumorphobotys eumorphalis*；
476. 中华果蛀野螟 *Thliptoceras sinense*；
477. 卡氏果蛀野螟 *T. caradjai*；
478. 黄斑镰翅野螟 *Circobotys butleri*；
479. 棱脊宽突野螟 *Paranomis nodicosta*

图版 74

480. 褐钝额野螟 *Opsibotys fuscalis*；
482. 指状细突野螟 *Ecpyrrhorrhoe digitaliformis*；
484. 亚洲玉米螟 *Ostrinia furnacalis*；
486. 胭翅野螟 *Carminibotys carminalis*；
488. 竹弯茎野螟 *Crypsiptya coclesalis*；

481. 芬氏羚野螟 *Pseudebulea fentoni*；
483. 条纹野螟 *Mimetebulea arctialis*；
485. 锐拟尖须野螟 *Pseudopagyda acutangulata*；
487. 小岬野螟 *Pronomis delicatalis*；
489. 五线尖须野螟 *Pagyda quinquelineata*

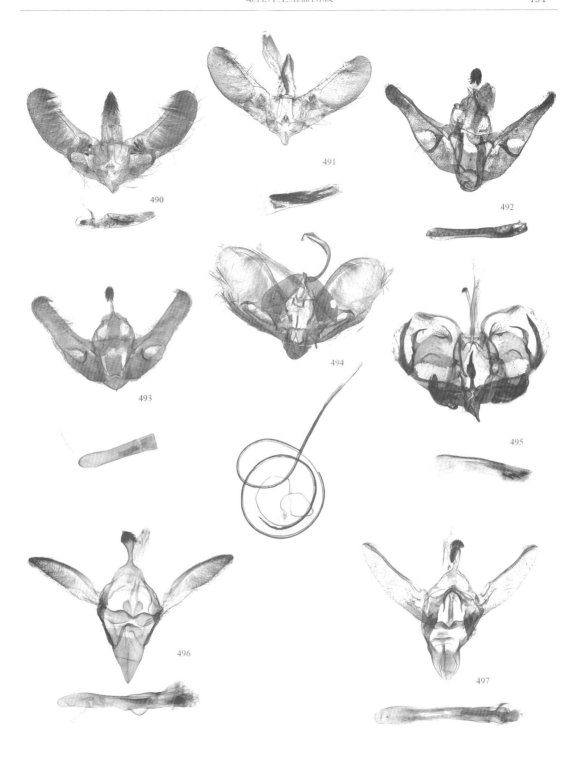

图版 75

490. 弯指尖须野螟 *Pagyda arbiter*；
491. 黑环尖须野螟 *P. salvalis*；
492. 锈黄缨突野螟 *Udea ferrugalis*；
493. 粗缨突野螟 *U. lugubralis*；
494. 四斑绢丝野螟 *Glyphodes quadrimaculalis*；
495. 尤金绢须野螟 *Palpita munroei*；
496. 黑点蚀叶野螟 *Lamprosema commixta*；
497. 黑斑蚀叶野螟 *L. sibirialis*

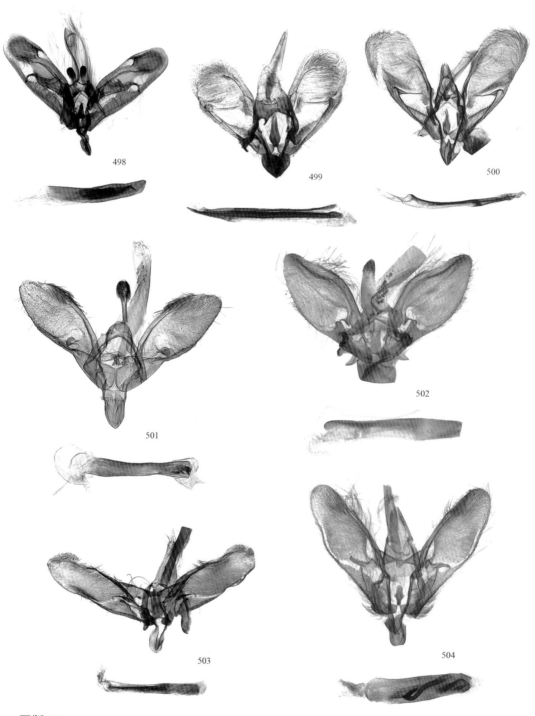

498 499 500 501 502 503 504

图版 76

498. 暗纹尖翅野螟 *Ceratarcha umbrosa*；
500. 橙黑纹野螟 *T. striata*；
502. 葡萄切叶野螟 *Herpetogramma luctuosalis*；
504. 枇杷扇野螟 *Pantania balteata*

499. 黄黑纹野螟 *Tyspanodes hypsalis*；
501. 大白斑野螟 *Polythlipta liquidalis*；
503. 棉褐环野螟 *Haritalodes derogata*；

雌性外生殖器图版

（77—123）

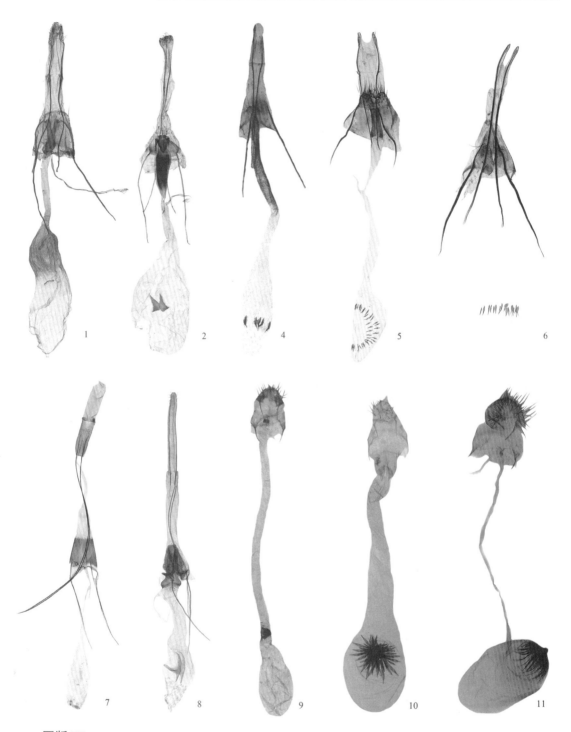

图版 77

1. 菌谷蛾 *Morophaga bucephala*；
2. 乌苏里谷蛾 *Morophagoides ussuriensis*；
4. 梯纹白斑谷蛾 *Monopis monachella*；
5. 镰白斑谷蛾 *M. trapezoides*；
6. 赭带白斑谷蛾 *M. zagulajevi*；
7. 刺槐谷蛾 *Dasyses barbata*；
8. 东方扁蛾 *Opogona nipponica*；
9. 贝细蛾 *Eteoryctis deversa*；
10. 南烛尖细蛾 *Acrocercops transecta*；
11. 黑点圆细蛾 *Borboryctis triplaca*

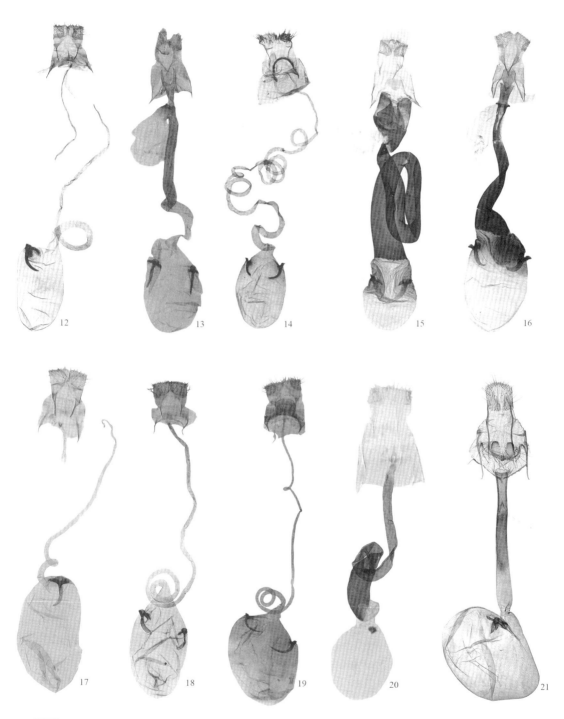

图版 78

12. 水蜡细蛾 *Gracillaria japonica*；
13. 朴丽细蛾 *Caloptilia celtidis*；
14. 指丽细蛾 *C. dactylifera*；
15. 黑丽细蛾 *C. kurokoi*；
16. 漆丽细蛾 *C. rhois*；
17. 茶丽细蛾 *C. theivora*；
18. 莘丽细蛾 *C. zachrysa*；
19. 长翅丽细蛾 *C. schisandrae*；
20. 斑细蛾 *Calybites phasianipennella*；
21. 青冈小白巢蛾 *Thecobathra anas*

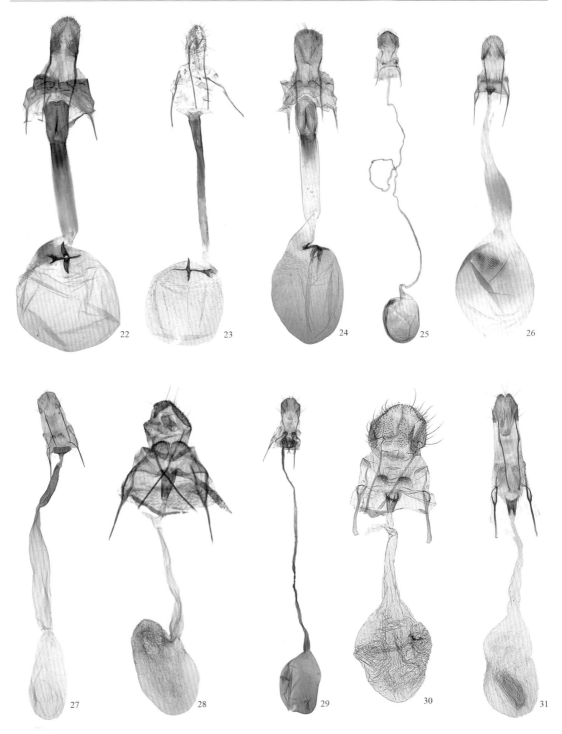

图版 79

22. 伊小白巢蛾 *Thecobathra eta*；
23. 枫香小白巢蛾 *T. lambda*；
24. 庐山小白巢蛾 *T. sororiata*；
25. 银带巢蛾 *Cedestis exiguata*；
26. 尖突金巢蛾 *Lycophantis mucronata*；
27. 金冠褐巢蛾 *Metanomeuta fulvicrinis*；
28. 天则异巢蛾 *Teinoptila bolidias*；
29. 丽长角巢蛾 *Xyrosaris lichneuta*；
30. 稠李巢蛾 *Yponomeuta evonymellus*；
31. 瘤枝卫矛巢蛾 *Y. kanaiellus*

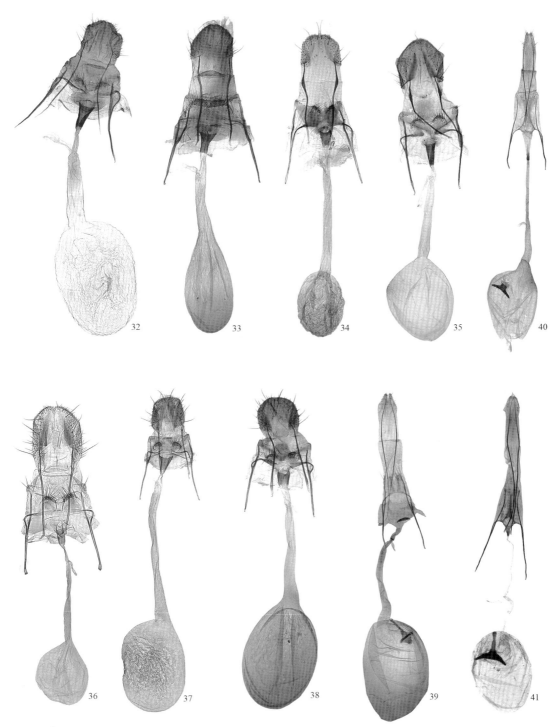

图版 80

32. 多斑巢蛾 *Yponomeuta polystictus*；
34. 双点巢蛾 *Y. bipunctellus*；
36. 垂丝卫矛巢蛾 *Y. eurinellus*；
38. 二十点巢蛾 *Y. sedellus*；
40. 褐齿银蛾 *Argyresthia anthocephala*；

33. 东方巢蛾 *Y. anatolicus*；
35. 灰巢蛾 *Y. cinefactus*；
37. 冬青卫矛巢蛾 *Y. griseatus*；
39. 褐脉冠翅蛾 *Ypsolopha nemorella*；
41. 黄钩银蛾 *A. subrimosa*

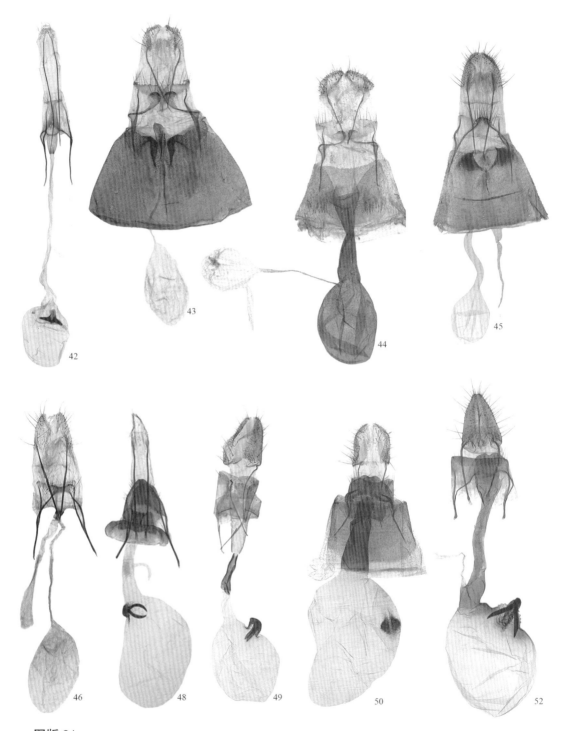

图版 81

42. 狭银蛾 *Argyresthia angusta*；
43. 小菜蛾 *Plutella xylostella*；
44. 列光菜蛾 *Leuroperna sera*；
45. 平雀菜蛾 *Anthonympha truncata*；
46. 舌雀菜蛾 *A. ligulacea*；
48. 粗鳞列蛾 *Autosticha squnarrosa*；
49. 弓瓣列蛾 *A. arcivalvaris*；
50. 台湾列蛾 *A. taiwana*；
52. 和列蛾 *A. modicella*

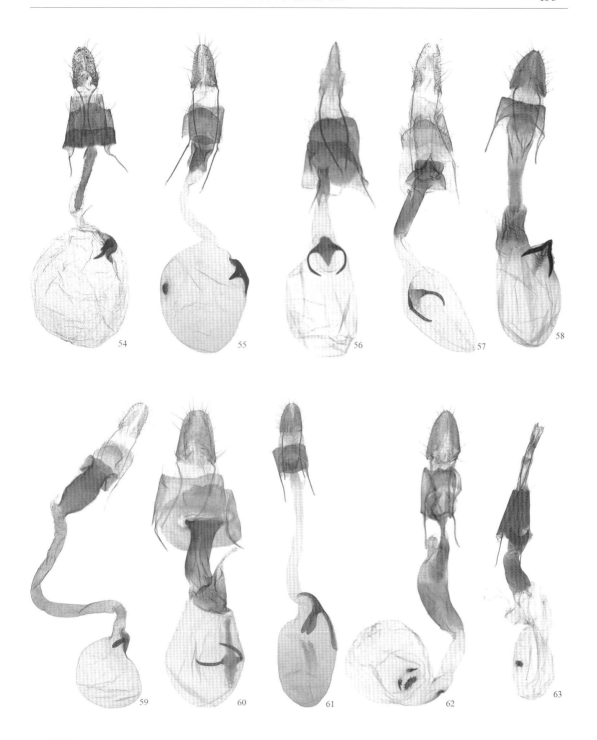

图版 82

54. 四川列蛾 *Autosticha sichuanica*;

55. 庐山列蛾 *A. lushanensis*;

56. 齿瓣列蛾 *A. valvidentata*;

57. 刺列蛾 *A. oxyacantha*;

58. 暗列蛾 *A. opaca*;

59. 截列蛾 *A. truncicola*;

60. 仿列蛾 *A. imitativa*;

61. 粗点列蛾 *A. pachysticta*;

62. 二瓣列蛾 *A. valvifida*;

63. 匙唇祝蛾 *Spatulignatha hemichrysa*

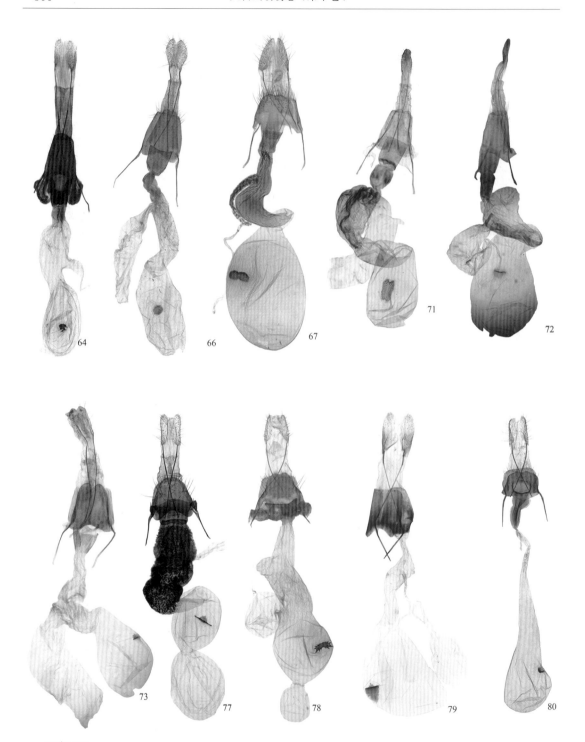

图版 83

64. 花匙唇祝蛾 *Spatulignatha olaxana*；
66. 指瓣槐祝蛾 *S. dactylisana*；
67. 黄阔祝蛾 *Lecitholaxa thiodora*；
71. 陶祝蛾 *Lecithocera pelomorpha*；
72. 纸平祝蛾 *L. chartaca*；
73. 竖祝蛾 *L. erecta*；
77. 带宽银祝蛾 *Issikiopteryx zonosphaera*；
78. 中带彩祝蛾 *Tisis mesozosta*；
79. 喜祝蛾 *Tegenocharis tenebrans*；
80. 窗羽祝蛾 *Nosphistica fenestrata*

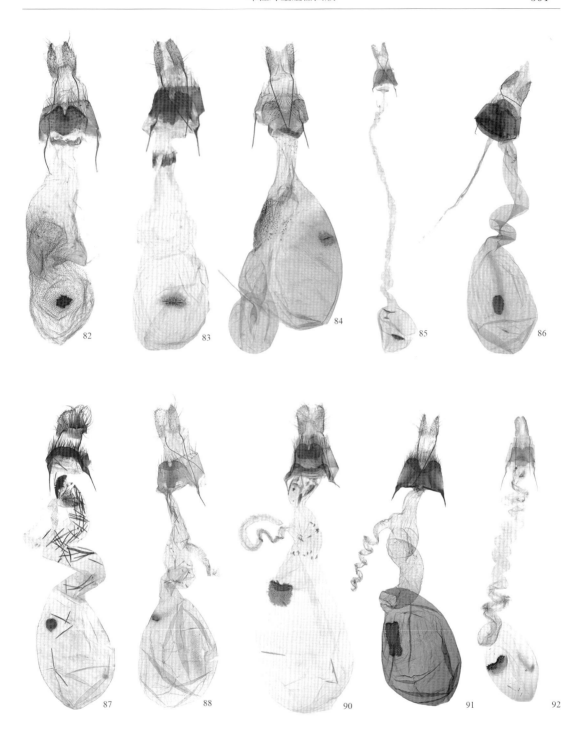

图版 84

82. 叶三角祝蛾 *Deltoplastis lobigera*；
84. 貂祝蛾 *Athymoris martialis*；
86. 玫瑰瘤祝蛾 *Torodora roesleri*；
88. 黄褐瘤祝蛾 *T. flavescens*；
91. 幼盲瘤祝蛾 *T. virginopis*；

83. 基黑俪祝蛾 *Philharmonia basinigra*；
85. 秃祝蛾 *Halolaguna sublaxata*；
87. 八瘤祝蛾 *T. octavana*；
90. 暗瘤祝蛾 *T. tenebrata*；
92. 楔白祝蛾 *Thubana leucosphena*

图版 85

93. 邻绢祝蛾 *Scythropiodes approximans*；　　　94. 钩瓣绢祝蛾 *S. hamatellus*；
95. 九连绢祝蛾 *S. jiulianae*；　　　　　　　　96. 梅绢祝蛾 *S. issikii*；
97. 刺瓣绢祝蛾 *S. barbellatus*；　　　　　　　98. 苹褐绢祝蛾 *S. malivora*；
100. 双平织蛾 *Pedioxestis bipartita*；　　　　101. 米仓织蛾 *Martyringa xeraula*；
102. 天目潜织蛾 *Locheutis tianmushana*；　　　103. 黑缘酪织蛾 *Tyrolimnas anthraconesa*

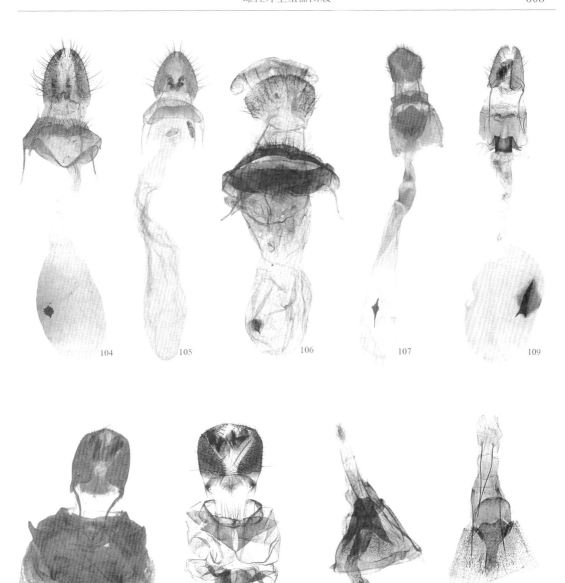

图版 86

104. 离腹带织蛾 *Periacma absaccula*；
106. 泰顺带织蛾 *P. taishunensis*；
109. 大伪带织蛾 *Irepacma grandis*；
111. 弯伪带织蛾 *I. curva*；
113. 密纹锦织蛾 *P. densimacularis*

105. 褐带织蛾 *P. delegata*；
107. 尖翅斑织蛾 *Ripeacma acuminiptera*；
110. 矛伪带织蛾 *I. lanceolata*；
112. 浙江锦织蛾 *Promalactis zhejiangensis*；

图版 87

114. 咸丰锦织蛾 *Promalactis xianfengensis*；   115. 双圆锦织蛾 *P. diorbis*；
116. 褐斑锦织蛾 *P. fuscimaculata*；   117. 饰带锦织蛾 *P. infulata*；
118. 银斑锦织蛾 *P. jezonica*；   119. 卵叶锦织蛾 *P. lobatifera*；
120. 特锦织蛾 *P. peculiaris*；   121. 乳突锦织蛾 *P. papillata*；
122. 丽线锦织蛾 *P. pulchra*；   123. 原州锦织蛾 *P. wonjuensis*

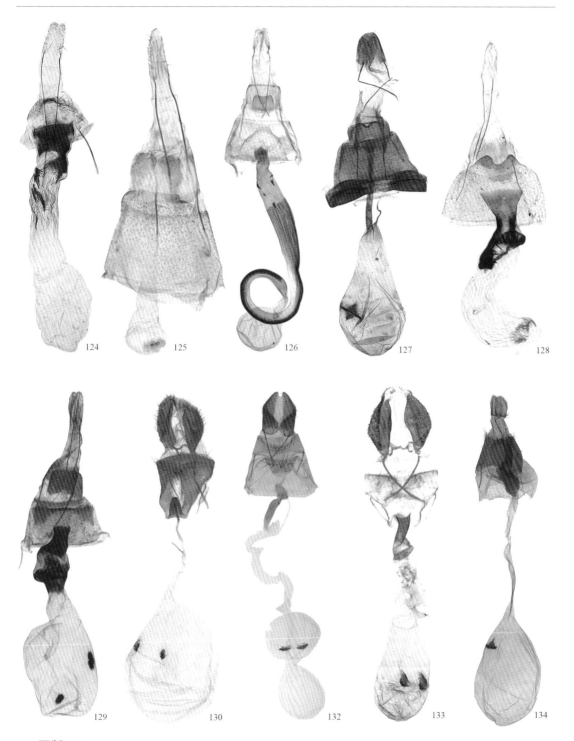

124 125 126 127 128

129 130 132 133 134

图版 88

124. 蛇头锦织蛾 *Promalactis serpenticapitata*；
125. 花锦织蛾 *P. similiflora*；
126. 拟饰带锦织蛾 *P. similinfulata*；
127. 点线锦织蛾 *P. suzukiella*；
128. 三突锦织蛾 *P. tricuspidata*；
129. 四斑锦织蛾 *P. quadrimacularis*；
130. 红隆木蛾 *Aeolanthes erythrantis*；
132. 梨半红隆木蛾 *A. semiostrina*；
133. 德尔塔隆木蛾 *A. deltogramma*；
134. 银叉木蛾 *Metathrinca argentea*

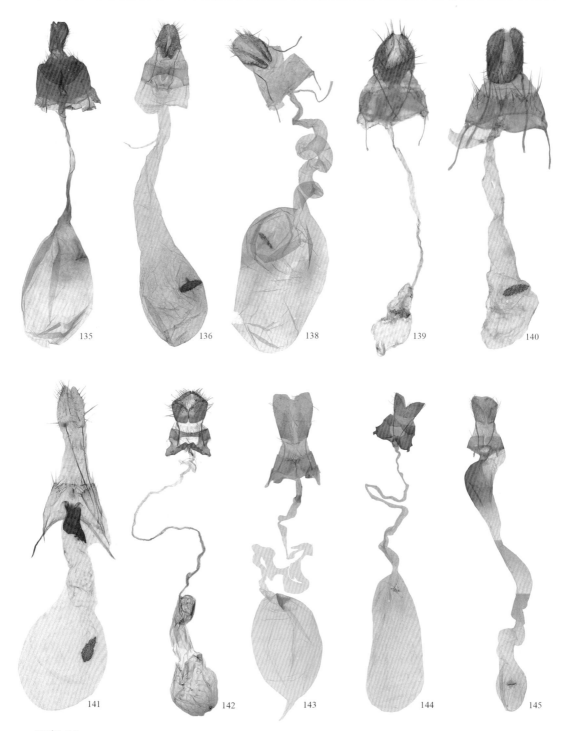

图版 89

135. 铁杉叉木蛾 *Metathrinca tsugensis*；
138. 二点异宽蛾 *A. costaemaculella*；
140. 托异宽蛾 *A. takamukui*；
142. 毛角草蛾 *Ethmia antennipilosa*；
144. 天目山草蛾 *E. epitrocha*；

136. 双斑异宽蛾 *Agonopterix bipunctifera*；
139. 弯异宽蛾 *A. l-nigrum*；
141. 纹佳宽蛾 *Eutorna undulosa*；
143. 江苏草蛾 *E. assamensis*；
145. 西藏草蛾 *E. ermineella*

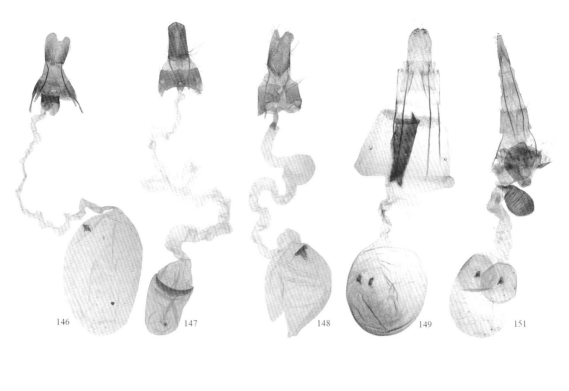

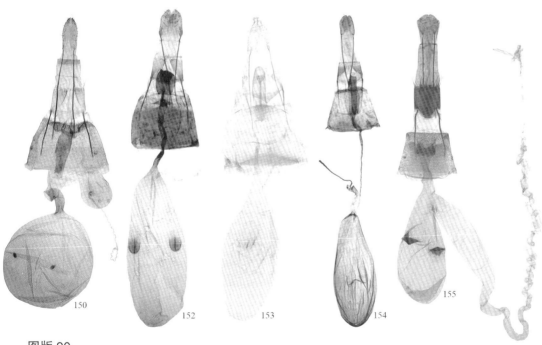

图版 90

146. 鼠尾草蛾 *Ethmia lapidella*；
147. 新月草蛾 *E. lunaris* sp. nov.；
148. 冲绳草蛾 *E. okinawana*；
149. 阿迈尖蛾 *Macrobathra arneutis*；
150. 梅迈尖蛾 *M. myrocoma*；
151. 栎迈尖蛾 *M. quercea*；
152. 丽尖蛾 *Cosmopterix dulcivora*；
153. 颚尖蛾 *C. rhynchognathosella*；
154. 橙红离尖蛾 *Labdia semicoccinea*；
155. 济源艳展足蛾 *Atkinsonia swetlanae*

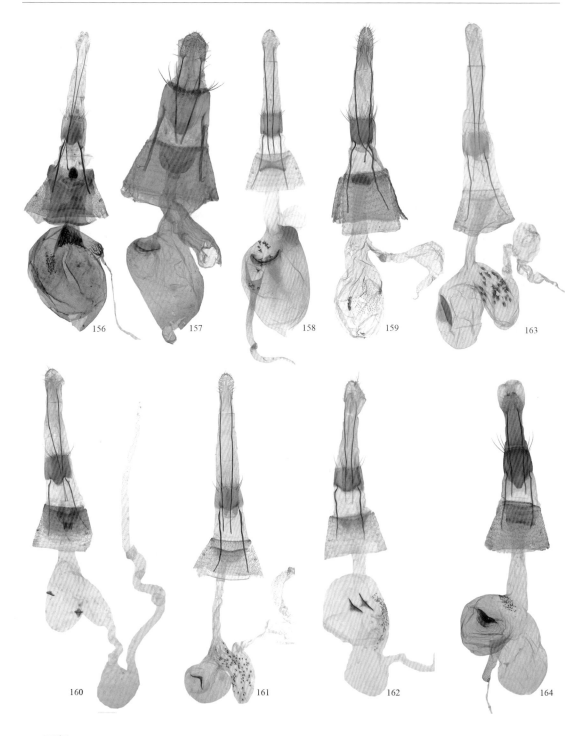

图版 91

156. 核桃黑展足蛾 *Atrijuglans aristata*；
158. 洁点展足蛾 *Hieromantis kurokoi*；
160. 桃展足蛾 *Stathmopoda auriferella*；
162. 白光展足蛾 *S. opticaspis*；
164. 饰纹展足蛾 *S. commoda*

157. 十字淡展足蛾 *Calicotis crucifera*；
159. 申点展足蛾 *H. sheni*；
161. 丽展足蛾 *S. callopis*；
163. 柠檬展足蛾 *S. dicitra*；

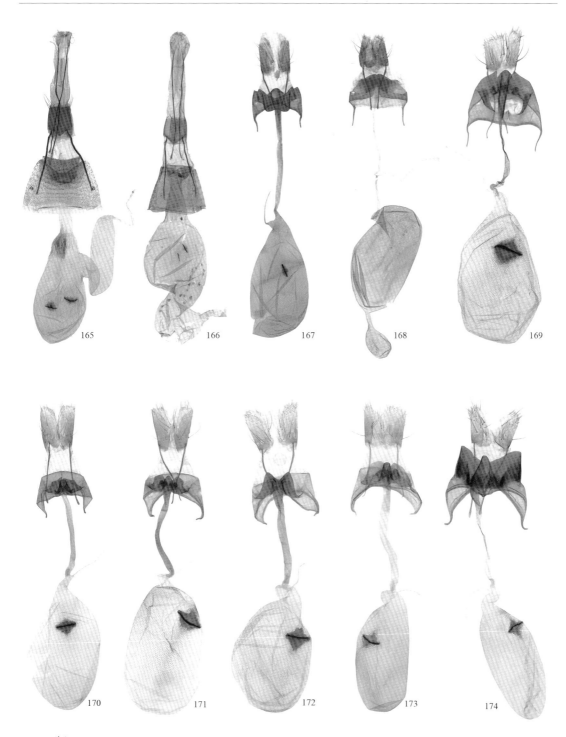

图版 92

165. 腹刺展足蛾 *Stathmopoda stimulata*；　　166. 森展足蛾 *S. moriutiella*；
167. 杨陵冠麦蛾 *Bagdadia yanglingensis*；　　168. 细凹麦蛾 *Tituacia gracilis*；
169. 玉山林麦蛾 *Empalactis yushanica*；　　170. 大斑林麦蛾 *E. grandimacularis*；
171. 中带林麦蛾 *E. mediofasciana*；　　172. 单色林麦蛾 *E. unicolorella*；
173. 河南林麦蛾 *E. henanensis*；　　174. 岳西林麦蛾 *E. yuexiensis*

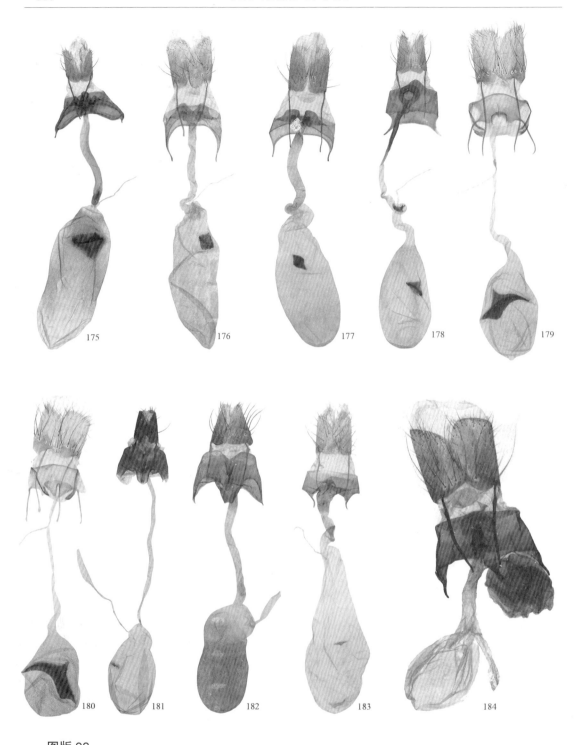

图版 93

175. 灌县林麦蛾 *Empalactis saxigera*；
176. 国槐林麦蛾 *E. sophora*；
177. 暗林麦蛾 *E. neotaphronoma*；
178. 芒果蛮麦蛾 *Hypatima spathota*；
179. 桦蛮麦蛾 *H. rhomboidella*；
180. 优蛮麦蛾 *H. excellentella*；
181. 本州条麦蛾 *Anarsia silvosa*；
182. 山槐条麦蛾 *A. bimaculata*；
183. 展条麦蛾 *A. protensa*；
184. 木荷条麦蛾 *A. isogona*

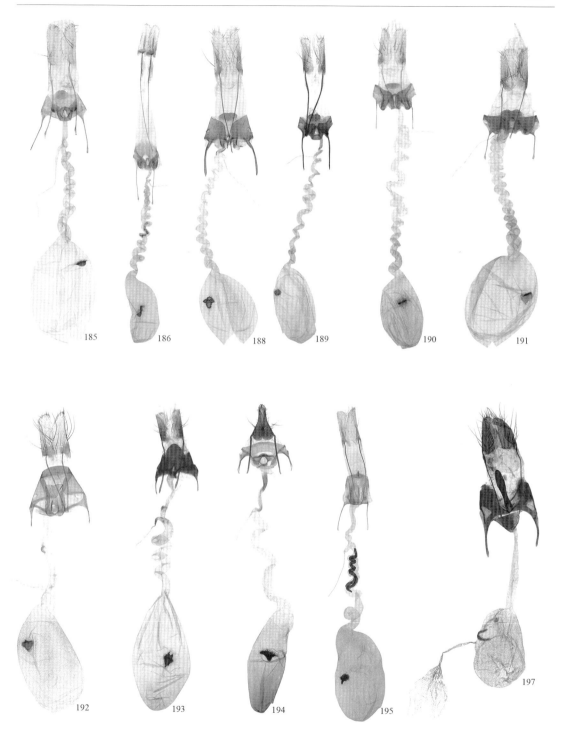

图版 94

185. 中斑发麦蛾 *Faristenia medimaculata*；
186. 双突发麦蛾 *F. geminisignella*；
188. 缘刺发麦蛾 *F. jumbongae*；
189. 乌苏里发麦蛾 *F. ussuriella*；
190. 奥氏发麦蛾 *F. omelkoi*；
191. 栎发麦蛾 *F. quercivora*；
192. 青冈拟蛮麦蛾 *Encolapta tegulifera*；
193. 申氏拟蛮麦蛾 *E. sheni*；
194. 拟蛮麦蛾 *E. epichthonia*；
195. 圆托麦蛾 *Tornodoxa tholochorda*；
197. 樱背麦蛾 *Anacampsis anisogramma*

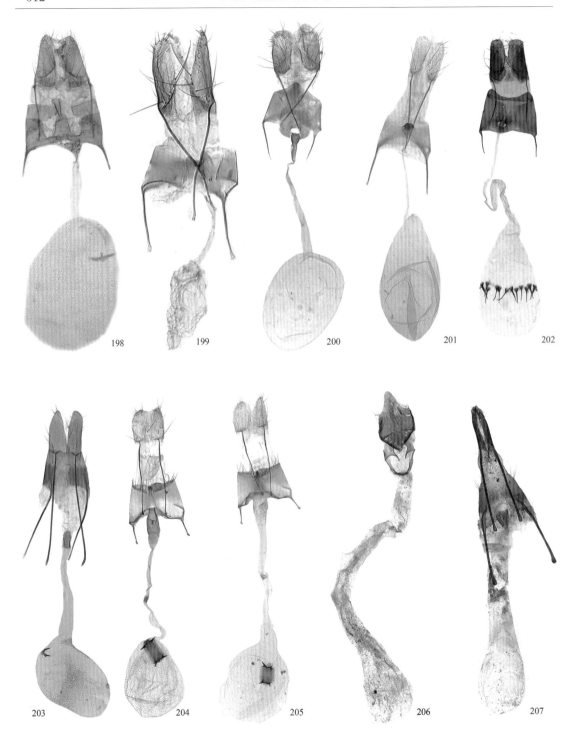

图版 95

198. 绣线菊背麦蛾 *Anacampsis solemnella*；
199. 尖突荬麦蛾 *Mesophleps acutunca*；
200. 白线荬麦蛾 *M. albilinella*；
201. 矛荬麦蛾 *M. ioloncha*；
202. 饰光麦蛾 *Photodotis adornata*；
203. 悬钩子灯麦蛾 *Argolamprotes micella*；
204. 寿苔麦蛾 *Bryotropha senectella*；
205. 仿苔麦蛾 *B. similis*；
206. 六斑彩麦蛾 *Chrysoesthia sexguttella*；
207. 黄尖翅麦蛾 *Metzneria inflammatella*

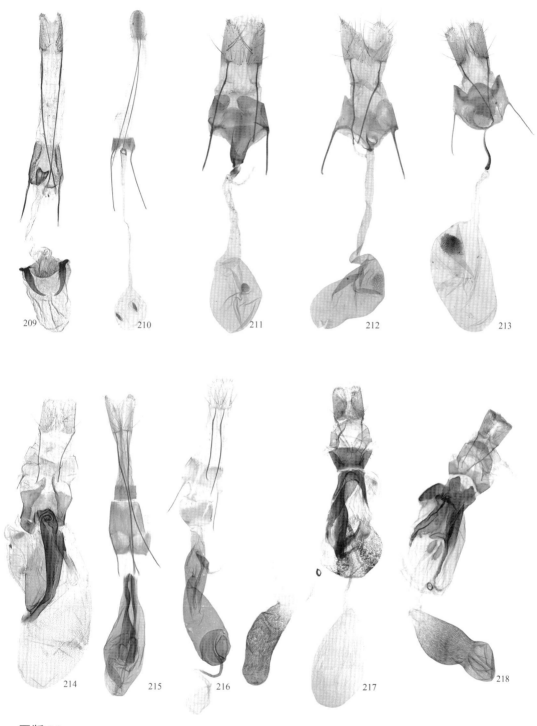

图版 96

209. 红铃麦蛾 *Pectinophora gossypiella*；
211. 杨梅纹麦蛾 *Thiotricha pancratiastis*；
213. 斑纹麦蛾 *T. tylephora*；
215. 米特棕麦蛾 *D. mitteri*；
217. 灰棕麦蛾 *D. acritopa*；

210. 麦蛾 *Sitotroga cerealella*；
212. 隐纹麦蛾 *T. celata*；
214. 茂棕麦蛾 *Dichomeris moriutii*；
216. 锈棕麦蛾 *D. ferruginosa*；
218. 山楂棕麦蛾 *D. derasella*

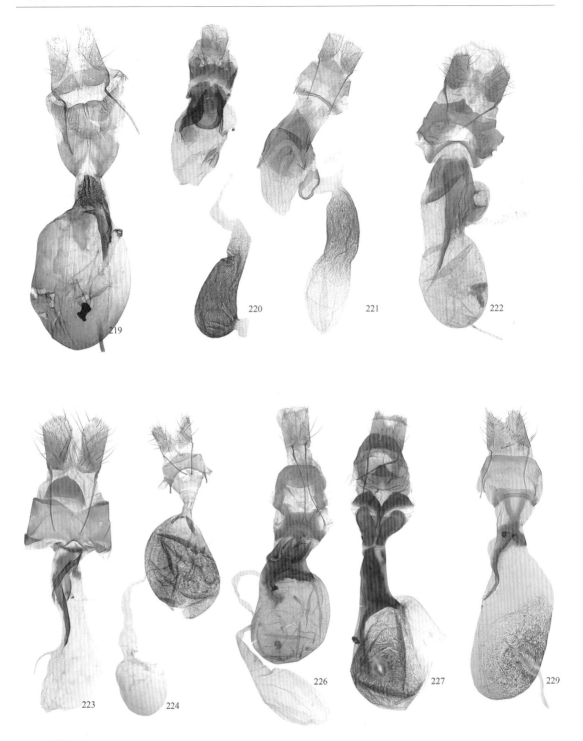

图版 97

219. 胡枝子棕麦蛾 *Dichomeris harmonias*；　　220. 鸡血藤棕麦蛾 *D. oceanis*；
221. 白桦棕麦蛾 *D. ustalella*；　　　　　　　222. 端刺棕麦蛾 *D. apicispina*；
223. 缘褐棕麦蛾 *D. fuscusitis*；　　　　　　224. 长须棕麦蛾 *D. okadai*；
226. 桃棕麦蛾 *D. heriguronis*；　　　　　　227. 黑缘棕麦蛾 *D. obsepta*；
229. 六叉棕麦蛾 *D. sexafurca*

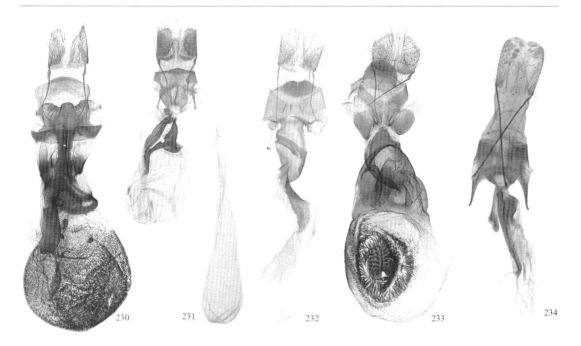

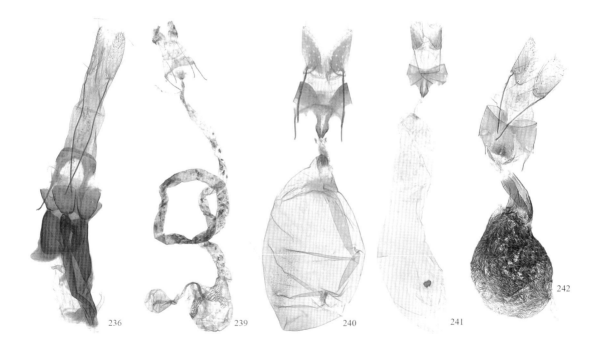

图版 98

230. 异叉棕麦蛾 *Dichomeris varifurca*；   231. 艾棕麦蛾 *D. rasilella*；

232. 波棕麦蛾 *D. cymatodes*；   233. 南投棕麦蛾 *D. lushanae*；

234. 杉木球果棕麦蛾 *D. bimaculata*；   236. 刘氏棕麦蛾 *D. liui*；

239. 中阳麦蛾 *Helcystogramma epicentra*；   240. 土黄阳麦蛾 *H. lutatella*；

241. 甘薯阳麦蛾 *H. triannulella*；   242. 拟带阳麦蛾 *H. imagitrijunctum*

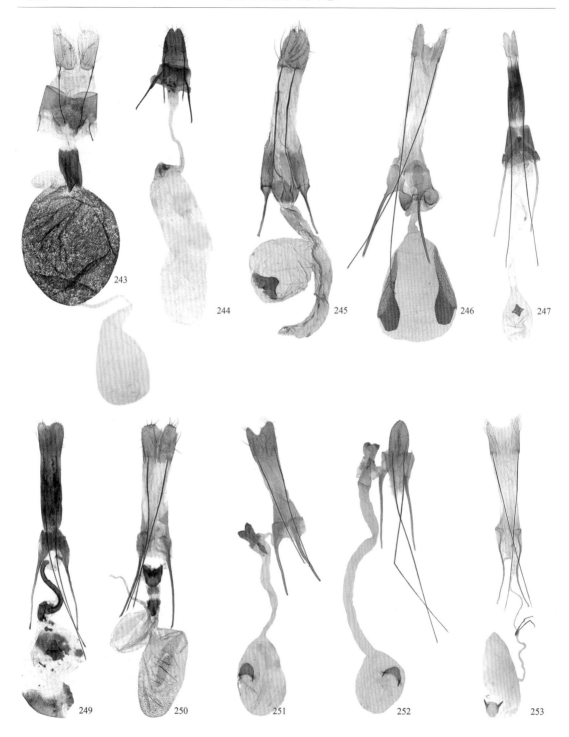

图版 99

243. 斜带阳麦蛾 *Helcystogramma trijunctum*；
245. 胡枝子树麦蛾 *Agnippe albidorsella*；
247. 阳卡麦蛾 *Carpatolechia yangyangensis*；
250. 西宁平麦蛾 *Parachronistis xiningensis*；
252. 白头腊麦蛾 *P. albicapitella*；

244. 月麦蛾 *Aulidiotis phoxopterella*；
246. 窄翅麦蛾 *Angustialata gemmellaformis*；
249. 斑拟黑麦蛾 *Concubina euryzeucta*；
251. 沐腊麦蛾 *Parastenolechia argobathra*；
253. 拱腊麦蛾 *P. arciformis*

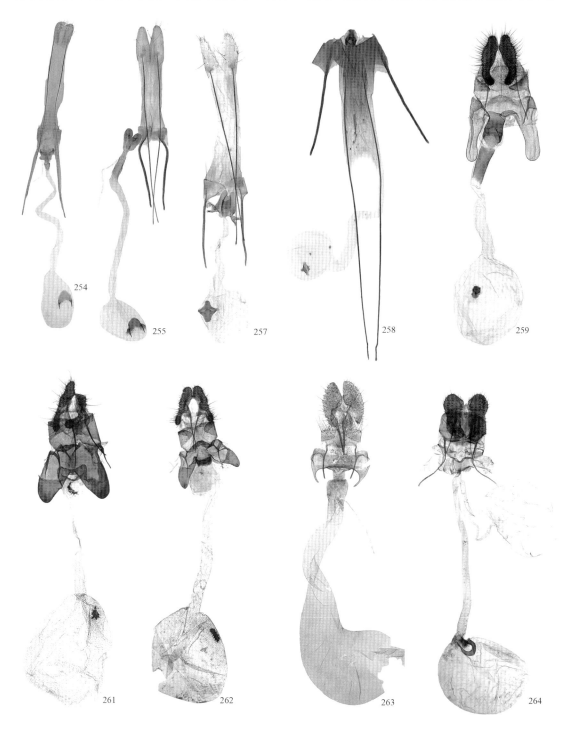

图版 100

254. 乳突腊麦蛾 *Parastenolechia papillaris*；
255. 梯斑腊麦蛾 *P. trapezia*；
257. 栎伪黑麦蛾 *Pseudotelphusa acrobrunella*；
258. 云黑麦蛾 *Telphusa nephomicta*；
259. 毛棒子长翅卷蛾 *Acleris delicatana*；
261. 圆扁长翅卷蛾 *A. placata*；
262. 腹齿长翅卷蛾 *A. recula*；
263. 黄丽彩翅卷蛾 *Spatalistis aglaoxantha*；
264. 棉褐带卷蛾 *Adoxophyes honmai*

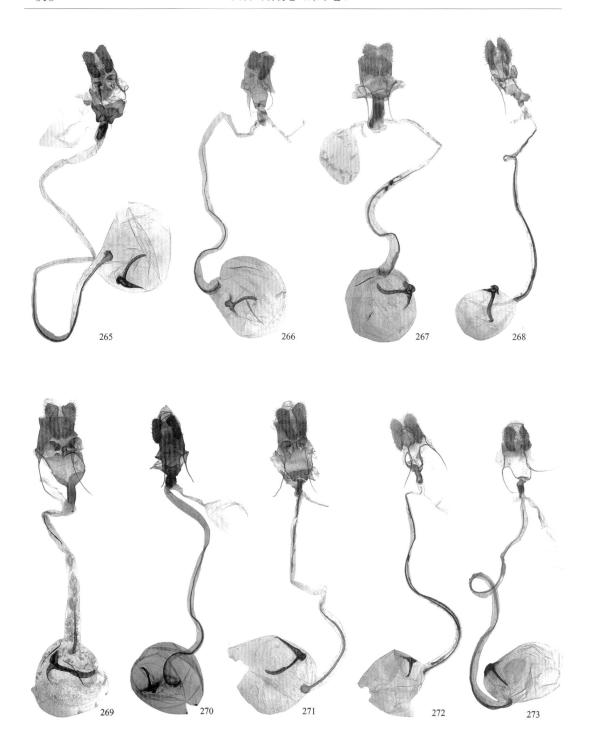

265　　　　　266　　　　　267　　　　　268

269　　　270　　　271　　　272　　　273

图版 101

265. 后黄卷蛾 *Archips asiaticus*；　　　　266. 天目山黄卷蛾 *A. compitalis*；
267. 白亮黄卷蛾 *A. limatus albatus*；　　268. 美黄卷蛾 *A. myrrhophanes*；
269. 云杉黄卷蛾 *A. oporana*；　　　　　 270. 湘黄卷蛾 *A. strojny*；
271. 永黄卷蛾 *A. tharsaleopa*；　　　　　272. 尖色卷蛾 *Choristoneura evanidana*；
273. 南色卷蛾 *C. longicellana*

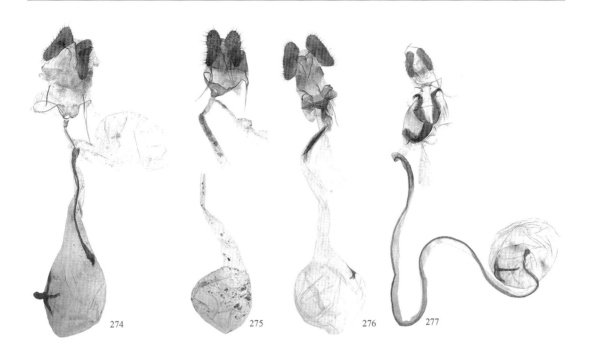

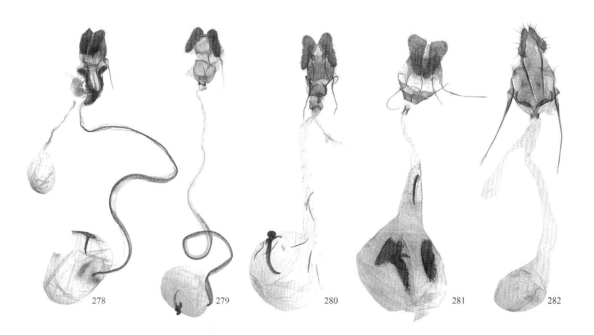

图版 102

274. 忍冬双斜卷蛾 *Clepsis rurinana*；
276. 柱丛卷蛾 *Gnorismoneura cylindrata*；
278. 茶长卷蛾 *H. magnanima*；
280. 截圆卷蛾 *Neocalyptis angustilineata*；
282. 褐侧板卷蛾 *Minutargyrotoza calvicaput*

275. 浙华卷蛾 *Egogepa zosta*；
277. 柳杉长卷蛾 *Homona issikii*；
279. 窄突卷蛾 *Meridemis invalidana*；
281. 松褐卷蛾 *Pandemis cinnamomeana*；

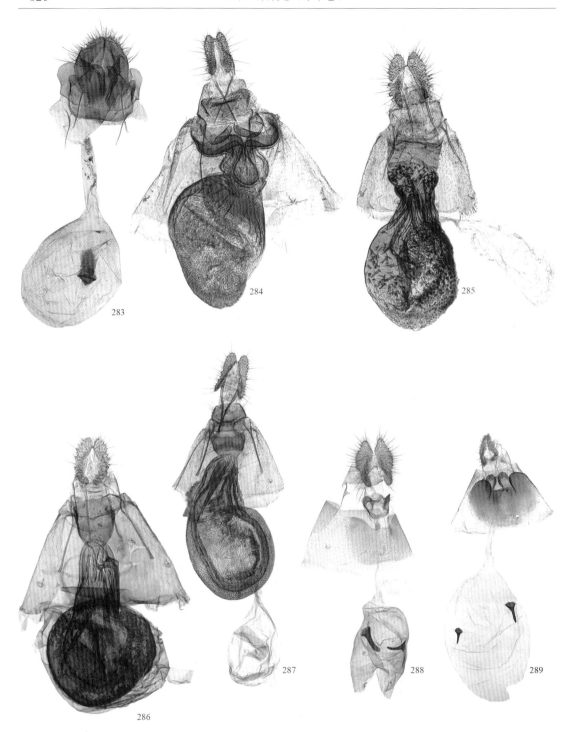

图版 103

283. 长腹毛垫卷蛾 Synochoneura ochriclivis；
285. 环针单纹卷蛾 Eupoecilia ambiguella；
287. 多斑褐纹卷蛾 P. scabra；
289. 栎圆点小卷蛾 E. porphyrana

284. 直线双纹卷蛾 Aethes rectilineana；
286. 网斑褐纹卷蛾 Phalonidia chlorolitha；
288. 鄂圆点小卷蛾 Eudemis lucina；

290. 异形圆斑小卷蛾 *Eudemopsis heteroclita*；
293. 白端小卷蛾 *Phaecasiophora leechi*；
295. 奥氏端小卷蛾 *P. obraztsovi*；
297. 精细小卷蛾 *Psilacantha pryeri*；

图版 104

290. 异形圆斑小卷蛾 *Eudemopsis heteroclita*；
291. 球瓣圆斑小卷蛾 *E. pompholycias*；
293. 白端小卷蛾 *Phaecasiophora leechi*；
294. 纤端小卷蛾 *P. pertexta*；
295. 奥氏端小卷蛾 *P. obraztsovi*；
296. 华氏端小卷蛾 *P. walsinghami*；
297. 精细小卷蛾 *Psilacantha pryeri*；
298. 狭翅小卷蛾 *Dicephalarcha dependens*

图版 105

299. 榆花翅小卷蛾 *Lobesia aeolopa*；
301. 落叶松花翅小卷蛾 *Lobesia virulenta*；
305. 花白条小卷蛾 *Dudua dissectiformis*；
308. 栗小卷蛾 *Olethreutes castaneanum*；
310. 溲疏小卷蛾 *O. electana*；

300. 忍冬花翅小卷蛾 *L. coccophaga*；
304. 草小卷蛾 *Celypha flavipalpana*；
306. 圆白条小卷蛾 *D. scaeaspis*；
309. 梅花小卷蛾 *O. dolosana*；
311. 倒卵小卷蛾 *O. obovata*

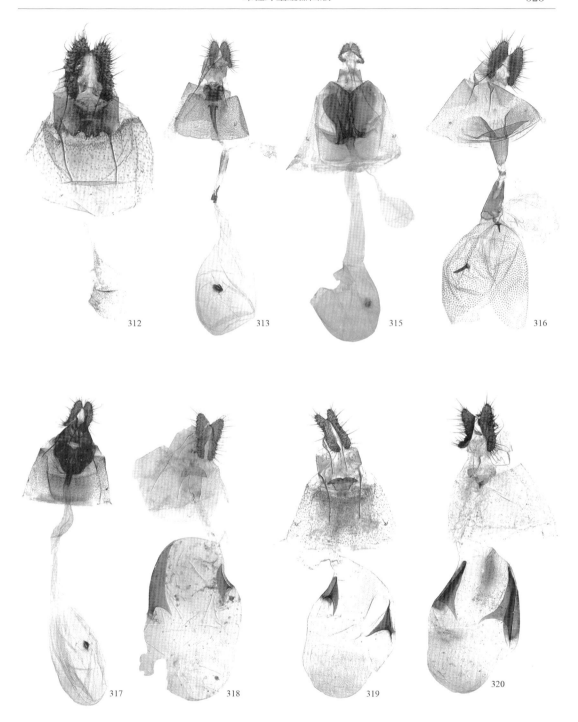

图版 106

312. 柄小卷蛾 Olethreutes perexiguana；

313. 阔瓣小卷蛾 O. platycremna；

315. 宽小卷蛾 O. transversanus；

316. 非凡直茎小卷蛾 Rhopaltriplasia insignata；

317. 毛轮小卷蛾 Rudisociaria velutinum；

318. 豌豆镰翅小卷蛾 Ancylis badiana；

319. 半圆镰翅小卷蛾 A. obtusana；

320. 苹镰翅小卷蛾 A. selenana

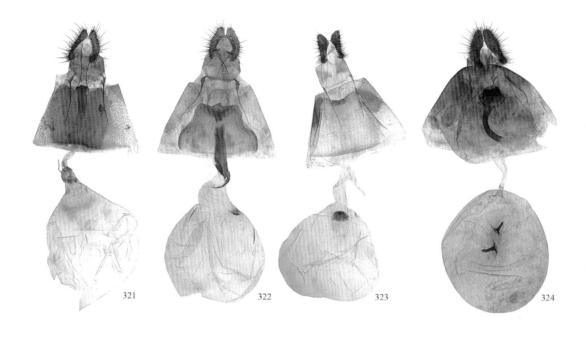

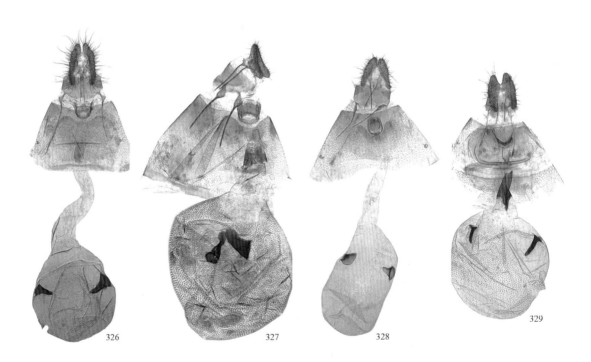

图版 107

321. 鼠李尖顶小卷蛾 *Kennelia xylinana*；
323. 壮茎褐斑小卷蛾 *Semnostola grandaedeaga*；
326. 白块小卷蛾 *Epiblema autolitha*；
328. 胡萝卜叶小卷蛾 *Epinotia thapsiana*；

322. 苦楝小卷蛾 *Loboschiza koenigiana*；
324. 深褐小卷蛾 *Antichlidas holocnista*；
327. 白钩小卷蛾 *E. foenella*；
329. 栗菲小卷蛾 *Fibuloides aestuosa*

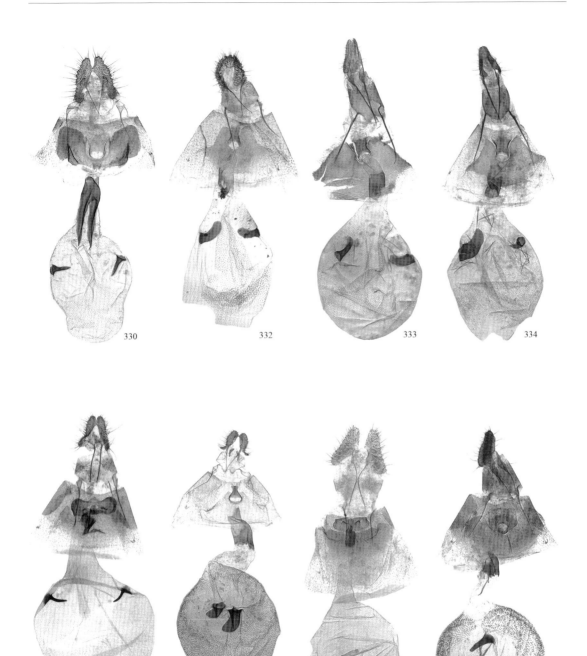

330　332　333　334

335　336　337　338

图版 108

330. 日菲小卷蛾 *Fibuloides japonica*；

332. 浅褐花小卷蛾 *Eucosma aemulana*；

333. 灰花小卷蛾 *E. cana*；

334. 黄斑花小卷蛾 *E. flavispecula*；

335. 柳突小卷蛾 *Gibberifera glaciata*；

336. 三角美斑小卷蛾 *Hendecaneura triangulum*；

337. 梯形异花小卷蛾 *Hetereucosma trapezia*；

338. 褐瘦花小卷蛾 *Lepteucosma huebneriana*

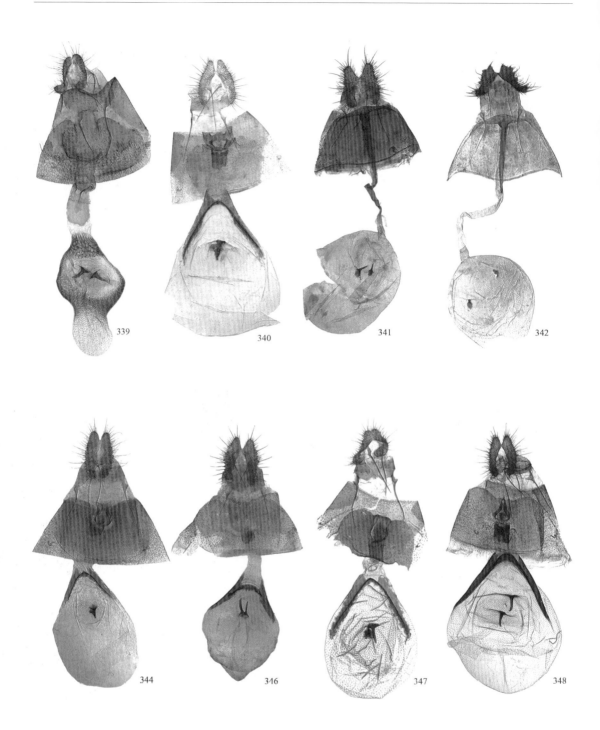

图版 109

339.　黑脉小卷蛾 *Melanodaedala melanoneura*；
341.　粗刺筒小卷蛾 *Rhopalovalva catharotorna*；
344.　天目山黑痣小卷蛾 *Rhopobota eclipticodes*；
347.　粗刺黑痣小卷蛾 *R. latispina*；

340.　阔端连小卷蛾 *Nuntiella laticuculla*；
342.　丽筒小卷蛾 *R. pulchra*；
346.　苹黑痣小卷蛾 *R. naevana*；
348.　郑氏黑痣小卷蛾 *R. zhengi*

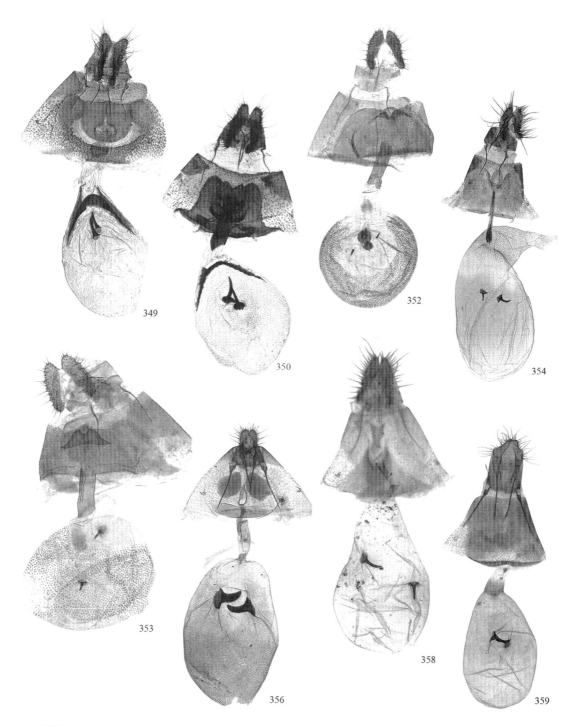

图版 110

349. 双色黑痣小卷蛾 *Rhopobota bicolor*；   350. 镰黑痣小卷蛾 *R. falcata*；

352. 桃白小卷蛾 *Spilonota albicana*；   353. 苹白小卷蛾 *S. ocellana*；

354. 斜斑小卷蛾 *Andrioplecta oxystaura*；   356. 扭异形小卷蛾 *Cryptophlebia distorta*；

358. 黑龙江圆小卷蛾 *Cydia amurensis*；   359. 大豆食心虫 *Leguminivora glycinivorella*

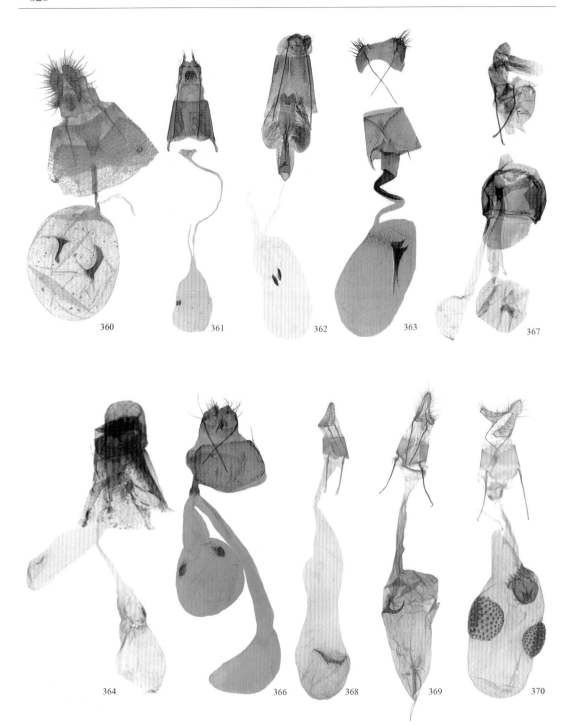

图版 111

360. 邻豆小卷蛾 *Matsumuraeses vicina*；
362. 葡萄日羽蛾 *N. vitis*；
364. 甘薯异羽蛾 *Emmelina monodactyla*；
367. 黑指滑羽蛾 *H. nigridactyla*；
369. 原位隐斑螟 *Cryptoblabes sita*；

361. 乌蔹莓日羽蛾 *Nippoptilia cinctipedalis*；
363. 褐秀羽蛾 *Stenoptilodes taprobanes*；
366. 艾蒿滑羽蛾 *Hellinsia lienigiana*；
368. 井上长颚斑螟 *Edulicodes inoueella*；
370. 白条匙须斑螟 *Spatulipalpia albistrialis*

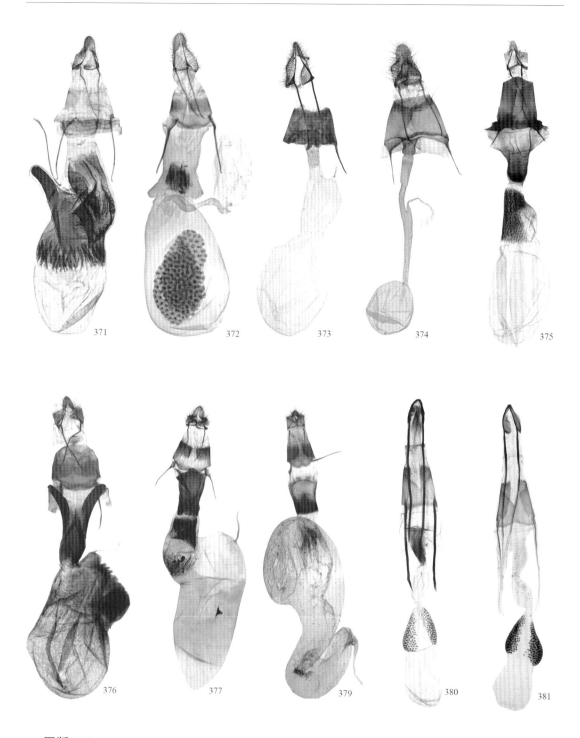

图版 112

371. 长须锚斑螟 *Indomyrlaea proceripalpa*；
372. 马鞭草带斑螟 *Coleothrix confusalis*；
373. 黄须腹刺斑螟 *Sacculocornutia flavipalpella*；
374. 中国腹刺斑螟 *S. sinicolella*；
375. 毛背直鳞斑螟 *Ortholepis atratella*；
376. 淡瘿斑螟 *Pempelia ellenella*；
377. 圆斑栉角斑螟 *Ceroprepes ophthalmicella*；
379. 白角云斑螟 *Nephopterix maenamii*；
380. 绒同类斑螟 *Phycitodes binaevella*；
381. 三角类斑螟 *P. triangulella*

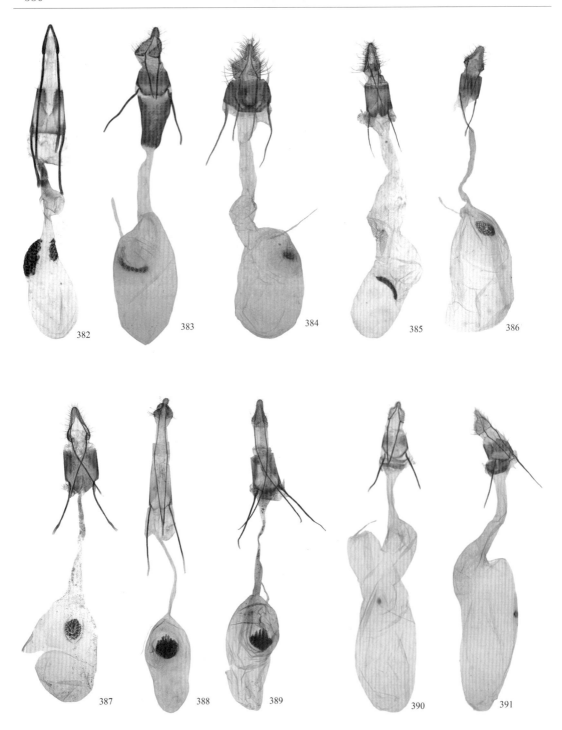

图版 113

382. 前白类斑螟 *Phycitodes subcretacella*；
384. 南京伪峰斑螟 *Pseudacrobasis tergestella*；
386. 苍白蛀果斑螟 *A. pallidella*；
388, 389. 黑松蛀果斑螟 *A. funerella*；
391. 芽峰斑螟 *A. cymindella*

383. 三角夜斑螟 *Nyctegretis triangulella*；
385. 白斑蛀果斑螟 *Assara korbi*；
387. 台湾蛀果斑螟 *A. formosana*；
390. 基黄峰斑螟 *Acrobasis subflavella*；

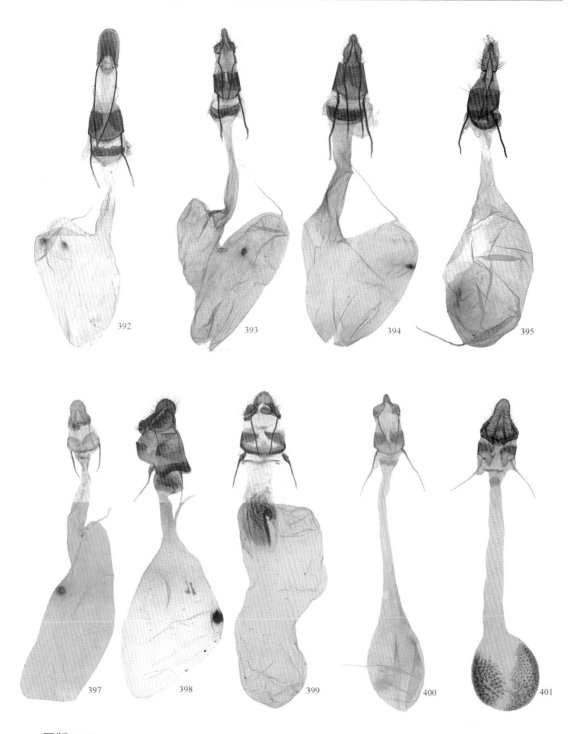

图版 114

392. 秀峰斑螟 *Acrobasis bellulella*；
394. 井上峰斑螟 *A. inouei*；
397. 欧氏叉斑螟 *Dusungwua ohkunii*；
399. 曲纹叉斑螟 *D. karenkolla*；
401. 双突槌须斑螟 *Trisides bisignata*

393. 红带峰斑螟 *A. rufizonella*；
395. 棕黄拟峰斑螟 *Anabasis fusciflavida*；
398. 四角叉斑螟 *D. quadrangula*；
400. 亮雕斑螟 *Glyptoteles leucacrinella*；

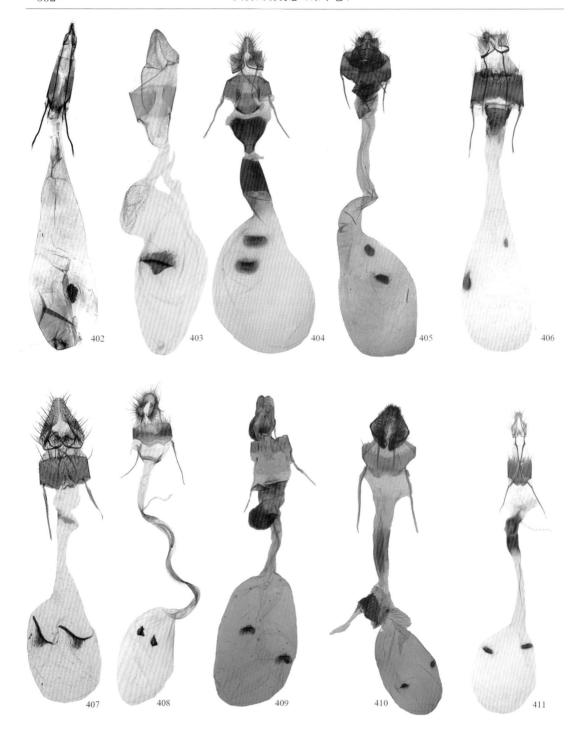

图版 115

402. 直突帝斑螟 *Didia adunatarta*；
404. 齿纹丛螟 *Epilepia dentatum*；
406. 钝棘丛螟 *T. eucarta*；
408. 缀叶丛螟 *Locastra muscosalis*；
410. 云网丛螟 *T. nubilosa*；

403. 红缘卡斑螟 *Kaurava rufimarginella*；
405. 麻楝棘丛螟 *Termioptycha margarita*；
407. 黑缘白丛螟 *Noctuides melanophia*；
409. 大豆网丛螟 *Teliphasa elegans*；
411. 红缘纹丛螟 *Stericta asopialis*

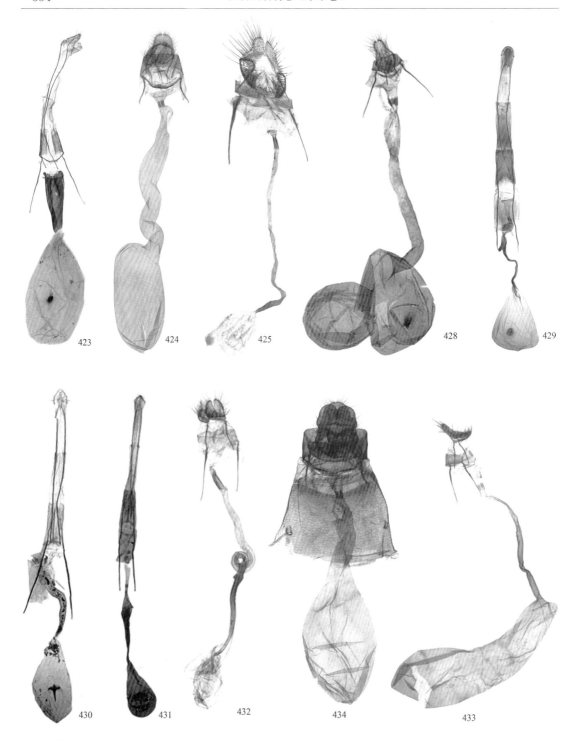

图版 117

423. 黄基歧角螟 *Endotricha luteobasalis*；
425. 枯叶螟 *Zitha torridalis*；
429. 灰巢螟 *Hypsopygia glaucinalis*；
431. 黄尾巢螟 *H. postflava*；
433. 尖须巢螟 *H. racilialis*；

424. 黑脉厚须螟 *Arctioblepsis rubida*；
428. 缘斑缨须螟 *Stemmatophora valida*；
430. 褐巢螟 *H. regina*；
432. 指突巢螟 *H. rudis*；
434. 金双点螟 *Orybina flaviplaga*

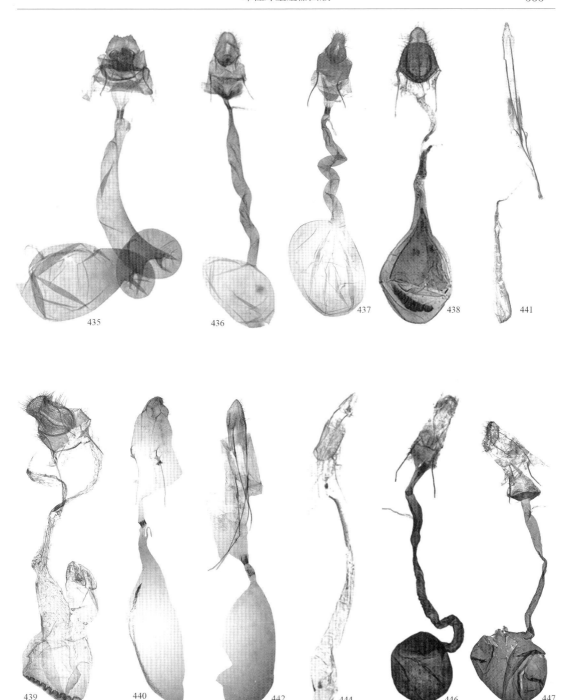

图版 118

435. 赫双点螟 *Orybina honei*；
437. 艳双点螟 *O. regalis*；
439. 鼠灰长须短颚螟 *T. muricolor*；
441. 短纹目水螟 *Nymphicula junctalis*；
444. 小筒水螟 *Parapoynx diminutalis*；
447. 北小苔螟 *M. beia*

436. 紫双点螟 *O. plangonalis*；
438. 黄头长须短颚螟 *Trebania flavifrontalis*；
440. 丽斑水螟 *Eoophyla peribocalis*；
442. 洁波水螟 *Paracymoriza prodigalis*；
446. 迈克小苔螟 *Micraglossa michaelshafferi*；

图版 119

448. 长茎优苔螟 *Eudonia puellaris*；
449. 微齿优苔螟 *E. microdontalis*；
450. 大颚优苔螟 *E. magna*；
451. 中华赫苔螟 *Hoenia sinensis*；
452. 东北苔螟 *Scoparia tohokuensis*；
453. 囊刺苔螟 *S. congestalis*；
454. 刺苔螟 *S. spinata*；
456. 黑纹草螟 *Crambus nigriscriptellus*；
457. 四川细草螟 *Roxita szetschwanella*

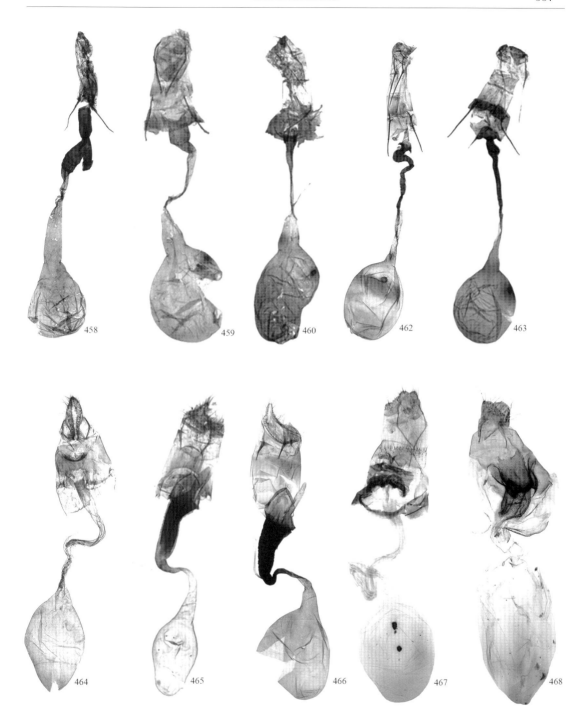

图版 120

458. 六浦微草螟 Glaucocharis mutuurella；
460. 琥珀微草螟 G. electra；
463. 三齿微草螟 G. tridentata；
465. 多角髓草螟 C. multicornuella；
467. 黄纹银草螟 Pseudargyria interruptella；

459. 玫瑰微草螟 G. rosanna；
462. 蜜舌微草螟 G. melistoma；
464. 黑点髓草螟 Calamotropha nigripunctella；
466. 仙客髓草螟 C. sienkiewiczi；
468. 金双带草螟 Miyakea raddeellus

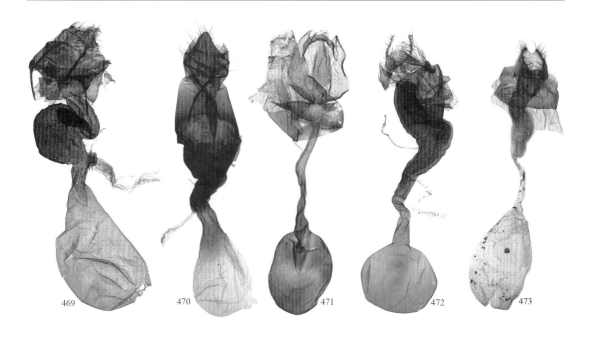

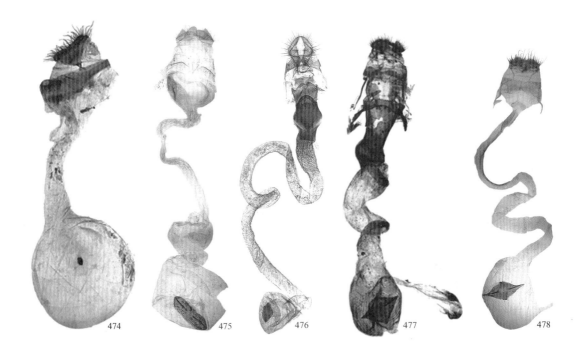

图版 121

469. 金带草螟 *Metaeuchromius flavofascialis*；
470. 双纹白草螟 *Pseudocatharylla duplicella*；
471. 黑斑金草螟 *Chrysoteuchia atrosignata*；
472. 钩状黄草螟 *Flavocrambus aridellus*；
473. 岷山目草螟 *Catoptria mienshani*；
474. 西藏目草螟 *C. thibetica*；
475. 黄翅叉环野螟 *Eumorphobotys eumorphalis*；
476. 中华果蛀野螟 *Thliptoceras sinense*；
477. 卡氏果蛀野螟 *T. caradjai*；
478. 黄斑镰翅野螟 *Circobotys butleri*

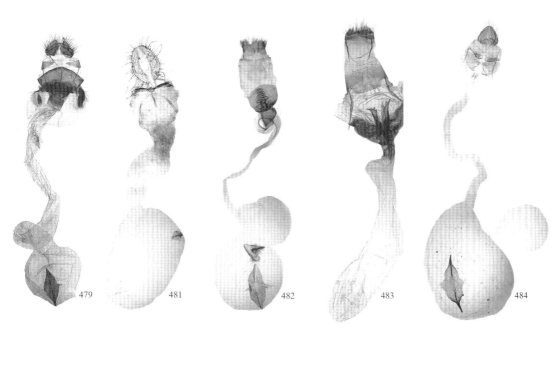

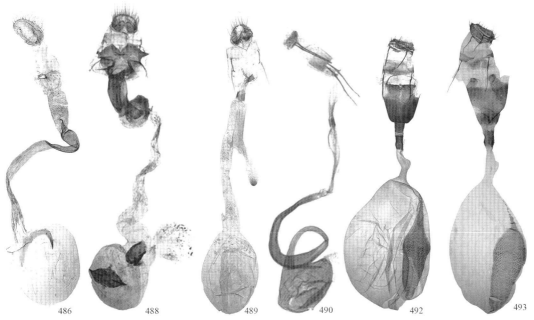

图版 122

479. 棱脊宽突野螟 *Paranomis nodicosta*；
482. 指状细突野螟 *Ecpyrrhorrhoe digitaliformis*；
484. 亚洲玉米螟 *Ostrinia furnacalis*；
488. 竹弯茎野螟 *Crypsiptya coclesalis*；
490. 弯指尖须野螟 *P. arbiter*；
493. 粗缨突野螟 *U. lugubralis*

481. 芬氏羚野螟 *Pseudebulea fentoni*；
483. 条纹野螟 *Mimetebulea arctialis*；
486. 胭翅野螟 *Carminibotys carminalis*；
489. 五线尖须野螟 *Pagyda quinquelineata*；
492. 锈黄缨突野螟 *Udea ferrugalis*；

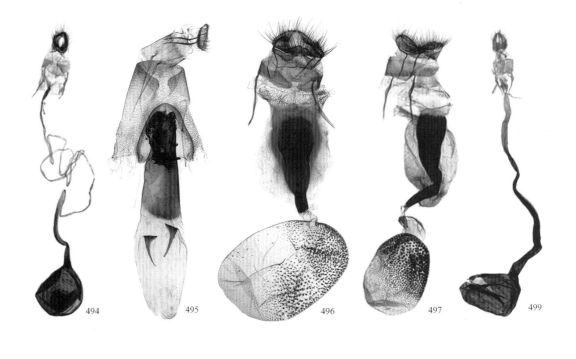

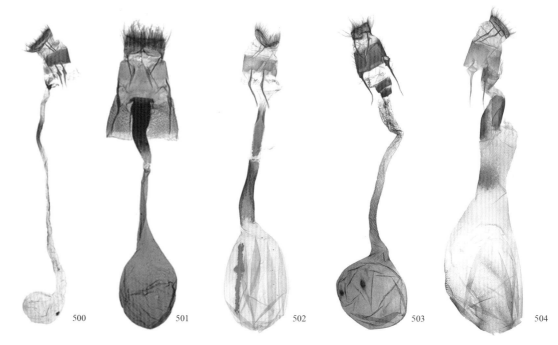

图版 123

494. 四斑绢丝野螟 *Glyphodes quadrimaculalis*；
495. 尤金绢须野螟 *Palpita munroei*；
496. 黑点蚀叶野螟 *Lamprosema commixta*；
497. 黑斑蚀叶野螟 *L. sibirialis*；
499. 黄黑纹野螟 *Tyspanodes hypsalis*；
500. 橙黑纹野螟 *T. striata*；
501. 大白斑野螟 *Polythlipta liquidalis*；
502. 葡萄切叶野螟 *Herpetogramma luctuosalis*；
503. 棉褐环野螟 *Haritalodes derogata*；
504. 枇杷扇野螟 *Pantania balteata*